高等学校教学用书

金　属　学

（第 2 版）

北京科技大学　宋维锡　主编

北　京
冶 金 工 业 出 版 社
2023

图书在版编目(CIP)数据

金属学/宋维锡主编. —2 版. —北京：冶金工业出版社，2007.6
(2023.1 重印)
高等学校教学用书
ISBN 978-7-5024-0475-8

Ⅰ. 金…　Ⅱ. 宋…　Ⅲ. 金属学—高等学校—教材　Ⅳ. TG11

中国版本图书馆 CIP 数据核字(2007)第 085007 号

金属学（第 2 版）

出版发行	冶金工业出版社	**电　　话**	(010)64027926
地　　址	北京市东城区嵩祝院北巷 39 号	**邮　　编**	100009
网　　址	www.mip1953.com	**电子信箱**	service@mip1953.com

责任编辑　宋　良　高　娜　美术编辑　彭子赫　版式设计　张　青
责任校对　卿文春　责任印制　窦　唯
三河市双峰印刷装订有限公司印刷
1980 年 5 月第 1 版，1989 年 5 月第 2 版，2023 年 1 月第 24 次印刷
787mm×1092mm　1/16；29.75 印张；703 千字；464 页
定价 44.90 元

投稿电话　(010)64027932　投稿信箱　tougao@cnmip.com.cn
营销中心电话　(010)64044283
冶金工业出版社天猫旗舰店　yjgycbs.tmall.com

第2版前言

《金属学》自出版以来，得到高等院校与科技界的热情支持和鼓励，虽经三次印刷，仍难满足各方面的要求。编者虽能力有限，但如能为科教界和广大读者尽点绵薄之力，也颇引为慰。

修订版依据近年来的教学实践、教学计划、教学大纲和许多专家学者的意见，在原书内容的基础上，在缩小篇幅的前提下，进行了删繁就简、舍旧取新和去余补缺，其中部分章节和所有附录则完全删掉。为加强金属材料方面的知识，增补了有色金属及合金篇共四章。

修订工作仍由原编写组成员并按原分工进行，增补的四章（第十九至第二十二章）由宋维锡教授编写。

由于任务紧迫，时间短促，不周之处，甚至错误之处仍然在所难免，尚望批评指正。

编　者

1988年4月

第 1 版前言

本书是根据冶金类各专业《金属学教学大纲》的要求，在北京钢铁学院金相及热处理教研室近年来所编写的讲义《金属材料学原理》的基础上改编而成的。为使本书一方面能够适应高等院校冶金类不同专业的教学要求，并考虑到可供有关工程技术人员参考，在编写过程中，我们对原讲义的内容作了较大的修改、调整和补充。

本书共分三篇：金属学基本原理；碳钢、铸铁及钢的热处理；合金钢。

基于教学大纲的要求以及受篇幅的限制，有色金属和合金未列专门篇章论述，为了弥补这一不足，所以在基本原理部分的例证中尽量选用有色金属及其合金方面的材料。

金属学对冶金类各专业来说，兼有一般基础课和专业基础课的双重性质，它包括的内容很广，涉及的问题很多，同时又是一门在迅速发展中的学科，企图用一本篇幅有限的教科书来满足各专业的要求是相当困难的。因此在编写过程中，无论在体系的安排上、内容的取舍上或深度的处理上都是颇费周折的。为了兼顾各专业的不同要求，所以全书都作了一定的扩充，其中有部分内容或附加 * 号，或列入附录。加 * 号者表示可以根据不同专业进行取舍；列入附录者，仅供参考或选修，可视具体条件灵活掌握。

金属学应在学完材料力学和物理化学后再进行讲授，本书的编写系统主要以此为依据。对于不学物化课的专业，则某些章节的讲授系统应作适当地调整，内容也应作相应地删减。例如，各章有关热力学的部分可大力精简；相图部分可从其建立方法及其基本类型等基本概念着手，而后再概括到一般规律。

本书由北京钢铁学院与西安冶金建筑学院合编。其中热处理一章（第十二章）由西安冶金建筑学院编写；其余部分由北京钢铁学院编写，具体参加编写工作的同志及其分工如下：

宋维锡：主编兼写第一章至第八章；

宋沂生：编写第九章至第十一章；

王明胜：编写第十二章；

田　琮：编写第十三章至第十九章。

由于编者水平所限，时间仓促，书中不足和错误之处在所难免，殷切希望同志们批评指正。

对在各方面直接、间接热情帮助和大力支持过本书编写工作的同志们，在此一并致谢。

编　者

1979 年 2 月

目　　录

第一篇　基本原理

第一章　概论……1
第一节　金属材料及金属学的发展梗概……1
第二节　金属材料的一般特性……3
第三节　决定金属材料性能的基本因素……4
第四节　冶金生产与质量控制……7
第五节　金属学的研究对象、方法和目的……8
第二章　金属和合金的固态结构……10
第一节　金属与合金……10
第二节　金属和合金的典型结构模型……11
第三节　晶体学简介……15
第四节　金属和合金中原子间的结合……22
第五节　金属和合金的晶体结构类型……26
第六节　固溶体……34
第七节　结构缺陷……41
第三章　金属及合金的相图……56
第一节　关于相平衡和相图的基本概念……56
第二节　纯金属及二元合金相图……62
第三节　三元合金相图……70
第四章　金属及合金的凝固与组织……82
第一节　凝固概论……82
第二节　固溶体合金的凝固及组织……97
第三节　共晶系合金的凝固及组织……107
第四节　其它合金系的凝固与组织……115
第五节　铸锭的凝固及组织……118
第六节　改善铸造金属材料组织的方法和途径……125
第七节　定向凝固的应用……127
第五章　金属及合金的形变……130
第一节　应力与应变……130
第二节　弹性形变……132
第三节　范性形变的表象……134
第四节　单晶体的滑移……137
第五节　孪生及扭折……149

第六节　多晶体的范性形变………………………………………………………………… 153
第七节　范性形变后金属的结构、组织和性能……………………………………………… 160
第六章　金属及合金中的扩散……………………………………………………………… 165
第一节　扩散定律…………………………………………………………………………… 165
第二节　原子运动与扩散…………………………………………………………………… 172
第三节　影响扩散的因素…………………………………………………………………… 178
第四节　反应扩散…………………………………………………………………………… 182
第七章　金属及合金的回复与再结晶……………………………………………………… 184
第一节　形变金属或合金退火过程中的一般变化………………………………………… 184
第二节　回复………………………………………………………………………………… 186
第三节　再结晶……………………………………………………………………………… 192
第四节　再结晶后的晶粒长大……………………………………………………………… 203
第五节　再结晶退火后的组织……………………………………………………………… 212
第六节　热加工……………………………………………………………………………… 214
第八章　金属及合金中的固态转变………………………………………………………… 221
第一节　固态转变的基本类型……………………………………………………………… 221
第二节　固态相变的一般特点……………………………………………………………… 223
第三节　固溶体的脱溶……………………………………………………………………… 231

第二篇　碳钢、铸铁及热处理

第九章　铁碳相图和铁碳合金缓冷后的组织……………………………………………… 247
第一节　纯铁………………………………………………………………………………… 247
第二节　铁的碳化物………………………………………………………………………… 249
第三节　铁碳相图…………………………………………………………………………… 250
第四节　铁碳合金的凝固…………………………………………………………………… 253
第五节　合金在缓冷过程中的固态转变和室温组织……………………………………… 255
第十章　碳钢………………………………………………………………………………… 264
第一节　钢的宏观组织……………………………………………………………………… 264
第二节　碳和杂质元素对碳钢显微组织和性能的影响…………………………………… 274
第三节　钢中的非金属夹杂物……………………………………………………………… 282
第四节　热形变钢的组织和性能…………………………………………………………… 285
第五节　钢的冷形变………………………………………………………………………… 296
第六节　碳钢的分类和用途………………………………………………………………… 301
第十一章　铸铁……………………………………………………………………………… 303
第一节　概述………………………………………………………………………………… 303
第二节　灰口铸铁…………………………………………………………………………… 303
第三节　可锻铸铁…………………………………………………………………………… 313
第四节　球墨铸铁…………………………………………………………………………… 315
第十二章　钢的热处理原理和工艺………………………………………………………… 318
第一节　概述………………………………………………………………………………… 318

第二节　钢加热时的组织转变……318
第三节　过冷奥氏体的转变图……324
第四节　珠光体转变……329
第五节　马氏体转变……333
第六节　贝氏体转变……340
第七节　钢在回火时的转变……342
第八节　钢的退火和正火……348
第九节　钢的淬火和回火……353
第十节　钢的形变热处理……359
第十一节　钢的表面淬火……362
第十二节　钢的化学热处理……364

第三篇　合　金　钢

第十三章　合金钢总论……367
第一节　钢中的合金相……367
第二节　合金元素在钢中的作用……370
第三节　合金钢的分类及编号……380
第十四章　结构钢……382
第一节　机器结构钢……382
第二节　超强韧钢……388
第三节　工程结构钢……393
第十五章　轴承钢……399
第一节　对轴承钢的要求及轴承钢的合金化……399
第二节　轴承钢中的非金属夹杂物……400
第三节　轴承钢的碳化物……400
第四节　轴承钢的成品热处理……405
第十六章　工具钢……406
第一节　工作条件对工具钢的要求……406
第二节　刃具钢与量具钢……406
第三节　模具钢及轧制工具钢……411
第四节　高锰钢……414
第十七章　耐蚀钢与耐蚀合金……418
第一节　金属材料的耐蚀性……418
第二节　不锈耐酸钢……425
第三节　耐蚀合金简介……433
第十八章　耐热钢及耐热合金……435
第一节　工作条件对耐热材料的要求……435
第二节　耐热钢及耐热合金的类型……437

第四篇　有色金属及合金

第十九章　有色金属及合金概论……442

第一节　有色金属及合金的分类、编号及用途……………………………… 442
第二节　有色金属的合金化……………………………………………………… 444
第二十章　铝及铝合金………………………………………………………… 447
第一节　工业纯铝………………………………………………………………… 447
第二节　铝合金…………………………………………………………………… 448
第二十一章　钛及钛合金……………………………………………………… 454
第一节　纯钛……………………………………………………………………… 454
第二节　钛合金…………………………………………………………………… 454
第二十二章　铜及铜合金……………………………………………………… 458
第一节　工业纯铜（紫铜）……………………………………………………… 458
第二节　铜合金…………………………………………………………………… 458

第一篇　基 本 原 理

第一章　概　　论

第一节　金属材料及金属学的发展梗概

在所有应用材料中，凡由金属元素或以金属元素为主而形成的，并具有一般金属特性的材料通称之为金属材料，它是材料的一大类，是人类社会发展的极为重要的物质基础之一。金属学是关于金属材料方面的一门学科，它与金属材料的创造、发明和发展是密切相关的，两者是相互促进相辅相成的，都是千百年来，广大劳动人民和科学工作者密切合作，经过生产实践和科学实验，反复总结提高而逐步发展和完善起来的，都是人类生产活动的产物，是劳动的结晶。

人类和自然斗争的历史大致可分为两大时代：石器时代和金属时代，而金属时代又分为铜器时代和铁器时代。它标志着人类生产大发展的三个飞跃阶段，也是记载着人类文化进展的三个里程碑。

人类由石器时代进入金属时代是以青铜的创造和应用作为重要标志的；由铜器时代进入铁器时代是以铸铁（或生铁）的熔炼和应用而开始的；而由铸铁到炼钢，则又是一个较大的飞跃。青铜曾对古代文明起过非常重要的作用，而钢铁又在近代文明中占据着特殊重要的位置。历史事实表明，自从钢铁的冶炼和应用兴起以后，人类社会生产和科学技术的发展便日益紧密地和钢铁逐步联系在一起，并以前所未有的增长速度迅猛向前发展。进入二十世纪以后，这种关系表现得更为突出。钢铁的发展促进了科学技术的发展，而科学技术的发展，反回来又促进了钢铁和其它有色金属材料的发展。五十年代以后，尽管有人认为已开始进入原子或电子时代，各种尖端技术相继涌现，各个生产领域不断革新，但是金属材料的发展不是慢了，而是更迅速地又进入了一个大发展的新阶段，各种新型金属材料也随之大量出现。到目前为止，全世界金属材料的总年产量（包括钢、铸铁和有色金属材料）已高达十亿吨以上，质量和品种的发展也相当快。由此可见，一个国家或一个历史时期，金属材料产量的多少、发展速度的快慢以及质量的高低已经成了衡量其生产水平和科学技术发达程度的重要标志之一。

我国金属材料的发展，据考证早在商朝（公元前 1652 ~ 前 1066 年）初期即已出现高度的青铜文化，可见铜器时代至少应在夏朝就已开始了。春秋（公元前 722 ~ 前 481 年）时已能熔炼铸铁，到战国（公元前 403 ~ 前 221 年）时，铸铁的生产和应用已显著扩大，所谓白口铁、展性铸铁、麻口铁相继出现，随后发展到由铸铁而炼钢，并相继开始采用各种热处理方法：退火、淬火、正火和渗碳等来改善钢和铸铁的性能。西汉时，钢和铸铁的冶炼技术已大大提高，产量、质量和应用得到空前的发展。后经近一千五、六百年，直到明朝（1368～1661年），特别是中间又经过所谓盛唐时代的大发展后，钢铁生产一直在世界遥遥领先。与此同时，铜合金也由青铜而发展到黄铜和白铜，并以此而闻名于世，其它金属材料也有了相应的发展。由此可见，我国古代劳动人民，无论在早期金属材料的启蒙时代，或在钢铁发展的初期和中期，都曾有过辉煌的成就，对人类做出了巨大的贡献。只是到了十八世纪，特别是十九世纪以后，由于腐朽的封建统治，加之帝国主义的侵略和剥削，才使我国在金属材料方面逐步落在他国之后，以至到解放前，我国钢铁的年产量，即使按历史最高水平计也仅几十万吨。全国解放后，生产大发展，钢和其它金属材料也随之而发展起来。

金属学在欧美大多称物理冶金，是由早期的金相学与物理化学以及材料力学等科学相结合而发展起来的一门独立科学，它是二十世纪的科学产物。事实上，早在人类创制和应用金属材料的初期，就已开始积累有关金属材料的性能、成分、加工处理和质量检验等方面的知识，并逐步探索其相互间的联系和规律。例如，关于质量检验方面，最早人们是通过辨别声响，观察擦划条痕、表面色泽和断口状况等简单方法来判别金属材料的性能和质量的，以后进而采用腐蚀的方法以观察表面或断面所出现的纹理，并逐渐将它和金属材料的制造、加工及热处理等方法联系起来，探索其中规律，用以改进生产工艺。这些实验和鉴别金属材料的方法虽较原始，但对金属材料的发展曾起过重要的作用，而且其中有的至今仍不失为金属学的基本内容之一。后来进而又将显微镜应用到金属材料的检验和研究上，并结合物理化学分析法才逐步揭开了金属材料内部的一些秘密，开始迈向了现代金属学的新领域，形成了金相学，但这已是十九世纪后期的事了。进入二十世纪，特别是三十年代后，相继发明和应用了X射线术、电子显微镜，近年来又发展和应用了场离子显微镜，以及电子探针和电子扫描等新技术，空前扩大了有关金属材料方面的研究领域，使金属材料由宏观到微观、直至原子组态方面，甚至电子结构方面的秘密及其和性能方面的规律都初步揭示出来，其中不少已达到定量的程度，金属学也因而更趋完善了。

我国古代劳动人民和科学工作者在有关金属学早期知识的积累方面有很大的贡献，这从现已发现的大量古代金属遗物中可以看到。例如，精致的冶炼、铸造、锻造和焊接技术，以及惊人的热处理和化学热处理——渗碳工艺等，它表明当时已相当准确地掌握了金属材料的许多工艺性能和使用性能，并应用于生产实践中。另一方面从现存的许多古籍中还可以找到有力的文字证据，除了零星记载外，还有不少系统的文献，其中最著名的有先秦时代的《考工记》（作者难考）、宋代沈括的《梦溪笔谈》以及明代宋应星的《天工开物》等。它们都属于举世公认的，世界上最早或较早的系统的科学技术著作。其中也记载着关于金属材料的冶炼、铸造、焊接、热处理等工艺方法，以及成分、性能和用途方面的珍贵资料，即使今天读起来，也令中外人士惊叹不已。例如，两千多年前的《考工记》中关于六种铜合金——青铜的成分配比、性能和用途方面的论述，与现代青铜几近完全一致；五百多年前的《天工开物》中关于锉刀的制造、翻修和热处理工艺方面的论述也和今日相差无几。事实上，热处理的应用要早得多，据《中国冶金史》（科学出版社，1978）考证，早在商朝即开始采用退火方法来处理金箔，到战国时，已多方面应用各种热处理方法于钢铁了。铸铁的柔化热处理技术比之西方要早约二千三百年。所有这些，生动地说明了我国古代劳动人民和科学工作者的巨大成就和智慧。但是不幸，由于前面所讲到的同样理由，我们在现代金属学的发展上落后了。解放后，随着金属材料和其它科学技术的发展，金属学也得到了发展，近四十年来，无论是在教育或科学研究方面，也无论是在理论或实际应用方面，都已取得了巨大的成绩。相信在党的正确领导下，在向四个现代化进军的新长征途中，金属学和金属材料一样，一定会得到更快的发展，赶上世界的先进水平。

第二节　金属材料的一般特性

金属材料，尤其是钢铁，之所以能够对人类文明发挥那样重要的作用，一方面是由于它本身具有比其它材料远为优越的综合性能，诸如物理性能、化学性能、力学性能、工艺性能，因而能够适应科学技术方面和人民生活方面所提出的各种不同的要求；另一方面，是由于它在性能方面以及数量和质量方面蕴藏着巨大潜力，可供随时挖掘，因而能够随着日益增长着的名目繁多的要求，而不断地更新和发展。

对金属材料性能方面所提出的要求，尽管名目繁多，但是归纳起来大致可分为两大类：一类是工艺性能，另一类是使用性能。使用性能在于保证能不能应用的问题，而工艺性能则在于能不能保证生产和制作的问题，也就是说解决怎么样去应用的问题。

金属材料从冶炼到作为成件使用以前，需要经过铸造、压力加工、机械加工、热处理以及铆焊等一系列的工艺过程，它能否适应这些工艺过程中的要求，以及适应的程度如何，是决定它能否进行生产，或如何进行生产的重要因素。金属材料所具有的那种能够适应实际生产工艺要求的能力统称工艺性能，例如铸造性、锻造性、深冲性、弯曲性、切削性、焊接性、淬透性等等。这类性能虽然是金属材料本身所固有的，但是如何测试和表达它呢？它的物理实质又是什么呢？这是个相当复杂的问题，因为这类性能往往是由几种参变量（包括物理的、化学的、力学的）综合作用所决定的。例如，所谓铸造性能既与金属的熔点、黏度以及液态和固态的膨胀系数有关，又和液态与其周围介质的化学作用以及由此而产生的化合产物的物理性质相联系，企图用单一的物理参量来表示是相当困难的，也是十分繁杂的。于是工程上用特定的所谓流动性、填充性、凝固收缩性、热裂抗力等综合起来表示铸造性能。其它工艺性能，也作类似的处理。

金属材料制作成工件后，在使用过程中，则要求它能适应或抵抗作用到它上面的各种外界作用。随构件和使用条件的不同，这些外界作用是相当复杂的，既有质的区别，又有量的不同。它包括诸如各种力学、化学、辐射、电磁场以及冷热——温度的作用等等。这些作用有强有弱，有大有小，有单一的，也有复合的。例如，作为结构材料，当然一般都首先要求能够分别或同时承受各种动力学或静力学的作用，但随使用条件不同，又会附加对抵抗其它作用的要求。例如：大气下要求抗大气腐蚀；航海中要求抗海水腐蚀；化工上要求抗各种化学介质的腐蚀；电机上要求抵抗或顺应电磁场的作用；原子能工业则要求抗辐射作用；空间技术则要求耐高温或耐低温的性能…等。金属材料满足这些要求的能力，合起来统称使用性能，它包括力学性能、抗腐蚀性能（或化学性能）、电磁性能、耐热性能…等等。这些性能大部分可以和材料的一些基本物理量直接地联系起来，但工业上为了使用的方便，大多是采用模拟实验指标来表示。例如由拉伸试验测出的所谓屈服强度、抗拉强度、伸长率、面缩率；由冲击试验测得的所谓韧性值；新近发展的由裂口试样测得的所谓断裂韧性等即属于此，这些指标和实际有一定距离，因此，改进现有的测试技术和创造新的测试技术，以便更准确地由实验室的小试样反映金属材料的各种构件在使用过程中的实际性能，也是发挥材料潜力的另一个重要领域。

工艺性能和使用性能是既有联系又不相同的两类性能，尽管它们都是金属材料本身蕴藏着的，但由于目的不同，这两类性能上的好与坏或高与低，有时是一致的，有时却是互相矛盾的。例如，一些要求高强度或高硬度或耐高温的材料常常会给压力加工、机械加工、铸造等工艺带来不少困难，有时甚至会达到否定某些材料的程度。因此一方面需要改进加工工具和加工制作方法以提高材料的工艺性能，另一方面应使材料性能具有多变性或多重性以提高其使用性能。大部分钢铁和一部分有色金属材料已在一定程度上具有这方面的许多特点，这也是金属材料的可贵之处。由此可见工艺性能和使用性能之间的这对矛盾的解决过程，也是一个促进金属材料发展的过程。

工艺性能和使用性能的不断改善和创新，是金属材料发展进程中的显著特征，也是将来发展的重要内容。它的潜在能力仍然是很大的，有待于我们进一步去挖掘和发挥。例如，近年来已经发现苗头，利用完整的金属晶体或金属玻璃（非晶态金属）有可能使金属材料的强度提高几倍，甚至几十、几百或几千倍。

第三节　决定金属材料性能的基本因素

金属材料在性能方面所表现出的多样性、多变性和特殊性，使它具有远比其它材料较为优越的性能，这种优越性是其固有的内在因素在一定外在条件下的综合反映。这内在因素首先应从原子结构的特点以及原子间的相互作用来探讨起；其次要探讨金属材料内部原子总体的组合状态——即内部原子总体的运动状态。这个问题所涉及的范围是很广的，有的已超出了本书范围，有的是后续章节将要讨论的，这里先粗略介绍一些基本概念。

组成金属材料的主要元素是金属元素，正如化学上所讲过的，金属作为元素的一大类来说，它的原子结构具有区别于其它元素的一些共性（外层电子较少），这个共性决定了金属原子间结合键的特点，而结合键的特点，又在一定程度上决定了内部原子集合体的结构特征。金属材料内部原子间的结合主要依靠金属键，它几乎贯穿在所有金属材料之中，这就是金属材料有别于其它材料的根本原因。不同金属材料之间的差别只是量上的不同，而不是质上的差别，否则它就不属于金属材料了。所以金属材料之间性能上的相对差别，归根到底是在量上的差异所引起的。而这个量上的差异，若在给定外界条件下，主要是受材料的化学成分制约的，例如，铝、铜、铁之间性质迥然不同，钢和铸铁之间性能差别也很大。但是，同一化学成分，甚至同一结构的材料，它的某些性能仍然可以在一个相当大的范围内发生显著变化。例如，同一化学成分的某种钢的不同制件，其硬度之差可以达到这样的程度，以致一个可以切削掉另一个，而这是受我们称之为“组织”和“结构”的因素所控制的，它实质上也是原子集合体内部运动状态不同的另一种表现。由此可见，化学成分，原子集合体的结构以及内部组织是决定金属材料性能的内在基本因素，金属材料性能方面的多变性，也正是通过这三个内在因素的多变性而表现出来的。

在金属学中，组织这个概念是指用肉眼或借助于各种不同放大倍数的显微镜所观察到的金属材料内部的情景。习惯上用放大几十倍的放大镜或用肉眼所观察到的组织，称为低倍组织或宏观组织；用放大100~2000倍的显微镜所观察到的组织，称为高倍组织或显微组织；用放大几千倍到几十万倍电子显微镜（以下简称电镜）所观察到的组织，称为电镜显微组织或精细组织。为了初步建立组织概念，先观察几张组织照片。图1-1是同一金属材料的两种不同铸锭的低倍组织照片。显然两者是有区别的，它也反映到加工工艺性能的差异，即（b）较（a）的锻造性差。图1－2是含碳量为0.35%的钢（a）和含碳量很低的纯铁（b）在相似外界条件下的组织照片，它们在力学性能上的反映，是（a）较（b）的范性和韧性较差，而强度和硬度较高。图1－3是同一种铸铁由于条件不同而表现在组织上的差别，反映在性能上的差异是（b）较（a）耐冲击，强度也高。图1－4是一块耐热合金的同一试样，分别在光镜（a）、（b）和电镜（c）不同放大倍数（×100，×1000及×10000）下的组织。显然，放大倍数越高，观察到的组织越精细。以后将会知道，仅仅在精细组织中才能发现到的差异有时却可以使宏观性能发生很显著的变化。

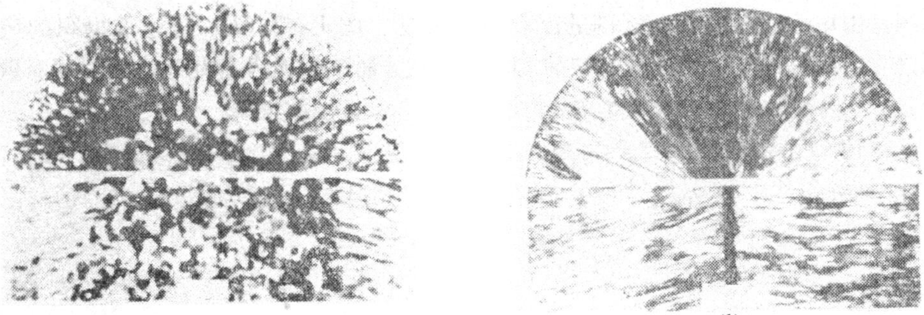

(*a*)　(*b*)

图1－1　具有等轴晶区（a）和没有等轴晶区（b）的铸锭低倍组织（×0.3）

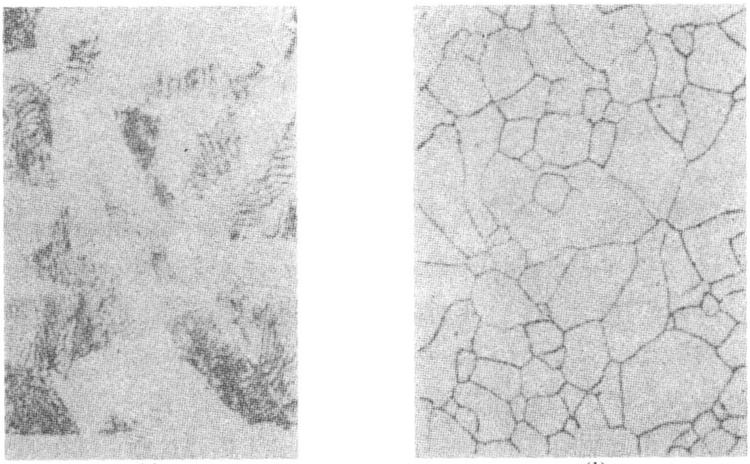

(*a*)　(*b*)

图1－2　含碳量为0.35%的钢（a）（×450缩1/3）和纯铁（b）（×250）的显微组织

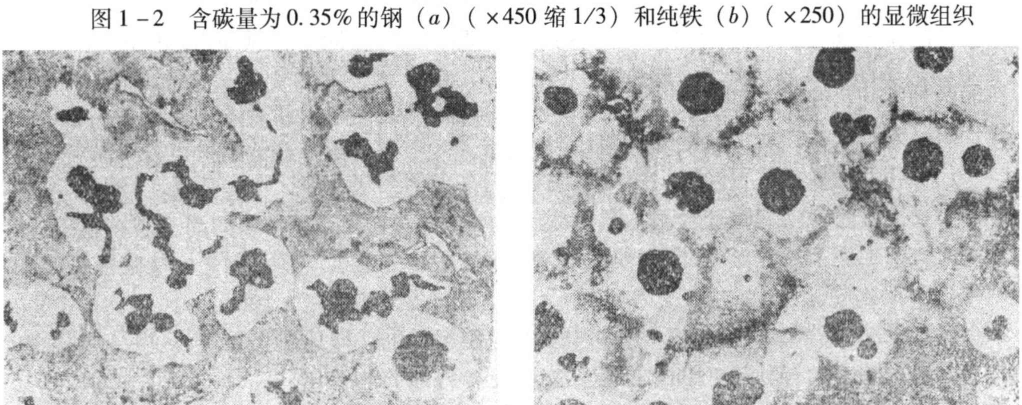

(*a*)　(*b*)

图1－3　铸铁的两种不同组织（×250）

很久以来组织就是金相学的主要研究对象，金相学发展为金属学后，组织仍然是金属学的重要组成部分。组织形态是多种多样的，非常复杂的，这从上面照片中也可以初步看出来。但如果仔细观察分析，便可以从复杂现象中发现，组织具有一个共同的较普遍的特征，即它是由许多好像生物学上的细胞似的小单元所组成的。组织形态的复杂性是由于这些小单元的形状、大小、相对数量和相对分布不同而产生的。以后将会知道，这些小单元的成分和结构也可以不相同。金属学中称这些小单元为晶粒，它是组织的基本组成单位，各晶粒之间通过其界面相互紧密结合在一起，这些界面叫晶界（其中有的或称相界）。简单的组织是由单一的、形状较规则的晶粒所组成的，图 1 - 2（*b*）是这种组织的典型照片。总之，组织一词的含义包括晶粒的大小、形状、种类以及各种晶粒之间的相对数量和相对分布。

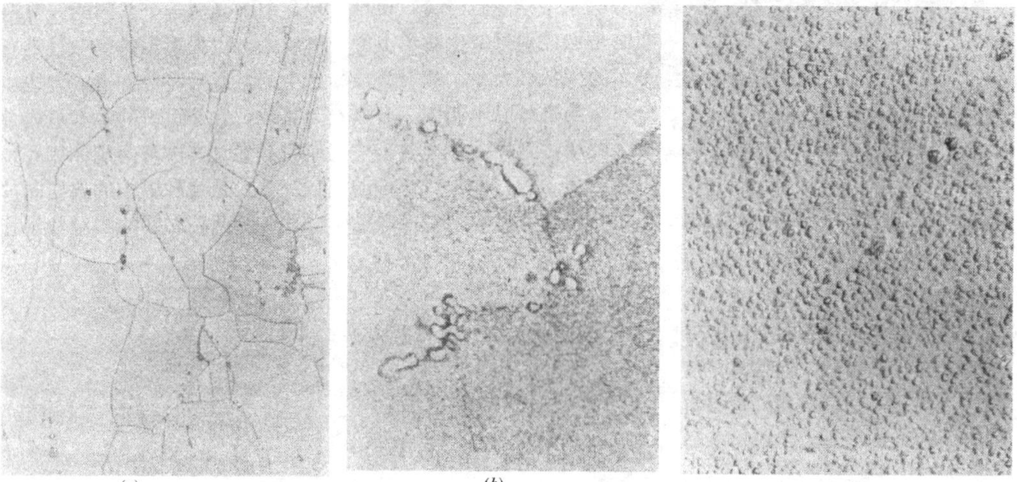

(*a*) (*b*) (*c*)

图 1 - 4　同一块镍基耐热合金在不同放大倍数下的组织

（*a*）×100；（*b*）×1000；（*c*）×10000

进一步分析表明，每个晶粒内部，事实上也不是单一的，即使最简单的组织也往往如此，它是由更细小的单元所组成的（参看图 9 - 10），人们称这些更细小的单元为“亚晶粒”或“亚晶”，其含义是晶粒中的晶粒。亚晶之间有亚晶界；亚晶的形状、大小和相对分布也随条件的不同而变化，人们将这些内容归于“亚组织”一词中，意即组织中的组织。

X 线分析表明，一个完整的晶粒或亚晶内部（事实上，它们大多含有各种缺陷）是由同类的原子，或不同比例的异类原子，按一定规律结合在一起的，并可用严格的几何图案来表达出来。随成分或其它条件的不同，代表原子组成规律的这种几何图案可以是多种多样的，关于它的形式、分类和组成等问题是晶体学所研究的主要内容，所以金属学中用“晶体结构”这个词来概括它，简称“结构”。严格说，“结构”是指原子集合体中各原子的具体组合状态。

成分、结构和组织三者既相互区别，又相互渗透，并分别在不同程度上相互制约着，它们的综合作用决定了金属材料的性能。当各种外界条件（如温度、压力和其它物理化学作用等）影响到内在因素时，才会对金属材料产生实质性的效应，即才会影响或改变金属材料的性能。各种性能受内在三因素的控制作用，其程度或大小是不同的。不言而喻，化学成分应是基础，只有在这个基础上，才能谈到结构和组织的作用。

当化学成分给定时，金属材料的某些性能主要是由结构类型所控制的。有些性能对结构的变化，特别是组织的变化很不敏感，以致从应用角度来看，几乎可以忽略不计。我们将这类性能列为对结构组织不敏感（或弱敏感）的性能。金属材料的密度、弹性模量、热膨胀、熔点、热传导、比热、电阻（金属）、电化学位、热电性、顺磁和逆磁性、光反射、抗辐射性等即属于这一类。其中有的对成分的变化也不大敏感，例如，一般工业用钢，无论碳钢或低合金钢，其弹性模量大致稳定在 215745 兆帕（22000 公斤/毫米^2）左右；普通黄铜，即使合金元素锌由零增至 40%，它的弹性模量的变化也仅 5% ~6% 而已。

金属材料的另一类性能，对结构组织的变化反映很敏感，我们称它为对结构组织敏感的性能，属于这一类性能的有屈服强度、抗拉强度、断裂强度、硬度、韧性、伸长率、面缩率、滞弹性、蠕变、铁磁性（包括导磁系数、残余磁感、矫顽力）等。正是在这些性能上，组织和结构才能显示出作用来。因此，结构组织受到高度重视，而成为金属材料学的重要内容。

上述分法，当然只是相对的，因为有时外界条件还会对某些性能起相当大的作用，例如，随着温度的降低，电阻对结构组织的敏感性会越来越显著。在低温下，特别是对一些半导体材料来说，电阻对结构组织是很敏感的。

第四节　冶金生产与质量控制

现代科学技术的发展，已为金属材料的生产、制造和应用展现出一个更广阔的新天地，它除了使产量迅猛发展外，也使质量提高到前所未有的高水平。数量与质量应是辩证的统一体，没有数量当然谈不到质量，但没有质量的数量却往往是空的。因此，在产量大发展的时代，质量问题必须放在突出地位。一吨高质量的钢制品有可能抵两吨或更多些的普通钢制品使用；反之，低质量的一吨钢，也许还抵不上半吨用。问题就是这样尖锐地明摆着，对质量必须给予足够的重视。

质量问题包括的项目是多方面的，但概括起来一句话，是如何发挥现有金属材料潜力的问题。这里不谈尺寸规格等，单从金属学的角度来看，是如何根据要求充分保证成分、结构和组织，从而保证和提高性能的问题，最终归结到材料制品的使用寿命问题。

在金属材料由冶炼、铸造、加工、热处理到制作成工件、并使用直至报废的整个历程中，每个环节的各种外界条件，大多都在或大或小、或多或少地影响着那些决定其性能的内在基本因素。

化学成分（包括所谓杂质和夹杂物等）主要是由冶炼和铸造，特别是由冶炼来保证的，冶炼和铸造条件的任何变化都会影响到成分的改变。现代一些新的冶炼和浇注技术，如真空熔炼、真空浇注、氩气保护、电渣重熔以及各种自动化装置和设备的应用，其目的都在于（或主要在于）首先保证材料的规定成分和纯洁度，而后再在这个前提下提高产量和生产率。成分的保证还不只限于此，除冶炼和浇注外，在某些情况下，后步工序如各种加工和处理条件，有时也会或多或少地改变表层成分。如前所述，成分是基本因素，对某一具体应用材料来说，成分保证时，它的一些对结构组织不敏感的性能也就保证了。但是，成分给定时，组织结构仍然可以随条件而变化，所以成分并不能确保材料的实际结构和实际组织，因而也就不能确定它的那些对结构组织敏感的性能。

结构组织除了受成分制约外，还要由铸造条件、压力加工条件、特别是热处理条件来确定。其它条件，如机械加工、焊接等也有影响，有时影响也不小，但只限于工件的表层或局部。此外，在使用过程中，结构组织也会变化，机械零件或其它构件的破坏不少是由此而发生的。由此可见，上述各个环节的工艺参变量或条件，对结构敏感性能来说是非常重要的。在这里质量控制问题就在于，在完成各工艺直接目的的同时，如何确保材料内部所预期的结构和组织。这必须首先掌握结构组织的形成和变化规律，才能合理地制定工艺。现代化的各种铸造、加工和热处理等新工艺，以及为适应这些新工艺的各种现代化的新设备和装置，已经有可能把保证或改善结构组织、提高质量推进到一个崭新的水平上。例如：连续轧制新技术的应用，由于温度、时间、压下量和轧制方向等工艺参数能够按要求进行严格地自动化控制，结构组织也就可以得到充分的保证，尺寸规格的精确度也提高了，这便将高质量和高速度紧密结合起来了；连续浇注技术产量大，工作条件好，并有可能改善铸锭组织和提高钢的纯洁度；合精炼与浇注于一体的电渣重熔新技术，使成分和组织结构同时都大为改善；其它如离心浇注、悬浮浇注等也都对组织结构的改进取得了较好的效果。

总之，现代化的冶金生产技术必须是高速度与高质量相结合，忽视高质量的高速度造成的损失将更大，这是不能允许的；当然，也不能走到另一极端，而不顾产量。多、快、好、省才是正确方向，控制或提高质量，必须从内在因素去着眼，它是决定材料性能和使用寿命的根本。

第五节　金属学的研究对象、方法和目的

金属学是关于金属材料——金属和合金的科学，它的中心内容应是研究金属和合金的成分、结构、组织和性能，以及它们之间的相互关系和变化规律。目的在于利用这些关系和规律来指导科学研究和生产实践，以便更充分有效地发挥现有金属材料的潜力，并进而创制新的金属材料。金属学基本上是一门应用科学，也是一门偏重于实验的科学。

金属学的研究方法可分为实验和理论两个方面。

分析成分，测定结构，观察和鉴别组织，测试性能以及从动力学方面分析结构和组织的形成和变化，应是金属学的基本实验内容。X 线分析法、光学显微镜（以下简称光镜）分析法、电镜和电子探针等技术以及各种测试力学、电磁学、热学和化学性能的实验技术等等，则是进行金属学试验的重要方法和手段。

研究组织的最简单的方法是肉眼观察，这种方法称为宏观分析法，它能分辨出金属和合金的低倍组织——材料在宏观范围内的化学的和物理的不均匀性，如铸件的偏析、气孔、疏松、裂纹、晶带、压力加工所造成的流线、经化学热处理后的渗碳层、断口的形式（韧断或脆断）等等。宏观分析作为一种检查产品或半成品质量的方法，现在仍然广泛地应用于生产上。

观察细微组织可借助于光学显微镜。在光镜下所观察到的组织，一般称为显微组织。光镜由于受到光波长的限制，分辨能力约为 1.5×1.0^{-4} 厘米，有效放大率为 1000～1500 倍。观察更细致的组织，必须借助电子显微镜。电镜的分辨能力可达 $10^{-6}\sim10^{-7}$ 厘米。在电镜下所观察到的组织称电镜组织。此外，场离子显微镜的应用，可将分辨能力进一步

提高，而达到近于原子大小的尺度。

利用 X 线衍射方法可以测定金属和合金内部各种相的晶体结构，电子探针（微区 X 线谱分析）则可用于分析组织中显微区域内的化学成分。

借助于机械的、电学的、热学的、热电的、磁学的和化学的实验方法可以测定金属和合金的各种有关性能。同时，由于性能的变化是结构组织变化的反映，所以也可以利用这些方法来间接地研究结构组织的形成和变化过程。

金属学理论方面的研究主要包括热力学、分子动力学以及电子理论在金属学中的应用。热力学分析法用于研究合金系中相的形成和相平衡的条件以及条件变化时相变的方向、限度和驱动力。分子动力学分析法则用于研究金属和合金中各种转变过程中的速度和机理方面的问题。电子理论可使有关结构和性能方面的研究更深化一步。

在实际的研究工作中，通常是将各种实验方法结合起来，取长补短，相互补充，取得可靠的资料或数据，再进行理论的分析和综合，找出规律性的东西。金属学已有的基本原理是由此而取得的，进一步的理论也得靠此来探索和补充。

本书作为普通金属学教科书，着重阐述基本概念、基本理论及其在碳钢、铸铁、合金钢和有色金属及合金等实际材料中的应用，为学习其它专业课奠定基础。

第二章　金属和合金的固态结构

在第一章已指出过，结构是决定金属材料性能的内在基本因素之一，因而它是理解许多有关材料问题的一个重要关键，是金属学的重要内容之一。

物质的结构是物质在一定外界条件下，其内部数以亿万计的原子或分子运动的综合表现，而原子的尺寸又很小，以埃（Å）计，属于亚显微领域，所以描述结构时，一方面要有运动观点，另一方面又必须抽象化，用模型来比拟，这就要学习如何正确地去对待抽象与具体的关系。

本章所讨论的问题仅限于金属和合金组织中各种晶粒内部及其内外界面上的原子集合体的组合状态，而不牵涉到组织问题。组织中的每一个晶粒本身各有它自己的特性，它会显著影响金属和合金的性能，特别是组织敏感的性能，所以联系到性能时，也应注意到这一点。

第一节　金属与合金

自古至今，人类创制和应用的金属材料，其中绝大部分是由两种或多种元素所组成的。例如：各种碳钢和铸铁至少都含有 Fe、C、Si、Mn 等元素；普通黄铜，起码也是由 Cu、Zn 两种元素所组成的，由于其中作为主体的是金属元素，又大多是通过冶炼或熔合而成的，并在宏观上都具有一般金属元素所具有的共同特征，所以在金属学中，把这一类材料或物质通称合金。组成合金的元素，称合金组元。合金或单以其主要组元来命名，例如，铜合金、铝合金、铁合金等；或以其组元合称来命名，例如铜镍合金、铝铜合金、铁碳合金等；或另起专名，例如钢、铸铁、硬铝、青铜、黄铜等。

金属材料的发展史，实际上是一部合金研制和应用的历史。纯金属只是在现代科学技术的基础上，才有可能进行较大量的生产和使用。而且所谓纯也只有相对意义，绝对的纯是没有的。通常将那些基本上是由一种金属元素组成的材料或物质叫做纯金属，并随其纯度的不同而分为工业纯金属和化学纯金属（或超纯金属）两类，每类又按纯度规格而分为若干种。实际上，通常进行工业生产和使用的纯金属大多属于前一类；后一类需要特殊方法和设备才能制造出来，产量有限，多用于科学研究，尖端技术或某些特殊生产领域。现代科学技术已能制造出纯度达到 99.999% 以上的纯金属，一些半导体材料的纯度甚至可达到（$1^{-10} \sim 10^{-10}$）。然而，无论纯度如何高，总或多或少的含有微量其它元素，通常将这些微量元素叫做杂质。

事实上，很难在这些含有杂质的所谓纯金属与合金之间划出一条严格的分界线。凡是有益的，有意识的加入或存留在某一金属材料中一定数量的元素，称合金元素；那些无益的、偶尔混入的或难于除净而存留下来的元素，称之为杂质。因此，不仅所谓纯金属会含有杂质，而且合金中也会含有杂质。的确有不少合金和金属，正是由于某些所谓杂质的作用，而使其规定的性能恶化，从而影响其具体应用，甚至报废。冶炼正是通过去除杂质和保证规定化学成分这两方面而表现其技术高低和方法优劣的。但是，必须指出，同一种元素对某一材料来说可以是合金元素，而对另一种材料来说却可能是杂质。甚至同一种材料中的同一元素，对某一要求来说可能是有利的，因而它是合金元素；但对另一要求来说可能是有害的，因而它是杂质。例如，钨铬钒钢中的 Si 和 Mn，是作为杂质元素来看待的；但在硅锰合金钢中，则成为主要合金元素。硫在一般钢中，都把它看做很有害的杂质，需要严格控制其含量；但在易削钢中却成了受欢迎的合金元素。总之，在我们学习金属学时，必须正确地看待金属与合金、纯与不纯以及杂质与合金元素之间的关系。

在以纯金属为基础讨论结构问题时，无论是所谓杂质或合金元素，我们都把它们当做异类原子来对待。对某一具体材料来说，所谓杂质和合金元素对结构和性能的作用很可能是有显著区别的，但从材料总体来看，它们是无法区分的。

总之，无论从理论上或从实用上来考虑，很难将纯金属和合金截然分开，在学科名词上也如此，广义的“金属”是包括合金在内的。但通常为了叙述的方便，大多分开来处理。

第二节　金属和合金的典型结构模型

电镜和场离子显微镜等新技术的相继发明和应用，虽然已能将人的感觉器官的功能延伸到超微观领域，直接观察到原子或分子组合状态，但目前来说，结构的确定仍然大量依靠 X 射线衍射技术来进行。根据 X 射线探测结果，除非特殊处理，在固态下的金属和合金都属于结晶体类的物质。所谓结晶体（或简称晶体），在过去是指天然具有规则几何外形的物体。事实上，规则外形只是内部结构的特殊反映形式之一，并不能完全代表其实质，实质是其内部原子或分子的组合态是否可用规则的立体几何图案来表达。前章已经指出过，金属和合金的组织单元是晶粒，一个完整的理想晶粒，它内部的原子或分子是按严格的规则几何图案相互组合起来的。这种组合图案的形式，随晶粒化学成分或其它条件的不同，虽可以是各种各样的，但归纳起来，可以用下节将要讨论的七大晶系中的 14 种空间图案来描绘。为了初学的方便，这里先形象地讨论三种结构，它们在金属和合金中具有普遍性和典型性，特别是其中的两种，也是讨论其它结构的基础。

一、纯金属的典型结构模型

为了便于理解，可以把金属原子的集合体看作是由同样大小的刚性球以最密集或次密集的形式堆砌起来的。

1. 面心立方和密集六方结构模型

晶体的密集刚性球模型可看作是由无数多的刚性球密集平面依次一层层地堆砌起来的，每个球代表一个原子。容易想象，在一个平面上，如果用同一尺寸的刚性球以最密集的形式单层堆砌起来，则只能得到如图 2－1(a)所示的唯一形式：每个球周围都有六个球与其相切，并在其周围形成六个三角间隙，即每三个原子之间有一空隙。这就代表着晶体中一个密集的原子平面，简称晶面。在这个晶面上，如果用 A 表示原子中心位置，并任选一原子中心作为参考点，把它周围的六个三角间隙相间地各取其三而分为两组，各以 B 和 C 来表示其中心位置，那么，在这个晶面上边再密砌同样的第二层时，其位置可由相似的两套位置 B 和 C 中任选一套，也只能选一套，即第二层原子只能对准 B 或 C。也就是说，第二层和第一层间沿水平方向的相对位移向量只能是 AB 或 AC。但无论选哪一套，结果并无多大差异。今设第二层的位置相应于 B，即第一、二层间的相对位移向量为 AB，如图 2－1(b)所示。当在第二层上边再密砌第三层时，虽然也可由相似的两套位置中任选一套，但由于这时要考虑三层相互间的相对位置，第三层选择的位置不同，所得结果也就迥然不同：

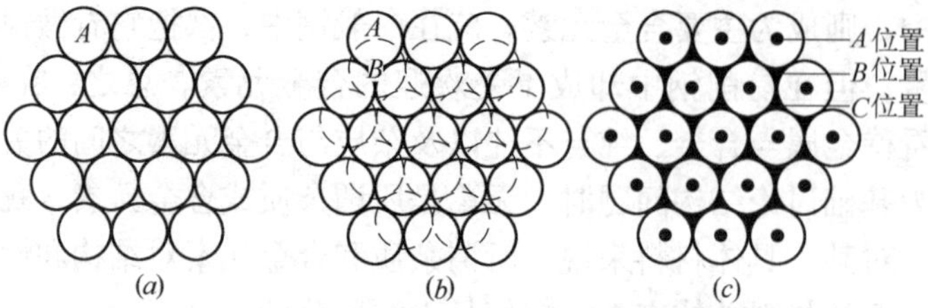

图2－1　密集晶体中的原子堆集模型

一种选择是，第三层取相当于第一层 *C* 的位置，即第三层相对于第二层沿水平方向的位移向量仍为 *AB*，或者说，三层间都是相互错开的。它们的堆砌顺序可用 *ABC* 来表示。若以下一直按这种顺序重复堆砌下去，即任何相邻两层间的相对位移向量都相当于 *AB*，那么就形成 *ABC ABC*…这样的堆砌序列。若用符号△表示相邻层间按位移向量 *AB* 而堆砌，则这种序列也可用△△△△△△…来描述，参看图2－1(*c*)。

另一种选择方式是，第三层取相当于第一层 *A* 的位置，即第三层相对于第二层沿水平方向的位移向量相当于 *AC*，而不是 *AB*，这样，第三层便与第一层垂直相对，若一直即按这三层的顺序重复堆砌，便形成 *AB AB AB*…序列，或△▽△▽△▽…序列，其中△同上，而▽表示相邻层按位移向量 *AC* 而堆砌。

显然，按这两种序列堆砌，最后都会得到所能达到的最密集的结构形式，经计算，在这两种结构中，原子都占总体积的74%，空隙都占26%，即它们的致密程度完全是一样的；每个原子周围都有12个等距离紧邻的原子，即配位数都为12，各原子间的相应空隙，其大小、形状和数量也完全一样，即每三个原子之间有一个处于三角中心的空隙，每四个原子之间有一个处于四面体中心的空隙，每六个原子之间有一个处于八面体中心的空隙，它们依次分别称三角间隙、四面体间隙和八面体间隙。但是，如果从两种结构中同按规定法则各选取一个具有代表性的最小单元，如图2－2（*a*）、（*b*）所示，那么它们间的差异便充分显露出来了。图中右边代表原子具体的堆砌形式，左边代表连接原子中心位置的立体几何图案，我们称（*a*）为面心立方结构晶胞，（*b*）为密集六方结构晶胞。晶胞沿其三个棱边，按一定向量依次向空间平移便得到相应的结构。所以一般多用晶胞来描述晶体结构。图中（*b*）的密集面，即六方体的底面，它的堆砌顺序可以明显地看出来；但（*a*）中的密集面，显然并不是立方体的各个侧面，而是以立方体的体对角线作为法线的那些原子面，即连接立方体三个相邻侧面上的三条面对角线而组成的晶面，如图2－3所示。沿着这些面的法线方向（即平行于体对角线的方向）就可以看出堆砌顺序了。

X线结构分析结果表明，在常温下，铜、金、铅、铝、铂、铱、银、钍、铑、钯、…等金属具有面心立方结构；而镁、锌、钴、钛、锆、铍、镉、…等属于或近似于密集六方结构（参看表2－3）。

2. 体心立方结构模型

金属结构除上述两种密集的形式外，还有一种次密集的形式，也是较普遍的，它的晶胞模型如图2－4所示，这种结构叫体心立方结构。铬、铁、钼、铌、钨、钒、钽、锂、钾、…等金属在常温下都具有这种结构（参看表2－3）。

在体心立方结构中，不存在图2－1那样的原子密集面，但却有和它相似的次密集面。

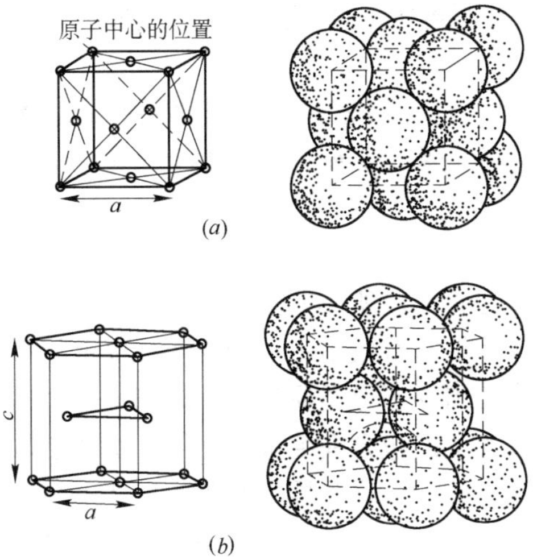

图 2－2　面心立方结构（a）和密集六方结构（b）的晶胞模型

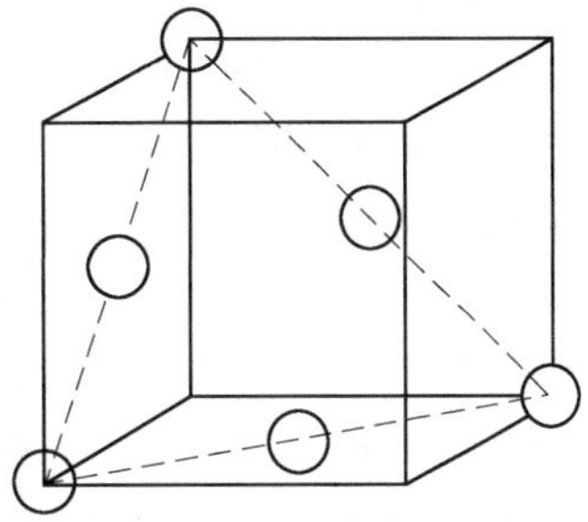

图 2－3　面心立方晶胞中的原子密集晶面之一

这个次密集面即晶胞中联结立方体的两个斜对边所组成的晶面。若将这个面单独取出来，并向四周铺展开，则将如图 2－5 所示，图中虚线标出的长方形表示晶胞部分。若与图 2－1相对比，便可以看出它与密集面的差别来。在这里，密集方向只有两个，如图中用 P 和 Q 所标出的那两条直线的方向，而不是三个。这两个密集方向正好相当于晶胞中两个立体对角线的方向。显然，它的空隙比例较密集面要大，即其致密度较低。体心立方结构就是由这样的晶面，按 $AB\ AB\cdots$序列依次堆砌起来的，图中黑点代表第二层的位置，第三层则与第一层垂直相对，以下依此类推。

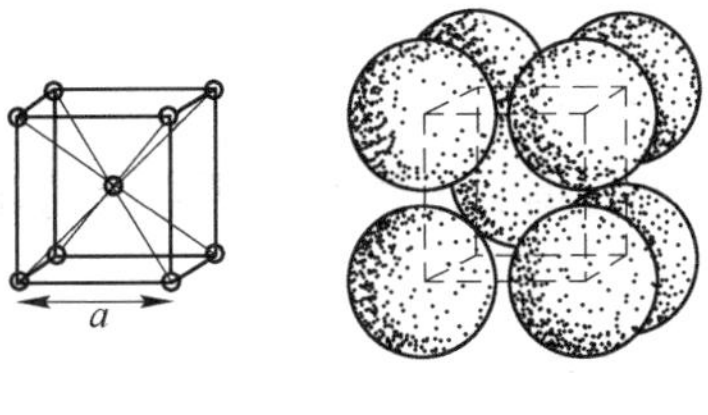

图 2－4　体心立方结构的晶胞模型

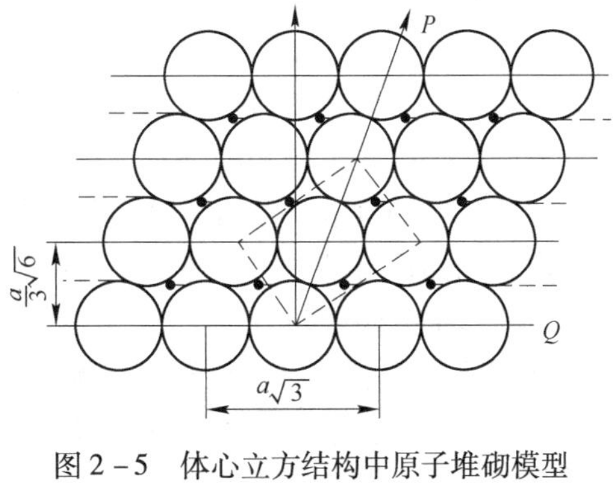

图 2－5　体心立方结构中原子堆砌模型

在体心立方结构中，每个原子有八个与它相切的原子做近邻，此外还有六个不相切的近邻。其致密度虽较低（原子占总体的 68%，空隙占 32%），但它和密集结构很相近。可以设想，它是由密集结构演变来的。若在图 2－1(a)中，沿密集面上三个密集方向之一，例如沿水平方向，使相邻各列原子间依次发生某一定量的相对位移，位移量不超过原子间距的二分之一，就会使每一原子周围的那六个间隙，每两个串通起来合成一个较大的间隙，从而使原子相切的三个密集方向之一遭到破坏，但其中之二仍然保留着，最后就变成了图 2 -5 中体心立方结构的次密集面，这样的晶面再按上述序列堆砌，便成体心立方结构。

以上讨论了金属中最普遍的三种典型结构模型，应熟悉密集或次密集晶面的结构特点，以及这些晶面的堆砌规律。要注意局部与整体的关系，晶胞结构与整个结构的关系以及原子堆砌形式与空隙形状和大小的关系。

二、合金中的典型结构

类似上述三种结构形式，在合金中也是普遍存在着的。所不同的是在合金中每种结构都是由两种或两种以上的原子组成的。也可以形象地把它看成是由两种或两种以上的不同刚性球堆砌起来的。换句话说，若在上述三种结构中出现了异类原子，便组成了合金的三种典型结构。这样看来，合金的三种典型结构，事实上已包含在纯金属中了。正如上节所述，一般所谓纯金属，其中总会或多或少地含有异类原子，这些异类原子，虽然不一定会出现在每一个晶胞中，但它总是分散在晶体内部的。根据异类原子（或合金组元原子）在晶体中的相对分布状况，合金中三种典型结构可有下述三种形式：

(1) 异类原子按任意比例（在一定成分范围内）统计式地分布在各类结构中各相应晶面上，并处于与主组元相似的正常位置上，犹如主组元的一部分原子被其它组元的原子所取代似的，如图 2 -6(*a*)所示，但始终保持着主组元的结构类型。这类结构属于代位固溶体结构。例如 Cu - Ni 系中可组成面心立方结构；Fe - Cr 系中可组成体心立方结构；Mg - Zn 系中可组成密集六方结构；Fe - Ni 系中既可组成以 Fe 为主组元的体心立方结构，又可组成以 Ni 为主组元的面心立方结构。此外，异类原子也可以不是统计式的分布，而是按一定顺序的分布，这种结构称为有序固溶体结构。

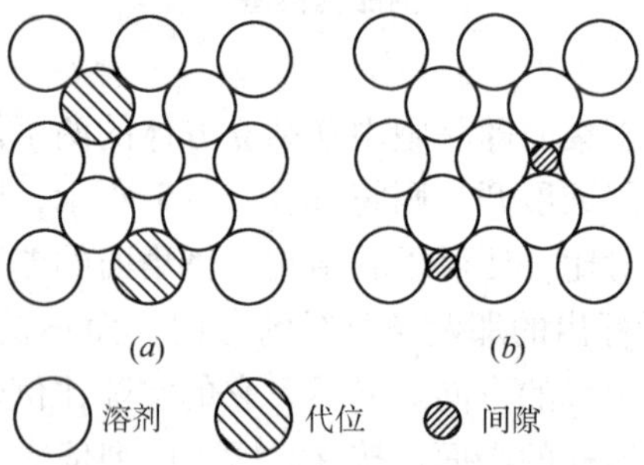

图 2 -6　面心立方代位固溶体（*a*）与间隙固溶体（*b*）的结构模型

(2) 异类原子分布在主组元原子间的空隙中，如图 2 -6(*b*)所示，这种结构属于间隙固溶体结构。例如铁与碳可组成体心立方结构，其中碳原子占据着由铁原子所组成的体心立方结构中的一部分间隙位置。

(3) 各组元原子按一定比例和一定顺序，共同组成一个新的、不同于其任一组元的典型结构，这种结构属于金属化合物类型。例如，CuZn 和 NiAl 都是体心立方结构，在它的每个晶胞中，Zn 或 Al 原子占体心位置，而 Cu 或 Ni 原子则占八个顶角位置，或者相反。它既不同于 Cu、Ni 或 Al 的面心立方结构，也不同于 Zn 的密集六方结构。

除此而外，合金中由于原子大小不同，还有其它密集结构形式，留待以后讨论。这里要特别指出的是异类原子间相对尺寸所引起的新问题。既然是异类原子，它们的尺寸就会有或多或少的差别，显然，由它们组成的代位密集晶面，就不会和同类原子组成的晶面那样整齐，由这些晶面堆砌成的晶体就会发生不同程度的畸变。即便是间隙固溶体结构，填入空隙的原子，其尺寸也不会和空隙的尺寸一样大小，这样也会引起畸变。所以，纯金属和合金虽然可以同属典型的密集或次密集结构，但即便从纯几何的角度来看，二者之间还是有差异的。这种差异必然会反映到性能上来，特别会反映到对结构敏感的性能上来。

第三节　晶体学简介

晶体学是研究物质固态结构的科学，它包括几何晶体学，分子或原子晶体学等，这里应用它的一些基本概念，以利于进一步分析金属晶体结构。

一、空间点阵、单胞

上节讨论过的金属典型晶体结构，虽然只是晶体结构的几个特例，但是它也反映了晶体结构的一些通性，即晶体内部原子或分子堆集的规律性。这种规律性在一定程度上，既表现在一条直线上，也表现在一个平面上，进而扩展到空间中。

由图 2－1(a)和图 2－5 可以明显看出，在给定晶体中的任一晶面上，通过任意两个原子中心位置的直线上，原子（或分子）都是周期性地重复出现，或者说原子（或分子）都是等距离的排列着。一条直线上相邻两原子中心的距离，称之为排列周期。这条联结原子中心的直线所代表的方向称晶向。晶向不同，周期也不同。另外，由金属典型晶体中晶面按一定顺序堆砌而成晶体这一事实可以推出，一个已知晶体中的任意一个给定晶面，总是沿其法线方向周期性地或等距离地重复出现，不同晶面之间的差异也只是重复的周期或面间距不同而已，这是晶体规律性的普遍特征。对一个具体晶体来说，重要的是其原子（或分子）排列最密的晶向周期和最密的晶面周期，随晶体的不同，其周期各不相同，这个周期应是晶体的重要标志之一。

空间点阵正是基于上述分析而来的。

可以设想，假若按某些规定的周期，在晶体中适当选取三组互成一定角度的不同平面，三组面的周期随晶体的不同，相互之间既可以相等，也可以不相等。现在，如果摆脱具体晶体，将这三组面单拿出来，那么它们在空间将相互交截，其交线将形成一个空间网格，称之为空间格子。如果再摆脱那些交线，只留下交点，那么在空间便出现一个由无限多几何点组成的阵列，这就叫空间点阵，如图 2－7 所示，二者对描述晶体具有相同的意义。

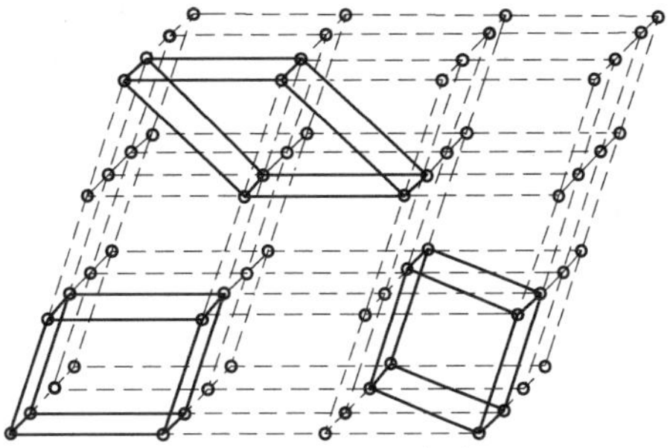

图 2－7　空间点阵

空间点阵中的各个点叫阵点，它只具有几何意义，其特点是，每个阵点都具有完全相同的环境。只有结合具体晶体，它才具有实际意义。当构成空间点阵所选的那些面皆为晶面时，阵点即相当于晶体中原子（或分子）的位置。一种空间点阵，以其阵点作参考，可以在其上描述许多种物质的原子（或分子）组合状态。这样，就可以将千万种物质的各式各样的结构归属于有限的几种点阵类型中。

为了分析的方便，我们可以在空间点阵中选取一个能够反映其特点的最小单元来作为代表。一般来说，只要取最邻近的这样八个阵点，以其为顶点能够构成一个体积最小、对称性最高的平行六面体，就可以了，如图 2－7 中前左下方所示。这个六面体构成了点阵的基元，称之为单胞，有时也叫基胞。单胞上每个顶点分属于八个相邻的单胞，所以这样的一个单胞平均只有一个阵点，这种单胞叫做简单单胞。单胞沿其三个相邻的棱边向外连续平移扩展，便组成了空间点阵。表征单胞或点阵特性的是其棱边的相对长度和相互间的夹角，空间点阵的类型正是以此而划分的。

二、晶系

根据晶体学的分析和综合，所有千百种晶体都可归属于下述的七个类型，称之为七大晶系。晶系是以空间点阵类型来划分的；而空间点阵类型则可以用其单胞的特征参数相区别。

可任意选取单胞的一个顶点作为参考坐标原点，如图2-8所示，并以通过此顶点的三个棱边分别作为坐标的三个轴 X、Y 和 Z，称之为晶轴。晶轴分别以单胞各相应边的长度 a、b 和 c 作为量度单位。对一定的点阵来说，各晶轴之间的夹角为定值，通常以 α、β 和 γ 分别表示 YZ、ZX 和 XY 轴间夹角。这六个量（a、b、c 和 α、β、γ）就是表征点阵特征的六个参量，通常叫点阵参数，前三个有时叫点阵常数。根据这六个参数间的相互关系，空间点阵可归纳为七个类型（参看图2-9中的（1）、（2）、（4）、（8）、（9）、（10）、（12））。由此而将晶体分为七个晶系如表2-1所示。

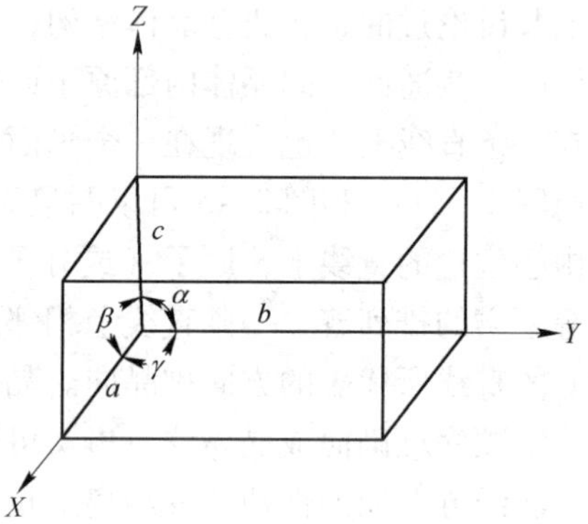

图2-8　空间点阵单胞的特征参数

表2-1　晶系及其点阵特征

序　号	晶　系	空间点阵特征	晶体例证
1	三斜晶系	$a \neq b \neq c$，$\alpha \neq \beta \neq \gamma \neq 90°$	$K_2Cr O_7$
2	单斜晶系	$a \neq b \neq c$，$\alpha = \gamma = 90° \neq \beta$	$CaSO_4 \cdot 2H_2O$
3	正交晶系（斜方晶系）	$a \neq b \neq c$，$\alpha = \beta = \gamma = 90°$	Fe_3C
4	六方晶系	$a = b \neq c$，$\alpha = \beta = 90°$，$\gamma = 120°$	Zn，Mg，Ni
5	菱方晶系（三角晶系）	$a = b = c$，$\alpha = \beta = \gamma \neq 90°$	Sb，Bi，As
6	正方晶系（四方晶系）	$a = b \neq c$，$\alpha = \beta = \gamma = 90°$	TiO_2，β-Sn
7	立方晶系	$a = b = c$，$\alpha = \beta = \gamma = 90°$	Fe，Cu，NaCl

这七个晶系各单胞之间的相互关系，也可这样来理解：若以立方单胞为基础，将它沿一边延伸或压缩便得到正方单胞；若分别沿两个相邻边作不等的延伸或压缩则得正交单胞；若沿一个体对角线延伸或压缩则得菱方单胞；而后再将正方单胞沿上下底面对角线压缩，使其一角为120°，即得六方单胞（图2-9中的（8）实际是三个单胞）；再将正交单胞沿上下底面对角线延伸或压缩即得单斜单胞；再将单斜单胞变形使 $\alpha \neq \beta \neq \gamma \neq 90°$，即得三斜单胞。

三、复合点阵、复合单胞、平移点阵

前边已讨论了简单点阵及其单胞，其特点是，只有单胞的顶角有阵点。若单胞中除了八个顶角上的阵点外，还在其它位置，例如面心，体心或棱的中心等处也分布着阵点，那么这种单胞就叫复合单胞。复合单胞沿三个晶轴在空间重复平移而组成的点阵称复合点阵。复合点阵这一概念的引入非常重要，它有利于描述晶体结构。

布喇菲（Bravais）证明，在七大晶系中，除了前述的七种简单单胞外，还可以有七种不同的复合单胞（参看图 2－9 中（3）、（5）、（6）、（7）、（11）、（13）及（14）），也就是说，共有 14 种点阵，如图 2－9 所示，有了这 14 种点阵就足以描述所有晶体结构了。这 14 种点阵，无论是简单的或复合的，都可以看作是单胞中的阵点沿三个晶轴，分别以三个点阵常数为单位矢量作平移运动而组成的，所以也称平移点阵，或称布喇菲点阵。

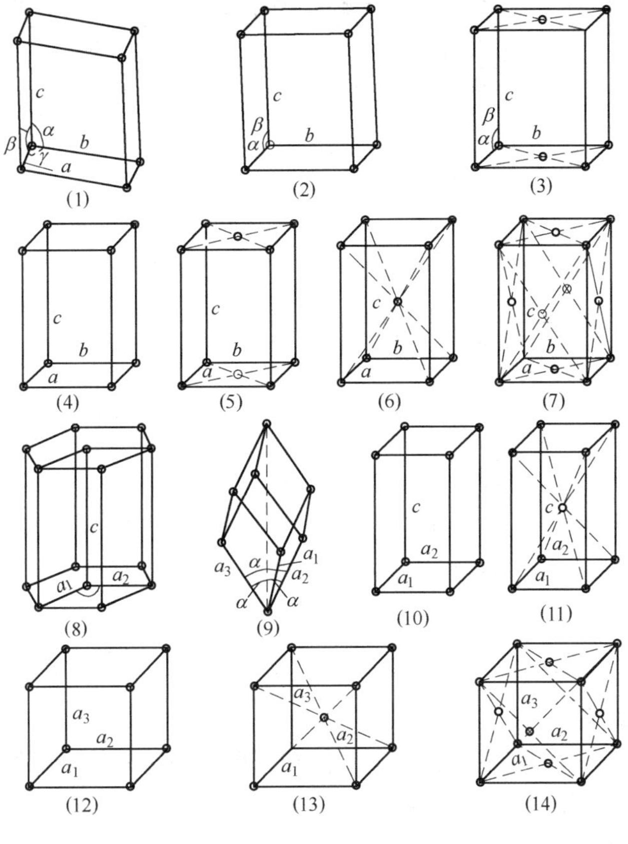

图 2－9　14 种平移点阵的单胞

（1）简单三斜；（2）简单单斜；（3）底心单斜；（4）简单正交；（5）底心正交；（6）体心正交；（7）面心正交；（8）简单六方；（9）简单菱方；（10）简单正方；（11）体心正方；（12）简单立方；（13）体心立方；（14）面心立方

描述简单点阵，只要知道单胞的形状和大小就可以了，而描述复合点阵，则还要知道单胞中阵点的数目和其坐标数，这是因为在任何简单单胞中，平均只有一个阵点，这个阵点的坐标可看成（0，0，0），称为基点，其余阵点则可看作是这个基点沿三个晶轴依单位矢量平移而产生的。而复合单胞却不然，例如体心单胞中，除八个顶点上的阵点外，体中心还有一个阵点，它完全属于这个单胞所有，所以体心单胞中共有两个阵点

$\left(8\times\frac{1}{8}+1=2\right)$，基点坐标分别为（0　0　0）和$\left(\frac{1}{2}\ \ \frac{1}{2}\ \ \frac{1}{2}\right)$。同理，在面心单胞中，平均有四个阵点$\left(8\times\frac{1}{8}+6\times\frac{1}{2}=4\right)$，基点坐标分别为（0　0　0），$\left(\frac{1}{2}\ \ \frac{1}{2}\ \ 0\right)$，$\left(\frac{1}{2}\ \ 0\ \ \frac{1}{2}\right)$和$\left(0\ \ \frac{1}{2}\ \ \frac{1}{2}\right)$，基点以晶轴的单位矢量反复平移，即得所有其它阵点。

14 种平移点阵单胞的平均阵点数目，基点坐标以及在七大晶系的分布如表 2－2 所示。

表 2－2　14 种平移点阵的单胞

晶　系	图 2－9 中的序号	名　称	单胞中的平均阵点数	基点坐标数
三斜晶系	(1)	简单三斜	1	0 0 0
单斜晶系	(2)	简单单斜	1	0 0 0
	(3)	底心单斜	2	0 0 0；½ ½ 0
正交晶系	(4)	简单正交	1	0 0 0
	(5)	底心正交	2	0 0 0；½ ½ 0
	(6)	体心正交	2	0 0 0；½ ½ ½
	(7)	面心正交	4	0 0 0；½ ½ 0；½ 0 ½；0 ½ ½
六方晶系	(8)	简单六方	1	0 0 0
菱方晶系（三角）	(9)	简单菱方	1	0 0 0
正方晶系（四方）	(10)	简单正方	1	0 0 0
	(11)	体心正方	2	0 0 0；½ ½ ½
立方晶系	(12)	简单立方	1	0 0 0；
	(13)	体心立方	2	0 0 0；½ ½ ½
	(14)	面心立方	4	0 0 0；½ ½ 0；½ 0 ½；0 ½ ½

四、点阵与晶体结构

如前所述，空间点阵只具有几何意义，但它可用来描述晶体内部原子排列的规律性。当在空间点阵中按大小比例安置具体物质的原子、分子、离子或原子群时，它便成为这一物质的理想晶体结构模型。如果在空间点阵上，只用一些点（或即用阵点）标出具体物质的原子、分子、离子或原子集团的中心位置时，那么它仍然是一个点的阵列，但意义却不相同了，这时的点阵可称之为晶体点阵，它的单胞可称之为晶胞。这也就是说，晶体点阵或晶胞是表示具体物质的理想晶体结构的。从形式上来看，它与空间点阵有时可能是一致的，但在很多情况下，是不一致的。当在空间点阵中的每个阵点上恰恰只标出一个原子的位置时，例如一般金属晶体，二者是一致的，否则二者就不相同了。

空间点阵虽只有 14 种，但每一种都可描述许许多多相似的晶体结构，这是因为：(1) 每种点阵的点阵参数 a、b、c 以及非特定角度的 α、β 和 γ 可随这类晶体的不同而变化；(2) 每个阵点既可以是单原子或单离子，也可是分子或原子群。例如图 2－10 中 (a)、(b) 和 (c) 所表示的三种不同的晶体的理想结构，都归属于同一的点阵 (d)。

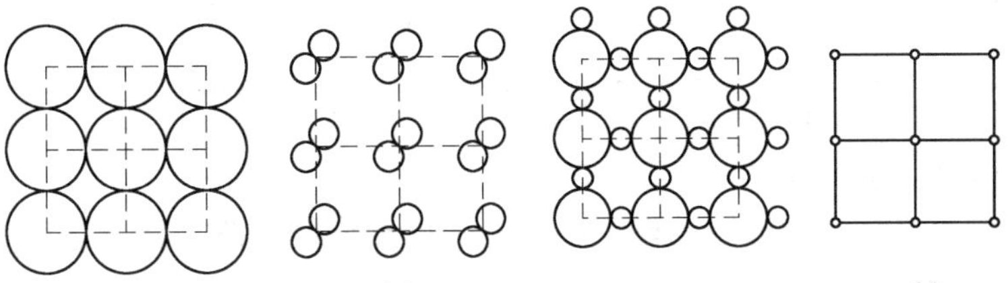

图 2－10　三种不同的晶体结构

(a)、(b)、(c) 同属于一种点阵 (d)

总之，晶体点阵或晶胞是表示具体晶体结构的，而 14 种空间点阵或单胞则是用来区分晶体结构类型的，每一单胞可以代表某一类型内的许多晶体的理想结构，而不是具体的哪一个晶体。在这个类型中，既包括原子晶体，也包括分子晶体；原子或分子既有种类之别，又有大小之分。而每个晶系则可包含着一个或几个点阵类型，它概括的范围更广泛了。自然界的物质虽然有千千万万种，而且每种都有它自己的特定的晶体结构形式，但概括起来其晶形只有 14 种，再高度概括起来，则只有七类。对我们讨论金属和合金来说，有的需要知道它的具体晶体结构，这就要在其晶胞上排列出具体的原子、原子集团或分子来进行分析，但是对大多数金属晶体来说，由于是由单原子组成的，它的具体结构往往是和单胞一致的，所以二者就可等同起来，但易于引起误解，应加以注意；有的则要求知道晶体类型，这时只要指出单胞是哪一种就可以了；有的甚至只要求知道晶系，这时简单点阵就可以说明问题了。

五、晶面和晶向指数

如上所述，晶体中原子（或分子）组合的规律性，也可以从晶面和晶向上的规律性反映出来，并且晶体的许多性能也往往与此有关系，可见解剖晶体，分析晶面和晶向，具有重要意义。为了分析的方便，通常用一些晶体学指数来表示晶面和晶向，分别称为晶面指数和晶向指数，其确定方法如下：

1. 晶面指数——密勒（Miller）指数

在解析几何学中，空间任意一个平面是用方程式

$$\frac{X}{A}+\frac{Y}{B}+\frac{Z}{C}=1$$

来表示的，式中 X、Y 和 Z 是平面上任一点在给定坐标系 X、Y、Z 中的坐标，A、B 和 C 是平面在相应坐标轴上的截距，如图 2－11 所示。显然，当三个系数 $\frac{1}{A}$，$\frac{1}{B}$ 和 $\frac{1}{C}$ 确定时，平面也就确定了。如果三个系数按比例关系而变化，那么方程式便代表一组平行平面。在晶体学中，所要确定的是晶面，而不是任何别的平面。如前所述，任何一个晶面在晶体中总是按一定周期重复出现的，或者说，任一晶面都不是孤立的，都有无数多的、平行的等同晶面与它同组，我们需要的正是能表示晶面组的指数。这样，只要知道 $\frac{1}{A}:\frac{1}{B}:\frac{1}{C}$ 的比值就可以了。通常将它按比例化为简单整数比 $h:k:l$，而用符号（hkl）来表示等同晶面组，这就叫晶面指数或密勒晶面指数。

但必须着重指出：在晶体学中，坐标系是以晶轴作为坐标轴的，各轴上的量度单位，不是绝对单位制，而是分别以各晶轴上的点阵常数（或周期常数）a、b、c 为量度单位的。正由于此，$\frac{1}{A}$、$\frac{1}{B}$、$\frac{1}{C}$必然是有理数，也必然可以化为简单整数比。

由此可以得出求晶面指数的一般步骤如下：

（1）选取三个晶轴为坐标系的轴，各轴分别以相应的点阵常数为量度单位，其正负关系同一般常例。

（2）从欲确定的晶面组中，选取一个不通过原点的晶面，找出它在三个坐标轴上的截距 A、B、C。

（3）取各截距的倒数，按比例化为简单整数 h、k、l，而后用括号括起来成（hkl），即为所求晶面的指数。

当某晶面与一晶轴平行时，它在这个轴上的截距可看成是∞，则相应的指数为 0。

当截距为负值时，在相应的指数上边加以负号，如（$11\bar{2}$）。各指数同乘以 -1，晶面组不变。

图 2－12 是立方晶系的几个低指数晶面和它们的指数，引来作为具体例证和练习。

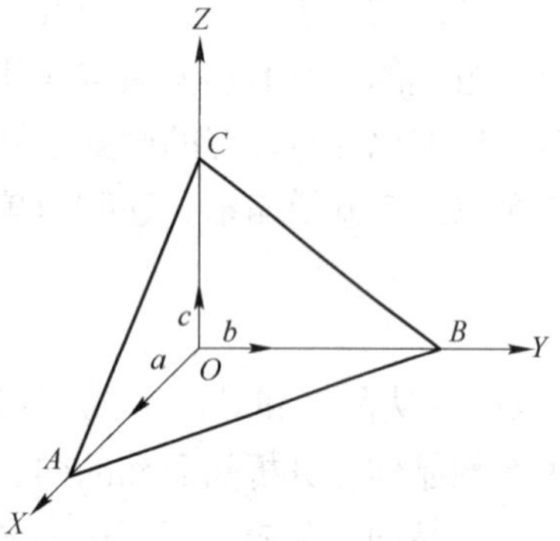

图 2－11　平面在坐标轴上的截距

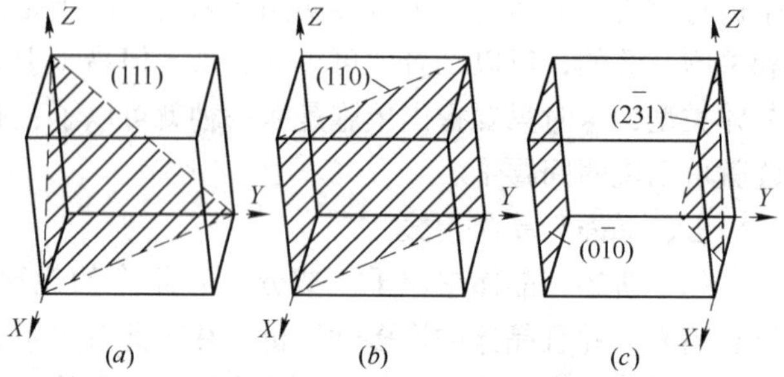

图 2－12　立方系的几个晶面和它们的指数

由于对称关系，晶体中等同的晶面，即原子或分子排列相同的晶面，往往不只一组，例如立方系中和（111）面等同的还有三组，即（$\bar{1}11$），（$1\bar{1}1$），（$11\bar{1}$）等。这四组合称一个晶面族或晶面系，我们取其中之一的指数，改用大括号而成｛111｝来表示这个晶面族。推而广之，则可用｛hkl｝来泛指各晶面族。

2. 晶向指数

如前所述，晶向既是通过晶体点阵中一些阵点的直线所代表的方向，那么它就可以用和几何学上表示空间任一直线方向的方向指数相似的方法来表示了，这样的指数称晶向指数，其一般求法如下：

（1）选参考坐标系（与确定晶面指数法同）；

（2）通过坐标原点作一与所求晶向平行的另一晶向；

（3）求出这个晶向上任一质点的矢量在三个坐标轴上的分量（即求出任一质点的坐标数）；

（4）将此数按比例化为简单整数 u，v，w，而后用方括号括起来成［$u\ v\ w$］，即得所求晶向的指数。如坐标数为负值，即在相应指数上边加负号，例如［$u\ \bar{v}\ w$］或［$12\bar{3}$］。

与晶面相似，晶体中的相似晶向，即线周期等同的晶向，也是成族出现的，称之为晶向族，用〈$u\ v\ w$〉来表示。

晶体中一系列晶面可相交于一条直线或几条相平行的线，这些晶面合称一个晶带，这些直线所代表的晶向称晶带轴。晶带轴［$u\ v\ w$］与其所属晶面｛$h\ k\ l$｝之间各指数满足方程式

$$hu + kv + lw = 0$$

在立方晶系中，晶面指数与晶向指数在数值上完全相同或成比例时，它们是互相垂直的，例如［100］⊥(100)。

3. 六方晶系的晶面指数和晶向指数

密勒指数也可适用于六方晶系，但有许多不便处，例如，同一晶面族却不易由其密勒指数来判别。为克服这些缺点，在六方系中，晶面和晶向指数采用四个数，如（$hkil$）和［$uvtw$］，即另加一水平坐标轴 a_3，如图 2－13 所示，这种指数或称密勒－布喇菲指数。它除多出一个数字外，其它含义完全同密勒指数，求法也相似。

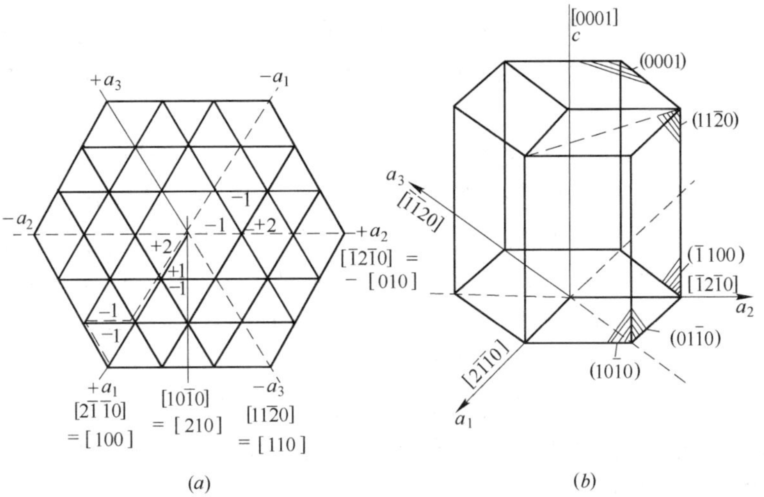

图 2－13　六方系的晶向（a）、晶面（b）及其指数

由于三个水平轴 a_1、a_2 和 a_3 之间的夹角均为 120°，所以沿任一个轴上的任一矢量，在其它两轴的分量必为负值，且数值相等，因此密勒－布喇菲指数中前三个数（相当于水平三轴）之间存在着

$$i = -(h + k)$$

$$t = -(u + v)$$

的关系。例如，三个水平轴所代表的晶向指数依次为［$2\bar{1}\bar{1}0$］，［$\bar{1}2\bar{1}0$］和［$\bar{1}\bar{1}20$］，合之成晶向族〈$2\bar{1}\bar{1}0$〉；六个柱面分为两两平行的三组，其指数分别为（$10\bar{1}0$），（$01\bar{1}0$）和（$\bar{1}100$），合之成晶面族｛$10\bar{1}0$｝。

由于在晶体结构的定量运算中只能用三轴系，这就要求建立三轴系与四轴系指数间的互换关系。对晶面指数来说，只要将（*hkil*）中的 i 去掉，就变为三轴系了。但对晶向指数来说，则需由下列关系来变换：$U=u-t$，$V=v-t$，$W=w$；$u=\frac{2}{3}U-\frac{1}{3}V$，$v=\frac{2}{3}V-\frac{1}{3}U$，$t=-\frac{1}{3}U-\frac{1}{3}V$，$w=W$。其中，$U$、$V$、$W$ 为三轴系晶向指数。

第四节　金属和合金中原子间的结合

控制晶体结构类型的内在因素是原子间结合键的类型以及键的强弱或大小等，外在因素是温度和压力等。

物质内部原子（或分子）间的结合，取决于组成物质的各元素本身和元素相互之间的化学行为。而元素的化学行为则取决于其原子的电子结构，特别是取决于其最外层的电子结构。

在元素周期表中，化学性最稳定的元素是 0 族元素，即惰性气体 He、Ne、…等。它们几乎完全不和其它元素化合，自身也难于结合，所以多呈原子气态。它们在元素周期表中都分别位于每个周期的最后，它们的电子结构特点是，所有按量子力学规律应该填满的各电子层，特别是最外部的 s、p 电子层都被电子填满了。这就意味着这样的电子结构能量最低、化学上最稳定。正因为如此，所以元素在相互作用中，都力求使其原子外层的电子结构变得与它相邻近的惰性元素相似。这个概念很重要，它是讨论元素化学行为的基点。

所有化学元素，除 0 族外，大致可分为两大类：金属和非金属。

金属原子的特点在于它的最外层的电子数较少，大多一个或两个，最多不超过四个；而非金属原子则相反，外层电子数较多（四至八个）。因此，金属原子易于丢失外层电子，以便达到与其相邻的前一周期的惰性元素相似的电子结构；而非金属则易于取得电子，以便达到与其同周期的惰性元素相似的电子结构。这样一来金属原子就会变成正离子，而非金属原子则会变成负离子。所以化学中就把元素分为两大类：正电性元素——易于丢失电子的元素，如金属；负电性元素——易取得电子的元素，如非金属。但某一元素究竟是否金属，还要从具体化学行为中来鉴别。虽然如此，但这样分类有利于我们去理解各种原子（或分子）间的结合规律。

一、原子结合键的类型

金属和合金中的原子结合，主要是同种或异种金属原子间的结合，但有时也可以出现金属与非金属原子间，甚至非金属原子间的结合，所以结合键的基本类型可以包括以下四类：

1. 离子键

当一正电性元素和一负电性元素相接触时，由于电子一失一得，使它们各自变成正离子和负离子，二者靠静电作用相互结合起来，这种结合方式就叫离子键，图 2－14（*a*）为其示意图。在元素周期表上（表 2－3），越靠左下方的元素，正电性越强；而越靠右上方的元素，负电性越强（0 族除外）。这两类元素最易以离子键结合，而且相互间在周期表上的距离越远，键越强；反之，则越弱，直至以别的方式结合。当合金中存在有负电性元素时，就有可能出现不同程度的离子键结合。

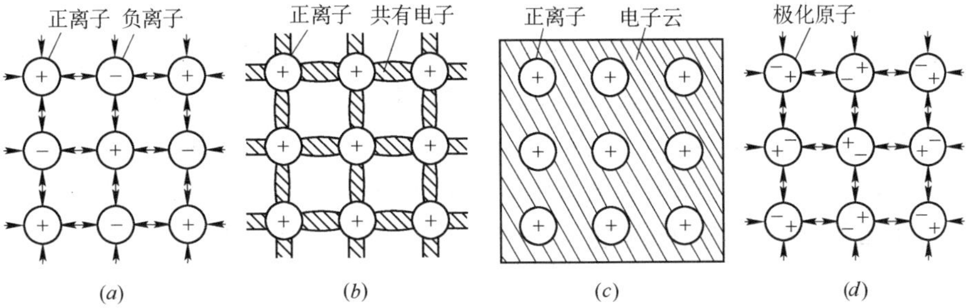

图 2－14　原子结合键的类型示意图

（a）离子键；（b）共价键；（c）金属键；（d）分子键

2. 共价键

处于周期表偏中间的一些元素，例如碳、硅、锗、锡等，由于距两边惰性元素的距离近于相等，得失电子的机会近似，所以大多具有二重性，既可形成正离子，也可形成负离子。这些元素化合时，随条件的不同，能以不同的键与其它元素相结合。但它们自身原子之间，或与负电性相近的其它元素之间，多以共价键的方式相结合。此外，如碲、硒、砷、锑、铋等元素自身原子的结合也属于或近似于共价结合。所谓共价键，其特点是相邻原子各给出一个电子，作为二者所共有，两个正离子即靠运动于其间的这对共有电子的作用而互相结合起来，其示意图如图 2－14（b）。一般来说，两个相邻原子只能共用一对电子，这样，一个原子的共价键数，即可以与它成共价结合的原子数最多只能等于 8－N，这里 N 代表这个原子最外层的电子数，相当于周期表中元素的族数，这说明共价键具有饱和性。此外，它还有方向性。例如，在金刚石中，碳原子之间完全以共价键相结合，每一个碳原子周围都有其它四个碳原子各成一定角度地和它相近邻。其它像硅、锗、灰锡也如此。

3. 金属键

金属自身原子间的结合方式（或不同金属相互之间的原子结合方式），既不同于离子键，也不同于共价键。根据近代物理和化学的观点，处于集聚状态的金属原子，全部或大部分都将它们的价电子贡献出来，作为整个原子集体所公有。这些公有化的电子也称自由电子，它们组成所谓电子云或电子气，在点阵的周期场中按量子力学规律运动着；而贡献出电子的原子，则变成正离子，它沉浸在电子云中，它们依靠运动于其间的公有化自由电子的静电作用而结合起来。这种结合叫金属键，它无所谓饱和性和方向性的问题，图 2－14（c）为其示意图。

4. 极化键或范得瓦尔斯（Van Der Waals）键

当一些不易得失电子的中性原子或分子相接触时，若各自内部的电子发生不均匀的重分布，那么便会出现电荷的不均匀性，使其一端呈现负电荷，另一端呈现正电荷，这种现象叫原子或分子的极化。被极化了的中性原子或分子之间，依靠正、负极的相互作用而结合起来，这就叫极化键。其示意图如图 2－14（d）。这种键很弱，较易破坏，但在金属及合金中不多。

事实上，四种结合键型并不是截然分开的，任意两型之间都有不同程度的过渡型或中间型。当然，在金属和合金中，金属键应占主要位置，起控制作用，但它有时也会不同程度地混有其它键型的因素，而起干扰作用。

二、结合力与结合能

上述四种结合键型尽管各不相同，但有一共同之点，都起源于静电作用，即都包含着引力和斥力两个力的因素。今以金属键为例说明其来源。金属键是由以下几种近程作用力组合成的：（1）正离子与自由电子之间的引力；（2）正离子之间各自内部已满额的电子层间的斥力；（3）正离子之间由于电荷相似而引起的斥力；（4）当原子接近到一定距离时，由于电子云的重叠而引起的泡里斥力。只有这些力达到平衡时，原子才会处于稳定状态。

设由原子集体中取出两个原子，它们间自由电子的瞬时分布位置如图 2－15 所示，箭头表示各自由电子与正离子间的引力，它们沿联结两正离子中心的轴线方向的分量都有使两个正离子相互靠拢的作用，总合起来便组成原子间的引力成分。这种引力随原子间距的缩小，成指数关系而增大，如图 2－16（*a*）中曲线（1）所示，这是一方面；另一方面，随着正离子的接近，正离子间的斥力、内电子层间的斥力以及由于距离缩短、体积变小、使电子动能加大而表现出的斥力等都将更显著地增大，它们的总和便组成原子间斥力成分，如图 2－16（*a*）中曲线（2）所示，它比引力显得要更近程些。斥力和引力二者的合力如图 2－16（*a*）中曲线（3）所示。值得注意的是，在点 *E* 附近，合力与距离的关系接近直线关系。只有在某一距离 *OE* 时，合力才为零，*OE* 即相当于原子的平衡位置，距离大于 *OE*，表现为净引力，原子间要相互吸引；小于 *OE* 时，表现为净斥力，原子间要相互排斥。

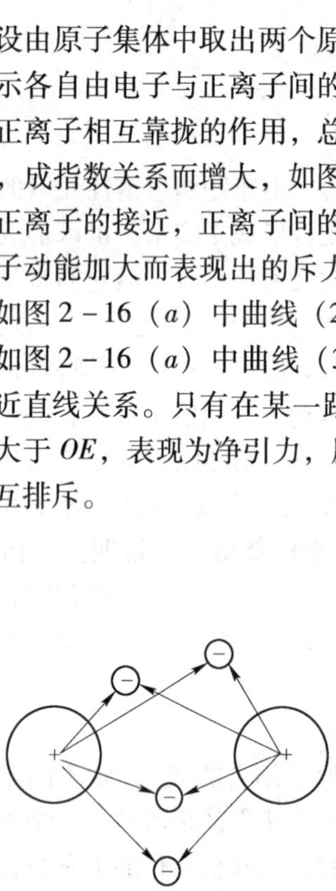

图 2－15　正离子与自由电子间的吸引力

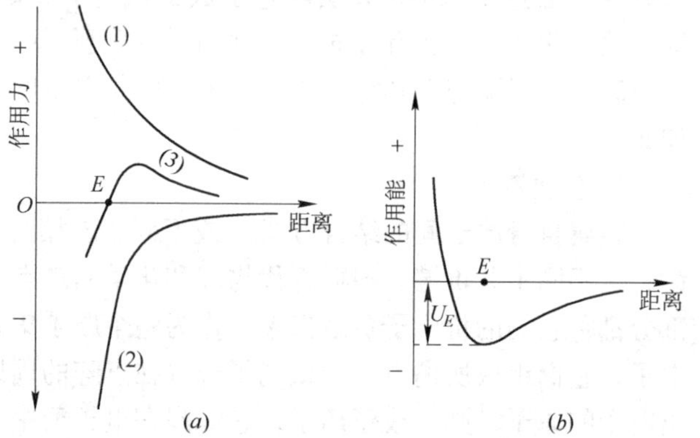

图 2－16　原子之间的作用力（*a*）和作用能（*b*）

可见要将原子相互间拉开或压缩都需要做功，都会引起能量的升高。这也可以从另一个角度来考虑，设一原子在 *O* 处，另一原子由很远处向它逐步移动，这就首先要相对于引力而做功，这个功是负值，如图 2－16（*b*），因此随着距离的缩短，位能逐渐下降，至点 *E* 时达到最低值 U_E。过 *E* 后，即开始表现为反抗斥力而做功，这个功为正，所以此后能量即开始回升。由于斥力表现得更近程些，所以能量随距离的缩短而上升得很猛烈，这说明使原子间压缩比拉伸更困难些。这里 U_E 称为原子间的结合能或键能，它相当于把原子完全拆散所需要的功。由于它在能量曲线上总处于最低点，所以也称原子间的能阱或势阱。阱越深即位能越低，表示结合能越大。

上述双原子作用力模型，推广到原子集合体中会有偏差，但基本原则还是对的。因此，可以将金属理想晶体看作是原子在能量的周期场中分布着，每个原子处于势阱的底部。模型虽粗糙，但它有助于以后定性地去说明金属和合金中有关结构和性能方面的不少问题。

不同金属间（甚至不同键型之间）的差别只在于作用力曲线或作用能曲线的曲率或势阱深度不同。例如有的金属，如碱金属钠、钾、锂等，曲线在 E 点附近较平缓，势阱也小，说明原子间作用力弱或结合能小；有的金属，如铜、银、金等则正相反，说明结合力强、结合能大。前一类金属原子在平衡时，它的内电子层实际上并没有相接触，或者说，正离子间还有相当大的间隔，原子易压缩，刚度小，因此，称之为开放型金属；后一类金属则不然，原子处于平衡时，其内电子层已有相当的重叠，原子很不易压缩，刚度大，因此称为封闭型金属。后一类金属往往比前一类金属的弹性模量大，热膨胀系数小，熔点高，比热大，强度也高。

三、原子大小

严格说，即便一个孤立的单原子，也很难给它一个确定的尺寸，因为原子核周围的电子、特别是外层电子的分布，只是一个量子学的机率大小分布问题，即便距离很远，电子存在的几率也不是零，即电子云的密度实际上只是随距离而逐渐减小的，并没有个确切的界限，这就难于给原子尺寸以确切的概念，所以只能有条件地给它一个定义，但这个有条件的定义对我们分析结构还是相当重要的。

通常采用两种标准来表征原子大小，其一是原子半径，其二是原子体积，分别讨论如下：

1. 原子半径

通常多沿晶体中原子线密度最大的晶向，取相邻两原子平衡距离之半作为原子半径，这就是原子半径的物理含义。它与晶体的点阵常数有密切关系，例如：

面心立方晶体　原子线密度最大的晶向为［110］，若点阵常数为 a，则［110］方向上的平衡间距为$\sqrt{2}a/2$，原子半径应为$\sqrt{2}a/4$；

体心立方晶体　原子线密度最大的晶向为［111］，若点阵常数为 a，则［111］晶向上原子平衡间距为$\sqrt{3}a/2$，原子半径应为$\sqrt{3}a/4$；

密集六方晶体　原子密度最大的晶向应为［$2\bar{1}\bar{1}0$］，若基面点阵常数为 a，则原子半径应为 $a/2$。

但是，如前所述，原子间平衡间距是受原子间的结合键型和强弱所制约的，所以同一种原子随其环境的不同，所测定的原子尺寸也会不同，有的甚至差别很大，如开放型金属；有的则小些，如封闭型金属。因此，为了便于比较原子的尺寸，须有个统一的规定标准。对金属来说，通常以密集晶体，即以原子配位数为 12 的晶体所测出的原子半径来作为比较标准。在晶体体积保持恒定不变的前提下，当配位数减小时，原子要收缩。例如当配位数由 12 变为 8 时，原子要收缩 3%；变为 2 时，要收缩 19%。因此，当配位数不是 12 时，必须进行换算，否则难于对比，其换算关系如下：

配位数	12	8	6	4	2	1
原子半径	1	0.97	0.96	0.88	0.81	0.72

原子半径大致是原子序数的周期函数，如图 2－17 所示。

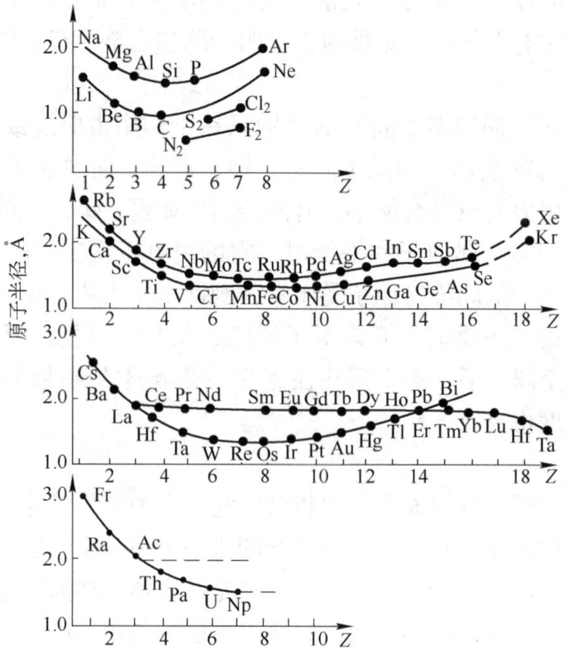

图 2－17　元素的原子半径与原子外壳层电子数 Z 的关系

2. 原子体积

为了避开配位数对原子半径的影响，近来有人提出用原子体积（Ω）来衡量原子大小，其定义为

$$\Omega=\frac{\text{晶胞体积}}{\text{晶胞中的原子数}}$$

即在晶体中平均一原子所占据的空间。显然 Ω 包含着间隙在内，但其优点是 Ω 较稳定，不大随配位数而变化，因而应用比较方便，同时也可以由 Ω 计算出原子半径，这个半径也应该较为稳定。为与由晶体中原子间距求出的半径加以区别，这个半径多用 r_Ω 来表示

$$r_\Omega=\sqrt[3]{\frac{3\Omega}{4\pi}}$$

例如，$\alpha-Fe$ 与 $\gamma-Fe$ 在 910℃ 的原子间距相差相当大，但其 r_Ω 相差则甚小，分别为 1.425Å 和 1.430Å。

第五节　金属和合金的晶体结构类型

本章第二节已讨论过三种典型金属晶体结构的刚性球堆砌模型，如与第四节相联系一并来考虑，就可发现一些新问题：如果说，把封闭型金属原子比作刚性球还相近似的话，那么，对于开放型金属原子来说，相差就大些了，因为它们并不怎么“刚”，这是其一；其二是如果把电子分布呈球面对称的，或结合键无方向性无饱和性的原子比作球还相似的话，那么，对其它原子来说，就不一定合适了，因为它们在许多情况下，只是类球状的；其三是，原子在晶体中并不是静止的，而是以相当高的特定频率围绕其平衡位置振动着，振动频率是原子结合力的表征，而振幅则随温度的升高而增大。总之，原子的尺寸、形状

表 2－3　元素周期表及各元素的晶体结构

周期	I_A	II_A	III_B	IV_B	V_B	VI_B	VII_B	VIII	VIII	VIII	I_B	II_B	III_A	IV_A	V_A	VI_A	VII_A	0
1	1 H T (H)																	2 He (A_3) (A_2)
2	3 Li A_2 A_1 (A_3)	4 Be (H) (A_2) A_3											5 B R T R	6 C R H A_4	7 N H C	8 O C (R) (O)	9 F	10 Ne A_1
3	11 Na A_2 A_3	12 Mg A_3											13 Al A_1	14 Si A_4	15 P C O C	16 S O M R	17 Cl O	18 Ar A_1
4	19 K A_2	20 Ca A_2 (A_3) A_1	21 Sc (A_2) A_3	22 Ti A_2 A_3	23 V A_2	24 Cr (A_1) A_2 (A_3) C	25 Mn A_2 A_1 C	26 Fe A_2 A_1 A_2	27 Co A_1 A_3	28 Ni A_1 (A_3) (A_6)	29 Cu A_1	30 Zn A_3	31 Ga O	32 Ge A_4	33 As A_7 (C) (O)	34 Se A_8 M	35 Br O	36 Kr A_1
5	37 Rb A_2	38 Sr A_2 A_3 A_1	39 Y A_2 A_3	40 Zr A_2 A_3	41 Nb A_2	42 Mo A_2	43 Tc A_3	44 Ru A_3	45 Rh A_1	46 Pd A_1	47 Ag A_1	48 Cd A_3	49 In A_6	50 Sn A_5 A_4	51 Sb A_7	52 Te A_8	53 I O	54 Xe A_1
6	55 Cs A_2	56 Ba A_2 (T) (H)	57 La A_2 A_1 H	72 Hf A_2 A_3	73 Ta A_2	74 W A_2	75 Re A_3	76 Os A_3	77 Ir A_1	78 Pt A_1	79 Au A_1	80 Hg O T	81 Tl A_2 A_3	82 Pb A_1	83 Bi A_7	84 Po R C	85 At	86 Rn A_1
7	87 Fr A_2	88 Ra A_2	89 Ac A_1															

	第一类								第二类			第三类		
6	58 Ce A_2 A_1 H	59 Pr A_2 H	60 Nd A_2 H	61 Pm	62 Sm (A_2) R	63 Eu A_2	64 Gd (A_2) A_3	65 Tb A_2 A_3 O	66 Dy A_2 A_3	67 Ho A_2 A_3	68 Er A_3	69 Tm A_2 A_3	70 Yb A_2 A_1	71 Lu A_2 A_3
7	90 Th A_2 A_1	91 Pa T	92 U A_2 T O	93 Np A_2 T O	94 Pu A_2 T A_1 O	95 Am A_1 H	96 Cm H	97 Bk	98 Cf	99 Es	100 Fm	101 Md	102 No	103 Lr

A_1面心立方，A_2体心立方，
A_3密排六方，A_4金刚石立方，
A_5体心正方，A_6面心正方，
A_7(R)菱方，　A_8三角，H六方，
O 正交，　　C 复杂立方，
T 正方，　　M 单斜

和它在晶体中的位置都不能看成是一成不变的、孤立的、静止的东西，而是受一系列的内外因素所制约的。基于此，我们再来综合考察一下金属和合金的晶体结构类型。

一、金属的晶体结构类型

在元素周期表中（表2－3），金属和非金属的区分通常是以从硼到砹划一条斜线来作为分界线的，其右为非金属，其左为金属。斜线附近元素则具有二重性。从表2－3中所引现已测得的结构类型总的看来，金属和非金属具有较显著的差别。金属晶体大多属于对称性较高配位数较大的晶体类型，而且绝大多数归属于三种典型结构——面心立方、体心立方和密集六方。这是和金属键既无饱和性也无方向性这一特征相联系的，每一个原子都尽可能多的与其周围原子相结合，所以金属的晶体结构应该是以原子密集排列为其特征的。

但是，随金属的不同，金属键本身会有强弱之分和程度之别，甚至同一金属在不同条件下，结合键也不完全相同。例如，过渡金属由于原子次外层的 d 电子层未填满，而其能级又与外层电子的能级相差不多，这就会使参与键合的电子数不稳定，即对结合键起主要作用的自由电子数不甚确定，这就会影响到结合键。又如，外层电子数较多的金属，有的会形成共价键；有的会形成金属键与共价键的混合键型；有的会出现金属键与离子键的混合型。此外，还可能由于各原子贡献自由电子的程度不同，即离子化的程度不同，而使结合键有所变化；杂质原子的存在，也会引起键的变化。所有这些因素都会影响到晶体结构类型。所以金属作为一类元素来说，除具有三种典型结构外，还可以具有其它结构类型，见表2－3。

除此而外，同一金属随温度（或压力）的不同，也可以出现不同的结构类型，这种现象叫多形性或同素异构现象。例如：铁低于910℃或高于1400℃时为体心立方结构（$\alpha-Fe$），910℃至1400℃为面心立方结构（$\gamma-Fe$）；锡在13℃以下为金刚石立方结构（灰锡），13℃以上可变为四方结构（白锡），前者表现非金属性，后者则具有金属特性；锰可形成四种结构，分别称 α、β、γ 和 δ 锰；钚的结构形式更多，有六种结构，分别用 α，β，γ，δ，ε 和 ζ 来表示。多形性固然可能与原子的热运动有关，但更重要的是由于通过外界温度或压力而改变了这些原子外层中电子的分布状态，这些元素原子中的电子层 ns、np、$(n-1)\ d$ 以及 $(n-2)\ f$ 的能量差别很小，电子易于在 s、p 层与 d、f 层之间变化，这就可能使参与键合的电子有所变化，从而会影响原子结合力或结合能，最后反映到结构的改变。

二、合金的晶体结构类型

讨论合金结构时，必然又增添了涉及到异类原子间相互结合的新问题。随合金组元之间的原子结构和性质的差异程度的不同，异类原子间的结合键型可以是多种多样的，既可以是前述四种基本键型中的任何一种，也可以是它们间的各种不同程度的混合类型。键型不同，结构就可能发生变化。除此而外，在合金中还有一个异种原子尺寸间的相对差异以及组元之间相对量的问题，也会影响到结构。因此，合金的结构比之纯金属将更为复杂，这里只能概述如下。

1. 影响合金结构的基本因素

（1）异类原子间的相互作用因素（电化学因素）：异类原子之间的作用大致可分为三种情况：和同类原子间的作用相同；相互间的吸引力较大；相互间的排斥力较大。与此相对应，当相邻的异类原子数增加时，所引起的能量的变化也有三种情况：不变，降低，升高。这样，原子间的相对分布也会相应地出现三种情况：

1）异类原子可以统计式地均匀地混合在一起，就好像同种原子一样而不会引起能量的变化，因而也就不会影响结构的稳定性，所以合金可以始终保持着纯组元原来的结构类型，这就是前边所指出过的固溶体结构。当然完全相同的异类原子实际上是不存在的。一般来说，只要能量的变化在允许范围内，就可以保持纯组元的原结构类型。

2）当异类原子间的吸引力大于同类原子间的吸引力时，异类原子间相互为邻，将会使能量降低。这样，一个原子的近邻为异类原子的趋势就大，所形成的结构则取决于影响这种吸引力的各种因素。当异类原子的电化性相差不大时，仍然可以形成固溶体的结构，但异类原子间的相对分布会发生有序化，即形成有序固溶体结构；随着电化性差值的增大，结合键将会逐渐增加离子键成分，直到形成各种金属化合物的结构，甚至正常价化合物结构。而这些化合物的结构类型则可以是多种多样的。

3）当异类原子间的吸力小于同类原子间的吸力时，它们将力求各自集聚在一起，并形成各自固有的晶体结构，这样，合金组织中将会出现两种不同成分和不同结构的晶粒，内部各自聚集着一类原子，外部则通过晶界相互结合在一起。

以上简要讨论了异类原子间的作用力对合金结构的影响，而这种作用力是由异类原子间电化学性所决定的，所以，可以把它归属于电化学因素，作为影响合金结构的内在基本因素之一。

（2）原子相对尺寸因素：在第二节中曾经涉及到关于原子相对尺寸的问题，原子相对尺寸对结构起着重要作用。例如，即使电化学性完全相同的两类原子，并假设它们都可以当作刚性球来处理，如果尺寸相同，可以形成配位数为 12 的密集结构的话，那么，尺寸不相同时，要形成配位数为 12 的密集结构就困难了。显然，一个大原子的紧邻为小原子时，配位数可大于 12；反之，则一定小于 12。而且尺寸相差越大，则其配位数与 12 之差将越大。若配位数变化，结构类型就会改变；若配位数不变，结构就不会完全密集了，至少也要使点阵发生畸变。而畸变必然引起能量升高，从而引起结构的不稳定。当然，这里还会牵涉到一个异类原子相对量的问题，少量的异类原子对结构只是量的影响，但当异类原子达到一定数值时，便会使结构由量变到质变，即发生结构类型的转化。

（3）电子浓度因素：电子浓度是指金属晶体中自由电子数与原子数的比，即平均一个原子所具有的自由电子数。在简单情况下，如果每一个原子都贡献出其所有的价电子到电子云中，则二元合金的电子浓度 $C_{电子}$ 可由公式

$$C_{电子} = \frac{V(100 - x) + vx}{100} \tag{2-1}$$

来算出，式中 V 代表主组元的原子价，v 代表浓度为 x（原子百分数）的副组元的原子价。

自由电子在金属晶体中对原子结合起着重要作用。但是，自由电子实际上并不自由，它的运动并不是像理想气体中分子的无规律运动那样，而是严格按量子规律运动的。尤其是在正离子的点阵周期场中，它的运动更会受到附加的额外限制。根据金属能带理论，在给定的金属晶体结构的单位体积中，能容纳的自由电子数，即电子浓度是有限度的，超过这个限度后，电子的最大能量将急剧上升，这就会引起结构的不稳定，直至发生改组。例如，理论和实验都表明，一价面心立方结构的最大电子浓度都小于 1.4（或 1.36）；而一价体心立方结构的电子浓度则不超过 1.5（或 1.48）。可见电子浓度也是影响结构的重要

因素之一。

但是，精确计算实际电子浓度却有一定的困难，因为：1）每一个原子不一定都贡献出它的价电子；2）对一些变价的金属来说，它的原子价是随条件而变化的；3）过渡金属的 ns 层电子即可作为价电子，也可以进入到（$n-1$）d 层或（$n-2$）f 层，或反转过来，后者变为前者，具体确定起来有困难。因此，在公式（2－1）中，V 或 v 有时用理论上的价数并将过渡族金属定为零价；有时用实际参与的价数；有时则直接采用各元素原子中除去与惰性气体相当的电子以外的所有电子数来表示。作为粗略估计寻找经验规律则可，要作理论上的探讨，就应仔细斟酌了。

（4）其它因素：如温度、压力等对结构也有影响，留待以后讨论。

2. 合金中的相结构类型

若将各种类型的合金组织中那些有界面分隔的小单位或晶粒都各个分离出来进行分析的话，那么我们会发现，在每一类合金中都可找到一种或几种其成分和结构完全相同的许多小单位或晶粒，每种合起来叫一个相。所以，尽管合金的组织是千变万化的，但是若以相来划分，则可简化为单相、两相和多相合金。它们的结构形式虽多，但不外以下几种类型。

（1）固溶体：和已学过的溶液的含义很相似，所不同的只是一个处于固态，另一个处于液态。因此，如果说溶液是溶质溶于溶剂而形成的单一的均匀液体的话，那么固溶体便是溶质组元溶于溶剂点阵中而组成的单一的均匀固体。但是必须注意，溶液有原子溶液和分子溶液之分，而固溶体溶质只能是以原子状态而溶解。固溶体在结构上的特点是必须保持溶剂组元的点阵类型。所以如果溶剂是金属，那么这一类相的结构类型应和纯金属的结构类型完全一致，纯金属结构有哪些类型，固溶体也应有哪些类型，即固溶体本身没有独立的点阵类型。但应指出，尽管结构类型不变，但具体结构还是有所变化的。例如，当组元的原子尺寸不同时，会引起点阵畸变，原子尺寸相差越大，引起的畸变也越大。

（2）中间相：在合金中所形成的那些与其纯组元结构类型不相同的相，统称中间相，或称金属化合物。中间相的类型较多，分类标准也不一致，各类相的名称也有差异，但概括起来看，它们的结构不同于其组元结构。这里举几类常见的如下：

1）正常价化合物：这一类相大多是由金属元素与 IV_A、V_A、VI_A 族元素组成的，和化学中的化合物相似，大致可按原子价写出其分子式，如 MgSe、Mg_2Si、$PtSn_2$、Mg_2Sb_3 等，其结构有以下几类。

氯化钠型　以氯化钠结构为代表，其晶胞如图 2－18 所示，其中钠离子占据面心立方点阵的正常位置，而氯离子则占据着立方体几个边的中心位置。实际上氯离子也相当于另一个面心立方点阵的阵点，所以可以把它看成是由两个面心立方点阵穿插起来的。也可以看成是一个面心立方点阵，但每个阵点上排一个钠原子并在其右边排一个氯原子。氯化钠（NaCl）本身是典型的离子化合物。在合金中，类似的化合物常以 AB 来表示，但却不一定都是纯离子型的。合金组元之间电化性相差越大，越有利于形成这种结构，如 MgSe、MnSe、SeTe 等。

氟化钙型　以氟化钙结构为代表，它的晶胞如图 2－19 所示，其中钙原子（或离子）占据面心立方点阵的正常位置，而氟原子（或离子）占据立方体内部的八个匀称位置，每个位置相当于立体对角线的 1/4 或 3/4 附近。氟化钙也是离子化合物，它的分子式为 CaF_2，其中 Ca 为正离子，F 为负离子。若推广到合金中，则以通式 AB_2 来表示，其中 A 代表正电性金属或负电性较弱的金属，B 代表负电性金属或正电性较弱的金属。如 $PtSn_2$、$AuAl_2$ 等。但在合金相中，较多的是 A_2B 型，如 Mg_2Si、Mg_2Ge、Cu_2Se、Ir_2P 等，这样，在晶胞中 A 与 B 的位置也正好互换，这就叫反氟化钙结构。相对于氯化钠类来说，离子键程度较差的相有利于形成这类结构。这类结构中包括由离子化合物到金属化合物之间许多混合键型的化合物。从 AB_2 型结构到 A_2B 型结构中间还有一种过渡型，即 FeS_2 型结构。它与 NaCl 结构相似，但相当于氯原子的位置是由两个硫原子占据着。当正离子尺寸增大，或负离子缩小时，易于形成这种结构。

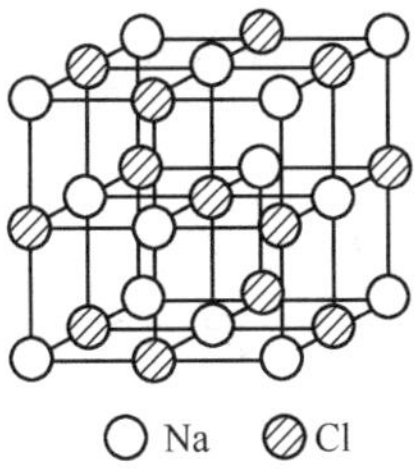

图 2－18　NaCl 结构

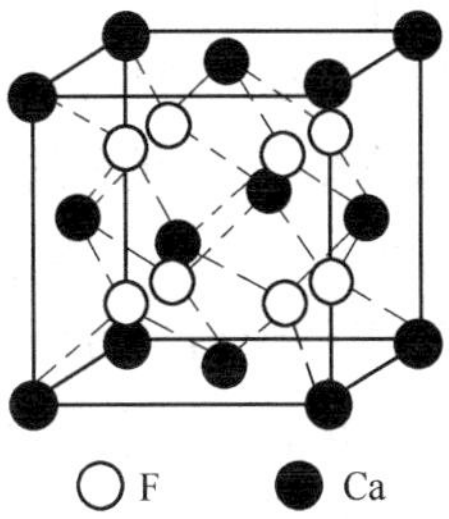

图 2－19　CaF_2 结构

闪锌矿（ZnS）型　以 ZnS 结构为代表，其晶胞见图 2－20，锌原子组成正常的面心立方晶胞，四个硫原子交叉分布在晶胞内部的 8 个四面体间隙之内。使每个硫原子为四个紧邻的锌原子所包围，而每个锌原子又为四个硫原子所反包围。也相当于把 CaF_2 结构中晶胞内部的 8 个原子交叉地去其 4 个后而形成的结构。顺便提一下，当所有原子都为同种原子时，这样的结构就叫金刚石立方，它具有共价键结构的特点。当原子价等于或大于四的两种原子等比例出现时，容易形成这种结构，如 BeS、MnS、BeTe、AlP、AlSb 以及 β－SiC 等。此外，相似的情况还可形成下述的硫锌矿结构。

硫锌矿（ZnS）型　见图 2－21，它是由 Zn 和 S 各自组成的两种密集式的六方晶胞穿插起来而形成的。这两种原子相互间各处于对方原子所组成的四面体间隙中心，即每个原子周围都有四个异种原子作为紧邻。除 MnS 和 ZnS 外，AlN、GaN、CdS、MgTe 等也属于这种结构。

砷化镍（NiAs）型　以 NiAs 结构为代表，图 2－22 是其晶胞示意图，其中砷原子自身组成一个密集六方型的晶胞，六个镍原子则自身组成一个简单六方晶胞，二者穿插起来，

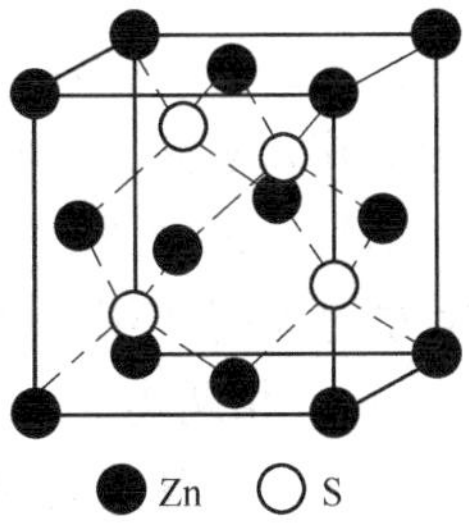

图 2－20　闪锌矿 ZnS 结构

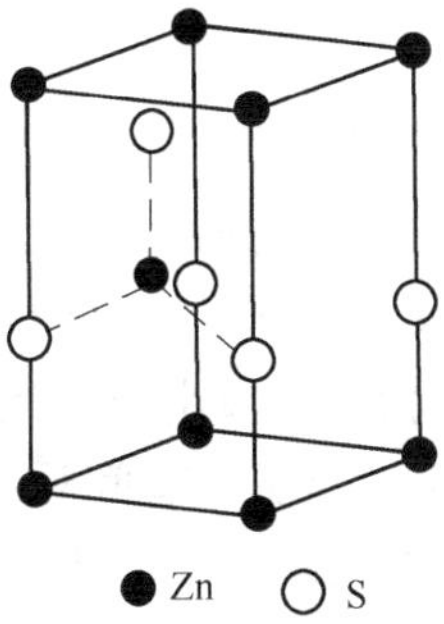

图 2－21　硫锌矿结构

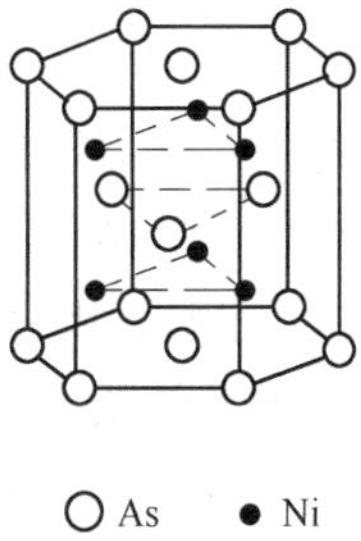

图 2－22　NiAs 结构

使镍原子占据相当于砷晶胞中八面体间隙的中心位置，或者说，使这些镍原子占据的位置相当于将砷的晶胞内部三个砷原子所组成的三角形的三个边各自和其上下底面各对应的（相平行的）三个边连接起来、而组成的那六个四方形的中心位置。这样每个原子周围都有六个异类原子紧密相邻。合金中有许多重要的相其结构属于这个类型，它们大多是由 $\text{IV}_B \sim \text{I}_B$ 族元素与 $\text{III}_A \sim \text{VI}_A$ 族元素组成的，如 CrS、CoS、NiS、FeS、FeSn、MnSn、CuSn 等等，可用通式 AB 来表示。这种结构组成了非金属性化合物与金属性化合物中间的一个重要链环，所属化合物的成分和性质变化范围都很大。这类化合物虽然可用分子式 AB 来表示，但实际上随成分的不同，晶胞中 A 的位置可空出一部分，直到空出一半而变为 AB_2，如 CdI_2、$CoTe_2$ 和 $NiTe_2$ 等，而呈显著非金属特征，其中 CdI_2 为典型的离子型晶体；另一方面，A 原子也可再增占其它四面体间隙或三角间隙，直至变为 A_2B，如 Ni_2In、Ni_2Ge、Mn_2Sn 等，而呈显著的金属特征。

2）电子化合物：这一类化合物大多是以过渡族及 I_B 族元素作为一方，II_B 族及 $\text{III}_A \sim \text{V}_A$ 族元素作为另一方所组成的。虽也可用分子式来表达，但大多不符合正常化学价的规律（如 CuZn、Cu_5Si、Cu_5Zn_8、$CuZn_3$ 等），而是按另外的规律来进行化合的。在上列各元素之间不管成分如何，只要当电子浓度达到某一范围时，即形成具有一定结构的相。所以它们是以电子浓度因素起主导作用而形成的一类相，具有显著金属特征，其成分大多可在一定范围内变化。其结构类型如下：

第一类结构　电子浓度为 3/2，结构大多为体心立方，或称 β 黄铜结构。如 CuBe、CuZn、Cu_3Al、Cu_5Sn、FeAl、NiAl 等。也有少部分出现 β 锰型结构（复杂立方，晶胞由 20 个原子组成）和密集六方结构，前者如 Gu_5Si、Ag_3Al 等；后者如 Cu_3Ga，Cu_5Ge 等。

第二类结构　电子浓度为 21/13，结构为复杂立方，或称 γ 黄铜结构（晶胞由 52 个原子组成），如 Cu_5Zn_8、Cu_9Al_4、$Cu_{31}Si_8$、$Cu_{31}Sn_8$ 等。

第三类结构　电子浓度为 7/4，结构为密集六方，或称 ε 黄铜结构，如 $CuZn_3$、Cu_3Sn、Cu_3Si、Cu_5Al_3 等。

上述三类电子化合物中的电子浓度大多是以各原子实际参与键合的价电子数来计算的，但过渡金属如 Fe、Ni 等，则皆以零价论，为此有人采用另一种标准来计算过渡族金属的电子浓度，即把每一原子中有可能参与键合的所有电子（即除去与惰性气体相当的满壳层电子以外的所有电子）都计算在内，这样便发现，在过渡族金属中，V_B 族分别与 VII_B 族或Ⅷ族元素之间也出现另一类符合电子浓度规律的相。其结构与电子浓度的关系如表 2－4 所示。

表 2－4 中第一、第六两个相是固溶体，其余四个相则具有电子化合物的特征。虽然不一定每一合金系都同时出现上述系列的相，但只要出现相应结构的相，总是大多和所列电子浓度相对应的。有些相之所以不出现，很可能是由于其它因素如尺寸因素等起作用。

3）尺寸因素化合物：这一类相的形成主要受组元原子相对尺寸的控制作用，其它因素则降为第二位或只起辅助的作用。这类相有间隙相和拉弗斯（Laves）相两类。

间隙相（或间隙化合物）当组元间原子尺寸相差很大时，小原子大多填入大原子间的间隙中，或以层状分布在大原子层之间，而组成一类新相。这里所谓小原子元素主要是指氢、氮、碳、硼等，它们的原子半径依次为 0.46、0.70、0.77、0.97 埃，均小于 1 个埃。

表 2-4　过渡金属间化合物或固溶体的结构与电子浓度

相结构 \ 电子浓度 \ 合金系	VB 族与ⅦB 族或Ⅷ族	ⅥB 族与ⅦB 族或Ⅷ族
体心立方	5.0~5.2	6.0~6.2
β-W 结构	5.8~6.3	6.4~7.0
β-U 结构（σ 相）	6.0~7.4	6.5~7.6
α-Mn 结构	6.5~7.2	6.7~7.0
密集六方	6.2~8.0	7.0~8.0
面心立方	7.5~10.0	7.5~10.0

它们与金属元素所组成的化合物大多具有熔点高、硬度大的特点，已在重要工业合金中，特别是钢铁中作为强化相而获得广泛应用。依其结构特点分以下两类：

一类间隙相其结构较简单，并常具有三种典型金属结构之一的特点。这类结构虽然可以看作是小原子填入典型金属结构的间隙中而组成的，但是大多与其组元自身的结构类型不相同。一般可用简单的分子式 M_4X、M_2X、MX 或 MX_2 来表示，其中 M 代表大原子的金属元素，X 代表小原子元素。如以 r 代表原子半径，则二者原子半径的比 $r_X/r_M<0.59$。例如：ZrN、ScN、TiN、VN、CrN、ZrC、TiC、TaC、VC、ZrH、TiH 等为面心立方结构（NaCl 型）；Fe_2N、Cr_2N、Mn_2N、V_2N、Mo_2C、Ta_2C、W_2C、V_2C、Nb_2C、Zr_2H、Ta_2H、Ti_2H 等为密集六方结构，而其中 Zr、Ti…等金属本身的结构皆为体心立方。但也有例外的情况，如 W_2N、Mo_2N 为六方结构，而 TaH 为体心立方结构。

另一类间隙相其结构较复杂，原子半径比 $r_X/r_M>0.59$。例如 Cr、Mn、Fe、Co、Ni 等元素的碳化物：Fe_3C、Mn_3C、Cr_7C_3、$Cr_{23}C_6$ 等属于这一类，它们中大小原子半径之比约为 0.66~0.61，其结构有的属于正交晶系（Fe_3C，Mn_3C、Ni_3C），有的属于复杂立方（$Cr_{23}C_6$），有的属于简单六方（Cr_7C_3），都不同于典型金属的结构形式。

间隙相、特别是前一类大多具有显著金属特性，甚至可具有超导性，如 NbN、ZrN、ZrB、MoN、Mo_2N、W_2C 等，但它的原子结合并不完全是纯金属键，而大多是不同程度的金属键与共价键的混合型或杂交型。这就意味着形成间隙相时，同时有电化因素在起作用。而不能理解为纯几何性的填空问题。否则，具有体心立方结构的金属形成具有面心立方或密集六方结构的间隙相，或甚至更复杂的结构的间隙相就不好解释了。

拉弗斯（Laves）相* 当组元间原子尺寸之差既不像间隙相中那样大，也不像电子化合物中那样小，而是处于二者之间时，会形成拉弗斯相，其通式为 AB_2，其中 A 代表大原子金属，B 代表小原子金属。$MgCu_2$、$MgZn_2$ 和 $MgNi_2$ 为这类相的典型代表。其原子半径之比 $r_B/r_A\simeq0.83\sim0.71$。

拉弗斯相中 A、B 两组元可来自元素周期表中的任何部位，看来好像不管其电化性如何，只要原子尺寸因素合适就有可能形成这类相，但实际上，电子浓度还是起着不小的作用，统计表明它们的电子浓度：$MgCu_2$ 型约为 1.7，$MgNi_2$ 型约为 1.9，$MgZn_2$ 型约为 2.0。因此，也有人将拉弗斯相归于电子化合物。

铁与其它过渡金属形成的拉弗斯具有更重要的实际意义，例如，已发现 WFe_2 可使高速钢的红硬性变坏，而 $MoFe_2$ 可作为马氏体时效钢的强化相，用来提高钢的强度。

第六节　固　溶　体

工业合金，除一些特殊用途的材料外，绝大部分都是以固溶体作为基础的，有的甚至完全由固溶体所组成。例如：产量很大、用途很广的普通碳钢和低合金钢，其组织中固溶体的含量至少在85%以上，甚至可多达98%以上；α 黄铜中，除了夹杂外，几乎100%是固溶体，由此可见固溶体的重要意义。

关于固溶体的定义及其结构特点虽然已分别在第五节和第二节初步讨论过，但需要进一步分析。

一、固溶体的分类

1. 按溶剂分类

（1）一次固溶体　以纯金属组元作为溶剂的固溶体称为一次固溶体，也称为边际固溶体。若不加说明，通常所说的固溶体即指这一类而言。如上节所述，这类固溶体的结构类型必须与其纯金属组元之一的结构相同。

（2）二次固溶体　以化合物为溶剂的固溶体称为二次固溶体，或称为中间固溶体。如上节所述，许多金属化合物虽可用分子式来表达，但它们的化学成分仍可以在一定范围内变化，特别是金属性较强的化合物，如电子化合物、间隙相、拉弗斯相等，它们的成分变化范围很大，而且有的甚至按分子式的成分根本不能独立存在，如 $CuAl_2$。所有这些情况，都是由于化合物能够溶解它自己的组元而组成固溶体的缘故。这在许多合金系中是普遍存在的现象。另外，有的化合物和化合物之间，也可以相互溶解而组成固溶体，如 Fe_3C 和 Mn_3C，TiC 和 TiN 等。

2. 按固溶度（溶解度）分类

（1）有限固溶体　在一定条件下，溶质组元在固溶体内的浓度只能在一个有限度的范围内变化，超过这个限度后即不能再溶解了，这个限度称为固溶极限，也称为固溶度或溶解度，这种具有固溶极限的固溶体就称为有限固溶体。大部分固溶体（包括一次和二次）都属于这一类。

（2）无限固溶体　当固溶体的固溶度达到100%时，即溶质能以任何比例溶入溶剂时，就称为无限固溶体或连续固溶体。事实上，这时很难区分溶剂与溶质，二者可以互换，但通常多以浓度大于50%的组元为溶剂。Cu－Ni 系、Ag－Au 系、Cu－Au 系、Ti－Zr 系、Mg－Cd 系等可作为一次无限固溶体的例子；TiC－ZrC，TiC－VC、TiC－NbC、VC－NbC、ZrC－NbC 以及 TiC－TiN 等可作为二次无限固溶体的例子。

3. 按溶质原子在晶体点阵中所占的位置分类

（1）代位固溶体　溶质原子在晶体中占据着与溶剂原子等同的点阵位置，犹如前者代换了后者的一些位置，所以称为代位固溶体。如图2－6（*a*）所示。

（2）间隙固溶体　溶质原子在晶体中不是占据正常的点阵位置，而是填入溶剂原子间的一些间隙位置，所以称为间隙固溶体。间隙固溶体平均在每个晶胞上的原子数要比溶剂多，如图2－6（*b*）所示。

（3）缺位固溶体　在一些二次固溶体中发现，当化合物的组元之一溶入化合物时，另一组元的一些原子位置却形成了空位，例如，氧溶入 FeO 后，Fe 原子会出现空位，这类固溶体称为缺位固溶体。

4. 按溶质原子与溶剂原子的相对分布进行分类

（1）无序固溶体　溶质原子统计式地或随机地分布在溶剂晶体点阵中，它或占据着与溶剂等同的一些位置，或占据着溶剂原子间的间隙中，看不出有什么次序性或规律性，这类固溶体称为无序固溶体。

（2）有序固溶体　当溶质原子按适当比例并按一定顺序和一定方向，围绕着溶剂原子分布时，这种固溶体就称为有序固溶体，既可以是代位式的有序，也可以是间隙式的有序。但应指出，有的固溶体由于有序化的结果，会引起结构类型的变化，所以有的书中将有序固溶体列入中间相。

二、影响固溶度的因素

无论是纯金属之间或金属化合物之间，相互间绝对不固溶的情况实际上是不存在的，只是固溶度有大小之分。通常，将那些固溶度很小的合金组元看作不溶组元，这只是相对而言，只有结合具体问题它才具有一定意义。在一般材料应用问题中，所涉及的大多是有关相当大的固溶度问题。但应指出，微量溶质元素的溶入有时会引起性能的很大变化。

影响固溶度的因素是相当复杂的，目前还没有完全摆脱实验规律。以下主要针对一次固溶体介绍影响固溶度的主要因素。

1. 原子尺寸因素

组元原子间的相对尺寸对形成固溶体起着重要作用。综合大量实验结果表明，若以溶剂的原子尺寸为标准，当组元原子直径（D）间的相对差，即（$D_{溶剂}-D_{溶质}$）/$D_{溶剂}$不超过±（14～15)%时，或者说溶质与溶剂原子直径的比，即$D_{溶质}/D_{溶剂}$在0.85～1.15之间时，才有利于形成具有显著固溶度的代位固溶体。另一方面，若仍以溶剂原子作标准，当两组元的直径相对差大于41%，或直径之比小于0.59时，才有利于形成具有相当固溶度的间隙固溶体。

尺寸因素的规律，最早是由一些一价金属所组成的固溶体中归纳出来的，以后发现，在二价、三价以及过渡金属所组成固溶体中，甚至在一些二次固溶体中也大部分是适用的，只是作为判据的数值大小略有出入。

溶质原子尺寸对固溶度的上述效应，若只定性地去考虑是不难理解的。不同尺寸的异种原子组合在一起，会引起点阵的畸变，即原子会偏离开其正常的点阵位置，如图2－23所示，即大原子周围受到压缩，原子间距缩小；小原子周围受到拉伸，原子间距增大。不难理解，形成这样的状态必然引起能量的升高，这种能量称为点阵畸变能。由此可见，在固溶体中，每一个溶质原子周围都会出现一个以其为中心并扩展到相当范围的应力场。显然，原子尺寸相差越大，畸变能也越大，应力也越大，点阵也就越不稳定，这样直到溶剂点阵不能再进一步维持时，便达到固溶度极限。间隙固溶体的情况大致同上，但是在通常情况下，溶质原子的尺寸大多比溶剂点阵的空隙尺寸要大，所以间隙溶质原子周围的应力场多属压应力。除

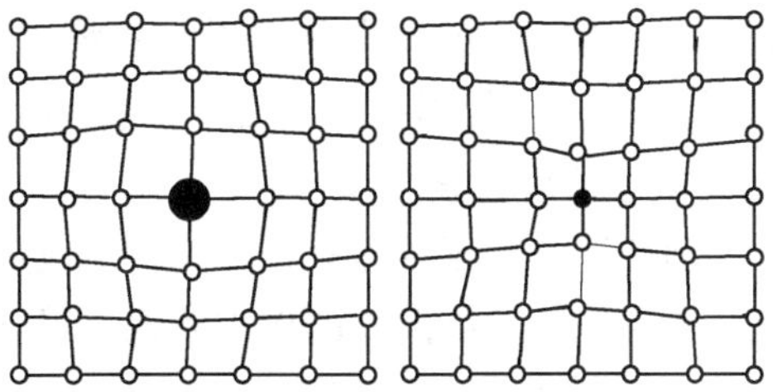

图2－23　固溶体中大（a）小（b）溶质原子所引起的点阵畸变示意图

此而外，畸变能的大小或应力场的强弱还应该和溶剂组元的弹性模量 E 有关系。对开放型金属，即 E 小的金属来说，若尺寸因素相同，则其所引起的畸变能要小；反之，对封闭型金属，即 E 大的金属来说，同样尺寸因素所引起的畸变能要大；因此，对后一类金属来说，尺寸因素的限制就要更严格些，例如，有的可以 8% ~10% 作为是否形成具有相当固溶度的固溶体的判据；而对前一类金属来说，限制就可松一些，例如，有的尺寸因素高达 21% 时，仍可形成具有较大固溶度的固溶体。

2. 负电性因素

元素的负电性表示这个元素的原子在异类原子的集合体中或分子中能够吸引电子作为自身所有的一种能力，它与电极电位不同，后者是指一个元素在标准状态下和在离子溶液中的自由能差，所以负电性的大小不能用电化序列来衡量。泡林规定了这样一个标准：若 A、B 两种原子以共价相结合，以 ΔE 表示 $A-B$ 键能与 $A-A$ 键能和 $B-B$ 键能平均值之差、则两元素负电性的差与 $\sqrt{\Delta E}$ 成正比例。这样，便可定出各元素负电性的相对值，并以氟的负电性 4.0 来作为统一对比标准。一般来说，在元素周期表中处于同一周期的元素，其负电性随原子序数的增大而增加；而同一族的元素，其负电性则随原子序数的增大而减小。元素之间的负电性相差越大，越有利于形成化合物，或所形成的化合物稳定性越高。由此不难理解，当进行合金化时，如果组元之间负电性相差较大，那么就有利于形成化合物，而不利于形成固溶体，而且所形成的化合物越稳定，则固溶体的固溶度也必越小。

由根据负电性与原子序数的上述关系，利用元素周期表可以预测形成固溶体的可能性大小。元素之间在周期表中相距越远，越不利于形成固溶体，但有利于形成化合物。对给定的溶剂组元来说，溶质组元越靠近周期表的右边，则其固溶度可能越小。例如实验表明：ⅥA 族元素 S、Se、Te 等；由于与金属易形成稳定的化合物，它们在金属中的固溶度都很小；ⅤA 族元素如 P、As、Sb、Bi 等，其负电性较ⅥA 族元素要小些，它们在正电性不太强的金属（Cu、Ag 等）中都具有相当的固溶度；而负电性更小些的ⅣA 族元素如 Si、Ge、Sn、Pb 等，在 Cu，Ag 等金属中的固溶度就更大些了。

由此而派生一个较为普遍的规律是，如果溶质组元在给定合金中能够以不同状态存在的话，那么它在固溶体中的固溶度就要随之而发生变化。溶质存在的状态越稳定，其固溶度就越小。例如，碳在钢铁中可有两种状态——Fe_3C 或石墨，后者比前者的稳定性大，所以石墨在 Fe 中的固溶度，当其它条件相同时，总是比 Fe_3C 的固溶度要小。

3. 电子浓度因素

如前所述，电子浓度对合金相的形成起着很重要的作用，对中间相如此，对固溶体也如此。电子浓度对固溶度的作用表现在以下两方面：

其一是所谓原子价效应。在一些以一价金属（如 Cu、Ag、Au 等）为溶剂的固溶体里，溶质的原子价越高，则其最大固溶度便越小。例如，铜分别与二价至五价金属锌、镓、锗、砷等所形成的诸固溶体中，其最大固溶度依次为 38.5%、19.5%、11.8%、7%（均为原子百分数）。但是，若按照公式（2-1）将这些数据换算成电子浓度 $C_{电子}$，那么会发现 $C_{电子}$ 基本上在 1.4 附近波动，即 $C_{电子}$ 接近定值，这说明对固溶度起实质性作用的应是电子浓度。但是由于前已指出的计算电子浓度的实际困难，以及其它因素的干扰作用，关于电子浓度和固溶度间的普遍定量规律，特别是对以高价金属或过渡金属为溶剂的固溶体来说，目前尚难严格确定下来。但近年来发现，如果将公式（2-1）中的 V 和 v 分别用各组元原子中的总电子数减掉相应于惰性元素的满壳层电子数后的数值来取代而计算 $C_{电子}$ 的话，那么将会发现：Cr、V 分别在 γ-Fe、Co 或 Ni 中最大固溶度约相当于 $C_{电子}=7.7$；W、Mo、Ta 和 Nb 分别在 Rh、Pd、Ir 或 Pt 中的最大固溶度约相当于 $C_{电子}=8.6$；而 Ru、Rh 分别在 Mo 中的最大固溶度约相当于 $C_{电子}=6.6$。显然，这时的电子浓度已不是一般意义的电子浓度了，或称之为固溶体的平均族数，以示区别。

电子浓度作用方面的另一表现是所谓相对价效应，即对给定的两组元来说，当其它条件相同时，高价组元在低价组元中的固溶度较之相反的固溶度要大。显然，前者促使 $C_{电子}$ 增大，而后者则正相反。这说明，固溶体的 $C_{电子}$ 无论增大或减小都有一定限度，而减少比之增大会更敏感地反映在结构的不稳定上来。例如：在 Cu-Zn 合金系中，Cu 为一价，Zn 为二价，Cu 在 Zn 中的最大固溶度为 2.5%（原子分数），而 Zn 在 Cu 中的最大固溶度则可高达 38.5%（原子分数）；在 Cu-Sn 合金系中，Sn 为四价，Sn 在 Cu 中的最大固溶度为 9.1%（原子分数），而 Cu 在 Sn 中几乎不溶解。

显然，形成无限固溶体的先决条件之一是两组元的原子价必须相等，此外晶体结构也应相同。

综上所述，原子尺寸因素、负电性因素以及电子浓度因素应是影响固溶体固溶度的三个主要因素。对待它们既不能等同地去看待，也不能孤立地来处理。一般来说，应首先考虑尺寸因素，而后再考虑其它条件。当上述三个因素都有利时，就有可能形成具有相当固溶度的固溶体。但不应忘记，除了上述主要因素外，还会有次要因素，例如组元之间晶体点阵的差异、熔点的差异以及温度和一些可能还未发现的其它因素也会影响固溶度。在一定条件下，这些次要因素有时会上升为主要因素，因此，在不同情况下的所谓例外现象总是会存在的。例如，在 Mg-In 系中，二价的 Mg 在三价的 In 中的固溶度反比 In 在 Mg 中的固溶度要大。

三、固溶体的结构

固溶体只是保持着溶剂的晶体点阵类型，若与纯溶剂组元相比，结构还是发生了变化，而且有时变化很大，这表现在以下几方面：

1. 点阵畸变

如上所述，无论是在代位固溶体或间隙固溶体中，在每个溶质原子周围的一定范围内，溶剂原子排列的正常规律性都会受到不同程度的干扰（参照图 2-23），这就叫点阵畸变。随溶质原子的性质和尺寸的不同，畸变的性质和程度也不同。但总的说来，溶质原子数目越多，点阵总的畸变也越大。

2. 点阵常数的变化

晶体的点阵常数是用 X 线测量而取得的统计平均值，若点阵发生畸变则取得的平均点阵常数就会发生变化。对代位固溶体来说，当溶质原子尺寸较大时，点阵常数增加；反之，则缩小。理想代位固溶体的点阵常数 a 与其溶剂及溶质点阵常数 a_1 和 a_2 的关系为

$$a = xa_2 + (1-x)a_1$$

式中，x 代表溶质的原子百分数。即 a 与 x 成正比例或成直线关系。实际固溶体，只在浓度很低时，才符合这个关系，浓度高时，则与直线关系有或正或负的偏差，见图 2-24。

间隙固溶体的点阵常数一般总是随浓度而增大的，图 2-25 是 Fe-C 固溶体——奥氏体的点阵常数与含碳量的关系，当浓度较低时也近似直线关系。

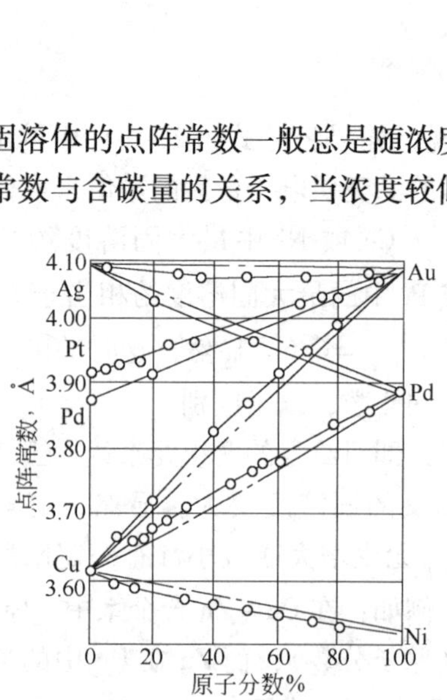

图 2-24　Cu-Ni、Cu-Pd、Cu-Au、Au-Pd 以及 Ag-Pd 等无限固溶体的点阵常数随成分的变化

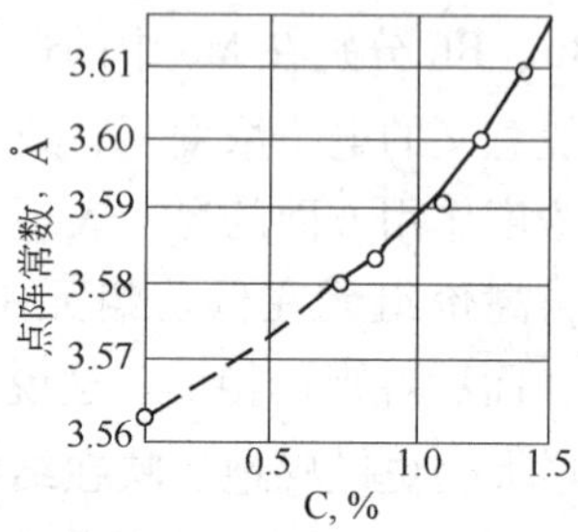

图 2-25　奥氏体的点阵常数与含碳量的关系

3. 偏聚与有序化

只有在理想的固溶体中，溶质原子才是统计学的均匀分布。实际上，溶质总是存在不同程度的分布不均匀性。当同种原子间的作用力比异种原子间作用力较大时，溶质原子易于分区聚拢在一起，形成许多偏聚区；反之，当异种原子间的作用力较大时，则溶质原子大多易于彼此远离，使其紧邻或近邻皆为溶剂原子，由此而出现了小范围内的有序分布，称为短程有序。偏聚或短程有序的程度随异种原子间和同种原子间作用力的相对大小、组元间的相对量以及温度等因素有关。在两极端条件下，或是互不相溶，或出现长程有序化，或形成化合物。由此可知，合金中各相之间并没有不可逾越的鸿沟。

4. 有序固溶体

当固溶体有序化到这样一个程度，以致在整个晶体点阵中溶质和溶剂原子都按统一的确定顺序分布时，即达到长程有序时，这样的固溶体就称为有序固溶体，有时也称为超点阵或超结构。大多数有序固溶体当加热到一定温度后，会变成无序固溶体，冷却后又恢复到有序固溶体，这种现象称为有序无序转变。例如，图 2-26（*a*）是铜与金的无序固溶体示意图，设若如图中箭头所示，使各相邻的铜、金原子都互换位置，则将变为图 2-26（*b*）

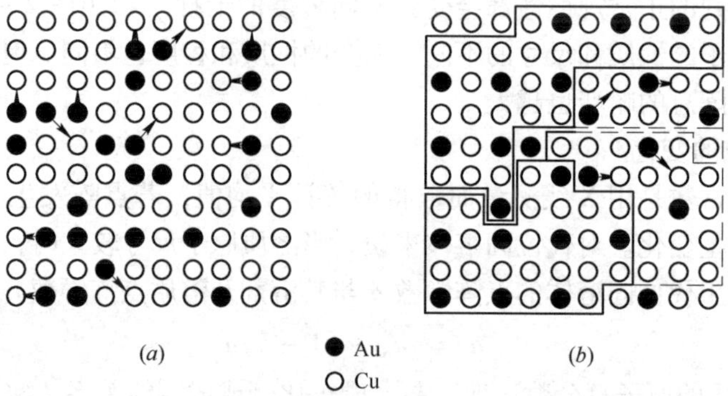

图 2-26　Au-Cu 合金中 Au、Cu 原子的无序分布（*a*）与部分短程有序化后（*b*）的示意图

的情况，两个由实线标出的区域已经各自完全有序化了，这两个区域就称为有序畴。但由于两畴的有序化顺序正相反，中间出现了一个无序的界面，所以是两个反相有序畴。另外，还有两个用虚线标出的区域，尚未有序化，这是短程部分有序的特征。当两个无序区的原子再按箭头互换时，两个反相有序畴即完全紧邻了，但仍然属于短程有序。只有当各反相畴相互吞食合而为一时，才能达到完全的长程有序化，而变为完全的有序固溶体。

在完全有序的固溶体晶体点阵中，既然各种原子的相对位置是确定的，那么组元原子的相对比例也应该是确定的，这就有点像正常价化合物的结构。因此，如果说无序固溶体的晶体结构类型可用其溶剂的晶体点阵来描述的话（因为溶质原子占任一阵点的几率是相同的），那么，对有序固溶体就不能完全这样处理了。比如说一个以体心立方金属为溶剂的代位固溶体，若是无序的，那就无法在其晶胞中确定溶质原子究竟占哪个阵点，因为占哪个阵点的几率都是一样的，通常只能任意地标出一些位置，象征性地来表示它，因此人们可以说，它和溶剂的点阵一样。如果是有序的，而且溶质与溶剂的原子比为 1∶1，那么只能在体心立方晶胞的八个顶点标出溶剂原子，而在体心位置标出溶质原子，或两者完全对调，其结果完全一样，但只能是这两种情况之一，而这样的晶胞实质是一个简单立方晶胞，或由两个简单立方晶胞穿插而成的（见图 2－27）；若原子比例不是 1∶1，比如说 1∶3，那就无论如何不能用一个一般的体心立方晶胞来反映其结构实质了，而必须用一个面目全非的特殊晶胞（见图 2－28）来描述它。因此，若按固溶体的严格定义，有序固溶体就难于划归在固溶体中。应该说，它是一种介于固溶体与化合物之间的一种相，但更接近于化合物。

常见的有序固溶体结构有下列几种*：

（1）体心立方 *AB* 型　以 FeAl 为代表，如图 2－27 所示，其它如 AgZn、AgCd、CuZn、CuBe、AuCd 等皆属于这一类型，也称 CsCl 型。

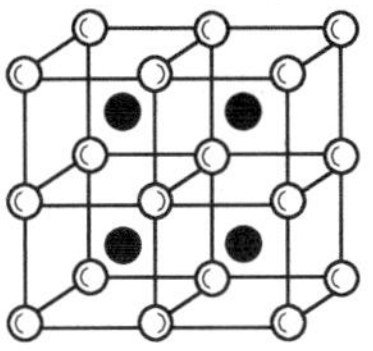

图 2－27　有序固溶体 FeAl 的结构

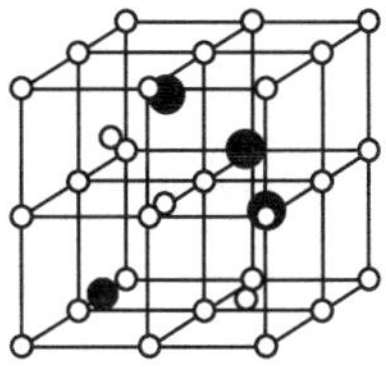

图 2－28　有序固溶体 Fe_3Al 的结构

（2）体心立方 A_3B 型　以 Fe_3Al 为代表，如图 2－28 所示。这种结构的晶胞可看成是由八个一般体心立方晶胞组成的，其中 Fe 原子（相当于 *A*）占据所有八个小立方体的顶角以及四个不相邻的立方体的体心位置，而 Al 原子（相当于 *B*）只占其余的四个不相邻的体心位置。Cu_3Al、Fe_3Si 等属于这一类。此外，Cu_2MnAl 也近似于这类结构，只要将图 2－28 中的四个占据体心位置的 Fe 原子换为 Mn 原子，其余的 Fe 原子换为 Cu 原子，便成为 Cu_2MnAl 结构的晶胞。

（3）面心立方 *AB* 型　以 CuAu 为代表，如图 2－29 所示，Cu 原子与 Au 原子交替地沿［001］方向成层分布。由于 Au 原子大于 Cu 原子，所以这种分布往往会引起点阵常数的不匀称变化，而使其结构由立方系变为正方系。

（4）面心立方 A_3B 型　以 Cu_3Au 为代表，如图 2－30 所示，Au 原子占有立方体的八个顶角位置，Cu 原子则占有六个面心位置。Co_3Al、Ni_3Al、Ni_3Fe、Ni_3Si、Ni_3Mn 等属于

这一类。

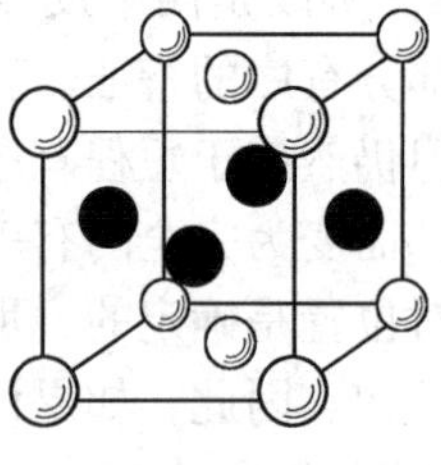

图 2－29　有序固溶体 CuAu 的结构

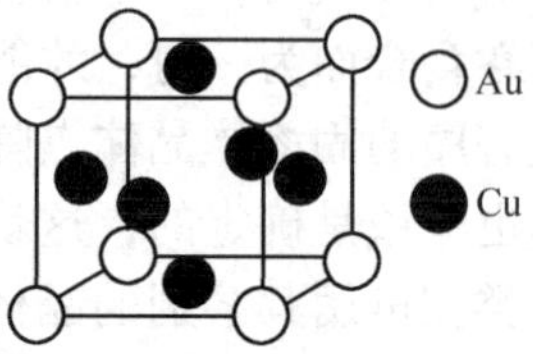

图 2－30　有序固溶体 Cu_3Au 的结构

（5）密集六方 A_3B 型　Mg_3Cd 属于这一类，其晶胞结构如图 2－31 所示，相当于四个六方晶胞的复合体。图 2－32 表示这种结构的（0001）面上的原子排列。将这面按 *ABAB* 序列堆砌起来即得到 Mg_3Cd 的结构。

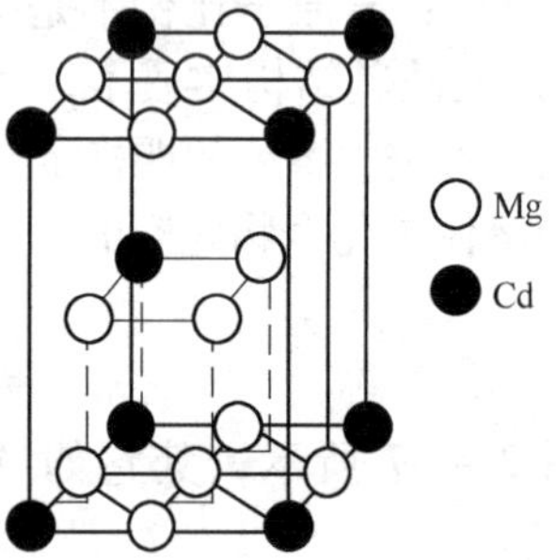

图 2－31　Mg_3Cd 型结构的晶胞

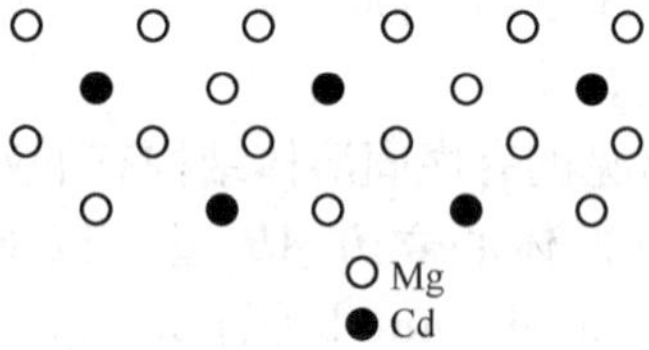

图 2－32　Mg_3Cd 型结构（0001）面上的原子排列

四、固溶体在性能方面的特点

图 2－33 示意性地表示无限固溶体的一些性能随成分的变化，一般来说，固溶体在强度方面，例如硬度、屈服强度、抗拉强度等，比其两个纯组元的平均值高，但比一般化合物的低；在范性和韧性方面，例如伸长率、面缩率、冲击功等，比其两个纯组元的平均值略低，但比一般化合物的要高的多，而且有的固溶体其范性和韧性比之其组元的还要高。因此，综合起来看，固溶体具有较为优越的综合力学性能。这就是为什么在作为结构材料的各种合金中，固溶体总是主体相。

固溶体在其它物理性能方面也有所变化，例如，导电率下降，电阻升高，电阻温度系数减小（见图2－33）。

固溶体的性能除了随溶质组元的不同及其含

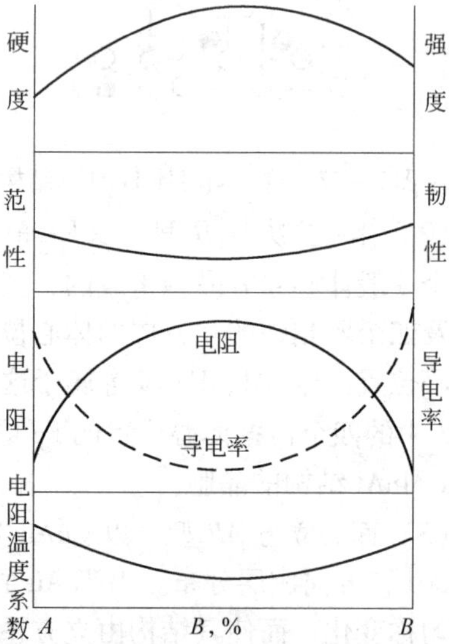

图 2－33　无限固溶体的强度、硬度、范性、韧性、电阻、导电率以及电阻温度系数随成分的变化（示意）

量的多少而变化外，还受溶质组元分布状况以及结构和组织方面的各种因素的影响。例如，溶质组元的偏聚或有序化都会使固溶体的硬度、强度等进一步提高，而使范性、韧性进一步下降。

第七节 结构缺陷

在前几节关于金属和合金结构的讨论只是一种理想情况，但还有另一方面，即结构的不规则性方面。金属学中将这种原子组合的不规则性，统称之为结构缺陷，或晶体缺陷。事实上，晶体结构中有些不规则性和规则性一样，是热力学所允许的平衡状态之一。

任何物质，在任何温度，其内部的原子或分子都在不间断地运动着，金属晶体当然也不例外，它的绝大部分原子或分子都在围绕着其点阵而振动，这种振动是无规的，相互干扰的，并且其振幅是随温度而增大的，但其频率却接近一个定值，它只取决于原子结合力的大小。这就意味着原子无规的热振动所引起的晶体不规则性，和晶体的规则性一样都是原子结合力的表征，也有它的必然性。另一方面，原子振动的振幅大小取决于温度并不等同于每个原子的振幅都一样大小，它只是晶体总体的一个统计平均值。在某一瞬间，某些原子的能量可能高些，其振幅就要大些；而另一些原子的能量低些，其振幅就可能小些。对一个原子来说，这一瞬间能量可能高些，另一瞬间，则可能反而低些，这种现象叫做能量涨落。根据统计规律，在晶体中具有超额能量 ΔU（即高于平均能量的值）的原子百分数 ρ 可按公式

$$\rho = Ae^{-\Delta U/KT} \qquad (2-2)$$

来计算，其中 A 是一个与温度有关的常数，它随晶体而定，K 为玻耳兹曼常数，T 为绝对温度。显然，在高温下由于能量涨落而引起的晶体结构中的不规则性将会更大，而且温度愈高，它必然也愈显著。

无论原子如何热振动，只要其能量不超过其势阱 U_E（参照图 2－16），都还可以认为原子的振动中心仍然处于晶体点阵的阵点上，所以人们通常并不把这种不规则性作为缺陷来对待，但它毕竟是规则中的不规则性。通常所指的结构缺陷是指以下将要讨论的几类，它们之中有的是平衡态的，有的则是直接由热振动而激发的，有的是由于别的因素而产生的。

金属晶体的规则性与不规则性相比，当然规则性还是主要的，正是它决定了晶体有别于非晶体的一些通性，也决定了各种材料各自所具有的基本性能，或潜在性能，特别是非结构敏感的性能。但对另一类所谓结构敏感性能来说，不规则性却可以扮演重要角色，变成决定材料实际性能的主要因素，而使规则性退居于只起衬托作用的背景地位。下面以金属强度（屈服）为例（图 2－34）来说明这个问题。图中曲线示意地表示晶体强度与结构缺陷的关系，理论强度是根据原子结合力而计算出的理想晶体的强度值。晶须是由实验室制出的一种很细的含缺陷极少的金属晶体，它的强度接近理论计算值。而实际测出的一般金属的强度较理论值约低三个数

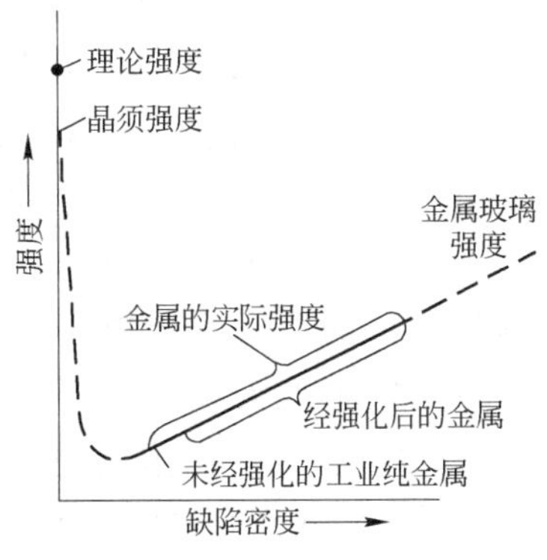

图 2－34 结构缺陷密度与强度的关系示意图

量级。可见，没有缺陷的金属晶体，其强度是非常高的。随缺陷数量的增加，强度先是急剧下降，直至一最低点，而后又较平缓地上升。一般金属常用的各种强化方法，实际是依靠增加结构缺陷而进行的。近年来发现的金属玻璃（非晶态金属），即失掉点阵特征的金属，其强度也很高，可以看作是缺陷达到近乎百分之百的另一极端的例证。由此可见，晶体缺陷在强度理论中的重要作用。这一节简要介绍一下缺陷的类型、几何特征以及缺陷之间的相互关系或作用。

一、缺陷的类型

根据缺陷相对于晶体的尺寸，或其影响范围的大小，可将它分为以下几类：

1. 点缺陷

其特征是三个方向的尺寸都很小，不超过几个原子间距，例如前已介绍的各种溶质原子及其所引起的周围畸变区。除此而外，还有空位、间隙原子以及这几类点缺陷的复合体等属于这一类。这里所说的间隙原子是指原子应占据正常阵点的原子跑到了点阵间隙中。

2. 线缺陷

其特征是缺陷在两个方向上的尺寸很小（与点缺陷相似），而第三个方向上的尺寸却很大，甚至可以贯穿整个晶体。属于这一类的主要是位错。

3. 面缺陷

其特征是缺陷在一个方向上的尺寸很小（同点缺陷），而其余两个方向上的尺寸则很大，晶体的外表面及各种内界面——一般晶界、孪晶界、亚晶界、相界及层错等属于这一类。

4. 体缺陷

其特点是缺陷在三个方向的尺寸都较大，但不是很大，例如固溶体内的偏聚区，分布极弥散的第二相超显微微粒，以及一些超显微空洞等。当体缺陷较大时，即可归属于面缺陷来讨论了。

由于缺陷的种类较多，限于篇幅，以下只能择其要者进行讨论。

二、晶体中的空位与间隙原子

由公式（2－2）可知，若 ΔU 代表原子超越势阱所必须的能量涨落，那么在任何温度，晶体中都可能有一部分原子具有这种超额的能量，这些原子将会摆脱其周围原子的约束力，而跳到别的位置去，从而产生空位。显然，温度越高，这种脱位的原子就会越多，空位也就愈多。脱位原子的去处大致有三：其一是跑到晶体表面去，这样所产生的空位称肖脱基（Schottky）空位，如图 2－35（*b*）所示；其二是跑到点阵间隙中，所产生的空位称弗兰克（Френкелъ）空位，如图 2－35（*a*）所示；其三是跑到其它空位中，这当然不会增加新空位，但可使空位变换位置。

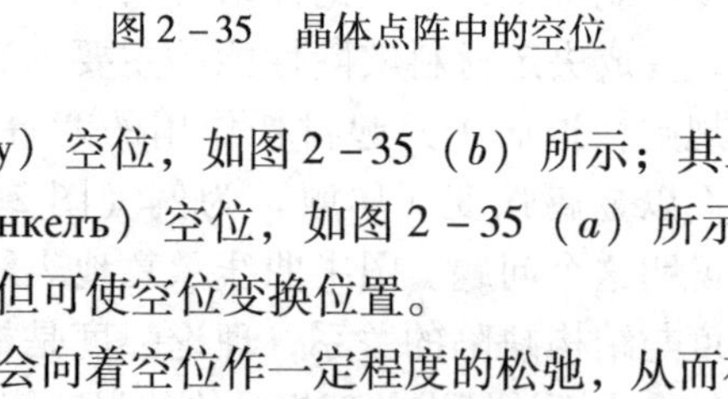

图 2－35　晶体点阵中的空位

产生空位后，其邻近原子由于失掉了平衡，都会向着空位作一定程度的松弛，从而在其周围出现一个波及到一定范围的畸变区，或弹性应变区。所以每个空位周围都会产生一个应力场，它与小的代位原子周围出现的应力场相似，只是程度要大。同样，间隙原子周围也会出现一个与间隙式溶质原子或大的代位溶质原子相似的应力场，但程度要大得多，特别是在密集结构中。总之，无论哪一种点缺陷（空位、间隙原子或其它）的出现，都会引起晶体能量的升高，这当然会增加晶体的不稳定性。但另一方面，它们的出现会引起晶体熵值的显著增大，而熵值越大晶体应该越稳定。这两个相互矛盾的因素使得晶体中的空位或间隙原子在每一温度都有一个相应的平衡浓度。温度愈高其平衡浓度也将愈大。通过由高温激冷、冷加工、高能粒子轰击以及氧化等方法，可使它们的浓度显著高于平衡浓度，即达到过饱和程度。过饱和的空位，当温度允许时，或凝聚为空位对或空位群，或与其它缺陷相互作用而消失，或组成较稳定的复合体。

三、晶体中的位错

位错是一种特殊的很重要的晶体缺陷。其特点是围绕着一条很长的线（相对于晶体来说），在一定范围内原子都发生了有规律的错动，都离开了它们原来的平衡位置，所以称为位错。

长期以来，晶体所表现出的许多理论与实际的矛盾现象，促使人们进一步深入去探讨和揭露这些矛盾的实质，曾有过不少的假设和争论，最后终于确定了位错理论。这里先介绍位错的一些基本概念以备后续章节应用。

1. 基本位错的几何模型

（1）刃型位错模型：为了便于理解，举出简单立方晶体中的位错为例，如图 2－36 所示。可以这样来设想，设只将晶体的上半部用刀劈开，然后插入半个晶面，再粘合起来，如图 2－36（*a*）所示，这样，以相当于刃端的部位为中心线在其附近一个相当范围的区域内，原子的位置都发生了错动，其特点是：上半部受挤压，下半部受拉伸；而以中心的错动为最大，约达半个原子间距；距中心愈远，错动愈小，直至恢复正常的位置。就是这样一个长度由晶前到晶后，宽度波及几个原子间距的区域，正好与晶体中实际存在的某些位错相似，称之为正刃型位错，通常用符号“⊥”来表示。也可以这样来设想，给晶体上下两部分间施以切应力，使其上半部硬挤入半个晶面，这便形成了正刃型位错，如图 2－36（*b*）所示。

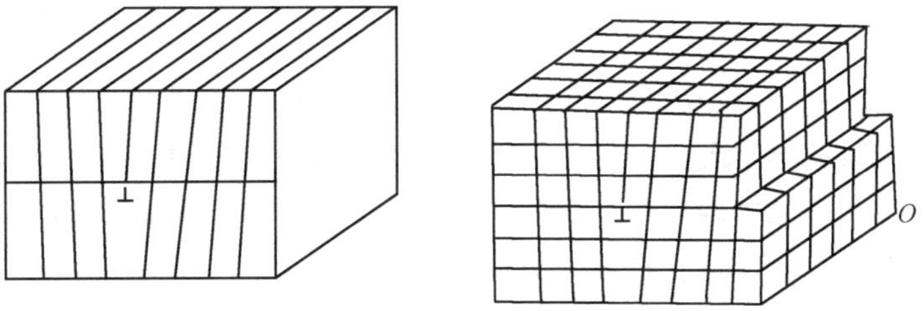

(*a*)　　　　　(*b*)

图 2－36　晶体中的刃型位错模型

若上述劈开面在晶体的下半部，或者说将晶体以位错线为轴转动 180°，便得到负刃型位错，以符号“⊤”来表示。

（2）螺型位错模型：仍举简单立方晶体为例，如图 2－37 所示，设只将晶体的前半部用刀劈开，而后沿劈开面，并以刃端为界使劈开部分的左右两半沿上下方向发生一个原子间距的相对切变，而后再将它粘合起来。这样，虽在晶体切变部分的上下表面各出现一个台阶 *AB* 和 *DC*，但在晶体内部大部分原子仍相吻合，就像未切变时一样，只是沿 *BC* 附近，出现了一个约几个原子宽的切变和未切变之间的过渡区。在这个过渡区域内，原子正常位置都发生了错动，如图 2－37（*b*）所示，它表示切变面左右两边相邻的两层晶面中原子的相对位置。可以看出，沿 *BC* 线左边有三列原子是左右错开的，在这个错开区，若环绕其中心线，由 *B* 按顺时针方向沿各原子逐一走去，最后将达到 *C*，这就犹如沿一个右螺旋螺纹旋转前进一样，所以这样的一个宽仅几个原子间距，长则穿透晶体上下表面的线性缺陷，称右螺型位错。

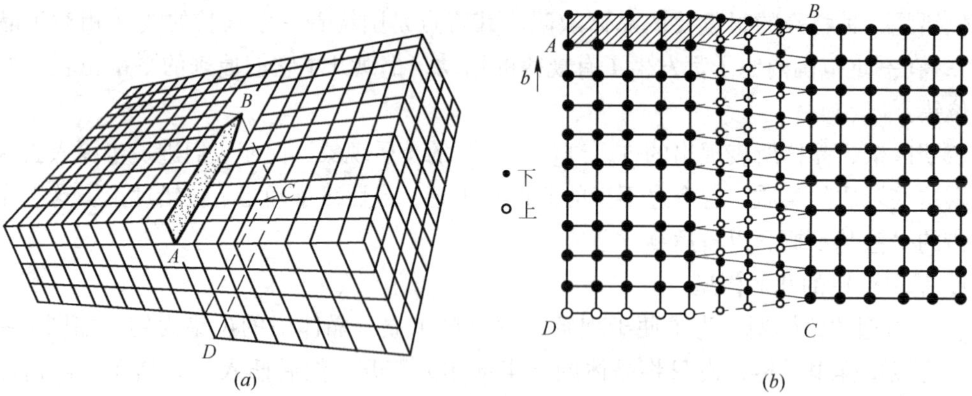

图 2－37　螺型位错模型

（*a*）立体图；（*b*）沿 *ABCD* 面上下两面上原子的相对位置

若在上图中，使晶体左右两半沿劈开面上下切变的方向相反，或者劈开面在晶体的后半部，其结果完全相似，只是交界区中原子按左螺旋排列，这样一种位错称左螺型位错。

2. 柏氏回路与柏氏矢量

由以上两种简单位错模型可知，单一的位错犹如一条贯穿于晶体内的管道，由于其宽度相对于其长度来说，是很小的，可以视为一条线，所以通常用一条线来表示。但是必须注意，它是一条具有一定宽度的原子错动区域，在这区域内，原子或多出了一排（或几排），或相对发生了一定量的切变。如果我们设想能围绕位错线在晶体内走一圈，那么就会发现比没有位错时有异常现象，这可用图 2－38 来说明，其中（*a*）表示环绕一正刃型位错线依逆时针方向在晶体内作了一个封闭回路，称之为柏氏回路。而后再选一个没有位错的相似部分，取相似的起点，按同一方向、同一大小和同一步骤顺次作第二个回路，如图（*b*）所示。最后会发现，这第二个回路就不能完全封闭了，如作出自其终点向起点的矢量 $\boldsymbol{b}$，这个矢量就称为柏氏矢量。$\boldsymbol{b}$ 可正可负，其方向可依所选坐标系来定。同样，对螺型位错也可作出相应的矢量。推而广之，对任何位错都如此。可见，位错的一个通性是具有一定的柏氏矢量。

柏氏矢量是描述位错实质的一个很重要的标志，它集中反映了位错区域内畸变总量的大小和方向。若事先规定了位错线的正负方向，并按右螺旋法则作柏氏回路，那么一条位

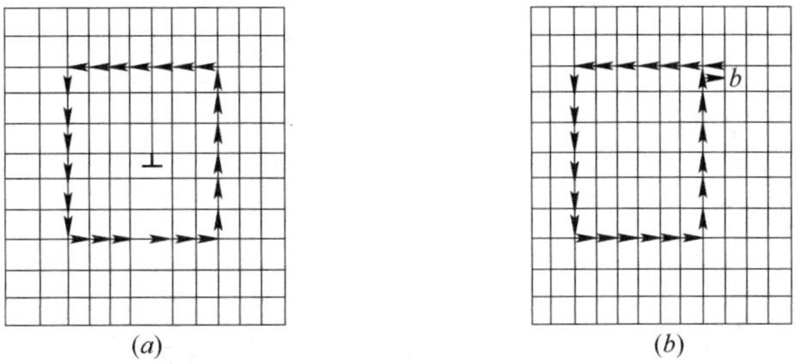

图 2－38　刃型位错的柏氏回路和柏氏矢量

（a）环绕位错线的回路；（b）不环绕位错线的回路

错线的柏氏矢量，就是恒定不变的，它与回路的大小和回路在位错线上的位置无关。换句话说，回路沿位错线任意移动或任意扩大，都不会影响柏氏矢量。由此可知：一条位错线只能有一个柏氏矢量。

同类型的两条平行位错，若位错的方向相反，那么它的柏氏回路必相反，因而它们的柏氏矢量方向也必是相反的；若位错方向相同，则其柏氏矢量的方向也相同。

刃型位错的柏氏矢量垂直于位错线；螺型位错的柏氏矢量平行于位错线。

熟悉了柏氏矢量的这些特性，就可以摆脱位错内部原子具体排列的约束，而用一条线和一个矢量 $\boldsymbol{b}$ 来表示位错和分析位错了。

3. 晶体中位错线的组态和位错密度

一条单一的位错线必须横贯整个晶体，直至穿透表面而形成位错露头，它很难中止在晶体内部，因为如果那样的话，将使能量增加太大了，必会出现裂纹。因此，存在于晶体内部的许多不同类型的位错，它们只能以折线或曲线的形式，相互连接起来，组成一个三维网络，或自成一个封闭的环线。图 2－39 表示晶体中的位错网络，其中（a）为示意图，（b）为实际照相图。凡是单独组成封闭回路的位错线，例如成圆环线的位错线，虽然各段位错类型不尽相同，但其柏氏矢量必须恒定不变，见图 2－40（a）；而组成空间网络的位错，各段位错的类型既不相同，其柏氏矢量也各不一样，但走向任一节点的各位错线的柏氏矢量和必须等于离开这个节点的各位错的柏氏矢量和，这个关系如图 2－40（b）所示。

当某一位错的柏氏矢量与位错线既不垂直也不平行，而是斜交时，则可将它分解为与位错线垂直的和平行的两个分量，分别代表刃型位错分量和螺型位错分量，所以这种位错就称为混合型位错，意思是刃型与螺型的混合体。图 2－41 为混合位错中原子组态的示意图，图 2－42 表示混合位错的柏氏矢量分解。由此可见，晶体中一根位错线可由各种不同类型的位错所组成，它的形状也可以是任意的，或直线，或曲线，或折线，但它的柏氏矢量则是恒定的。例如在图 2－40（a）所示的位错圆环线中，除上下和左右各小段分别为正、负刃型位错和左、右螺型位错外，其余各段则是不同程度的混合位错。

金属晶体中的位错是相当多的，通常以通过单位面积上的位错线的根数来衡量，称为位错密度。在正常退火情况下，一般金属或合金中的位错密度约为 $10^4 \sim 10^7$ 根/厘米^2，经

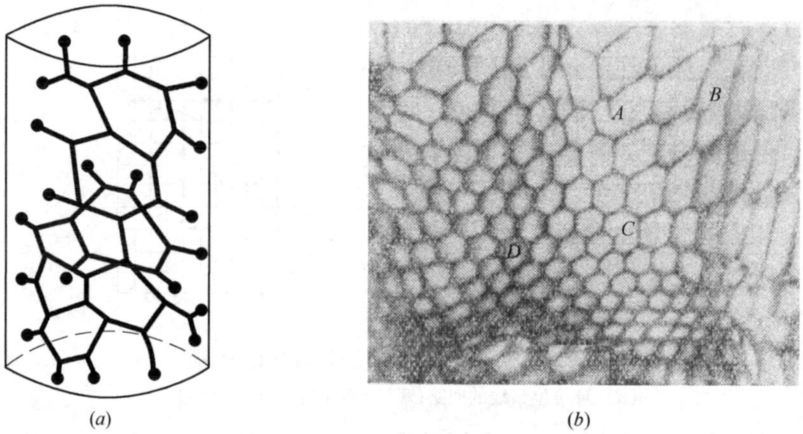

图 2－39　晶体内的位错网络

（a）示意图；（b）Zn 晶体中的位错网照片，其中 A、B、C、D 表示位错离开网络与表面相交

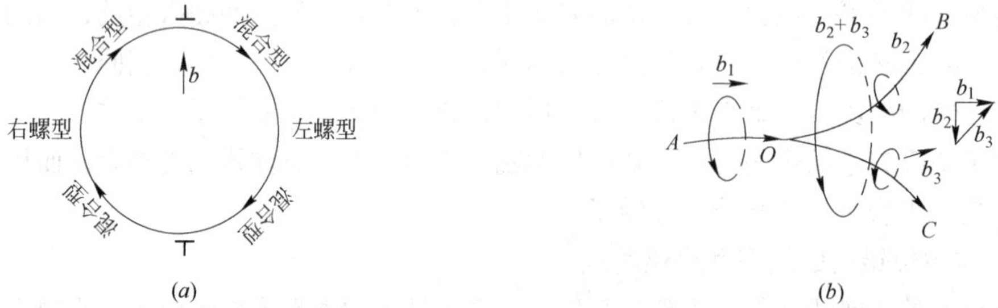

图 2－40　位错环线（a）及通过点 O 的三条位错线（b）各柏氏矢量的关系

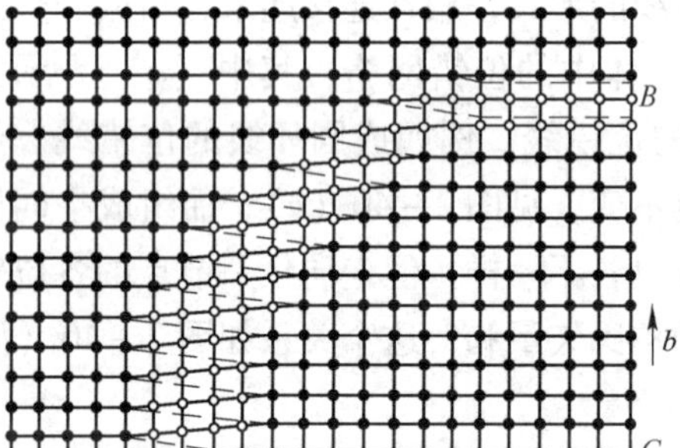

图 2－41　混合型位错内部的原子组态

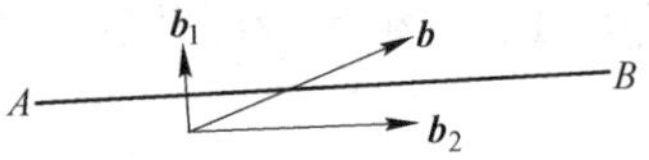

图 2－42　混合位错线 AB 的柏氏矢量 **b** 分解为刃型位错分量 $\boldsymbol{b}_1$ 及螺型位错分量 $\boldsymbol{b}_2$

冷加工后可增至约 $10^{12}\sim10^{13}$ 根/厘米^2，而且位错的组态也变得非常复杂，有时好像乱麻或乱发似的纠结在一起，称之为位错发团，其分布也极不均匀（参看图 5－46）。

4. 位错的应力场和应变能*

由位错模型可知，位错内部的每个原子都或多或少地离开了其原来的平衡位置，而处于弹性应变状态，结合图 2－16 不难理解，这样会引起能量升高和内部应力的出现。若把所有原子所受到的应力合起来，便形成一个以位错的中心线为中心的应力场。随位错类型的不同，应力场也各不相同。例如，正刃型位错上部原子受挤压，应表现出压应力；下部原子受拉伸，应表现出张应力。此外，部分原子还相互间受到剪切作用，也应表现出切应力。负刃型位错的应力场正好相反。螺型位错中原子只受到剪切，无原子增减的问题，也就表现不出压应力和张应力来，仅只表现为纯切应力问题。

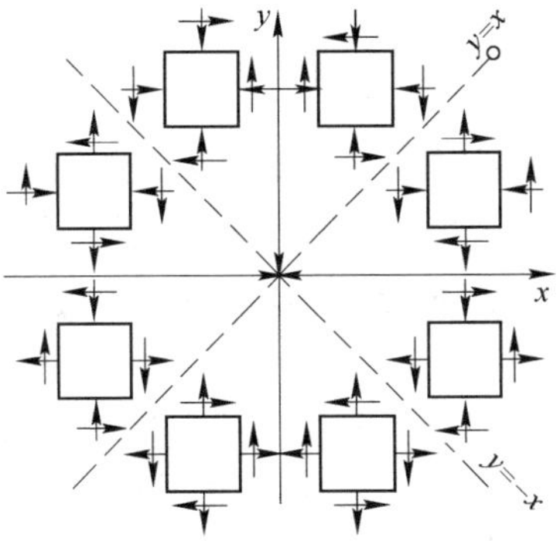

图 2－43　正刃型位错的应力场分布

若用应力张量定性地来描述，刃型位错的应力场如图 2－43 所示，应力与 z 轴无关，是一个平面应力问题。

借弹性力学进行定量计算结果为

$$
\left.\begin{aligned}
\sigma_{xx} &= -A\frac{y(3x^2+y^2)}{(x^2+y^2)^2} \\
\sigma_{yy} &= A\frac{y(x^2-y^2)}{(x^2+y^2)^2} \\
\sigma_{zz} &= \nu(\sigma_{xx}+\sigma_{yy}) \\
\sigma_{xy} &= A\frac{x(x^2-y^2)}{(x^2+y^2)^2} \\
\sigma_{xz} &= \sigma_{yz} = 0
\end{aligned}\right\} \tag{2-3}
$$

坐标系以位错中心线为 z 轴，而 x 轴与 y 轴则如图 2－43 所示。式中 $A=Gb/[2\pi(1-\nu)]$，G 为切变模量，ν 为泊松比，b 相当于柏氏矢量的模数。由图 2－43 及公式（2－3）可见：（1）应力场以 y 轴为对称线，而以 $y-z$ 面为对称面；（2）当 $y=0$ 时，$\sigma_{xx}=\sigma_{yy}=0$，即没有正应力，只有切应力，且 $\sigma_{xy}=A/x$，即 σ_{xy} 与 x 成反比；（3）当 $y>0$ 时，$\sigma_{xx}<0$，即处于受压状态；（4）当 $y<0$ 时，$\sigma_{xx}>0$，即处于拉伸状态；（5）切应力 σ_{xy} 在 $y=0$ 时为最大，$y=\pm x$ 时达到最小值零，在 $x=\pm y$ 直线两边，符号正相反。

螺型位错的应力场若仍以位错中心线为 z 轴，则其计算公式为

$$
\left.\begin{aligned}
\sigma_{xz} &= -\frac{Gb}{2\pi}\frac{y}{x^2+y^2} \\
\sigma_{yz} &= \frac{Gb}{2\pi}\frac{x}{x^2+y^2} \\
&\text{其它应力皆为零}
\end{aligned}\right\} \tag{2-4}
$$

由此可见，螺型位错的应力场是纯切应力的，且以 z 轴为对称中心，但切应力的大小则与

z 轴无关。

由公式（2－3）及公式（2－4）可以看出，所有计算都不适用于位错中心，因为当 $x=0$ 及 $y=0$ 时，应力皆为无限大，这是不合理的，所以定量计算也只是合理的近似。

既然每种位错都有一个应力场，那么位错不论以什么方式产生，它形成时必然需要做功，这种功即储存于位错中，而称为位错能。据计算，当位错为直线时，单位长度的能量 W 约为

$$W \simeq \frac{Gb^2}{4\pi k}\ln\frac{r}{r_0} \simeq Gb^2 \qquad (2-5)$$

式中，G 为切变模量；b 为柏氏矢量的模数；k 为常数，对刃型位错来说，其值为 $1-\nu$，对螺型位错来说，其值为1；r_0，r 为与位错中心的距离。这个公式同样不适用于位错中心。对一定材料来说，G 为定值，则 W 与 b^2 成正比，所以位错都倾向于使 b 值最小，这样能量最低，也最稳定。

对一定的位错来说，它的总能量是与其长度成正比的，所以位错都力求缩短其长度以减低总能量。这就好像液体具有张力，尽量使其表面积缩小一样，所以称之为位错张力，直线位错单位长度的张力与其单位长度的能量是相当的。弯曲线位错的张力，由于远处的应力场可能会部分相抵消，其张力略小，约为 $\frac{1}{2}Gb^2$。这虽是一个粗略估计，但它可合理地说明不少问题，容后再讨论。

5. 位错之间及位错与其它点缺陷之间的交互作用

无论是点缺陷或线缺陷，本身都有一个应力场，当它们相互间达到一定距离时，就会发生相互作用。这种相互作用既关系到位错及其它缺陷的运动和分布，也关系到它们的产生和消失，这对以后分析材料性能甚为重要。

（1）两平行螺型位错之间的作用：设在图2－44中两平行螺型位错的柏氏矢量分别为 $\boldsymbol{b}_1$ 和 $\boldsymbol{b}_2$，若相距为 r，则可以证明，它们间的相互作用力 F 为

$$F = \frac{Gb_1b_2}{2\pi r} \qquad (2-6)$$

即作用力与两位错的柏氏矢量模的乘积成正比例，而与距离成反比，力的方向可根据 r 的方向及两个位错矢量的方向来确定。显然，柏氏矢量相同时，两位错相斥；矢量相反时，两位错相吸引。

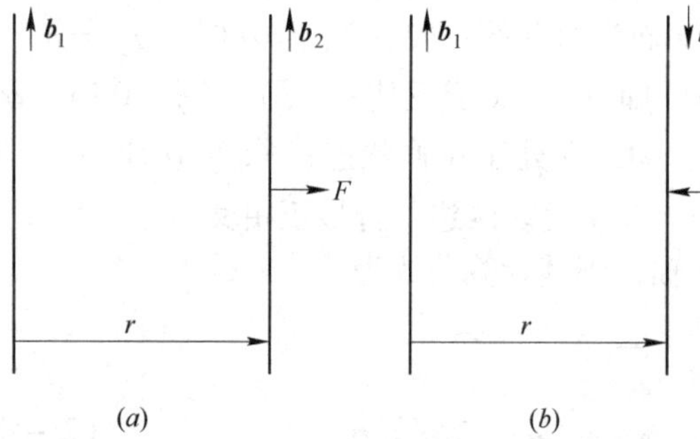

图2－44　两平行螺型位错间的相互作用力

（a）柏氏矢量方向相同；（b）柏氏矢量方向相反

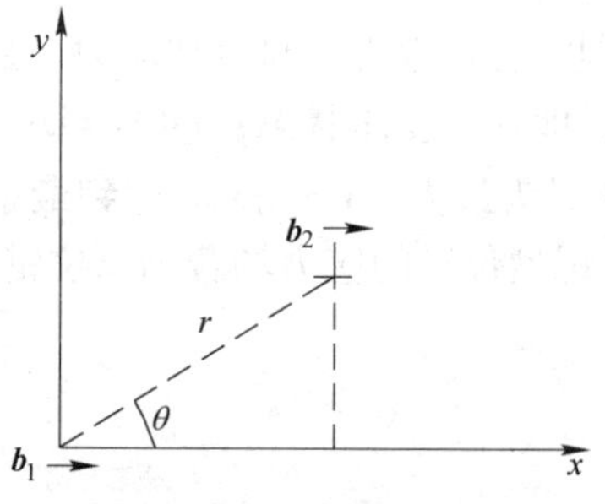

图2－45　两平行刃型位错间的作用力

（2）平行刃型位错之间的作用：如图 2－45 所示，设两刃型位错相距为 r，皆平行于 z 轴，其柏氏矢量分别为 $\boldsymbol{b}_1$ 和 $\boldsymbol{b}_2$，则可以证明，沿 x 和 y 方向第二位错受第一位错的作用力分别为

$$\left.\begin{aligned} F_x &= \frac{Gb_1 b_2}{2\pi(1-\nu)} \frac{x(x^2-y^2)}{(x^2+y^2)^2} \\ F_y &= \frac{Gb_1 b_2}{2\pi(1-\nu)} \frac{y(3x^2+y^2)}{(x^2+y^2)^2} \end{aligned}\right\} \tag{2-7}$$

式中，F_y 有利于位错沿 y 方向上下攀移；F_x 会促使位错沿 x 方向左右滑移。而滑移则是晶体形变的基础，这在第五章将会详细讨论，因而作用力 F_x 就显得更重要些，F_y 的变化较简单，而 F_x 的变化都相当复杂，兹对后者讨论如下：

如果两位错符号相同，则由式（2－7）不难看出：（1）当 $\theta = \pi/4$ 或 $x = \pm y$ 时，$F_x = 0$，这说明，处于这种位置的两位错可相互平衡，但不是稳定平衡，因为 θ 略大于 $\pi/4$时，即相吸引，而略小于 $\pi/4$ 时，即相排斥；（2）当 $\theta = \pi/2$，或 $x = 0$ 时，$F_x = 0$，这表明两位错可以相互间处于稳定平衡，因为不论 θ 略大于或略小于 $\pi/2$ 时，都相吸引。也正因为如此，晶体中的同号刃型位错，在一定程度上具有垂直排列的自发性；（3）当 $\theta = 0$或 $y = 0$ 时，F_x 与 x 成反比，所以同号位错总是相排斥的，距离越小，排斥力将越大。

当两刃型位错的柏氏矢量相反时，F_x 的方向与上述相反，稳定平衡与不稳定平衡的位置也恰好对调过来。若此时 $\theta = 0$ 或 $y = 0$，则两位错总是相吸引的，距离越小，吸引力也越大，直到相互完全靠拢，而相互消失。

（3）任意两平行位错之间的相互作用：若一刃型位错与螺型位错相平行，则它们的柏氏矢量必然相互垂直，由公式（2－4）可知，螺型位错在与其垂直方向并无切应力，所以两者不会产生相互作用。对其它具有任意柏氏矢量的两平行位错，则可将每根位错的柏氏矢量分解为平行于和垂直于位错的两个分量，然后可按上述方法分别计算出它们的刃型部分和螺型部分的相互作用力，合起来就是它们之间的作用力。

（4）位错与点缺陷的作用：晶体中的点缺陷大多近似球面对称，处于三向拉伸或压缩状态，所以在它们的应力场中并没有切应力，因此，除特殊情况外，大多与仅具有切应力场的螺型位错没有相互作用，它们只与刃型位错有相互作用。各种间隙原子及尺寸较大的代位原子，它们应力场是压应力，因此，与正刃型位错的上半部分的应力相同，二者是相排斥的，而与下半部分的应力是相反的，因而相互吸引。所以这些点缺陷大多易于被吸引而跑到正刃型位错的下半部分（见图 2－46），或负刃型位错的上半部分而集聚起来；对于尺寸较小的代位原子和空位来说，正相反，它们大多易集聚在刃型位错的另一半。正因为如此，所以刃型位错往往总是携带着大量的溶质原子，形成所谓“柯氏气团”。空位跑到位错后，它自身即消失掉，但大的代位原子跑到位错后，却可产生空位，所以对空位来说，位错既可是它的源头，又可是它的尾闾。

应力场非球面对称的一些点缺陷，如体心立方晶体中填入八面体间隙的溶质原子（为四方对称），也可以与螺型位错的纯切应力场相互作用，而使它们跑到螺型位错中，集聚起来而形成所谓“史氏气团”。

四、金属晶体中的内外界面

1. 外表面

金属或合金的外表面是指其与真空或各种外部介质，如空气、氢气、氮气等相接触的界面。处于这种界面上的原子受内部自身原子的作用力和受外部介质分子（或原子）的作用力显然是不相平衡的，若外部为真空，则更不平衡。这样，表面原子就会偏离正常的平衡位置，并牵连到邻近的几层原子，这就造成表层的畸变，它们的能量比内部原子高，将它们高出的能量合起来，平均在单位表面积上的超额能量称为比表面能，或简称表面能，它与表面张力同数值、同量纲。表面能既随接触介质的不同而变，也随裸露出的晶面不同而异。例如已测出金在1030℃与氢气接触时，各晶面相对于｛210｝面的表面能，如图2－47所示，图的中心轴为〔110〕，从中心向外各射线方向表示以此方向为法线的各相应晶面，虚线表示表面能标度，并以｛210｝面的表面能为1来作为相对标准。由图可见，｛111｝面和｛100｝面其表面能皆处于表面能的能谷处，这说明这些面的表面能都比其邻近晶面低，特别是｛111｝面更显著，所以金晶体最易使这些晶面裸露在表面。此外，表面能还和表面曲率有关，当其它条件相同时，曲率越大，表面能也越大。

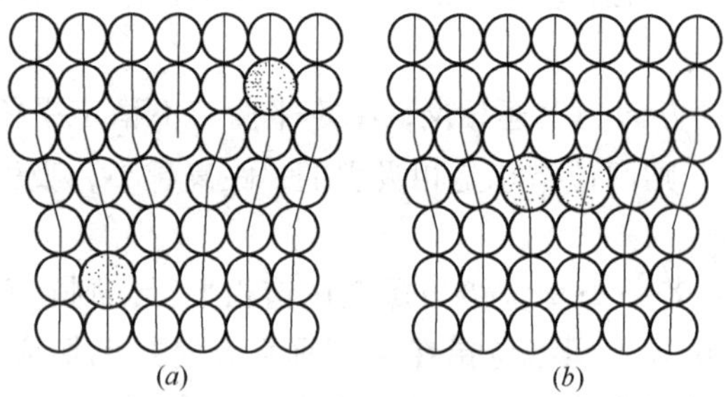

图2－46　溶质原子在位错附近的分布示意图
（a）任意分布；（b）被吸附在正刃型位错下部

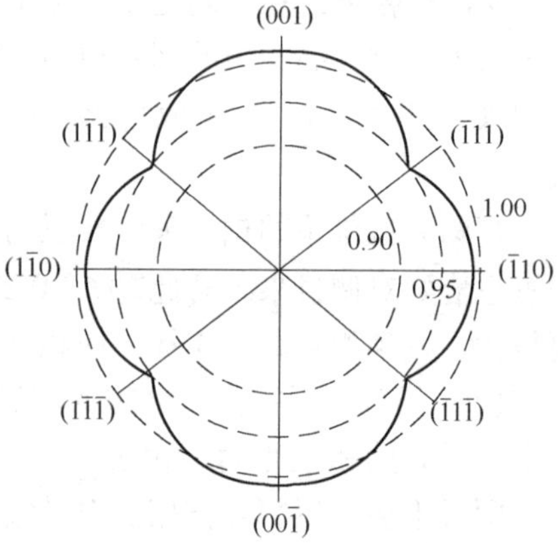

图2－47　金晶体在1030℃氢气中不同晶面的表面能

2. 同种晶粒间的界面——晶界

纯金属或单相合金的组织是由同成分、同结构的许多晶粒组成的。各晶粒之间，由于相对取向（即各晶轴在空间的方位）不同，而出现了接触界面，一般称为晶界。

（1）晶界的五个自由度*：两个点阵完全相同的晶粒为邻时，其晶界可有五个自由度，也就是说，晶界的相对位置是由五个各自独立的参数来决定的。这五个自由度如图2－48所示，可以这样来理解：

首先假设两个相邻晶粒的取向完全相同，那么它们之间将不会出现界面，也分不出彼此来，实际就合为一体，变成一个晶粒了。若通过这个晶粒内部，任意选一平面，以其法线为轴使晶粒的两部分相对扭转任意角度 η，如图2－48（a）所示，那么两部分间的相对取向就不同了，这就形成了两个晶粒，这个平面就相当于它们之间的晶界。另外，也可以不以法线为轴，而以所选平面内的任一直线（或边线）为轴，使晶粒两部分相对转动任意角度 θ，如图2－48（b）所示，而后将空出的部分，各自按新取向填充起来，这样，也会形成以平面为晶界的两个新晶粒，但二者的关系和前边的就不同了。实际的晶界当然不是这样形成的，但这样的设想却可以概括各种晶界与其相邻各晶粒之间的关系。上边谈到的几个“任意”中，就包含着晶界的五个自由度。首先 θ 和 η 是各自独立的，可任意改变其大小的两个自由度；其次是那个分界面所具有的两个自由度（一个平面在空间的取向，是以其法线的三个方向余弦来确定的，而其中只有两个独立变数，即两个自由度），平面定了，其法线也就定了，所以 η 角的旋转轴不能任意选择；最后一个自由度属于 θ 角的转动轴，因为它可在分界面内任意选取，而一个平面上的直线取向，只能有一个自由度。

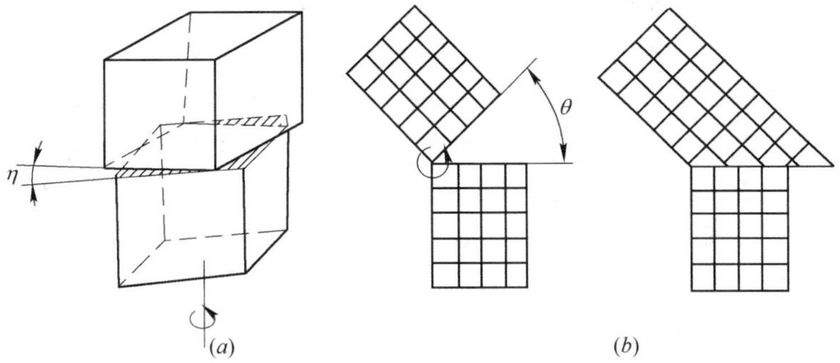

图 2－48　晶界的五个自由度示意图

晶界的五个自由度，只是从几何角度来着眼的，实质上决定晶界性质的，主要是两晶粒的取向差，即 θ 或 η 的大小。取向差以 θ 角为标志的晶界称为倾转晶界，或倾斜晶界；以 η 角为标志的晶界称为扭转晶界。根据 θ 和 η 的大小，晶界又分为大角度晶界和小角度晶界。

（2）小角度晶界：通常将取向差小于 15°的晶界归属于小角度晶界，它们是由位错组成的，图 2－49 是这类晶界的示意图。其中：（a）、（b）为倾转晶界，前者是由柏氏矢量

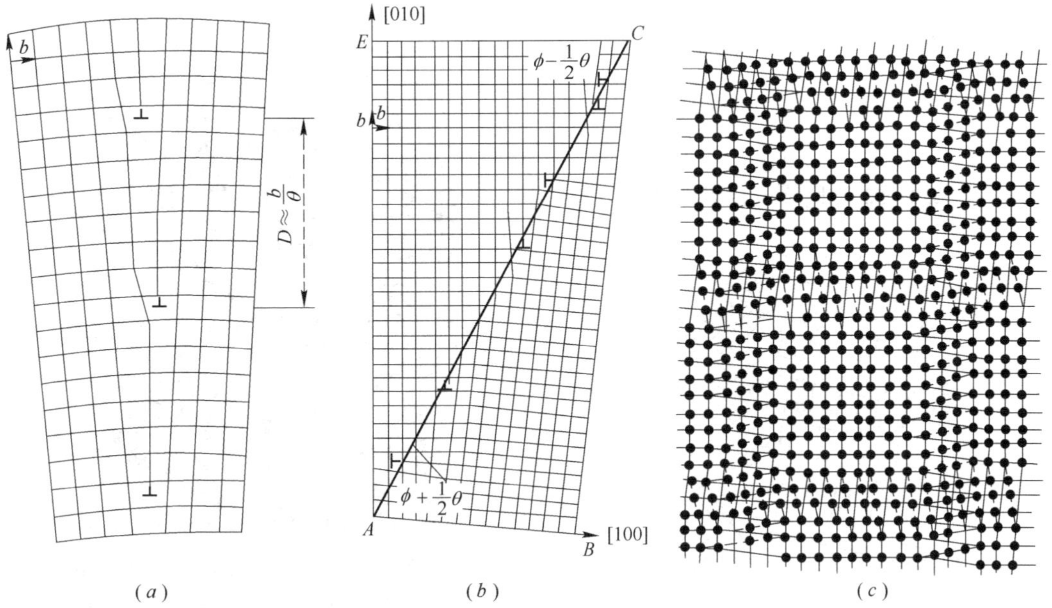

图 2－49　小角度晶界模型

（a）对称倾转晶界；（b）不对称倾转晶界；（c）扭转晶界

平行的同号刃型位错垂直堆起来的，晶界两边是对称的，称为对称倾转晶界；后者是由柏氏矢量相互垂直的刃型位错交叉堆集而成的，称为不对称倾转晶界；（c）为扭转晶界，是由同号螺型位错构成的。这些晶界的位错密度或位错间的距离取决于取向差 θ 或 η，θ 或 η 愈大，位错密度也愈大，晶界的能量也就愈高。

（3）大角度晶界：当取向差大于15°时，晶界的位错模型即失去实际意义了，这样的晶界称为大角度晶界。大角度晶界的结构不如小角度晶界那样明确。最早人们认为大角度晶界是由一层厚达几个原子间距的非晶质组成的，即晶界原子排列毫无规律性，这已被否定。随后提出了过渡结构模型和小岛结构模型，前者认为晶界原子处于两晶粒之间取向的折中位置，如图2－50所示；后者认为，晶界区一部分原子是与两晶粒严正配合好的，称为好区，另一部分原子则与晶粒内部不相配合，称为坏区。坏区可以如小岛似的分布在好区的基体中，如图2－51所示；也可以反过来，好区小岛分布在坏区的基体中。这些模型虽能解释晶界的一些性质，但都尚缺乏直接的实验证据，近年来应用场离子显微镜研究晶界，提出了新的大角度晶界模型，称“重合阵点”模型。这个模型最初是基于相邻两晶粒的取向差大多易于围绕着某些特殊角度而出现这样一些现象而提出的，处于这种特殊取向关系的两个晶粒，若各依自己的取向，作出空间点阵，那么它们之间将有较多的阵点在空间相互重合起来。例如，两体心立方晶体，若其取向差相当于以［110］为轴转动50.5°，则有1/11的阵点是重合的，如图2－52所示，其中黑点代表重合阵点，这些重合阵点组成一个新的特殊点阵，晶界或以平面通过这个新点阵的某一密排面，或以台阶方式通过新点阵的几个密排面（如图2－52中的$ABCD$），这样，晶界上就有尽可能多的原子为两晶粒所共有，晶界能也就最低。这个模型的优点是描绘出了晶界的具体结构细节，并将其和晶粒之间的相对取向联系起来，而且有相当的具体事实来说明。不足之处是对其它任意取向的晶界，尚缺乏有力的说明。

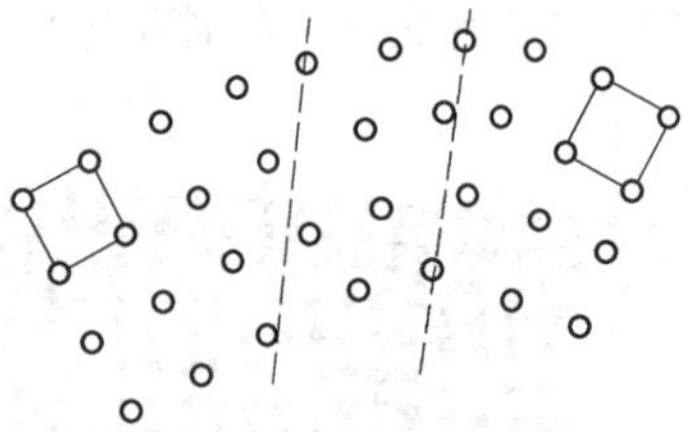

图2－50　过渡结构晶界模型

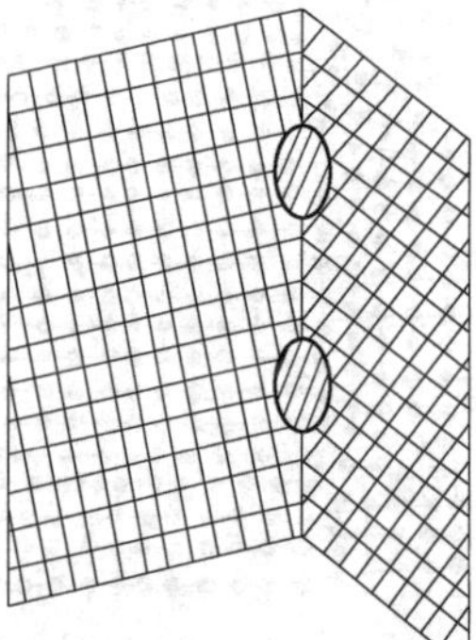

图2－51　小岛结构晶界模型

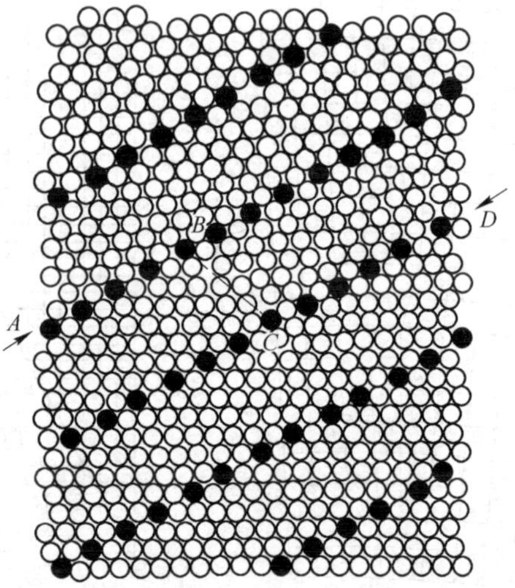

图2－52　体心立方点阵的两部分以［110］为轴相对转动50.5°后出现1/11的“重合阵点”而形成的新点阵（$ABCD$ 为晶界）

3. 异种晶粒间的界面——相界面

许多合金的组织往往是复相的，即这种组织是由成分或结构不同的，或二者都不相同的晶粒所组成的，它们之间的接触界面是一种特殊界面，通常称相界面。这种界面当然更复杂，问题尚多，实验也不足，只简略介绍如下：

一般相界面大致有两大类：共格界面与非共格界面。

当异种晶粒间以某种取向关系相邻时，若沿着界面两边的晶面具有相同或近似相同的原子排列，那么它们大多以共格的形式相互联结起来。所谓共格是指界面上的原子所占据的位置相当于这两个晶粒点阵的共有阵点，这样，可使两个晶粒的点阵在界面上完全连贯起来，如图 2－53 所示，这种界面称为共格相界面。完全共格的界面其界面能最低。一般来说，界面两边的原子间距总会有不同程度的差异存在着，这种差异会使共格界面产生一定的弹性应变，使它一边受压，另一边受拉，而成压缩膨胀式的共格。差异越大，畸变也越大，共格的弹性能也就越大。当大到一定程度后，共格就难于保持了，而变为非共格界面，它与上边谈到的一般晶界相似。介于共格与非共格之间的，还有一种半共格相界面，如图 2－54 所示，沿界面每隔一定距离有位错出现，以此来调节或维持共格界面。

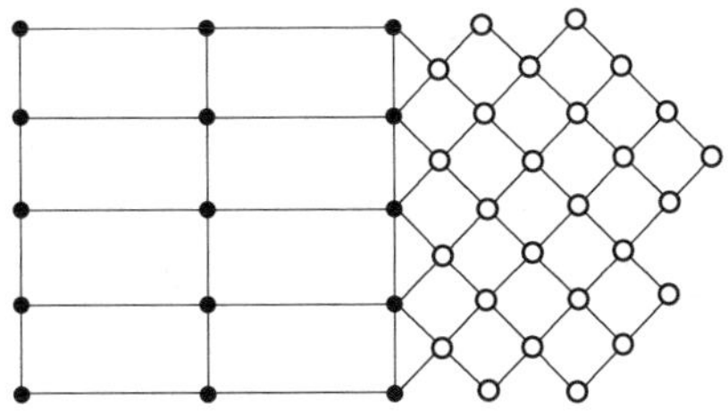

图 2－53　共格相界面

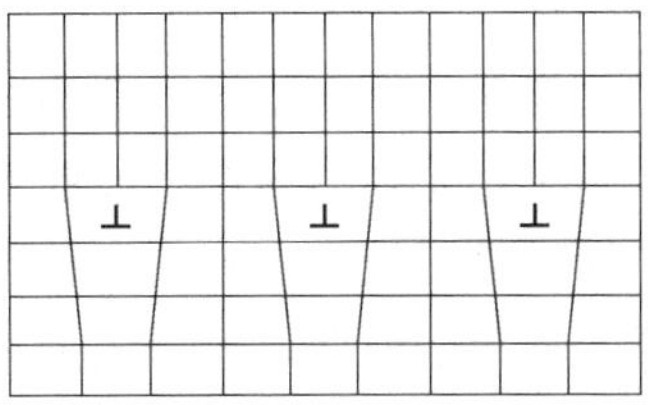

图 2－54　半共格相界面

4. 其它界面

（1）孪晶界：它是纯金属或合金中，同成分同结构的两个晶粒之间的一种特殊界面，其特点是完全共格的，并且两晶粒内部的原子都以界面为对称面而处于镜面对称位置，见图 2－55，这样一对晶粒称之为孪晶。

（2）晶粒内的界面：如前所述，一个晶粒内部并不是完全一致的，而是由一些取向略有差异的小块所组成的，称之为亚晶，其尺寸一般约在 $10^{-5} \sim 10^{-3}$ 厘米之间，特殊情况下，可小至 10^{-6} 厘米，或大至 10^{-2} 厘米，有时将 $10^{-4} \sim 10^{-6}$ 厘米的亚晶称为嵌镶块，它们之间的界面称为亚晶界，或嵌镶块界，其结构相当于小角度晶界，取向差 θ 或 η 约几度或若干分，也是由位错壁组成的，如图 2－56 所示。

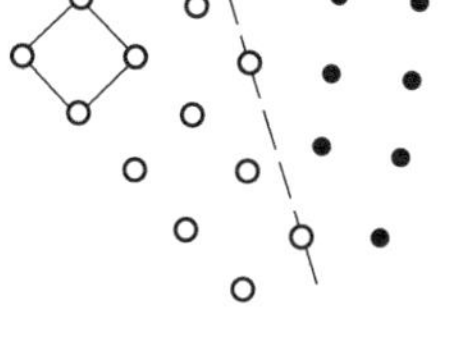

图 2－55　孪晶界

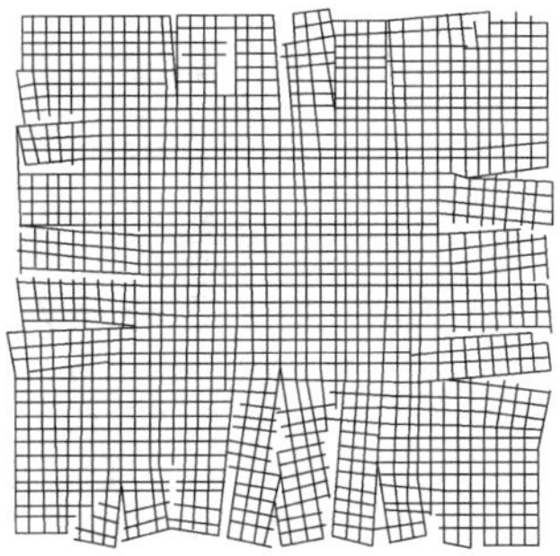

图 2－56　亚晶及亚晶界

此外，晶粒内部还有另一类界面叫层错界，它与孪晶界很相似，但无对称关系，它是由于晶面的堆砌序列发生差错而产生的。例如，在面心立方结构中，{111} 面的正常序列为 *ABCABC*···（或△△△△△···），当发生差错时，可变为 *ABCABABC*···（或△△△△▽△△···），这样，就出现一个界面，犹如漏掉一层原子 *C* 似的。特殊情况下的层错，例如当堆砌序列变为 $ABCA\underset{\uparrow}{B}ACBA$···时（即△△△△▽▽▽···），以箭头 *B* 为中心，犹如堆砌序列倒过来似的，两边成对称关系，即成孪晶界，所以孪晶界也可归于晶内界面。

5. 界面能

综上所述，金属和合金除了外表面外，还有各种内界面，虽然这些内界面的结构是相当复杂的，有的还并不十分清楚，但概括地看，无论哪一种界面，都或多或少地偏离开晶体正常的规律性，因而它们都会具有或多或少的超额能量。平均在单位面积上的超额能量就叫界面能，也可用单位长度上的力来表示，称为界面张力。它和金属的外表面能一样，也和任何其它物质的表面能一样，属于自由能，可以对外做功，因而它具有一种自发减小的趋势。这表现在：任何界面都力求缩小其面积；晶粒内外各部分都尽可能以能量最低的界面相接邻。知道了这两点对以后了解组织的形成和变化大有裨益。

除非在真空中，界面总是其两边物质所共有的，它不是几何面，而是有一定厚度的物质层。界面能的大小既取决于两边的物质的类别、性质和结构，也取决于界面本身的结构和性质，同时还受到界面形状或曲率大小的影响，因此，精确测定各种界面能还是有困难的。目前仅对晶界能积累了较多的数据，而界面能的数据尚少。一般来说，某一金属的小角度晶界能 γ 是随取向差的增大而增加的，其关系式为

$$\gamma = E_0\theta(B - \ln\theta)$$

其中，E_0、B 为常数，θ 为取向差。但当 θ 较大时，计算结果就与实际偏离开了，θ 越大，偏离也越远，因此大角度晶界能就不能这样精确计算了。图 2-57 是铜的各种界面的界面能与取向差的关系，看来大角度晶界能一般较小角晶界能高，但它受取向差的影响较小。然而处于一些特殊取向关系的大角晶界能，却相当低，图中 $\frac{1}{7}$ [111] 相当于以 [111] 为轴转动到有 1/7 阵点重合时的取向，其能量以虚线表示；同样，$\frac{1}{5}$ [100] 相当于以 [100]

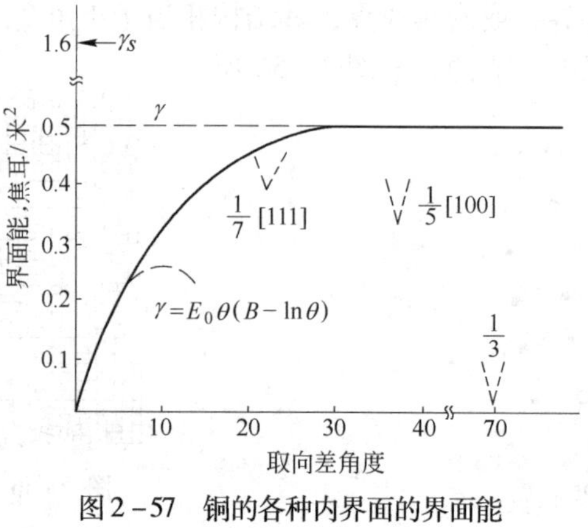

图 2-57　铜的各种内界面的界面能

为轴转动到有 1/5 阵点重合时的界面能；1/3 相当于孪晶界能，其值一个比一个低。

相界能的实验数据也较少，但初步看来，相界能一般要比相应各相中同类晶粒的晶界能要低。其根据是，经常发现这样一种现象，当晶界有第二相晶粒时，它们大多不同程度地沿晶界有所伸展，相界能越低，其伸展程度越大，甚至可以薄膜状包围晶界。这种分布对金属和合金的性质影响极坏，应力求排除。

界面能愈低，界面便愈稳定；反之，界面便愈不稳定。条件许可时，不稳定的界面就要运动。其结果是或改变形状，或移动位置，或缩小面积，甚至消失掉。

此外不难理解，界面与其它点、线缺陷也会发生相互作用。一般来说，各种溶质原子在晶内的畸变能往往大于它在各种界面上的畸变能，因而易于被吸附在这些界面上，这种现象叫内吸附。如果溶质原子在晶内和在晶界的畸变能差为 ΔE，则晶界层中溶质原子的浓度 C 和晶内的浓度 C_0 一般多遵循关系式：

$$C = C_0 e^{\Delta E/KT} \tag{2-8}$$

显然，在温度一定时，ΔE 愈大，则 C 也愈大；当 ΔE 一定时，温度越高，则 C 越小。即相对来说，在高温时，内吸附不显著，溶质原子分布较均匀。当然，在特殊情况下，若 ΔE 的符号相反时，也会出现反内吸附现象。

界面对空位的作用，应和位错相似，也是空位的源头和尾闾。

界面对位错的作用较复杂，随应力场的不同，既可是位错的陷阱，也可是位错的墙壁。

第三章　金属及合金的相图

金属和合金，正如其它物质一样，随温度、压力和成分的不同，可分别处于固态、液态、气态以及这三态之间任意组合的混合态。除气态一般是均匀组态外，固态和液态还可以出现由不同成分或不同结构的相所组成的非均态。所由这些组态，既可以是稳定的平衡态，也可以是不稳定的或亚稳的非平衡态。当条件发生变化时，各种组态之间可以进行相互转化。不同的组态自然会具有不同的性能，这正是金属和合金性能之所以具有多变性的基本根源。此外，正如第一章所述，即使同一组态，也还可以具有不同的组织形式，而组织形式主要是由组态的转化过程所决定的。金属学的重要内容之一就在于研究各种组态及其组织的形成和变化规律，以便用来控制金属和合金的组织与性能。

相图亦称平衡图或状态图，在金属学中，它是表示金属或合金系中各种相的平衡存在条件以及各相之平衡共存关系的一种简明图解。它可以帮助人们系统地了解金属和合金在不同条件下可能出现的各种组态，以及条件改变时，各种组态可能发生的转变的方向和限度。相图的直接作用仅限于此。但是，如果能把相图与相变的机理和动力学相结合起来，那么，相图便可成为分析组织形成和变化的有利工具，它可将有关组织变化的极其复杂的现象抽象化、系统化。相图也就因此而成为金属材料的研制、生产和加工的重要参考资料，而成为金属学的主要内容之一。

第一节　关于相平衡和相图的基本概念

一、金属和合金的基本组态模型

金属和合金的不同组态都是由不同的相所组成的。所谓相是指一个系统中那些成分一致、结构相同并有界面相互分隔开的均匀组成部分的综合。但在实际金属或合金中，由于与理想条件的差异，相的所谓均匀性只具有相对意义，这在随后再讨论。

纯金属和均态合金在固态下的组态已在第二章详细讨论过了，这里用图 3－1 来示意性地举例说明非均态合金在固态、液态和气态时的组态。图中，（*a*）、（*b*）分别表示 Fe、Cu 各 50%（原子）的二元合金处于固态和液态时的组态。在固态时，是非均态的，即由分别以 Fe 和 Cu 为溶剂的两种固溶体 α 和 β 所组成；但达到液体时，即变为均态的单相溶液了。而含 Zn、Pb 各 50%（原子）的二元合金，不但在固态时为非均态的两相，而且加热到液态时，仍然是由两种溶液 L_1 和 L_2 所组成的非均态，如图中（*c*）所示，只有加热到气态时才会变为单一的气相，见图中（*d*）。图 3－1（*b*）对液态为均态的合金具有普遍意义，而图 3－1（*d*）则对所有合金都具有意义。若将这两个图中的原子换为同样的，则可表示所有纯金属在液态和气态时的组态。

为什么金属和合金会出现不同的组态呢？这就需要首先从相平衡的内外条件——成分、温度和压强等去作进一步的热力学分析。

二、相平衡的热力学概念

相平衡和所有其它物理、化学的平衡一样，都遵循着热力学的普遍规律。根据热力学，金属和合金系统的组态及其可能的变化可由一些热力学特性函数，即焓（*H*）、熵（*S*）

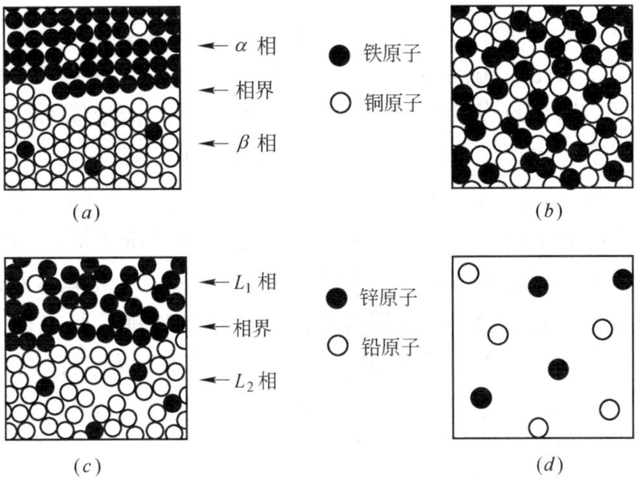

图 3－1　固态、液态和气态合金中原子组态示意图

和自由能（G）等来决定。这些函数间的关系和定义可用式

$$G = H - TS = U + PV - TS \tag{3-1}$$

来表达，其中 P、T、V 分别代表压强、温度和体积，U 代表系统的内能。为方便计，这里只取系统的一个摩尔来计算，下同。

系统内发生的任何变化所引起的内能变化可由通式

$$dU = TdS - PdV + \sum_i \mu_i dx_i \tag{3-2}$$

来表达。其中 x_i 代表系统内组元 i 的原子分数，μ_i 为组元 i 的化学位，也称偏摩尔自由能，即摩尔自由能对成分的偏导数。若系统由不同相所组成，则各个组元在各个相中的化学位可由式

$$\mu_i^j = \frac{\partial G_j}{\partial x_i} \tag{3-3}$$

来表达，其中 G_j 为相 j 的自由能。

由式（3－1）及式（3－2）可得，系统组态的变化所引起的自由能变化为

$$dG = VdP - SdT + \sum_i \mu_i dx_i \tag{3-4}$$

根据热力学第二定理，在一个成分已定的系统中，当温度和压力恒定时，自由能最低的状态才能达到稳定平衡，因此，利用求最小值的方法，可得相平衡的热力学判据为

$$dG = d(H - TS) = 0 \quad d^2G > 0 \tag{3-5}$$

金属和合金通常多在大气压下应用，在这个条件下，PV 比之其它热力学量要小得多，所以忽略它无关紧要，是合理的近似，这样，U 与 H 便等同起来，公式（3－5）可写为

$$dG = d(U - TS) = 0 \quad d^2G > 0 \tag{3-6}$$

但为了区别起见，这时的自由能用 F 来表示

$$F = U - TS \tag{3-7}$$

式中，F 称为亥姆霍兹自由能，也称等容位，而 G 则称为等压位，或吉布斯自由能。

在一般情况下，如果压力不是太大，则 G 与 F 具有等同效用。

对处于不平衡状态的系统来说，由于自由能较高，如果动力学条件允许，那么它就会自发地向平衡态转变，直至自由能达到最小值。这就意味着，只有 $\mathrm{d}G$（或 $\mathrm{d}F$）<0 的过程，才能自发地进行。所谓自发转变，就是不借助外界功，而依靠系统内能的减少来向外做功而进行的一种转变。也正是能够做功的这一部分内能或焓，才叫自由能；内能的其余部分称为约束能，它包括在公式（3－2）～式（3－7）的 TS 项中。这是因为 S 是和系统中全部原子的分布状况相关的一个热力学函数，原子分布状况不同，内能也就不同；而具有不同内能的原子分布状况出现的热力学机率是不相同的，此机率越大，则 S 便越大，这就是熵的物理本质，因此它才会和内能联系起来。系统的内能正是当原子处于某种分布状态时，全部原子相互间的作用能（即位能）和动能的总和。显然，内能越低，则系统越稳定；而熵值越大，则系统越稳定，二者合起来，便反映在 F 或 G 上了。

热力学的主要优点是，它可使我们摆脱一个系统内部极其复杂的具体运动状态，而用一些宏观的可测定的热力学指标来判别系统的稳定程度。根据公式（3－5）或式（3－6），一个系统是否稳定，稳定的程度又如何，取决于这个系统的自由能是否达到最低值，或其与最低值的差值大小。对均质的单相系来说，相的自由能高低就是系的稳定性大小的判据；反过来，也是对的。但对非均质的复相系来说，就不是这样，复相系的稳定性取决于各组成相自由能之和是否最低，而不是个别相的自由能是否最低。也就是说，在复相系中，一个相的稳定性，或其自由能的高低，不能单独由这个相本身来决定，而是还要取决于与它共存的其它相的自由能高低。这个问题可从以下两方面进行讨论。

1. 自由能与温度的关系

为了简化设成分和压力恒定，则由公式（3－4）可得自由能随温度而变化的关系式

$$\mathrm{d}G = -S\mathrm{d}T \tag{3-8}$$

积分可得某一温度 T 时，系统的自由能

$$G = G_0 - \int_0^T S\mathrm{d}T \tag{3-9}$$

式中，G_0 为绝对零度时的自由能，也相当于绝对零度时的内能 U_0。

若设恒压下的比热为 C_p，则由 $\mathrm{d}S=\mathrm{d}Q/T$，及 $\mathrm{d}Q=C_p\mathrm{d}T$ 可得

$$S = \int_0^T \frac{C_p}{T}\mathrm{d}T$$

代入公式（3－9），便得温度 T 时的自由能

$$G = U_0 - \int_0^T\left(\int_0^T \frac{C_p}{T}\mathrm{d}T\right)\mathrm{d}T \tag{3-10}$$

显然，随温度升高，熵项将增大，但自由能则随之而降低。比热 C_p 越大，表明熵越大，则 G 随温度而下降得也越快。一般来说，不同相的比热是不相同的，例如金属液态的比热多比其固态的大，因此，纯金属的自由能 G 随温度升高而下降的速率，液相的要比固相的大；但在绝对零度时，内能 U_0（即 G_0），固相又比液相的小，这个关系可用图 3－2示意地来表示。图中两曲线 G_L 和 G_S 分别表示液相和固相的自由能曲线，显然，基于上述分析，两曲线的起点和斜率都各不相同，所以，G_L 和 G_S 总会在某一温度 T_E 相交。在这交点 T_E，两相的自由能相等，即 $\mathrm{d}G=0$，所以固、液相并存可以达到稳定平衡。

$T>T_E$时，液相处于稳定状态；$T<T_E$时，固相处于稳定状态。

总之，一个系统随着温度变化，其稳定性的程度取决于内能和熵这两个因素的综合结果。内能越低越稳定，而熵值则是越大越稳定，二者又都随着温度的升高而增大，其关键在于哪一个因素起主导作用。一般来说，在低温下，TS 项很小，所以内能起主导作用；而高温时，熵便起了主导作用。相变或状态的变化，正是因此而产生的。

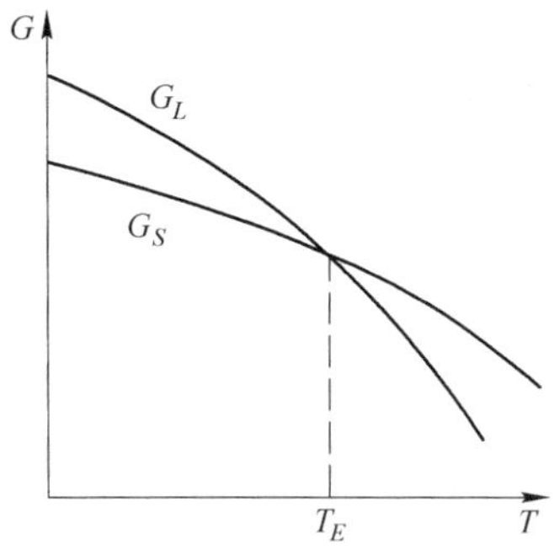

图 3－2　纯金属液、固两相的自由能随温度的变化曲线

2. 自由能与成分的关系*

化学成分对自由能的影响其关系比较复杂，又是合金热力学的重要组成部分，很有必要介绍，但限于篇幅，只能简要说明如下。

当温度和压力恒定时，由公式（3－4）不难看出，自由能主要受成分的控制，成分对自由能的影响，当然也不外是通过成分对内能和熵的影响而起作用的。兹以二元系为例讨论如下：

第二章已讨论过，随合金中同类原子和异类原子间的相互作用力或作用能的相对大小不同，不同种类的原子组合在一起，所引起的内能变化也不相同：或升高，或下降，或不变。这是一方面，另一方面，由于异类原子组合在一起，使分布状况或组态发生了变化，这就必然要引起熵的增加，其增值称为混合熵，或组态熵。这样，结合公式（3－2）或式（3－7）来考虑，便不难得出，除了使内能升高的情况会使自由能的变化复杂化外，其它情况都会促使自由能下降。而在内能和熵都同时升高的条件下，就要看哪个起主要作用了，它既可能使自由能下降，也可能使自由能上升。上述关系可借图 3－3 定性地来说明，图中纵坐标代表摩尔自由能 G，横坐标代表成分，并以溶质的原子分数 x 来表示。图 3－3（a）表示，自由能随成分的变化曲线成 U 形，具有一个最低点，从 A 到 B 整个曲线都向下凹，即曲线各处都是$\frac{d^2G}{dx}>0$，这是形成无限固溶体的特征曲线，它表明，在任何情况下，系统达到平衡时，都应是稳定的单相，这是因为任一单相的自由能都比它分解为两相后的自由能计权和要低。图 3－3（b）的情况则不同，自由能随成分而变化的曲线成波浪形，具有两个最低点，它犹如两个 U 形和一个倒 U 形曲线结合在一起，中间存在着一个相当于$\frac{d^2G}{dx^2}<0$ 的区域，这是形成有限固溶体的特征曲线。这是由于当合金成分位于中间区域某一段时，单相的自由能比之分解为两相时的自由能计权平均值要高的缘故。

可以证明，如图 3－3（a）所示，由摩尔自由能曲线上任一点 n 所作切线与纵坐标轴的两截距 μ_A 和 μ_B，分别代表组元 A 和 B 在成分相当于 n 的相中的化学位，这一规律就叫切线定律。相的平衡要求每一组元各自在各相中的化学位处处相等。对于复相系来说，显然，要满足这个条件，各相的成分只能相当于各相自由能曲线的一条公共切线上的各切点，例如图 3－3（b）中切线 ab 线上的 a、b 点，以及图 3－3（c）中切线 abc 上的 a、b、c 点。因为只有各曲线的公切线在纵坐标轴上的截距才是唯一的。这个规律就叫公切线定律。在图 3－3（b）、（c）的情况下，$x_a>x>x_b$ 时，平衡状态分别为单相 α 和 β；而

$x_a < x < x_b$ 时，平衡状态为 $\alpha+\beta$（b）或 $\alpha+\beta+\gamma$（c）。因此，复相系平衡条件的数学表达式应为

$$\left(\frac{\partial G_\alpha}{\partial x}\right)_a = \left(\frac{\partial G_\beta}{\partial x}\right)_b = \left(\frac{\partial G_\gamma}{\partial x}\right)_c \qquad (3-11)$$

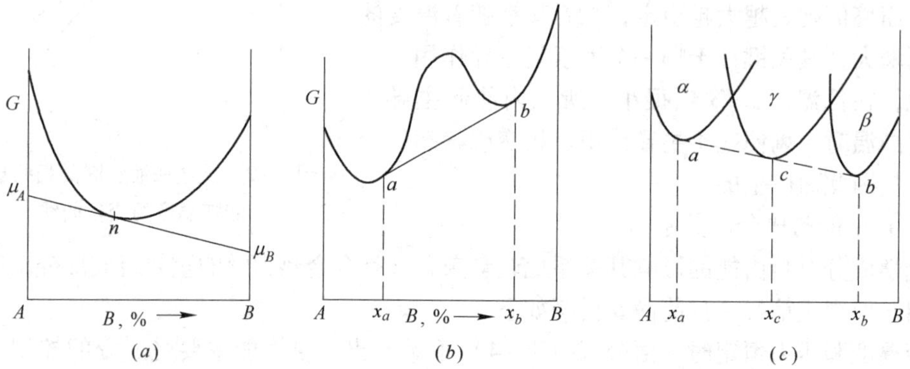

图 3－3　固溶体及多相系的自由能与成分关系的示意图

在平面上两条曲线必能、也只能作出一条公切线，但三条曲线只有在特殊情况下才有公切线。所以二元系中的三相平衡只有在特定条件下会出现。

一般来说，在稀薄溶液或固溶体中，微量溶质元素对内能的影响很小，但却可使熵值显著增加，所以稀薄溶液或固溶体的自由能大多要比纯溶剂组元低，同时这也意味着两组元间完全不互溶的情况是难于存在的，因而要获得非常纯的金属也是十分困难的。

三、相律

相律是判别相平衡的另一个定律，它是从平衡相的自由度大小这一角度来考察相的稳定存在范围的。所谓自由度，是指一个系统中，在保持相数目不改变的条件下，那些决定相平衡的内、外参变量中能够独立改变的数目。所以相律也可以说是一个概括了不同系统中平衡相的数目和其自由度大小的规律。

在上一小节中已经指出，成分、温度和压力的变化会引起系统的自由能的变化，因此，它们是影响相平衡的主要参数。在一个由 k 个组元组成的合金系中，如果有 p 个相共存，则每个相应有（$k-1$）个成分变数，因而整个系统的成分变数应有 p（$k-1$）个，再加上温度和压力，共有变数 p（$k-1$）$+2$ 个。这些变数并不是完全独立的，它们要受到平衡条件的制约。达到平衡时，任一组元 i 在各相中的化学位都应该相等，否则组元 i 将由化学位高的相向着化学位低的那些相转移，平衡便不能成立。这样，根据同一组元在各相中化学位相等的关系，可以列出包括着所有变数的方程式

$$\left.\begin{array}{l} \mu_1^{(1)} = \mu_1^{(2)} = \cdots = \mu_1^{(p)} \\ \mu_2^{(1)} = \mu_2^{(2)} = \cdots = \mu_2^{(p)} \\ \qquad\cdots \\ \mu_k^{(1)} = \mu_k^{(2)} = \cdots = \mu_k^{(p)} \end{array}\right\} \qquad (3-12)$$

总共有方程式 k（$p-1$）个。变数的数目减去它应满足的方程式数便得出独立变数的数目，即自由度 f，所以

$$f = p(k-1) + 2 - k(p-1) = k - p + 2 \qquad (3-13)$$

它表示在平衡相的数目一定的条件下，允许改变的参变量的数目。若压力恒定，则变数减少1，自由度也相应地减少1，于是

$$f = k - p + 1 \tag{3-14}$$

上列两式就是相律的数学表达式，它概括了相平衡时，系统的自由度数与组元数和相数之间的关系，这对理解相图的几何结构，分析和检验相图的正确与否至关重要。

例如，对单元系来说，$k=1$，由公式（3－13）可得

$$f = 3 - p$$

因此，单元系中各种相平衡的自由度分别为：单相平衡为2；二相平衡为1；三相平衡为零。大于三相时，$f<0$ 无实际意义。由此可见，在单元系中，最多只能有三相同时并存。结合图3－4便不难理解，为什么纯金属相图中的单相区占有一块不定形状的面积，而二相区只能处于一条曲线上，三相平衡只能是一个点。单相区之所以占一块面积是由于它的自由度为2，即温度和压力都可以在一个相当宽的范围内独立变化，而不影响相的稳定平衡，或者说，单相可以稳定存在于一个相当宽的温度和压力范围内，在这个范围内，任意改变温度或压力，都不会影响相的平衡，这就是自由度为2的意义，它与几何学中一个有限平面的几何自由度的意义是相似的。同理，二相区之所以只能位于一条曲线上，是由于其自由度只能是1，它表明，温度一旦选定，压力必须随之而定；反之亦然，否则不会是二相平衡。三相平衡只占一个点，是表明温度和压力都不能有任何改变，否则三相平衡关系即遭破坏。可见，二相线和三相点，在相图中也和平面几何学中的线、点的几何自由度相似，自由度分别为1和0。

如果压力恒定，那么根据公式（3－14）可得

$$f = 2 - p$$

它表明，在恒压下，单相平衡时，$f=1$；二相平衡时，$f=0$；三相平衡一般不会出现。所以，在常压下的纯金属相图中，二相平衡只相当于一个点，单相平衡则相当于一条线。

同理，可以讨论相律在恒温条件下的应用。

关于相律在二元和三元合金中的应用，以后再逐步讨论。

四、相图概论

相图既是相平衡关系的图解，那么，相图的结构就必须符合相平衡的热力学规律，遵守相律。这就首先要求能有一个方便的可表示成分、温度和压力的坐标系；其次，在这个坐标系中，要明确标出各平衡相的存在区域及它们之间的相互关系。

作为坐标系来说，温度和压力却各自为一个独立变量，只各用一个坐标轴就行了，但成分就不这样简单了，纯金属无问题，二元合金系的成分也只有一个独立变量，一个坐标轴足矣；但三元系的成分却有两个独立变量，必须有两个坐标轴。依此类推，四元系应有三个成分坐标轴；五元、多元系就要求更多了。由此看来，要建立完整的相图，单元系固可采用平面坐标系，但二元系必须用三维空间坐标系，而三元系就须要用四维空间坐标系了，其它类推。显然，问题十分复杂，而一般来说，我们仅能利用三维空间，可见，要建立一个完整相图，只能限于单元系和二元系。否则，就要设法简化变量，一直到能够用平面或立体图来表示为止，这样的相图就不能说是完整的了，但从应用来考虑，还是有其价值的。由于金属和合金通常都在常压下制作和应用，可视压力为常数，这样，就可将相图的坐标减去一维，而将单元系、二元系和三元系相图依次用直线、平面和三维空间来表

示了。四元相图则须进一步简化坐标系后，才能建立；而五元以上的相图至今尚无从建立。

选定坐标后，又如何来确定各相区及相之间的关系呢？一种是实验法，即利用各种物理化学方法，如热分析、电磁分析、X线分析、膨胀分析以及金相分析法来确定；另一种方法是计算，即利用已知的热力学参数，按相平衡的热力学理论去计算。这两种方法都各有其优缺点，最好是两者相结合才能更可靠些。测试或计算结果表明，在所选的相图的坐标系中，随组元数目的不同，可用点、线、面和一定的空间来标注出不同相的存在区。这些区域，不论其大小如何，既可以是单相，也可以是二相或多相。例如，在等压相图中自由度为零的相区，单元系为二相，只占一个点；二元系为三相，为一个线段；三元系为四相，位于一个有限的平面上；四元系为五相，应占一定的空间。自由度非零的相区可依此类推。在所有相图中，无论是完整的和非完整的，也无论是在整体上或其任何一个截面上，各相区的接邻关系都遵循着这样一个共同的规律：相邻相区中相的类型和数量的差必须是正一或负一。由此可知：两个单相区之间必有一个二相区；两个二相区之间应有一个三相区或单相区；两个三相区之间应有一个四相区或二相区；两个四相区之间必有一个三相区或五相区；任一个相区中相的类型必为其相邻的两个相区中所共有的相。掌握这些规律，对熟习和应用相图以及鉴别相图谬误是很重要的。

相图的作用和意义已在本章之首有所阐明，以下借几类相图的基本形式来讨论相图的普遍规律。

第二节　纯金属及二元合金相图

几乎所有纯金属及二元合金相图都已测定出来了，因此，具体相图都可从有关手册或参考书中查出，这里只举例说明这些相图的一般类型及规律，以利于应用。

一、纯金属相图

图3－4为纯镁的相图，其它纯金属相图与此大同小异，因此，掌握了这个相图，就可举一反三，由具体到一般了。

既然是纯镁，就意味着成分已经确定，所以只有温度和压力两个变量，分别以图3－4中的横、纵坐标轴来表示。全图以三条线 OB、OC 和 OD 为界共分为三个区域，分别表示三个相——气相、液相和固相稳定存在的温度和压力范围。那三条分界线同时又代表着各相邻相区中两相同时共存的线，即两相平衡线。三条分界线的交点 O 是三相同时共存点，即三相平衡点。这样一个简单的图解（三区、三线和一点）描绘了镁系中所可能有的各种

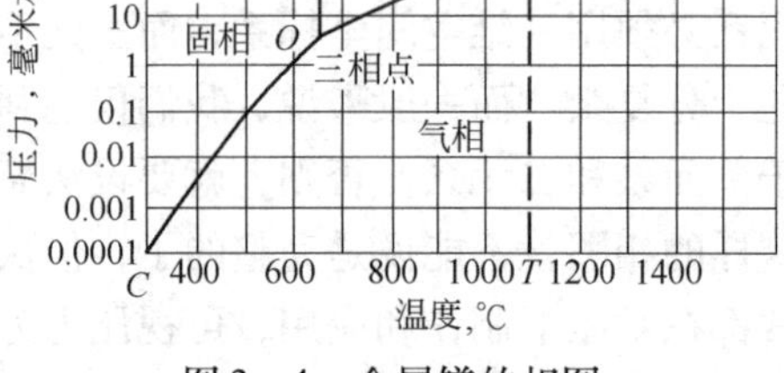

图3－4　金属镁的相图

相平衡关系。

若压力给定，相图即成一线。例如在一个大气压力下，镁在1200℃以上，完全处于气态（G）；当温度降至约为1200℃（相当于 OB 线）时，就会出现液相（L），而变为两相平衡，只占一个点，这个平衡关系可用反应式

$$G \rightleftharpoons L$$

来表示。所谓平衡，并不是静态的，而是动态的，即原子由气相向液相的转移速度恰与原子由液相向气相转移的速度相等，式中箭头就是表示这个关系的。当温度降低，离开 OB 线后，这个平衡关系就被破坏了，原子转移的速度，前者大于后者，因此，气相逐步转向液相，直到气相完全消失，而变为单一的液相后，便达到新的平衡状态。温度再降低，除了使原子热运动减弱外，并不会影响液相的稳定，直到温度下降至相当于 OD 线时（约640℃左右），才可能有固相（S）出现，而建立液相和固相间的平衡，

$$L \rightleftharpoons S$$

同样，这个平衡也是动态的。温度降至 OD 线以下时，原子向固相转移的速度，将大于向反方向的转移速度，平衡关系又被破坏了，直至液相消失而变为单一的固相后，就达到新的平衡状态。

同理，当温度给定时，相图也变为一条线，压力的变化也会引起相似的变化。例如，当温度恒定在1100℃时，如果压力在 P_b 以下，则为单相气态；压力等于 P_b 时，为气相与液相二相平衡；压力大于 P_b，例如为 P_a 时，只有变为单一的液相，才能达到平衡。在这样的温度下，无论压力多么大，看来也难于达到固相。

当压力小于点 O 所对应的压力时，随着温度的变化，可以出现气相径直转变为固相，或固相径直转变为气相的现象。

当三相（固相、液相和气相）同时共存，并处于平衡态时，压力和温度只能是相当于点 O 的唯一值。

各种纯金属的相图，基本上与镁相图的形式相似，只是各相区的形状和大小，即各界线的形式，可以随金属而不同。当固态具有多种形体，因而会出现不同固相间的平衡或转变时，在相图的固相区可以出现一条或几条与 OD 线相似并与 OC 相交的二相平衡线，以及相应的三相点。各相区的相互关系以及各相间的相互平衡或相互转化，也基本上同上所述。例如在图3－5中多出一 $O'D'$线，它表示两固相 α 和 β 的分界线，在这条线上，α 和

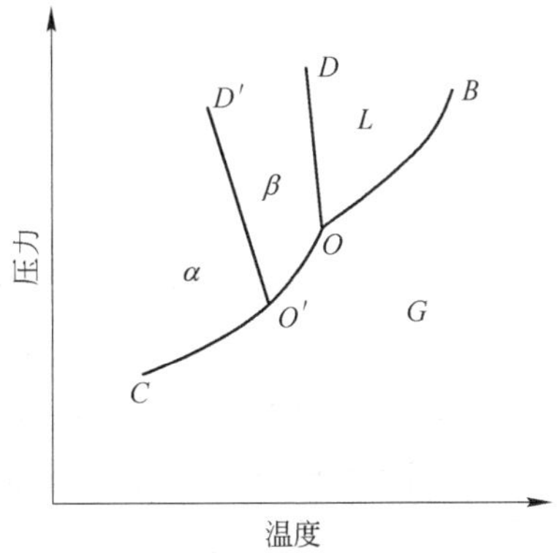

图3－5　纯金属相图的一般形式

β 两相共存。点 O' 为气相 G 与 α 和 β 三相共存点。

二、二元合金相图的一般规律

与纯金属相比，二元系由于增添了一个组元，便多出了一个成分变量，所以，对相同相数的相平衡来说，二元合金比之纯金属便会相应地多出了一个自由度，这样，二元系的最大自由度不是2，而是3。因此，二元相图要有三个坐标轴，这必然是一个立体图。但是压力对合金系来说，关系较小，除非是超高压下使用的合金，所以在一般条件下，多视压力为常压，这样就可以用平面坐标图来表示二元相图了。习惯上水平坐标轴表示成分，垂直坐标轴表示温度。以下所引相图皆以常压为准。

由公式（3－14）可知，当压力恒定时，二元系中各种相平衡的自由度为

$$f = 3 - p$$

它表示温度和成分等变量中可以独立变化的数目。

当相数 $p=1$ 时，$f=2$，这说明在二元相图中，单相区应位于一个温度和成分皆能独立变化的、任意形状的区域。在这个区域内，任一点的成分和温度坐标（x，T）都相当于稳定的平衡相。所以单相区的相平衡就好像力学中的随遇平衡似的，无论怎样变化条件，都可以随时达到稳定平衡。

当 $p=2$ 时，$f=1$，这说明二元相图中的二相区，只能有一个独立变数。例如，若温度变，则两相的成分必随之而变，温度一旦选定，则两相的成分也必随之而确定。这就是说，温度 T 与两相中任一相的成分 x 应为简单函数关系，$T=f(x)$，在相图中应为一条曲线，这就意味着，二相区必须有一对代表两个平衡相的成分和温度的共轭曲线，或者说，两平衡相的成分和温度必须是、也只能是一一相对应的。图 3－6 表示二元系相图中二相区的一般结构形式，外貌虽异，实质不变，都是由两条共轭线组合成的。图中 α、β 和 γ 可以是任何类型的相，也包括液相在内，连接两条共轭线的等温线，称为连接线，连接线通过的区域就是二相区。连接线的重要意义在于，它的两端点总是分别代表着同温度下两平衡相的成分，同时，它也是二相区的极限位置，以此为界，与两个单相区相接邻。

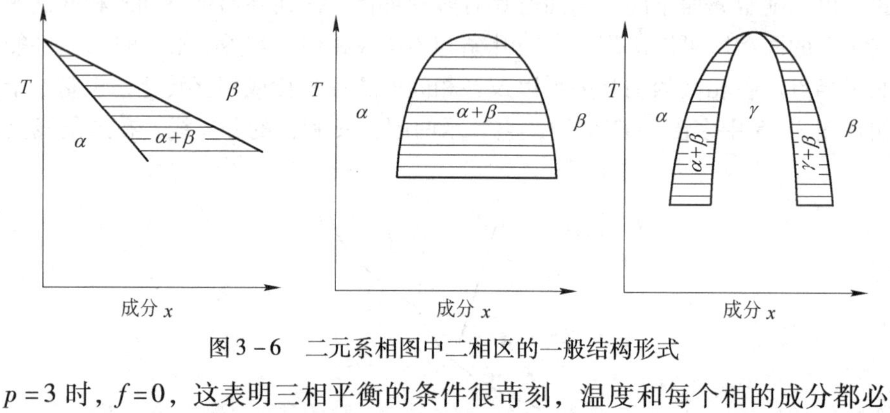

图 3－6　二元系相图中二相区的一般结构形式

当 $p=3$ 时，$f=0$，这表明三相平衡的条件很苛刻，温度和每个相的成分都必须严格确定不变，其中任何一个参数的改变都会打破平衡，所以三相平衡在相图中只能处于一条等温线上，这条线的两个端点及其中间的某一定点的横坐标，分别表示三个平衡相的成分。图 3－7 是二元三相平衡的两种基本结构形式，（a）为共晶型，其平衡关系式为

$$R \rightleftharpoons Q + V$$

（b）称包晶型，平衡关系式为

$$R + Q \rightleftharpoons V$$

式中，R、Q 及 V 分别代表不同的相。两式的差异只在于三相线中间那个点所代表的单相区的位置，共晶型它在高温，而包晶型它却在低温。

显然，三相平衡的等温线必然与三个单相区各以一点相接触，即图 3－7 中的 a、b、c。三相既然相互平衡，那就意味着其中任意两相之间也相互平衡，所以三相恒温线还必须与三个二相区相接邻，它也正好是三个二相区的分界线。因此，图 3－7 中的 ab、bc 和 ac 也正相当于三个两相区的终端连接线。

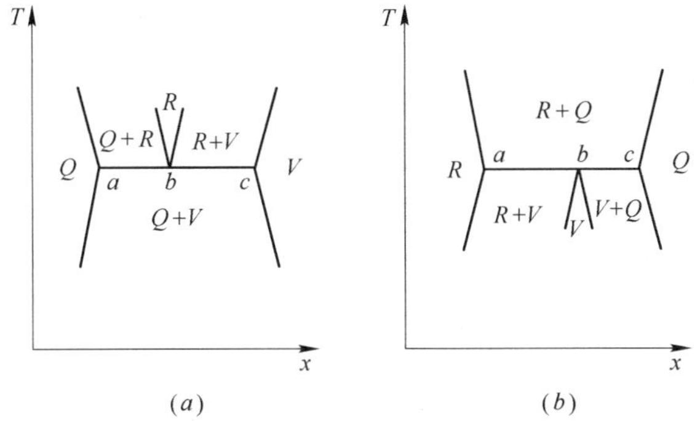

图 3－7　二元系中的三相平衡

（a）共晶型；（b）包晶型

当 $p>3$ 时，$f<0$，无意义，所以在等压二元相图中，不会出现四相或四相以上的平衡。

总之，在恒压下，任何二元相图，不管它的形状如何复杂，最多也不过是由一些单相区、二相区和三相线组合而成的。利用相律进行分析和综合，可以得出各相区之间的接邻关系，即相邻相区的相数的差只能是 ±1。所以，两单相区之间一般必有一个包含着这两个相的二相区；两个单相区最多只能以一个极限点相接触，而且在这个接触点上，应是二相平衡；两个二相区之间或隔一单相区，或间以三相恒温线；三相线与单相区也只能以点相接触，这个点同时也是一个二相区的极限点；三相线必与三个二相区相接邻。掌握了相区的接邻规律后，反过来对任何复杂的二元相图，都可以利用这个规律，将它分解为不同的单相区、二相区和三相线，然后，再按照前边讲过的相平衡规律，分别对各相区一一进行分析，再综合起来，就可以掌握整个相图。

三、平衡相的定量法则——杠杆定律

对具体合金来说，相的成分固然重要，但相的相对量有时更重要，杠杆定律正是用来解决这个问题的。在二元合金系中，相的定量主要在于二相区，单相区不言而定，三相区则无法确定，因为在三相线上，三个相可以以任何比例相平衡。

二元系二相平衡时，相的成分是确定不移的，已如上述，但相的相对量却是可以任意变化的。只有当合金的成分同时也确定时，相的相对量才会随之而定，也才能利用数学方法进行计算。

如图 3－8 所示，设在 $A-B$ 二元系中，任选一合金 p，它的成分是：组元 B 的分数为 x_p，组元 A 的分数为 $(1-x_p)$，在温度 T_1 时处于二相平衡，$\alpha \rightleftharpoons \beta$，$\alpha$ 和 β 两相中组元

B 的分数分别为 x_a 和 x_b，而组元 A 的分数分别为 $(1-x_a)$ 和 $(1-x_b)$，设合金的重量为1，α 和 β 的相对量分别为 A^α 和 A^β。这样，按两相中同一组元含量之和必等于合金中相应组元的含量这一关系，可得两个方程式

$$A^\alpha x_a + A^\beta x_b = x_p$$

$$A^\alpha(1-x_a) + A^\beta(1-x_b) = 1-x_p$$

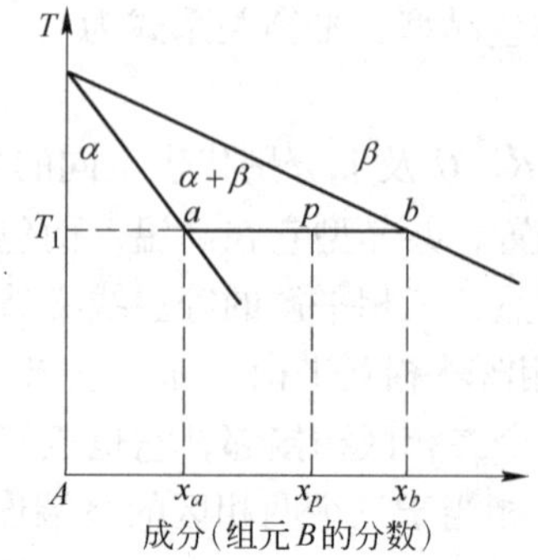

图3－8　二元系二相区在温度 T_1 时相的平衡关系

两方程式联立求解并按图3－8各线段的关系可得两相的相对量：

$$\left.\begin{aligned} A^\alpha &= \frac{x_b - x_p}{x_b - x_a} = \frac{pb}{ab} \\ A^\beta &= \frac{x_p - x_a}{x_b - x_a} = \frac{ap}{ab} \end{aligned}\right\} \qquad (3-15)$$

相的成分和相对量既可用分数表示，也可用百分数表示，其结果是一样的。上述关系就叫杠杆定律，这是因为，若把 a 和 b 当作一个力学杠杆 ab 上的两个着力点，把 p 当作支点，而把相的相对量比作作用力，则上述关系与力学中的杠杆定律完全相似。

四、实际二元相图

前边已概括讨论了二元相图的一般规律及其基本形式。下面列举几种典型的实际二元相图来进一步阐述二元相图。

1. 固、液态皆无限互溶的二元相图

Cu－Ni 相图（图3－9）可作为这一类相图的典型代表，图中各虚垂线相当于为测定相图而预先配制的几种试验合金的成分，各线上的×表示用热分析法所测得的各合金冷却曲线上的转折点，冷却曲线如图左右两侧所示。连接各合金的相应点，并与 Cu 和 Ni 的熔点接连，这样，就将图面分隔成三个区域，分别代表三个相区，标出各相区中相应相的名称或符号，即得相图。显然，所选择的试验合金越多，则测出的相图便越精确，但工作量也越大。整个合金系仅有两个相，即 L 和 α，分别代表 Cu－Ni 合金的溶液和固溶体。PxQ 称液相线或简称液线，它代表不同成分的单相溶液 L 能够稳定存在的最低温度界限。PyQ 称固相线或简称固线，它代表不同成分的固溶体 α 能够稳定存在的最高温度界限。在液线与固线之间的区域为二相平衡区（$L+\alpha$）。

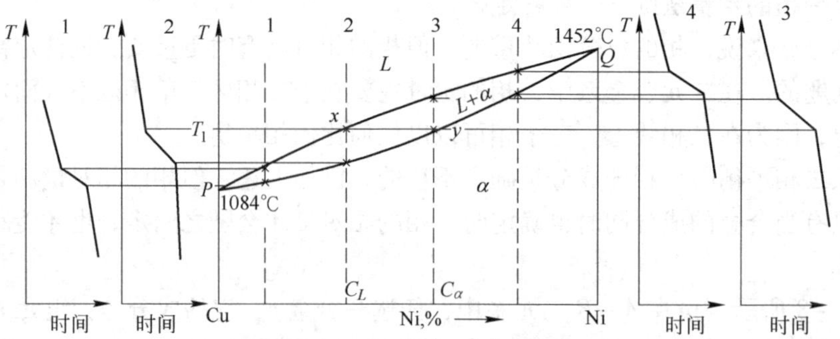

图3－9　Cu－Ni 相图（示意图）

根据相律和相区接邻规律进行检验，这个相图是正确的。例如，在液、固相并存的二相区，自由度为1，如果温度一经选定，那么自由度即为0，所以在固相线和液相线之间的任一给定温度，例如 T_1，L 与 α 两相的成分是确定不移的，并由连接线 xy 两个端点的横坐标 C_L 与 C_α 来决定。成分位于 C_L 与 C_α 之间的任一合金，只要达到温度 T_1，两相 L 与 α 的成分总是如此。也就是说，L 与 α 的成分只随温度而变化，而与合金的成分无关。合金成分的变化只能引起 α 与 L 的相对量的变化。由此可见，当温度变化时，二相区中的 L 和 α 的成分必然随之而分别沿液相线和固相线而变化，每一温度都各有一条唯一的连接线。在单相区 L 或 α，其自由度均为2，若温度选定，则自由度仍然有1，即成分仍然允许在单相区范围内任意改变而不引起相数目的变化。例如温度为 T_1 时，α 可以是大于 C_α 的任一成分，而 L 则可以是小于 C_L 的任一成分。若成分选定，则温度仍然允许任意改变而不引起相数目的变化，例如 L 为 C_L 时，温度可以是大于 T_1 的任何温度，而 α 为 C_α 时，则温度可以是低于 T_1 的任何温度。

通过对这个实际相图的具体分析和讨论，再进而一般化，就可以掌握二元系中任何相图的二相平衡区和单相平衡区的关系。无论它们是两种固相，或两种液相，或固、液相各一种，它们的平衡规律和相互关系都是相似的。

2. 液态无限互溶、固态有限溶解并具有共晶反应的二元相图

这类合金相图可用 Ag－Cu 相图（见图 3－10）作为具体实例来进行分析讨论。图 3－10中的各虚垂线与图 3－9 同义，图的左右两侧为各实验合金的相应冷却曲线的示意图。在这里，多数合金的冷却曲线上出现了水平台阶，这是一个新特征，它表征着二元合金系中出现了自由度为0 的三相平衡。把各冷却曲线上的各转折点，分别标在各相应的虚垂线上，并和两组元的熔点一起连接起来，同时注意到三相平衡应为一确定的等温水平线这一特征，这样，两条液线必然与一水平线共交于一点 E，而两条固线则分别与水平线相交于 C 和 D。显然，它与前一类相图不同的地方在于出现了两组液线和固线，这是由于当银和铜两组元相互溶解时，都能使溶剂的熔点下降，而不像 Cu－Ni 那样，熔点连续上升或连续下降。此外，如再通过别的实验方法，确定出两条固溶度曲线 CP 和 DQ，那么就可以将图面分割成六个区域。首先确定出三个单相区：液相 L；以 Ag 为溶剂的固溶体 α；以 Cu 为溶剂的固溶体的 β。而后再利用前述的相区接邻规律，确定出各单相区之间的三个二相区，$L+\alpha$、$L+\beta$ 和 $\alpha+\beta$，最后就可定出那条水平线上三相平衡

$$L_E \rightleftharpoons \alpha_C + \beta_D$$

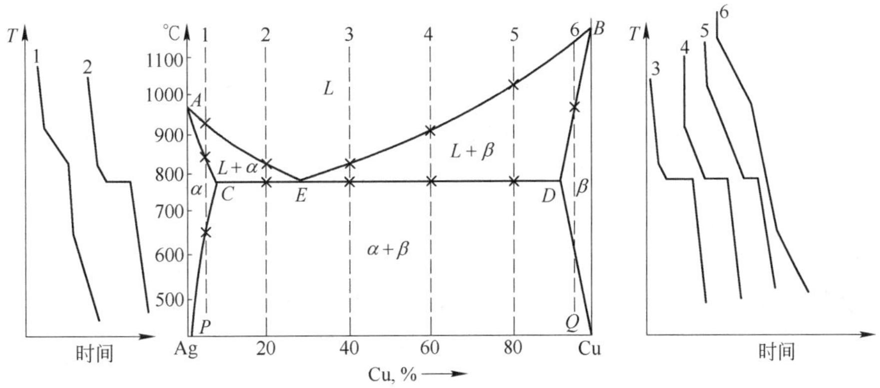

图 3－10　Ag－Cu 相图

这个三相平衡称为二相共晶反应，或简称二相共晶，*CED* 线称为共晶线，*E* 点称共晶点。成分恰相当于点 *E* 的合金称为共晶合金。共晶合金的固态组织一般是由一定比例的 α 和 β 按特定的分布形式组合成的，具有显著组织特征，称之为共晶组织，或共晶体。位于点 *E* 左边的合金称为亚共晶合金。在亚共晶合金的组织中，除共晶体外，还有先于共晶而形成的 α 相，称为先共晶 α。位于 *E* 以右的合金称为过共晶合金，其组织是由共晶体和先共晶 β 组成的。除此以外，位于点 *C* 以左，或点 *D* 以右的合金，凝固后，分别由单一的 α 或单一的 β 所组成，有时称这类合金为边际固溶体合金，因为组成这类合金的相是分别与相图两边两个纯组元 Ag 和 Cu 相接连的固溶体，即一次固溶体。

通过 Ag－Cu 相图可以进而了解任何二元相图中的共晶型反应。如前所述，二元共晶型三相反应的通式为

$$R \rightleftharpoons Q + V$$

式中，R、Q 和 V 都分别可代表任意的液相和固相。今以 L 代表液相，而以 α、β 和 γ 分别代表不同的固相（固溶体，或中间相），根据它们之间的相互关系，在二元系中已发现类似的三相反应共有四种，即：

共晶反应 $L \rightleftharpoons \alpha + \beta$

共析反应 $\gamma \rightleftharpoons \alpha + \beta$

偏晶反应 $L_1 \rightleftharpoons L_2 + \beta$

熔晶反应 $\gamma \rightleftharpoons L + \beta$

把上述四种反应归为一类，称为共晶型反应。由此可推知在液态也仅有限溶解的相图。它们在各种相图中的具体几何形貌，尽管有这样或那样的差异，但基本形式是一致的。

3. 液态完全互溶、固态有限溶解并具有包晶反应的二元相图

以 Pt－Ag 为例，如图 3－11 所示。这里，α 为 Ag 溶于 Pt 的固溶体；β 为 Pt 溶于 Ag 的固溶体；L 为 Ag 与 Pt 的溶液。每两个单相区之间组成一个相应的两相区，共有三个两相区：$L+\alpha$，$L+\beta$ 及 $\alpha+\beta$。三个两相区会于一条水平线，这正是三相平衡、自由度为零的恒温线。它的左端点为 α，右端点为 L，中间一点与 β 相接。显然其反应式为

$$L_{69} + \alpha_{12} \rightleftharpoons \beta_{46}$$

式中，下角数字表示各相中 Ag 的百分数，这种三相反应叫包晶反应。如与共晶系相对比（参照图 3－10），包晶系的特点是：液线由一组元到另一组元不断下降（或上升），而不是先降后升；液相区位于恒温线的一端，而不是在中间；三个两相区之一在恒温线上边，之二在下边，而不是相反。

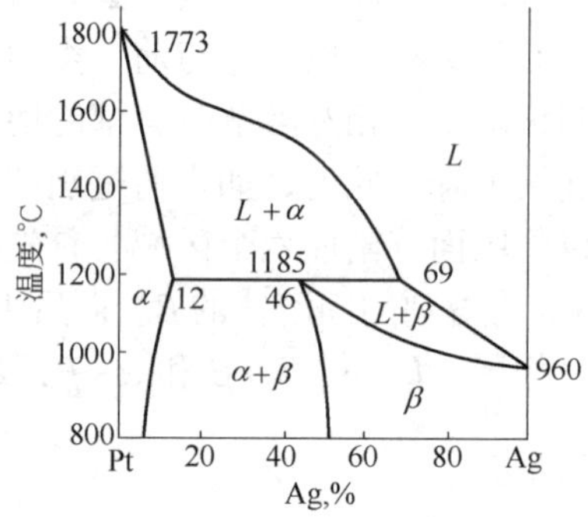

图 3－11 Pt－Ag 相图

若 L 仍代表液相，而以其它字母代表任意固相——固溶体或各种化合物，那么，二元相图中已发现的与包晶反应相同或相类似的反应有以下三种：即

包晶反应 $L + \alpha \rightleftharpoons \beta$

包析反应 $\alpha + \beta \rightleftharpoons \gamma$

$$合晶反应 \qquad L_1 + L_2 \rightleftharpoons \alpha$$

把以上三种反应归为一类，称包晶型反应。无论哪一种，也不论它们在具体相图中的几何形式有什么变化，上述包晶反应中的基本几何规律总是符合的。

4. 复杂二元相图举例

这里举出和工业合金之一——黄铜有密切关系的 Cu – Zn 相图（图 3 – 12）供熟悉相图之用。

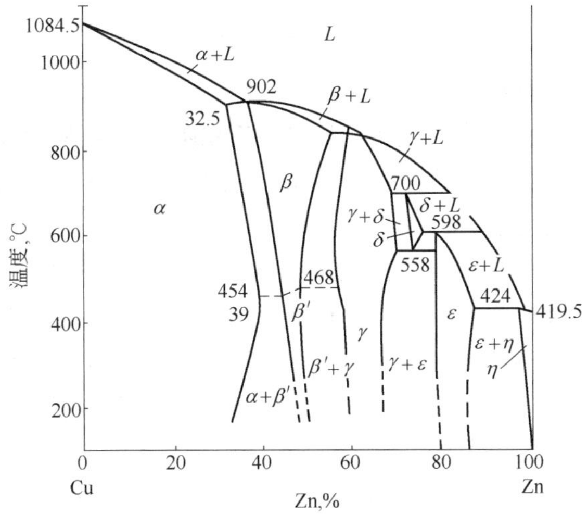

图 3 – 12　Cu – Zn 相图

黄铜的主要组元是铜与锌，它们的晶体结构分别属于面心立方和密集六方点阵，图中用 α 和 η 分别表示以 Cu 和 Zn 为溶剂的一次固溶体，β、γ 和 ε 分别表示以电子化合物 CuZn、Cu_5Zn_8 和 $CuZn_3$ 为溶剂的二次固溶体（见第二章第五节）；δ 为以待定化合物为溶剂的二次固溶体；β' 代表 β 的有序固溶体。

这个相图貌似很复杂，但可分解为几个简单的基本类型来处理。由给出的各单相区并利用两单相区之间必有一个含有这两个相的二相区这一普遍规律，就可以确定出所有的二相平衡区，每个二相区的两条界线也正是那两个相的平衡成分随温度变化的曲线。图中标出了液、固两相的共存区域，这里由左到右出现了五条水平线，必然是五个三相平衡线，由每个线上下的三个二相区的相对位置，可以断定它们是五个包晶反应，其反应式依次为：

$$L + \alpha \xrightleftharpoons{902℃} \beta$$

$$L + \beta \xrightleftharpoons{834℃} \gamma$$

$$L + \gamma \xrightleftharpoons{700℃} \delta$$

$$L + \delta \xrightleftharpoons{600℃} \varepsilon$$

$$L + \varepsilon \xrightleftharpoons{423℃} \eta$$

此外，固态中还有一个共析反应和一个有序化反应，其反应式为：

$$\delta \xrightleftharpoons{560℃} \gamma + \varepsilon$$

$$\beta \rightleftharpoons \beta'$$

有序化温度随相的成分而变化，图中用虚线来表示。

由于在这个系统中，化合物及二次固溶体的性能大多硬而脆，所以工业黄铜中的锌含量一般在45%以下，Zn<39%的称α黄铜，完全由一次固溶体α组成，具有很好的范性和强度；Zn>39%而<45%的称$\alpha+\beta$黄铜，其强度和硬度虽较高，但范性显著下降；当出现γ相时，就非常脆了。

第三节　三元合金相图

一、三元相图的一般规律

由三个组元组成的合金系称三元系。与二元系相图的普遍规律相对照，便不难理解三元相图的基本规律。三元系由于多出一个组元，根据公式（3-14），在相数相似的场合下便比二元系多出一个自由度，这样，三元系的最大自由度应等于3。显然，即使压力恒定，一个完整的三元相图也必须要有能表示出温度变量T和两个成分变量x_1、x_2的坐标系，即必须利用三维空间中的点、线、面和体才能表达出三元系中的各种相的平衡关系。

尽管三元相图较比复杂，但在二元相图的基础上，应用相律，还是容易概括出它的一般几何规律的。只要分别理清三元系相图中单相、二相、三相和四相等区域的规律，就不难掌握三元相图了。

根据公式（3-14）可得恒压下三元系相平衡的自由度与相数的关系，即

$$f = 4 - p$$

可见，单相平衡的自由度为3。它说明，在三元相图中，单相区是一个任意形状的空间。在这个空间内，任意坐标点（T，x_1，x_2）都相当于可能的平衡相，即不会因温度和成分等变数的变化而影响平衡的相数，或者说，它是随遇平衡的。

二相平衡的自由度为2，它表明三元相图的二相区是一个有确定形状的空间，它的界限是依函数$T=f(x_1, x_2)$而变化的两个共轭曲面，即随温度的变化，两平衡相的成分各自沿着这两个曲面而变化。当温度选定时，仍有一个自由度，即相的成分仍有一个独立变量，所以两相可以分别沿着两个共轭面上的两条等温共轭曲线而变化。图3-13是三元相图中二相区的三种几何结构示意图。如与图3-6中的三个图形相对照，可以看出，只要将二元系中二相平衡的两条共轭线，各增加一维而扩展为共轭面，即得三元相图的相应二相区。二相区以共轭面为界，与两个单相区为邻。

三相平衡的自由度为1，这表明在三元相图的三相区中，三个平衡相的成分是依赖温度而变化的。如果再选定温度，那么自由度便减少1而变为零，这就是说，三相的成分必

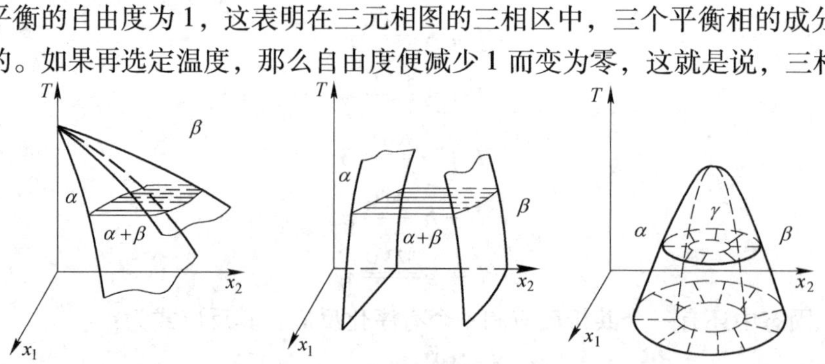

图3-13　三元相图二相区的三种形式

须跟着温度而确定下来。显然，这时必须有三个等温的恒定点，分别表示三个平衡相的成分，这三个点必然会组成一个等温三角形，称之为连接三角形。连接三角形的三个边实际上又相当于三条二相平衡的连接线。三相区正是这个连接三角形按一定关系随温度变化而形成的一个空间区域，其形状好像一个扭折的三面管道，如图3－14所示。若与图3－7相对照，便可以看出，只要将二元系三相平衡线上的三个点 a、b、c 分别扩展为三条走向不同的空间曲线，即构成三元相图的三相空间区。三相区以三个扭曲面与三个二相区为邻。

三元相图中的三相平衡也有两类，即：

共晶型　　$R \rightleftharpoons Q+V$　见图3－14（a）

包晶型　　$R+Q \rightleftharpoons V$　见图3－14（b）

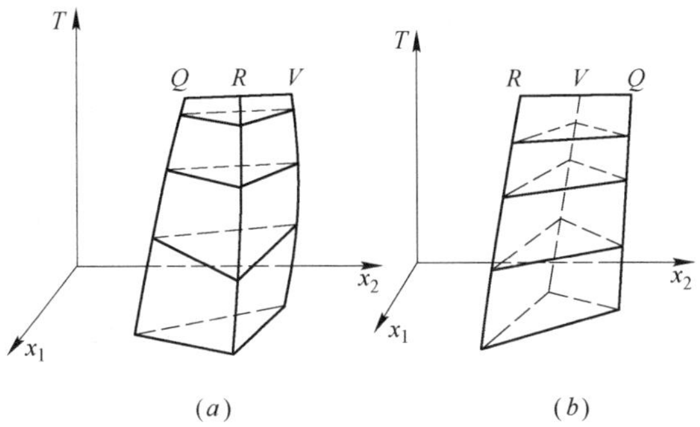

图3－14　三元相图中三相平衡的两种基本形式

（a）共晶型；（b）包晶型

在三元系中，$f=0$ 时，$p=4$，所以出现了二元系所没有的四相平衡。既然，四相平衡的自由度为零，那么它就只能在恒定的温度，同时四个相的成分也必须恒定。所以，在相图中四相平衡只能处于一个有四个恒定点的平面上，这四个点分别表示四个平衡相的成分。根据这四个点的相对位置，这个平面或成三角形或成四角形，称为四相平面，如图3－15所示（中行）。既然四相处于平衡，这就意味着其中任意两个相或任意三个相也都应处于平衡关系，所以四相平面上四点中的任两点皆为一连接线，任意三点皆为一连接三角形。而四点中任选三点总共可得大小三角形四个，也只能有四个，每个三角形各代表一个三相平衡的连接三角形。根据相区的接邻关系，四相平面只能由三相区而来，并向三相区而去，可见四相平面应是由其上下共四个三相区汇合而成的，或者说，它是由四个连接三角形合为一体而成的。这四个三相区在四相平面上下的分布只可能有三种情况，即三上一下；二上二下；一上三下。由此而将四相反应分为以下三类：

（1）共晶型　$R \rightleftharpoons Q+U+V$，如图3－15（$a$）所示，成三角形。它的特征是四相平面以上有三个三相平衡区，即有三个三角形。随着温度的下降，它们逐渐靠拢，合而为一，进行四相反应，而后又进入另一三相区，所以这个四相平面以下必然还有一个三相区，即还有一个三角形。因为这种四相反应的结果会形成三个相，所以也叫三相共晶型。

（2）包晶型　$R+Q \rightleftharpoons U+V$，如图3－15（$b$）所示，成四边形，四相平面上、下各有两个三相区，即各有两个三角形。高温的那两个三相区随着温度下降逐渐相互靠拢，直到汇合而成一个四边形，即进行四相反应。反应完成后，温度再下降，即可进入另外两个三相区之一，所以四相平面以下也有两个三角形。

（3）双包晶型 $R + Q + U \rightleftharpoons V$，如图 3－15（$c$）所示。这个反应平面的形式也是一个三角形，但四相平面以上只有一个三相区，即一个三角形，而以下却有三个三相区，即三个三角形，恰与共晶型相反，所以这种反应也相当于共晶型的逆转变。

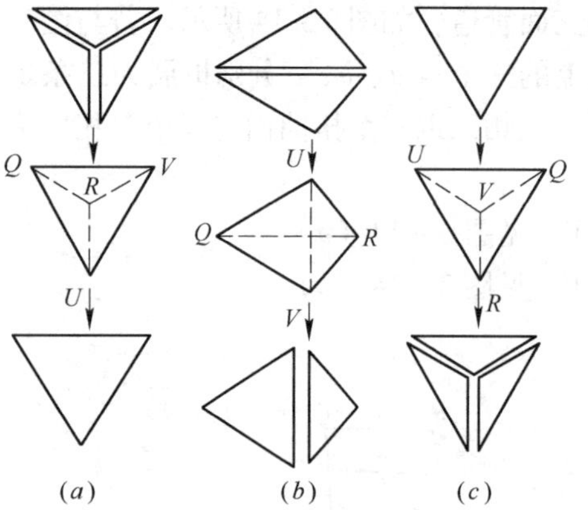

图 3－15　三元相图中四相平衡平面上、下共四个三相区的分布情况

（a）共晶型，三上一下；（b）包晶型，二上二下；（c）双包晶型，一上三下

总之，三元相图中各相区的接邻关系仍然遵循着相邻相区相之差为 ±1 这一普遍规律：两单相区之间必有一相应相的二相区，两个二相之间或为共有相的一个单相区，或为一个共有相的三相区；两个三相区之间或为一个共有相的二相区，或间以共有相的四相平面；两个四相平面之间必有一个共有相的三相区；单相区与三相区只能以线接触，而与四相区只能以点接触；一个三相区应有三个二相区为邻；一个四相区则与四个三相区为邻。

熟悉了三元相图的一般基本规律后，便不难理解三元相图的具体表示方法。

二、三元相图的成分表示法

设以 A、B 和 C 泛指某一三元合金系中的三个组元。很明显，任意给定成分的三元合金中，三组元 A、B 及 C 的百分数之和必等于 100，或三组元的分数之和必为 1，所以要表示三元系中任意合金或任意相的成分，只要两个成分变数 x_1 和 x_2 就可以了。因此，可采用平面坐标法来表示三元系的成分，既可以用常规直坐标法，也可以用斜坐标法。通常多采用后者，并稍加变革以适应相图的特点，如等边三角形法，等腰三角形法；只有少数采用直坐标，如直角三角形法，分别讨论如下。

1. 等边三角形法

若取一等边三角形 ABC，如图 3－16 所示，以其三个顶点 A、B、C 泛指三个纯组元；三个边各定为 100% 分别代表三个二元系 $A-B$、$B-C$ 和 $C-A$ 的成分；以位于三角形内部的点代表三元合金系的成分，这样一个三角形就叫成分三角形或浓度三角形。前两点不言而喻，最后一点之所以能够如此，是由于利用了等边三角形的这样一个重要几何特性：若在等边三角形内任取一点 x，由 x 顺次引平行于各边的线段 xa、xb 和 xc，则 $xa + xb + xc = AB = BC = CA$。因此，如果将各边定为 100%，那么，三个线段之和也正好为 100%，所以正好可以用 xa、xb 和 xc 依次表示合金（或相）x 中三组元 A、B 和 C 的百分数。另外由图可知，$xa = Bc$，$xb = Ca$，$xc = Ab$，这样，就可以顺次从三角形三个边上的刻度直接读出三组元的百分数了，若采用特制的专用三角坐标纸则更方便。但为避免初学者读数的混乱，应特别注意刻度和读数顺序的一致性，例如都采取逆时针方向（如本图）

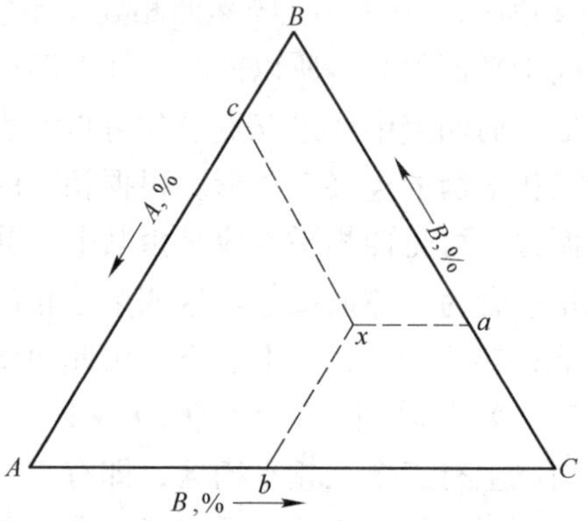

图 3－16　等边浓度三角形

或都采取顺时针方向。此外还应牢记：*Ab*% 所表示的是与 *xb* 相平行的那个边（*AB*）的对角 *C* 所代表的组元%；同理 *Ca*% 则表示 *CA* 边的对角 *B* 所代表的组元%；*Bc*% 类推。

成分三角形中有两类特征线：一类是通过一个顶点的直线，不难证明，位于这条线上的所有三元合金，其中两个组元（另外两个顶点所代表的组元）的百分数之比是恒定的；另一类是平行于一个边的直线，也不难看出，位于这条直线上的所有三元合金，其中一个组元（平行边的对角所代表的组元）的百分数是恒定的。以后会知道，这两类线对分析相图和测定相图都有较重要的实际意义。

2. 等腰三角形法

上述等边三角形法应用较广，其优点是成分标尺处处都是一致的。但若结合具体应用而从另外角度来看，优点却可以变为缺点。例如当要研究的三元系合金不是全部，只是一部分，而且其中以两个组元（例如 *A*、*B*）为主，而第三组元（*C*）的浓度很低，这样，这些合金的成分必然落在浓度三角形 *ABC* 中靠 *AB* 边的一条狭长带上，应用诸多不便。这时，若将有关低浓度组元的两个边（*AC* 和 *BC*）的长度按同一比例扩大若干倍，例如 10 倍或 5 倍（也可以其它倍数），而变成一个等腰三角形，并取其中的一部分，如图 3－17 所示的梯形，就方便多了。为适应改变后的新情况，标度和读数顺序也相应的有所变动。例如读合金 *x* 的成分时，可由 *x* 作两腰的平行线，分别交底边于 *a* 和 *b*，则二组元 *A* 和 *B* 的百分数 x_A 和 x_B 依次以 *Ba* 和 *Ab* 来表示，而组元 *C* 的百分数 x_C 则以 *ba* 来表示，即 $100-(x_A+x_C)=ba$。当然也可以由 *x* 作底边的平行线交其一腰于 *c*，从 *Bc* 读组元 *C* 的百分数。

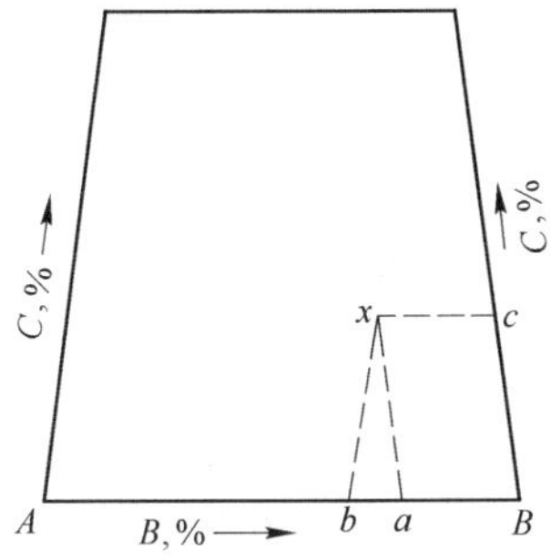

图 3－17　等腰浓度三角形

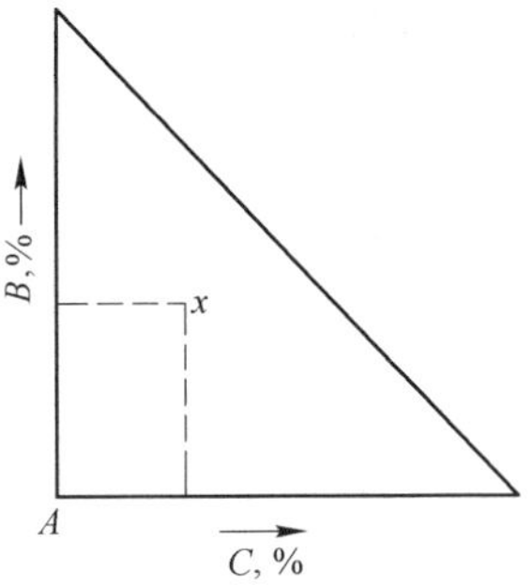

图 3－18　直角浓度三角形

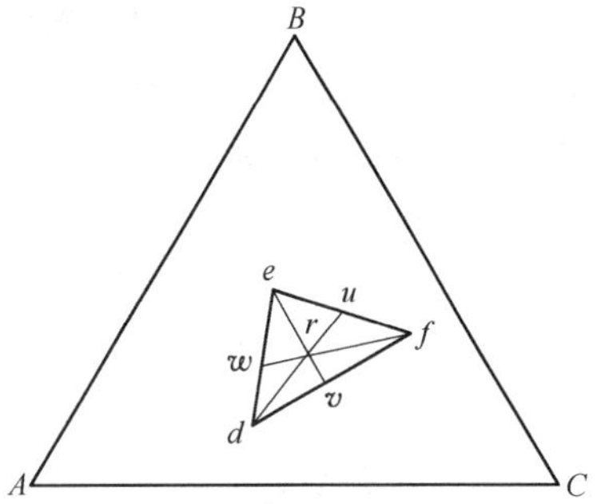

图 3－19　重心三角形 *def*

3. 直角三角形法

当要研究的三元系部分合金中，是以一个组元（例如 *A*）为主，而其余两组元的浓度都相当低时，则多采用直角三角形法，即直坐标法，如图 3－18 所示。在直角三角形法中，多以直角顶点代表主要组元 *A*，而在其两邻边标出其余两组元的百分数，成分的读法，同一般直坐标系。显然，从 100 中减去 *B*、*C* 两组元的浓度百分数之和 x_B+x_C，即得组元 *A* 的百分数。

三、三元系平衡相的定量法则

三元系中平衡相的定量计算，对单相平衡来说，当然毋须计算；四相平衡则无从计算，因为只要相的成分不变，四个相可以任意比例而建立平衡；二相平衡可仿照二元系；只有三相平衡区，相的计算是一个新问题。

如前段所述，温度给定时，三相平衡的自由度变为零，三个相的成分必然确定在一个连接三角形的三个顶点上。但是，这时三个相的相对量仍然可以随合金而任意改变，只有当合金成分确定时，三个平衡相的相对量才能计算。其计算法可参照图3-19说明如下。

设合金 r 在给定温度时，有三相 α、β 和 γ 处于平衡。各相的成分分别相当于 d、e、f，$\triangle def$ 即其连接三角形，也称为重心三角形。连接各顶点与 r 的直线并延长之，分别与各对边交于 u、v、w，则三相的相对量可依下列三式来决定

$$\left.\begin{aligned}\alpha\% &= (ru/du) \times 100\% \\ \beta\% &= (rv/ev) \times 100\% \\ \gamma\% &= (rw/fw) \times 100\%\end{aligned}\right\} \qquad (3-16)$$

这就叫重心法则，因为若将三个相的量依次看作挂在 $\triangle def$ 三个顶点上的相应重量，而将 r 作为这样一个三角形的重心，显然，以 r 为支点正好达到力的平衡，由力的平衡而计算出各力的关系式，其结果也正好与公式（3-16）相同。

四、三元相图的基本形式

1. 三组元在液、固态皆无限互溶的三元相图

设仍以 A、B、C 泛指三个纯组元，则这类相图如图3-20所示。三组元两两各组成一个无限互溶的二元系相图，它们的三条液线和三条固线各自向空间扩展并连接成一对平滑的共轭曲面，分别组成三元相图的液相面和固相面，或简称液面和固面。液面以上为均匀的单相溶液 L 区，固面以下为均匀的单相固溶体 α 区，两曲面之间为二相平衡区 $\alpha+L$。由此可见，这类三元相图正相当于把相应的二元相图中的线扩展为面，面扩展为体而形成的。

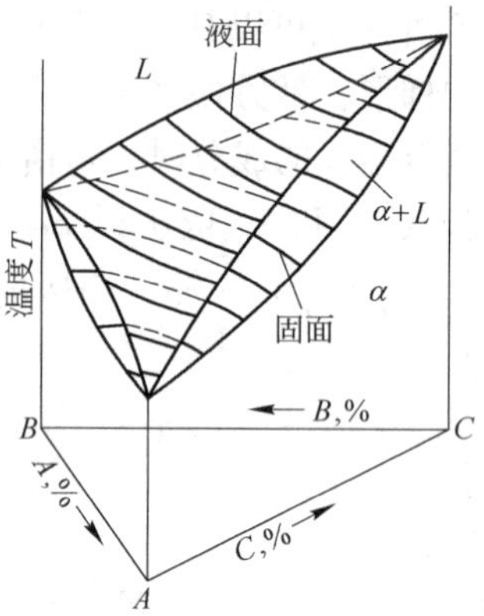

图3-20　三组元在液、固态皆无限互溶的三元相图

如前所述，单相区 α 或 L 的自由度都是3，相似于随遇平衡。二相区的自由度为2，即温度变量加上两个相中的四个成分变量共五个变数中，只能有两个独立变化，例如，若温度选定，并同时选定了液相中组元 A 的百分数后，那么，α 和 L 两相的平衡关系就完全确定下了。这就意味着，不但液相内的其余两组元 B、C 的百分数必须同时也跟着确定不移，而且与之相平衡的固相 α 的成分也只能是唯一的，否则不会达到二相平衡，这可由图3-21来进一步说明。设在某一温度下，通过二相区作一等温面 $A'B'C'$，它必然会与液面和固面相截而形成两条共轭曲线 ab 和 de，见图3-21（a）。在定温截面 $A'B'C'$ 上，二相区的自由度已变为1，所以 α 和 L 只能分别各沿这两条共轭线之一而变化，它们是一一相对应的。若这时选定液相中一个组元 A 的百分数 $B'x$（相当于浓度三角形的 Bx），那么它在 ab 上只能有一个对应的点 f（即由 x 作平行于 $B'C'$ 的线只能与 ab 交于一点），可见，只要给出一个成分变量，液相的成分就确定了，而且同时与 L_f 平衡的 α 也确定了，它只能位于 de 线上一个唯一的点 g，换句话说，这时的 α 和 L 间只能有一条独一无二的连接线 fg，这就是自由度为1的意义。而 fg 的确切位置最终是要靠实验来决定的，所以一个完整的等温截面图应该利用实验数据标出二相区的连接线。否则只能凭经验近似地进行估计，因为中间连接线 gf 的取向，一般来说应处于 ad 和 be 两边际连接线的折中取向。

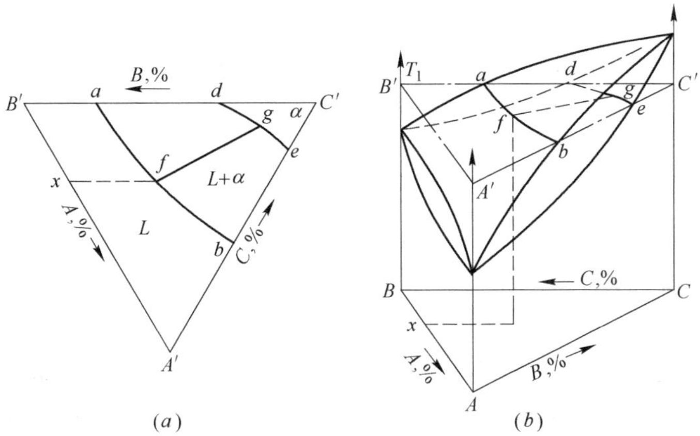

图 3-21　通过二相区的恒温截图（a）及其在相应三元立体图中的位置（b）

显然恒温下，不同成分的 L 与 α 是一一相对应的，即连接线仍可有无限多，相平衡究竟采取哪一条连接线，这是要由合金成分（即各相的总平均成分）来决定的。合金成分确定时，由于增加了一个约束条件，连接线只能是唯一的了，而且相的相对量也确定了，可用杠杆定律来计算。但连接线给定时，合金成分却可以是相当于连接线上任一点的成分，只要限定在连接线上，相的相对量虽然随合金成分而改变着，但相的成分不变。

温度改变时，ab 和 de 的位置和取向同时在变化，这就意味着连接线在空间的位置和取向也在随之而变化。当合金成分一定时，如前所述，连接线必须通过合金成分的坐标点，所以随温度的变化，这个连接线将绕合金成分坐标点而转动，如图 3-22 所示。图中将两个不同温度的等温截面垂直投影到底面来进行比较，R 代表某一合金的成分，对照图 3-21，fRg 相当于温度 T_1 时的连接线取向，而 $f'Rg'$ 则相当于温度 T_2（$<T_1$）时的连接线取向，它按反时针方向转动了一个角度。一般来说，随温度的下降，连接线总是转向低熔点组元（A）的方向。

由上可知，任一给定合金由高温 L 区冷却进入二相区 $L+\alpha$ 时，便应开始凝固，而出现 α，随温度下降，液相 L 将沿着液面上的一曲线向着低熔点组元的方向转移，而固相 α 则将沿着固面上一曲线也向着低熔点组元的方向转移，与此同时液相的量逐渐减少，而固相的量逐渐增多，直至进入单相 α 区，液相完全消失，合金便完全凝固了。若仍以合金 R 为例，将 L 和 α 随温度变化而移动的轨迹投影到浓度三角形上，将如图 3-23 所示，呈蝶翼状，一翼 $Rf''f'f$ 表示 L 的轨迹，另一翼 $g''fg'gR$ 表示 α 的轨迹。显然，它们在立体相图中应各自分别位于一个垂直于底面的曲面上，而不是在一个垂直平面内（除特例外），这也是三元相图复相区的另一个普遍规律。因此，如果我们在图 3-20 中，作一个通过任一顶点 C 的垂直剖面，如图 3-24 所示，那么，其大部分虽与二元相图很相似，但两相的成分坐标，却往往不在这个剖面内，所以不能应用杠杆定理来进行定量计算。

2. 具有三相平衡的三元相图

图 3-25 是具有三相平衡的三元相图形式之一，A、B 和 C 泛指三个纯组元。其中，A 与 B 两组元组成无限互溶的二元系，而 $A-C$ 与 $B-C$ 都是具有二相共晶反应的二元系。与上一类相图相比较（见图 3-20），这类相图的特点是，图中出现了两个液面 $T_BE_1E_2T_A$ 及 $T_CE_1E_2$ 和两个固面 $T_Ba_1a_2T_A$ 及 $T_Cb_1b_2$，它们是分别由两个二元系中的两组液线和两组固

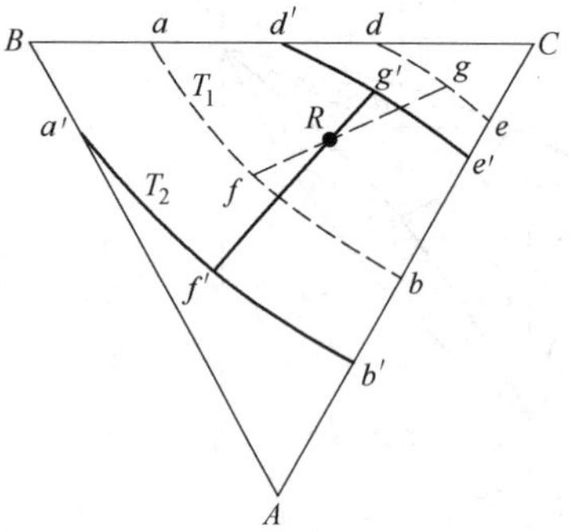

图 3-22　二相区不同温度连接线的相对位置（$T_1>T_2$）

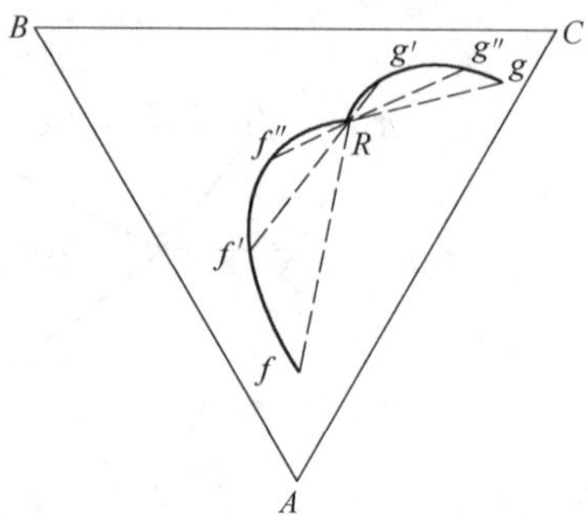

图 3-23　合金 R 凝固过程中固、液两相的成分变化

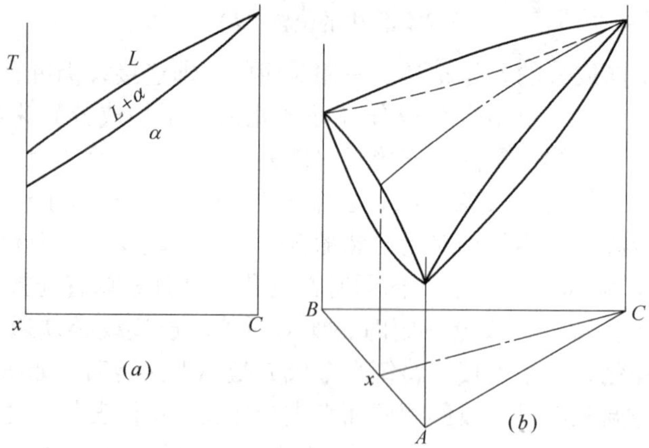

图 3-24　三元相图的垂直剖面（a）及与其对应的立体图（b）

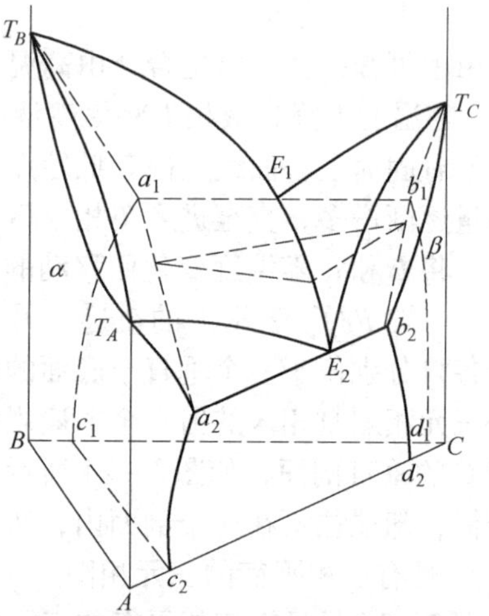

图 3-25　具有二相共晶的三元相图

线扩展到空间而形成的。两液面的交线 E_1E_2 就是三元系中的二相共晶线，它相当于二元系的共晶点 E_1 或 E_2 扩展到空间的一条线。另外，还有两个固溶度曲面 $a_1a_2c_2c_1$ 及 $b_1b_2d_2d_1$，是分别由两个二元系的固溶度曲线扩展到空间而形成的。图中共有三个单相区，左侧是一个三元固溶体 α 的单相区，右侧是另一个三元固溶体 β 的单相区，液面以上为单相区 L。利用前述相区接邻关系的一般规律，可由三个单相区 L、α 和 β 确定出三个二相区 $L+\alpha$、$L+\beta$ 和 $\alpha+\beta$ 的位置；再由三个二相区可以确定出三相区 $L+\alpha+\beta$ 的位置，它处于一个形似以 E_1E_2、a_1a_2 及 b_1b_2 三条线为棱的扭曲三面管道内，这个管道的两端 a_1b_1 和 a_2b_2 终结在两个二元系的三相线上，是封闭的。显然，三相区的三条棱线正是由两个二元系中三相线上的三个点扩展到空间而形成的。总之，这个三元相图是与它的三个组元两两所组成的那三个二元相图密切相联系着的，犹如把各二元相图中点、线和面依次向空间扩展为相应的线、面和体而形成的，这和几

何学中，平面和立体的关系是相似的。

这类相图中各单相区和各二相区的相平衡规律与前一类相图完全相似，不再赘述，只有三相区是一个新问题。

三相区的自由度为1，可见随着温度的变化，L、α 和 β 三个相的成分应依次分别沿着三条棱线 E_1E_2、a_1a_2 和 b_1b_2 而变化，而一旦选定温度，自由度即变为零。所以在每一给定温度，三相区中的三个平衡相都必须各有确定不移的成分，并可用一个连接三角形（如图 3－25 中虚线三角形所示）来表示它们间的相互平衡关系。凡是成分相当于这个三角形内任何一点的合金，只要位于这个温度，总是处于完全相同的三相平衡，即三个相及其成分完全都是恒定不移的。合金成分的变化（在连接三角形以内）仅能引起相的相对量的变化，当合金成分给定时，相的相对量也就随之而确定了，这时可利用重心法则来进行计算。

五、三元相图的平面表示法

三元立体相图虽较全面，但应用起来，诸多不便，所以在实际情况下大多采用平面表示法。三元相图的平面表示方法有两类——投影法和截面法，分别讨论如下。

1. 三元相图的投影图

将三元立体图中划分各个相区的点、线和面垂直投影到底面的浓度三角形内，用它来表示三元相图，这种方法叫投影法。例如，图 3－25 的立体图，若用投影法来表示，则如图 3－26 所示，其中：BE_1E_2AB 和 CE_1E_2C 分别相当于 α 和 β 相液面的投影；Ba_1a_2AB 和 Cb_1b_2C 分别相当于 α 和 β 相固面的投影；$a_1a_2c_2c_1a_1$ 和 $b_1b_2d_2d_1b_1$ 分别相当于 α 和 β 两个固溶度曲面的投影；$E_1E_2a_2a_1E_1$、$E_1E_2b_2b_1E_1$ 和 $a_1a_2b_2b_1a_1$ 分别为三相空间区的三个界面的投影。整个投影图犹如把立体图沿垂直方向压缩在底面一样，各相区已交错重叠在一起，但只要注意各相区的大致温度顺序，就可以利用它来分析各类合金的冷凝过程，以及最后所获得的平衡组织。兹以图内所标注的三个合金 X、Y 和 Z 为例说明如下：

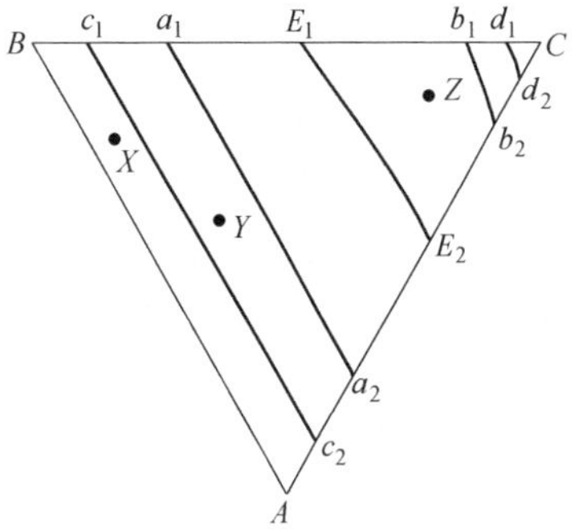

图 3－26　图 3－25 的投影图

合金 X 落在 α 的液面和固面投影之内，但在 α 的固溶度面投影之外，这说明合金由高温冷却时，先穿过液面结晶出 α，而进入 $L+\alpha$ 两相区；然后再穿过固面，完全凝固，而进入单相区 α；以后直至冷却到室温，再无任何变化。

合金 Y 不但处于 α 的液面和固面的投影之内，而且也处于 α 的固溶度面投影之内。当 L 由高温冷却时：穿过液面，即开始凝固，而进入 $L+\alpha$ 区；穿过固面，完全凝固，而进入单相区 α；再穿过固溶度面，从 α 相中析出 β，而进入 $\alpha+\beta$ 区；以下即保持两相组织 $\alpha+\beta$ 直到室温。

合金 Z 处于 β 的液面和三相空间区的两个界面的投影之内，由高温冷却时，先穿过液面，开始凝固，而进入 $L+\beta$ 区；继而穿过三相空间的 $E_1E_2b_2b_1E_1$ 面，开始二相共晶反应（$L\to\alpha+\beta$），这个过程随着温度下降，继续进行，直到 $a_1a_2b_2b_1a_1$ 面，共晶完毕进入固相区 $\alpha+\beta$；冷到室温后，其组织将为先共晶 β 和二相共晶 $\alpha+\beta$ 以及固态下析出的 α 和 β 等所组成的复合体。

在某种情况下，确定相转变的温度范围更为重要，这就要求在投影图上能够分别标出液面、固面、固溶度面以及三相区的等温线。但在一个投影图上，很难清晰地表达出各区的等温线来，所以通常多分别进行处理。例如，图3－27是图3－25的液面投影图，图中由高温到低温依一定的温度间隔标出了等温线 t_1、t_2、t_3、…等。这样，液面的形状或走向就可以清楚地表达出来了，它有利于较详细地分析各合金的冷凝过程，这对制订铸造工艺很有参考价值。显然，等温线的间隔越小，分析时便越精确。至于固面或其它界面的投影图，可由此类推，不再赘述。

为加深对投影图的概念，再举出一个具有四相反应的三元相图的投影图，见图3－28。在这个三元系中三组元两两组成二元共晶系，由此伸展而组成了具有三相共晶 $L \to \alpha+\beta+\gamma$ 的三元共晶的相图，α、β、γ 分别代表以组元 A、B、C 为溶剂的三元固溶体。图中按由高温至低温的顺序为：区域 AE_1EE_2A、BE_2EE_3B、CE_3EE_1C 分别为 α、β、γ 的三个液面的投影；区域 $AebfA$、$BgchB$、$CdaiC$ 分别为 α、β、γ 的三个固面的投影；$ebEcgE_2e$、$hcEaiE_3h$、$daEbfE_1d$ 分别为三个三相区 $L \rightleftharpoons \alpha+\beta$、$L \rightleftharpoons \beta+\gamma$、$L \rightleftharpoons \alpha+\gamma$ 的投影；区域 $ebb'e_0e$ 和 $gcc'g_0g$、$hcc'h_0h$ 和 $iaa'i_0i$、$fbb'f_0f$ 和 $daa'd_0d$ 分别为三个二相区 $\alpha \rightleftharpoons \beta$、$\beta \rightleftharpoons \gamma$、$\alpha \rightleftharpoons \gamma$ 的共轭面的投影；$\triangle abc$ 为四相区 $L \rightleftharpoons \alpha+\beta+\gamma$ 的投影；区域 $aa'b'bcc'a'a$ 为三相区 $\alpha+\beta+\gamma$ 的投影。成分位于 $\triangle abc$ 内的绝大部分合金，由高温冷却时，都会依次先通过三个固面之一，结晶出 α、β 或 γ，再通过三个三相区之一，进行二相共晶反应 $L \to \alpha+\beta$、$L \to \beta+\gamma$ 或 $L \to \alpha+\gamma$，最后在四相平面上进行完三相共晶 $L \to \alpha+\beta+\gamma$，即完全凝固。再冷却时，三个固相 α、β、γ 分别沿 bb'、cc'、aa' 三条线而变化直至室温。这些合金的组织将由先共晶相、二相共晶和三相共晶所组成。但若合金成分位于 E_1E、E_2E 或 E_3E 三线之一时，组织中便无先共晶相了；位于点 E 时，将完全由三相共晶组成。合金成分位于 $\triangle abc$ 以外时，其冷凝过程与所得组织大致与图3－26相似。

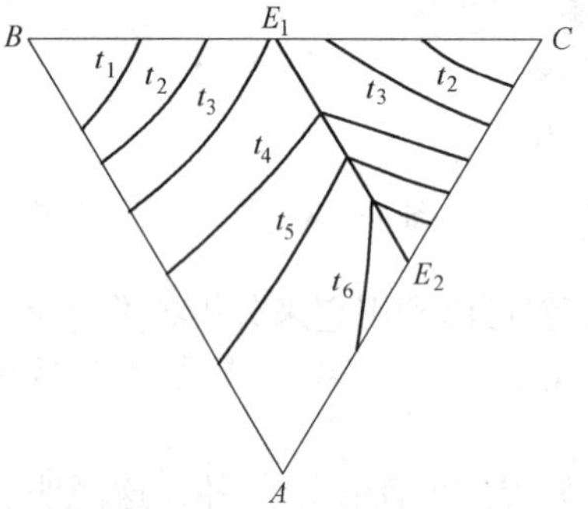

图3－27　图3－25中液相面的投影图

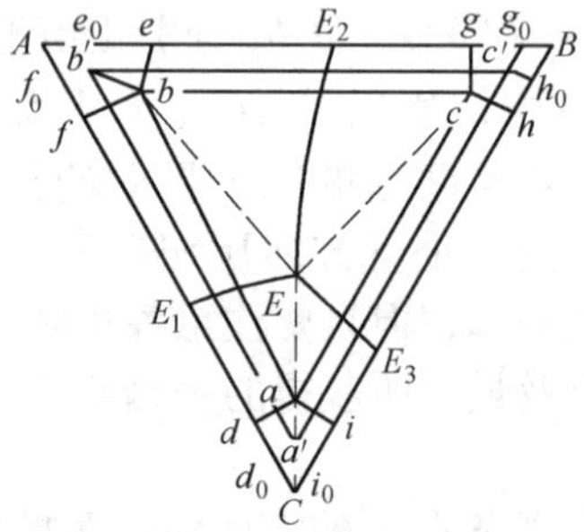

图3－28　具有四相平衡的三元相图的投影图

2. 三元相图的等温截面图

一个立体相图，可作出一系列的等温截面图来进行分析；反过来，也可以先测出一系列恒温三元相图，而后再建立立体图。实际上，通常大多是从应用出发，选一些关键性的温度，作出几个恒温图，也就基本上可以窥其全貌了。有的三元系甚至只作出一个等温图或一个等温图的一部分，也可以达到某些实用目的，这里举例作一般的概念性介绍。

例如，设在图3－25的立体图中，通过三相区作出温度分别为 T_1 和 T_2（$T_1 > T_2$）的恒温截面，那么，它的基本形式将如图3－29所示。首先可以看出，相区接邻关系的普遍规律一样适用于截面图。同时相律也可以照例适用，只是在恒温面上各相区的自由度比之立体图要相应地减少1。即三相区由1减为0；二相区由2减为1，单相区由3减为2。

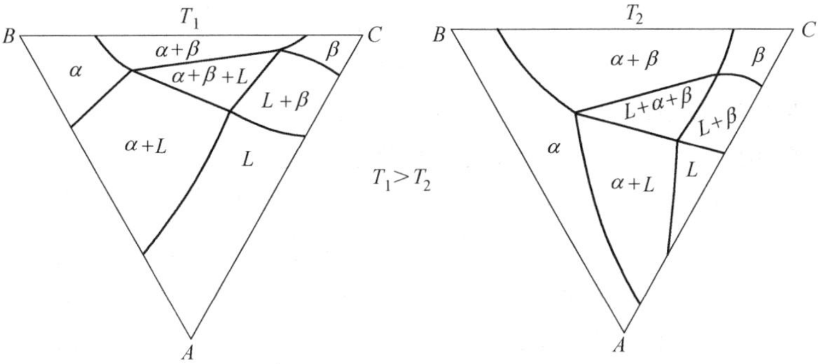

图 3－29　图 3－25 的两个等温截面（$T_1 > T_2$）

等温图中的单相区和二相区，已结合图 3－21 进行过讨论，这里着重说明三相区。在等温截面图上，三元系的三相平衡一定是一个连接三角形，三角形的三个顶点分别与三个单相区相接触，并分别代表三个平衡相的成分；三个边分别与三个二相区接邻，并各代表一个二相区的终端连接线。在这个相图里，如果把连接三角形看成一个大的箭头，那么箭头的尖端（L）是指向低温方向的，这是二相共晶反应在等温图上的一个显著特征，如果与此相反的话，那就是包晶反应了。

3. 三元相图的垂直截面图

垂直截面的实际意义和应用大致与等温截面图相似。通常多采取通过浓度三角形的一个顶点，或平行于其一边的垂直截面。仍以图 3－25 的截面图为例说明如下。

图 3－30（a）是通过图 3－25 顶点 C 的一垂直截面，（b）是平行于 BC 边的垂直截面。由图可以看出，各相区仍然遵循着一般的接邻规律，相邻相区中相数之差依然为 ±1。单相区及二相区与二元相图很相似，只是三相区变成了一个曲三角形。但应注意，在任一温度，各相的平衡成分并不在这个截面之内，所以在垂截面图上不能进行相的定量计算。但它可说明各合金在冷却过程中可能发生的相转变次序，各转变的温度范围以及冷却到室温后可能获得的相组成。

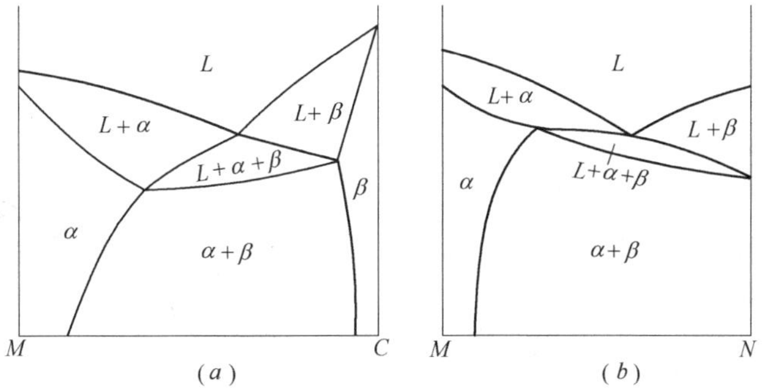

图 3－30　图 3－25 的两个垂直截面

（a）通过顶点 C；（b）平行于 BC 边

在垂直截面上的三相区，若为共晶型反应，则曲三角形的一个尖顶是指向高温方向的；若为包晶型反应，则正好相反。

六、实际三元相图举例

由于测定一个完整的三元相图所需工作量是相当大的，因此到目前为止，实际应用的三元相图大多属于部分相图。例如，有的只测出一角，有的只是液面或固面投影图，有的只测出等温截面或垂直截面图。即便这些部分相图，也并不是包括所有温度或成分范围。分析和应用这些相图时，要尽可能地注意到局部和全局的关系。

图 3－31 是 Fe－C－Si 系在 1300℃时的等温截面图，图中共出现四个单相区，L、α、γ 和 $C_{石}$。α 代表以 α－Fe 或 δ－Fe 为溶剂的三元固溶体，称为铁素体；γ 为以 γ－Fe 为溶剂的固溶体，也称奥氏体；L 为 Fe－C－Si 三元溶液；$C_{石}$ 为石墨碳。在这个温度，这四个相共组成三个单相区、四个二相区和一个三相区。三相区属于包晶反应，其反应式为

$$L+\alpha \rightleftharpoons \gamma$$

利用这个三元截面图，可以判断任何成分的合金，在 1300℃时，究竟处于什么状态，有哪些相可以共存。例如，若合金的碳含量固定为 2.5%，那么随 Si 量的增加，至约 1.9% Si 时，合金将由 $\gamma+L$ 两相区转变到完全为液相 L 区；当 Si 增至约 7.4% 时，又由 L 区转变到另一个二相区 $L+C_{石}$。又如含 0.5% C 和 5% Si 的合金，在 1300℃正好处于包晶转变（$L+\alpha\rightarrow\gamma$）的温度范围内。从总体来看，当纯铁中加入碳和硅时，合金的熔点大致逐渐下降，只有当 C 或 Si 的含量相当高时，才会使熔点重新上升。

图 3－32 是 Fe－Cr－Ni 系的部分液相面投影图。图中标出了间隔为 20℃或 10℃的等温线。不难看出，这里有两个液面，它们的交线如箭头所示，交线以左为富 Fe 相的液面，以右为富 Ni 相的液面。富 Fe 液面大致由左向右下方倾斜，而富 Ni 液相面则由前向后下方倾斜，同时在前端中间偏右处有一个平缓的洼槽。但从总体来看，整个液面是左高右低，并向后倾斜，所以两液面的交线应是包晶反应的一条棱线。这个投影图可用来估计不同合金的凝固开始温度。例如，合金 Fe－20% Cr－10% Ni 的凝固开始温度约为 1460℃，开始结晶出的固相为含 Cr 的富 Fe 相，以后还可能经过包晶转变，但以下再如何凝固，就不能单从这个图来说明了。

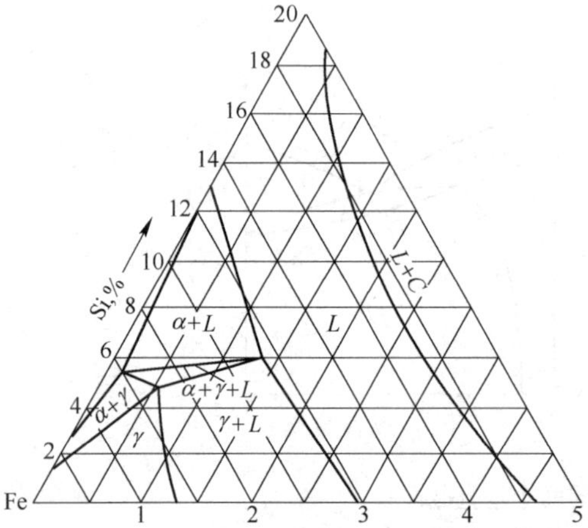

图 3－31　Fe－C－Si 系在 1300℃时的等温截面图

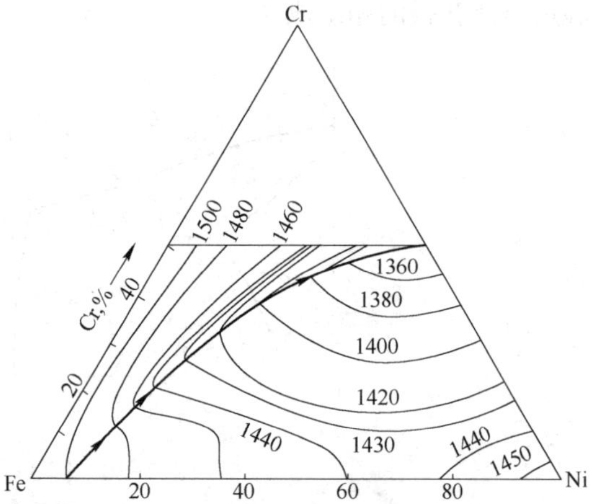

图 3－32　Fe－Cr－Ni 系部分液面投影图

图3－33是Fe－Cr－C系的一个含17% Cr的垂直截面图。图中出现了六个相：α、γ、$M_{23}C_6$、M_7C_3、M_3C和L，分别代表铁素体、奥氏体和三种不同类型的碳化物（M代表不同比例的Fe和Cr）以及Fe－Cr－C的三元溶液。这些相共组成三个四相平衡的水平线、八个三相区、六个二相区和三个单相区。各相区的接邻关系仍然遵循着“相邻相区的相数差为±1”这一普遍规律。处于最高和最低温度的那两条水平线，分别表示四相平衡$L+\gamma+M_3C+M_7C_3$和$\alpha+\gamma+M_3C+M_7C_3$。但由于这个截面没有截到立体图中各四相区的全部四个三相区，所以无法判断它们究竟属于哪一类四相反应。但处于中间温度的那条水平线所代表的四相平衡，由于在水平线之上出现两个三相区，之下也有两个三相区，所以这种四相平衡应属于包晶型，而其反应式应为

$$\gamma + M_{23}C_6 \rightleftharpoons M_7C_3 + \alpha$$

称之为四相包析转变。在八个三相区中，处于高温度的那两个三相区，分别属于包晶转变和共晶转变，其余大多为共析转变，只有一部分由于未截出三相空间的全部三条棱线，所以不能判断出它们的反应类型。还应该指出的是，除了偶然机会外，所有平衡相的成分（单相区除外）都不能从这个截面图中读出来。但是可以从图中读出合金的成分以及每种合金内各种转变的温度范围。

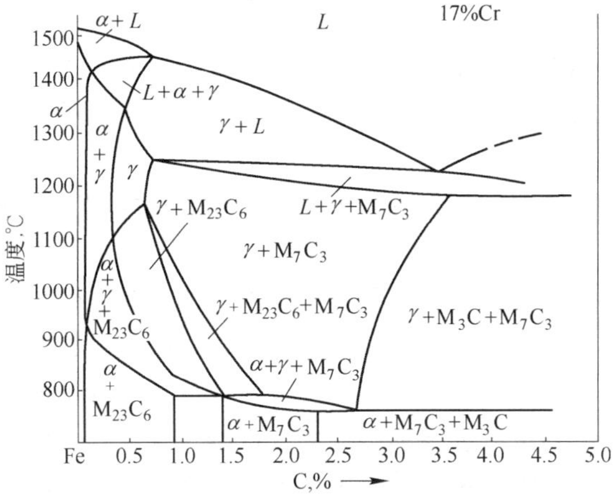

图3－33　Fe－17% Cr－C系的垂直截面图

第四章　金属及合金的凝固与组织

金属和合金由液态转变为固态的过程称为凝固。凝固过程主要是晶体或晶粒的生成和长大过程，所以也称结晶。所有通过冶炼和铸造而制得的金属材料都必经历此重要生产过程，这个过程决定了金属和合金的铸态结构、组织和性能。因此，对于铸件来说，也就基本上决定了它的使用性能和使用寿命；而对于还需要进一步加工的铸锭来说，既直接影响它的轧制和锻压工艺性能，又间接影响到后步工序所要求的工艺性能，并且在很大程度上还会影响到制成品的使用性能。

从生产流程着眼，这一章主要讨论铸造过程中结构，特别是组织的形成和变化规律以及和性能之间的联系，以作为分析和解决铸造生产中有关质量问题的理论基础。而铸造质量又在一定程度上取决于冶炼质量并决定着锻压质量，是影响冶金质量的重要因素。

从学科本身系统来看，这一章是金属学中关于相变的主要内容之一，它既是直接阐述结晶过程的基本规律，又是为其它相变和组织转变奠定基础。

第一节　凝 固 概 论

上一章讨论了关于相平衡和相平衡图的基本规律，其着重点在于平衡二字。但平衡是有条件的，不平衡是绝对的，从某种意义来说，我们研究平衡的目的，正是为了解决不平衡的现实问题。

实际金属材料生产中所遇到的大量关于相的存在和相的相对分布问题，也大多属于非平衡之例。

非平衡态之所以能够存在是由于受到动力学条件的限制。例如，从相图或从热力学来考虑，一个不稳定相应该向稳定相转变，但如果两相之间没有相互接触的界面，那就无法进行转变；或者虽有界面，但由于温度很低，原子或分子的活动能力很差，以致由一相转移到另一相的几率几乎小到可以忽略不计，那么也难于完成相的转变。因此，要研究金属和合金组织的形成和变化，除了热力学等条件外，还必须由其所经历的各种转变过程中的动力学条件去探讨。结晶是最重要的生产工艺过程，也是金属及合金中极重要的转变，由此出发，便开始涉及到有关转变机理和动力学方面的问题。

金属，特别是合金，类型很多，加之实际生产中所采用的铸造工艺类型又是多种多样的，所以结晶过程可说是变化多端的，既不可能逐一讨论，也无此必要。只要进行分类归纳抓住主要典型，并从中概括出根本性的带有规律性的东西，就可起到举一反三，由此及彼的效果。

一、凝固的基本类型

结晶既是物质状态和相的转变，不言而喻，在结晶过程中，必然要发生结构的变化，但对合金来说，同时还会发生化学成分的变化。根据这个特点可将凝固分为两大类：

(1) 同分凝固　其特点是结晶出的晶体和母液的化学成分完全一样，或者说，在结晶过程中只发生结构的改组而无化学成分的变化。纯金属以及成分恰处于相图中液相线（或液相面）的最高点或最低的那些合金（包括固溶体和化合物），即固线、液线（或面）重合为一点的合金其结晶都属于这一类。

（2）异分凝固　其特点是结晶出的晶体和母液的化学成分不一样，或者说，在结晶过程中，成分和结构同时都发生变化，也称选分结晶。绝大部分合金，特别是实际应用合金的结晶，大多可归于这一类。这一类结晶过程较复杂，但与实际生产关系甚大。

此外，也可以根据结晶后的组织特点，而将结晶分为以下两类：

（1）匀晶凝固　其特点是结晶过程中只产生一种晶粒，结晶后的组织由单一的均匀晶粒所组成，即得到单相组织。同分结晶的金属和合金属于这一类，但不少异分结晶的合金，例如固溶体合金系的结晶，或只有边际固溶体的合金其结晶也属于这一类。

（2）非匀晶凝固　其特点是结晶时由液体中同时或先后形成两种或两种以上的成分和结构都不相同的晶粒。各种共晶合金系和包晶合金系中绝大部分合金的结晶属于这一类。铸态合金的复相组织大多由此而形成。

下边先以同分凝固为主来讨论凝固的基本规律。

二、凝固过程的宏观特征

实验表明，凝固过程中的宏观现象主要表现在以下两点：

其一是，液体必须具有一定的过冷度，凝固才能自发进行，换句话说，凝固只能在过冷液体中进行。所谓过冷度是指实际凝固温度与其熔点之差值，多以 ΔT 来表示。ΔT 随金属和合金的不同，以及冷却条件和液体纯洁度的差异，可以在很大范围内而变化，但对给定的金属和合金来说，它有一个最小值，称之为亚稳极限，以 ΔT_* 来表示。若过冷度小于这个值，凝固几乎不能进行，或难于以可察觉的速度来进行，液体可以长期处于亚稳状态；大于这个值后，液体才能以可观的速度进行凝固。纯净金属液体的孤立小滴，其 ΔT_* 可高达其熔点（T_E）的0.2左右，即 $\Delta T_* \simeq 0.2T_E$。但实际应用的金属和合金，ΔT_* 却很小，可在略低于其熔点的温度（例如在熔点下0.01～0.05℃）进行凝固。

其二是，凝固过程中伴随着潜热的释放，这种潜热称为结晶潜热。它可由冷却曲线（温度时间曲线）上反映出来（见图4－1）。当潜热等于或小于以一定速度冷却而散发到周围环境中去的热量时，温度或保持恒定或不断下降，凝固可以继续进行，直至完全凝固，或达到新的平衡；当潜热大于散发掉的热量时，温度会回升，直到凝固停止进行，甚至有时局部区域还会发生重熔现象。因此，结晶潜热的释放和逸散，是影响凝固过程的重要因素之一，应给以足够的重视。图4－1是纯金属或同分凝固合金由液态以不同速度冷

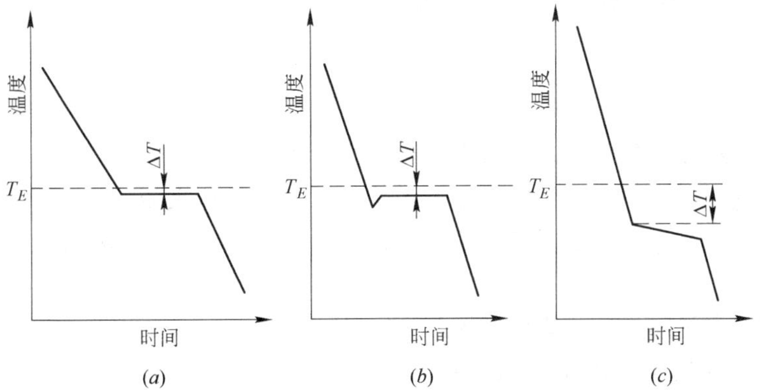

图4－1　液态金属以不同速度冷却时的冷却曲线
（冷却速度(a)＜(b)＜(c)）

却时，几种冷却曲线的示意图。曲线中各转折点表示凝固的开始或终结。其中：（*a*）表示接近平衡的冷却，凝固在一定过冷度下开始、进行和终结，由于潜热的释放和逸散相等，所以凝固温度始终保持恒定，一直到完全凝固后，温度才下降；（*b*）表示另一种情况，例如由于冷却略快，或由于其它原因，凝固在较大过冷度下开始，所以进行较快，而使潜热的释放大于热的逸散，这样便使温度逐渐回升，直至两者相等，而后凝固便在恒温进行，到凝固完结后，温度才会下降；（*c*）表示冷却很快，结晶在更大的过冷度下开始，而且潜热的释放始终小于热的逸散，所以凝固一直在连续降温过程中进行，直到凝固终结后，温度便又更快地下降。这后一种情况只能在较小体积的液体中，或在大体积液体的局部区域内进行。

三、凝固的微观基本过程

尽管凝固类型较多，表现不一，各有其特点，但其基本过程却是一致的。

凝固是晶体在液体中从无到有、由小变大的过程。从无到有可看作是晶体由“胚胎”到“出生”的过程，称为生核；由小变大可看作是晶体出生后的成长过程，称为长大。二者既紧密联系又相互区别。在铸态组织中所观察到的那许许多多晶粒（参看图1－1）就是这样形成的。图4－2为微体积内结晶过程的示意图，这里假设液体在相当于图中所示的那块小体积内，第一秒钟生出5个晶核，至第二秒钟时，它们已长大到可观程度，并呈现出规则的几何外形，与此同时，又有几个新晶核形成。以下依次类推。直到第七秒钟时，各晶粒已由单个地孤立自由成长，经过中间局部接触相互干扰，而犬牙交错地完全相互接触了，若这时液体也完全消失，那么整个结晶过程便完成了。显然，凝固刚完成时所获得的组织应是形状和尺寸都不甚规则的多晶粒组织。

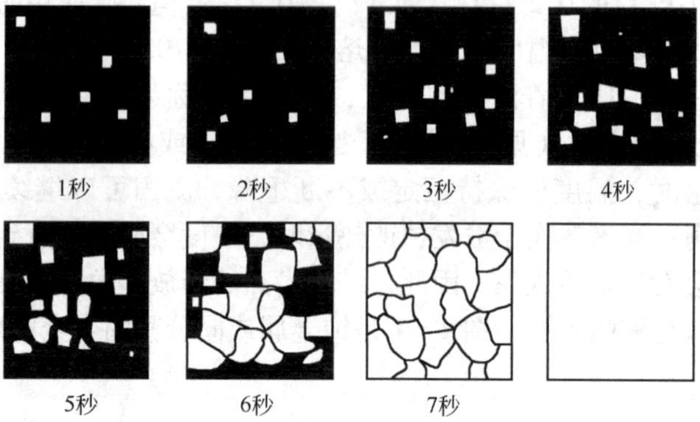

图4－2　结晶过程示意图

综上可见，结晶过程应是一个由生核和长大两个过程交错重叠组合而成的过程。对一个晶粒来说，它具有严格区分的生核和长大阶段，但从整体来说，二者是交织在一起的，除非是单晶体的结晶过程。不同类型的结晶只在于生核和长大的具体情节不同。这是以后将要进一步讨论的问题。

四、晶核的自发形成——均匀形核*

如果说，晶核是刚“出生”的小晶体，那么在“出生”以前，一定会有一个“胚胎”过程。“胚胎”的发生显然是和液体的结构密切相关。本章第一节曾经指出，在液态金属中原子的组态近于固态，而远于气态（参看图3－1）。根据X线衍射实验及其它物理性质的测定结果，更确切些说，液态金属是由许许多多类似晶体结构的原子小集团所组成的，这些小集团内部，原子的配位数以及原子间的距离与晶体相差无几，只是集团之间界限模糊。它们的形状和尺寸既不统一也不稳定；时而长大，时而缩小；这里产生，那里消失。这种现象称结构涨落。在结构涨落的同时会伴随着能量涨落。

若假设液体中存在着一个含有 i 个原子的小集团，它与 i 个单原子无规则分布时相对比，自由能变化为 ΔG，那么根据统计规律，在给定系统中，这个集团出现的几率 p_i，或其出现的数量 n_i，应与 $e^{-\frac{\Delta G}{KT}}$成比例。显然，只要 ΔG 不是无限大，i 为任何数的集团都有可能出现，但 i 越大，即 ΔG 越大，则其出现的几率 p_i 便会越小，即 n_i 越小，直至忽略不计。由此可见，在给定温度，液态金属中总会有各种不同尺寸的小集团存在，而每种尺寸的集团数 n_i 都应有一个统计的平均值。也就是说，含有 i 个原子的各小集团，由于热运动使原子增减一个而变成含有 $i+1$ 和 $i-1$ 个原子的集团数目，应与由含有 $i+1$ 和 $i-1$ 个原子的集团中由于原子增、减一个而变为含 i 个原子的集团数目相等。因此，在每一个温度，当达到平衡时，液体中的各种尺寸的原子集团数 n_2、$n_3\cdots n_{i-1}$、n_i、$n_{i+1}\cdots$会达到一个稳定的分布状态。这些小集团，特别是其中尺寸最大的集团，就是晶体所由产生的胚，可称之为晶胚。在过冷液体中，热运动会使一些晶胚借涨落而达到某一规定的临界尺寸以上，从此它就能够稳定成长而不再缩小了，这就叫晶核。第一批晶核的形成，就是质变的开始，晶核成长后也就不再属于液体了，因此液体中的小集团总数减少了，即它们间的稳定平衡分布便被破坏了，但它会随之而自发地进行调整以恢复原来的平衡分布。如此反复进行，晶核即可不断地形成，结晶也就可以一直继续下去。

当晶体由液体中形成时，系统的自由能变化是由两部分组成：一部分是能量的减小项，它由液相与固相的自由能差所组成（参看图 3－2），是结晶的驱动力；另一部分是能量的增加项，它是由于形成相界面而以界面能的形式储存在系统中，它是结晶的阻力。若过冷度为 ΔT 时液体中所形成的晶体其总体积为 V，其界面总面积为 S；液、固两相单位体积的自由能差的绝对值为 ΔG_P，单位面积的界面能为 σ（相当于界面张力），则系统自由能的总变化 $\Delta G_{总}$ 为

$$\Delta G_{总} = -V\Delta G_P + S\sigma \qquad (4-1)$$

显然，式右端第一项的绝对值越大，越有利于结晶；而第二项的绝对值越大，越不利于结晶。为计算方便，现设液体中出现一个晶核，其形状为球体，球半径为 r，那么由公式（4－1）可得

$$\Delta G_{总} = -\frac{4}{3}\pi r^3\Delta G_P + 4\pi r^2\sigma \qquad (4-2)$$

这个方程式的图解如图 4－3 所示。显然，$\Delta G_{总}$ 随 r 的变化曲线有一最高值。相当于曲线最高值的 r 就是晶核的临界尺寸，以 r_C 来表示。液相在每一过冷度下，都可算出一个晶核的临界尺寸，只有当系统的能量涨落，使得晶胚有可能达到临界尺寸时，晶核才可能出现，结晶也才会开始。否则，即使液体有了过冷度，也不会进行结晶，而只能长期处于过冷的亚稳态。亚稳极限 ΔT_* 之所以存在，其理由也在此。

r_C 的大小可按求最大值的方法，由公式（4－2）计算出来，令

$$\frac{\partial \Delta G_{总}}{\partial r} = 0$$

可得 $$4\pi r_C^2\Delta G_P - 8\pi r_C\sigma = 0$$

$$r_C = 2\sigma/\Delta G_P \tag{4-3}$$

另外，由图 3-2 不难看出，ΔG_P 应为 ΔT 的函数，可以证明，当 ΔT 不甚大时，其关系为

$$\Delta G_P = L\Delta T/T_E \tag{4-4}$$

式中，L 为单位体积的结晶潜热绝对值；T_E 为液体的理论结晶温度（即熔点或凝固点）。

将公式（4-4）代入公式（4-3）可得

$$r_C = 2\sigma T_E/(L\Delta T) \text{ 或 } r_C \propto 1/\Delta T \tag{4-5}$$

显然，r_C 与 ΔT 成双曲线关系，如图 4-4 所示。过冷度越大，r_C 越小。

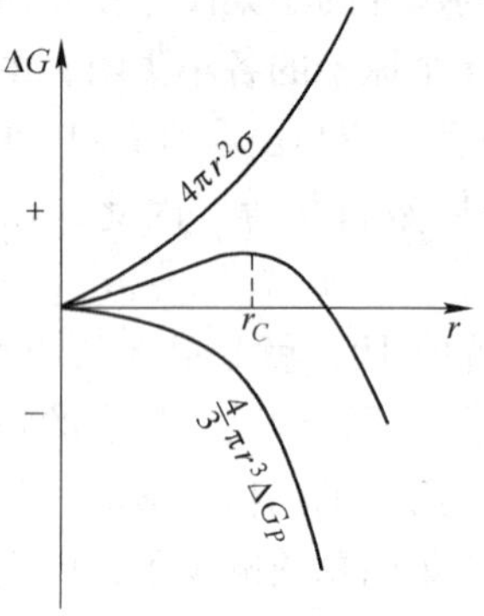

图 4-3　体积自由能、表面自由能与 r 的关系

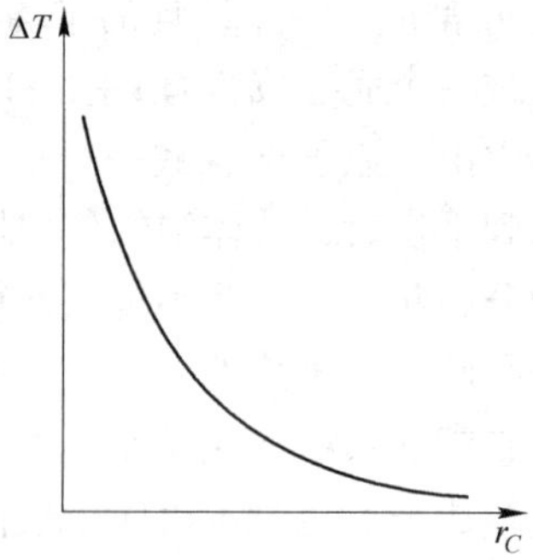

图 4-4　晶核的临界尺寸 r_C 与过冷度的关系

另一方面，液体中各种尺寸的晶胚分布也随 ΔT 而变化，ΔT 增大时，晶胚分布中最大尺寸的晶胚其尺寸 r' 也随之而增大，这个关系如图 4-5 所示。将图 4-4 与图 4-5 结合起来，将如图 4-6 所示。两曲线的交点 N 所对应的过冷度，就是液体的亚稳极限 ΔT_*。显然，当 $\Delta T < \Delta T_*$ 时，晶胚中的最大尺寸 r' 小于所要求的 r_C，难于成核；$\Delta T = \Delta T_*$ 时，$r' = r_C$ 正好达到形核要求，结晶就有可能开始进行；当 $\Delta T > \Delta T_*$ 时，不仅最大尺寸的晶胚，而且较小尺寸的晶胚也可以达到或超过 r_C 了，结晶就能有把握地进行了。此后 ΔT 越大，晶核的形成速率也应越大。但是，不论由小胚变为大胚，或由临界尺寸的晶胚变为晶核，都需要原子的跳动，而原子的跳动是热激活性的，因此，当 ΔT 很大时，由于原子的活动能力很差了，反而不利于形核。所以晶核的形成速率与 ΔT 的关系还是比较复杂的，需进一步讨论如下。

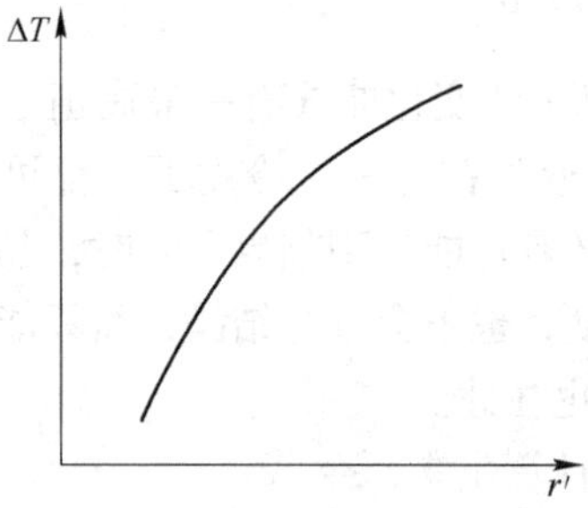

图 4-5　最大晶胚尺寸 r' 与过冷度的关系

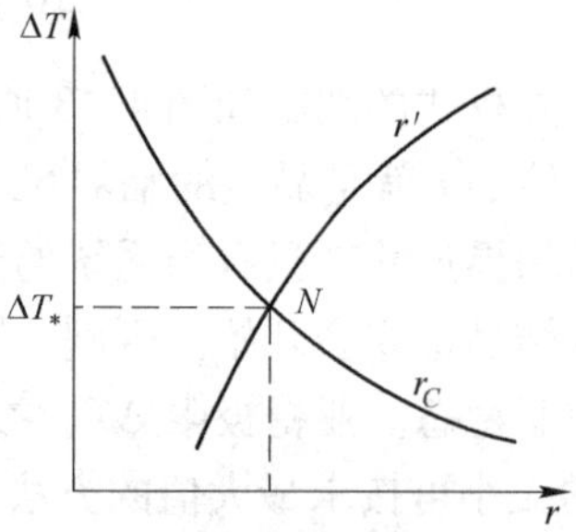

图 4-6　r' 及 r_C 与 ΔT 的关系

将式（4－3）及式（4－4）代入公式（4－2），可以求出与 r_C 相对应的 $\Delta G_{总}$，用 ΔG_C 来表示，则：

$$\Delta G_C=\frac{16}{3}\frac{\pi\sigma^3}{\Delta G_P^2}=\frac{16\pi\sigma^3}{3}\left(\frac{T_E}{L\Delta T}\right)^2=\frac{16\pi\sigma^3T_E^2}{3L^2}\left(\frac{1}{\Delta T^2}\right) \tag{4-6}$$

式中，ΔG_C 称为晶核的形成功，它需要依靠系统的能量涨落来提供，它与 ΔT 成反比例，ΔT 越大，则 ΔG_C 便越小，便越有利于形核。而系统能量涨落达到 ΔG_C 的几率应与几率因子 $e^{-\frac{\Delta G_C}{KT}}$成比例，所以单位体积内出现临界晶胚的数目 n_C 也应与 $e^{-\frac{\Delta G_C}{KT}}$成比例，其中有 $\frac{1}{2}$可能成为晶核。但临界尺寸的晶胚要变为晶核，还需要再由其周围的液相中至少补充一个原子，即需要原子由液相中跨越界面跳动到晶核上，同时要能稳定在那里，这又是一个机率问题。若设原子由液相跨越界面所需要的激活能为 ΔG_A，那么由临界尺寸的胚变为晶核的几率应与 $e^{-\frac{\Delta G_A}{KT}}$成比例。同理，由小晶胚变为大晶胚的几率也应与此相似。因此，单位时间在单位体积内形成晶核的数量，即形核速率 $\dot{N}$ 应与上列两个机率因子成比例，即

$$\dot{N}\propto e^{-\frac{\Delta G_C}{KT}}e^{-\frac{\Delta G_A}{KT}} \tag{4-7}$$

但 $\Delta G_C\propto 1/\Delta T^2$（见公式（4－6）），而 ΔG_A 与温度或与 ΔT（$=T_E-T$）的关系不大，可视为常数。当 ΔT 很小并趋于零时，ΔG_C 趋于无限大，公式（4－7）中右端第一项趋于零；而当 ΔT 很大，即 T 很小时，公式（4－7）右端第二项又变得很小。这一对相矛盾的因素决定了形核率与 ΔT 的关系，如图4－7（a）所示。但由于一般金属和合金的结晶能力很强，达不到很大的过冷度，因而曲线上难于出现下降的一支，而变为图中（b）的形式。所以对一般金属和合金液体来说，结论是：当超过亚稳极限 ΔT_* 后，ΔT 愈大，形核速率也愈大。但对非金属的结晶，却不能这样简单处理。

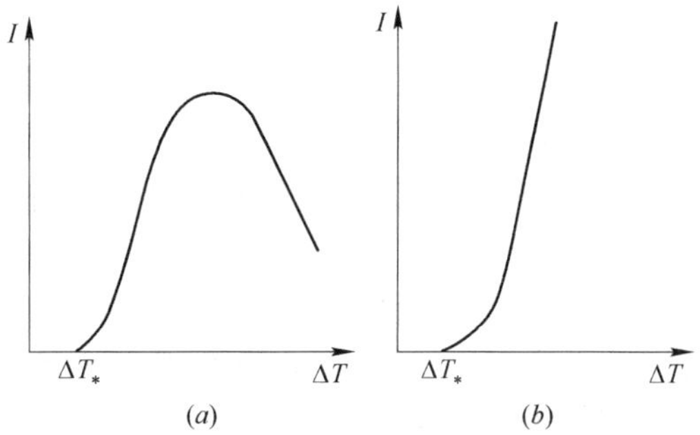

图4－7　晶核的形成速率 I 与过冷度 ΔT 的关系

（a）非金属；（b）一般金属

五、非均匀形核*

当晶核不是完全在液体自身内部产生，而是借助于外来物质的帮助，依附在已存在于液相中的固态现成界面上，或容器表面上优先产生时，称非均匀形核。实际的结晶之所以能够在很小的过冷度下进行，就是由于非均匀形核的结果。那些悬浮在液体中的杂质粒子、液体表面的氧化膜以及铸型模壁等大都可以促进晶核的提前形成。这是由于非均匀形核比均匀形核的界面能较低，即相变的阻力减少了，因而晶核所要求的临界尺寸以及所需要的形核功也小了。

假定某一尺寸的晶胚 C，附着在液体 L 中一个现成的固体杂质 S 的表面上，如图4－8所示，晶胚的形状为球冠状，球半径（即球冠的曲率半径）为 r。如果晶胚周界能够稳定，或可以长大，那么它就成为一个晶核了，这就必须满足这样一个关系式：

$$\sigma_{SL}-\sigma_{SC}\geqslant\sigma_{LC}\cos\theta \tag{4-8}$$

式中，σ_{SL}、σ_{SC}和σ_{LC}分别代表杂质与液相、杂质与晶胚以及液相与晶胚之间的界面张力（或界面能）；θ为晶胚与杂质的接触角（或称湿润角）。这个角度θ很重要，它是判别杂质或其它界面是否促进形核以及促进程度如何的一个参量。推而广之，它也是判别异相间沿其界面相互扩展程度的一个参量。当r一定时，θ愈小，愈有利于晶核的形成。

利用几何定律，可求出图4-8中球冠的体积和其侧面及底面的面积，然后代入公式（4-1），便可求出$\Delta G_{总}$，再仿照均匀形核时求晶核的临界尺寸和形核功方法，可以求出非均匀形核时的临界半径r'_C和形核功$\Delta G'_C$，它们分别为

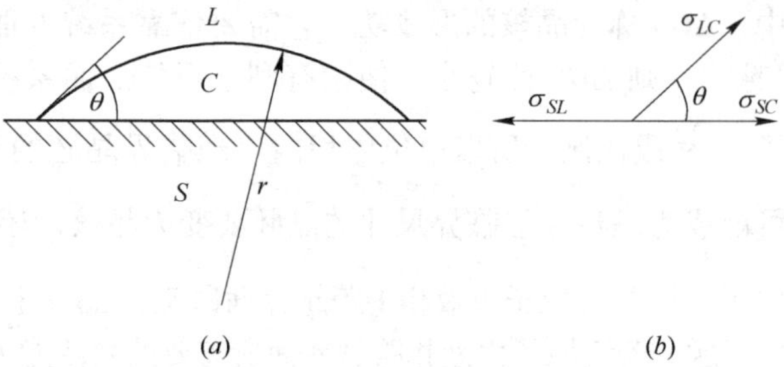

图4-8　非均匀形核示意图（a）及界面张力的平衡关系（b）

$$r'_C = \frac{2\sigma_{LC}}{\Delta G_P} = \frac{2\sigma_{LC}}{L\Delta T}T_E \quad (4-9)$$

$$\Delta G'_C = \frac{16}{3}\frac{\pi\sigma_{LC}^3}{\Delta G_P^2}\left(\frac{2-3\cos\theta+\cos^3\theta}{4}\right) = \frac{16}{3}\frac{\pi\sigma_{LC}^3}{L^2\Delta T^2}T_E^2\left(\frac{2-3\cos\theta+\cos^3\theta}{4}\right) \quad (4-10)$$

若分别与公式（4-5）和式（4-6）相比较，则可以看出：虽然$r'_C = r_C$，但r'_C是球冠的半径，而r_C是球半径，显然非均匀形核时晶核的体积要小，即较小的晶胚即可变为晶核；而$\Delta G'_C$与ΔG_C相比只差一个角的函数$(2-3\cos\theta+\cos^3\theta)/4$。当$\theta=\pi$时，这个函数等于1，即$\Delta G'_C=\Delta G_C$；而当$\theta=0$时，这个函数等于0，即$\Delta G'_C=0$。可见，$\theta$越小，则$\Delta G'_C$比$\Delta G_C$也便越小，形核也应越容易，这就是非均匀形核与$\theta$角的关系。

然而，θ的大小又取决于什么呢？既然$\cos\theta$愈大，愈有利于形核，那么由公式(4-8)不难看出，比值（$\sigma_{SL}-\sigma_{SC}$）/σ_{LC}增大，则应有利于形核。显然，当σ_{LC}一定时，分子值越大，此比值便愈大。可见，当$\sigma_{SL}<\sigma_{SC}$，即分子为负值时，σ_{SL}与σ_{SC}的差愈小，则θ便愈小；反之，当$\sigma_{SL}>\sigma_{SC}$，即分子为正值时，σ_{SL}与σ_{SC}的差愈大，则θ便愈小。因此，不论哪一种情况，都是σ_{SC}愈小或σ_{SL}愈大，愈有利于非均匀形核。而σ_{SC}的大小，是和杂质S以及晶体C的结构密切相关的。一般来说，S与C之间在界面两边的原子相互匹配得愈好，σ_{SC}便愈小，即当界面达到理想的完全共格时，σ_{SC}便达到最小。这个规律可这样来概括：液体中所存在的（或与之接触的）任何固体界面，只要与晶体之间符合“结构相似，大小（原子间距）相当”的条件，就能够促进晶核的形成，其“相似”和“相当”的程度愈大，促进形核的作用便愈显著。至于σ_{SL}的大小，则取决于杂质与液体的性质，一般可以由实验来测定。

非均匀形核的速率除与均匀形核一样也受过冷度的影响外，还受到液体内部悬浮着的固体质点的性质和数量，以及液体与容器或其它介质之间接触界面的性质和面积大小等因素的影响。显然，当过冷度和其它条件相同时，平均在单位体积内质点的数量愈多，或接触界面的面积愈大，则非均匀形核的速率便愈大。图4-9是不同条件下的非均匀形核与均匀形核速率相比较的示意图，非均匀形核比均匀形核的亚稳极限较小，而且条件愈有利的非均匀形核，其亚稳极限也愈小。实际生产上的结晶由于液体中杂质很多，又有铸型的作用，可以在其熔点附近完成结晶，它几乎完全或主要依靠非均匀形核。

六、晶体的成长

当金属液体中出现第一批略大于临界尺寸的晶核后，液体就开始结晶，结晶的继续发展固赖于新晶核的继续产生，但更赖于每个已有晶核的进一步成长。对每一单个晶体（或晶粒）的发展过程来说，稳定晶核出现之后，马上就进入成长阶段。晶体的成长从宏观上来看，是晶体界面向液相中推移。微观分析表明，它是依靠原子逐个由液相中扩散到晶体表面上，并按晶体点阵规律的要求，逐个占据适当的位置而与晶体稳定地结合起来。所以成长的条件是：第一要求液相能继续不断地向晶体扩散供应原子；第二要求晶体表面能够不断地牢靠地接纳原子。若扩散条件可以保证原子的供应，则晶体界面上接纳原子的条件，就决定了晶体的长大方式和长大线速度（单位时间晶体界面沿其法线方向推移的长度以 $\dot{G}$ 来表示）。晶体本身的结构性质以及晶体界面的结构和界面的曲率等因素是决定晶体成长的内在因素，界面附近温度分布状况以及潜热的释放速度和逸散条件则是决定晶体成长的外在因素，通常它们是同时交互起作用的。兹择要讨论如下。

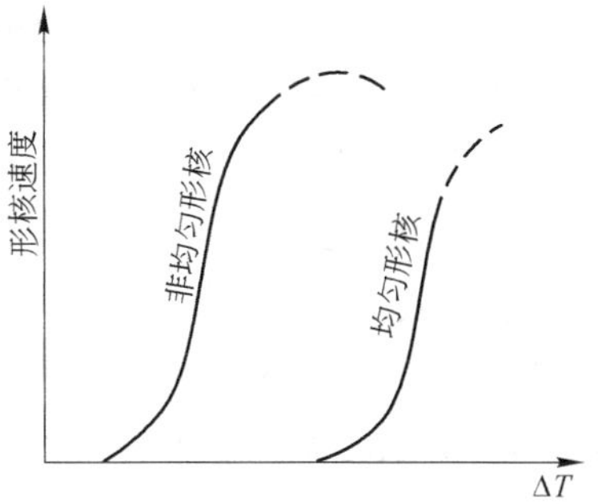

图4－9　均匀形核率与非均匀形核率与过冷度 ΔT 的关系

1. 固液界面结构（原子尺度）

根据热力学分析结果，固液界面结构与参量（$\Delta S_m/R$）ξ（以下以 α 来表示）有密切关系。其中 ΔS_m 为摩尔熔化熵；R 为气体常数；ξ 为晶体学因子，随晶体界面的面配位数与体配位数之比而变化，小于1。当 $\alpha \leq 2$ 时，界面为粗糙型，其模型可如图4－10（a）所示，界面上固相的原子约只占其位置的一半。当 $\alpha > 2$ 且与2相差较大时，界面为平滑型，其模型可如图4－10（b）、（c）所示，具有平整晶面的特征，但可出现小台阶；$\alpha > 2$ 但

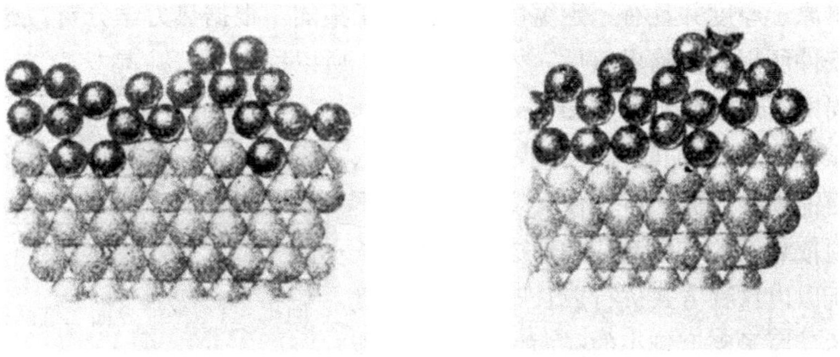

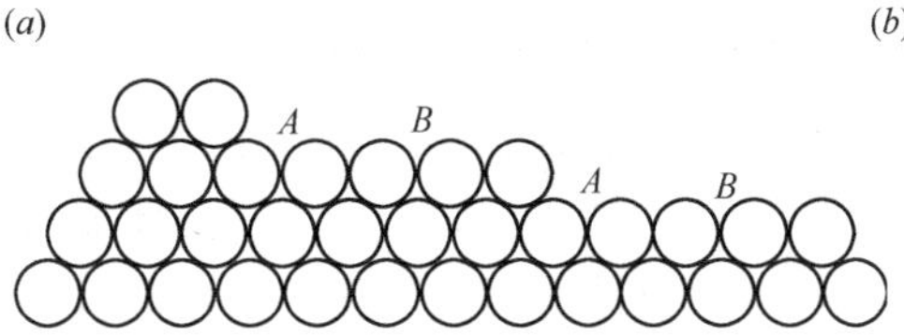

图4－10　晶体与液体的界面模型

（a）粗糙界面；（b）密集平滑界面；（c）非密集平滑界面

与2相差不大时，界面为平滑与粗糙的过渡型。实验表明，大多数金属及其固溶体的固液界面为粗糙型，而非金属以及一些金属间化合物多为平滑型或过渡型。不同类型界面的成长机理也有所不同。

2. 晶体的成长机理

1）连续成长　即晶体依靠原子由液体连续不断地向固体扩散而成长，显然，这应适合于粗糙型界面，因为在这样的晶体界面上，原子位置约有一半正在虚位以待，只要原子跨越界面的扩散能保证，接纳就无多大问题，这就意味着，晶体沿这类界面的法线方向的成长线速度 $\dot{G}$ 是相当大的。

2）借台阶侧向扩展成长　主要适合于具有台阶的平滑界面。不难理解，当一个平滑界面上出现台阶时，原子附着在台阶上比之其它位置，配位数较大（参看图4－10（*c*）中的*A*、*B*）、结合较强，不易再返回到液态中，所以台阶的侧向扩展便成为这类界面成长的主要方式。界面台阶愈多，沿其法线成长的线速度 $\dot{G}$ 应愈大。随晶体相对于固液界面的取向不同，界面可以是其密集晶面，也可以是非密集晶面，后者必然会出现台阶，见图4－10（*c*），而且原子密度越低，台阶密度应越大；而前者只能依靠涨落现象出现台阶。由此可见，对具有平滑界面的晶体来说，各个晶面的成长速度会不同，有的可能差异很大。

3）二维晶核式的成长　在特殊情况下，当晶体界面既无台阶也无缺陷，而成理想的平面时，液相原子单个孤零零地扩散到那里是很难稳定住的，即使暂时稳定住，一会儿也会跑掉的。这是由于在这种情况下，单个的表面原子与晶体中相紧邻的原子数太少了，难于与它牢靠地相结合。在这种情况下，晶体的成长，只能依靠所谓二维晶核的形成，即依靠系统的能量涨落，使一定数量的液相原子差不多同时落在平滑界面上的近邻位置，而形成一个具有单原子厚度并且有一定宽度的平面原子集团。根据热力学分析，这个集团必须超过由结晶条件所规定的临界值后，才能稳定住，所以称之为二维晶核。二维晶核形成后，它的四周即出现了台阶，如图4－11所示，而后就可以依靠上边讨论过的单原子扩展而铺展了，直到整个界面铺满一层原子后，便又变成了理想平面，而后又须依靠新的二维晶核的形成，否则成长即告中断。所以以这种方式进行成长时，成长速度是相当缓慢的。原子密度较小的晶面，由于界面能大，二维晶核的形成速率大，所以其成长线速度也较大。

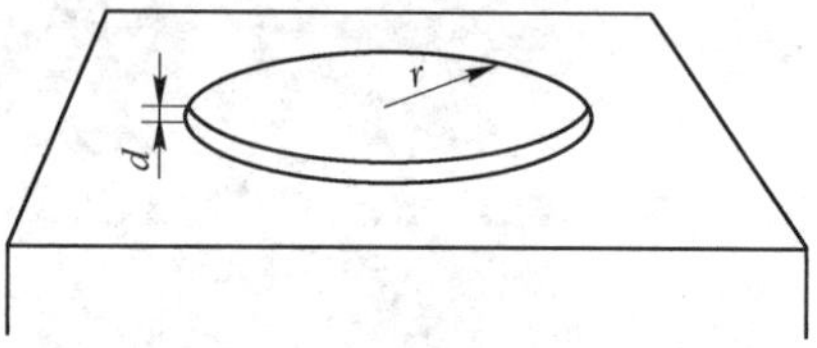

图4－11　平滑界面二维晶核成长模型

4）借晶体缺陷成长　上述三种成长机理，都假设晶体是理想的，事实上，正如第二章所述，晶体中会有各种不同形式的缺陷，它们会促进晶体成长，甚至可使平滑界面的晶体接近连续成长。例如，螺位错在晶体界面上的露头会使晶体界面形成台阶，如图4－12（*a*）、（*b*）所示，这种台阶可由位错线直至晶体边沿。如果位错线不运动，那么台阶的起始点也不会向前后左右移动，它只能随晶体的成长而上下移动。如上所述，晶体成长时，由液体中扩散过来的原子沿台阶铺展应是最有利的，若台阶各处铺展的机会大致相等，则每铺展一排原子，台阶即向前移一个原子间距，这就意味着，台阶各处沿着晶体界面移动的线速度大致相等。但由于台阶的起始点固定不动，所以如果线速度相等，那么以起始点为中心，台阶各处相对于其起始点移动的角速度就不会相等了，离起始点越近，角速度也应越大。于是随着原子的铺展，台阶将逐步弯曲，如图 4－12（*a*）所示，直至变为稳定的螺旋形后便可以起始点为中心而整体回旋起来了，如图 4－12（*b*）所示。这种台阶是永远填不平的，所以这个过程也就一直继续下去。台阶每横扫界面一次，晶体就增厚一个原子间距。图 4－12（*c*）为这种成长方式的实际照片。

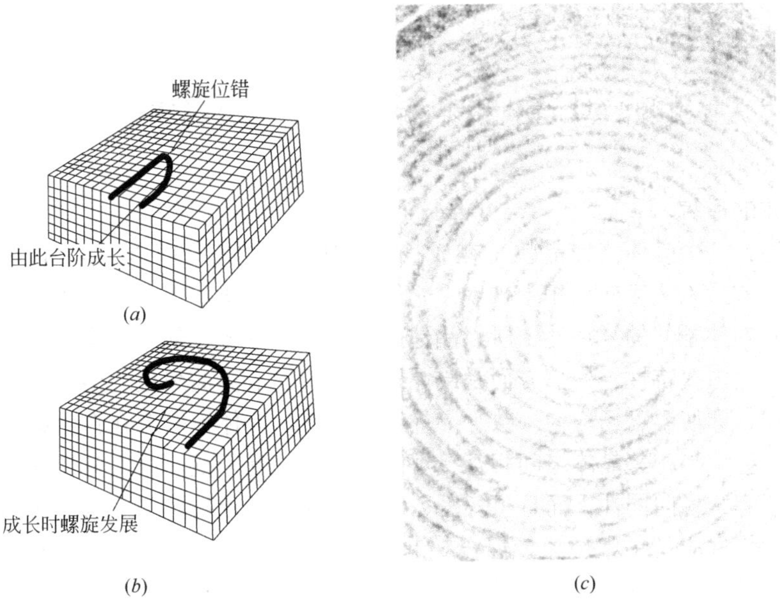

图 4－12　晶体的螺旋式成长

（*a*），（*b*）示意图；（*c*）实际照片（SiC 晶体）

3. 晶体的成长速度

晶体的成长线速度 $\dot{G}$ 除了受成长机理的制约外，还会受到其它因素，特别是过冷度的影响。理论和实验已经表明，当过冷度 ΔT 不很大时，连续成长时，$\dot{G}$ 与 ΔT 约成直线关系；借台阶扩展成长时，虽然台阶自身的横向扩展速度与连续成长相似，甚至更大，但 $\dot{G}$ 随台阶密度的不同，其变化却很大；借螺旋台阶成长时，$\dot{G}$ 与 ΔT^2 成比例，借二维晶核成长时，$\dot{G}$ 与 ΔT 的倒数成负指数关系。当过冷度相当大时，各种成长机理的 $\dot{G}$ 几乎都与 ΔT 成直线关系。但若过冷度大到使原子扩散发生困难时，则 $\dot{G}$ 反会随 ΔT 而减小。

以上是就不同的晶体界面条件而分别进行讨论的，若从整个结晶过程中的宏观液固界面来考虑，不同晶粒之间，或一个晶粒的不同界面上，都可能同时以不同的方式在成长。因此一个晶粒各个界面的成长的线速度和各个晶粒成长的平均线速度，都难于均匀一致，有的甚至相差很大。通常多采取宏观的液固界面推移速度的平均值来作为晶体的成长速度，图 4－13 是金属与非金属实验结果的示意图，可以看出，它与 ΔT 的关系与晶核的形成速率相似，只是亚稳极限较小，曲线的斜率也较平缓。

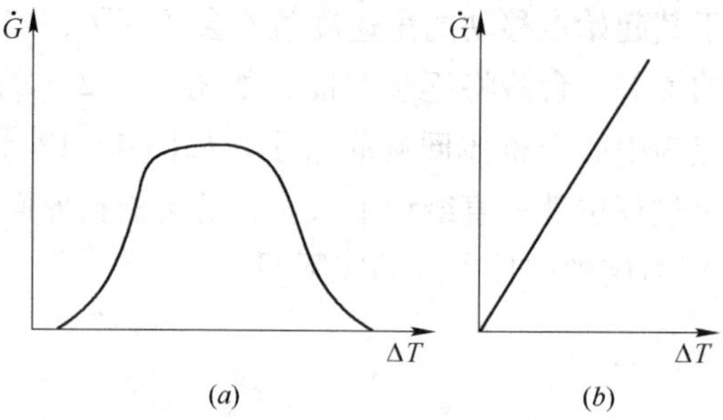

图 4-13　晶体成长的线速度 $\dot{G}$ 与过冷度 ΔT 的关系

(*a*) 非金属；(*b*) 金属

七、晶体的形貌

如上所述，一个晶体（或晶粒）在成长过程中，随条件的不同，各个方向上的界面能够以不同的方式和速度向液相中扩展，它们的综合效果决定了一个晶体的几何外形。由于晶体成长时内外条件的复杂性，所以晶体的外形是多种多样的，其决定因素一方面是结晶物质的固有的内在特性，另一方面是结晶过程中固、液界面附近的温度场。

不难设想，即使温度场均匀一致，晶体各向同性，晶体也只有在自由成长的条件下才会保持球状对称。当相邻晶体之间相互接触时，便会相互干扰而改变其形状。但是，既作为晶体就不会完全各向同性，而且事实上，温度场也难于保持均匀一致，所以，晶体形貌的多样性、无规性应是正常现象。但概括起来看，还是可以将晶体按其外貌分为以下两类：具有规则几何外形的晶体；不具有规则几何外形的晶粒。每一类中又可分为等轴晶、柱状晶、树枝状晶等等。

显然，具有规则几何外形的晶体，必然是那些具有平滑固液界面的物质，即非金属或金属间化合物，这些晶体大多易于以其原子密度最大的晶面为其外表面，可称之为晶面晶体。这可用图 4-14 来示意性地说明，图中表示一个晶体的剖面，实线八角形代表在时间为 τ_1 时的截面，箭头表示成长速度。由图可以看出，由于各晶面成长线速度的差异，非密集面将逐渐缩小而尖灭，最后，至 τ_3 时，晶体的界面将完全变为密集晶面，显然，这是一个必然的结果。所以，以平滑界面结晶的晶体，若无其它因素干扰，大多可以成长为以密集晶面为外表面的规则晶体。

但是，如果考虑到其它因素，问题就不这么简单。例如，由于某种原因，结晶在 τ_2 停止，那就会有小部分非密集面存留下来，若再考虑到棱角传热较快，那么，角隅或棱边就会优先成长而突出到液体中去，直至变为树枝状（参看图 4-18*b*），如果温度场不匀称，则晶体的形状将会更复杂。

金属晶体，由于一般具有粗糙型固液界面，而且各向异性较弱，所以大多无规则的几何外形，通常称之为晶粒。晶粒外形主要受温度场的控制。

为方便计，以下仅取一维作例来说明温度场对凝固界面的作用。

结晶界面的温度分布大致有两种情况，一种情况是由界面到液相具有正的温度梯度，如图 4-15（*a*），即 $dT/dx > 0$，离界面越远，液相中的温度越高，另一种情况是由界面向液相具有负的温度梯度，即 $dT/dx<0$，如图 4－15（b）所示，离界面越远，液相中的温度越低。

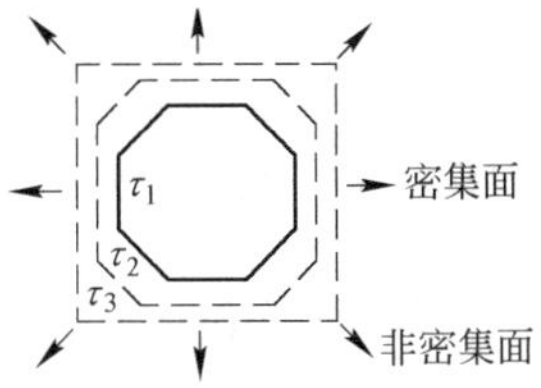

图 4－14　规则晶体长大时，表面逐渐被密集晶面所覆盖（$\tau_3>\tau_2>\tau_1$）

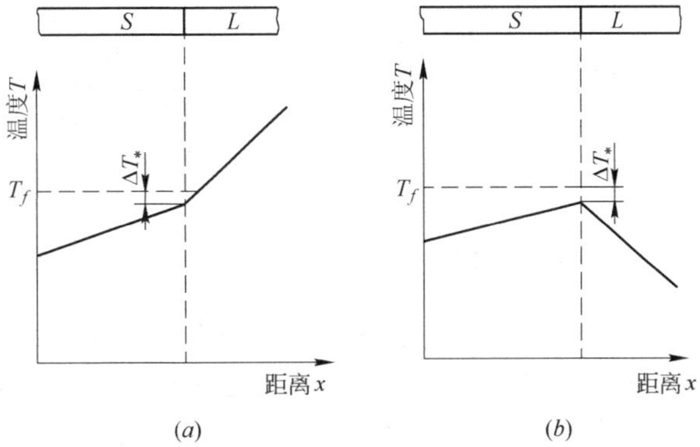

图 4－15　固/液界面附近温度分布

（a）正温度梯度；（b）负温度梯度

T_f 代表熔点；ΔT_* 代表亚稳极限

晶体在正温度梯度条件下成长时，对 $\alpha>2$ 的晶体来说，虽然从原子尺度来看，晶体界面是平滑的，但从整体看，大多是参差不齐的，即由取向不同的晶体学晶面所组成，它们与散热方向成不同的角度分布着，这有利于形成具有规则几何形状的晶体。对 $\alpha<2$ 的晶体来说，晶体界面虽是粗糙的，不具有晶体学小晶面的特征，但从整体来看却大致是一个与散热方向垂直的平面。一般来说，这后一种晶体的亚稳极限（ΔT_*）很小，界面温度差不多与熔点 T_f 相重合，所以晶体的成长界面只能随着液体的冷却而均匀一致地向液相推移，如果一旦局部偶有所凸出，那么它便进入亚稳极限以上甚至熔点以上的温度区域，成长会立刻停止，甚至被熔化掉，所以液固界面始终可以近似地保持平面。在这种条件下，由于晶体界面主要取决于散热方向，不管成长有无差别，都要“一刀齐”，因此晶体易于成长为任意形的晶粒。

若晶体在负温度梯度条件下成长，情况就不同了，对 $\alpha<2$ 的晶体来说，界面一旦局部凸出，便进入过冷度较大的区域，因此，晶体越凸出的地方，其成长速度便越快。这样，界面就很难保持平面，大多以树枝状的形式快速伸向液体中，如图 4－16 所示，因而易形成树枝状晶，简称枝晶。对 $\alpha>2$ 的晶体来说，在负温度梯度条件下，当 α 不甚大时，也可发展为枝状晶；但当 α 很大时，仍然会形成规则的晶体，或具有小晶面的枝晶。

晶体界面介于平面和树枝状之间的，还有一种称为胞状的界面，如图 4－17 所示，即晶体界面出现许多凹槽，凹槽之间的界面稍有鼓起。显然，这种界面是由平界面向树枝状界面发展的一种过渡形式，其形成条件，也应是介于二者之间，即结晶前沿只有不大的过冷度，界面只能局部稍稍凸出，但不能向纵深发展。当金属中含有杂质时，在正温度梯度条件也会出现这种界面，杂质多富集在凹槽内。

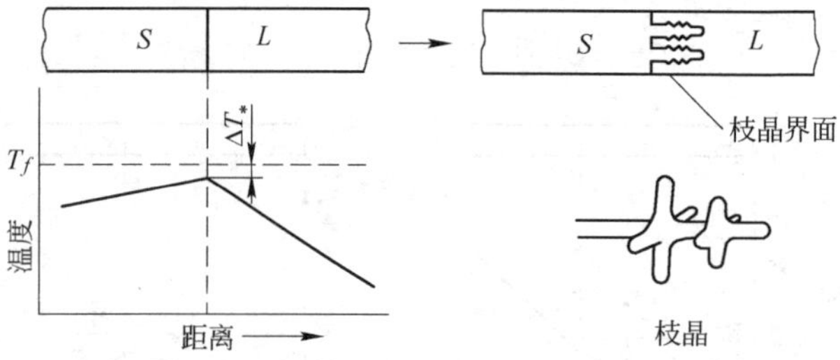

图 4-16　在负温度梯度条件下界面突出发展为树枝状晶（示意）

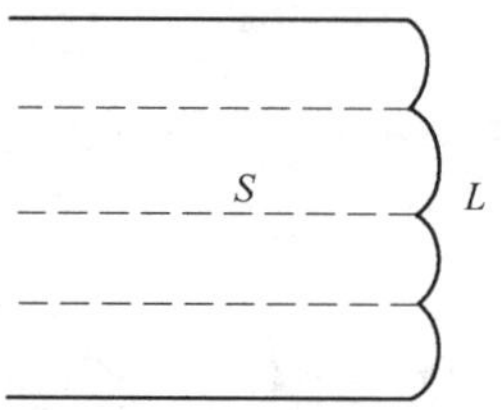

图 4-17　胞状界面示意图

当其它条件相同时，异分结晶合金更有利于发展树枝状晶。实际应用的金属或合金，由于杂质或合金元素的作用，大多属于异分结晶，因此经常遇到的是树枝状晶。所以，枝晶更具有重要的实际意义。图 4-18（*a*）是对 Cu-Co 合金进行深蚀后在扫描电镜下观察到的钴的树枝状晶。它的形成过程可示意性地用图 4-18（*b*）来表示，它宛如一棵塔松的生长过程。结合图 4-16，可以这样来描述这个过程：即在晶体成长的初期，由于偶然的机会，晶体的某些部位凸出到液相中，若条件允许，它便迅速地向液相纵深发展，而形成枝晶的主干，也称一次晶枝，随着一次晶枝的伸长和壮大，又在它上面不断地出现新枝芽，新枝芽发展为新晶枝，称为二次晶枝。对一定的晶体来说，二次晶枝与一次晶枝具有确定的角度，但在立方系中，二者是相互垂直的。二次晶枝发展到一定程度后，又在它上面出现新枝芽，新枝芽再按确定角度成长为三次晶枝，依此，三次晶枝上又生出四次晶枝，如此连绵不断地枝上生枝，又生枝，同时各级晶枝又都在不断地伸长和壮大，一直到它们都完全严密合缝地对接起来，而液相也消失时，便形成一个只是其外部具有枝状轮廓的晶粒，内部将看不出任何枝晶痕迹。但是如果在枝晶发展过程中的某一阶段，液体已耗尽，或人为地将剩余液相抽掉，那么就会得到如图 4-18（*b*）所示的枝晶骨架。此外，在异分结晶合金中，当各级晶枝成分有差异时，即令它们完全合缝地严密对接起来，也可以用侵蚀的方法间接地将它们显露出来。实际在大多数情况下，无论是所谓纯金属或合

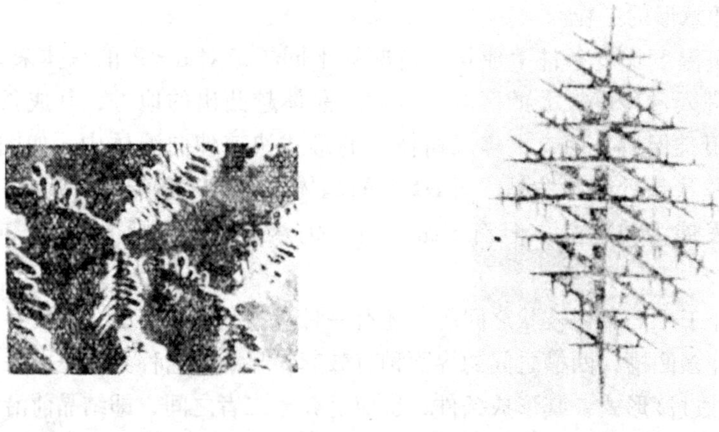

(*a*)　(*b*)

图 4-18　钴的树枝晶照片（*a*）及枝晶骨架示意图（*b*）

金，由于各级晶枝之间总是富集着杂质或合金元素，以及各种结构缺陷和显微空隙等，再加上由于热应力和其它机械力的作用会使晶枝歪扭，所以一个晶枝内部很难严密合缝地完全对接起来，这就会出现所谓枝晶网，或亚晶组织。

实验表明，在许多情况下，即使在空间各方向散热条件相似的液相中，有时也会出现枝晶，而且主枝突出的方向往往平行于特定的晶体学方向。例如，属于体心立方和面心立方的金属枝晶，其主干大多平行于〈001〉，而属于密集六方的枝晶，其主干多平行于$\langle 10\bar{1}0\rangle$。这说明晶体沿着这些方向的成长速度要比其它方向大，这正是晶体的方向性在结晶时的反映。

八、结晶过程中结构缺陷的形成*

在第二章中所讨论过的各种结构缺陷，在结晶过程中都可能产生。兹择其要者介绍如下。

1. 空位的产生

图4-19代表晶体成长过程中的某一阶段，如前所述，台阶根部X处最有利于接纳原子，原子最可能是由液相中扩散过来，这是正常的凝固过程。但也可能由其紧邻的晶体原子A或B扩散过来，这样就会在晶体内部A或B处出现一个空位。根据统计理论计算，这样的几率可高达10^{-3}，即平均来说，晶体每增长一千个原子，就可能产生一个空位，这是一个相当大的数值。可见晶体在熔点附近应包含着大量的空位，这些空位应处于平衡状态。由于空位的浓度随温度的降低而减小，所以当温度降低时，它们便由平衡状态变为不平衡的过饱和状态。若条件许可，过饱和的空位将通过扩散而跑到晶界、晶体表面或位错中消失掉；否则，它们会在晶体中集合起来而形成空位团。空位团在晶体中的产生犹如第二相的析出过程，大多形成盘状，有时也可成多面体状。

2. 位错的产生

尽管尚有争论，晶体中的位错很可能最初渊源于空位群（图4-20a），特别是盘状空位群。当盘状空位群受到应力而塌陷时，便在其周围形成一个刃型位错环，图4-20是其示意图，其中（b）代表垂直于位错环的剖面图，（c）代表顶视图。这个位错环的柏氏矢量是和位错环面相垂直的。如果空位进一步向位错中扩散，这个位错环还可以扩大。而特别是环面与晶体长大方向相平行的那些位错环更有利于吸收空位，它们能够随着晶体生长而不断的扩大，直至与液体相接而变为U形环，其长臂几与晶体长大方向相平行，如图

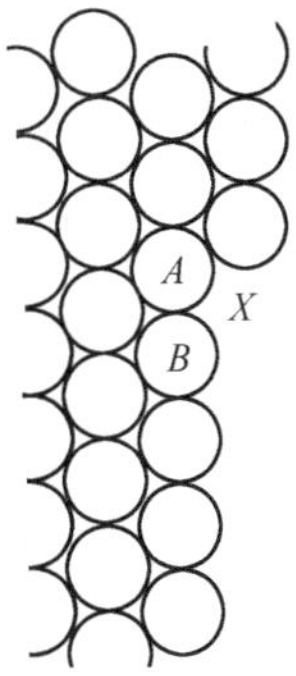

图4-19　结晶过程中空位形成示意图

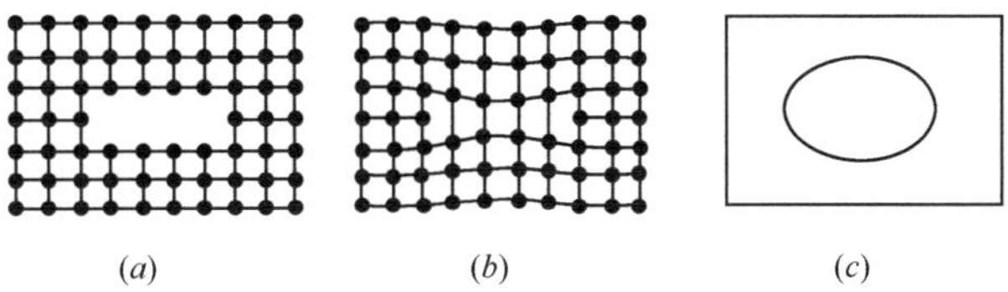

图4-20　空位群（a）塌陷（b）而形成位错环（c）

4－21 所示。当一个位错环扩展到一定程度后，又可能有新的位错环在旧环内形成，并随之而扩展，如此反复便可形成一个位错环组，它们间的交互作用，使它们成为平行的阵列，肩并肩地向着液体界面伸长，同时向四周扩展。这样便在晶体内沿着位错环组出现一个菱柱形的原子错动区域。在其两边晶体发生了相反方向的取向转动。不同平面上的许多这样的位错环组相互连接起来，便可将晶体分割成许多取向略有差异的区域，这就是亚晶或嵌镶块形成的方式之一。

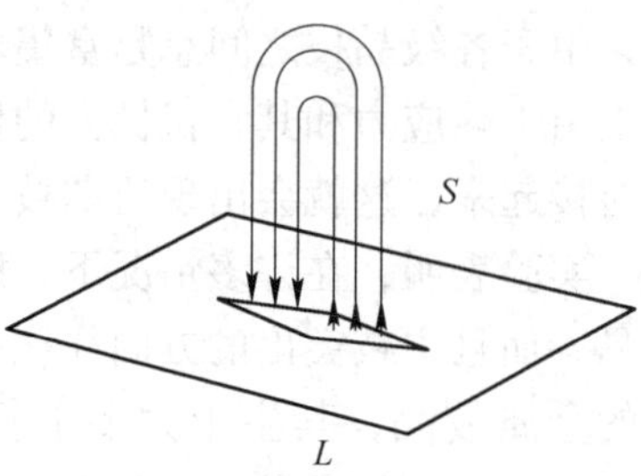

图 4－21　结晶过程中与固、液界面相垂直的半位错环组

此外，位错也可以借晶体生长时的差错而产生。例如，当一个枝晶的各级晶枝之间不能完全合缝地对接时，中间便会形成位错。

晶体中一旦产生了位错，它就可以借各种机会而扩展繁殖，除了晶体借位错成长而使位错扩展外，晶体还可能受到的各种应力。无论是热应力，或任何外加机械应力，都易使位错大量扩展和增殖。这在第五章再进一步讨论。

3. 亚晶及亚晶界的形成

前面已讨论过两种亚晶，一种是枝晶发展过程中由于各种原因各晶枝间不能严密合缝地相互对接起来，便会出现亚晶；另一种是由于刃型位错环组而形成的亚晶。除此而外，还有一种胞状（或蜂巢状）组织的亚晶，例如图 4－22 是 Sn－0.05% Pb 合金所发现的这种组织的照片。在横截面上，亚晶呈六角形，在纵截面上，则为长柱状。每一个近于六角柱形的单元，就相当于一个亚晶，胞壁便是亚晶界，这里大多富集着溶质或杂质，而且还会出现显微缩孔。锡的这种组织是规则面晶体向枝晶发展的一种初步的过渡组织形态。一般来说，纯金属是难于出现这种组织的，只有在固溶体合金或含有一定量的杂质的纯金属中才会形成。显然，它是和胞状凝固界面的出现分不开的。

(*a*)

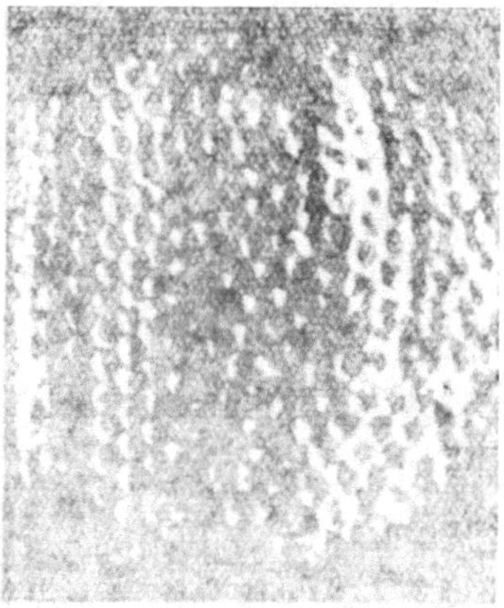
(*b*)

图 4－22　Sn－0.05% Pb 合金中的胞状（蜂巢状）组织

九、结晶后的晶粒大小

结晶过程中生成的每一个稳定晶核最后都将成长为一个晶粒，因此在结晶后的组织

中。总的晶粒数目或平均在单位体积中的晶粒数将取决于结晶过程中所生成的晶核总数、或平均在单位体积中的晶核数。这个数值一方面固然与晶核的形成速率 $\dot{N}$ 密切相关，但另一方面也取决于结晶延续的时间。后者则与晶体的平均长大速度 $\dot{G}$ 有关，$\dot{G}$ 愈小，则结晶延续的时间必愈长。

晶粒大小有好几种表示法，例如有用截面上晶粒的平均直径、或平均面积来表示的，也有用晶粒平均所占体积来表示的。但通常应用较多的，是以单位体积内晶粒的平均数量 Z 来表示的。在均匀条件下形核和成长时，金属凝固后 Z 与 $\dot{N}$ 和 $\dot{G}$ 的关系为

$$Z = K(\dot{N}/\dot{G})^{3/4} \tag{4-11}$$

式中，K 为比例常数，约为0.9。

晶粒大小是影响金属性能的重要组织指标之一，一般来说，细晶粒组织的材料具有较高的综合力学性能，即其强度、硬度和韧性、范性等都比较好，所以生产上对控制金属材料的晶粒尺寸是相当重视的。

由公式（4－11）可知，在结晶过程中凡是增大 $\dot{N}$ 而减小 $\dot{G}$，即使 $\dot{N}/\dot{G}$ 比值增大的方法，都可以使晶粒细化。至于具体方法容后再讨论。

第二节　固溶体合金的凝固及组织

在第一节中已讨论了同分凝固，从这一节开始将结合固溶体的结晶讨论异分凝固。

固溶体合金的结晶，除了符合上节所讨论的结晶过程的一般规律外，还具有它自己的特点：其一是，结晶过程发生在一个温度范围内；其二是，结晶过程所形成的晶体与其母液的化学成分不一样，而且无论是晶体或液体的成分，都随着温度的下降而不断地变化着。固溶体结晶过程中一系列的新问题，主要是由这两个特点所引起的。

类似图3－9和图3－20中所有二元合金和三元合金，以及类似图3－10和图3－25以及其它类型的相图内相当于边际固溶体合金的结晶，都属于这一类型，如果将它们概括化，则可以图4－23中的二元合金 C_0 为例来进行讨论。

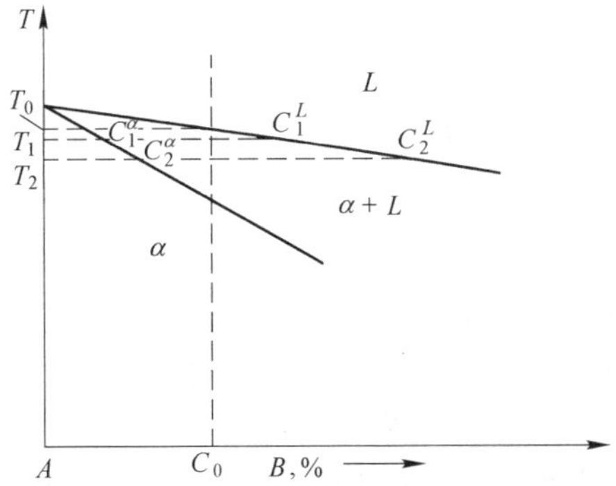

图4－23　二元相图一角，合金 C_0 的冷凝过程

一、平衡凝固

所谓平衡凝固是指在结晶过程的各个不同温度阶段，处处都能随时达到相应的平衡状态，即随着温度的变化，液、固两相的平衡成分都分别沿着液线和固线而变化。只有当冷却非常缓慢或分段冷凝的条件下，才可能实现。

如图4－23所示，设合金 C_0 分段冷凝在温度 T_1 时开始结晶，按照平衡关系，这时形成的晶体 α，其成分应相当固线上点 C_1^{α}，而与之相平衡的液相 L 的成分已非 C_0，而是位于连接线上另一端，相当于液线上的点 C_1^L，它比母液所含组元 B 的浓度要高，显然，这样的 C_1^L 在 T_1 时其过冷度为零，应属于稳定态。这说明，在结晶过程中，一旦新的固相稳定出现，系统就力求开始建立起一个新的平衡关系

$$\alpha(C_1^{\alpha}) \rightleftharpoons L(C_1^L)$$

并以此来更替旧的平衡关系。新平衡关系建立后，利用杠杆定律，则可求出两相的相对量：

$$\alpha\% = [(C_1^L - C_0)/(C_1^L - C_1^{\alpha})] \times 100\%$$

$$L\% = [(C_0 - C_1^{\alpha})/(C_1^L - C_1^{\alpha})] \times 100\%$$

结晶过程的进一步发展，有赖于温度进一步下降。设冷至 T_2，这时结晶分两方面同时进行：一方面是在 T_1 时已不同程度成长的晶体再在 T_2 继续长大；另一方面是在 T_2 由 L（C_1^L）中重新生核并长大。

在 L（C_1^L）中重新生核并长大的过程与在 T_1 开始进行结晶的情况是相似的，只不过此时母液的成分已变为 C_1^L，将产生的新晶体其成分为 C_2^{α}，并将建立新的平衡

$$\alpha(C_2^{\alpha}) \rightleftharpoons L(C_2^L)$$

在 T_1 已经形成的晶体 $\alpha(C_1^{\alpha})$ 在 T_2 继续长大时，其情况较为复杂，除了与上述晶体成长所经历的过程相同的部分外，又增添了新、旧固相间成分不均匀的新问题。原已形成的固相其成分为 C_1^{α}，而新生长的部分其成分应为 C_2^{α}，前者较后者组元 A 的含量较高（组元 B 较低），两者之间势必发生相互扩散，以使成分均匀化。但这就破坏了新生晶体在 T_2 时的稳定平衡关系，平衡的恢复依赖于液相中的组元 B 向固相中扩散，这样的过程需要反复进行，直到新旧固相完全均匀化，并都变为相当于 T_2 时的平衡成分 C_2^{α} 后，新旧固相间以及固相与液相间的互扩散才会停止。随后这些晶体将与那些在 T_2 时重新生核并长大的晶体一样地成长。

上述两个过程可一直继续到固相与液相的成分各自完全达到 C_2^{α} 和 C_2^L，结晶中断为止。此时两相的相对量分别为

$$\alpha\% = [(C_2^L - C_0)/(C_2^L - C_2^{\alpha})] \times 100\%$$

$$L\% = [(C_0 - C_2^{\alpha})/(C_2^L - C_2^{\alpha})] \times 100\%$$

显然，比 T_1 时 α 多了，而 L 少了。

结晶的进一步进行，有待于再降低温度。

依此类推，直到温度达到相当于固线温度 T_s 液相消失，而完全变为与合金成分 C_0 相同的 α 固溶体的多晶粒组织时，结晶过程即告终了。

若使分段冷凝过程中的温度差 ΔT 缩小到 $\mathrm{d}T$，即成连续平衡冷凝过程，即液、固两相随时随地都可达到平衡成分，如图4－24中实线所示。设此时固液两相的分数分别为 f_{α} 和 $f_L(=1-f_{\alpha})$，如有微量固相 $\mathrm{d}f_{\alpha}$ 析出，则固、液相的成分必随之发生变化，分别增加 $\mathrm{d}C_{\alpha}$ 和 $\mathrm{d}C_L$，如图中虚线所示。这样，由于 $f_{\alpha}C_{\alpha}+f_LC_L=$ 定值 C_0，故微分之，即得平衡凝固的质量微分方程

$$f_{\alpha}\mathrm{d}C_{\alpha} + C_{\alpha}\mathrm{d}f_{\alpha} + f_L\mathrm{d}C_L + C_L\mathrm{d}f_L = 0 \qquad (4-12)$$

式中各项的意义如图中影线部分所示：1、3两项分别相当于区域Ⅰ和Ⅲ，而2、4两项之和，即 $C_\alpha \mathrm{d}f_\alpha + C_L \mathrm{d}f_L[=-(C_L - C_\alpha)\mathrm{d}f_\alpha]$ 相当于区域Ⅱ。这正说明了固、液两相中溶质总量的变化。若令 $K_0 = C_\alpha / C_L$，并由 $f_L = 1 - f_\alpha$ 可得 $\mathrm{d}f_L = -\mathrm{d}f_\alpha$，则可将式（4-12）变为

$$(1-K_0)C_L \mathrm{d}f_\alpha = (1-f_\alpha)\mathrm{d}C_L + f_\alpha K_0 \mathrm{d}C_L \tag{4-13}$$

分离变数积分并利用 $C_\alpha = K_0 C_L$ 可得

$$\left.\begin{aligned} C_L &= C_0[1-(1-K_0)f_\alpha]^{-1} \\ C_\alpha &= K_0 C_0[1-(1-K_0)f_\alpha]^{-1} \end{aligned}\right\} \tag{4-14}$$

若 K_0 已知，即可计算出凝固过程任一阶段的 C_L 值及 C_α 值。所以 K_0 是一个很重要的凝固参数，称之为液、固之间溶质的平衡分配系数。随合金系或溶质的不同，K_0 可大于1，也可小于1。一般来说，K_0 的相对值可从合金相图中看出。凡使溶剂熔点升高的溶质，其 $K_0>1$；反之，则 $K_0<1$。$K_0>1$ 时，液、固线（面）开展程度越大，K_0 也越大；$K_0<1$ 时，情况正相反，即 K_0 越小。对给定合金系来说，若液、固线为直线，则 K_0 恒定；否则，K_0 会随凝固进程而变化。但如合金的凝固温度范围不甚大时，通常可视 K_0 为定值。以下，若不加说明，皆以 $K_0<1$ 为例。对 $K_0>1$ 的合金，可反其道而行之。

二、非平衡凝固

随与平衡凝固偏离程度的不同，非平衡凝固是多种多样的，为了便于分析实际情况，先举以下三种情况进行讨论。

1. 在结晶过程中液相能够随时借助扩散、对流或搅动等作用完全均匀化，而固相中不发生任何扩散。

如图4-25所示，设合金 C_0 在 T_1 开始结晶，并随着温度的下降，结晶连续进行。由于固相中无任何扩散，所以在不同温度 T_1、T_2、…形成的 α，便始终各自保持着与其形成温度相对应的平衡成分 C_1^α、C_2^α、…。这样，当温度降至相当于固线的 T_3 时，所有固相 α 的平均成分必然位于 C_0 之左。显然，合金此时不会完全凝固，剩余的液相应在温度进一步下降过程中继续结晶。当降到某一温度，例如 T_4 时，固相 α 的平均成分已与合金成分相一致时，结晶才会终结。显然，后一阶段结晶出的 α 其成分 C_4^α 位于 C_0 之右。在这种情况下，如果我们能在各温度找出全部已结晶出的固相 α 的平均成分，并标在相图中的话，那么，它们将位于固线左下方的某一直线上，如图中虚线 PQ 所示，它犹如固线向其

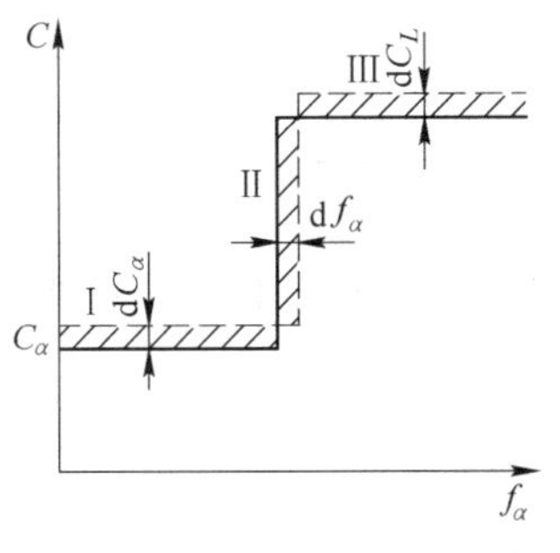

图4-24　平衡凝固示意图

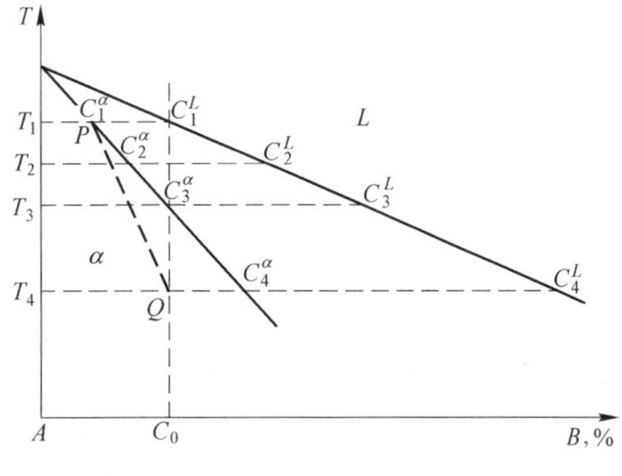

图4-25　在固相中无扩散，液相可随时均匀化的条件下，结晶过程成分的变化

左下方“偏移”到这个新位置一样，但必须注意，它并不是真正固线。

在这种情况下，合金 C_0 凝固过程的任一阶段可用图 4-26 来表达，与图 4-24 相对照，区域Ⅰ消失，即 $dC_\alpha = K_0 dC_L = 0$，所以式（4-13）变为

$$(1-K_0)C_L df_\alpha = (1-f_\alpha)dC_L \tag{4-15}$$

分离变数积分，并由 $C_\alpha = K_0 C_L$ 可得凝固过程任一阶段的 C_L 与 C_α：

$$\left.\begin{aligned} C_L &= C_0(1-f_\alpha)^{K_0-1} \\ C_\alpha &= K_0 C_0(1-f_\alpha)^{K_0-1} \end{aligned}\right\} \tag{4-16}$$

与平衡凝固不同，这里的 C_α 是表示各阶段瞬时结晶出的 α 成分，即 α/L 界面上 α 的成分，以下用 C_α^i 来表示。显然，在这种条件下凝固后的组织中，其成分随凝固顺序而变化，且始末两端可相差很大。若单由式（4-16）来看，当 $K_0<1$，当 $f_\alpha \to 1$ 时，C_L 或 C_α^i 将近于无限大，这就无意义了，事实上，或由于 K_0 会随凝固而变化，或由于液体富集到一定程度后会有共晶发生，C_α^i 并不会达到无限大，但毕竟可以很大。

2. 液相随时均匀化、固相中只有部分扩散的条件下的凝固

这种条件介于上述两者之间，较接近实际。可用图 4-27 来描述，这里又出现了区域Ⅰ，其大小取决于 α 相内组元扩散的程度。显然，α 的成分也是随凝固顺序而增大的，但若取其平均成分 $\overline{C}_\alpha$，则质量微分方程可写作

$$d[(1-f_\alpha)C_L] + d(f_\alpha \overline{C}_\alpha) = 0 \tag{4-17}$$

式中，第二项表示 α 中质量的变量，它由两部分组成：其一是 α 增量乘其浓度；其二是通过扩散进入 α 中的溶质量，可表示为

$$d(f_\alpha \overline{C}_\alpha) = C_\alpha^i df_\alpha + D_\alpha A \rho_\alpha \left.\frac{\partial C_\alpha}{\partial x}\right|_{x=x_i} dt \tag{4-18}$$

式中，C_α^i 为 L/α 界面上 α 的浓度；D_α 为溶质在 α 中的扩散系数；A 为 L/α 界面单位质量的面积；ρ_α 为 α 的密度；x_i 为界面的位置坐标；t 为时间，与凝固速度有关。

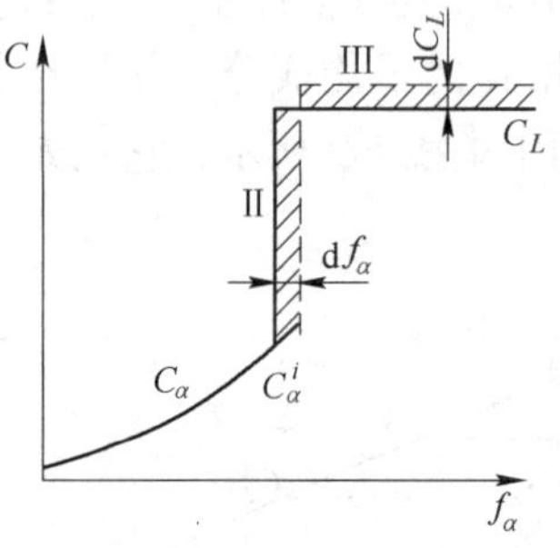

图 4-26 非平衡凝固之一示意图

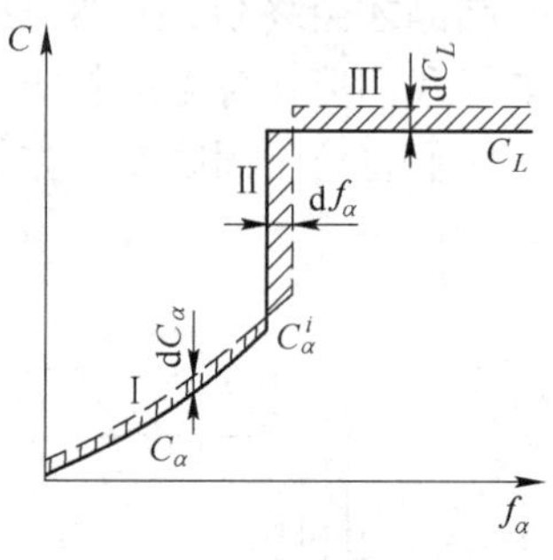

图 4-27 非平衡凝固之二示意图

解方程（4-17）及（4-18）（从略）可得

$$\left.\begin{aligned} C_L &= C_0[1-f_\alpha/(1+\alpha K_0)]^{K_0-1} \\ C_\alpha^i &= K_0 C_0[1-f_\alpha/(1+\alpha K_0)]^{K_0-1} \end{aligned}\right\} \tag{4-19}$$

式中，参数 $\alpha = D_\alpha t_f / l^2$；$t_f$ 为凝固终了时间；l 为凝固始末端间的距离。与式（4-16）相

比较，可以看出，式（4-19）只多出了一项 αK_0，若 K_0 为定值，那么 α 就成了决定凝固组织中溶质分布状况的重要参数。α 虽是一个无量纲值，但还有其物理意义的。其实质是，在一定时间内，溶质的扩散距离与凝固距离之比的平方。显然，α 越小，则 C_α^i 便越大。

3. 液体不均匀化条件下的凝固

固溶体凝固所引起的溶质组元在液相中的富集，必然首先发生在凝固界面上，而后再向远处扩散，只有当扩散速度等于或大于富集速度时，液体才可能均匀。否则，界面前沿的浓度及其梯度会逐步升高，如图 4-28 所示，这就会使液体非均匀化。若设界面推进速度为 R，则可用质量微分方程

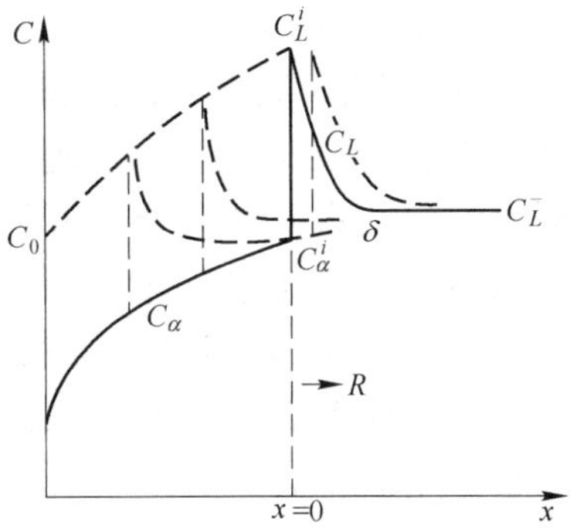

图 4-28　稳态凝固前（实线）后（虚线）浓度分布示意图

$$\frac{\partial C}{\partial t}=D\frac{\partial^2 C}{\partial x^2}+R\frac{\partial C}{\partial x} \tag{4-20}$$

来表达界面前沿浓度随时间 t 的变化。若 D、R 为定值，那么，随着时间的延长，浓度及其梯度将增大，这就会进而加速扩散，最终会达到这样一种状态，凝固过程中排挤到界面的溶质恰好与由界面扩散掉的溶质数量相等，界面浓度也就达到稳态，即不再随时间而变化了，方程（4-20）将变为

$$D\frac{\partial^2 C}{\partial x^2}+R\frac{\partial C}{\partial x}=0 \tag{4-21}$$

这个方程在图 4-28 所示条件下的通解为

$$C_L^x=C_L^\infty+C_L^i(1-K_0)\left[e^{-R_x/D}-e^{-R_\delta/D}\right] \tag{4-22}$$

式中，δ 为界面富集层（边界层）的厚度，当 $x\geqslant\delta$ 时，$C_L^x=C_L^\infty$，C_L^x 为富集层内液体浓度在距离 x 的值；$x=0$ 时，$C_L^x=C_L^i$。由此可得出 δ 的表达式

$$\delta=\frac{D}{R}\left[\ln\frac{1-K_0}{K_0}-\ln\frac{1-K_e}{K_e}\right] \tag{4-23}$$

式中，$K_e=C_\alpha^i/C_L^\infty=K_0C_L^i/C_L^\infty$，即界面 α 的浓度与远离界面液体浓度之比，称之为有效分配系数，它与 K_0 的关系，可由式（4-23）得出

$$K_e=\left[1+\frac{1-K_0}{K_0}e^{-R_\delta/D}\right]^{-1} \tag{4-24}$$

随 R 的不同，K_e 在 K_0 与 1 间而变化。$K_e=1$ 时，即表示固相浓度与整体液体的浓度相同，此时 exp（$-R\delta/D$）（$1-K_0$）$/K_0=0$，$\delta\approx D/R$，R 越大则 δ 越小。当 $K_e=K_0$ 时，$\delta=0$，即表示液体完全均匀化了。

当液体中无对流，或其容积很大时，可视 C_L^∞ 为定值并等于 C_0，这样，若 $K_e=1$，则 $C_\alpha^i=C_0$，式（4-22）将变为

$$C_L^x=C_0\left(1+\frac{1-K_0}{K_0}e^{-R_x/D}\right) \tag{4-25}$$

这意味着，在这样的条件下，无论凝固速度 R 的大小如何，都可以达到稳态凝固，并得到无偏析的固相。R 的大小只对 C_L^x 有影响。

总之，随条件的不同，固溶体凝固后其浓度分布可以在很大范围内变化，如图 4－29 所示。图中曲线 a 表示平衡凝固；b 和 d 分别表示固态无扩散和部分扩散条件下的凝固；c 表示液体不均匀条件下的凝固。可见除了平衡凝固可得到完全均匀的固相外，其它条件下凝固后的固相都是不均匀的，而且固态扩散越差，则其不均匀性便越大，此种现象称为偏析。但在能达到稳态凝固的情况下，尽管固态无扩散，或扩散很小，仍可得到与原合金成分完全相同的均匀固相，只是其始末两端除外。除了平衡凝固外，所有其它条件下的凝固，其终端都会有很大的偏析。实际的情况是，固相中既不会完全没有扩散，也不会充分扩散，而液相中更不易均匀化，例如，即使液体在较强对流条件下凝固，界面附近也会有一层流速接近零的扩散层，因此，实际的凝固条件大多接近图 4－29 中曲线 c 或 d。

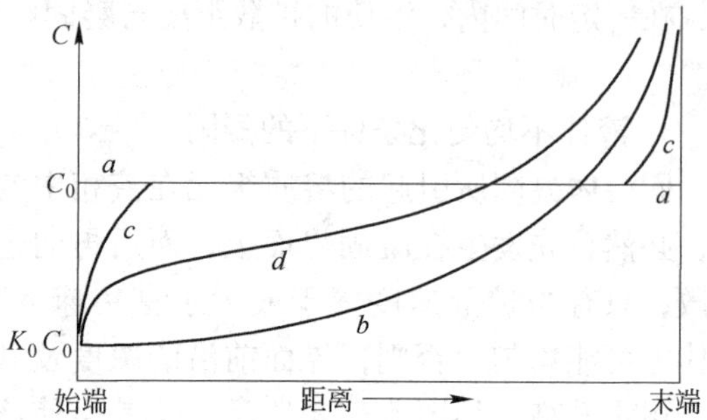

图 4－29　不同条件下凝固后固相中溶质的分布

三、组成过冷

过冷度对金属凝固的重要意义已如第一节所述，同样，它对固溶体的凝固也是十分重要的。但在固溶体凝固过程中，过冷这一概念须进一步增添新的内容，即“组成过冷”概念。也有人称组成过冷为成分过冷的，但易引起误解。

在物理化学中，判断溶液能否发生沉淀或结晶时，多采用过饱和度这一概念。所谓过饱和度是指溶质浓度超过溶解度的程度。过饱和度越大，越容易发生沉淀或结晶。这个概念也可以应用到合金液体中。过饱和度和过冷度对结晶过程有相似的作用，并且对给定合金来说，二者有一定的比例关系，可以相互进行换算。

例如，由图 4－25 可知，合金 C_0 的溶液在 T_1 以上未饱和，而过冷度为负值；达到 T_1 时，正好饱和，而过冷度为零；达到 T_2 时，便处于过饱和态或过冷态，其过饱和度为（$C_2^L - C_0$），而其过冷度为（$T_1 - T_2$）。显然，温度越低，则过饱和度越大，而过冷度也越大，二者具有线性关系。但是对不同成分的合金来说，在同样温度下，过饱和度及过冷度就可能相差很大。正是为了将成分和温度二者结合起来，在金属学中才引出组成过冷这一概念。

对同分凝固的金属或合金来说，由于它们都具有单一的熔点（或凝固点），所以只要知道了液体的实际温度，就可以判断液体是否过冷以及过冷度多大。但是，对于异分凝固的合金来说，由于它的凝固温度随成分而变化，而且又处于一个温度范围，所以判断这类合金的液体是否过冷以及过冷度的大小如何时，不但要考虑液体的实际温度，而且要考虑液体的实际成分。但液体的成分，在结晶过程中是随结晶的进行以及随与界面的距离而变化的，这就注定了这类合金结晶时液相的过冷度具有复合的二重性，即一方面是由于温度真正降低而引起了过冷，这个过冷可称之为温度过冷，或热温过冷；另一方面是由于液体浓度变化而表现出（或换算出）的过冷，可称之为浓度过冷。二者合起来，才是真正对结晶起实际作用的过冷，故称之为组成过冷，即本质过冷。

如果说温度过冷度是决定同分结晶过程以及结晶后组织的关键性因素的话，那么，组成过冷度则是影响异分结晶以及结晶后组织的关键性因素之一。

决定组成过冷度大小及其分布的基本因素是结晶时相界面附近液相中溶质浓度及实际温度的分布状况。

例如在图 4－28 中，相界面附近出现了由 C_L^i 至 C_0 的浓度梯度，现将其放大，用图 4－30曲线 a 来表示，不难理解，与这个浓度相对应会出现一个由 T_1 至 T_0 的熔点梯度，如图 4－30 中曲线 b 所示，离相界面越远，则熔点越高；反之，则熔点越低。这样，纵然整个液相的温度皆为 T_1，而过冷度ΔT（$=T_b-T_1$）却是随距界面的距离而增大的，如图中曲线 c 所示，它相当于同分结晶时液相具有负温度梯度的情况，界面上的 ΔT 接近零，随向液相的深入，ΔT 将逐渐加大，直至达到最大值 T_0-T_1。因此，在这种情况下进行结晶时，一旦晶体局部稍有凸出，它便进入过冷度较大的环境中，越凸出，则过冷度便越大，所以晶体会迅速向液相中伸出晶枝，而向纵深方向发展。这就是固溶体结晶时，宏观的液/固界面较难保持平面的主要原因，也是胞晶和枝晶之所以比同分结晶更易于发展的重要原因。

值得注意的是，组成过冷不但在液相温度均等，或具有负温度梯度的条件下可以产生，而且在液相具有正温度梯度的条件下，仍然可以产生，如图 4－31 所示。其中：T^L 表示界面附近液相的熔点随距离而变化的曲线；T 表示实际温度分布曲线；影线区为组成过冷区，这个区域的两边小而中间大。显然，这个区域的出现，使结晶界面具备了向液相纵深方向突出的有利条件，促进了枝晶的发展。

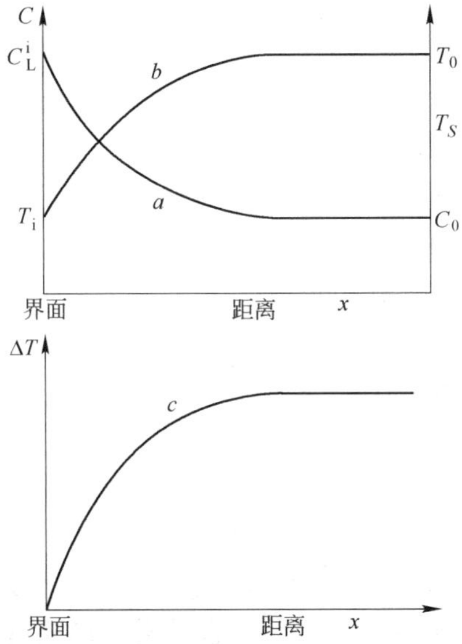

图 4－30　合金 C_0（图 4－23）在 T_1 结晶时，相界面附近液相中成分 a、熔点 b 和过冷度 c 随距离的变化

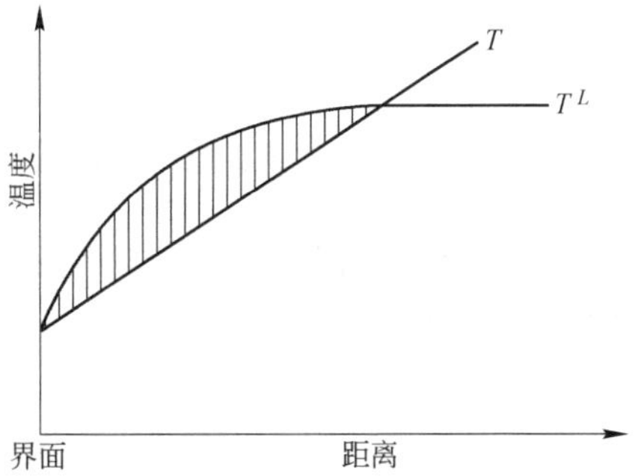

图 4－31　在液相具有正温度梯度的条件下形成的组成过冷区

由以上二例不难看出，组成过冷可以随条件而发生变化。如果浓度梯度一定，即熔点

曲线 T^L 一定时，那么，组成过冷将随实际温度梯度而变化：温度梯度越小，即曲线 T 越平缓，则组成过冷度便越大，过冷区也越宽；反之，温度梯度越大，即曲线 T 越陡，则组成过冷度便越小，过冷区也越窄。当温度梯度超过熔点曲线的斜率时，就不会有组成过冷了。上述关系可用图 4－32 来表示，图中：T_1、T_2、…代表不同的实际温度曲线；T^L 为熔点曲线，其中 T_3 与 T^L 相切。显然当温度梯度大于 T_3 时，不会出现组成过冷；只有当温度梯度小于 T_3 时，才会出现组成过冷，而且温度梯度比 T_3 越小，则组成过冷便越大。而温度梯度的大小是和冷却方式与冷却速度密切相关连着的，可通过传热方程计算出来。

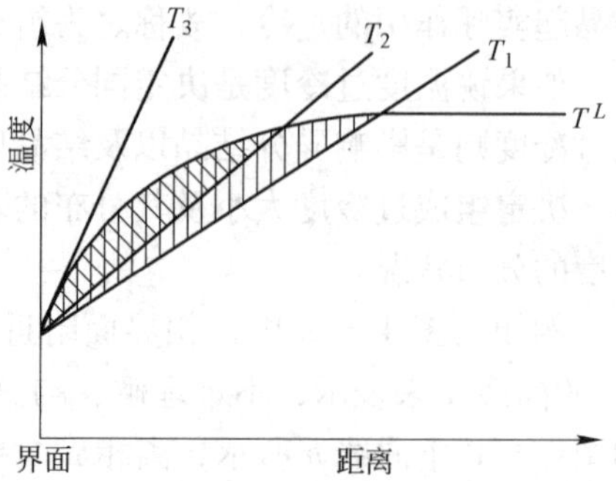

图 4－32　在不同的温度梯度条件下形成的组成过冷区

如果实际温度梯度一定，那么，组成过冷将随熔点曲线 T^L 的斜率而变化，斜率越大，则组成过冷度越大。但熔点曲线取决于界面附近液相中的溶质的分布。

如前所述，后者是和结晶速度 R、扩散系数 D 以及平衡分配系数 K_0 等相联系的。当结晶进行到稳衡态时，它们之间的关系已由式（4－22）和式（4－25）所示。

设若合金液线的斜率为 m（参看图 4－25），溶剂组元 A 的熔点为 T^A，则可得

$$T^L = T^A + mC^L \tag{4-26}$$

若设合金按方程（4－25）的条件凝固，则将式（4－25）代入式（4－26）便可得出熔点曲线 T^L 的表达式

$$T^L = T^A + mC_0\left(1 + \frac{1-K_0}{K_0}e^{-Rx/D}\right) \tag{4-27}$$

这个曲线在固、液界面处（即 $x=0$）的斜率（相当于图 4－32 中 T_3 的斜率）

$$\left.\frac{\mathrm{d}T^L}{\mathrm{d}x}\right|_{x=0} = \frac{-mC_0R}{D}\left(\frac{1-K_0}{K_0}\right) \tag{4-28}$$

由此可见，形成组成过冷的判别式应为 $\mathrm{d}T/\mathrm{d}x\,|_{x=0} < \mathrm{d}T^L/\mathrm{d}x\,|_{x=0}$，即

$$G < \frac{-mC_0}{D}R\left(\frac{1-K_0}{K_0}\right) \text{或} \frac{G}{R} < \frac{-mC_0}{D}\left(\frac{1-K_0}{K_0}\right) \tag{4-29}$$

式中，$G = \mathrm{d}T/\mathrm{d}x$，当考虑到液体有对流时，则须将式（4－22）与式（4－26）联立，这样，即可将判别式一般化而成

$$G/R < \frac{-mC_L^{\infty}}{D}\,\frac{1-K_0}{K_0 + (1-K_0)\exp(-R\delta/D)} \tag{4-30}$$

由以上两式不难看出，当 $K_0 < 1$ 时，m 为负值，所以 m 和 K_0 越小、合金（或整体液体）的浓度越大或 G/R 越小时，则越有利于出现组成过冷，因而也越易于形成胞状和树枝状界面。

四、凝固后的组织

与同分凝固的金属及合金相似，固溶体凝固后的晶粒大小，也是受晶核的形成速率和晶体长大的线速度这两个基本参量所决定的；晶粒的形貌以及晶粒内部的各种缺陷和亚组织则是受晶粒长大的具体条件和方式所制约的。但是，固溶体凝固后的组织，除了遵循一

般规律外，还另有其特殊性，分别讨论如下：

1. 显微偏析

固溶体的结晶只要偏离平衡态，就会引起显微偏析，其表现形式有晶内偏析（或枝晶偏析）、晶粒之间的偏析、晶界偏析等。表现形式虽不同，但其形成的基本原理是相似的。例如，图4－33是Cu－Ni合金的显微偏析组织（*a*）及与之相对应的、由电子探针所测试的Ni和Cu的成分分布曲线（*b*）。显然，Ni与Cu的分布正好相反：晶粒中心或枝干中心部分Ni最高，而Cu最低；晶界或枝间部分Cu最高，而Ni最低；其它部分则介于二者之间。这是由于对Ni来说$K_0>1$，而对Cu来说$K_0<1$的缘故。一般来说，$K_0>1$的组元，即升高熔点的组元总是易于富集在晶粒中心或枝干的中心部分；而$K_0<1$的组元，即降低熔点的组元总是易于富集在晶界或晶枝之间，这是显微偏析的一个普遍规律。相对于合金浓度来说，浓度升高称正偏析，降低称负偏析。

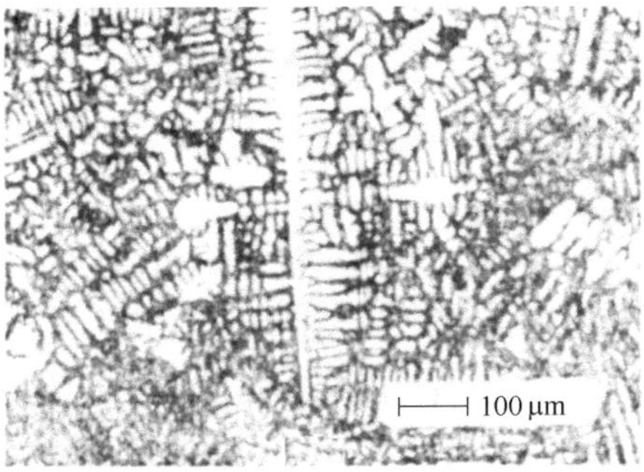

(*a*)

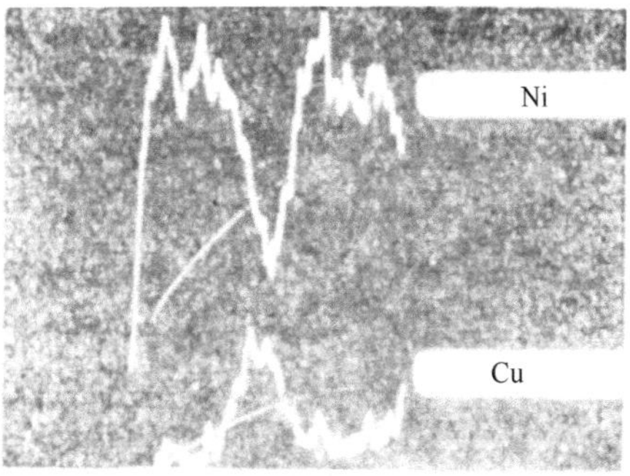

(*b*)

图4－33　Cu－Ni合金的枝晶偏析（*a*）及与之对应的电子探针测试曲线（*b*）

晶内偏析（或枝晶偏析）状况也应该是随条件而不同的。参照图4－29所示的各曲线不难理解，上述成分由晶内向晶界、或由枝干到枝间而连续地升高（或下降）的情况并不是偏析的唯一表现形式。在不少情况下，晶粒中心或枝干中心只有不甚明显的负偏析（或正偏析），而晶界或临近晶界区却可以显示显著的正偏析（或负偏析），处于两者之间，有一个相当宽的区域，并无偏析现象，因此这种偏析称为晶界偏析。这种情况之所以出现是由于显微体积内的结晶，正是按照图4－29曲线*c*所表示的那样，以稳态的形式而进行的。显然，如果相邻两个晶粒的成长都达到稳态，那么晶界便是它们的共同终结点，这里的浓度将是如图4－29中曲线终端所示浓度的两倍，它比之合金的平均成分甚至可高达十倍以上。正是由于这个原因，在某些合金中，甚至其浓度很低也可在晶界或晶枝间形成第二相，或出现共晶组织，图4－34是Al－Cu系中边际固溶体沿晶界和枝间出现共晶

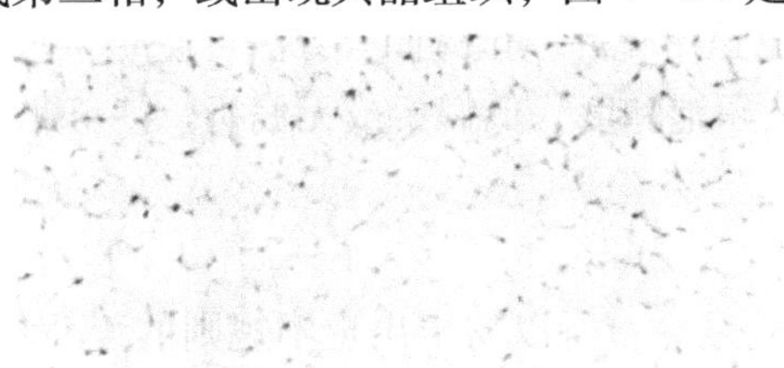

(*a*)

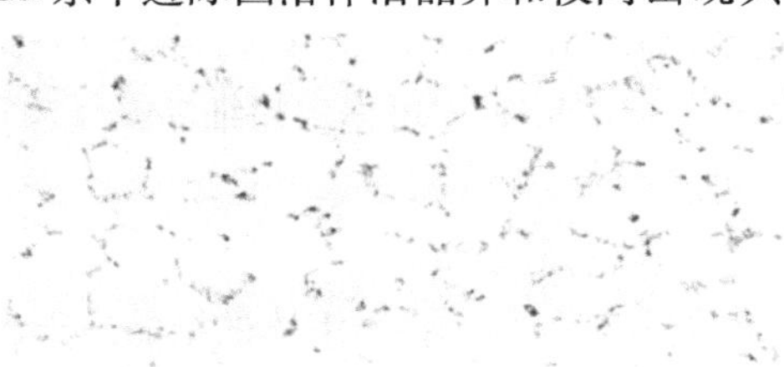

(*b*)

图4－34　Al－Cu合金由于偏析而出现的枝晶网

（*a*）快冷；（*b*）慢冷

组织的实际照片。同时还可以看出，冷却较快时，枝晶网较细（a），而枝晶网的粗细在这种情况下比晶粒大小还重要。

显微偏析有时虽可使材料的强度和硬度有一定程度的提高，但却使范性特别是韧性显著恶化，严重者甚至还可使拉伸强度也下降。因此，如何减小和消除偏析，便成了工业生产中很重视的问题之一。

显微偏析产生后可用扩散退火法（即在高温较长时间的加热和保温）消除掉。图4－35是Cu－Ni合金经扩散退火后的组织（*a*）及与之对应的电子探针测试曲线（*b*）。与图4－33相对照，显然，成分基本上均匀化了。但扩散退火是一种费用较大的操作。

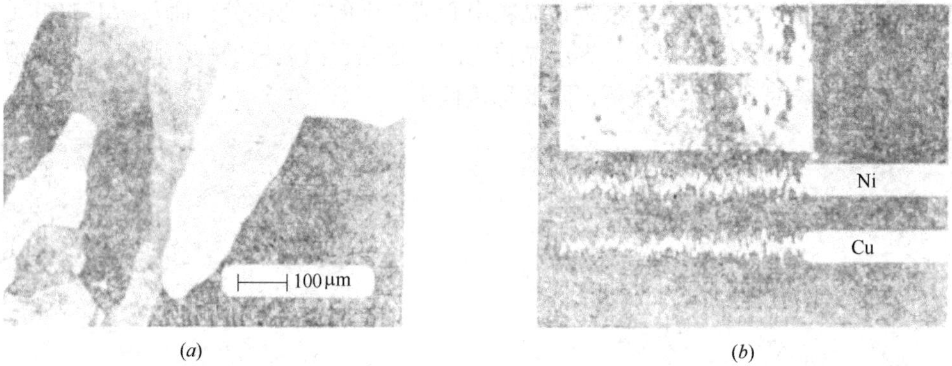

图4－35　Cu－Ni合金经扩散退火后的组织（*a*）及电子探针测出的成分分布（*b*）

从凝固过程中设法减小偏析应是较有利的，这就要求重温本节二分析讨论的几个与偏析关系较密切的参数K_0、K_e及a的意义。K_0与1之差越大的合金其偏析倾向也越大。当合金已定即K_0已定时，K_e越接近1，偏析越小；而a越小则偏析越大。一般来说，冷却速度增大可使凝固速度、即界面推进速度增大，从而可使K_e向1逼近；但冷却速度对a的作用却较复杂，因为a取决于比值$D_a t_f/l^2$，而不是其中的任一因子的单项值。这里可以把t_f看作局部凝固时间，或相邻晶粒（包括枝晶）相连接的时间，l也就因之而成为晶粒或枝晶的平均半径。如果快冷可以增大凝固时的过冷度的话，那么，晶粒将会细化，即l减小，但与此同时，D_a和t_f也必减小，所以a既可能增大，也可能减小，或甚至不变。因此，快冷对偏析的影响应根据具体情况作具体分析。但就一般生产情况来看，快冷大多可使显微偏析减弱。

当冷却速度很大以致过冷度也很大时，固溶体还可以进行“非扩散凝固”，当然就没有偏析了。近代激冷技术，如雾化法、旋凝法（将合金液喷在高速旋转的辊轮表面），以及用激光束、电子束或离子束扫描合金表面使其急速熔化并原位凝固等方法可使冷却速度高达10^4～10^8K/秒，可得到超细晶粒（<1μm）、超饱和度、低偏析或无偏析。甚至非晶态组织。

2. 晶粒的形貌

与同分结晶相比，固溶体的结晶易于出现组成过冷，所以易于出现不规则的液/固界面，即晶体更易于以胞晶或枝晶形式向液相中成长，这是固溶体结晶过程中比较普遍的现象。但是，在一定条件下，也可以不产生组成过冷，而使液/固界面保持平面，形成较规则的晶体或晶粒。

由图4－32及式（4－29）或式（4－30）可以判别出结晶过程中是否出现组成过冷以及组成过冷的大小。无组成过冷时，结晶界面应为平面，若温度场匀称，则可以成长为表面较匀称的晶体或晶粒，否则其外形较复杂。

当组成过冷很小时，界面某些部位会稍微突出成长，如图4－36中的点 c 所示，这样沿着界面方向也出现了浓度梯度，溶质会在向前扩散的同时也向两边凹陷处扩散集中。这样，凹陷处的浓度便增高了，而熔点则降低了，就更难于向前发展了，从而形成了一个较稳定的波状界面，并排向液相中发展，最后形成胞状组织，而凹陷处则成了富集溶质的胞壁。

随着组成过冷的增大，界面将会由胞状转变为枝状，这样，枝晶便会得到充分发展的机会。

实际上，$\mathrm{d}T/\mathrm{d}x$ 和 R 都是随条件而变化的因素，也都是可以进行人为控制的因素。对在一定条件下结晶的某一合金来说，式（4－29）或式（4－30）右端接近常数，这样组织便取决于 $\mathrm{d}T/\mathrm{d}x$ 与 R 的相对大小了。若用图解法来表示，则如图4－37所示，显然，当 R 一定时，随着温度梯度的增大，晶体界面的变化将会由树枝状而胞状而平面状；若 $\mathrm{d}T/\mathrm{d}x$ 一定时，则随着 R 的增大，晶体形貌的变化将由平面状而胞状而树枝状。由此可见，改变结晶速度或温度梯度可使结晶后的组织发生显著变化。

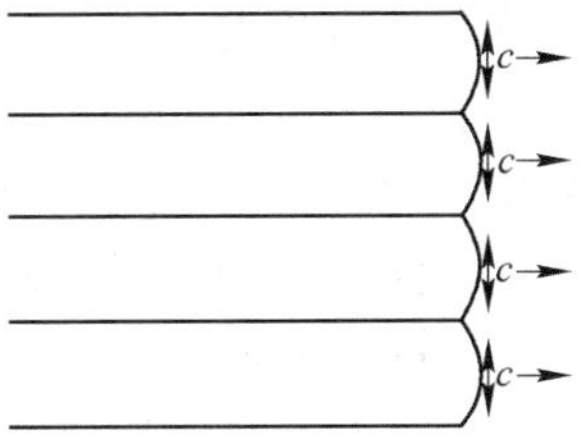

图4－36　胞状组织形成示意图

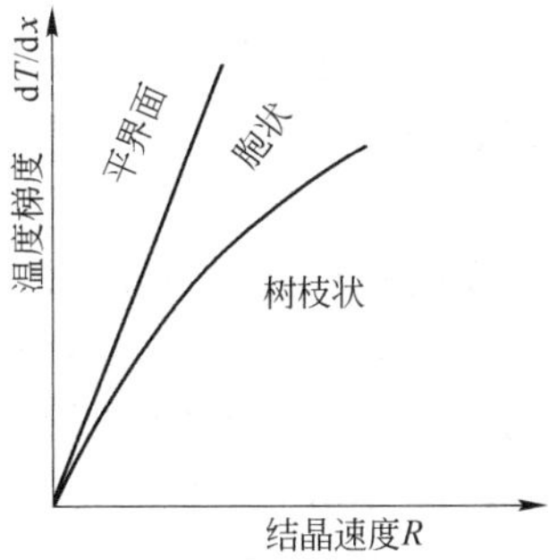

图4－37　结晶过程晶体界面的形貌与温度梯度 $\mathrm{d}T/\mathrm{d}x$ 和结晶速度 R 的关系

第三节　共晶系合金的凝固及组织

工业上广泛应用的不少铸造合金，例如铸铁、硅铝明（以硅为主要合金元素的铝合金）以及一些低熔点易熔合金（如 Bi－Sn－Cd 系和 Bi－Sn－Pb 系合金）等，它们在结晶的整个过程中，或在结晶的后一阶段，能够同时由液体中形成两种或两种以上的晶体。其反应式为

$$L \rightarrow \alpha + \beta + \gamma + \cdots$$

式中，L 代表液相；α、β 及 γ 等分别代表不同的固相。这类合金属于共晶系合金，并依同时结晶出的固相数目而分为二相共晶合金系、三相共晶合金系…等。

这里，我们主要讨论二相共晶，并以二元合金共晶系为主来说明共晶系合金的结晶特点及组织特征。

如前所述，共晶系合金分为三类，即共晶合金、亚共晶合金、过共晶合金。分别讨论如下。

一、共晶合金的凝固及共晶组织

1. 凝固特点

共晶合金也需要达到一定的过冷度（ΔT）才会开始结晶。如图 4－38 所示，设合金 C_e 已由液相区过冷到足以开始结晶的温度 T_1。实际和理论都表明，这时的相平衡关系可用固、液线的延伸线来表示，如图中虚线所示。此时液态合金 C_e 已同时处于两条液线 AE 和 BE 以下，所以对 α 和 β 来说都已处于过冷状态。二者过冷度虽一样，但其过饱和度却不一样，分别以 $C_eC_\alpha^L$ 和 $C_eC_\beta^L$ 两线段来表示。如果暂时不考虑其它条件，那么，α 和 β 应同时都具有了生核和长大的机会。设由液相中首先结晶出 α，它的成分应相当于固线 AC 延长线上的点 C_1^α，而与 α 成平衡关系的液相其成分应相当于液线 AE 延长线上的点 C_α^L。这说明，一旦 α 出现，其附近液相的成分便立即向着对 β 增大过饱和度（或过冷度）的方向而迅速变化，这就有利于 β 优先在 α 附近形核和长大。如果已形成的 α 本身又能对 β 的形核起基底作用（非均匀形核），那么就更有利于 β 沿 α 周围进行生核和长大了。同理，β 的出现也必有利于 α 优先在其附近生核和长大。所以共晶合金结晶的特点之一在于两种或两种以上的固相能够从液相中相互促进地生核和并肩长大。图 4－39 是二相层状共晶（典型共晶形态之一）在结晶过程中生核和长大的示意图。这里设共晶中的两个固相 α 和 β 的相对量是相近的，它们在液相中的生核和长大的机会也是近于均等的。因此，一旦某一相的核心形成，另一相的核心便立即随着形成，而后它们相互争先沿对方的界面扩展而以层状或片状的形式并排向液相中成长，直到由不同核心成长的各个区域相互连接在一起，而液相也完全消失时，结晶过程即告完成。凡由一对晶核所形成的那个区域叫做一个共晶晶粒，或称一个共晶集团，这些集团有时呈球状，所以也称球团。因此，共晶合金的结晶也可以说是共晶集团或共晶球团的生核和长大过程。

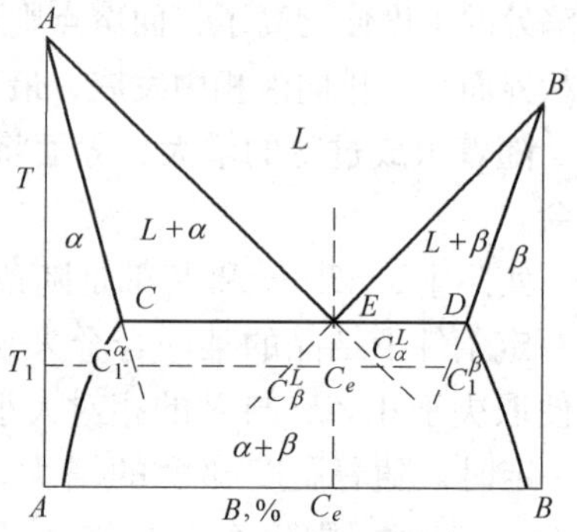

图 4－38　共晶合金相图

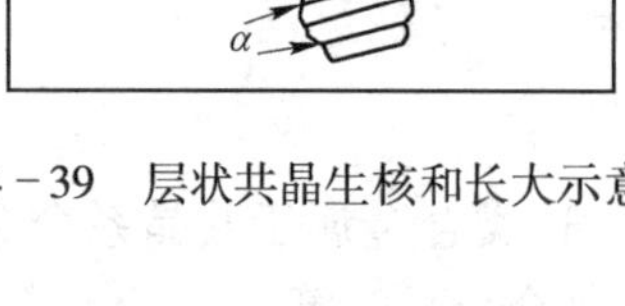

图 4－39　层状共晶生核和长大示意图

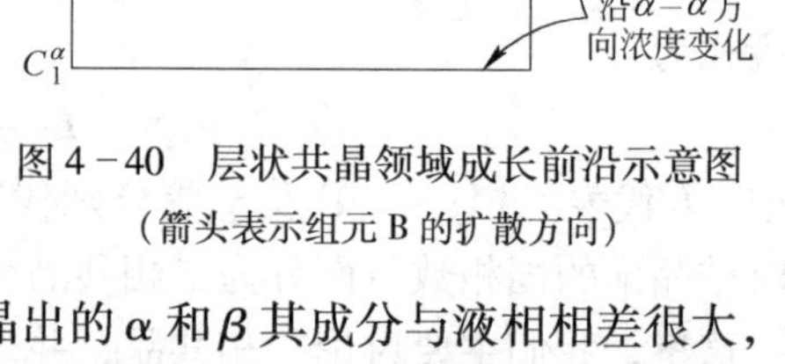

图 4－40　层状共晶领域成长前沿示意图
（箭头表示组元 B 的扩散方向）

共晶结晶的另一个特点是，虽然由液相中结晶出的 α 和 β 其成分与液相相差很大，但液相的平均成分可以始终保持恒定，这可借图 4－40 并结合图 4－38 来进一步说明如下。图 4－40 表示一个层状共晶领域中相邻的 α 和 β 附近浓度分布，以及组元 B 的扩散方向。假设结晶界面接近平面，则结晶前沿液相中，靠近 α 处应富集着 B，其中部浓度应为 C_α^L；

而靠近β处应富集着A，其中部浓度应为C_{β}^{L}，这样在液相沿界面方向就出现了较大的浓度差（$C_{\alpha}^{L}-C_{\beta}^{L}$），从而引起了横向扩散。正是这种扩散，既促进了$\alpha$的长大，又促进了$\beta$的长大，而且$\alpha$与$\beta$的平均成分又正好为$C_{e}$，所以离界面较远的液相浓度以及处于$\alpha$与$\beta$交接处的液相浓度，便可始终保持不变。也正是由于这个原因，共晶领域的成长速度较之单相晶粒的成长要快得多。

当液相的温度降低时，由图4-38不难看出，结晶出的α和与其相对应的液相浓度都将随之而增大，而结晶出的β和与其相对应的液相浓度却将随之而减小，二者正好向相反方向变化。这说明结晶前沿液相中的浓度梯度会随温度降低而显著加大（因为C_{α}^{L}与C_{β}^{L}之差显著加大），也就是说，液相分别对β和α的过冷度和过饱和度都同时显著增大了，这意味着，α和β交替生长的周期会随温度的下降而缩短，因此α和β都变薄了，或者说，相邻两片α，或两片β之间的距离λ缩短了。通常用$1/\lambda$表示共晶的分散度，λ愈小，表示分散度愈大，即共晶组织愈细。

理论分析表明，成长速度R、过冷度ΔT和λ之关系可用式

$$\Delta T=B/\lambda+AR\lambda \tag{4-31}$$

来表达，其中A、B为常数。实验发现，一定的成长速度只对应于一最小过冷度。这样，由式（4-31）求偏导数，令其等于零，即可得出

$$\lambda\propto 1/\sqrt{R};\quad R\propto \Delta T^{2} \tag{4-32}$$

综上所述，共晶结晶时随着过冷度的增大，结晶速度增大，共晶领域的尺寸会减小，共晶的分散度增大，但各相的成分却可能和平衡态越来越远了。

2. 共晶组织

在多数情况下，共晶结晶时，α和β往往会相互促进地生核和长大，但这同时也意味着问题的另一方面，即α和β生核和长大的相互依附性，或相互制约性。正是这个原因，决定了共晶组织中α和β具有自己特殊的不同于各相单独成长时的组织特征，以致在显微镜下很易于辨别出它来，所以有时也称共晶组织为共晶体，其意为独立的组织单元。

研究表明，在许多情况下，一个共晶领域内的α和β都各自具有一致的取向，而且表面上看来，那些以层状或片状相互分隔开的α或β，在内部却是以“搭桥”的方式相互贯通着。例如图4-41（a）为Fe-C共晶的组织照片，其特征是，C（石墨）以不规则的

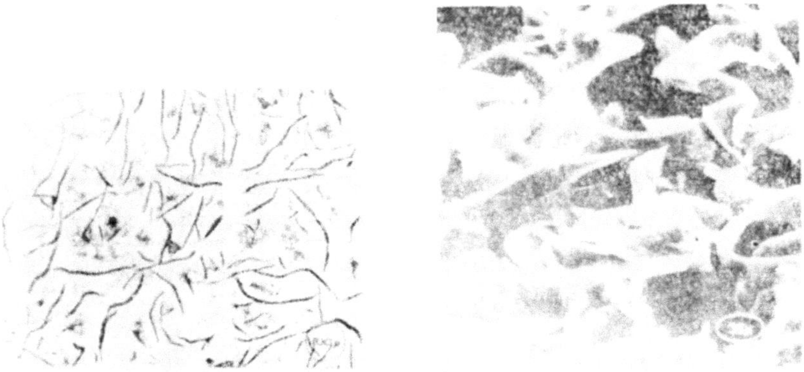

(a)　　　　(b)

图4-41　Fe-C（石墨）共晶的组织

（a）一般光镜下的石墨形态；（b）深蚀后的扫描电镜组织

片状分散在另一相的基体中。看来它们都是各自孤立的，但经深蚀后用扫描电镜观察，它们却是相互贯通着的，如图4－41（b）所示。由此可见，在这种情况下，一个共晶球团实际上是由两个晶核α和β起始而后相互穿插成长起来的，所以称为共晶晶粒，不过这是一种特殊晶粒，它是由一双异相的核心长大起来的。但这并不完全排除共晶交替生核和长大的可能性。

随合金的不同，共晶的内部组织可以是多种多样的，除以上列举的规则的层状（Cu－Ag、Pb－Sn、Al－$CuAl_2$等）和不规则的片状（Fe－C，Al－Si等）外，还有规则或不规则的棒状（如Al－Al_3Ni，图4－42）、球状（如Al－Sn，图4－43a）、螺旋状（如Zn－$MgZn_2$，图4－44）以及一些很复杂的形式（如Pb（β）－Bi，图4－43b）。当然，每一种组织形式都有它自己具体的形成过程，但能否由这些不同的组织形成过程中找出一些较普遍性的规律呢？如果根据共晶组织中α和β两相相对分布的整齐与不整齐而进行分类的话，那么，共晶组织大致可分为三种类型：（1）规则整齐的，两相或其中之一其外形具有明确的走向，如Sn－Pb共晶；（2）不规则不整齐的，如Fe－C共晶；（3）前两种的混合型，如Al－Ge共晶。人们发现，这三类共晶组织大多与晶体成长时晶体界面是否粗糙或平滑这样一个特征具有较密切的关系，如表4－1所示。

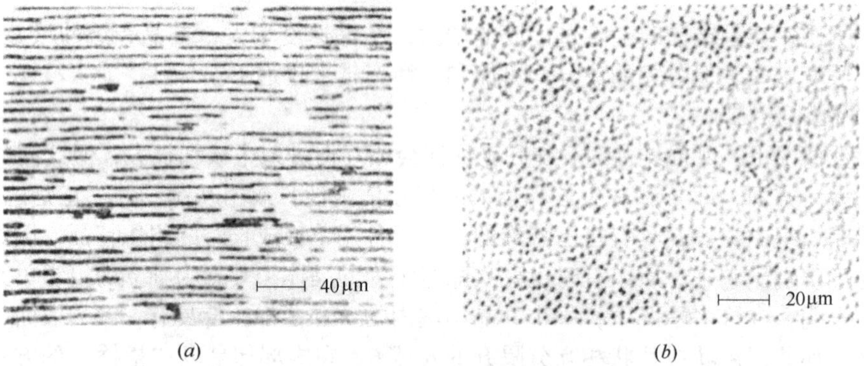

图4－42　Al－Al_3Ni棒状共晶组织

（a）纵截面组织；（b）横截面组织

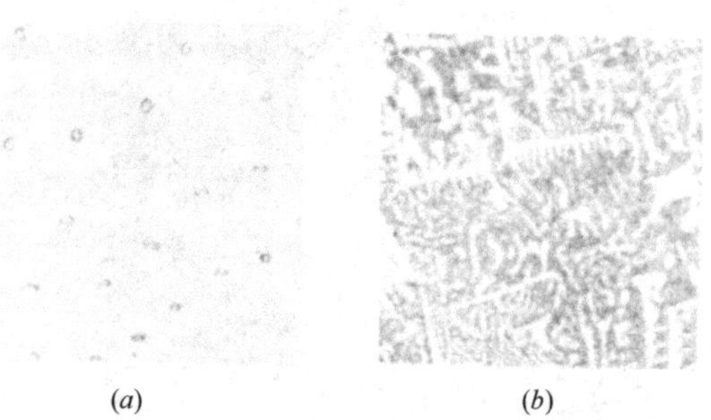

图4－43　Al－Sn共晶（球状）及Pb－Bi共晶（复杂型）

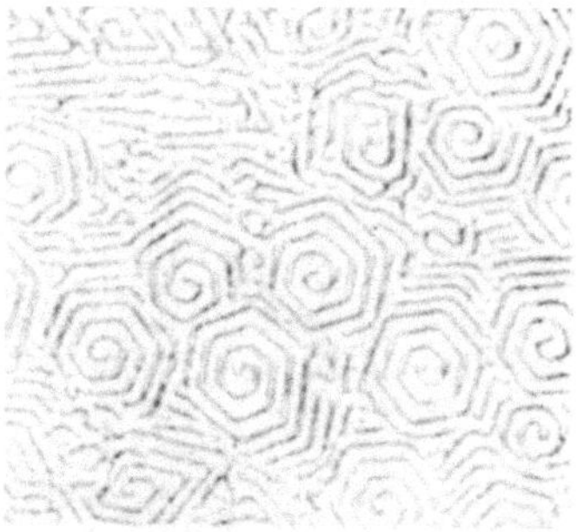

图4－44　螺旋状共晶（Zn－$MgZn_2$）

例外的情况还是存在的，例如Ag－Bi和Al－Al_3Ni都属于粗糙界面/平滑界面型，但共晶组织却都是规则的。可见还有别的因素也在同时起作用。

表 4-1　共晶组织与其中各相成长时晶体界面特征的关系

共晶组织	共晶中两相成长时晶体界面的特性	例　证
规则型	粗糙界面/粗糙界面	Sn-Pb，Al-Zn
不规则型	粗糙界面/平滑界面 平滑界面/平滑界面	Al-Si，Fe-C
混合型	粗糙界面/平滑界面	Al-Ge，Sn-Bi

例如：在大多数情况下，当共晶中一相的量在 50% ~30% 时，一般多易成层状，如 Cu-Ag、Pb-Sn 等；小于 30% 时易成棒状，如 Al-Al_3Ni、Cr-Cu 等；但如果界面能起重要作用时，则后者也可以成层状，如 Sn-Zn、Al-Zn 等。

当一相的量很少时，大多以球状或短棒状的形式孤立分布在另一相之中，如 Al-Sn 共晶。

当在 Al-Si 液相中加入微量的钠盐时，共晶中的 Si 可变为较规则的棒状；在 Fe-C 液相中加入适量 Mg 或 Ce 时，共晶中的 C（石墨）可变为球状。这说明甚至微量元素，有时也会对共晶组织发生很大的影响。

当共晶结晶时，如果一相的成长速度很大，而且其量也较多时，则共晶组织将主要取决于这个相的成长方式，另一相只起辅助或衬托作用。有时，那个成长较快的相，甚至可独立发展。直到单独成长到相当程度后，才开始共晶组织的形成，犹如后边将要讨论的亚共晶或过共晶合金的组织一样。

当过冷度很小，结晶进行很缓慢时，或两相之间没有促进形核的作用时，共晶中的两相 α 和 β 可以相互分离地各自独立生核和长大，最后形成两种粗大晶粒的混合体，而失去共晶组织的一般特征，称之为离异共晶。

除此之外，共晶晶粒也是可以随条件而变化的，它与前面所讨论过的固溶体晶粒的外貌相似，也可以有树枝状的、胞状的以及规则的多面体等形态。

3. 共晶组织与性能的关系

共晶合金，由于熔点低、偏析小、流动性好、凝固收缩也小，而且还具有比同系其它合金较好的综合力学性能，所以是一种得到广泛应用的铸造合金。

共晶合金的力学性能，既与其组成相各自的力学性能有关，又与其组织形态有关，而且往往后者更为重要。例如，图 4-45 给出了 Ag-Cu 共晶合金以及单相 Cu 或 Ag 在不同温度下的屈服强度，很明显，在一个相当宽的温度范围里，共晶合金具有比两单相性能的数学平均值高达三倍以上的性能。不但如此，而且屈服强度 σ_s 还可以随共晶分散度的增大（即片层间距 λ 的缩小）而进一步地提高，它们间的关系为

$$\sigma_s = \sigma_0 + K\lambda^{-1/2} \tag{4-33}$$

式中，σ_0 是和晶体结构有关的常数，K 为一般常数，λ 为共晶组织中片层间距（或棒间距、球间距）。图 4-46 给出了 Ag-Cu 共晶的 σ_s 与共晶内部片层间距之间的关系，基本上与式（4-33）相符。

由式（4-33）与式（4-32）可以将 σ_s 与 R 或 ΔT 直接联系起来了，它有利于实际应用。一般合金的 λ 约在 $10^{-5}R^{-1/2}$ ~ $10^{-6}R^{-1/2}$之间。

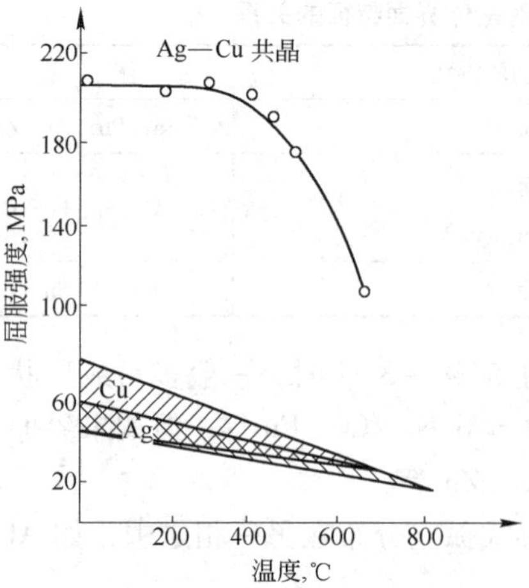

图 4－45　Ag－Cu 共晶以及银、铜的屈服强度与温度的关系

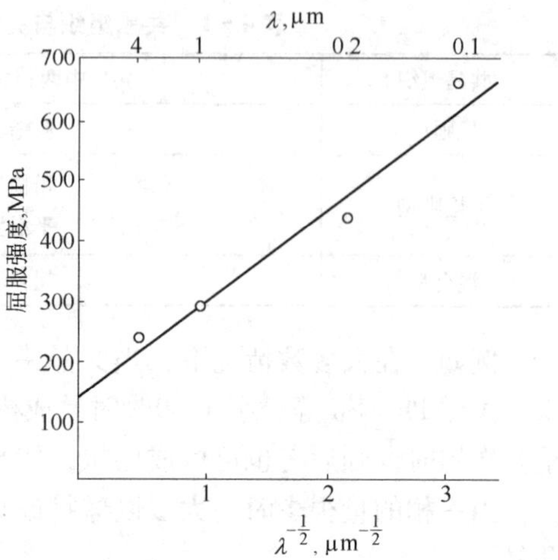

图 4－46　Ag－Cu 共晶的分散度与其屈服强度的关系

对一些具有不规则的片层组织的共晶合金来说，例如前边已列举的 Al－Si 和 Fe－C 共晶，韧性低、范性差往往是它们的主要问题。在这种情况下，如果能使共晶组织由不规则的片状变为较规则的短片状、短棒状，特别是粒状或球状，将会使范性，特别使韧性得到显著的提高。生产上广泛采用的所谓变质法，例如向硅铝明中加入适量的钠盐，向铸铁中加入适量的 Mg 或 Ce，可以使这两类合金的性能很显著改善，就是这个道理。

二、亚（过）共晶合金的凝固及组织

亚共晶合金和过共晶合金的结晶过程是相似的，兹以图 4－47 中的亚共晶合金为例来讨论这两类合金的结晶及组织。

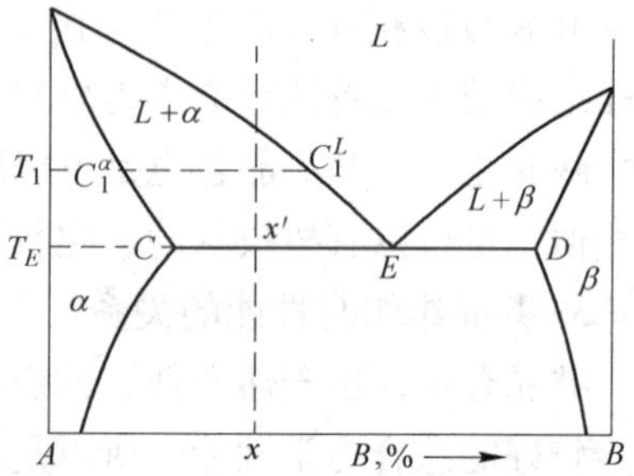

图 4－47　亚共晶合金 x 的冷凝过程

设在 CE 间任选一合金 x，当合金由液态缓冷至液线以下某一温度 T_1，即具有一定过冷度后，即开始结晶。显然，此时应是固溶体 α 的生核和长大。结晶出的 α，其成分约相当于 T_1 时固线上的 C_1^α，而液相 L 的成分将逐渐变至 C_1^L。随着温度下降，α 不断地生核和长大，同时 α 的成分沿固线 $C_1^\alpha C$ 而变化，L 的成分则沿液线 $C_1^L E$ 而变化。当温度降低到相当于共晶温度 T_E 时，α 的成分将变至 C_C^α，而剩余的 L 成分应变至共晶成分 C_E^L。此时利用杠杆定律可以求出两相的相对数量：

$$\alpha(C_C^\alpha)\% = \frac{x'E}{CE} \times 100\%$$

$$L(C_E^L)\% = \frac{Cx'}{CE} \times 100\%$$

这剩余的液相 L_E 将在略低于 T_E 的温度下全部结晶为共晶体 $\alpha+\beta$。可见，这样的合金平衡结晶后其组织应是由 α（称之为初生 α 或先共晶 α）和共晶体 $\alpha+\beta$ 所组成的，二者的相对量则应分别与上式中的 α（C_C^α）% 和 L（C_E^L）% 相等。

显然，亚共晶合金的结晶是固溶体的结晶和共晶合金的结晶二者相叠加的一个过程，只要掌握第二节和本节第一部分所已讨论过的规律，有关亚（过）共晶合金的结晶问题就可以迎刃而解了。

不难看出，若在接近平衡的条件下进行结晶，则随着合金成分与点 E 的接近，结晶后的组织中 α 将逐渐减少，而共晶的量将逐渐增加；反之，则情况正好相反。当合金成分与点 E 相重合时，α 消失而变为全部共晶；与点 C 相重合或位于点 C 以左时，共晶将消失而变为全部的先共晶 α，即得到边际固溶体 α 的组织。

对给定的合金系来说，在一般结晶条件下，先共晶 α、先共晶 β 和共晶体 $\alpha+\beta$ 都各自具有其本身的组织特征。掌握这些特征，就可以根据组织去鉴别合金的类型，并可以通过组织的定量计算，确定出合金的成分。图 4－48 举出 Al－Si 合金系相图以及几种具有代表性的合金在常温时的平衡组织，可对照组织和相图进行分析。

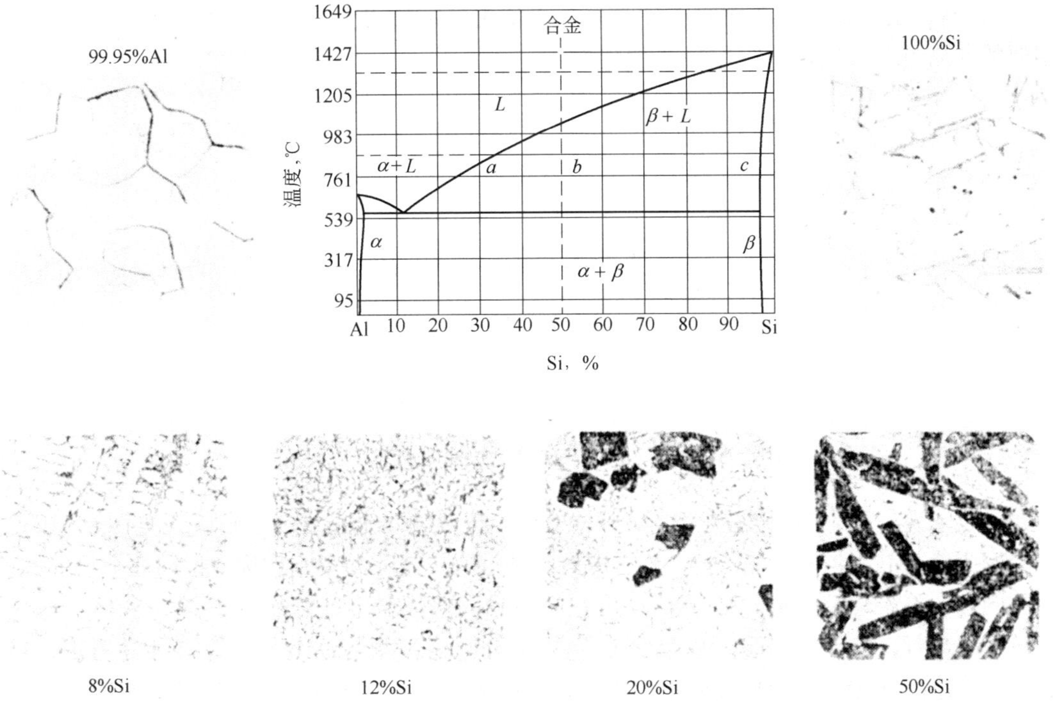

图 4－48　几种 Al－Si 合金的常温平衡组织及其在相图中的对应位置

但是必须注意，即使是亚共晶合金成分给定了，其组织也并不是一成不变的，它可以随冷却条件的不同而发生变化。这表现在以下几方面：

当冷却非常缓慢时，共晶合金组织可失去共晶特征而变为粗大的两相混合体。这种情况在亚共晶合金中更易于发生，尽管机理并不完全相同。亚共晶合金中的共晶转变是在先共晶 α 已经不同程度的存在的条件下才开始进行的，将要产生的共晶中的 α 如果在已有的粗大的先共晶 α 上长大，那么，要比从新生核再长大容易得多，特别是当过冷度很小时。因此，亚共晶合金进行共晶转变时，很可能发生这样的情况：只有 β 在液相中生核并长大，而 α 则与先共晶 α 合为一体，最后得到没有共晶特征的，由两种粗大晶粒 α 和 β

组成的混合体。这种情况在成分接近点 C 的合金中，即共晶量较少的合金中，尤其是当缓冷时，更易于发生，在这种情况下，β 大多孤立分布在粗大的 α 晶粒之间，这就是亚共晶合金中的离异共晶，或退化共晶。

在一定条件下，若 β 难于生核长大，那么很可能使位于 CE 之间靠近 C 的合金，例如合金 Z（见图 4－49）完全结晶为亚稳态的 α，而不出现共晶组织。但凝固后，β 可沿 α 晶界析出。

当快速冷却时，如前所述，随冷却速度的增加，过冷度将加大，先共晶 α 将细化，共晶的分散度加大。此外，由于先共晶 α 会出现枝晶偏析，固线（甚至液线）将向左下方"偏移"，如图 4－49 所示，这样，当冷至共晶线以下时，剩余的液相也将愈多。由此可知，随冷却速度的加大，结晶后组织中的先共晶 α 将减少，而共晶的量将增多，最后，甚至可以完全变为共晶组织（特别是当合金 X 与共晶点 E 较近时，这种现象更易产生了）。这样，由于快速冷却而使成分原为亚共晶或过共晶的合金，最后得到了和共晶合金相似的共晶组织，这种组织称为"伪共晶"。

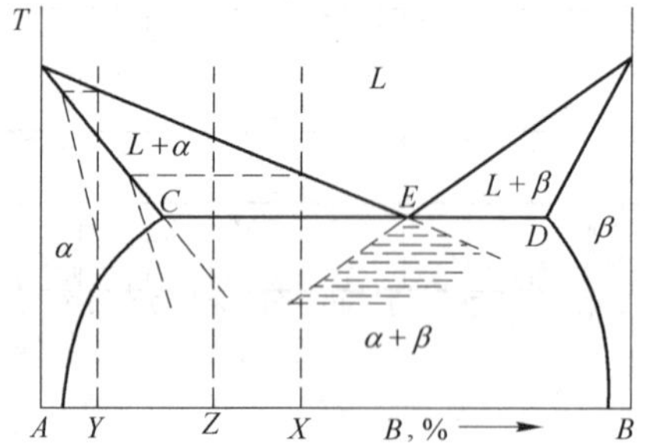

图 4－49　亚（过）共晶合金快冷时的非平衡结晶

一般来说，亚（过）共晶合金只要过冷至接近两液线延长线的三角区（见图 4－49），就会变成伪共晶。但对金属/非金属型共晶来说，伪共晶区大多非均称地偏向非金属一边。

同理，不难理解，成分位于点 C 以左的边际固溶体合金，例如图 4－49 中的合金 Y，当平衡冷却时，应在共晶温度以上完全结晶为均匀的 α 固溶体，而不应有共晶出现；但是，当快速冷却时，由于显微偏析的出现，固线和液线的"偏移"，就有可能在冷至相当于共晶温度以下时仍有剩余液相，从而会使结晶后的组织中沿着 α 晶界出现少量共晶组织。这种组织出现后，会使合金的性能比原预计的边际固溶体的性能显著恶化。但如果应用扩散退火，则可以使这种共晶组织连同枝晶偏析一起消除。作为实际例证。图 4－50 引用了 Al－Cu 合金系中含 Cu4% 的边际固溶体合金在铸态和退火态的组织照片，显然，退火后（b），原铸态组织（a）的偏析已完全消除。

在激冷条件下，共晶系合金，特别是金属/非金属型的共晶系合金，无论是亚、过共晶或共晶成分，都比单相固溶体易于进行"非扩散凝固"而得到单相组织，甚至得到非晶态。近代一些非晶态金属材料（金属玻璃）正是利用这一特点而制得的。这也正是金属/非金属型共晶合金日益引起科技界广泛兴趣的重要原因之一。试验表明，这类共晶的共晶温度越低、非金属组元的 α 因子越大、合金的成分与共晶成分越近，则越有利于获得非晶态。

图 4-50　Al-4% Cu 合金的铸态（a）及退火态（b）组织（×100 复制时缩 1/3）

第四节　其它合金系的凝固与组织

一、包晶合金系的凝固与组织

在第三章第二节曾指出，Cu-Zn 合金、Fe-C 合金以及一些轴承合金在结晶过程中都会发生包晶转变。包晶转变是指结晶过程进行到一定阶段后，已结晶出的固相与剩余的液相相互作用而产生出新固相的一种特殊结晶过程。在这个过程中，由于新产生的固相大多包围在已有的旧固相周围，因此称为包晶转变，其反应式为

$$L+\alpha+\beta+\cdots\rightarrow\gamma+\delta+\cdots$$

式中，L 代表液相，α、β、γ…代表不同的固相，它们可以是纯金属、固溶体或金属间化合物。为了初学者的方便，只讨论简单包晶（或二相包晶）：

$$L+\alpha\rightarrow\beta$$

在平衡条件下，它在二元合金系中为恒温转变，在三元及多元合金系中则为非恒温转变。

兹以二元合金的包晶转变为例，来说明其转变特点。图 4-51 是具有包晶转变的合金相图一般形式。

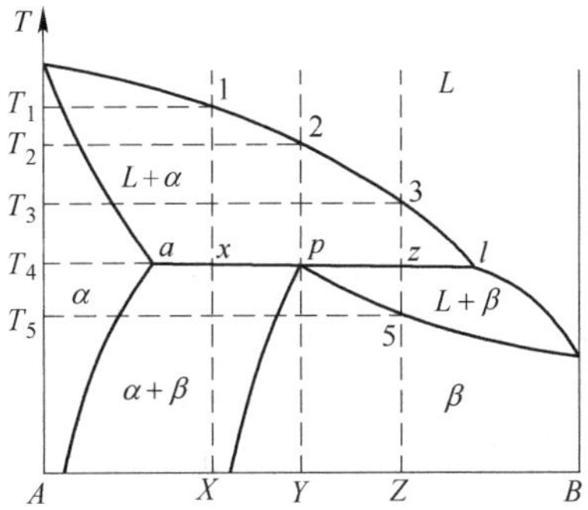

图 4-51　具有包晶转变的二元相图

图中的水平线 apl 为包晶平衡线，简称包晶线。成分相当于点 p 的合金为包晶合金；位于 p 左边和右边的合金，分别称亚包晶合金和过包晶合金，但这里是以高熔点的组元在相图左边为标准的。今以 X、Y 和 Z 三种合金为代表来讨论这三类合金的结晶。

当平衡冷却时，其冷却曲线如图 4-52 所示。三种合金 X、Y 和 Z 在液线以下和包晶线以上的结晶，皆为 α 固体的生核和长大过程。当冷至包晶线 T_4 时，已结晶出的 α 其成分变至相当于点 a，剩余的液相其成分变至相当于点 l，它们将在恒温下进行包晶转变

$$L_l+\alpha_a\rightarrow\beta_p$$

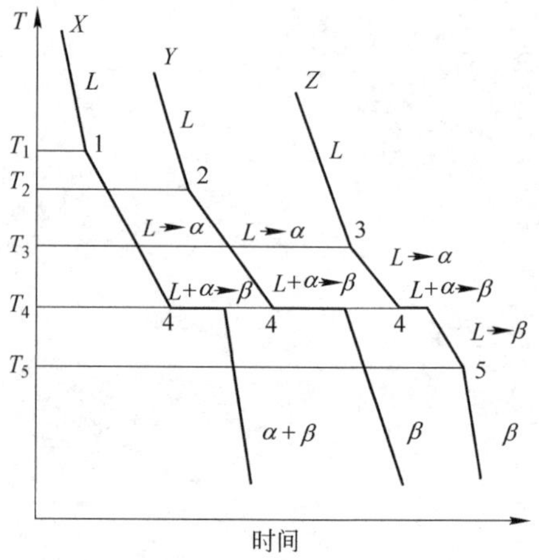

图 4-52　三种合金 X、Y、Z（见图 4-51）的冷却曲线

转变后，合金 Y 将完全转变为 β；合金 X 剩有 α；合金 Z 则剩有 L，这一部分剩余的 L 将在进一步由包晶线 T_4 冷却至固线 T_5 的温度区间内直接结晶为 β。

由合金 Y 利用杠杆定律可以求出，能够完全进行包晶转变的 L_1 与 α_a 的恰当比例，即

$$L_l/\alpha_a = ap/pl$$

而在合金 X 和 Z 中，L_l 和 α_a 的比例分别为

$$L_l/\alpha_a = ax/xl$$

$$L_l/\alpha_a = az/zl$$

显然，$(ax/xl) < (ap/pl) < (az/zl)$，因此，包晶转变后，合金 X 和 Z 将分别剩有 α 和 L，其相对量分别为

$$a_{余}\% = (xp/ap) \times 100\%$$

$$L_{余}\% = (pz/pl) \times 100\%$$

包晶转变既是 L_l 与 α_a 相互发生作用而生成 β，自然这种作用应首先发生在 L_l 与 α 的接触界面上，加之 α 对 β 形核又大多可能起催化作用，因此，新相 β 最易沿着 α 的周界生核和长大，如图 4-53 所示。但是，这样，L 与 α 就被新相 β 隔离开了，进一步的作用只有依靠 β 作为媒介，即 L 与 α_a 间只有通过 β 进行原子互扩散才能相互发生作用，也才能使 β 向着 L 和 α_a 逐步扩展。随着时间的延续，β 将愈来愈厚，扩散距离将愈来愈远，转变也必将愈困难。因此，一般来说，在这种情况下，完成包晶的这种平衡转变是相当费时的，所以包晶转变易于得到非平衡组织。

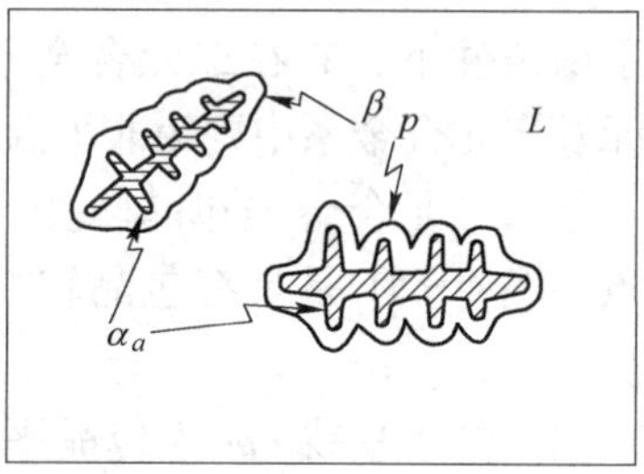

图 4-53　包晶转变示意图

包晶合金与共晶合金不同，转变完成后，在平衡组织中看不出任何包晶转变过程的特征。只是在亚包晶合金中（转变后剩有 α）或在非平衡组织中才可以见到包晶的特征。

非平衡冷却时，初生 α 将会出现显微偏析，固线将向左下方“偏移”。这样，当合金冷至包晶线时，剩余的液相将会增加，冷经包晶线时，包晶转变也将难于完成，因此，不但过包晶合金 Z，甚至亚包晶合金 X，在包晶线以下都可以剩有部分尚未发生包晶转变的液相，这部分液相将在温度下降过程中直接结晶为 β。当冷却速度很大时，有可能将液相

完全过冷至包晶线以下，尤其是过包晶合金更易如此。在这种条件下，合金也可以不发生包晶转变，而直接由液相结晶为β，或结晶为α与β的混合体，这时所得到的组织将是不均匀的，甚至呈现出复杂的组织形态。同理，平衡条件下结晶为单相α的边际固溶体合金，在快速冷却时，可以发生包晶转变而得到具有包晶特征的组织。图4－54是一种过包晶合金（Sn－35%Cu）的非平衡组织照片，按平衡组织这种合金应是由CuSn和包晶体所组成，而CuSn是经过包晶转变（$L+Cu_3Sn \rightarrow CuSn$）而生成的。但是，从图可以看出，包晶并未完成，CuSn（浅色）只沿着Cu_3Sn（灰色）表面生成一层，并将Cu_3Sn包围起来。

最后，应该指出，有些合金中的包晶转变还是可以较迅速地进行并完成的。一种可能性是，包晶转变时所生成的β不是附着在α上，而是在液相中单独生核和长大。这时的包晶转变是以α直接溶解于液相，而组元A经过液相扩散至β附近而促使β长大的，所以转变较快些；另一种可能是，虽然β包围了α，使α不能直接与液相接触，但如果α中形成了垂直界面的亚晶界（参看本节四），那么，就可以沿亚晶界加速扩散，从而促使包晶转变得以较快地进行并完成。

二、偏晶合金系的凝固及组织

图4－55是二元系中具有偏晶转变的合金系相图一般形式，Cu－Pb系基本与此相似。所谓偏晶反应是指图4－55中高温那条水平线上的恒温反应，其反应式为

$$L_1 \rightarrow \alpha + L_2$$

图4－54　Sn－35%Cu合金的包晶组织

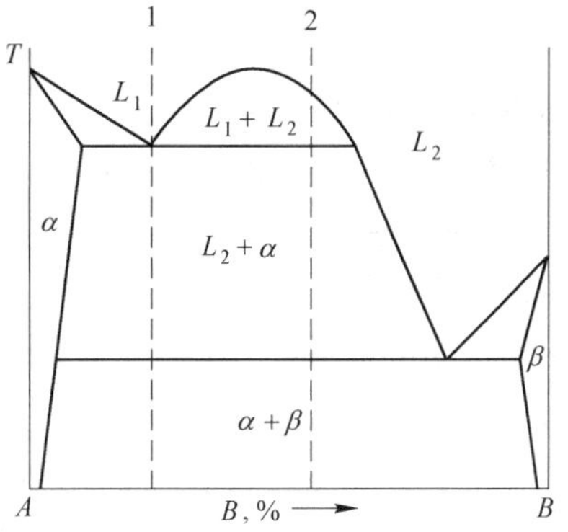

图4－55　偏晶相图

合金1由液相L_1区冷至偏晶线略下时，即按上式发生反应。设首先形成α，在α成长的同时，在其附近形成了另一液相L_2，若湿润角合适，L_2会如同包晶反应那样逐渐将α包围起来，这就阻止了α的进一步长大。于是新的α相又在L_2附近或远处L_1中生核长大，并同时又有新的L_2相伴而生将其包围起来，如此不断，直到反应完毕，而成为α与L_2两相的混合体。继续冷却，又由L_2中不断结晶出α，直到共晶温度略下，剩余的液相L_2将发生共晶反应，而转变为共晶体$\alpha+\beta$。若α与L_2间的湿润程度较差，或比重相差大，偏晶反应时，L_2也可在L_1中独立形成，并发生上下浮沉甚至分层现象。例如，α与L_1可能偏聚在上层，而L_2集于下层。

合金2由均匀的液相区逐步冷却时，在偏晶前，首先分解为两液相L_1和L_2，若比重相差悬殊（或相互湿润程度很差），L_1与L_2将分为上下两层，设L_1在上层。至偏晶线略

下，L_1 中将如合金 1 一样，发生偏晶反应而生成 α 与 L_2。新生的 L_2 下沉与原有 L_2 合并，α 则留在上层，直至 L_1 完全消失，偏晶反应即完成了，而转变为 α 与 L_2 两相。在随后温度继续下降的过程中，L_2 中不断结晶出 α，至共晶线略下，剩余的 L_2 将发生共晶反应而转变为共晶体 $\alpha+\beta$。

在所举合金系中，不论亚偏晶、偏晶或过偏晶合金，虽然都经历了偏晶转变，但最后组织则与前述亚共晶合金的组织没有多大区别。

这类合金结晶时的主要问题是当两个液相并存时，可能出现上下浮沉现象而使液体分为两层，特别是当比重相差较大时，这个现象就变得更为突出了，它会使合金的成分和组织在宏观和微观上出现严重的不均匀性。

第五节　铸锭的凝固及组织

在生产中，金属或合金的结晶过程大多是在具有相当大的体积的铸模中进行的，它与以上讨论的小体积的结晶相比，既遵循着共同的基本规律，又具有一些新的特点，而这些新特点主要是由铸模所导致的特殊冷却条件通过结晶过程的内在基本因素起作用而表现出来的。

实际生产上所应用的铸型，其几何形状是各式各样非常复杂的。铸型的作用从表面看来仅在于保证铸件所要求的形状和尺寸，但实质上，它又决定着铸件的内部组织和性质。

为简化计以铸锭为例来探讨大体积中结晶过程的一般基本规律，这一方面直接讨论了冶金生产中的产品之一——铸锭的内部组织形成的基本规律；另一方面为进而分析复杂的铸件的内部组织奠定基础。

一、铸锭的一般组织

图 4－56 是一个 Fe－Si 合金铸锭的纵剖面低倍组织照片，图中已显示出晶粒的形状和尺寸，虽不均匀，但可以明显看出由外向内大致可按组织特征而区分为三个区域。若将其概括化，则可用图 4－57 示意性地来表示，三个区域的特征如下：

（1）细晶粒外壳（也称激冷层）　由许多细小的等轴晶粒（晶粒各方向的尺寸近乎相等）所组成。显然，它是由于结晶时沿模壁一薄层液体中产生了大量晶核的结果。这个区域一般都很窄，有时只几个毫米厚，甚至难于分辨出来。

（2）柱晶区　紧接细晶外壳出现一层由相当粗大的长柱状的晶粒所组成的区域，称为柱晶区。它是定向结晶的产物。从外形来看，各柱晶的长轴大致与模壁垂直，表现出几何取向的一致性。不但如此，实验表明，柱晶区大多还具有晶体学取向的一致性，即每个晶粒的长轴都与一个特定的晶向相平行，或者说，它们具有择优取向。这个取向在面心立方和体心立方金属中为〈001〉，在密集六方金属中为〈$10\bar{1}0$〉。具有择优取向的这种组织叫织构，那个特定的晶体学取向就叫织构轴。以后会知道，织构有它的特殊用途。

（3）等轴晶区　这个区域位于铸锭的心部，是由许多较粗大的、各方向尺寸近乎一致的晶粒所组成。除了晶粒的尺寸外，这个区域和激冷层没有多大区别。

在一般合金铸锭中，无论哪一个晶区，各晶粒的成长大多经过树枝状的成长过程。

三个晶区的相对宽窄可随金属和合金的不同以及冷凝条件的差异而变化，在合适条件下，铸锭也可由单一的晶区——柱晶区或等轴晶区所组成。

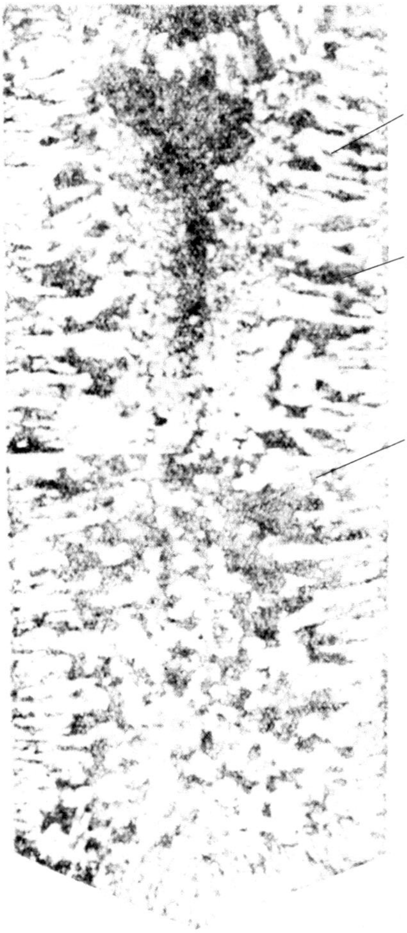

图 4－56　Fe－Si 合金铸锭纵剖面低倍组织

1—细晶粒外壳；2—柱晶区；3—等轴晶区

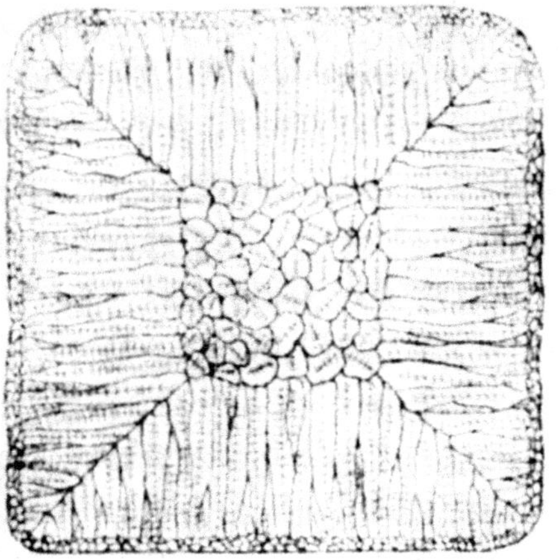

图 4－57　铸锭组织横截面示意图

二、铸锭的冷凝过程

铸锭的上述特征组织是由其特殊的冷凝条件所决定的，因此，在铸锭冷凝过程中实际测定液体的温度分布和变化对了解铸锭组织是非常重要的，近年来已在这方面积累了不少数据。

生产上铸锭大多在金属铸模内进行，其冷却能力较强，液体主要依靠模壁的传导吸热而冷却。当然，也不能忽视液体本身的对流、传导和辐射等对散热的作用，特别是在浇注的初期，液体的对流所起的作用还是相当大的。由此不难理解，流体注入锭模后，首先是靠近模壁的部分受到强烈的激冷，液体中立即出现了陡峭的正温度梯度，如图 4－58 中的曲线（1）所示。与此同时，液体也就会因而发生较强的自然对流，如图 4－59 所示，四周下降，中心上升。这就会使内部液体也随之而较迅速的冷却。因此，过不了多久，温度分布便会变成如图 4－58 中曲线（2）的形式，即四周的温度梯度较平缓了，而中心的温度则均匀下降至结晶温度 T_f 附近。显然，在这段时间内，靠近模壁的液体一方面由于强烈过冷，另一方面由于模壁对形核的催化作用，会自发和非自发地以很高速率形成大量的晶核并迅速成长而相互靠拢聚集起来，这就形成了细晶粒外壳。由于外壳将模壁与液体分

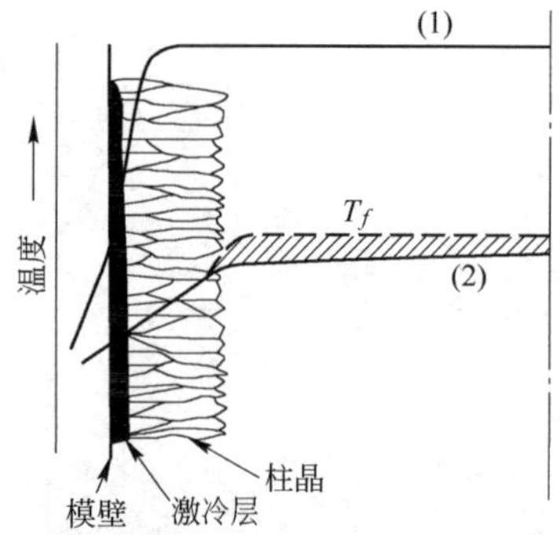

图 4－58　铸锭结晶过程中温度分布情况

（1）刚浇注后；（2）柱晶成长时，阴影区代表组成过冷

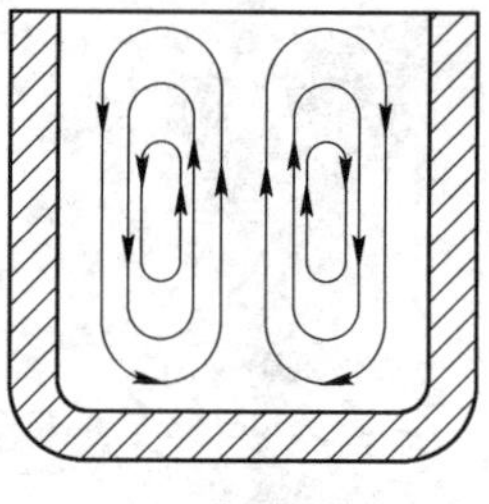

图 4－59　锭模内液体的对流示意图

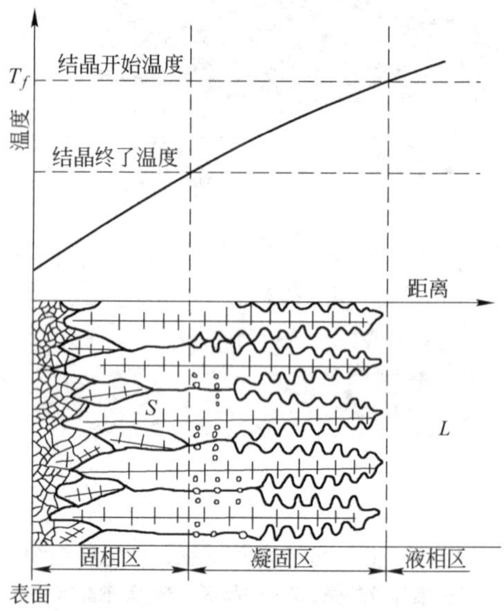

图 4－60　柱晶形成过程示意图

隔开了，同时金属的收缩引起金属与模壁脱离形成了一个空气层，从而导致冷却速度的降低；再加之结晶潜热的大量产生，所以随后冷却速度也就因之而更迅速地减小了。因此，晶核的形成速率将随之而迅速下降，这就使得靠近液相的小晶粒有较充分的机会以枝晶的形式伸向液相中而成长，由于各种晶粒的晶体学取向不同，所以各主晶枝的几何取向也就不相同，其中有些主枝与模壁成直角的晶粒，将优先向液相纵深伸展，并在其它成长较慢的，即主枝斜生的晶粒前面伸出自己的二级枝，如图 4－60 所示。这样，便逐步"挤掉"了那些主枝斜生的晶粒，最后只剩下为数不多的晶粒，逆着热流方向肩并肩地向液体中发展，这就出现了柱晶区。柱晶的主枝大都是垂直于模壁的，严格说，是与热流方向相平行的。但是，如前所述，晶枝的主枝大多平行于特定的晶体学方向，所以柱晶区的晶粒大多具有择优取向，铸造织构正是由此而产生的。

在柱晶成长阶段的初期，温度分布基本上已如图 4－58 中的曲线（2）所示。此时，已生成的固相中仍有相当大的温度梯度，而液相中的梯度就很小了，几乎接近等温。介于这两个梯度之间的是固、液两相交错的凝固区，即晶枝的伸展区域。根据热平衡的原理，可以导出界面推进速度 R 与温度梯度的关系式为

$$R=\frac{K_S\ (\mathrm{d}T/\mathrm{d}x)_S-K_L\ (\mathrm{d}T/\mathrm{d}x)_L}{L\rho} \tag{4-34}$$

其中，K_S 和 K_L 分别代表固相和液相的导热系数；$(\mathrm{d}T/\mathrm{d}x)_S$ 和 $(\mathrm{d}T/\mathrm{d}x)_L$ 分别代表界面附近固相和液相的温度梯度；L 为单位重量的结晶潜热，ρ 为密度。显然，固相的温度梯度越大，或液相的温度梯度越小时，则结晶的速度也越大。柱晶的结晶大致符合这个条件，所以它的成长速度应是相当快的。同时由图 4－37 可知，若为异分结晶，这时也应是

枝晶的有利发展阶段，柱晶的主枝将深入液相，其尖端的温度已与中心接近等温的液相温度相差无几了。随着结晶的进行，冷却速度逐渐减慢，温度梯度越来越平缓，柱晶的推进速度也就越来越小了。但晶枝的伸展区，即凝固区反而越来越宽了。晶枝之间由于相互封锁和干扰，而使液体的浓度加大，潜热的逸散困难，各级晶枝变得细长瘦弱，而且根部逐渐萎缩，如图 4－61 所示，甚者还会发生局部重熔而自动脱落的现象。液体的流动更会加强晶枝的脱落，并将已脱落的残枝碎片带到铸锭中部温度已不太高的液体中，而成为那里的结晶核心。实际上，这种现象在激冷层形成过程中即已开始，不过在早期，主要依靠液体强烈的对流作用，将晶枝硬性剥落而带入液体中，所以等轴晶区的出现，看来主要是依靠已有晶体的繁殖作用。

可见在柱晶向前推进的同时，铸锭中部的液体中就已经存在着大量的可作为晶核的碎枝残片，这是一方面，也是主要的一方面；另一方面，随着柱晶的推进，结晶前沿液体中的组成过冷区也会逐渐加大、增宽，这就可能在柱晶前沿重新生核长大，特别是当由相对两个方向相向而推进的组成过冷区相重合时（如图 4－62 所示），便会促使铸锭中部迅速形核和长大。除此而外，悬浮在中部液体中的外来杂质质点，也可以起到形核的催化作用（非均匀形核）。所有这些情况，都说明当柱晶推进到一定程度后，在铸锭中部也就开始了形核长大过程，由于中部液体的温度大致是均匀的，所以每个枝晶的成长在各方向上也是接近一致的。待到它们相互靠拢聚集起来，便完全阻挡了柱晶的进一步发展，同时便形成了中部的等轴晶区。

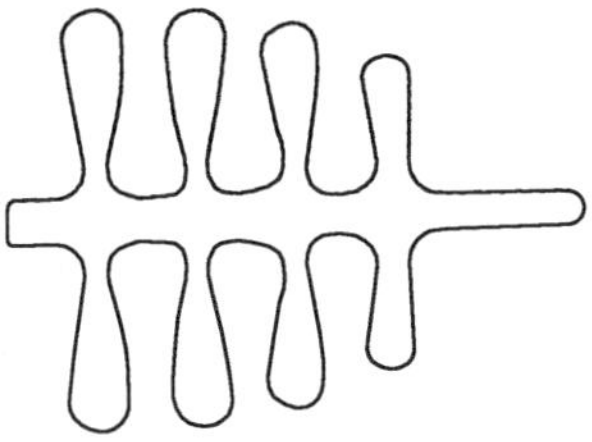

图 4－61　枝晶萎缩示意图

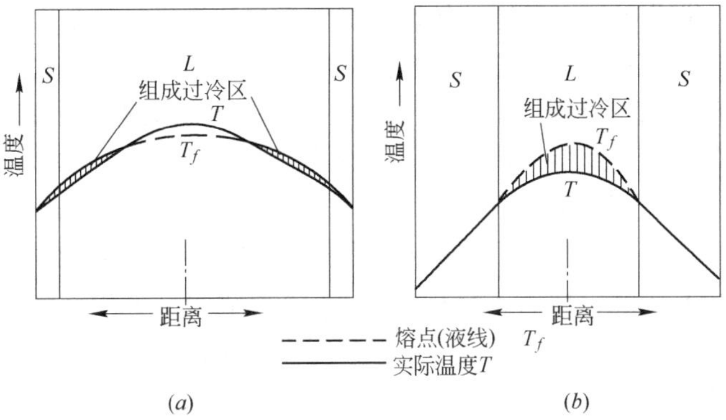

图 4－62　铸锭结晶过程中两个不同阶段的组成过冷（影线区）
（a）柱晶扩展阶段；（b）等轴晶成长阶段

三、影响铸锭结晶组织的因素

除了特殊要求希望获得具有单一柱晶区的铸锭或铸件外，生产上一般都希望铸锭中柱晶区短些，等轴晶区宽些，晶粒细些。这里主要分析影响等轴晶区的诸因素，当然相反的考虑也是可以的，对等轴晶区不利的因素，就是有利于柱晶区的因素。

基于前一段的分析讨论，可以认为，等轴晶区之所以形成，主要是由于被液体对流带入中部的那些晶枝的残枝碎片，能够大量保存下来，并成长发展起来。所以等轴晶区扩展的内、外条件应该是：

1. 液体的过热度应该小。这有利于保存晶枝的碎枝残片，否则它们将会被重新熔化；

2. 大的凝固范围，即固、液相线的间距 ΔT_f 应大，这有利于细瘦纤弱晶枝的充分发展（参看图 4－61），而便于折断剥落；

3. 减低温度梯度，例如若用砂模代替金属模，也有利于纤弱晶枝的发展（参看图4－60）；

4. 合金熔点低，这有利于减小温度梯度；

5. 加强液体运动，例如应用电磁搅拌、机械振动、加压浇注、离心浇注等方法可促使等轴晶的发展。其原因有二：

（1）加速晶枝的剥落和输送；

（2）快速消除液体的过热，以利于保存晶枝的残枝碎片。

若从内在因素来考虑，事实上常用合金大致存在着以下两类：

1）倾向柱晶的合金，如工业纯铁、低碳低合金钢、铝青铜和锰青铜等，这些合金一般熔点较高，凝固区 ΔT_f 较小；

2）倾向等轴晶的合金，如铝合金、镁合金和某些铜合金（如磷青铜、赤黄铜）等，这些合金或熔点较低，或 ΔT_f 较大，或兼而有之。

四、铸锭中的偏析

在本章第二节已经指出，异分结晶合金进行非平衡结晶时，会出现各种偏析。在现实生产中，由于很难达到平衡，所以合金铸锭中，甚至所谓纯金属铸锭中（必有杂质），总会有偏析存在。偏析程度是评定材料质量的重要内容之一。

在实际生产中，铸锭内的偏析，不仅指合金组元的偏析，而且还指那些难于避免的存留在铸锭内部的各种杂质的偏析。

根据偏析的范围，铸锭中的偏析可分为显微偏析和区域偏析（或宏观偏析）两大类，前者发生在一个或几个晶粒范围之内，如第二节所指出过的枝晶偏析、晶间偏析、晶界偏析和胞状偏析等；后者发生在铸锭宏观范围内的这一部分和那一部分之间，它大致可分为正常偏析、反常偏析和比重偏析等三类，以下主要讨论区域偏析。

1. 正常偏析

对 $K_0<1$ 的合金系来说，所谓正常偏析是指先凝固的区域的溶质（或杂质）浓度低于后凝固的区域的。对 $K_0>1$ 的合金系来说，上述情况正好倒过来。按照异分结晶的一般规律，这应该是一种正常现象，所以叫正常偏析。以下若不加说明，主要是对 $K_0<1$ 的合金而言。

显然，正常偏析只有在渐进式结晶条件下才有可能发生。为简化计，设铸锭完全单方向地由左端向右端凝固，则溶质的分布和显微偏析相似，随条件的不同也会出现如图 4－29 所示的几种情况：

1）第一种情况是，非常缓慢地进行结晶，时时处处都能达到平衡态，这当然就不会有偏析，如图4－29中的直线 a 所示，但这种情况是很难实现的。

2）第二种情况是，结晶时，液体中不仅能够充分扩散，而且有足够的对流或搅动，使其能够随时达到均匀化；但固体中的扩散微不足道。这样凝固后铸锭中溶质的分布将如图 4－29 曲线 b 所示，由左向右浓度逐步增加。

3）第三种情况是，液体中没有对流或其它搅动，只有扩散作用使界面保持平衡，而固体的扩散微不足道。这样凝固后铸锭中的溶质分布将如图 4－29 曲线 c 所示，左端的浓度最低，右端的浓度最高，而中间有一大段其浓度正好与合金的成分相同。

4）再一种情况是，结晶条件介于以上两者之间，即液体中有一定程度的混合但不均匀，固体中有一定程度的扩散但达不到平衡。这样铸锭中浓度的分布将介于图4－29中曲线 b 和 c 之间，例如曲线 d。随条件的不同，曲线 d 的变动范围可以很大。

实际上在一般铸锭中只有柱晶区有可能接近于最后一种情况，也就是说，正常偏析仅仅出现在铸锭的局部范围内，只有当整个铸锭皆为柱晶时，它才会遍及全部铸锭范围内，且中心偏析可能会很大。在连续铸锭中，有可能达到与此类似的效果。如果控制合适的条件，使结晶得以在稳态下单方向地进行（接近图4－29曲线 c），那么，除了始末两个端锭外，可以获得没有偏析，或偏析很小的铸锭。

2. 反常偏析

所谓反常偏析，通常是指在某些合金的铸锭中，虽然结晶是由外向内循序进行的，但在表层一定范围内，溶质浓度的分布却是由外向内逐步降低的，即正好与正常偏析相反，如图4－63所示。这种偏析的形成并不是由于 $K_0>1$，而是在一种特殊结晶条件下所发生的现象。

一般来说，反常偏析大多是在柱状枝晶能够向液体纵深伸展晶枝的条件下，即在实际的凝固区较宽的条件下（参照图4－60），才易于出现。在这种条件下，由于各个柱晶只有尖端孤立深入正面液体中，正面界面较小，但柱晶之间仍有大量液体残留着，所以柱晶主要依靠柱晶之间液体中的横向（与柱晶轴相垂直）扩散而扩展；而能够导致正常偏析的纵向（与轴晶长轴相平行）扩散则降为次要地位，见图4－64，这样柱晶之间溶质浓度必逐步增大，与其相对应的熔点将会越来越低，凝固时间因而会拖得很长，凝固区也就因而越来越宽。在特殊情况下，甚至柱晶前峰已深入到中区，而铸锭外缘还没有完全封严，柱晶之间仍若断若续地留有隧道或暗流，这时外部由于冷却收缩或凝固收缩而产生负压，这就会使内部柱晶之间富集着溶质或杂质的液体向外倒流，甚者会渗到铸锭表面，而表现为“出汗”现象。

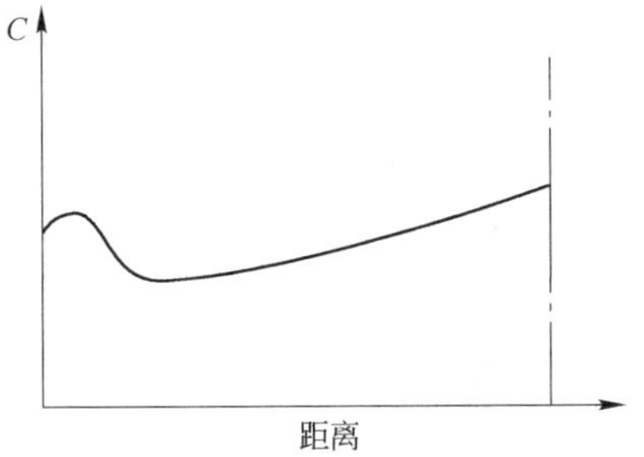

图4－63　铸锭中反常偏析示意图

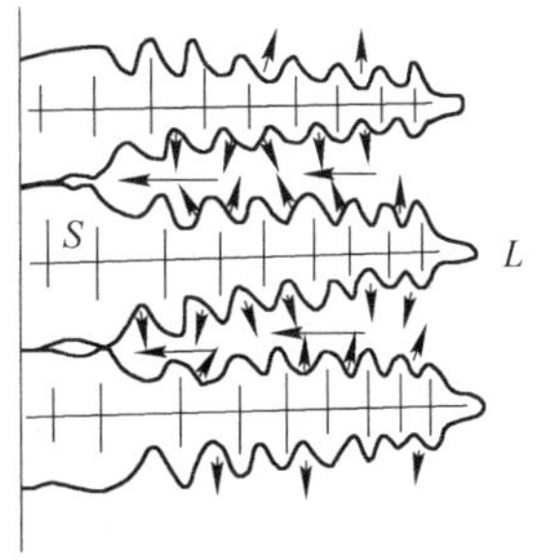

图4－64　反常偏析形成示意图

可见，铸锭结晶过程中实际凝固区的宽窄以及冷凝收缩的大小都对负偏析起着很重要的作用。在顺序凝固条件下，凡是增加凝固区宽度的因素（诸如液、固线间距大，温度梯度小等）以及凝固收缩较大的合金（如铝合金、镁合金和一些铜合金），都易出现反常偏析，但在钢铁中，这种偏析一般不易出现。

3. 比重偏析

在铸锭中经常发现上、下部分之间有显著的成分差异。这除了可能由于沿垂直方向进行顺序结晶而造成的正常偏析外，在许多其它情况下，恰恰相反，它是在整体比较均匀的结晶条件下而造成的，即在中间等轴晶区产生的。它是由于固、液相间有成分和比重的差异，结晶过程中发生了浮、沉现象而造成的，所以叫比重偏析。

一般来说，即使成分相同，固、液相之间比重也不会相同。除了少数结晶时发生膨胀的金属外，绝大部分金属和合金，固相的比重都较液相大，所以在整体结晶的条件下，晶体总是往下沉的，所谓铸锭中的“结晶雨”即指此而言。与此相对应，液体必然要上浮。当异分结晶时，情况比较复杂，固相的比重既可以比液相的小，也可以比液相的大，前者上浮，而后者下降，而液相则向相反方向运动。无论哪一种情况，都会造成铸锭上、下部分之间化学成分的不均匀。在其它条件相同时，液、固相之间比重相差越大，则比重偏析也越严重，因此在一些以钨、铅等重元素为溶质的合金中，或在一些以铝、镁等轻元素为溶质的合金中，如何防止或减轻比重偏析便成了生产中的主要问题之一。

加快结晶速度或机械搅动液体可以减弱比重偏析，也可以应用化学变质法，例如在锡锑合金中加入铜，铜与锡可形成高熔点的 ε 相（CuSn），它先结晶成枝晶骨架悬浮在液体中，可阻止后结晶出的 β 相（SnSb）上浮。

五、铸锭中的缩孔与气孔

铸锭或铸件中的缩孔和气孔，是其致密性降低的主要原因，也是影响铸锭质量的诸因素之一。

绝大多数金属和合金结晶时都要发生体积的收缩，只有少数金属（如 Sb、Bi、Ge、Ca 及 Si 等）和某些易熔合金（如 57% Bi - 17.3% Sn - 25.7% In）在结晶时才发生体积的膨胀。

结晶时的体积收缩是铸锭内部出现所谓缩管或缩孔的内在因素，而冷凝条件则是其外在因素。

假若铸锭由下向上单方向依次凝结时，则铸锭内部自然不会有缩孔产生；但当由下向上凝固的同时，又由外向内依次冷凝时，则将在铸锭上部形成开口的锥形缩孔，见图 4 - 65（*a*）；当上部也和四边及底部同时冷凝时，将形成封闭的缩孔，见图 4 - 65（*b*）。也可以出现上述两种缩孔的混合形式，如图 4 - 65（*c*）所示，图中的小缩孔是由于冷凝过程中处于这一区域的液体和其余液体完全隔离而造成的。一般来说，任何被固体所完全孤立分离开的那部分液体，由于无从补缩，冷凝后都会留下缩孔。

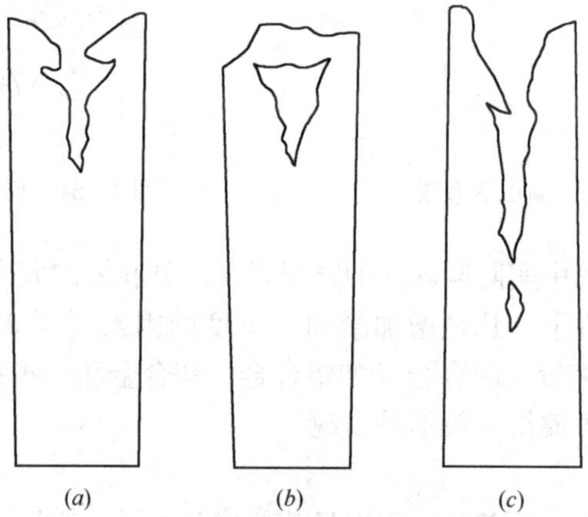

图 4 - 65　铸锭中的缩孔

在柱晶以枝晶形式向液体纵深推进过程中（参看图4－60），或在铸锭中部粗大的等轴晶区形成过程中，在液固交错区会遍布得到充分发展的枝晶骨架。由于各晶枝间互相穿插和相互封锁作用，会使富集着低熔点（或降低熔点）组元的液体被孤立分隔于各枝晶之间，这样，冷凝后会在这些区域形成许多分散的小缩孔。小缩孔的综合称为疏松。进一步分析，甚至一个枝晶的各级分枝之间也会出现类似的情况，因而在一个晶粒内部也会出现许多更小的缩孔，这些缩孔叫显微缩孔，它们的综合可称之为显微疏松。

一般来说，液体中总会或多或少地溶有部分气体，而气体在固体中的溶解度往往要比在液体中的小，因此，当液体凝固时，其中所溶解的气体将和其它溶质一样，逐渐富集于结晶前沿，最后在固相和液相界面上的有利位置形核长大而成气泡。所以气泡的分布，实际上说明了气体本身的偏析。随着冷凝条件的不同，气泡或逐渐长大并上浮，直至达到液体表面而逸出，或陷入已形成的固体中而成气孔。

气孔也可由于液体中的某些化学作用所产生的气体而造成。例如钢锭中的气孔可由氧碳作用生成氧化碳而形成。当气泡附着在逐步向液体中推进的固体表面而长大时，若附着在成长中的柱晶界面上而长大时，如果气泡的长大速度与界面向前推进的速度相等，则将会形成其长轴与界面相垂直的柱状气孔。当界面推进速度很大而气泡成长较慢时，气泡将被固体封闭而成球形气孔。

实际上，铸锭或铸件中的缩孔与气孔有时很难截然分开。因为气泡最易在压力减小时形成，而封闭缩孔的出现又必然产生负压，所以二者经常是共同起作用的，甚至在液体中溶解的气体很少，不足以单独形成气泡的情况下，在缩孔中也会发现气体。在同样大小的收缩情况下，气体起主要作用时，缩孔较集中；气体很少时，缩孔较分散。

在轧制或锻压时，铸锭上部的集中缩孔，一般都要切除掉，而铸锭内部的分散缩孔或气孔则大多可以焊合。但内壁被氧化的，特别是接近表面的皮下气孔或缩孔最易引起裂纹或起皮。

控制气孔或缩孔的数量和分布，对铸锭或铸件质量有很大意义，也是从事冶炼和铸造生产者必须认真对待的问题之一。

第六节　改善铸造金属材料组织的方法和途径

前一节已经重点分析讨论的铸锭组织及其各种缺陷的形成规律和影响它们的一些基本因素，对于各种铸件来说，也是基本上可以应用的。

铸件和铸锭的差异，除了形状、尺寸等不同外，还在于应用的目的不同，前者已成型，基本上是供直接使用的，后者则要经过锻压或轧制等成型后才能应用。因此，除了基本要求相同以外，铸件的要求就更高些，更严格些。

无论铸锭或铸件，一个很大问题就是内在的不均性，这种不均匀性既表现在宏观上，也表现在微观上。它包括：结晶组织方面的不均匀性（如三个晶区中的晶粒形状大小和取向的不同）；化学成分方面的不均匀性（如各种类型的偏析的产生）以及物理方面的不均匀性（如各种缩孔、裂纹、气泡等的存在）。这些不均匀性的产生并不是孤立的而是相互联系着的。正是由于这些不均匀性的存在，使得铸件不能充分发挥金属材料的潜在性能。因此，这些不均匀性的程度也就成了评定铸件质量的重要指标。

在现实生产条件下，完全消除上述不均匀性是难于实现的，但是利用前边所讨论过的一些基本原理，尽可能减小这些不均匀性还是具有很大潜力的。

在尽可能减小铸件内在不均匀性的条件下，细化晶粒组织是提高铸件强度和韧性的重要途径。近年来，在这方面已取得了很大成果，已有方法能够将晶粒从通常的一般尺度（一毫米至几十微米）细化到微米的数量级或微米以下的范围，称之为超细晶粒度。

细化晶粒的基本途径在于尽可能地提高晶核的形成速率，并同时减小晶体的成长速度［参看公式（4－11）］，以使大量晶核在没有显著长大的条件下便相互干扰而凝固结束。以下介绍几种可用的方法或措施。

一、化学孕育法或变质法

这种方法是向液体加入所谓孕育剂或变质剂，既可直接加入，也可以涂料的方式涂于模壁。

变质剂分两类：一是促进形核，一是阻止长大，而以前者为主。

促进形核的变质剂其作用也不完全相同，有的只是形成大量固体小质点，分散悬浮在液体中，直接充作非均匀形核的基底，以此来达到细化晶粒的目的。例如，低合金铸钢中用钛铁粉、过渡金属或其碳化物；硅钢中用 TiB_2；奥氏体钢中用氮化铬、金属粉；铜合金中用过渡金属的氮化物、硼化物以及 Mo、Nb、W、V；铝合金用 TiB_2、$A1B_2$、Nb 等等都属于这一类。有的是进而利用变质剂与合金液体发生包晶反应而生成更多的晶核，来达到细化晶粒的目的。例如，当铝合金中加入适量钛时，在铝结晶前，液体中便先形成 $TiAl_3$ 相，它以细小的枝晶形式悬浮在液体中，或附着在模壁上，当冷却到一定温度时，$TiAl_3$ 可与液体发生包晶反应（$L + TiAl_3 \rightarrow Al$），Al 便依附着 $TiAl_3$ 而结晶，而把 $TiAl_3$ 部分包围起来，逐步吞食着 $TiAl_3$。这一方面 $TiAl_3$ 对 Al 起了非均匀形核作用，另一方面 $TiAl_3$ 在消失过程中的碎枝残屑可被液体对流带到其它部位，而形成更多的核心。其它如，铜合金中加入铁或铁合金［$L(Cu) + Fe \rightarrow Cu$］，镁合金中加入锆或锆盐［$L(Mg) + Zr \rightarrow Mg$］等都是利用包晶反应而起到显著细化晶粒的效果。

阻止晶体长大的变质剂是利用这样一个原理，这种变质剂在液相中可以完全溶解，但在固相中几乎不溶解，所以一旦液相发生结晶，变质剂中的元素就立即富集在晶体相界面上的液相中，这样，晶体长大就困难了。例如 Al－Si 合金中加入少量的钠盐（NaCl 或 NaF），钠便溶解在液相中，但钠几乎不溶于硅晶体，所以当硅晶体形成时，钠便立即被排出去富集在硅晶体周围的液相中，这就阻止了硅晶体的长大。

二、快速冷却法

加快液体的冷却可以增加结晶时的过冷度 ΔT，一般来说，ΔT 越大，则晶核的形成速率 $\dot{N}$ 和晶体的长大速度 $\dot{G}$ 也越大，但前者比后者随 ΔT 的变化更大，如图 4－66 所示，因此，增大冷却速度可以细化晶粒。实际上一般采用的加强冷却的方法是设法使模壁激冷，或加强模壁的冷却能力。例如，水冷模壁，或在模壁上镶嵌导热板等都是行之有效的方法。如果能够设法使整个铸件差不多同时获得很大的过冷度，那么就可以一举两得，既细化了晶粒又可使整个组织均匀一致。

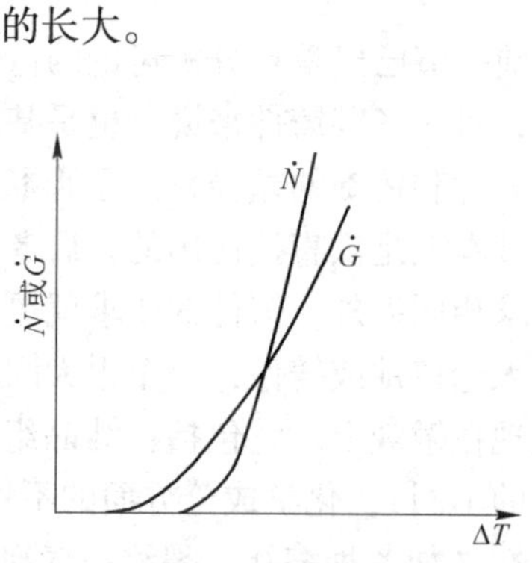

图 4－66　晶核形成速率 $\dot{N}$ 及晶体长大的线速度 $\dot{G}$ 与过冷度 ΔT 的关系

但是不管那种快速冷却法都将受铸件体积这个因素的很大限制。因此，它们都有一定的局限性。

三、加强液体运动法

电磁搅拌、机械振动、加压浇注以及离心浇注等方法都是生产上行之有效的细化组织的方法。这些方法都在于增强液体流动，使液体与已生成的枝晶之间产生剪切作用，加快晶枝的剥落，增加晶枝的繁殖。此外，振动还可以使 $\dot{N}$ 增大从而达到细化晶粒的作用。

以上分别讨论了三种细化晶粒的方法，如果适当综合利用会取得更好的效果。

若铸件整体组织细化而又均匀化了，则铸件的其它物理和化学的不均匀性也将随之而得到显著的改善。

第七节　定向凝固的应用

在前几节中已分别指出定向凝固的一些特点，这些特点已被用来为生产和科研服务，兹举其要者如下：

一、铸造织构的获得

铸造织构是在一定条件下定向结晶的产物。合理地设计铸型和控制冷凝条件，使铸件单方向地由一端向另一端逐步进行结晶，就可以使整个铸件成为织构。

具有织构的铸件，一般在性能上表现为较强烈的各向异性，即沿某些方向，其性能较平均值高，而沿另一些方向，却较低。所以对一些单要求某些方向具有较高性能的零件，就可以利用织构这一特性。例如，汽轮机的叶片在力学性能上主要要求轴向强度高，以抵抗高速运转时的离心力，因此，如果采用铸造的叶片，那么就可以利用定向结晶的原理和方法来取得铸造织构，从而提高其使用寿命，这在生产上已取得显著效果。

二、单晶体的制取

随着生产和科学的发展，单晶体的应用日渐增加。应用定向结晶制取单晶，是制造单晶的主要方法之一。

不言而喻，当液体在一个具有相当体积的铸模中进行结晶时，如果要获得单晶体则必须保证这样一个条件：整个结晶过程只能是一个晶核的产生和长大过程。这个条件是相当苛刻的：首先要求在开始结晶时整个液体中只能产生一个核心；其次要保证这个晶核在液体中能够顺利成长而不再出现新的晶核。

利用定向结晶来制造单晶，较易控制。例如将液体置入一个上粗下细的铸型中，并设法使其缓慢地由底部逐步向上冷却，若在底部置一籽晶，即可制得单晶。也可以利用以下将要讨论的区域熔化法，使多晶体试棒由一端向另一端逐步熔化并逐步结晶而制取单晶体。

三、区域熔化（提纯）

区域熔化法可制取纯度非常高的晶体，例如它已可使一些半导体材料（Si、Ge 等）的纯度高达十个 9（$1\sim10^{-10}$），这是任何其它提纯法所无法比拟的。

区域提纯法是根据异分结晶合金的选分结晶原理而设计的。如前所述，对 $K_0<1$ 的合金来说，结晶出的固相其浓度总是小于液相的浓度。若将一般金属中的杂质看作固溶体中的溶质，显然上述关系仍然成立，即结晶过程中晶体的纯度总是大于液体的纯度。因此，如果在结晶过程中能够将已结晶出的晶体从富含杂质的液相中分离出来，然后再熔化，再

结晶，再分离，如此反复进行，则晶体的纯度将会一次比一次高，最后将会得到超高纯度的金属。问题的关键在于必须及时将结晶出的晶体分离出来，这有许多实际困难问题需要解决。采用定向结晶的办法，固然也可以不分离晶体，不过只能取得一次效果（参看图4-29），提纯有限。区域熔化法巧妙地解决了这个矛盾，使晶体既不直接分离，又可达到反复提纯的效果。

图4-67是区域熔化装置示意图，这里设一个长度为 L 的金属试棒，套上一个宽度略小于 l 的加热器，使试棒能够产生一个宽度恰为 l 的熔化区。加热器由左向右逐步移动，便可将试样前熔后凝，使熔区随之而扫过试棒，这相当于将试样重新熔化和重新结晶了一次，这就会使杂质富集在右端，而使左端的纯度提高，如此反复进行 n 次。由于试样始末两端始终是分离的，所以左端的纯度便可以一次比一次高。图4-68是当 $K_0=0.5$，而 $l=L/10$时，试样左端浓度与熔化次数 n 的关系。显然，K_0 与1相差越远，或 n 越大，则试样一端的纯度将比另一端也越高。除此而外，熔区内液体成分的均匀化对提纯效果也是很重要的，所以一般多采用电磁感应加热法，借助电磁搅动作用，可取得较好的效果。

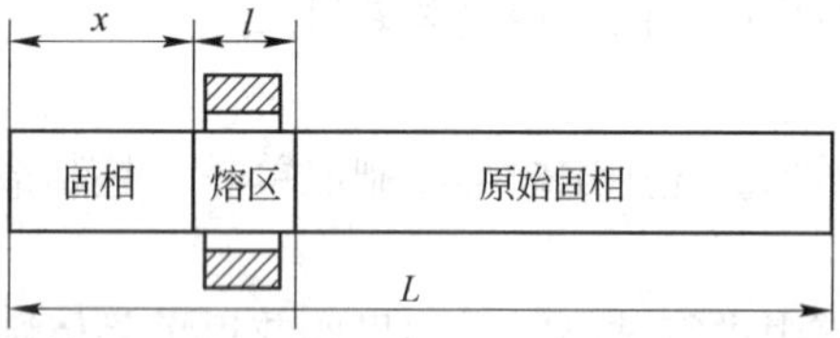

图4-67　区域熔化装置示意图

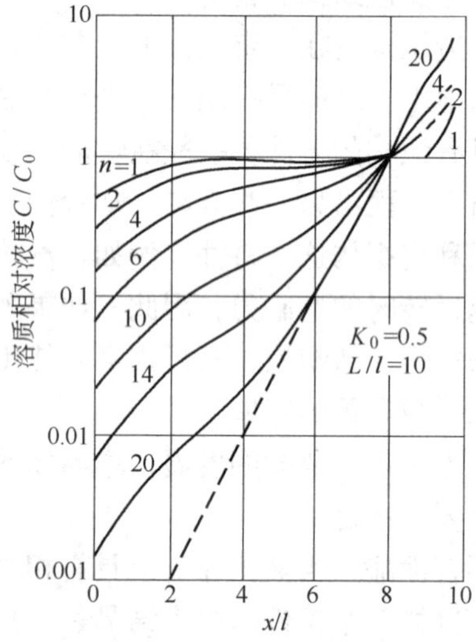

图4-68　区域熔化次数 n 与溶质浓度 C/C_0 分布

四、复合金属材料的制造

利用高强度的纤维丝定向地镶入柔韧的基体中而制得的所谓复合材料具有很高的强度，这一事实已为人们所认识，并已相当广泛的应用了。近年来这种方法已逐渐扩展到金属材料领域中，而成为强化金属材料的重要方法之一——纤维强化。

复合金属材料既可以用一般物理方法制造，也可以利用定向结晶来制造，但后者具有较多的优点。例如，纤维与基体之间结合力较强，稳定性较高，相互间的分布也比较均匀、细致，因而材料的强度会更高。

凡是结晶后由两个相（最好一强、一韧）组成的合金，例如共晶系或偏晶系合金，都有可能利用定向结晶的方法制得纤维强化的复合金属材料。

例如图4-69为共晶系合金定向结晶示意图，这里设合金 C_0 在结晶器内由左向右逐步进行结晶。由所举相图以及组织与成分的关系曲线不难理解，在结晶的第Ⅰ阶段，是单

相 α 的形成和长大阶段。如果设液/固界面为平面，结晶过程只依靠液相中的扩散（无对流、搅动等），而固相中的扩散可忽略不计，那么随着结晶的进行，α 的成分将逐渐由 K_0C_0 向 K_0C_E 而变化。当 α 成分达到 K_0C_E 时，α 附近液相的成分将达到 C_E，这就会又同时开始 β 的结晶而进入第Ⅱ阶段。在这个阶段，α 与 β 相对量之比随时间而变化着，当其平均成分达到恰与 C_0 一致时，便进入第Ⅲ阶段，即达到了稳衡态结晶阶段。此后界面的浓度布梯度即维持恒定，α 与 β 的比例也不再改变了，但结晶可继续进行，直到接近终端。这样凝固后的材料，只要去掉两端很小一部分，便可得到一根以 β 作为纤维的，而且其比例一定，分散度也一定的纤维强化材料。

应该指出的是，即使合金成分已定，也还是可以通过控制冷却条件和结晶速度来调整 α 和 β 的相对比例以及 β 的分散程度。除此而外，保持液/固界面为平面也是取得均匀纤维的重要条件。所以必须合理的调整温度梯度和结晶速度（参看图 4－37），否则会出现树枝状或片层状组织，使强度下降。例如，图 4－70 举出了 Ta－TaC 共晶合金在不同条件下进行定向结晶后，由于得到片状和棒状两种组织，而表现在强度上的差异。虽然进行定向结晶后，合金的强度已比一般铸造后的强度要高，但得到棒状组织后其强度更高。当然，这里所说的强度是指与纤维平行的方向上的强度。

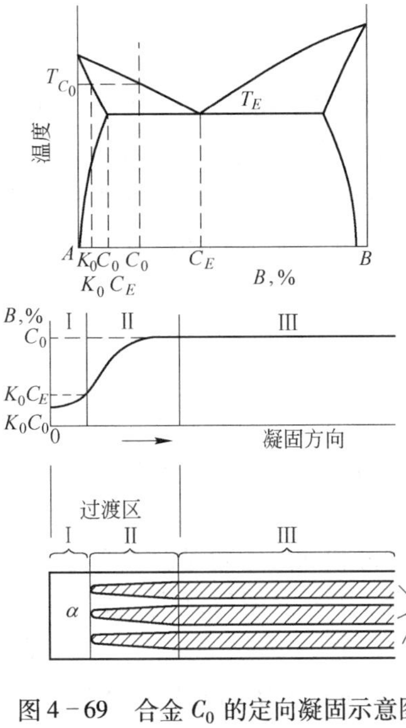

图 4－69　合金 C_0 的定向凝固示意图

Ⅰ—第一阶段；Ⅱ—第二阶段；Ⅲ—稳衡态长大阶段

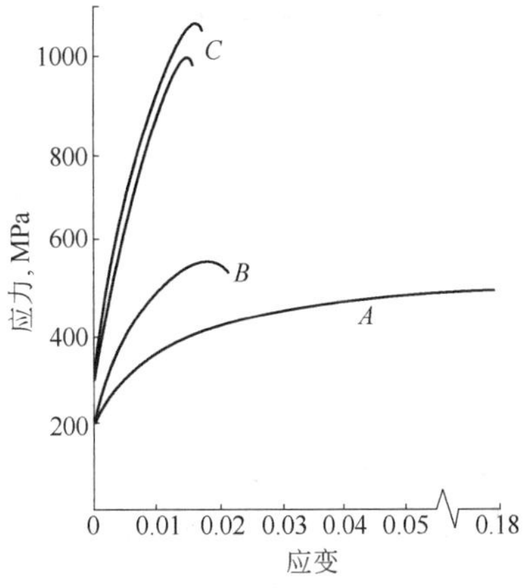

图 4－70　Ta－TaC 共晶组织不同时的应力-应变曲线

A—一般铸造；B—定向结晶，片层组织；C—定向结晶，棒状组织

第五章　金属及合金的形变

金属或合金在力的作用下所引起的形状和尺寸的改变称为形变。作用力去除后，立即消失的那部分形变叫弹性形变；永远残留的那部分形变称为范性形变。本章主要讨论范性形变。

生产上的许多工艺操作，有的是直接利用范性形变对金属材料进行加工成形的（锻、轧、拉拔、挤压等)，有的则是必不可免的伴随着范性形变（车、刨、钻、磨、铣、锉等)、还有的则是力求避免或减少范性形变的（铸造、热处理)。当作为成件而使用时，一般也都不允许产生范性形变。

范性形变，除了可使工件的形状或尺寸改变外，还会引起金属或合金内部组织和结构的变化，从而使其性能发生变化。

因此探讨金属和合金范性形变的规律具有重要的理论和实际意义，一方面可借以揭露金属材料的范性和强度的实质，并由此探索强化金属材料的方法和途径；另一方面对处理生产上各种不同的有关形变的问题可提供重要的线索和参考，或作为改进加工工艺和提高加工质量的依据。

范性形变大致可分为两类：冷范性形变和热范性形变。二者是以低于和高于具体材料的某一规定温度（或温度区间）来作为判别标准的，这个温度称再结晶温度。

从金属材料生产的流程来看，一般是首先进行热形变，而后才进行冷形变和再结晶退火。但为了学习的方便，本章先讨论冷形变，第七章再讨论再结晶和热形变。

第一节　应力与应变

一、真实应力-应变曲线

物体受力后就会发生或大或小的形变，力与形变是前因与后果的关系，但是同样大小的力对不同大小的同一物体来说，形变量却是不同的。所以必须应用应力与应变的概念才能确切反映力与形变的关系。

物体在形变过程中，例如在单向拉伸过程中，它的形状和尺寸随时都在变化着。因此每一瞬间的真实应力 σ_i 是以其瞬时的实际截面积 A_i 除作用力 P 所得之值，即

$$\sigma_i = P/A_i \tag{5-1}$$

而瞬时的真应变，即应变增量应为 $d\varepsilon = dL/L$，其中 L 为试样的瞬时长度，所以总的真应变 ε 应为

$$\varepsilon = \int_{L_0}^{L} d\varepsilon = \int_{L_0}^{L} dL/L = \ln(L/L_0) \tag{5-2}$$

其中 L_0 为试样的原始长度。

如果测出作用力、瞬时截面积和瞬时长度，则根据式（5-1）和式（5-2）即可求出 σ_i 和 ε，并可作出 σ_i 与 ε 的关系曲线，如图 5-1 所示，称之为真应力-应变曲线。图中 OP 相当于纯弹性应变阶段，PF 相当于弹性加范性应变阶段，点 P 为弹性极限，F 为断裂点。当应力达到相当于 OP 段的任一点，例如 a 时，试样即产生相当于 ab 的应变；

应力去除后，这一应变将立即随之消失。当应力达到相当于 PF 段的任意一点，例如 c 时，应变相当于 ce；应力去除后，应变将随之减小相当于 cd 的值，而剩余下相当于 de（$=Of$）的值，这就是范性应变。当应力达到 g 点，而应变相当于 gF 时，应力去除后，弹性应变部分（gh）立即消失，而剩下相当于 O_i 的范性应变，即使此时试样断裂，则两个断裂点也会缩回相当于 gh 的弹性应变。由此可见，范性形变不会孤立进行，它必然要伴随着弹性形变。

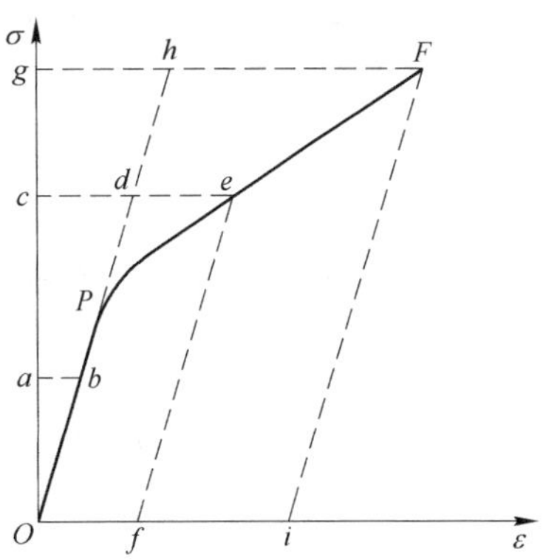

图 5-1　真应力-应变曲线

二、工程应力—应变曲线

为了实用上的方便，工程上多采用另一种应力和应变的计算方法。例如作拉伸试验时，不论试样的形变多大，皆以试样的原始截面积 A_0 和试样的原始长度 L_0 作为计算标准，这样所得出的应力 σ 和应变 e 分别为

$$\sigma = P/A_0 \tag{5-3}$$

$$e = (L - L_0)/L_0 = \Delta L/L_0 \tag{5-4}$$

式中，σ 和 e 分别称为工程应力和工程应变，它们之间的关系曲线则如图 5-2 所示。

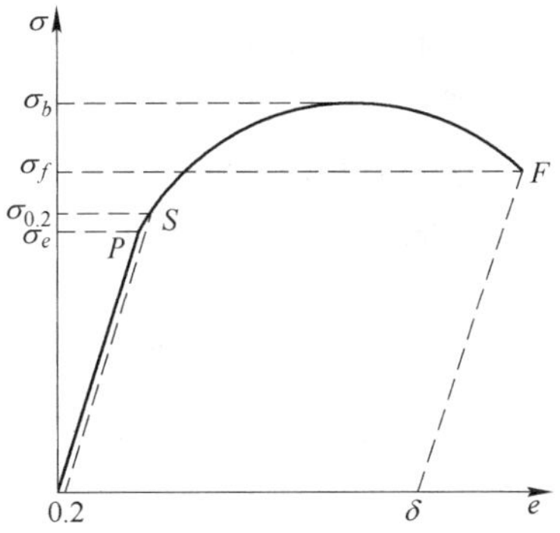

图 5-2　工程应力-应变曲线

由于 A_0 与 L_0 都是常数，所以工程上由拉伸所得的应力—应变曲线，实际上与载荷-伸长曲线的形状是完全一致的，因此经常用后者取代前者。

图中 σ_e 称弹性极限，$\sigma_{0.2}$ 称屈服强度，σ_b 称抗拉强度，σ_f 称断裂强度，合起来统称为强度指标。OP 相当于弹性形变阶段，PSF 相当于弹性加范性形变阶段。按理弹性极限与屈服强度二者应重合为一点，但由于它们不易精确测定，所以人为地规定以产生范性形变为 0.01% 和 0.2% 的应力分别作为规定弹性极限和规定屈服强度，分别记为 $\sigma_{0.01}$ 和 $\sigma_{0.2}$。

除强度指标外，还有两个范性指标，即伸长率 δ 和面缩率 ψ，分别定义为

$$\delta = [(L_f - L_0)/L_0] \times 100\% \tag{5-5}$$

$$\psi = [(A_0 - A_f)/A_0] \times 100\% \tag{5-6}$$

式中，L_f 代表断裂时试样的标距长度，A_f 代表试样断裂处的横截面积。

为了能比较出不同材料的强度指标和范性指标的差异来，试样尺寸最好按照统一的规定标准来制作，否则对比起来，有的指标会发生问题。

工程应力-应变曲线所表达的各种指标，在工程设计上具有重要的实用意义，且由于测试的方便，这一曲线已获得广泛应用。需要时，也可以将它换算为真实应力、应变指标：

由公式（5-2）及公式（5-4）可以推出 e 与 ε 的关系式。

将公式（5－4）稍加改变可得：

$$e=\Delta L/L_0=(L-L_0)/L_0=L/L_0-1$$

$$L/L_0=e+1$$

然后代入公式（5－2）便得到 ε 与 e 的关系式

$$\varepsilon=\ln(L/L_0)=\ln(e+1) \tag{5-7}$$

另外，根据在均匀形变时体积不变原理可得，$L_0/L=A_i/A_0$，而公式（5－1）可写为

$$\sigma_i=P/A_i=(P/A_0)\times(A_0/A_i)$$

将前式代入后式便得真应力 σ_i 与 e 的关系式

$$\sigma_i=(P/A_0)(L/L_0)=(P/A_0)(e+1) \tag{5-8}$$

但应指出，公式（5－7）及公式（5－8）只适用于均匀形变阶段，当试样出现缩颈后，公式即失效了。

第二节　弹 性 形 变

一、弹性形变的宏观定律

对理想的弹性体来说，在应变不很大的情况下，应力与应变多成线性关系，而且是可逆的，这个关系称为虎克定律。

在单向拉伸的简单条件下，真实正应力 σ_i 与真应变 ε 的这个关系可写为

$$\sigma_i=C\varepsilon \tag{5-9}$$

比例常数 C 称弹性模量，它反映了金属材料抵抗弹性形变的能力。

相似的关系，在单向切变的简单条件下也成立，即

$$\tau=C'\gamma \tag{5-10}$$

式中，τ 代表切应力，γ 代表切应变，C' 称为切变弹性模量。

当采用工程应力与应变时，类似式（5－9）和式（5－10）的关系仍然成立，但比例常数稍有变化，习惯上分别用 E 和 G 来表示，E 也称为杨氏模量，E 与 G 的关系为

$$G=E/[2(1+\nu)] \tag{5-11}$$

式中，ν 称为波松比，表示纵向形变与横向形变间之比值关系。

一般来说，弹性形变都比较小，特别是对刚性较大的金属材料来说，更是如此。在这种情况下，工程应力及应变与真实应力及应变的区别很小，E、G 分别与 C、C' 等同起来。

在三向拉伸或三向压缩的条件下，物体除了形状变化外，还要发生体积的变化。例如对各向同性体来说，若受到三向压应力 P，则任一主方向上的应变 e 为

$$e=-\frac{P}{E}+\nu\frac{P}{E}+\nu\frac{P}{E}=\frac{P}{E}(2\nu-1)$$

而体积的相对变化 $\Delta V/V$ 为：$\Delta V/V=3e=3P(2\nu-1)/E$，这样便得到了压力 P 与体积应变的关系

$$P=-\frac{E}{3(1-2\nu)}\left(\frac{\Delta V}{V}\right) \tag{5-12}$$

式中，$E/3(1-2\nu)$ 称体积弹性模量，可用 K 来表示，K 的倒数 $\beta=1/K$，称体积压缩系数。

二、弹性应变能

使晶体发生弹性形变所做的功几乎完全以所谓弹性能的形式储存在晶体内部了，所以称之为弹性应变能，它随应力或应变而变化，在上述单向拉伸的简单情况下，很容易计算出来。

设试样长度为 L，横截面积为 A，受力 P 后，伸长量为 dL，则形变功 $dW=PdL$，这时的应力 $\sigma=P/A$，应变为 $d\varepsilon=dL/L$，试样体积 $V=A\cdot L$，经过换算可得 $dW=\sigma VdL/L$，设试样体积近于恒定值，所以，由此就可求出单位体积的能量

$$\int\left(\frac{dW}{V}\right)=\int_{\theta}^{\varepsilon}\sigma d\varepsilon$$

它正好等于图 5-1 中真应力-应变曲线下边的面积。所以结合公式（5-9）便得到

$$\frac{W}{V}=\frac{1}{2}\sigma\varepsilon=\frac{1}{2}C\varepsilon^2 \qquad (5-13)$$

若应用工程应力、应变，则上式可写为

$$\frac{W}{V}=\frac{1}{2}Ee^2=\frac{1}{2}\frac{\sigma^2}{E} \qquad (5-14)$$

相似的关系在切变条件下为

$$\frac{W}{V}=\frac{1}{2}G\gamma^2 \qquad (5-15)$$

可见，单位体积的弹性应变能总是等于弹性模量与弹性应变平方的乘积之半。

三、影响弹性形变的内在因素

金属或合金弹性形变的宏观表现，基本上是其内部原子结合力的反映，弹性模量的大小表征着原子结合力的大小。

由双原子模型（见图 2-16a）已经可以初步看出弹性的实质。晶体不受外力时，其内部原子应基本上处于平衡位置，它们相互间的作用力表现为零，此时位能也最低。当晶体受到应力后，其内部原子因受力而立即偏离其平衡位置，见图 5-3；但原子间的作用力却力求使原子回复到它们原来的平衡位置，当二者达到平衡时，晶体便处于一定的弹性应变状态。若此时去除应力，这个平衡即破坏了，原子立即恢复到原来的平衡位置，形变也就随之而消失了。由于在原子平衡位置附近，原子间的作用力与位移的关系基本上为直线关系，这就决定了晶体的弹性应变与应力近似于直线关系，但当形变较大原子离开平衡位置较远时，直线关系即不存在了。

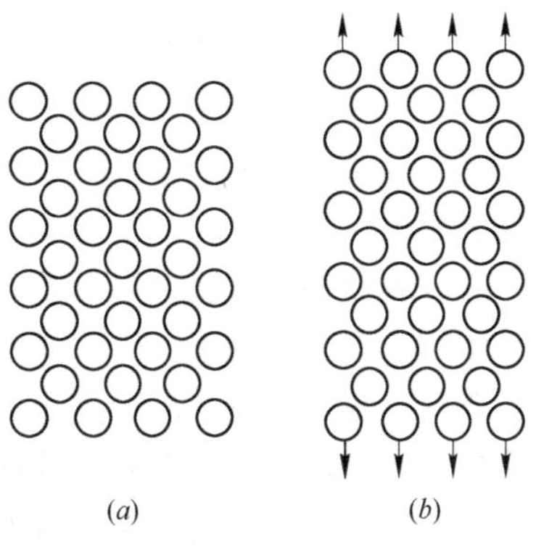

图 5-3　晶体的弹性形变与内部原子组态的变化

显然，原子间的结合力越强，晶体的弹性模量也应越大。

由于晶体中原子排列具有方向性，所以单晶体的弹性模量也具有方向性。一般来说，沿

原子线密度最大的方向，弹性模量也最大。例如，α－Fe 沿〈111〉方向，E 为 285891MPa（29000 公斤/毫米^2）；而沿〈001〉方向，E 为 132388MPa（13500 公斤/毫米^2）。

一般多晶体由于各晶粒的晶体学相对取向不同，相互间有强弱互补的作用，所以弹性模量的方向性表现不出来，所测数值大多介于最大值与最小值之间，例如多晶体 α－Fe 的 E 值约为 209860MPa（21400 公斤/毫米^2）。

弹性模量是属于结构不敏感的性能，它主要取决于基体中原子间的结合力大小，其它内外因素对其影响不甚大，例如各种钢尽管成分变化不小，但杨氏模量皆与纯铁相似，相差不超过 5%，因此一般地改变合金成分或组织难以有效地改善弹性模量。只有大量地合金化，并有显著性能差异的第二相出现时，弹性模量才会有较明显的变化。

第三节　范性形变的表象

一、范性形变的宏观特征

范性形变的宏观表现是物体的外形或尺寸发生了永久性的变化，在这个变化过程中，应力和应变的关系（图 5－1）已显著离开线性规律，摆脱了虎克定律的约束，而进入了一个新关系的领域。在这里，应力与应变的关系较为复杂，例如拉伸试验时，只有在均匀形变条件下，才能近似地用公式

$$\sigma = k\varepsilon^{n} \tag{5-16}$$

来表示。这是一个指数曲线，其中 k 称为强化系数，n 称为应变硬化指数，它们都随材料的不同而变化。但当试样产生缩颈后，应力与应变差不多又变成了近似直线关系。

应力随应变的增量（$d\sigma/d\varepsilon$），即曲线的斜率称加工硬化系数。加工硬化是范性形变所反映出的一个很重要现象。显然

$$d\sigma/d\varepsilon = kn\varepsilon^{n-1} \tag{5-17}$$

由于 n 一般小于 1，所以加工硬化在开始范性形变时（即 ε 很小时）总是较大的，但随着形变的增大便逐步减小，当出现缩颈后，差不多近于保持一个定值，直至断裂。不难看出，k 和 n 越大，则加工硬化率也越大。

二、范性形变在显微组织中的反映

范性形变既然引起了材料宏观性能的变化——加工硬化，那么这种变化必然会在组织结构上有所反映。

借一般金相显微镜可以观察到以下的变化：

1. 晶粒外形的变化

随着形变的进行，晶粒逐步地改变其外形。其变化趋势大体上与工件宏观流变的趋向相符合。例如在工件受单向拉伸的情况下，晶粒沿着工件拉力轴的方向逐步伸长，如果不断裂，则到最后可变为难于分辨的纤维状晶粒；在工件受单向压缩的条件下，晶粒则随工件的压缩而逐渐沿着垂直于压力轴的方向伸展，直至变为圆片状的晶粒组织。图 5－4 是直接摄取的 α 铁冷轧前后的组织变化照片，可以看出，冷轧后，晶粒已显著沿轧制方向伸长。

但是，仔细观察，各晶粒形状的变化并不是均匀一致的，相互间是有差异的。在复相合金中，异相晶粒间这种差异就更为明显，特别是当异相晶粒之间成分和性能相差较大时。图 5－5 是低碳钢冷形变后的显微组织照相图。从图中可以看到，总的说来，晶粒都

伸长了，但珠光体（黑色，较硬）比铁素体（浅色，较软）的变化小，虽然它们各自间的变化也存在着不小的差异。

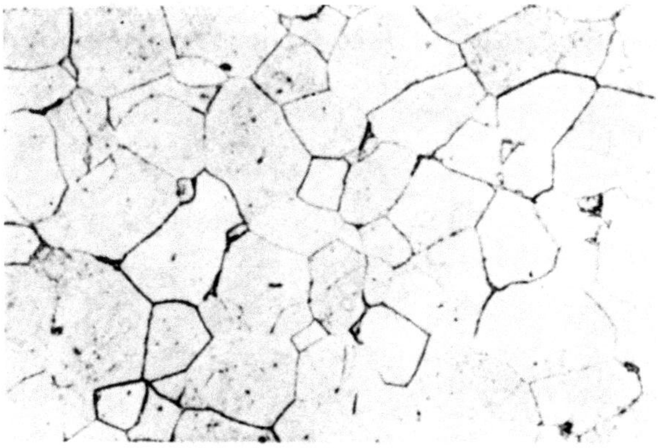

(*a*)

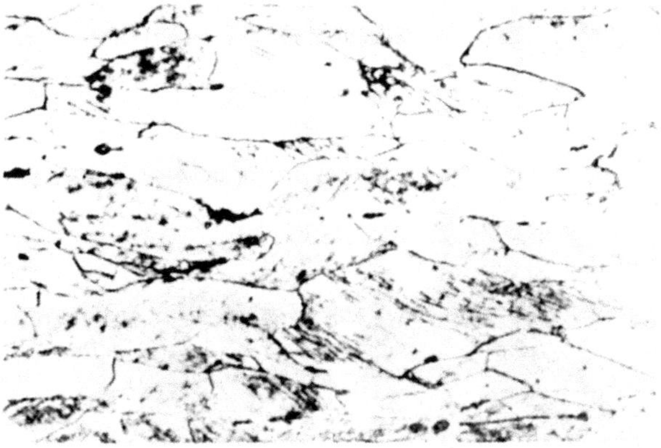

(*b*)

图 5－4　α 铁冷轧前（*a*）后（*b*）的组织变化（形变量 40%，×500）

2. 晶粒内部的变化

与晶粒外形变化的同时，晶粒内部也呈现出一系列复杂现象。图 5－6～图 5－9 是具

图 5－5　低碳钢（0.2% C）冷形变 50% 后的显微组织（×100）

图 5－6　纯铁中的滑移带（×300）

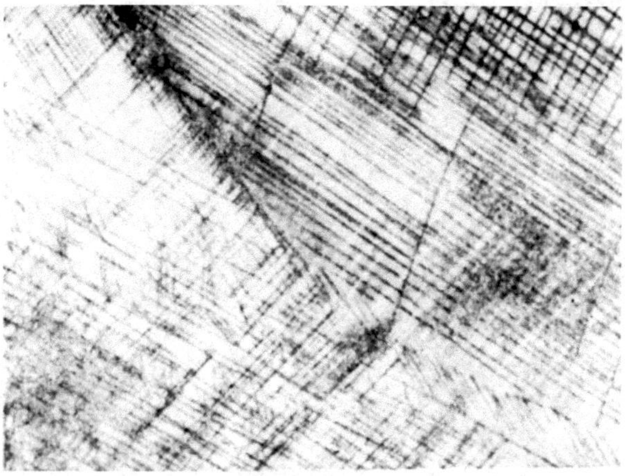

图5-7　铝中的滑移带（×145）

图5-8　锌中的孪生带（×100）

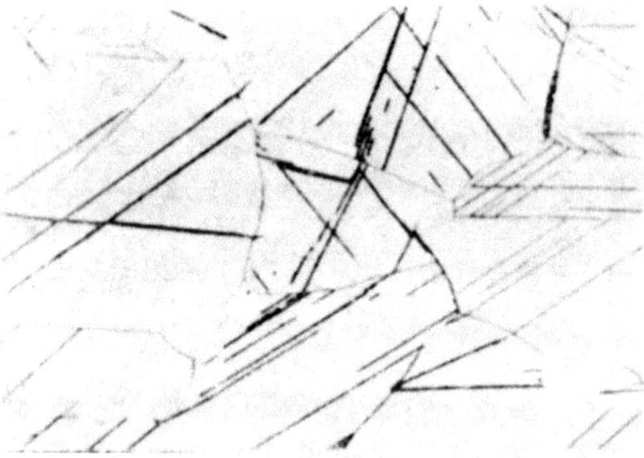

图5-9　铁中的孪生带（×100）

有不同晶体结构的四种金属经冷形变后晶粒内部变化的典型例证。

总的来看，在光学显微镜下形变在晶内的反映是出现一系列线条状的或带状的组织特征。随金属晶体结构的不同，或形变方式和形变条件的差异，这些带状可以是平直的、波纹状的或枣核形的，有的较宽，有的较窄。其数量和分布在各晶粒间存在着明显的差异。在一个晶粒内虽然也存在着差别，但大体上是相互平行的，或以一定角度相交叉的。

由以上引述的形变在显微组织中的表象，可以粗略看出，金属和合金的宏观形变是通过其所有组成的千万个晶粒既各自独立又相互协调地形变而完成的，每一个晶粒代表着一个形变的组织单元。这就启示人们，首先去探讨单个晶粒的形变问题。而单个晶粒的形变则又必然与它内部所出现的那些带状或线状组织密切相联系，这些条带组织有的叫滑移带，有的叫孪生带，有的叫形变带。然而它们的实质又是什么呢？为解决这个问题，应涉及到形变实质的根本问题之一，这便是以下各节所要讨论的主要内容之一。

第四节　单晶体的滑移

滑移是晶体形变最普遍的基本过程之一。

直接观察分析表明，滑移是晶体的两部分之间沿着一定的晶面（滑移面）和一定的晶向（滑移方向）而发生的一种相对切变，这种切变既不改变晶体的点阵类型，也不影响晶体的取向，只是在晶体表面出现了一系列的台阶状的痕迹，这就是在显微镜下所呈现的滑移带的实质。

滑移带在晶体中的分布是很不均匀的，即使晶体受到很均匀的应力，也往往如此。图 5－10 是单晶铝经拉伸 15% 后，晶体表面（形变前是光滑平面）的电镜照片，那些线条正是滑移的痕迹。分析表明，它是由一些大小不同的台阶组成的，图 5－11 是其示意图。

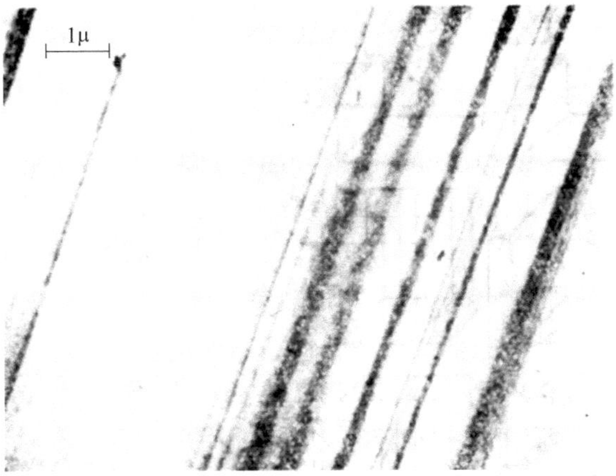

图 5－10　单晶体铝在室温拉伸 15% 后晶体表面的电镜照片

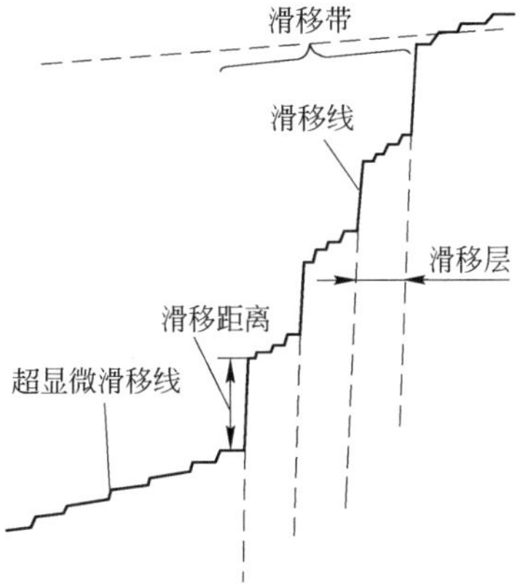

图 5－11　单晶滑移示意图

晶体受力时，首先在表面出现一些分布较均匀的极细微的小台阶，称为超显微滑移线。随后出现一些较大的台阶，分布很不均匀，每一个台阶相当于一条滑移线，几个邻近的台阶组成一个带称为滑移带。滑移带间的距离很不一样，带内相邻两线的距离也不一致，但多数约在 50～500Å 之间，这个被两相邻滑移线分隔开的未滑移部分叫滑移层或滑移块。台阶的高度（即滑移量）约在 70～1200Å 之间而变化。假若单纯以滑移进行形变，那么正是这些大小分布很不均匀的台阶的综合效果导致了晶体的宏观形变。

一、滑移的机理

晶体的滑移并不是像扑克牌那样的错动，尽管最后结果是相似的，但过程完全不同。

晶体滑移的元过程是由位错的运动而引起的。当位错线沿某一晶面逐点扫过晶体时，晶体的两部分也就沿这个晶面逐步地发生了滑移。图 5－12 是滑移元过程示意图。其中（a）、（b）表示正、负刃型位错运动引起的滑移；（c）、（d）表示左、右螺型位错运动引起的滑移。同一晶体、受到同一方向的切应力 τ，最后得到了同一滑移效果，但过程并不完全相同。（a）表示一个前后向的正刃型位错线由晶体右端沿滑移面逐步向左移动，晶体上下两部分则紧跟着位错的运动由右向左而进行滑移，待到位错移出晶体，滑移也就随之而完成了。（b）表示同一滑移效果，但由同一走向的负刃型位错线的运动来完成，显然，位错线运动方向和滑移的进程正好和（a）相反。（c）表示一个左右向的左螺型位错线由晶体的前端沿滑移面逐步向后端运动，晶体上下两部分间的滑移则紧跟着位错线的运动，也由晶体的前端逐步向后端进行，待到位错线移出晶体，滑移也就随之而完成了。（d）表示同一滑移效果，但由右螺型位错线的运动来完成，不难看出，此时位错线的运动方向和滑移进程正好和（c）相反。

总之，滑移是由位错的运动产生的。滑移时，刃型位错线运动的方向是和滑移方向相平行的，但正、负刃型位错的运动方向正好相反；螺型位错线运动的方向是和滑移方向相垂直的，但左、右螺型位错运动的方向正相反。

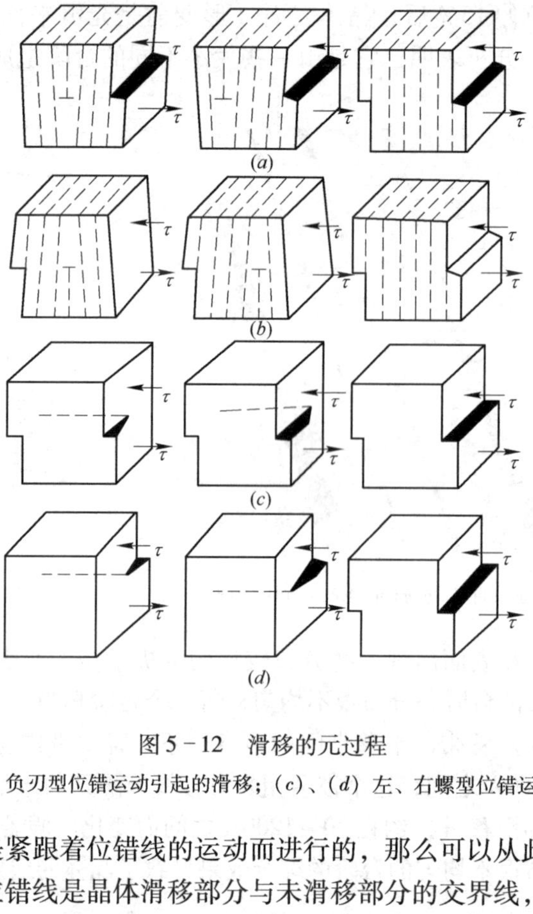

图 5－12　滑移的元过程

（a）、（b）正、负刃型位错运动引起的滑移；（c）、（d）左、右螺型位错运动引起的滑移

晶体的滑移既然是紧跟着位错线的运动而进行的，那么可以从此再赋予位错和其柏氏矢量一个新的含义：位错线是晶体滑移部分与未滑移部分的交界线，位错的柏氏矢量应等于位错运动所引起的晶体滑移（或切变）矢量。这样，对刃型位错来说，其滑移面就由它的柏氏矢量和位错线二者完全决定下来了，它只能是唯一的，因为二者是相垂直的；但对螺型位错来说，由于位错线与其柏氏矢量是平行的，滑移面就无法确定下来，或者说，螺型位错的滑移面可以是通过位错线的任一晶面，它究竟沿哪一个面滑移，这是要由晶体结构特点来确定的。

二、晶体的滑移面和滑移方向

实验事实表明，晶体的滑移大多优先发生在原子密度最大的晶面上。这是因为晶体中晶面间距是随原子密度的大小而变化的，原子密度越大的晶面，其面间距也越大。显然，沿面间距最大的晶面滑移阻力应该是最小的。从位错的运动来看也是这样，在位错沿着面间距最大的晶面运动的过程中，引起的点阵畸变也应该是最小的，因而所需的能量也最小。但这并不意味着沿其它晶面就不能滑移，而只是几率的大小不同而已。

如果说滑移是易于优先沿最密集的晶面发生的话，那么滑移方向便几乎是无例外地沿着原子线密度最大的那些晶向进行，这已为实验所证实，但也可用位错理论来说明。如上所述，位错扫过晶体时，晶体即产生相当于柏氏矢量的切变，但晶体的对称性必须保持不变，即晶体内部原子的相对位置不能改变，否则就不能叫滑移。能满足这个条件的最小切变量当然是沿最密集方向切变一个原子间距，这样做功也最小。这可用图 5－13 进一步来说明，图中 5－13（a）代表一个简单立方晶体的密集晶面，mn 为密集方向，若晶体上下两半沿 mn 切变一个原子间距 a，见图 5－13（b），显然，这并不改变晶体结构的对称关系。但如果沿任何其它非密集方向，例如沿 qr 产生切变，则切变量必须达到 c，如图 5－13（c）所示，才能保持晶体结构不变，而 $c>a$（$c=1.414a$）。这就是说，产生这样两种滑移的两个位错，其柏氏矢量应分别为 a 和 c。显然，只有沿密集方向，位错的柏氏矢量最小。但位错的能量或位错引起的点阵畸变是和柏氏矢量大小的平方成正比例的（见第二章第七节）。可见在上述情况下，沿 qr 而滑移的位错较之沿 mn 而滑移的位错畸变能高达一倍，这是因为 $c^2=(1.414a)^2\approx 2a^2$。而位错能量越高，位错便越不稳定，所以柏氏矢量的大小等于最密集方向上原子间距的位错，是能量最低的，显然也是最稳定的，它在晶体中存在的几率也是最大的。这就是为什么滑移总是沿着滑移面上那些原子密集的晶向之一而进行的主要原因。

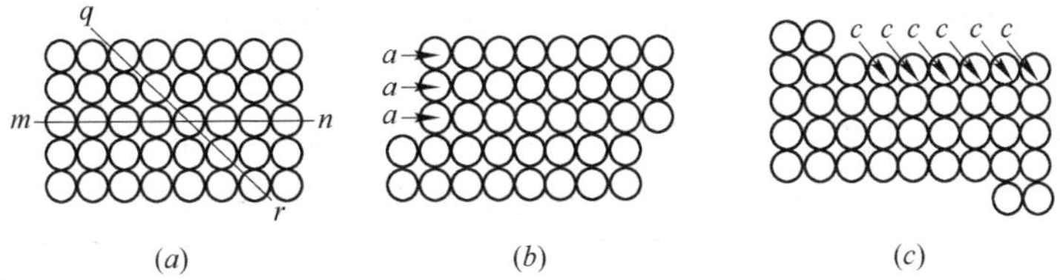

图 5－13　简单立方晶体中两种滑移结果的对比

（a）滑移前；（b）沿密集方向滑移；（c）沿非密集方向滑移

三、滑移系

晶体中一个可滑移的晶面和其上一个可滑移的晶向（即原子最密集的晶向）合称一个滑移系。可泛用 $\{hkl\}\langle uvw\rangle$ 来表示。

在面心立方晶体中，最可能发生滑移的晶面是 $\{111\}$ 面，这种晶面共有四组，即 (111)、$(1\bar{1}1)$、$(\bar{1}11)$ 和 $(11\bar{1})$，每个晶面上有三个密集晶向，如图 5－14（a）所示，所以共有 $3\times4=12$ 个可能的潜在滑移系。

在体心立方晶体中，最可能发生滑移的晶面是 $\{110\}$，其次是 $\{112\}$ 和 $\{123\}$，这些面上的原子密度都是较大的，而最可能发生滑移的晶向只有 $\langle 111\rangle$，它是原子最密集的晶向。$\{110\}$ 面共有六组，每组中有两个 $\langle 111\rangle$，如图 5－14（d）所示；$\{112\}$ 面共 12 组，每组中有一个 $\langle 111\rangle$，如图 5－14（e）所示；$\{123\}$ 面共有 24 组，每组有一个 $\langle 111\rangle$，如图 5－14（f）所示，这样，体心立方晶体可能的潜在滑移系总共为 $2\times6+1\times12+1\times24=48$，但其中只有前 12 个滑移系是较普遍的。

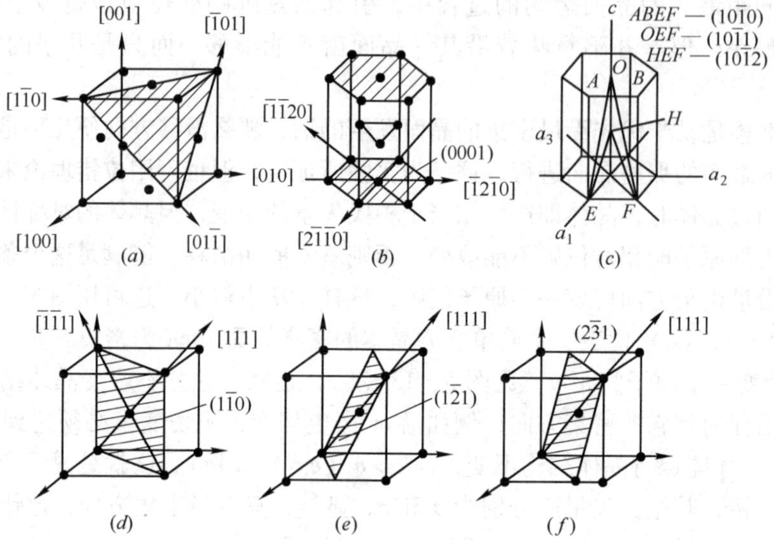

图 5-14　面心立方（*a*）、密集六方（*b*）、（*c*）以及体心立方（*d*）、（*e*）、（*f*）的滑移系

在密集六方晶体中，当轴比 $c/a=1.633$（理想值）或 >1.633 时，可滑移系为 $\{0001\}\langle 11\bar{2}0\rangle$，如图 5-14（*b*）所示，共有 3 个，它们分布在唯一密集面的那三个最密集方向上；当 $c/a<1.633$ 时，$\{0001\}$ 面就不再是最密集面了，虽然密度仍较高，而原来密度较小的晶面，如 $\{10\bar{1}0\}$、$\{10\bar{1}1\}$ 及 $\{10\bar{1}2\}$，其密度反有所增加，所以都可作为滑移面，但滑移方向仍然是 $\langle 11\bar{2}0\rangle$，这样可能的潜在滑移系就增加了，如图 5-14（*c*）所示。

由实验测出的关于滑移的一些具体数据，如表 5-1 所列，基本上证明了上述结论。

表 5-1　一些金属晶体的滑移系及滑移的临界分切应力

金　属	晶体结构	滑移系	临界分切应力（MPa）
Ag	面心立方	$\{111\}$　$\langle 110\rangle$	0.37
Al		$\{111\}$　$\langle 110\rangle$	0.79
Cu		$\{111\}$　$\langle 110\rangle$	0.49
Ni		$\{111\}$　$\langle 110\rangle$	3.24～7.17
Mg	密集六方	$\{0001\}$　$\langle 11\bar{2}0\rangle$	0.39～0.50
		$\{10\bar{1}0\}$　$\langle 11\bar{2}0\rangle$	40.7
Be		$\{0001\}$　$\langle 11\bar{2}0\rangle$	1.38
		$\{10\bar{1}0\}$　$\langle 11\bar{2}0\rangle$	52.4
Co		$\{0001\}$　$\langle 11\bar{2}0\rangle$	0.64～0.69
Ti		$\{10\bar{1}0\}$　$\langle 11\bar{2}0\rangle$	12.8
Zr		$\{10\bar{1}0\}$　$\langle 11\bar{2}0\rangle$	0.64～0.69
Fe	体心立方	$\{110\}$、$\{112\}$　$\langle 111\rangle$	27.6
Mo		$\{110\}$、$\{112\}$　$\langle 111\rangle$	96.5
Nb		$\{110\}$　$\langle 111\rangle$	33.8
Ta		$\{110\}$　$\langle 111\rangle$	41.4

四、滑移的临界分切应力

如上所述，金属晶体的潜在滑移系是较多的，有的多达48个（如α-Fe），最少的也有3个（如Cd、Zn等）。但这些滑移系并不能同时都启动，而是要由形变的具体条件，首先是由晶体的受力状态来决定的。滑移既是切变，那么不言而喻切应力分量便成了滑移的先决条件。

单晶体的拉伸实验表明，一个滑移系只有当受到它所需要的一定大小的切应力时，它才能开始滑移。

为简化起见，设取一个只有一组滑移面的单晶体试样进行拉伸，如图5-15所示。试样横截面积为A，轴向拉力为P，滑移面的法线OH与P的夹角为ϕ，滑移方向为OT，OT与P的夹角为λ，OS为滑移面上的最大倾斜线，OS与OT的夹角为χ，这样可以算出：滑移面的面积为$A/\cos\phi$，滑移面的法向分力为$P\cos\phi$，切向分力（沿OS）为$P\sin\phi$。由此可以求出，滑移面上的法向应力为

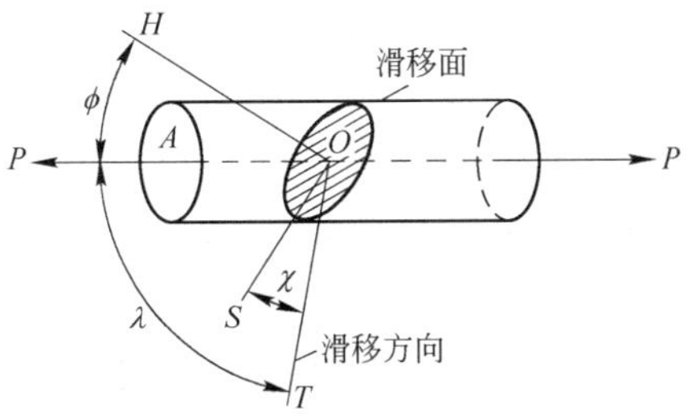

图5-15　外力P在滑移方向上的分切应力

$$\sigma_n = \frac{P\cos\phi}{A/\cos\phi} = \frac{P}{A}\cos^2\phi \tag{5-18}$$

而切应力的最大值为

$$\tau_m = \frac{P\sin\phi}{A/\cos\phi} = \frac{P}{A}\cos\phi\sin\phi$$

切应力在滑移方向上的分量称分切应力，其值应为

$$\tau = \tau_m\cos\chi = \frac{P}{A}\cos\phi\sin\phi\cos\chi \tag{5-19}$$

为了简化，一般直接利用角λ，而将上式写为

$$\tau = \frac{P}{A}\cos\phi\cos\lambda = \mu\sigma \tag{5-20}$$

式中，$\sigma = P/A$，即试样横截面上的正应力；$\mu = \cos\phi\cos\lambda = \cos\phi\sin\phi\cos\chi$，称取向因子。

显然，如果角度χ一定，则当$\phi = 45°$时，μ最大。这说明，在作用力P一定的条件下，τ将达到最大值，所以$\phi = 45°$是最利于滑移的取向，称为软取向。无论ϕ小于或大于45°都属于不利于滑移的取向。$\phi = 90°$或0°时，根本无法滑移，这种取向称为硬取向。当然，一般所谓硬、软取向只是相对而言。

滑移系的取向是由晶体的取向来决定的，实验表明，晶体的取向不同，虽然试样开始屈服时（即开始滑移时）的σ_s变化很大，但依式（5-19）或式（5-20）所计算出的分切应力总是一个定值，这个值称为临界分切应力τ_k，这个规律叫临界分切应力定律。

τ_k 是真正表示晶体屈服实质的一个物理量，它不随试样的取向而变化，只取决于晶体内部的实际状态。然而，一般所通用的所谓屈服点 σ_s（即开始滑移时试样横截面上的正应力）对单晶来说已失掉了实际意义，因为它可以在一个很大的范围内而变化，如图5－16所示。

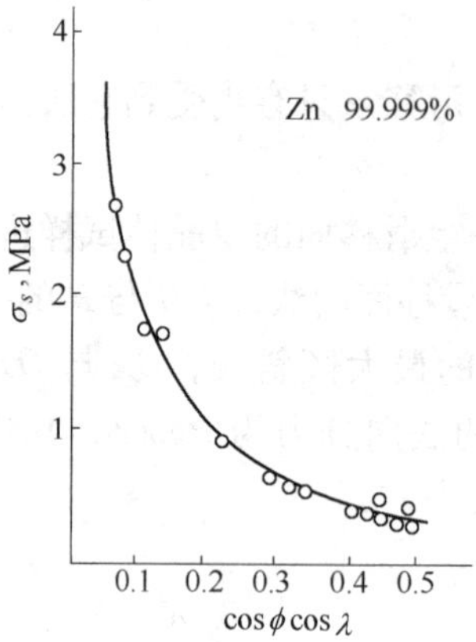

图5－16　单晶锌的屈服强度 σ_s 与其取向因子的关系

晶体中等同滑移系的 τ_k 是一样的，而非等同的滑移系其 τ_k 则不相同，但以密集滑移系的 τ_k 值最小，见表5－1。

由于 τ_k 对于杂质、形变温度和形变速度相当敏感，精确地测定一个晶体的 τ_k 还是有相当困难的，所以目前有关的数据还不十分充分，但由表5－1也可以初步看出各种金属形变抗力的大小。除了少数金属如Fe、Ni略大外，大多数金属的 τ_k 都小于1MPa，它比按理想晶体所计算出的值小3～4个数量级，表现出惊人的低。这间接证明了位错在滑移过程中的作用。

可见提高材料屈服强度的根本途径在于提高 τ_k，特别是提高密集滑移系的 τ_k。一种方法是消除位错，另一种方法是提高位错运动的阻力，后者事实上已体现在目前已广泛采用的各种强化材料的方法中（参看图2－34）。

晶体的形变能力（即范性）、一方面固然受滑移系多少的影响，但另一方面还受应力状态的影响。例如滑移系较多的面心立方或体心立方金属其范性一般大于滑移系较少的六方金属，但是在三向等拉伸的受力条件下，由于不产生切应力，即使范性很好的材料，也可不发生范性形变而脆断；反之，一些范性较低的材料，如果给予另外的受力条件，使晶体只产生单纯的切应力或主要为切应力，而正应力很小（例如挤压成型法），则可使范性显著增大。

五、形变过程中晶体的再取向与复杂滑移

晶体在单纯切应力作用下而进行的滑移是不会引起晶体取向变化的，但是当滑移面上同时还存在着分正应力的条件下（例如在上述拉伸实验中），晶体在滑移时，由于力轴的错动，还会同时发生转动。这种转动会引起角 ϕ 和角 λ（见图5－15）的变化，即引起取向因子的变化，从而影响到滑移。

在拉伸试验时，晶体的转动是力求使作用滑移系转到与力轴平行的方向，如图5－17所示。在压缩试验时，晶体同样要转动，但转动方向正相反，力求使作用滑移系转向与力轴相垂直的方向，如图 5－18 所示。

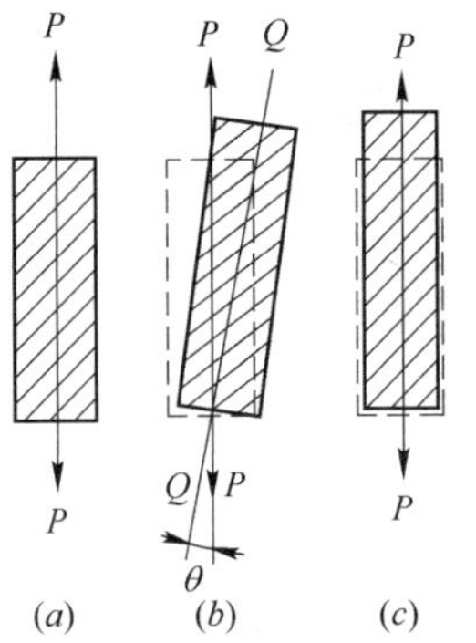

图 5－17　拉伸时晶体的转动

(a)原始试样；(b)经滑移后；(c)经滑移及转动后

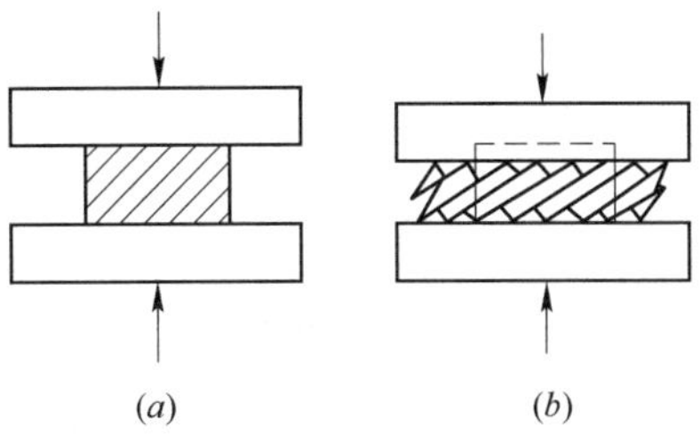

图 5－18　在压缩时晶体的转动

(a)原始试样；(b)经滑移和转动后

由式（5－18）及式（5－19）不难看出，当单晶体作拉伸试验时，如果作用滑移系的起始角 $\phi<45°$，那么，随着晶体的转动，τ 将逐步增大，至 45°时，达到最大，而后又逐步减小；若起始角 $\phi>45°$，则 τ 的变化只能是逐步减小。τ 增大有利于滑移，测出的 σ_s 小；τ 减小不利滑移，测出的 σ_s 大，前者称几何软化，后者称几何硬化。

显然，对只有一组滑移面的晶体（Cd、Zn 等）来说，晶体形变时所能达到的最稳定取向是滑移方向与力轴平行（或垂直）。但是，对滑移系较多的晶体（如面心立方）来说，情况就比较复杂。例如，一个处于最软取向的滑移系，当它启动后所引起的晶体转动虽然会使其自身转向硬取向而停止滑移，但却会使某些原处于较硬取向的潜在滑移系转向软取向而进行滑移，后者将引起晶体向另一方向转动，这又会使另一些新的滑移系参加滑移，或使已硬化的旧滑移系重新滑移，如此反复便发生两个或多个滑移系交替进行滑移，这种现象分别称双滑移或多滑移。这样，这类晶体形变时可能达到的最稳定取向应该是两个或几个滑移系处于与力轴成对称的、或接近对称的位置。例如，面心立方晶体形变时，当〔112〕转到与力轴平行时，$(\bar{1}11)$〔101〕和 $(1\bar{1}1)$〔011〕两个滑移系便与力轴成对称关系而稳定下来；当〔110〕与力轴平行时，有 4 个滑移系处于对称关系；当〔001〕与力轴平行时，有 8 个滑移系处于对称位置，处于这些取向的晶体都比较稳定，不易再转动。

滑移会使 τ_k 增大，这种现象称为物理强化。双滑移或多滑移由于相互间要反复发生交割，所以比单滑移的强化效果大。参与的滑移系越多，强化效果也越大。图 5－19 示意性地表示同一面心立方金属的试样，由于相对于力轴的取向不同，使参与滑移的滑移系多少有别，而表现出强化效果的不同。各试样的拉伸取向如图 5－19（a）中标准三角形内的 A、B、C、D 四点所示，与之相对应的拉伸曲线如图 5－19（b）所示。

在形变的初期，试样 D 只有一个滑移系起作用，而其它试样的起作用的滑移系都多于一个，其中 A 有 8 个，B 有 6 个，C 有 4 个，这就是硬化速率不同的主要原因。值得注意的是试样 D，它虽然在第Ⅰ阶段只有一个滑移系（111）$\langle\bar{1}01\rangle$ 起作用，但达到第Ⅱ阶段时，由于晶体的转动，另一个滑移系 $(\bar{1}\bar{1}1)$ $\langle 011\rangle$ 也同时起作用了，硬化效果因之也突然增加，直到第Ⅲ阶段，又有新的作用滑移系出现，即进行多系滑移时，其斜率与曲线 A、B、C 基本上趋于一致了。

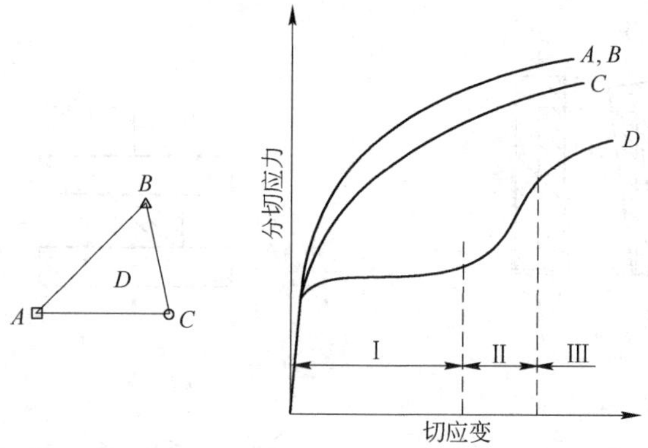

(a) (b)

图 5-19　面心立方单晶体不同取向的几种试样的拉伸曲线

六、交滑移*

观察形变组织时，有时会发现曲折的或波纹状的滑移线，尤以体心立方金属中为最常见，它是由所谓交滑移而产生的。交滑移与上述双滑移（或交替滑移）不同，后者是由完全不同的两个滑移系分别或交替进行滑移的，在时间上有先后之别；而交滑移是由具有同一滑移方向的两个或多个滑移系同时启动而进行的。一般来说，只有螺型位错可以引起交滑移，这是由于螺型位错线的滑移面不确定，它可以连续沿几个滑移面而运动。图 5-20（*a*）表示一条螺型位错线从晶体前部由一个滑移面转到另一个滑移面，再回到平行的滑移面而产生折曲滑移线的示意图。当被扫过的晶面相当多时，便会出现波纹状的滑移线。图 5-20（*b*）是铜的交滑移的照片。

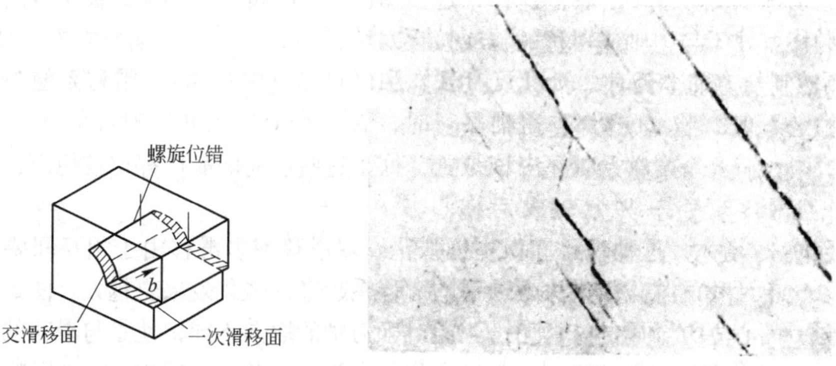

(a) (b)

图 5-20　交滑移示意（*a*）及实际照片（*b*）

此外一些复合位错或部分“位错对”也可产生交滑移。

体心立方晶体的交滑移是{110}、{112}和{123}同时沿〈111〉滑移，例如（$\bar{1}10$）、（$11\bar{2}$）和（$21\bar{3}$）可同时沿〔111〕而滑移。面心立方晶体中的交滑移是由不同的{111}面沿同一〈110〉方向而滑移，例如（$1\bar{1}1$）和（$\bar{1}11$）可同时沿〔110〕而滑移。

七、位错运动与作用力*

位错在滑移过程中的运动，是通过位错中原子的逐一递进，将位错中心由一个平衡位置转移到另一个平衡位置而进行的，犹如一个振动波在某介质中传播一样，并不伴随着物质的迁移。

在位错运动过程中，尽管位错可以横扫整个晶体，但每一个原子的位移却是非常小的。

在没有外力作用时，刃型位错内部处于畸变的原子是以多余半原子晶面为对称面而分布的；而螺型位错中的这些原子则是以位错线为对称中心而分布的。也就是说，位错在平衡位置时，其中处于对称位置的两原子所受的作用力相对于对称面或对称中心来说，是大小相等而方向相反的，它们可以一对一的相互抵消，所以在这种情况下整个位错中原子间的作用力的总和为零，位错的位能最低，位错移动所需要的力或能，也几乎等于零。

处于平衡位置的位错，当受到很小的作用力后，位错即可以开始移动。但是一旦开始移动，就破坏了上述原子组合的对称关系，位错的位能便随之而升高了。原子离开越远，能量也就升高越大。但当位错移动一个原子间距而转移到下一个平衡位置时，位能又会变为零，可见中间必须经过一个最高值。图 5－21 表示一个刃型位错由左向右运动时，能量 E 随距离的变化关系，图中 o 与 a 表示位错的两个紧邻的平衡位置，即位错移动一个原子间距的始末位置，在位错由 o 运动到 a 的过程中，会出现两种情况，一种如图中实线所示，在中途位置原子排列不出现对称关系，所以能量的变化由零逐步增至最大值，而后又逐步降为零；另一种情况是在 $a/2$ 处经历了一个新的对称关系后才变到 a，这样能量的变化便出现两个峰值，如图中虚线所示。显然，无论哪种情况，位错运动都需要一定的能量（相当于峰值），即需要施加一定的作用力 dE/da，这个力周期性地变化着，只要位错受力超过力的峰值（相当于 $a/4$ 的位置，这时 dE/da 达到最大值）后，位错即可由一个平衡位置逐一跳到另一个平衡位置而使晶体发生滑移。这个使位错产生滑移所必需的力叫派纳力。根据计算，它大致与由实验所测出的 τ_k 值相近，特别是在一些离子晶体中，二者相当一致。

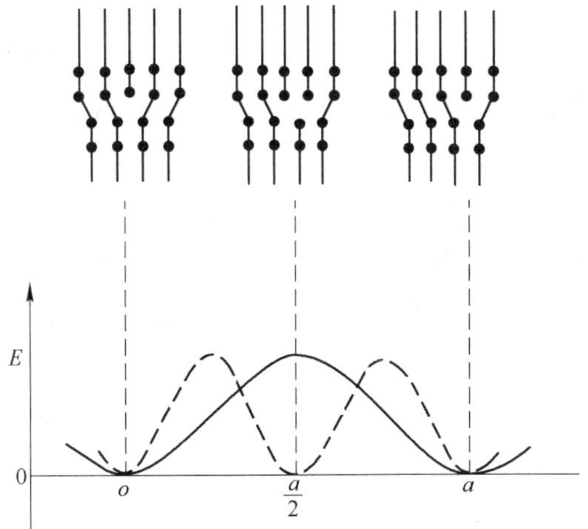

图 5－21　刃型位错运动过程中能量随距离的周期性变化

但是派纳力的精确计算，还是有困难的，而且也比较复杂。为了处理问题的方便，可以定性地这样来处理，设想位错运动就好像拖着物体沿地面运动一样，无论外力如何总会找到一个沿运动方向的作用力。设物体沿运动方向受到作用力 F 后，移动距离为 x，则所做的功为

$$W = Fx = \tau Ax$$

式中，A 为物体的受力面积。同样位错的运动也要消耗功，这个功应等于位错沿运动方向所受的力与位错移动距离的乘积，而位错运动必然要引起晶体滑移，滑移当然要消耗功，它等于沿滑移方向的切应力与滑移量的乘积，这两部分功应是相等的。利用这个关系可求出位错所受的力。

设晶体内有一面积为 A 的滑移面，沿滑移方向受一切应力 τ，使滑移面上的一段位错 $\mathrm{d}l$ 向前移动了距离 $\mathrm{d}S$，如图 5－22 所示，这时晶体的滑移量为 $\frac{\mathrm{d}l \cdot \mathrm{d}S}{A}b$，外力为 $\tau \cdot A$，则滑移所消耗的功应为 $\tau \cdot A \cdot \left(\frac{\mathrm{d}l \cdot \mathrm{d}S}{A}\right)b$。另一方面，设位错单位长度上受力为 F，则 $\mathrm{d}l$ 受力为 $F \cdot \mathrm{d}l$，位错移动距离 $\mathrm{d}S$ 所做的功为 $F \cdot \mathrm{d}l \cdot \mathrm{d}S = \tau A \cdot \left(\frac{\mathrm{d}l \cdot \mathrm{d}S}{A}\right)b$，由此可得

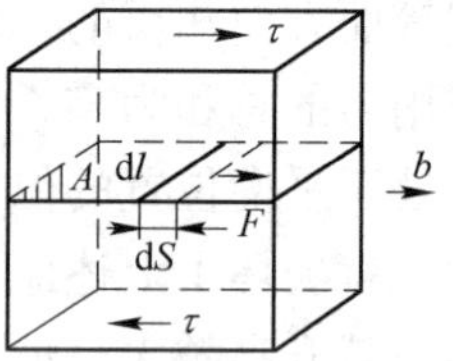

图 5－22　位错运动的作用力

$$F = \tau b \tag{5-21}$$

这样就找到位错单位长度所受的力与外加应力的关系。它等于切应力与柏氏矢量模的乘积。值得注意的是，这个力永远垂直于位错线，方向指向晶体的未滑移部分，即指向位错移动的方向，而与 τ 或 b 的方向并不一致，甚至可以是相反的或相垂直的。

八、形变过程中位错的增殖

如上所述，晶体的范性形变是通过切变而进行的，切变是由于位错运动造成的，而位错只有移出晶体才能引起晶体外形的变化。直接观测表明，滑移带中一个滑移线的台阶高度可达约 1200Å，而一位错移出晶体，一般最多只能引起约 3Å 的位移，这样，一个滑移线的形成就需要约 400 个位错移出晶体。由此可见，晶体形变后必有数目相当庞大的位错移出晶体。但是另一方面，许多实验表明，形变后晶体中的位错数量不是少了，而是显著增多了，据估计，在退火状态下，一般晶体中的位错密度约为 $10^4 \sim 10^6/\mathrm{cm}^2$，而形变后其密度可高达 $10^{12}/\mathrm{cm}^2$ 以上。问题随之而起，位错是怎样增殖的呢？

理论分析表明，若在一个完整晶体中，从无到有地产生一个位错，或者从晶体表面用力硬挤入一个位错，需要做很大的功，而这无论是一般应变能或晶体中的热能都是难于做到的，所以位错只能依赖于晶体中已存在的位错本身而增殖。目前已提出的并有一定实验根据的位错增殖机理，就是基于晶体中已有位错的不断扩展和分裂而提出的，它被称为弗兰克-瑞德位错源，兹介绍如下：

如前所述，晶体中的位错是相互联结在一起的，多以网络的形式分布在晶体内部，这里取其一段，如图 5－23（a）所示，它的两个端点 A、B 或由于与其它不能滑移的位错相接，或由于与第二相的质点相遇而被固定不能移动。若设位错的柏氏矢量 $\boldsymbol{b}$ 与位错线垂直，图面为滑移面，那么，当施以与图面平行并与位错线垂直的切应力 τ 时，位错单位长

度将受到作用力 τb，这个作用力将引起位错的运动，这种运动将会使晶体的上下两部分沿图面发生切变。但是，位错的两端是被固定的，受力后，它并不能平移，只能弯曲。而弯曲会使位错产生反作用力，这种反作用力的大小与位错线的曲率半径成反比，所以必须不断地增大应力，位错才能进一步弯曲。到其达到一个半圆时，如图 5－23（*b*）所示，位错的反作用即达到最大值，只要再进一步稍稍增加应力，位错即绕两个结点自动向外扩展，如图 5－23（*c*）和（*d*）所示。直到绕两个结点相向扩展的两支符号相反的位错线 *p*、*q* 相遇，并在相遇点相消时，见图 5－23（*e*），位错线即分裂为两部分：其一是一个封闭的位错环线，它在外力的作用下，可继续向四周扩展；其二是一个连接 *A* 和 *B* 的线段，它将恢复到如图 5－23（*a*）的原始位置。到此为止，晶体中除了局部发生切变并增加一个正在向四周扩展的位错环线外，和图 5－23（*a*）没有什么大区别。随着外加应力的继续作用（大小可不变），*AB* 又会向前弯曲，进而又绕 *DD*′而回转…。这样，每绕一周，即产生一个新的环线，如此反复不断，便在晶体中产生大量的位错环线，它们前赴后继地向外扩展，每当一个环线移出晶体时，晶体的上下两部分间即产生一个相当于 *b* 的相对滑移。显然，如果没有其它干扰，这个过程可一直进行下去，环线也将不断地产生，晶体也就不断地发生滑移。但是如果前行的位错环线一旦由于受到某种阻力而停滞时，则后行的环线将逐步塞积起来。位错的塞积会对位错源产生反作用力，直到这种反作用力与外力平衡时，位错源的作用也就中止了。只有进一步增加应力，位错源才会重新开动。如此反复，晶体中的位错密度便会大量增加。

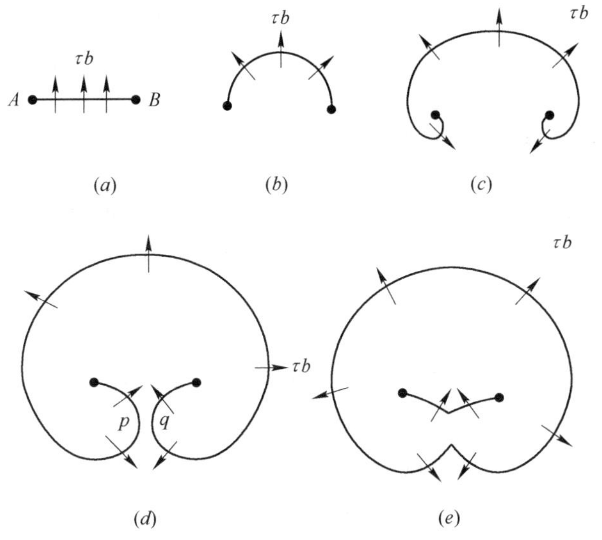

图 5－23　位错源示意图

弗兰克-瑞德位错源已得到了实验证明，图 5－24 是在形变后的硅晶体试样中所摄取的照片，它清晰地证明了位错源的实际存在。

九、位错的交割 *

如前所述，晶体自其生成后就含有大量位错，即使在一般退火状态下，位错密度也至少有 $10^4 \sim 10^6/\mathrm{cm}^2$，它们多以立体网络的形式分布在晶体中。形变后，位错密度更会进一步大量增殖，分布也更复杂。但无论如何，任何一条位错在晶体内部不可能中断，它必须与其它位错线相互连接起来。因此，在形变过程中，任意一条位错线的滑移，除了受与其相接连的位错线的牵制外，在滑移过程中还必然会遇到具有不同方向和不同滑移面的其它位错线，这就出现了位错线的相互交割问题。滑移的难易，在一定程度上取决于位错线的相互交割。

为了说明问题，这里举一个位错交割的简单例子，如图 5－25 所示，图中设一位错线已沿其滑移面 *ABCD* 移出晶体，晶体上、下两部分已发生了相当于其柏氏矢量 $\boldsymbol{b}$ 的切变。在滑移前，有另一个垂直于滑移面的位错环线与滑移面相交于两个点，为了方便，这里设位错环线的垂直部分为刃型位错。晶体的上，下两部分的相对滑移，必然也会使那两段垂直位错线沿滑移面发生相当于 b 的相对切变，但位错线不能中断，这就出现了如图中所示的小台阶，它相当于一小段螺型位错线，称为位错割阶。位错交割后出现割阶这是一个普遍特征。割阶的形成是需要能量的，割阶的性质取决于交割位错的相互关系，它会影响到位错的运动。

图 5－24　硅单晶中的位错源照片（位错线用铜缀饰）

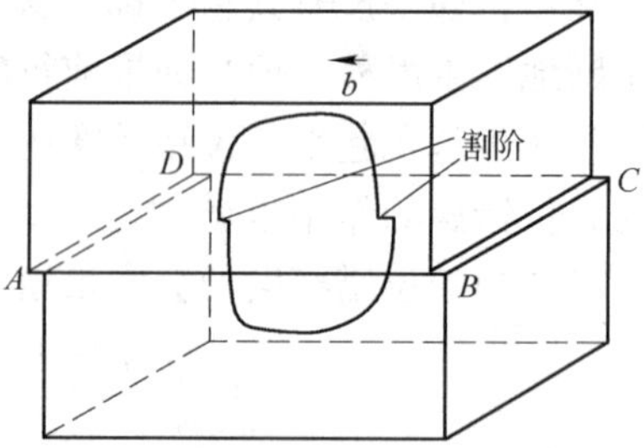

图 5－25　位错交割形成割阶示意图

一条位错线的割阶既可以和它同类型，也可以不同；既可以和它位于同一滑移面上，也可以与滑移面相垂直；有的割阶能够滑移，有的则不能，这里举两种简单类型分别讨论如下：

图 5－26 表示割阶与位错线同处于一个滑移面上的两种情况，其中（*a*）为刃型位错线上出现了螺型割阶 *on*；（*b*）为螺型位错线上形成了刃型割阶 *on*。无论哪种情况，这样的割阶都不稳定，都易于自动消失，例如，只要当 *mn* 段沿滑移面滑移至虚线位置，割阶即消除了。所以这种割阶对形变的影响很小，不太重要。

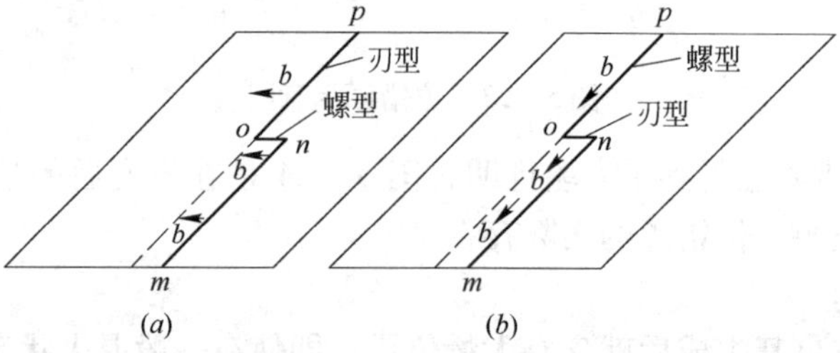

图 5－26　位错割阶与位错同处于一个滑移面上的情况

（*a*）刃型位错上的螺型割阶；（*b*）螺型位错上的刃型割阶

割阶的另一种类型是割阶与位错的滑移面相垂直，如图 5－27 所示，也有两种情况：其一是刃型位错线上形成了刃型割阶，如图 5－27（*a*）所示；其二是螺型位错线上形成了刃型割阶，如图 5－27（*b*）所示。设这两个位错线都只能在如图所示的各自的滑移面上进行滑移，这对刃型位错来说，由于 *mn*、*no* 和 *op* 各段相对于柏氏矢量都处于正常的纯刃型位错取向，还是比较容易滑移的，只不过它不是沿单一的滑移面，而是沿着阶梯面进行滑移。问题只在于割阶所处的那个垂直面，它若不是正常的滑移面，那么就会显著增加位错滑移的阻力。这样当进行滑移时，会使位错的 *op* 和 *nm* 两段分别绕 *o* 和 *n* 两点而发生弯曲。但具有刃型割阶的螺型位错，如图 5－27 所示，却另是一种情况，虽然 *po* 和 *nm* 段相对于滑移面和柏氏矢量来说，仍然处于正常的螺型取向，但 *on* 段的矢量却是与台阶面相垂直的，根据刃型位错的滑移规律，它无论如何无法沿台阶面进行滑移。这样，位错将会被割阶完全钉扎起来，只能绕 *o*、*n* 而回旋。如果 *op* 和 *nm* 硬拖着 *on* 向左运动，那么就会出现这样的情况，若 *on* 段的半原子面位于左边的阴影部分，则 *on* 右边将会出现一列空位；若 *on* 右边原子为正常排列，那么 *on* 左边将会出现一列间隙原子。这就意味着，带有刃型割阶的螺型位错要作整体同步运动只有依靠空位或间隙原子的扩散（见第六章）才能进行。显然，当空位扩散到割阶时，将会使割阶向左运动，而当间隙原子扩散到割阶时，割阶将向右运动。这种运动叫位错的攀移。

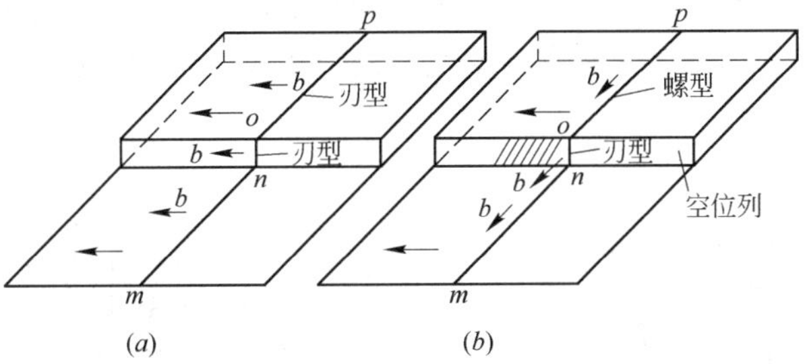

图 5－27　位错割阶与位错相垂直

（*a*）刃型位错上的刃型割阶；（*b*）螺型位错上的刃型割阶

总之，当两条位错线交割时，每条位错线上都会出现长度相当于另一条位错线矢量的割阶，这就增加了位错长度，升高了位错能量。所以位错交割会使形变所需的总能量增加。而更重要的是当割阶垂直于滑移面时，由于垂直割阶有阻止位错运动的作用，所以晶体进一步继续滑移的抗力也将随之而显著增大。不少实验表明，晶体中螺型位错的运动一般要比刃型位错慢，显然，这是和螺型位错具有垂直割阶时，其阻力更大这一特点相一致的。

第五节　孪生及扭折

滑移是形变的主要形式，但不是唯一的，还有孪生及扭折等。

一、孪生

在形变组织中出现的那些较宽的条带状组织，如图 5－8 及图 5－9 所示，不论是平直的或枣核形的，都具有显著不同于滑移带或滑移线的特征，这就是孪生的结果，称之为孪生带或形变孪晶。什么叫孪晶，这已在第二章指出过，它是以共格界面相连接、晶体学取向成镜面对称关系的这样一对晶体（或晶粒）的合称。晶体受力后，以产生孪晶的方式而进行的切变过程，称为孪生。

可见孪生也是晶体进行切变的一种形式，也可以说是晶体的一种特殊切变过程。图5－28是孪生的宏观过程示意图。晶体受到切应力后沿一定的晶面（孪生面）和晶向（孪生方向）在一个区域内发生连续的顺序切变，最后使晶体仿佛产生了曲折现象，而转换到新的孪生取向，如图5－28（*b*）所示。显然，它和滑移不同，滑移时切变只局限在给定的滑移面上，总滑移量远远超过近邻原子之间的原子间距，而孪生区域的切变则是均匀分布的。

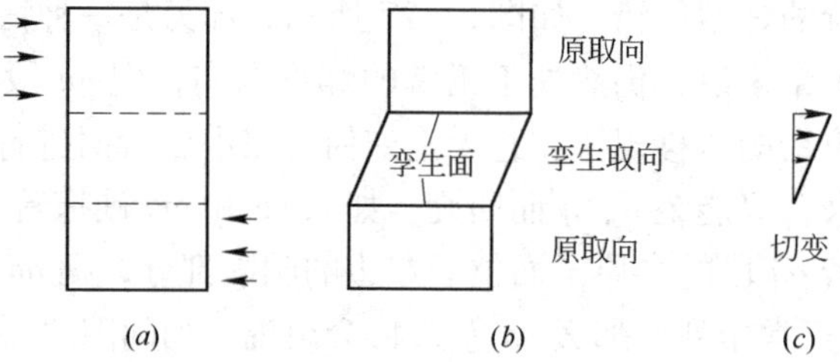

图5－28　孪生前（*a*）后（*b*）晶体的形变及孪生切变（*c*）

孪生和滑移在微观过程方面的区别可用图5－29来说明，滑移时晶体两部分相对于滑移面的切变量是原子间距的整倍数；而孪生时的切变量则是原子间距的一个分数值，并且各晶面相对于孪生面的切变量是和它与孪生面的距离成正比的，也正由于这个原因，孪生才会引起晶体取向的变化。

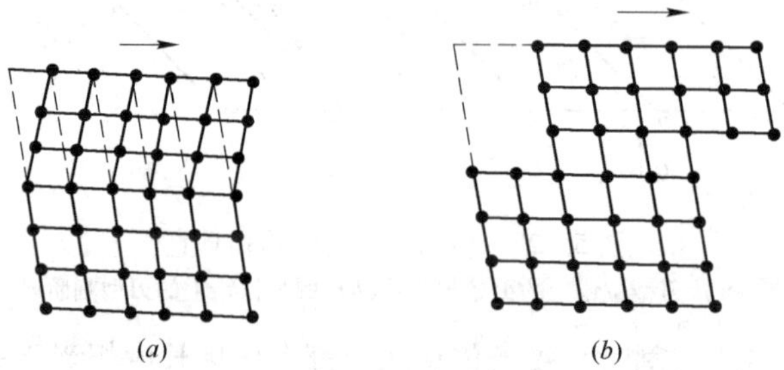

图5－29　孪生（*a*）与滑移（*b*）

总之，孪生也是一个纯切变过程，这种切变也不会改变晶体的点阵类型，但可使晶体转变到一个新的取向，这个取向并不是任意的，而是要和晶体的原取向处于一种镜面对称的关系。

显然，发生孪生的条件比之滑移要更苛刻些。首先晶体学条件必须满足孪生后取向关系为镜面对称而点阵类型不变这一基本要求，这只能沿确定的晶面和晶向进行定量的切变才有可能，所以孪生面与孪生方向在各类晶体中是更严格确定的，如表5－2所示。

除此而外，晶体的受力状态对孪生来说，当然也是很重要的。不言而喻，没有切应力分量是不可能进行孪生的。但是孪生的临界分切应力由于各种原因一直难于精确测定，已有的数据表明，孪生所需切应力往往要比滑移大许多倍。例如，已测出的Mg孪生临界切应力约为5～35MPa，而滑移时临界分切应力仅为0.05MPa。可见要使晶体不发生滑移而进行孪生，是相当困难的，而一旦滑移，应力就松弛了，特别对一些滑移系较多，而孪生

表 5-2　一些晶体的孪生系

晶体结构	金属或合金	孪生面	孪生方向
面心立方	Cu	$\{111\}$	$\langle 11\bar{2}\rangle$
	α 黄铜	$\{111\}$	$\langle 11\bar{2}\rangle$
体心立方	α - Fe	$\{112\}$	$\langle 111\rangle$
	β 黄铜	$\{112\}$	$\langle 111\rangle$
	W	$\{112\}$	$\langle 111\rangle$
密集六方	Cd	$\{10\bar{1}2\}$	$\langle 10\bar{1}1\rangle$
	Mg	$\{10\bar{1}2\}$	$\langle 10\bar{1}1\rangle$
	Be	$\{10\bar{1}2\}$	$\langle 10\bar{1}1\rangle$
	Zn	$\{10\bar{1}2\}$	$\langle 10\bar{1}1\rangle$

与滑移的临界切应力又相差很大的晶体来说，就更困难了。例如对面心立方金属来说，滑移面和孪生面大多是同一晶面，而滑移方向和孪生方向之间的角度又不甚大，要使外力在滑移方向的分切应力不超过滑移的 τ_k 值，而同时却要求在孪生方向上要达到好几倍甚至几十倍于 τ_k 的值，这是相当困难的，所以一般面心立方金属很少进行孪生，只有少数金属（Cu、Ag、Au）在极低温度下（4 ~ 78K）滑移很困难时才发生孪生。体心立方金属如 α - Fe，在室温时，只在冲击载荷下，才进行孪生。也有少数金属性较弱的晶体如 Bi 等，主要靠孪生来进行形变。

孪生和滑移相似，也是通过位错运动来实现的，但是产生孪生的位错，它的柏氏矢量必须要小于一个原子间距，这样的位错称为部分位错。所以孪生是由部分位错横扫孪生面而进行的。直观来看，自孪生面起向上，每层原子都各需要一个部分位错来进行切变，即当一个位错横扫孪生面后，紧接着就要有位错横扫第二层晶面，而后是横扫第三层晶面，以下依次类推。问题在于部分位错如何能够有机地如此巧妙地产生、组合和运动，这是个很有趣的问题，可参考有关的专论。

晶体中的孪生大多是由局部开始而逐步扩展的，它好像相变过程中的生核和长大一样。

大量事实表明，孪生核心大多产生于晶体内的局部高应力、高应变区，即在滑移已进行到相当程度，并受到严重阻碍的区域。这也是孪生的临界切应力高于滑移的一个间接证明。孪生核心一旦形成，它就很迅速地沿平行于孪生面的方向而扩展，直到其两端穿出晶体表面为止。孪生沿垂直于孪生面的方向扩展较慢，所以形变孪晶一般成条带状，界面完全共格。但有的孪晶在扩展过程中其前端有时成楔形，这样界面就不会完全共格了，而出现半共格界面（甚至不共格的界面），如图 5 - 30 所示，显然，这样的界面能量较高，不稳定，一旦有条件（例如退火）它就会自发地向外扩展而转变为共格界面，孪晶也就变为平直的了。可见透镜状或半透镜状的孪晶只是一种处于发展过程中的、不稳定的中间形式，它是为了适应孪生所引起的应力而造成的。

孪生产生应力的另一证明是，当孪生穿透晶体表面时，尖端即平直化了，但同时却在邻近的晶体表面发生了不规则的扭折现象。图 5 - 31 是这种现象的示意图，（*a*）表示拉伸时的孪生，（*b*）表示压缩时的孪生。在这里孪晶变成了半透镜状，晶体表面出现了协调性的扭折。

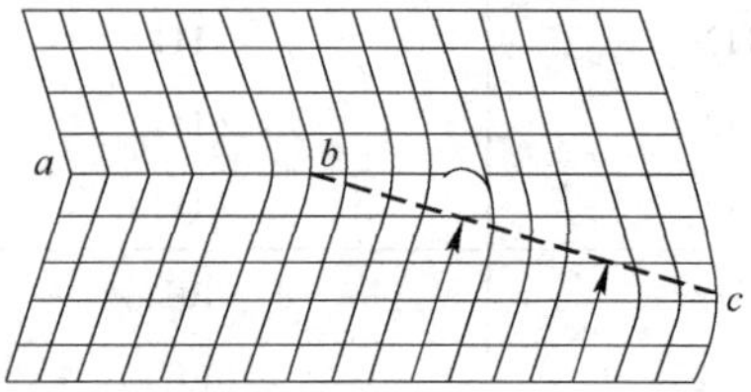

图 5-30　形变孪晶的共格（*ab*）与半共格（*bc*）界面

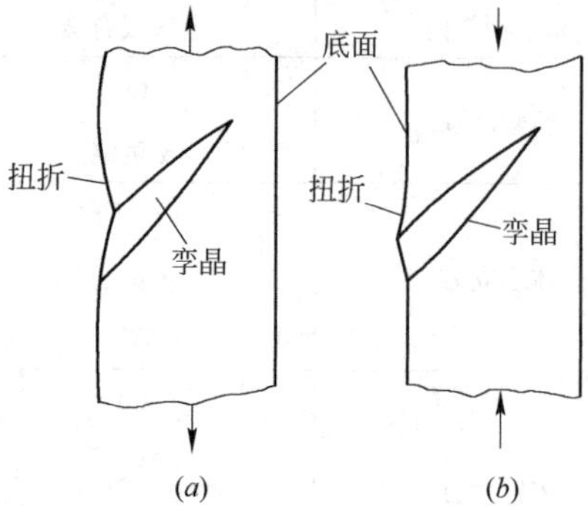

图 5-31　孪生在晶体表面引起的倾动和扭折现象
（*a*）拉伸；（*b*）压缩

形变孪晶的成长速度取决于两个并不完全独立的因素，一个是加载荷的速度，它直接影响着孪晶的成长；另一个是孪晶形核所需要的应力大小。如果孪晶核在很低应力下产生，而且它的成长也大致在相似的应力水平下进行时。则孪晶将随着应力的增加而逐步地向外扩展，直到受到这样或那样的阻力而停止。但孪晶也可以在很高的应力条件下才形核，而在相当低的应力下进行，这种情况一旦发生，孪生将以很高的、相当于声波的速度成长。其表现之一是有响声可闻，表现之二是应力应变曲线上出现锯齿状，如图 5-32 所示，它是由于孪生的高速发展引起了应变的突然增加，应力随之而突然松弛的结果。

一般来说，虽然孪生对晶体进行切变的直接贡献比之滑移要小得多，而且孪生的机会比之滑移也小得多，特别是对对称性高的立方系金属来说，更是如此。但是，孪生对形变的重要性还是不容忽视的，尤其是对滑移系少的金属晶体。例如当晶体相对于外力的取向不利于滑移时，如果发生孪生，那么孪生后的晶体取向大多会变得较有利于滑移，于是滑移就会在孪晶内部进行。正是由于这个原因，所以经过严重孪生的金属晶体，反而可以更顺利地进行形变。但是在另一种情况下，如果晶体中只有少数孪生，那么大量滑移很可能只局限在这少数孪晶中，这样反而会使形变很不均匀，而使试样出现缩颈，导致晶体过早地断裂。

二、扭折*

除滑移和孪生外，晶体还有另一种形变方式——扭折。

事实上孪生本身也是晶体的一种扭折现象，不过它是整齐的对称的扭折。作为另一种形变方式的所谓扭折并不包括孪生。但孪生可以伴生有扭折现象（见图 5-31）。

图 5-33（*a*）是 Cd 晶体受到压缩时发生的扭折现象，图 5-33（*b*）是扭折示意图。扭折是在滑移受阻、孪生也不利的条件下产生的，是一种协调性的形变。和孪生不同，扭折区晶体的取向发生了不对称性的变化，扭折带大多是由折曲和弯曲两部分组成的，如图 5-33（*b*）所示，*ABCD* 为折曲区，其左右两侧为弯曲区。折曲区有清晰的界面，上下界面由符号相反的两列刃型位错线组成（*AB*、*CD*）；弯曲区由同号位错堆集而成，取向是逐步过渡的，但左、右两侧的位错符号正相反。这说明扭折带起先是一个由其它区域运动过来的位错的汇聚区域，位错的汇聚引起了弯曲应力，使晶体发生折曲和弯曲而形成了扭折带。所以扭折也是晶体松弛应力的方式之一，否则晶体会发生断裂。

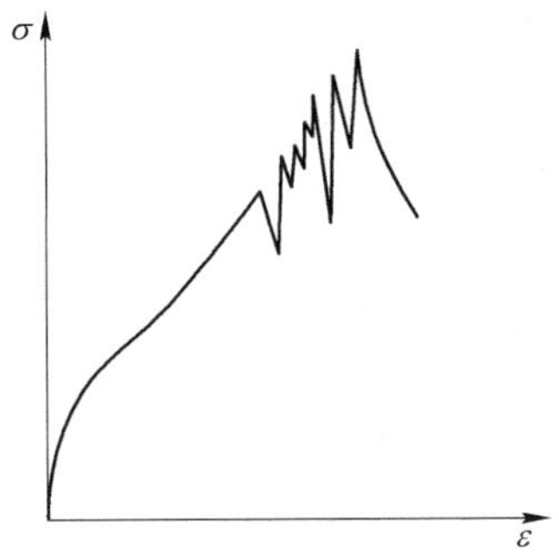

图 5－32　孪生时应力—应变曲线的形式之一

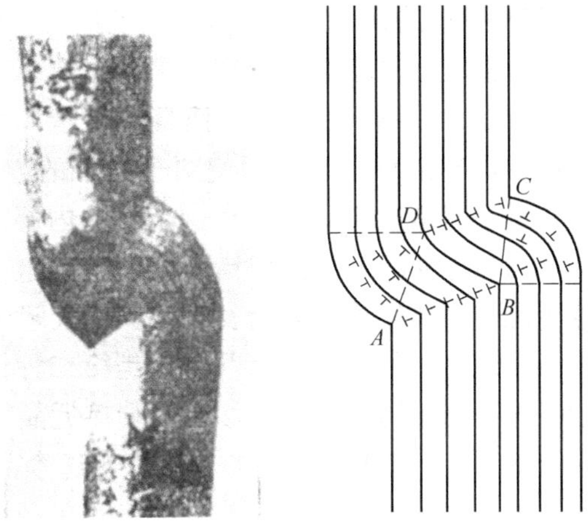

(*a*)　　(*b*)

图 5－33　单晶镉的扭折照片（*a*）及示意图（*b*）

滑移系较多的面心立方金属，例如 Al，在复杂应力作用下，由于滑移受阻，也可以发生弯曲或扭折，图 5－34 是单晶 Al 中的扭折带。在扭折带内，由于取向改变往往会出现二次滑移带。Al 中的这种扭折带也称形变带。

图 5－34　单晶铝在形变 17.5% 后出现的扭折带

第六节　多晶体的范性形变

一、概论

实用金属结构材料绝大部分是多晶体，多晶体的形变比较复杂，研究得还很不够，从单晶的形变过渡到多晶的形变，还有不少问题需要解决，不过我们还是可以在现有的基础上，对多晶体的形变定性地进行一般讨论的。

在多晶体中，作为组织单元的每个晶粒，虽然都具有各自的独立进行形变的内在因素（滑移和孪生等），但是任何一个晶粒都不能独立地或孤立地进行形变，它们必须相互协调起来，才能进行形变。

不难设想，由于各晶粒的取向不同，即使在单向均匀拉伸条件下，任何一个晶粒其滑

移系的取向因子 μ 将很难与其周围晶粒的等同起来。在这种情况下，若某一个晶粒（图 5－35中 A）的某一滑移系由于 μ 值最大，分切应力已优先达到其固有的临界值，但如果其周围晶粒不作相应的形变，那么可能出现两种情况：一种情况是，它只单独滑移，而且位错越出晶粒，这就势必在晶界出现滑移台阶，而使两个晶粒的连续性遭到破坏；另一种情况是滑移只局限在这个晶粒内部，也就是说，位错源虽然开动起来，但位错尚无法移出这个晶粒，仅仅在这个晶粒内部运动。实验表明，在绝大多数晶粒中，一般不会出现第一种情况，所以只能是第二种情况。这样，就会使符号相反的位错在滑移面两端接近晶界的区域塞积起来（见图 5－35），不过这并不能使这个晶粒外形发生改变。但位错塞积群会产生很大的应力场，这个应力场通过晶界作用到相邻晶粒上，使其得到一个附加应力。外应力和附加应力的逐步增大，最终会使取向不利的相邻晶粒 B 和 C 中某些取向因子较小的滑移系中的位错源也开动起来，从而发生相应的滑移，而 B 和 C 的滑移会使位错塞积群前端的应力松弛。这样位错源就会重新开动，并进而使位错滑出这个晶体，晶粒 A 也就开始了形状的改变，并与 B 或 C 的滑移以某种关系连接起来。

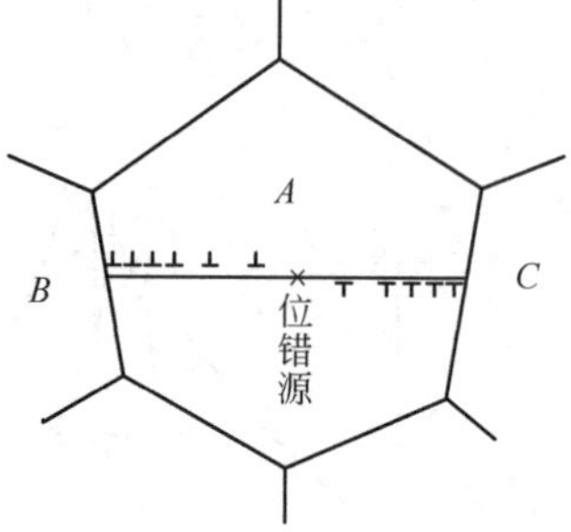

图 5－35　多晶体滑移示意图

多晶体中一个晶粒周围与它相紧邻的晶粒数目是相当多的，所以每一个晶粒都是这样，除了自身的主滑移并要求相邻晶粒与之相配合外，同时它可能还要进行与另外几个不同晶粒的主滑移相配合的次滑移（这里主与次之分是为了叙述的方便，只是相对而言）。这就是说，每个晶粒内必须有几个滑移系同时启动起来，才能协调地进行形变。理论上曾经进行过推算，进行这样的形变，每个晶粒至少需要有五个独立的滑移系启动，否则不能保证形变的连续性，也就是说，不这样，试样就会发生开裂。

如前所述，面心立方晶体有 12 个 {111}〈110〉滑移系，体心立方晶体一般也至少有 12 个 {110}〈111〉滑移系，六方晶体一般有 3 个（0001）〈$11\bar{2}0$〉滑移系。这些滑移系并不都是独立的，如果说在面心立方或体心立方晶体中要在上述潜在滑移系中找出 5 个独立的滑移系还可以勉强的话，那么在仅具有三个滑移系的六方晶体中简直就是不可能的事。因此，多晶体形变时很可能出现新的不同于单晶体的滑移系。特别是六方晶体的形变，更是如此。此外它还必须要有孪生与滑移相结合起来，才有可能连续地进行形变，这也正显示了孪生在六方晶体形变中的重要作用。同时这也说明了，六方系金属材料的范性总是比面心立方或体心立方金属差的基本原因。

直接观察表明，上面的论述是正确的。多晶体即使在应变很小时，每个晶粒就已出现了明显的多系滑移。形变首先开始于个别晶粒内的某一滑移系，这个滑移系应是这个晶粒中取向因子 μ 最大的一个滑移系，但是在这个晶粒内很快就有其它滑移系启动起来，以协调相邻晶粒的形变。这样，如果假设这个晶粒开始滑移的临界分切应力仍然和由单晶体所测出的值一样大，那么根据公式（5－20），多晶体的屈服应力应为

$$\sigma_s = \tau_k / \bar{\mu}$$

这里 $\bar{\mu}$ 代表全部晶粒取向因子的平均值。若实验条件给定，那么，由于 τ_k 已知，而 σ_s 可由实验直接求出，所以 $\bar{\mu}$ 就成为定值了。在理想条件下，假设只产生范性形变，则一般面心立方金属的 $\bar{\mu} \simeq 1/3.1$；体心立方金属的 $\bar{\mu} \simeq 1/2$。显然，后者相当于 μ 的最大值，这说

明，在体心立方多晶体金属中，每个晶粒至少有一个滑移系处于最软取向，即μ为最大值的几率是很高的。这是和它的滑移系多、交滑移容易这样一些事实分不开的。另外，由已知$\bar{\mu}$值也可以估计多晶体的屈服强度，例如对面心立方金属来说，设$\bar{\mu}\simeq 1/3$，则σ_s约为τ_k的三倍，这就是说，τ_k每提高一个单位，则σ_s可提高三倍。这可作为强化金属材料的一个粗略依据。

二、晶界在形变中的作用

晶界对形变的作用体现在两方面，其一是晶界的切变对形变直接贡献的大小，其二是晶界的协调作用在形变过程中所起的重要作用。

1. 晶界的切变

实验表明，相邻两晶粒可沿其晶界进行相对切变，这种切变也是易于发生在分切应力最大的方向上，但并不是沿着严格的单一平面，而是包括着晶界以及晶内的一个具有一定宽度的区域。切变在空间上和时间上都是不连续的，也就是说，一个晶界上不同点的切变量是不同的，而一个给定点的切变量则又是随时间而变化的。对不同晶界来说，也是这样：此时屈服，彼时稳定；这段屈服，那段稳定。晶界切变的这种特殊性，很可能是晶内不规则形变的另一种反映，晶界的切变在于松弛相邻两晶粒间由于不均匀形变而引起的应力集中。

晶界切变与温度和形变速度的关系很大，而特别是温度。随着温度的升高，晶界切变的程度和速率增加很快，它和空位的运动与温度的关系很相似。有人曾粗略估计过，铝在300℃作低速形变（0.1%/小时）时，晶界的切应变约占整个试样应变的90%～95%，尽管这个数字仅供参考并有不同意见，但它至少说明，在高温蠕变条件下，晶界的切变很重要。不过在常温下的一般加工成型过程中，晶界的切变就很小了，甚至可忽略不计。这说明在较低温度下，晶界对切变的抗力显著增大了。

2. 晶界的协调作用

在形变过程中，晶界处于两个取向不同、因而形变程度也不同的晶粒之间的中间区域，要维持形变的连续性，晶界势必要起折中作用。这就是说，晶界一方面要抑制那些易于形变的晶粒进行形变，另一方面，又要促进那些不利于形变的晶粒进行形变。图5－36给出了在不同的总形变量下，所测出的多晶体Al中一部分晶粒的形变量，可以看出，各晶粒的形变量大致和总形变量成正比例的增加，但不同晶粒之间的形变量以及一个晶粒的不同部位的形变量都有相当大的差别。对给定晶粒来说，一般是中心部位形变较大，而晶界附近形变较小。它说明晶界对形变的抗力总是要比相应的晶内大。值得注意的是，形变量最小值并不在晶界处，而是偏在晶界附近形变量较小的那个晶粒的一边。这正是晶界对形变起协调作用的体现。这可由示意图5－37得到近似解释，*A*、*B*两晶粒中，晶粒*A*的取向因子μ较*B*的大，在外力较小时，*A*开始了主滑移，而*B*只作协调性的次滑移，如图5－37（*a*），所以形变量由*A*的中部经过晶界到*B*的某点逐渐减小而变为零。随着应力增加，进而*B*又开始了主滑移，如图5－37（*b*）所示，由于*A*的形变量较*B*大，所以形变最低点偏向*B*一边。可见，在晶界附近，晶界的形变量一般总是处于相应的两晶粒之间，即比形变量大的晶粒形变小，而比形变量小的晶粒形变大，这就是晶界对形变所起作用的二重性。但必须指出，晶界对形变的阻碍作用则是始终占主导地位的。

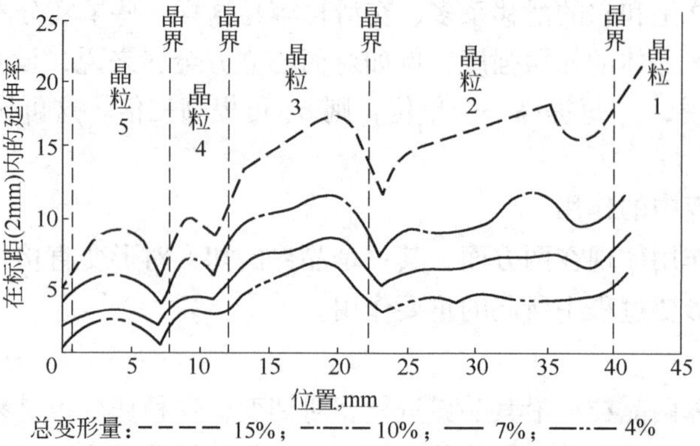

图5－36　在不同总形变量下，多晶体铝试样中部分晶粒的形变量

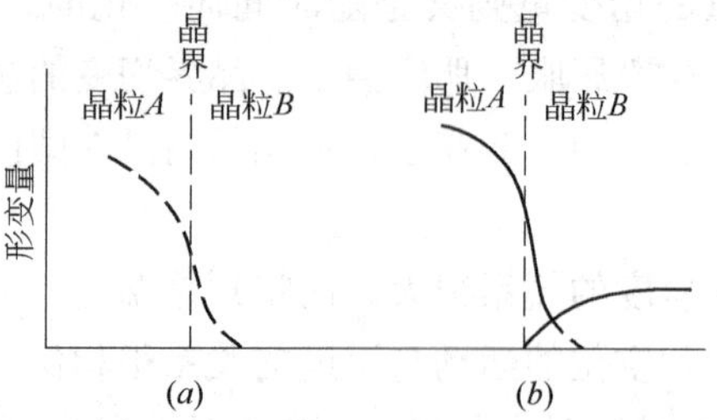

图5－37　形变过程中相邻两晶粒间形变量分布示意图

三、晶粒大小对形变的影响

在多晶体试样中，晶粒的大小实质上是体现在试样横截面上晶粒数目的多少上，或晶界的总长度上。

大量试验表明，晶粒越小，即试样单位横截面上晶粒的数量越多，则形变的抗力越大，而且当形变量较小时，这种效果更为显著。

晶粒平均直径 d 与屈服应力 σ_s 的关系可写为

$$\sigma_s = \sigma_0 + K_y d^{-1/2} \qquad (5-22)$$

式中，σ_0 和 K_y 皆为常数，前者表示晶内对形变的抗力，约相当于单晶体 τ_k 的2～3倍左右，后者表征晶界对形变的影响，随结构而定。

显然，对一定的金属材料来说，σ_s 与$\sqrt{d}$成反比例的关系，或者说，σ_s 与 d 两者的对数成直线关系。图5－38及图5－39分别为实际测得的铜和低碳钢的晶粒大小与屈服强度的关系曲线。相似的关系对亚晶的大小来说也是存在的，图5－40是铝的屈服强度与亚晶大小的关系曲线。

在多晶体中，屈服强度是与滑移由一个晶粒转移到另一个晶粒紧密相关的。而这种转移能否发生，如前所述，主要取决于一个晶粒晶界附近的位错塞积群所产生的应力能否激发另一个晶粒中位错源也开动起来并进行协调性的次滑移。位错塞积群应力的大小与塞积的位错数 n 有关，n 越大，应力集中也越大。而 n 的大小，当外加应力和其它条件一定时，是和晶界附近位错塞积群到晶内位错源的距离相关的。晶粒越大，即这个距离越大，则位

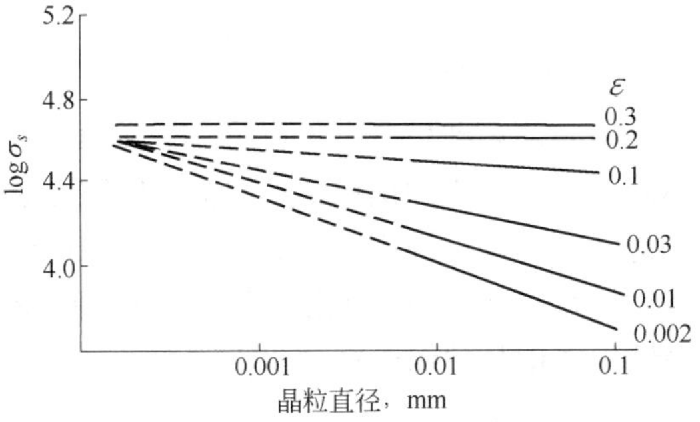

图 5－38　铜的晶粒大小与屈服强度的关系

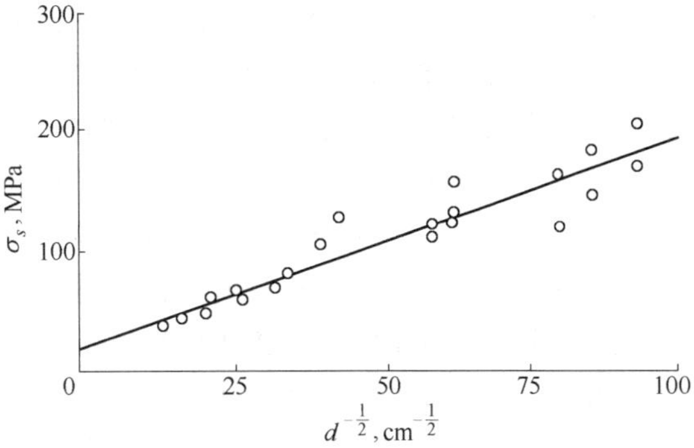

图 5－39　低碳钢的晶粒大小与屈服强度的关系

错源开动的时间便越长，n 也就越大。因此，在同样外加应力作用下，大晶粒的形变由一个晶粒转移到另一个晶粒的机会就要大得多，小晶粒则正相反。这就是为什么晶粒越细，屈服强度越高的根本原因。

另一方面，实验表明，晶粒细的材料不但屈服强度高，而且范性和韧性也高。图 5－41 是几种钢的平均晶粒直径和断面收缩率的关系曲线。这是不难理解的，因为晶粒尺寸大时，形变受晶界影响的区域便相对地缩小了，晶粒内部和晶界附近的形变量相差就比较

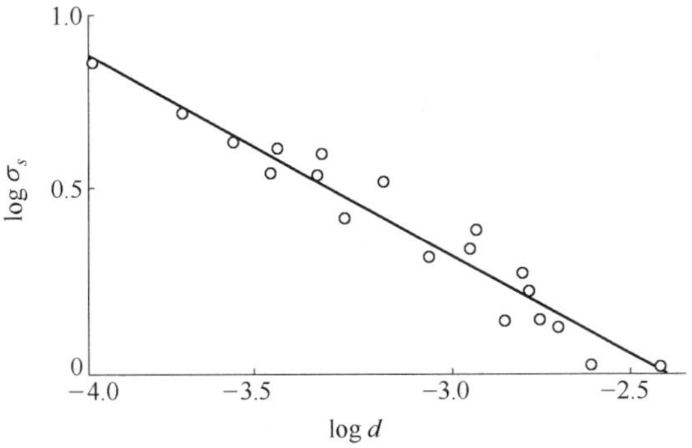

图 5－40　铝的亚晶大小与屈服强度的关系

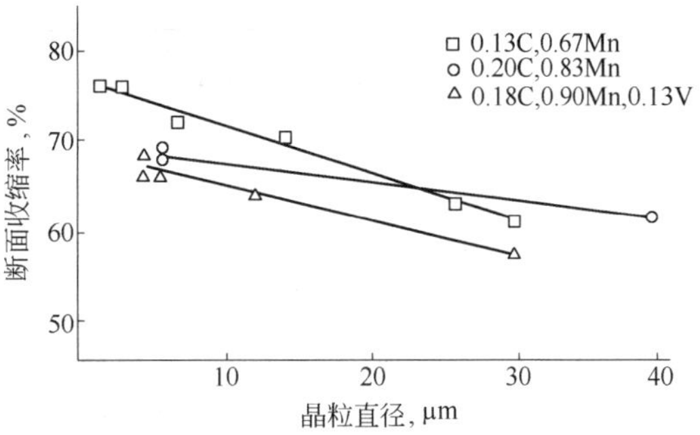

图 5－41　晶粒大小与断面收缩率的关系

大；而细晶粒则正相反。这由图 5－36 中的晶粒 4、5 和晶粒 2、3 的形变差异可以明显看出来。晶体形变的最突出特点是其不均匀性，它是金属断裂的基本原因之一，我们虽尚无法消除，但可以设法减弱它，细化晶粒就是方法之一。晶粒越细，形变的不均匀性便越小，相对来说，引起的应力集中也应越小，开裂的机会也就随之而相应地减少了，因此在断裂以前可承受较大的形变量，即面缩率或伸长率增大了，而在强度和范性同时都增加的条件下，韧性自然就会提高。

四、晶体的转动与形变织构

如前所述，单晶体形变时，作用滑移系要向力轴方向转动。同样多晶体形变时，也会发生类似的转动。但多晶体由于形变的复杂性，其转动也就比较复杂。不仅各晶粒之间会随空间和时间的不同而出现不连续、不均匀的转动，甚至一个晶粒的不同部位也会如此。其结果是不但晶粒之间的相对取向会发生变化，而且一个晶粒内部不同区域之间也可能发生取向的变化，前者是产生形变织构的根本原因，后者是形成形变亚晶的主要原因之一。

多晶体在单向受力的条件下进行形变时，尽管各晶粒的取向有差异、滑移有先后，形

变有大小，但是各作用滑移系都有一个转向与力轴方向平行（或垂直）的总趋势，确切些说，每一个晶粒都力求变到与力轴成一定关系的某一稳定取向。因此，当形变程度相当大时，多晶体会出现择尤取向，即大部分（或相当多的一部分）晶粒之间至少有一个晶向相互平行或接近平行起来，这就叫形变织构，它是晶体转动最有力的证明。随形变方式或形变程度的不同，织构的性质和强弱程度也不同。拉拔形成的织构称丝织构，轧压形成的织构称板织构。表 5－3 列出了常见的几类形变织构。丝织构中〈*uvw*〉表示与拉拔或挤压方向平行的晶向；板织构中{*hkl*}〈*uvw*〉分别表示与轧制平面和轧制方向相平行的晶面和晶向。这些晶向一般称织构轴，图 5－42 是铁素体钢几种织构示意图。

表 5－3　一些金属及合金的形变织构

晶体结构	金属或合金	丝织构	板织构
面心立方	Cu，Ni，Ag，Al Cu－Ni，Cu－Zn	〈111〉＋〈100〉	{110}　〈112〉
体心立方	α－Fe，Mo，W 铁素体钢	〈110〉	{001}　〈110〉 {110}　〈100〉 {111}　〈110〉
密集六方	Mg，Zn	〈$10\bar{1}0$〉	{0001}　〈$11\bar{2}0$〉

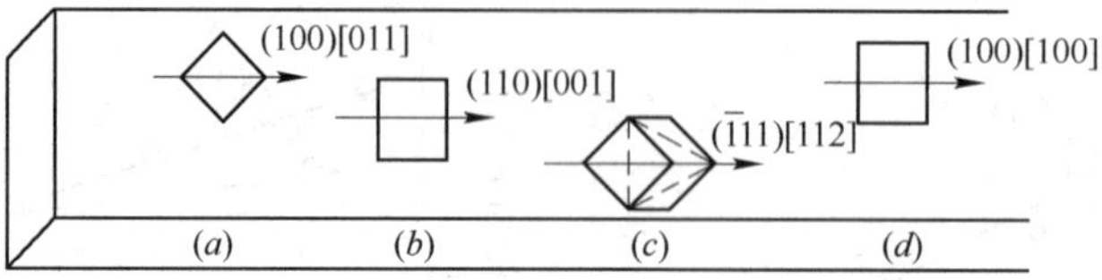

图 5－42　铁素体钢（体心立方）几种板织构示意图

理想的完整织构应是每一个晶粒都出现了择尤取向，这对板织构来说，实际上就和单晶体几乎一样了，但这种情况是极罕见的。通常只是一部分晶粒如此，或只接近于如此，织构的强弱正是由出现择尤取向的晶粒多少和择尤取向的接近程度来决定的。

五、复相合金形变的特点

复相合金实质是多晶体的另一种形式。在复相合金中，一个晶粒周围可以出现成分结构皆不相同的另一种晶粒，它们间的界面则由一般晶界变为相界面。

如果说，多晶体的形变由于取向差异和晶界的存在已使形变不均匀性增大的话，那么，在复相合金中，由于异相间结构和成分的不同而出现的形变能力的差异，使这个问题更为突出了。这也就是说，在复相合金的形变过程中，不同种的晶粒之间以及每一个晶粒内的中间部分和其边缘之间形变的差异就更大了。所以复相合金形变时要比单相合金产生的内应力大，出现开裂的机会多，范性也就因之而下降了。特别是当第二相的脆性较大时，更是如此。许多观察表明，原始裂纹总是易于提前在脆性相一侧，或在相界面上产生。

当第二相属于脆性相时，合金的范性除了受相的相对量的影响外，还在很大程度上取决于第二相的分布状况。当第二相以粒状均匀分布时，影响较小；当第二相以连续的膜状沿晶界分布而使主相晶粒完全被孤立分隔时，其影响最大；介于二者之间的情况是第二相断续地沿晶界分布，或以片层状的形式在晶内分布。这就是为什么要避免在金属材料中出现网状组织的主要原因。

无论是哪一种情况，相对来说，晶粒越细或第二相的分散度越大，则材料的强度越高，而且范性和韧性也有一定程度的改善，这个规律总是适用的。

六、上、下屈服点与吕德斯（LUders）带

某些含有溶质组元的单晶体或多晶体，在一定条件下进行形变时，应力应变曲线上会出现明显的上、下两个屈服点，见图 5－43。最早是在一些体心立方的间隙固溶体中，例如在含有少量 C 或 N 的 α－Fe 中发现的，后来在面心立方的代位固溶体中，例如 Al 中溶有 Cu、Mg 或 Zn 时，也出现这一现象。它表明在这种情况下，滑移启动的抗力较大（上屈服点），而滑移进行的抗力则较小（下屈服点）。因此，一旦滑移开动起来，它就可以在较低应力下进行，直到发生较明显的加工强化后，应力才会进一步增加。

理论和实践的反复验证，表明上、下屈服点的出现是由于位错与溶质原子交互作用而形成的所谓柯氏气团（见第二章）所引起的。不难理解，要使位错与其柯氏气团分离开，必须多做功，它是位错运动的额外阻力。所以当出现柯氏气团时，必须施加比正常位错运动为高的应力，才能使位错开动起来，这就是上屈服点的由来。位错的运动本身并不能产生物质的输送，它不会带走柯氏气团中的溶质原子，除非后者跟着进行扩散。因此，在一般情况下，位错移动一定距离后，就会摆脱开气团的阻力而在正常的应力下运动，这就是所谓下屈服点出现的原因。

上、下屈服点的现象对金属材料（例如工业纯铁和低碳钢）的冲压、拉拔等工艺很重要，它常会使工件因为形变不均匀而报废。这是因为在这种材料中，形变一旦在某一局部区域开始发生，这里就立即表现出软化的效果来，形变就因而在这里集中并可进行到一定的程度，这样就会使这个形变区和未形变区的交界处由于产生较大的应力集中也跟着而屈服，形变也就因而逐步地由此循序扩展到相邻的地区中；但在较远的区域仍可以不发生形变。一般来说，形变总是首先开始于试样或工件的应力集中区域，而形成狭窄的条带状的形变区，称之为吕德斯带。而后再逐步向外扩展到其它区域。图 5－44 表示拉伸试样中的吕德斯带，它与拉力轴所成的角度约在 45°上下而变化。有时，吕德斯带也可以同时在试样的几个区域出现，这样就会有几个带分别在试样中扩展，直到相互靠拢在一起。在吕

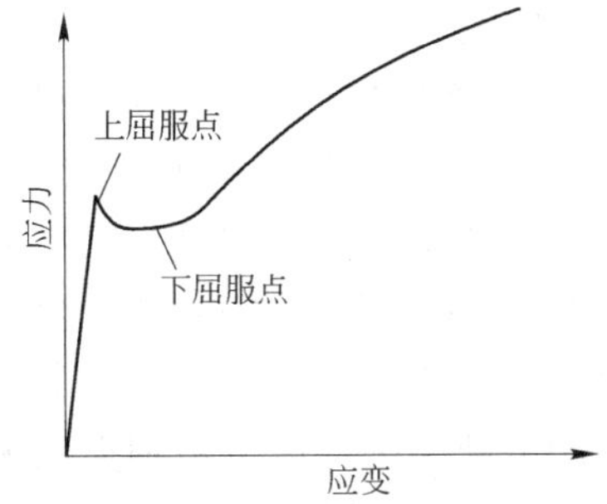

图 5－43　拉伸曲线上的上、下屈服点

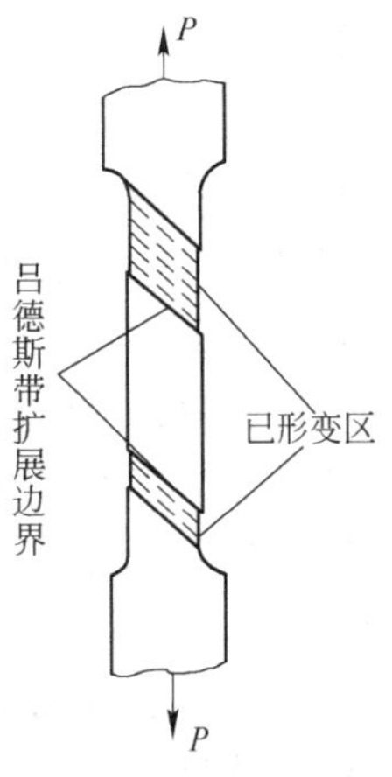

图 5－44　拉伸试样中吕德斯带的扩展

德斯带的扩展过程中，应力基本上为定值，正相当于拉伸曲线的下屈服点附近的一段平台。直到吕德斯带遍及整个试样后，应力才会上升。

必须注意，不要将吕德斯带与滑移带混同起来，一个吕德斯带往往是由数以百计的晶粒协调形变而形成的，其中各个晶粒内部才是以复杂的不同形式各沿其自身的滑移系而滑移的。

吕德斯带的出现会使工件表面产生皱折（见图5－45），不少冲压产品，例如汽车外壳，在冲压成型时，往往为此而报废。防止方法在于消除柯氏气团，避免上、下屈服点的出现，目前多采取：（1）预形变法，即预先进行超过屈服平台的小量形变，使位错摆脱溶质原子气团的作用；（2）清除溶质元素，或加入一些固定溶质的元素，例如低碳钢中加入Ti，使C或N与Ti结合成稳定化合物而使溶质组元从固溶体中退出来，这样，柯氏气团即无从产生了。

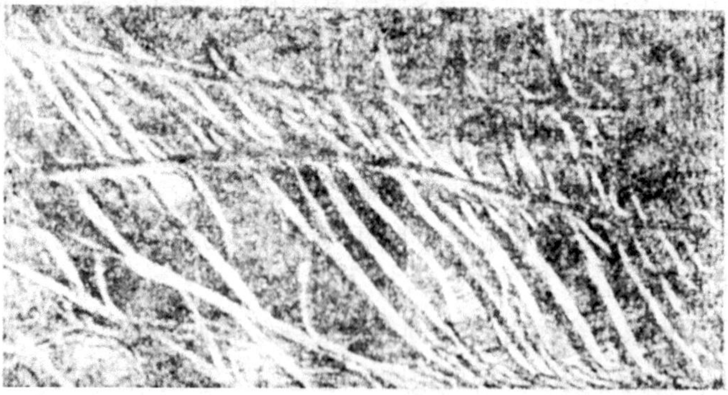

图5－45　薄钢板冲压出现的吕德斯带

第七节　范性形变后金属的结构、组织和性能

金属或合金经受范性形变后，结构组织会发生明显的变化。除了本章第三节已指出的晶粒外形的变化以及晶粒内部出现了滑移带、孪生带和各种形变带以外，还出现了新的亚晶，增添了各种结构缺陷，如位错、空位、间隙原子、层错等。特别应当指出，所有上述各种变化都是很不均匀的，即便整个工件的宏观形变很均匀，情况也是如此。所有这些大大小小的不均匀变化并不是孤立的，而是相互联系着，它们综合起来，一方面在于适应外力的作用而使材料进行相应的形变，另一方面则在于抗衡外力的作用，阻止材料进一步进行形变。前者使应力松弛，后者使材料处于受胁状态，松弛与受胁贯穿在形变的始末，它决定了材料的强度与范性，也决定了形变后金属材料的性能。

根据实验测定，金属形变所施加的外部能量大部分消耗在以滑移或孪生为主的形变功上，并转变为热而逸散到周围环境中去，只有一少部分能量或以弹性应变或以各种缺陷的形式储存在金属内部，其中弹性应变能约占5%～10%，其余则分布在形变所产生的各种缺陷中。前者反映在形变后各种内应力的大小上，后者表现在所增加的缺陷的类型和数量上。缺陷所储存的能量也称畸变能，其大小一方面取决于每一缺陷能量的高低，另一方面又取决于缺陷的数量及其分布的状态。在由形变产生的诸缺陷中，以位错和空位为最重要。但空位能所占储存能的比率较小，所以储存能大部分是由位错的增殖而引起的，位错能约占总储存能的80%～90%，由此可见位错在形变中的重要性。

据统计，在经过强烈形变的金属中，位错密度可由平均每平方厘米 10^6 根增至 10^{12} 根以上，而且其分布是很不均匀的。利用透射电镜可以观察形变后位错的分布，结果表明，随条件的不同，位错的分布也有所不同。例如，当形变温度较低位错的活动性较差时，形变后位错大多是相当紊乱无规则地分散在晶体中；当位错活动性较大，并可以进行交滑移时，位错大多集聚在局部区域，纠结在一起，组成所谓位错发团。这样，在金属中便出现许多由位错发团区分隔开的、位错密度较低的区域，如图 5－46 所示。这些区域之间有不大的取向差别，称之为形变亚晶（或胞状组织）。形变量越大，亚晶越小。相对来说，由于位错的交互作用，这后一种情况比前一种情况能量较低，稳定性较大。所以只要条件允许，在形变后的组织中，每个晶粒内部总是包含着许多细微的亚晶，亚晶界纠结着大量位错。

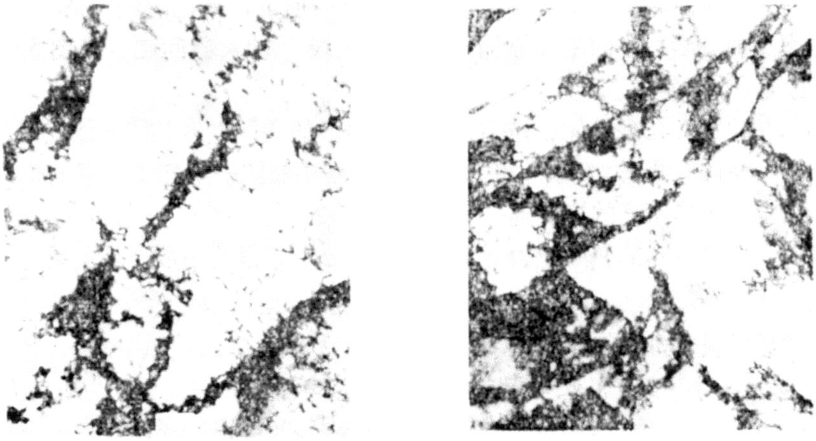

(*a*) (*b*)

图 5－46　多晶体铁冷轧后的组织和形变量

（*a*）16%；（*b*）70%

在其它条件相同时，形变量越大，位错密度也越大。复杂的形变（例如挤压）较之简单的形变（例如拉伸）参与的滑移系多，位错相互交割频繁，相互干扰严重，所以位错密度增加较多。

当形变方法和形变量一定时，位错密度随晶粒大小、杂质的多少或形变温度的高低而变化。一般来说，晶粒细、温度低、杂质多都会使形变后的位错密度更大。实验表明，原始晶粒大小和形变后的位错密度二者接近于直线关系，即形变所增加的位错密度随晶粒尺寸的减小而直线地上升。

形变既然引起了组织和结构的变化，那么这种变化必然要反映到性能上来，其表现如下：

一、加工硬化

如第三节所述，加工硬化在宏观的拉伸曲线上就能明显地表现出来，并可以用公式（5－16）或公式（5－17）来表达。

加工硬化与形变亚晶、位错以及其它结构缺陷的产生都有不同程度的直接或间接关系，但位错密度的增加则起着决定性的作用。这是因为亚晶实际上是由位错发团的凝聚而构成的，而空位和间隙原子等缺陷的产生也是和位错在运动过程中的相互交割分不开的。

事实表明，如果位错密度不增加，或增加很少，纵然形变量很大，加工硬化也是很小的。位错密度越大，位错在滑移过程中相互交割的机会便越多，相互间的阻力也就越大，因而形变的抗力也就随之而增大；反回来，形变抗力增大，表明位错运动的阻力越大，位错便越易于在晶体中塞积起来，位错密度的增加也就因之而越快，这两者的相互作用便促使了硬度和强度的迅速增加。

反回来再看图 5－19 中的曲线 D，问题就更清楚些了，在形变的第Ⅰ阶段，只有单系滑移，位错的相互交割不显著，位错密度增加有限，因此加工硬化很小。待到进入第Ⅱ阶段进行双系滑移或多系滑移时，位错的交割和位错密度的增加都会突然加大，因而加工硬化的速率和绝对值也就随之而突然增加。但是晶体中的位错密度并不能无限地增加，应该有一个饱和值，随着与饱和值的接近，位错密度增加的速率也应该越来越小。这就是为什么当形变进行到第Ⅲ阶段时，尽管参与滑移的系统增加了，硬化的绝对值虽也仍在增加，但硬化的速率反而逐渐减小的主要原因。理解了曲线 D 的实质问题，则图 5－19 中曲线 A、B 和 C 也就不难理解了。

与单晶体相比较，在多晶体中是不会出现易滑区的，所以多晶体的加工硬化曲线在形式上应与图 5－19 的曲线 A、B 或 C 相似。但由于在多晶体中增加了晶界的作用，所以在形变的开始阶段，位错密度的增加速率（因而加工硬化的速率）应比单晶体大。

理论表明，金属材料的屈服应力 τ 是位错密度 ρ 平方根的函数，其关系为

$$\tau = \tau_0 + \alpha G b \sqrt{\rho} \qquad (5-23)$$

式中，τ_0 为原始屈服应力；G 为切变模量；b 为柏氏矢量的模；α 为一常数，其理论值约为 0.3。实验表明，这对不少金属基本上是符合的，但实际上的 α 略大，约为 0.5 左右，图 5－47 是 Fe－(0.01～0.1)%C 合金的 $\sigma_{0.2}$ 与 $\sqrt{\rho}$ 的实验结果。值得注意的是，不仅形变，而且用其它方法，例如用淬火法来增加位错密度，所得结果也是和公式（5－23）一致的。

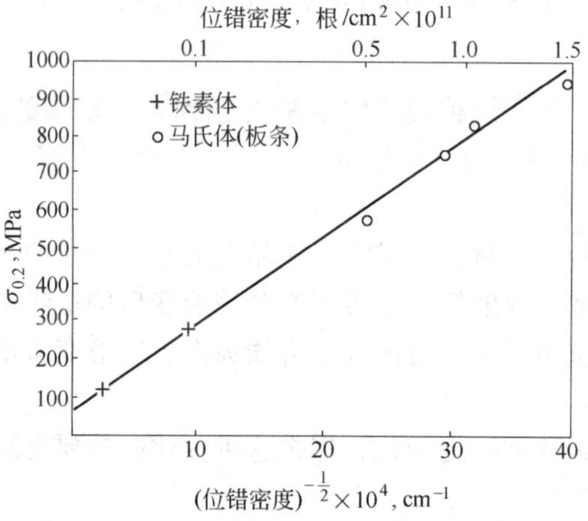

图 5－47　Fe－C 合金的屈服强度 $\sigma_{0.2}$ 与位错密度的关系

加工硬化已作为强化金属材料的方法之一而应用于实际生产中，它可使材料的工程强度指标 σ_s、σ_b 以及硬度等显著增加，但使材料的范性指标 δ 和 ψ 下降。

二、形变引起的各向异性

在一般情况下，金属和合金多晶体的各种宏观性能是各向同性的，但经受方向性的形

变后，会出现各向异性现象，特别是在大形变量下，这种现象很明显。例如生产上的许多板材、线材或棒材，无论是其力学性能或其它物理性能，在不同方向上都有明显的差别。

各向异性的产生，实际上是两种因素的综合结果，其一是组织的方向性，另一是结构的方向性，而单向形变或不均匀的形变则是引起这两种方向性的重要的直接原因之一。

例如，在单方向拉伸形变的条件下，一方面基体晶粒都沿受力方向而伸展，同时那些宏观偏析和微观偏析区、异相晶粒或杂质等也会发生方向性的分布，这就出现了组织的方向性；另一方面由于晶粒取向的转动还会产生形变织构，这就出现了晶体结构的择尤取向，它是带有根本性的内在因素，也是决定方向性的主要因素。形变量越大，这两方面的表现越显著，性能上的方向性也就越严重。

方向性的出现给材料的进一步形变和应用带来了新问题，随加工条件和应用目的的不同，既有其有利的一面，也有其不利的一面，这就要根据具体问题，进行具体分析。

为了检验板材的冲压性能，通常要采用三种指标来衡量板材各向异性的程度：

其一是沿板面方向的应变 ε_w 与沿厚度方向上的应变 ε_t 之间的相对比值 r，即 $r=\varepsilon_w/\varepsilon_t$，称为范性应变比率，它是衡量这两个方向上应变差别大小的一个指标。$r=1$，说明沿板的厚度方向和沿板面方向范性一样；$r>1$，说明沿厚度方向上的范性较低，而且 r 越大，二者的差也越大；$r<1$ 时，情况正好倒过来。

其二是当沿板面各方向的范性也有明显差别时，仅仅 r 就无多大意义了，这时应采用应变比率的平均值 $\bar{r}$，$\bar{r}$ 被定义为

$$\bar{r}=\frac{r_L+2r_{45}+r_r}{4} \qquad (5-24)$$

式中，r_L、r_r 和 r_{45} 分别代表与轧制方向平行、垂直和成45°方向上的应变比。

其三是为了衡量沿板面各方向上 r 的差异程度，还须采用另一指标 Δr，其定义为

$$\Delta r=\frac{r_L+r_r-2r_{45}}{2} \qquad (5-25)$$

显然，$\Delta r=0$ 时，沿板面无差异；Δr 越大，表示沿板面的差异越大。

以上三个指标综合起来，可判断板材深冲性能的好坏。例如图 5－48 举出了低碳钢板的深冲性能与 r、$\bar{r}$ 及 Δr 的关系。图的下部为冲制的杯状工件示意图，上部为对应的 r 及 $\bar{r}$ 值曲线。r 或 $\bar{r}$ 大时，有利于冲深度较大的工件。但由于沿板面各方向的 r 值不同，即 $\Delta r\neq 0$，所以工件形变不均匀，这样沿工件边缘会出现波浪形的耳子，通常叫制耳。Δr 越大，制耳也就越显著，为此而报废的也就越多。

生产上对深冲钢板的要求是，r 或 $\bar{r}$ 尽可能比 1 大，同时 Δr 尽可能的小。前者要求能有合适的织构，例如（111）〔110〕；后者则要求不出现织构。显然二者是矛盾的，这就要根据具体材料的不同织构的特性，进行具体分析。

对某些基本上要求单向受力的结构件，或要求一定方向具有特殊物理性能的制件，利用织构可取得突出的效果。例如，电工用硅钢片，若获得{110}〈100〉织构（高斯织构），则沿轧制方向〈100〉的磁感应强度最大，铁损最小；若获得{100}〈100〉织构（立方织构），则与轧制方向平行和垂直的两个方向上，都具有很好的磁性，而这正是电工上所求之不得的。因此，对硅钢片的产生来说，如何控制所要求的织构，就成了头等重要的事。

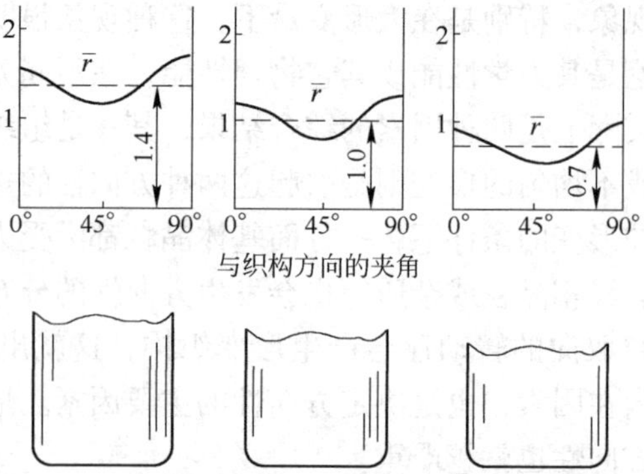

图 5-48 低碳钢的深冲性能与 r、$\bar{r}$ 及 Δr 的关系

实际上，直接应用形变织构的并不多，生产上大多通过控制形变织构而得到所要求的再结晶织构。

三、其它物理性能的变化

形变后的金属和合金，除了力学性能外，其它凡属于结构敏感的性能都发生了较明显的变化。例如，导磁率、磁饱和度、剩余磁感及导电率等下降，而矫顽力、电阻等则上升。对一些结构不敏感的性能也有一定的影响，例如，比重、导热性和弹性模量有一定的下降；而化学活性等则有一定的增加。

第六章　金属及合金中的扩散

关于扩散的一些基本概念已在物理和物化等课程中学过了，这里主要讨论扩散的一般规律及其在金属和合金中的应用。

微观分析表明，扩散是物质内部由于热运动而导致的原子或分子的迁移过程；宏观观测表明，在有浓度梯度、化学位梯度、应力梯度或其它梯度存在的条件下，借热运动可以引起物质宏观的定向输送，这个输送过程，称为扩散。扩散不仅在气体或液体中进行，而且也可以在固体中进行。

金属和合金中的扩散与许多重要的冶金过程有着密切的关系，诸如各种熔炼及凝固过程，各种热处理过程，特别是各种退火和化学热处理，甚至各种热加工过程以及氧化、烧结、焊接等都是和扩散过程分不开的。

以下分两方面来讨论有关扩散的问题：其一是扩散的宏观规律及其应用，它所涉及的是关于物质的输送量和输送速度及其影响因素方面的问题；其二是扩散的微观原理，讨论关于扩散机理方面的问题。

第一节　扩散定律

一、菲克第一定律

菲克早在 1855 年即通过实际观测而获得了关于扩散的这样一个宏观规律：在扩散过程中，物质的扩散流量，即单位时间内通过单位横截面积所输送的物质量是和这个物质横跨这一截面的浓度梯度成正比例的。若仅考虑一维，则这个关系可用公式

$$J = -D\frac{\partial C}{\partial x} \qquad (6-1)$$

来表示。式中 J 表示某一组元的扩散流量；$\frac{\partial C}{\partial x}$表示这个组元沿着扩散方向 x 的浓度梯度；D 为一比例常数，称为这个组元的扩散系数；负号表示扩散方向与浓度梯度的方向正好相反，即扩散是向着浓度梯度减小的方向而进行的。

公式（6－1）中各项的量纲为

$$J\left(\frac{M}{L^2 t}\right) = -D\left(\frac{L^2}{t}\right)\frac{\partial C}{\partial x}\left(\frac{M/L^3}{L}\right)$$

式中，M 为质量单位，可以用摩尔或其它质量单位来表示；L 为长度单位；t 为时间单位；扩散系数的单位为 L^2/t，通常多采用厘米^2/秒来表示。

若单从数值上来看，扩散系数 D 是和浓度梯度等于 1 时的扩散流量相等的。D 值的大小决定了扩散速度的快慢，所以 D 是决定扩散过程的一个重要物理量，知道了 D 后，许多有关扩散的问题就易于解决了。

由公式（6－1）不难看出，只要扩散系数不等于零，当具有一定的浓度梯度时，就会产生一定的扩散流量，直到由于扩散而使浓度梯度变为零时，物质的输送才会停止。

一般来说，菲克第一定律是一个较为普遍的规律，但有一定的局限性，这是因为扩散

过程并不是完全由浓度梯度来决定的，还有其它梯度也会起作用，有时甚至起主要作用，这在第三节再讨论。

当扩散在稳态条件下进行时，即在$\frac{\partial C}{\partial x}$和$J$皆不随时间而变化的条件下进行扩散时，应用公式（6－1）是相当方便的。但在非稳态条件下就不方便了，为此而有菲克第二方程。

二、菲克第二定律

菲克第二定律是在第一定律的基础上推导出来的：

设在扩散介质内，垂直于扩散方向横截出一个元体积，如图6－1所示，如果只考虑这个体积内物质量的变化，那么进入这个体积内的物质量减去流出这个体积的物质量必然等于积存在这个体积内物质量。当扩散经历一小段时间后，再进行计算，可以得出：物质流入元体积的速率，减去流出的速率，应等于这个体积内物质的积存速率。这样，只要求出上述各项的偏微分式，那么偏微分方程式就不难建立起来。

图6－1中设一截面积为A的长棒，其中某一组元沿x方向进行扩散，若元体积为$A \cdot dx$，其左、右两侧面的扩散流量分别为J_1和J_2，则由图可知，单位时间内，通过平面1流入体积Adx的物质量，即物质流入这个体积的速率R_1应为

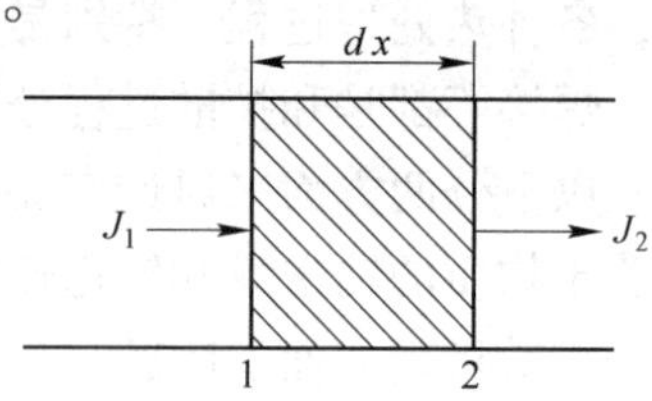

图6－1　单方向扩散示意

$$R_1 = J_1 A \tag{6-2}$$

而由平面1到平面2，即在dx距离内，物质流动速率的变化应该是$\frac{\partial (J_1 A)}{\partial x}dx$，所以到达平面2时，物质的流动速率$R_2$应变为

$$R_2 = J_2 A = J_1 A + \frac{\partial (J_1 A)}{\partial x}dx \tag{6-3}$$

式中，R_2正相当于物质由体积Adx内向外流出的速率，这样，便易于算出物质在体积Adx内的积存速率R_3

$$R_3 = R_1 - R_2 = -\frac{\partial (J_1 A)}{\partial x}dx \tag{6-4}$$

但若从另一个角度来看，R_3也可以用平面1处的体积浓度C_1来表示，即

$$R_3 = \frac{\partial (C_1 A dx)}{\partial t} = A dx \frac{\partial C_1}{\partial t} \tag{6-5}$$

由公式（6－4）与（6－5）可得

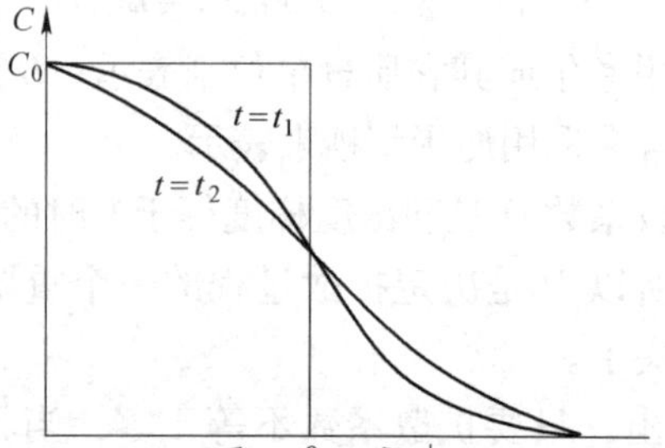

图6－2　半无限长扩散偶中浓度随时间的变化

$$-\frac{\partial J_1}{\partial x}=\frac{\partial C_1}{\partial t} \tag{6-6}$$

将公式（6－1）代入得

$$\frac{\partial\left(D\frac{\partial C_1}{\partial x}\right)}{\partial x}=\frac{\partial C_1}{\partial t} \tag{6-7}$$

去掉脚码，一般化得

$$\frac{\partial}{\partial x}\left(D\frac{\partial C}{\partial x}\right)=\frac{\partial C}{\partial t} \tag{6-8}$$

这就是菲克第二定律的数学表达式，也叫菲克第二方程。当 D 不随浓度而变化时，方程式可写为

$$D\frac{\partial^2 C}{\partial x^2}=\frac{\partial C}{\partial t} \tag{6-9}$$

三、扩散方程应用举例

菲克第二方程可以普遍应用于一般扩散过程。求方程（6－8）或（6－9）的通解可以得出 C 与 x、t 及 D 的确切关系，但解方程已超越本课程范围，这里仅列举几个现成的典型解，供实用参考。

1. 半无限长扩散偶的扩散方程解

若将两根不同成分的金属棒 A 和 B 对焊在一起，如图 6－2 下部所示，便组成一个扩散偶。为简化起见，设棒 A 的浓度为 C_0，棒 B 的浓度为零，扩散系数 D 恒定不变。在这种条件下，由于两根棒足够长，所以在整个扩散过程中，扩散偶两端的浓度不会因扩散而变化。但在对焊界面上的浓度，一经扩散便会立即达到两棒的平均值（$C_0/2$），并始终会保持恒定不变。显然，这时可利用方程式（6－9），其边界条件是：当 $x=0$，t 为任意值时，$C=C_0/2$；当 $x=\infty$，t 为任意值时，$C=0$。而起始条件为：当 $t=0$，x 为任意值时，$C=0$。在这个条件下，扩散方程的解为

$$C(x,t)=\frac{C_0}{2}\left[1-\mathrm{erf}\left(\frac{x}{2\sqrt{Dt}}\right)\right] \tag{6-10}$$

式中，$\mathrm{erf}\left(\frac{x}{2\sqrt{Dt}}\right)$代表一个函数，称之为误差函数，可由专用函数表查出。表 6－1 列出了它的部分数据以供参考，其中 Z 相当于$\frac{x}{2\sqrt{Dt}}$。

表 6－1　误差函数

Z	erf（Z）	Z	erf（Z）	Z	erf（Z）	Z	erf（Z）
0	0	0.45	0.4755	0.90	0.7970	1.7	0.9838
0.025	0.0282	0.50	0.5205	0.95	0.8209	1.8	0.9891
0.05	0.0564	0.55	0.5633	1.0	0.8427	1.9	0.9928
0.10	0.1125	0.60	0.6039	1.1	0.8802	2.0	0.9953
0.20	0.2227	0.65	0.6420	1.2	0.9103	2.2	0.9981
0.25	0.2763	0.70	0.6778	1.3	0.9340	2.4	0.9993
0.30	0.3286	0.75	0.7112	1.4	0.9523	2.5	0.9998
0.35	0.3794	0.80	0.7421	1.5	0.9661		
0.40	0.4284	0.85	0.7707	1.6	0.9763		

由方程式（6－10）不难看出：

（1）在任何时间，界面上（$x=0$）的浓度都是 $C_0/2$，它相当于两金属棒 A 和 B 的平均成分。

（2）每一个$\frac{x}{2\sqrt{Dt}}$（相当于表 6－1 中的 Z）值各对应于一个确定的 C/C_0 值，或者说，在每一给定时间 t 和给定距离 x 处都各有一个确定的成分与之相对应。但当 C/C_0 一定时，即 Z 具有定值时，x 和 t 却可以按关系式 $x\propto\sqrt{Dt}$或 $x^2\propto Dt$ 而任意变化，这也就是说，如果指定一个浓度 C 值，那么它与界面的距离 x 将随时间而以与 $\sqrt{Dt}$成正比例的关系向纵深方向移动着。

（3）达到指定浓度所需要的扩散时间与扩散距离的平方成正比例，即 $t\propto x^2$，或者说，t 与 x 成抛物线关系。比如说，要使扩散层的深度增加一倍，则扩散时间需增加 3 倍；若深度增加 2 倍，则时间需增加 8 倍。

2. 扩散方程在渗碳过程中的应用

渗碳是用来改变钢表层化学成分的化学热处理方法之一。一般方法是，将工件放入渗碳气氛中或固体介质中，而后进行加热、保温，使其发生扩散，经一定时间后，再冷却下来，这样，就可使工件表层一定深度范围内达到增碳的目的。扩散方程可以帮助人们合理地确定渗碳层的浓度、深度和渗碳时间。

例如，设取一相当长的纯铁棒，在其一端附以渗碳介质（如石墨碳），然后加热使其发生扩散（见图 6－3 上部）。实验表明，在这种条件下，试样表面碳浓度很快即达到一个定值 C_s，并始终可保持不变。而试样表层一定距离内，碳的浓度将会随时间而变化。若扩散系数已定，则可解方程式（6－9），其边界条件为：$C(x=0,\ t)=C_s$；$C(x=\infty,\ t)=0$，起始条件为：$C(x,t=0)=0$。在这个条件下，方程式（6－9）的解为

$$C(x,t)=C_s\left[1-\mathrm{erf}\left(\frac{x}{2\sqrt{Dt}}\right)\right] \tag{6-11}$$

显然，它与公式（6－10）基本上是一致的，只是这里界面的浓度自始至终保持另一个定值 C_s，而不是界面两边介质浓度的平均值。

如果渗碳件的原始成分不是零，而是 C_0，则公式（6－11）可改写为

$$C(x,t)-C_0=(C_s-C_{01})\left[1-\mathrm{erf}\left(\frac{x}{2\sqrt{Dt}}\right)\right] \tag{6-12}$$

由公式（6－11）或（6－12）可以确定出渗碳层厚度与渗碳时间的关系曲线以及不同时间表层碳浓度的分布曲线，如图 6－3 所示。

3. 扩散方程在均匀化扩散退火过程的应用

在第四章曾指出过显微偏析是异分结晶合金中经常出现的一种普遍现象，在不少情况下，需要进行扩散退火处理。扩散方程可以帮助人们合理地制订扩散退火工艺。

具有显微偏析的合金，无论是铸态的或锻态的，组元的分布大多是周期性的变化着。若在合金中选取其成分相当于合金平均成分的某一点作为参考坐标原点，则组元沿某一方向 x 的分布情况，可近似地用一正弦曲线

$$C=C_m\sin(\pi x/l) \tag{6-13}$$

来表示，如图 6－4 所示。式中，C 表示任一点 x 的浓度，用与合金平均成分的差值来表

示；C_m 表示偏析的最大幅度，即偏离合金平均成分的最大差值；x 代表距离；l 为偏析区浓度的最大值与最小值间的最短距离，或“偏析波”波长的一半。

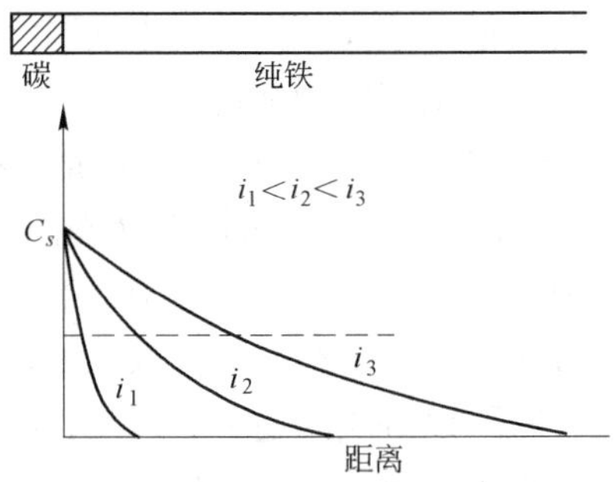

图 6-3　渗碳过程中碳浓度随时间和距离的变化

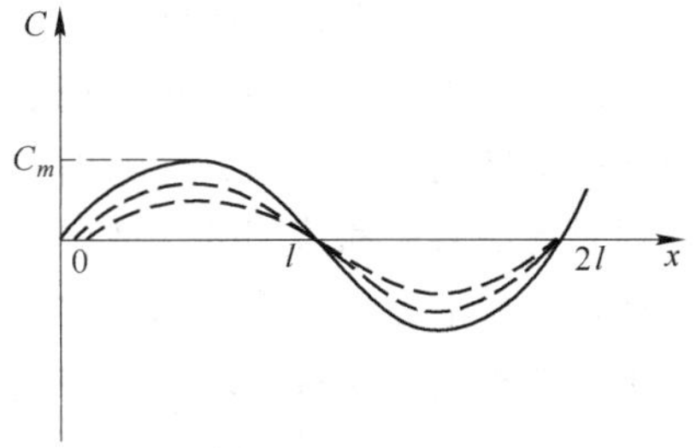

图 6-4　显微偏析中浓度随距离的变化

当合金在给定温度加热、保温而进行扩散时，偏析组元将由高浓度处向着低浓度处扩散，因此随着时间的推移，合金将逐渐均匀化。由公式（6-13）可知，在整个扩散过程中，在 $x=0$，l，$2l\cdots$的地方，$C=0$；而在扩散开始时，即 $t=0$ 时，在 $x=l/2$，$3l/2$，$5l/2\cdots$等处，$C=\pm C_m$。在这个边界条件和起始条件下，若扩散系数恒定，则扩散方程(6-9)的解为

$$C=C_m\sin\frac{\pi x}{l}e^{-\pi^2Dt/l^2} \tag{6-14}$$

这个解表明，随着时间 t 的推移，每一点的浓度 C 都在逐渐减小并趋于零，如图 6-4 中各虚曲线所示。但在这里，只要搞清楚浓度峰值的衰减过程，即在 $x=l/2$，$3l/2$，$5l/2\cdots$等处浓度的衰减过程，问题就基本上解决了。而在这些地方，角函数 $\sin\frac{\pi x}{l}$皆为 1 或 -1，这时公式（6-14）将变为

$$C=C_me^{-\pi^2Dt/l^2}\text{或 } C/C_m=e^{-\pi^2Dt/l^2} \tag{6-15}$$

由于在给定条件下，C_m、D、l 皆为定值，所以 C/C_m 的下降值就代表着偏析衰减程度。C/C_m 可在 1 与 0 之间而变化，应是一个典型的指数衰减函数，可写为

$$C/C_m=e^{-t/\tau}$$

式中，$\tau=l^2/(\pi^2D)$ 具有时间量纲，可称之为衰减时间。显然，只有当 t 趋于无限大时，C/C_m 才会趋于零，即才会完全均匀化。由此可见，所谓扩散均匀化只具有相对意义。一般来说，只要偏析衰减到一定程度（例如 1/10）后，即可认为均匀化了。

衰减时间 τ 是扩散退火过程中的一个重要参数，凡能够使 τ 降低的任何因素或措施都会加快均匀化的速度，提高均匀化的效果。例如，提高退火温度可使扩散系数 D 显著增大，因而可使 τ 显著减小，这样，当然可以加快均匀化的速率。但是，提高温度要受到合金熔点、加热设备等条件的限制，同时也是很不经济的。

减小 τ 的最有效措施是设法减小 l 的数值，即减小“偏析波”的“波长”（见图 6-4）。τ 与 l 的平方成正比例，如果能使 l 减小到 1/4，那么 τ 便可缩短到 1/16，从而可使退火时间显著缩短。减小 l 的有效措施是在合金凝固过程中，设法采用各种方法（见第四章）细化铸态组织，使晶粒或枝晶网的尺寸尽可能的减小；或在轧制、锻压过程中，

增大压缩比，使各种带状组织或枝晶组织得到充分的细化（见第五、七章）。一般来说，在锻件上或坯材上退火较之在铸件上或铸锭上退火均匀化效果要大得多，其原因正在于此。

四、固溶体中的互扩散

以上所讨论的主要是针对稀薄固溶体中溶质组元的扩散，或间隙固溶体中间隙溶质组元的扩散。实际上，在各种扩散介质中所发生的扩散过程都是溶质和溶剂两个组元同时在进行扩散，而且扩散方向往往正好相反，因而互有影响。在稀薄固溶体或间隙固溶体中，溶剂对溶质扩散的影响较小，可略而不计。但在其它情况下，就不能这样来处理问题了，而必须同时考虑溶质和溶剂的扩散，这种扩散叫互扩散。如果在互扩散过程中，溶质和溶剂的扩散在数量上完全相等，则可按上面已讨论过的方法，按一个组元的扩散来处理；而第二个组元的扩散只要将扩散方程中的正负号一改变，就可以解决问题了。但是，在一般条件下，固溶体中各组元的扩散不可能完全一样，这就出现了下面将要讨论的一系列新问题。

例如，设 Cu 与 Ni 两金属棒组成一对扩散偶，如图 6－5（*a*）所示，并在界面上事先镶上一些惰性的金属丝（如 Mo 或 Ta 丝等）作为界面标志，而后加热进行扩散。结果表明，不但 Cu 向 Ni 中扩散，而 Ni 也向 Cu 中扩散；同时发现原界面向着 Cu 侧移动了一段距离 Δx，如图 6－5（*b*）所示。显然，如果向界面两边扩散的物质量相等，便不会发生这种现象。问题只能这样来解答，即 Cu 通过界面由右向左的扩散流量 J_{Cu} 大于 Ni 通过界面由左向右的扩散流量 J_{Ni}，因此，经过一段时间后，界面左侧的物质量增多了，就要发生膨胀，反之，右侧的物质量减少了，就要发生收缩，其结果必然是界面由左向右迁移。

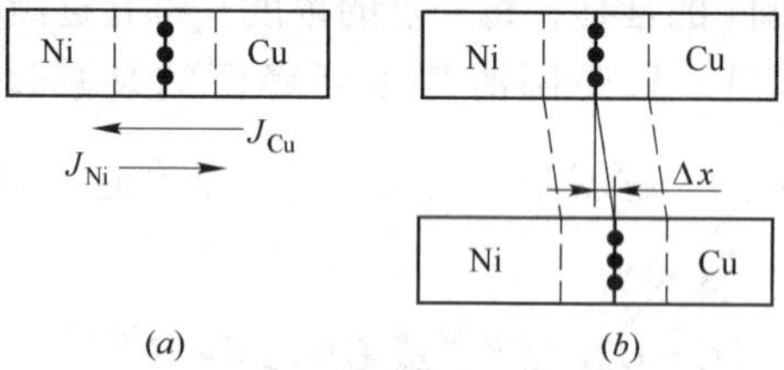

图 6－5　Cu－Ni 扩散偶的互扩散效应

这是不均衡扩散的普遍现象，称为克厄肯达（Kirkendall）效应。这种效应就好像除了扩散外，整个试样相对于观察者来说同时在运动着一样。这种运动虽是由扩散引起标志的运动而显示出来的，但不同于扩散，却又相当于扩散。因为从另外角度来看，物质的扩散流量也可以看做是具有一定浓度的单位平面向着浓度减小的方向移动的结果。因此，物质的输送速度也可以用相应平面的运动速度来表达。今设

v_B = 晶体点阵的移动速度 = 界面标志的移动速度 = v_m

v_D = 纯扩散速度 = 物质内部原子相对于标志的移动速度

那么不难得出，合成速度 v_t 应为

$$v_t = v_B + v_D = v_m + v_D$$

另外，如果把原子 i 的扩散流量看做是单位面积上原子 i 的输送速率，并以原子数/秒/厘米^2 来表示；而原子 i 的体积浓度为 C_i，迁移速度为 v，那么扩散流量应为 $C_i v$。由此可以推出，在两个组元 1 和 2 相互扩散过程中，组元 1 的总扩散流量为 $C_1[v_m + (v_D)_1]$，其中 $C_1(v_D)_1$ 为组元 1 的真实扩散流量，它等于 $-D_1 dC_1/dx$；而 $C_1 v_m$ 相当于

标志移动所引起的组元 1 的扩散效应。组元 2 的扩散流量可同样来处理。这样，便可求出两组元在给定温度时的总扩散流量分别为

$$\left.\begin{aligned}(J_1)_t &= C_1 v_m - D_1 \frac{\mathrm{d}C_1}{\mathrm{d}x} \\ (J_2)_t &= C_2 v_m - D_2 \frac{\mathrm{d}C_2}{\mathrm{d}x}\end{aligned}\right\} \tag{6-16}$$

假设扩散前后物质的摩尔密度（原子/厘米^3）保持不变，那么，显然必须满足关系式 $(J_1)_t = -(J_2)_t$，因为扩散并不改变单位体积内的原子数目。这样，由公式(6－16)，并注意到体积浓度 C_i 等于摩尔密度乘以原子分数 N_1 这一关系，就可以得出

$$v_m = (D_1 - D_2) \frac{\mathrm{d}N_1}{\mathrm{d}x}$$

式中，N_1 为组元 1 的原子分数，再将它返回去代入公式（6－16），便得

$$\left.\begin{aligned}(J_1)_t &= -(D_1 N_2 + D_2 N_1) \frac{\mathrm{d}C_1}{\mathrm{d}x} = -\widetilde{D} \frac{\mathrm{d}C_1}{\mathrm{d}x} \\ (J_2)_t &= -(D_1 N_2 + D_2 N_1) \frac{\mathrm{d}C_2}{\mathrm{d}x} = -\widetilde{D} \frac{\mathrm{d}C_2}{\mathrm{d}x}\end{aligned}\right\} \tag{6-17}$$

显然，从形式上来看，在互扩散过程中，仍然可以应用菲克第一方程来表达，但是 $\widetilde{D}$ 已非一般意义的扩散系数，称之为互扩散系数；D_1 和 D_2 则称为组元 1 和组元 2 的特征扩散系数（或禀性扩散系数），它们之间的关系为

$$\widetilde{D} = D_1 N_2 + D_2 N_1 \tag{6-18}$$

由此不难看出，当 $N_2 \to 0$ 或 $N_1 \to 1$ 时，$\widetilde{D} \simeq D_2$；反之，则 $\widetilde{D} \simeq D_1$。所以在很稀薄的固溶体中，互扩散系数即相当于溶质组元的特征扩散系数。随着固溶体浓度的增加，$\widetilde{D}$ 与 D_2 的差别将会越来越大，如图 6－6 所示。

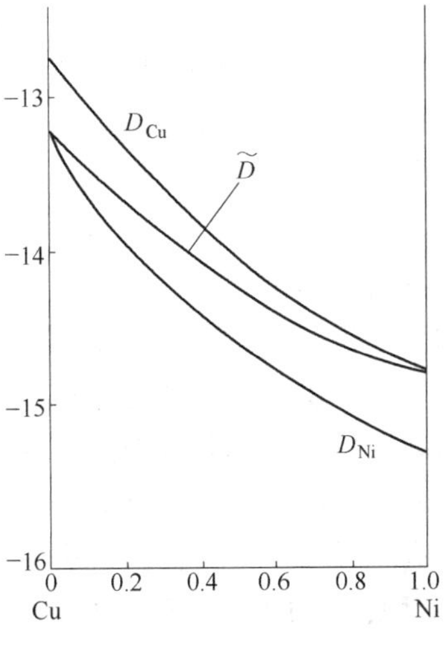

图 6－6　Cu－Ni 系的扩散系数（$\widetilde{D}$、D_{Cu}、D_{Ni}）与成分的关系

通常所用的扩散系数，实际上大多是指互扩散系数。但应指出的是，当利用扩散方程

来求互扩散系数时，参考坐标轴并不是以原界面为起点的，而是选择在一个特殊的规定平面上，通过这个平面，物质向左、右两侧扩散的量是相等的，这个平面叫俣野平面。所以互扩散系数实际上是相对于俣野平面而讲的。

第二节　原子运动与扩散

第一节主要讨论了扩散的宏观规律及其应用，并未涉及到原子运动的问题，而物质在宏观方面的许多表象或规律往往是其内部原子或分子运动的综合反映，只有将两者联系起来，才能更深刻地认识、理解和应用物质在宏观方面所表现的一些规律。这就是这一节之所以要讨论扩散微观理论的主要目的。

一、扩散机理

本章开始就指出过，扩散是由物质内部原子或分子的热运动而引起，或者说，扩散是原子或分子热运动所反映出的宏观现象之一。

金属晶体中的原子始终以其阵点为中心而振动着，其振动频率平均约 $10^{12} \sim 10^{13}$ 次/秒，接近于定值。但是，原子的振动能量并不确定，可以随条件而变化，温度越高，原子的热振动也越强烈。即使温度确定，各个原子的振动能也会有差异，有的可能高些，有的可能低些，而平均起来却是一个定值，这种现象叫作能量涨落。能量涨落会使部分原子获得足够高的能量，从而摆脱其周围原子对它的约束作用，脱离开其原来所占据的阵点，跳到晶体的其它位置上。原则上讲，只要不是绝对零度，在每一温度都有相当数量原子可以进行跳动，或者说，每个原子都具有一定的跳动机会，温度越高，跳动几率越大。理论表明，在温度相当高时，平均每个原子的跳动次数约可达 10^8/秒。即平均来说，一个原子在其阵点上每振动 1 万次，就有一次跳出来的机会，这是一个很可观的频率。一般来说，原子的跳动是一种无规则的运动，它向各个方向跳动的几率近于相等。但是，根据统计学规律，这种无规则的运动可以引起原子较长距离的迁移，而且原子迁移的平均距离是和原子跳动次数的平方根成正比例的，在立方系中其关系为，$\sqrt{\overline{R_n^2}} = \sqrt{n}r$。其中 $\sqrt{\overline{R_n^2}}$ 为均方根位移，即平均位移；n 为原子跳动次数；r 为每次跳动的位移。例如，若设原子的跳动频率为 10^{10}/秒，每次跳动 1Å，过 3 小时后，根据上式计算可得，每个原子大约平均迁移 0.1 厘米。这就是扩散引起物质宏观输送的理论根据。

问题的另一方面是，金属晶体中的原子都各占有它自己的阵点，每个原子周围又都各有由其晶体结构类型所决定的各自的紧密邻居，特别是在一些配位数大、致密度高的金属晶体中，原子基本上是密集的。在这些晶体中，一个具有高能量的原子，纵然具备了跳动的能力，但向何处跳动呢？如果没有供其跳动的适当位置，那么跳动也难以成为事实。由此可见，扩散不仅由原子热运动所控制，而且同时还要受具体晶体结构的制约。

对不同的晶体结构来说，原子在晶体中的跳动方式可能是不同的，这就意味着扩散机理可以随晶体结构的不同而变化。图 6－7 示意性地表示出几种可能的扩散机理。其中，（*a*）表示间隙固溶体中间隙溶质原子的扩散；而（*b*）、（*c*）和（*d*）表示代位固溶体中溶质（或溶剂）原子的扩散，兹分别讨论如下：

1. 扩散的间隙机理

如图 6－7（*a*）所示，在间隙固溶体中，一个溶质原子由其所占据的间隙位置跳到邻近的另一个空着的间隙位置上而进行的扩散过程，或在代位固溶体中，溶质或溶剂原子跳入间隙位置，而后再跳到其它间隙位置而进行的扩散过程，见图 6－7（c），称为间隙机理。

在一般间隙固溶体的点阵中，溶质原子所占据的间隙位置，相对来说，为数很少，大部分间隙位置都是空着的。这就意味着每个溶质原子周围都有相当数量的供其跳动的间隙位置正在虚位以待，所以间隙溶质原子只要具备了跳动的能量条件，便不大愁没有跳动的几何位置。例如，在面心立方的晶体点阵中，八面体间隙处于晶胞中的体心和各棱边的中心位置，如图 6－8（b）所示，这些位置自身也相当于一个面心立方点阵的阵点，可称之为间隙位置的亚点阵。在这个亚点阵中，每一个阵点（间隙）的配位数也是 12，即每一个间隙周围都有 12 个等距离的等同间隙位置。而在一般间隙固溶体中，即使浓度达到最大固溶度，溶质原子所占去的间隙位置数也不会超过总间隙的 1/5，因此，在面心立方间隙固溶体中，每个溶质原子周围至少还有 10 个空余的间隙位置任其跳动，其它结构的间隙固溶体与此相差不大。所以单从几何关系来考虑，在间隙固溶体中以间隙机理进行扩散的可能性最大。

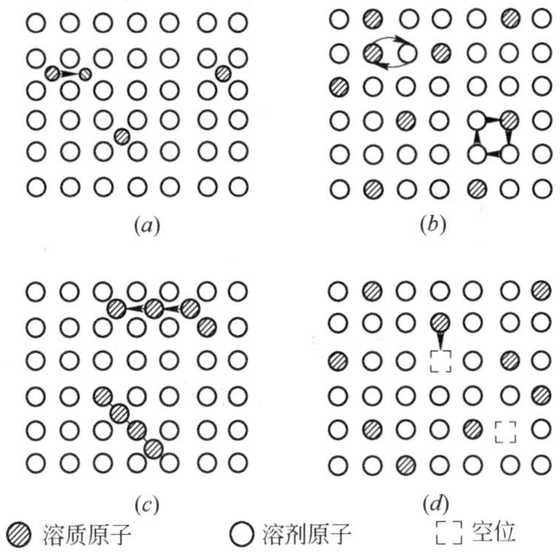

图 6－7　扩散机理示意图

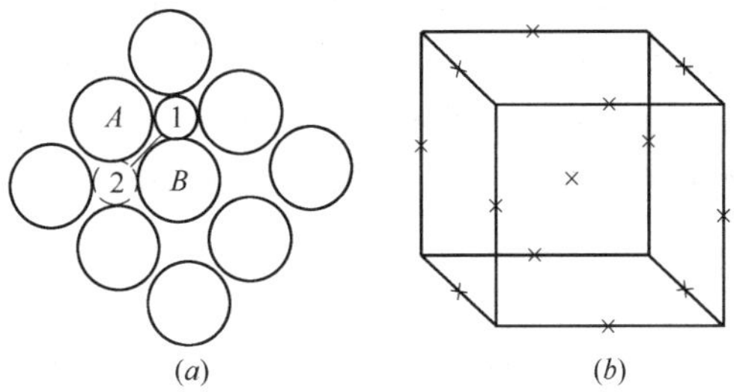

图 6－8　（100）面上间隙原子扩散示意（a）及面心立方晶胞中八面体间隙（b）

间隙溶质原子由一个间隙位置跳到另一个邻近的间隙位置时，中间需经过一个溶剂原子间的狭缝，见图 6－8（a），只有具有较高的能量，才能挤出一条通道来。溶质原子越大，或溶剂原子间的狭缝越小，则进行扩散所需能量也越高。

在代位固溶体中，以间隙机理进行扩散也有可能。但是，首先原子要挤入比它很小的间隙中，就需要较高的能量；其次是，由一个间隙跳到另一间隙时，由于中间的狭缝相对于溶质或溶剂原子来说是太小了，势必要求更高的能量。所以，从扩散所需要的能量方面来考虑，间隙机理在代位固溶体中是很不利的。于是人们提出了所谓间隙顶替机理和挤列机理。前者与间隙机理相近，所不同的是，原子跳入间隙后，再进行跳动时，不是跳入另外的间隙中，而是将其邻近的处于正常位置的原子推到间隙中，它自己则重新占据这个空下的正常位置，如此反复进行，就会不断地发生扩散。显然这比间隙机理所需能量更低些。所谓挤列机理是在一列由 n 个原子占据的线段内多挤入了一个原子而组成一列受到挤

压的 $n+1$ 个原子，称之为挤列，挤列在晶体点阵中运动引起扩散。

2. 扩散的交换机理和轮换机理

相邻原子通过相互交换位置进行迁移，如图 6－7（*b*）所示，也可以发生扩散，称之为交换机理。但是，原子在相互对调位置的过程中引起的点阵畸变很大，因而所需要的能量很高，计算结果表明，这在实际上是不可能的。所以后来又提出了轮换机理，即由相邻的三个原子或四个原子同时进行环形旋转式的交换位置，如图 6－7（*b*）右下所示。显然，这种顺序转移的方式要比交换方式所引起的点阵畸变小得多，因而它是金属晶体中可能性较大的扩散机理之一。

3. 扩散的空位机理

空位机理如图 6－7（*d*）所示，原子借逐步向其邻近的空位跳动而迁移，或者说，原子借空位的运动而迁移，这样所引起的扩散属于空位机理。

在第二章第七节曾指出过，空位是晶体中的一种平衡缺陷，可见晶体在任何温度都含有一定数量的空位，而且温度越高，空位的密度也越大。原子跳入空位所需要的能量应该是比较小的，所以空位机理无论是在纯金属中的自扩散，或是在固溶体中的互扩散，都应该是可能性最大的一种机理。

二、扩散的激活能*

由以上所列举出的几种扩散机理来看，无论哪一种机理，原子都需要具有超额的能量才能进行跳动，这种能量是依靠晶体中的能量涨落来提供的。

例如，对间隙固溶体来说，当间隙原子处于正常间隙位置时，如图 6－9（*a*）所示，其能量最低；而当其处于两个间隙之间的中点位置时，如图 6－9（*b*）所示，其能量最高。由此可见，当间隙原子由一个间隙位置向另一个间隙位置逐步移动时，所引起的能量变化将如图 6－9（*c*）所示，相当于一个正弦曲线。这说明，一个间隙原子至少必须具有

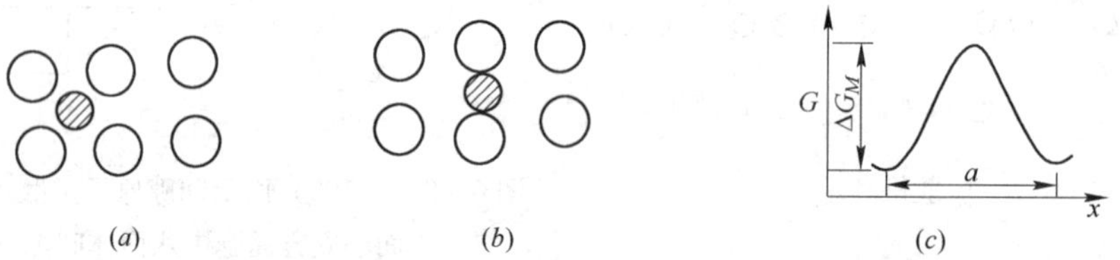

图 6－9　间隙原子由一个间隙位置移向另一个间隙位置时自由能的变化

相当于 ΔG_M 的超额能量，才能进行跳动。换句话说，当原子进行跳动时，会引起晶体点阵中的瞬时自由能变化 ΔG_M。统计规律表明，每个原子依靠能量涨落获得超额能量 ΔG_M 的几率为 $\exp(-\Delta G_M/kT)$，或者说，一个间隙原子可能处于图 6－9（*b*）状态的几率为 $\exp(-\Delta G_M/kT)$。另一方面，如前所述，间隙原子的跳动还和与其相紧邻的空余间隙位置数 Z，以及原子的平均振动频率 ν 具有很密切的关系，Z 和 ν 越大，应越有利于跳动。因此，间隙原子的跳动频率 f_M 可用公式

$$f_M = Z\nu\exp(-\Delta G_M/kT) \tag{6-19}$$

来表达。根据热力学，$\Delta G_M = \Delta U_M - T\Delta S_M$，故公式（6－19）可改写为

$$f_M = Z\nu\exp(-\Delta U_M/kT)\exp(\Delta S_M/k) \tag{6-20}$$

这里，ΔU_M 称扩散激活能（一个原子的平均值），通常多用 Q 来表示；ΔS_M 称扩散激活熵。

相似的处理，对空位机理也是适用的。但应注意的是，在空位机理中，空位的出现及其数量和分布应是关键因素；而空位出现的几率，如第二章所述，应为 $\exp(-\Delta G_V/kT)$，其中 ΔG_V 为空位形成能。由此可见，原子向空位跳动的频率 f_N，除了受与公式（6-20）中相似的诸因素的控制外，还会受到空位形成因素的影响，由此可得

$$f_N = Z\nu\exp(-\Delta G_M/kT)\exp(-\Delta G_V/kT) \tag{6-21}$$

式中，ν 意义同前，Z 代表一个空位周围等效的近邻原子数，ΔG_M 代表原子向空位跳动时所需要的超额能量。又根据 $\Delta G = \Delta U - T\Delta S$ 的关系，公式（6-21）可改写为

$$f_N = Z\nu\exp[-(\Delta U_N + \Delta U_V)/kT]\exp[(\Delta S_M + \Delta S_V)/k] \tag{6-22}$$

式中，$(\Delta U_N + \Delta U_V)$ 为空位扩散激活能，而 $(\Delta S_M + \Delta S_V)$ 为空位扩散激活熵。

根据相似的原理，可以求出其它机理的激活能和激活熵。

显然，激活能（可通用 Q 来表示）若增大，则原子的跳动频率将减小，扩散速度也将随之而减小；反之，则扩散会加快。激活熵对扩散的影响正好与 Q 相反。

将不同扩散机理激活能的理论计算值与实际测出的激活能相比较，可以确定哪种机理的可能性较大。

例如，人们曾分别按交换机理、四原子轮换机理、空位机理和间隙机理计算过铜的自扩散激活能，所得结果依次为 1003.7、381、145.7～221.6 和 501.2～92.4kJ/摩尔，而由实验测出的 Q 值约为 192.4kJ/摩尔。显然，空位机理与实验结果最接近，而交换机理和间隙机理与实测结果相差就太远了，轮换机理则介于二者之间。由此可见，铜的自扩散主要依靠空位机理，其次或为轮换机理，其它机理的可能性就很小了。

三、扩散系数公式*

在讨论扩散的宏观规律时，曾指出过，扩散系数 D 是决定扩散过程的一个重要的物理量，但 D 的实质是什么呢，当时并没有说清楚，留到这一小节来讨论。

为简化，设一金属棒只沿 x 方向存在着浓度梯度，如图 6-10 所示，并假设原子只能

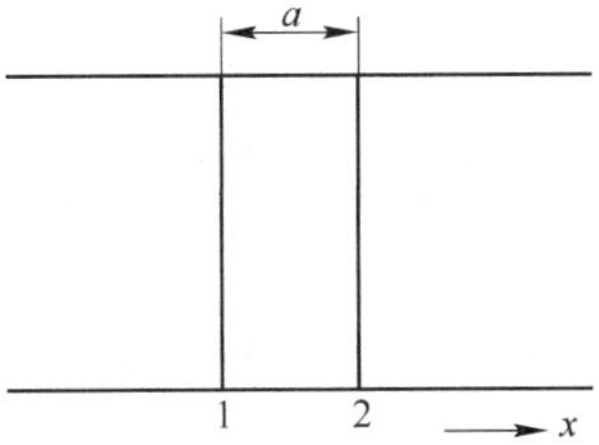

图 6-10　两相邻晶面 1 和 2 之间的原子扩散

进行左、右跳动，每次跳动的距离为 a，a 为相邻两晶面 1 和 2 之间的距离；在晶面 1 内单位面积上的原子数为 n_1；晶面 2 内单位面积上的原子数为 n_2；原子的跳动频率为每秒 f 次。这样，在经历时间 δt 后，由晶面 1 跳出去的原子数为 $n_1 f\delta t$，其中一半 $\frac{1}{2}n_1 f\delta t$ 将跳到晶面 2 上；同理，可以推知，也将会有为数 $\frac{1}{2}n_2 f\delta t$ 的原子，由晶面 2 跳到晶面 1 上。因此，在单位时间内，通过单位面积由晶面 1 净跳到晶面 2 上的原子数，即扩散流量 J 应为

$$J=\frac{1}{2}n_1f-\frac{1}{2}n_2f=\frac{1}{2}(n_1-n_2)f$$

若将 n_1、n_2 分别化为体积浓度（原子数/体积），则 $C_1=n_1/a$，$C_2=n_2/a$，代入上式得

$$J=\frac{1}{2}(C_1-C_2)af$$

假设浓度 C 沿 x 方向的变化是连续的，则 C_1-C_2 可写为

$$C_1-C_2=-a\frac{\partial C}{\partial x}$$

于是 J 可写成
$$J=-\frac{1}{2}a^2f\frac{\partial C}{\partial x}$$

与公式（6-1）相比较，显然

$$D=\frac{1}{2}a^2f \tag{6-23}$$

推而广之，当原子沿空间三个方向都可以跳动时，则沿 x 方向跳动的原子数只占总数的1/3，公式（6-23）将变为

$$D=\frac{1}{6}a^2f \tag{6-24}$$

这说明扩散系数是由原子跳动频率和每次跳动距离的平方来决定的，这就是扩散系数 D 的物理实质。

在一般金属晶体点阵中，a 相当于一个原子间距，其数量级约相当于1Å。若由实验测出 D，则由公式（6-24）可求出原子的跳动频率。例如，在900℃时，碳在 $\gamma-Fe$ 中进行扩散，测得的 $D\simeq10^{-6}$ 厘米^2/秒，若 $a\simeq10^{-8}$ 厘米，则由公式（6-24）可算出 $f\simeq6\times10^{10}$/秒，即碳原子每秒钟约可跳动一百亿次以上。

另一方面，若求得 f，那么 D 也就可以计算出来了。

将公式（6-20）代入公式（6-24），并使 $k=\frac{R}{N_A}$，$\Delta S'_M=N_A\Delta S_M$，$\Delta U'_M=N_A\Delta U_M$（$N_A$ 为阿伏伽德罗常数），则间隙机理的扩散系数为

$$D=\left[\frac{Z}{6}a^2\nu\exp\frac{\Delta S'_M}{R}\right]\exp\left(-\frac{\Delta U'_M}{RT}\right)=D_0\exp\left(-\frac{\Delta U'_M}{RT}\right) \tag{6-25}$$

式中，$D_0=\left(\frac{Z}{6}a^2\nu\exp\frac{\Delta S'_M}{R}\right)$，称为扩散常数；$\Delta U_M$ 为摩尔激活能。

同理，若将公式（6-21）代入公式（6-24），则可得空位机理的扩散系数为

$$D'=\left[\frac{Z}{6}a^2\nu\exp\left(\frac{\Delta S'_M+\Delta S'_V}{R}\right)\right]\exp\frac{-(\Delta U'_M+\Delta U'_V)}{RT}$$

$$=D'_0\exp\frac{-\Delta U_V}{RT} \tag{6-26}$$

式中，$D'_0=\frac{Z}{6}a^2\nu\exp\left(\frac{\Delta S'_M+\Delta S'_V}{R}\right)$，为空位扩散常数；$\Delta U_V=\Delta U'_M+\Delta U'_V$，为空位扩散的摩尔激活能。

公式（6-25）及公式（6-26）在形式上是一样的，因此，可以去掉附加符号而将

它们一般化，改写为

$$D = D_0 \exp\left(-\frac{Q}{RT}\right) \tag{6-27}$$

这就是扩散系数的一般公式，它具有普遍意义。其中，Q 称为扩散的摩尔激活能；D_0 为扩散常数；R、T 同常例，分别代表气体常数和绝对温度。D_0 和 Q 都与温度无关，但随着合金的化学成分和结构的不同而变化，显然，也随着扩散机理的差异而变化。它们都可以通过宏观实验而确定下来。

将公式（6-27）两边取对数得

$$\ln D = \ln D_0 - \frac{Q}{RT} \tag{6-28}$$

显然，$\ln D$ 与温度的倒数 $1/T$ 成直线关系，此直线的斜率为

$$\frac{d\ln D}{d(1/T)} = -\frac{Q}{R}$$

因此，若由实验测出 D 随 T 的变化关系，并用作图法绘出 $\ln D$ 与 $1/T$ 的直线关系，如图 6-11所示，那么此直线的斜率应为 $-Q/R$；再将直线外延到 $1/T=0$，即求出直线在纵轴的截距，即得 $\ln D_0$。这样，Q 与 D_0 就可以完全确定下来，公式（6-27）也就随之而定了，由此可求出任一温度时的扩散系数。

图6-12 是由实验测出的碳在 α-Fe 中的扩散系数与温度的关系曲线，与理论基本上是一致的。表6-2 列出一些元素的扩散常数 D_0 和扩散激活能的实验数据，以供参考。值得注意的是，元素自扩散的激活能与其熔点 T_m（K）或熔化潜热（L_m）之比大多趋于一个定值，（$Q/T_m \simeq 150$J/K，或 $Q/L_m \simeq 16.5$）。这就是说，元素自扩散的激活能与其熔点，或熔化潜热成正比例。由此可知，当其它条件相同时，金属的熔点越高，则其自扩散的激活能便越大。

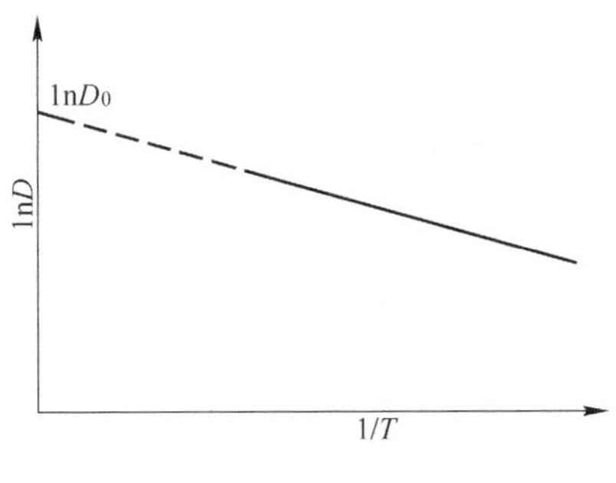

图6-11　扩散系数 D 与温度的关系

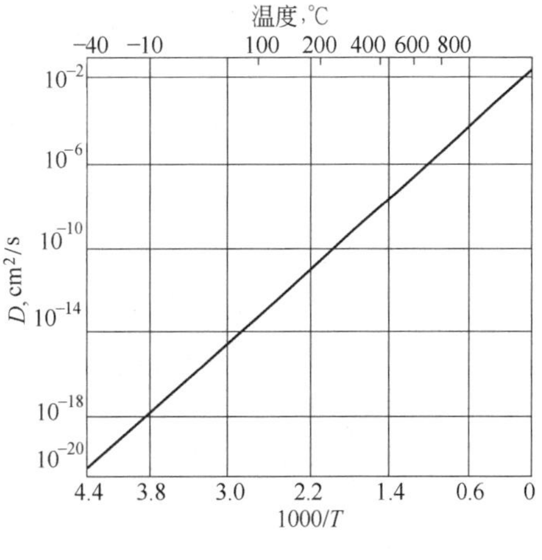

图6-12　C 在 α-Fe 中的扩散系数与温度的关系

表 6-2　一些元素的扩散常数和激活能

基　体	扩 散 元 素	D_0 ($10^{-5}m^2/s$)	Q (10^3J/mol)
γ-Fe	Fe（自扩散）	1.8	270
	C	2.0	140
	Ni	4.4	283
	Mn	5.7	277
α-Fe	Fe（自扩散）	19	239
	C	0.20	84
Al	Cu	0.84	136
Cu	Zn	2.1	171
Ag	Ag（晶内）	7.2	180
	Ag（晶界）	1.4	90

第三节　影响扩散的因素

扩散受着一系列内外因素的影响，外部因素主要是温度、压力和外部介质等；内部因素主要是化学成分和结构及组织等。这些因素的作用或反映在扩散常数的变化上，或反映在扩散激活能的变化上，合起来，则集中反映在扩散系数的大小及其变化上。以下分别讨论。

一、温度与扩散系数的关系

由公式（6-27）可知，温度与扩散系数成指数关系，这说明温度对扩散的影响很强烈。但是，对不同的金属或合金来说，扩散系数随温度而变化的速率并不一样。图 6-13 表示一般金属和合金的扩散系数在不同温度区间的大致范围。总的看来，一般金属或合金在常温下的扩散系数都是相当小的，大多可忽略不计，特别是对代位固溶体来说，更是如此，它的扩散系数要比间隙固溶的小约 10~20 个数量级，所以可以说，它们在室温下，基本上不会发生扩散。随着温度的上升，扩散系数先是较缓慢地增大，而后则是越来越迅猛地增大。由图 6-13 还可以看出：（1）对给定的合金系来说，尽管固线温度随合金成分而变化，但当温度升高到固线时，扩散系数的数值基本一样，这就意味着，合金的熔点

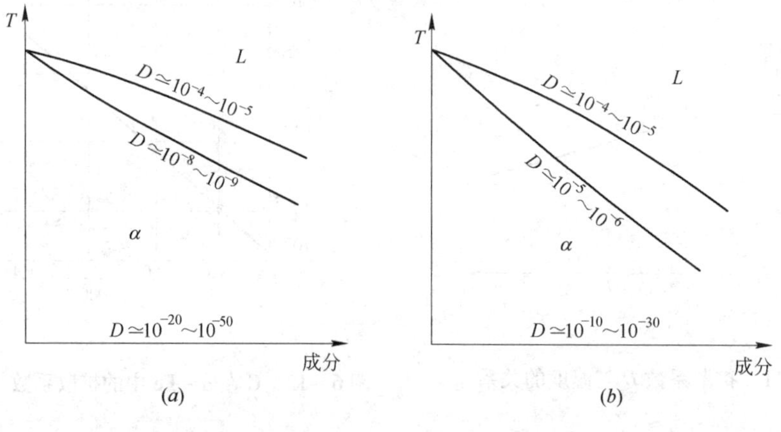

(a)　　　　(b)

图 6-13　一般金属及合金在室温、固线和液线时，扩散系数的大致范围
（a）代位固溶体；（b）间隙固溶体

越低，扩散系数随温度的变化越显著，而代位固溶体又比间隙固溶体更显著些；（2）尽管代位固溶体和间隙固溶体在固态时扩散系数有显著的差别，但加热到液线时，基本上都一样。这同时也意味着，尽管合金系不同，但在熔点左近的液体中，其扩散系数却相差无几，属同一数量级。

二、界面对扩散的影响

实验表明，在多晶体金属或合金中，扩散既可以在晶体内部进行，也可以沿自由表面、晶界、相界或其它界面进行，但各处的扩散系数或扩散速度则有所不同。图 6－14 表示钍（Th）在钨中沿自由表面、晶界和晶内进行扩散时，扩散系数的差异及其与温度的关系，大致可作为一般规律的具体例证。

一般来说，表面的扩散系数（$D_{表}$）最大，晶内的扩散系数（$D_{内}$）最小，晶界的扩散系数（$D_{界}$）介于二者之间。但是三者之间的相对差异会随温度而变化，这由图 6－14 中三条直线的斜率可以明显看出来。温度越低，三者的差异越大；反之，温度越高，则其差异便越小。当温度达到约 $0.75T_m$（熔点，K）以上时，三者的差别就很小了，接近于相等。

$D_{表}$及 $D_{界}$之所以比 $D_{内}$大，是由于晶体表面及晶界原子排列的规律性较差，原子扩散的激活能较低的缘故。也正是由于这个原因，这些界面的扩散还要随其结构的差异和缺陷的多少而变化。例如，大角晶界和小角晶界的扩散不同；密集自由表面与非密集自由表面的扩散也不同；倾斜晶界与扭转晶界的扩散也有所差异。图 6－15 举出了银向铜中扩散后的实际照片，可以看出，晶界已有富银相出现，说明银沿晶界的扩散速度显著大于晶内的扩散速度。但不同晶界上富银相的厚度相差很大，它表明不同晶界的扩散速度也有差别。

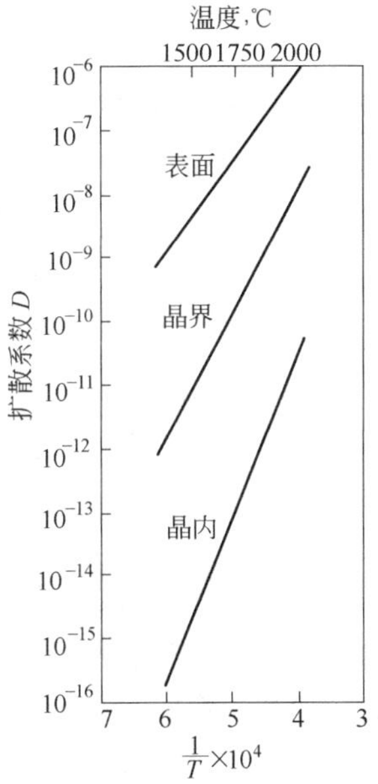

图 6－14　钍在钨中沿表面、晶界和晶内进行扩散时，D 与温度的关系

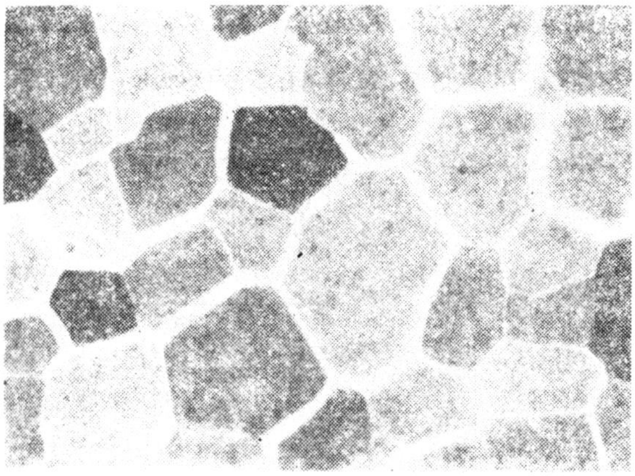

图 6－15　银在铜中于 675℃经 260 小时扩散后的组织照片

三、其它结构缺陷对扩散的影响

和晶体表面及晶界相似，各种结构缺陷也会使扩散系数增大，扩散速度加快，其中尤

以空位和位错的作用更为显著。

1. 位错对扩散的影响

位错相当于一条线性畸变区，因此，原子沿着位错线进行迁移要比晶内容易些，所以位错往往是晶体内部进行扩散的方便渠道。

但是，由于位错的横截面（其直径约相当于 1Å）相对于晶粒的横截面来说是很小的，所以在一般条件下，位错对晶体总扩散的贡献并不是很大的。例如，在退火状态下，一般金属晶体中的位错密度即使按最高值来计算也不过 10^7 根/厘米^2，若晶粒的直径为 0.1 厘米，则位错所占横截面之比也不到亿分之一。由此可见，沿位错进行扩散时，其扩散系数 $D_{错}$ 与晶内扩散 $D_{内}$ 相比相差不是很大，即沿位错的扩散流只能占总扩散流的极小部分，其影响并不明显。位错对扩散的重要作用，只有当温度较低，晶内扩散很难进行时，才能表现出来。这是因为 $D_{错}$ 与 $D_{界}$ 相似，随温度而变化的幅度比 $D_{内}$ 小，可见随着温度的下降，比值 $D_{错}/D_{内}$ 将越来越大，直到较低温度，$D_{内}$ 很小时，沿位错的扩散便成了某些依靠扩散而进行的过程的重要依据。

如第五章所述，形变可使位错密度提高约 5 ~ 6 个数量级，所以在经过形变的金属或合金中，位错对扩散的贡献将是另一种情况，这就是为什么形变后，金属和合金可以在较低的温度下发生显著扩散的主要原因之一。

2. 空位对扩散的影响

在上一节讨论扩散机理时已经指出，空位机理是扩散过程的重要机理之一，理论和实验都证明了空位对扩散的重要作用。因此，凡能够使空位浓度提高的各种有效方法或措施，例如形变、淬火和辐照等，都能够加速扩散。

四、化学成分对扩散的影响

在金属或合金中加入少量其它元素，有时就会对扩散产生明显的影响。这种影响既表现在溶剂的扩散上，也表现在溶质的扩散上。例如：在碳钢中加入 4% Co，可以使 C 在 γ - Fe 中的扩散速度增加一倍；若加入 3% Mo 或 1% W，则可使其减小一半；加入 Mn 或 Ni，则影响很小（图 6 - 16）。又如在 Al - Mg 合金中加入 2，7% Zn，可以使 Mg 在 Al 中的扩散速度减半（图 6 - 17）；在 Ag 中加入 0.7% Pb（原子），可使 Ag 在 1000K 自扩散速度增加1.6

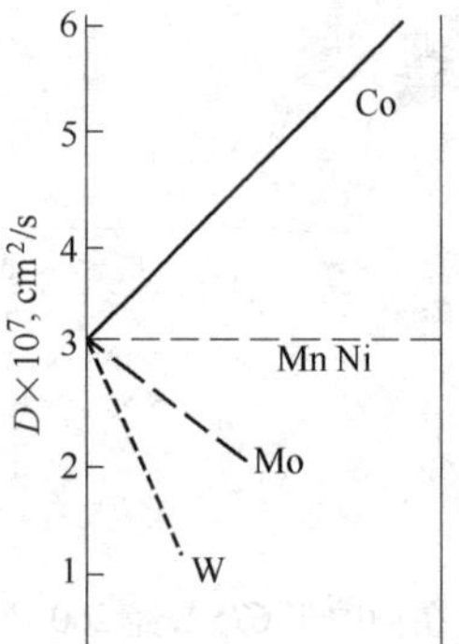

图 6 - 16　Co、Mn、Ni 及 W 等对 C 在 γ - Fe（1% 原子 C）中扩散的影响

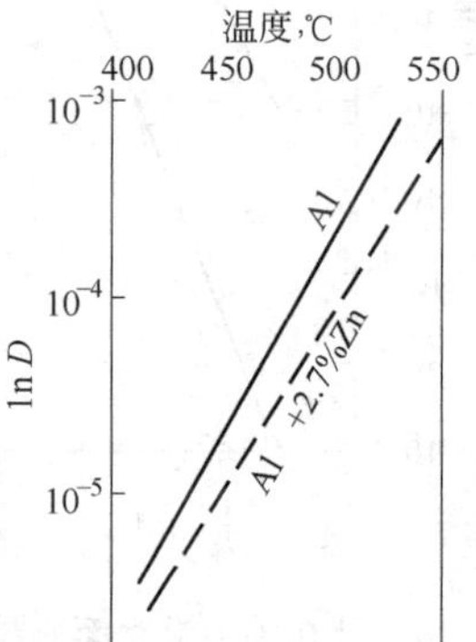

图 6 - 17　Zn 对 Mg 在 Al 中扩散的影响

倍；而加入 9.8% Pd（原子），则可使 Ag 的自扩散速度减至原来的 0.37。诸如此类的实际例子相当多，但目前尚缺乏定量的理论说明。

一般来说，合金元素与溶剂的差别越大，它在溶剂中的扩散速度也越大。这里所谓差别，主要是指在固溶度、在元素周期表上的位置、熔点以及原子相对尺寸等方面的差异。

例如，实验表明，在多数情况下，固溶度最小的溶质元素，往往扩散最快；而形成连续固溶体的溶质元素扩散最慢。原子半径与溶剂相差较小的溶质元素，其扩散系数也较小。但在铅基和金基合金中，情况正相反。熔点与溶剂熔点相差较大的溶质元素，扩散则较快，但在铅基合金中也正相反。

除此之外，还有一些元素对扩散的影响更为复杂，它不仅影响扩散的快慢，而且还影响到扩散的方向，例如硅在碳钢中对 C 扩散的影响就属于这一类。图 6－18 表示，一对含碳量基本相同，但其中一个含有约 4% Si 的钢试样，将它们对焊在一起，在 1050℃ 扩散 13 天后，钢中碳的分布情况。很明显，不含 Si 的一端，含碳量反而由略低达到显著偏高，这说明碳是由含 Si 的一边向着不含 Si 的一边进行扩散，而且在界面上，扩散是向着高浓度方向（即和浓度梯度相同的方向）而进行的，它与公式（6－1）所指的方向正好相反，所以称为上坡扩散。

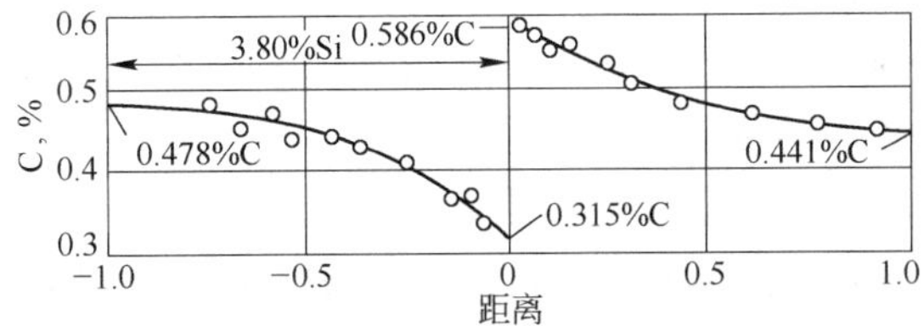

图 6－18　在 1050℃ 加热 13 天后钢中碳的分布情况

（扩散前左边的碳含量为 0.478%，右边的碳含量为 0.441%）

为什么会发生上坡扩散呢？就这个具体实例来说，它是由于 Si 提高了碳在铁中的化学位而引起的。在这里，引起扩散的驱动力已经不是碳的浓度梯度了，而是其化学位梯度。从普遍意义上来说，扩散之所以产生正是由于存在着化学位梯度，只是在一般条件下化学位梯度大多与浓度梯度是一致的，所以看起来扩散总是向着浓度梯度减小的方向而进行着。但在另一种情况下，如果化学位梯度与浓度梯度相反时，那么化学位梯度的本质作用就充分显露出来了，这时，扩散方程中的浓度梯度就应该用化学位 μ 的梯度来取代，公式（6－1）也就变为另一种形式

$$J = -M\frac{\partial \mu}{\partial x} \tag{6-29}$$

式中，M 为另一个比例常数。显然，只有当化学位梯度等于零时，扩散流量才会等于零，即扩散才会停止，而不管浓度梯度是否为零，或为正、为负。

第三章曾指出过，化学位即偏摩尔自由能，若用公式表达，则

$$\mu = \frac{\partial G_i}{\partial N_i} = \rho\frac{\partial G_i}{\partial C_i}$$

式中，ρ 代表摩尔密度；N_i 为组元 i 的摩尔分数；C_i 为组元 i 的体积浓度；G_i 为组元 i 的自由能。两边对 x 取偏导数得

$$\frac{\partial \mu}{\partial x}=\rho \frac{\partial^2 G_i}{\partial C_i \partial x}$$

将其代入公式（6－29），并去掉脚码一般化，可得

$$J=-M\rho \frac{\partial^2 G}{\partial C^2}\frac{\partial C}{\partial x} \tag{6-30}$$

与公式（6－1）相比较，显然

$$D=M\rho \frac{\partial^2 G}{\partial C^2}$$

而 M 与 D 的正负号是一致的，所以当 $\partial^2 G/\partial C^2>0$ 时，J 与 $\partial C/\partial x$ 的方向正好相反，即扩散将向着浓度减小的方向而进行，这正符合菲克定理；但当 $\partial^2 G/\partial C^2<0$ 时，J 与 $\partial C/\partial x$ 的方向一致，即扩散将向着浓度增大的方向而进行，这正和菲克定理相反。由此可见，公式（6－30）是比公式（6－1）更概括、更普遍化的扩散方程。

五、扩散的各向异性

扩散既然是由于原子在晶体点阵中各阵点间或间隙间进行跳动而产生的，那么在各向异性的晶体中，由于各个方向上原子的排列不同，原子跳动的机会或频率就会有差异，这最终会反映在各方向上扩散速度的差异上。

在立方晶系中，晶体的对称性较高，在相互垂直的三个方向上，例如〈001〉方向，原子的排列相同，所以扩散的各向异性不明显。

在六方晶系中，与基面（0001）平行和垂直的两个方向上，原子排列有明显的差别，所以沿这两方向的扩散速度，或扩散系数也会有明显的差异。例如单晶 Zn 平行和垂直于（0001）面的扩散系数 $D_{/\!/}$ 和 $D_{\perp}$ 分别为：$D_{/\!/}=0.13\exp(-21800/RT)$；$D_{\perp}=0.58\times\exp(-24300/RT)$。

其它晶系的扩散或与六方晶系相似，或比六方晶系的各向异性更明显。

除此之外，实验表明，晶体表面和晶界的扩散也会出现各向异性现象。例如，当银晶体的表面相当于｛110｝面时，会出现方向性，即〈110〉方向的扩散比〈100〉方向快；但当表面相当于｛100｝或｛111｝面时，没有方向性。晶界扩散的各向异性，主要表现在小角度晶界上。显然，这与小角度晶界中位错的组合形式有关系，因为顺着晶界上位错的方向进行扩散比垂直于位错方向的扩散速度要大。

上述各种扩散的各向异性都随着温度的升高而逐渐减弱。

第四节　反 应 扩 散

通过扩散使固溶体内的溶质组元超过固溶度限而不断形成新相的过程称反应扩散。由反应扩散所产生的新相，既可以是新的固溶体，也可以是各种化合物。

钢的各种化学热处理大多是利用反应扩散而进行的。例如钢的氮化就是利用反应扩散使工件表面产生一些氮化物以增加耐磨性或提高抗疲劳性。钢的氮化过程可结合 Fe－N 相图（见图 6－19）说明如下。

设 Fe 在 520℃进行氮化，由图 6－19 可知，若工件表面氮的浓度达到 9% 时，则表层应完全为 ε 相，ε 的浓度可以在一定范围内变化。由表向内 ε 相中 N 浓度将逐渐降低，至降到约 7.6% 时，即会出现 γ' 相（Fe_4N），含 N 约为 $(6\pm0.3)\%$；再向内将出现含 N 的 α 固溶体；再向内才是纯铁。在相界面（ε/γ' 及 γ'/α）上，N 的浓度是突变的，不存在

二相区，这是二元系在恒温进行反应扩散的一个普遍特征。如果是在三元系中进行反应扩散，则不会出现三相过渡区，其它多元系可依次类推。

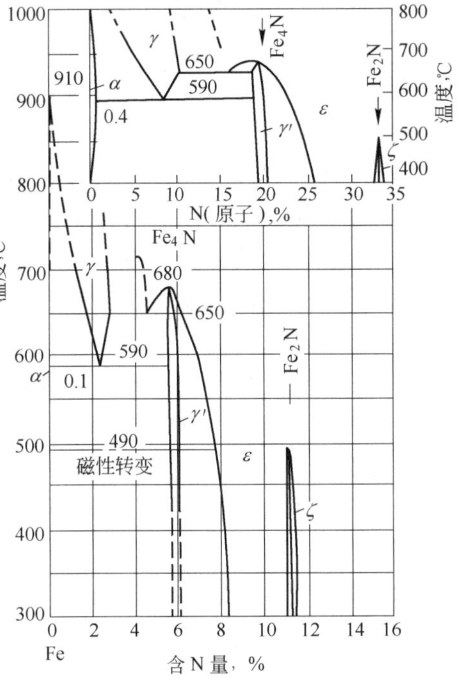

图 6－19　Fe－N 相图

铁在氧化介质中的氧化过程是反应扩散的又一常见实例，这可结合 Fe－O 相图说明如下：

图 6－20 为 Fe－O 相图，设 Fe 在 1000℃ 加热受氧化，若表面氧含量已达 31%，那么由表向内，将依次出现 Fe_2O_3、Fe_3O_4、FeO 等氧化层，最后才是 γ－Fe，如图 6－21 实际照片所示。随着扩散的继续，各氧化层逐渐加厚，并向深处推移。一般来说，氧在 FeO 内的扩散较快，所以在整个氧化层中，以 FeO 最厚，向纵深推进速度也最快。由此可见，当 FeO 不出现时，例如温度低于 600℃，铁或钢的氧化便可以显著减慢。也正是由于这个原因，当铁在 600℃ 以上发生氧化时，在开始阶段，由于只有 FeO 层，氧化进行很快，当 Fe_2O_3 层形成后，氧化速度即显著减慢。

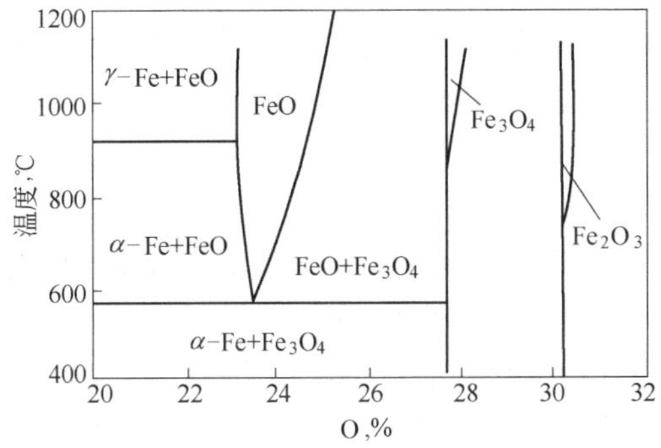

图 6－20　Fe－O 相图

图 6－21　铁氧化层组织（×500）

第七章　金属及合金的回复与再结晶

经受形变后的金属和合金，在组织、结构和性能等方面都发生了相当复杂的变化，但若从热力学的角度来看，则形变引起能量的升高。这也就是说，形变后的金属和合金已处于不稳定的高自由能状态，具有了一种向着形变前低自由能状态自发恢复的趋势。因此，只要动力学条件允许，例如温度较高，原子具有相当的扩散能力时，形变后的金属和合金就会自发地向着自由能降低的方向转变。进行这种转变的过程称为回复和再结晶。前者是指在较低温度下，或在较早阶段所发生的转变过程；后者则指在较高温度下，或较晚阶段发生的转变过程。

回复和再结晶已广泛应用于生产上，例如所谓再结晶退火，已作为重要热处理工序而列于生产流程中，其目的在于不同程度地恢复或进一步改善形变材料的性能。

另一方面，回复和再结晶是一个与金属材料高温强度，特别是与蠕变强度有密切关系的重要问题，又是许多固态相变经常易于伴生的过程，因而不仅直接地而且还间接地影响着组织。

因此，研究回复和再结晶，无论在理论上和实际上都具有重要意义。

第一节　形变金属或合金退火过程中的一般变化

所谓退火是将金属材料加热到某一规定温度，并保温一定时间，而后缓慢冷却至室温的一种热处理操作过程。其目的在于足够的提高金属材料组织和结构的热力学稳定性，以保证所要求的各种性能指标。形变金属和合金的退火主要是由回复、再结晶以及晶粒长大三个过程综合组成的，这三个过程在实际退火过程中往往是重叠进行的。这里先对其进行一般性的介绍，以后再分别进行讨论。

一、显微组织的基本变化

若将形变金属加热到其熔点的1/2附近，进行保温，并利用高温显微镜观察组织随时间的变化，则会发现这种变化基本上可分为三个阶段，其示意图如图7－1所示。第一阶段由$0 \to t_1$，在这段时间内显微组织上几乎看不出任何变化，晶粒仍保持伸长状或扁片状，称之为回复阶段，第二阶段由$t_1 \to t_2$，形变晶粒内部发生了新晶粒的生核和成长过程，直

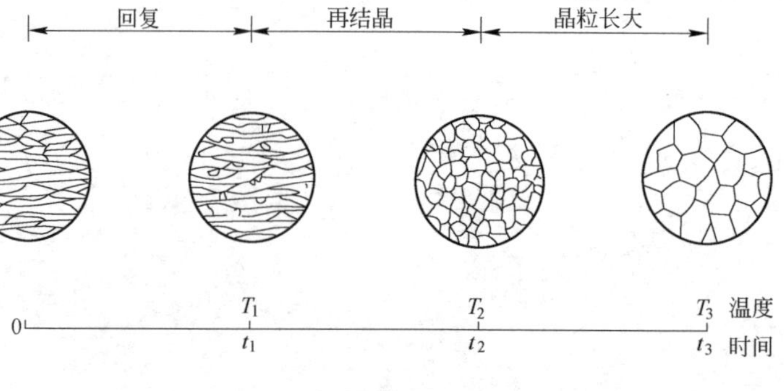

图7－1　回复、再结晶及晶粒长大过程示意图

到 t_2 形变组织完全改组为新的等轴晶粒为止，称为再结晶阶段；第三阶段由 $t_2 \rightarrow t_3$，新晶粒逐步相互吞食而长大，直到 t_3 达到一个较为稳定的尺寸，称为晶粒长大阶段。

若将保温时间确定，而使退火温度由低温逐步提高时，也大致可以得到相似的三个温度阶段。这时只要将图 7－1 中的时间坐标 t 换成相应的温度坐标 T，仍然可以成立。即温度由 $0 \rightarrow T_1$ 为回复阶段，由 $T_1 \rightarrow T_2$ 为再结晶阶段，由 $T_2 \rightarrow T_3$ 为晶粒长大阶段。

总之，回复相当于退火过程中的先行阶段，即在新的无畸变晶粒出现以前所进行的过程。这一过程虽然在光学显微组织中看不出任何变化，但在电镜下的精细组织中便可显示出其变化来，也正是这种变化，才引起了宏观性能上明显的变化。

再结晶是一个无畸变晶粒在畸变基体中的生核和成长过程，这个过程可一直进行到畸变晶粒完全消失时为止。因此，这个阶段也是宏观性能变化最剧烈的阶段。

二、储存能的变化

供金属和合金形变而施加的外部能量有相当一部分以弹性能和缺陷能的形式储存在金属内部。这一部分储存能，在加热退火过程中应该释放出来。

用比较法可以测量出储存能的释放过程，例如，取两个一样尺寸的试样，其一是经过形变的，另一个是经过退火的，将它们用相等的速率进行加热，测量所需能量之差 ΔP，即得释放能。

对不同金属和合金的实验结果表明，一般有三种情况，如图 7－2 中 A、B，C 三曲线所示，其中 A 代表纯金属，而 B、C 代表不纯的金属。它们共同的特点是，都具有一个能量释放的最大峰值，它的开端相当于第一批再结晶晶粒的出现，在此以前是回复阶段。相对于再结晶来说，在相似条件下回复过程中所释放的能量 A 小而 C 大，B 则居中，三者差别很明显。有人计算过回复所释放的能量，对高纯度金属来说，可小至总储存能的 0.03，而对一些合金来说，则可高达总储存能的 0.7，这样，再结晶的驱动力就减小了。这说明杂质原子或合金组元能够显著推迟基体金属的再结晶过程。

三、性能的变化

退火过程性能的变化，可用图 7－3 来描述。图中并引出能量的变化，以资对照。

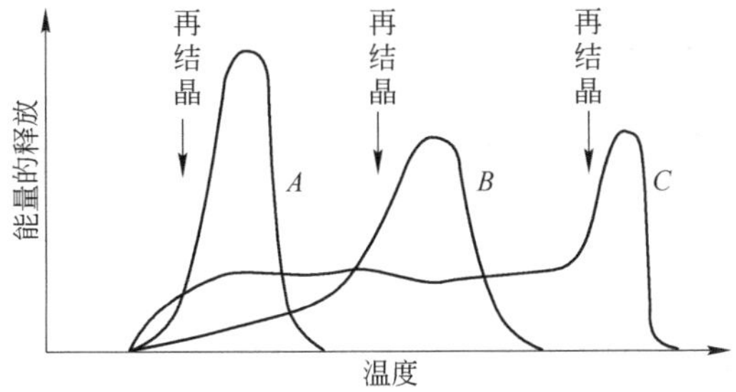

图 7－2　再结晶退火过程能量的释放

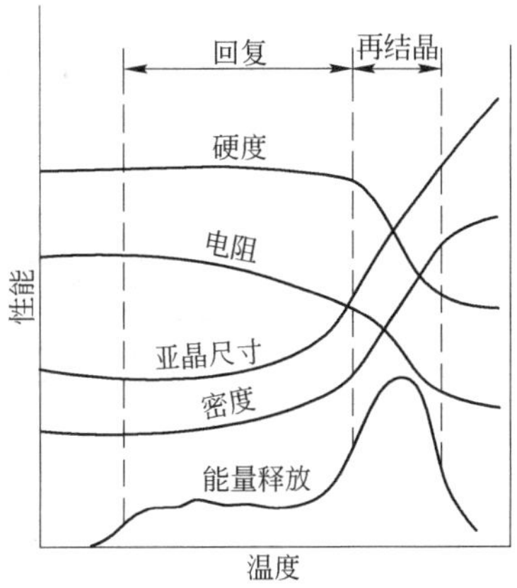

图 7－3　回复及再结晶过程中性能的变化

1. 硬度变化

由图 7－3 中的硬度变化曲线可以看出，在回复阶段硬度的变化很小，约占总变化的

1/5；在再结晶阶段变化很大，占 4/5。硬度一般是和强度成正比例的一个性能指标，所以由此可以推知，回复过程中强度的变化也应该和硬度的变化相似。在第五章曾指出过，形变所引起的硬度和强度的增加量主要取决于位错密度，由此可以推知，在回复过程中，位错密度的减小有限，只有达到再结晶阶段时，位错密度才会显著下降。

2. 电阻的变化

与硬度变化不同，电阻在回复阶段已经有了较显著的变化，这种变化和再结晶过程中电阻的变化相差无几。电阻实质上是一个衡量晶体点阵对电子在电场作用下定向流动的抗力指标，由于弥散分布的各种点缺陷（如空位和间隙原子）对电阻的作用要比位错的作用大，所以，由图 7－3 在回复过程中电阻显著减小这一事实应表明，回复过程使点缺陷的密度显著下降了。

3. 密度的变化

由图 7－3 中的曲线可以看出，密度的变化与电阻的变化相似，但变化方向正好相反。形变金属密度的减小，主要是由于空位的增多，但刃型位错密度增大也可起一定的作用。所以回复过程密度的逐步增大，说明空位浓度以及可能还有刃型位错的密度在减小着。

综上所述，由宏观性能的变化可以看出，在再结晶过程中，各种变化都是比较剧烈的。但是回复过程的变化，却随性能的不同，而有明显的差别，其中力学性能如硬度和强度等变化率很小，而一些物理性能，如电阻和密度等的变化率却相当大。此外，还应该注意的是，在回复过程中，不同温度阶段能量的释放并不一样，而有一些小波折，它表明不同阶段回复的具体内容有一定的差异。所有这些宏观表现都有利于深入了解回复和再结晶的实质问题。

第二节　回　　复

一、回复动力学

实验表明，回复程度是一个随温度和时间而变化的函数，图 7－4 是 Fe－Si 合金的回复动力学曲线，可作为一般规律的例证。图中横坐标为时间，纵坐标为 $1-R$，$R=(\sigma_m-\sigma_r)/(\sigma_m-\sigma_0)$，式中，$\sigma_m$、$\sigma_0$ 和 σ_r 依次分别代表形变后、形变前和回复后的屈服应力。显然，$1-R$ 越小，即 R 越大，表示回复的程度越大。

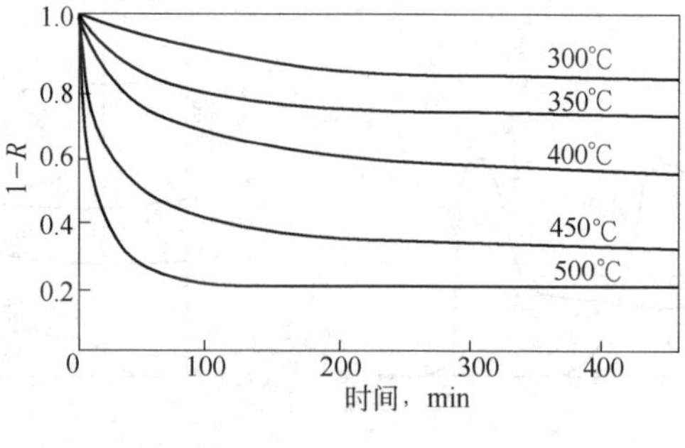

图 7－4　回复动力学曲线

由图 7－4 中各曲线不难看出，在一定温度下，回复的程度虽然随着时间而连续增加，但回复速度却是随着时间而逐渐衰减着，直到速度达到零，回复也就停止了。在每一温度，回复程度大致都有一个相应的极限值，温度越高，这个极限值便越大，同时达到极限值所需时间也越短，即回复的速度越大。

回复是一个热激活过程，它需要一定的激活能 Q，而回复速度又是一个衰减过程，由此，回复的动力学曲线可近似地用公式

$$1/\tau = A\exp\left(-Q/RT\right) \tag{7-1}$$

来表达，这里 τ 代表回复到一定程度所需时间，R 为气体常数，T 为绝对温度，A 是一个常数。Q 应由回复机理来确定。

对公式（7－1）两边取对数可得

$$\ln\tau = \text{常数} + Q/RT \tag{7-2}$$

即 $\ln\tau$ 与 $1/T$ 为直线关系。若回复机理一定，那么便可由实验很容易地求出 Q。

对 Zn 的实验结果表明，回复的激活能与自扩散的激活能很相近。而自扩散，如上一章所述，主要依靠空位机理，即主要依靠空位的运动和空位的形成，这就又从另一个角度说明了空位在回复过程中的重要作用，即回复是与空位的运动和产生密切相关的。而空位的产生，是和位错的攀移相联系的，所以回复过程还应伴有位错的攀移。

对 Fe 的实验结果证明，回复的激活能随回复时间而不同。短时回复时，与空位运动的激活能相近；而长期回复时，与自扩散的激活能相等。这说明，Fe 在短时回复时，主要靠空位的运动；而长期回复时，还要依靠空位的形成，而空位的形成又是与位错的攀移相联系的。

二、回复机理*

关于回复机理，除了上述宏观实验间接证明外，目前还集有不少的直接观察资料，概括起来，回复机理大致如下：

低温回复主要是点缺陷的运动。这种运动可以使空位和间隙原子陷入位错或晶界中而消失，也可以使点缺陷相互结合而组成较稳定的复合体，或两两相互对消。

中温回复除上列机理外，还包括有位错发团内部位错的重新组合或调整、位错的滑动和相互对消、亚晶的长大。

高温回复可进而出现位错的攀移、亚晶的合并以及多边形化。

上述顺序，说明了不同机理所需的激活能不同，也说明了回复进程的复杂性。应该指出的是，高、中、低温之分只是相对的，并不是截然划分的，各阶段的机理是就各阶段回复所能达到的最高限度而言。

关于空位和间隙原子的运动，已在第六章扩散机理中讨论过，这里不再重复了。以下分别讨论回复的其它机理。

1. 位错的滑移和攀移

位错沿滑移面而运动称位错的滑移或滑动，这在第五章已讨论过了。在晶体受到外力而进行形变的过程中，位错的滑移起着很重要的作用。但由于位错相互干扰以及其它阻碍作用，形变后一些滑移面上会塞积着大量位错，使其处在严重的受胁状态。在加热回复过程中，如果阻力减小或消除，那么这些受胁的位错会重新恢复滑动，这就会引起晶体进一步的形变，并使位错的分布逐渐调整到能量较低的稳定状态。形变后的弹性应力正是借此而逐步减小或消除的。在这个过程中，处于同一滑移面上的符号

相反的位错如果由于滑移而碰在一起，那么它们将会相互对消，所以回复过程也会使位错的密度有所降低。

位错除滑移外，还可以借攀移而运动，所谓攀移是指刃型位错沿着与其滑移向量（或柏氏矢量）相垂直的方向运动的过程，如图 7-5 所示，即位错沿图面向上或向下运动。显然，对于刃型位错来说，这就意味着那个多余的半原子面的缩小或扩展。一般来说，当正位错受到压应力时，位错易向上攀移，当受到拉应力时，易向下攀移。负位错则与此正相反。

如图 7-5 所示，若位错向上攀移一个原子间距，这就意味着那个半原子面，要从下边抽掉整个一排原子。这个过程只能依靠原子由位错中心扩散出去来完成，实质上是依靠空位向着位错中心扩散来完成的。

反之，若位错向下攀移一个原子间距，这就需要在半原子面的下端增添一整排原子。换句话说，这就需要大量原子向位错中心扩散，或大量空位由位错向外扩散，若有间隙原子向位错扩散，那就更有利了。

由此可见，位错的攀移是一个完全依靠扩散而进行的缓慢过程，也是一个吸收或产生点缺陷的过程。位错不可能整体同时进行攀移，在攀移过程中，一条位错线可能分别处于不同晶面上，中间以一小段位错折线相连接起来，如图 7-6 所示，这段小折线也称为位错割阶。位错的攀移也可看做是割阶沿位错运动而造成的。事实上，在形变过程中，由于位错的相互交截，就已经产生了大量割阶，这就给回复过程中的位错攀移创造了更有利的条件。

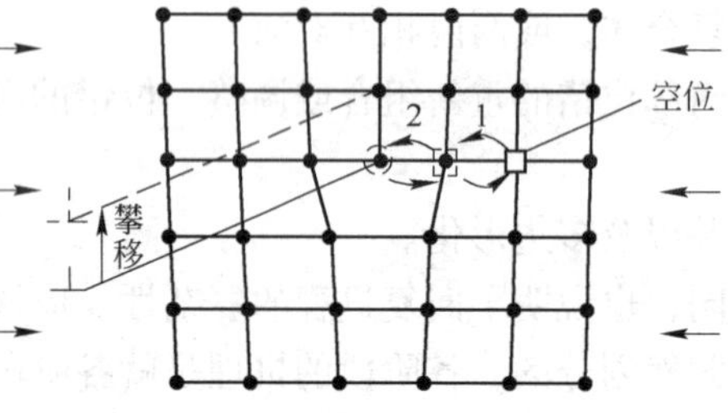

图 7-5　正刃型位错的攀移示意图

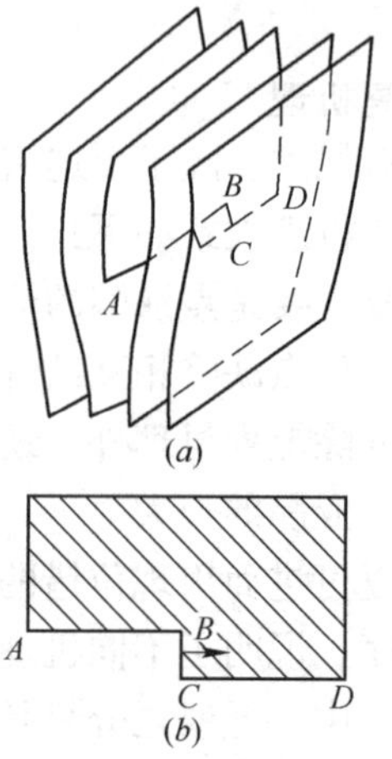

图 7-6　割阶运动引起位错攀移（*b*）为（*a*）的剖面侧视图

位错的攀移和滑移相结合起来，可以进一步使处于不同滑移面上的异号位错合在一起而对消，并可使一个区域内的同号或异号位错间按较稳定的形式而重新调整和组合。

2. 亚晶的长大

形变产生的所谓亚晶或胞状组织（见第五章）的分界区存在着相互纠结着的具有相当宽度的位错发团，事实上它们之间并没有一个明确的界面。加热回复时，亚晶内部的位错继续减少，而位错发团则不断地凝集，直到变为二度界面，便形成清晰的亚晶组织。图 7-7 是形变铝在 200℃ 经不同时间回复前后的电镜组织照片。可以看出，形变后亚晶虽粗略可辨，但亚晶是杂乱无章的（图 7-7*a*）；回复一小时后，便稍事规整化（图 7-7*b*）；

回复5小时后，基本整齐了（图7－7c）并出现新的位错网络；回复300小时后，亚晶内已看不出位错了，即位错密度显著减小了，而亚晶界则更清晰明确（图7－7d），位错网络变得更整齐了，也更扩展了。

分析表明，位错网络正相当于扭转型的亚晶界。它应是由位错发团中的螺型位错经过调整而重新组合起来的。而发团中的刃型位错经重新组合后，将形成倾斜型的亚晶界。

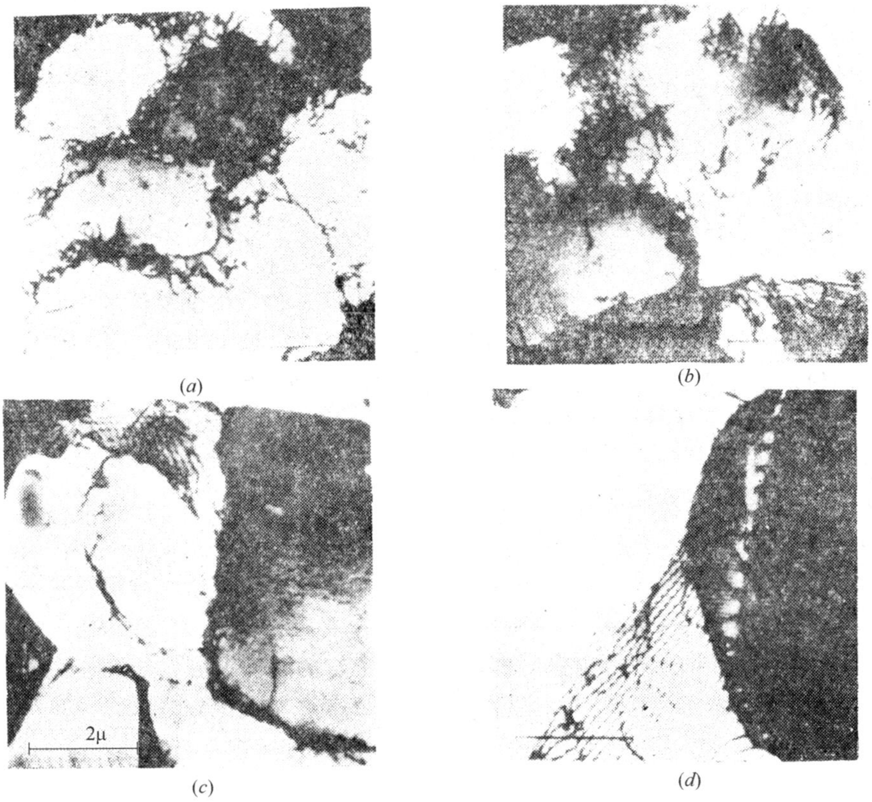

图7－7　纯铝经5%冷加工后（a）分别在200℃回复1小时（b），5小时（c）和300小时（d）后的电镜组织照片

清晰明确的亚晶组织形成后，或甚至就在其形成过程中，亚晶可借界面的移动而相互吞食并长大，尤其在回复的末期，这种长大是相当明显的。

亚晶的长大主要取决于两个条件：一是相邻亚晶间的畸变能差较大，界面移向畸变能较大（即位错密度较大）的那个亚晶；二是亚晶界面能的高低不同，而这又取决于两相邻亚晶的取向差的大小，以及其界面的曲率大小，取向差越大，或界面曲率越大，则界面能越高，界面便越不稳定，界面的活动性也就因而越大，这样界面便向着能使畸变能和界面能减小的方向移动。关于界面的移动，以后还要进一步讨论。

若在形变过程中不出现亚晶或胞状组织，即位错发团分散分布着，则在回复阶段，首先是位错发团的凝集，而后再按上列过程进行。

3. 亚晶的合并

电镜研究发现，在某些情况下，相邻两个亚晶可以像水银珠似地合并成一个。图7－8是Fe－3%Si合金中亚晶合并的实际照片，三张图都是同一视场。在730℃退火30秒钟后，亚晶间衬度分明，界面清晰可见（图7－8a）；退火2分钟后，中间那几个亚晶界逐渐消失，亚晶间衬度也逐渐减弱（图7－8b）；退火3分钟后，中间那几个亚晶界已完全消失了，亚晶间衬度也变得完全一样了（图7－8c），这说明它们已合并成一个亚晶了。

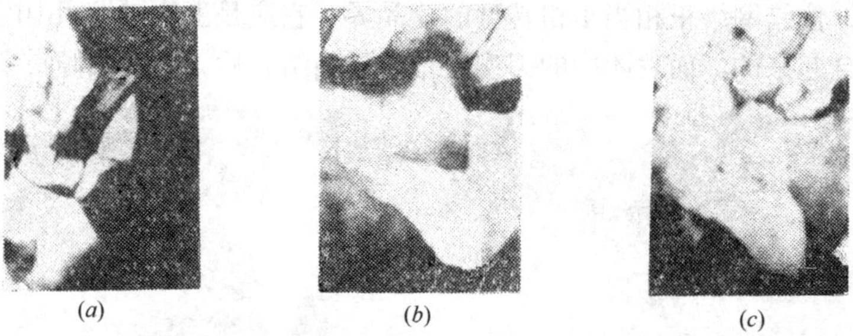

图7－8　Fe－3%Si合金轧制后在730℃分别退火30秒（a）、2分钟（b）和3分钟（c）后，亚晶的合并过程

虽然亚晶合并的机理还有待研究，但无论如何两个不同取向的晶体的合并绝不会像液珠那么简单。首先，它们必须进行相对地转动，直到取向完全一致时，才可能合并，否则界面无论如何不可能消失。问题的关键在于如何进行转动。是两个亚晶之一进行转动？还是两个共同进行转动？还是周围的亚晶都作相应的转动？转动的动力又是什么呢？所有这些问题都有待澄清。

图7－9提供了亚晶合并可能形式之一的示意图，以供参考。（a）表示合并前的亚晶组织，（b）表示亚晶之一（右）逐渐转动，（c）表示刚合并后的亚晶，（d）表示合并后亚晶界向外推移。

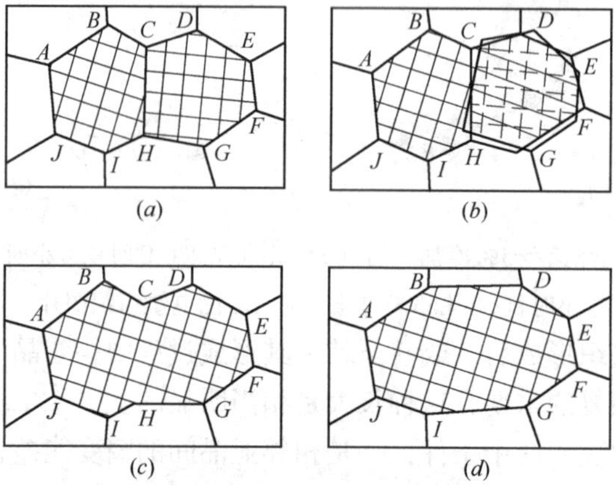

图7－9　两个亚晶（a）经过转动（b）合并成一个（c）后，亚晶界向外推移（d）过程示意图

显然，由图7－9不难看出，一个亚晶的转动要牵动到和其相邻的所有亚晶的取向关系。这是一个复杂的运动，要求相关的所有亚晶界中的位错都进行相应的运动和调整，而首先是处于那两个将要合并的亚晶界面上的位错必须完全撤出去，或就地消失掉。这说明亚晶的合并需要那些处于各界面上的以及邻近各区域内的位错进行区域性的重新调整，这就要求位错能够进行包括攀移和交滑移在内的各种运动。扩散当然更是势所必须，不可或缺。

4. 多边形化

对单晶体的试验表明，当试样受到轻微弯曲而后退火时，单晶体将变为由许多取向略有差异的小晶块所组成，这种现象叫多边形化。

图7－10（a）和（b）表示一个体心立方晶体以（$\bar{2}$ 1 1）为轴弯曲形变前后的示意图。一般来说，晶体的弯曲是由于同号正位错沿滑移面水平塞积在晶体一端而造成的。退火时，位错借攀移和滑动由能量较高的水平塞积逐步变为能量较低的垂直堆积，而形成较整齐的位错壁，如图7－10（c）所示。晶体被这些垂直堆积的位错壁分隔成许多取向不同的小晶块。

图7－11表示实际的Fe－Si合金试样经弯曲形变后，再分别在700℃和975℃退火一小时后所观察到的显微组织照片（a、b）及其模拟图（c、d），其中斑点表示位错在试样表面的露头经侵蚀后而形成的腐蚀坑。由斑点的分布大致可以看出位错在回复前后的变化。在700℃回复后，大部分位错仍沿滑移面水平塞积着，但已有相当部分的位错变为垂直堆积了。由于垂直堆积的位错间距很小，所以斑点密集而成线条。在975℃退火后，绝大部分位错变为垂直堆积的位错壁，多边形化过程基本完成了，而形成长条状的亚晶。

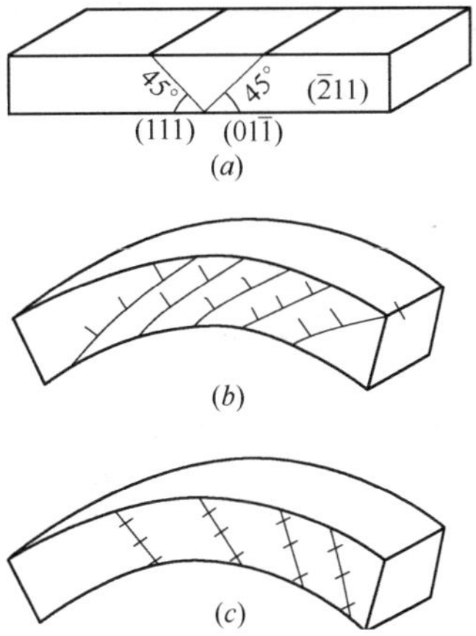

图7－10　体心立方晶体弯曲前（a）后（b）以及加热多边形化（c）后的示意图（（0 1 $\bar{1}$）为滑移面）

多边形化完成后，亚晶还可以进而长大或合并。注意图7－11（d）中圆圈所标出的部分，那里有一个Y形亚晶界面，将圆圈部分分为三个亚晶。观察

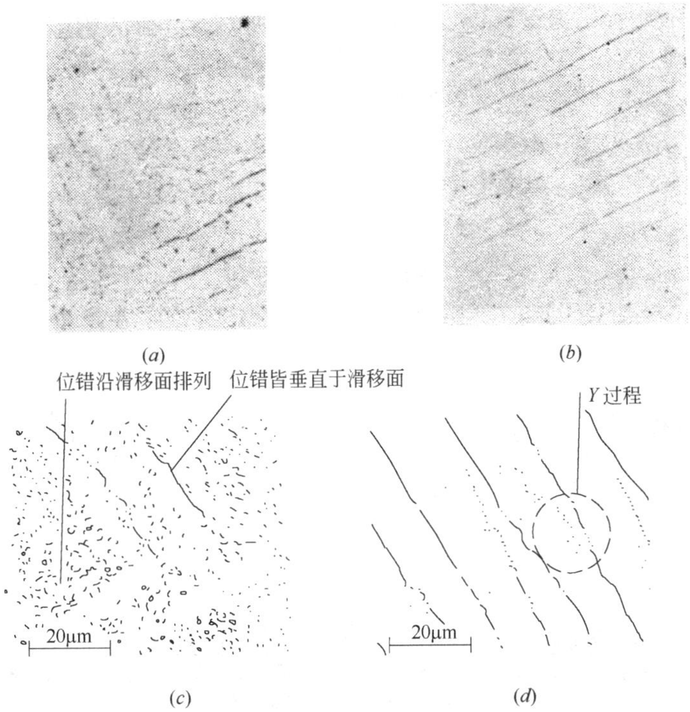

图7－11　Fe－Si合金单晶冷弯后，分别在700℃（a）和975℃（b）加热1小时后多边形化过程照片及其示意图（c）、（d）

表明，成锐角的那两条亚晶界中的位错由于相互作用可以跑到一起而形成一个亚晶界，这样中间的那个亚晶就消失了。

在多晶体中，由于形变的复杂性，多边形化虽不像单晶体中那样明确，但仍然是可以进行的。

一般可以这样说，多边形化首先要求有大量的刃型位错，其次是位错必须能够进行攀移和滑移，因而多边形化只有在较高温度回复时才可能进行。多边形化后的亚晶尺寸，一般要比形变后由位错发团所组成的亚晶大10倍以上。

第三节　再　结　晶

和回复不同，再结晶是一个显微组织彻底重新改组的过程。因而在性能方面，相对于形变状态来说，也发生了根本性的变化（见图7－3）。

图7－12是经过冷形变后的纯镍在再结晶过程中几个阶段的实际组织照片。再结晶过程清晰可见。

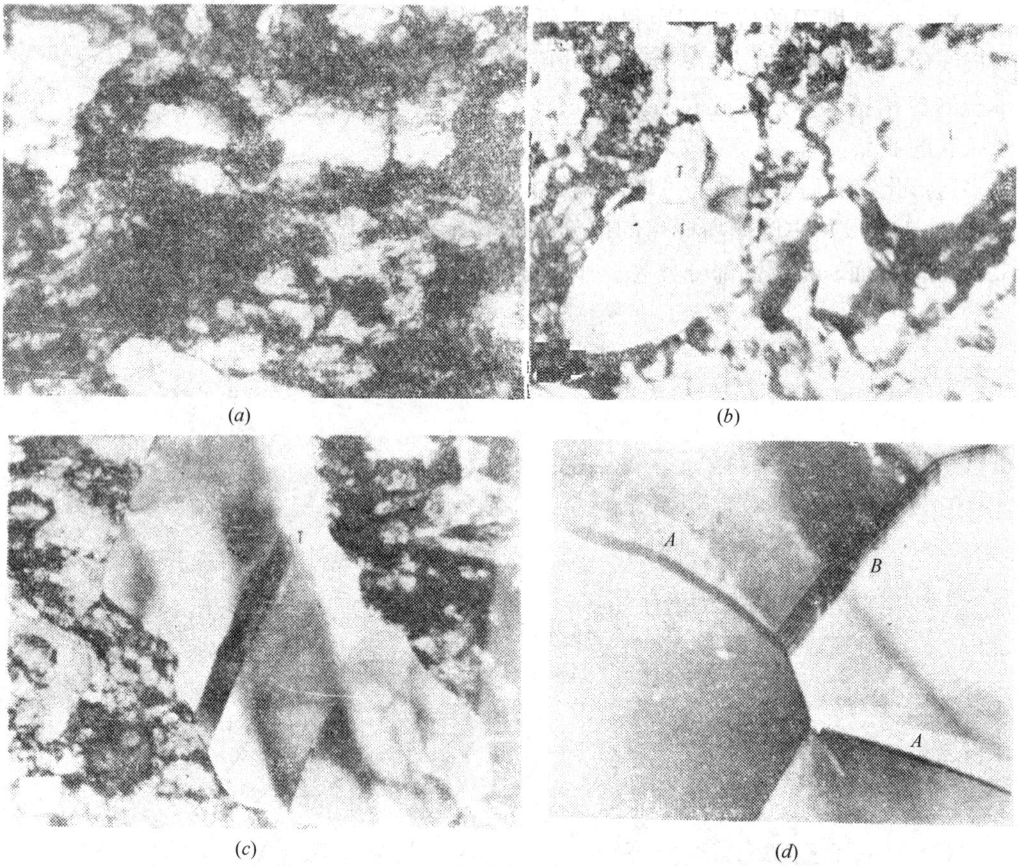

图7－12　纯镍的组织变化

（a）经80%冷变形后（×37500）；（b）加热后再结晶形核长大初期（×11500）；

（c）新晶粒进一步长大（×11500）；（d）再结晶完毕，晶界开始移动（×8500）

T为孪晶界，L为小角度晶界

图7－13中（a）至（f）表示再结晶过程中新晶粒的生核和成长示意图，影线部分代表形变基体，白色部分代表新晶粒。随着时间的推移，新晶粒的数量和尺寸在逐渐增多

和变大，直到形变基体完全消失掉，再结晶即告完成。

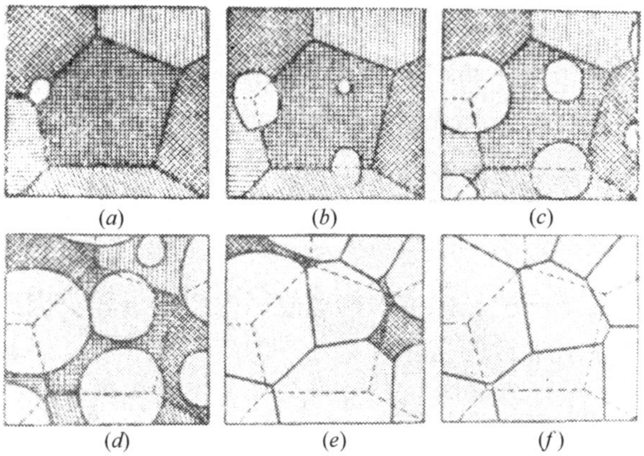

图 7－13　再结晶过程示意图

可见，再结晶并不是一个简单地恢复到形变前组织的过程。这就启示人们如何掌握和利用这个过程，以便使组织向着更有利的方向而变化，从而达到改善性能的目的。

显然，探讨再结晶核心的形成和长大的机理、条件及规律应是再结晶的中心问题。

一、再结晶核心的形成与长大

再结晶形似相变，但并不是相变。一般来说，再结晶前后各晶粒的晶体类型不变，成分也不变。但是从转变过程来看，它与相变却有很多相似之处。相变是自由能较低的新相在自由能较高的旧相中进行生核和成长的过程，驱动力是体积自由能差，阻力主要来自异相间的界面能；而再结晶则是无畸变能或畸变能较低的晶粒在畸变能较高的基体中进行生核和成长的过程，驱动力应是畸变能差，阻力则来自晶界能。这样，人们就会很自然地试图用相变的经典形核理论（参看第四章）来处理再结晶的形核问题。也可以仿照公式(4－1)或公式（4－2）而求出再结晶晶核的临界尺寸（参考公式 4－3）。但是，结果表明，仿此而计算出的临界尺寸比之实验值太大了，以致事实上成为不可能。可见，经典的形核理论在再结晶过程中已基本上失效了。

实验观察表明，随形变量和金属的不同，再结晶核心一般通过两种形式而产生。其一是，原晶界的某些部位突然迅速成长而变为核心，其二是某些亚晶的迅速成长而变为核心，分别讨论如下。

1. 原晶界推移成核

图 7－14 是在高纯度铝中晶界推移形核并成长后的实际照片，在三个相邻的形变晶粒 *A*、*B* 和 *C* 中，晶粒 *A* 的畸变小，原晶界 *A/B* 已由位置 1 向着晶粒 *B* 侧推移至位置 2。在新推进的部分，形变引起的畸变能差不多已完全消失，取向也基本上和晶粒 *A* 相一致。虽说是形核，实际看来，主要只是一个成长现象。但是，这个成长并不是随处都可以进行，也不是一开始即能迅速进行着，而是有选择的，并要经过一个相当长的孕育阶段后才能稳步成长。

观察表明，在早期只是晶界的一小段突出到晶粒 *B* 中，而这一小段的两端则几乎固定不动。从剖面上看，它好像一段被两个端点 *a*、*b* 固定的位错线进行弹性弯曲一样（见图 7－15），开始弯曲时，阻力较大，直到曲率增大到一定值后，才会迅速向前推进。因此这段晶界在能够迅速推进以前可看做晶胚，或晶核正处于孕育阶段，而那个一定的曲率半径 *r* 便可看做核心的临界尺寸。

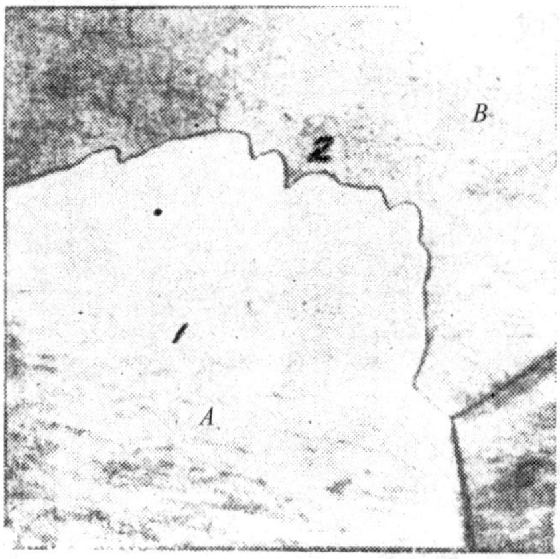

图 7-14　高纯度铝经冷轧后（形变量 10%）短时加热后的组织（×75）

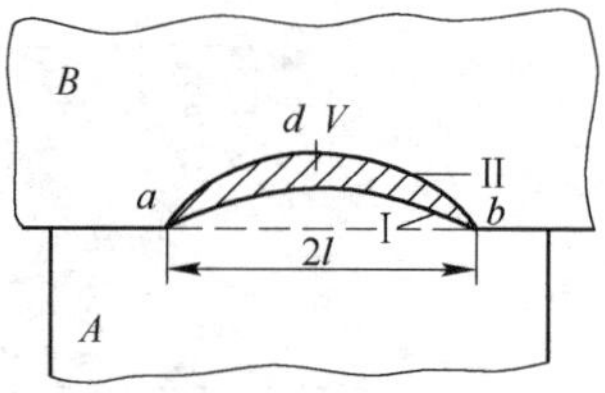

图 7-15　再结晶过程中晶界移动成核示意图

如图 7-15 所示，设晶界已由Ⅰ推进至Ⅱ，并设此时体积的变化为 dV，面积的变化为 dA，单位体积总的自由能变化为 ΔG，界面能为一定值 σ，而形变金属单位体积内储存的能量为 E_s。这样，根据能量平衡关系可得

$$\Delta G = -E_s + \sigma \frac{dA}{dV} \tag{7-3}$$

如果是球面弯曲，其半径为 r，则 $dA/dV = 2/r$，于是上式可写为

$$\Delta G = -E_s + 2\sigma/r \tag{7-4}$$

显然，若晶界突出段两端 a、b 固定，并且 σ 为定值，那么，在开始阶段，随着 ab 的弯曲，r 逐渐减小，ΔG 则随之而增大，至 r 达到最小值 $ab/2$ 时，曲率最大，ΔG 将达到最大值；再继续进一步突出时，r 将增大，而 ΔG 将减小，晶界就可以迅速向前推移了。在 r 达到 $ab/2$ 以前，晶界的移动或依靠能量涨落或依靠畸变能分布的不均匀性。

由此可见，一段长为 $2l$ 的突出晶界变为再结晶核心的条件应是 $\Delta G \leqslant 0$，即

$$E_s \geqslant 2\sigma/l \tag{7-5}$$

当 E_s 和 σ 一定时，l 是可以计算的，在一般条件下，$l \simeq 10^{-4}$cm，大致与直接观测结果相一致。

问题在于为什么同一条晶界却只有那一小段可以突出发展，这可借图 7-16 来说明。图中表示两晶粒 A、B 内部的亚晶组织及晶界移动示意图。晶界移动实质上是晶粒 A 中的个别亚晶长入晶粒 B 的过程。晶粒 A 靠近晶界的亚晶 S 一方面尺寸比晶粒 B 的较大，另一方面由于横跨大角晶界，它与晶粒 B 中亚晶的取向差也应接近于大角晶界，这就是亚晶 S 借吞食而向晶粒 B 长入的两个优越条件，它决定了由 A 长入 B，而不是相反。所以大角晶界的移动成核，实际上也是亚晶成核的特例。

2. 亚晶成核

上一节已经指出过，在回复阶段亚晶可以通过亚晶界向前移动或相邻亚晶的合并两种方式而长大。随着长大，亚晶间的取向差也增大。但这两个方式在回复过程发展到一定程度，而取向差达到约几度后进行就很缓慢了，基本上可以稳定下来。特别是亚晶的合并，当取向差较大时，就很难进行了。但是亚晶之间发展是不平衡的，达到再结晶温度后，那

些尺寸较大，而且取向差也接近大角晶界的亚晶其界面活动性较大，它们或者早已存在于形变基体中，或者是再通过缓慢的界面移动过程而后才达到，只要符合公式（7－5）的条件，就可以变为核而稳步成长了。图7－17是Fe－3%Si合金经90%冷轧而后在657℃加热30秒后的电镜组织照片，图中C是一个由亚晶发展起来的再结晶核心，它是晶内亚晶成核的直接证明之一。

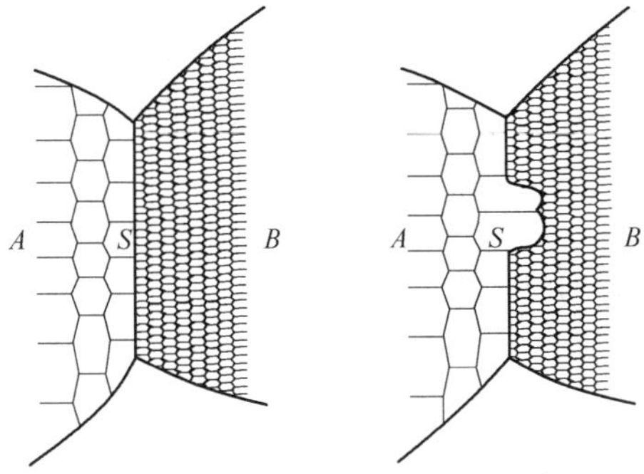

(a) 迁移前　(b) 迁移开始后

图7－16　晶界推移形核示意图

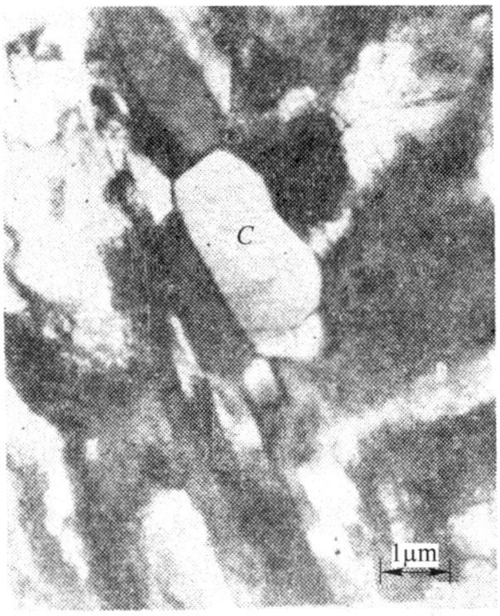

图7－17　Fe－3%Si合金经冷形变90%后，在657℃加热30秒后的电镜组织

总之，可以这样说，所谓再结晶核心是通过某些现成的活动性较大的界面突发式的移动而形成的。这些现成界面可以是：

（1）原始大角晶界；

（2）通过亚晶长大而逐步形成的大角亚晶界；

（3）已存在于形变基体中的大角亚晶界。

前两者大多发生在轻度形变的金属中，后者则多发生在严重形变的金属中。

由此可见，再结晶形核实质上只是另一种在特殊条件下的长大现象。因此，在再结晶过程中，凡是能影响长大的那些因素，也大多以同样的方式和方向来影响着形核。

3. 再结晶晶核的长大

如上所述，当符合公式（7－5）条件的晶核出现后，它就可以稳步地自发成长了。成长总是通过晶界向着畸变能较高的基体中扩散移动而进行的。这里晶界移动的驱动力主要是两晶粒间的畸变能差，晶界向着其曲率中心的反方向移动。由于形变基体中的畸变能分布很不均匀，而晶界总是易于优先向畸变能大的地方推移，所以在长大过程中，界面总是参差不齐的，甚至呈锯齿状（见图7－14），这是一般再结晶过程中的一个明显特征。

二、再结晶动力学

在再结晶阶段，晶核的形成速率$\dot{N}$和其随后的长大线速度$\dot{G}$决定了再结晶的体积速度，是再结晶过程的重要参变数。

若形变金属在某一温度进行恒温退火，经时间τ后，新晶粒核心形成，并开始稳步长大。一般来说，新晶粒在相互长大至相碰以前，往往是以恒定速度而成长的，如图7－18

所示。若新晶粒为球形，则在曲线的直线部分，晶粒半径 R 随时间 t 的变化应为

$$R = \dot{G}\ (t-\tau) \tag{7-6}$$

式中，$\dot{G}$ 为成长线速度，相当于 dR/dt，即图 7-18 中直线的斜率。

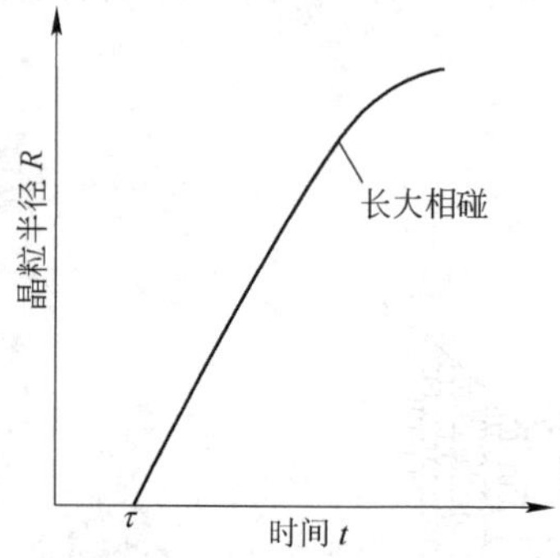

图 7-18　新晶粒半径随时间的变化

这样每一个核心随时间而完成再结晶的体积 V 为

$$V = \frac{4}{3}\pi R^3 = \frac{4}{3}\pi \dot{G}^3 (t-\tau)^3 \tag{7-7}$$

若知道了核心数目，那么再结晶部分的体积即可求出来了。

核心的形成速度 $\dot{N}$ 为单位时间、单位形变基体体积内形成的晶核数，所以在时间 dt 内形成的核心数 dn_r 应为 $\dot{N}dtV_u$，其中 V_u 是指剩余下的尚未发生再结晶的体积。但确定 V_u 很困难，因为它随时都在变化着。若暂用试样的总体积 V 来取代 V_u，那么 dt 内的核数应为 $\dot{N}dtV$，这个数既包含着未转变部分实际出现的核心数 n_r，同时也包含着已发生了转变的那部分本应出现的核心数 n_p。后者实际上是不可能的，是一个虚构的数目。这样求出的核心数只是一个设想的数值 n_i

$$n_i = n_r + n_p \tag{7-8}$$

由这个核心数可求出设想的再结晶体积 V_i，这个 V_i 包括着已经再结晶的体积中设想如果仍能形核并长大时再结晶的体积。

$$V_i = \int_0^t \frac{4}{3}\pi \dot{G}^3 (t-\tau)^3 \dot{N} V dt \tag{7-9}$$

若用分数来表示，则设想的再结晶的体积分数 x_i 应为

$$x_i = \frac{V_i}{V} = \int_0^t \frac{4}{3}\pi \dot{G}^3 (t-\tau)^3 \dot{N} dt \tag{7-10}$$

进一步的问题是如何将 x_i 与实际的转变分数 x_r 联系起来。这里只要注意这样一个问题，上式所包括的，凡是在某一给定时间 dt 内所形成的核心，无论是实际的或虚构的，只要经历的时间相等，都应具有同样的体积，即 $\frac{4}{3}\pi \dot{G}^3\ (t-\tau)^3$。所以，在 dt 内这两类核心数目之比应等于其再结晶体积之比，或再结晶体积分数之比。这样，便可得到关系式

$$dn_r/dn_i = dV_r/dV_i = dx_r/dx_i \tag{7-11}$$

若设时间 dt 内在单位体积中形成的核心为 $d\rho$，并假设各处形核机会均等，则 $dn_r =$

$V_u d\rho$，而 $dn_i = V d\rho$，由此可得

$$dn_r / dn_i = V_u / V = (V - V_t) / V = 1 - x_r \tag{7-12}$$

式中，V_t 表示已经发生了再结晶的体积。这样，由式（7－11）及式（7－12）可得

$$dx_r / dx_i = 1 - x_r \tag{7-13}$$

这个简单微分方程的解为

$$x_r = 1 - e^{-x_i} \tag{7-14}$$

其中积分常数为零，因为 t 为零时，x_r 和 x_i 皆为零。

另一方面，若设 $\dot{G}$ 与 $\dot{N}$ 为定值；而 τ 很小可忽略不计，则由公式（7－10）可得

$$x_i = \frac{\pi}{3} \dot{N} \dot{G}^3 t^4 \tag{7-15}$$

代入公式（7－14）便得实际转变的体积分数

$$x_r = 1 - \exp\left(-\frac{\pi}{3} \dot{N} \dot{G}^3 t^4 \right) \tag{7-16}$$

这就是有名的通用动力学公式，它不但适用于再结晶，而且也适用于其它固态转变以及液体的结晶。条件是各处均匀形核，$\dot{N}$ 与 $\dot{G}$ 恒定，τ 接近零。图 7－19 是在不同的 $\dot{N}$ 与 $\dot{G}$ 条件下，按公式（7－16）所作的动力学曲线，显然，曲线受 $\dot{G}$ 的影响要比 $\dot{N}$ 强烈得多。

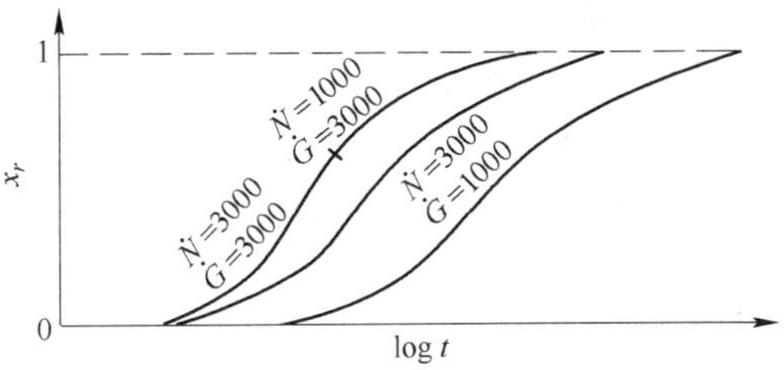

图 7－19　按公式（7－16）计算出的动力学曲线

但是，许多实验表明，无论是再结晶或其它固态转变，大多不是各处都一样的均匀形核，而是优先在晶界或其它一些特定部位形核，同时在大多数情况下，$\dot{G}$ 只是接近于定值，而 $\dot{N}$ 随 t 的变化更要大些，所以公式（7－16）并不能完全反映各种固态转变（包括再结晶）的实际情况，需要根据具体条件进一步做适当的修改。

在 $\dot{N}$（或 $\dot{G}$）随时间而变化的条件下，如能找出 $\dot{N}$（或 $\dot{G}$）与 t 的关系，则公式(7－16)可改写为一般形式

$$x_r = 1 - \exp(-kt^n) \tag{7-17}$$

式中，k 与 n 都是常数，n 一般在 1～2 之间。在 $\dot{N}$ 随时间而衰减的条件下，n 在 3～4 之间。若将公式（7－17）两边取对数，便得

$$\ln \frac{1}{1 - x_r} = kt^n \tag{7-18}$$

显然，$\frac{1}{1 - x_r}$的双对数应与 t 的对数成直线关系，而 n 则可由此直线的斜率来确定。

纯铝的试验结果，如图 7－20 所示，基本上符合公式（7－18），图中各直线上的数

字表示温度。可以看出，不同温度下直线的斜率基本上是一致的，这说明 n 是一个几乎不随温度而变化的常数，而 k 随温度的变化较大。

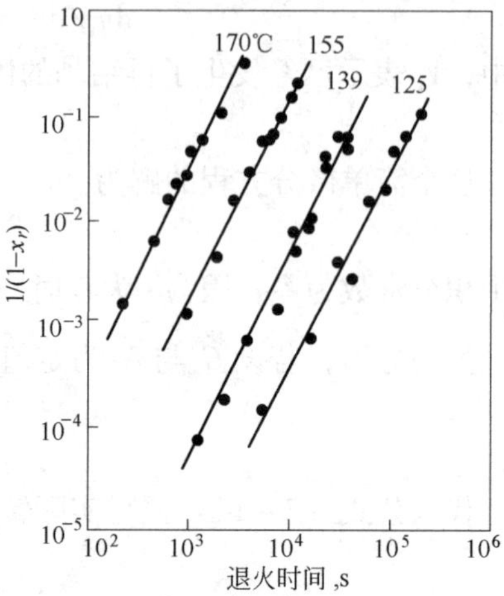

图 7－20　纯铝在 0℃经 40%冷形变后 $\frac{1}{1-x_r}$ 与时间对数的关系

三、影响 $\dot{G}$ 和 $\dot{N}$ 的因素

1. 影响 $\dot{G}$ 的因素

如前所述，再结晶核心的长大速度可看做是晶界向着畸变能（或储存能）较高的晶粒中推移的速度 $v_{界}$。这个速度是与晶界原子向相反方向的扩散密切相关的。在第六章第一节曾指出过，物质的扩散也可看做是具有一定浓度的某一界面向前推移的结果。因此，晶界的移动速度 $v_{界}$ 和原子的扩散速度 $v_{原子}$ 便可近似地用这样一个关系式

$$v_{界} = -v_{原子} \qquad (7-19)$$

来表示。原子扩散的平均速度（$v_{原子}$）应与原子所受到的作用力 F 成比例，即 $v_{原子}=BF$，这里 B 称原子的活动性（或运动率），即在单位力的作用下原子的迁移速度。

如图 7－21 所示，设晶粒 Ⅰ 为再结晶晶粒，其储存能为零，Ⅱ 为形变基体，其储存能为 E_s/摩尔，这样，在晶粒 Ⅱ 中平均每个原子所具有的能量将比晶粒 Ⅰ 高 E_s/N_A（N_A 为阿伏伽德罗常数）。若设晶界宽度为 λ，扩散时体积不变，熵变量略去，那么一个原子由晶粒 Ⅱ 移向晶粒 Ⅰ 时，其所受的力应为能量除以距离，即（E_s/N_A）/λ，可见 $v_{原子}=B\frac{E_s/N_A}{\lambda}$，代入公式（7－19）可得

$$v_{界}=B\frac{E_s/N_A}{\lambda} \qquad (7-20)$$

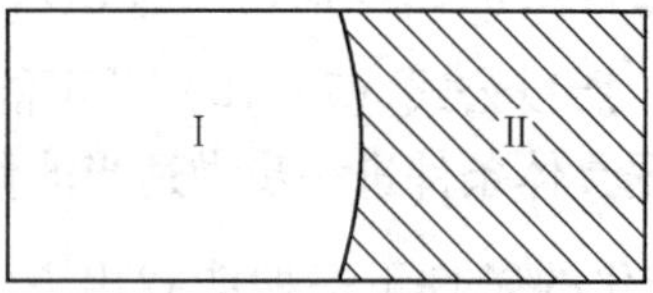

图 7－21　再结晶晶粒 Ⅰ 和形变基体 Ⅱ 之间的界面示意图

另外，不难设想，原子的活动性应与扩散系数直接相联系，活动性越大，扩散系数也应越大。可以证明，在理想（或稀薄）固溶体中，这个关系为

$$D=BkT \qquad (7-21)$$

式中，k 为玻耳兹曼常数，代入公式（7－20）得

$$v_{界}=\frac{D}{RT}\frac{E_s}{\lambda} \qquad (7-22)$$

式中，D 代表晶界的扩散系数。

显然，当活动性一定时，再结晶核心的长大速度主要取决于驱动力，即晶体所储存的能量。

形变后晶体所储存的能量，首先取决于形变量的大小，如图 7－22 所示，形变量越大，储存能也越高，但储存能的增加率则随形变的增加而减小。

储存能 E_s 与形变量的上述关系基本上与所测出的再结晶长大速度和形变量的关系相符合，例如，由图 7－23 可知，形变量越大，$\dot{G}$ 也越大，而孕育期则越短。但当形变量大于 15% 以后，形变量的作用效率便逐渐减小了，这是由于畸变能的增加率逐渐减小的缘故。

当形变量一定时，原始晶粒越小，$\dot{G}$ 则越大，如图 7－24 所示。这是由于晶粒越细，形变抗力便越大，形变情况也越复杂，因而所引起的畸变能也越大的缘故。

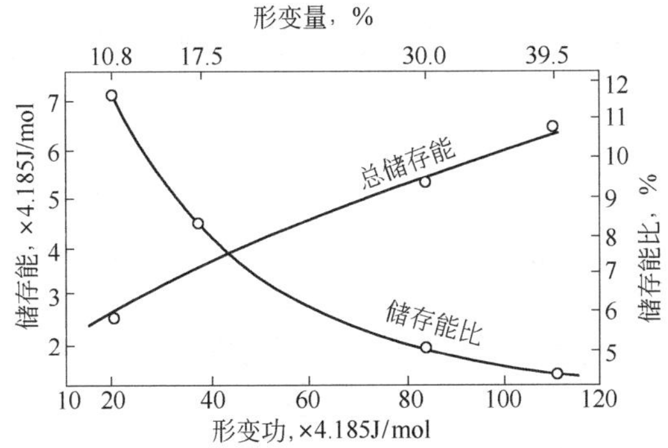

图 7－22　铜的形变储存能与形变量的关系

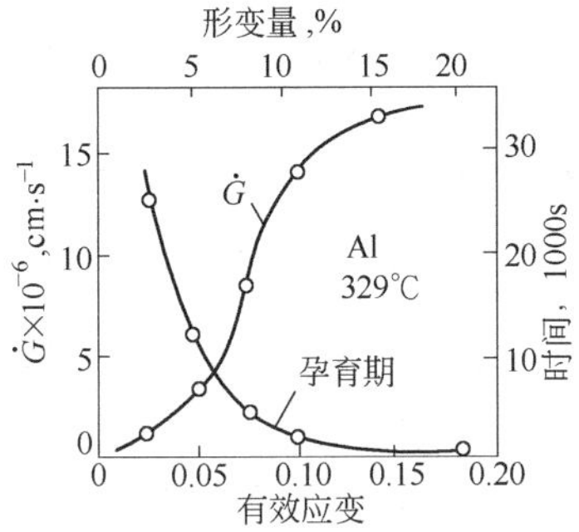

图 7－23　铝在 329℃再结晶时孕育期及长大速度随形变量的变化

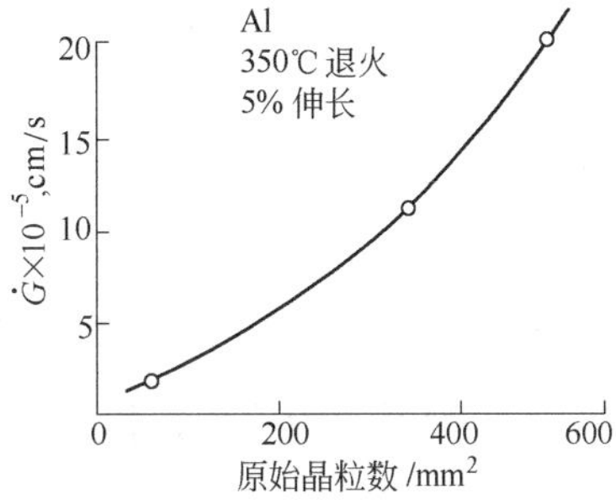

图 7－24　铝在 350℃再结晶时长大速度与原始晶粒大小的关系

杂质对 $\dot{G}$ 有很强烈的阻碍作用。这在下节中将进一步讨论。

温度对 $\dot{G}$ 的影响可用公式

$$\dot{G} = G_0 \exp\left(-Q_g/RT\right) \tag{7-23}$$

来表示，式中 G_0 为一常数，Q_g 为长大激活能。

对照公式（7－22）可知，只有晶界的扩散系数 D 是一个强烈依赖温度的项，$D = D_0 \times \exp\left(-Q/RT\right)$。这就很自然地引起这样一个问题，长大的激活能 Q_g 是否与晶界自扩散的激活能 Q 一致。实验表明，在高纯金属中，它们基本上是相一致的；但在一般纯金属中，Q_g 比晶界自扩散的激活能 Q 要大很多。可见，当驱动力一定时，晶界的活动性主要取决于晶界的扩散系数 $D_{界}$，而 $D_{界}$ 主要取决于扩散的激活能和温度两个因素。

2. 影响形核率 $\dot{N}$ 的因素

$\dot{N}$ 的影响因素基本上与 $\dot{G}$ 的相似。

图 7－25 是铝的形变量对再结晶过程中 $\dot{G}$ 和 $\dot{N}$ 的作用的比较。相同之点是 $\dot{N}$ 与 $\dot{G}$ 都随形变量的加大而增大，不同之点是在量的关系上有差异。这反映在 $\dot{N}/\dot{G}$ 随形变量的加大而急剧增加。这个结果也适用于其它金属，具有普遍意义。

原始晶粒度对 $\dot{N}$ 的影响大致如图 7－26 所示。一般来说，在同样形变量下，原始晶粒越细，则 $\dot{N}$ 越大，而且孕育期越短。但若与图 7－24 相比较，则可以附带看出，$\dot{N}$ 与 $\dot{G}$ 都随时间而变化，而 $\dot{N}$ 的变化更复杂些，也更强烈些，既可以随时间而显著增加，也可以随时间而显著减小。

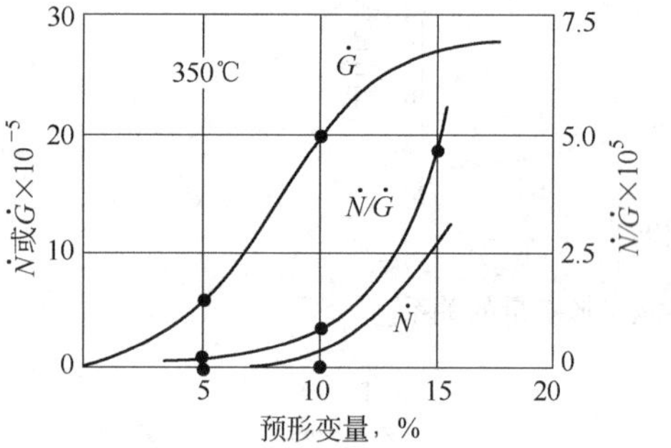

图 7－25　铝在 350℃进行再结晶时，$\dot{N}$ 及 $\dot{G}$ 与预先冷形变量的关系

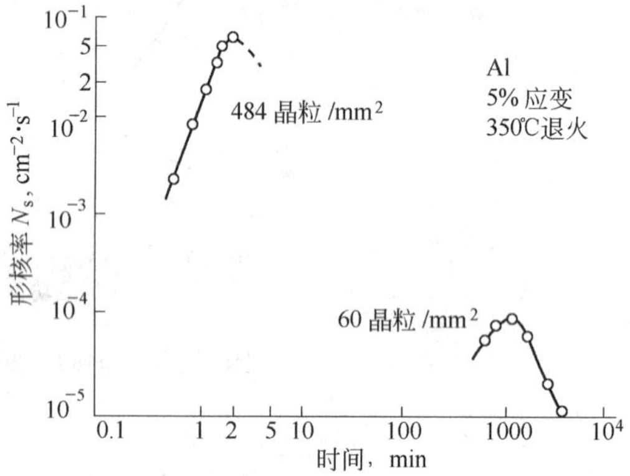

图 7－26　原始晶粒度不同的两块铝试样在同样形变量下，再结晶形核率 $\dot{N}$ 随时间的变化

杂质对 $\dot{N}$ 的影响研究得尚不够充分，但一般看来，各种杂质大多都会使 $\dot{N}$ 增大。

形核率 $\dot{N}$ 与温度的关系，和 $\dot{G}$ 相似，也可以用公式

$$\dot{N} = N_0 \exp\left(-Q_n/RT\right) \tag{7-24}$$

来表示，式中 Q_n 为形核的激活能。一些实验结果表明，Q_n 与 Q_g 在数值上也很相近。这说明，再结晶的形核率也主要由扩散因素所控制。

四、再结晶温度与晶粒大小控制

控制再结晶温度和再结晶后的晶粒大小具有重要的实际意义。

1. 再结晶温度

再结晶温度（$T_{再}$）不像结晶或其它相变温度那样能够严格确定不变，它受着许多因素的影响，可以随条件的不同而在一个相当宽的范围内变化。通常所说的 $T_{再}$ 是指在规定时间内（例如一小时）能够完成再结晶，或再结晶达到规定程度（例如 95%）的最低温度。换句话说，$T_{再}$ 本身包含着时间和再结晶量两个因素在内。而这两个因素的关系，如前所述，可用公式（7－16）或（7－17）来描述。为了能比较清楚地定性说明问题，可

利用公式（7－16）。

由公式（7－16），令 $x_r=0.95$，可求出再结晶达到体积百分数为95%的时间 $t_{0.95}$，

$$t_{0.95} = (2.85/\dot{N}\dot{G}^3)^{1/4} \qquad (7-25)$$

由于 $\dot{N}$ 与 $\dot{G}$ 都随温度而增大，所以 $t_{0.95}$应随温度的升高而缩短，这个关系可用图7－27中实曲线来表示。这样，就可容易确定出一小时内再结晶达到体积95%的再结晶温度。

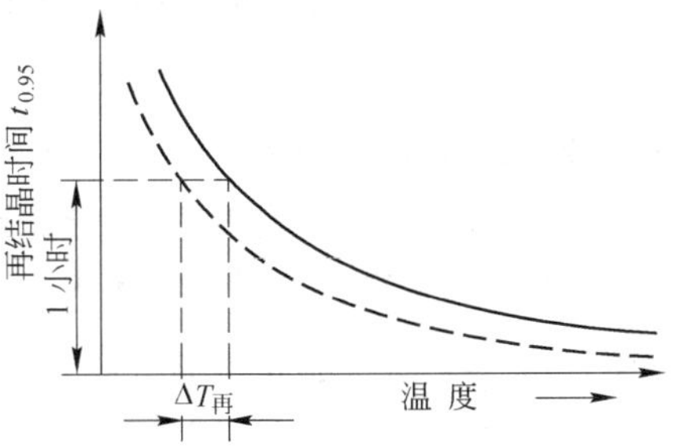

图7－27　一小时再结晶温度

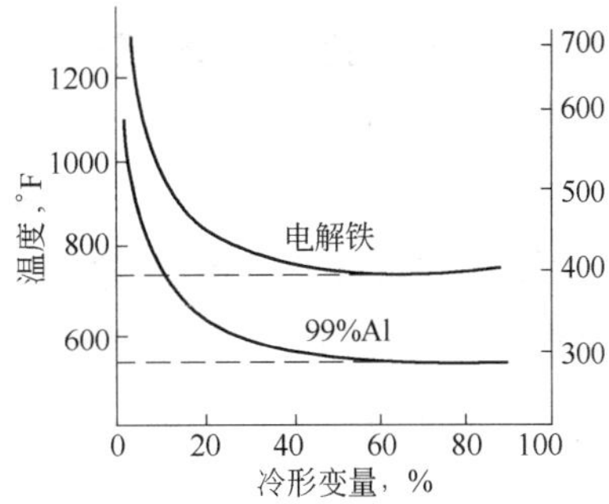

图7－28　铁和铝的一小时再结晶温度与形变量的关系

显然，凡是使 $\dot{N}$ 与 $\dot{G}$ 增大的上述那些因素，必然要使 $t_{0.95}$缩短，即曲线将向左下方移动，如图中虚线所示，这样，就引起了 $T_{再}$ 的下降；反之，将使 $T_{再}$ 上升。由此可见，再结晶温度应与 $\dot{N}$ 和 $\dot{G}$ 都成反比关系，而 $\dot{G}$ 对 $T_{再}$ 的影响比之 $\dot{N}$ 更为强烈。

例如，增大形变量由于可使 $\dot{N}$ 和 $\dot{G}$ 同时都增大（见图7－25），所以它必然会使 $T_{再}$显著下降。图7－28是实测的铁和铝的一小时再结晶温度与形变量的关系曲线。可以看出：形变量越大，$T_{再}$越低；但当形变量很大时，$T_{再}$的变化却反而很小了，可以说基本上保持一个稳定值；另一方面当形变量小到一定程度时，$T_{再}$趋向熔点，即不会发生再结晶了。能够发生再结晶的最小形变量，称为临界形变量。在临界形变量下，$T_{再}$为最高值。

再如各种杂质，即便是微量的，也大多可使 $T_{再}$ 显著升高，表7－1列出了一些金属的一小时 $T_{再}$ 与其纯度的关系，可供参考。

表7－1　一小时再结晶温度

金属或合金	再结晶温度（℃）
铜（99.999%）	120
无氧一号铜	210
加5%Zn	320
铝（区域提纯）	10
（99.999%）	85
（99.0%）	240
铝合金	320
镍（99.99%）	370
（99.4%）	630
钨（高纯度）	1200～1300
（含显微缩孔）	1600～2300
锡	－4

2. 再结晶晶粒大小

再结晶晶粒的平均直径可用公式

$$d = K\left[\dot{G}/\dot{N}\right]^{1/4} \tag{7-26}$$

来表达，其中 K 为一比例常数。

可见，只有那些能够使比值 $\dot{G}/\dot{N}$ 发生变化的因素才可能引起晶粒尺寸的变化。而要细化晶粒，则必须使比值 $\dot{G}/\dot{N}$ 减小，这就需要对前面已经讨论过的那些影响 $\dot{N}$ 和 $\dot{G}$ 的因素进行具体的分析。

（1）预形变量：参照图 7－25，不难看出，预形变量增大可使 $\dot{N}/\dot{G}$ 加大（即 $\dot{G}/\dot{N}$ 减小），所以加大预形变量可取得细化晶粒的效果。图 7－29 是 α 黄铜的一部分试验结果，当原始晶粒度相同时，预形变量越大，晶粒尺寸便越小；反之，则晶粒将越大。在临界形变量时，由于 $\dot{N}$ 很小，比值 $\dot{G}/\dot{N}$ 将很大（见图 7－25），所以晶粒将显著粗化。

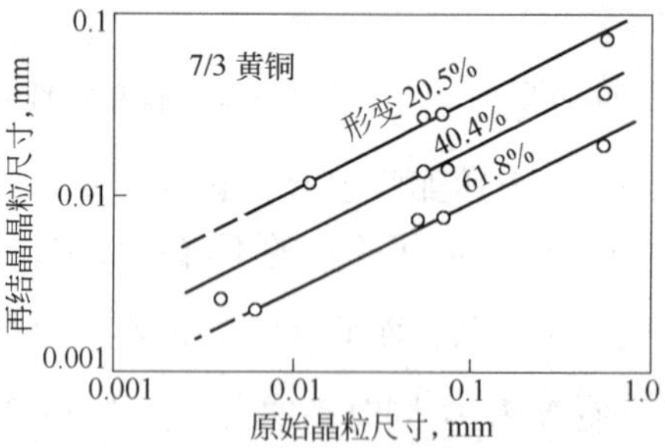

图 7－29　α 黄铜再结晶后的晶粒大小与形变量和原始晶粒尺度的关系

（2）原始晶粒尺寸：如图 7－29 所示，当预形变量一定时，原始晶粒越小，则再结晶后晶粒便越细。这是由于原始晶粒变细时（即晶界总长度增加时），金属内部的形变更为复杂，形变后的储存能较高，因而使 $\dot{N}$ 的增加速率大于 $\dot{G}$ 的增加速率。

（3）退火温度：由式（7－23）和式（7－24）不难看出，$\dot{N}$ 与 $\dot{G}$ 都随温度的升高而加大，而两者的激活能 Q_n 和 Q_g 又很相近，所以比值 $\dot{G}/\dot{N}$ 很可能不随温度而变化，因此，再结晶晶粒度受温度的影响就很小。但是，在实际生产中，退火温度升高往往会引起晶粒粗化，下一节再讨论。

（4）杂质：杂质一般都能使比值 $\dot{G}/\dot{N}$ 减小，所以可以起细化晶粒的作用。溶于固溶体的杂质，其作用主要在于它能吸附于界面显著降低界面的活动性，阻碍了晶界的扩散移动。以小质点形式分布在基体中的不溶杂质，也可以降低晶界的活动性，阻止晶粒的长大；并同时还会引起形变储存能的增加，从而使 $\dot{N}$ 也增大。

（5）形变温度：预形变时的温度越高，则回复的程度便越大，这就意味着金属形变后的储存能 E_s 减小了，因而使比值 $\dot{G}/\dot{N}$ 增大，晶粒尺寸也就随之而增大。

在大多数情况下，一般都希望晶粒细化，但在某些特殊情况下，有时也需要使晶粒粗化。无论是晶粒的细化或粗化都可以通过改变再结晶过程中的 $\dot{G}/\dot{N}$ 值来加以控制，虽然两者都有一定限度，但相对来说，后者的局限性要小些。例如，利用临界形变量（形变约2% ~5%）反复进行多次形变和退火，就可以使晶粒一次比一次粗大（参考图7－29），最后甚至有可能获得单晶体。但要使晶粒一次比一次细化，则必须每次都使用很大的形变量，这在实际上就受到很大限制。

第四节　再结晶后的晶粒长大

再结晶完成后，若再继续保温，或再升高温度，都会使晶粒的尺寸进一步长大。

晶粒长大本来是一个自发过程，只要动力学条件允许，即只要温度合适，原子有相当扩散能力时，晶粒一般都会长大。但是，由于后边将要讨论的理由，再结晶后的晶粒长大具有特殊意义。

根据再结晶后晶粒长大过程的特征，可将晶粒长大分为两种类型：一种是随温度的升高或时间的延续而均匀地连续长大，称之为正常长大；另一种是不连续不均匀地长大，即突发式的长大，称为反常长大，也称二次再结晶。

一、晶粒的正常长大

再结晶完成后，新晶粒已完全相互靠拢在一起，形变引起的储存能基本上已完全释放掉了，但晶粒仍然可以继续进行长大。这种长大是新晶粒依靠晶界移动、相互吞食而进行的。从总体来说，它是一个大吃小，凹吃凸的过程。在这个过程中，一些晶粒逐渐减小而后消失掉，另一些晶粒则逐渐长大。所以长大的另一侧面，实际上必然也包括着某些晶粒的缩小，否则无从长大。

总体来看，再结晶后的晶粒长大，其驱动力应主要是晶粒长大前后总的界面能差，它是整个系统力求使总的界面自由能达到最小值的一个自发过程。但是晶粒的长大过程，是依靠晶界的移动而进行的，而晶界移动的驱动力，则主要是界面的弯曲度（或曲率）。界面曲率不同会使相邻两晶粒界面上的原子相互间相向跳动的驱动力不同，这就引起不均衡的扩散，导致晶界的移动。晶界总是向着曲率中心的方向移动，这和再结晶过程中晶界的移动方向正好相反。这里先引实例证明，而后再进行理论分析。图7－30是铝晶粒长大过

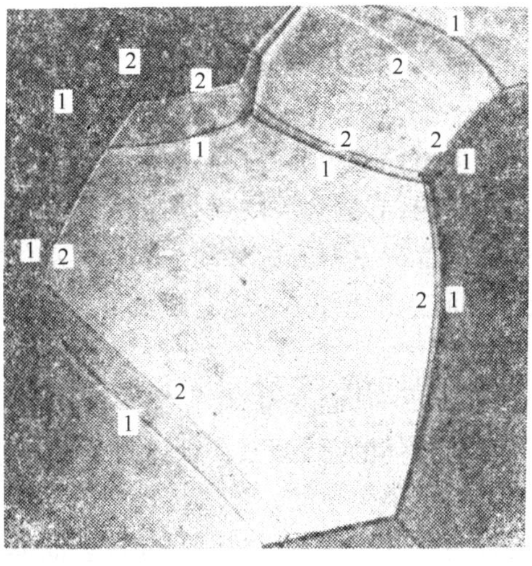

图7－30　铝晶粒长大前（1）后（2）的照片

程的实际照片，图中所标数字1、2分别表示晶界移动前后的实际位置。这个实验很明显，

所有晶界的新位置都移向其曲率中心的方向。

1. 晶界移动的驱动力——界面曲率

界面曲率为什么可以变为界面移动的驱动力，这个问题可用图 7－31 来说明，其中（b）为（a）的截面图。若界面张力为 σ，则沿长为 l 的界面将受到大小为 $l\sigma$ 的一对作用力，这对作用力在水平方向的分量其大小为 $2\sigma l \cdot \sin(d\theta/2)$，其方向指向曲率中心。显然要达到力的平衡，即要保持界面弯曲，则必须使界面凹侧具有大于凸侧的压应力。也只有这样，才能抗衡界面张力的作用。今设界面两侧此压应力的差值为 ΔP，则平衡条件为

$$2\sigma l\sin\left(\frac{d\theta}{2}\right) = \Delta Plrd\theta \tag{7－27}$$

当 $d\theta$ 很小时，$\sin(d\theta/2) \to d\theta/2$，因此可得

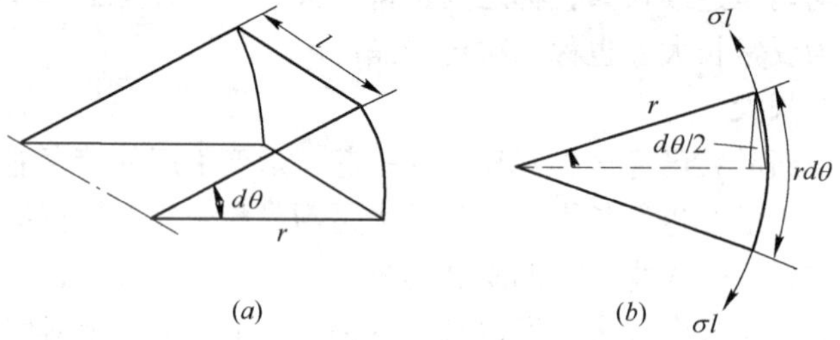

图 7－31　柱状界面（a）及其界面张力作用示意图（b）

$$\Delta P = \sigma/r \tag{7－28}$$

当界面为球面时，其曲率为柱面曲率的二倍，则

$$\Delta P = 2\sigma/r \tag{7－28′}$$

由此可见，当 σ 一定时，界面曲率越大（即 r 越小），则 ΔP 便越大，即相对于界面来说，凹侧（曲率中心所在的那一侧）原子将受到比凸侧原子更大的压应力。如果动力学条件允许，这就会促使原子由凹侧晶粒向界面凸侧晶粒进行扩散，而界面则向相反方向移动。除非界面变为平面，否则这个过程可一直继续下去，凸侧那个晶粒也就可以不断长大。

在再结晶过程中，晶界是向着曲率中心的反方向而移动的，所以再结晶刚完成后，晶界不可能都是平面，这就决定了再结晶后晶界移动的自发性和必然性。因此，一旦动力学条件允许时，再结晶后各晶粒的晶界就要开始移动。晶界移动的总趋势是各晶界都变为平面，只有到那时（虽然总的界面自由能并不一定是最低的，但晶面驱动力为零），才有可能达到相对稳定状态。

然而，问题的另一方面是，每一个晶粒都力求缩小其界面，以使总的界面自由能下降。众所周知，在同样体积下，球体的总界面最小。但如果晶粒都变为球体，那么，它一方面就无法紧密填充金属所占据的整个空间，势必出现空隙；另一方面，由于球面弯曲使晶界产生了驱动力，势必要发生移动。这就决定了晶粒以多面体的形状而组合起来才较为稳定。但是以什么样的多面体，又如何组合，对这个问题曾有过不少设想，图 7－32 是一个十四面体组合模型，它尚较接近实际情况。根据这个模型，相邻两晶界的二面角应为 120°，会于一点的四条棱线，各自的夹角应为 109°28″。不少实验已证实了前者。

若在图 7 – 32 中垂直一棱作一剖面，则将如图 7 – 33 所示，形成一个等边六角形网络，这和实际观察到的一些单相合金的平衡组织很相近。根据界面张力平衡规律也可以证明这一点，如图 7 – 33（*b*）所示。试任取相邻三晶粒 *A*、*B* 和 *C*，由力的平衡关系可知，当处于平衡时，三个界面的张力 σ_A、σ_B、σ_C 应分别与其相对的界面角 $\angle A$、$\angle B$ 和 $\angle C$ 的正弦成比例，即

$$\sigma_A/\sin A = \sigma_B/\sin B = \sigma_C/\sin C \tag{7-29}$$

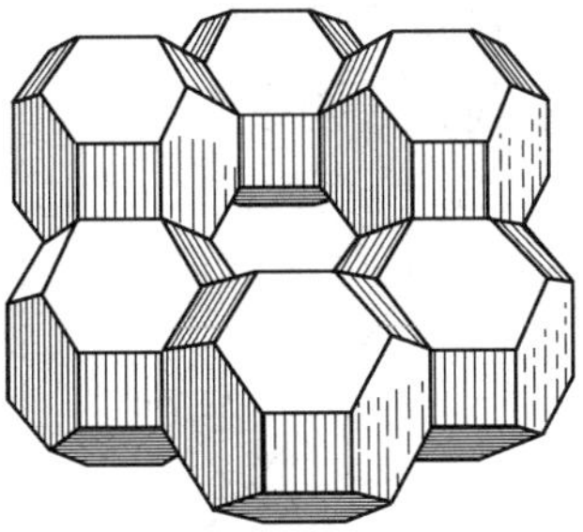

图 7 – 32　十四面体紧密组合模型

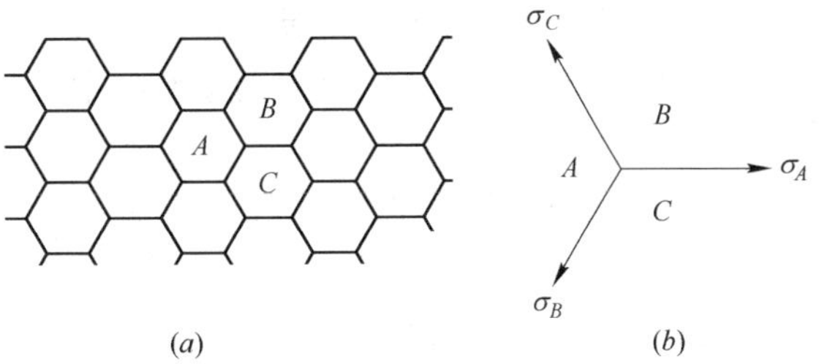

图 7 – 33　单相多晶组织的稳定组合形式
（相当于图 7 – 32 中垂直于一棱的剖面）

在单相组织中，晶界一般都属大角晶界，界面张力基本相等，即 $\sigma_A = \sigma_B = \sigma_C$，所以平衡条件应为

$$\angle A = \angle B = \angle C = 120°$$

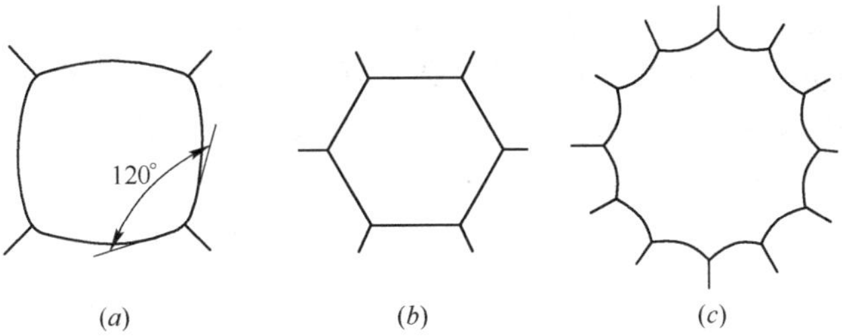

(*a*)　(*b*)　(*c*)

图 7 – 34　晶界曲率与晶粒形状

由此可见，在稳定的单相多晶截面（垂直于多面体的一棱）组织中，晶粒的稳定形式应是等边六角形。这就必须：第一晶界为直线；第二其夹角为 120°，二者缺一不可。无论是小于或大于六边的等边形组织，都无法达到真正的稳定态。这可借图 7 – 34 来说明，若晶界小于六边，例如为正四边形组织，则晶界就无法同时满足上述两个条件，要保持直线，则其夹角应为 90°（小于 120°），这就难以平衡；反之，要保持 120°夹角，晶界势必向内凹，如图 7 – 34（*a*）所示，但是这样，第一个条件又不能满足了，这就会使晶界自发地向内迁移，以趋平直；而界面平直后，夹角则又将小于 120°，这就又需弯曲，如此反复，晶粒只能逐步缩小，直到最后完全消失为止。若晶界大于六边，例如为等十二边形，则两邻边间的夹角应为 150°（ > 120°），要使其变为平衡角 120°，晶界势必向外凹，如图 7 – 34（*c*）所示，但是这样一来，必驱使晶界自发地向外迁移，以趋平直；而一旦平直后，夹角又将大于 120°，这就又需要弯曲，如此反复，晶粒便会不断长大。

由上可知，在截面呈规则的多边形组织中，晶界小于六边的晶粒将逐步缩小而消失；大于六边的将会不断增大；恰为正六边形的晶粒（图 7－34*b*），既不会缩小也难于长大。当然，再结晶完成后，晶粒一般不会变成这样规则的等边多边形，很可能出现另一种情况，同一晶粒的一边在长大，而另一边在缩小，或出现更为复杂的情况，但无论如何，晶界迁移的基本规律总是一致的。

2. 晶界的活动性

如上所述，晶界移动必须具有一定的驱动力，但有了驱动力晶界并不一定就能移动，这要视其活动性如何而定，决定晶界活动性的主要因素如下：

（1）杂质原子：杂质或微量合金元素往往会对晶界活动性产生很大的影响。图 7－35 是微量 Sn 对铝中晶界移动速度的影响，温度为 300℃。当 Sn 由少于百万分之一增到百万分之六十时，晶界迁移速度可下降约 4 个数量级，即杂质增加约 60 倍，而晶界迁移速度则下降至约万分之一，这个影响是巨大的。

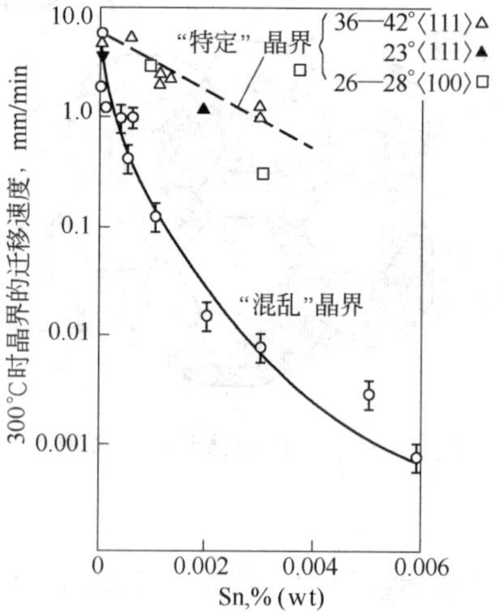

图 7－35　微量 Sn 对铝晶界迁移的影响

微量杂质原子的这种巨大效应是由于杂质原子大多偏聚到晶界区域，对晶界向前移动起了拖累作用。这种作用与杂质吸附在位错中组成柯氏气团而对位错运动起阻碍作用是相似的。既然杂质能吸附在晶界组成气团，这就表明它与晶界有相互吸引作用，因此如果晶界一旦稍许摆脱杂质原子气团时，那么这些杂质原子便会立即对晶界产生吸引力。吸引的结果或是晶界又回到原来的位置；或是杂质原子向前再扩散到晶界中去；或是晶界与杂质原子在相互吸引的条件下保持一定的距离。显然，无论哪一种情况，都增加了晶界移动的阻力。

由此可见，从总体来说，杂质是微量的，但从局部晶界来看，杂质原子却是大量的。微量杂质原子之所以能对晶粒长大产生巨大影响，其原因正在于此。

值得注意的是，杂质原子对某些特定晶界的移动速度影响较小，如图 3－35 中虚线所示。因此，当有杂质原子存在时，相对来说，某些特定晶界的移动速度比一般晶界要快得多。这很可能是由于这些特定晶界属于重合阵点较多的晶界（见第二章），其能量较低，对杂质的吸附作用小，所以杂质对其活动性的影响也应较小。若无杂质的作用（这在实际上是难于达到的），哪个快哪个慢就有待进一步来证明了，很可能适与上述结果相反。

（2）第二相或夹杂物的作用*：许多实验表明，当晶界移动遇到第二相质点时，质点往往对晶界起着钉扎作用，图 7－36（*a*）是这种作用的实际照片，可用作直观例证。此外还可以进一步用图 7－36（*b*），（*c*）来说明这种作用。为了简化，这里设第二相质点为球形，其半径为 r，并设晶界已由图 7－36（*b*）所示的位置向右迁移到如图 7－36（*c*）所示的位置，但由于质点的钉扎作用，使界面与质点相接触的部分及其邻近部分落后了。显然，界面之所以落后是由于存在着一个向左的作用力，拖住了晶界的移动。如果这时达到平衡，那么，这个作用力 F 的大小必须等于界面总张力在水平方向的分力。这样，就可以求出 F。

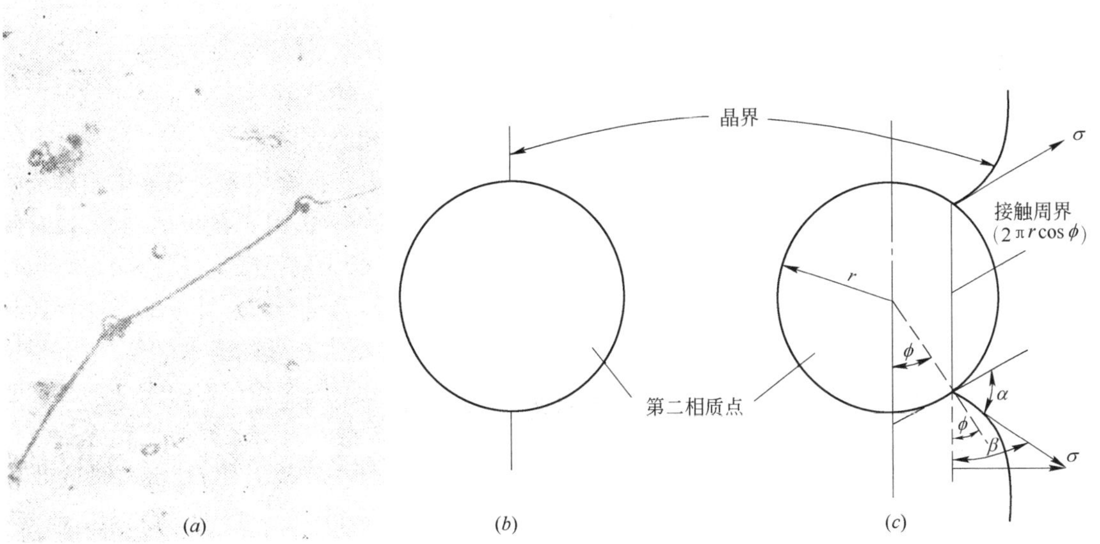

图 7-36　第二相质点对晶界迁移的阻碍作用

（a）Fe-3%Si 合金的实际照片；（b）、（c）示意图

晶界与质点接触的周界长为 $2\pi r\cos\phi$，其受到的总张力为 $2\pi r\cos\phi\sigma$，它在水平方向的分量应再乘以 $\sin\beta$，而 $\beta=90°+\phi-\alpha$，所以 $\sin\beta=\cos(90°-\beta)=\cos(\alpha-\phi)$，由此可得平衡条件为

$$F=2\pi r\cos\phi\sigma\cos(\alpha-\phi) \qquad (7-30)$$

这里，ϕ 随晶界和质点的相对位置的不同而变化，α 应为一个只取决于质点与晶粒间的界面能，即取决于质点性质的定值。若对 ϕ 求最大值，令 $\frac{dF}{d\phi}=0$，则可得 $\phi=\alpha/2$，代入(7-30)便得出作用力的最大值 F_{max}

$$F_{max}=\pi r\sigma(1+\cos\alpha) \qquad (7-31)$$

由此可见，如果只对一个第二相质点来说，那么它对晶界移动的最大阻力应主要取决于质点的尺寸 r，而质点的性质由于仅只影响到接触角 α，显然，其作用较弱。但是，如果对整个组织来说，那么晶粒长大的平均速度不仅和第二相质点的尺寸有关系，而且更重要的还和金属组织中单位体积内质点的数量多少密切相关着。不难理解，在第二相所占总体积分数一定的条件下，质点越细，则其数量越大。由于数量的作用这时已变为主要因素，所以晶粒的长大速度随质点的细化而减小。可以证明（从略），在这种条件下，晶粒长大的极限尺寸 d 与质点的体积分数 f 和质点的半径 r 的关系为

$$d=\frac{4}{3}\frac{r}{f(1+\cos\alpha)} \qquad (7-32)$$

显然，当 f 一定时，r 越小，则 d 也越小；而当 r 一定时，f 越大，则 d 越小。

图 7-37 是在 Fe-3%Si 合金中直接测得的晶粒长大曲线。合金组织中分布着很细的硫化锰夹杂物，这些夹杂物的半径 $r\simeq0.05\mu m$，所占体积分数 $f\simeq0.01$。在 800℃ 经一段时间退火后，晶粒长大的极限直径约为 0.026mm，这个值和按公式（7-32）计算结果

（$d\simeq10\sim20\mu m$）相差不大，可说基本符合。

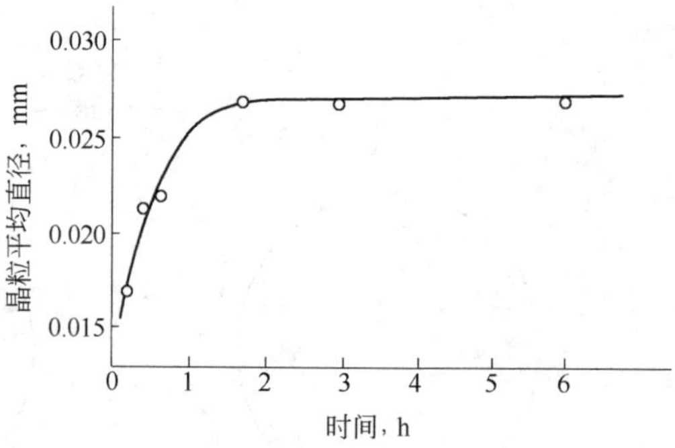

图 7－37　Fe－3%Si 合金在 800℃退火时晶粒平均直径和退火时间的关系

（3）温度的作用：由公式（7－21）可知，晶界的活动性 B 与晶界的扩散系数 $D_{界}$ 的关系为 $B=D_{界}/kT$，但 $D_{界}$ 随温度的升高成指数关系 $D=D_0\exp\left(-\frac{Q}{kT}\right)$增加，所以 D 对 B 的作用会显著超过 $1/T$ 对 B 的作用。由此可见，晶界活动性受温度的影响很大。正是由于这个原因，所以晶界移动速度随温度升高而急骤增大。

（4）晶粒间取向差的作用：对小角度晶界来说，相邻晶粒间取向差的大小决定了晶界能的高低，但对大角晶界来说，晶界能基本上不随取向差而变化，除非达到某些特殊角度的晶界。晶界能越高，晶界扩散系数应该越大，所以晶界活动性也应越大。一般来说，如果不受其它因素的干扰，小角度晶界的活动性总是小于大角度晶界的活动性。

以上分别讨论了影响晶界活动性的四个主要因素。实际上，在具体合金中这些因素大多是同时共同起作用的，所以要根据具体情况进行具体分析，找出起主要作用的因素。

3. 晶粒正常长大的速度和晶粒大小

晶粒长大速度 v 是由晶界移动的驱动力和晶界活动性 B 这两个因子所决定的。驱动力和活动性越大，v 也应越大。在给定条件下，$B\left(=\frac{D}{kT}\right)$接近定值，驱动力的大小应与 σ/r 成比例，所以 v 也应与 σ/r 成比例。经验表明，这个关系可用公式

$$v=d\tilde{d}/dt=K\ (\sigma/r)^n \tag{7-33}$$

来表达。式中 $\tilde{d}$ 为晶粒的平均直径，r 为晶粒的平均曲率半径，t 为时间，K 为比例系数。

在一般条件下，晶粒的平均曲率半径是和晶粒直径 $\tilde{d}$ 成正比例的，并接近于 $\tilde{d}$ 值。若界面能与晶粒大小无关，则上式可改写为

$$v=d\tilde{d}/dt=K'\ (1/\tilde{d})^n \tag{7-34}$$

积分得

$$\tilde{d}^{n+1}-\tilde{d}_0^{n+1}=K't \tag{7-35}$$

式中，K'为包括 σ 的一个常数，σ 越大，K'也越大；$\tilde{d}_0$ 为原始晶粒的平均直径，即 $t=0$ 时的平均直径。若 $\tilde{d}_0$ 比 $\tilde{d}$ 很小时，则公式（7－35）可写为

$$\tilde{d} = K''t^N \tag{7-36}$$

试验表明，对一般金属来说，$N<0.5$，而对高纯度金属来说，在高温时 $N \simeq 0.5$。显然，在这里 N 的减小是和杂质对晶界移动的阻碍作用相关的。此外，不言而喻，N 随温度的升高而增大。

控制晶粒大小，除了注意温度外，杂质是一个很重要的因素，无论是溶解的或不溶解的杂质，大多具有抑制晶粒长大的作用，尤以不溶解的、以第二相形式弥散分布在组织中的杂质所起的作用更大。所以，杂质尽管有许多坏作用，但在晶粒细化方面却大有裨益。

专门利用杂质以阻止晶粒长大的实际例子还是不少的。例如在灯泡用的钨丝中设法加入适量的钍，形成弥散分布的 ThO_2 质点，以阻止钨丝晶粒在高温时的不断长大，这样可以显著提高灯泡的寿命。因为在许多情况下，灯丝的破断往往是由于晶粒粗化而变脆所引起的。

二、晶粒的反常长大——二次再结晶

在某些情况下，再结晶完成后晶粒的长大表现出如图 7－38（*a*）所示的反常现象，即出现少数较大的晶粒优先快速成长，逐步吞食掉其周围的大量小晶粒，最后形成非常粗大的组织。图 7－38（*b*）是这个过程的示意图，它宛如在再结晶过程中以一些较大的亚晶为核心快速长大，并逐步吞食其周围大量小的亚晶，最后形成新的组织一样，好像也是一个生核与长大过程，因此，称为二次再结晶。这样，前节所讨论的再结晶可称一次再结晶，以资区别。

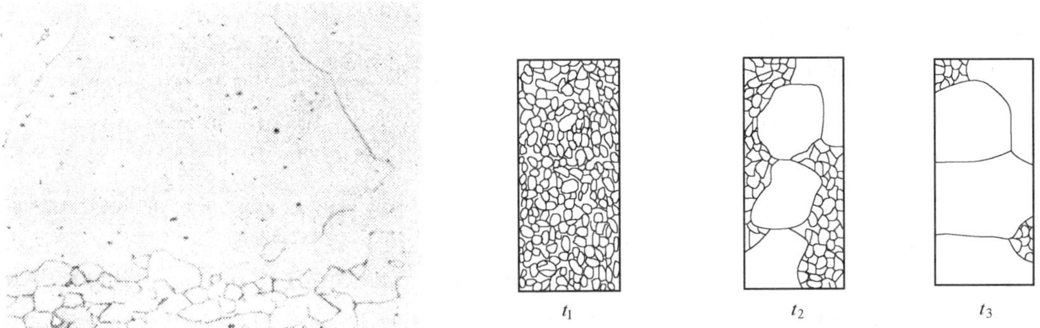

(*a*)　　(*b*)

图 7－38　二次再结晶——晶粒的反常长大

（*a*）低碳钢中晶粒反常长大照片；（*b*）反常长大过程示意图，时间 $t_1<t_2<t_3$

图 7－39 是 Fe－3%Si 合金在 1100℃ 进行二次再结晶的实际照片。由照片并参照图 7－38可以大致看出，实际上二次再结晶是一个与一般长大过程同时并行的过程，只是绝大多数晶粒长大速度很慢，而个别晶粒长大较迅速，以致到后来，后者处于绝对优势，造成了更有利于长大的条件（参看图 7－34*c*），因而可以逐渐吞食掉其周围长大速度较慢的大量晶粒。可见，从基本原理来看，所谓二次再结晶并无什么新内容。

二次再结晶的必须条件首先是绝大多数晶粒长大比较困难，其次是部分晶粒可以较迅

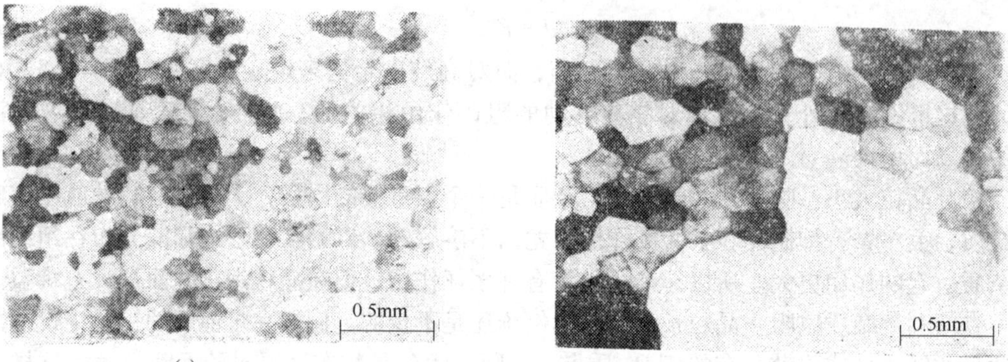

(a)　　　　　　(b)

图 7-39　Fe-3%Si 合金在 1100℃退火组织照片

(a) 5min；(b) 20min

速的成长。

怎样才能满足第一个条件而使晶粒的普遍长大受到阻碍呢？如果结合前一段的讨论，则不难理解其条件大致有三：

1）一次再结晶后，出现织构，各晶粒的取向差很小，不利于晶界迁移。一般来说，一次再结晶后，各晶粒的取向大多是任意分布的，因而晶界也大多属于大角晶界。但是，当预先形变产生了强烈织构时，一次再结晶后的组织往往也具有较强烈的织构。如前所述，织构组织中各晶粒的取向差很小，因而晶界的活动性很差，所以这样的组织是相当稳定的。

2）金属中含有较多杂质，特别是当杂质以第二相质点的形式弥散分布在组织内时会使晶界的活动性显著下降。在这种情况下，晶粒长大很缓慢，而且长到一定尺寸后，基本上就稳定下来了（参看图 7-37），很难再进一步发展。

3）对许多金属薄板件来说，晶界处于薄板表面的相对数量是相当大的。而与自由表面相交的晶界，由于表面张力与晶界张力相互作用，会向内凹陷而出现沟槽，如图 7-40 所示，晶界要迁出沟槽，势必会增加界面面积，这就需要多做功，从而增加晶界移动的阻力。另一方面，当板材的厚度很小时，其内部的晶粒也很容易长大到自由表面。实验表明，当晶粒直径长大到相当于板材的厚度时，其长大速度会显著减慢，而当晶粒直径达到板厚的 3~4 倍时，晶粒几乎就不再长大了。这是由于晶粒直径大于板厚时，晶界形状和晶界曲率都会发生显著变化。例如，晶粒若由球状变为柱状（图 7-40），则其曲率将减小一半，因而晶界移动的驱动力也将减小一半，参看公式（7-28）及（7-28′）。正是由于以上两个原因，在薄板材中或一些很细的线材中，当晶粒长大到一定程度后，再继续进行长大时，其阻力都是较大的。

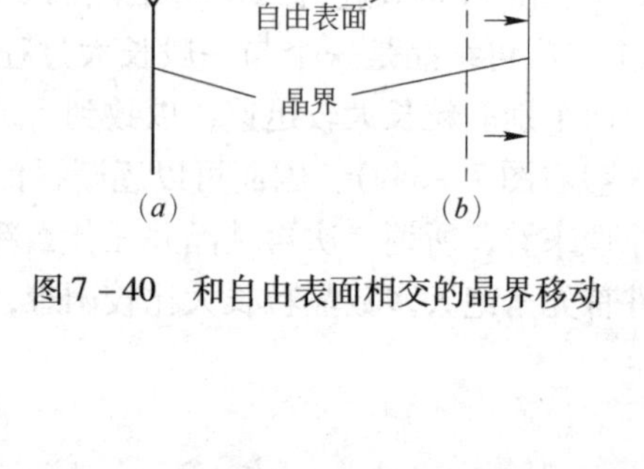

图 7-40　和自由表面相交的晶界移动

以上三种情况，无论哪一种，或任意两种的组合，或三种兼而有之，都可以获得相当稳定的组织，这就给二次再结晶创造了第一个有利的条件。但部分晶粒又如何优先长大呢？这不难理解，当这种组织再加热到较高温度时，由于原组织中的不均匀性，或其它偶然机会，总会有某些个别晶粒能够稍稍优先长大起来，例如一次再结晶组织中的一些尺寸较大的晶粒，或织构组织中的某些处于非择尤取向的晶粒，或夹杂物发生局部溶解的部位。而一旦这少数晶粒长大时，它们与其周围晶粒在尺寸上、取向上和曲率上的差别就会随着时间逐渐增大。所以开始时，这少数晶粒尽管差别不太大，长大也很慢，但随着时间的延长，其长大速度会越来越大，直到达到一定尺寸后，就可以出现如图 7－38 和图 7－39 所示的情况，即每个大晶粒与许多小晶粒为邻，因而可以越来越迅速地吞食周围的大量小晶粒，直到它们相互完全靠拢在一起，二次再结晶过程就算完成了，最后得到非常粗大的组织。如果再继续保温或升温，这些粗大的晶粒仍会按正常长大规律继续长大，甚至有时还会发生像二次再结晶那样的三次再结晶。

综上可知，二次再结晶实质上并不是一个重新生核再成长的过程，新晶粒只是由原组织中的一些特殊晶粒长大起来的。在早期这个过程进行很缓慢，可看作是二次再结晶的孕育期。一般来说，只有加热超过一定温度后，才会发生二次再结晶。二次再结晶的驱动力和晶粒正常长大的驱动力是一样的，基本过程也是相似的。两者的区别只在于均匀还是不均匀长大的问题，或者说，二次再结晶是在特殊条件下的晶粒长大过程。

对一些特殊要求粗大晶粒的材料，例如硅钢片，可利用二次再结晶获得粗大晶粒。但应特别指出的是，二次再结晶后的晶粒随温度的升高而减小这样一个不符合常规的特点。图 7－41 表示含有小量 MnS 夹杂的 Fe－3% Si 合金，冷轧成薄板后，再在不同温度退火一

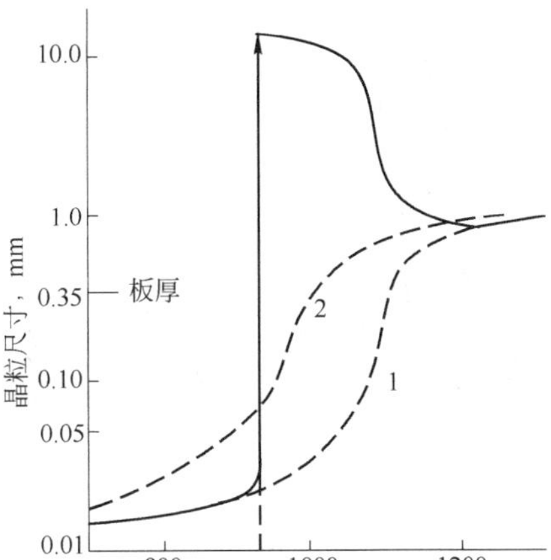

图 7－41　Fe－3% Si 合金，形变 50%（冷轧），再在不同温度退火一小时后晶粒尺寸的变化

小时后晶粒大小与温度的关系。由实曲线可以看出：在 920℃左右，晶粒突然增大约 50 倍，这是二次再结晶的结果；但当退火温度较高时，晶粒尺寸反而减小，至约 1150℃时减小到一个极限值。显然，这是由于随着温度的升高，作为二次再结晶“核心”的晶粒数目增加了。图中曲线 1 表示没有被吞食掉的一次再结晶晶粒尺寸随温度的变化，它符合一般均匀长大规律。曲线 2 表示不含 MnS 的高纯度合金在同样形变量和退火条件下晶粒

尺寸随温度的变化，无明显的二次再结晶过程，这说明了夹杂对二次再结晶的作用。值得注意的是，三条曲线在1150℃以后，基本合在一起，晶粒达到比板厚略大的一个极限值，这是由于自由表面起作用的结果。

第五节　再结晶退火后的组织

前几节分别讨论了回复、再结晶以及再结晶后的晶粒长大等过程。生产上的所谓再结晶退火，实际上往往是这几个过程的综合应用，即在退火过程中，回复、再结晶和晶粒长大往往是交错重叠进行的，因而退火后的组织也应理解为这些过程的综合结果。

一、再结晶退火后的晶粒大小

对给定的材料来说，退火后的晶粒大小主要取决于形变程度和退火温度。这三个变量——晶粒大小、形变量及温度的关系可用一个立体图形来表示，称“再结晶图”，它可用作制定生产工艺规范的参考。图7－42为纯铁的再结晶图，可以看出：当温度一定时，形变量越大，晶粒越小；而当形变量一定时，温度越高，则晶粒越大。这样，在低形变量和高温一隅，组成了一个晶粒非常粗大的区域。显然，对一般结构材料来说，除非特殊要求，必须避开这个区域。

在这里，退火时间应是一定的（例如一小时），这就意味着对给定形变量来说，如果在低温刚能完成再结晶的话，那么在较高温度，就同时包括着晶粒长大阶段；反之，如果在较高温度刚能完成再结晶的话，那么在较低温度就可能是回复和再结晶的重叠阶段，而不能完全发生再结晶。由于这个原因，对一些流行的再结晶图，必须有条件地去对待。

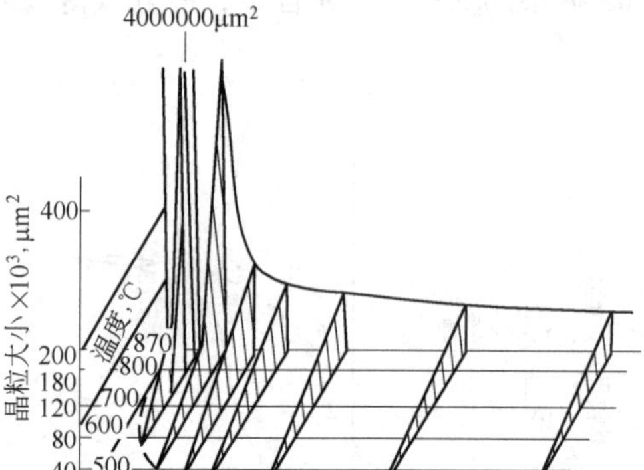

图7－42　纯铁退火一小时的再结晶图

二、退火织构

在第五章曾讨论过，形变可产生各种织构。具有形变织构的材料经再结晶退火后，在大多数情况下，仍然会具有织构，这种织构称为再结晶织构，也称退火织构。退火织构既可以和形变织构一致，也可以不一致，即可以具有新的织构轴。新织构轴大多与形变织构有一定关系，但有时则是任意的，找不出确定的关系。

如前所述，织构会使金属材料的宏观性能表现出强烈的方向性，因而探讨有关织构方面的一些规律，便具有重要的现实意义。在这方面，退火织构更显得特别重要，因为金属材料在退火状态下使用的较多。

退火后，组织已经历了彻底地重新改组，为什么还会出现织构？这是一个相当复杂的问题，尚未完全搞清楚，有待进一步研究。

根据只有在有形变织构存在的先决条件下，才会出现退火织构这一事实，人们进行了大量研究工作，并提出了不少解释，其中以择优生核论和择优成长论较流行；分别讨论如下：

1. 择优形核论

这种理论认为，再结晶织构是由于形成的再结晶核心大多具有择优取向，因而最后才成长为具有择优取向的再结晶组织。可这样来理解，根据前已讨论过的再结晶过程中的亚晶形核机理来看，如果形变基体中具有较强的择尤取向时，那么不同区域中各晶粒内的亚晶也都应该具有大致相近的取向，这样后来变成了再结晶核心的那些亚晶不论是属于相邻的不同晶粒内部的亚晶，或分属于相距很远的不同晶粒内的亚晶，都可能具有相近的取向，当这些作为核心的亚晶长大到相互靠拢在一起时，自然就形成了具有织构的组织，而且这种织构也应该是和原形变织构接近一致的。但用这种理论来解释和形变织构不同的再结晶织构时，就比较困难了。

2. 择优成长论

这种理论认为退火织构是由于择优成长而形成的。如前所述，晶界移动受相邻晶粒取向差的影响是相当大的，而且当有杂质存在时，取向差的作用就更显著了。试验表明，在这种情况下，一些处于特殊取向的晶界其移动速度很大（参看图 7 - 35），因此与其相关的晶粒将以较高的速度优先成长。当基体组织存在织构时，大多数晶粒的取向是相近的，晶粒不易长大，加之杂质的作用，长大就更困难了。但是无论如何强的织构，总会有部分不符合织构取向的晶粒存在着，在这一部分晶粒中，那些与织构轴成特殊角度的晶粒处于最有利于长大的地位，它们既属大角晶界，又受杂质的影响较小，因此将优先成长，并逐步吞食掉其周围的晶粒而相互靠拢在一起。由于基体有织构，而这些晶粒又大都与织构成特定的角度，所以最后便得到粗大的具有新织构的组织。不少实验结果证明了这个理论。例如面心立方金属的退火织构轴往往是和原形变织构相对于一公共轴〈111〉转动 30°～40°后的取向相一致的；而体心立方金属的退火织构大多相当于原形变织构相对于〈110〉轴转动 30°后的取向。当然，择尤成长论也并不能单独解释所有其它问题。

除此而外，还可以举出表面能在形成退火织构时所起的作用，特别是对一些薄板材来说，表面能可能会起着决定性的作用。在第二章曾指出过，晶体的表面能具有显著的各向异性，它随暴露在表面的晶面上的原子密度的不同而变化。一般来说，暴露在表面的晶面原子密度越大，其表面能便越低。从这个角度着眼不难理解，那些处于试件表面的晶粒随与表面的相对取向不同，其稳定性也不一样。显然，那些取向相当于表面能最低的晶粒，即密集面暴露于表面的晶粒，应该具有优先发展的有利条件，它们将会逐步成长而取得占表面面积的优势地位。在很薄的板材中，自由表面与体积之比是相当大的，表面处于优势地位的那些晶粒应该在整个体积中也占据着相当大的分量。如果由薄板两对面相向而成长的晶粒长大到直径大于板厚的一半以上时，所有晶粒都将几乎穿到板面上来，这时表面能就完全起了决定作用，绝大部分晶粒的密集晶面将平行于板面，这样就会形成很强的织构。硅钢片的强｛110｝〈100〉二次再结晶织构的形成，很可能就是这样形成的，因为硅钢片属于体心立方结构，密集晶面为 {110}，它平行于板面时，表面能最低。

三、退火孪晶

许多不易于产生形变孪晶的、具有面心立方结构的金属或合金，例如铜、α 黄铜、奥氏体钢等，经常在退火组织中发现孪晶。这种在退火过程中形成的孪晶称退火孪晶，或称再结晶孪晶。图7－43（*a*）是α黄铜中退火孪晶照片，图7－43（*b*）为退火孪晶形成过程示意图。

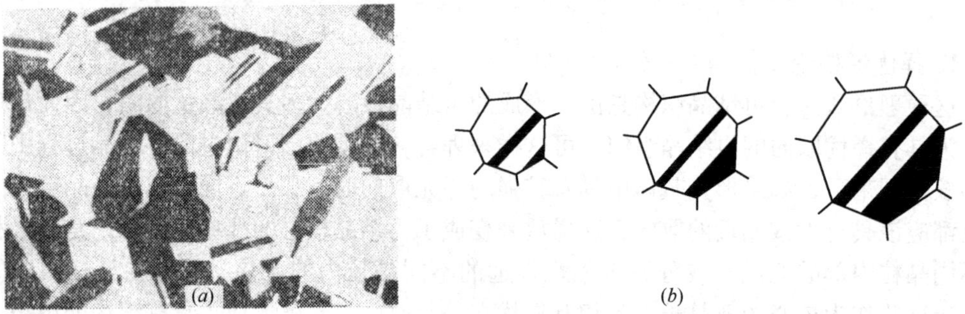

图7－43　α 黄铜中的退火孪晶（*a*）及退火孪晶形成过程示意图（*b*）

面心立方结构的孪晶面为 {111}，即图中长带间的界面。在再结晶过程中，当一个新晶粒的界面恰为 {111} 面时，则这个晶粒的正常成长是其界面按 *ABC ABC*…序列向前推移（参看第二章）。如果在界面推移过程中发生层错现象，例如，假设第七层不是 *A* 而是 *B*，而变为 *ABC ABCB* 这样的序列，这样即出现孪晶界面（相当于 *C*），以下将按照 *ABC ABCB ACB*…序列向前推移，直到恢复正常序列 *ABC ABCB ACB ACB ABC*，便形成一个带，如此反复，可在一个晶粒内形成横跨晶粒的许多带，相邻两个带合称孪晶。

第六节　热　加　工

金属或合金在其再结晶温度以上进行形变，称热加工。由于温度高，材料的屈服抗力小，范性大，有利于加工成型，所以热加工是广泛采用的加工方法之一，常采用的手段如：辊轧、压锻、锤锻、挤压等。

从金属学的角度着眼，热加工的任务不单是加工成型，至少同等重要的还在于改善组织，特别是原铸态组织，以提高材料的性能。

不言而喻，既然热加工是在再结晶温度以上进行，那么它就应该是一个综合形变、回复、再结晶甚至晶粒长大于一体的复合过程，加工完成后，应该不发生形变硬化现象。或者说，在热加工过程中，硬化或强化过程恰被与其相反的软化过程所抵消了。可见形变的所谓“冷”与“热”的概念是包括着硬化与软化在内的，不能孤立地以温度高低来划分，更何况金属的再结晶温度本身就是一个随条件而变化的量。不同金属间的再结晶温度其差别很大，例如，钨的最低再结晶温度约为1200℃；而铅、锡的再结晶温度甚至在室温以下。所以对钨来说，在1000℃进行形变叫冷加工（或温加工）；而铅、锡在室温加工，已经是属于热加工了。相似的道理，即使在再结晶温度以上进行加工，但如果硬化过程大于软化过程，那么也不能叫热加工，至少不能叫完全的热加工。

这里所谓软化过程，当然也是指回复和再结晶而言，但热加工过程中的回复和再结晶却各有两类。一类是与形变几乎同时发生的过程，分别称动态回复和动态再结晶；另一类是在形变中断或终止后的保温过程中、或在随后的冷却过程中所进行的，分别称静态回复和静态再结晶，后者与前几节所讨论的回复和再结晶同属一类。

一、热加工的应力—应变曲线

动态回复和动态再结晶可从热加工的宏观应力－应变曲线上反映出来。图 7－44 及图 7－45 分别举出低碳钢和纯镍在热加工时的真应力－应变曲线，用以作为一般规律的例证。由图不难看出，它与冷加工时的真应力—应变曲线有显著不同（参看图 4－1）。应力先随应变而增大，直至达到一个峰值后，又随形变而下降，最后减小到一个近于稳定的值，曲线也几乎变为水平线了。这说明，在形变开始阶段，形变硬化大于动态回复或动态再结晶软化，并且二者的差随形变的进行而加大；但当形变达到相当于曲线的峰值时，两个过程正好相等；而当超过峰值后，动态回复或动态再结晶软化过程反而超过了形变硬化过程；直到硬化效果完全消除后，就可在几乎恒定应力下，继续进行形变，这个阶段称为形变的稳衡态。达到稳衡态的应力和应变受形变温度和形变速度的影响很大。

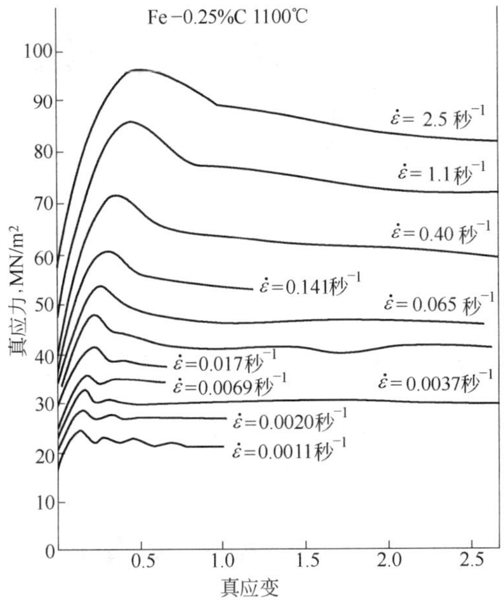

图 7－44　碳钢（0.25% C）在 1100℃形变时的真应力—应变曲线

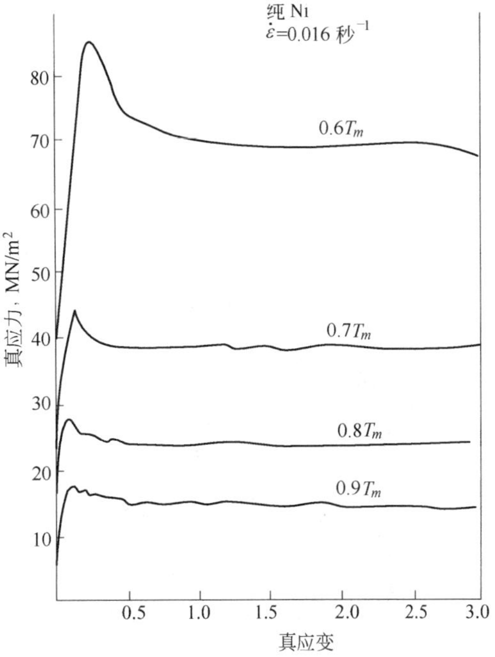

图 7－45　纯镍在不同温度形变（热扭）时的真应力－应变曲线

T_m—镍的熔点

当形变温度一定时，形变速度 $\dot{\varepsilon}$ 越大，达到稳衡态的应力和应变也越大（如图 7－44）；当形变速度 $\dot{\varepsilon}$ 一定时，形变温度越高，则达到稳衡态的应力和应变越小（图 7－45）。

二、动态回复

在高温形变后，迅速冷至室温，可观察出有无动态回复发生。图 7－46 为高纯度铝在 375℃进行热扭（应变速度 $\dot{\varepsilon}$=0.8 秒$^{-1}$，应变量为 1.4）并迅速冷至室温后，所观察到的组织，可以清晰看出，在伸长的晶粒内部存在着多边形化的亚晶。图 7－47 是工业纯铝分别在 250℃和 350℃进行热挤压（加工比为 40∶1，加工时冲头速度为 38mm/min），而后快冷至室温所观察到的电镜组织，可以清楚地看出多边形化亚晶，而且形变温度高（*b*）时，亚晶尺寸较大。亚晶是回复过程中的重要标志之一，它的出现说明已发生了动态回复。

动态回复在热加工过程中占着很重要的地位，已发现有不少金属和合金，如铝及铝合金、工业纯铁、铁素体钢、锌等在热加工时，无论形变多大，只发生动态回复，而不发生动态再结晶；其它如铜及铜合金、镍及镍基合金、奥氏体钢、高纯度铁等也只是当形变量很大时，才会发生动态再结晶，通常仅发生动态回复。

动态回复达到出现亚晶时的最低形变量 ε_m 与形变速度及形变温度有密切关系。ε 越大，ε_m 也越大；而温度越高，则 ε_m 越小。

动态回复产生的亚晶其形状和尺寸也受着温度、形变速度及形变量的影响。在较低温

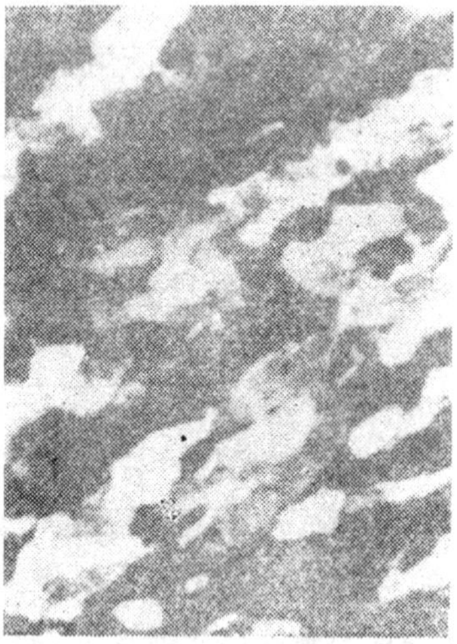

图 7－46　纯铝动态回复的组织照片（偏光）（×375）

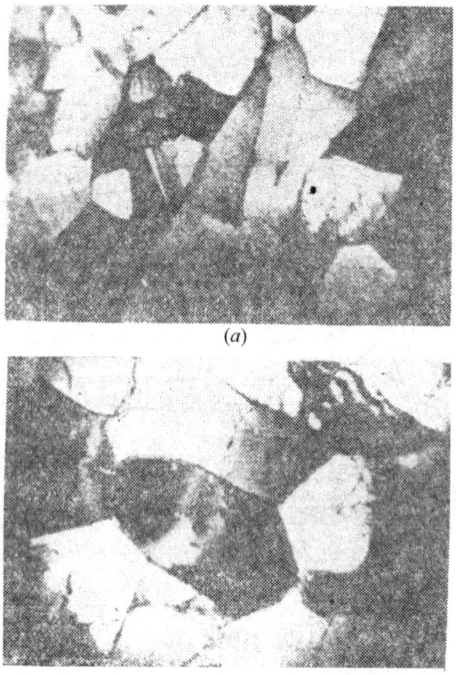

(a)　(b)

图 7－47　工业纯铝热加工时（形变量 40:1）动态回复的电镜组织照片
形变温度：(a) 250℃；(b) 350℃

度下（$0.3\sim0.6T_m$）形变时，即使形变量很小，亚晶也是伸长的；而在较高温度（$0.6\sim0.7T_m$）形变时，即使形变量很大，亚晶也是近于等轴状的。在一定的形变速度下，亚晶的尺寸虽然随着应力和应变而变化，但当热加工达到稳衡状态时，亚晶的平均尺寸也基本上达到一个稳定的平衡值。这个值随形变温度的增高和应变速度的下降而增加。图 7－48 是铝及铝合金的亚晶尺寸和稳衡态应力的关系，若普遍化，则这个关系可以用公式

$$\sigma = \sigma_0 + Kd^{-m} \tag{7-37}$$

来表达。式中 d 为亚晶平均直径，σ_0、K 及 m 均为常数。对大多数金属来说，$m\simeq1\sim2$。显然，σ 越大，d 越小，所以调整形变温度和形变速度而改变 σ，并使热加工工件快速冷却，可以控制亚晶的大小，以此来提高材料的强度。

三、动态再结晶

如上所述，动态再结晶只在一部分金属和合金中、而且只是当热加工形变量很大时，才会发生。所以在一般热加工条件下，动态再结晶并不大重要，甚至几乎是不可能发生的。但对某些金属材料，若进行形变程度较大的热加工（如热挤压等）则有一定的实际

意义，不容忽视。

动态再结晶之所以不容易发生，很可能是由于动态再结晶所要求的临界形变量很大的缘故。在静态再结晶中，临界形变量意味着再结晶需要一定的最低形变储存能，即需要一定的最小驱动力。而动态再结晶所要求的驱动力比之静态再结晶应该更大，但在热加工过程中由于动态回复随时在进行，能量也在随时释放，储存能的积累不容易达到再结晶所要求的水平，因而动态再结晶不容易启动：所以只有达到很大的形变量时，才可能进行动态再结晶。

与静态再结晶相似，动态再结晶最易在晶界及亚晶界开始。动态再结晶后的晶粒大小与形变达到稳衡态时的应力大小有关，这个应力越大，晶粒便越细；反之则晶粒越粗。

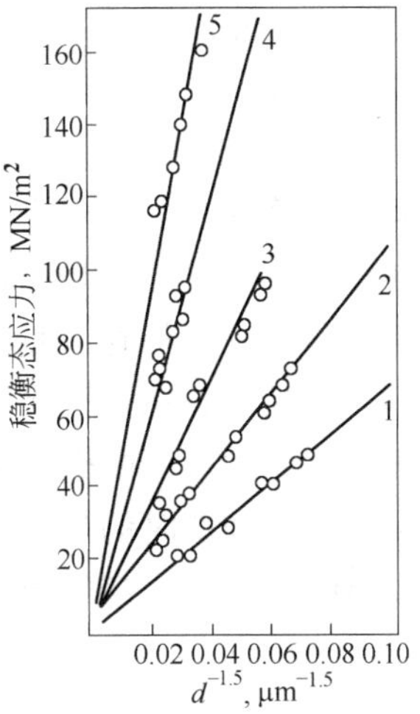

图 7－48　铝及铝合金的亚晶平均直径与稳衡态形变应力的关系

1—纯 Al；2—Al－1/3% Mg；3－Al－1% Mg；4—Al－2% Mg；5—Al－5% Mg

四、热加工后的组织及性能

热加工后的组织和性能既取决于动态回复和动态再结晶，也取决于静态回复和静态再结晶。而无论是动态的或静态的回复和再结晶，又都取决于形变温度、形变速度和形变量，对静态的回复和再结晶来说，同时还取决于加工间断时的停留时间和加工结束后的冷却速度。所以问题是相当复杂的。

一般来说，热加工时的回复过程，无论是动态的或静态的，只要尚未发生再结晶，总是可以根据不同条件而不同程度地进行着。但是，再结晶过程却随条件的变化而差异很大。例如，对某些合金来说，当形变量较小时，可以根本不发生任何再结晶；当形变量较大时，若不发生动态再结晶，那么在加工后停留或冷却时，可以马上进行静态再结晶；而当形变量很大时，也可能完全进行动态再结晶。发生再结晶后，无论是动态的或是静态的，若完工温度过高，或冷却过慢，都还可能引起晶粒的长大。

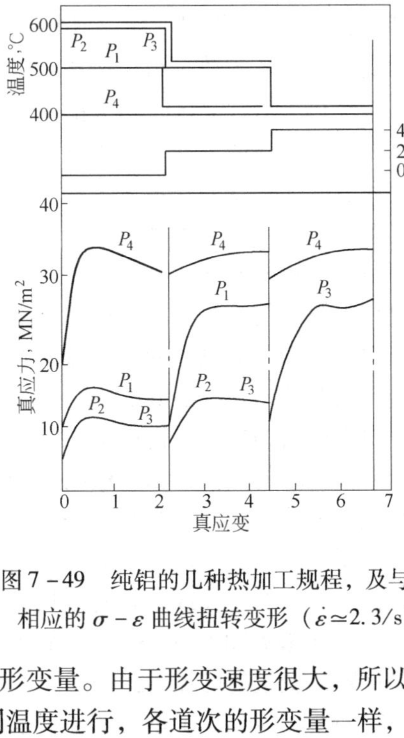

图 7－49　纯铝的几种热加工规程，及与之相应的 $\sigma-\varepsilon$ 曲线扭转变形（$\dot{\varepsilon}\simeq2.3/s$）

实际生产条件下的热加工工艺是多种多样的，形变温度往往随着形变的进行而下降，形变过程也经常是间断式的、或周期性地反复进行，所以动态的和静态的回复和再结晶就可能交替或重叠发生。下边以一个模拟试验结果为例来说明与此相关的一些问题。

图 7－49 表示纯铝热形变（热扭）的几种工艺规程（上部）和相应的 $\sigma-\varepsilon$ 曲线（下部），形变速度 $\dot{\varepsilon}\simeq2.3/s$，形变量已超过稳衡态的形变量。由于形变速度很大，所以每一道次加工可视为在恒温进行。热扭分几道次在不同温度进行，各道次的形变量一样，间歇

时间也相同（2 分钟）。P_1 表示分别在 500℃和 400℃各扭转一次；P_2 表示分别在 600℃和 500℃各扭转一次；P_3 表示分别在 600℃，500℃和 400℃各扭转一次；P_4 表示三次扭转皆在 400℃进行。实验表明，纯铝不易发生动态再结晶，这样对 P_4 来说，既然各道次温度恒定，形变量一定，间歇时间也相同，那么在间歇时间内，如果发生完全静态再结晶，则每道次的 $\sigma-\varepsilon$ 曲线也应基本相同；如果不发生静态再结晶，则每道次的 $\sigma-\varepsilon$ 曲线必然会发生变化，但达到稳衡态的应力应基本不变，亚晶尺寸也基本一样。显然，P_4 正属于后一种情况，在这里除了动态回复外，各道次之间还有少量静态回复，这体现在间歇后再扭转时开始形变的应力略有下降。规程 P_1 的第一道次加工温度比 P_4 高 100℃，无论动态回复、或间歇时的静态回复其程度都较大，所以第二道次的加工温度虽然和规程 P_4 相同，但 $\sigma-\varepsilon$ 曲线却处于 P_4 之下。规程 P_2 和 P_3 第二道次的 $\sigma-\varepsilon$ 曲线形状基本和 P_1 的第一道次相同，这说明间歇时发生了完全的静态再结晶。规程 P_3 的第二、三道次分别和规程 P_1 的第一、二道次之间的 $\sigma-\varepsilon$ 曲线基本相同，说明前者和后者相似，间歇时只发生了静态回复；这同时也说明了规程 P_3 的第一道次，由于发生了静态再结晶，对其后续第二、三道次几乎毫无影响。

综上所述，对不能发生动态再结晶的合金，或虽然能够进行动态再结晶但形变量没有达到发生动态再结晶程度的合金来说，基本情况都是这样的，在热加工分几道次进行的条件下，如果当各加工道次之间发生完全的静态再结晶时，则合金的组织和性能基本上完全取决于最后一道工序，而与先行工序关系很小。当各加工道次间不发生静态再结晶，而只进行静态回复时，则每道次的 $\sigma-\varepsilon$ 曲线都各不相同，而后续各道次的 $\sigma-\varepsilon$ 曲线往往比原材料在相同温度下的 $\sigma-\varepsilon$ 曲线低，这意味着所需加工能量比较小。无论哪一种情况，若从加工温度急冷下来，则其室温的组织和性能基本上取决于最终形变时的应力，而与加工历史关系很小。若加工结束后，缓慢冷却，则组织和性能将随条件的不同而有较大的变化

除此而外，若与铸态组织相比较，热加工后组织发生了如下所述的显著变化：

铸锭经热工后柱晶区及粗大的等轴晶区由于再结晶而消失了，代之以较细的等轴晶。许多内壁未被氧化的气孔、分散缩孔以及小裂纹由于机械焊接作用而消失了。显微偏析由于压缩和扩散大多得到一定程度的减弱。正是由于这些变化，材料的致密度和力学性能，特别是韧性和范性显著提高了。

但是区域偏析变化不大，只能发生宏观地流变。残存的枝晶偏析、各种可形变的夹杂物或复相组织中的第二相，也都将顺着工件的宏观流变方向而显著伸长，尽管在热加工过程中或随后冷却时会发生动态的或静态的回复和再结晶，也难改变其分布状态了。这样的工件若制成低倍试样，经酸浸后，在宏观组织上可以看到所谓“流线”，见图 7－50，它主要是由于粗大的枝晶偏析沿加工方向伸长后显现出来的，亮的部分大多相当于较纯的原枝干部分，而暗的部分则相当枝间部分（也可以相反，见第十章）。若制成显微试样，在显微组织中可看到所谓“带状组织”。带状组织主要是由于第二相或夹杂物的成层分布而造成的。图 7－51 是低碳钢的带状组织照片。

无论是宏观的流线或微观的带状组织都会使材料的性能出现方向性，即纵、横方向的性能不一样（参见图 10－38）。一般来说，顺着热轧方向（即纵向）的性能，特别是范性和韧性随形变量的增加而提高了，但垂直于轧制方向反而显著降低了，这就会使纵向和横向性能的差别随热加工量的增加越来越大。值得注意的是，当形变量较小时，无论纵向

或横向的性能都有所提高。提高是由于一些铸造缺陷的消除或减弱，下降则是由于流线和带状组织的形成。

因此在检验热加工坯材时，不但要沿纵向，而且要沿横向（或径向和切向）同时取样进行检验才能得出正确评价。

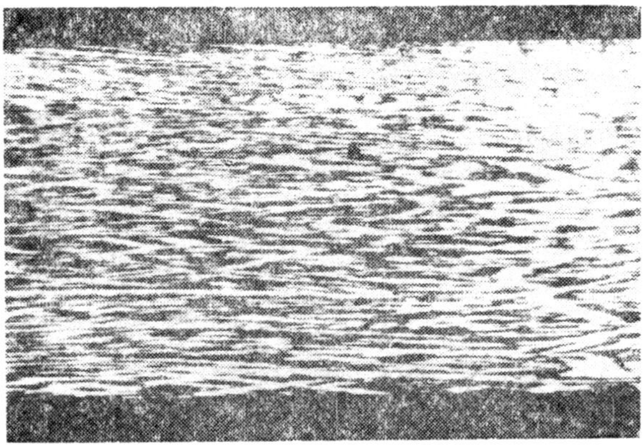

图 7－50　低碳钢的热加工流线（×2）

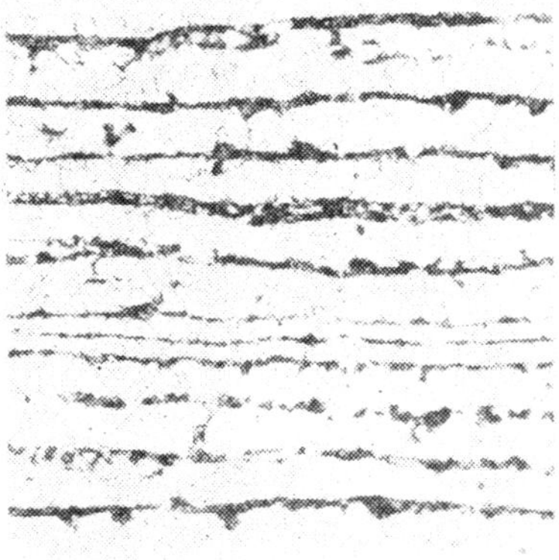

图 7－51　低碳钢的带状组织（×250）

对待流线或带状组织应从两方面来着眼：一方面是尽量设法预防或削弱，这就要求从其形成的根源上去着手，例如尽量减少或消除原组织中的偏析，细化原组织，避免单方向加工成型等；另一方面是加以利用，这就要求从构件使用的具体受力条件来考虑。特别是对一些单向受力较大的构件，若使流线与受力方向相适应起来，反会取得意外的好处。图 7－52 是都有流线的一对吊钩，但其分布不同，（*a*）是锻制的，（*b*）是由板材剪裁的，实践证明，后者很容易发生断钩事故，而前者甚至比之无流线的吊钩还优越。所以在零件设计上，考虑流线分布的正确与否是相当重要的。图 7－53 是又一例，表示流线正确分布的钻头，它很少发生断裂或崩刃现象，使用寿命可显著提高。

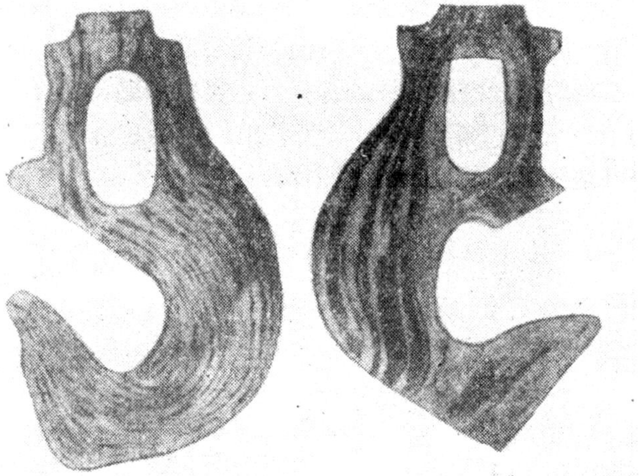

(*a*)　　(*b*)

图 7－52　流线正确（*a*）与不正确（*b*）分布的吊钩

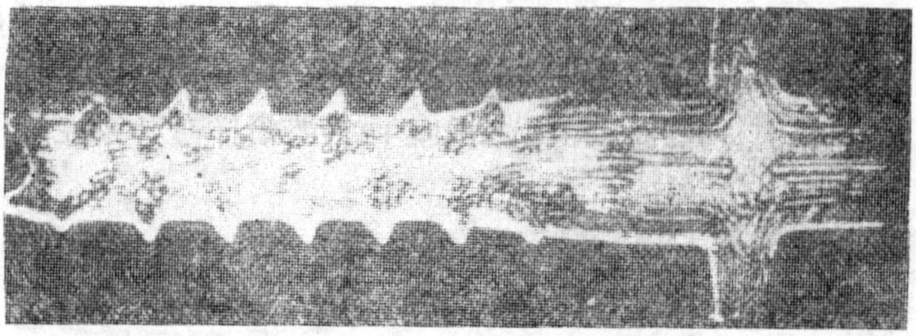

图 7-53　流线正确分布的钻头

第八章　金属及合金中的固态转变

第一章曾指出过，金属材料可贵的特点之一是其在性能方面的多变性，即同一种材料经过不同的处理后，可具有不同的性能，它使一种材料能够适应多种用途。而这种特性的根源，除了由于金属和合金能够进行形变和再结晶外，主要则在于许多金属和合金的结构及组织在固态下还可以进行多种形式的转变。热处理正是根据固态转变而发展起来的。掌握了固态转变的客观规律，通过热处理工艺可以按要求灵活自如地改变金属及合金的结构及组织，因而可以控制金属及合金的性质。但也有不少金属材料或其制件，在加工或使用过程中，由于内部发生了结构和组织转变而引起了性能的恶化，轻则降低质量、缩短使用寿命，重则造成废品，甚至发生重大事故。基于上述理由，对于从事金属材料方面的生产、使用和研究工作者来说，除了熟悉结晶、形变、回复和再结晶等方面的基本规律外，还必须掌握有关固态转变方面的一些基本规律，这就是本章的主要任务和基本目的。本章在内容安排上，着重基本规律的阐述，并通过脱溶转变加以重点引证。其它转变留待后续篇章论述。

第一节　固态转变的基本类型

对照各种具有固态转变的合金相图，从形式上来看，固态转变的类型是相当多的。假如在所有已讨论过的各种液态转变中，将相应的液相换成不同的固相而作为相应固态转变类型的话，那么二者差不多能够完全一一对应起来。

例如与纯金属和固溶体的结晶（$L \to \alpha$）相对应的有纯金属和固溶体的多形性转变（$\beta \to \alpha$），或称同素异形转变，如图 8－1 所示，在这里，组元 A 具有两种多形体（或同素异形体）A_α 和 A_β，它们分别与组元 B 组成两种固溶体 α 和 β，这两种固溶体都各有其稳定存在的温度范围，超越这个范围时，就要发生相互转变，这种转变称为多形性转变。纯金属的多形性转变可在恒定温度进行，固溶体的多形性转变是在一个温度范围内进行。与化合物或二次固溶体结晶（$L \to \beta$）相对应的有固溶体转变为化合物或二次固溶体（$\gamma \to \beta$）的形式，如图 8－2 所示。液态中有溶解度间隙（$L \to L_1 + L_2$），固态中则有固溶度间隙（$\alpha \to \alpha_1 + \alpha_2$）与之相对应，如图 8－3 所示，通过固溶度间隙时，固溶体就会一分为二，而变为两种结构相同、成分互异的固溶体。液态中有偏晶转变（$L \to L_1 + \alpha$），固态中则有单析转变（$\alpha \to \alpha_1 + \beta$）与之相对应，如图 8－4 所示。液态中有共晶转变（$L \to \alpha + \beta$）和包晶转变（$L + \alpha \to \beta$），与此相对应，固态中则有共析转变（$\gamma \to \alpha + \beta$）和包析转变（$\alpha + \beta \to \gamma$），分别如图 8－5 及图 8－6 所示。除此而外，溶液常会因溶解度的变化而发生沉淀现象，与此相对应，固溶体也会因固溶度的变化而发生脱溶现象。所谓脱溶是指过饱和固溶体析出第二相，而其本身仍然保留，但其浓度由过饱和达到饱和的一种转变过程。凡是固溶度随温度的降低而减小的合金，都有可能发生脱溶。

固态转变除了与液态转变相对应的外，还有不少与液态转变不相对应的转变。例如无序固溶体经有序化可以转变为有序固溶体（或相反，有序固溶体转变为无序固溶体），这种转变称为有序无序转变，一些铁磁性合金的磁性转变；固溶体的调幅分解（由均匀固溶体转变为不均匀固溶体），以及固态所特有的一些切变式的转变（马氏体转变）等等，都尚难在液态中找到相对应的转变。

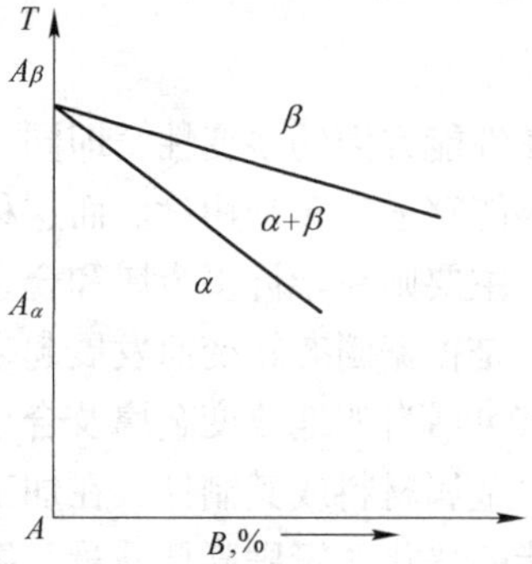

图 8－1　纯金属和固溶体具有多形性转变的相图

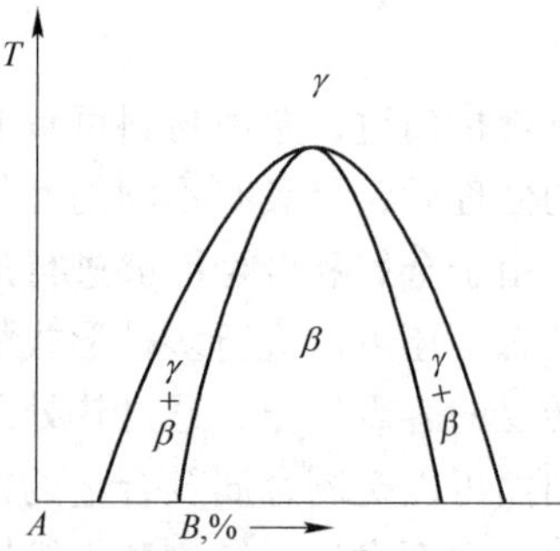

图 8－2　固溶体转变为化合物的相图

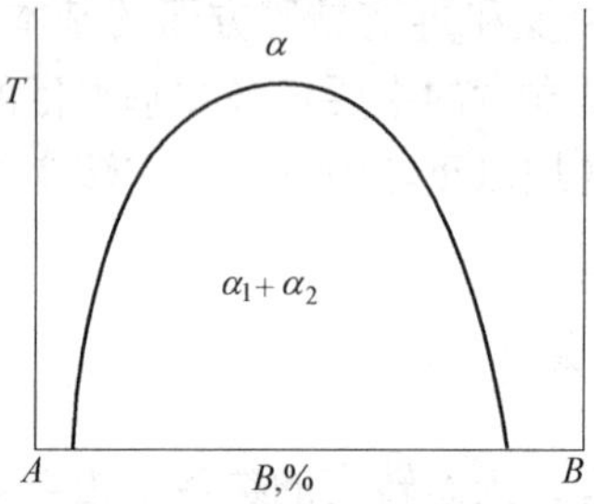

图 8－3　固溶度间隙相图

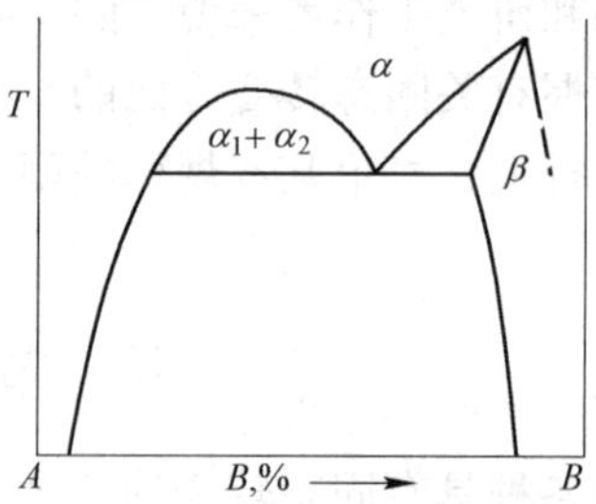

图 8－4　单析相图

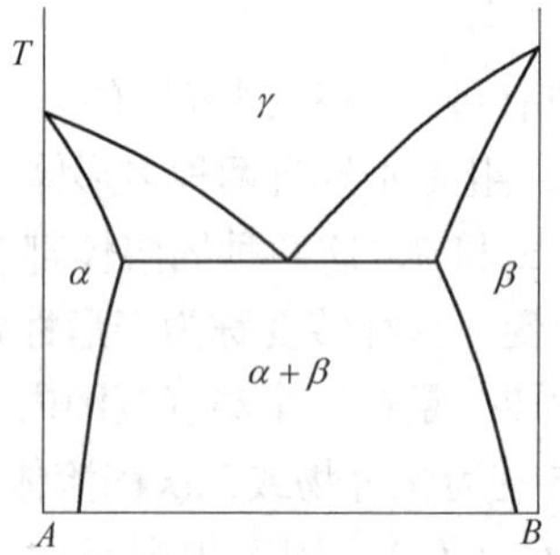

图 8－5　共析转变相图

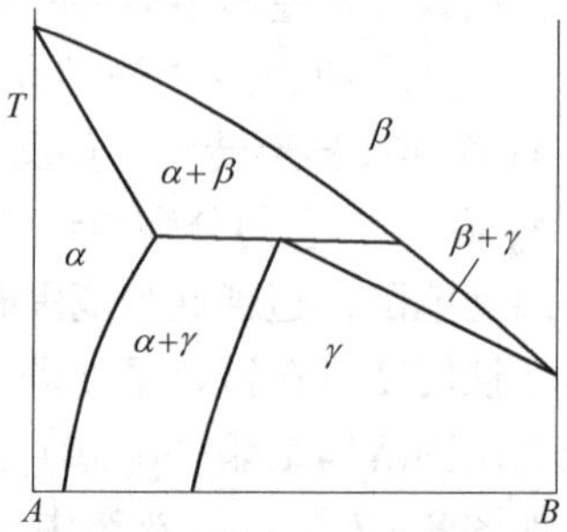

图 8－6　包析转变相图

固态中有这么许多形式不同的转变，再加上每种转变在加热时的逆转变，要一一进行分析讨论是相当繁琐的。因此，须进一步简化。

对比转变前后成分、结构及组织等方面的差异，各种固态转变主要表现在五个方面：组织上的变化、结构类型上的变化、化学成分或浓度的变化、有序度方面的变化以及体积（比容）和形状的变化。随转变类型的不同，每种转变可以包括五种变化之一、之二、之三、之四或全部。例如再结晶只引起组织变化；纯金属的多形性转变可以使组织结构都发生变化，并会引起体积或形状的变化；固溶体在固溶度间隙内的分解可引起组织和成分的变化，而无结构类型的变化；有序转变有的（如 ZnCu）只发生原子排列有序度的变化，而无其它变化，有的则兼有结构、组织甚至成分的变化；磁性转变除引起原子内部 d 层电子的自旋有序化（或有时出现磁致伸缩）外，再无其它变化；产生化合物的脱溶转变，可以同时引起上述五种变化。

通常将那些能够引起化学成分和结构类型变化的转变称为相变，或称一级转变，而将其余转变列为非相变，或称二级转变。本章仅讨论第一类转变。不同类型的相变，尽管有这样或那样的差别，但其基本的元过程都是相似的，都是通过生核和成长两个元过程而进行的。因此，在第四章所讨论过的关于结晶过程的生核和成长理论也基本上适用于固态相变。根据固态相变过程中的生核和成长特点，可将固态相变分为三大类：

第一类是扩散型的相变。在这类相变过程中，新相的生核和成长主要依靠原子长距离的扩散而进行，或者说，相变是依靠相界面的扩散移动而进行的。因而扩散便成了这类相变中起控制作用的因素之一，绝大多数相变属于这一类。相界面是非共格的。

第二类是非扩散型的相变，或切变型的相变。在这类相变过程中，新相的成长不是通过扩散，而是通过类似范性形变过程中的滑移和孪生那样产生切变和转动而进行的。通过这种方式，旧相中的原子有组织地、协调一致地循序转移到新相中。相界面是共格的，转变前后各原子间的相邻关系不发生变化，化学成分自然也不会发生变化。钢中的马氏体是最早发现的这类转变的产物，所以这类转变便通称为马氏体转变。

第三类转变是介于上述两类相变之间的一种过渡型转变，已发现的属于这类相变的有两种。一种称为块形转变，它接近于扩散型相变，相界面是不共格的，相界面的移动也是通过原子逐个扩散而进行的，但在这里扩散只局限于原子横跨界面而进行的短距离扩散，而没有长距离的扩散，已在 Fe－Ni 合金及一些铜、铝合金中发现这类转变。另一种称为贝氏体型转变，接近于马氏体转变，在这类转变过程中，若产生两个新相，则其中之一依靠扩散成长，另一相依靠切变成长。若只产生一个新相，则其中只有一个组元进行扩散，另一个组元不发生扩散。无论哪一种情况，扩散与非扩散二者都是相互影响或相互制约的，这类转变是以钢中的贝氏体转变而命名的，在第十二章再进一步讨论。

第二节　固态相变的一般特点

固态相变与液态相变相对比，除遵循着共同的一般相变规律外，还具有自身的特殊性。

固态相变的特点主要起源于那个“固”字的含义上。固态介质的特点是，具有确定的形状，较高的切变强度，内部原子按点阵规律排列，具有明显的各向异性，并且总是不同程度地存在着各种分布很不均匀的结构缺陷。固态相变就是在这样一个与液态迥然不同的固态介质里进行的，正是由于固态介质的这些特点，规定了固态相变有别于液态相变的一系列新特点，其具体表现有以下几方面，分别讨论如下：

一、相变的阻力方面的特点

固态相变的驱动力是新旧两固相间的自由能差，这个差值越大，越有利于相变的进行。固态相变的阻力主要来自两方面：一方面新旧相间由于产生相界面而引起的界面自由能的升高；另一方面新旧相间由于比容差或其它原因而导致的应变能的产生。前一项与结晶过程相似，而后一项在固态相变中起着很重要的作用，以致影响到相变的整个进程。

仿公式（4－1）可以列出固态相变时系统自由能变化的一般公式

$$\Delta G_{总} = -V\Delta G_P + S\sigma + V\omega \qquad (8-1)$$

其中，ω 代表相变所引起的单位体积的应变能，其它项与公式（4－1）相似。

精确计算 ω 虽有一定困难，但由公式（5－14）可知，ω 应与线应变 ε 的平方和弹性模量 E 成正比关系，即 $\omega=f(E\varepsilon^2)$，或粗略地用 $\omega\simeq E\varepsilon^2$ 来表示。

为说明问题的方便，假设新生相为球体，其半径为 r，则由公式（8－1）可得

$$\Delta G_{总}=-\frac{4}{3}\pi r^3\Delta G_P+4\pi r^2\sigma+\frac{4}{3}\pi r^3E\varepsilon^2$$

$$=\frac{4}{3}\pi r^3(E\varepsilon^2-\Delta G_P)+4\pi r^2\sigma \qquad (8-2)$$

与公式（4－2）对照，若其它条件相同，显然，由于多出了一个阻力项，会将相变的驱动力抵消一部分。只有相应的增大过冷度，使新旧相间的自由能差 ΔG_P 进一步增大，才有可能使相变启动起来。

由公式（8－2）可以求出新相核心的临界尺寸 r_c

$$r_c=2\sigma/(\Delta G_P-E\varepsilon^2) \qquad (8-3)$$

将公式（8－3）再代入公式（8－2）可求出核的形成功 $\Delta G^*_{总}$

$$\Delta G^*_{总}=16\pi\sigma^3/3\ (\Delta G_P-E\varepsilon^2)^2 \qquad (8-4)$$

分别与公式（4－3）和（4－6）相比较，可以看出，若其它条件相似，那么在固态相变的形核功和核心的临界尺寸的公式中，只是分母多出了一项（$-E\varepsilon^2$），而使分母的数值减小了，因而 r_c 和 $\Delta G^*_{总}$ 便相应地增大了。这就说明，当 ΔG_P 一定时，固态相变比液态结晶要困难些，所要求的过冷度要大些，即固相的亚稳极限比液相的要大。

同理，仿公式（4－7），可得固态相变的形核率 $\dot{N}$

$$\dot{N}=K_v\exp\left(-\frac{16\pi\sigma^3}{3kT(\Delta G_P-E\varepsilon^2)^2}\right)\exp(-Q/kT) \qquad (8-5)$$

式中，K_v 为一常数；Q 为扩散的激活能；k 为玻耳兹曼常数；T 为绝对温度。

若与结晶相对照，当其它条件相似时，由于形核功增大了，公式（8－5）中右边第一个指数因子将显著减小；再者固态扩散又比液态的小几个数量级（见第六章第三节），所以公式（8－5）中右边第二个指数因子也将更显著地减小。这样，两项合起来，就会使固态相变的形核率比相似条件下液态的形核率要小很多了。这就是为什么固态相变往往易于用激冷的方法使其停止进行的主要原因。

总之，固态相变比液态结晶的阻力大，其主要原因有二：一是多出一项应变能；二是扩散较困难。但是，不同的固态相变之间也存在着差异，而且有的差异很大。这除了由于 ΔG_P 值的不同外，应变能的大小以及扩散系数的差异很可能起主要作用。而应变能的大小是与弹性模量及应变平方的乘积成正比例的，显然，介质的刚性越高，或相变引起的应变越大，则越不利于相变。但应变的作用，由于是以平方的关系而出现的，所以表现更强烈些。而应变的大小，主要取决于新旧相间的比容差。由此可见，新旧相间比容差的大小在固态相变中的重要作用。

由于上述原因，所以有些固态相变尽管从热力学角度看来有可能进行，但由于新旧相间的比容差较大，或由于温度低扩散困难，因而无法进行，以致旧相可以长期处于亚稳状态。这方面的实例是相当多的，例如，严格讲，绝大多数钢，甚至包括退火状态的钢大都

是在亚稳态下使用的。这是因为几乎所有钢中都包含着 Fe_3C，而从热力学的角度来看，它应该转变为 Fe 和 C，但由于转变阻力大，往往无法进行，或不能全部进行。又如，锡有两种多形体：白锡（β）和灰锡（α），它们的平衡温度约在 18℃，在此温度以下，应发生 $\beta \to \alpha$ 的转变；以上应发生 $\alpha \to \beta$ 转变。但实践表明，白锡可一直在室温附近的温度范围内应用，很少发生变化。只有当温度过低时，才会发生转变。而一旦发生转变，由于灰锡的比容相当大，就会发生较大的应变能。这种应变能使范性较好的白锡发生形变，并使缺乏范性的灰锡发生自碎现象，而变成粉末状。这种现象俗称“锡疫”，它会使许多锡制器皿遭到破坏。

二、形核方面的特点

与液态结晶相比，固态相变在形核方面有如下的特点：

1. 非均匀形核

固态相变主要依靠非均匀形核。这首先是由固态介质在结构组织方面先天的不均匀性所规定的。固态介质具有各种点、线、面和体缺陷，这些缺陷分布不均匀，所具有的能量高低也不一样，这就给非均匀形核创造了条件。显然，能量越高的缺陷越易于促进形核。另一方面，如上所述，固态均匀形核所需的形核功较大，要均匀形核，势必过冷度要相当大，而过冷度太大时，扩散又变得很困难了，这就不利于均匀形核。

相对来说，界面是各种缺陷中能量最高的一类，所以晶体的外表面、内表面（缩孔、气孔、裂纹的表面）、晶界、相界以及孪晶界和亚晶界等往往是优先形核的地方，相变最易在这里开始和扩展。其次是在位错处，再其次是在空位及其它点缺陷的地方。这就不难理解，为什么当过冷度较小时，绝大多数固态转变总是只沿着表面和晶界进行，并形成所谓网状组织；只有当过冷度增大时，晶内和晶界才可以同时进行，并形成比较均匀的组织。

但是，固态转变也并不是完全排除均匀形核的可能性，在合适条件下，例如，新旧相间的自由能差 ΔG_P 较大，界面能和应变能较小，而缺陷密度也较低时，就可能进行均匀形核，或均匀形核与非均匀形核同时进行。脱溶过程中 *GP* 区的形成（见下节），大多属于均匀形核。

2. 核心的取向关系

实验表明，固态转变后，新生相 α 的某一晶面 $\{hkl\}$ 和某一晶向 $\langle uvw \rangle$ 往往分别与母相 β 的给定晶面 $\{h'k'l'\}$ 和晶向 $\langle u'v'w' \rangle$ 相平行，即 $\{hkl\}_\alpha // \{h'k'l'\}_\beta$，$\langle uvw \rangle_\alpha // \langle u'v'\omega' \rangle_\beta$。例如，纯铁进行多形性转变 $\gamma-Fe \to \alpha-Fe$ 时，$\gamma-Fe$ 和 $\alpha-Fe$ 大多具有这样的取向关系：$\{110\}_\alpha // \{111\}_\gamma$；$\langle 111 \rangle_\alpha // \langle 110 \rangle_\gamma$，这个关系称为 K－S 关系。这说明，早在形核过程中，新相 α 的晶体学取向即被母相 β 的取向所制约着，它不像结晶过程的形核那样，晶核可以是任意取向的。为什么会如此呢？只要细致分析一下，就不难理解了。仍以 $\gamma-Fe$ 和 $\alpha-Fe$ 为例，在上述 K－S 关系中，无论是晶面 $\{110\}_\alpha$ 和 $\{111\}_\gamma$ 或晶向 $\langle 111 \rangle_\alpha$ 和 $\langle 110 \rangle_\gamma$，都分别是这两种结构中原子排列最密的晶面或晶向，即这两种结构中相互间最相似的晶面和晶向，显然，这样的晶面和晶向相互平行起来，相界能 σ 应该是最低的，因而所要求的核心的临界半径或形核功也应该是最小的，所以具有这种取向关系的晶核也应该优先产生，这是固态相变力求沿着阻力最小的方向而进行的最有效途径之一。

3. 共格界面及半共格界面

固态形核的另一特点是相界面易成共格或半共格界面。

在第二章第七节中曾指出，相界面可分三类，即非共格界面（相似于一般大角晶界）、共格界面（见图2-56）和半共格界面（见图2-57）。其中以共格界面的界面能最低，非共格的最高，半共格的则介于二者之间。固态转变产生的相界面，当然也不外是三类。显然，以形成共格界面而进行的相变阻力最小，半共格界面次之，非共格界面阻力最大。这就是为什么固态相变，特别是在形核阶段最易出现共格或半共格界面的根本原因。它是固态相变力求减小阻力的有效途径之二。

理想的完全共格界面，不但界面能低，而且界面附近几乎不发生应变，因而所引起的应变能也很低。但这种情况，只有当界面两边的原子排列相同、原子间距也相等的条件下才会出现，这完全是一种理想情况。在实际条件下，共格界面大多属于压缩、膨胀式的共格，如图8-7（*a*）所示，即原子间距较大的一边原子沿界面方向受到一定的压缩，而原子间距较小的一边，原子受到一定的拉伸，这样处于界面两边的两相原子就能较好的匹配起来，而使界面能降低，但是，这必然会在界面附近一定距离内引起应变，而产生应变能，这种应变能就叫共格应变能。界面两边原子排列相差越大，或原子间距相差越大，共格应变能也就越大。显然，界面能和共格应变能是决定共格界面的一对矛盾因素，当界面能的降低超过应变能的升高时，形成共格界面会减小相变的阻力，促进相变的进行；反之，则会增加相变的阻力，共格界面也就难于形成。即使形成后，也会自行破坏，而变为半共格或非共格界面。但是，在其它因素相同的条件下，当新相β很薄或很小时，如图8-7（*b*）所示，所引起的应变和应变能可以显著减小，特别是当新相β的弹性模量也较小时，更是这样。这就是为什么在形核阶段更容易出现共格界面的主要原因。

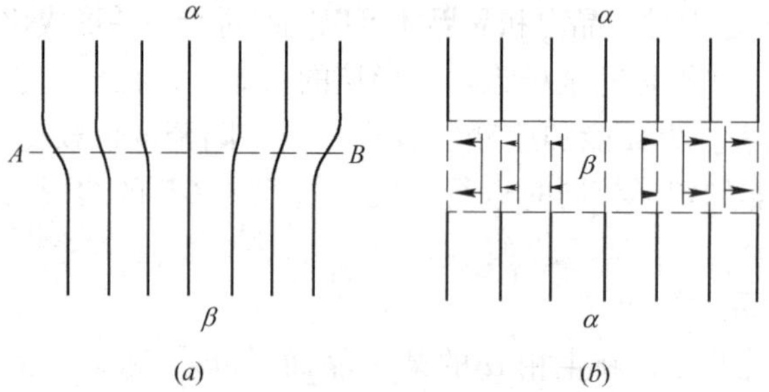

图8-7　共格界面应变示意图

另一方面，由公式（8-2）可知，总界面能的增加与r^2成比例，而总应变能的增加与r^3成比例，可见，当r很小时，相变的阻力主要来自界面能，而当r较大时，主要阻力即转化到应变能上了。因此，在形核阶段，如果由于形成共格界面使单位应变能的增加超过了单位界面能的减少，仍可能会使总的自由能下降，而有利于相变的进行。

综上来看，在形核阶段，以形成共格界面对相变较为有利。只有当共格应变能超过一定限度后，才不利于相变。

三、新相成长方面的特点

1. 惯习现象

固态相变过程中新相成长时多易于沿着母相的某些特定的晶面和晶向以针状或片状的形式优先发展，或者说，新相习惯于以针状或片状的形式沿着一定的方向躺卧在母相的特定晶面上，这种现象叫惯习现象。母相的这个特定晶面就叫惯习面，特定晶向就叫惯习方向。在许多情况下，惯习面和惯习方向就是上述取向关系中母相的晶面和晶向，但也可以是别的晶面或晶向。

惯习现象也可说是形核的取向关系在成长过程中的一种特殊反映，在界面能随接触界面或晶体取向的不同而变化的条件下，使界面能最低的相界面得到充分发展，应是减小相变阻力的途径之一；同理，在应变能随新相成长方向而变化的条件下，沿着应变能最小的方向成长，也应该是减小相变阻力的方法之一。这就是惯习现象之所以出现的基本原因。只是随具体条件的不同，这两个因素的相对作用大小可能有所不同，惯习现象的表现形式也就有所差别。

形核的取向关系和成长的惯习现象是固态相变过程中的两个既密切联系又相互区别的特征。前者完全指晶体学关系，须用X线进行测定，后者对新相来说，主要是几何关系，可借金相显微镜进行观察。具有惯习现象的组织称魏氏组织，如图8-8所示。出现魏氏组织，表明相变过程具有取向关系，但具有取向关系，并不一定就会出现魏氏组织。

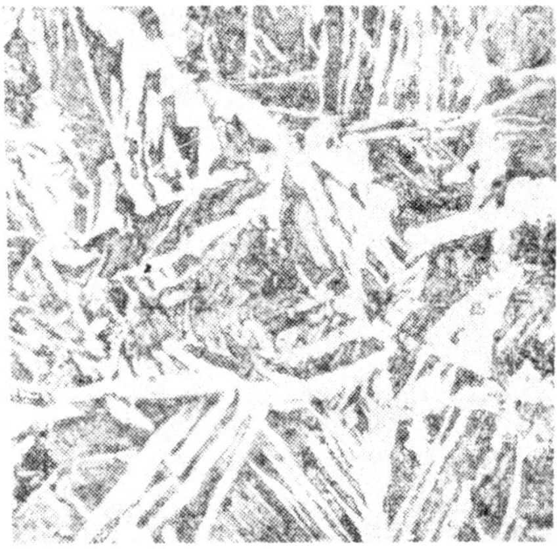

图8-8　钢中的魏氏组织照片

固态转变过程中的取向关系和惯习现象，即使出现，也不一定经常都能保存下来，它既可以随母相的消失而消失，也可以被伴随着固态转变的再结晶过程而消除，这种再结晶是由固态转变本身所产生的应变能而发生的。发生再结晶的先决条件之一是相变必须在再结晶温度以上进行。

2. 共格成长与非共格成长

如果说，共格形核大多有利于相变的话，那么共格界面在新相成长过程中，就不尽然了。对马氏体型或贝氏体型转变来说，无论是形核或成长，相界面都必须保持共格性，否则这种转变即告中断。但对扩散型转变来说，新相成长过程主要依靠非共格界面的扩散移动，因此，纵然在形核过程中，共格界面曾对转变起过重要的促进作用，但在成长过程中共格界面却变成了累赘，而成为阻碍成长的因素，一旦共格界面破坏，反而会加速成长。显然，这是和共格界面能低，界面扩散移动困难这一事实分不开的。

四、新生相的组织形态

和结晶过程相似，在固态相变过程中，新生相的组织形态也是可以随条件而变化的，而且固态组织的变化更为复杂。

概括起来说，新生相的形态是为了适应固态介质的结构和组织特点、克服相变阻力而表现出来的综合结果，它既受应变能和界面能的影响，也受母相结构和组织的影响。

有人曾在各向同性的介质里，应用弹性力学计算过新生相的形状与应变能的关系。结果表明，单位体积的应变能 ω 不仅与新旧相间的比容差和弹性模量有关系，而且随新生相的形状而变化，所得关系可用公式

$$\omega = K\ (\Delta V)^{1/3} f\ (b/a) \qquad (8-6)$$

来表示。其中：K 为体弹性模量（压缩系数）；ΔV 为单位体积中的膨胀量（比容差）；

$f(b/a)$为形状因子函数。为简化起见，设新生相的形状为规则的椭球体，a 和 b 分别表示其长轴和短轴。当 K 和 ΔV 都确定后，ω 与 $f(b/a)$ 的关系可近似地用图 8-9 表示。显然，当 $b/a=1$ 时，即变为球体，当 $b/a \to 0$ 时，近似于饼状或盘状，当 $b/a \to \infty$ 时，接近于针状。应变能以饼状或盘状为最小；球状的最大；针状的则介于二者之间。由此可见，如果单从相变引起的应变能来考虑，新生相应以饼状或圆片状为最稳定，针状的次之，球状的最不稳定。

如果单从总的界面能来考虑，则上列关系应该正好倒过来，因为在同样体积条件下，球状的界面面积最小；片状的最大；而针状的居中。在界面能一定的条件下，总的界面能应与面积成正比例。

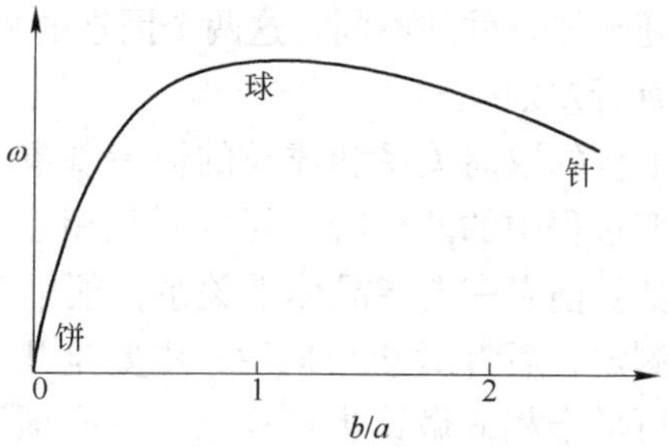

图 8-9　应变能与新生相形状的关系

显然，应变能和总界面能对新相形状来说是相互矛盾的，需要根据具体情况进行具体分析。当这两个因素的作用相近时，新相成针状的机会较大；如果应变能成为相变阻力的主要因素，则新相的形状以饼状或片状为有利；若总的界面能变为相变阻力的主要因素时，则新相以球状较为有利。由于不同合金中相变的具体条件不同，新相的形状也就随之而有所不同。即使是同一合金中的同一相变，由于相变进程中影响各阶段的主要因素并不一样，因而新相的形状也往往会随着相变的发展而变化。例如，有的相变，在相变初期，新相为球状或粒状，后期可变为针状或片状；有的则正与此相反。这在以后各节中再讨论。最后，应该指出的是，上述分析只是针对各向同性的介质而言的，对方向性较强的介质来说，新相的形状还要受方向性的影响，情况就更为复杂了。

五、过渡相

固态相变又一特点之一是易于出现过渡相。所谓过渡相是指成分或结构、或二者都处于新旧相之间的一种亚稳相。形成过渡相是固态相变克服相变阻力的另一重要途径。

已经发现，在许多合金的固态相变过程中，会形成过渡相。有的甚至自始至终都是过渡相的形成和成长过程，从不出现稳定相。

例如，在由以铝为溶剂的铝铜固溶体（α）中形成 $CuAl_2$（θ）的过程中，可形成结构介于 α 和 θ 两相之间的过渡相 θ'' 和 θ'，而后再达到 θ 相。又如，钢中的奥氏体（γ 相，C 在 $\gamma-Fe$ 中的固溶体）在进行共析分解时，若从热力学来分析，其反应式应为

$$\gamma \to \alpha + C$$

式中，α 代表以 $\alpha-Fe$ 为溶剂的固溶体，C 代表石墨碳。但是实践表明，即使很缓慢的冷却，其反应式也大多是

$$\gamma \to \alpha + Fe_3C$$

式中，Fe_3C 无论从结构（正交结构）和成分（6.69% C）上来看，都是介于 γ 和 C 之间的一个相，所以 Fe_3C 实质上是一个亚稳的过渡相。同是这个共析转变，当冷却很快、过冷度很大时，即以无扩散的方式转变为马氏体，其成分虽与 γ 相同，但结构属于体心正方，介于 $\gamma-Fe$ 与 $\alpha-Fe$ 的结构之间，所以这里的马氏体实质上也是一个过渡相，不过它是连转变类型也发生了改变的另一种形式的过渡相。

凡过渡相都不是真正稳定的，它是为了克服相变阻力而形成的一种协调性的折中产物，只要条件允许，就会自发地再向稳定相转变。例如，Fe_3C 可分解为 Fe 和 C，而马氏体可分解为 α 和 Fe_3C，并进而再分解为 Fe 和 C。因此，过渡相一般总是在相变阻力较大、转变难于进行的条件下（例如在新旧相间比容差较大、结构过分悬殊、或温度较低扩散较困难等条件下），才会产生。过渡相从热力学条件来看，是不利于形成的，但从动力学条件来考虑，却是对它有利的。有的固态转变甚至可出现过渡相的过渡相，即先后可形成两个或两个以上的过渡相。正是由于这个原因，利用固态相变来改变结构组织和性能的潜力是相当大的。

六、非扩散转变——马氏体转变

如果说，液态金属或合金可以进行非扩散凝固（见第三章）的话，那只是打引号的非扩散，真正的非扩散转变只有在固态中才会进行。已经发现，钢铁和不少有色合金中的一些固态转变，由于温度低、原子扩散困难而无法进行，且旧相又难于稳定存留时，则可以切变的方式无扩散地转变为另一新相——马氏体，统称之为马氏体转变（见表 8 - 1），这是固态转变的又一特点。马氏体转变，除了具有固态转变的一般特点外，还具有它自身的特点：

表 8 - 1　金属及合金中的马氏体型转变

金属及合金	马氏体型转变中的结构变化	惯 习 面
纯 Fe	面心立方→体心立方	{111}
Fe - C（>0.2%）	面心立方→体心四方	{225} 与 {259}
Fe - 30Ni%	面心立方→体心立方	{9 22 33}
纯 Ti	体心立方→密集六方	{8811} 或 {8912}
Ti - 11% Mo	体心立方→密集六方	{334} 及 {344}
Ti - 5% Mn	体心立方→密集六方	{334} 及 {344}
纯 Zr	体心立方→密集六方	
Zr - 2.5% Nb	体心立方→密集六方	
Zr - 0.75% Cr	体心六方→密集六方	
纯 Li	体心立方→密集六方（层错）	{144}
	体心立方→面心立方（应力诱发）	
纯 Na	体心六方→密集六方（层错）	
Cu - 40% Zn	体心立方→面心立方（层错）	~ {155}
Cu - 11% ~ 13.1% Al	体心立方→面心立方（层错）	~ {133}
Cu - 12.9% ~ 14.9% Al	体心立方→斜方	~ {122}
Cu - Sn	体心立方→面心立方（层错）	
	体心立方→斜方	
Cu - Ga	体心立方→面心立方（层错）	
	体心立方→斜方	
Au - 47.5% Cd	体心立方→斜方	{133}
Au - 50%（原子）Mn	体心立方→斜方	
纯 Co	面心立方→密集六方	{111}
In - 18% ~ 20% Tl	面心立方→面心四方	{011}
Mn - 0 ~ 25% Cu	面心立方→面心四方	{011}
Au - 50%（原子）Cu	面心立方→复杂斜方	
	（有序⇌无序）	
U - 0.4%（原子）Cr	复杂四方→复杂斜方	$\{1\bar{4}\bar{4}\}$ 与 $\{1\bar{2}\bar{3}\}$ 之间
U - 1.4%（原子）Cr	复杂四方→复杂斜方	$\{1\bar{4}\bar{4}\}$ 与 $\{1\bar{2}\bar{3}\}$ 之间
纯 Hg	菱方→体心四方	

马氏体型转变不会引起化学成分的变化，只产生结构类型的变化，但有的会发生有序度的变化。马氏体既可以与稳定的平衡相相同，也可以是亚稳的非平衡相。例如，钢中的马氏体结构一般可有两种类型：体心正方和体心立方，前者为亚稳相，后者接近平衡相。

马氏体型转变虽然也可划分为生核和成长两个元过程，但它不同于扩散型转变过程中的生核和成长。马氏体的成长速度非常快，例如，钢中的马氏体一旦核形成后，不到0.0001秒钟就长成了，其线速度高达10^5cm/s，相当于声波速度的1/3。所以马氏体转变的体积速度几乎完全由其形核速率所控制。

马氏体型转变不需要原子扩散，而是依靠复杂的切变过程来进行的。通过切变，母相的原子有组织地依次经过界面转移到马氏体中。在整个转变过程中，马氏体与母相之间的界面必须保持切变式的共格关系，共格一旦破坏，马氏体就不会再继续成长了。因此，切变和共格是马氏体型转变不可分割的两个重要属性。其中切变这一属性往往会在宏观现象上表现出来，例如，不少合金经过马氏体型转变后，其试样表面都会出现浮凸现象。

在一般钢铁中，马氏体大多是在相当低的温度下，并在连续冷却过程中由高温相转变而成的，冷却一旦停止，马氏体转变也就中断了。这种马氏体称为变温马氏体。但在某些铁基合金及一些有色金属或合金中，马氏体转变可在恒温下进行。恒温下形成的马氏体，称恒温马氏体。无论哪种马氏体都各有其形成的特定温度范围，超越这个温度范围，马氏体就不能自发形成。这个温度范围的上、下限称为马氏体点。上限为马氏体开始转变点，多以M_s来表示；下限为马氏体转变结束点，多以M_f来表示。M_s和M_f随合金成分而变化，一般与冷却速度无关。

除了温度变化可以引起马氏体转变外，在一定条件下，应力也可以引起马氏体转变。例如，在高锰钢（12%Mn，1.2%C）和一些不锈钢中经常因应力诱发马氏体而给加工带来很多困难，但也可以利用它来作为强化金属材料的一种手段。对给定的合金来说，只有在某一温度以下，应力才能引起马氏体转变，这个温度多以M_d来表示，M_d高于M_s，并随合金成分而变化。

已经发现，在不少合金系中，马氏体转变是可逆的，即冷却时高温相以无扩散方式转变为马氏体；加热时，马氏体又以无扩散方式反转变为高温相。这种逆转变的开始温度称为A_s，终了温度称为A_f，它们也随合金成分而变化。但在一般钢铁中，由于马氏体加热时有其它反应发生，马氏体的逆转变很难实现。

除此而外，在少数可以进行马氏体逆转变的合金中，马氏体转变及其逆转变很像弹性形变，所以称这种马氏体为弹性马氏体。在这类合金中，当高温相冷却至M_s以下时，随着温度的下降或上升，马氏体可以同步地长大或缩小，即若连续冷却，马氏体便连续长大，冷却停止，马氏体长大也跟着停止，若进行加热，马氏体便缩小，温度连续回升，马氏体也跟着连续缩小，直至完全反转回到高温相，若加热中途停止，马氏体的缩小也跟着停止。这个过程可反复进行下去，而不留任何痕迹。

应力诱发的马氏体也可以出现弹性马氏体现象，即若应力增加，马氏体长大，应力减小，马氏体缩小，若应力取消，马氏体也随之而完全反转回到高温相中。同样，这个过程也可以反复进行，而不留任何痕迹。

弹性马氏体的发现，为近年来创制的形状记忆合金奠定了基础。

以上分别讨论了固态相变的一些主要特点，其目的在于掌握固态相变的一般规律，各种特点并不是孤立的，而是具有内在联系的。总的来说，这些特点都是由固态介质区别于液态介质的那些基本特性所决定的。固态相变正如自然界其它一切自发进行的变化一样，总是结合具体条件，一方面力求使自由能尽可能地降低，另一方面又力求沿着阻力最小、做功最少的途径而进行。所有上述固态转变过程中表现出的各种现象或特征，都是受这个基本规律所控制的。问题在于如何结合具体条件，应用基本规律去分析具体问题。

由于在金属材料中广泛存在着脱溶转变，而共析转变（珠光体转变）和马氏体转变将在第九章和第十二章中结合钢铁和热处理进行讨论，所以下边仅以脱溶为例来进一步论述固态转变的一些特点。

第三节　固溶体的脱溶

固溶体的脱溶是和溶液的沉淀完全相对应的一类固态相变，也有人叫固溶体的沉淀，但实际上脱溶过程中形成的新相，虽然也可以称之为“淀”，但绝不会发生“沉”的现象，而是仍然分布在固溶体的基体中。

凡是固溶度可以随温度或其它条件而发生变化的固溶体，都有可能发生脱溶。如果从相图上来看，则当任何固溶体由单相区转向二相时，或推而广之，由 n 相区转入 $n+1$ 相区时，都会发生脱溶。图 8－10 是具有脱溶转变的二元相图一角，斜曲线代表固溶度线，α 代表组元 B 在组元 A 中的固溶体，β 代表脱溶相，它既可以是化合物，也可以是另一个固溶体。当任一合金（如图中箭头所示）由单相区冷却时，它将由未饱和态逐渐变为饱和态（与固溶度线相交时），再变为过饱和态。若条件允许，就会由 α 中产生 β。β 的生成和成长过程就叫脱溶，可用反应式

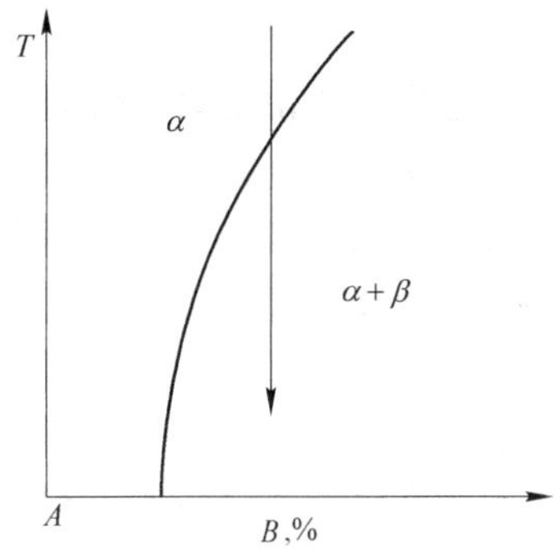

图 8－10　脱溶相图一角

$$\alpha_{过饱和} \longrightarrow \alpha_{饱和} + \beta \qquad (8-7)$$

来表示。这就是说，脱溶是这样一个过程，过饱和固溶体不断形成一个成分不同的新相，母相则逐渐由过饱和态变向饱和态，当母相完全达到饱和状态时，脱溶过程即告中断，除非再继续冷却。在这个过程中，母相始终保留着，只是其量和浓度有所减少。

实际上，合金中的很多固态转变都可归于脱溶，或至少在其转变过程中是与脱溶相似的。因此，分析脱溶过程对固态转变来说具有普遍意义。另一方面，脱溶已作为强化金属材料的一种方法，广泛应用于材料创制和生产实践中，同时又是以往若干年来金属学工作者们付出劳动很大收获也相当丰富的金属学领域之一。因此，这里选择脱溶作为固态相变的重点内容之一，对初学者来说，不仅有利于实践，而且有利于理论学习。

一、脱溶分类

1. 按脱溶过程中母相成分变化的特点，脱溶可分为两类

（1）连续脱溶：在脱溶过程中，随着新相的形成，母相的成分连续地、平缓地由过

饱和状态逐渐达到饱和状态，这样的脱溶叫连续脱溶。也就是说，在脱溶过程中，除了新旧相间产生相界面外，在母相内部并不产生新界面，仍保持着连贯性，但脱溶相附近母相的浓度较低。并由相界面向内，母相的浓度逐步升高，而呈现连续的浓度梯度，新相依靠远距离的扩散而成长。

（2）不连续脱溶：与连续脱溶正相反，脱溶相 β 一旦形成，其周围一定距离内的固溶体立即由过饱和状态达到饱和状态，并与原始成分的 α 形成截然的分界面。在很多情况下，这个界面相当于一个大角晶界，也就是说，通过这个界面，不但浓度发生了突变，而且取向也发生了变化。因此，这种脱溶是与液态中偏晶转变相对应的一种固态转变，即单析转变（$\alpha \rightarrow \alpha_1 + \beta$），所以不连续脱溶也称为两相式脱溶或胞状式脱溶。在整个脱溶过程中，α 的成分或点阵常数只有两个极端值，而没有中间值，β 或 α_1 的成长只需界面附近的扩散，而不必远距离扩散，所得组织与后边将要讨论的共析组织（或珠光体组织）很相似。

2. 根据脱溶相的分布状况，脱溶也可分为两类

（1）普遍脱溶：即脱溶在整个固溶体中基本上同时发生，因而新相 β 也基本上是均匀分布的。

（2）局部脱溶：脱溶相只在局部区域（例如在晶界、或在晶内沿某些晶面）产生，其它区域或不发生脱溶，或依靠远距离的扩散将溶质原子输送到脱溶区来达到脱溶的实际效果。这样，所得组织自然是很不均匀的。

一般来说，连续脱溶与不连续脱溶是有严格区别的，但普遍脱溶与局部脱溶只具有相对意义，并无严格的界限。连续脱溶既可以是普遍脱溶，也可以是局部脱溶；但不连续脱溶往往是由局部区域，特别是由晶界开始进行，而后向晶内逐步扩展。这里主要讨论连续脱溶。

二、脱溶过程

随合金以及其它条件的不同，固溶体可以通过不同的序列或不同的途径进行脱溶，并可以在中途停止在不同的进程上。整个脱溶过程对合金的性能的变化来说是很剧烈的，也是很敏感的，各个阶段都对应于不同的性能。这就要求对脱溶过程进行细致地分析以掌握其规律性。以下主要以 Al－Cu 合金的脱溶为例来进行讨论。

图 8－11 为 Al－Cu 合金相图一角，其中：α 代表以 Al 为基的固溶体；θ 代表以化合物 $CuAl_2$ 为基的二次固溶体。α 的点阵与 Al 或 Cu 一样为面心立方，θ 则属于正方晶系。由图可以看出，在共晶温度（548℃），Cu 在 Al 中的最大固溶度约为 5.65%，随着温度下降，固溶度急剧降低。例如，500℃ 时约为 4.05%；400℃ 时约为 1.40%；300℃ 时约为 0.45%；达到室温后则不足 0.1%。

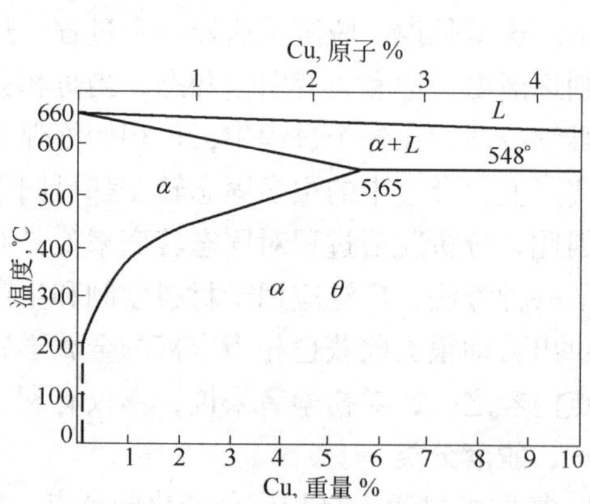

图 8－11　Al－Cu 相图一角

设选取合金 Al－4% Cu，加热到 α 区（例如 520℃）使其均匀化，然后分

别以不同的速度进行冷却，并分析其变化：

如果是很缓慢地接近平衡的冷却，则当冷至约500℃时，α 便由未饱和态达到饱和态了，温度再略微下降，即进入到过饱和状态，如条件允许，跟着就应该不断地发生 θ 的生核和成长过程，同时，α 的浓度将沿着固溶度线而逐步降低，至常温时，合金将由成分 $<0.1\%$ Cu的 α 与成分约为53.25% Cu 的 θ 所组成。一般来说，在这种条件下，只能进行所谓局部脱溶，θ 优先沿 α 的晶界生核和长大，最后形成 θ 沿晶界分布的网状组织。

当冷却较快时，情况就会发生变化，合金也就不会完全按平衡条件进行脱溶了。α 将会由饱和进而达到过饱和，而且冷却越快，α 达到的过饱和度就会越大（即 α 的过冷度越大）。例如，如果冷到400℃时，还不发生脱溶，那么，这时的过冷度已达100℃，而过饱和度则达到约 $4.0\% - 1.4\% = 2.6\%$。当冷却很快时，例如在水中激冷（或称淬火），可以将过饱和的 α 一直保持到室温，并且在相当长的时间内，不会发生脱溶。如果将合金再放入干冰中，使其保持在 -78℃，便几乎可以永远不再发生脱溶了，这时 α 的过冷度相当于578℃，而其过饱和度则在3.9%以上。

大量实验表明，随过饱和度（或过冷度）的不同，Al－Cu 合金的脱溶过程可以发生很大变化。这种变化可用这样一个序列

$$\alpha \to \text{GP 区} \to \theta'' \to \theta' \to \theta$$

来表示，称之为脱溶序列。其中：α 和 θ 意义同前，GP 区、θ''和 θ'代表脱溶过程不同阶段的过渡相，下面将依次分别详细解释。随脱溶条件或合金成分的不同，α 既可直接析出 θ，也可以经过一个、两个或三个过渡阶段，再转化为 θ，同时，脱溶过程也可停留在任何过渡阶段。

1. GP 区的形成

在 Al－Cu 合金中，GP 区代表 Cu 原子的偏聚区，为纪念 Gunier 及 Preston 的工作而得名。但现在这个词已成通用名词了，可用来泛指任何固溶体中的溶质原子偏聚区。

GP 区大多在过饱和度较大或过冷度较大的条件下形成，例如，将 Al－Cu 合金由 α 区淬火后，在室温放置，或适当加热并保温，经过一定时间后，即可形成。这个过程在生产上称为时效。如在室温进行，称自然时效，加热时称人工时效。

GP 区属于超显微领域，用光学显微镜无法观察，在电镜下其组织形态如图8－12所示。分析表明，GP 区的成分约为90% Cu，形状近似盘状，自然时效时，GP 区的厚度约为3Å（相当于一个 Cu 原子的尺寸），直径约15Å，具有惯习现象，惯习面为 $\{001\}_\alpha$，（α 沿〈100〉方向的弹性模量最小）。图8－13为 GP 区模型，其中（*a*）为（*b*）的垂直截面（与图面垂直）。可以看出，GP 区只是一个处于 Al 点阵中的 Cu 原子富集区，它和 α 基体并没有脱离开，因而没有严格界面，但由于 Al 的原子半径（1.431Å）和 Cu 的（1.278Å）不相同，二者相差约10%，所以环绕 GP 区周围的 α 在一定范围内原子将受拉伸，出现一个应变区。同时，试验表明，在 GP 区周界还吸附着相当数量的空位（见图8－13*b*）。这些空位很可能是由于淬火而冻结下来的超额空位（即过饱和空位）受 Cu 原子的吸引而形成的一种溶质原子与空位的复合体。

GP 区大多是比较均匀地弥散分布在 α 基体中，平均来说，在单位体积的 α 中，可形成高达 10^{18} 个 GP 区，即其密度可达到 $10^{18}/\text{cm}^3$。当在不同温度进行人工时效时，GP

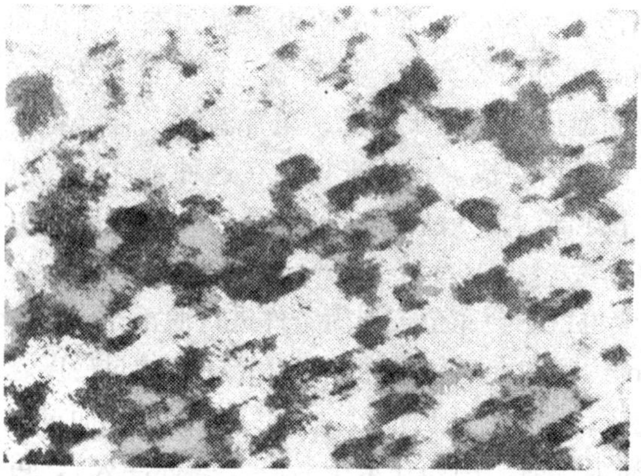

图 8－12　Al－4% Cu 合金中的 GP 区
（×900000 制版缩 1/2）

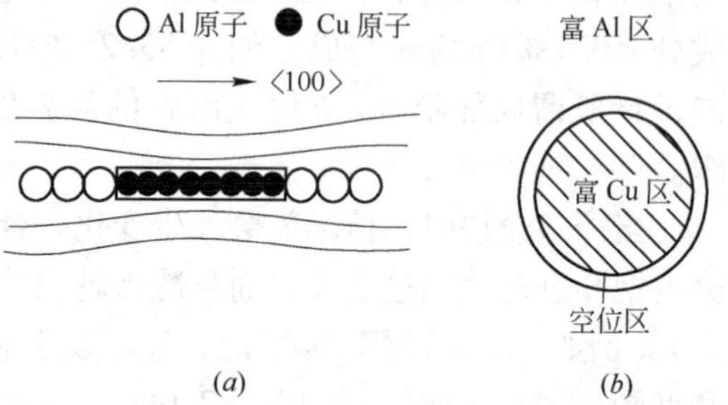

图 8－13　GP 区示意图

区的尺寸和密度都会随之而发生变化。一般来说，时效温度升高，GP 区的尺寸会增大些，而其密度将减少。这很可能是由于温度升高，扩散加快，而过饱和度或过冷度都减小的缘故。除此而外，GP 区的大小和密度还受淬火温度的高低和淬火速度的快慢等因素的影响，这些因素是通过改变淬火后的过饱和空位密度而起作用的。淬火温度越高，淬火速度越大，淬火后的空位密度也将越大，这就会加快 Cu 原子的扩散，加速 GP 区的形成。

2. θ''相的形成

Al－4% Cu 合金在进行自然时效时，或在较低的温度进行人工时效时，当 GP 区得到充分发展后，脱溶过程基本上就中止了，可以长期处于亚稳状态。但当时效温度较高时，例如在 100℃以上进行时效，脱溶过程就会进一步向前发展，而达到 θ''阶段，甚至 θ'和 θ 阶段。

θ''代表过渡相之一，其结构属于四方点阵，点阵常数 $a=b=4.04$Å，$c=7.8$Å，它是 Al－Cu 合金时效过程中的第一个真正脱溶出来的相，大多沿基体的｛100｝面析出，成圆片状，其厚度约为 8～20Å，直径约为 150～400Å。图 8－14 为在 130℃时效时 θ''的透射电镜照片，图 8－15 为其示意图。θ''与基体呈共格界面，取向关系为$\{100\}_{\theta''}//\{100\}_{\alpha}$，$\theta''$周围有一个较大的应变区（图 8－15 中虚线内，相当于图 8－14 中的暗色区），大多均匀分布在基体中。

随着 θ''的产生和发展，GP 区便逐渐减少而消失，θ''既可能从基体 α 中生核并借 GP 区的溶解而成长，也可能由 GP 区转化而成，但这个问题并没有完全搞清楚。

3. θ'相的形成

只要时效温度合适，随着时间的延续，脱溶过程将会进一步向前发展，而达到 θ'相的生核和成长阶段。

θ'是脱溶过程中第一个能够不依靠电镜而用一般光学显微镜就可以直接观察到的脱溶相，其尺寸可高达1000Å。θ'的结构也属于四方点阵，但 $a=b=4.04$Å，$c=5.8$Å；其成分与 $CuAl_2$ 近似。θ'大多沿基体 α 的｛100｝面析出，与基体为半共格面，取向关系为$\{100\}_{\theta'}//\{100\}_{\alpha}$。相对于 GP 区和 θ''来说，θ'的分布大多是很不均匀的，如图 8－16 所示，

图 8－14　Al－Cu 合金在 130℃时效析出的 θ''
$\left(\times 290000，制图缩\frac{1}{2}\right)$

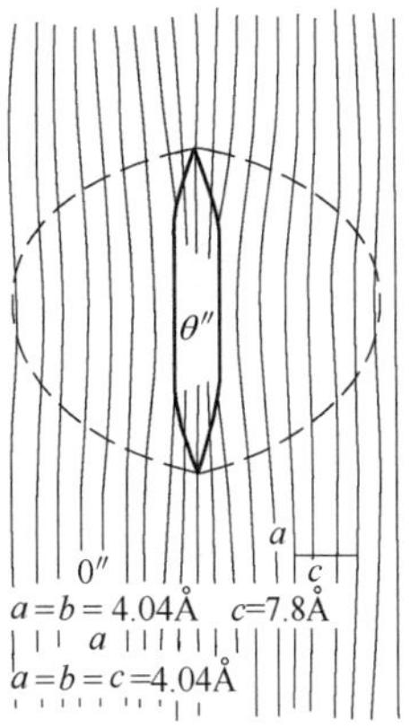

图 8－15　θ''析出示意图

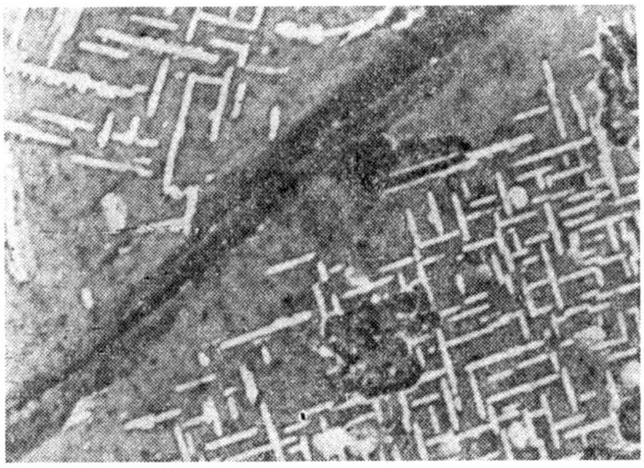

图 8－16　Al－Cu 合金时效过程中出现的 θ'（×18000）

它易于优先沿螺型位错线或亚晶界生核和成长。沿位错线生长时，位错并不消失，θ'相往往被位错线环绕起来，见图 8－17（*a*）及（*b*）。由此可见，如果说，GP 区或θ''在其形成过程中尚接近均匀形核的话，那么，θ'相就属于完全的非均匀形核了。

4. θ 相的形成

脱溶过程的进一步发展是 θ 相的形核和成长。θ 相虽也属四方点阵，但点阵常数是 $a=b=6.054Å$，$c=4.864Å$。θ 与基体 α 间的界面已完全失掉了共格关系，而变为非共格的一般相界面，其特性接近一般大角晶界。θ 相的分布大多是不均匀的，最易沿原晶界或相界面生核和成长，见图 8－17（*c*）及（*d*）。即 θ 既可以向 α 中成长，也可以向 θ' 中成长。随着 θ 的产生和发展，θ'或直接转变为 θ，或溶于基体而逐渐消失。图 8－18（*a*）是 θ 与 θ'共存的组织照片，图 8－18（*b*）是 Al－5%Cu 合金在 300℃时效时，θ 和 θ'的量随时间而变化的相对曲线。

以上分别讨论了 Al－Cu 合金时效序列中各阶段的结构、组织及转变方面的一些特征，各阶段有其独立性，但不是截然分开的，而是各有不同程度的相互重叠部分，每一中间过程都会经历一个产生、发展和消失的过程，而前一过程的消失，大多有利于后续过程的发展。当然，反过来说，也是对的。随条件的不同，各中间过程有时也是可以逾越的，

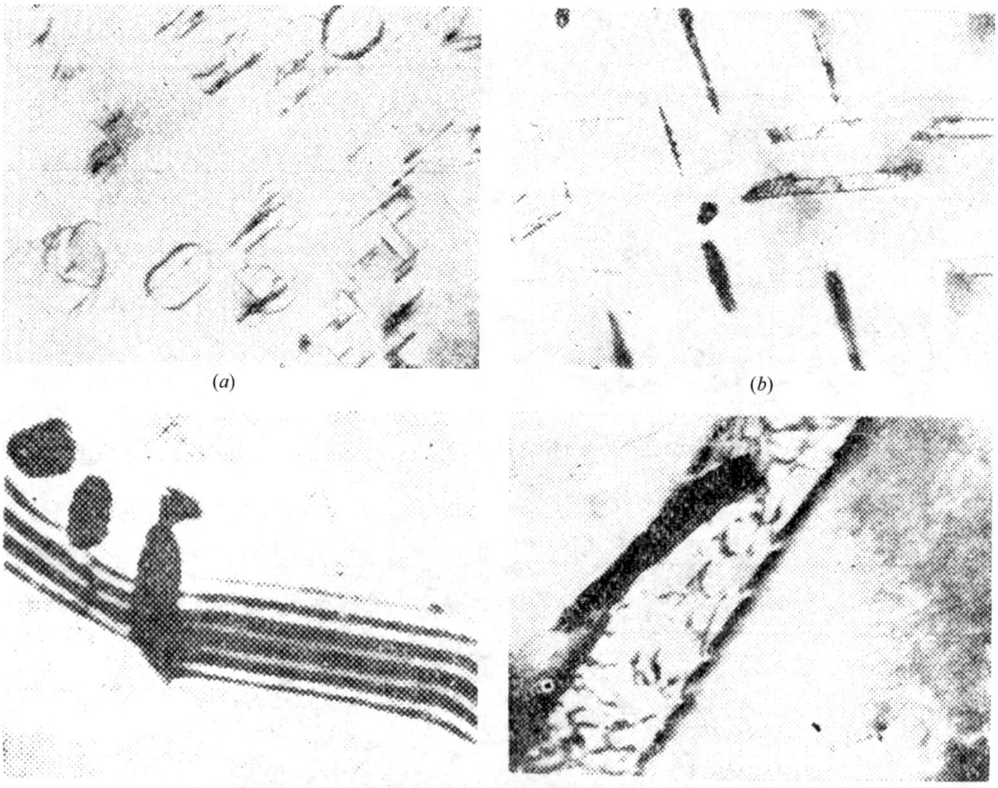

(a) (b) (c) (d)

图 8－17

（a）θ′沿位错成核，×21000；（b）θ′与 α 相界面上的螺型位错，×22000；

（c）θ 沿 α 晶界形核，×40000；（d）θ 在 θ′界面形核，×45000，全图缩约$\frac{1}{3}$

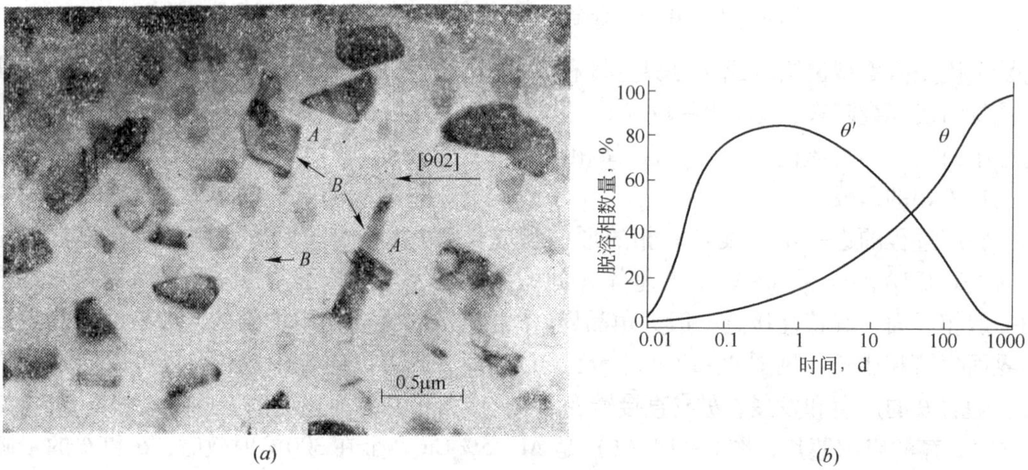

(a) (b)

图 8－18

（a）Al－4% Cu 合金中的 θ 与 θ′共存的组织照片；

（b）在 300℃时效时，θ 和 θ′的相对量随时效时间的变化曲线（含 5% Cu）

例如，也可以由 α 中径直析出 θ″、θ′或 θ，而不经过相应的先行过程。

除 Al－Cu 合金外，在其它许多合金中也发现类似的脱溶序列，如表 8－2 所示。所不同的是，随合金的不同，序列中各具体相的性质和数目有所差别。

表 8-2 一些合金的脱溶序列

基体金属	合 金	脱溶序列 平衡相
Al	Al-Ag	GP 区（球状）→γ'（片状、棒状）→γ（Ag_2Al）
	Al-Cu	GP 区（盘状）→θ''（盘状）→θ'→θ（$CuAl_2$）
	Al-Zn-Mg	GP 区（球状）→η'→η（$MgZn_2$）→T〔$(Al, Zn)_{49}Mg_{32}$〕
	Al-Mg-Si	GP 区（棒状、针状）→β'——→β（Mg_2Si）
	Al-Cu-Mg	GP 区（球状、棒状）→S'——→S（Al_2CuMg）
Cu	Cu-Be	GP 区（盘状）→γ'——→γ（CuBe）
	Cu-Co	GP 区（球状）——→β
Fe	Fe-C	ε 碳化物（盘状）——→Fe_3C
	Fe-N	α''（盘状）——→γ'（Fe_4N）
Ni	Ni-Cr-Ti-Al	γ'（方块状）——→γ〔Ni_3（Ti, Al）〕

表 8-2 中所列举的合金都是具有较显著的时效效果的合金，由表可以看出，这些合金大部分都有 GP 区和过渡相，只有少数或缺 GP 区，或缺过渡相。凡是脱溶过程既无 GP 区又无过渡相的合金，时效效果都是比较差的。

一般来说，当溶质和溶剂的原子的尺寸差小于 12%，而平衡相的结构相对来说又较简单的合金，在时效过程中易于出现 GP 区和过渡相。GP 区的形状既可以是盘状，也可以是球状或棒状，而球状大多是在原子尺寸差小于 3% 的合金中出现。

在各种具有 GP 区的合金中，GP 区往往是和基体同结构并和基体完全共格的，大多均匀地分布在基体中，一般可划入均匀形核之列。GP 区在 α 中的密度很高。各类合金中的过渡相其结构大多与基体不同，但可与基体完全共格或半共格，既可以均匀形核，也可以非均匀形核。稳定相的结构既不同于基体，也不同于过渡相，大多与基体非共格，基本上完全为非均匀形核，分布很不均匀。

如果从相变的驱动力 ΔG_P 来看，形成稳定的平衡相是最有利的，其次是过渡相，再其次是 GP 区。但若结合相变的阻力——相变引起的应变能和界面能来考虑，情况都比较复杂了，应根据具体条件进行具体分析。例如对 Al-Cu 合金来说，GP 区的应变能和界面能都比较低。平衡相的应变能虽然最小，但界面能最高；过渡相的应变能居中而偏高，界面能居中而偏低。所有这些因素再加温度（或过冷度）的作用，概括起来，可用式（8-4）或式（8-5）来表达。这说明，随合金或其它条件的不同，GP 区、过渡相和平衡相都各有其最有利的形成环境，虽然由于变量较多，目前尚难于进行定量预测，但可以结合实验去寻找具体合金的脱溶序列。凡是能够形成 GP 区或过渡相的合金都应该是有价值的、能够进行时效强化的材料。

三、脱溶过程中固溶度线的偏移

相图中各相区的界线，大多是根据稳定平衡条件而标定的，固溶度线也不例外。所谓稳定平衡含有两层意义：一是各相之间都处于综合自由能最低值的状态；二是相界面都是平面，即相界面的曲率半径为无限大。

在脱溶过程中，由于有一系列的中间状态，而新相多为弥散分布，相界面曲率很大，所以上述两个条件都难于满足，因此，相图中的固溶度线，对脱溶过程来说，仅具有参考意义，应根据具体条件进行具体分析，合理地去对待。

在第二章第六节曾指出过，如果某一溶质组元可以形成几种化合物，或处于几种不同的状态，那么，它在固溶体中的固溶度必将随这些化合物或所处状态的稳定性不同而变化，稳定性大者，其固溶度小，这是一个普遍规律。由此不难理解，当其它条件相同时，脱溶序列中不同脱溶产物在 α 固溶体中的固溶度也应有所不同。即便同一脱溶产物，若其分散度不同，则其固溶度也应有所差别。

若从脱溶相的稳定性大小来考虑，那么相对来说，GP 区最不稳定，所以它在 α 中的固溶度应该最大；其次是过渡相，而固溶度最小的应是稳定的平衡相。这个关系可示意地用图 8－19 来表示。如果以平衡相 β 为标准，则过渡相和 GP 区的固溶度线应依次向右下方偏移，如图 8－19 中各虚线所示，即稳定性越低，固溶度线偏离越远。由此可见，对某

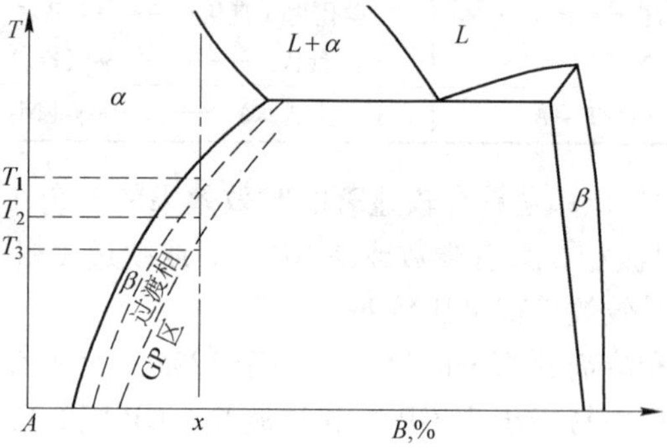

图 8－19　GP 区、过渡相及平衡相的固溶度线的相对位置示意图

一给定成分的合金 x 来说，当由 α 区冷却至温度 T_1 时，只可能析出平衡相 β；当冷却至相当于温度 T_2，即过冷度较大时，才可能同时也有过渡相的形成；再增大过冷度，冷至相当于温度 T_s 以下时，才可能有 GP 区出现。这一论断是和一般实验事实相一致的。同时这也就从另一个侧面说明了 GP 区和各种过渡相在时效过程中都各有其独立形核和成长的条件，并不一定受先行过程的制约。此外，它也说明了时效过程中的这样一个现象，在低温进行时效后的合金，再适当提高温度后，便立即发生回溶现象（亦称回归现象），但稍后又会进一步发生时效。

同理，在相界面不是平面的条件下，固溶度线也会发生类似的偏移。为简明起见，设脱溶相为球状，其半径为 r。r 越小（即曲率越大），则其稳定性便越差，因而它在 α 中的固溶度便越大，固溶度线也就随之而逐渐向着固溶度增大的方向而偏移。

在第七章曾指出过，当界面不是平面而是球面时，会引起压应力

$$\Delta P = 2\sigma / r$$

（见式（7－28′）），若新相为球体，ΔP 与 r 的方向相同。这个压应力会引起化学位的升高，其关系为

$$d\mu = V\Delta P = 2V\sigma / r \tag{8-8}$$

式中，V 代表摩尔体积。由此可见，如果界面能和其它条件一定，那么，脱溶相的半径越小，则其自由能便越高，因而它在母相中的固溶度也应越大。这个关系可近似地用公式

$$x_{(r)}^{m} = x^{m}\left(1 + \frac{1 - x^{m}}{x^{p} - x^{m}} \frac{V^{p} 2\sigma}{kTr}\right) \tag{8-9}$$

（推导从略）来表达，式中：x^m 代表相界为平面时的母相浓度（摩尔分数，下同），它相当于相图中一般固溶度线的成分；x^p 代表脱溶相的成分；V^p 代表脱溶相的摩尔体积；r 代表脱

溶相的粒子半径；$x^{m}_{(r)}$ 代表与 r 对应的母相成分；其它同惯例。显然，当析出相的成分为正时（即脱溶相的浓度比母相的大），公式（8－9）的右端永为正，所以 r 越小，$x^{m}_{(r)}$ 便越大；反之，当脱溶相的成分为负时，公式（8－9）的右端括号内第二项将为负值，这时 r 越小，则 $x^{m}_{(r)}$ 也应越小。这个关系可示意性地用图8－20来表示，其中成分坐标为组元 B 的摩尔分数。由图可知，当 α 或 β 冷至二相区 $\alpha+\beta$ 时，α 中会析出 β，而 β 中会析出 α，前者浓度增大，而后者浓度降低，所以随着脱溶相粒子半径 r 的减小（$r_1<r_2<r_\infty$），α 和 β 的固溶度线都分别向着相图中间而移动。由此可见，在 α 和 β 交互析出的条件下，不仅母相的固溶度在变化，而且脱溶相的成分也可能发生变化。

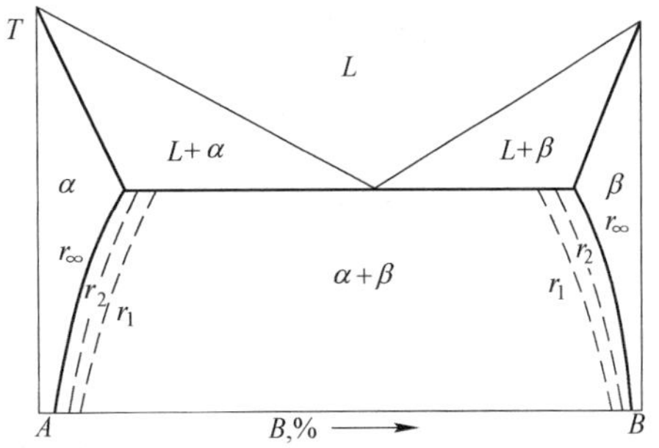

图8－20　脱溶相的粒子半径 r 对固溶度线的影响

总之，一般相图中的固溶度线只能判别过饱和固溶体脱溶过程所能达到的最终趋向，而不能作为成分变化的依据。在脱溶过程中，特别是在时效过程中，由于脱溶序列的进程不同，以及各脱溶产物——GP区、过渡相或平衡相的粒度大小（即分散度）的不同，会使固溶度线的位置在一个相当大的范围内而偏移，这种偏移返回来又在一定程度上影响着脱溶进程和脱溶相的成分、结构和组织，因而会使合金的性能也在一个相当大的范围内而变化。

四、脱溶后的组织

对连续脱溶来说，除非在脱溶过程中有伴生的再结晶或其它相变发生，否则母相的组织形态是不会发生多大变化的，所以在这种情况下，脱溶后的组织基本上完全取决于脱溶产物的大小、形状和分布。

脱溶相在基体 α 中的分布，粗略分，大致有两类：均匀分布和不均匀分布。前者是由普遍脱溶产生的，即在脱溶过程中，新相的形核和成长遍及基体 α 的各个部位，无论晶内或晶界都几乎同时进行脱溶，而且脱溶速率也相近；后者是由局部脱溶或不均匀脱溶引起的，核心大多集中在一些特殊区域，例如，晶界、亚晶界、滑移带或位错，并在这里较快地成长，这样，最后便得到很不均匀的组织，脱溶相或沿晶界分布而成网状组织，或在母相内沿某些特定的晶面分布而成魏氏组织，或介于网状和魏氏组织之间的各种不均匀组织。一般来说，当合金成分已定时，过饱和度或过冷度是影响组织的重要因素。过饱和度或过冷度较小时，或冷却较慢时，有利于局部脱溶；反之，则有利于普遍脱溶。

脱溶相的形貌随合金和脱溶条件的不同，可以是多种多样的，例如，有球状（或粒状）、块状、片状、针状、棒状、规则几何图案状或树枝状等等。

影响脱溶相形貌的因素相当复杂，除了第二节已讨论过的应变能和界面能的作用在这里同样适用外，脱溶过程中的扩散条件对新相形貌也起很重要的作用。例如，当界面附近浓度梯度较平缓、扩散距离较大，因而扩散进行较缓慢时，新相多易成长为粗块状或等轴状；反之，若浓度梯度较陡、扩散路途短、扩散较快时，新相多易成长为细棒状或针状；介于这两种情况之间时，新相易成长为柱状。这个关系可示意性地用图8－21来表示。这里设由 γ 相中脱溶出成分为负的 α 相，γ 的平衡浓度为 C_γ，脱溶相的浓度为 C_α，C_0 代表 γ 相的原始浓度。浓度梯度的大小，实际上也反映了 γ 相的过饱和度的大小。所以过饱和

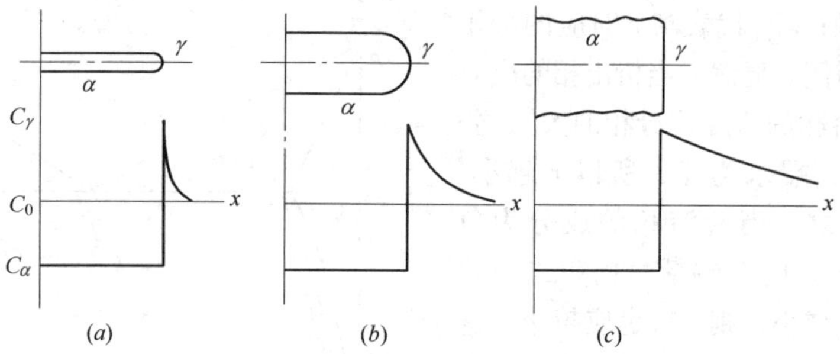

图 8－21　相界面浓度梯度变化时，脱溶相形貌的变化

（*a*）针状；（*b*）柱状；（*c*）粗块状

度大时，有利于形成针状。

当新相沿母相晶粒界扩散成长较快时，新相形貌会受晶界形状的制约，而形成与晶界形状相似的形貌，称之为仿晶界形，如图 8－22（*a*）所示，网状组织多属这一种。当沿母相晶内某些面或方向扩散成长较快时，易于形成片状或针状的魏氏组织，如图 8－22（*c*）所示。魏氏组织的脱溶相，既可单独在晶内产生，也可由晶界开始向晶内发展，还可以由仿晶界状的脱溶相的一侧向晶内成长。除此而外，脱溶相还可以形成粗块状而在晶界或晶内任意分布，如图 8－22（*b*）所示。

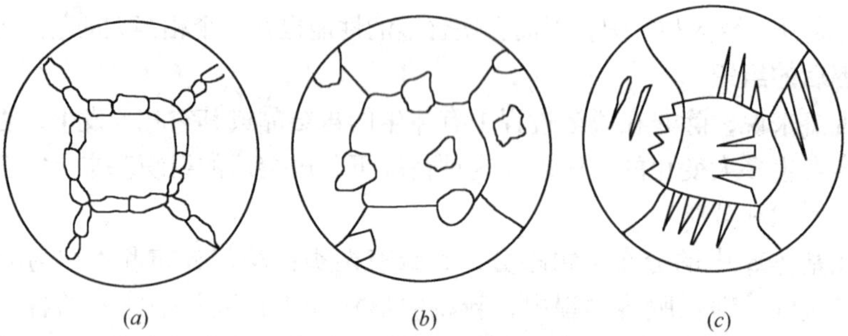

图 8－22　脱溶相的几种形貌

（*a*）仿晶界形；（*b*）粗块状任意形；（*c*）魏氏组织片状（或针状）

脱溶相的粒度（或分散度）大小，随条件的不同，可以在一个很大的范围内变化，小自十几个 Å，大至零点几个毫米，也就是说，其尺寸变化范围可达 5～6 个数量级。这就为人们展示出一个调节或控制粒度大小的广阔领域。

影响粒度大小的因素是多方面的，除了脱溶序列在结构方面的因素外，还有母相 α 的结构、组织和过饱和度，淬火温度和速度以及时效温度和时间等因素的影响。一般来说，过饱和度越大或过冷度越大，则所得粒度也应越小。但在一定温度下，粒度还可以随时间而增大，而且温度越高，时间的作用也越显著。提高淬火温度和加大淬火速度，可以加速时效过程的进行，因而和提高时效温度及延长时效时间有相似的效果。

五、脱溶相的聚集和形貌转化

脱溶过程完成后，即新相已充分析出而母相也基本达到其平衡浓度后，如果再延长时间或提高温度，就会发生新相的聚集长大和形貌转化过程。通过这个过程，小粒子溶解，而大粒子长大；针状、片状或其它不规则形状的粒子将逐渐向着类球状、球状或规则形状而转化。除此而外，在一些合金中还发现由非规则的组织转化为规则组织的现象。为什么会发生这些现象呢？下边讨论。

在本节第三段曾讨论过新相粒子半径的大小和固溶度的关系，由公式（8－9）可知，如果脱溶相的成分为正，并为球状，那么粒子半径越大，则与其相平衡的母相浓度必将越低。这说明，当脱溶相粒子大小不均匀时，母相的浓度也将不均匀，大粒子周围的浓度低，而小粒子周围的浓度高，如图 8－23 所示。这种不均匀性，对相应的粒子来说是平衡的，但从整体来看，是不平衡的。所以如果条件允许，那么就会发生溶质原子由小粒子周围向大粒子周围扩散，这样，就破坏了它们各自的平衡关系。平衡关系的恢复只能是小粒子溶解，而大粒子长大。显然，只要粒子尺寸有差别，扩散能够进行，那么这个过程就可以不断地进行下去。而且由于随着时间的延长，粒子尺寸的差别将逐渐增大，所以若其它条件不变，那么这个过程将会越来越快，直到大粒子周围的小粒子完全溶解为止。由此可见，随着时间的延续，粒子的平均直径将会越来越大，而粒子间的平均距离也将随之而越大，即其分散度不断减小。当然，随着分散度的减小，扩散途径便拉长了，聚集长大过程也就因之而减慢下来，直到一定阶段后，便基本停止了。这说明，在一定的扩散条件下，例如当温度一定时，脱溶相的粒度具有一个大致稳定的平均值。温度越高，这个平均值应越大；反之，温度越低，则这个稳定平均值应越小。

图 8－23　脱溶相粒度大小对母相平衡浓度的影响

同理，就一个粒子来说，当这个粒子各处的曲率半径不一样时，则与其相接触的母相相应的浓度也不会一样，即曲率大处浓度高，曲率小处浓度低，这就会发生溶质原子由曲率大的地方向曲率小的地方扩散，并将导致前者溶解，而后者长大，即一个粒子细小尖锐部分将溶解，而粗大平钝部分将成长。最后，针状、片状的将逐渐变为块状、类球状或球状的，所以这个过程也叫球化。但实际表明，除非在完全各向同性的介质里，真正达到球状的情况并不多。甚至近年来发现，有的合金中还可以发生相反的转变。这说明影响形状转化的因素还是比较复杂的，界面能或扩散条件等只是部分因素，尽管它们常常会起主要作用。

例如，Ni－Al 合金的脱溶就很有趣。在这个合金中，往往在脱溶开始阶段即可产生平衡相 Ni_3Al，而不经过 GP 区或过渡相阶段。Ni_3Al 与基体成共格关系，并以球状的形式而任意分布在基体中，界面能很低，稳定性相当大。但是当升高温度或延长时效时间时，仍然可以发生聚集粗化过程。在这个过程中，随着粒度的增大，还发生形状和分布的变化。形状首先由球状变为立方体状，而后再由立方体状转化为棒状或片状；分布则先由任意分布而转化为沿基体〈100〉方向成列分布，再进而转化为按形状的不同而周期性的交替分布，即形成如同编织品似的有规则的组织，称之为调幅组织或编织组织。图 8－24 举

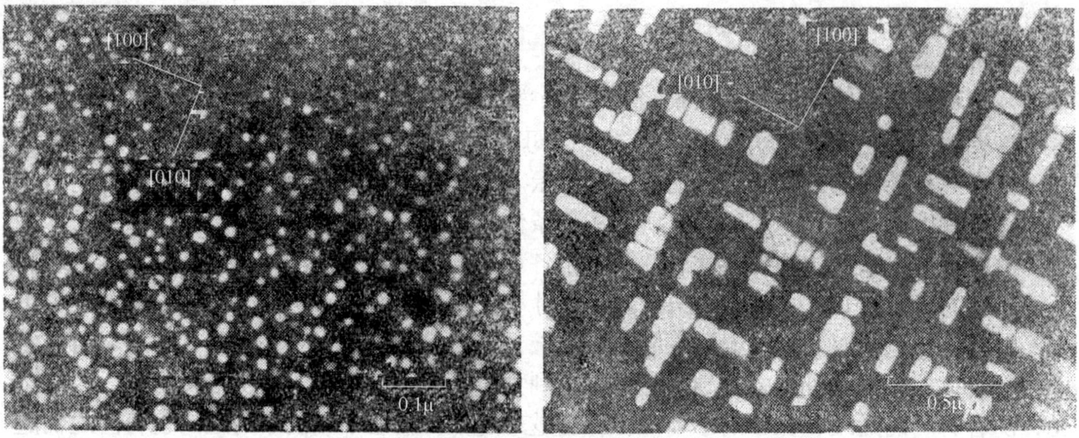

(a) (b)

图 8－24 Ni－Al 合金中 Ni_3Al 聚集粗化过程中的形状和分布转化

（a）早期；（b）晚期（方块状与短棒状交织）

出了这一转化过程中的两张照片。分析表明，这样的组织分布，可使应变能减至最低值。可见，在 Ni_3Al 的聚集粗化过程中，应变能起了主导作用，而界面能则降为次要地位。除此而外，在另一些合金中，如 V－N、Nb－O、Ta－C 等间隙固溶体中曾发现，在脱溶开始阶段，新相即形成编织组织（成椭球形，长短轴交织分布），经聚集粗化后，其内部又可出现高密度的孪晶。总之，脱溶相形状和分布的转变还是一个较为复杂的问题，需要进一步研究。

六、脱溶强化

脱溶具有多方面的应用价值，脱溶强化则是其中最重要的一方面。例如，所谓时效强化已作为金属材料强化的重要工艺之一而广泛应用于生产中。

1. 时效硬化曲线

图 8－25 是几种含铜不同的 Al－Cu 合金经淬火后在 130℃进行时效时，硬度随时间的变化曲线，并同时标出了各合金的相应时效序列。比较各曲线不难看出：

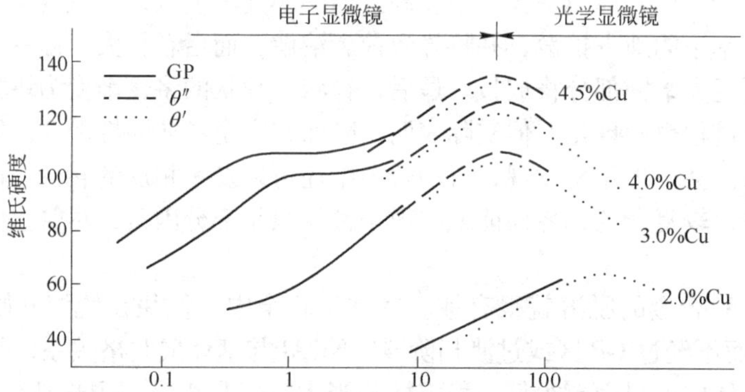

图 8－25 几种含铜不同的 Al－Cu 合金在 130℃时的时效硬化曲线

（1）各合金的硬度都随着时间而变化，这种变化既可以是连续的，也可以是阶段性的。硬度先是随时间而增大，直至达到最高值后，又随时间而逐渐降低（这种现象称为过时效）；

（2）合金的过饱和度越大，硬化开始越早（即孕育期越短），所达到的硬度峰值也越大；

（3）硬度峰值大多位于 θ″得到充分发展的阶段，当 θ′出现后，硬度即开始下降了；

（4）对过饱和度相当低的合金来说，硬度峰值位于 θ′得到充分发展的阶段，但其硬化效果较小。

由此可见，从脱溶序列来考虑，在 Al－Cu 合金中以 θ″的硬化效果最大。在这个前提下，θ″的分散度以及 θ″在基体中的密度越大，则其硬化的效果也应该越大，而 θ″的密度和分散度，显然是和合金的过饱和度密切相关的，后者一方面取决于合金的成分，另一方面取决于时效温度。成分的作用已如图 8－25 所示，时效温度的作用可用图 8－26 来说明。图 8－26 是同一成分的 Al－Cu 合金在不同温度的时效硬化曲线。可以看出，多数情况是，时效温度越低，所达到的硬度峰值将越大；升高温度，则适得其反。但从时效速度来看，时效温度越高，时效进行得越快。

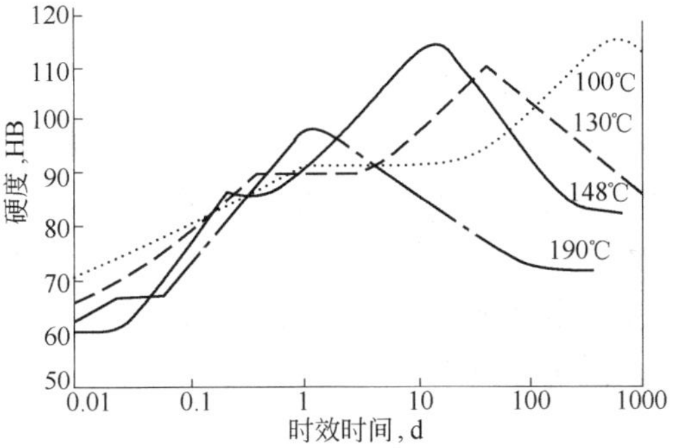

图 8－26　Al－4% Cu 合金在不同温度的时效硬化曲线

其它合金的时效硬化曲线基本上与 Al－Cu 合金相似，也成波形。合金所能达到的最大硬度峰值也都相当于共格的过渡相得到充分发展的阶段。

综上所述，从时效硬化曲线来看，凡是具有显著时效强化效果的合金都是在其脱溶序列中具有过渡相或 GP 区的合金。这类合金依靠时效强化所能达到的最高硬度或强度大都首先对应于共格过渡相得到充分发展的阶段，其次是 GP 区得到充分发展的阶段。在这个阶段，脱溶相是非常弥散的，除了用电镜外，靠一般光镜几乎什么也观察不出来。待到光镜能够明显察觉出变化时，硬度已经越过曲线峰值而显著下降了，即已经达到“过时效”阶段了。过时效既可以发生于平衡相的析出，也可以发生于过渡相共格界面的破坏和聚集粗化。因此，保证时效强化最大效果的必须条件应该是：（1）充分析出共格型的过渡相；（2）析出相的粒度应大致控制在 1000Å 以下，而且粒度越小，越有利于强化。对于时效序列中不出现过渡相的合金，可依靠 GP 区来强化，但效果略差。对既无过渡相、又无 GP 区的合金来说，平衡相也可以起一定效果，但必须保证粒子的弥散度，否则硬化的作用很小，甚至，相对于过饱和固溶体来说，有时反而会软化。然而要使平衡相的粒度达到与 GP 区或过渡相相似的粒度，是相当困难的，所以，除了少数特例外，一般较少利用平衡相来进行时效硬化。

2. 时效强化机理*

根据位错理论，金属和合金的硬度和强度是由影响位错的增殖、运动和交互作用的诸因素所控制的。所以探讨时效强化的机理也应该从这方面去着眼。首先是弥散分布的第二相质点究竟对位错的产生和运动起什么作用呢？这是一个解决时效强化机理的关键问题。这里介绍一些基本概念。

（1）位错的环绕作用：第二相质点与位错的交互作用之一是位错对质点的环绕作用。这可借图 8-27 来说明，其中图（*b*）为实际照片。当运动中的位错移近第二相质点时，如果质点的应力场与位错的应力场相同，那么质点将对位错发生反作用，阻碍位错向前运动，这样，位错将绕质点而弯曲，如图 8-27（*a*）中 t_1 和 t_2 所示，位错的弯曲需要额外增加应力，而且弯曲的曲率越大，所需应力也越大，这正和第五章第四节所讨论过的位错增殖机理相似（见图 5-23），只有随着应力的不断增大，位错才会继续弯曲，直到相向弯曲的两支相遇，并由于符号相反而部分相消时，如图 8-27（*a*）t_3 所示，位错将分裂为两部分：一部分环绕着质点，并借位错张力的作用逐渐由梨形而收缩为圆环形〔图 8-27（*a*）t_4〕；另一部分为主位错线，也逐渐由弯而直恢复到和 t_1 以前一样的状态。这样，每当有一条位错线横扫晶体的这个晶面后，就会在每个质点上增添一个位错环线。显然，质点上所积累的位错环线越多，相互作用力便越大，位错通过的阻力也越大。当环线密度达到一定程度后，位错就很难通过了。同时也不难理解，随质点间的间距 d 的减小，位错通过时，需要弯曲的程度将增大，这就要求增加更大的额外应力。由此可见，质点的分散度越大，对位错运动的抗力也越大。对给定合金来说，在一定条件下，第二相质点所占的总体积分数 f 是一定的，质点的半径 r 越小，其数量便越多，而质点之间的距离则应越小，即分散度越大，这个关系可定量地用公式

$$d = \left(\frac{2\pi}{3f}\right)^{1/2} r \qquad (8-10)$$

来表示。这说明质点之间的间距与质点半径成正比例，而与质点总体积分数的平方根成反比例。所以 r 越小，或 f 越大，则位错运动所遇到的抗力将越大；而质点的大小所起的作用比质点的总体积分数的多少所起的作用更强烈些。

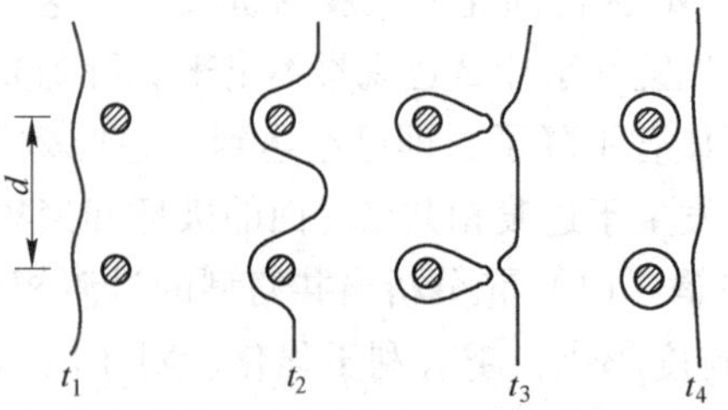

(*a*)

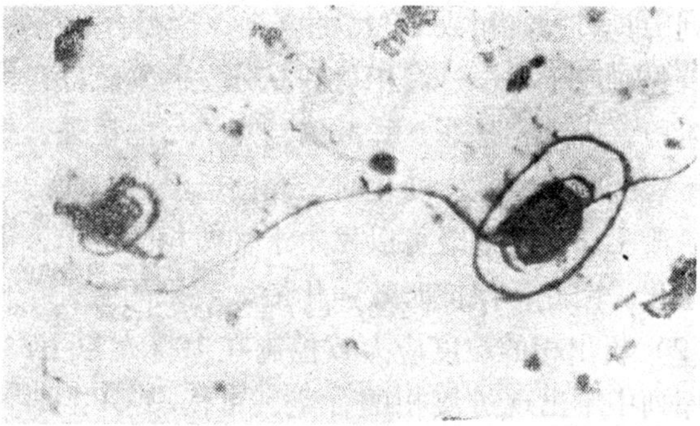

(*b*)

图 8-27　位错在第二相质点的环绕作用

（*a*）示意图；（*b*）Cu-30%Zn 合金中的实际照片，质点为 Al_2O_3

(2) 位错的切割作用：位错与第二相质点的另一交互作用是位错对质点的切割作用。这可由图 8－28 来说明，其中（*a*）为示意图，（*b*）为在 Ni－19% Cr－6% Al 合金中直接摄取的实际照片，质点为 Ni_3Al。如果运动中的位错，虽然遇到第二相质点的阻力，但仍然能够克服阻力并直接通过质点而进行滑移时，那么，质点将被位错切割为上下两部分，并沿切割面产生相当于柏氏矢量 b 的相对位移。这样，就使质点与母相之间增添了一部分新界面（图 8－28*a* 中影线部分），其面积约为 $22\pi rd$，且质点内部也可能产生新界面，例如产生反相有序界面，这在脱溶相为有序相时往往会产生。显然，无论增添哪一种界面，都需要额外做功，而尤其是产生反相有序界面，所需能量不可忽视，它有时甚至比一般无序界面能要高 10 倍。除此而外，位错通过质点内部时，还可能发生其它作用，例如：位错在质点中运动的阻力可以比在母相中大；质点与母相的滑移面不共面时，会产生位错割阶以及由于各种其它原因所引起的位错弯曲等，所有这些作用都需要额外增加能量。总之，位错切割第二相质点时，需要克服各种大大小小的阻力，这些阻力综合起来，组成了对形变的抗力。这种抗力的大小，除了受第二相的成分和结构的影响外，质点的大小和多少便起着很重要的作用。显然，质点的尺寸越大及数量越多，即公式（8－10）中的 f 和 r 越大，则其对形变的抗力也应越大。

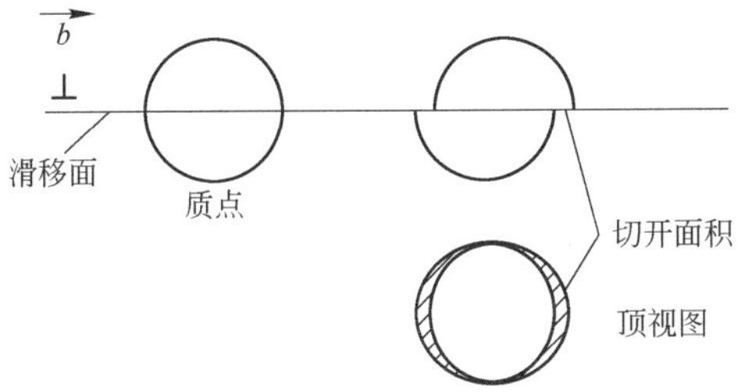

(*a*)

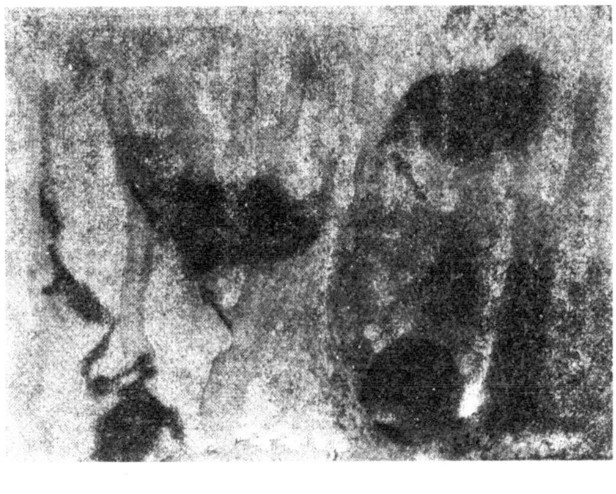

(*b*)

图 8－28　位错对第二相质点的切割作用

（*a*）示意图；（*b*）在 Ni－19% Cr－6% Al 合金中的实际照片，质点为 Ni_3Al

以上分别讨论了位错对第二相质点的环绕作用和切割作用对位错运动的阻力（即对形变的抗力）。同一的地方是，在两种机理中，抗力都随第二相质点总体积分数的增加而加大；不同的地方是，质点的大小所起的作用，在两种机理中正好相反，究竟哪一种机理适用于时效硬化，这就需要根据具体情况来分析。

一般来说，在时效初期，质点的大小 r 和体积分数 f 都随着时间同时在增大，直至达到某一平衡态后，f 即不再增加了，这时的 f 基本上可参考亚稳相图、借杠杆定律求出来。此后，只有质点的粗化过程，r 随着时间逐渐增大。在早期，质点的分散度很大，或 d 很小，环绕机理很难起作用，位错只能依靠切割而运动，所以位错运动的阻力将随 r 和 f 的增大而急骤增加。稍后，f 虽已定，但 r 仍在继续增大，因此阻力也在继续增加，但增加的速率降低了。当质点粗化到足够尺寸，即其间距足够宽时，环绕机理即开始起作用了，此后，位错运动的阻力将随质点的粗化而减小。对照时效硬化曲线上各阶段硬度的变化，可以看出上述分析基本上是合理的。从这里可以得出，在时效硬化过程中，质点间的间距 d 或其分散度是对硬化起关键作用的因素之一。一般来说，当 $d < 1\mu m$ 时，硬化最有效。至于共格质点之所以对硬化更有效固然与共格应变增加位错的阻力有关系，但另一方面，更与共格界面能低，质点不容易粗化有密切关系。而且共格质点的分布大多是比较均匀的，这也有利于提高强度。相反，非共格质点的分布大多是不均匀的，加上其成长快，起始尺寸就比较大，以后的聚集粗化过程又易于进行，所以非共格质点的时效硬化效果总是比较差的。

第二篇　碳钢、铸铁及热处理

第九章　铁碳相图和铁碳合金缓冷后的组织

钢和铸铁是国民经济和国防工业生产中最重要的一大类金属材料，它们是以铁为基础的合金。在各种钢和铸铁中总是或多或少地含有碳。在铁碳二元系中把含碳小于2.11%（重量）的合金称为钢，而把含碳大于2.11%的合金称为铸铁，但是工业用钢和铸铁除铁、碳外，还含有其它元素。碳是钢和铸铁中最重要的元素之一，为了研究上的方便，可以有条件地把碳钢和铸铁看成铁碳二元合金，在此基础上再去考查所含其它元素的影响。本章先研究铁碳二元合金。

第一节　纯　　铁

铁是元素周期表上第26个元素，原子量为55.85，属于过渡族元素。在常压下于1538℃熔化，2740℃气化。铁的密度是7.87g/cm^3。

固态的铁，在不同温度范围具有不同的晶体结构（多形性）。

铁在室温具有体心立方点阵，称为α铁，它是铁磁性的。

一般所谓的纯铁，多少总含有微量的碳，而这微量的碳对铁的力学性能影响却相当大。一般纯铁（譬如含碳0.001%～0.005%的多晶体铁）在室温的力学性能如下：

屈服强度（σ_s）：128～206MN/m^2（13～21kg/mm^2）

抗拉强度（σ_b）：275～314MN/m^2（28～32kg/mm^2）

面缩率（ψ）：70%～80%

冲击韧性（a_K）：1275～1962kJ/m^2（13～20kgm/cm^2）

硬度（HB）：70～80kg/mm^2

总的来看，在室温下纯铁非常柔韧，易变形，范性好，但强度低。

随温度升高，在770℃发生α铁的磁性转变。在770℃（居里点）以上，α铁的磁性消失。在铁碳相图中，α铁的磁性转变称为A_2转变，转变温度（770℃）标为A_2。在发生磁性转变时铁的点阵并不改变，磁性转变不属于相变。

非铁磁性的α铁能保持稳定到912℃，在此温度以上可转变为具有面心立方点阵的铁，称为γ铁。$\alpha-Fe \rightleftharpoons \gamma-Fe$转变称为$A_3$转变，转变的平衡临界点称为$A_3$点。在非平衡的加热和冷却时，相变不在$A_3$发生，加热时在$A_3$以上某一温度发生，冷却时在$A_3$以下某一温度发生。而且，加热或冷却的速度愈大，实际发生相变的临界点偏离A_3的温度间隔也愈大。这种现象称为相变的温度迟滞，它具有重要的实际意义。顺带指出，α铁的磁性转变没有转变温度迟滞现象。为了把非平衡加热或冷却时的临界点（以后称加热、冷却时的临界点）与平衡的临界点（A_3）加以区分，分别用下标 c 和 r 来标注加热和冷却时实际发生相变的临界点，写作 A_{c3} 和 A_{r3}。相图上所给的是平衡的临界点，例如 G 点所表示的是纯铁的 A_3 温度（912℃）。

温度继续升高，超过1394℃时，纯铁将再次转变为体心立方点阵，后者能一直保持稳定到铁的熔点1538℃。这个在较高温度范围内出现的具有体心立方点阵的同素异形体称为 δ 铁。$\gamma-Fe \rightleftharpoons \delta-Fe$ 相变称为 A_4 相变，平衡的临界点标为 A_4。在1538℃以上，纯铁由固态变为液态。

纯铁的多形性转变具有很大的实际意义。因为钢的性能的多样变化是由于能够对它进行合金化和热处理，而合金化的基础和热处理的可能性是铁碳合金的固态相变，后者来源于铁的多型性转变。

纯铁的室温组织是纯铁经过结晶和固态相变以后得到的结果。纯铁从液态缓慢冷却到室温得到冷却曲线如图9－1所示。纯铁结晶后所得到的组织如图9－2示意图。图9－2（a）表示通过结晶所形成的初生 δ 铁晶粒；图9－2（b）表示经过重结晶（A_4 相变）后，初始的 δ 铁晶粒被改造为 γ 铁晶粒；最后，图9－2（c）表示又经过一次重结晶（A_3 相

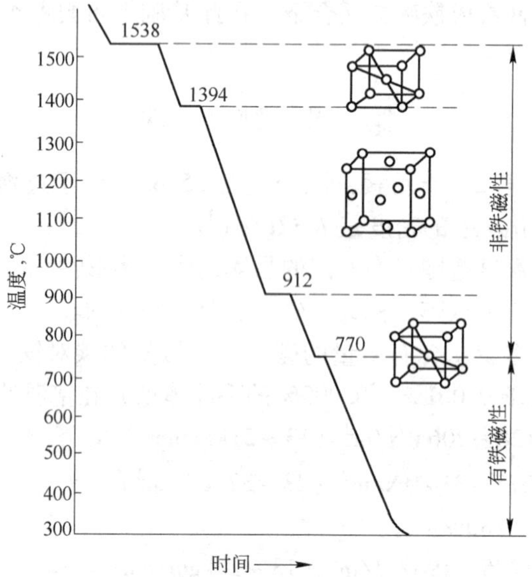

图9－1　铁的冷却曲线

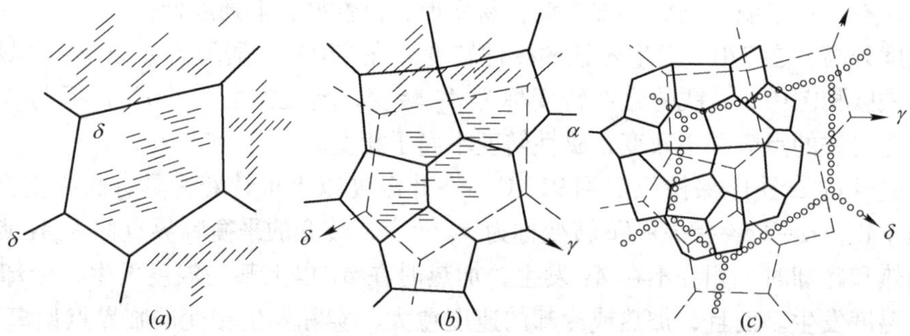

图9－2　纯铁结晶后的组织

（a）初生的 δ 铁晶粒；（b）重结晶后的 γ 铁晶粒；（c）室温组织——α 铁晶粒

变）后得到的室温 α 铁晶粒。α 铁的晶粒大小直接与 A_3 相变的条件有关。不过，可以指出，重结晶的温度越低，重结晶后晶粒就越细小。这就使铁有可能借助于重结晶细化晶粒，改善组织。

第二节　铁的碳化物

当铁碳合金的含碳量超过铁的溶解度时，多余的碳将以碳化物的形式存在于合金中。铁和碳可以形成一系列碳化物，如表 9－1 所示。

表 9－1　铁的碳化物

名　称	化学式	晶系或对称性	点阵类型
…	Fe_4C	立　方	…
θ（渗碳体）	Fe_3C	正　交	Fe_3C
ε	$\varepsilon-Fe_{2\sim3}C$	六　角	Ni_3N
χ（Hägg 碳化物）	$Fe_{2.2}C$ 或 Fe_5C_2	单斜（底心）	Mn_5C_2
…	Fe_7C_3	六　角	Fe_3Th_7
…	$Fe_{20}C_9$	正　交	…
…	Fe_2C（?）	六角或斜方	…

θ 碳化物又称渗碳体，一般用化学式 Fe_3C 表示。不过，渗碳体成分严格与化学式 Fe_3C 相符这件事并未经过充分证明。有人指出，当温度超过 800℃，渗碳体中铁原子有较多的缺位。不同作者所报道的关于渗碳体成分和点阵常数的数值也有出入。渗碳体是一种具有复杂晶体点阵的间隙化合物，属于正交晶系，其晶胞见图 9－3。如图所示，渗碳体晶胞（正交晶系）的八个顶点由碳原子占据。晶胞中还包含有其它碳原子$\left(\text{底心、体心和}\frac{c}{2}\text{处}\right)$。每个碳原子由六个紧邻铁原子围绕，联结这些铁原子的中心将得到一个八面体。碳原子填在铁原子八面体中心空隙中。渗碳体中各个八面体的轴并不与晶轴平行而是倾斜一定角度。处在八面体顶端上的铁原子实际上是为相邻的两个八面体所共有。所以，就渗碳体中任一个八面体来计算，不难看出，渗碳体中铁原子和碳原子之间数目之比为

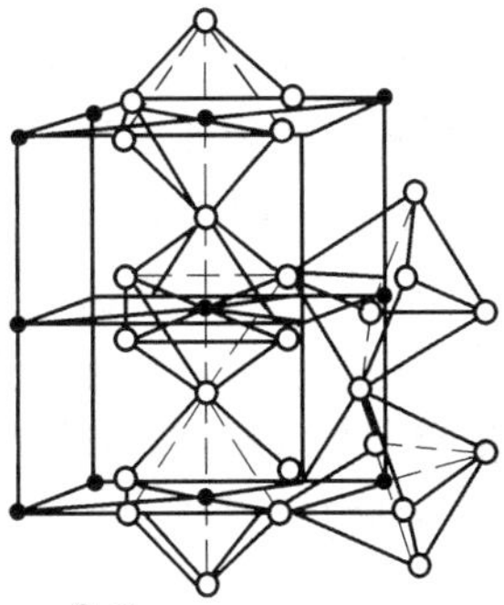

图 9－3　渗碳体的晶胞

$$\frac{Fe}{C}=\frac{\frac{1}{2}\times 6}{1}=\frac{3}{1}$$

在渗碳体的各个铁原子之间作用着纯粹的金属键。铁原子和碳原子之间键的性质尚未精确判明，看来也是以金属键为主。渗碳体具有金属特性（导电性、金属光泽等），和其它碳化物、氮化物一起属于金属化合物，以区别于钢中的非金属化合物（夹杂物），如氧化物，硫化物等。

渗碳体能溶解其它元素形成固溶体。在形成固溶体时小原子（如氮）处于碳原子的位置，金属原子（如锰、铬等）处于铁原子的位置。这种以渗碳体为基的固溶体称为合金渗碳体，写作（Fe、Me)$_3$C。合金钢中常有合金渗碳体出现。

渗碳体的硬度很高（HB≈800），很易刻划玻璃，但范性很差，特别是在游离状态下，范性几乎等于零。但是，在特殊的条件下，例如当它为范性良好的基体所包围时，在三向压缩应力的作用下，仍可表现出一定的范性。渗碳体在低温时略有铁磁性，此铁磁性在210℃以上消失。在铁碳相图中渗碳体的磁性转变温度（居里点）标注为A_0（210℃）。根据理论计算的结果，渗碳体的熔点为1227℃。

χ碳化物又称Hägg碳化物。一般用化学式$Fe_{2.2}C$或Fe_5C_2表示。它可用CO气体对纯铁在225℃进行渗碳时形成，稍微提高渗碳温度便有θ出现；直到400℃或400℃以上，则只有θ碳化物（渗碳体）形成。χ碳化物具有底心单斜点阵，与Mn_5C_2同型。χ碳化物的居里点为247℃。这一事实使得有可能通过测定碳化物的居里点来鉴别碳化物的类型。

在铁的碳化物中，ε碳化物也比较常见。有人指出，对铁粉在250℃以下用CO气体进行渗碳，可以得到ε碳化物。再者，当过饱和的α铁在250℃以下加热（回火或时效）时，从α铁固溶体中有沉淀物析出，这种弥散析出物经鉴定就是ε碳化物，它具有密集六角点阵，与Ni_3C同型。ε碳化物的居里点为370℃，比θ和χ两种碳化物的都要高些。ε碳化物的成分约在$Fe_{2.4}C$附近变化，其理论分子式至今尚未确定，通常写作$Fe_{2.4}C$、$Fe_{2\sim3}C$或Fe_xC，它是个亚稳相，在温度较高时，将转变为热力学上更为稳定的碳化物相χ或θ。

关于χ和θ这两种碳化物的稳定性的相对大小，有实验指出，在较低温度χ碳化物的热力学稳定性要比θ碳化物的高。而在较高温度，则反转过来，θ将比χ稳定，在降低温度时，θ碳化物在某个温度以下有可能转变为χ碳化物。此转变（分解）的临界温度在230~350℃之间。在铁碳相图中，暂定为230℃。θ向χ的转变，由于临界温度很低，所以转变速度很慢。只有在极其缓慢冷却或长时间在临界点以下保温的条件下才能观察到这个转变。在忽略θ向χ转变的情况下，认为渗碳体可以一直稳定存在到室温，并将渗碳体作为一种组元看待，这样绘出的铁碳相图就是通常广泛应用的$Fe-Fe_3C$相图。

如上所述，在较高温度，渗碳体的热力学稳定性比其它两种碳化物χ和ε的都高。所以，在温度和时间许可的情况下，ε和χ这两种碳化物将转变为渗碳体。然而，渗碳体本身也并不是完全稳定的。实验指出，在较高温度长时间保温的条件下，渗碳体会按照以下反应发生分解，形成石墨：

$$Fe_3C \longrightarrow 3Fe + C\ （石墨）$$

可见，相对于石墨而言，渗碳体仍然是一个亚稳相。

总之，铁中的碳可以和铁形成一系列稳定性不同的相。在同一温度，这些稳定性不同的相各自在铁中的溶解度理应是不同的。相的热力学稳定性愈低，它在铁中的溶解度将愈高。铁的溶体与热力学稳定性不同的相之间分别存在着不同的平衡关系并构成不同的相平衡图，其中最常用并具有重要实用价值的是$Fe-Fe_3C$相图和铁－石墨相图。本章仅限于讨论$Fe-Fe_3C$相图。以后讲述铸铁时再介绍铁－石墨相图。

第三节　铁 碳 相 图

铁碳相图（$Fe-Fe_3C$平衡）如图9－4所示。图中各点的温度和含碳量列于表9－2。

铁碳相图由包晶反应（左上部）、共晶反应（右上部）和共析反应（左下部）这样三个部分连接而成。包晶反应部分和铁素体相区如图9－5所示。

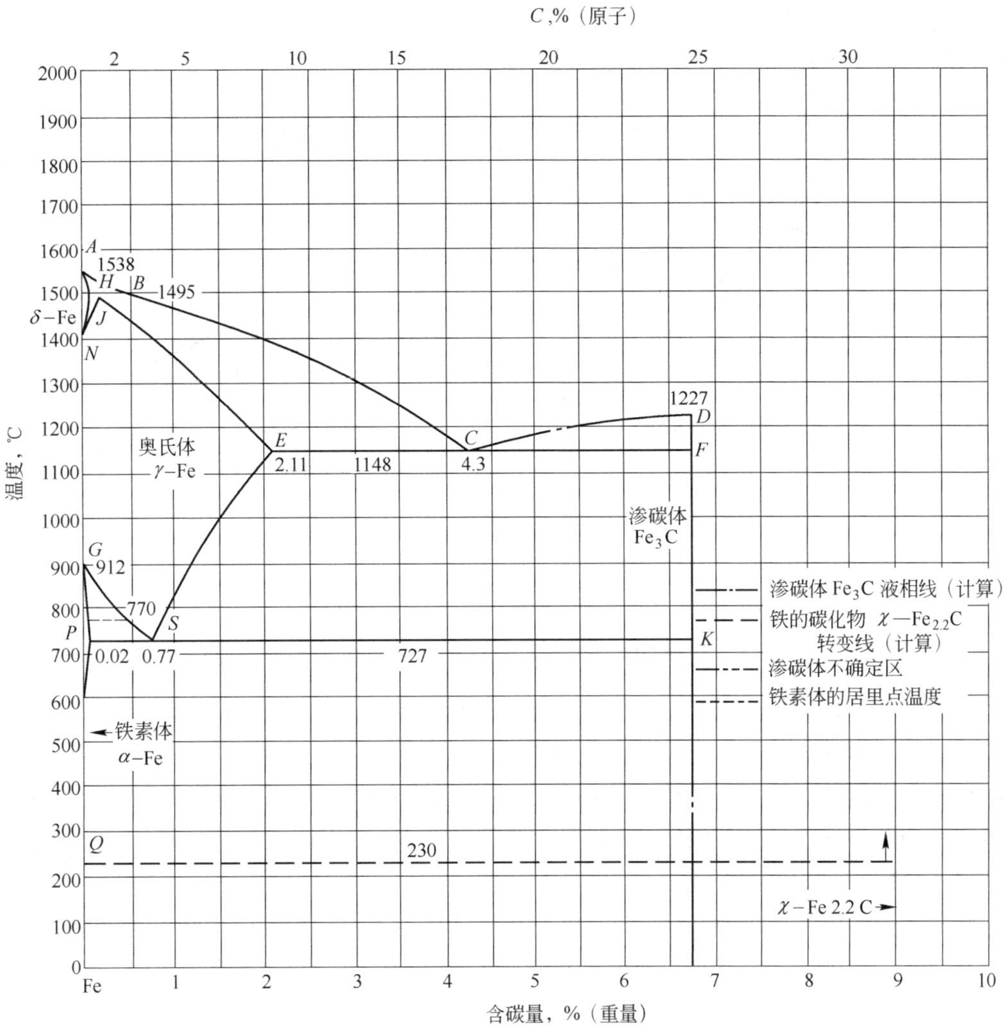

图 9-4　铁碳相图

表 9-2　铁磁相图中各点的温度和含碳量

点的符号	温度（℃）	含碳量（%重量）	点的符号	温度（℃）	含碳量（%重量）
A	1538	0	*D*	1227	6.69
B	1495	0.53	*G*	912	0
H	1495	0.09	*P*	727	0.0218
J	1495	0.17	*Q*	300℃以下	<0.001
N	1394	0	*S*	727	0.77
E	1148	2.11	*K*	727	6.69
C	1148	4.30	—		
F	1148	6.69	—		

在铁碳合金系统中所出现的单相区，除了液相（液溶体）、渗碳体和 χ 碳化物外，还有碳在铁中的固溶体 α、δ、γ；α 和 δ 分别称为铁素体和 δ 铁素体，γ 称为奥氏体。

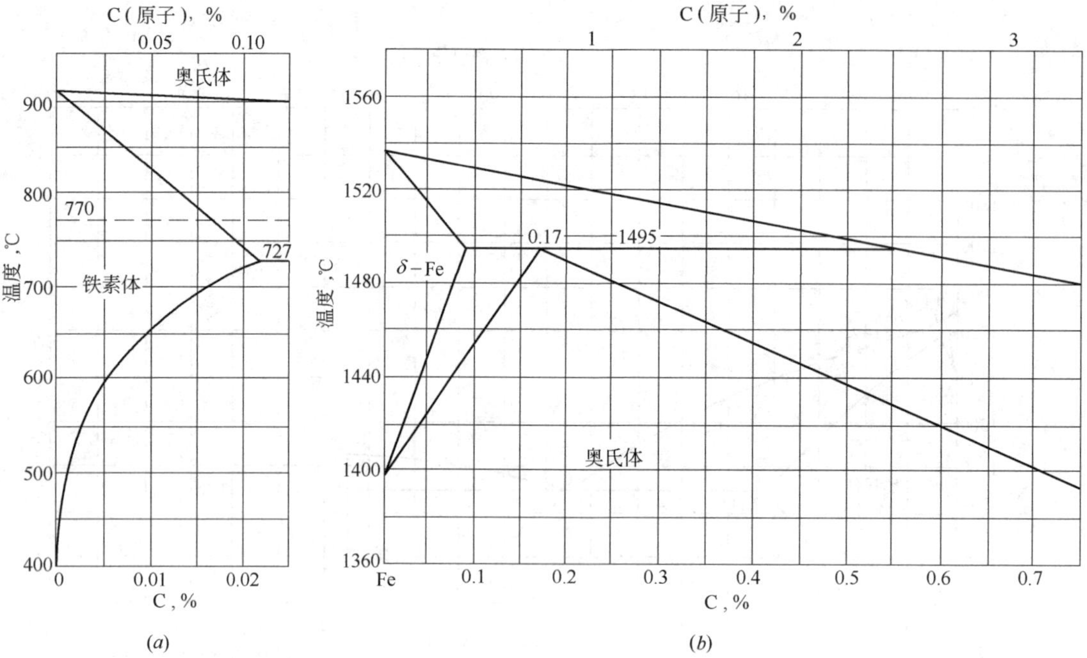

图9－5　铁碳相图的铁素体相区（a）和包晶反应部分（b）

由图9－4可以看出，碳对铁的相变温度的影响特点是，碳使 A_3 点降低（由 G 点变为 GS 线），而使 A_4 点升高（由 N 点变为 NJ 线）。即由于碳的影响，使 γ－Fe 的稳定温度区间加宽，同时使 δ 铁素体和铁素体的稳定温度区间变窄。另外，碳引起铁的熔点降低，这表现在相图中 δ 铁素体的液线 AB 和奥氏体的液线 BC 的走向上。

以下介绍几个相区的特点。

碳在 δ－Fe 中的固溶体——δ 铁素体在相图中占有相区 AHN。δ－Fe 对碳的最大溶解度为0.09%（H 点）。在1495℃存在包晶反应：

$$\delta \text{铁素体}_H + L_B \longrightarrow \gamma - Fe_J$$

即在此温度 δ 铁素体（0.09% C）、液相（0.53% C）和奥氏体（0.18% C）三相共存。

在1495℃以下，随着含碳量增加合金的熔点不断降低。奥氏体的液线 BC 在 C 点与渗碳体的液线 DC 相遇。DC 线是根据理论计算的结果绘出的，所以在图9－4中表示为点划线。在 C 点温度（1148℃）出现共晶反应：

$$L_C \longrightarrow A_B + Fe_3C$$

反应时，液相 L_C（4.30% C）奥氏体 A_B（2.11% C）和渗碳体（6.69% C）三相共存。

在共晶温度以下，随着温度降低，渗碳体在 γ－Fe 中的溶解度不断降低，即奥氏体对渗碳体的溶解度沿 ES 线变化。ES 线又称 A_{cm} 线，下标 cm 代表渗碳体。A_{cm} 线在 S 点与奥氏体对铁素体的溶解度线 GS 相遇。此 GS 线是在碳的影响下由 G 演变而来，又称为 A_3 线。相图上 E 点给出了奥氏体的最大溶碳量（与渗碳体平衡时），此时溶解碳2.11%，原子百分数相当于9.10%。这就是说，在奥氏体具有最大溶碳量时，铁原子数与碳原子数之比差不多是10∶1，相当于每2.5个面心立方晶胞分摊一个碳原子。

A_3 线和 A_{cm} 线的汇合点 S 是奥氏体所能达到的最低稳定温度，在这个温度（727℃）下出现共析反应

$$A_S \longrightarrow \alpha_P + Fe_3C$$

反应时，奥氏体 A_S（0.77% C）、铁素体 α_P（0.0218% C）和渗碳体（6.69% C）三相共存。

在共析温度727℃，铁素体对碳的溶解度最大（0.0218% C）。在共析温度以下，随着温度降低，铁素体对碳的溶解度（与渗碳体保持平衡时）沿 PQ 线而减小。至室温时，铁素体中的溶碳量 <0.001% C。

比较 P、E、H 三点的含碳量，可以看出：当铁具有面心立方点阵时，对碳有可观的最大溶解度；但是，当铁具有体心立方点阵时，对碳的最大溶解度却很小。这种情况是点阵类型引起的后果。至于 δ 铁素体的最大溶解度超过了铁素体的最大溶解度显然是与温度的差别有关。

奥氏体的溶碳量与铁素体的有巨大差别，这一点具有重要的实际意义。钢的热加工和热处理正是利用了这个特点；钢的性能特点和多样的变化也是有赖于此。

第四节　铁碳合金的凝固

按照液固转变的性质，铁碳合金的结晶分为以下三种类型：固溶体结晶、包晶结晶和共晶结晶。这些结晶过程的一般特点在第四章已经讨论过了，这里就不同含碳量的合金的结晶再具体加以说明。

一、钢（含碳 <2.11% 的铁碳合金）**的结晶过程**

图9-6（a）给出了相图左上角具有包晶反应的部分。

首先研究含碳小于0.09%（H 点）的合金Ⅰ的结晶过程。合金Ⅰ的热分析冷却曲线如图9-6（b）所示。

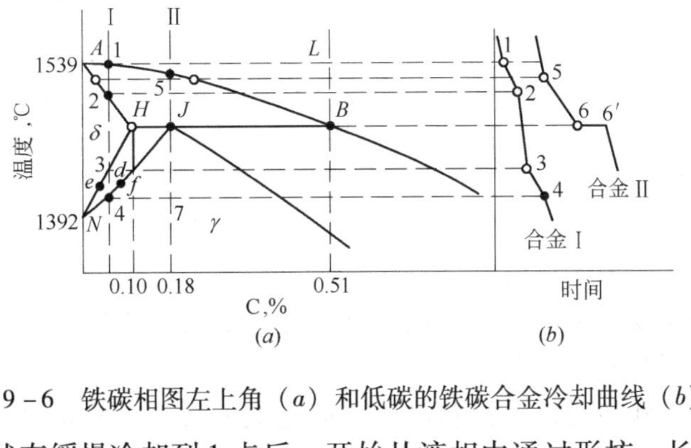

图9-6　铁碳相图左上角（a）和低碳的铁碳合金冷却曲线（b）

合金Ⅰ在液相状态缓慢冷却到1点后，开始从液相中通过形核、长大析出 δ 铁素体。在冷却过程中，δ 铁素体的量逐渐增多，δ 铁素体的成分沿固线 AH 变化；同时，液相的量逐渐减少，其成分沿 δ 铁素体的液线 AB 变化。冷却到2点，液相耗尽，结晶完毕。合金Ⅰ的初生结晶组织，与纯铁相似，是单相 δ 铁素体（体心立方点阵）。

合金Ⅰ所形成的 δ 铁素体在点2-3的温度范围内是稳定的。但当温度降低到3点后，进入 $\delta+\gamma$ 两相区。在稍低于3点的温度开始从 δ 铁素体中析出奥氏体（在 δ 铁素体晶界

形核并长大）。在 d 点温度，奥氏体的成分为 f，δ 铁素体成分为 c。两相的相对量由杠杆定律确定，即 $\gamma/\delta = ed/df$。进一步冷却到 4 点后，δ 向 γ 的固态转变进行完毕，此时合金组织已变为单相奥氏体。

再来研究合金Ⅱ（含碳 0.18%）的结晶过程。合金Ⅱ的热分析冷却曲线如图 9－6（b）。在结晶过程的初期，所发生的变化与合金Ⅰ的初期相同，即由液相析出 δ 铁素体。在 J 点温度，发生包晶反应。反应前，合金由 B 点成分（0.53%C）的液相和 H 点成分（0.09%C）的 δ 铁素体组成，这时，δ 铁素体的相对量可由杠杆定律求出。

$$\delta\% = \frac{0.53 - 0.18}{0.53 - 0.09} \times 100\% = 79.5\%$$

进行包晶反应时，沿 δ 相与液相的界面产生奥氏体，奥氏体向液相和向 δ 相两个方向长大。包晶反应终了时（冷却曲线上 6′点），δ 相与液相同时耗尽，合金变成了单相奥氏体。合金Ⅱ的结晶过程如示意图 9－7 所示。

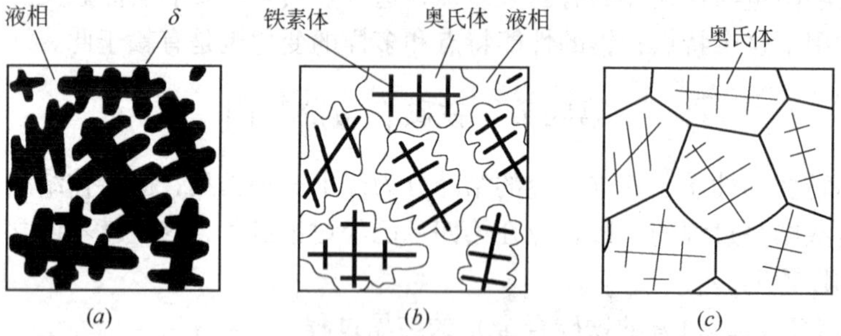

图 9－7　含碳 0.18% 合金的包晶反应的组织

（a）反应前；（b）反应中；（c）反应后

含碳量在 0.09% 到 0.18% 之间的合金，在包晶反应前，δ 铁素体的量超过了 79.5%，这样，在包晶反应过程中，当液相全部结晶后，仍将残留一部分 δ 相，这部分 δ 相在随后的冷却过程中，通过多型性转变而变成奥氏体。

而含碳量在 0.18% 到 0.53% 之间的合金，在包晶反应前，δ 相的量少于 79.5%，这样，在包晶反应过程中，当 δ 相消失时，仍将残留一定量的液相，这部分液相在随后的冷却过程中结晶成奥氏体。

总之，含碳量低于 0.53% 的合金，虽然，初生的晶体是 δ 铁素体，但最后都要转变成奥氏体。依含碳量的不同，初生的 δ 铁素体，或者通过多型性转变、或者通过包晶反应、或者既通过包晶反应又通过多型性转变而变成奥氏体；而液相则通过参加包晶反应或者还通过直接结晶而变成奥氏体。

δ 铁素体的形成和转变以及因包晶反应而造成的合金元素的严重偏析对某些高合金钢的组织和性质有显著的影响；而某些低碳钢钢锭或铸件的热裂可能与 δ 向 γ 的转变有关。有人认为，在初生的凝固层中（晶体已连接，但晶粒之间仍有液相存在）发生包晶反应时，由于 δ 相变成 γ 相伴随着比容变化，而引起的内应力有可能导致裂纹。

含碳量在 0.53%～2.11% 之间的合金，在结晶过程中直接凝固成初生的奥氏体组织。

铁碳合金中的奥氏体，也是一个在较高温度才能稳定存在的相，降温后奥氏体还将转变为其它组织，所以在一般情况下，在室温观察不到它。但是，采用热处理或合金化措施，有可能将奥氏体部分或全部地保留到室温，因而能很方便地在室温进行研究。

二、铸铁（含碳量 >2.11% 的铁碳合金）**的结晶过程**

图 9 – 8 给出相图的共晶反应部分以及共晶合金、亚共晶合金、过共晶合金的热分析冷却曲线。

含碳 4.30% 的共晶合金结晶时只发生共晶反应：$L_C \rightarrow \gamma_E + Fe_3C$。这一反应可在 1148℃或略低于 1148℃的温度下进行。反应后所得到的由奥氏体和渗碳体组成的共晶组织称为莱氏体。在莱氏体中，渗碳体是连续分布的相，奥氏体呈颗粒状分布在渗碳体的基底上。而渗碳体性质很脆，所以莱氏体就成为范性很差的组织。

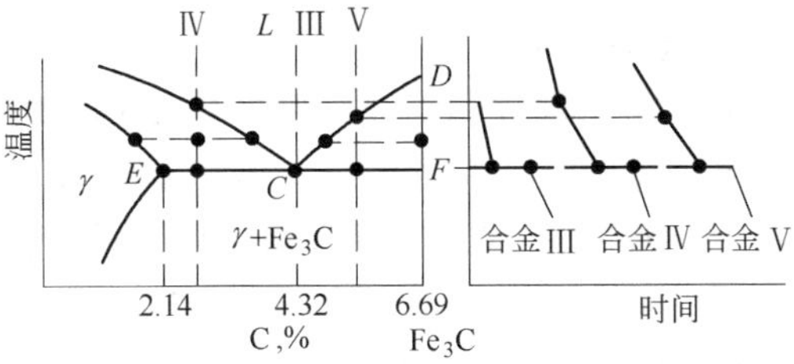

图 9 – 8　铁碳相图共晶反应部分及高碳合金（铸铁）

亚共晶合金结晶时，在共晶反应前先形成奥氏体。而过共晶合金——先形成渗碳体，这种由液相结晶出的渗碳体称为一次渗碳体。先共晶组织（奥氏体或一次渗碳体）和共晶组织的相对量，因合金含碳量而异，可由杠杆定律加以确定。

根据以上关于合金结晶过程的讨论，可以得出以下结论：含碳量小于 2.11% 的合金，在结晶和经过一些固态转变之后，均可变成单相奥氏体；而所有含碳量超过 2.11% 的合金，结晶后其组织中总会含有一定数量的莱氏体。

合金在高温时组织上的这种差异，造成了合金在工艺性能和力学性能方面的极大不同。含碳小于 2.11% 的铁碳合金，高温时处于范性很好的单相奥氏体状态，因而使得合金能够接受锻造、轧制或其它热加工变形，这类合金称为钢。含碳超过 2.11% 的合金，组织中有莱氏体存在，合金的范性差，难于承受热加工变形，但是，这类合金熔点较低，同时由于共晶结晶的缘故，合金的铸造性能好，因此，这类合金便成了优良的铸造材料，这类含碳大于 2.11% 的合金称为铸铁。

第五节　合金在缓冷过程中的固态转变和室温组织

在工程上，按照铁碳相图上以下五个点，把铁碳合金划分为七类，这五个点是：*P*（0.0218%C）、*S*（0.77%C）、*E*（2.11%C）、*C*（4.30%C）和 *F*（6.69%C）。所划分出的各类铁碳合金的名称、含碳量范围和室温平衡组织如表 9 – 3 所示。

合金的组织是各种相变过程的综合结果。研究相变，目的在于分析合金组织的形成，以考虑其对性能的影响。在讨论了结晶过程后，再分别介绍各类合金当从高温缓慢冷却时所发生的固态转变以及所得到的室温平衡组织。

关于固态转变的一般规律已在第八章介绍过，这里再结合铁碳合金进行具体讨论。

表 9－3 铁碳合金的分类

总类	分类名称	含碳量范围（%）	室温平衡组织
铁	工业纯铁①	<0.0218	铁素体；或者铁素体＋三次渗碳体
钢	亚共析钢	0.0218～0.77	先共析铁素体＋珠光体
	共析钢	0.77	珠光体
	过共析钢	0.77～2.11	先共析二次渗碳体＋珠光体
铸铁	亚共晶铸铁	2.11～4.30	珠光体＋二次渗碳体＋莱氏体
	共晶铸铁	4.30	莱氏体
	过共晶铸铁	4.30～6.69	一次渗碳体＋莱氏体

① 有时把工业纯铁也归于钢类。

一、工业纯铁缓冷时的固态转变和组织

图 9－9 给出铁碳相图的左下角部分和工业纯铁的转变热分析冷却曲线。工业纯铁在高温（例如 1000℃）时呈奥氏体状态。缓冷时，当温度低于 A_3，发生 $\gamma \rightarrow \alpha$ 转变。这一转变在一个温度范围内进行。温度低于 *GP* 线，全部转变为铁素体。继续降温达到 *PQ* 线以前，工业纯铁保持着铁素体的稳定状态，不发生任何组织变化。温度低于 *PQ* 线后，铁素体变成过饱和的，于是从铁素体中析出渗碳体。这种由铁素体中析出的渗碳体称为三次渗碳体，以区别于从液相中析出的一次渗碳体和从奥氏体中析出的二次渗碳体。

析出三次渗碳体的开始温度随工业纯铁中含碳量减小而降低。而温度愈低，原子的活动性愈小，析出过程就愈缓慢，析出的三次渗碳体就愈细小弥散。当冷却速度不够缓慢时（如在空气中冷却），渗碳体的析出过程往往进行得不充分，因而，在室温下铁素体的含碳量往往或多或少是过饱和的，这样，合金在室温或稍高于室温温度长时间放置或使用时，就要继续进行三次渗碳体或其它类型碳化物的析出过程。不仅在工业纯铁中，而且还在各种不同含碳量的钢中都可能发生三次渗碳体的析出过程。关于三次渗碳体的金相形态，在讨论亚共析钢时再作介绍。

工业纯铁的显微组织如图 9－10 所示，照片上所显示的是形状不规则的铁素体晶粒，有时，在铁素体内部还可观察到一些细的网络，它们是亚晶界（图 9－10）。这种亚晶界

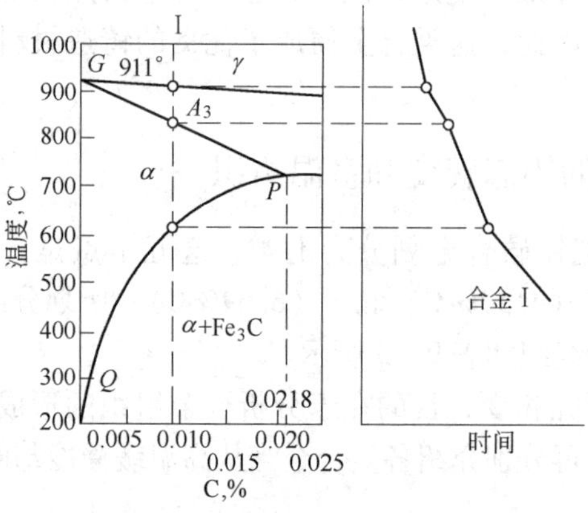

图 9－9 铁碳相图左下角部分和工业纯铁的转变冷却曲线

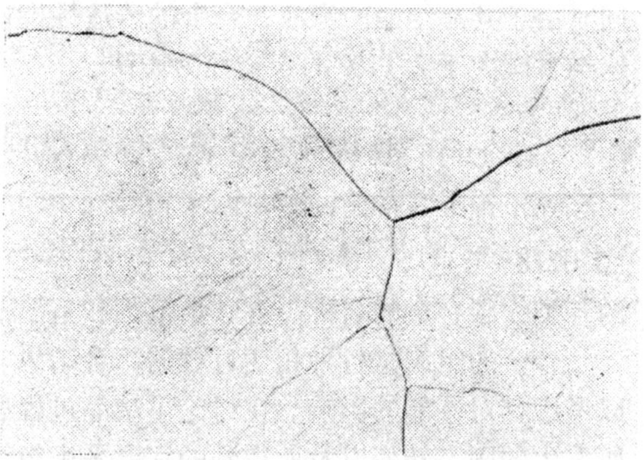

图 9－10 纯铁的显微组织（×200，四个相邻接的铁素体晶粒，晶粒内有亚晶）

网络一般来说，在大一些的铁素体晶粒内（当浸蚀较重时）较容易观察到。亚晶的出现，可能同 $\gamma \to \alpha$ 相变应力所产生的后果有关。

二、钢在缓冷时的固态转变和组织

1. 共析钢的固态转变

共析成分（0.77%C）的钢，当从奥氏体状态冷却到相图上 S 点温度（A_1）以前，无任何组织变化（图9－11）。达到 A_1 温度略下，奥氏体发生共析分解，转变后的产物称为珠光体（$\alpha + Fe_3C$）。转变过程中的组织变化示意如图9－12。

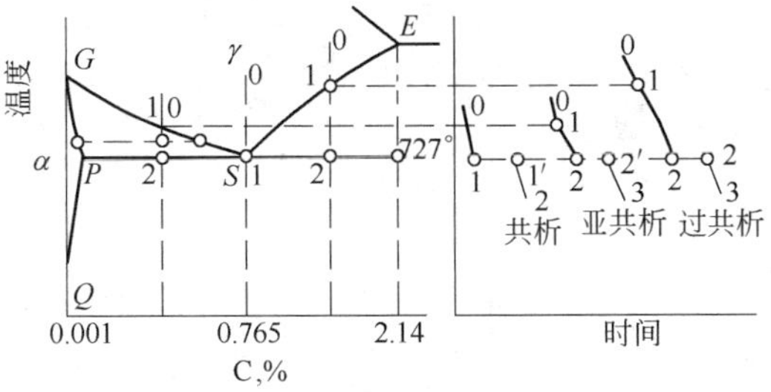

图9－11　铁碳相图共析反应部分和钢的冷却曲线

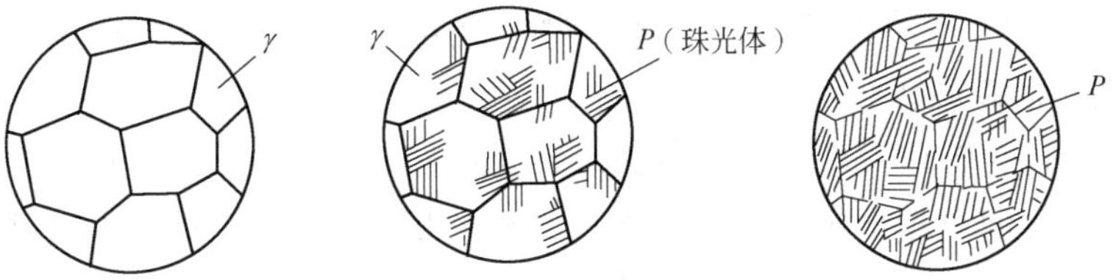

图9－12　共析钢的固态转变（示意图）

珠光体的金相组织形态与转变前奥氏体的原始组织状态有关。在奥氏体是从很高温度冷却下来的情况下所得到的珠光体的形态是，片层状渗碳体分布在铁素体基体上，见图9－13。

在接近共析温度时，珠光体中铁素体的含量约为0.0218%。在随后的冷却过程中，铁素体对碳的溶解度（与渗碳体平衡时）不断沿 PQ 线而降低，于是，从珠光体中的铁素体相中不断有三次渗碳体析出。在缓慢冷却的情况下，这三次渗碳体是在 α 与渗碳体之间的相界面上形成，即附加到原先的渗碳体片上。这三次渗碳体的量比较有限。所以，三次渗碳体的析出对珠光体的金相形态并无明显影响。

利用杠杆定律，很容易计算出室温下珠光体中渗碳体和铁素体两个相的相对量为 $\frac{0.77-0.001}{6.69-0.77}$，即约为 $\frac{1}{8}$。这就是说，如果忽略铁素体和渗碳体两

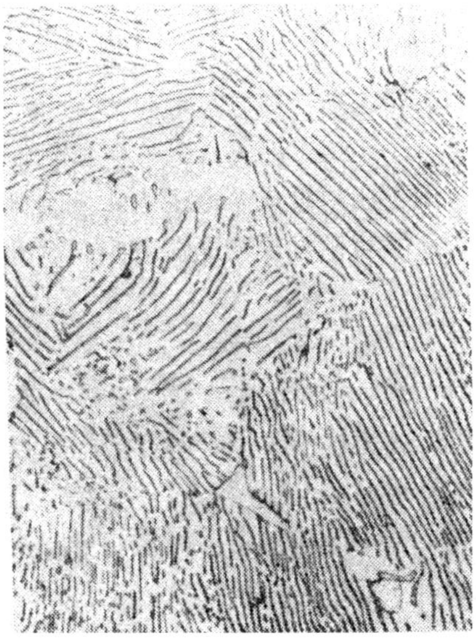

图9－13　珠光体组织（×1000）

相在比容上的微小差别，那么，可以想见，珠光体中渗碳片本身的厚度要比两相邻渗碳体片之间的距离小很多。

在显微镜的分辨率和放大倍数相对来说较高的情况下，可以观察到渗碳体与铁素体之间的相界面以及各个渗碳体片（图 9－14）。而在分辨率和放大倍数较低的情况下，如图 9－13 照片所示，一条条细的线条就是珠光体中的渗碳体。在放大倍数更低的情况下，则分辨不出珠光体中的渗碳体片层，这时，珠光体组织呈云雾状，或呈暗灰色。

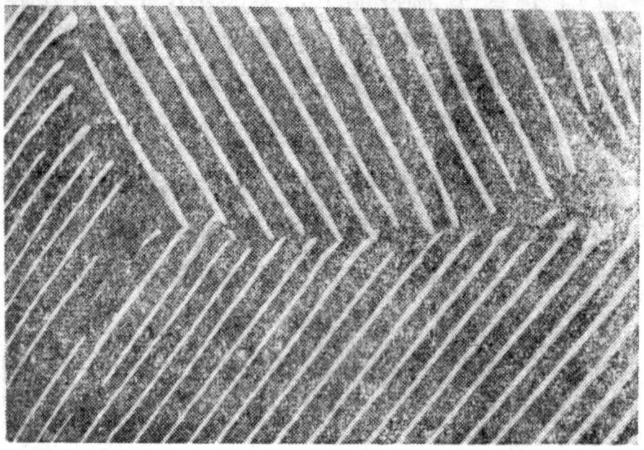

图 9－14　珠光体中的渗碳体与渗碳体片层和铁素体基体（×5000）

2. 亚共析钢的固态转变

亚共析钢，以含碳 0.45% 为例，其固态转变过程如下（图 9－11）：此钢在 A_3（*GS*）线以上温度为稳定的单相奥氏体。当缓慢冷却到略低于 A_3 时，奥氏体变成了不稳定的，对铁素体达到过饱和态。于是，沿奥氏体晶界开始析出铁素体。随温度降低，铁素体量增加，奥氏体量减少；同时，铁素体和奥氏体两个相的含碳量分别沿 *GP* 和 *GS* 线移动。当达到 A_1 时，铁素体具有 *P* 点的含碳量（0.0218%），而奥氏体则变为共析成分，即 *S* 点的含碳量（0.77%）。铁素体和奥氏体两相的相对量由杠杆定律确定。即

$$A\% = \frac{0.45 - 0.0218}{0.77 - 0.0218} \times 100\% \approx 58\%$$

继续冷却，当温度稍低于 A_1 时，钢中那部分具有共析成分的奥氏体将通过共析分解成珠光体。这一转变过程中组织的变化示意见图 9－15。亚共析钢经过固态转变后所得到的室温平衡组织是珠光体＋铁素体（图 9－16）。鉴于珠光体中同样有铁素体（占珠光体的大约 88%），为区别起见，就把共析转变前形成的铁素体称为先共析铁素体（也称自由

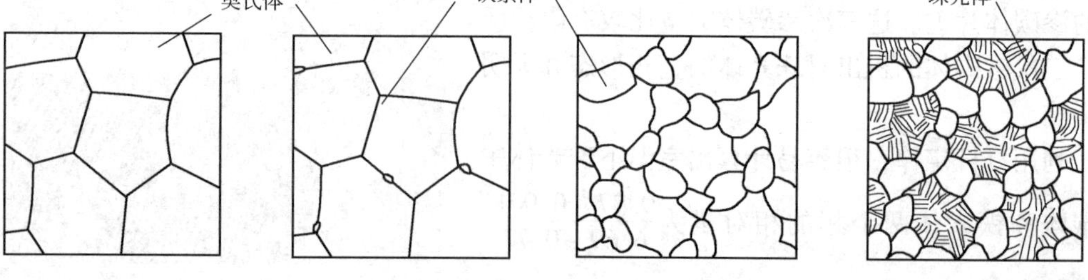

图 9－15　亚共析钢缓冷过程中组织变化（示意图）

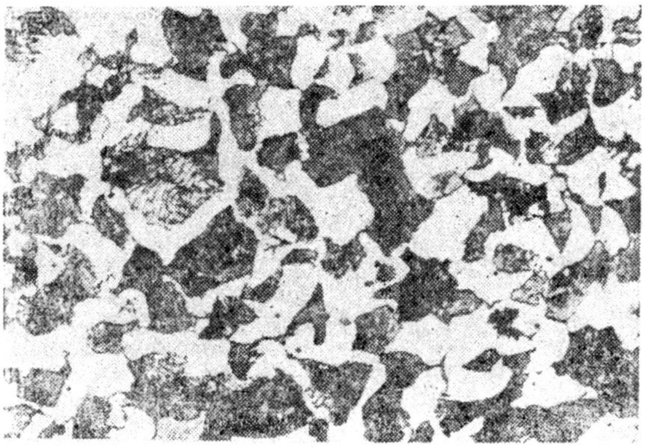

图 9－16　45 钢（0.45% C）缓冷后组织（×500）

铁素体或游离铁素体）。无论先共析铁素体和珠光体中的铁素体当从共析温度继续缓冷时，都将发生三次渗碳体析出。在室温，亚共析钢的组织是先共析铁素体＋珠光体，但其相组成是铁素体和渗碳体。组织的相对量和相的相对量均可利用杠杆定律计算出来。

钢在亚共析成分范围内，随含碳量增加，室温组织中珠光体的相对量逐渐增加，先共析铁素体的相对量则逐渐减少；含碳量减少时，情况正好相反，如图 9－17 照片所示。在极端情况下，当含碳≤0.0218% 时，合金的室温组织中珠光体的量等于零；而当含碳达到 0.77% 时，则百分之百变成珠光体。

含碳接近 P 点的亚共析钢（例如含碳 0.02%～0.06% C），在铁素体晶界常常出现一些游离的渗碳体，见图 9－18。这种游离的渗碳体中包含着三次渗碳体在内，同时，它也可以是共析渗碳体的一种特殊存在形式。晶界游离渗碳体的出现是由于当钢中含碳量很低时，在 A_1 温度，奥氏体的绝大部分通过多型性转变已变成铁素体，根据含碳量的不同，此时仍残留少量奥氏体处于铁素体晶粒之间。在随后进行奥氏体的共析分解时，如果冷却很慢，共析分解所产生的铁素体就附加到已经存在的先共析铁素体上生长，最后把渗碳体留在晶界处。冷却愈缓慢，这种晶界渗碳体愈容易产生。当继续缓慢冷却时，由铁素体析出的三次渗碳体又会再附加到离异的共析渗碳体上。渗碳体分布在晶界，将引起晶界脆性，使低碳钢的工艺性能（主要是指冷加工成型性能）变坏，也使钢的综合力学性能降低。渗碳体的这种晶界分布应加以避免。

含碳 0.057% 的低碳钢中三次渗碳体的金相形态见图 9－19、图 9－20、图 9－21。图 9－19 金相试样的热处理过程是，试样（20×10×10 毫米）从 950℃ 空冷下来，然后在 250℃ 加热 2 小时，之后空冷。250℃ 加热是为了促使三次渗碳体析出。从照片中可以看出，铁素体晶粒间有珠光体，晶界上有渗碳体，铁素体晶粒内部的小黑点是析出的三次渗碳体。图 9－20 的试样处理同图 9－19，从这张碳化物萃取覆膜电镜照片上可以看出，三次渗碳体析出物呈薄而短的小条带，每个条带有由许多“纤维”构成，不同方向条带之间互成一定角度。这种特征区别于其它析出物的，例如在同一张照片上，氮化铝呈小片状。如果将试样（20×10×10 毫米）空冷后在 700℃ 加热一小时，然后水冷，得到过饱和的铁素体，再在 250℃ 加热两小时促使三次渗碳体析出，之后再水冷，结果如图 9－21 所示。从这张照片上可看出，晶内析出的三次渗碳体的量大大增加，而图 9－19 上晶内三次渗碳体较少，其原因在于有一部分三次渗碳体发生了晶界析出。

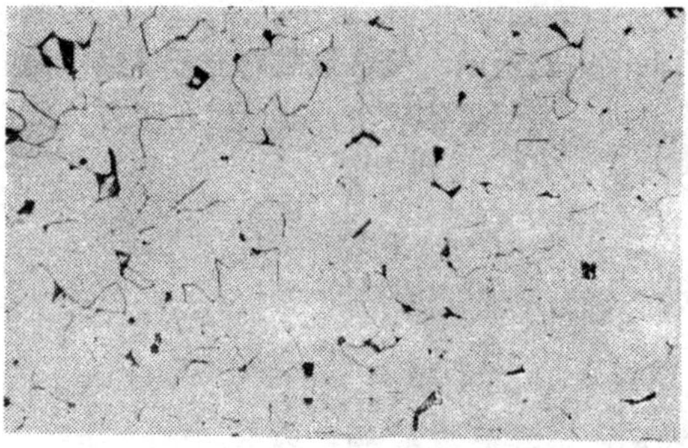

(*a*)

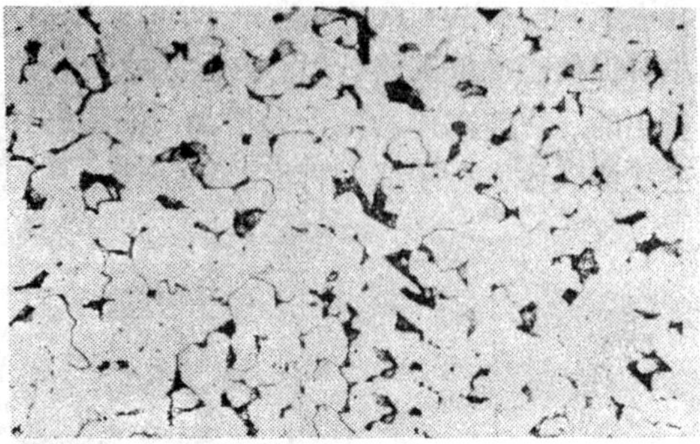

(*b*)

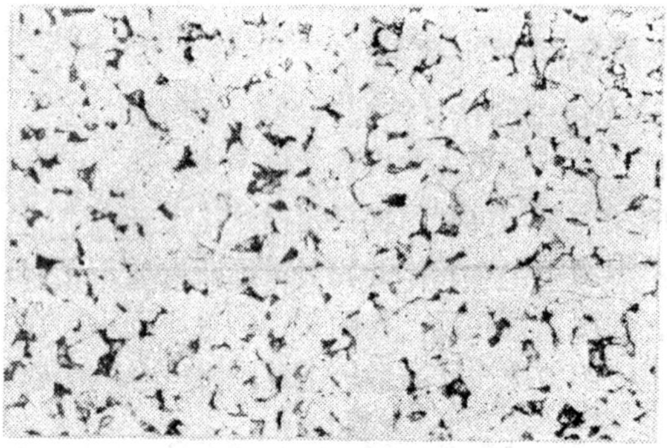

(*c*)

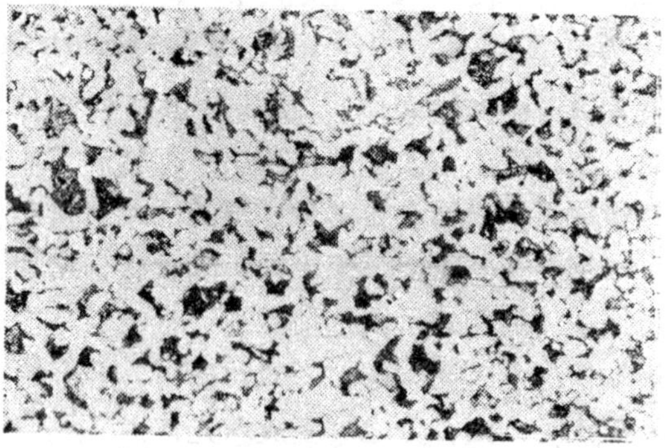

(*d*)

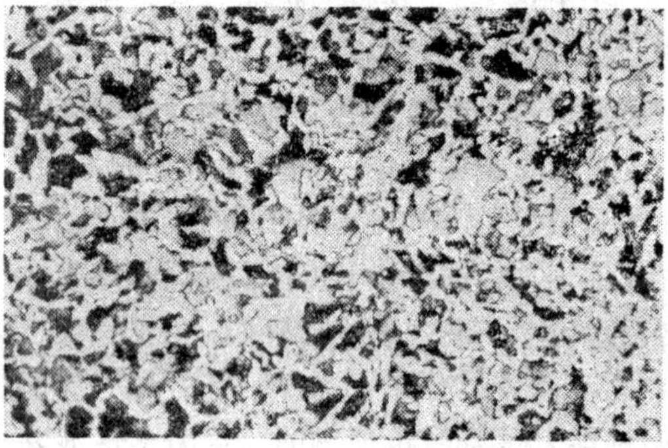

(*e*)

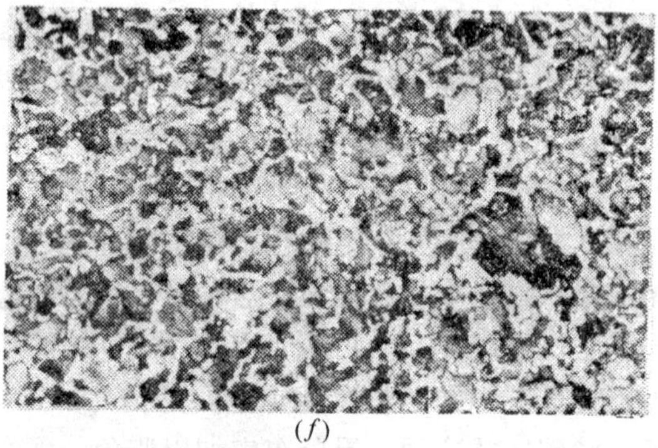

(*f*)

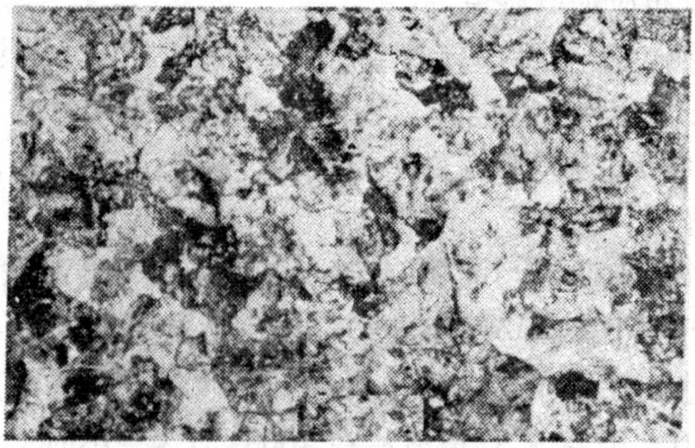

(*g*)

图 9 – 17　亚共析钢空冷后的显微组织（×200）

（*a*）0.057%C；（*b*）0.15%C；（*c*）0.25%C；（*d*）0.33%C；（*e*）0.44%C；（*f*）0.6%C；（*g*）0.76%C

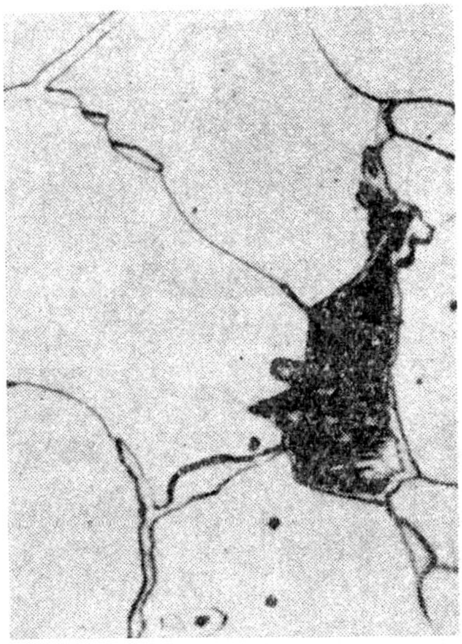

图 9-18　低碳钢中游离晶界渗碳体
（暗黑色组成物为珠光体，×1500）

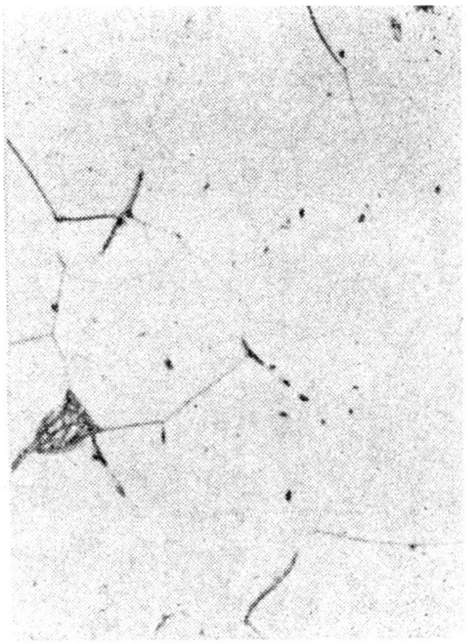

图 9-19　低碳钢中的三次渗碳体（×1500）

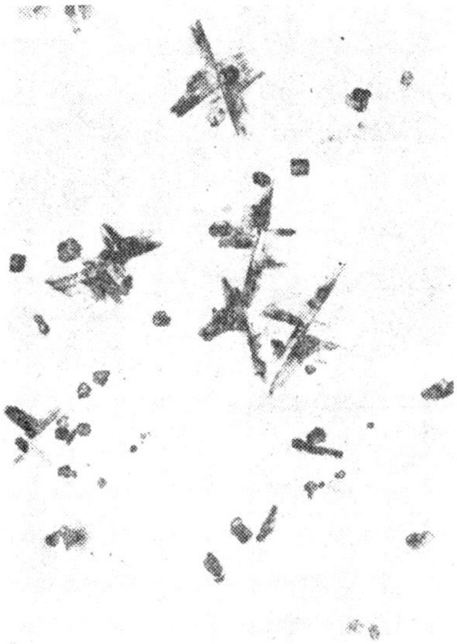

图 9-20　低碳钢中的三次渗碳体，
（复型萃取电镜照片×20000，缩 1/2）

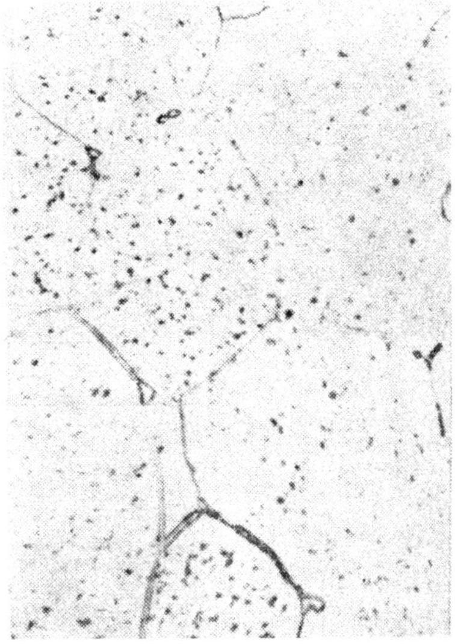

图 9-21　低碳钢中的三次渗碳体（×1500）

3. 过共析钢的固态转变

以含碳 1.2% 的过共析钢为例，其固态转变过程可参看图 9-11。当由 γ 区缓冷到稍低于 A_{cm} 时，沿奥氏体晶界析出二次渗碳体，到达 A_1 时奥氏体通过共析分解变为珠光体。其转变过程组织的变化如图 9-22 所示，室温平衡组织为二次渗碳体加珠光体。二次渗碳体一般沿晶界呈网状分布（图 9-23），它对钢的强度及韧性有很大危害，应设法加以避免之。

三、铸铁缓冷时的固态转变和室温组织

铁碳相图中共晶、共析转变部分以及共晶（4.30% C）、亚共晶（2.11% ~4.30%）、过共晶（>4.30% C）铸铁热分析冷却曲线如图 9 – 24 所示。

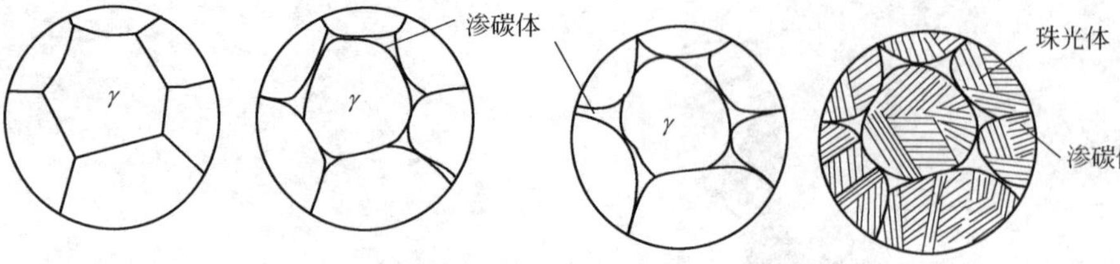

图 9 – 22　过共析钢的固态转变（示意图）

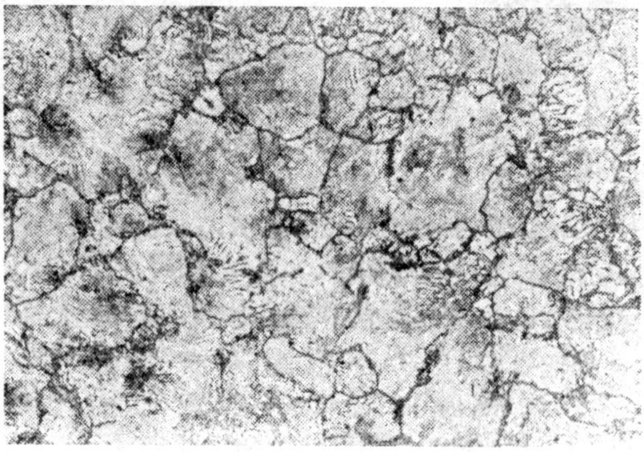

图 9 – 23　过共析钢（1.34% C）空冷后的显微组织
（网状渗碳体 + 珠光体，×200）

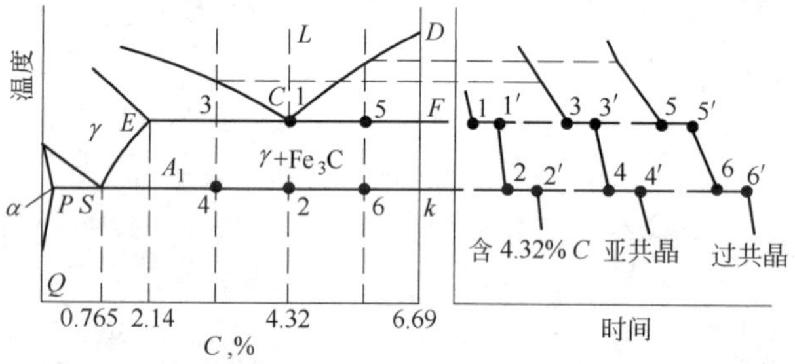

图 9 – 24　铁碳相图共晶、共析转变部分和铸铁的冷却曲线

共晶铸铁结晶后的组织为莱氏体（$\gamma + Fe_3C$）。从共晶温度继续冷却时，莱氏体中的奥氏体将不断析出二次渗碳体，同时奥氏体的成分将沿 *ES* 线而变化。当达到 A_1 温度时，奥氏体成分变到 *S* 点，再冷却时，莱氏体中的奥氏体通过共析反应转变为珠光体。所析出的二次渗碳体大多依附在莱氏体中的渗碳体相上，所以，二次渗碳体的析出并不会改变莱氏体中奥氏体的分布状态。为区别起见，共析反应后的莱氏体改称为变态莱氏体。变态莱氏体的组织形态见图 9 – 25。

亚共晶铸铁结晶后的组织为先共晶奥氏体加莱氏体。缓冷到室温后的组织是：珠光体、二次渗碳体和变态莱氏体（见图 9 – 26）。照片上呈树枝状分布的黑色区域就是由先共晶奥氏体转变成的珠光体，其周围一圈白色的组成物是从先共晶奥氏体析出的二次渗碳体。照片上其余部分是变态莱氏体。

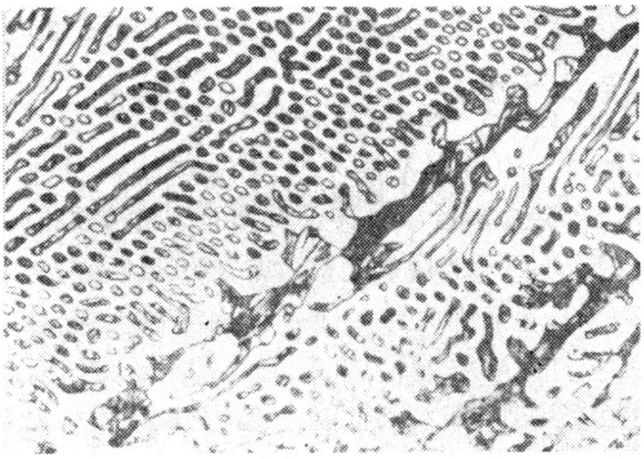

图 9－25　共晶铸铁的显微组织——变态莱氏体（×500）

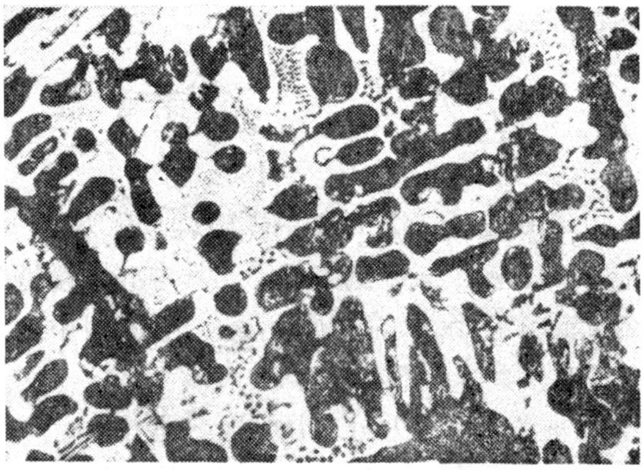

图 9－26　亚共晶铸铁的显微组织（×100）

过共晶铸铁的室温平衡组织是一次渗碳体加变态莱氏体，一次渗碳体呈粗大的片状（图 9－27）。

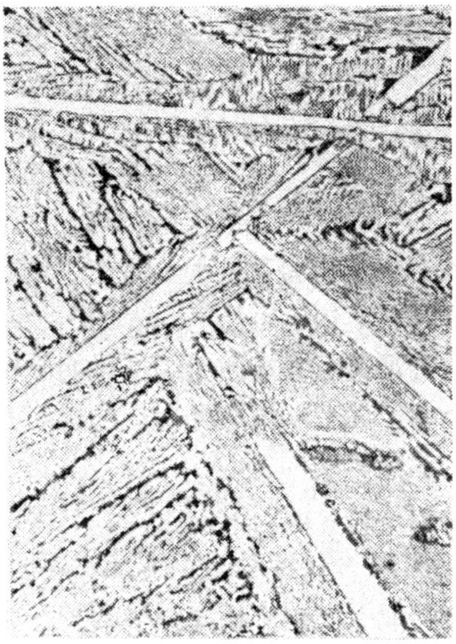

图 9－27　过共晶铸铁的显微组织（×100）

应当指出，在上述的各种不同铸铁组织中，连续分布的组织是变态莱氏体，在变态莱氏体中是以脆性相渗碳体作为基体的。这种情况，使铸铁呈现显著的脆性，以致无法承受热加工变形。以上所讨论的铸铁，因断口呈浅灰色而被称作白口铸铁以区别于碳以石墨形态存在断口呈暗灰色的灰口铸铁。

第十章　碳　　钢

含碳量低于2.11%的铁碳合金称为钢。但工业用碳钢除碳外还含有其他元素，如硅、锰、硫、磷、氧、氮、氢等。其中硅、锰是在钢冶炼时作为脱氧元素而加入的，硫和磷是冶炼时未能除尽的杂质元素。在碳钢中它们的含量范围大致如下：锰≤0.7%；硅≤0.5%、磷≤0.05%、硫≤0.04%。氧、氢、氮等的含量是非常少的，它是和冶炼方法有关，一般只有十万分之几到万分之几。有时为了改善钢的组织和性能，还人为的向钢中加入了某些元素，如硅、锰、铬、钼、钨、钒、镍、硼、稀土元素等，这种有意加入钢中的元素称为合金元素。含有合金元素的钢称为合金钢。合金钢将在第三篇中专门讨论，本章则只限于讨论不含合金元素的钢——碳钢。

普通质量的和优质的碳钢由转炉和平炉冶炼；要求质量更高时，如高级优质钢则由电炉或其它方法冶炼。碳钢的一小部分制成铸件使用，大部分则铸成钢锭经轧成各种板、管、带、材后使用。碳钢在用于制造工具和某些机器零件时需要进行热处理，但是，在更多的情况下，碳钢在热轧状态下直接使用，而不进行热处理。在这后一种情况下，经轧制冷却所形成的显微组织便是钢在使用状态的组织。至于铸钢件绝大部分要进行热处理。

决定碳钢性能的主要因素是含碳量和组织状态。同时，碳钢的组织和性能还受铸造以及热、冷加工工艺过程所制约。铸造和加工过程中所产生的组织缺陷（宏观的或显微的）使碳钢的性能发生波动，严重时甚至造成废品。

本章讨论碳钢在铸造后的宏观组织和显微组织，说明碳钢所含各种元素以及热、冷加工过程对碳钢组织和性能的影响。关于碳钢热处理后的组织和性能将在第十二章讨论。

第一节　钢的宏观组织

钢（或钢锭）的组织包括宏观的和显微的。本节主要介绍宏观组织。钢的宏观组织最初在铸造时形成，它在以后的加工过程中还要经历各种变化。宏观组织的好坏，对铸钢件的使用性能、对钢锭的热加工性能以及对热变形后钢的性能有显著的影响。而宏观组织的特征与钢的熔炼、浇铸和热加工过程有密切关系，它是钢的冶金质量的重要标志之一。

如前所述，钢凝固时的基本过程是液固转变，在这一转变过程中，还发生钢的比容变化以及钢中碳和其它元素的重新分布。除此之外，还经常发生这样或那样一些其它物理化学变化，如气体（主要是氢气）的脱溶析出，碳氧反应形成一氧化碳气体，以及夹杂物的形成等。

正是由于凝固过程中所发生的包括液固相变在内的一系列物理化学变化，造成了铸态钢在宏观范围内出现不均匀性。依其形态，通常把这种不均匀性分为三类：物理的不均匀性，包括缩孔、疏松、气泡、裂纹等；结晶的不均匀性，指初生树枝状晶的不同大小、形状、位向和分布；化学的不均匀性，包括树枝状偏析（晶内偏析）和区域偏析等。这三种不均匀性是互相关联的。这些不均匀性构成了宏观组织的内容。

宏观的不均匀性愈严重，材料各部位的力学性能的波动就愈大，材料的工艺性能和使用性能也就愈差。因此，宏观组织的不同形态，一般是作为不同的冶金缺陷（宏观缺陷）来看待的。

根据缺陷对冶金产品性能的危害程度，同时也考虑到避免某种缺陷的难易程度，将缺陷规格化，制订成标准，依其进行冶金产品的检验（参看有关的冶金部颁标准，如YB226—63，YB31—64，YB46—64，YB47—64，YB30—64等）。

宏观组织分析（即低倍检验），包括低倍酸浸试验、断口分析和各种无损探伤（磁力探伤、超声波探伤、X线探伤及其它），是冶金厂检查产品质量的重要方法，也是用来研究改进冶炼、铸造和加工方法的重要手段。冶金厂的低倍检验试样一般从坯料上截取。通过低倍检验所发现的问题，在多数情况下主要与钢的熔炼和铸锭有关。为了试验研究，有时也采取解剖钢锭的办法，直接在铸锭上分析铸锭的宏观组织。

这里只限于讨论钢锭和钢坯的宏观组织。不过，这些宏观组织的形成规律对铸钢件也是适用的。

根据钢液的最终脱氧程度和钢锭宏观组织的特征，可把钢分为三类：沸腾钢、半镇静钢和镇静钢。

下面概略地介绍三种钢锭的区别，然后分别对镇静钢和沸腾钢的宏观组织作进一步的说明。

一、三种不同形式的钢锭

钢液的最终脱氧程度关系到凝固时所发生的物理化学变化，从而对宏观组织的形貌产生显著的影响。三种钢中，沸腾钢的脱氧程度最轻，镇静钢脱氧最彻底，而半镇静钢的脱氧程度介于二者之间。

对沸腾钢来说，只用一定量的弱脱氧剂锰铁对钢液脱氧（有时为了调节钢液的氧化性，也临时加入少量的铝，但这只是辅助性的），因此，钢液的含氧量较高。在沸腾钢的凝固过程中，钢液中碳和氧发生反应而产生大量气体（主要是一氧化碳气），造成钢液沸腾，这种钢由此而得名。所形成的气体，大部分逸入大气中，一小部分留在钢锭内形成气泡。沸腾钢的外层是在沸腾所造成的钢液剧烈搅动的条件下凝固的。由于搅动，结晶出的钢锭有比较纯净的外层，而心部是在沸腾停止后凝固的，它的凝固条件及凝固后的宏观组织可以说是和镇静钢的有些相似，所不同的是，在沸腾钢的中心部位还有气泡。沸腾钢中，气泡抵消了钢的凝固收缩。

总体来说，沸腾钢钢锭宏观组织的特点是，钢锭内部有大量气泡，但是没有或者很少有缩孔。钢锭的外层比较纯净，这纯净的外层包住了一个富集着杂质的锭心。由于沸腾钢没有缩孔，所以轧成钢坯后切头（0～5%）比镇静钢的少10%。再者，生产沸腾钢时节约了铁合金，简化了脱模、整模工序，从而使钢的成本降低。沸腾钢纯净的外壳，使得由这种钢所制成的钢板和钢丝具有范性良好的表层，冶金产品的表面质量较高。与镇静钢相比，沸腾钢的缺点是，钢锭的偏析较严重，钢的低温冲击性能不好，钢板容易时效（时效后韧性降低），钢的力学性能的波动性较大。沸腾钢只限于生产普通低碳钢，钢的品种受到限制。比如说含碳量超过0.27%、含锰量超过0.5%以后，由于钢液的含氧量降低，钢液沸腾太弱，在这种情况下就不能再采用沸腾钢的生产方法。模铸沸腾钢在普通钢厂的生产中占有相当高的比例，一般均大于40%。

镇静钢在浇注之前不仅用弱脱氧剂锰铁而且还使用强脱氧剂硅铁和铝对钢液进行脱

氧，因而钢液的含氧量很低。强脱氧元素硅和铝的加入，使得在凝固过程中，钢液中的氧优先与强脱氧元素铝和硅结合，从而抑止了碳氧之间的反应，所以镇静钢结晶时没有沸腾现象，由此而得名。在正常操作情况下，镇静钢中没有气泡，但有缩孔和疏松。由于镇静钢的含氧量低，因此，与沸腾钢相比，一般来说，这种钢氧化物系夹杂含量较低，纯净度较高。同时，镇静钢的偏析不像沸腾钢那样严重，钢材性能也较均匀。高级优质碳钢或优质碳钢以及全部合金钢均按镇静钢生产。镇静钢的缺点是钢坯的收得率低（85% ~ 90%），成本较高。含碳较低的钢，钢液中含氧量高，采用镇静钢方法时，脱氧剂铝的消耗量大，产生夹杂物多，所以低碳钢适宜于生产沸腾钢。

半镇静钢的最终脱氧程度介于沸腾钢和镇静钢之间，即除了用锰铁脱氧之外，也加入硅铁和少量的铝。钢液的含硅量通常在 0.06% ~0.15% 范围内，铝的用量比镇静钢的少得多。在钢液结晶过程中，仍然有一氧化碳气体放出并形成钢锭中的分散气泡。半镇静钢没有镇静钢钢锭头部的集中缩孔，所以切头率（5% ~10%）比起镇静钢的可以减少。同时，半镇静钢钢液在模内结晶时不沸腾，所以钢锭的偏析程度比沸腾钢小，因而钢材的力学性能波动要小得多。半镇静钢允许钢中含有一定量的合金元素，可用于生产低合金钢。

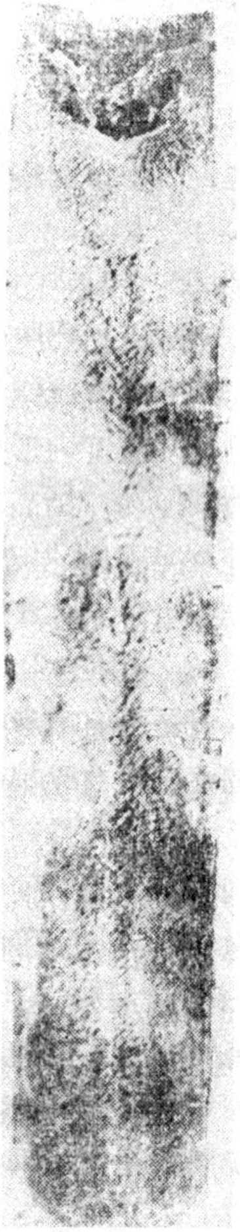

图 10－1　钢锭的缩孔

二、镇静钢的宏观组织

1. 物理的不均匀性

（1）缩孔：镇静钢的缩孔见图 10－1。缩孔下部相应于钢锭最后凝固部分，因而缩孔附近也是偏析、夹杂和疏松密集的区域。与大气相通的缩孔，当钢锭（或坯）加热时，其内壁受到氧化，在这种情况下缩孔不能在随后的热压力加工过程中焊合；密闭的缩孔，由于缩孔附近凝聚着大量夹杂物，在轧制过程中焊合也较困难。因此，开坯时，带有缩孔的部分一定要切除干净。残余缩孔是钢材中不允许存在的缺陷。

随着钢液含碳量的增加，也就是说，随着钢液凝固温度范围的加大（参看铁碳相图），钢的凝固收缩量也增大（表 10－1）。高碳钢的凝固收缩大，所以，与低碳钢的相比，高碳钢的缩孔和疏松要严重得多。

对于一定成分的钢来说，在一定的浇注条件下，钢的收缩量是一定的，但是，缩孔的位置、形状和分散程度受冷却条件的影响，并能借此加以改变。

在镇静钢的铸锭生产中，总是希望把液态收缩和凝固收缩汇集起来使之成为缩孔，并想方设法尽量减小缩孔深度，从而减少切头损失。

对于普通模铸来说，减小缩孔深度的主要措施是选择合理的锭模锥度和尺寸，采用保温帽并严格控制浇注操作。

（2）疏松：由于凝固收缩，除形成缩孔外，还在锭身各处形成许多细小、分散的孔隙，引起钢的致密程度降低。钢的这种不致密现象称为疏松，见图 10－2。

随着疏松程度的加大，铸钢的范性（伸长率和面缩率）显著降低，抗拉强度也有所降低。通过锻轧，在足够大的形变量下（压缩比 >4 ~6），钢中疏松能够得到改善。但是，热压力加工不能将疏松完全消除。与残余缩孔不同，疏松属于允许存在的缺陷，但必须把它控制在一定限度以内。

表 10 -1　碳钢的凝固收缩量与含碳量的关系

钢中含碳量（%）	0.1	0.35	0.45	0.7
凝固收缩量（%）	2.0	3.0	3.3	5.3

疏松和缩孔都是由凝固收缩所引起，但是二者的形成条件不完全一样。当结晶前沿各处由于液固相变所引起的收缩能够源源不断地得到钢液补充时，便造成集中收缩，即形成缩孔；相反，如果收缩的补充受到阻碍，那么，在这种情况下，在补缩供应线被切断的地方，凝固后就留下小孔隙，结果得到分散的收缩，即疏松。晶体的树枝状生长是造成补缩受阻的原因，因而也是产生疏松的条件。疏松可以在柱状晶带，也可以在中心粗大等轴晶带形成。树枝状晶之间的疏松孔隙如图 10 -3 所示。在缩孔下面，由于不再有钢液补缩，往往会形成一个严重疏松地带。

图 10 -2　酸浸试样显现的疏松 10: 1

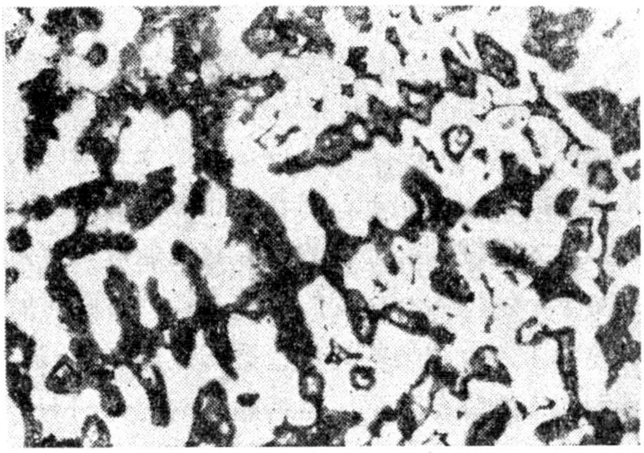

图 10 -3　树枝状晶之间的疏松孔隙

疏松不限于因收缩所引起的一种，此外还有由于气泡和非金属夹杂物所引起的疏松现象。

（3）气泡：严格来讲，气泡已经不只是物理的不均匀性，但是从其对力学性能的影响来看，气泡与空洞相当。前已指出，在正常操作条件下，镇静钢中不应有气泡。镇静钢中气泡的产生与外界气体的潜入、钢内气体的脱溶（主要是氢）、钢液中的碳与氧化铁（锭模上的氧化铁皮或翻皮、结疤上的氧化铁）起化学反应等有关，均属于不正常的情况。镇静钢中的气泡分皮下气泡和内部气泡。皮下气泡多产生于钢锭尾部，时常成群出现，加热时，钢锭表皮被烧掉，气泡内壁受氧化，因而无法通过压力加工将气泡焊合。结果，在钢材表面上就出现成簇的沿轧制方向延伸的小裂纹。皮下气泡的产生主要是由于浇注条件不好；此外，钢液含气体太多和脱氧不良也能助长皮下气泡的形成。内部气泡在钢坯横向试片酸浸蚀面上表现为未焊合的细小裂纹。内部气泡的产生主要是由于钢液含气体量太高。

（4）裂纹：钢在铸造凝固后降温时将发生固态收缩。在某种外部条件下，当固态收缩受阻时，或者由于凝固层厚度不均匀或凝固层各部分收缩量不一致时，或者当凝固壳层受到内部钢液的静压力作用时，凡此种种使固态钢中产生内应力，当此内应力超过钢本身强度时，就发生破裂，导致产生裂纹。裂纹可以在钢锭凝固期间或者在凝固之后出现。

含碳约0.3%的碳钢，形成凝固裂纹的倾向较大。这是由于以下两方面原因造成的。第一，$\delta-\gamma$相变引起了附加的固态收缩，第二，当δ与γ两相达到某种比例时，钢的范性最差。

钢中所含的杂质元素硫也会促进裂纹形成。

当裂纹形成后，向内部发展以致裂纹与液相接触时，富集着杂质元素的钢液将填入裂纹中，这样，裂纹就变成了偏折线。

铸造时，钢锭或铸件的裂纹也可以在冷却到较低温度（例如低于600℃）后形成。这种在较低温度下产生的裂纹叫冷裂，也称响裂，因为开裂时会发出响声。

有时，钢锭在经过头一道轧制时发生开裂。产生开裂的原因有以下几种：因枝晶间脆性而开裂；因偏析线上富集低熔点硫化物而开裂；因奥氏体晶间析出氮化物或硫化物等而开裂。

2. 初生晶粒的不均匀性——结晶带

镇静钢钢锭有三个结晶带：从钢锭表面向内几个毫米为外壳层，由细小的等轴初生晶粒组成；然后为柱晶带，由柱状的初生晶粒组成，此带的厚度可以达到几十或者上百毫米；最后为钢锭轴心部位的粗大等轴晶带。

对于不发生固态相变的合金来说，凝固时所形成的初生晶粒可以一直保留到室温。多数有色金属合金和某些高合金钢如硅钢（4%硅）、高铬高镍钢、高锰钢等属于这种情形。而碳钢和一般低合金钢，在结晶（δ或γ）以后继续冷却过程中还要经历固态相变，待冷到室温之后，初生晶体已不复存在。在这种情况下，初生晶粒的形状以及晶带的划分之所以仍能被观察到，是由于结晶时产生了枝晶偏析。这枝晶偏析在缓冷过程中以及在经历固态相变时没有被消除，也未遇到重大改变。于是，从钢锭上取下试片并经过适当制备和侵蚀，使成分不同的地方受到不同程度的侵蚀，因而枝晶的形貌以及初生晶粒的晶带就得以显现出来。

一个重1.8吨的碳钢钢锭在纵剖面上晶带的分布情况如图10－4所示。可以看出，柱晶带中晶粒长轴略微向上倾斜。

从一个中碳钢钢锭中切取试样，观察面与柱晶长轴垂直，这时所看到的枝晶形貌如图10－5所示。照片上明暗不同的地方显示出成分的差异。值得注意的是，在每个初生晶粒范围内，方向不同的各枝晶干相互垂直，而相邻初生晶粒之间，枝晶干互成或大或小的角度。在初生晶粒内，枝晶主干在观察面上表现为相互垂直，这是当观察面与柱晶长轴垂直时所特有的情形。研究指出，对于包括钢在内的具有面心立方或体心立方点阵的金属和合金来说，凝固时所形成的柱晶，其长轴方向属于〈100〉。

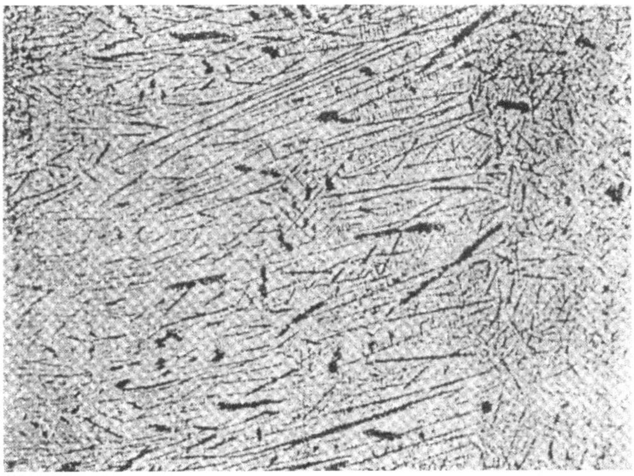

图 10－4　钢锭纵剖面上的结晶带

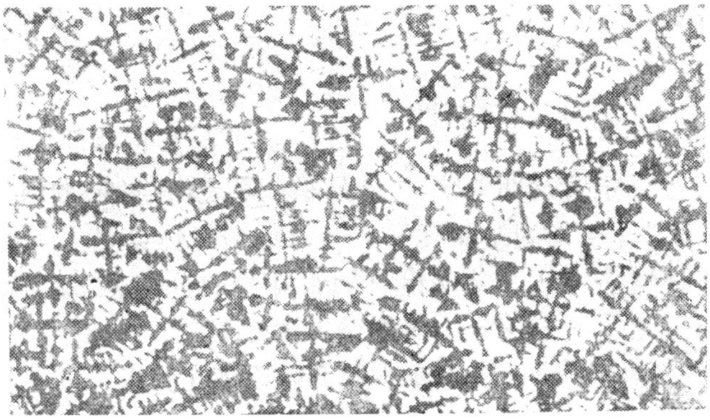

图 10－5　中碳钢钢锭中的枝晶观察面与柱晶长轴垂直

形成柱晶的条件是在凝固前沿必须具有一定的温度梯度以保证在液相中没有新的晶核长大。为此，必须快冷而且是单方向地进行冷却（垂直模壁）。各种冶金工艺因素，诸如锭模的冷却能力、钢液的过热温度；浇注温度和浇注速度等正是通过影响钢锭凝固时截面上的温度分布，从而对柱晶带的厚度发生影响。

随着凝固过程的进展，钢锭内外温度差越来越小，柱晶的生长也越来越慢。由于钢液温度不断降低，随后就发生中心粗大等轴晶带的结晶。不言而喻，等轴晶的形成意味着在原来柱晶的前方产生了新的晶体。新晶体的形成条件与柱状晶的不同。新形成的晶体悬浮在钢液中，它可以随钢液的对流而发生转动。

等轴晶形成以后，由于晶体的比重较大（比钢液的大约 4%），它将往下沉。大量等轴枝晶的降落现象被称为“结晶雨”，这已为试验所证实。等轴枝晶沉落到钢锭底部，阻止了底部的横向柱晶向钢锭中心发展，而此时处在钢锭上部的柱状晶仍能缓慢地向前生长，所以一般柱状晶带的宽度大多在钢锭底部最小，越往上宽度越大。

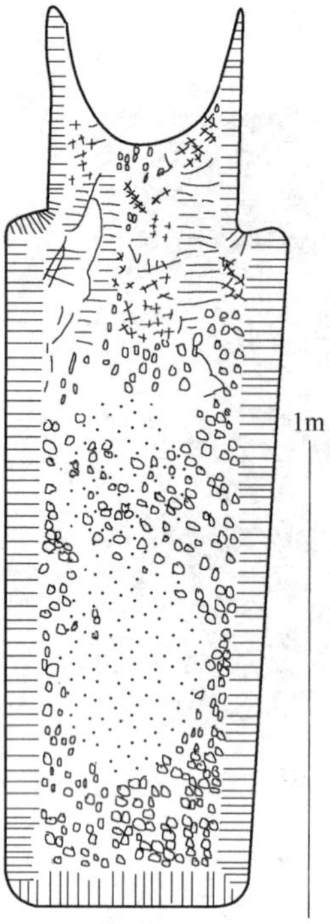

图 10－6　钢锭中心带等轴晶的分层沉积

实验事实表明，“结晶雨”是一阵一阵降落的，由此引起树枝状等轴晶的周期性沉积。同时，所沉积的等轴晶的大小也是周期性变化的，一层比较细小，接着慢慢变大，然后又是新的细小的一层。如此反复数次。在钢锭中，靠近外层温度较低，所形成的等轴枝晶的数量较多，所以，在凝固着的钢锭的下部等轴晶堆积成 V 形，如图 10－6 所示。钢锭心部这种周期性结晶在大钢锭中特别显著。

钢锭的各种宏观冶金缺陷正是在上述结晶过程的基础上形成的。例如，柱晶的横向枝杈妨碍钢液穿过柱状晶间隧道实现补缩，因而形成柱状晶带中的疏松。而钢锭心部疏松的形成则与等轴晶的堆积有关。枝晶愈细小，钢液对它的穿透性就愈小，所以，等轴晶带的疏松多出现在细小枝晶堆积层的下方。

关于钢锭心部周期性结晶的原因，有人作这样的解释：在一定过冷度下，一旦晶核得以形成并长大时，晶核迅速增殖，导致突发的“结晶雨”。突发的结晶反过来又引起突然释放出大量的结晶潜热，使得钢液温度回升以至于结晶停止。结晶停止后，随着时间的延长，温度重新降低，终将有新的“结晶雨”出现。有人指出，在结晶温度附近，只要有很小的温度波动就会出现周期性结晶；温度波动和周期性结晶实际上是互为因果的。

3. 化学的不均匀性——偏析

在钢锭或钢材中，各部分的化学成分远不是均匀一致的，这种化学成分不均匀的现象称为偏析。偏析可以在初生晶粒的范围内发生，称为枝晶偏析或晶内偏析。偏析也可以在整个钢锭（或铸件）范围内发生，称为区域偏析。在钢锭中，有时在某些局部地区，化学成分与其周围有差异，形成所谓带状偏析，它叠加在缓慢变化的一般区域偏析的背景上。带状偏析是区域偏析的一种特殊形式。按其在钢锭中的分布特征，带状偏析分为∧形偏析（也称倒 V 形偏析）、V 形偏析等。在钢坯上所观察到的局部偏析，是钢锭中带状偏析经过变形后在截面上的形态。偏析属于不能完全避免的冶金缺陷，在钢材中允许存在，但必须加以控制。不同形式的偏析介绍如下。

（1）树枝状偏析：依据相图，钢在结晶时，先结晶的枝干比较纯净，碳浓度较低，而迟结晶的枝间部分碳浓度较高。其它元素如硫、磷在枝干和枝间的偏析情况大体与碳相仿，所不同的是，碳的扩散系数较大，如果钢在结晶后于较高温度经过较长时间停留，碳在枝晶范围内的扩散均匀化比较容易达到，而硫、磷的扩散均匀化则比较困难。由于成分上的差异，经适当制片和侵蚀后，枝晶偏析可以显现出来。柱状晶的枝晶偏析情况如图 10－7（*a*）所示，图中环绕晶干的细线表示等浓度线。如果沿图中 *EF* 线逐点进行成分分析，结果将如图 10－7（*b*）所示。钢锭心部粗大等轴晶带中的枝晶偏析情况示意于图 10－8。电子探针分析法（微区域成分分析）的应用，使显微区域的多点成分分析变得简便易行。研究指出，在钢锭心部等轴晶带中枝晶偏析的特点是，在枝干部分成分变化很小，这部分占有相当宽的范围，在枝间或者两个相邻晶粒之间，富集着碳、合金元素和杂质元素，而且达到很高的浓度。枝干结晶时，在相当宽的范围内造成碳和合金元素、杂质元素的贫化（选择结晶）这种贫化成了枝间浓度特高的前提。GCr15 轴承钢（2.5 吨钢锭）钢锭心部等轴晶带沿横跨晶干的直线用电子探针逐点分析铬含量，所得结果如图 10－9 所示。

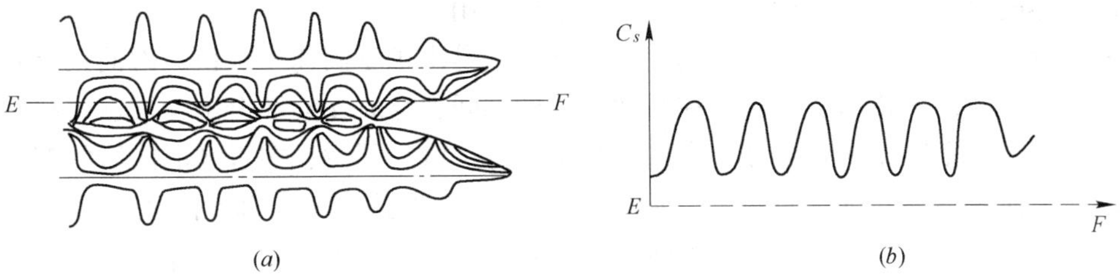

图 10－7　柱状晶的枝晶偏析

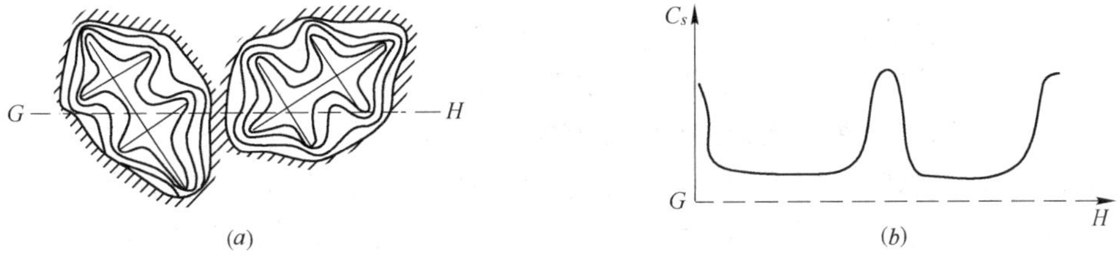

图 10－8　中心等轴晶枝晶偏析

（*a*）等浓度线；（*b*）沿 *GH* 方向浓度的变化

在工业用钢中，枝晶偏析既包括碳和合金元素的偏析，也包括其它杂质元素和气体元素的偏析。由于氧、硫以及脱氧、脱硫元素的偏析，促进了氧化物、硫化物夹杂的形成。一般来说，氧化物析出较早，并可作为非自发晶核，故多处于枝干；硫化物析出较晚，多易分布于枝间。当钢液中含有相当数量的氢时，由于枝晶偏析的缘故，氢将在晶枝间富化以至于最后形成气泡。显微缩孔也分布在枝晶之间。

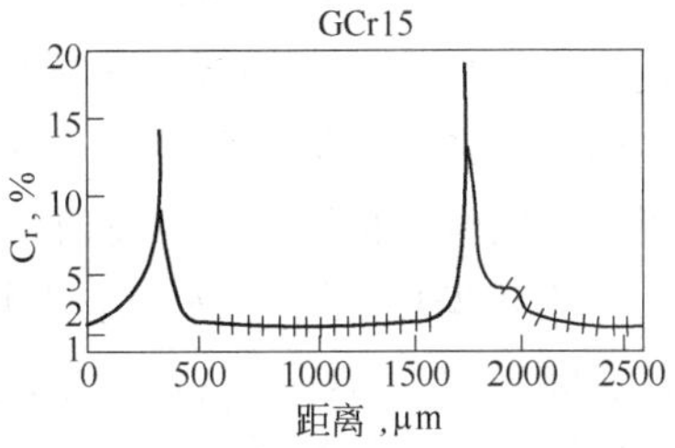

图 10－9　在 2.5 吨钢锭心部等轴晶区域横过枝晶于所作电子探针分析结果

根据我国现行的标准，对于一般用途的结构钢，不要求专门检查枝晶偏析，只是在评定一般疏松时给予考虑，纳入一般疏松的级别。对于某些质量要求高的高强度合金结构钢，则要求按标准专门对枝晶偏析进行评级。

为减小枝晶偏析程度，可对铸钢和钢锭进行扩散退火。扩散退火的温度视钢的牌号而定，一般为1100～1250℃。在加热扩散时，在枝晶范围内，碳可以达到相对均匀，但合金元素的均匀化要困难得多。合金元素的偏析将对钢的组织和性能继续产生影响。在钢液曾被过热和浇注温度过高的情况下，凝固时将形成粗大的初生晶粒。这对枝晶偏析的消除很不利，应尽量加以避免。

（2）区域偏析：因为选择结晶，杂质元素和合金元素被富集在晶枝近旁的液相中。在凝固速度不是很高的情况下，枝晶近旁液相中杂质元素能够借扩散和液体的流动而被转移到很远的地方。随着凝固的进展，杂质元素在剩余的钢液中不断富集，各种元素在整个钢锭或铸件的范围内发生了重新分布，即产生了区域偏析（或称宏观偏析）。钢液的对流和游离晶体的沉落在区域偏析的形成中起了重要作用。

镇静钢外壳层的成分与钢的平均成分相同。这是由于凝固速度很快，因而杂质元素和合金元素来不及向内转移的缘故。在柱状晶形成期间，杂质元素和合金元素富集在柱晶间隧道的液相中。杂质元素和合金元素在液相中进行扩散。同时，靠近结晶前沿的钢液，因为它的温度比钢锭心部钢液的低，因而比重较大，有下沉的趋势。而钢锭心部温度较高的钢液具有上浮的趋势。结果形成了钢液的循环对流。循环的液流会把柱晶隧道中富集杂质和合金元素的钢液带到钢锭的心部。

某些元素减小钢液的比重，将促进液流向上运动。实际上，可以发现磷和硫较多地富集在钢锭的中上部。

在中心等轴晶带结晶期间，发生游离枝晶的下沉，因而引起钢锭中下部的负偏析。下沉的枝晶携带着氧化物夹杂，结果使钢锭中下部氧化物夹杂的含量升高。例如，固态的Al_2O_3粒子和半固态的硅酸盐或铝酸盐，能够成为初生晶体的晶核，当晶体附在这些夹杂物上生长时，夹杂物就不再上浮，而是被比重较大的枝晶拉向下方。夹杂物也可能是由于表面张力的缘故为枝晶所裹携。实际上，发现在钢锭的中下部含有较多的Al_2O_3和复相的硅酸盐，而在钢锭的中上部，主要是颗粒较小的单相的玻璃态的硅酸盐。

这就是说，除氧化物系夹杂（氧的区域偏析）外，其它元素包括碳、硫、磷和合金元素等都是富集在钢锭的中上部。当然，这种富集在钢锭中上部的现象还与钢锭结晶前沿的推进方向有关。在钢锭凝固过程中镇静钢的上部温度比较高，保温帽部分最后结晶；而在最晚结晶的地方，正偏析的偏析程度就大。

在用于制造大型锻件的大钢锭中区域偏析最为显著。图10－10表示在一个135吨钢锭中碳的区域偏析情况。可以看出，在钢锭的中心纵剖面上，下部（P_a）为负偏析，上部（P_t）为正偏析。沿着钢锭中心轴线，由下而上，碳的含量越来越高。在钢锭上部，由钢锭表面向内，含碳量也是越来越高，在达到中心时，碳的正偏析最大。在钢锭中段，碳的含量和平均含量相近。而在钢锭下部，由钢锭表面向内，含碳量越来越低，在达到中心时，碳的负偏析最大。钢中其它元素的区域偏析情况与碳的偏析情况相似，只是在偏析的程度上有差别。实验指出，硫和磷的偏析倾向较大，而硅、锰、镍等元素的偏析倾向较小。

（3）带状偏析：在镇静钢钢锭轴心纵剖面试片的酸侵蚀面上，或者在上述试片的硫印照片上常能观察到呈Λ形和V形分布的偏析条带，称为Λ偏析和V偏析。一个10吨重钢锭上的Λ偏析和V偏析如图10－11所示。

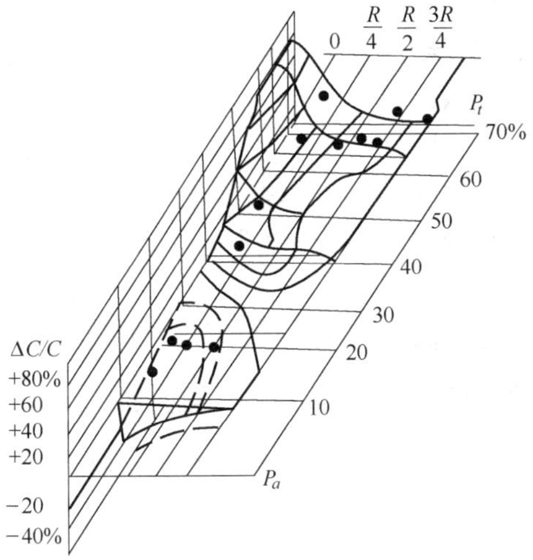

图 10－10　在一个 135 吨钢锭中，碳的区域偏析

图 10－11　钢锭（10 吨）轴心纵剖面上的Λ偏析和 V 偏析

Λ偏析也称 A 偏析或倒 V 偏析。Λ偏析的偏析条带分布在轴心纵剖面的两边，从下往上向轴心方向倾斜。在钢锭上部Λ偏析带比较明显，在钢锭下部较不明显，但是在钢锭下部距钢锭表面不远处往往能找到偏析带的萌芽或雏形。在典型的柱晶带中一般不产生Λ偏析带，而是在柱晶带以内具有等轴形或伸长形晶体的晶带中出现。Λ偏析有两种形式，一种是偏析带比较粗，多出现在大钢锭中，尤其是当浇注温度比较高时。这种形式的Λ偏析带，保留在锻件上的，最早被称为鬼线，以后对钢锭上的这种粗偏析带也同样称呼。Λ偏析的另一种形式是一条宏观的偏析带由许多细的条纹构成。为区别起见文献上把后者称为 *A* 组织。*A* 组织多出现于小型钢锭上，特别是当浇注温度较低时。Λ偏析带的横截面呈圆形或近于椭圆形，直径有大有小，但一般不超过 10 毫米。偏析带的边缘，在钢锭外表面那一侧有明锐的轮廓边界，但在钢锭轴心那一侧边界则比较模糊。在钢锭轴心纵剖面上，Λ偏析条带的下部倾斜度比较大，上部的走向则接近于与轴线平行。Λ偏析带上部在锭身与保温帽的接合处转为向外倾斜。偏析带的宽度或截面尺寸不随条带高度变化，但是对于Λ组织而言，一般在钢锭下部条带较细，头部——较粗。偏析带中硫、磷等杂质元素和合金元素的含量较挨近偏析带的周围地区处的高。碳含量有时也较高些。不过时常也能观察到偏析带中碳浓度不高、甚至反而偏低这种情形。这是碳在高温和固态转变时进行重新分布造成的结果。偏析带组织疏松，在偏析带内侧存在着许多细小分散的收缩孔。这表明，相对于周围地区而言，偏析带的凝固要比较迟些。在各种各样的钢锭上都有可能形成Λ偏析，不论这种钢锭的重量、成分和浇注条件如何，是大型钢锭还是小型钢锭，是碳钢还是合金钢，是在大气浇注的还是真空浇注的。Λ偏析和其它带状偏析一样代表着钢在宏观组

织上的明显的不连续和不均匀，被看作一种冶金缺陷。

三、沸腾钢的宏观组织

沸腾钢钢锭的宏观组织示意如图10－12。它的显著特点是其中有规律地分布着气泡。在钢锭下部，从钢锭的表面向内，先是一层不含气泡的外壳层，厚度约15～40mm。往里是分布着蜂窝形气泡的区域，称蜂窝气泡带，厚度因钢锭大小和浇注条件而异，30～70mm不等。在正常情况下，蜂窝气泡只在钢锭下部出现。再往里，又是一层不厚的没有气泡的区域，称为中间坚固带。继续往里就遇到近似球形的气泡，称二次气泡。蜂窝气泡也称为一次气泡。在钢锭纵截面上，二次气泡成串地分布着，气泡同钢锭表面保持大体相等的一个距离，围成一个圈。从钢锭表面直到二次气泡区称为外缘层。二次气泡区以内为锭心带。锭心带的下部较致密，但在锭心带的上部分布着分散的气泡。外缘层和锭心带的下部为负偏析，而锭心带的中上部为正偏析。

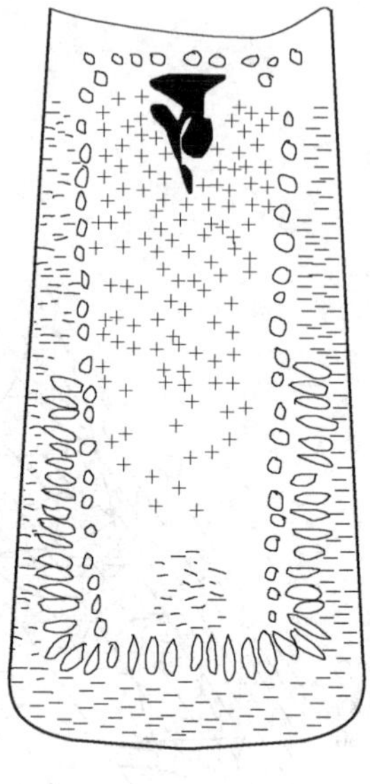

图10－12　沸腾钢钢锭的区域偏析
＋正偏析；－负偏析

沸腾钢结晶时，靠碳氧反应形成一氧化碳气体。气泡在结晶前沿产生。气泡上浮推动钢液向上流动冲刷着结晶前沿。在钢锭外壳层结晶时，结晶前沿受到气体液体流的强烈冲刷，在这种条件下，气泡无法在结晶前长时间停留，因而也就未陷入到生长着的固态金属中。整个上半部外缘层的结晶均属于这种情形。如果结晶时沸腾较弱，气泡的长大速度较慢，或者液流对结晶前沿的冲刷作用较弱，那么，这时气泡有可能在结晶前沿停留并陷入到生长着的固态金属中，而且结晶前沿和气泡一起向前推进，结果形成长形的蜂窝气泡。随着结晶前沿处碳氧反应减缓，气泡长大速度变慢，在这种情况下，结晶前沿的推进会超过气泡，结果气泡将被包封在凝固金属中。

在沸腾钢生产中，要很好控制模内钢液沸腾时间。这个沸腾时间不能太长，以免加重钢锭区域偏析，并免得在钢锭头部出现缩孔。为停止沸腾，通常采取在钢锭模上加盖的方法，使钢锭头部凝固（封顶）。也有采取向沸腾着的钢液加入少量脱氧剂的方法，使钢液平静下来以便钢锭顶部迅速凝结。

封顶后，随气泡长大，钢液所受压力不断增大，因而气体终于停止析出，气泡停止长大。蜂窝气泡和二次气泡之间的中间坚固带就是在刚加盖后形成的。坚固带的凝固引起碳和氧在结晶前沿的钢液中富集，促进气体析出，于是形成所谓二次气泡。二次气泡析出时所引起的压力增加限制了气泡的成长。此后的锭心凝固在很大的内部压力下进行，气体的析出遇到了困难。但是，伴随着钢液凝固，发生凝固收缩，后者能松弛内部压力，有利于气体析出，结果在锭心带上部不断地有气泡产生，这里压力较小，同时又有最大程度的碳氧富集。

第二节　碳和杂质元素对碳钢显微组织和性能的影响

缓冷后，碳钢的显微组织和性能与同样含碳量下纯铁碳合金大体相同。但是，必须考虑各种杂质元素以及铸造和加工工艺对显微组织和性能的影响。

一、碳对缓冷钢显微组织和性能的影响

碳是决定碳钢在缓冷后的组织和性能的主要元素。碳对缓冷后碳钢显微组织的影响是：在亚共析钢范围内，随含碳量增加，铁素体相对量减少，珠光体相对量增加；达到共析成分时，全部为珠光体；在过共析钢范围内，随含碳量增加，先共析渗碳体相对量增多，珠光体相对量减少。

碳通过影响显微组织中各组织组分的相对量及其分布特点进而影响碳钢的力学性能。

碳钢中的基本组织组分的力学性能如表 10－2 所示。由于渗碳体很脆，无法在试验中准确测定其强度、范性和韧性。

表 10－2　缓冷碳钢基本组织组分的力学性能

组织名称	力学性能			
	硬度（HB）	抗拉强度，σ_b（MN/m^2）	δ（%）	a_K（kJ/m^2）
铁素体	80	~294	40	~1962
渗碳体	>800	—	—	—
珠光体	~180	834	10	—

不同含碳量的碳钢经热轧后力学性能如图 10－13。图中曲线所给出的是性能的平均值。依钢中杂质元素含量和轧后冷却条件的不同，力学性能的试验结果在 ±10% 范围内波动。从图中还可以看出，随钢中含碳量的增加，碳钢在热轧状态下的硬度直线上升，范性和韧性降低。在亚共析范围内，碳对抗拉强度的影响是，随含碳量增加，抗拉强度不断提高。超过共析含碳量以后，抗拉强度提高减缓，以至于最后抗拉强度随含碳量增加而降低。可以看出，碳钢抗拉强度与含碳量的上述关系反映了含碳量与显微组织之间的关系。在亚共析范围内，抗拉强度随珠光体相对量增加而提高。在过共析范围内，抗拉强度的变化是因为先共析渗碳体量增多，并沿原奥氏体晶界析出，形成网状，使钢的脆性增大，容易发生早期断裂，从而降低抗拉强度。应当注意到过共析钢的硬度和抗拉强度这两个性能指标各自对含碳量的依赖关系是不同的。这是由于：在测量硬度时材料所承受的是局部压缩应力，在这种局部压缩的应力条件下，先共析渗碳体本身的脆性会降低；而渗碳体不仅不会降低硬度，相反的会使钢的硬度增加，因为渗碳体本身具有高硬度。

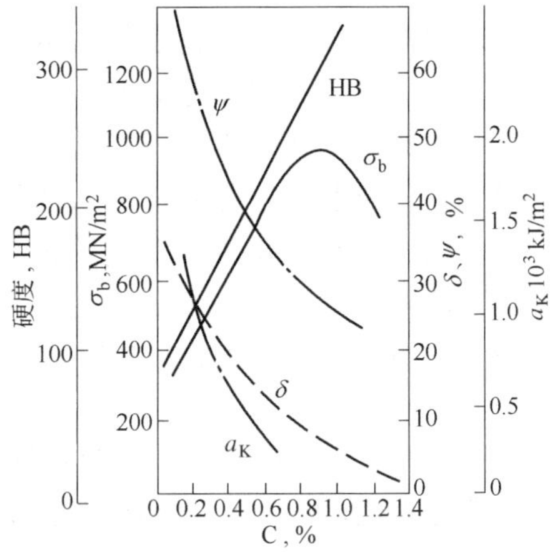

图 10－13　含碳量对碳钢热轧后力学性能的影响

含碳量增加时碳钢的耐腐蚀性降低，同时碳也使碳钢的焊接性能和冷加工（冲压、拉拔）性能变坏。

二、常存元素和其它元素对碳钢显微组织和性能的影响

1. 锰的影响

锰在碳钢中的含量一般为0.25%～0.80%，在具有较高含锰量的碳钢中，锰含量可以达到1.20%。在碳钢中，锰属于有益元素。

锰是作为脱氧除硫的元素而加入钢中的。对于镇静钢来说，锰可以提高硅和铝的脱氧效果，也可以同硫结合形成硫化锰，从而在相当大程度上消除硫在钢中的有害影响。

钢中的锰，除一部分形成夹杂物（硫化锰以及锰的氧化物），其余部分溶于铁素体和渗碳体中。

锰对碳钢的力学性能有良好影响。它能提高钢经热轧后的硬度和强度。在锰含量不高时（<0.80%），锰可以稍微提高或者不降低碳钢的面缩率（ψ）和冲击韧性（a_K）。在碳钢的锰含量范围内，每增加0.1% Mn，大约使热轧钢的抗拉强度增加7.8～12.7MN/m^2，使屈服点提高约7.8～9.8MN/m^2，而伸长率约减小0.4%。锰提高热轧碳钢强度和硬度的原因是它溶入铁素体引起固溶强化，并使钢材在轧后冷却时得到比较细的而且强度较高的珠光体，在同样含碳量和同样冷却条件下珠光体的相对量增加。由于锰的有益作用，因此，在冶炼时应把含锰量控制在钢号成分规格的上限。

2. 硅的影响

硅在碳钢中的含量≤0.50%。硅也是钢中有益元素。在沸腾钢中，含硅量很低（<0.05%），硅是作为脱氧元素加入镇静钢中。在镇静钢中硅的含量一般为0.12%～0.37%。硅增大钢液的流动性。除形成非金属夹杂物外，硅溶于铁素体中。在碳钢中每增加0.1% Si，可使热轧钢的抗拉强度提高约7.8～8.8MN/m^2，屈服点提高约3.9～4.9MN/m^2，伸长率下降约0.5%，钢的面缩率和冲击韧性下降不明显。但是，当硅含量超过0.8%～1.0%时，则引起面缩率下降，特别是冲击韧性显著降低。

3. 硫的影响

一般来说，硫是有害元素，它主要来自生铁原料、炼钢时加入的矿石和燃料燃烧产物中的二氧化硫。

铁硫相图如图10－14所示。在铁与硫化铁保持平衡时，硫在铁中的溶解度很小（图10－15），特别是室温时更小。对于碳钢来说，由于含有锰，铁对硫的溶解度进一步降

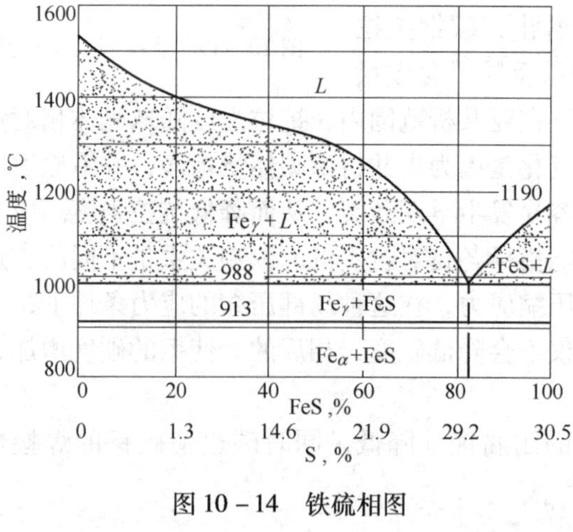

图10－14　铁硫相图

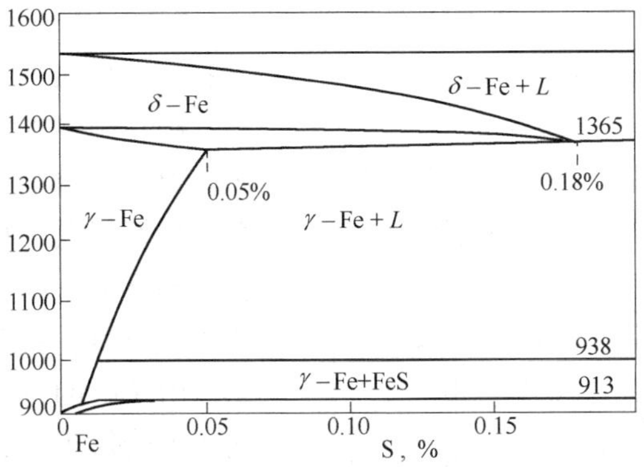

图 10－15　硫在铁中的固态溶解度

低。在室温时，硫以硫化物夹杂的形式存在于固态钢中。

硫的最大危害是引起钢在热加工时开裂，即产生所谓热脆。造成热脆的原因是由于硫的严重偏析，在看来即使不算很高的平均含硫量下，也会出现（Fe＋FeS）共晶。钢在凝固时，共晶中的铁附加在先共晶铁晶体上生长，只把 FeS 剩留在晶界呈薄膜状（即所谓离异共晶）。Fe＋FeS 共晶的熔化温度很低（988℃），在热加工时（开始加工温度一般为 1150～1250℃），由于 Fe＋FeS 共晶处于熔融状态，从而导致加工时开裂。如果钢液中含氧量也比较高，则形成 Fe＋FeS＋FeO 共晶，其熔点更低（940℃），也会引起热脆性。

在工业钢中，通过加入锰来避免钢中形成 FeS，以防止热脆。锰比铁对硫有较大的亲和力，所以钢液中硫与锰优先形成 MnS。当形成纯 MnS 时，每一份硫要消耗 1.7 份锰。钢中形成的硫化物的成分，随钢液中锰含量和硫含量的比值不同而变化。根据对低碳钢所作的试验，当锰、硫含量比值为 1.5 时，硫化物中含有 83.3% MnS 和 16.7% FeS；当比值为 5.2 时，含 91.6% MnS、8.4% FeS；比值为 10 时，含 97.6% MnS、2.4% FeS。可见，随钢中锰、硫含量比值的增大，硫化物中 FeS 的含量越来越少。少量的 FeS 溶解于 MnS 中形成以 MnS 为基的固溶体——（Mn，Fe）S。由于 MnS 的熔点为 1620℃，不同形式的 MnS 共晶也具有较高的熔点，所以在钢的正常热加工温度下不致熔化。在一般工业钢中锰含量常为硫含量的 5～10 倍，使 FeS（六方晶系）为（Mn，Fe）S（立方晶系）所取代，从而防止硫所引起的热脆。

硫通过形成硫化物夹杂而对钢的力学性能发生影响。增加钢中的含硫量，使硫化物夹杂的含量增高，钢的范性和韧性将降低，同时，钢材力学性能的方向性增大，钢的热加工性能也变坏。硫对钢力学性能的影响，不仅和钢的含硫量有关，而且还和所形成的硫化物夹杂的大小、形状和分布，并与基体的组织有关。

硫能提高钢材的切削加工性，这是硫的有益作用。在易削钢中，含硫 0.08%～0.2%，同时含 0.50%～1.20% Mn。

在大多数情况下，由于硫的有害影响，同时也考虑到硫的偏析倾向很大，所以，一般对钢的含硫量限制甚严。在普通质量碳钢中，硫含量不大于 0.055%，在优质钢中不大于 0.045%，在高级优质钢中不大于 0.02%。

4. 磷的影响

一般来说，磷是有害杂质元素。它来源于矿石和生铁等炼钢原料。钢中残余含磷量与冶炼方法有很大关系。侧吹转炉钢的含磷量较高，达0.07%～0.12%，氧气顶吹转炉钢和碱性平炉钢可以降至0.02%～0.04%，电炉钢含磷量<0.02%。

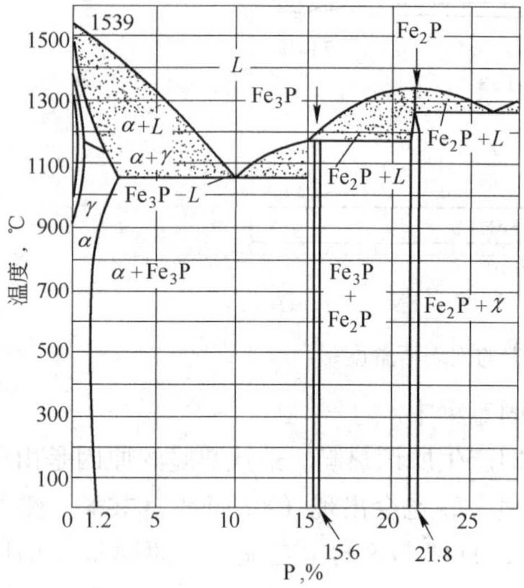

图10－16　铁磷相图

磷在纯铁中有相当大的溶解度（图10－16）。磷能提高钢的强度，但使范性、韧性降低，特别是使钢的脆性转折温度急剧升高，即提高钢的冷脆性（低温变脆）。磷的有害影响主要就在于此。

由于磷的有害影响，同时考虑到磷有比较大的偏析，因而对其含量要严格加以限制。在普通质量的碱性平炉钢中，含磷量一般≤0.045%，优质钢中≤0.04%，高级优质钢中≤0.02%。

在含碳量比较低的钢中，磷的冷脆危害较小。在这种情况下可以利用磷来提高钢的强度。例如有些国家的高磷钢，含磷量为0.08%～0.12%，同时含碳<0.08%。此外，在适当情况下，还利用磷的其它一些有益作用，如增加钢的抗大气腐蚀能力，提高磁性，改善钢材的切削加工性（在易削钢中常加入0.08%～0.15%P），减少热轧薄板的粘结等。

5. 氧的影响

氧在钢中的溶解度很小。对纯Fe－O系来说，900℃时α－Fc能溶解氧0.029%，700℃时为0.008%，500℃以下时为<0.001%。对于工业钢来说，在加入脱氧元素的情况下，氧在钢中的溶解度进一步减小。在钢中，氧几乎全部以氧化物的形式存在。至于形成什么样的氧化物是由所加入的脱氧元素的种类和数量而定。钢中各种氧化物夹杂的总量随钢中含氧量增加而增加。含氧量对钢力学性能的影响实质上也就是氧化物夹杂对力学性能的影响。这种影响随氧化物系夹杂的大小、形状、分布而异，同时也与基体组织有关，并不单纯取决于含氧量。不过，总的来说，随钢中含氧量增加，钢的范性、韧性降低；在钢的抗拉强度较高的场合下，也使钢的疲劳强度降低。此外，氧化物夹杂使钢的耐腐蚀性、耐磨性降低，使冷冲压性、锻造加工性以及切削加工性变坏。前已指出，氧在钢中还会因形成Fe＋FeS＋FeO共晶而引起热脆。

在炼钢时是借氧化把钢液中的杂质元素去掉，因此氧曾起了积极作用。但它对固态钢是有害的，因此，在氧的积极作用充分发挥之后，必须把氧除掉，于是，在炼钢的后期就要脱氧。沸腾钢的脱氧程度比较差，尽管在模内沸腾时，相当一部分氧因形成一氧化碳气体而跑掉，但仍有相当数量保存下来形成氧化物系夹杂。镇静钢的脱氧程度较高，一般来说，钢中含氧量较低。但是，由于采取了沉淀脱氧方法，脱氧时形成的微细氧化物有相当一部分残留下来，难以排除。

含氧量高低代表了钢在氧化物系夹杂方面的纯净程度。钢液的含氧量与钢的成分和脱氧操作以及冶炼方法等都有关系。例如，对于低碳钢来说，碱性侧吹转炉钢的含氧量约为0.04%～0.07%，平炉钢约为0.02%～0.03%，电炉钢约为0.01%～0.02%。

6. 氮的影响

钢中的氮来自炉料，同时，在冶炼时钢液也从炉气中吸收氮。一般平炉钢中含氮量为0.001% ~0.008%，纯氧顶吹转炉钢为0.002% ~0.004%，碱性侧吹转炉钢为0.006% ~0.008%，电炉钢为0.005% ~0.016%。

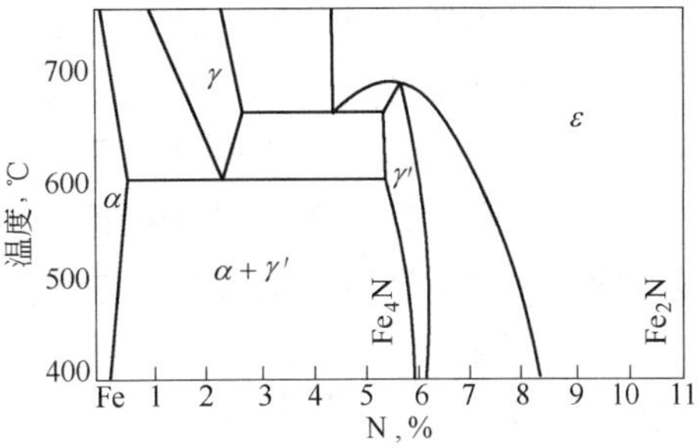

图 10 – 17　铁氮相图

铁氮相图见图 10 – 17。图中 α 和 γ 相区为氮在 α – Fe 和 γ – Fe 中的间隙固溶体。γ′相的化学式为 Fe_4N，其结构是铁原子组成面心立方点阵，氮原子处于铁原子的最大空隙；ε 相的结构是铁原子组成密集六方结构，氮原子处于铁原子的最大空隙；γ′和 ε 均为间隙相。氮在 γ 铁中的固溶体在 591℃ 发生共析分解 γ→α + Fe_4N。氮在 α 铁中的溶解度在 591℃ 时最大，约为 0.1%，随温度降低，溶解度急剧降低（图 10 – 18）。当钢中含有合金元素时，铁素体对氮的溶解度将发生变动。氮可以溶解在渗碳体中，反过来，碳也可以溶解到氮化物 γ′和 ε 相中，形成所谓碳氮化合物。

氮引起碳钢的淬火时效和形变时效，从而对碳钢的性能发生显著的影响。

图 10 – 19 给出一个含 0.06% C 的平炉沸腾钢从 720℃ 淬火，然后试样在不同温度、经过不同时间时效后所得到的硬度变化曲线。在时效过程中从过饱和 α – Fe 中析出了弥散的亚稳碳氮化合物 α″相（$Fe_{16}N_2$）。

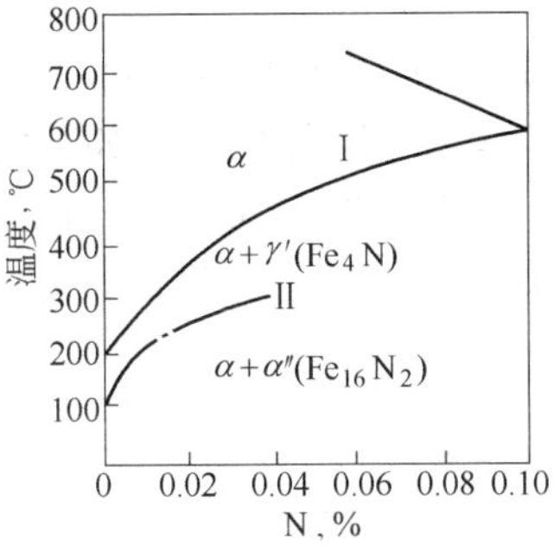

图 10 – 18　氮在 α – Fe 中的溶解度

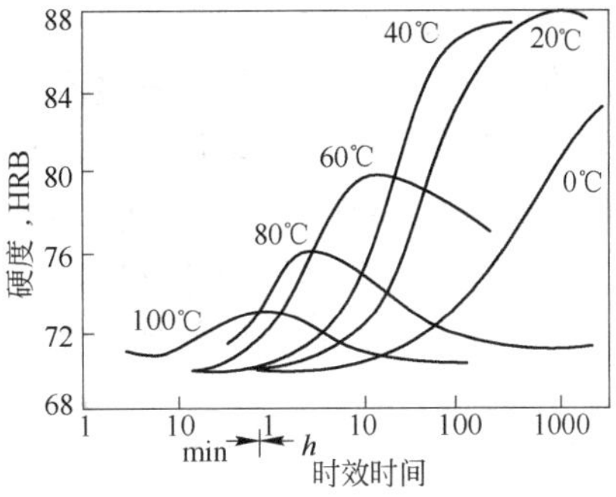

图 10 – 19　低碳钢（0.06% C）的时效硬化曲线

从平衡（热力学）的角度来看，时效——过饱和固溶体的脱溶分解——是一种趋向更稳定状态的自发过程。不稳定状态的形成，可以通过淬火，也可以通过形变。如果时效前的最后操作是淬火，这就是淬火时效；如果最后操作是冷变形，那么，在这种情况下所发生的时效称为形变时效。对于形变时效来说，通过形变，钢中位错密度增加，然后经过在室温放置（自然时效）或经过稍稍加热（人工时效）后，α – Fe 中的碳、氮原子因与位错之间有弹性交互作用，能借助于扩散富集在位错的受胀地区，形成所谓柯氏气团，从而引起形变时效中钢的性能改变。

由于氮的时效作用，钢的硬度、强度固然升高，但是范性和韧性要降低，特别是在形变时效情况下，范性和韧性的降低比较显著。因此，对于普通低合金钢来说，时效现象是有害的，因而氮是有害元素。向钢中加入足够数量的铝，使之除与氧结合外，还剩留有相当数量的铝溶解在固溶体中（0.02% ~0.04% Al）。这部分剩余的铝通过热轧以后的缓冷，或者通过在700 ~800℃保温，能与氮结合形成 AlN。这样，就可以减弱或者完全消除通常在较低温度发生的时效现象。此外，高度弥散的 AlN 质点较稳定，能保持到975 ~1000℃以上（与铝的浓度有关系），利用弥散的 AlN 可以阻止钢在加热时奥氏体晶粒长大，从而获得本质细晶粒钢。另外，在一些含有铝、钒、铌并同时含有氮的普通低合金钢中，利用形成特殊的氮化物（AlN、VN、NbN）使铁素体基体强化并细化晶粒，钢的强度和韧性可以显著提高。在这种情况下，氮便从有害变成了有益。

氮作为合金元素也在不锈耐酸钢中得到应用。此外，氮化热处理方法能使机器零件获得极好的综合力学性能，从而使零件的使用寿命延长。

7. 氢的影响

在冶炼过程中，钢液既可由锈蚀含水的炉料带入氢，也可从炉气中直接吸收氢。这些氢的一部分将残留在钢中。此外，钢材在含氢的还原性保护气氛中加热时，为去除钢材（或管、板）表面氧化铁皮而进行酸洗时以及在酸性溶液中电镀钢件时，固态钢也吸收氢，所吸收的氢不断从钢的表面向内部扩散。

氢以离子或原子形式溶入液态或固态钢中。溶入固态钢中时，形成间隙固溶体。氢在铁中的溶解度，与铁的晶体结构有关，并随外界氢的分压力（压强）和温度而异（图10 -20）。可以看出，当发生结晶或固态转变时，氢的溶解度发生突然的改变。

氢在钢中是有害元素，表现在两个方面：一是溶入钢中使钢的范性和韧性降低，引起所谓氢脆；一是当氢从钢中析出（变成分子态的氢）时造成内部裂纹性质的缺陷，白点是这类缺陷中最突出的一种。

试验指出，氢对钢的屈服强度和抗拉强度没有明显的影响，而使真实断裂强度有所降低。但是，随钢中氢含量增加，钢的范性（特别是面缩率）急剧降低。例如，向经过退火的低碳钢（0.13% C）试样进行酸洗渗氢，经 5 小时后，钢的伸长率由 34% 降至 19.3%，面缩率由72.8%降至29.6%。经时效（低温退火）脱氢后，随钢中氢含量降低，钢的范性逐渐升高，直至恢复到酸洗渗氢前的水平（图10 -21）。

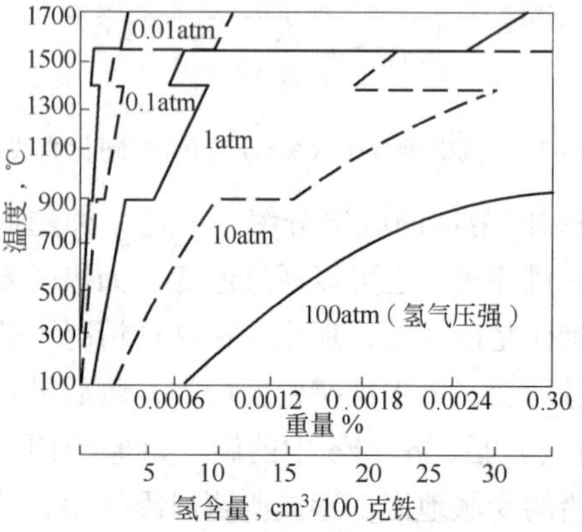

图 10 -20　氢在铁中的溶解度

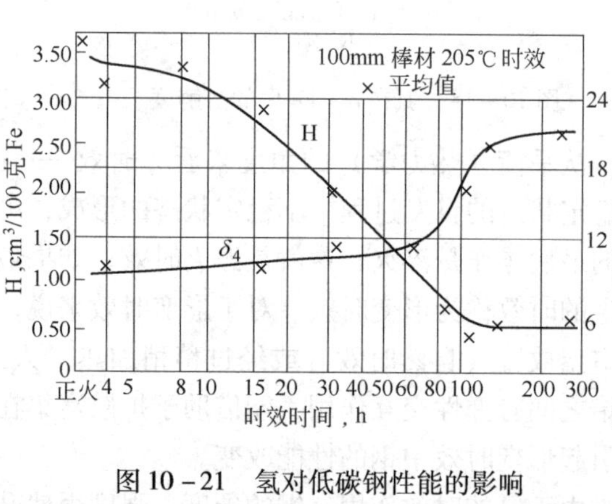

图 10 -21　氢对低碳钢性能的影响

氢脆的主要特征表现在它对形变速度和试验温度的关系上。图 10 -22 表示在室温进行试验时，范性与形变速度的关系。可以看出，和通常的脆性破坏不同，氢脆随形变速度增加而减小，从这一点可以推知，用冲击试验难以发现氢脆。同时，氢脆既不在很低的温度发生，也不在高温出现。氢脆现象只在 -100 ~ 100℃之间这样一个特定的温度范围内产生，这个温度范围的大小和使范性降低的程度，都随试验时形变速度的增加而减小（图 10-23）。

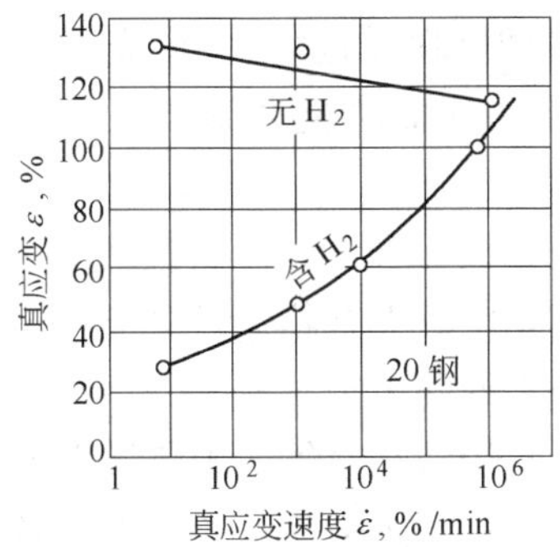

图 10-22　形变速度对氢脆（范性指标）的影响

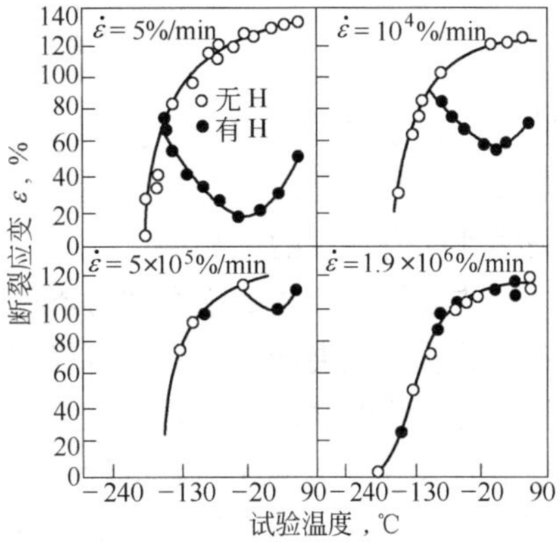

图 10-23　形变温度及形变速度对氢脆（范性指标）的影响

还需指出，氢脆的大小也与钢的强度和显微组织有关。一般说来，强度愈高，钢对氢脆的敏感性就愈大。

8. 铝的影响

铝作为脱氧元素加入钢中。碳钢中铝的含量一般小于 0.10%。加入钢液中的铝部分与氧结合形成 Al_2O_3 或含有 Al_2O_3 的各种夹杂物。其余部分溶入固态铁中，以后，随加热和冷却条件的不同，或者在固态下形成弥散的 AlN，或者继续保留在固溶体（奥氏体、铁素体）中。

在进行化学分析时，由于稳定的 Al_2O_3 不溶于盐酸，只有固溶体中的铝（包括随后析出的 AlN 在内）才能为酸溶解，所以钢中的含铝量有所谓“酸溶铝量”和“酸不溶铝量”之分。用光谱法测出的铝含量则为总铝量（即酸溶铝量和酸不溶铝量之和）。

铝除起到脱氧作用外，铝和氮结合所形成的弥散的 AlN 粒子能起阻止奥氏体晶粒长大作用。为获得奥氏体晶粒长大倾向比较小的钢，必须保证钢中有 0.02% ~ 0.04% 的酸溶铝。钢的含碳量愈低，终脱氧前钢液的含氧量就愈高，铝的烧损也就愈大，因此，为达到所要求的酸溶铝浓度，必须加入更多的铝。对不同含碳量的钢，为细化奥氏体晶粒所需要的加铝量如表 10-3 所示。

表 10-3　为获得奥氏体晶粒长大倾向小的钢所需要的加铝量

钢的含碳量（%）	加入盛钢桶中的铝量	
	公斤/吨钢	相应百分数（%）
0.05	2.5	0.25
0.10	1.5	0.15
0.20	1.0	0.10
0.45	0.50	0.05
0.80	0.40	0.04

9. 其它残存元素的影响

由废钢和矿石带入碳钢中的还有一些元素，常见的有铜、镍、铬等。为使各类碳钢的性能波动范围不致过大，它们的含量一般限制在0.3%以内。但这些元素的存在有助于提高热轧钢的强度。

第三节 钢中的非金属夹杂物

非金属夹杂物是钢中的一类组成物，它们在钢的凝固和冷却过程中形成，并在随后冷、热加工过程中经历一系列的变化。这些非金属夹杂物（简称夹杂物）对钢的工艺性能和力学性能有显著的影响。

一、非金属夹杂物的来源和种类

钢中的非金属夹杂物是各式各样的，可以从不同的角度对夹杂物进行分类。

根据夹杂物的来源，通常把夹杂物分为外来的和内生的两大类。

在钢的熔炼、出钢和浇注过程中，钢液同耐火材料和炉渣相接触，炉渣被卷入钢液中（特别是出钢时），耐火材料在高温受到冲蚀，它的颗粒混入钢液中，这些情况都是难以避免的。混入钢液中的耐火材料和炉渣颗粒通过与钢液起化学反应，不断在成分和结构上发生变化。这些颗粒，不论是刚刚被机械地带入钢液中的，还是经历了相当变化的，一旦被滞留到钢锭或铸件中，就变成了钢中的夹杂物，这样的夹杂物称为外来夹杂物。

当某种元素在固相中的溶解度非常小，同时该元素又能同钢中的其它元素形成化合物时，则这个元素即使在钢液中的含量不大，在钢液的凝固过程中也会从钢液中脱溶出来变成化合物并保留在固态钢中。氧和硫属于这种元素，它们几乎全部成为氧化物、硫化物、硅酸盐等。这些化合物称为内生夹杂物。

外来的夹杂物，一般来说尺寸较大，外形不规则，结构复杂，只是偶然地在这里或那里出现。借着这些特征，不难把它们和大多数内生夹杂物分辨开。

氮和磷也能形成化合物，但它们和碳化物一样，具有金属物质的特征，属于金属化合物。

在炼钢、出钢和浇注的整个过程中，都有氧化物和硫化物生成。在炼钢的氧化期，在碱性渣的情况下，钢液中的磷、锰、硅、铬、铝等元素都通过形成氧化物进入渣中而被脱除。硫同样是借助于形成硫化物而被脱除。在还原期，因加入脱氧元素而形成氧化物。在出钢、浇注、凝固和随后的冷却过程中，由于氧和硫在钢液和固溶体中的溶解度降低，从而形成氧化物和硫化物。凝固过程中发生的偏析，有助于氧化物和硫化物的形成。

在非金属夹杂物形成的同时，钢液中还进行着夹杂物的上浮排除过程，一般认为，内生夹杂物主要来自脱氧后在浇注和凝固过程中所形成的夹杂物颗粒，这些颗粒没有来得及上浮到钢液的自由表面而被滞留在钢锭中。

内生夹杂物在钢中的分布相对来说是比较均匀的，它们的颗粒一般比较细小。如果夹杂物的形成时间较早，而且是以固相的形式出现在钢液中，这样的夹杂物颗粒多具有一定的几何外形；当夹杂物以第二相液态的形式存在于钢液中时，则一般来说，夹杂物呈圆形（夹杂物与钢液之间的界面张力较大时）。夹杂物形成比较晚时，多沿初生晶粒的晶界分布，按夹杂物与晶界润湿情况不同，在固态钢中，夹杂物或者呈颗粒状如 FeO，或者呈薄膜状如 FeS。

夹杂物可以是单一成分的，也可以是复杂成分的；可以是单相的，也可以是多相的。在钢锭凝固以及随后的冷却过程中，夹杂物不仅力求与其周围的钢液或固溶体保持平衡，而且，夹杂物本身也通过不断发生转变而趋于热力学上的更稳定状态。如果冷却不够缓慢，夹杂物也可能以过冷液体（玻璃态）或过饱和固溶体的形式保存下来。在轧制、锻造或热处理时，每次加热都为夹杂物和钢基体之间以及夹杂物内部各相之间趋近平衡提供了机会。所以室温下所观察到的夹杂物，实际上是经过了一系列复杂变化以后的结果。

为了便于进行研究，按照夹杂物的化学成分把夹杂物分成以下五类。

第一类夹杂物——简单氧化物。如 FeO，MnO，钛、钒、铌的氧化物，Cr_2O_3，Al_2O_3，SiO_2 等。在低碳沸腾钢中，当加入锰铁很少时出现 FeO，FeO 本身在低温是不稳定的，在 560℃以下分解为 Fe_3O_4 和 Fe。当钢液含锰较高时出现 MnO（超过 1% Mn 时，所形成的氧化物几乎全部为 MnO）。在镇静钢中，当终脱氧加铝量（相对于钢液的氧化状态）较高时，形成单一的 Al_2O_3，即使钢液中有锰存在也是如此。在含硅量较高的镇静钢中能找到 SiO_2。

第二类夹杂物——复杂氧化物。其中尖晶石类夹杂物通常用化学式 $AO \cdot B_2O_3$ 表示。化学式中 A 表示二价金属，如镁、锰、铁等，B 表示三价金属，如铁、铬、铝等。尖晶石类夹杂物为一大类氧化物，如 $MnO \cdot Al_2O_3$，$MnO \cdot Cr_2O_3$，$MnO \cdot Fe_2O_3$，$FeO \cdot Al_2O_3$，$FeO \cdot Cr_2O_3$，$FeO \cdot Fe_2O_3$（Fe_3O_4），$MgO \cdot Al_2O_3$，$MgO \cdot Cr_2O_3$，$MgO \cdot Fe_2O_3$ 等。这些化合物都有一个相当宽的成分可变范围，即 $AO \cdot B_2O_3$ 中能够溶解相当数量的 AO 或 B_2O_3，尤其是 B_2O_3。这类化合物中的二价金属元素可以为其它二价金属元素所代换。对于三价金属元素来说，相应地也是这样。所以，实际所遇到的尖晶石类夹杂物可能是多成分的，并且，它们的成分将或多或少偏离于理论上的化学式。由于这类化合物具有尖晶石 $MgO \cdot Al_2O_3$ 型结构，由此而得名。尖晶石类氧化物在工业钢中比较常见。

钙的铝酸盐如 $CaO \cdot Al_2O_3$、$CaO \cdot 2Al_2O_3$ 也属于复杂氧化物，在镇静钢中，特别是当用铝和钙联合脱氧时出现这类氧化物。但它们不具有尖晶石型结构，所以并不属于尖晶石类夹杂物。

第三类夹杂物——硅酸盐及硅酸盐玻璃。通用化学式可写成 $l FeO \cdot m MnO \cdot n Al_2O_3 \cdot p SiO_2$。它们一般是多成分的。既可以是单相的，也可以是多相的。在单相情况下，一般是玻璃态的。在用锰铁、硅铁和铝进行脱氧而且加铝量较少时出现各式各样的硅酸盐，如铁硅酸盐、铁锰硅酸盐、铁锰铝硅酸盐等。

以上三类夹杂物统称为氧化物系夹杂物。

第四类夹杂物——硫化物。主要是 FeS、MnS；此外，根据情况可能出现 CaS、TiS、稀土硫化物等。

根据钢液的成分，特别是钢液的残余铝量，所形成的硫化物具有三种形态。

类型Ⅰ：是以复合形式出现的硫化物。在这一类型的夹杂物中，硫化物（MnS）和氧化物（FeO、MnO、SiO_2）处于同一夹杂物颗粒中，也就是说，形成了氧硫化物。氧硫化物呈球形。在脱氧程度比较差、钢中残铝量较低的情况下出现这种氧硫化物。例如，对低碳钢来说它在残余铝量 $<0.01\%$ 时出现。由于钢液的脱氧程度差，所以在形成硫化物的同时也形成氧化物，硫化物和氧化物在一起共溶，使氧硫化物具有较低的熔点。在钢的凝固

过程中所形成的氧硫化物最初是液态的，随温度降低，不断从中析出各种固相氧化物。硫化物就分散在各种氧化物相之间。

类型Ⅱ：是借共晶反应形成的硫化物。铁的固溶体是共晶的另一个相。硫化物或具有共晶形态，或呈点链状分布在初生晶粒的晶界。对于低碳钢来说，当残余铝在0.01% ~0.1%之间时出现这种类型的硫化物。

类型Ⅲ：是均匀分布的硫化物。硫化物具有结晶的几何外形。相应于彻底脱氧时的情形，对于低碳钢来说，当残余铝含量超过0.08%时出现这种类型的夹杂物。

上述类型Ⅱ的硫化物严重降低铸钢的范性和韧性。这种硫化物经热压力加工后变成不均匀分布的延伸状硫化物，严重降低热形变钢的横向范性和冲击韧性。

第五类夹杂物——氮化物。如VN、TiN、AlN等。

二、非金属夹杂物的范性

非金属夹杂物破坏了金属基体的连续性。当零件承受外加载荷时，夹杂物会引起应力集中，导致在材料中提前产生微裂纹。

夹杂物的范性在钢的压力加工过程中具有重要意义。这是因为夹杂物的范性和行为影响夹杂物的形状以及夹杂物与基体的联结情况，从而影响夹杂物所能引起的应力集中程度。

钢中不同类型的夹杂物在不同温度的相对范性如图10－24所示。这里用参数ν来描述夹杂物对基体的相对形变程度，称之为相对形变因数，定义为

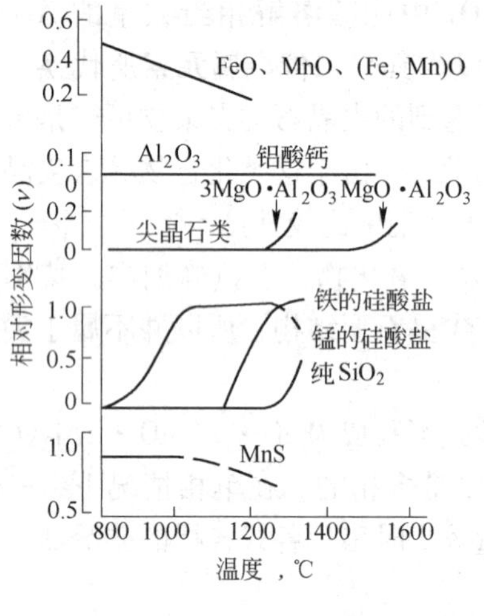

图10－24　各种类型夹杂物在不同温度下的相对形变因数

$$\nu=\frac{\varepsilon_1}{\varepsilon_2}$$

式中　ε_1——夹杂物的形变量，用厚度的相对缩减来表示；根据在热变形钢中夹杂物的形状可以确定其值；

ε_2——在同样条件下夹杂物周围基体的形变量。

当$\nu=0$时，夹杂物根本不变形，而只有金属变形；而$\nu=1$时，则表示夹杂物和金属基体一起变形。从图10－24可以看出：

1）FeO、MnO、（Fe，Mn）O等在室温能和金属一起变形，随着温度升高，金属基体的变形抗力减小，范性增加，但是，这些夹杂物的相对形变因数值减小。

2）Al_2O_3和钙的铝酸盐，当钢在热加工的整个温度范围以及在室温加工变形时都无范性，不变形。

3）尖晶石类夹杂物在通常钢的形变温度范围内不发生变形，但当钢被加热到更高温度（>1250℃）进行加工时此类夹杂物能稍微变形。

4）硅酸盐在室温加工时不能随钢一起变形，但是当钢在800~1300℃温度范围加工时，硅酸盐依其成分的不同将很快地改变相对形变因数，变成具有良好范性的物质。由于在钢的热加工温度范围内硅酸盐的相对形变因数与硅酸盐的成分有很大关系，所以，对钢

材的性能来说，硅酸盐的成分和热加工温度是很重要的。

5）MnS 在1000℃以下具有很高的相对范性，超过1000℃，随温度升高 MnS 的相对形变因数逐渐减小。这是因为在升高温度时，金属基体的形变量有更大的提高。

总之，非金属夹杂物的相对形变程度随夹杂物的成分和钢的形变温度而异。因此，在钢经过热变形后，钢中不同类型的夹杂物具有不同的形变程度。据此，把夹杂物区分为以下四类。

第一类——脆性夹杂物。一般指那些不具有范性的氧化物和氧化物玻璃。当钢经受热加工变形时，这类夹杂物的形状和尺寸不发生变化，但夹杂物的分布有变化。氧化物夹杂在钢锭中成群出现；钢经变形后，氧化物颗粒沿钢延伸方向排列成串，呈点链状。属于这类夹杂物的有 Al_2O_3，Cr_2O_3，尖晶石类氧化物，钒、钛、锆的氮化物以及其它一些高熔点夹杂物。

第二类——范性夹杂物。这类夹杂物在钢经受热加工变形时具有良好的范性并沿着钢范性流变的方向延伸成条带状。属于这类夹杂物的有硫化物，含 SiO_2 量较低（40%～60%）的铁锰硅酸盐和其中溶有 FeO、MnO、Al_2O_3 的硅酸钙和硅酸镁等。

第三类——球状（或称点状）不变形夹杂物。这类夹杂物在钢锭中或在铸钢中呈球形，钢经形变后夹杂物保持球形不变。属于这类夹杂物的有 SiO_2、含 SiO_2 较高（>70%）的硅酸盐、钙的铝酸盐（$CaO \cdot Al_2O_3$、$CaO \cdot 2Al_2O_3$）玻璃、纯的硅酸钙和纯的硅酸铝等。

第四类——半范性夹杂物。指各种复相的铝硅酸盐夹杂。夹杂物的基底铝硅酸盐玻璃一般在钢经受热加工变形时具有范性；但是在夹杂物基底上分布的析出相晶体（如 Al_2O_3、尖晶石类氧化物）不具有范性。当析出相的相对量较大时，脆性的析出相好象是被一层范性相的膜包着。钢经热变形后，范性的夹杂物相多少随钢变形延伸，而脆性的夹杂物相不变形，仍保持原来形状，只是或多或少地拉开了夹杂物颗粒之间距离。

三、夹杂物对钢的力学性能和工艺性能的影响

夹杂物对钢的力学性能和工艺性能的影响主要是降低钢的范性、韧性和疲劳极限，造成钢材性能上的方向性，使钢的冷、热加工性能变坏。在某些情况下，夹杂物也能起到好的作用，如钢中的硫化物能改善钢的切削加工性能等。

第四节　热形变钢的组织和性能

一、概述

工业用钢大约75%是在经过热压力加工（简称热加工）后使用。热形变钢的生产流程是熔炼后铸成钢锭，再通过热轧、热锻或热压来开坯、成材。热加工一般在钢的临界点 A_1 以上进行，此时，钢全部或大部分处于奥氏体状态。在高温时钢具有低的形变抗力和高的形变能力，从而可减小加工时所需的动力和能量消耗，并使钢能承受大的变形量。工业生产中，除热加工外还使用冷轧、冷锻、冷拔、冲压、旋压、爆炸成型等冷加工方法来制造半成品或成品。冷加工所用的原料是经过热加工的钢坯或钢材。冷加工方法需要比较大的动力，消耗的能量也比较多，但是，制品的尺寸精确，表面质量高。

从工艺上看，钢的热加工包括加热、形变和冷却三个阶段。钢的开始形变温度、形变量、形变速度、形变终止温度以及随后的冷却速度是热加工工艺的重要参数。

在热加工时，钢的外形发生改变。在一般情况下，在轧制后，沿钢锭的轴向有较大的延伸。在轧制钢坯或圆钢时，只有轴向延伸。但在轧制钢板的情况下，随着钢坯厚度减小，也能沿板面在互相垂直的方向上伸长。在锻造时，钢坯形变延伸的方式是比较复杂的。一般根据加工前后钢坯形状的变化来确定形变量。形变量可用形变程度或锻压比来表示。形变程度是指钢坯截面的相对缩减。例如，设加工变形前钢坯的截面为 S_0，加工变形后为 S，则形变程度 ε 定义为：

$$\varepsilon\% = \frac{S_0 - S}{S_0} \times 100\%$$

锻压比则是指加工前截面与加工后截面之比，即 S_0/S。

无论形变程度还是锻压比，所表示的都是钢坯的平均形变量。应当注意到，在加工过程中钢坯内部各处的形变量并不一样大，例如经锻轧后，往往沿方坯截面的对角线附近形变量最大。当相对于钢坯厚度来说，工具尺寸（轧辊直径、锻锤大小）较小时，形变只能及于钢坯的外层，而钢坯的心部形变量很小。当钢坯未被热透时也会出现这种情形。在轧制型材和锻造形状复杂的零件时，各部分形变量不同更是常有的事。为焊合钢锭心部疏松，“打碎”钢锭心部的枝晶，形变必须达到钢锭心部，这一点很重要。形变不均匀的现象是不希望的。因为当形变量不均匀时，各部分延伸程度不同，由此引起附加的宏观内应力，在钢的范性差的情况下，有导致产生裂纹的危险。

在热加工过程中，在钢坯外形改变的同时，钢的内部组织如疏松、气泡、区域偏析、夹杂物、奥氏体晶粒等也都相应地发生形状变化，或发生分布状态的变化。例如，疏松和气泡被压扁、延伸或者被焊合；区域偏析、带状偏析的分布位置有所变动，但其特征还保存着（尤其是当锻压比较小时）；区域偏析不仅可以在钢坯上相当清晰地保存着，而且甚至一直保存到截面尺寸很小的钢材上。另外，枝晶偏析被形变延伸，各范性夹杂物也得到不同程度的延伸，脆性夹杂物变为点链状分布，奥氏体晶粒也会被拉长。但是应当指出，钢在热加工时，加工硬化与再结晶都在进行，奥氏体会通过再结晶重新变成等轴形晶粒。所以，在热形变钢中奥氏体晶粒的实际大小和形状是经过再结晶之后所得到的结果。至于热形变钢的室温显微组织则不仅依赖于经过形变和再结晶的奥氏体的组织状态，而且在更大程度上取决于钢的成分和轧后的冷却。

从以上的分析可以看出，热形变钢的室温组织是加热、形变、再结晶和相变等一系列变化叠加之后得到的结果。改变各个阶段的各种工艺参数，将会对钢在轧后的室温组织和性能发生明显的影响。因此，形变钢的不同组织形态与各种工艺参数有密切关系。

通过热加工，钢的致密度增加，枝晶偏析程度有所减轻，奥氏体晶粒得到细化（因而固态转变后珠光体和铁素体组织也就比较细小），从而使钢的力学性能有所提高。但是，当热加工操作失当时，将会出现这样那样的问题，甚至造成废品。

研究热加工过程中钢内所发生的变化，找出组织，性能同钢的成分和热加工工艺参数之间的关系是正确制订热加工工艺的基础。

以下讨论热形变钢的组织和性能以及制订热加工工艺时应注意的问题。讨论中的注意力放在显微组织的变化方面，其它只作简单的说明。

二、热形变钢的组织

热形变钢的组织具有带状的特征。带状的产生是枝晶偏析被延伸的结果。用肉眼观察时，带状组织呈纤维状，所以称为纤维状组织，也称为“流线”。用显微镜观察时，随所用的浸蚀剂不同，所观察到的带状组织或者属于原始带状（也称一次带状）或者属于二次带状。原始带状和二次带状既有联系也有区别。

此外，随热加工规程的不同，形变钢的奥氏体晶粒大小可以在相当大的范围内变动。当轧后冷却速度较快时，形成具有某种特征性的组织（如魏氏组织）。在加热过程中，还会出现表面脱碳（增碳）以及在钢中形成粗大渗碳体块的反常组织，等等。

1. 纤维状组织

钢凝固时所产生的枝晶偏析具有相对的稳定性。经过轧前加热，钢内产生出新的奥氏体晶粒，从晶体学的意义来说，初生晶粒早已不复存在，但枝晶偏析仍然保留。由枝晶偏析显示的“初生晶粒”随钢坯外形改变而延伸。处于原枝晶间的范性夹杂物（如硫化物和铁锰硅酸盐）也一起形变。随着形变量的加大，“初生晶粒”从最初的柱状或等轴形逐渐形变成条带状或纺锤形。被延伸拉长的枝晶干和枝晶间就构成了形变钢中的“纤维”，其示意见图 10－25。由此可见，枝晶偏析是产生纤维状组织的内因，形变延伸是形成纤维状组织的条件。

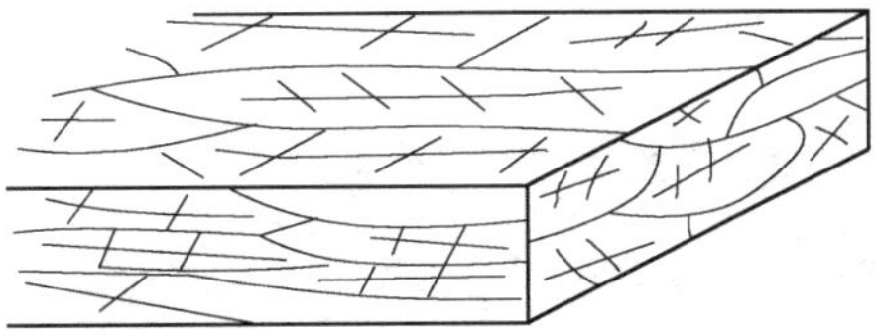

图 10－25　钢板纤维组织示意图

在热形变钢的酸浸蚀面上，特别是钢坯或钢材的纵截面上能够看到纤维状组织。在硫印照片上，借助于延伸的硫化物也能把纤维的走向显示出来。在采用特殊试剂侵蚀时，纤维组织更为清晰。经过这种试剂浸蚀后，较纯的富铁部分（原枝晶干）呈暗黑色，富集杂质元素的贫铁部分（原枝晶间）呈白色。

在钢坯或圆钢上，纤维平行轧制方向。而在钢板中，纤维在两个方向上延伸，纤维的形貌因观察面的方向不同而异（图 10－26）。在纵截面上纤维化程度最大，横截面次之。在板面上，枝晶在两个方向上都伸长了，等于把原枝晶放大，原枝晶的形貌仍清晰可辨，如图 10－26（*c*）所示。

范性夹杂物的延伸与枝晶相近。在钢坯或圆钢中范性夹杂物呈棒状。在钢板中范性夹杂物呈条带形或椭圆饼形。当取不同观察面时，夹杂物在观察面上具有不同的截面形状。

在锻件上，纤维的方向反映了形变延伸的方向。纤维（或流线）使热形变钢的力学性能产生方向性，这就使得流线在工件截面上的分布具有重要意义。应当使流线顺工件的外形分布，一般来说这样可以保证在受力方向上材料具有最好的塑性和韧性。图 10－27 所示为理想的流线分布。

2. 带状组织

热形变钢试样磨片用含 $CuCl_2$ 的试剂浸蚀后放在显微镜下观察，则发现，原来在肉眼观察时所看到的那些纤维经过放大以后变成了黑白交替的条带，称之为原始带状组织。如前所述，其中黑色条带相当于原树枝状晶的较纯的枝干，白色条带相当于原富含杂质的枝

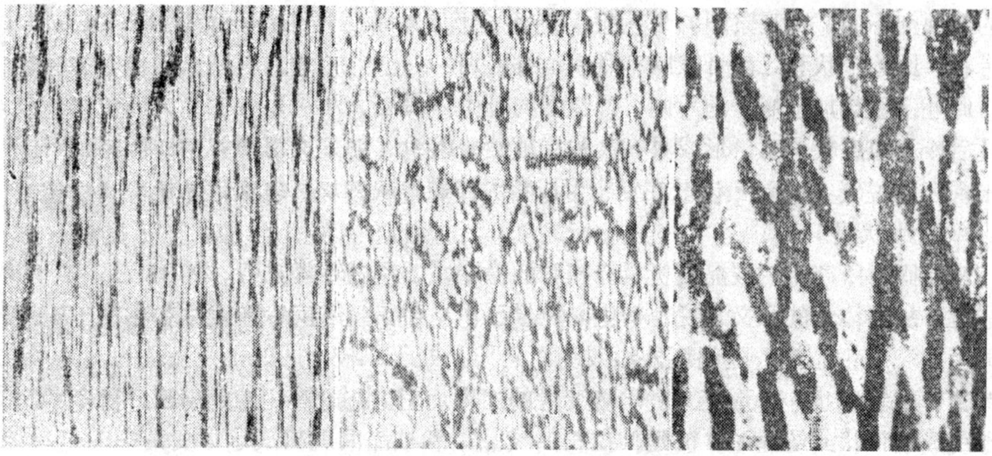

(*a*) (*b*) (*c*)

图 10－26 低碳钢钢板不同截面上的纤维状组织

（*a*）纵截面；（*b*）横截面；（*c*）板面

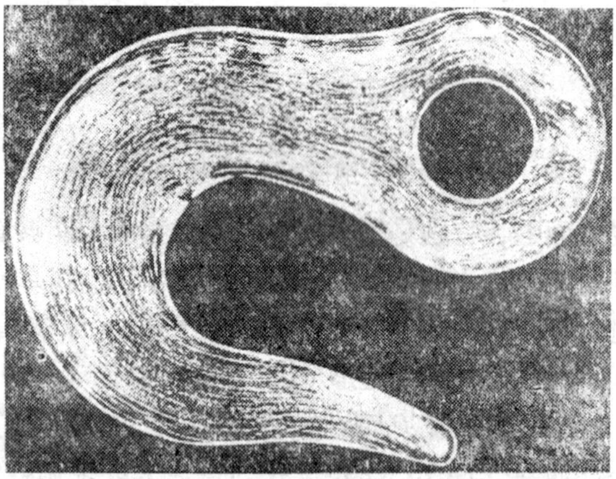

图 10－27 理想的流线分布（示例）

间区域。纤维状组织和原始带状组织实质上是同一个东西，其所以保留不同的名称是因为一个用来形象地说明其宏观形貌（纤维状）；另一个用来描述其显微图像（带状）。为简单起见就把原始带状组织称作纤维组织也是可以的。

一个 ϕ30mm 中碳 Si－Mn－V 钢试样（0.38% C，1.05% Si，1.14% Mn，0.035% P，0.019% S，0.23% Cr，0.02% V），从 870℃空冷后取纵切面，经硝酸酒精溶液浸蚀以后，显微组织见图 10－28，为网状铁素体包围着珠光体，看不到带状。但是如果将这同一试片经过重新磨制并改用含 $CuCl_2$ 的试剂浸蚀后，原始带状组织就显现出来，见图 10－29。可以注意到在原始带状组织的白色条带中含有延伸了的硫化物。前曾指出，硫化物一般是处在树枝间。

除上述原始带状组织外，在热形变钢中还会出现另外一种形式的带状组织。这种带状组织在使用普通硝酸酒精试剂浸蚀的情况下就能显露出来。这时所看到的交替相间的条带是由不同的组织构成，称为“显微组织带状”。例如，在缓冷的热轧低碳钢中会出现先共

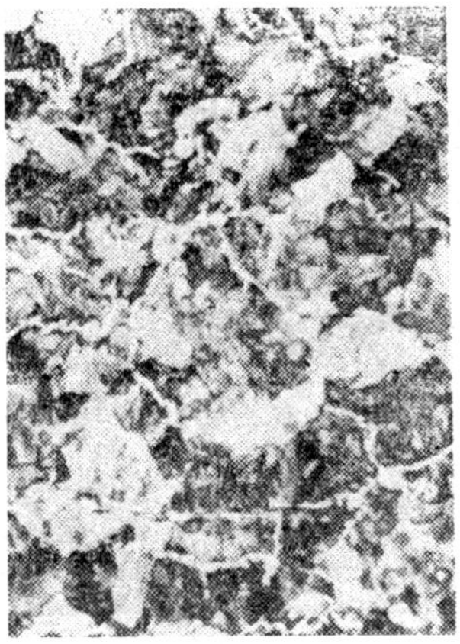

图 10－28　中碳 Si－Mn－V 钢的
显微组织（×100）

图 10－29　中碳 Si－Mn－V 钢中的
原始带状组织（×100）

析铁素体和珠光体交替相间的显微组织带状。这些不同的组织是固态相变的产物。组织的带状分布是固态相变的结果。所以，也把这种带状组织称之为二次带状，以区别于由树枝状结晶（偏析）所引起的原始带状或一次带状。组织带状中的不同组织条带，例如铁素体和珠光体，各具有不同的含碳量。因此，二次带状的形成意味着碳在固态相变中发生了不均匀的重新分布（二次碳偏析）。在不附加说明时，一般所谓钢中的带状组织是指二次带状。20 钢的带状组织见图 10－30。将具有二次带状的热形变钢试样磨片改用上述含有 $CuCl_2$ 的试剂浸蚀后所显现的是一次带状组织。

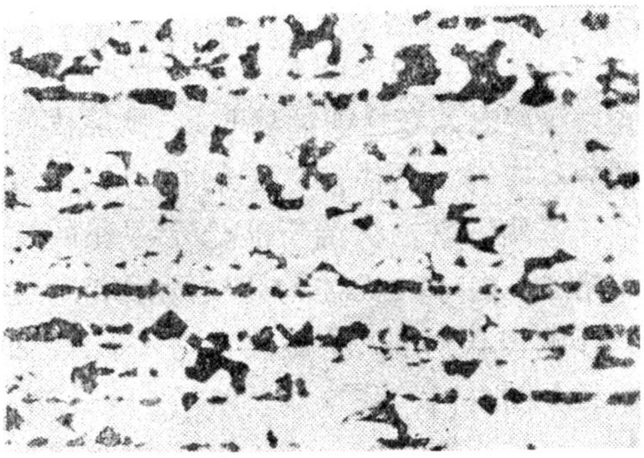

图 10－30　20 钢的带状组织
（880℃，保温 45 分钟炉冷，×100）

只有在一次带状的基础上才能形成二次带状。但是，在具有一次带状的热形变钢中可以出现也可以不出现二次带状，视固态相变的具体条件而定。为确定二次带状和一次带状的相互关系，通常用组织中的夹杂物作参考。如前曾指出，一般来说，硫化物处在树枝间，硅酸盐处在枝晶干。硫化物和硅酸盐可以分别作为枝间和枝干的标记。研究指出，二次带状有两种情况。第一种情况是在铁素体条带中含有硅酸盐，同时珠光体条带中含有硫化物（图 10－31）。也就是说，铁素体出现在原枝晶干，珠光体出现在原晶枝间。这种二次带状的碳浓度分布与凝固时碳的树枝状偏析是一致的，称为“顺态”的二次碳偏析。第二种情况是，与上述第一种情况相反，铁素体条带中含有硫化物，同时珠光体条带中含有硅酸盐。这就是说，珠光体出现在原枝干部而铁素体出现在枝间。这种情况表明，在固态相变时发生了碳浓度分布的逆转，碳从枝间处扩散到了枝干。这种二次带状的碳浓度分布称为“逆态”的二次碳偏析。见图10－32。

以上所讨论的固态相变时碳浓度重新分布的两种情况在铸钢中也同样出现。

为了说明二次带状组织产生的原因，需要指出以下两点：第一，溶解在奥氏体中的碳和杂质元素在扩散速度上有显著的差别。碳是间隙原子，它的扩散系数要比代位原子的扩

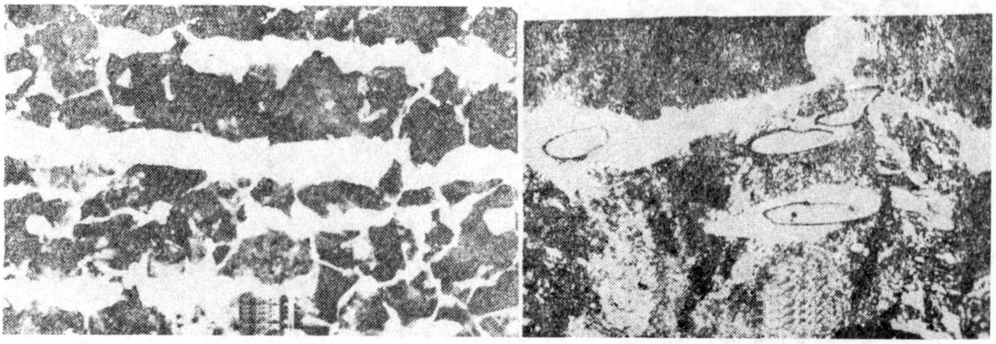

(a)　　　　　　　　　　　　　　　　　　　　(b)

图 10－31　二次碳偏析的第一种情况"顺态"

(a) 中碳 Mn · Mo 钢，180 毫米方坯（纵向，×50）；(b) 进一步放大，在珠光体带中观察到硫化物，在原奥氏体晶界和硫化物周围有铁素体（×500）

图 10－32　二次碳偏析的第二种情况—"逆态"

(20 钢，ϕ30mm，880℃保温 45 分钟后炉冷，×500)

散系数大几个数量级（约相差 10 万倍）。因此，虽然在凝固过程中碳和其它元素一起发生了偏析富集在枝间，但是，当钢在奥氏体相区（相当高的温度）停留时（如凝固后缓冷时或在轧前加热时），碳能优先达到相对均匀，而代位原子的均匀化却很困难，这就是树枝状偏析能稳定存在的原因。第二，溶于奥氏体的杂质元素和合金元素影响奥氏体的 A_3 温度，有些元素如硅、磷、钨、钼、硼等能使 A_3 温度升高，而另外一些元素如锰、镍、铬（含量较低时）等却使 A_3 温度降低。在高温时，奥氏体的碳浓度已相对均匀，但是杂质元素尚未均匀。由于杂质元素对 A_3 温度发生影响，结果原枝干处和枝间处各自的 A_3 温度出现了差别。依偏析元素的种类和偏析程度的不同，原枝间部分奥氏体的 A_3 温度可以高于或低于原枝干部分的 A_3 温度。于是，当这热形变钢从奥氏体相区冷却时，铁素体将在 A_3（A_{r3}）温度较高的局部区域先产生。例如，当枝间有较高的 A_3（A_{r3}）时就优先在枝间产生，或者，当枝干有较高 A_3（A_{r3}）温度时优先在枝干产生。铁素体含很少的碳，随着温度降低和铁素体的长大，碳不断向 A_3（A_{r3}）温度较低的区域扩散富集，直到温度降低至 A_{r1} 时，保留到最后的奥氏体转变成珠光体。

由此可见，在原始带状的影响下，通过奥氏体向先共析铁素体的转变最终形成了铁素体珠光体带状组织。当碳钢中有较高的含锰量而含硫量又不是很高时，由于锰的枝晶偏析以及富集锰的原枝间部分与枝干部分相比 A_3 较低，结果出现"顺态"的二次带状组织；反之，在另一种情况下，当钢中含硅量、含磷量较高，而含锰量又比较低时，由于硅和磷的树枝状偏析以及偏析后富集硅和磷的原枝间部分与枝干部分相比 A_3 温度较高，结果就出现"逆态"的二次带状组织。

为形成铁素体珠光体带状组织，碳需要扩散的距离取决于原始带状的宽度，而能否实现碳的相当长距离的扩散，则与相变过程的冷却速度（即在各温度停留时间的长短）有关。事实上，原始带状宽度和冷却速度正是影响二次带状形成的两个重要因素。

二次带状组织不限于铁素体珠光体带状一种。在高碳钢中，由于类似的原因，将形成碳化物带状。此外，在原始带状组织的影响下，钢在热处理以后还会产生其它不同形式的显微组织带状。

带状组织使钢的力学性能具有方向性，使钢的横向范性和韧性降低。铁素体珠光体带状组织还使钢的切削加工性变坏。这种带状组织所产生的影响因切削方法和切削方向而异。当切削方向与带状的变形延伸方向平行时，例如，用拉刀加工或扩孔时，在工具刃上容易形成刀瘤，结果给切削加工带来困难，加工表面光洁度降低。

为减轻或消除亚共析钢中的铁素体珠光体带状组织，可以采取以下两方面的措施：一是减轻原始带状的偏析程度，二是抑止或者减轻原始带状组织对二次带状的影响。

钢锭中柱状晶要比等轴晶的枝晶偏析程度较轻。枝晶比较细时通过扩散退火能达到更好的均匀化效果。钢锭的偏析随钢锭重量增加而加大，随冷却速度的加快而减轻。在铸造轧板用钢锭时采取扁锭，其冷却速度较快。有利于减轻枝晶偏析程度并减小晶粒度。此外，扩散退火也是降低原始带状偏析程度的重要方法之一。

在设计钢的成分时，应当注意，升高和降低 A_3 温度的元素如硅－锰、锰－硫等要互相搭配，这样，在发生枝晶偏析以后，由于几种杂质元素的影响互相抵消，枝干和枝间两区域 A_3 温度的差别很小，从而有利于避免铁素体珠光体带状组织产生。加快热形变钢的冷却速度，例如钢板在轧后喷水，借以抑止碳在原始带状基础上的长距离扩散，或者将钢材加热后空冷（正火），或者适当提高钢坯或钢材的加热温度，使奥氏体晶粒尺寸超过原始带状的条带宽度，所有这些措施均有利于消除或减轻铁素体珠光体带状。图 10－33 所示为 20 钢从 880℃空冷后所得到的结果。图 10－30 和图 10－33 所用试样取自同批钢材，只是冷却速度不同，结果一个有二次带状，一个没有二次带状。应当指出二次带状的消除并不等于原始带状也跟着消失。二次带状的形成还取决于轧后的冷却条件，而一次带状基本上与轧后的冷却条件无关，已经消除了二次带状的钢材，在再次加热冷却后，如果条件合适，二次带状会重新出现。

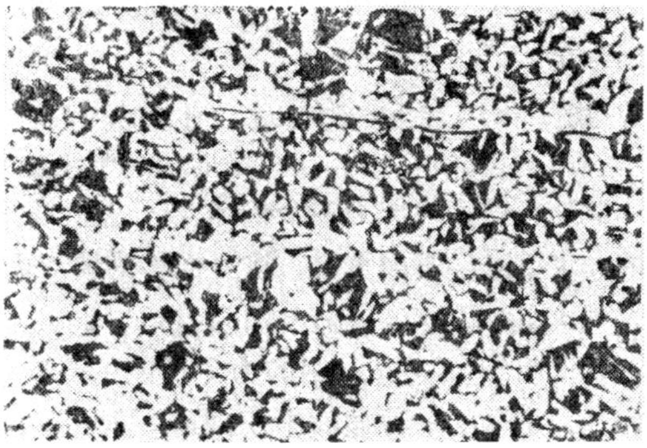

图 10－33　20 钢 880℃空冷后的显微组织（×100）

最后，应当指出，在一般情况下，二次带状是被作为组织缺陷来看待的，要求采取各种办法来减轻和消除它。但是，如果材料所承受的最大拉应力在纵向，则二次带状可能不仅无害反而有利。

3. 魏氏组织

在亚共析钢中，当从奥氏体相区缓慢冷却通过 $A_{r3} \sim A_{r1}$ 温度范围时，铁素体沿奥氏体晶界析出，呈块状。如果冷却速度加快时，则铁素体不仅沿奥氏体晶界析出生长，而且还形成许多铁素体片插向奥氏体晶粒内部。铁素体片之间的奥氏体最后转变为珠光体。这些分布在原奥氏体晶粒内部呈片状（显微镜下呈针状）的先共析铁素体称为魏氏组织铁素体（或魏氏组织 α - Fe），见图 10 - 34。

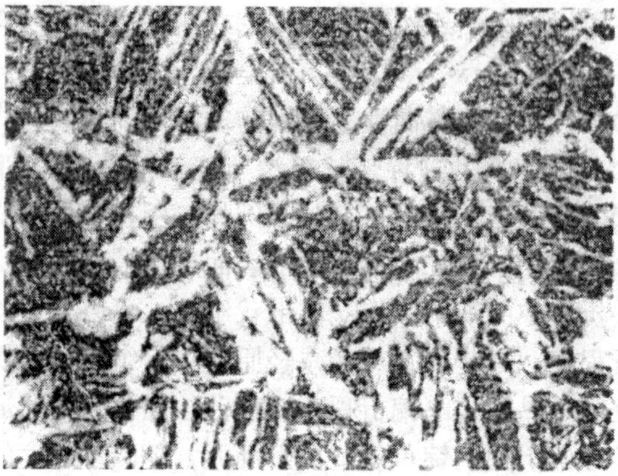

图 10 - 34　亚共析钢（0.35% C）中的魏氏组织 α - Fe

沿晶界析出的块状和片状（或针状）铁素体是先共析铁素体的不同形态。片状铁素体的特点在于它和所在的原奥氏体晶粒之间（即新相与母相之间）在晶体学上有严格的位向关系。这个关系是

$$(110)_{\alpha} // (111)_{\gamma}$$
$$[111]_{\alpha} // [110]_{\gamma}$$

此外，铁素体作为一个整体（不是指铁素体点阵的位向）来说，片的中心平面与母相的一定结晶学平面重合，这平面称为惯习面。这种现象称为惯习现象。对于亚共析钢来说，魏氏组织铁素体的惯习面为 $\{111\}_{\gamma}$。

魏氏组织 α - Fe 对钢的力学性能的影响研究得还不充分。一般认为，它降低钢的冲击韧性，是钢的一种显微组织缺陷。但是，在一般情况下，出现魏氏组织 α - Fe 时奥氏体晶粒也比较大。那么，钢的冲击韧性降低究竟是由于魏氏组织 α - Fe 的出现，还是由于奥氏体晶粒粗大造成的这个问题需要进一步研究。

如果奥氏体比较粗大，冷却速度又比较快时，一般来讲，容易产生魏氏组织铁素体。实际上，在连续冷却时，冷却速度影响铁素体的析出温度（过冷度），冷却愈快，析出铁素体的过冷度就愈大。先共析铁素体的不同形态取决于过冷度。实验指出，亚共析钢当奥氏体为粗晶粒时产生魏氏组织的过冷度范围见图 10 - 35（*a*）；当奥氏体晶粒比较细小时，形成魏氏组织的过冷度范围见图 10 - 35（*b*）。从图中可以看出，只是在冷却速度较大，能达到相当大的过冷度时魏氏组织 α - Fe 才能形成。奥氏体晶粒愈小，所需要的过冷度也愈大〔比较图 10 - 35（*a*）和（*b*）〕。

不仅亚共析钢，而且过共析钢也形成魏氏组织（渗碳体），此时先共析渗碳体在奥氏体晶粒内呈针状析出。先共析渗碳体与奥氏体之间也有一定的位向关系，同时也存在着一定的惯习面。推广来说，凡新相从母相中脱溶析出，新旧相之间有一定的位向关系，同时新相的中心平面与母相的一定结晶学平面重合时，这样一种具有纹理特征的组织可统称为魏氏组织。事实上，在一系列铁合金和有色金属合金中都能观察到魏氏组织。

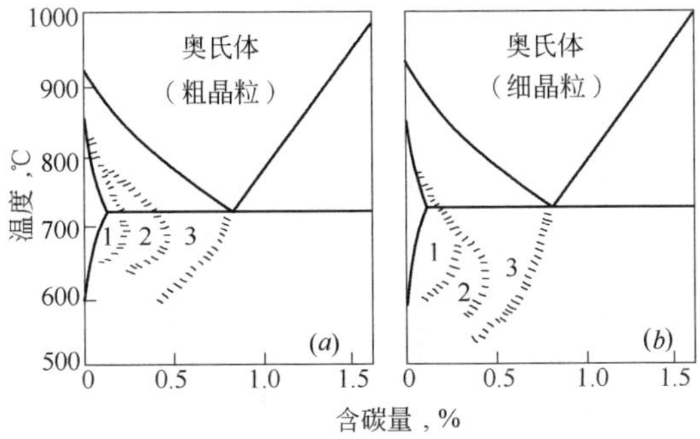

图 10－35　不同形态铁素体的形成范围

1 区—块状 α－Fe 形成区；2 区—魏氏组织 α－Fe 形成区；3 区—晶界 α－Fe 形成区

对于钢来说，魏氏组织不仅在热变形钢中形成，还更经常在铸钢中出现。铸钢在凝固后奥氏体晶粒很粗大，如果冷却稍快些就会产生魏氏组织。采用再次加热后缓冷（退火）可消除铸钢和热变形钢中的魏氏组织。

4.“反常”组织

在过共析钢中，这样一种组织被称为“反常”组织，即在原奥氏体晶界分布着粗厚的网状渗碳体，在此粗厚渗碳体的两边有很宽的游离铁素体，见图 10－36。这种粗厚的渗碳体有时也出现在原奥氏体晶粒内。同样，在粗片渗碳体两边是游离的铁素体。“反常”组织是正常的片状珠光体的一种变态。实质上即离异的（或退化的）珠光体。“反常”组织也在亚共析钢中出现，表现为沿晶界析出的粗厚渗碳体（图 10－37）。

图 10－36　过共析钢（1.2% C）的反常组织

（从 A_{cm} 温度缓冷，×500）

研究指出，钢在奥氏体相区加热温度越低（特别是在 A_{cm} ~ A_1 温度区间加热时），奥氏体就越不均匀，其中含有大量未溶的碳化物或氮化物。越是在这种加热条件下，越容易形成“反常”组织。就冷却条件来说，冷却愈缓慢，以致 A_{r1} 温度非常接近 A_1 温度时，愈容易产生“反常”组织。钢的含碳量与共析含碳量相距愈远时，形成“反常”组织的倾向就愈大。此外，“反常”组织的出现也与钢中的含氮量和加铝量有关，含氮量高的转炉钢容易产生“反常”组织。所有这些条件都是和离异共析体形成的基本原理相一致的。

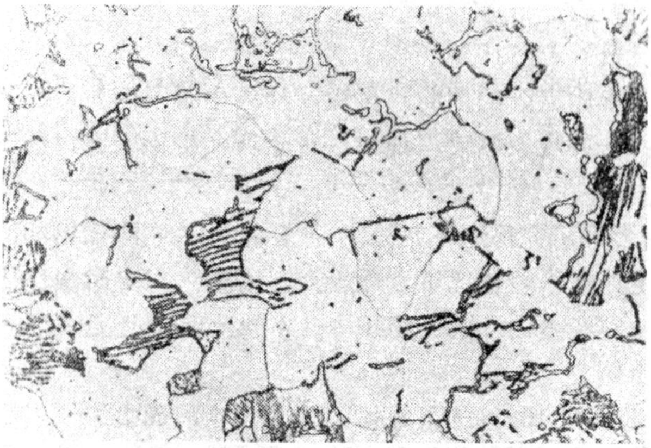

图 10－37 亚共析钢（0.5% C）的反常组织

（850℃10 分钟，715℃，500 秒，水冷，×500）

5. 网状碳化物

过共析钢轧后在冷却过程中沿奥氏体晶界析出先共析渗碳体。依钢的含碳量、形变终止温度和冷却速度不同，先共析渗碳体呈半连续或连续网状。网状碳化物的厚度，随停轧（锻）温度的提高和冷却速度的减小而增大。

形变终止温度过高（例如 1000℃），会使奥氏体晶粒粗化，这种晶粒粗大的奥氏体在随后冷却时沿晶界形成粗厚的渗碳体网，后者在随后的热处理过程中难以得到改正。

降低形变终止温度（例如 850℃），所得到的奥氏体晶粒比较细小，在随后冷却过程中，即使有网状碳化物析出，也将是细薄的。这种细薄的网状碳化物，在以后的热处理过程中比较容易通过球化加以消除。

形变终止温度对形成网状碳化物的影响应当和轧后冷却速度的影响结合起来考虑。而冷却速度又与钢材的截面大小有关。为了得到细薄的网状碳化物，或者甚至完全抑止网状碳化物的产生，形变终止温度应不高于 900℃，最好在 850℃左右，形变终止温度过低，将会使轧辊的咬入条件变坏，轧辊磨损加大，轧材表面质量降低，动力消耗也增大。轧后的冷却视钢材截面大小而定，或空冷，或鼓风冷却，或喷雾冷却或跑水槽等，总之，适当加速冷却以不产生粗厚网状渗碳体为原则。

网状渗碳体给以后的热处理工艺带来很大麻烦。钢中有网状渗碳体存在将严重影响工具和轴承的质量。

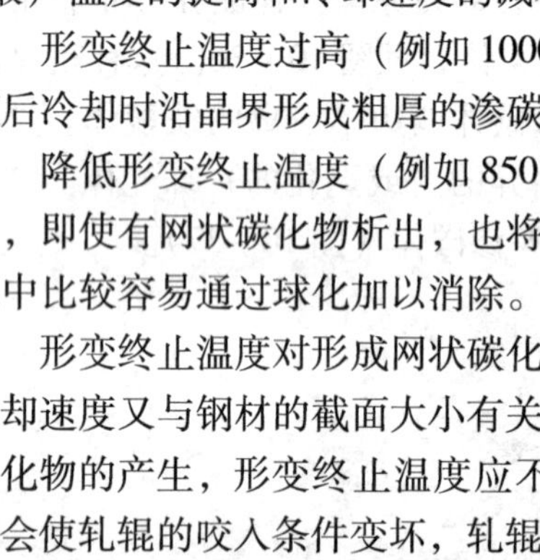

图 10－38 热形变钢中力学性能的方向性

三、热形变钢的性能特点

热形变钢的性能是它的成分和组织的综合反映。热形变钢的力学性能具有明显的方向性，即随着在钢材上切取试样的方向的不同，钢的力学性能，特别是范性和韧性指标的数值不同，见图 10－38。造成力学性能方向性的因素有：（1）已被拉伸或碾平的，焊合程度不同的气泡、疏松；（2）被形变延伸的条带状范性夹杂物和呈点链状分布的脆性夹杂物；（3）原始带状；（4）显微组织带状等。

对金属范性破坏过程的研究指出，随着拉应力和拉应变的增加，微裂纹首先在夹杂物与基体之间的界面上、在铁素体与珠光体之间的界面上以及在珠光体内部形成，以后向外扩展导致断裂。上述夹杂物、珠光体等的形状、大小和分布以及应力的方向等因素都会影响应力集中的程度以及裂纹的扩展，从而能在不同程度上加速范性破坏过程。当上述各种组织因素以及应力的方向改变时，有关的性能就改变。

要定量地估计上述各种因素对力学性能方向性的影响还比较困难，但如果单纯地考虑各种因素对基体连续性和均匀性所造成的破坏，那么，可以认为，未焊合的气泡、疏松所造成的破坏最严重，其次是夹杂物，再次是显微组织带状，最后是原始带状。但是，实际问题是复杂的，在具体情况下，这种或那种组织因素可能起主要作用。

随钢的冶炼方法和纯净程度不同，性能方向性的严重程度也有所不同。一般说来，转炉钢的方向性较平炉钢严重，平炉钢的方向性又较电炉钢严重。为一定用途选择钢材时，应当把这个性能方向性的问题考虑进去。

扩散退火能够降低钢材力学性能的方向性。因为它能减轻原始带状，并能在一定程度上改变硫化物的形态使其趋近球形。在钢中杂质元素的含量很高时，扩散退火的效果不会大。因为在这种情况下，钢中夹杂对力学性能方向性的影响是主要的，而扩散退火对夹杂物形态和分布的影响是很有限的。在钢十分纯净的情况下，不必进行扩散退火，因为，在这种情况下，对碳钢而言，原始带状（偏析）不会很严重。钢坯的扩散退火比钢锭的扩散退火更有效。因此，对重要的锻件，有时在锻后还要补充进行一次扩散退火（宜在保护气氛中进行）。

钢材力学性能方向性同形变程度和形变方式有密切关系。一个含 0.36% C 的碳钢其纵（*L*）、横（*T*）向力学性能与锻压比的关系如图 10－39 所示。在铸态，钢的力学性能没有明显的方向性。随锻压比增加，最初，由于内部疏松和气泡被压合，无论在纵向上还是横向上，钢的面缩率（ψ）、伸长率（δ）和冲击韧性（a_K）都得到提高。但是，当锻压比超过 2～4 以后，继续增大锻压比，由于纤维化的程度加大，钢的纵向范性和韧性不断提高，而横向范性和韧性却开始下降。锻压比增加时，钢的抗拉强度（σ_b）保持不变，屈服点（σ_s）略有升高。由此可见对于主要要求横向力学性能的零件或受力状态比较复杂的零件，锻压比不可太大，2～4 就可以了，但对一些主要要求纵向力学性能的零件来说，例如板弹簧，锻压比应当加大。在这种场合下，钢材力学性能方向性大一些，不仅无害反而有利。

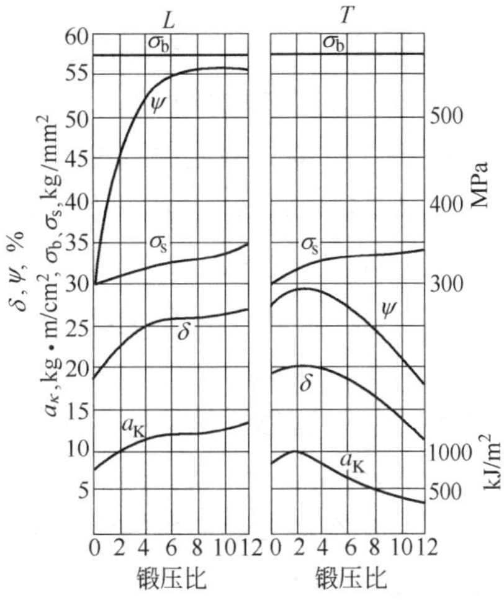

图 10－39　0.36% C 钢的力学性能与锻压比的关系

在考虑钢材力学性能方向时应注意棒材和板材的差别。棒材是单方向延伸，横向是指与轧制方向相垂直的方向。对厚板来说，横向也是与轧制方向垂直，但有两种情况：一种情况是试样轴向与板面平行，另一种情况是与板面垂直。不难理解，在后一种情况下，钢板的范性和韧性最低。对于厚度不大的钢板来说，切取力学性能试样时只能让试样轴向与板面平行；冲击试样（无论纵向的还是横向的）刻槽的基线一律取与板面垂直。

对于钢板来说，采取交叉轧制时，力学性能的方向性要小一些。交叉轧制示意见图10－40。在这种情况下、伸长率和冲击韧性在横、纵方向上的比值依在横、纵两个方向上所分配的延伸程度而定，见图10－41。用交叉轧制法生产钢板时，钢板的力学性能方向性固然较小，但这种方法与连续轧制相比，钢板的长度受到限制，而且操作复杂，不像连轧那样容易实现自动化。由于采用连轧，对钢锭组织和钢中夹杂物形态的控制就提出了更高的要求。

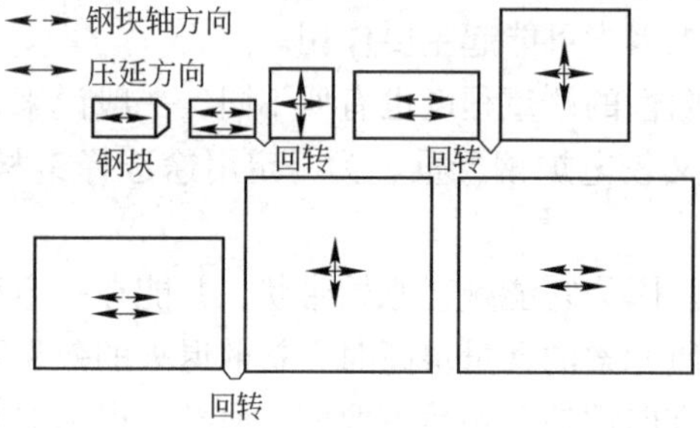

图10－40　钢板的交叉轧制示意图

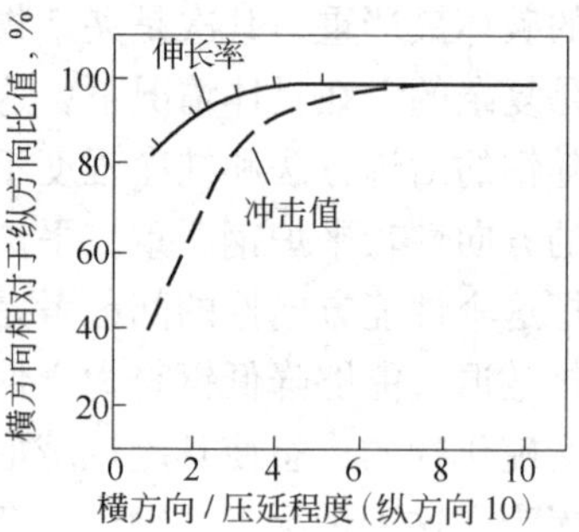

图10－41　交叉轧制钢板的力学性能

第五节　钢的冷形变

在冶金产品的生产过程中广泛使用冷加工变形方法，例如，冷拔无缝钢管和钢丝，冷轧薄板和带钢等。此外，有些冶金产品还可能经受冷弯曲、冷镦锻、深冲压等。

根据对产品性能的要求，用冷加工方法制造的冶金产品，或者在一定程度的加工硬化状态下使用（如要求高屈服强度的钢板、冷拉钢丝等），或者在退火或其它热处理状态下交货（如大部分的钢管、冲压用的钢板等）；或者再经过其它热处理后交货（如高强度钢管需要进行淬火、回火）。

钢的冷加工目的不仅在于改变制品形状和尺寸，而且还在于改变组织结构、改善表面质量、提高产品性能。

钢在冷加工变形时的组织变化以及冷变形钢在加热过程中的组织结构变化遵从金属形变、回复和再结晶的一般规律。

一、钢在冷加工变形后的组织和性能

1. 冷形变的不均匀性

和热形变时不同，钢在冷形变时范性形变所引起的组织结构变化可以保留下来，使钢处于加工硬化状态。冷形变具有更大的形变不均匀性，这种不均匀性，不论从制件大小这样的宏观尺度看，还是从晶粒大小这样的显微尺度看都是如此。这种形变的不均匀性导致在制件中产生在不同大小尺度范围内的残余内应力，分别称第一类和第二类内应力。

冷形变在宏观尺度上的不均匀性，可以是由加工条件所引起，如坯料的厚度不均匀、轧辊或模具的几何形状不规整、轧辊或模具没有对正、润滑情况不均匀以及坯料的组织不均匀等等；也可以是由钢的屈服特性所造成，这里所指的是低、中碳钢当承受应力超过屈服条件时所出现的宏观形变不均匀性（物理屈服现象），低碳钢尤其明显。

伴随着制件在宏观尺度上的形变延伸，钢的内部组织（如铁素体晶粒）也要发生形变延伸。但是，钢的形变在显微尺度上是很不均匀的，这种不均匀性或者由晶粒的不同位向所引起，或者与不同组织组分（铁素体、渗碳体、珠光体、夹杂物等）的力学性能不同有关。这种不均匀性的表现之一在于不同相之间以及不同晶粒之间各有不同的延伸程度，即使在同一铁素体晶粒内部，不同地点形变程度也不一样，在靠近或远离硬粒子（碳化物、夹杂物等）相界面的地方形变程度也不相同。在形变时各个晶粒滑移和转动的方向也不同。一方面，如上所说，各部分形变很不均匀，另一方面，晶体的各部分要保持连续，由此引起在显微尺度上的残余应力和晶粒扭曲等。

此外，前已指出，钢在室温冷加工变形时主要的形变方式是滑移，滑移只是在特定的滑移面和滑移方向上进行，滑移借着位错的移动来实现。这就是说，从更小的尺度上看，范性变形在本质上也只能是不均匀的。

范性变形并不破坏金属的晶体性，但是降低晶体的完整性。由于滑移，晶体中空位和位错的密度增加，导致金属的密度有所降低。通过电子显微镜可以观察到冷变形钢中的位错分布，所看到的位错分布的不均匀性也反映了形变的不均匀性。

2. 碳钢冷加工变形后的显微组织

钢在冷加工后，铁素体晶粒发生延伸和扭曲，而渗碳体或者发生微量形变或者发生脆裂。

随形变程度增加，纯铁或低碳钢的显微组织形貌不断发生变化。

当形变量较小（例如 <10%）时，形变后的组织和未经形变的相比几乎没有什么区别。但是，如果将其稍稍加热之后，由于有时在滑移面上有析出物形成，故可以显示出滑移线来；如果形变量已稍超过临界形变度，则在足够高温度（700℃）加热时，则可以发现有特别粗大的铁素体晶粒形成。

当形变量超过百分之十几以后，在组织中即可看到滑移带（图 10－42）。这说明滑移面附近的畸变已达到相当大的程度（加工硬化）。铁素体晶粒中的滑移带多是弯曲的。这一点同奥氏体中的平直的滑移带有所不同。

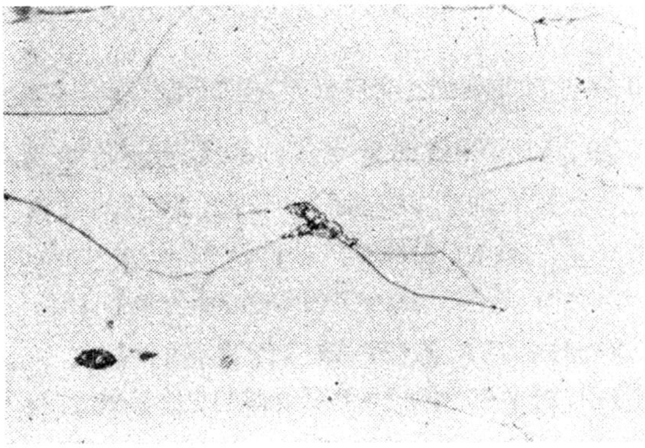

图 10－42　冷形变钢（0.038% C，变形 12%）中的滑移带（×1000）

形变量超过约 20% 以后，可以观察到晶粒形状的明显变化。随形变量增加，在纵向的观察面上晶粒的非等轴性越来越明显，同时，晶粒中滑移带的数目越来越多，清晰程度越来越大。形变量达到约 65% 时，晶粒呈纺锤形（图 10－56），同时可以看到不同晶粒有不同程度的形变，而且从滑移带的走向可以看出晶粒发生了扭曲（图10-43）。

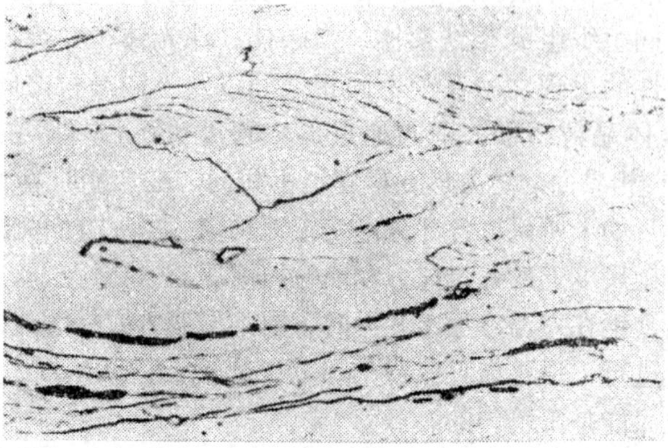

图10-43　冷形变钢（0.038%C，变形65%）中被延伸的晶粒（×1000）

在更大的形变量时，显微组织变为纤维状（图10-44），但它不同于热加工纤维状组织，构成其组织纤维的是晶界和滑移带。而热加工纤维组织，如前所述，是指一种低倍（宏观）组织，其组织纤维是被形变延伸的枝晶偏析和夹杂物。

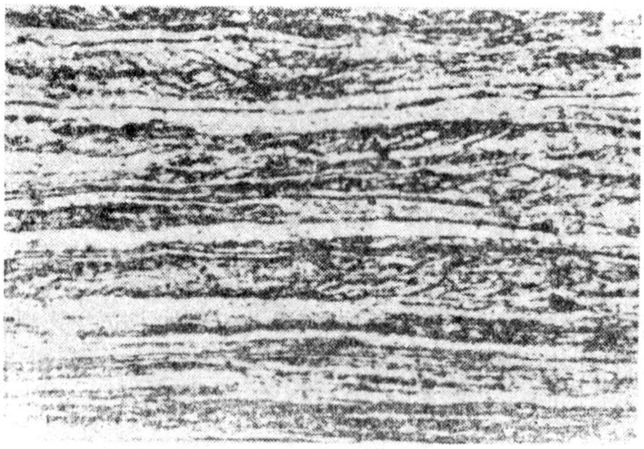

图10-44　冷形变钢（变形88%）的纤维状组织（×500）

当形变量达到95%以上时，纤维非常密集，以至于不能在光学显微镜下加以分辨。在这密集纤维组织的基底上，有时可以看到一些很少形变的硬粒子（夹杂物）。在这硬粒子附近有显微空洞，这是软的基体相对于硬粒子发生范性流变所产生的结果（图10-45）。

在冷加工过程中，渗碳体很容易破碎。渗碳体脆裂的程度，一方面依形变量而定，另一方面与渗碳体本身的大小和形状有关。大块的和片状的渗碳体（包括先共析渗碳体、共析渗碳体和沿铁素体晶界分布的三次渗碳体）较小块的粒状的更容易脆断。

经过冷加工以后，在较厚的网状渗碳体中能清楚地看到裂纹，这些裂纹一般是横过渗碳体片。在形变程度较大的情况下脆裂的渗碳体块将互相分开，碎块之间出现空隙，这将显著降低钢的密度。当碎块之间空隙比较大时，发现软的基体可以挤入其中（图10-46）。并发现，通过退火时的再结晶可以在一定程度上将上述空隙或裂纹填合。

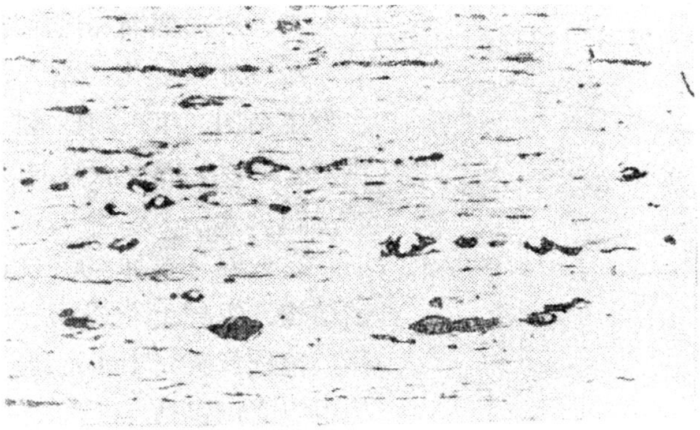

图 10－45　冷形变钢（变形 98%）中的显微空洞（×1000）

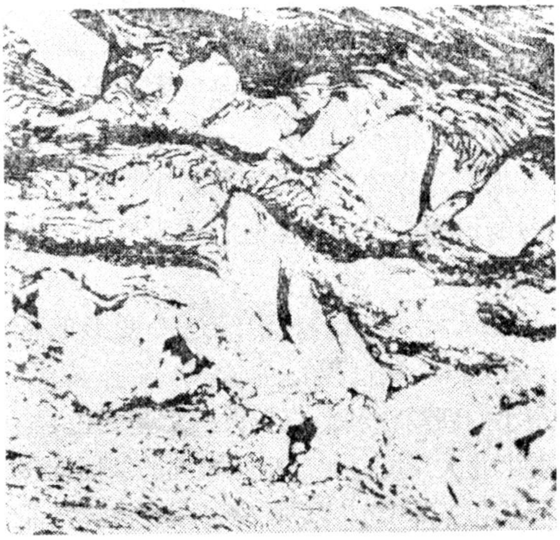

图 10－46　冷形变钢（变形 40%）中脆裂的渗碳体（×1000）

拉拔时钢的原始组织很重要。实践表明，粗片状珠光体对于拉拔来说是一种不希望有的原始组织；过共析钢中的网状渗碳体更坏。粗片状珠光体和网状渗碳体在拉拔时发生破碎，使钢中出现大量尺寸较大的显微空隙，使钢的连续性遭到破坏，从而导致钢的断裂。如果把原始组织变成索氏体（譬如在 550℃铅浴中等温淬火），或者把珠光体中渗碳体球化，拉拔时钢的范性形变能力将大大提高。

低碳钢中如果出现沿铁素体晶界分布的三次渗碳体则钢的范性将降低。因此，用于冷墩的钢，要求其中的渗碳体是经过球化的。

在轧制时，经过足够大的冷形变后，共析渗碳体片和三次渗碳体网终究还是会被压裂的。当随后钢在 A_1 以下进行再结晶退火时，这些被压裂的渗碳体与未经变形的钢中的渗碳体相比能较快地发生集聚球化。在生产中，对于要求以球化组织状态交货的冶金产品来说，实际上已经利用了上述冷加工变形加速渗碳体球化这样一个效应。

3. 碳钢冷加工后的性能特点

钢经受冷加工以后产生加工硬化。含 0.3% C 的碳钢经不同程度形变后的力学性能如图 10－47 所示。图中的曲线反映了钢在冷加工后性能变化的一般特征。可以看出，随形变程度增加，钢的强度和硬度增加，而范性降低。

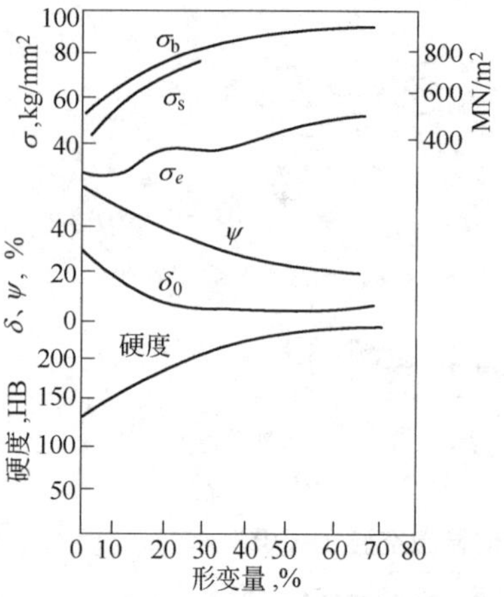

图 10－47　0. 3% C 钢冷轧后力学性能的改变

二、冷形变钢加热后组织和性能的变化

经冷加工硬化的钢，在不同温度加热后，会发生结构、组织和性能的变化。在比较低范围发生回复，温度较高时发生铁素体的再结晶和晶粒长大。

在低温（譬如 400℃以下）回复阶段，钢的结构、组织变化甚微，需要 X 射线和电子显微镜进行研究才能发现。在此阶段发生的结构组织变化包括：（1）在铁素体中因冷形变而产生的大量空位发生扩散、集聚或消失，导致空位密度降低；（2）位错密度降低；（3）位错相互作用、重新分布，产生具有明锐边界的亚晶（多边形化）。在此阶段，钢的力学性能因成分、冷加工条件、加热情况的不同而异。一般来说，钢的强度，硬度稍许降低，范性略有增加。但是，如果在加热过程中有时效现象发生，则反而会使强度、硬度升高，而范性、韧性降低。这种因冷变形而发生的时效过程称为形变时效。一般来说，不希望碳钢中有形变时效过程产生。

随着温度升高，原子的活动性增加，对于经过冷变形的低碳钢而言，在较高温度（譬如高于 450℃）加热，发生再结晶过程。

再结晶包括形成畸变很小的新晶核和晶核长大两个基元过程。再结晶，就其实质来说，就是形成大角度晶界并且发生此大角度晶界向畸变较大的基体推移，结果，使冷形变、回复后保留在基体中的高密度位错和点阵畸变得以消除，代之以再结晶后的无冷加工硬化的新晶粒，钢达到了更稳定状态。但随形变程度、加热温度和加热保温时间等条件的不同，再结晶以后所获得的晶粒大小有很大差别。再结晶后钢的力学性能虽已基本上改变到冷形变以前的水平（强度、硬度下降，范性、韧性增加），但它随晶粒大小而不同。图 10－48 给出了 20 钢冷轧钢管退火后力学性能和再结晶退火温度的关系。可以看出，随退火温度升高，在约 450℃以上；冷形变钢的抗拉强度开始降低，而伸长率则提高，在约 700℃退火时，伸长率达到最大值。再提高退火温度，由于铁素体晶粒变粗，伸长率开始下降。

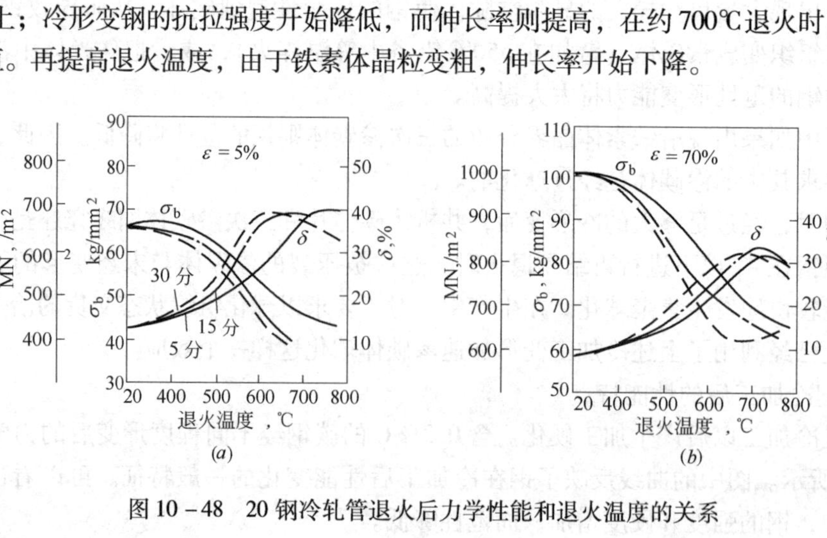

图 10－48　20 钢冷轧管退火后力学性能和退火温度的关系

根据这样的关系，从获得较高的伸长率出发，再结晶温度以选取在700℃左右为宜；但实际生产中，为了加速再结晶、提高生产效率，有时将再结晶退火温度提高到750～800℃。在750～800℃退火时，铁素体发生再结晶，而珠光体则发生相的重结晶，因此，这样的退火也属于不完全重结晶退火。

第六节 碳钢的分类和用途

根据生产、使用和研究等方面的需要，须对种类繁杂的钢种进行分类。分类的依据有：冶炼方法、化学成分、质量、用途、处理方法、性能特点以及特别的技术要求等等。常用的分类方法如下：

按冶炼方法，钢分为酸性转炉钢、碱性转炉钢、纯氧顶吹转炉钢、碱性（或酸性）平炉钢、碱性（或酸性）电炉钢、电渣重熔钢…等。冶炼方法不同时，钢的冶金质量和成本也不同。一般来说，电炉钢的质量比平炉钢和转炉钢的高，但成本也高。

按化学成分，钢分为碳钢和合金钢两类。在碳钢和低合金钢中又依钢的含碳量分为低碳钢（又称软钢，含碳<0.25%）、中碳钢（0.25%～0.60%C）和高碳钢（>0.60%C）。

按用途，钢分为结构钢、工具钢和具有特殊物理性能或化学性能的钢。最后这一类钢多为合金钢。对碳钢来说，分碳素结构钢和碳素工具钢两类。在碳素结构钢中又依钢的使用特点划分为工程用钢（建筑钢）和机器制造用钢两类。其中，工程用钢一般在热轧后直接使用，施工过程中一般不对钢进行热处理；而机器制造用结构钢一般在热处理后使用。在碳素工程用钢中又分通用钢和各种不同的专用钢（如汽车用钢、锅炉和火箱用钢、桥梁建筑用钢、造船用钢等）。不同的专用钢在钢材的检验标准方面，相对于通用钢来说，分别提出各种不同的要求。

按质量，钢分为普通质量钢、优质钢和高级优质钢。对碳素结构钢而言，最高的质量是优质钢；对碳素工具钢来说，最高的质量是高级优质钢。这里所谓质量是指钢中的杂质元素硫、磷的含量。工具钢一般是在高硬度状态下使用，所以，对工具钢的硫、磷含量有更严格的限制。

普通质量碳素钢（简称普碳钢）按供应条件分为三类：

（1）甲类钢：按力学性能供应，不保证钢的化学成分。甲类钢的符号（钢号）由“甲”（或A）字和其后的数字组成，如甲1（或A1）。甲（或A）表示甲类，阿拉伯数字表示性能等级。甲类钢共八个等级如A0，A1，A2…A7等；随数字增大，强度升高，范性降低。实际上A0属于等外钢。当冶炼其它等级钢未达到性能指标要求时列入等外品A0中。A0钢的性能和化学成分都不予保证。

若属沸腾钢或半镇静钢时，在钢号末尾要加上“沸”（或F）或“半”（或b）字，如A3F，A3b。钢号末尾未注明脱氧方法者为镇静钢。当钢系由碱性转炉或酸性转炉冶炼时，在钢号的数字前需要分别用“碱”（J）字或“酸”（S）字标明，如AJ3，AS3等。

（2）乙类钢：按化学成分供应，不保证力学性能。这类钢在施工或制造过程中还要进行热加工或热处理。为了制订加工工艺，需要知道钢的化学成分。钢经加工后，性能将发生变化，因此没有必要保证供应状态的力学性能。乙类钢也有八个钢号，钢号用“乙”（B）字起头，后面的数字表示化学成分的等级。

（3）特类钢：在交货时既保证化学成分又保证力学性能。对重要的焊接结构，为了控制焊缝及热影响区的性能，需要保证化学成分符合规定要求。同时要求在焊缝以外区域具有规定的力学性能。所以，这类钢既要求满足化学成分的规定，又要求保证力学性能。特类钢的字头是“特”（C）字。

在上述普通质量碳素钢中，依钢的冶炼方法不同，对杂质元素硫、磷的含量作了不同的规定。碱性平炉钢和侧吹碱性转炉钢规定不大于0.045%P，0.055%S；侧吹酸性转炉钢不大于0.085%P，0.065%S。

优质碳素结构钢用平炉或电炉冶炼。规定不大于0.040%P，0.045%S。分普通含锰量（0.35%～0.80%Mn）和较高含锰量（0.70%～1.20%Mn）两个钢组，共33个钢号。普通含锰量的钢用两位数字表示，如15、45、60等。数字表示钢的含碳量。每0.01%C作为一个单位，例如45号钢表示含碳量为0.45%。含有较高含锰量的钢号（超过0.70%Mn）除用两位数字表示钢的含碳量外，另附加一个“锰”（或Mn）字在数字后面，如20Mn，其中含碳量平均为0.20%，含锰量接近1%。

碳素工具钢分为优质钢和高级优质钢。主要用来制造刃具和模具，经过热处理后钢具有高的硬度（HRC60以上）、高耐磨性和足够的韧性。工具钢的含碳量为0.65%～1.35%。优质碳素工具钢含≤0.035%P，≤0.030%S。高级优质碳素工具钢含≤0.030%P，≤0.020%S。工具钢的钢号用“碳”（T）字起头，接着用数字表示含碳量。与结构钢不同，在工具钢钢号表示方法中含碳量以0.10%为单位，如T7表示工具钢的含碳量为0.7%，T12表示工具钢的含碳量为1.2%。若属高级优质钢，则钢号末尾加上一个“高”（A）字，如T8A。不加A字者为优质碳素工具钢。

不同含碳量的碳钢有不同的用途：例如，薄板钢含碳从微量到0.30%C；钢管——0.10%～0.50%C；轴类——0.30%～0.45%C；钢梁——0.10%～0.25%C；各种机器零件——0.10%～0.60%C；钢铸件——0.15%～0.50%C；受冲击工具——0.50%～0.80%C；不受冲击的工具——0.80%～1.35%C。

第十一章　铸　　铁

第一节　概　　述

在铁碳二元系中，含碳量大于2.11%的合金称为铸铁。在工业铸铁中还含有许多杂质，特别是含硅量较高（达1~3%），所以，通常也把铸铁看作是含有杂质的铁－碳－硅合金。普通铸铁的成分处于下列成分范围内：2.0%~4.0%C，0.6%~3.0%Si，0.2%~1.2%Mn，0.1%~1.2%P，0.08%~0.15%S。有时还向铸铁中加入其它合金元素，如铬、钼、铜、铝等，或者进一步把铸铁的含硅量提高到3.0%以上，这时就得到所谓合金铸铁。

铸铁具有较低的熔点、优良的铸造性能、高的减摩性和耐磨性、良好的消振性和低的缺口敏感性，生产工艺简单，成本低廉，而且在经过适当合金化以后还可以具有良好的耐热性或者耐蚀性。因此，在机械制造、冶金、矿山、石油化工、交通、造船、纺织、基本建设和国防工业等部门铸铁应用很广。除用来制造要求强度和韧性不高的一般部件（如机床的床身、发动机的汽缸体、汽缸套、土建工程中的铸铁管、冶金工业中的钢锭模、模底板、轧辊等）外，还用来制造某些要求具有综合力学性能的重要零件如柴油机曲轴、汽车后桥等。

根据碳在铸铁中存在形式的不同，铸铁分为以下几类。

（1）白口铸铁：其中碳除少量溶于铁素体外，绝大部分以渗碳体的形式存在于铸铁中。白口铸铁除主要用作炼钢原料外，还用来生产可锻铸铁。

（2）灰口铸铁：其中碳全部或大部分以片状石墨形式存在。灰口铸铁断裂时，裂纹沿各个石墨片发展，因而断口呈暗灰色。这种铸铁最为常见。

（3）可锻铸铁：又称展性铸铁，由白口铸铁经石墨化退火后制成，其中碳以团絮状石墨形式存在。

（4）球墨铸铁：铁液在浇注前经过球化处理，碳主要以球状石墨形式存在。

（5）冷硬铸铁：将铁液注入放有冷铁的模中制成。与冷铁相接触的铸铁表面层由于冷却速度比较快，故铸铁组织在一定厚度内属于白口，因而硬度高，耐磨性好；而远离冷铁的深层部位，由于冷却速度较小，得到的组织为灰口；在白口和灰口之间的过渡区域呈麻口。冷硬铸铁用于制造轧辊、车轮等。

（6）蠕墨铸铁：铁液在浇注前经过蠕化处理，碳主要以介于片状和球状之间的石墨形式存在，它是近年发展起来的一种新型铸铁。

第二节　灰口铸铁

一、灰口铸铁的组织

工业铸铁在铁－碳或铁－碳－硅合金系中一般属于亚共晶或共晶合金，具有共晶转变，以此作为与碳钢相区别的特征。

铸铁的组织视化学成分和冷却速度而异，不同的铸铁组织示意如图11－1。当铸铁凝固的冷却速度足够大时，得到白口铸铁（亚共晶）组织。随冷却速度减小，铸铁组织依次改变为麻口铸铁、珠光体灰口铸铁、珠光体铁素体灰口铸铁和铁素体灰口铸铁。麻口铸铁的组织特点是在这种组织中保留有相当一部分莱氏体。而所有灰口铸铁组织的共同特征是，在这些铸铁的组织中有一个相当于钢的组织的金属基体，在这基体上分布着片状石墨（图 11－2）。就灰口铸铁的金属基体组织来说，可以有三种情况：珠光体，珠光体＋铁素体，铁素体。在以珠光体作为基体的灰口铸铁（简称珠光体灰口铸铁）中，碳有三种存在形式：大部分碳呈片状石墨状态，小部分碳呈化合状态（珠光体基体中的渗碳体），更小的一部分溶解在铁素体中。当冷却速度进一步减小时，灰口铸铁组织中呈化合态的含碳量越来越小直至减为零，此时相应于铁素体灰口铸铁。由此可见，铸铁的不同组织代表着铸铁的不同的石墨化程度。

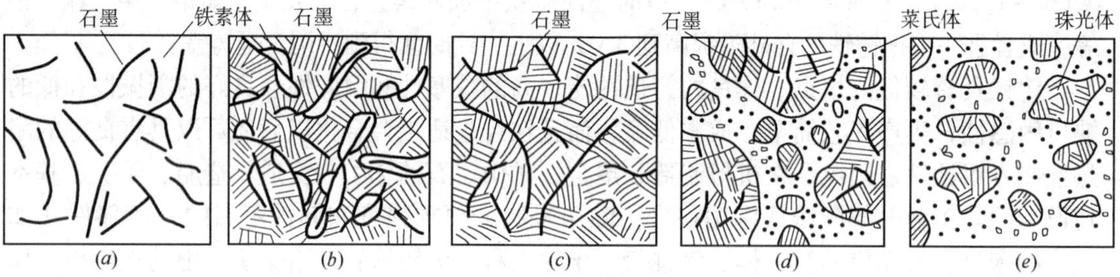

图 11－1　铸铁的不同组织（示意图）

石墨是组成灰口铸铁的基本相之一。石墨本身的结构和性能对铸铁的性能产生重要影响。石墨具有特殊的简单六方点阵（图 11－3），基面上的碳原子呈六角网目状分布，相邻的两层基面之间网目是错开的。在同一层内，碳原子之间为共价键，结合较强，原子之间的距离比较小（1.42Å）；而层与层之间为分子键，原子结合力很弱，距离也较大（3.40Å）。由于基面原子层间结合力很小，所以石墨的强度、硬度和范性很低。石墨的基面很容易滑动，这就是石墨能起滑润作用的原因。

根据灰口铸铁化学成分和凝固条件的不同，在铸铁组织中石墨呈现出不同的形状、大小和分布。通常，按照石墨大小、形状和分布的综合特征，将铸铁中的石墨分成不同类型（图 11－4）。

图 11－2　普通灰口铸铁显微组织（×100）

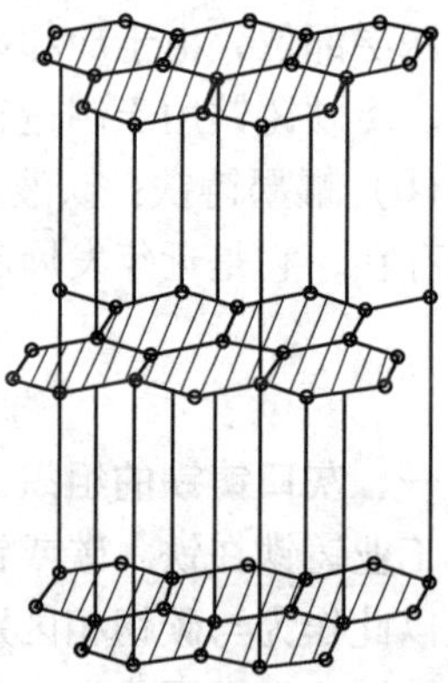

图 11－3　石墨的晶体结构

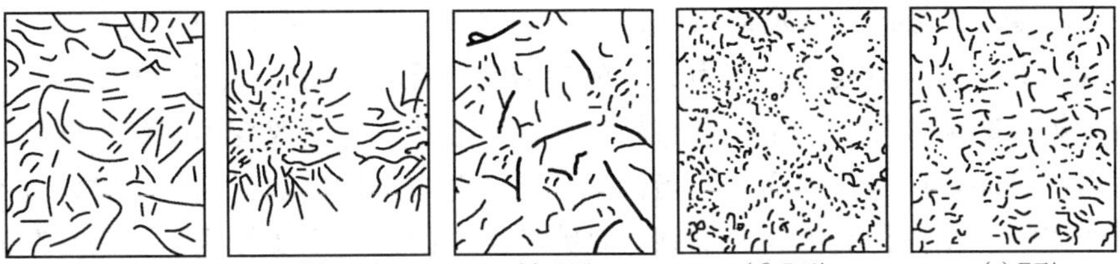

(a) A型　(b) B型　(c) C型　(d) D型　(e) E型

图 11－4　石墨形态的不同型式

A 型——石墨片的大小和分布都比较均匀，片较平直或略微弯曲，片的方向无一定规律。这是比较常见的一种石墨形态。亚共晶合金在冷却速度不大的情况下凝固后一般得到的就是这种类型的石墨。

B 型——大小不同的石墨片聚集在一起呈菊花状，片的方向无一定规律。它经常出现在含碳量、含硅量较高同时凝固冷却速度也比较大的亚共晶灰口铸铁中。一个石墨团相当于一个奥氏体－石墨共晶领域，其中各个石墨片实际上并不是孤立的，而是互相联结在一起。这就意味着在共晶结晶时，一个石墨团是从一个核心发展成长起来的多片状石墨晶体。这种情况在其它石墨类型中也是存在的。

C 型——石墨片粗、细不等，分布也不太均匀，石墨片方向无一定规律。粗大的石墨片是从液相中直接析出的，属于一次石墨片。这一类型主要出现在过共晶程度较大、冷却速度较小的灰口铸铁中。

D 型——点状或小片状石墨分布在亚共晶合金的奥氏体树枝状晶之间，各石墨片的方向无一定规律，往往出现在含碳量、含硅量较低、冷却速度也较大的亚共晶灰口铸铁中。

E 型——其特征与 *D* 型的相近，也是片状石墨分布在奥氏体树枝状晶之间。与 *D* 型的区别在于石墨片有一定的方向性。

在生产中除评定铸铁的石墨形态外，还要检查铸铁的石墨片长度。通常，按石墨片长度将它划分为 8 级。检查时在显微镜下观察，放大 100 倍。在此放大倍数下，石墨片长度超过 100mm 时定为 1 级。随石墨片长度减小，级别数增大。石墨片长度每缩短一半，级别数增大 1 级，见表 11－1。1～4 级属于长片状石墨，5～8 级属于短片状石墨。

表 11－1　片状石墨长度的分级（放大 100 倍时测量）

级　别	1	2	3	4	5	6	7	8
石墨片最大长度（mm）	＞100	50～100	25～50	12～25	6～12	3～6	1.5～3.0	＜1.5

铸铁的性能取决于铸铁的组织和成分，但石墨对铸铁力学性能的影响却具有决定性意义。石墨与基体相比强度很低，因此，在考虑石墨对铸铁抗拉强度的影响时可以近似地把石墨看成是裂缝或孔洞，而把铸铁看成是内部布满了大量裂缝或孔洞的钢。

铸铁含有比钢更多的能引起铁素体固溶强化的硅、锰和其它元素，因此，铸铁基体的硬度和强度理应比同样组织的钢的硬度、强度高些。但是，实际上，灰口铸铁的抗拉强度却比同样组织的钢的抗拉强度低得多，这正表现出石墨对铸铁抗拉强度的危害性。石墨也使铸铁的抗弯强度、挠度、伸长率、韧性等降低，但对抗压强度和硬度影响不大。

石墨之所以能够使铸铁在拉伸或弯曲条件下的性能降低是因为一方面石墨破坏了基体

的连续性，缩小了真正承担载荷的有效截面；另一方面，石墨起着内部缺口作用，引起应力集中而且改变了石墨缺口前沿附近基体的应力状态，从而使强度和范性下降。上述石墨缩小有效截面的作用和造成缺口应力集中的效应与石墨的数量、大小、形状和分布有关，因此当石墨数量减少、片变细小、分布趋于均匀、形状从片状改变为团状或球状时，铸铁的一系列力学性能指标都将提高。应当指出，石墨对力学性能的影响是通过各种不同的组织因素起作用的。在各种具体场合下到底是哪种组织因素起主要作用是相当复杂的。就灰口铸铁中所出现的不同类型的石墨形态来说，*A* 型的，尤其当石墨片较小时，铸铁的力学性能最好；*B* 型，由于石墨片集聚分布，因而使铸铁强度有所降低；*C* 型，由于粗大片状石墨的出现，使铸铁强度显著降低；*D*、*E* 型中石墨的数量虽较少，片也较小，但分布密集，所以综合起来看，铸铁的强度还是受到损害。尤其是 *E* 型，石墨片在树枝晶间分布并有一定的方向，因此，对铸铁强度的危害也较 *D* 型严重。在承受压应力的条件下，和承受拉应力时不同，石墨不产生缩小有效截面的作用，也不产生缺口应力集中效应，因此，象抗压强度和硬度这样的性能指标主要由基体组织决定而与石墨的形态无关。在这些性能指标上钢和铸铁没有太大差别。

在其它因素相同的条件下，铸铁的抗拉强度、硬度和耐磨性随基体组织中珠光体相对量的增加而增高。对于普通灰口铸铁件来说，对它的强度要求不高，主要考虑切削加工性。在这种场合下，要求铸铁具有珠光体加铁素体基体就可以了。而对要求较高强度的铸件来说，则应使铸铁具有珠光体基体，而且要求在这珠光体基体上所分布的石墨片数量不要太多，片要细小，分布要均匀。具有这样组织的铸铁抗拉强度最高。由于片状石墨的缺口效应非常严重，所以，即使灰口铸铁的基体全部是铁素体，铸铁的伸长率也不高。也就是说，对灰口铸铁来说，试图通过增加基体中铁素体的相对量来获得较高的范性是办不到的。所以，在灰口铸铁的生产中并不去追求铁素体基体，却想方设法希望得到珠光体基体，因为，如上所说，珠光体灰口铸铁有较高的强度。

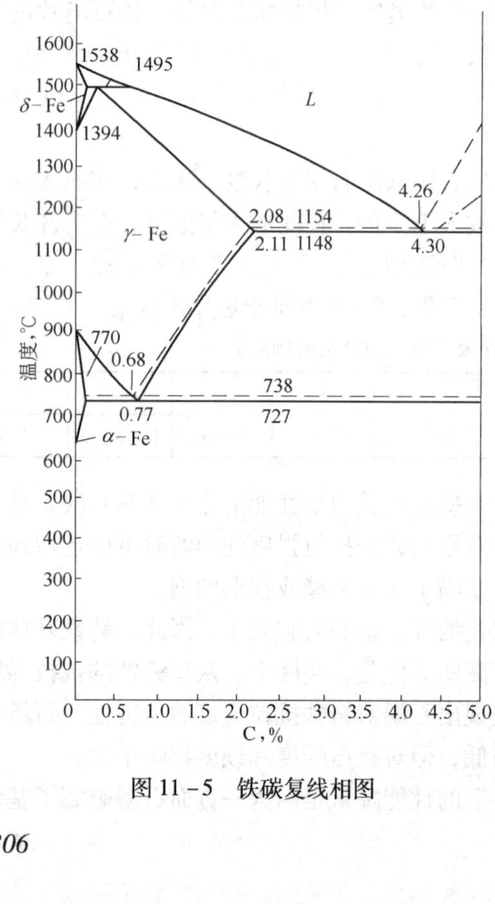

图 11-5 铁碳复线相图

二、铸铁组织的形成——石墨化

1. 复线铁碳相图

如前所述，在铁碳系中，碳还能够以稳定的石墨形式存在，这反映了铁与石墨之间的稳定平衡关系。描述这个平衡关系的图解就是铁-石墨相图，把铁-石墨相图叠加在亚稳的铁-渗碳体相图之上就得到所谓复线相图（图 11-5）。复线相图实际上不过是在同一个图上画出了两个相图，其中实线表示铁-渗碳体相图，虚线表示铁-石墨相图，当虚线与实线重合时则用实线来表示。把同一合金系统的两个相图叠加在一起，更有利于对比和应用。

对比 Fe－Fe_3C 相图和铁－石墨相图，可以看出：在同一温度条件下，稳定相石墨在溶液、奥氏体和铁素体中的溶解度，都分别比亚稳相渗碳体的溶解度要小些，奥氏体－石墨共晶和共析的平衡反应温度分别稍高于奥氏体－渗碳体共晶和共析的；奥氏体－石墨共晶点和共析点的含碳量也分别稍低于奥氏体－渗碳体共晶点和共析点的含碳量。

2. 石墨化与冷却条件的关系

实验指出，铸铁中的石墨既可以通过渗碳体的分解而形成，也可以直接从溶液中结晶或从固溶体中脱溶而形成。后者表示合金可按铁－石墨相图进行结晶和固态转变。

铁碳相图既具有复线相图形式，那么，在实际生产条件下某一成分的铁碳合金在冷却过程中究竟应当按照哪一个相图来进行结晶和转变呢？显然，这个问题无法从相图本身找到答案，而是必须依靠实验观察。因为相图只指出达到平衡以后合金中各相之间的相互关系，并不说明需要多长时间经过什么途径才能达到平衡以及是否达到了平衡。实验指出，究竟按哪一种相图进行结晶和固态相变取决于一系列因素，如合金的化学成分，铁液的熔炼和处理方式，铁液被过热的程度，以及铸造时的冷却条件等。

关于铸造冷却条件的影响，研究指出，在足够缓慢冷却时合金按铁－石墨稳定相图进行结晶和转变；而在冷却较快时则按铁－渗碳体相图进行结晶和转变；也可以出现混合的情况，例如只是部分地按铁－石墨相图结晶，还有一部分却按铁－渗碳体相图进行结晶并在随后按铁－渗碳体相图进行固态相变。

在连续冷却时，冷却速度的高低影响相变时过冷度的大小。正是这个过冷度的大小影响着相变（包括结晶）的类型和相变产物的形态。现以铁－石墨相图为基准来评定相变的过冷度。当缓慢冷却时，合金在不大的过冷度下就发生了相变。例如设此时实际进行相变的温度在铁碳相图的虚线以下但却在实线之上，那么，在这种场合下，在合金中只能结晶出或析出石墨而不能形成渗碳体，因为，过冷度太小，合金还不具备形成渗碳体的温度条件。随冷却速度加大，相变的过冷度增大。当过冷度增大到这样一种程度，以致合金中液相或奥氏体被过冷到相图的实线以下，那么，在这种情况下，不论是直接析出石墨还是析出渗碳体其温度条件都具备了。而究竟实际上发生哪一个转变，那就要看哪一个转变能够以更快的速度进行，即取决于转变的动力学条件，取决于两种转变竞争的结果。实验指出，当冷却速度增大时，析出石墨的转变就为析出渗碳体的转变所取代。为了分析析出石墨和析出渗碳体这两种转变的动力学条件，曾经将析出相（石墨或渗碳体）与母相（液相或奥氏体）从成分、结构上进行过比较。比较的结果是，从成分和结构上看，石墨与母相差别很大，而渗碳体与母相差别较小，这就是冷却速度足够大时析出渗碳体转变能够以更大的速度进行并完成的原因。

3. 石墨化的温度阶段

按照铁碳相图可将铸铁的石墨化分为三个温度阶段。

第一阶段——从铸铁的液相中结晶出一次石墨（过共晶合金）和通过共晶反应结晶出共晶石墨。或者在铸铁凝固过程中通过渗碳体在共晶温度以上的高温分解形成石墨。

中间阶段——从铸铁的奥氏体相中直接析出二次石墨，或者通过渗碳体在共晶温度和共析温度之间发生分解而形成石墨。

第二阶段——在铸铁的共析转变过程中析出石墨，或者通过渗碳体在共析温度附近及其以下温度发生分解形成石墨。

进行石墨化时，不仅需要碳原子在溶液或固溶体中的扩散集聚，而且还需要铁原子从碳的集聚处扩散掉。温度愈低，原子的活动性愈小，石墨化过程也就愈困难。所以，在铸铁的连续冷却过程中，温度较低的第二阶段石墨化往往不能进行到底。

4. 石墨化程度与铸铁组织

随铸铁成分和冷却条件不同，铸铁石墨化的程度也不同。如果第一阶段、中间阶段和第二阶段这样三个阶段的石墨化都得以充分进行，那就会得到铁素体灰口铸铁；如果冷却速度稍稍增快，则此时尽管第一阶段、中间阶段这两个阶段的石墨化也许可以充分进行，但是第二阶段的石墨化由于温度低，进行慢，就未必能充分进行。若第二阶段石墨化完全没有来得及进行，则得到珠光体灰口铸铁；若第二阶段石墨化只能部分进行，则得到珠光体铁素体灰口铸铁。继续增大冷却速度以致不仅第二阶段石墨化而且中间阶段甚至第一阶段石墨化也未能或未能充分进行时，则会得到含有二次渗碳体甚至莱氏体的麻口铸铁。显然，如果完全没有进行石墨化，那就会得到白口铸铁。总之，铸铁的组织，包括石墨和基体组织取决于铸铁的石墨化程度，而后者主要依赖于铸铁的成分和凝固条件。

关于石墨化的具体过程和机理，限于篇幅，不准备讨论。在这里仅指出下面这样一点，即对于灰口铸铁来说，铸铁中石墨的形态主要是由结晶过程所决定的，而结晶过程是由结晶条件（过冷度）和结晶机理（石墨的形核和长大）所控制的。尽管灰口铸铁的组织总的来说是由石墨化程度决定的，但是，就石墨片的形态来说则主要决定于第一阶段石墨化，这是因为在中间阶段和第二阶段新形成的石墨优先在石墨与奥氏体或石墨与铁素体的相界面上析出，添加到先前已结晶出的石墨片上。所以，中间阶段和第二阶段的石墨化尽管对铸铁的基体组织产生显著影响，却不会使石墨片的形态产生大的变化。

5. 影响铸铁组织的因素

除冷却条件外，铸铁的化学成分也是影响石墨化过程的重要因素。这里，首先是碳、硅含量的影响，其次是其它元素含量的影响。

在其它条件不变的情况下，随着含碳量提高，铸铁的石墨化程度加大。碳的影响不仅表现在它是一个促进石墨化的元素，而且还表现在含碳量的高低影响着石墨的数量、大小和分布。例如，当铸铁的含碳量过高时容易出现 *C* 型粗大片状石墨，含碳量过低时则容易出现 *D*、*E* 型树枝状晶间分布的石墨。

铸铁中硅和其它元素通过影响石墨化过程从而影响铸铁的组织和性能。此外，还有一些元素如硫和磷可以以硫化物和磷化物的形式存在于铸铁中，从而对铸铁的组织和性能直接产生影响。

各种元素对石墨化过程的影响互有差别。有的加速石墨化，有的减缓石墨化。一般来说，凡是能削弱铁原子和碳原子之间的结合力的元素以及能增大铁原子自扩散能力的元素大多能够促进铸铁的石墨化；反之，则阻碍铸铁的石墨化。促进石墨化的元素有：锆、钴、磷、铜、镍、钛、硅、碳、铝等；阻碍石墨化的元素有钨、锰、钼、硫、铬、钒、镁、铈、硼等。铌属于中性元素；磷有轻微的促进石墨化的作用，接近于中性元素。

实际上，同一个元素在石墨化的不同阶段对石墨化可以表现出强弱不同甚至性质相反的影响。例如铜和镍，这两个元素能促进第一阶段石墨化，但对第二阶段石墨化却起阻碍作用。这与铜和镍都能使共析转变温度降低（即把第二阶段石墨化推移到更低的温度）

有关系，因为温度越低，越不利于石墨化。

在实际生产中，为了避免铸件产生麻口或白口，铸铁必须含有足够数量的促进石墨化元素。但是，在设法避免麻口、白口的同时，还要求铸铁的基体应是珠光体，（以保证铸铁的高强度），即又要同时能够抑制住第二阶段石墨化。在所有元素中只有铜和镍能很好地满足上述要求。适当增加铸铁的含锰量也有利于获得珠光体基体，但锰同时是阻碍第一阶段石墨化的元素，过高的含锰量有促使铸铁白口化的危险。

常见元素对铸铁组织的影响如下：

磷：磷在奥氏体和铁素体中的溶解度很小，并随含碳量增加而降低。铸铁中磷主要形成 Fe_3P 相，它同渗碳体和铁素体一起构成磷共晶。磷共晶主要有三种形式，即二相磷共晶（以 Fe_3P 为基底，上面分布着粒状的奥氏体分解产物）、三相磷共晶（以 Fe_3P 为基底，上面分布着呈粒状规则排列的奥氏体分解产物的和细针状渗碳体）和复合磷共晶（二相磷共晶或三相磷共晶上嵌有条块状渗碳体）。磷共晶硬而脆，当形成磷共晶的连续网状时，使铸铁的强度和韧性显著降低。但是，少量的、孤立的、均匀分布的磷共晶不致影响强度，然而却显著地增加了铸铁的耐磨性。因此，在耐磨铸铁中一般含磷量较高。在普通铸铁中含磷不大于 0.2%，高强度铸铁含磷≤0.12%。磷共晶的熔点很低（950℃），所以含磷量高时，铸铁的流动性较好。

硫：硫强烈促使铸铁白口化，并降低铸铁的流动性，从而使铸铁的铸造性能恶化。在反射炉和电弧炉中熔制的铁液含硫量较低，一般不超过 0.03% ~0.04%；而用冲天炉熔制的铁液含硫量较高，甚至超过 0.1% ~0.2%。对灰口铸铁来说，含硫量越低越好，一般控制在 0.15% 以下。

硫的有害影响可以通过加入锰来抵消。为此所需要的含锰量为 $2\times S\%+0.2$。当铸铁中的实际含锰量低于这个数值时，必须考虑硫的白口化作用；反之，如果高于这个数值，那就应该考虑锰的影响而不必再顾虑硫的影响。薄壁铸件冷却快，易成白口，对于这样的铸件应严格限制铸铁中的含硫量。

锰：锰本身是个阻碍石墨化的元素，但锰能抵消硫的强烈白口化作用，所以，在抵消硫的影响的限度内，锰实际上是起着促进石墨化的作用。只有当它与硫化合后仍有余量时，才对石墨化（特别是第二阶段）起阻碍作用。所以铸铁的含锰量有利于增加铸铁基体中的珠光体相对量。在实际生产中，调整铁液的含锰量是控制铸铁组织和性质的重要措施之一。当要求铸铁基体为珠光体时，锰含量可提高到大于 0.8%。

碳和硅：碳和硅的含量是用来控制铸铁组织的两个重要因素。如上所说，碳和硅均促进铸铁石墨化。铸铁中碳和硅的总含量应能保证铸铁在给定的冷却条件下获得灰口。在这两个元素中，硅能强烈促进第一阶段石墨化，而碳对第二阶段石墨化有较强的促进作用。

综上所述，影响铸铁组织的主要因素是铸铁的化学成分和凝固冷却速度。在铸铁的化学成分中含碳量和含硅量是两个最主要的控制因素。而铸铁的凝固冷却速度主要依赖于铸件的壁厚，铸件壁愈厚时，冷却速度愈小。这样，如果综合考虑这些内外因素，就得到所谓铸铁组织图，见图 11－6。可以看出，当铸铁的碳、硅总含量一定时，铸件壁愈薄，铸铁的白口化倾向就愈大。而当铸件壁厚一定时，铸铁中碳、硅总含量愈大，铸铁的石墨化程度就愈彻底。但在图 11－6 中把碳和硅对组织的影响同等看待，这和实际并不完全相符。为了弥补图11－6的不足，后来经过改进得到了另一种铸铁组织图，见图11－7。这里一个坐标轴仍表示铸件壁厚，另一个坐标轴表示 S_C 值，它是铸铁的碳含量和硅含量的函数，定义为 $S_C = C\% / \left(4.23\% - \frac{Si\%}{3.2}\right)$。式中C%和Si%分别表示铸铁的含碳量和含硅量百分数。4.23%代表共晶点的含碳量（与相图上最新测定结果稍有出入）。铸铁中的硅将使共晶点左移，$\left(4.23\% - \frac{Si\%}{3.2}\right)$ 表示在一个含硅的合金系中共晶点的含碳量，而 S_C 值则表示铸铁的含碳量与共晶含碳量的比值。$S_C = 1$ 时，铸铁恰好具有共晶成分，$S_C < 1$ 为亚共晶，$S_C > 1$ 为过共晶。用图11－7来预测铸铁组织，所得到的结果要比用图11－6预测出的更准确些。还应指出，图11－6和图11－7都是在一定的铸造工艺条件下测定的。

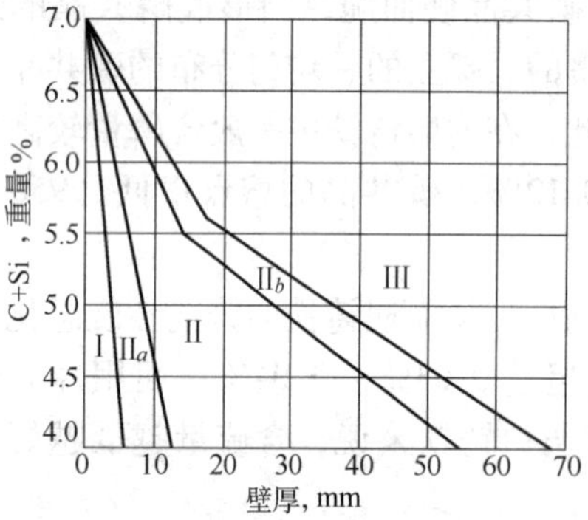

图11－6　铸铁组织图

Ⅰ—白口；$Ⅱ_a$—麻口；Ⅱ—珠光体灰口铸铁；$Ⅱ_b$—珠光体铁素体灰口铸铁；Ⅲ—铁素体灰口铸铁

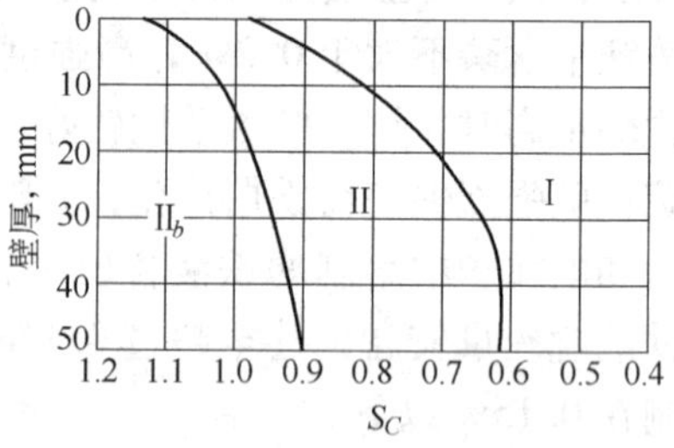

图11－7　铸铁组织图

Ⅰ—白口，麻口；Ⅱ—珠光体灰口铸铁；$Ⅱ_b$—珠光体铁素体灰口铸铁

在生产中，在综合考虑碳含量和硅含量的影响时，往往直接应用碳当量这个概念而不应用 S_C。根据实验，大约3.0%Si足以使共晶点含碳量降低约1%，即百分之三的硅其影响程度约与百分之一的碳相当。因此，按（C%＋Si%×1/3）计算铸铁的碳当量。调整铸铁的碳当量是控制铸铁组织的基本措施之一。在生产中一般将铸铁的碳当量控制在4%左右。不难看出，碳当量和 S_C 之间有相通的地方。

在灰口铸铁的生产中，除化学成分和冷却速度这两个基本因素外，有时还需要考虑其它一些因素，如过热的影响和变质的作用。

过热温度是指铁液曾被加热到的最高温度（超过熔点的最大温度）。过热能够促使铁液中残存的石墨晶核和外来固相质点充分溶解，使结晶时非自发的石墨晶核减少并使铁液的稳定性提高。这样，在同样冷却条件下容易达到较大的过冷度，从而使石墨细化，铸铁强度升高。在通常熔炼条件下，由于铁液的温度一般偏低，所以提高所熔制的铁液的温度（过热），有利于提高铸铁的质量。

变质也称孕育，是指在浇注之前向铁液加入变质剂，借增加非自发晶核使石墨细化。在灰口铸铁生产中常用硅铁（含硅75%，加入量约为铁液重量的0.4%）、硅钙（加入量约铁液重量的0.3%～0.5%）和石墨粉（加入量约为铁液重量的0.05%～0.1%）作为变质剂。

三、灰口铸铁的性能

灰口铸铁不能承受加工变形，但是却具有特别优良的铸造性能，同时切削加工性能也很好。

关于灰口铸铁的使用性能简介如下。

首先应当指出，在考察铸铁力学性能时，一定要从铸铁的相应部位截取试样测出结果，而不能简单地靠取一部分同样成分的铁液铸成试棒，然后用在试棒上所测得的力学性能数据作为铸件的性能。之所以不允许这样替代，是因为铸铁有大的壁厚敏感性。在所浇注的专门试棒上所测出的力学性能数据，对于铸件来说未必有代表性。

铸铁的抗拉强度因铸铁的碳、硅含量和试棒直径的变化而异（图 11－8）。由碳、硅含量所确定的 S_C 值愈小以及试棒的直径愈小，铸铁的抗拉强度就愈高。把试棒直径的数值除以 2，可作为折算的铸件壁厚。除薄壁铸件外，当 $S_C=0.8\sim0.9$ 时，铸铁以珠光体为基，同时石墨的数量较少，此时铸铁具有较高的抗拉强度。

图 11－9 给出铸铁抗压强度和抗拉强度的关系。一般来说，铸铁的抗压强度约为其抗拉强度的 2.5～4.0 倍。此压拉强度比随铸铁强度升高而减小。铸铁之所以具有更高的抗压强度是因为如前所说铸铁在承受压缩应力时与承受拉应力时不同，此时石墨破坏基体连续性的有害影响并不表现出来。从铸铁具有高的压拉强度比这个客观事实出发，应当认识到，与其把铸铁用于制造承受拉应力的零部件，不如把铸铁用于制造耐压部件更合适。

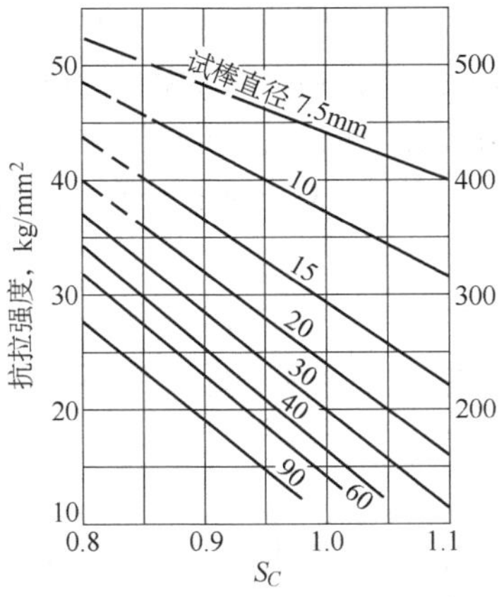

图 11－8　抗拉强度与铸铁含碳量相对于共晶点比值之间的关系

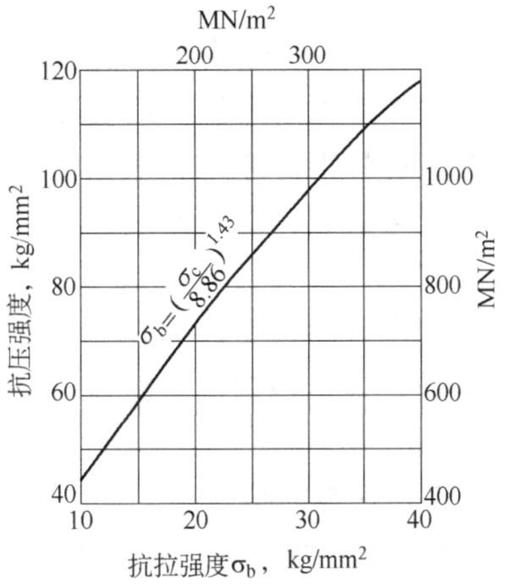

图 11－9　铸铁的抗压强度与抗拉强度的关系

铸铁的硬度在 HB130～270 范围内变动。铸铁的硬度和铸铁的抗拉强度之间的关系见图 11－10。

铸铁的抗弯强度同抗拉强度的比值没有压拉强度比那样高，约为 1.5～2.0（图 11－11）。

铸铁的疲劳极限在 88.3～225.6MN/m² 范围内变动，与抗拉强度的比值约为 0.35～0.65。再者，由于铸铁有远比其抗拉强度大的抗压强度，所以，在承受循环的压缩应力时，即随平均应力减小为负值，铸铁的疲劳极限增大。

在升高温度时，铸铁的强度在400℃以下大体上保持不变，温度超过400℃以后，强度急剧降低。

铸铁属于脆性材料，冲击韧性很低，其夏氏试样冲击值约为29.4～78.5kJ/m^2。

铸铁的疲劳强度对表面切口或缺陷等几乎不具有敏感性。这是铸铁在使用性能方面的一个显著优点。在灰口铸铁的内部布满了大量的片状石墨——相当于内部切槽，这些片状石墨的缺口效应使得铸铁表面的附加缺口的影响无足轻重，不再有所危害。

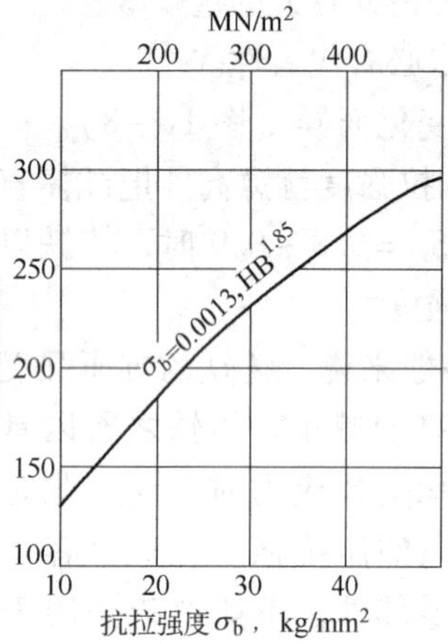

图11－10　铸铁的布氏硬度与抗拉强度的关系

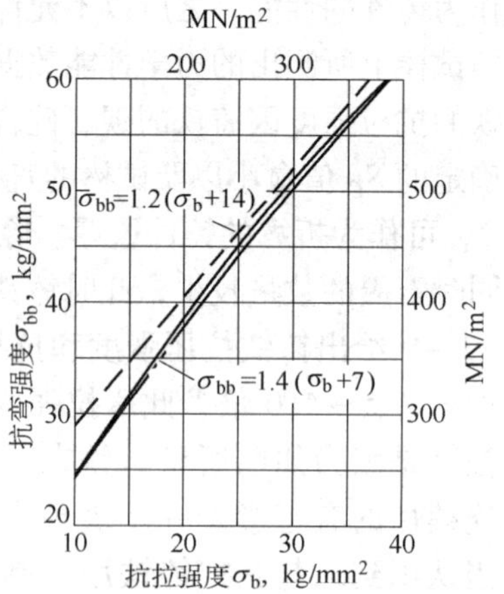

图11－11　铸铁抗弯强度与抗拉强度的关系

除低的缺口敏感性外，铸铁还具有另外一些优异特性，如高的消震性和高的耐磨性。

铸铁件如果用于高温，或者在使用过程中要经受加热，那就必须考虑到铸铁的长大这样一个特殊性能。原来，灰口铸铁在反复加热到900℃以上时，铸铁的体积将逐渐增大，终于产生裂纹，导致断裂，这种现象或性能称为铸铁的长大。研究指出，高温时，铸铁中渗碳体通过分解转变成石墨，氧沿石墨片渗入使铁氧化形成疏松的氧化产物氧化铁，这两个方面是引起铸铁长大的原因。向铸铁中添加少量铬能相当有成效地减轻和防止铸铁长大。例如，当铸铁含有0.8%铬时，铸铁的长大量可减低到原不含铬时的十分之一。

四、灰口铸铁的牌号

鉴于铸铁的力学性能不完全取决于铸铁的化学成分，同时在使用灰口铸铁时主要关心的是铸铁的力学性能，因此，在标准中用铸铁的力学性能来规定灰口铸铁的牌号。根据1967年我国制订的灰口铸铁国家标准GB976—67，灰口铸铁分为七个牌号如表11－2。牌号由HT（“灰铁”二字汉语拼音的第一个字母）和两个两位数字组成。HT后的第一组数字表示最低抗拉强度，第二组数字表示最低抗弯强度。近来已取消抗弯指标和最后一个牌号，并依次改用HT100、HT150、…、HT300来表示。

表11－3列举了几种灰口铸铁的化学成分。铸铁的含硅量实际上是根据铸件壁厚来加以调整的。表中所列HT25－47、HT30－54和HT35－61三种灰口铸铁的化学成分指经过孕育处理以后铸铁的成分。

表 11－2 灰口铸铁的牌号和性能

标准号	牌 号	抗拉强度，σ_b（MN/m²）	抗弯强度，σ_{bb}（MN/m²）	硬度（HB）
GB976—67	HT10－26	100	260	143～229
	HT15－33	150	330	163～229
	HT20－40	200	400	170～241
	HT25－47	250	470	170～241
	HT30－54	300	540	187～255
	HT35－61	350	610	197～269
	HT40－68	400	680	207～269

表 11－3 灰口铸铁的化学成分

铸铁牌号	化学成分（%）				
	C	Si	Mn	P	S
HT15－33	3.6～3.8	1.4～2.2	0.6～0.8	≤0.25	≤0.15
HT20－40	3.0～3.3	2.0～2.3	0.6～0.9	≤0.20	≤0.12
HT25－47	3.1～3.3	1.6～2.0	0.7～1.0	≤0.20	≤0.12
HT30－54	3.0～3.2	1.4～1.6	0.8～1.1	≤0.16	≤0.12
HT35－61	2.8～3.1	1.0～1.3	0.9～1.2	≤0.12	≤0.10

第三节 可锻铸铁

可锻铸铁是一种强度和韧性都较高的铸铁，它是由白口铸铁经过石墨化退火后制成的，分白心可锻铸铁和黑心可锻铸铁两种。制造白心可锻铸铁时是将铸成的白口铸件放置到退火箱中围以氧化介质（铁鳞、炼钢炉渣），密封后放在炉内加热退火。加热的目的在于使铸铁中的碳扩散到铸件表面（通过奥氏体基体），借碳在铸件表面的氧化将铸铁中的碳大部分脱除，使得铸件的组织和含碳量与钢相近，其断口呈白色，故名白心可锻铸铁。制造黑心可锻铸铁时是将铸成的白口铸件置于箱中围以中性介质（高炉炉渣、细砂），密封后放在炉内加热退火。退火的目的在于使铸件中的渗碳体发生分解、形成团絮状石墨，如图 11－12 照片所示。这种可锻铸铁，在折断后，断口的心部呈暗黑色，断口的边缘因那里的碳被脱除而呈灰白色，所以有“黑心”之称。

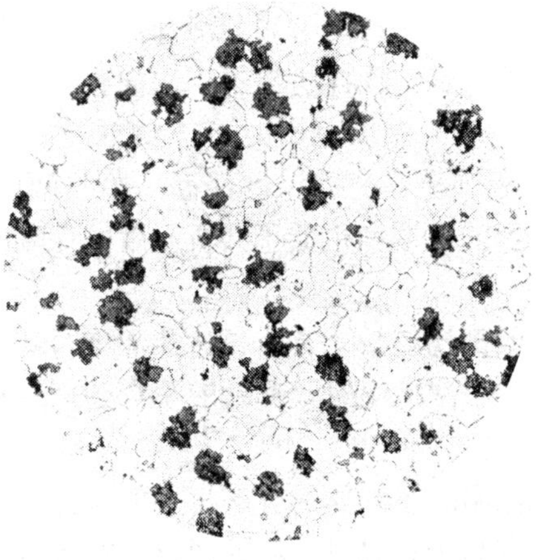

图 11－12 铁素体可锻铸铁，×100

生产白心可锻铸铁时，为了使铸铁中大部分碳脱除，需要在退火时加热到比较高的温度（980～1050℃），同时保温的时间要相当长（3～5 天），故这种生产方法只适用于薄件。生产黑心可锻铸铁时，只要求渗碳体发生分解，在铸铁内部形成石墨，因此，加热温度可以稍低（870~950℃），加热时间也较短。这种生产方法能适用于壁厚较大一点的铸件。总的来说，黑心可锻铸铁比白心可锻铸铁应用较广。

可锻铸铁的铁液成分要经过严格控制，控制的目的在于既保证铸成的铸件呈现白口，同时又保证这白口铸件在随后退火时其中的渗碳体能较快地进行分解。为使铸铁凝固成白口，铸铁中所含有的促进石墨化的元素的含量，特别是碳和硅的含量应相当低；而阻碍石墨化的元素如锰、铬、硫等的含量可相应地提高。但都要调配适当，否则通过加热退火来实现石墨化就变得相当困难了。生产可锻铸铁时，铸件之所以必须凝固成白口，那是因为只有在这种情况下才能使可锻铸铁退火组织中的石墨完全变为团絮状，而不至于出现片状石墨。如前所述，中间阶段和第二阶段石墨化时所形成的石墨大多优先附加在已有的石墨片上形成的。这就意味着，一旦在铸铁凝固时有片状石墨形成，这种片状石墨的形态就基本固定下来了，无论缓冷或再在固态范围内的加热（中间阶段和第二阶段石墨化）都难以再改变这种片状石墨的形态了。实验表明，在完全白口的情况下，退火过程中形成的石墨多以团絮状甚至球状而保留在铸铁中，这正是人们所期望的。黑心可锻铸铁和白心可锻铸铁铁液的大致化学成分见表 11－4。在生产白心可锻铸铁时，能够通过退火将碳脱除，所以，容许白心可锻铸铁铁液的含碳量稍微高些。

表 11－4　可锻铸铁的化学成分和力学性能

名称	化学成分（%）					力学性能					备注
	C	Si	Mn	P	S	抗拉强度 (MN/m^2)	屈服强度 (MN/m^2)	延伸率 (%)	布氏硬度 (HB)	夏氏冲击值 (kJ/m^2)	
黑心	2.0~2.5	0.9~1.1	0.25~0.30	0.14~0.20	0.04~0.06	340~400	240~280	10~20	110~140	140~200	电炉
	2.8~3.1	0.7~1.0	0.40~0.60	≤0.20	≤0.15	280~380	210~280	5~12	100~120	100~120	冲天炉
白心	2.8~3.3	0.6~0.8	<0.40	≤0.15	0.15~0.20	300~400	200~250	3~6	—	—	

可锻铸铁的退火主要由两个阶段组成：加热保温和随后的冷却。例如，对于黑心可锻铸铁来说，加热到950℃保温，在保温期间应使已有的渗碳体完全分解，得到奥氏体加团絮状石墨两个相，而后再从高温缓慢冷却下来。冷却速度要足够慢以便在冷却过程中从奥氏体直接析出石墨；或者，即使从奥氏体析出了二次渗碳体，但这二次渗碳体得以分解形成石墨。当铸件冷却到 770~720℃ 温度范围时冷却要更慢一些，此时的冷却速度应保持在 3~5℃/h。或者，在稍低于共析转变的温度保温一段时间以保证第二阶段石墨化的充分进行。根据退火时冷却速度的快慢和稍低于共析温度的保温时间的长短，可以得到不同的基体组织。

可锻铸铁的退火周期一般都比较长，有时长达几十小时甚至上百小时，为加速退火石墨化过程以缩短退火周期可以采取低温时效和铁液孕育处理这样两种方法。实践表明，在退火加热保温之前，先将白口铸件在 300~400℃ 进行 3~6h 加热（低温时效），经过这样处理以后，能显著加快高温保温时渗碳体的分解。一般认为，在低温时效过程中，碳原子将发生偏聚，这个偏聚过程有利于高温时石墨的形核。在进行铁液的孕育处理时，常用的孕育剂有硼－铋、铝－铋、硅－铋等。通过用上述孕育剂进行孕育后可以促进铸铁的白口化，同时又能使退火时的石墨化过程加快。实验指出，铸铁中微量的硼（0.002%~0.003%）就足以强烈地促进退火过程中的石墨化。而铸铁中的铋，它的作用与硼不同，铋能强烈地促进铸铁在凝固后变成白口，但对退火时的石墨化阻碍作用很小。所以，利用硼－铋作为孕育剂来处理可锻铸铁铁液能收到很好的效果。

团絮状石墨对金属基体连续性的破坏比片状石墨的轻，所以，可锻铸铁的强度和范性与灰口铸铁的相比有明显提高。可锻铸铁的强度和范性的配合视基体组织而定。铁素体可锻铸铁的强度虽不怎么高，但范性、韧性比较好。而珠光体可锻铸铁虽然在范性、韧性方面赶不上铁素体可锻铸铁，但是它的强度和硬度比较高，耐磨性好。由于团絮状石墨的缺口效应不像片状石墨那样严重，因此，这不同于灰口铸铁。可锻铸铁的范性和韧性能够随着基体中珠光体相对量减少而增大，所以，在生产可锻铸铁时就无需嫌弃铁素体基体而一味追求珠光体基体。对可锻铸铁来说，选择什么样的基体好需视情况而定。要求高强度时仍像灰口铸铁那样尽量使基体成为珠光体，而在主要要求高范性和韧性时，尽量使基体成为铁素体。最后，应当指出，可锻铸铁虽然具有相当程度的范性和韧性，但是，可锻铸铁实际上并不接受锻、轧等加工变形。

按照我国1967年制订的国家标准GB978—67，可锻铸铁依其强度和范性的高低分为8个牌号（表11－5）。

表11－5　可锻铸铁的牌号和性能

可锻铸铁类型	牌　号	抗拉强度 σ_b（MN/m^2）	屈服强度 $\sigma_{0.2}$（MN/m^2）	伸长率（%）	硬度（HB）
铁素体可锻铸铁	KT30－6	300	—	6	120～163
	KT33－8	330	—	8	120～163
	KT35－10	350	—	10	120～163
	KT37－12	370	—	12	120～163
珠光体可锻铸铁	KTZ45－5	450	280	5	152～219
	KTZ50－4	500	340	4	179～241
	KTZ60－3	600	420	3	201～269
	KTZ70－2	700	550	2	240～270

注：试棒直径均为16毫米。

第四节　球墨铸铁

球墨铸铁是近三十多年来发展起来的一种优良的铸铁材料。早在四十年代末和五十年代初，发现往铁液中添加镁或铈可以使铸铁中的石墨在直接凝固后即为球状。我国在五十年代初试制球墨铸铁成功并获得工业应用。当时采用纯镁作球化剂，处理工艺复杂，铸造缺陷也较严重，影响了球墨铸铁的推广。六十年代初开始利用稀土合金和镁制成的复合球化剂，并创造出安全简便的球化处理工艺，试制成功稀土镁球墨铸铁。稀土镁复合球化剂的应用和球化处理工艺的变革推动了球墨铸铁生产迅速发展。现在，在我国，球墨铸铁的应用遍及动力机械、汽车、拖拉机、机床、农机具、通用机械、矿山机械以及冶金、铁道、石油化工、造船等部门，其中尤以农机和汽车行业应用最多。

从球状石墨对铸铁基体连续性的破坏和缺口效应的大小来看，它不仅远优于片状石墨，而且也比团絮状石墨为好。因此，球墨铸铁具有比灰口铸铁高得多的强度、范性和韧性（表11－6），同时仍然保持着灰口铸铁所具有的一系列优异特性（如耐磨、消震、易切削加工、容易铸造等)。球墨铸铁的力学性能也高于可锻铸铁，同时，生产球墨铸铁也比生产可锻铸铁方便、便宜，因为不需要进行耗费大的可锻化退火处理。

表 11-6　几种球墨铸铁的力学性能

球墨铸铁类型	热处理状态	基体组织	抗拉强度 σ_b (MN/m^2)	伸长率 δ (%)	冲击韧性 (kJ/m^2)	硬度 (HB)
高韧性球铁	退火	铁素体	400～500	10～20	400～1000	160～220
高强度球铁	正火	珠光体	600～800	2.0～4.0	150～300	240～300
	调质	回火索氏体	800～1100	0.5～2.0	50～300	280～350
	等温淬火	下贝氏体	1200～1450	0.3～0.5	200～600	HRC 45～50

在球墨铸铁中，球状石墨通常是孤立地分布在基体中（参看图 1-3*b*)。每个石墨球是由许多从球心向外放射的石墨锥体组成。对于灰口铸铁中的石墨片来说，具有最小表面能的石墨基面 {0001} 与石墨/基体之间的相界面平行；与此相仿，对于球状石墨来说，同样地石墨的基面 {0001} 平行于球状石墨的外表面（石墨/基体相界面)。

石墨的形状对铸铁的力学性能影响很大。一般来说，石墨球越规整，球径越小，分布越均匀，则球铁的力学性能就越高。当球化剂的质量不高，或添加量不足，或者铁液的含硫量过高以至于球化元素在与铸铁中的硫化合后所剩不多时，就会造成石墨球化不良。在这种场合下，在球铁中石墨除呈球状外还可能具有团状、团片状、厚片状、开花状以及枝晶间分布状等不同形态。试验表明，球墨铸铁当其中石墨以团状为主时，它的力学性能与以球状为主的相差不太大。但是，当石墨呈团片状或厚片状时，球墨铸铁的力学性能，尤其是疲劳极限将显著降低。

球墨铸铁的基体组织对铸铁的力学性能也起重要作用。由于影响球铁基体组织的因素较多，难于严格控制凝固后球铁的基体组织，所以，通常是在铸后还要对球铁进行适当的热处理，借热处理来调整基体组织以达到性能要求。铁素体（基体的）球铁的范性和韧性相当高，称为高韧性球墨铸铁，主要用来制造承受振动和冲击载荷的某些零件，如汽车、拖拉机底盘零件和农机具。珠光体球墨铸铁的强度相当高，耐磨性比较好，并具有一定的范性和韧性，可用于制造曲轴等重要零件。通过热处理，能使球铁基体改变为铁素体和珠光体以外的其它组织，例如，借等温淬火方法（将铸铁加热到高温，使基体奥氏体化，然后急冷到形成贝氏体的温度长时间保温，使奥氏体全部分解为贝氏体，之后冷却到室温）可得到贝氏体基体。这时球墨铸铁具有更高的强度。

球墨铸铁的化学成分可根据产品特点及性能要求加以选定。国内一些工厂生产的球墨铸铁的化学成分见表 11-7。

与灰口铸铁的化学成分相比，要求在球墨铸铁的化学成分中含碳量和含硅量较高，含锰量较低，对硫、磷的限制较严，同时要求含有一定量的残余镁和残余稀土元素。

通常，球墨铸铁的碳当量大致在 4.5～4.7 范围内变动，属于过共晶铸铁。碳当量过低，往往石墨球化不好；碳当量过高时则容易在铸铁凝固过程中出现石墨漂浮现象。石墨漂浮后积聚在铸件的上表面，造成缺陷。在碳当量不变的前提下，对于碳、硅含量的分配一般采取高碳、低硅。其含碳量多选择为 3.5%～3.9%，而含硅量一般控制在 3% 以下。当要求珠光体基体时，含硅量取 2.0%～2.6%；而当要求铁素体基体时，含硅量可提高到2.4%～2.9%；薄件取上限，厚件取下限。球墨铸铁的含锰量一般在 1% 以下。当要求铁素体基体时，一般低于0.6%；当要求珠光体基体时，随铸件壁厚不同，含锰量可控制在0.8%～1.2%。

表11－7　球墨铸铁的化学成分

序号	化学成分（%）						
	C	Si	Mn	S	P	$Mg_{残}$	$RE_{残}$
1	3.5～3.7	2.6～3.0	0.5～0.8	≤0.025	<0.1	>0.025	>0.025
2	3.1～3.7	2.8～3.4	<0.5	0.01～0.06	0.04～0.08	0.04～0.06	0.02～0.08
3	3.5～4.0	2.5～3.0	0.4～0.6	≤0.03	≤0.14	0.03～0.05	0.02～0.04
4	3.2～3.5	2.9～3.1	0.65～0.75	≤0.03	≤0.06	0.03～0.06	0.03～0.06
5	3.7～4.0	1.5～2.25	0.5～0.8	≤0.02	<0.1	0.04～0.06	0.02～0.03
6	3.5～3.9	2.4～2.6	0.7～0.95	≤0.03	≤0.1	0.04～0.06	0.03～0.05

球化剂稀土镁合金加入铁液后，镁和稀土元素首先同铁液中的硫发生强烈反应生成MgS和CeS等，造成球化元素的烧损，使其回收率降低，而且所产生的硫化物形成夹杂，能显著降低铸件的力学性能。所以，希望球铁铁液的含硫量越低越好。生产中一般原铁液含硫量控制在0.07%以下，经过球化处理后，含硫量在0.03%以下。球铁中的磷在凝固时形成磷共晶，还会增加铸件产生缩孔和缩松的倾向，一般要求含磷量低于0.1%。

过去，生产球墨铸铁时采用纯镁作球化剂。在这种场合下，为了抵消因为加镁而增大的铸铁的白口化倾向，通常在球化处理后，紧接着，在补加铁液时再往铁液中加入硅铁进行孕育处理。现在，经过改进，在生产球墨铸铁时都不再用纯镁而是用稀土镁硅合金作球化剂。后者主要由镁和稀土硅铁合金（其中铈占稀土元素总量的50%左右）炼制而成。在使用这种复合球化剂时，起球化作用的主要元素仍然是镁，但是，由于同时又加入了稀土元素和硅，这样，在球化时就可以充分发挥镁和稀土元素各自的优点并克服各自的缺点，互相配合，取长补短，同时，所添加的硅又起着孕育作用，这就使得球铁生产在石墨球化效果、处理工艺、铸件质量等各个方面得到很大改善。

按照国家标准GB1348—78，球墨铸铁共分7个牌号，见表11－8。

表11－8　球墨铸铁的牌号和性能

牌　号	抗拉强度 σ_b（MN/m^2）	屈服强度 $\sigma_{0.2}$（MN/m^2）	伸长率 δ（%）	冲击韧性（J/cm^2）	硬度（HB）
	不小于				
QT40－17	400	250	17	60	≤179
QT42－10	420	270	10	30	≤207
QT50－5	500	350	5	—	147～241
QT60－2	600	420	2	—	229～302
QT70－2	700	490	2	—	229～302
QT80－2	800	560	2	—	241～321
QT120－1	1200	640	1	30	—

第十二章　钢的热处理原理和工艺

第一节　概　　述

钢的热处理是通过加热、保温和冷却的方法，来改变钢内部组织结构，从而改善其性能的一种工艺。具体热处理工艺过程可用如图12－1的热处理工艺曲线表示，此曲线在生产上又称为热处理规范图。由图可见，影响热处理过程的主要因素是温度和时间。

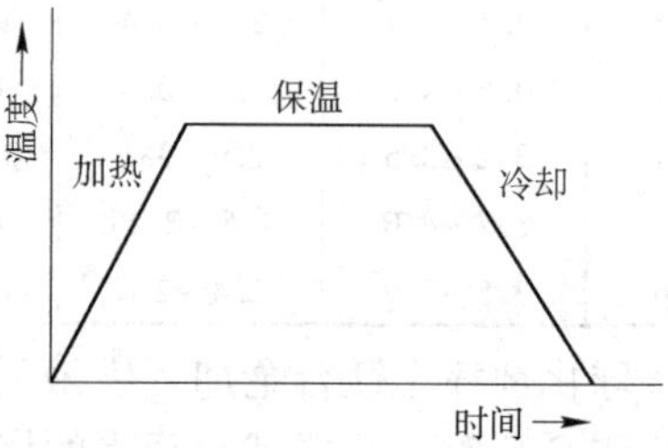

图12－1　热处理工艺曲线

热处理在冶金生产或机械制造生产中均占有重要地位。常用的冷、热加工成型工艺只能满足工件的形状和尺寸要求，而在整个冷、热加工工艺中穿插多次热处理工序，可以改善钢的工艺性能，也可以提高其使用性能，从而充分发挥钢材性能的潜力。如特钢厂热轧后的合金钢型材要进行热处理；汽车制造中70%～80%的零件要进行热处理。为了保证冶金和机械产品质量，热处理工序往往是最关键的工序，因而引起人们的广泛重视。

钢的热处理工艺通常分为退火、正火、淬火、回火、表面淬火、化学热处理以及形变热处理等。不同的热处理工艺由于加热和冷却的方式方法不同，具有不同的组织和性能变化，因而达到的目的也不同。为随后的机械加工或进一步热处理作好组织准备的热处理，称为预备热处理，常采用退火或正火工艺；直接赋予工件所需要的使用性能的热处理，称为最终热处理。

第二节　钢加热时的组织转变

由Fe－Fe_3C相图可知，将共析钢加热至A_1线（*PSK*）以上可获得完全的奥氏体；而亚共析钢和过共析钢必须加热至A_3线（*GS*）和A_{cm}线（*ES*）以上才能获得单相奥氏体。对于一个具体钢来说，A_1、A_3、A_{cm}是一个点，而且是无限缓慢加热或冷却时的平衡临界温度。实际上，退火、正火或淬火等热处理时都有一定的加热速度和冷却速度，相变并不按照相图上所示的临界温度进行，总存在不同程度的滞后现象，即实际转变温度偏离平衡的临界温度，随着加热和冷却速度增加，偏离程度也愈大。为区别于平衡临界温度，加热时的实际临界温度加注脚字母“*c*”，用A_{c1}、A_{c3}、A_{ccm}表示；冷却时的实际临界温度加注脚字母“*r*”，用A_{r1}、A_{r3}、A_{rcm}表示。图12－2表示加热和冷却速度各为0.125℃/min时，钢的临界温度。

热处理或合金钢手册上所列出的各种钢的实际临界温度，大多是在30～50℃/h的加热或冷却速度下测定的，可作缓慢加热或冷却时参考。

一、奥氏体的形成过程

从图 12－2 可知，任何成分碳钢加热到 A_{c1} 以上，珠光体就向奥氏体转变；加热到 A_{c3} 或 A_{ccm} 以上，将全部变为奥氏体。这种加热转变也称奥氏体化。以共析钢为例，假如原始组织是珠光体，它是层片状的铁素体和渗碳体两相混合物，当加热至 A_{c1} 以上，其转变过程可用下列反应式表示：

$$\underset{\substack{\text{体心立方}\\0.0218\%\text{C}}}{\alpha}+\underset{\substack{\text{正交}\\6.69\%\text{C}}}{Fe_3C}\xrightarrow{A_{c1}\text{以上}}\underset{\substack{\text{面心立方}\\0.77\%\text{C}}}{\gamma}$$

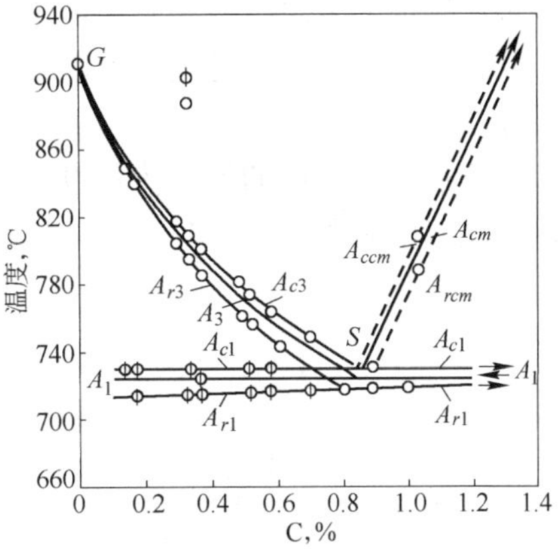

图 12－2　加热和冷却速度对临界温度的影响

这是一种扩散性相变，转变过程分四个阶段进行，如图 12－3 所示。

图 12－3　奥氏体形成过程示意图

1. 形核

将珠光体加热到 A_{c1} 以上，在铁素体和渗碳体的相界面上奥氏体优先形核。这是因为相界面上原子排列不规则，处于能量较高状态，具备形核所需的结构起伏和能量起伏条件，同时相界面上处于碳浓度过渡，易出现浓度起伏，符合奥氏体所需的碳浓度，所以奥氏体晶核优先在相界面上形成。

2. 长大

当奥氏体在铁素体和渗碳体相界面上形核后，如图 12－4 所示，建立起界面浓度平衡，从而在奥氏体和铁素体内部出现浓度差，碳原子由高浓度向低浓度扩散，使 C_2、C_4 浓度降低，而 C_1、C_3 升高，从而破坏浓度平衡。必须通过渗碳体逐渐溶解，以提高 C_2、C_4，同时产生 $\alpha\to\gamma$ 转变，以降低 C_1、C_3，维持界面浓度平衡。如此所进行的碳原子扩散，渗碳体溶解，$\alpha\to\gamma$ 点阵重构的反复，奥氏体逐渐长大。

实验表明，铁素体向奥氏体的转变速度，往往比渗碳体的溶解要快，因此珠光体中铁素体总比渗碳体消失得早，铁素体一旦消失，可以认为珠光体向奥氏体的转变基本完成。

3. 残余渗碳体的溶解

铁素体消失后，随着保温时间的延长，通过碳原子扩散，残余渗碳体逐渐溶入奥氏体，使奥氏体逐步趋近共析成分。

4. 奥氏体的均匀化

残余渗碳体完全溶解后，奥氏体中碳浓度仍是不均匀的，原先是渗碳体的位置碳浓度较高，原先是铁素体的位置碳浓度较低。为此必须继续保温，通过碳原子扩散，获得均匀化奥氏体。

综上所述，共析钢的奥氏体化过程包括：奥氏体的形核、长大、残余渗碳体溶解和奥氏体均匀化四个阶段。加热时奥氏体化程度会直接影响冷却转变过程，以及转变产物的组织和性能。

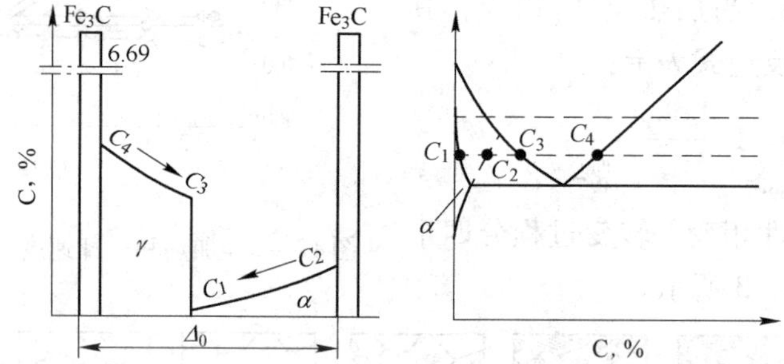

图 12－4　奥氏体长大机理示意图

二、奥氏体等温形成动力学

依据 $Fe-Fe_3C$ 相图对奥氏体化过程所进行的分析，只能定性地说明加热时转变的粗略过程，这对制订热处理工艺规范来说是远远不够的。必须进一步研究不同温度等温时奥氏体化过程与时间的关系，即奥氏体等温形成动力学，它对制订热处理工艺规范具有重要的指导意义。

图 12－5 为共析碳钢的奥氏体等温形成曲线，由图可见，随加热温度升高，奥氏体开始形成、铁素体消失、渗碳体消失和成分均匀化所需时间均缩短，即奥氏体化过程加速进行。如 740℃等温转变时，10 秒转变才开始，残余渗碳体溶解需要 10^4 秒（2 小时 46 分）；而在 800℃等温，瞬时转变开始，1 分多钟后残余渗碳体溶解完。从图中可以看出，奥氏体均匀化时间远大于转变基本完成及残余渗碳体溶解的时间，这是由于碳浓度愈趋近均匀，即浓度梯度愈小，碳原子扩散速度愈慢，需要相当长的时间来完成奥氏体均匀化。

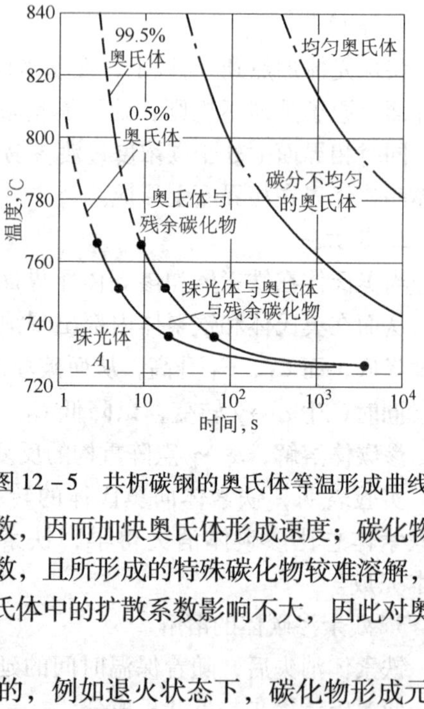

图 12－5　共析碳钢的奥氏体等温形成曲线

对于合金钢来说，合金元素影响碳在奥氏体中的扩散速度：如钴、镍增大碳在奥氏体中的扩散系数，因而加快奥氏体形成速度；碳化物形成元素铬、钼、钨、钒等降低碳在奥氏体中的扩散系数，且所形成的特殊碳化物较难溶解，所以减慢奥氏体形成速度；硅、铝、锰等元素对碳在奥氏体中的扩散系数影响不大，因此对奥氏体形成速度没有多大影响。

钢中合金元素在原始组织各相中的分布是不同的，例如退火状态下，碳化物形成元素主要集中在碳化物中，非碳化物形成元素主要集中在铁素体中。这种合金元素分布的不均匀性，直到残余碳化物溶解完成后仍保留下来。因此合金钢除了奥氏体中碳的均匀化外，还要进行着合金元素的均匀化。在同一奥氏体化温度下，合金元素在奥氏体中扩散系数只

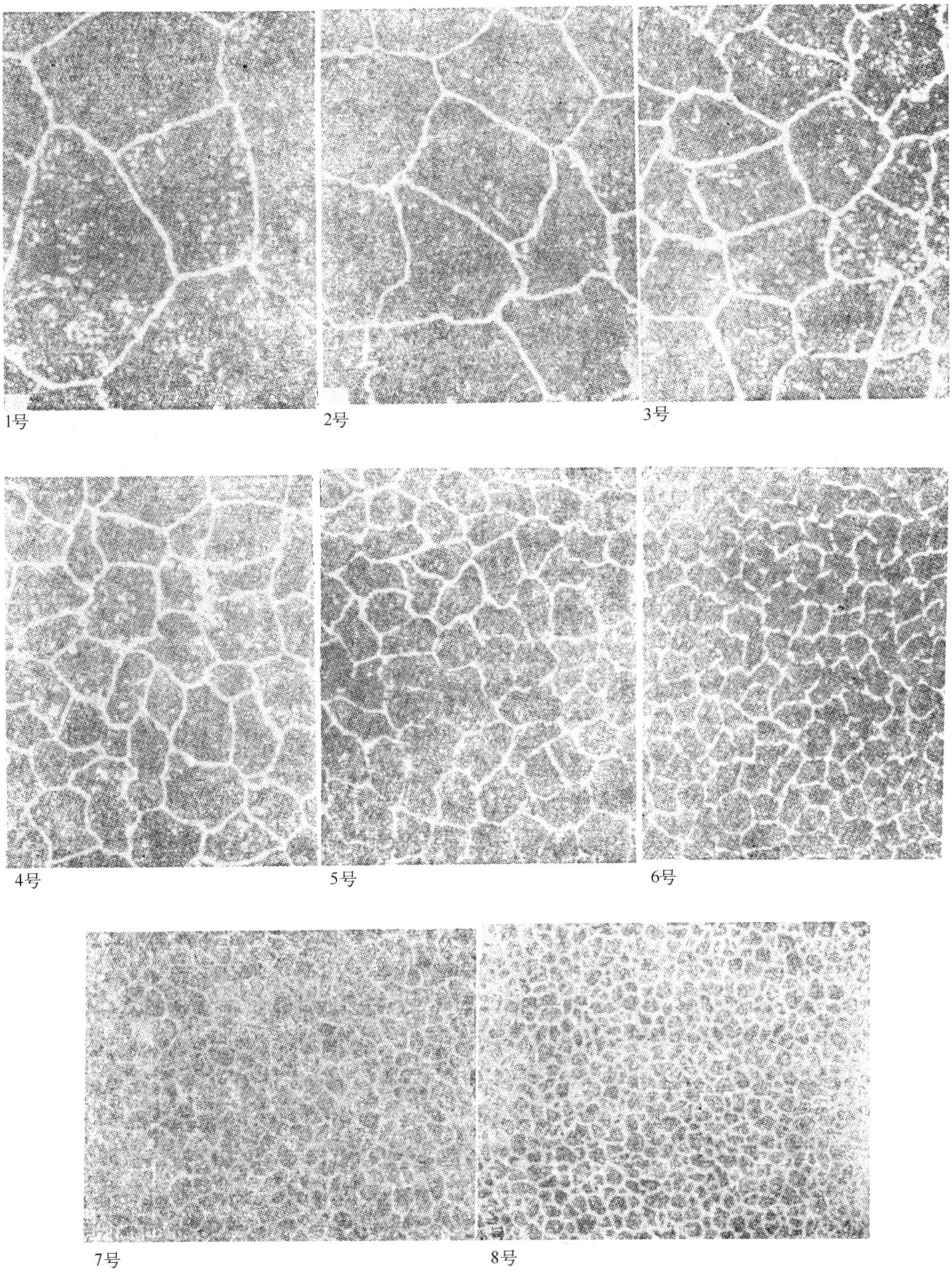

图 12-6　钢的晶粒度级别图，×100

有碳的扩散系数的千分之几到万分之几，可见合金钢的奥氏体均匀化时间远比碳钢长得多。在制订合金钢的热处理工艺规范时，应比碳钢的加热温度高些，保温时间长些，促使合金元素尽可能均匀化。在通常的退火或淬火加热条件下，奥氏体中合金元素难以达到完全均匀化。

三、奥氏体的晶粒大小及影响因素

奥氏体的晶粒大小显著地影响冷却转变产物的组织和性能，如高碳工具钢加热后获得细小的奥氏体晶粒，淬火快冷时将减小淬裂倾向，并提高钢的强度和韧性，所以研究奥氏体的晶粒长大倾向，具有重要的实际意义。

1. 晶粒大小的表示方法

晶粒大小的理想表示方法应是晶粒的平均体积、平均直径或单位体积所包含的晶粒数，要测定上述数据是极其困难的。目前世界各国评定钢铁产品的晶粒大小，几乎统一采用与标准金相图片（晶粒大小标准图）相比较，来确定晶粒度的级别。通常把晶粒度分为8级，各级晶粒度的晶粒大小如图12－6所示。晶粒度级数 N 和放大100倍时平均每 $6.45cm^2$（1平方英寸）内所含晶粒数目 n 有以下关系：

$$n = 2^{N-1}$$

如8级晶粒度，每 $6.45cm^2$ 面积内所含晶粒数目为128。由式可知，晶粒度级数愈大，晶粒愈细。通常1～4级为粗晶粒；5～8级为细晶粒。粗于1级的晶粒，在过热或铸态条件下可遇到；细于8级的晶粒，多属工具钢淬火时的实际晶粒度。

2. 奥氏体晶粒度的概念

在研究钢中奥氏体晶粒度变化时，应分清下列三种不同的概念。

（1）起始晶粒度　指珠光体刚刚全部变成奥氏体时的奥氏体晶粒度，一般情况下奥氏体的起始晶粒总是比较细小。加热前原始组织愈弥散，加热速度愈快，则起始晶粒愈细小。

（2）实际晶粒度　在某一具体加热或热加工条件下所得到的奥氏体晶粒度。例如热轧钢材，一般是指热轧终了时的奥氏体晶粒度。

（3）本质晶粒度　它表示在临界温度以上加热过程中，奥氏体的晶粒长大倾向的强弱。研究指出，随加热温度升高，钢中奥氏体晶粒长大倾向分为两类，如图12－7所示。一类是随温度升高，奥氏体晶粒迅速长大的钢，称为本质粗晶粒钢；另一类是奥氏体晶粒长

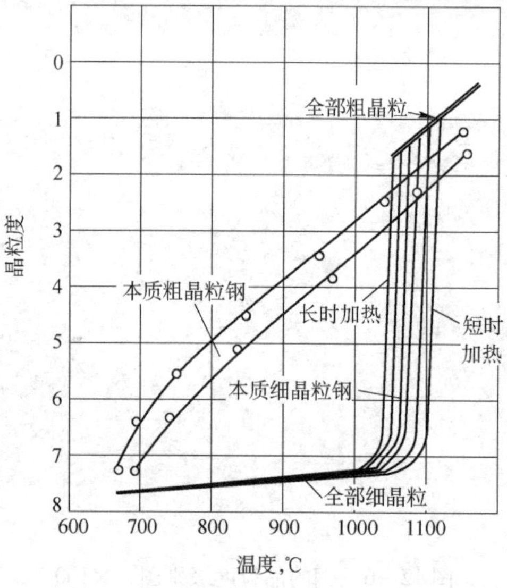

图12－7　奥氏体晶粒长大倾向示意图

大倾向较小，直至超过某一温度后，奥氏体晶粒才会急剧长大的钢，称为本质细晶粒钢。奥氏体晶粒急剧长大温度称为晶粒粗化温度，它随钢的成分和脱氧方法而变化，通常在950～1100℃范围内变动。必须强调，本质晶粒度并不指具体的晶粒大小，只表明奥氏体晶粒长大的倾向性。

3. 测定钢的本质晶粒度的方法

生产中为了便于确定钢的本质晶粒度，并不需要测出晶粒大小随温度的变化曲线，只需测出930℃左右的实际晶粒度，就可判断。因为930℃左右是本质粗晶粒钢和本质细晶粒钢的晶粒大小差别最明显的温度。根据冶金部标准 YB27—64 规定，将钢加热到930±10℃，保温3～8小时后，以适当方式冷却，在室温下显示和测量高温奥氏体晶粒大小，用来判断钢的本质晶粒度。当晶粒度为1～4级，属于本质粗晶粒钢，5～8级为本质细晶粒钢。

4. 钢中成分对奥氏体晶粒长大的影响

用适量的铝脱氧，或钢中加入适量的钒、钛、锆、铌等元素，可得到本质细晶粒钢。因为它们的氮化物或碳化物粒子沿晶界弥散析出，起到阻碍晶界迁移的作用，抑制了奥氏体晶粒长大。这些元素对晶粒长大的影响可以用晶粒粗化温度来度量，如图12－8所示。晶粒粗化温度愈高，晶粒长大倾向愈小。由图可见，钛、锆、铌对奥氏体晶粒长大的阻碍作用最为强烈。

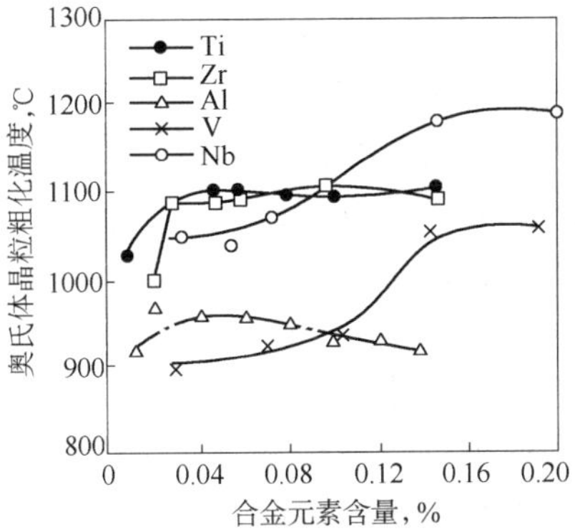

图12－8　合金元素对奥氏体晶粒粗化温度的影响

随着钢中含碳量增加，奥氏体中碳和铁原子扩散速度增大，使晶粒长大的倾向增加。如果碳以未溶碳化物形式存在，可以起到阻碍奥氏体晶粒长大的作用。

5. 粗大奥氏体晶粒的遗传性

生产中发现，过热后钢的粗大奥氏体晶粒，经淬火后得到粗大马氏体，再次快速或慢速加热至稍高于临界温度，奥氏体仍保留了原来的粗大晶粒，甚至保留原来的位向和原来的晶界，如图12－9所示，这种现象称为组织遗传。其原因是过热后的粗晶粒奥氏体与马氏体间相互转变维持着严格的晶体学取向关系。初生的奥氏体晶粒似乎细小，由于取向一致，仍保持粗大原始组织的特性。

若以中等速度奥氏体化或加热到 A_{c3} 以上100～200℃，由于相变硬化使高温奥氏体产

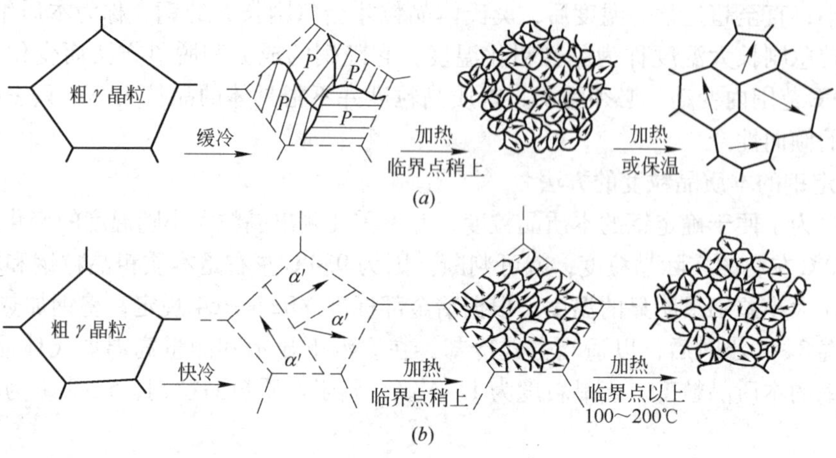

图 12－9　组织遗传及奥氏体晶粒再结晶示意图

生再结晶，达到细化晶粒，消除组织遗传的效果。

第三节　过冷奥氏体的转变图

任何一种热处理工艺，均由加热和冷却两步骤组成。加热奥氏体化目的是获得细而均匀的奥氏体晶粒，为冷却转变作准备。而冷却方式和冷却速度对冷却后组织和性能却产生决定性的影响，因此研究冷却时的转变规律，显得更为重要。

热处理生产中，奥氏体化后钢的冷却方式通常分为两种：一种是连续冷却，如图12－10 曲线 2 所示，即将钢加热奥氏体化后连续冷却至室温；另一种是等温处理，如图 12－10 曲线 1 所示，即将钢加热奥氏体化后迅速冷却到临界温度以下的某一温度保温，以进行等温转变。

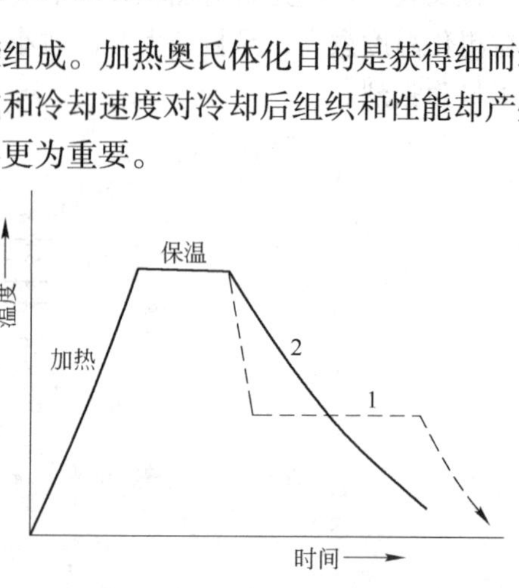

图 12－10　不同冷却方式示意图
1—等温处理；2—连续冷却

奥氏体冷至临界温度以下，处于热力学不稳定状态，称为过冷奥氏体。如果过冷奥氏体进行连续冷却，则转变在一个温度范围内进行，获得粗细不同或类型不同的混合组织。这种冷却方式虽在生产上被广泛采用，但分析起来较为困难。而在等温转变条件下，可以独立改变温度和时间，分别研究温度和时间对过冷奥氏体转变的影响，有利于搞清转变机理、转变动力学和转变产物的组织和性能。因此首先分析过冷奥氏体等温转变图，在此基础上再介绍连续冷却转变图。

一、共析钢过冷奥氏体等温转变图

在过冷奥氏体的转变过程中不仅有组织转变和性能变化，而且有体积膨胀和磁性转变，因此可用金相法、硬度法、膨胀法或磁性法等来测定过冷奥氏体的等温转变过程。通常选用两三种方法互相配合来测定等温转变曲线，其中金相法是最基本的。下面以共析钢为例，用金相法测定其等温转变曲线。

用共析钢制成多组圆片状试样（$\phi10\times1.5$），取一组试样加热奥氏体化后迅速转入 A_1 以下一定温度熔盐浴中等温，各试样停留不同时间后分别淬入盐水中，使未分解的过冷奥氏体变为马氏体，这样在金相显微镜下就可观察到过冷奥氏体的等温分解过程。图 12－11 所示即为等温转变动力学曲线。由图可见，经一段等温时间后过冷奥氏体才开始转变，这段时间称为孕育期。随时间延长转变量不断增加，当达到 50% 左右时转变速度最大，此后逐渐减小，直至转变告终。转变开始和终了时间与所采用测定方法的灵敏度有关，一般以出现 1% 转变量时为转变开始时间，以达到 98% 转变量时为转变终了时间。

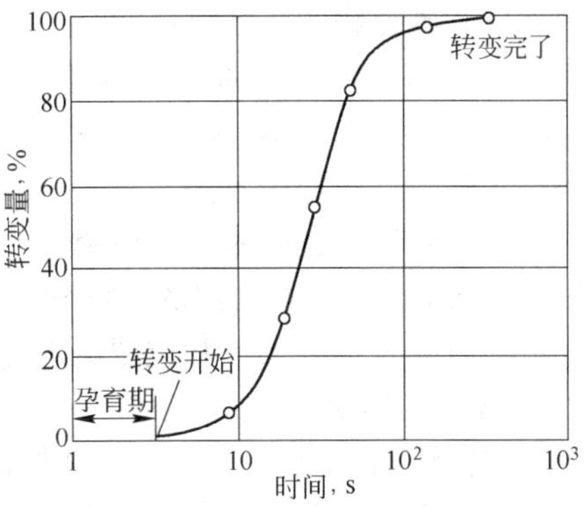

图 12－11　共析碳钢的奥氏体等温转变动力学曲线

用同样方法将各组试样加热奥氏体化后分别转入 700℃、600℃、400℃…盐浴中等温处理，得到如图 12－12 上部所示的各条等温转变动力学曲线，将它们的转变开始点和终了点分别描绘在以温度为纵坐标，时间对数为横坐标的图上。将所有的转变开始点 a_s、b_s、c_s…连结成一条曲线，称为过冷奥氏体转变开始线，代表转变量为 1% 的线；同样，将所有的转变终了点 a_z、b_z、c_z…连结成一条曲线，称为过冷奥氏体转变终了线，代表转变量为 98% 的线。综合起来得到如图 12－12 下部所示的过冷奥氏体等温转变曲线，也称 *TTT*（*Time Temperature Transformation*）曲线。因曲线形状象英文字母“*C*”，故常称 *C* 曲线。

C 曲线的下部有两条水平线 M_s 和 M_f，分别代表过冷奥氏体向马氏体转变开始温度和终止温度。马氏体是在连续冷却过程中形成，所以 M_s 和 M_f 不属于等温转变的特征点。

C 曲线中转变开始线与纵轴的距离为孕育期，标志着不同过冷度下过冷奥氏体的稳定性，其中以 550℃ 左右孕育期最短，过冷奥氏体稳定性最低，称为 *C* 曲线的“鼻尖”。

以共析钢为例，过冷奥氏体等温转变曲线可以划分为三个转变区域：

从 A_1 至 550℃ 温度范围内，等温形成片层状铁素体和渗碳体的机械混合物，统称为珠光体。等温温度愈低，片层愈细，故按习惯分为：A_1 至 650℃ 形成珠光体；650～600℃ 形成索氏体；600～550℃ 左右形成屈氏体。

从 550℃（鼻尖温度）至 M_s 温度范围内，等温转变形成贝氏体，它是过饱和碳

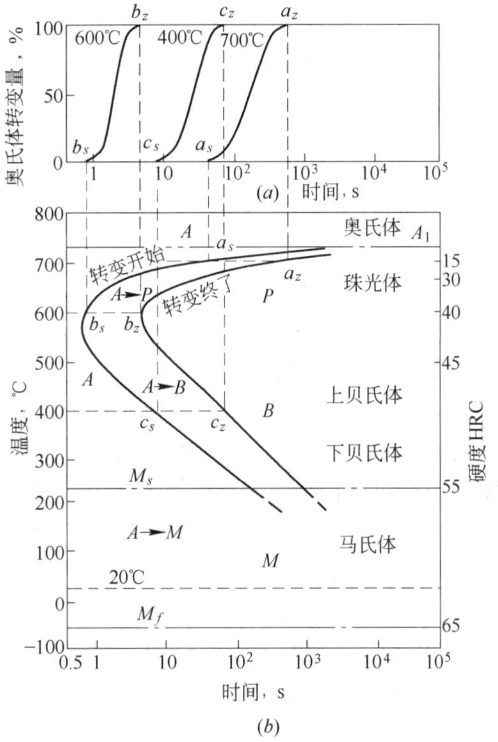

图 12－12　共析碳钢等温转变曲线

的铁素体和碳化物的机械混合物。它又可细分为：550～350℃范围内转变产物呈羽毛状，称为上贝氏体；350℃～M_s 范围内转变产物呈黑色针状，称为下贝氏体。

将奥氏体快冷至 M_s 以下，在 M_s 至 M_f 之间产生马氏体转变，它是属于无扩散型相变，得到的是过饱和的 α 固溶体。

二、影响过冷奥氏体等温转变图的因素

钢的成分不同，C 曲线的形状和位置也不同。即使同一成分的钢，因热处理条件的变化，也会引起 C 曲线形状和位置的变化，影响因素很多。

1. 含碳量的影响

亚共析钢加热到 A_{c3} 以上，过共析钢加热到 A_{c1} 以上的正常热处理加热条件下，随着含碳量增加，亚共析钢的 C 曲线向右移；过共析钢的 C 曲线向左移。故在碳钢中以共析钢的过冷奥氏体最稳定。

2. 合金元素的影响

除钴外所有合金元素的溶入，均增加过冷奥氏体的稳定性，使 C 曲线向右移。其中非碳化物或弱碳化物形成元素，如硅、镍、铜和锰等不改变 C 曲线形状，仍保持一个"鼻尖"，只改变 C 曲线位置。中强或强碳化物形成元素，如铬、钼、钨、钒和钛等溶入奥氏体，不仅使 C 曲线右移，并使珠光体转变和贝氏体转变区分离，出现两个"鼻尖"，即变成双 C 曲线。上部 C 曲线是等温转变形成珠光体的区域；下部 C 曲线是等温转变形成贝氏体的区域，其间存在着过冷奥氏体的亚稳定区。图 12－13 表明中碳钢随含铬量增加，C 曲线的形变变化。

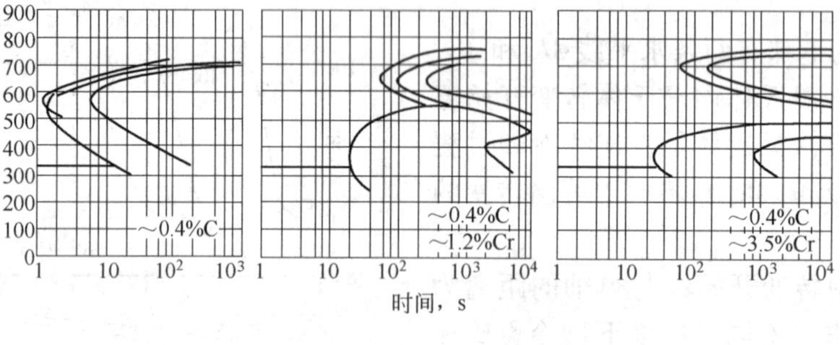

图 12－13　不同铬含量的中碳铬钢的 C 曲线

必须指出强碳化物形成元素只有溶入奥氏体，才能增加过冷奥氏体的稳定性，使 C 曲线右移。如以不溶的碳化物形式存在，反而有利于奥氏体的分解，降低过冷奥氏体的稳定性。

3. 奥氏体化温度和保温时间的影响

奥氏体化温度愈高，保温时间愈长，碳化物溶解愈完全，奥氏体成分愈均匀，奥氏体晶粒愈粗大，这些均降低过冷奥氏体分解的形核率，延长转变的孕育期，从而使 C 曲线右移。

由上可见，同一钢种在不同温度进行奥氏体化，所测得的 C 曲线有较大差别。因此从手册中查找钢的 C 曲线时，应注意其规定的奥氏体化温度与实际热处理工艺的一致性。

生产上不应单纯追求过冷奥氏体的稳定性。例如退火时，奥氏体稳定性不应太大，以便减少退火时冷却所需要的时间。对于含有强碳化物形成元素的合金钢，淬火时应适当提高奥氏体化温度和延长保温时间，以促进碳化物的溶解，增加过冷奥氏体的稳定性，使钢件更易淬成马氏体。

三、过冷奥氏体的连续冷却转变

过冷奥氏体等温转变图反映了等温转变的规律，是制订等温热处理工艺规范的依据。实际生产中所进行的普通淬火、正火和退火等大量热处理工艺，都采取连续冷却方式。虽然也可以利用等温转变图来分析连续冷却时过冷奥氏体的转变过程，然而这种分析只是粗略的，有时甚至得出错误的结果，因此建立连续冷却转变图是一项十分重要而迫切的任务。由于连续冷却转变比较复杂和测试比较困难，至今仍有许多钢的连续冷却转变图有待精确测定。

1. 过冷奥氏体连续冷却转变图的建立

可以综合应用热分析法、金相法和膨胀法来测定过冷奥氏体连续冷却转变图。以 T8 钢为例，用快速膨胀仪和热分析仪测定过程如下：取 $\phi 3\times 10$mm 试样，点焊上铂铑热电偶，接温度－时间记录仪。试样在真空中感应加热奥氏体化后，以不同速度连续冷却，在某一冷速下由温度－时间记录仪测得连续冷却曲线，用快速膨胀仪确定试样长度－温度曲线中不规则部分，即过冷奥氏体转变阶段，从而在冷却曲线上标出转变开始和终了温度，如图 12－14 所示。连接相同性质的转变开始点和终了点，便得到 T8 钢的连续冷却转变（*Continuous Cooling Transformation*）图，简称 *CCT* 曲线。将冷却后试样作显微组织分析和硬度测定，把硬度值标在冷却曲线下端的小圆圈内，构成完整的 *CCT* 曲线。

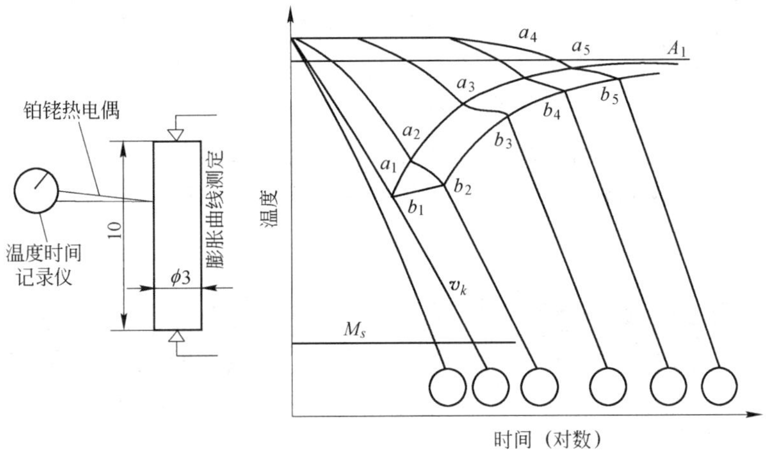

图 12－14　用膨胀法测定 *CCT* 曲线示意图

2. *CCT* 曲线的分析

共析碳钢的 *CCT* 曲线如图 12－15 的实线所示，图上只有高温区域珠光体转变和低温区域马氏体转变，无中温区域贝氏体转变。当冷速大于 v_k＝138℃/s 时不发生珠光体分解，奥氏体一直过冷至 M_s 以下，产生马氏体转变，室温组织为马氏体和残余奥氏体。因此 v_k 是在连续冷却过程中奥氏体不发生分解而得到马氏体的最小冷却速度，称为临界冷却速度。当冷速小于 v_b＝33℃/s 时，冷却曲线与转变开始线相交，奥氏体开始向珠光体转变；与终了线相交，则转变结束全部形成珠光体。冷速在 v_k 与 v_b 之间时，冷却至转变开始线相交开始珠光体转变，冷却至转变中止线相交珠光体转变中止，继续冷却至 M_s 以下，剩余奥氏体产生马氏体转变，室温组织为珠光体和马氏体。

由图 12－15 可见，*CCT* 曲线位于 *TTT* 曲线（图上虚线）右下方，这表明连续冷却时过冷奥氏体转变的过冷度更大些，孕育期要长些。图上 *TTT* 曲线的临界冷却速度 v'_k 显然大于 *CCT* 曲线的 v_k，v'_k 大致为 v_k 的 1.5 倍。由上可见，用 *TTT* 曲线来定量估计连续冷却转变过程是不科学的；但对具体钢来说，在没有 *CCT* 曲线条件下，用 *TTT* 曲线来定性估计连续冷却转变还是允许的。

3. 连续冷却转变图的应用

CCT 曲线能精确地反映不同冷却速度下转变温度、时间和转变量之间的关系，有直接的应用价值。图 12－16（*b*）是 45Cr 钢的 *CCT* 曲线，图上各条冷却曲线与转变曲线的交点处，可看出转变的温度、时间及转变量，在冷却曲线下端给出了冷却后钢的硬度值，为了对比，同时给出了 45Cr 钢的 *TTT* 曲线，如图 12－16（*a*）所示。

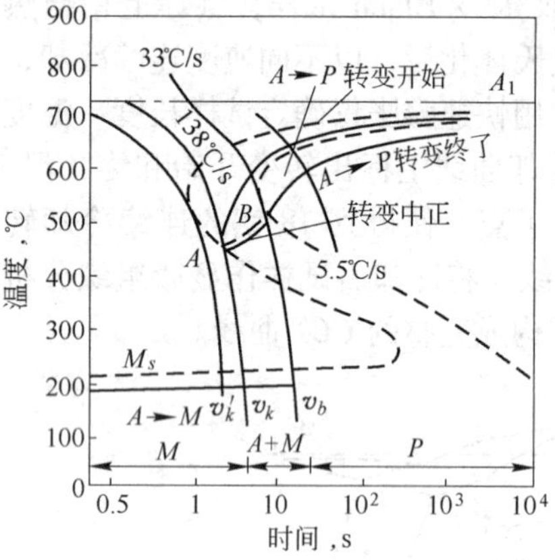

图 12－15　共析碳钢的 *CCT* 曲线和 *TTT* 曲线比较

首先分析右起第一条冷却曲线的冷却转变过程：当冷却曲线与铁素体析出线相交时，转变开始。随温度降低，先共析铁素体不断析出。冷至与珠光体转变开始线相交时，先共析转变结束，约析出 40% 铁素体，同时珠光体转变开始。随温度降低，珠光体量不断增加，冷至与珠光体转变终了线相交，整个冷却转变结束，获得约 60% 珠光体，到达室温后的硬度为 HV180。右起第五条冷却曲线的转变过程为：先共析析出约 6% 铁素体，接着形成约 50% 珠光体，然后形成约 25% 贝氏体，被保留下来的 19% 过冷奥氏体，在 M_s 以下转变成马氏体，室温下钢的硬度为 HRC36。

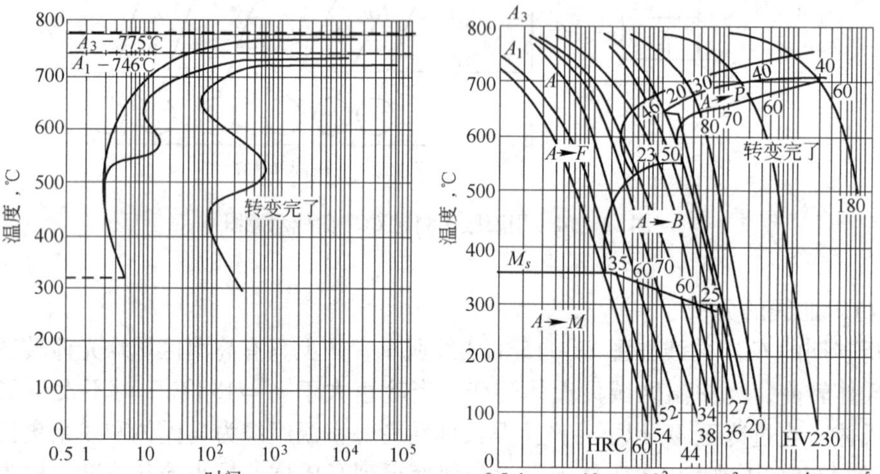

图 12－16　45Cr 钢的 *TTT* 曲线和 *CCT* 曲线

在实际生产中往往需要了解热加工或热处理后工件内部某点的组织和硬度情况。但将工件剖开，直接进行检查和测量是不切实际的。如有该钢的 *CCT* 曲线，并知道该点的冷却曲线，即可求出该点的组织和硬度。关键在于如何获得该点的冷却曲线。工件上各点的冷却曲线决定于工件的截面尺寸、该点在截面上的位置、冷却介质和钢的导热性。对于低合金钢，不同钢种的导热性差别可以忽略不计。不同直径的圆柱形工件在水、油和空气中冷却时所测定的表面和中心的冷却曲线如图 12－17 所示，它适用于碳钢和低合金钢。随着奥氏体化温度改变，冷却曲线的形状不变，只需改变纵坐标的温度刻度，使图上各种直径的冷却曲线适用于不同的奥氏体化温度。工件表面下一定深度处的冷却曲线也可从有关资料查到，其他各种形状截面与圆截面之间有一定的换算关系。

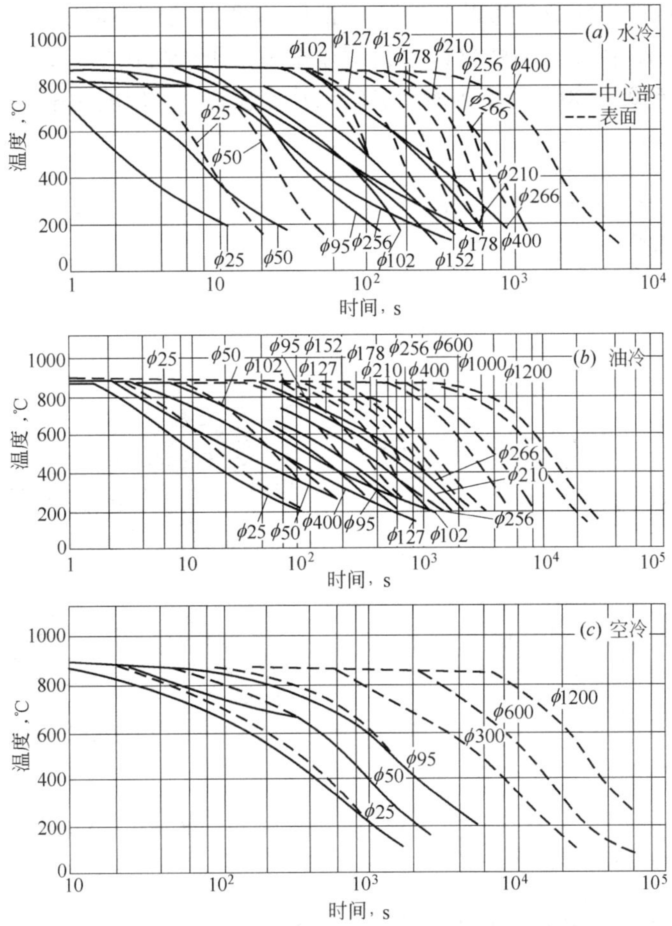

图 12－17　不同直径钢棒在水、油和空气中冷却时表面和心部的冷却曲线

利用 *CCT* 曲线欲求工件内部某点的组织和硬度时，只要从有关资料中查出该点的冷却曲线，然后把该点的冷却曲线画在与 *CCT* 曲线相同坐标的透明纸上，把它重叠在所用钢的 *CCT* 曲线上，根据冷却曲线与 *CCT* 曲线相交情况，求得该点的组织和硬度值。

第四节　珠光体转变

共析钢奥氏体化后，过冷到 A_1 至“鼻尖”之间区域等温停留时，将发生共析转变，形成珠光体组织，其反应如下：

$$\underset{\substack{\text{面心立方} \\ 0.77\%\,C}}{\gamma} \xrightarrow{A_1\text{ 以下}} P\ (\underset{\substack{\text{体心立方} \\ 0.0218\%\,C}}{\alpha} + \underset{\substack{\text{正交} \\ 6.69\%\,C}}{Fe_3C})$$

依靠碳原子和铁原子的扩散，来完成反应中碳的重新分布和铁的点阵重构，所以珠光体转变是一种典型的扩散性相变。

一、珠光体形态和性能

珠光体是铁素体和渗碳体的两相混合物。根据在铁素体基体上分布的渗碳体形状，可分为片状珠光体和粒状珠光体两种。片状珠光体的粗细可用片层间距来衡量，如图12－18所示。随转变温度降低，即过冷度增大，片层间距愈小，表明珠光体愈细。根据片层间距大小，又可将片状珠光体细分为以下三类：在 A_1 ~650℃范围内形成的层片较粗，片层间距平均大于0.3μm，在放大400倍以上光学显微镜下可分辨出层片，称为珠光体，如图12－19所示；在650~600℃范围内所形成的层片比较细，片层间距平均为0.1~0.3μm，

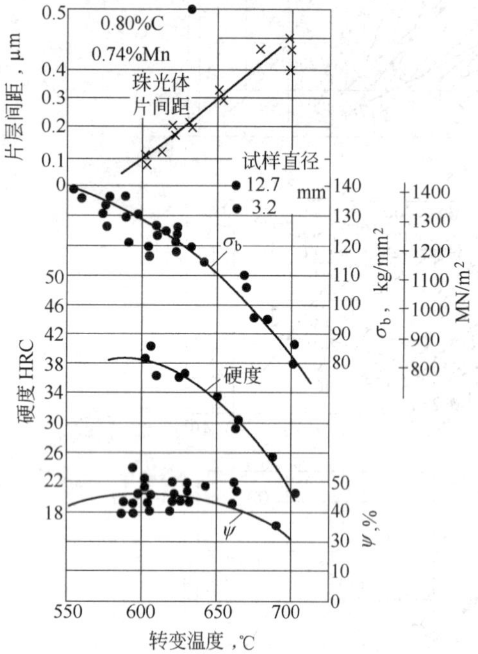

图12－18　共析钢的珠光体片层间距和力学性能及转变温度之间关系

图12－19　T8钢在705℃形成的珠光体（×2500）

在大于1000倍的光学显微镜下可分辨出层片，称为索氏体；在600~550℃范围内所形成的层片更细，片层间距平均小于0.1μm，即使在高倍光学显微镜下也无法分辨出片层来，只有在电子显微镜下才能分辨出层片，这种组织称为屈氏体，如图12－20所示。综上所述，珠光体、索氏体、屈氏体三种组织只有粗细之分，并无本质差别，它们之间的界限是相对的，这三种组织都是共析体，统称为珠光体型组织。

由图12－18可见，随转变温度降低，片层间距减小，强度、硬度升高，范性也变好。其原因是铁素体和渗碳体片变薄时，相界面增多，在外力作用下，抗范性变形能力增高。而且由于渗碳体片很薄，容易变形，不易脆裂，使钢的范性变形能力增大。

在铁素体基体上分布着颗粒状渗碳体的组织，称为粒状珠光体，也称球化体，如图12－21所示。在退火状态下，对于相同含碳量的钢料，粒状珠光体比片状珠光体具有较少的相界面，其硬度、强度较低，范性较高。实践表明，具有粒状珠光体的钢料，其切削加工性、淬火工艺性等都比片状珠光体好。

图 12－20　0.6%C 钢中的屈氏体（×5000）

图 12－21　粒状珠光体（×500）

二、片状珠光体的形成过程

珠光体转变也符合形核长大的一般规律。由于晶界上有利于产生能量、成分和结构起伏，故在奥氏体晶界优先形核。珠光体是由铁素体和渗碳体两相组成，形核中存在领先相问题。目前一般认为亚共析钢中领先相是铁素体；共析和过共析钢中领先相是渗碳体。关于珠光体的形成机理，有两种不同说法，分别叙述如下。

1. 分片形成机理

如图 12－22 所示，假定渗碳体是领先相，在奥氏体晶界上首先形成渗碳体晶核，如图 12－22（*a*）所示。这种片状渗碳体晶核不仅向晶内纵向长大，而且横向增厚，吸收两侧的碳原子，从而使两侧奥氏体贫碳，在渗碳体两侧生成铁素体片，如图 12－22（*b*）所示。此时渗碳体仅向晶内长大，而铁素体片纵向长大，并侧向增厚，必然向侧面奥氏体排出多余的碳，显著增加侧面奥氏体的碳浓度，促使旁侧生成新的渗碳体片。如此侧向交替形核，向晶内并排长大过程，形成片层大致平行的一个珠光体领域，如图 12－22（*c*）所示。在此领域的旁侧还可产生不同取向的渗碳体，交替形核并纵向长大，又形成新的珠光体领域，如图 12－22（*d*）、（*e*）所示。一个领域周围可以有几个领域先后或同时形成并长大，组成一个珠光体球团，各球团一起向奥氏体中长大，直至各球团的界面连接起来，奥氏体消失，整个转变成珠光体组织，如图 12－22（*f*）所示。

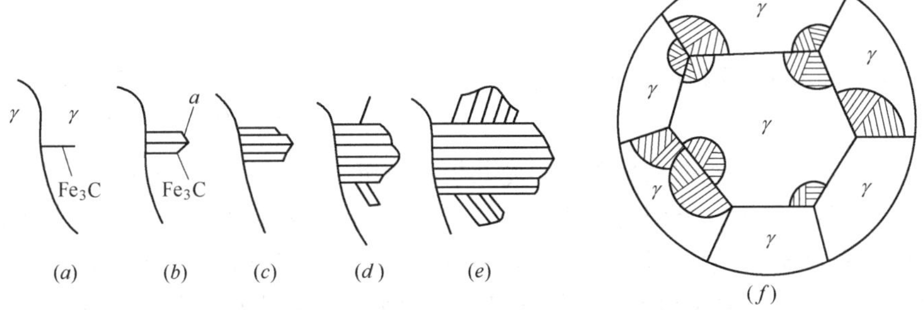

图 12－22　珠光体分片形成示意图

2. 分枝形成机理

近年来，通过细致的实验后发现，珠光体中的渗碳体是以分枝形式长大的。一个珠光体领域中的铁素体和渗碳体各具有相同的取向。图 12－23 是按这种形式长成的渗碳体（*b*）及其显微组织（*a*）示意图。图中可见，在渗碳体晶核形成之后，在向前长大过程中不断分枝，而铁素体协调地在渗碳体枝间形成，从而形成渗碳体和铁素体两相混合的片状珠光体。由于金相试样不易恰好切到渗碳体片的分枝处，因而渗碳体片被看作一片片孤立形成。

三、粒状珠光体的形成过程

粒状珠光体的形态是颗粒状渗碳体分布在铁素体基体上，每个渗碳体颗粒都是独立形核、长大而成。

为了获得粒状珠光体，其先决条件是奥氏体化温度较低，此时奥氏体中残存未溶渗碳体质点和高碳区，缓冷至 A_1 以下较小过冷度下，高碳区非自发形核长大或未溶渗碳体直接长大成渗碳体颗粒，周围低碳区变成铁素体，从而形成粒状珠光体。如果奥氏体化温度较高，奥氏体已均匀化，渗碳体优先在晶界形核、长大，必然形成片状珠光体。

四、亚（或）共析钢的珠光体转变

亚（或过）共析钢中的珠光体转变，基本上与共析钢相似，但要考虑先共析铁素体或渗碳体的析出。在其 *C* 曲线上多出一条先共析产物的开始析出线，如图 12－24、图 12－25所示。

(*a*)　　(*b*)

图 12－23　珠光体中渗碳体的分枝长大

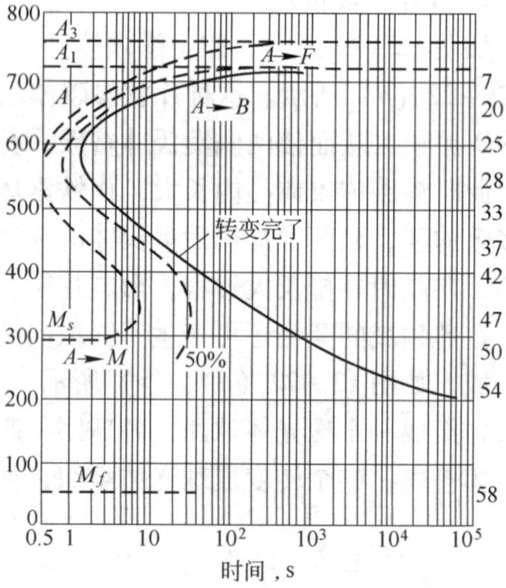

图 12－24　55 钢等温转变图
（奥氏体化温度 910℃）

可借助于 $Fe-Fe_3C$ 相图来简要说明先共析相的析出，如图 12－26 所示。将 A_3 和 A_{cm} 两线延伸到 A_1 温度以下，分别表示 A_1 以下奥氏体与铁素体或渗碳体之间的亚平衡关系。图中 *GS* 线以下，*SE′*线左面区域是先共析铁素体析出区；*ES* 线以下，*SG′*线右面区域是先共析渗碳体析出区。钢中先共析相的析出量，大致可用杠杆定律来估算。在 *G′SE′*以下区域，无先共析相析出，全部转变为珠光体。

如将含碳量为 x_1 的亚共析钢急冷至 *a′*点时，则先析出 α 相，碳原子将向周围奥氏体中扩散，奥氏体中含碳量增至与 *SE′*相交的 *b* 点时，进入 *G′SE′*区域，不再析出α 相，剩

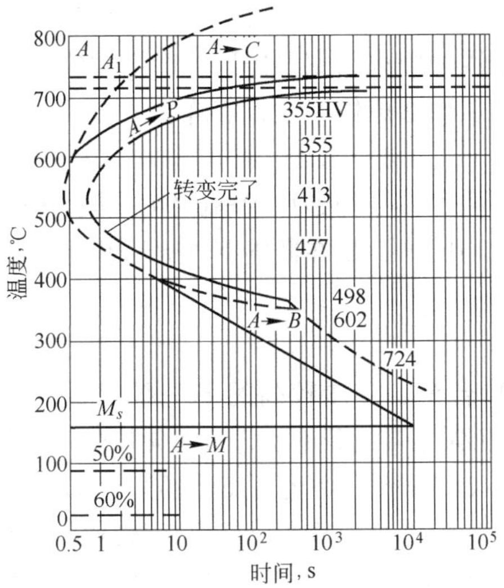

图 12－25　T10 钢等温转变图

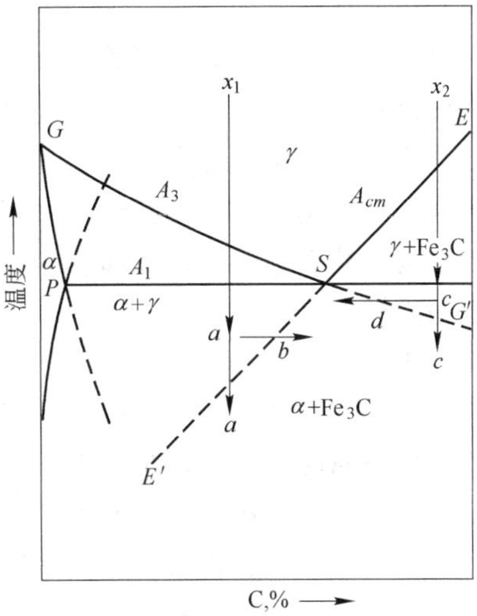

图 12－26　铁碳准平衡示意图

下的过冷奥氏体转变为珠光体，在 a' 点上下随过冷度增加，先共析 α 量减少。若急冷至 a 点时，奥氏体全部转变为珠光体，无先共析 α 析出，这种非共析成分却获得类似共析成分的组织，称为伪共析组织。同理，将 x_2 成分的过共析钢急冷至 c' 点时，则先共析出 Fe_3C，当奥氏体中含碳量降至与 SG' 相交之 d 点时，剩下的过冷奥氏体转变为珠光体。若急冷至 c 点时，奥氏体全部转变为珠光体，得伪共析组织。

通过 Fe－Fe_3C 准平衡图分析，对照 C 曲线可以看出，亚共析或过共析钢的转变温度愈接近“鼻尖”温度，孕育期愈短，先共析产物的析出量愈少，珠光体相对量愈多，珠光体偏离共析含碳量的程度愈大。

第五节　马氏体转变

将钢加热奥氏体化，以大于 v_k 的冷却速度快冷至 M_s 温度以下，将产生马氏体转变，也称为低温转变。

马氏体转变是在 M_s 以下低温下进行，铁原子和碳原子都不能进行扩散，而是依靠切变进行非扩散性相变。因此由奥氏体向马氏体转变过程，无成分变化，只是点阵重构。这种通过切变进行点阵重构，而无成分变化的非扩散性相变，统称为马氏体转变，它不仅存在于钢铁材料中，在很多有色金属和合金中也有此类转变。

马氏体转变是钢的热处理原理中最重要和最复杂的相变，也是钢件热处理强化的主要手段，值得重视。

一、马氏体的晶体结构

马氏体转变时，奥氏体中碳原子全部保留在马氏体点阵中，所以曾将马氏体视为碳在 α－Fe 中的过饱和固溶体。如图 12－27 所示，在马氏体中碳原子择优分布在沿 c 轴的扁八面体间隙中，犹如 α－Fe 的点阵发生畸变，c 轴伸长，a 轴缩短，而变为体心正方点阵，c/a 称为马氏体的正方度。随着钢中含碳量增加，马氏体的点阵常数 c 增大，a 减小，正方度 c/a 增大。根据室温 X 射线衍射测定，含碳量大于 0.2% 的马氏体都具有正方度，即具有体心正方点阵，简称正方马氏体；而含碳量小于0.2%的马氏体，$c/a=1$失去正方度，即具有体心立方点阵，简称立方马氏体。这是因为淬火后室温停留，产生时效，使碳原子在位错附近偏聚，而不在扁八面体间隙位置，从而形成体心立方点阵。

二、马氏体的组织形态

淬火钢中的马氏体，按其组织形态来分主要有两种：一种是片状马氏体，是在高碳钢淬火后获得，故也称高碳马氏体；另一种是板条状马氏体，是在低碳钢淬火后获得，故也称低碳马氏体。

1. 片状马氏体

高碳钢（0.6%C以上）、Fe－Ni（30%以上）合金、含碳较高的Fe－Ni－C合金以及一些有色金属或合金中可形成片状马氏体。一般情况下，只有大于1.0%C的高碳钢，片状马氏体才单独存在，其典型组织形态如图12－28所示。片状马氏体的立体形态呈双凸透镜状，与试样磨面相截在显微镜下呈针状或竹叶状，故又称为针状马氏体或竹叶状马氏体。在马氏体针的中间有一直线，称为中脊。先形成的马氏体片可贯穿整个奥氏体晶粒，随后形成的马氏体片不能穿过先形成的马氏体片，因此所形成的马氏体片愈来愈细。可见马氏体片的大小应取决于奥氏体的晶粒大小。在正常淬火条件下高碳钢的奥氏体化温度愈低，奥氏体晶粒愈细，所形成的马氏体针也愈小。各马氏体片之间成一定角度，最后

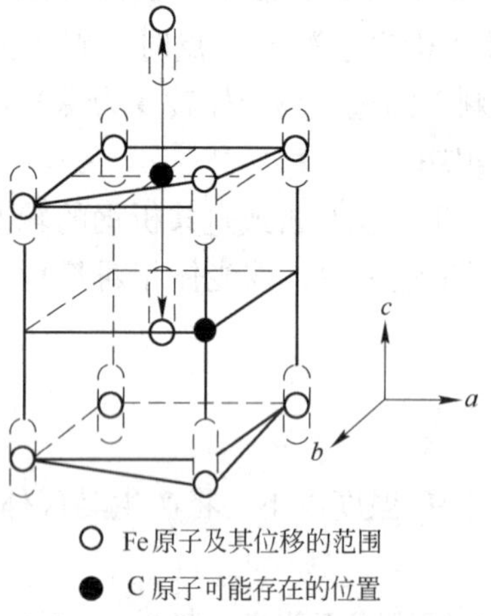

图12－27　马氏体的体心正方点阵示意图

图12－28　高碳钢中马氏体

（1200℃淬火，×400）

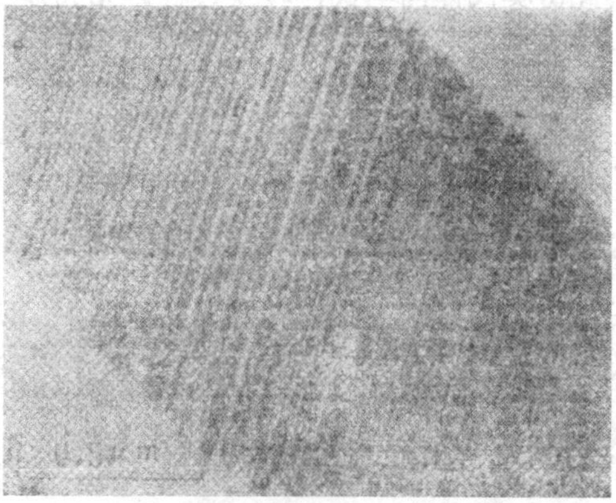

图12－29　片状马氏体中的孪晶

残留下来未转变的过冷奥氏体，称为残余奥氏体，处于各马氏体片之间。

薄膜透射电镜观察表明，片状马氏体内部存在大量的微细孪晶，如图 12－29 所示。孪晶厚度在几十埃至几百埃范围内，孪晶有时集中分布在中脊附近的中央地带，在边缘地区存在高密度位错。由于片状马氏体具有孪晶亚结构，故也称为孪晶马氏体。

2. 板条状马氏体

低、中碳钢（0.6%C 以下）、Fe－Ni（6%～25%）合金、Fe－Mn（2%）合金中可形成板条状马氏体。通常在小于 0.2%C 的钢中板条状马氏体可单独存在，其典型的组织形态如图 12－30 所示。由图可见，板条状马氏体是以尺寸大致相同的板条为组织单元，如图中 L_1、L_2、L_3、L_4 所示，许多定向平行排列、取向略有差异的板条组成马氏体束，一些接近平行的板条束再组合成马氏体块。通常在一个奥氏体晶粒内可以有几个不同取向的马氏体块。马氏体板条的立体形状为椭圆断面的柱状晶体，常见宽度为 0.1～0.2μm。

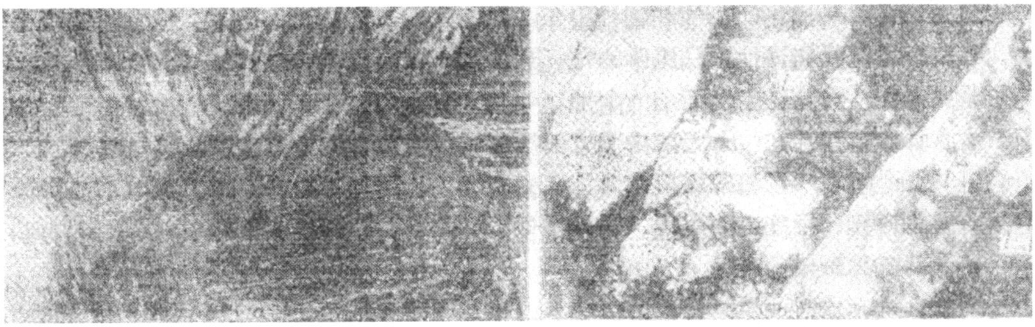

(a)　　(b)

图 12－30　Fe－2%Mn－0.03%C 合金中的板条状马氏体

（a）光镜组织（×100）；（b）薄膜透射电镜组织（×26000）

薄膜透射电镜观察表明，马氏体板条内存在大量位错，其密度高达（0.3～0.9）×$10^{12}cm^{-2}$，故又称为位错马氏体。

3. 两种马氏体的形成条件

马氏体的组织结构决定于相变时切变方式是滑移还是孪生。以何种方式进行，要看钢的 M_s 温度，如图 12－31 所示。含碳量小于 0.2% 的低碳钢（相当于图上 C_1），M_s 点较高，引起滑移所需要的临界切应力较低，故进行滑移形成含有高密度位错的板条状马氏体；含碳量大于 1.0% 的高碳钢（相当于图上 C_2），M_s 点较低，引起孪生所需要的临界切应力较低，故进行孪生形成含有大量孪晶的片状马氏体。

三、马氏体的性能

高的强度和硬度是钢中马氏体的主要特性之一。马氏体的硬度主要决定于含碳量，如图 12－32 所示，合金元素的影响较小。随含碳量增加，硬度明显增加，当含碳量超过 0.6%，硬度增加趋于平缓。马氏体具有高强度和高硬度的原因如下：

（1）过饱和碳引起强烈的正方畸变，形成以碳原子为中心的应力场，这种应力场与位错的交互作用使马氏体显著强化，即固溶强化。

（2）板条状马氏体内的高密度位错，片状马氏体内的精细孪晶，产生亚结构强化。

（3）马氏体形成过程中的自回火现象，使碳原子沿晶体缺陷偏聚或碳化物弥散析出，从而产生时效强化。

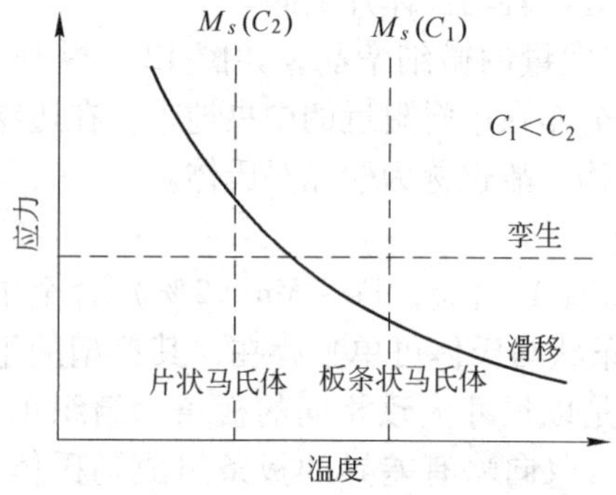

图 12－31　温度对马氏体滑移和孪生临界切应力影响的示意图

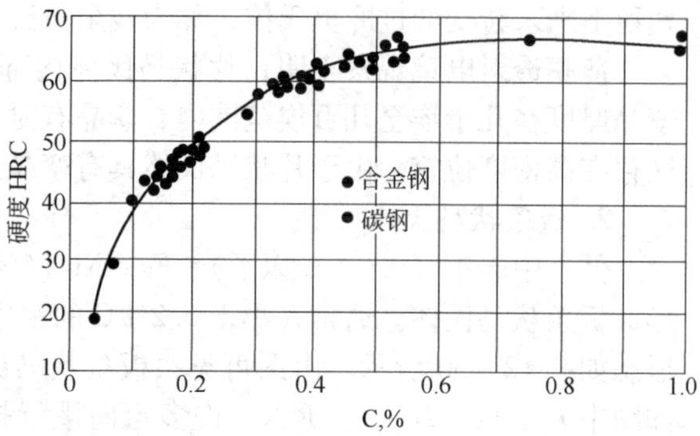

图 12－32　含碳量对马氏体硬度的影响

上述三种强化中主要是碳的固溶强化。

过去认为，马氏体的范性和韧性很差，这种认识是片面的，例如，低碳的位错马氏体就具有良好的范性和韧性。马氏体的范性和韧性主要决定于它的亚结构，板条状马氏体内存在着位错胞，为位错提供活动的余地，使其具有高的强度、良好的范性、韧性。而片状马氏体内微细孪晶存在，大大减少了有效滑移系，使脆性增大。此外马氏体片在成一定交角快速成长过程中，互相碰撞形成大量显微裂纹，也增加了脆性。所以孪晶型的片状马氏体具有高的硬度、强度，而范性、韧性很低。

四、马氏体形成的机理

马氏体的形成有一系列特点，主要有以下几方面。

1. 倾动现象

将事先经过抛光的试样，经淬火后抛光表面出现倾动现象，如图 12－33、图 12－34 所示。与马氏体相交的表面，一边凹陷，一边突起，并牵动相邻奥氏体，出现倾斜隆起，称为表面浮凸。表面浮凸现象充分表明，马氏体转变是以切变方式实现的，同时马氏体和奥氏体界面上原子为两相所共有，即新相和母相保持着共格关系。

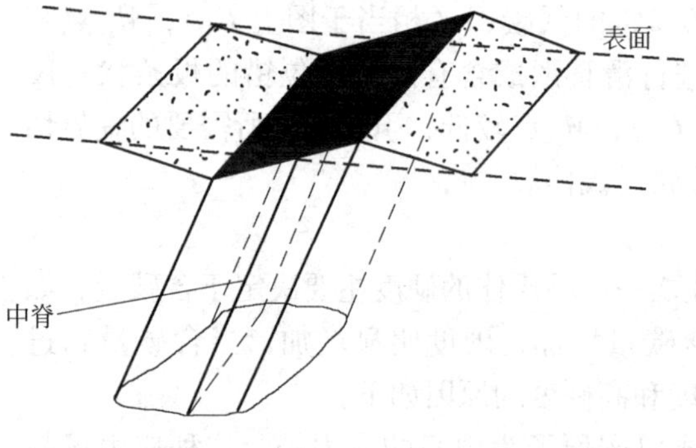

图 12－33　表面浮凸示意图

图 12－34　马氏体的表面浮凸（×400）

2. 惯习面

马氏体转变时，新相总是在母相的某个晶面族上形成，这种晶面称为惯习面。在相变过程中从宏观上来看，惯习面是不发生转动和不畸变的平面。图 12－33 中对应于中脊面的晶面即为惯习面，马氏体片好象躺在惯习面上。

钢中马氏体的惯习面随含碳量而变化，常见的有三种：含碳量小于 0.6% 时，为 $\{111\}_\gamma$；含碳量在 0.6% ~1.4% 之间时，为 $\{225\}_\gamma$；含碳量高于 1.4% 时，为 $\{259\}_\gamma$。随着马氏体形成温度下降，惯习面有向高指数变化的趋势。

3. G－T 切变模型

马氏体转变是一个复杂的切变过程，为了便于分析，人为地分解为两次切变来完成。G－T 切变模型的两次切变过程如图 12－35 所示。第一次沿惯习面发生宏观均匀切变，产生整体的宏观变形，造成抛光表面出现浮凸；第二次是在已产生均匀切变体积内，沿 $(112)_M$ 面、$\langle 111\rangle_M$ 方向发生微观不均匀切变。如以滑移方式进行，形成位错亚结构；如以孪生方式进行，形成微细孪晶亚结构。经二次切变后转变成体心正方点阵，再经一些微小的调整，使晶面间距与实验测量结果相一致。G－T 模型较好地解释了马氏体转变的宏观变形、惯习面、取向关系和亚结构，但未解决惯习面是不应变、不转动平面。

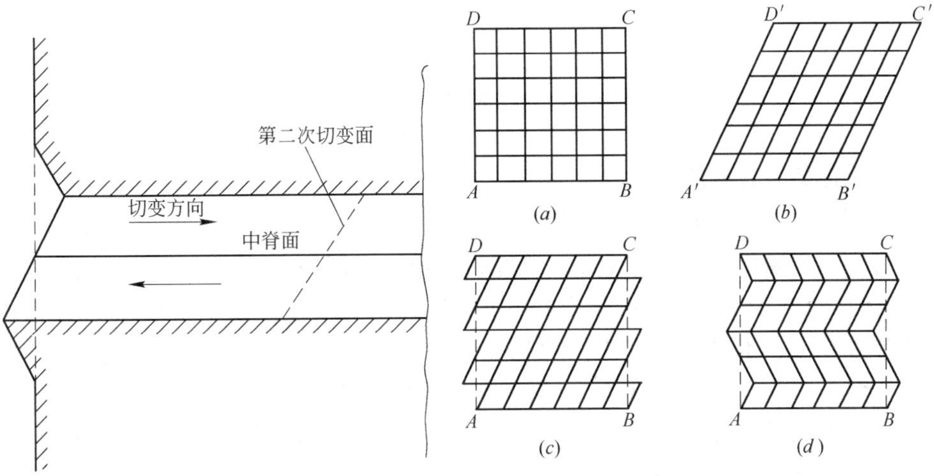

图 12－35　G－T 模型切变过程示意图

(*a*) 切变前；(*b*) 均匀切变（宏观切变）；(*c*) 滑移切变；(*d*) 孪生切变

4. K－S 切变模型

K－S 切变过程如图 12－36 所示，图中点阵以 $(111)_\gamma$ 为底面按 *ABC ABC ABC*…堆砌次序自下而上排列，点阵图下面画出其在 $(111)_\gamma$ 面上的投影图。转变分三步进行：(1) 奥氏体点阵中各层 $(111)_\gamma$ 晶面上原子相对于下层沿 $[\bar{2}11]_\gamma$ 方向产生第一次切变，使 *B*、*C* 两层原子的投影与 *A* 层原子重叠起来，切变角为 11°44′；(2) 第二次切变是在 $(11\bar{2})_\gamma$ 面上［垂直于 $(111)_\gamma$ 面］，沿 $[1\bar{1}0]_\gamma$ 方向产生 10°30′的切变，结果如图 12－36Ⅲ所示。第二次切变后顶角由 120°变为 109°30′，α 角由 60°增至 70°30′。上述切变是假定没有碳原子存在条件下进行，故得到体心立方点阵的马氏体。在碳原子存在条件下，二次切变量略小些，α 角由 60°增至 69°，改建为体心正方点阵；(3) 最后还要作一些小的调整，使晶面间距和测量结果相符合。从上述转变得出的 K－S 位向关系为：$\{110\}_M /\!/ \{111\}_\gamma$，$\langle 111\rangle_M /\!/ \langle 110\rangle_\gamma$。

K－S 模型清晰地表明点阵重构和取向关系，但按此模型马氏体的惯习面应为

$\{111\}_\gamma$，而高碳钢的惯习面却是 $\{225\}_\gamma$ 或 $\{259\}_\gamma$，这是无法解释的。另外，按 K－S 模型所引起的表面浮凸与实测结果相差很大，故 K－S 模型也是不完善的。

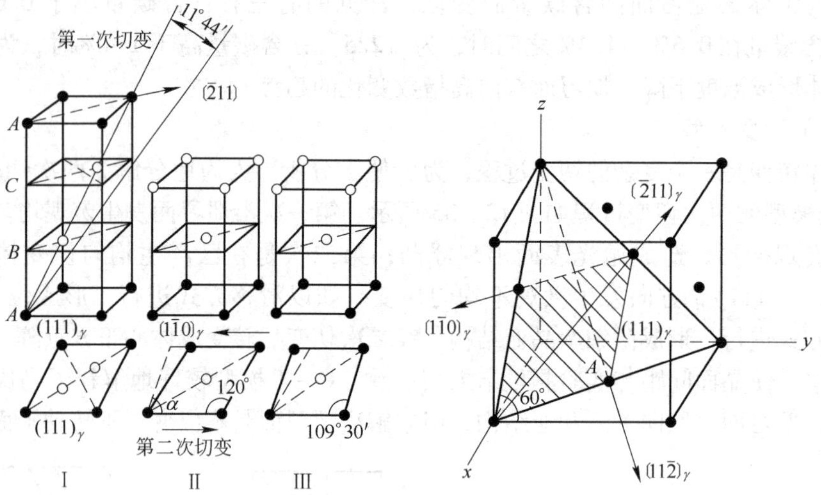

图 12－36　K－S 切变模型

五、马氏体转变过程的特点

一般碳钢、合金钢淬火时，奥氏体迅速过冷至 M_s 以下，马氏体开始形成，在降温过程马氏体转变量不断增加，冷却中断，转变也就停止，即使冷却到 M_f 温度，仍不能得到 100% 马氏体，总有少量残余奥氏体存在（图 12－37）。马氏体转变过程依靠出现一批批新马氏体片来完成，不是靠原马氏体片长大。马氏体转变是非扩散性相变，转变速度极快，一片片状马氏体长成只需 10^{-7}s，板条状马氏体的长大速度也达到 0.1m/s。

等温形成的马氏体最早发现于 Mn－Cu 钢，后来又在 Fe－Ni－Mn、Fe－Ni－Cr 合金中发现。这类合金的 M_s 点均在零度以下，其马氏体转变完全是等温形成，典型的等温转变曲线如图 12－38 所示。由图可见，当在 M_s 点以下某一温度保温时，过冷奥氏体需经一定的孕育期以后开始形成马氏体，随着保温时间延长，马氏体量不断增加。等温转变曲线也为“C”形，但在任一等温条件下，马氏体转变量有限。

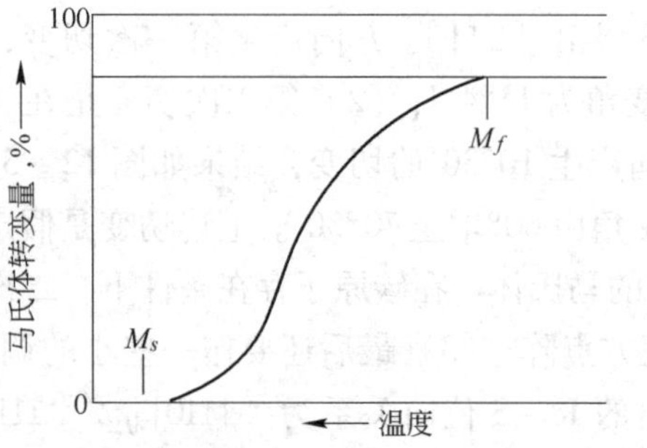

图 12－37　马氏体转变量与温度的关系

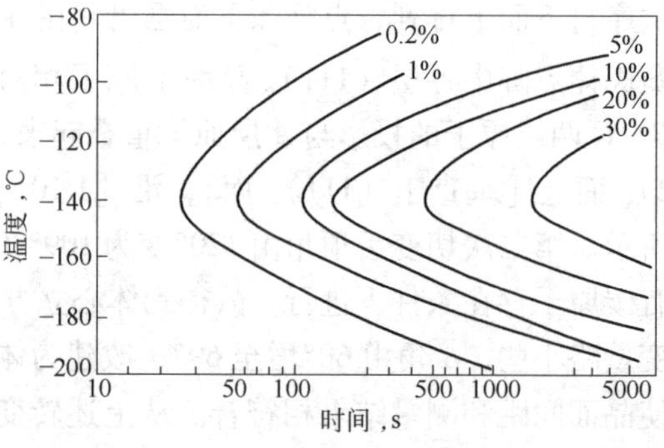

图 12－38　Fe－Ni－Mn 合金马氏体等温转变曲线

马氏体的转变开始温度 M_s 和终止温度 M_f 主要决定于钢中奥氏体的化学成分。如图12－39所示，随含碳量增加，马氏体转变点不断降低。合金元素除铝、钴外，均使转变点降低。通常淬火时只是冷却至室温，对于含碳量大于0.5%的碳钢和许多合金钢来说，M_f 点处于室温以下，显然未完成马氏体转变。M_s 和 M_f 点愈低，未转变的残余奥氏体量就愈多。为了减少残余奥氏体，可继续深冷至 M_f 温度，即进行冷处理，以完成马氏体转变。

六、奥氏体的稳定化

淬火过程中由于慢冷或中间停留所造成的奥氏体稳定化，称为热稳定化。如图12－40所示，高碳铬钢淬火至43℃时，获得60%马氏体停留30分钟继续冷却，要滞后至约27℃才开始继续向马氏体转变，其转变曲线平行于正常转变曲线，而 M_f 温度保持不变，则残余奥氏体量增加8%～9%。同样在 t_1、t_2、t_4 温度停留30分钟再继续冷却，其转变再开始温度如 M'_s 的轨迹所示。由图可见，冷却中止温度愈低，或中断时间愈长，奥氏体热稳定化愈严重。

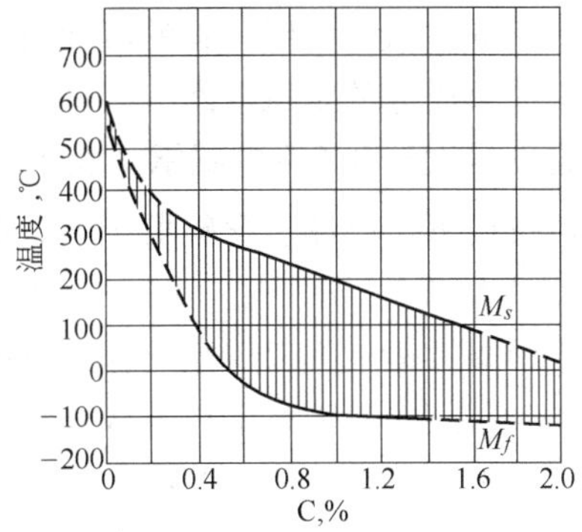

图12－39　含碳量对马氏体转变点的影响

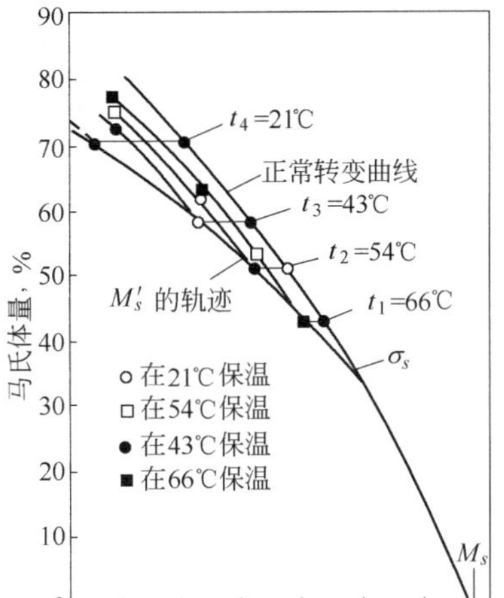

图12－40　高碳铬钢中奥氏体的稳定化

（试验用钢：1.1%C，1.5%Cr；奥氏体化温度1040℃）

奥氏体热稳定化的原因是由于慢冷或中间停留，碳或氮原子在位错附近偏聚，形成柯氏气团，强化奥氏体，使切变阻力增加，从而引起奥氏体稳定化。

在 M_d 点以上，对奥氏体进行大量范性变形，使随后的马氏体转变发生困难，M_s 点降低，马氏体转变量减少，这种现象称为奥氏体的机械稳定化。

第六节　贝氏体转变

将奥氏体化的钢过冷到 B_s（约550℃）至 M_s 温度范围等温，将产生贝氏体转变，也称中温转变。它是介于扩散性珠光体转变和非扩散性马氏体转变之间的一种中间转变。在贝氏体转变区域没有铁原子的扩散，而是依靠切变进行奥氏体向铁素体的点阵重构，并通过碳原子的扩散进行碳化物的沉淀析出。

一、贝氏体的组织形态

含碳量大于0.6%的碳钢，在 B_s ~350℃之间等温，形成上贝氏体；在350℃ ~ M_s 之间等温形成下贝氏体。含碳量小于0.6%的碳钢，两者的分界温度高于350℃。

1. 上贝氏体

光学显微镜下可以观察到，自奥氏体晶界开始，向晶内伸展成束的、大致平行的铁素体板条，条间的渗碳体不易辨认，从整体看呈羽毛状，如图12－41所示。在电子显微镜下可以看出，上贝氏体中的铁素体大致平行，相邻板条间的取向差约为6°~18°，渗碳体分布在铁素体板条之间，沿长轴方向呈短杆状、链状或粒状不连续排列，如图12－42所示。

图12－41　羽毛状上贝氏体（×630）

图12－42　钢中的上贝氏体的电镜组织（×10000）

2. 下贝氏体

光学显微镜下呈黑色针状，各针之间有一定交角，类似于片状马氏体的回火组织，如图12－43所示。电子显微镜下可以看到，在针状铁素体内成行地分布着细片状或颗粒状的 ε 碳化物，沿着与铁素体长轴成55°~60°角方向整齐地排列着，如图12－44所示。下贝氏体中的针状铁素体是过饱和 α 固溶体；铁素体内分布着亚稳定的 ε 碳化物，属于六方晶系，可用 $Fe_{2.4}C$ 表示，其成分和结构不同于渗碳体。

3. 粒状贝氏体

粒状贝氏体是在低碳或中碳合金钢中，以一定的速度连续冷却后所获得的组织，其形成温度稍高于上贝氏体的形成温度，接近 B_s 温度。

图 12-43　钢中的下贝氏体（×1500）

图 12-44　钢中的下贝氏体的电镜组织（×10000）

粒状贝氏体是由块状铁素体和岛状的富碳奥氏体所组成，如图 12-45 所示。岛状富碳奥氏体在继续冷却过程中，随着冷却条件和过冷奥氏体稳定性的不同，可能产生以下三种情况：(1) 部分或全部分解为铁素体和碳化物；(2) 部分富碳奥氏体转变为马氏体；(3) 富碳奥氏体全部保留至室温。其中最可能的情况是部分奥氏体变为马氏体，这种马氏体和残余奥氏体组成的岛状组织，称为 $M-A$ 组织。

图 12-45　粒状贝氏体的电镜组织（×10000）

二、贝氏体的形成过程

贝氏体转变是在 B_s 至 M_s 的中温区进行，也是形核和长大过程。上贝氏体的形成温度较高，首先在奥氏体晶界贫碳区（浓度起伏造成）形成铁素体晶核，此晶核与奥氏体保持共格联系，并沿着母相奥氏体的 $\{111\}_\gamma$ 面以切变方式向晶内长成密集的铁素体板条，碳原子通过相界面扩散至板条间奥氏体中，当富集至相当高碳浓度，就脱溶而析出渗碳体小条，不连续地分布在铁素体片之间，形成了羽毛状的上贝氏体，如图 12-46 (*a*) 所示。上贝氏体的惯习面为 $\{111\}_\gamma$，其取向关系最近认为遵循 K-S 关系。

下贝氏体的形成温度较低，碳原子的扩散系数更小，在奥氏体中难以扩散，在铁素体内可短程扩散。首先在奥氏体晶界或晶内贫碳区形成铁素体晶核，沿$\{225\}_\gamma$面以切变方式长大，同时沿铁素体片内一定晶面断续析出ε碳化物，以$55°\sim60°$与铁素体片长轴相交，从而获得针状的下贝氏体，如图 12－46（*b*）所示。下贝氏体的惯习面为$\{225\}_\gamma$，其取向关系也符合 K－S 关系。

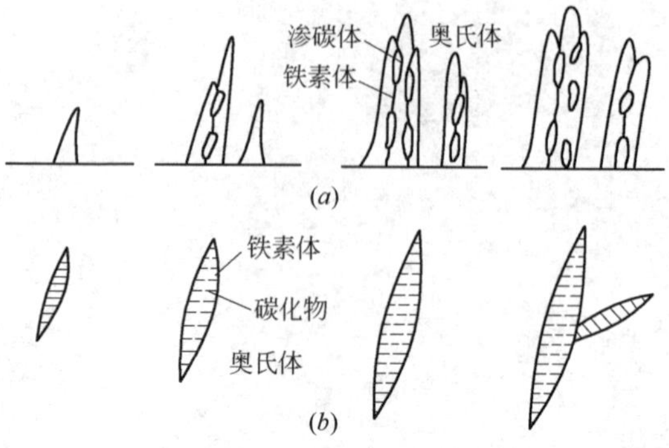

图 12－46　贝氏体形成机理示意图
（*a*）上贝氏体；（*b*）下贝氏体

粒状贝氏体的形成温度最高（稍低于B_s温度），首先进行碳原子扩散重新分布，接着在奥氏体贫碳区开始形成大体平行的铁素体板条，碳几乎都富集到奥氏体中去，铁素体板条进一步长大并侧向靠拢，最终将高碳奥氏体包围起来成孤立小岛。这种富碳奥氏体含有一定量合金元素，加之所处温度又高，故十分稳定不会析出渗碳体。板条状铁素体非常细小，难以辨认，只见到组合成的块状铁素体，从而得到粒状贝氏体。

综上所述，贝氏体以切变方式长大，但其长大速度受到碳原子扩散或碳化物沉淀所控制，所以长大速度远小于马氏体。

三、贝氏体的性能

上贝氏体的形成温度高，其板条束中铁素体和渗碳体分布具有明显的方向性，且铁素体和渗碳体的尺寸均较大，因此强度较低。这种组织对裂纹扩展的抗力很小，铁素体板条可作为裂纹扩展的通道，其范性、韧性低于屈氏体。

下贝氏体的形成温度低，贝氏体中铁素体片较细，且是位错亚结构，碳化物的弥散度也大，与上贝氏体相比，不但强度高，而且韧性好。生产上避免出现上贝氏体，而用等温淬火得到下贝氏体，从而具有高的强韧性和耐磨性。

第七节　钢在回火时的转变

淬火钢件加热到低于A_1的某一温度，保温一段时间，然后冷却至室温的热处理工艺，称为回火。

快冷淬火后的工件具有复杂的内应力，一方面使工件尺寸不稳定，并导致变形或开裂，必须及时回火来消除或降低内应力。淬火钢的组织主要由马氏体和少量残余奥氏体组成，具有高硬度、高强度，但范性、韧性很差。通过适当温度回火，向铁素体和碳化物稳定状态转变，使强度和韧性得到良好配合，以满足工件的性能要求，所以回火是淬火后必要的后续工序。

一、淬火钢在回火时的组织变化

钢经淬火后的室温组织是马氏体和残余奥氏体，都是亚稳定相。一旦进行加热，原子扩散能力加强，会自发地向稳定相铁素体和渗碳体转变。随回火温度升高，存在一系列复杂转变，大致分为五个阶段。

1. 马氏体中碳原子的偏聚

100℃以下回火，碳原子虽难以进行长距离扩散而析出碳化物，但尚能作短距离迁移，在微观缺陷处偏聚。根据马氏体含碳量不同，可能产生两种不同的偏聚过程。

（1）含碳量小于0.2%的低碳马氏体中，绝大部分碳原子偏聚到高密度的位错线上，形成柯氏气团。这是由于碳原子和位错的弹性应力场的交互作用，使碳原子被弹性地吸引到位错线上，故称为弹性偏聚。马氏体的含碳量为0.2%时，偏聚已达饱和状态。含碳量小于0.2%的马氏体，其间隙碳原子全部偏聚到位错线上，故形成体心立方点阵，不出现正方度。

（2）含碳量大于0.2%的马氏体，超过0.2%的碳原子已不再偏聚到位错附近，而在垂直 c 轴的 $(001)_M$ 面上偏聚，伴随有化学自由能降低，正方度 c/a 增加，硬度、强度有所提高，称为化学偏聚。这种偏聚也为析出亚稳定 ε 碳化物作准备。

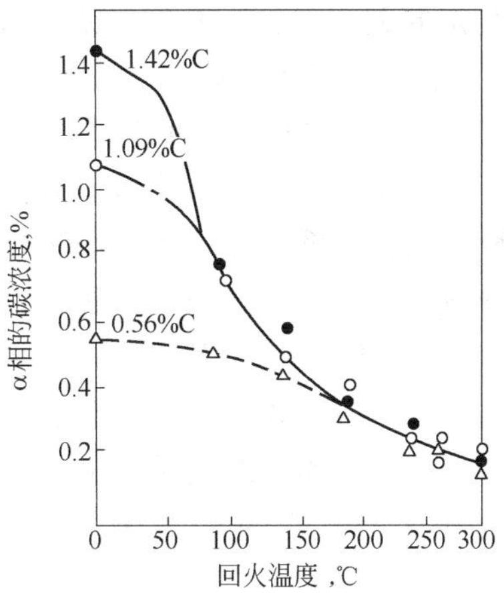

图12－47　α相碳浓度与回火温度的关系（回火1小时）

2. 马氏体的分解

100℃以上回火时，马氏体要发生分解。随着回火温度升高，过饱和 α 固溶体中碳浓度逐渐降低，即正方度 c/a 减小，如图12－47所示。当回火温度低时，马氏体含碳量对 α 相中含碳量有影响，而回火温度高时，α 相中含碳量与马氏体含碳量无关。

高碳马氏体在100～150℃回火为马氏体分解的第一阶段，如图12－48（a）所示。碳原子只作短距离迁移，析出的 ε 碳化物片从周围取得碳原子长大，从而形成贫碳区 M'，远离 ε 相的地区仍是高碳区 M，故称为马氏体的二相式分解。

150℃以上回火为马氏体分解的第二阶段，发生连续式分解，如图12－48（b）所示，碳原子可作较长距离的迁移，随 ε 碳化物析出，α 相碳浓度均匀降低。马氏体分解可延续到350℃，此时 c/a 趋近于1。

含碳量小于0.2%的板条状马氏体，淬火时一般已自回火，碳原子在位错附近偏聚。在100～200℃回火，不会析出 ε 碳化物。

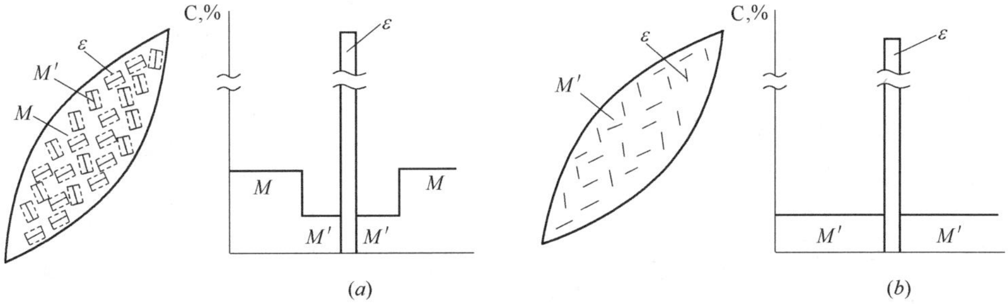

图12－48　马氏体二相式分解（a）和连续式分解（b）的示意图

3. 残余奥氏体的转变

含碳量超过0.5%的碳钢或低合金钢，淬火后总有少量残余奥氏体存在，在

200 ~ 300℃范围内回火时，残余奥氏体分解为过饱和α固溶体和薄片状ε碳化物的复相组织，两者保持共格，一般认为是回火马氏体或下贝氏体。

4. 碳化物的转变

在250 ~ 400℃回火时，碳钢马氏体中过饱和碳原子几乎全部脱溶，析出比ε碳化物更为稳定的碳化物。一种是χ碳化物，其分子式用Fe_5C_2表示，具有单斜晶系；另一种是θ碳化物，也就是渗碳体。

高碳钢在250℃以上回火，ε碳化物重新溶入α相，沿$\{112\}_M$面析出$\chi - Fe_5C_2$。因为$\chi - Fe_5C_2$的惯习面与$\varepsilon - Fe_{2.4}C$的惯习面$\{100\}_M$不同，只能重新形核长大而成。

随着回火温度升高，进一步转变为θ碳化物，$\{112\}_M$面上析出的$\chi - Fe_5C_2$可直接进行点阵重构，形成$\{112\}_M$面上的$\theta - Fe_3C$，属于原位转变，不需要重新形核。而$\{110\}_M$面上析出的$\theta - Fe_3C$是由$\chi - Fe_5C_2$溶解，$\theta - Fe_3C$重新形核长大而成。

含碳量低于0.2%的板条状马氏体，碳原子偏聚在位错线附近，较为稳定，不会析出$\varepsilon - Fe_{2.4}C$，在200℃以上回火时，直接析出$\theta - Fe_3C$。

5. 碳化物的聚集长大和α相回复、再结晶

当回火温度高于400℃时，渗碳体明显聚集长大并球化，无论片状渗碳体的球化或粒状渗碳体的长大，都通过小颗粒溶解，大颗粒长大的机理进行。

回火温度超过400℃，回复过程使位错密度逐渐减少。回火温度高于600℃，α相发生再结晶，由等轴状铁素体逐步代替针状的α相。

合金元素对回火过程有很大影响，一般说来，合金元素都能阻碍回火过程中的各种转变，并把它们推向更高的温度。

二、回火转变的组织

综合上述回火五个阶段，将回火转变后组织分为四种。

1. 回火马氏体

高碳钢在150 ~ 250℃低温回火，得到回火马氏体组织，如图12 - 49、图12 - 50所示。

图12 - 49　T13钢970℃水淬150℃回火后的组织（×1500）

图12 - 50　45钢的回火马氏体（×6000）

回火马氏体光学显微镜下呈暗黑色片状组织，比淬火马氏体易受腐蚀。在电子显微镜

下可以观察到片状 α 相内分布着薄片状 ε 碳化物，两者保持共格联系。低碳板条状马氏体低温回火后，只是碳原子的偏聚，与淬火马氏体没有显著差别。

2. 回火屈氏体

在 350 ~ 500℃进行中温回火后，得到回火屈氏体组织。其组织特征是：α 相仍保持板条状或片状形态，其上分布着微细粒状渗碳体，在光学显微镜下难以分辨，在电子显微镜下才能辨清两相。

3. 回火索氏体

在 500 ~ 650℃进行高温回火，得到回火索氏体组织，如图 12 – 51、图 12 – 52 所示。其组织是由细粒状渗碳体和等轴状铁素体所构成的复相组织。光学显微镜下就能分辨出渗碳体颗粒，电子显微镜下已看到渗碳体颗粒明显聚集。

图 12 – 51　45 钢 600℃回火后的回火索氏体（×800）

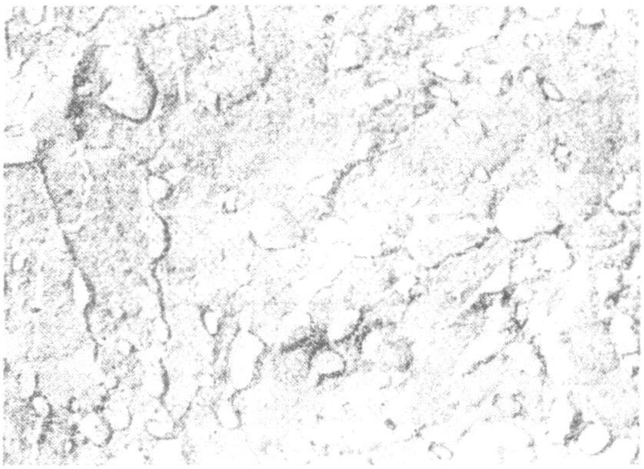

图 12 – 52　回火索氏体的电镜组织（×8000）

4. 粒状珠光体

在 650℃ ~ A_1 之间回火时，粒状渗碳体明显粗化。此种粒状珠光体与球化退火所得到的组织相同。范性很好，强度较低。

三、淬火钢回火时力学性能的变化

淬火钢回火时的硬度变化如图 12 – 53 所示。200℃以下由于 α 固溶体析出大量弥散的 ε 碳化物，增大范性变形抗力，使硬度下降延缓。特别是过共析碳钢，100℃回火由于化学偏聚，使硬度反而提高 1 ~ 2HRC。200 ~ 300℃ 回火由于残余奥氏体分解为回火马氏体或下贝氏体的硬化作用，使高碳钢的硬度下降趋势变得平缓。300℃以上回火，随着 ε 碳化物变成渗碳体，共格破坏以及渗碳体聚集长大，使硬度呈直线下降。

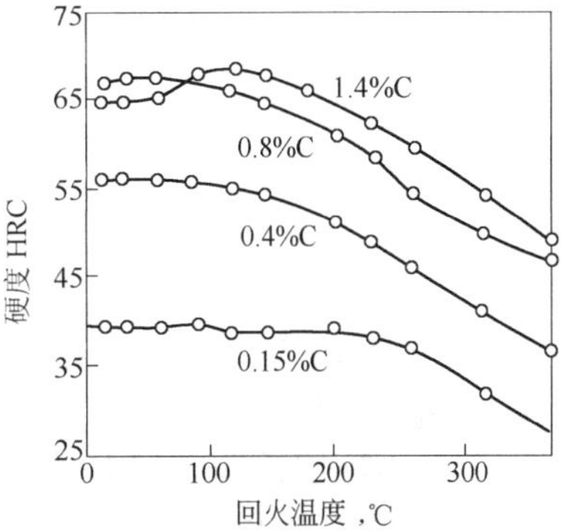

图 12 – 53　淬火钢回火后硬度与回火温度的关系

处于淬火状态的钢，不仅范性很差，由于内应力存在，强度也不高。如图 12 – 54 所示，在 200 ~ 300℃范围内回火，由于内应力消除，强度指标 σ_b、σ_s、S_K、σ_e 达极大值。300℃以上，随着回火温度升高，钢的强度降低，伸长率和断面收缩率升高。在 350 ~ 500℃回火后所得的回火屈氏体，弹性极限高，并具足够韧性。在 550 ~ 650℃回火后所得的回火索氏体，韧性最高，并保持相当高的强度，即具有良好的综合力学性能。

四、回火脆性

如图12－55所示，随着回火温度的升高，钢的冲击韧性不是简单地增加。在250～400℃和450～650℃区域存在着冲击韧性显著下降的现象，这种脆化现象称为回火脆性。

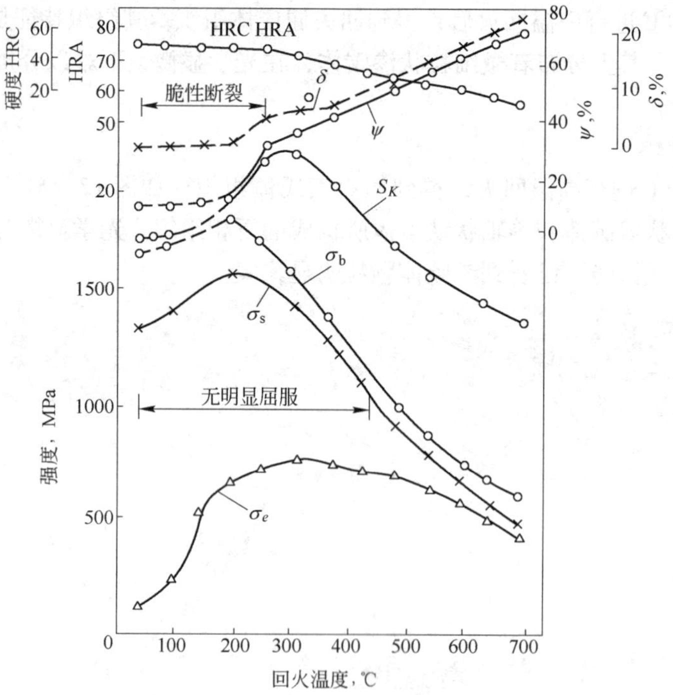

图12－54　中碳钢（0.41%C，0.72%Mn）的力学性能与回火温度的关系

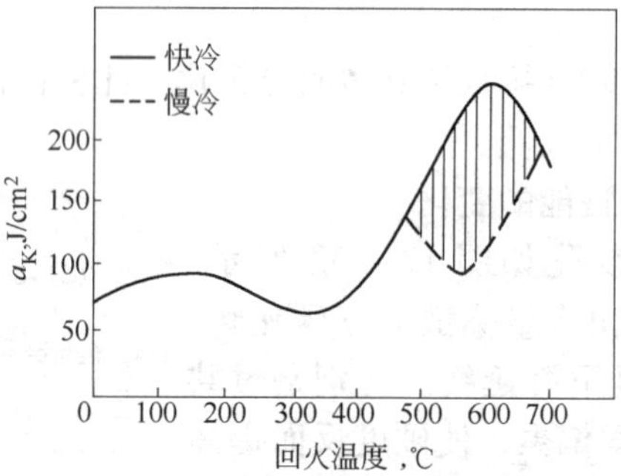

图12－55　含0.3%C，1.47%Cr，3.4%Ni钢的冲击韧性与回火温度的关系

1. 低温回火脆性

在250～400℃范围内回火时出现的脆性，称为低温回火脆性。几乎所有淬成马氏体的钢，在300℃左右回火后都存在这类脆性。此脆性区正是碳化物转变的温度区间，即由于ε碳化物转变成的$\chi-Fe_5C_2$，以及$\theta-Fe_3C$沿马氏体板条或片的界面呈薄膜状析出，引起韧性明显降低，这是形成低温回火脆性的主要原因。韧性的残余奥氏体分解成回火马氏体或下贝氏体也促进此类脆性。在更高温度回火后脆性消除，若再次在300℃附近回火，脆性不再出现，故又称为不可逆回火脆性。

防止低温回火脆性的方法只有不在250～400℃脆化温度范围回火。

2. 高温回火脆性

淬火的合金钢在450～650℃范围内回火后，进行慢冷所出现的脆性，称为高温回火脆性。已产生脆性的工件，重新加热到600℃以上保温，然后快冷，则可消除此类脆性。如在600℃以上再次加热慢冷，脆性又将出现，故也称为可逆回火脆性。如在450～550℃脆化区长时间停留后，即使快冷也出现此类脆性。

近年来用俄歇谱仪，对脆性的晶间断口进行分析确定，高温回火脆性主要是由于锑、磷、锡、砷等微量杂质元素在原奥氏体晶界偏聚所引起。合金钢中铬、锰、镍等元素，不但促进上述微量杂质元素的偏聚，本身也产生晶界偏聚，故增加脆倾向。

为了防止高温回火脆性，可在钢中加入0.5%钼或1%钨，抑制杂质元素向晶界偏聚，这种方法适用于大工件。对于中小工件，可采用高温回火后快冷，抑制杂质元素偏聚。亚共析钢在A_{c1}与A_{c3}之间奥氏体化加热的亚温淬火，使杂质元素溶入残留铁素体中，减少在原奥氏体晶界的偏聚浓度，从而降低脆化倾向。

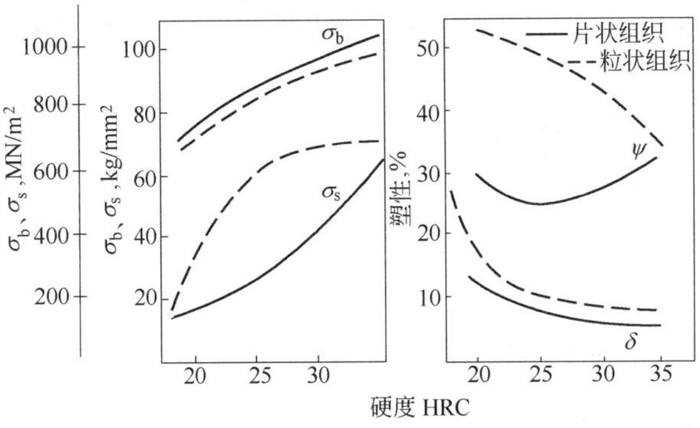

图12－56　含0.84%C的碳钢片状与粒状组织的力学性能对比

五、淬火后回火产物与奥氏体直接分解产物的性能比较

以共析钢为例，相同硬度下二者力学性能的对比如图12－56所示。在HRC20～35范围内，淬火加回火产物是回火索氏体（粒状组织）；而直接分解产物是索氏体（片状组织）。在相同硬度下，两种组织的抗拉强度相同，而回火索氏体的σ_s、δ、ψ等性能总是高于索氏体。因此为了获得良好的综合力学性能，生产上常采用淬火加高温回火（调质处理），以便得到回火索氏体组织。

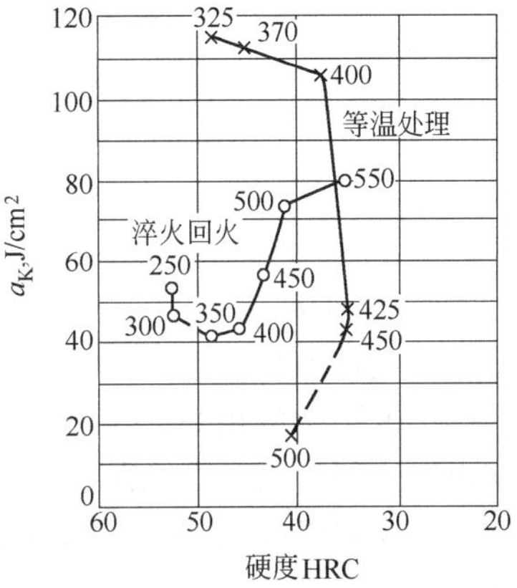

图12－57　30CrMnSi钢等温淬火和淬火回火后的冲击韧性

两者的力学性能差别，与渗碳体形状有关。索氏体中渗碳体呈片状，受力时铁素体基体产生较大的应力集中，使渗碳体片提前脆断，形成微裂纹，裂纹的扩展导致破坏。而弥散的粒状渗碳体，受力时铁素体基体应力集中小，微裂纹不易产生，因而范性较高。

在相同硬度下，30CrMnSi钢两种产物的冲击韧性如图12－57所示。图上各点数字表示回火温度或过冷奥氏体等温分解温度。由图可见，硬度高于HRC50等温分解的下贝氏体，其冲击韧性显著高于淬火后回火的回火马氏体组织，特别当回火温度处于低温回火脆性温度区域，等温淬火的效果更为显著。生产上，在可能条件下多采用等温淬火获得下贝氏体，以便具有更高的强韧性。

第八节　钢的退火和正火

一、钢的退火

将钢加热到临界点 A_{c1} 以上或以下的一定温度，保温一定时间，然后缓慢冷却，以获得接近平衡状态的组织，这种热处理工艺称为退火。

退火是钢厂最常用的热处理工艺，多数属于预备热处理，可以达到以下目的：(1) 消除钢锭的成分偏析，使成分均匀化；(2) 消除铸、锻件存在的魏氏组织或带状组织，细化晶粒和均匀组织；(3) 降低硬度，改善组织，以便于切削加工；(4) 改善高碳钢中碳化物形态和分布，为淬火作好组织准备。

根据加热温度范围的不同，退火方法可分为两类。加热至 A_{c1} 以下的软化退火、再结晶退火、去氢退火；加热至 A_{c1} 或 A_{c3} 以上的完全退火、不完全退火、球化退火、等温退火、扩散退火等，如图 12－58 所示。

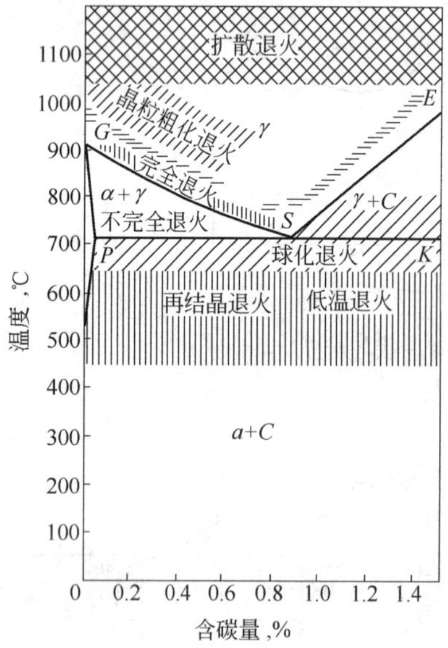

图 12－58　退火和正火加热温度范围示意图

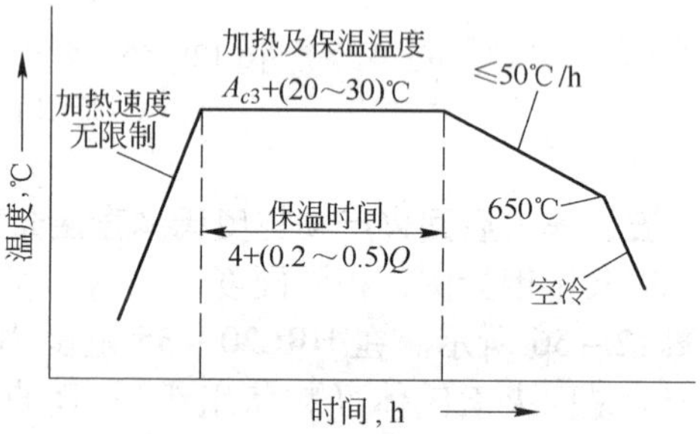

图 12－59　热锻轧钢材完全退火工艺曲线

1. 完全退火

将亚共析钢加热至 A_{c3} 以上 20～30℃，保温足够时间奥氏体化后，随炉缓慢冷却，从而获得接近平衡的组织，这种热处理工艺称为完全退火。所谓“完全”是指退火时钢的内部组织全部进行了重结晶。

经浇注并模冷后的钢锭和铸钢件，或锻轧终止温度过高的热锻轧件，晶粒粗大，易得魏氏组织，并存在着内应力。可通过完全退火来细化晶粒，均匀组织，消除内应力，降低硬度，便于切削加工，并为加工后零件的淬火作好组织准备。热锻轧钢材的完全退火过程如图 12－59 所示，图中 Q 为装炉吨量，加热保温后以每小时不大于 50℃ 的速度冷却至 650℃，此时珠光体转变已完成，可出炉在空气中冷却。

完全退火只适用于亚共析钢，不宜用于过共析钢。过共析钢若加热至 A_{ccm} 以上单相奥氏体区，缓冷后会析出网状二次渗碳体，使钢的强度、范性和韧性大大降低。

2. 不完全退火

亚共析钢在 $A_{c1} \sim A_{c3}$ 之间或过共析钢在 $A_{c1} \sim A_{ccm}$ 之间两相区加热，保温足够时间，进行缓慢冷却的热处理工艺，称为不完全退火。所谓“不完全”是指两相区加热，只有部分组织进行了重结晶。

如果亚共析钢的锻轧终止温度适当，并未引起晶粒粗化，铁素体和珠光体的分布又无异常现象，采用不完全退火，可以进行部分重结晶，起到细化晶粒，改善组织，降低硬度和消除内应力的作用。亚共析钢的不完全退火温度一般为 740 ~ 780℃，其优点是加热温度低，操作条件好，节省燃料和时间，因此在钢厂比完全退火应用更广。

过共析钢退火是为了细化和均匀组织，降低硬度和消除内应力。如片状珠光体能满足要求，而不需要粒状珠光体时，可在 $A_{c1} \sim A_{ccm}$ 之间较高温度奥氏体化，冷却后得片状珠光体，即采用不完全退火。

3. 等温退火

等温退火是将钢件加热到临界温度（A_{c1} 或 A_{c3}）以上奥氏体化，然后将钢件移入另一温度稍低于 A_{r1} 的炉中等温停留；在连续退火炉中可以加热后迅速冷却至稍低于 A_{r1} 温度等温停留。当转变完成后，出炉空冷至室温。

退火的等温转变温度，应根据所要求的组织和性能，从该钢的 C 曲线来确定。等温温度距 A_1 愈近，所获得的珠光体愈粗，钢的硬度愈低。除达到所需的组织和硬度外，应考虑尽量缩短完成转变的时间。当完成等温转变后，就可出炉空冷。

等温退火与完全退火、不完全退火目的相同。由图 12 - 60 可见，等温退火时转变易于控制，更适用于过冷奥氏体稳定性高的合金钢，可以节省钢件在炉内的时间，提高退火炉的周转率。在钢件截面大或所装炉料吨位大的情况下，热惰性太大，采用等温退火有一定困难。

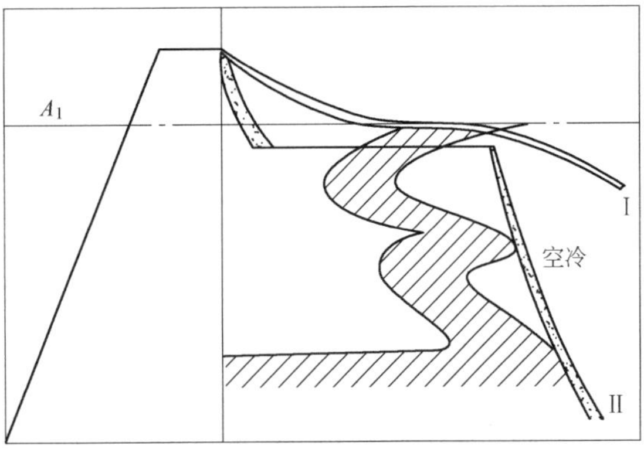

图 12 - 60　等温退火Ⅱ和普通退火Ⅰ示意图

4. 球化退火

球化退火是使钢获得粒状珠光体的热处理工艺。主要用于过共析钢，如碳素工具钢、低合金工具钢和滚珠轴承钢等。目的是消除钢中片状珠光体，代之以粒状珠光体。

经球化退火后的组织有以下优点：由片状变成粒状珠光体，降低硬度，改善切削加工性能；粒状珠光体加热时奥氏体晶粒不易长大，允许有较宽的淬火温度范围，淬火时变形开裂倾向小，即淬火的工艺性能好；能获得最佳的淬火组织，即马氏体片细小，残余奥氏体量少，并保留一定量均匀分布的粒状碳化物。

球化程度、碳化物颗粒大小及分布对钢材的工艺性能和使用性能影响很大。如轴承钢球化退火后的组织对成品的接触疲劳寿命有明显的影响。生产上要求对球化后组织按标准进行检查和评级。

加热温度是决定球化退火成功与否的关键因素。如果奥氏体化温度较低，奥氏体中残留未溶的碳化物质点，或奥氏体的碳浓度很不均匀，缓冷时高碳区非自发形核长大或未溶碳化物直接长大，从而形成粒状珠光体。相反奥氏体化温度较高，碳化物溶解完全，奥氏体成分均匀，冷却后总是得到片状珠光体，如图 12－61 所示。球化退火的加热温度范围一般取 A_{c1} 以上 20～30℃，不能超过 A_{c1} 太多。在含有强碳化物形成元素的合金工具钢或轴承钢中碳化物稳定，溶入奥氏体的速度比较缓慢，因此比碳素工具钢容易球化，但对球化后组织要求更高。具有明显网状碳化物的钢材，必须先进行正火消除碳化物网，再进行球化退火。

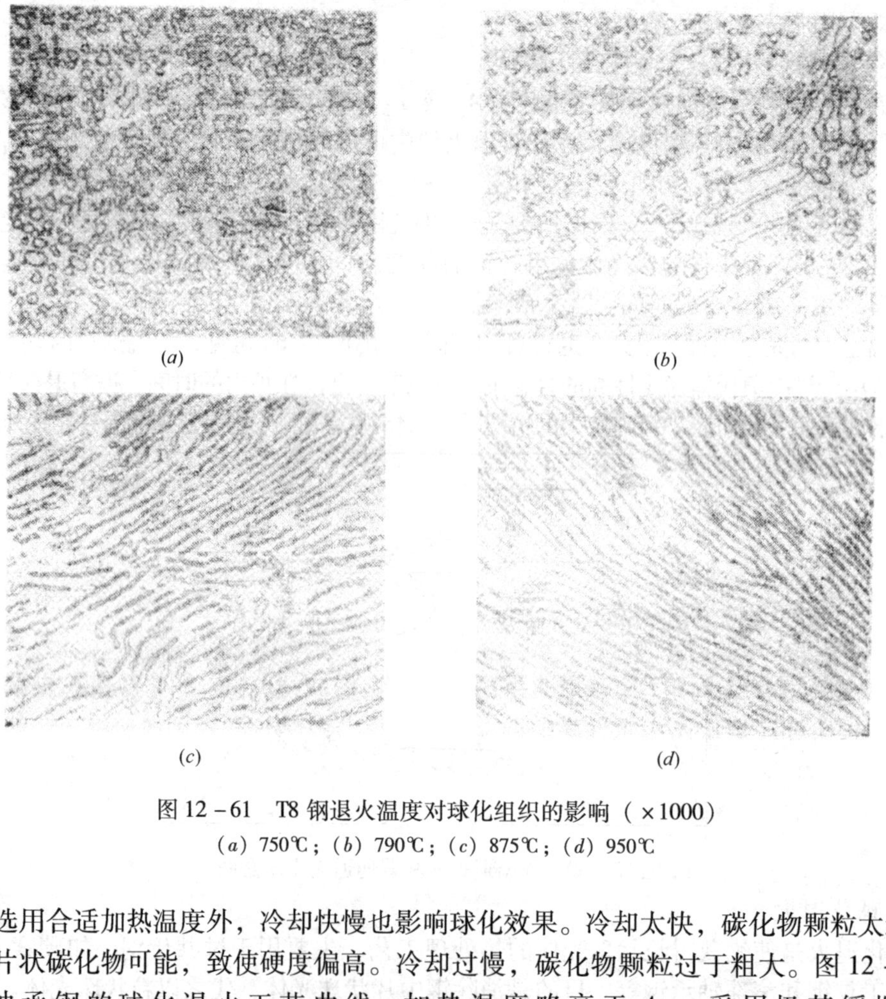

图 12－61　T8 钢退火温度对球化组织的影响（×1000）

（*a*）750℃；（*b*）790℃；（*c*）875℃；（*d*）950℃

除选用合适加热温度外，冷却快慢也影响球化效果。冷却太快，碳化物颗粒太细，并有形成片状碳化物可能，致使硬度偏高。冷却过慢，碳化物颗粒过于粗大。图 12－62 为 GCr15 轴承钢的球化退火工艺曲线，加热温度略高于 A_{c1}，采用极其缓慢冷却（≤10℃/h），以保证充分球化，冷至 650℃后出炉空冷。有时采用在 700～720℃等温 3～6 小时，使碳化物的形核和长大有充分时间。为了获得满意的球化效果，有时采用 A_1 温度上下反复加热和冷却若干次的周期退火，此方法操作和控制烦琐，应用较少。

5. 扩散退火

扩散退火主要用于合金钢钢锭或铸件，它们在浇注后凝固过程中总会产生合金元素的枝晶偏析，即化学成分不均匀。扩散退火是通过高温长时间加热，使合金元素扩散均匀，以消除或减弱枝晶偏析。

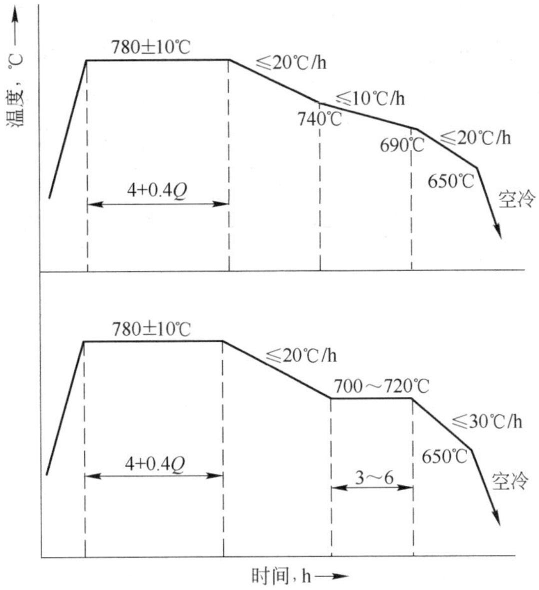

图 12-62　GCr15 轴承钢球化退火工艺曲线

常用的扩散退火温度是 1100~1200℃，保温时间为 10~15 小时。钢中合金元素含量愈高，所采用的加热温度也愈高。经高温长时间加热扩散退火后，奥氏体晶粒已过度长大，如不再进行热加工，必须进行一次完全退火或正火以细化晶粒。

实际上钢厂很少对钢锭进行单独扩散退火，大多是在锻轧前钢锭加热时，适当延长保温时间，既达到扩散退火的目的，又简化了工序。

6. 低温退火

低温退火是把钢件加热到低于 A_{c1} 温度退火，它包括软化退火和再结晶退火。

常用的软化退火温度为 650~720℃，保温后出炉空冷。钢锭经软化退火后，消除了内应力，避免钢锭开裂，并降低硬度便于钢锭表面清理。合金结构钢的锻轧钢材，经软化退火后虽不能细化晶粒和均匀组织，但能消除内应力和降低硬度，对于过冷奥氏体稳定性高的合金钢，降低硬度效果更为显著。目前合金钢厂广泛采用软化退火代替完全退火或不完全退火，可缩短热处理时间，减少钢材表面氧化和脱碳。

再结晶退火是将冷加工硬化的钢材，加热至 $T_{再}$~A_{c1} 之间进行，通常为 650~700℃。其目的是通过再结晶使变形晶粒恢复成等轴状晶粒，从而消除加工硬化。再结晶退火可作为进一步冷变形的中间退火，或冷变形钢材的最终热处理。

7. 去氢退火

合金钢在锻轧后的冷却过程中容易出现白点，一般说碳钢不易产生白点，但大截面工件锻后冷却不当也会出现白点。钢件在热锻轧后冷却过程中，氢在钢中的溶解度不断减少，氢原子来不及扩散逸出，将聚集在钢的显微空隙和晶界处，结合成氢分子，造成很大的压力，加上钢中其他内应力，超过该处的断裂强度，就产生细小裂纹。该裂纹表现在纵向断口上呈椭圆形银白色斑点，所以称为白点，在横向磨面上表现为发状裂纹。

为了消除白点，首先应从炼钢原料及浇注系统设计上减少氢的来源。其次通过热处理也可防止白点产生。对于尺寸较小的锻轧件，只要锻轧后放入缓冷坑，缓冷至低于200℃出坑即可；对于尺寸较大的锻轧件，其去氢退火工艺如图12－63所示。碳钢或低合金钢锻轧后空冷至低于A_{c1}温度，约640～660℃，奥氏体迅速变成珠光体，由于氢在铁素体中扩散速度大于奥氏体中，640～660℃等温使氢较快逸出，防止白点产生。对于中合金钢（如20Cr2Ni4、34CrNi3Mo），过冷奥氏体在珠光体转变区域很稳定，在贝氏体转变区域稳定性小得多，所以锻轧后过冷至280～320℃，使过冷奥氏体较快分解，再加热到640～660℃等温，可使氢较快逸出。

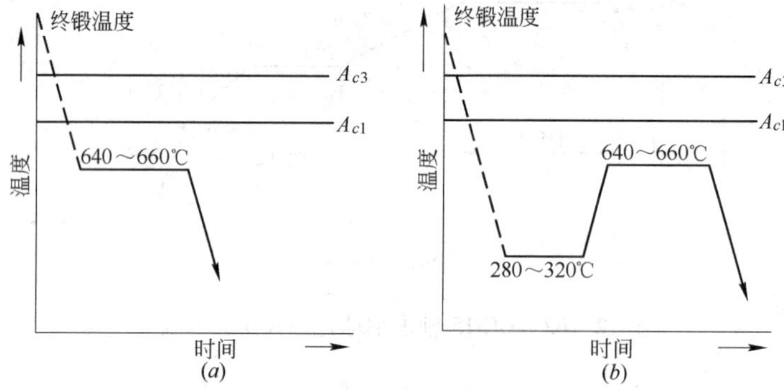

图12－63　防止白点的热处理工艺曲线

（a）碳钢及合金钢；（b）中合金钢

二、钢的正火

正火是将钢加热到A_{c3}或A_{ccm}以上约30～50℃，或者更高温度，保温足够时间，然后在静止空气中冷却的热处理工艺。

根据钢的过冷奥氏体的稳定性和截面大小的差别，正火后可获得不同的组织，如粗细不同的珠光体、贝氏体、马氏体或它们的混合组织，因此正火是介于退火和淬火之间的热处理工艺。

1. 正火的目的

根据工件的钢种和截面尺寸，利用正火分别达到不同的目的。

（1）对于大锻件、截面较大的钢材、铸件，用正火来细化晶粒，均匀组织如消除魏氏体组织或带状组织，为下一步淬火处理作好组织准备，它相当于退火的效果。

（2）低碳钢退火后硬度太低，切削加工中易粘刀，光洁度较差。改用正火，可提高硬度，改善切削加工性。

（3）可以作为某些中碳钢或中碳低合金钢工件的最终热处理，以代替调质处理，具有一定的综合力学性能。

（4）用于过共析钢，可消除网状碳化物，便于球化退火。

2. 正火的工艺特点

正火的加热温度为A_{c3}或A_{ccm}以上30～50℃。对于含有强碳化物形成元素钒、钛、铌等的合金钢，常采用更高的加热温度，如20CrMnTi钢的正火温度是A_{c3}以上120～150℃。其原则是在不引起晶粒粗化条件下，尽可能采用高的加热温度，以加速合金碳化物的溶解和奥氏体的均匀化。

钢厂的正火处理是将钢材从炉中取出，散放在台架上，任其在空气中自然冷却。常根据钢材截面大小和不同钢种，用吹风、喷雾或改变散放间距来调节出炉后钢材的实际冷却速度，以获得所需的组织和硬度。对于过冷奥氏体稳定性高的钢，为了降低硬度和消除内应力，正火后需要进行一次高温回火处理。

第九节　钢的淬火和回火

将钢加热到临界点A_{c1}或A_{c3}以上的一定温度，保温一定时间，然后在水或油等冷却介质中快速冷却，这种热处理工艺称为淬火。

淬火的主要目的，把奥氏体化工件淬成马氏体，以便在适当温度回火后，获得所需要的力学性能。但由于受过冷奥氏体稳定性、截面尺寸及淬火冷却速度的影响，一般淬火后工件不一定能获得全部马氏体，工件内部还可能有贝氏体、珠光体型组织存在。

一、淬火加热温度

亚共析钢的淬火加热温度为A_{c3}以上30～50℃，如图12－64所示，可得细而均匀的奥氏体晶粒，淬火后获得细小的马氏体。如在A_{c1}～A_{c3}之间两相区加热，淬火后在高硬度的马氏体中将混杂有低硬度的铁素体，造成硬度不足，降低力学性能。如在A_{c3}以上过高温度加热，奥氏体晶粒粗化，淬火后马氏体粗大，脆性增加，淬火过程中工件容易变形开裂。

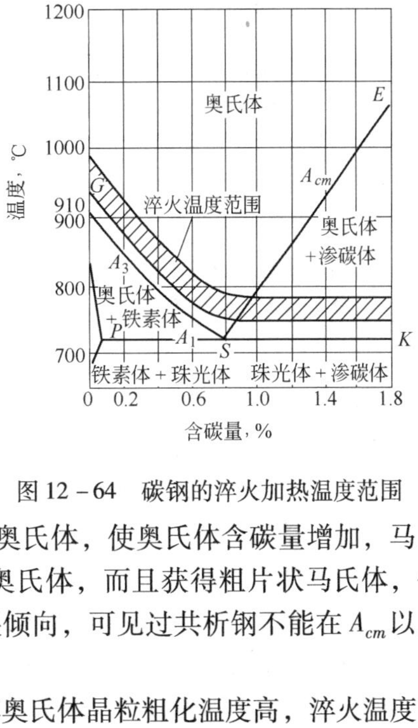

图12－64　碳钢的淬火加热温度范围

过共析钢的淬火加热温度为A_{c1}以上30～50℃，如图12－64所示。如原始组织为粒状珠光体，加热淬火后获得马氏体、颗粒状渗碳体及少量残余奥氏体，具有高的硬度，高的耐磨性，还有点韧性。如果加热至A_{cm}以上，先共析渗碳体全部溶入奥氏体，使奥氏体含碳量增加，马氏体转变点M_s和M_f降低，淬火后不仅保留大量残余奥氏体，而且获得粗片状马氏体，使钢的硬度和耐磨性降低，脆性增加，并增加淬火开裂倾向，可见过共析钢不能在A_{cm}以上加热淬火。

若钢中含有强碳化物形成元素钒、钛、铌等，其奥氏体晶粒粗化温度高，淬火温度可偏高一些，以加速合金碳化物的溶解，增加过冷奥氏体的稳定性，以提高钢的淬透性。

淬火加热过程中的氧化和脱碳，直接影响淬火后工件的使用性能，必须引起注意。为了避免工件与氧化气氛直接接触，除采用盐浴加热淬火外，还可在吸热型可控气氛中或真空中加热淬火，从而达到无氧化、无脱碳，即光亮淬火，保证工件的表面质量，有效地提高工件的使用寿命。

二、淬火冷却介质

淬火冷却时为了获得马氏体，必须使冷却速度大于v_k；而快冷将产生巨大的组织应力和热应力，使工件有变形、开裂的危险。为了解决上述矛盾，钢的理想淬火冷却过程如图12-65所示。650℃以上缓慢冷却以减小热应力；650~400℃之间应快冷，以避免过冷奥氏体分解；400℃以下慢冷通过马氏体转变区域，以降低马氏体转变时所产生的组织应力。这种理想淬火冷却曲线是选择和革新淬火介质的依据。

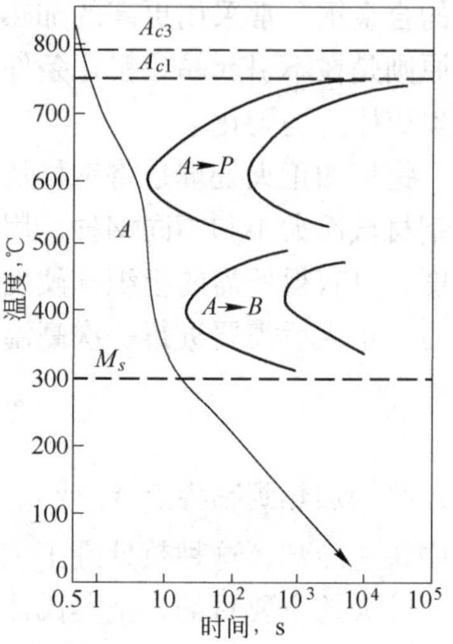

图12-65 钢的理想淬火冷却曲线

常用淬火介质及其冷却能力如表12-1所示。从高温区（650~550℃）的冷却能力来看，碱水和盐水最大，其次是水，它们的缺点是低温区（300~200℃）的冷却速度太快，工件容易淬裂。油在低温区冷却速度合适，但在高温区冷却能力却很低。可见它们都不是理想的淬火介质。实际生产中根据钢种的特性来选择淬火介质，如碳钢的临界冷却速度大，可采用冷却能力较强的淬火介质，如水、盐水；合金钢的临界冷却速度小，可采用比较缓和的淬火介质，如油。

表12-1 常用淬火介质的冷却速度

淬火介质	冷却速度（℃/s）	
	在650~550℃区间	在300~200℃区间
水（18℃）	600	270
水（26℃）	500	270
水（50℃）	100	270
水（74℃）	30	200
10%苛性钠水溶液（18℃）	1200	300
10%氯化钠水溶液（18℃）	1100	300
矿质机油	100	20
油水乳状液	70	200

近年来国内外在淬火介质上有很大发展，广泛研究和采用高温区的冷却能力接近于水，低温区的冷却能力接近于油，兼有水和油的优点的新型淬火介质。目前推广应用于热处理生产中的有：水玻璃淬火液、过饱和硝盐水溶液、氯化锌-碱水溶液、聚乙烯醇水溶液和聚醚水溶液等。

三、钢的淬透性

淬透性是指奥氏体化后的钢接受淬火的能力。其大小用一定条件下淬火时钢的淬透层深度来表示，主要取决于钢的临界冷却速度的大小。淬透性是钢的重要工艺性能之一，合理地选用钢种，正确制订热处理工艺规范，都与钢的淬透性密切相关。

1. 工件截面冷却速度的分布和淬透性

一定尺寸的圆柱形工件，淬火后沿截面各点的冷却速度分布如图12-66（*a*）所示，由表面至心部冷却速度逐步降低。其中冷却速度超过临界冷却速度 v_k 部分淬成马氏体，如图12-66（*b*）中的影线部分，称为工件的淬透层；而冷却速度小于临界冷却速度 v_k 部分出现非马氏体组织。显然，淬透层深度主要取决于临界冷却速度的大小，也与工件的截面尺寸和淬火介质的冷却能力有关。通常用工件淬透层的厚薄来衡量淬透性大小，如果钢的临界冷却速度 v_k 愈小，工件的淬透层就愈厚，表明淬透性愈大。当工件中心的冷却速度大于临界冷却速度，则工件被淬透。

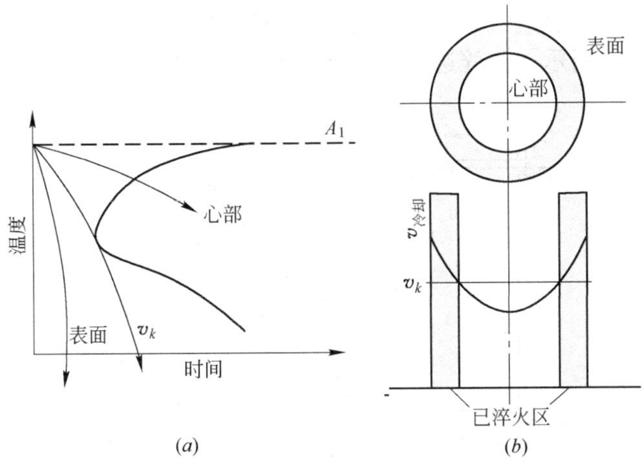

图 12－66　工件截面的冷却速度（a）与未淬透区（b）示意图

测定淬透层深度的标准，理应是淬成马氏体层的深度，而实际上马氏体组织中总会混入5%～10%非马氏体组织时，显微观察和硬度测量都不易分辨出来。为了测试方便，通常采用由表面至半马氏体区（即50%马氏体和50%非马氏体组成）的距离作为淬透层的深度。这是因为半马氏体区硬度陡降，容易测定；半马氏体的显微组织也容易鉴别。半马氏体组织的硬度与含碳量的关系如图12－67所示。由图可见，半马氏体的硬度主要决定于奥氏体的含碳量，合金元素含量的影响较小。

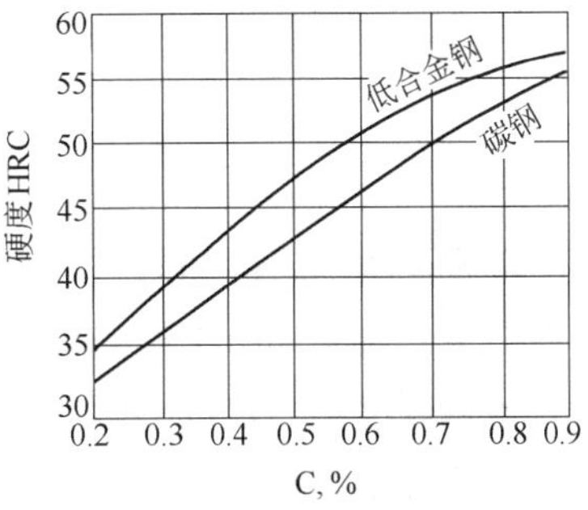

图 12－67　半马氏体硬度与含碳量的关系

必须指出，淬透性和淬硬性是两种不同的概念。淬硬性是指钢在淬火后能够达到的最高硬度，主要与钢的含碳量有关。如高碳工具钢的淬硬性高，但淬透性很低；而低碳合金结构钢的淬硬性不高，淬透性较高。

2. 淬透性的测定方法

确定淬透性的方法很多，常用以下两种。

（1）断口评级法：此法适用于碳素工具钢和低合金工具钢。按我国的国家标准GB227—63规定，试样尺寸为20×20×100mm，中间开一个V型缺口；或ϕ22×100mm，中间开环形缺口，缺口深均为3～5mm。试样分别加热至760℃、800℃、840℃淬火，从缺口处打断试样，观察断口形貌，对照相应的评级标准图来评定淬透性等级。标准中规定了0～5级六个级别，0级淬透性最小，5级最大。

（2）顶端淬火法：此法是目前世界上应用最广泛的淬透性试验方法，适用于碳素结构钢和合金结构钢。按我国的国家标准GB225—63规定，试样尺寸为ϕ25×100mm，试验时将试样加热奥氏体化，迅速将试样放入如图12－68（a）所示的淬火装置喷水冷却。为了使试验条件标准化，规定喷水管内径为12.5mm，喷水口与试样顶端的距离为12.5mm，喷水柱自由高度为65mm。

顶端淬火试样冷却后，沿长度方向磨去0.2～0.3mm深度，获得一窄条平面，然后从试样顶端起每隔 1.5mm 测量一次硬度，得到沿试样轴向的硬度变化曲线，称为淬透性曲线，如图 12 - 68（*b*）所示。由淬透性曲线（上方横轴）可见，水冷端冷却速度最大，随

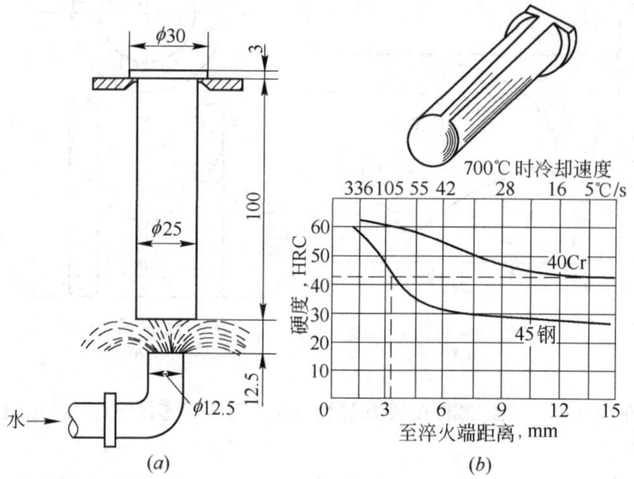

图 12 - 68　顶端淬火法示意图

（*a*）淬火装置；（*b*）淬透性曲线

着至水冷端距离增加，冷却速度逐渐减小，硬度也逐渐下降，顶端淬火试样上各点的冷却速度基本恒定。由于同一钢种的化学成分波动、晶粒度差别以及组织上的差异，其顶端淬火试样上各点硬度在一定范围内波动，由此绘出一条淬透性带，用来代表钢的淬透性。工业用钢的淬透性带几乎都已测定，并已汇集成册供查阅参考。

按规定钢的淬透性应以 $J\frac{HRC}{d}$表示，d 为至水冷端距离；HRC 为该处的硬度值。如 $J\frac{42}{5}$表示距水冷端 5mm 处，硬度值为 HRC42。生产中常用临界淬透直径来衡量钢的淬透性，具有更大的实用意义。它是在某种淬火介质中，圆柱形试样中心刚好为半马氏体时的最大直径，可由淬透性曲线推算获得，步骤如下：

如图 12 - 68（*b*）中 45 钢半马氏体区至顶端距离约为 3mm，在图 12 - 69 横坐标上对应 3mm 处作一垂线，与淬火（*a*）图“中心”曲线相交，通过交点作一水平线与纵坐标相交于 18mm 处，则 45 钢水淬临界淬透直径即为 18mm。查图 12 - 69，可理解为直径 18mm 棒材的中心与顶端淬火试样距水冷端 3mm 处的冷却速度相同，700℃时冷却速度都为 169℃/s，故组织均为半马氏体。

根据钢的淬透性曲线，可求出不同直径钢材淬火后沿截面的硬度分布，这对机械零件设计具有实用意义。例如，某钢材的直径为 50mm，其淬透性曲线如图 12 - 70 所示，求水淬后沿截面的硬度分布。

由图 12 - 69（*a*）于直径 50mm 处引一水平线，与各曲线相交。表面硬度相当于至水冷端 1.5mm 处的硬度，从图 12 - 70 可知，距水冷端 1.5mm 处的硬度为 HRC57；同理可查出 3/4 半径处相当于距水冷端 6mm 处，硬度为 HRC55；1/2 半径处相当于距水冷端

9mm 处，硬度为 HRC50；中心相当于距水冷端 12.5mm 处，硬度为 HRC45。根据上述所得各硬度值，作出直径 50mm 的该钢材水淬后的硬度分布曲线，如图 12－71 所示。

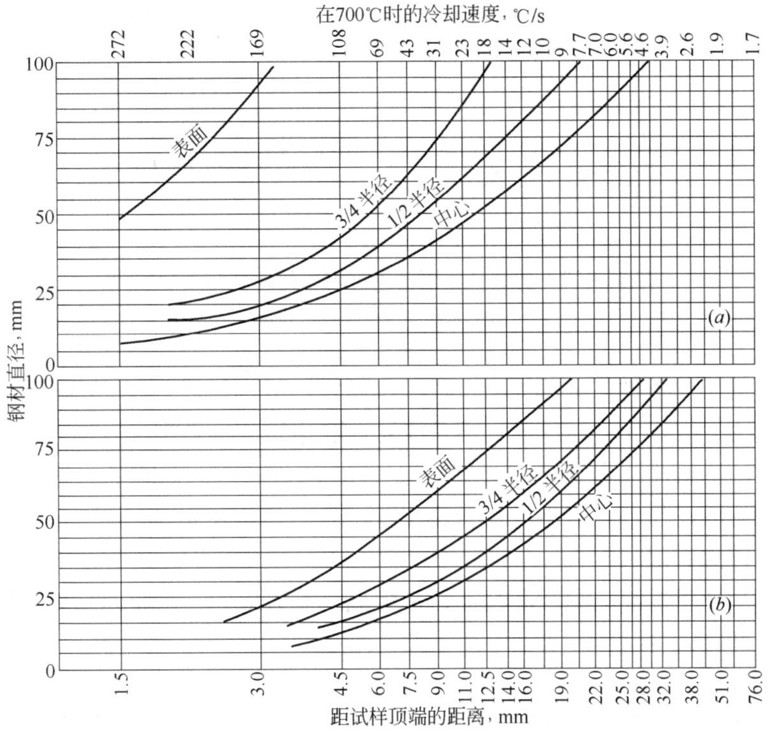

图 12－69　由淬透性曲线换算为钢材截面上硬度分布的关系曲线

（*a*）棒材淬入缓动的水中；（*b*）棒材淬入缓动的油中

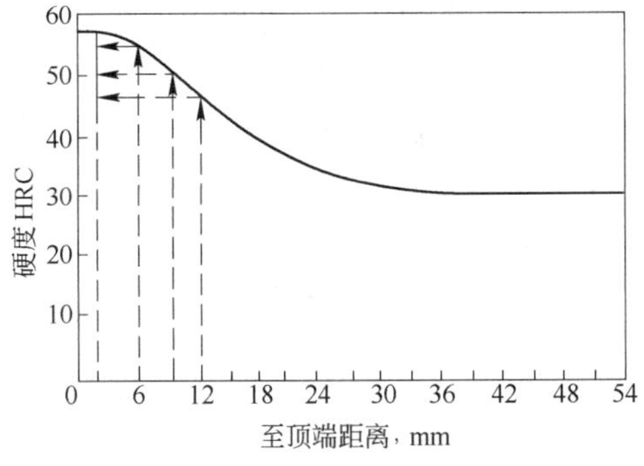

图 12－70　某种钢材的淬透性曲线

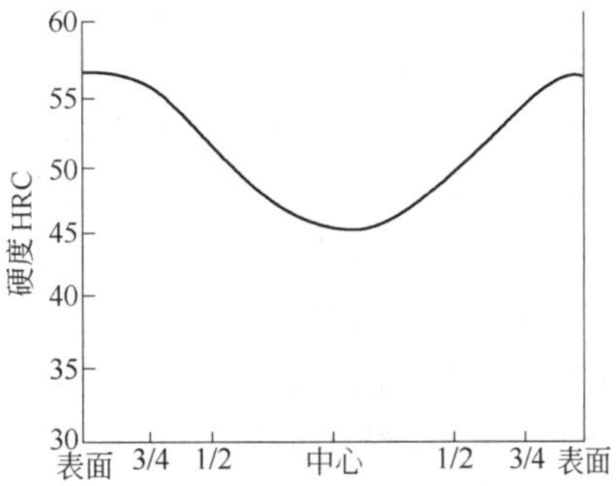

图 12－71　直径 50mm 某钢材淬火后沿截面的硬度分布图

3. 淬透性的实际意义

将淬透性不同的两种钢材，制作直径相同的轴，调质处理后比较其力学性能如图 12－72所示。淬透性高的钢，整个截面被淬透，高温回火后都是回火索氏体组织，沿截面的力学性能分布是均匀的；而淬透性低的钢，轴心部分未淬透，高温回火后仍保留片状索氏体，因此力学性能低，特别是冲击韧性更低。由上可见，工件的淬透层愈薄，调质处理的效果愈差。

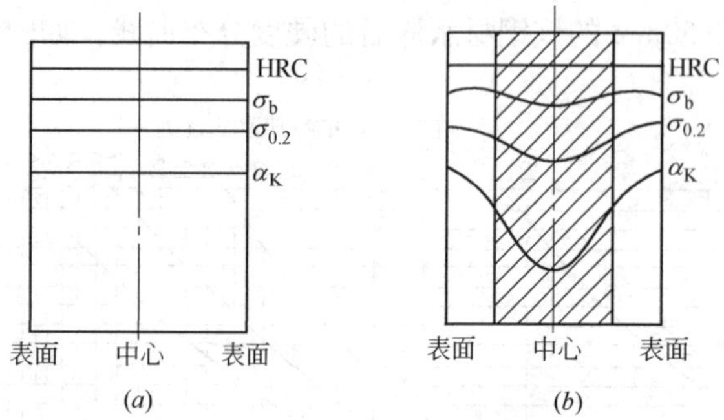

图 12－72　淬透性不同的钢材调质处理后的力学性能
（a）完全淬透；（b）未淬透

根据工件的工作条件，并非所有工件一律要求淬透。如承受拉、压的重要工件，由于内外层均匀受力，要求工件被淬透；而承受弯曲和扭转的轴类零件，轴的外缘承受最大应力，轴心部分应力很小，保证淬透层深度为半径的1/2～1/3就够了。为了增加钢件的淬透层深度，最有效的途径是对钢进行合金化。

四、常用淬火方法

为了达到所要求的淬火组织和性能，又能减小淬火应力，防止变形或开裂，可以选用不同的淬火冷却方式。

1. 单液淬火

将加热奥氏体化的工件投入一种淬火介质中，冷却直至室温，称为单液淬火，如图12－73*a*所示。通常碳钢淬透性差，淬裂倾向小，多用水或盐水淬；合金钢淬透性大，淬裂倾向也大，常用油淬。单液淬火简便易行，容易实现机械化和自动化。

2. 双液淬火

为了利用水在高温区快冷的优点，又避免水在低温区快冷的缺点，可以采用先水淬后油冷的双液淬火法，如图12－73*b*所示。进行双液淬火要准确掌握水中停留的时间，使工件的表面温度恰好接近M_s，立即从水中取出，转移到油中冷却。水中停留时间不当，将会引起奥氏体分解或马氏体形成，失去双液淬火的作用。此法要求有一定的实践经验，或通过试验来确定水中停留的时间。双液淬火法适用于处理淬透性较小，尺寸较大的碳素工具钢、低合金结构钢等工件。

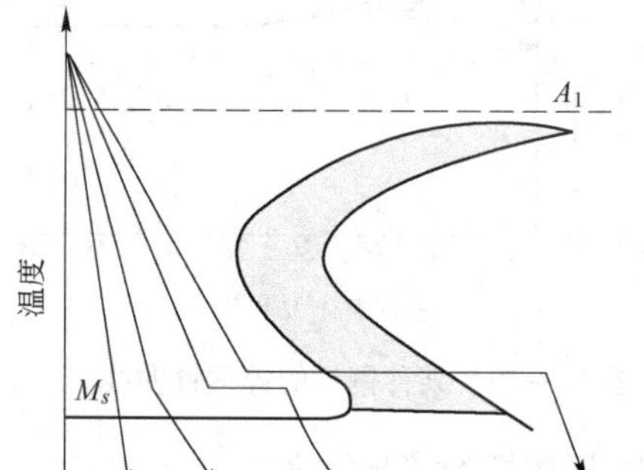

图 12－73　各种淬火方法的冷却曲线示意图

3. 分级淬火

将奥氏体化的工件淬入略高于或略低于M_s的低温盐浴或碱浴中，等温停留一段时间，使工件内外温度均匀，然后取出空冷，这种淬火冷却方式称为分级淬火，如图12－73*c*所示。分级淬火后内应力很小，能保证比较小的工件变形。但工件在盐浴中冷却速度慢，且等温时间受到限制，所以分级淬火多用于尺寸较小的工件，如刀具、量具和要求变形很小的精密工件。

4. 等温淬火

将奥氏体化的工件淬入略高于 M_s 的等温盐浴中，停留足够时间，使过冷奥氏体等温转变为下贝氏体，然后取出空冷，这种淬火冷却方式称为等温淬火，如图 12－73*d* 所示。等温淬火后硬度略低于淬火低温回火，但韧性好、变形小，故适用于处理形状复杂或尺寸要求精确的工件，如模具、刀具、齿轮等。这种淬火方法也只能用于尺寸较小的工件。

五、钢的回火

回火是将淬火后的钢在 A_1 温度以下加热，使之转变成稳定的回火组织的工艺过程。此过程不仅保证组织转变，而且要消除内应力，故应有足够的保温时间，一般为1～2小时。

回火温度是决定回火后组织和性能的最重要因素。在选择回火温度时，应避开低温回火脆性温度区（300℃左右）。进行高温回火时，对于具有高温回火脆性的合金钢，尽量采用600℃以上回火，保温后采用水冷或油冷，避免出现高温回火脆性。生产中实际采用的回火有三种：

1. 低温回火

在150～250℃之间进行，回火后组织为回火马氏体。其目的是降低淬火内应力，使其具有一定韧性，并保持高的硬度。

低温回火一般用来处理要求高硬度和高耐磨性工件，如刀具、量具、滚动轴承和渗碳件等。低碳合金钢淬火后，经低温回火具有高的综合力学性能。

2. 中温回火

在350～500℃之间进行，回火后组织为回火屈氏体。中温回火后具有高的弹性极限，并有足够的韧性。中温回火主要用来处理各种弹簧，也可用于处理要求高强度的工件，如刀杆、轴套等。

3. 高温回火

在500～650℃之间进行，回火后组织为回火索氏体。习惯上把淬火加高温回火的双重处理称为调质处理。调质处理后工件具有高的范性和韧性，强度也较高，即具有高的综合力学性能。调质处理广泛用于要求高强度并受冲击或交变负荷的重要工件，如连杆、轴等。

第十节　钢的形变热处理

形变热处理是形变强化和相变强化相结合的一种热处理工艺。不仅可以获得单一的强化方法难以达到的综合力学性能，而且还可大大简化生产工艺流程，从而带来较大的经济效益。

形变热处理种类繁多，通常可分成相变前形变、相变中形变和相变后形变三种类型。下面仅就相变前形变中的高温形变热处理和低温形变热处理进行介绍。

一、高温形变热处理

高温形变热处理是在接近 A_3 温度以上进行形变，形变后立即淬火，并回火至所需要的硬度，如图 12－74 所示。从工艺过程来看，形变温度较高，形变过程容易进行。但形变温度远高于再结晶温度，形变强化效果容易被再结晶过程所削弱，所以形变温度和形变后至淬火前的间歇时间，对高温形变热处理后钢材的力学性能影响很大。

高温形变热处理可以在普通锻造或轧制的基础上进行，不需要大功率的设备，生产上容易实现。控轧淬火是高温形变热处理的一种形式，其过程是把钢加热到低于通常的开轧温度（950～1100℃），保温一定时间，然后严格控制开轧温度、变形程度和终轧温度等，使终轧温度接近临界点，并立即淬火。这种方法使钢材的形变和强韧化处理一次完成，简化生产工艺过程，明显提高钢材的力学性能。

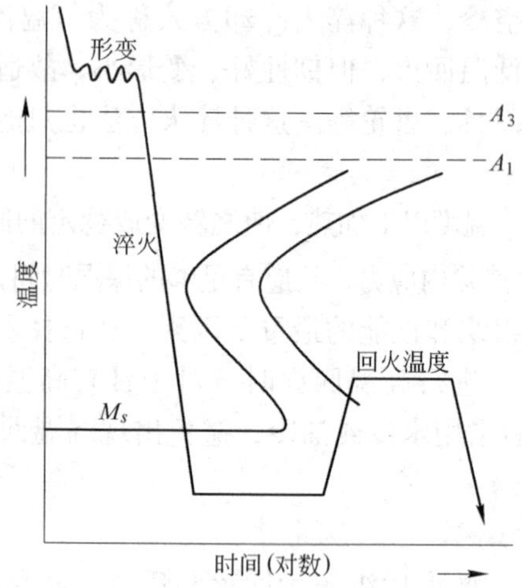

图 12－74　高温形变热处理工艺过程示意图

如 38CrSi、30CrMnSiA 钢进行控轧淬火，开轧温度为 1030～1050℃，轧制 10～15 道，各道次变形量为 25%～30%，使 100×100mm 方坯轧成 ϕ17～22mm 圆钢，终轧温度为 850～900℃，终轧后立即淬火，并回火至不同温度。而旧工艺是轧后空冷，经 900℃退火，并进行 900℃淬火后回火。两者性能比较如图 12－75 所示，经 200℃回火后控轧淬火

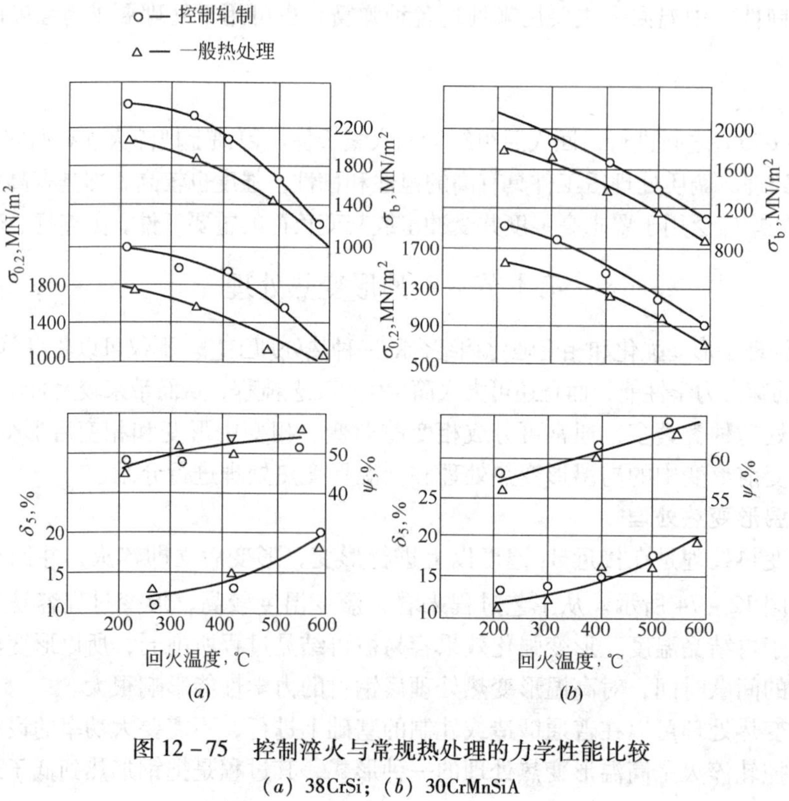

图 12－75　控制淬火与常规热处理的力学性能比较

（a）38CrSi；（b）30CrMnSiA

的 38CrSi 和 30CrMnSiA 钢的强度极限分别高出 300 和 200MN/m^2；屈服极限分别增加 350 和 220MN/m^2，延伸率和断面收缩率相近。

控制轧制是高温形变热处理的又一种形式，目前国内外都在研究和推广应用。这种工艺适用于含有钒、钛、铌的普通低合金钢的轧制过程。图 12－76 为三段控制轧制示意图，轧制过程分三段进行，即奥氏体再结晶温度范围内的轧制（≥950℃），低于奥氏体再结晶温度范围内的轧制（950℃～A_{r3}）和 $\gamma+\alpha$ 两相区温度范围内的轧制。轧制温度、轧制道次和每道次的压下量用电子计算机严格控制，轧制后空气冷却。控制轧制是通过晶粒细化和相间析出来提高钢的强韧性，并可大大降低钢的临界脆性转变温度。

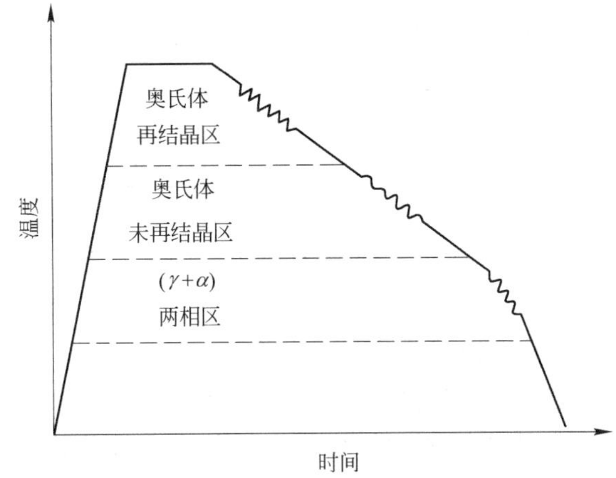

图 12－76　三段控制轧制示意图

锻热淬火也属于高温形变热处理。它是模锻件锻打后立即淬火，并进行回火的工艺，这对简化生产工艺和提高锻件的力学性能有着重要作用。

高温形变热处理的强化原因，是由于高温形变过程位错密度及其他晶体缺陷大大提高，形变后如能及时淬火，马氏体继承了奥氏体的晶体缺陷，并使马氏体细化，从而获得强韧化的效果。

二、低温形变热处理

将加热至奥氏体化的钢迅速冷却至 *C* 曲线的亚稳定区进行形变，然后淬火获得马氏体，并回火至所需的硬度，这种工艺过程称为低温形变热处理，如图 12－77 所示。

低温形变热处理只适用于含有较多强碳化物形成元素的合金钢，这类钢具有双 *C* 曲线，在 550～400℃范围内存在过冷奥氏体的亚稳定区。

低温形变热处理可应用于结构钢、弹簧钢、轴承钢和工具钢等。经处理后，结构钢的强度极限可高达 2500～3200MN/m^2，冲击韧性保持在 30～40J/cm^2，而一般淬火、回火后，高强度结构钢的强度极限为 1800～2200MN/m^2，冲击韧性为 20～40J/cm^2。可见经低温形变热处理后力学性能要高得多。低温形变热处理后弹簧钢的疲劳强度、轴承钢的强度和范性、高速钢的切削性能和模具钢的抗回火能力都分别得到提高。

由于低温形变热处理的形变温度低，钢材的形变抗力大，要求形变设备的功率远超过现有设备的加工能力，需要设计大功率的专用设备，因此这种强化方法除用于弹簧钢丝处理外，目前采用尚少。

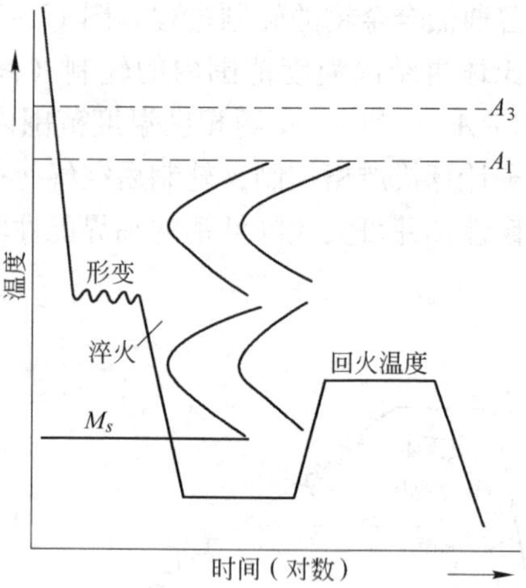

图 12－77　低温形变热处理工艺过程示意图

低温形变热处理的强化原因为：

（1）马氏体继承了形变奥氏体的高密度位错和细化的晶粒；

（2）奥氏体形变时在位错周围析出许多超显微的合金碳化物，对位错有钉扎作用，造成位错运动困难；

（3）由于碳化物析出，降低了奥氏体含碳量和合金元素含量，使 M_s 点升高，淬火时增加板条状马氏体量，提高了钢的韧性；

（4）高密度位错和微细碳化物存在，使回火析出的碳化物更弥散均匀。

上述因素的综合结果，既提高了强度，又改善了韧性。

第十一节　钢的表面淬火

表面淬火是用来强化工件表面层的热处理方法。利用快速加热使工件表面层奥氏体化，随后快速冷却，表面淬成马氏体，具有高的硬度和耐磨性，心部保持原始组织，具有良好的塑性及韧性，从而满足机床齿轮、发动机曲轴等工件的性能要求。表面层快速加热的方法很多，这里仅介绍感应加热表面淬火如下：

一、感应加热基本原理

在一个中空通水冷却的紫铜感应圈中，通过一定频率的交流电，线圈内外将产生一交变磁场。若把工件放入线圈内，在交变磁场作用下，工件上就产生与线圈频率相同，而方向相反的感应电流，这个电流在工件内自成回路，称为涡流，由于工件本身的阻抗，使电能变成热能将工件加热。感应电流在工件中分布不均匀，主要集中在表面，心部几乎没有电流通过，这种现象称为集肤效应，如图 12－78 所示。电流透入工件表面层的深度为：

$$\delta=\frac{20}{\sqrt{f}}\ （冷态 20℃）$$

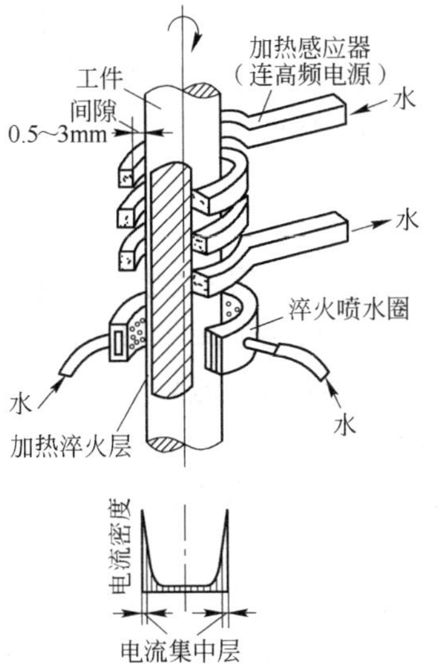

图 12－78　感应加热表面淬火示意图

$$\delta = \frac{500}{\sqrt{f}} \text{（热态 800℃）}$$

式中　δ——电流透入深度（mm）；

f——电流频率（Hz）。

由式可见，当工件加热到居里点（770℃）以上，钢失去了磁性，电流透入深度骤增。并可看出，电流频率愈高，电流透入深度愈小，加热层就愈薄。

二、感应加热表面淬火的特点

感应加热是靠工件表面层感应电流直接加热，加热效率高。由于集肤效应使工件表面温度很快升到 A_{c3} 以上，而心部仍处于相变温度以下，从而构成表面淬火的良好条件。

感应加热的升温速度极快，一般没有保温时间。这使钢的临界点 A_{c1}、A_{c3} 有不同程度提高，故加热温度为 A_{c3} 以上 80～150℃，高于一般淬火。

虽然感应加热表面淬火的加热温度高，但加热速度快，无保温时间，故能获得细晶粒奥氏体，淬火后得隐晶马氏体，工件的表面硬度高出一般淬火 2～3HRC。

感应加热表面淬火后，在淬硬的表面层中存在很大的残余压应力，有效地提高了工件的疲劳强度。如 40MnB 钢制的汽车半轴，由整体调质处理改为高频表面淬火，寿命提高了 20 倍。

感应加热表面淬火生产效率高，便于机械化、自动化，属于无氧化、少氧化的热处理方法，淬火后变形也小。

由于上述一系列优点，使感应加热表面淬火在热处理生产中得到广泛应用。

三、感应加热表面淬火设备及应用

感应加热透入工件表面层的深度，主要取决于电流频率。生产上通过选择频率，来达到不同要求的硬化层深度，其分类如下：

1. 高频感应加热淬火

采用电子管式高频设备，常用的工作频率为 200～250kHz，根据其频率可获得 1～2mm硬化层，一般用于中小模数齿轮和小轴。

2. 中频感应加热淬火

生产上采用机械式中频发电机组或可控硅变频器，提供的频率为1000、2500或8000Hz，根据其频率可获得3～5mm硬化层。中频感应加热表面淬火用于大模数齿轮、较大尺寸的轴、钢轨轨端及轨面全长淬火。

3. 工频感应加热淬火

工频加热是用50Hz的工频电流进行感应加热。与高、中频感应加热相比，工频只需降压变压器，设备简单，使用可靠，可用于深层和穿透加热。如用于大工件的表面淬火，硬化层达10～15mm，也可用于锻件的穿透加热。

生产上采用新的双频感应加热淬火工艺，它是用工频预热，再用中频作淬火加热，从而加深硬化层，并提高淬火质量。此种工艺已应用于钢轨全长淬火，冷轧辊表面淬火等，提高了它们的使用寿命。

为了保证工件表面淬火后的表面硬度和心部强度及韧性，一般采用中碳钢或中碳合金结构钢，如40、45、40Cr、35CrMo等，预先进行正火或调质处理，再进行感应加热表面淬火。感应加热表面淬火也可用于高碳工具钢和球墨铸铁等。

感应加热表面淬火根据钢的淬裂倾向，可采用水、乳化液、0.05～0.10聚乙烯醇水溶液作为喷射淬火介质。

第十二节　钢的化学热处理

钢的化学热处理是将钢件放在一定温度的化学活性介质中，使一种或几种元素的原子渗入钢件表面，以改变钢件表面层的化学成分，从而获得预期的组织和性能的热处理过程。依据渗入钢中的元素，化学热处理分为渗碳、氮化、碳氮共渗、渗硼、渗铝等。通过化学热处理能有效地提高钢件的耐磨性、疲劳强度、耐蚀性、抗氧化性等，从而提高钢件的使用寿命。正因为化学热处理能大幅度提高工件的性能，延长使用寿命，使它在工业上获得愈来愈广泛的应用。

一、渗碳

将低碳钢件放入增碳的活性介质中，在900～950℃加热保温，使活性碳原子渗入钢的表面以达到高碳，这种热处理工艺称为渗碳。渗碳后必须进行淬火和低温回火，使钢件表面具有高硬度和高的耐磨性，而心部具有一定的强度和较高的韧性。

气体渗碳是目前应用最广泛的一种渗碳方法，其中以滴注式气体渗碳法使用最普遍。如图12－79所示，将煤油、苯、甲苯或丙酮等碳氢化合物滴入高温炉罐，使其热分解出活性碳原子渗入工件表面，此法气氛的成分波动大，碳势较难控制。

严格控制碳势是气体渗碳的发展方向，可控气氛渗碳正在推广应用。一类是滴注式可控气氛，这是现有滴注式气体渗碳法的改进。向井式炉中同时滴入两种有机液体，一种液体如甲醇，其热裂解气作为运载气体；另一种如醋酸乙酯，其热解气作为富化气体，提供大量活性碳原子。用露点仪或红外线分析仪控制碳势。另一类是直通式可控气氛，从气体发生炉产生的吸热型气体作运载气体通入渗碳炉，并添加2%～3%的天然气或液化石油气作为富化气体，调节富化气的输入量以控制炉气碳势。可控气氛渗碳能精确地控制表面含碳量，容易实现机械化、自动化，适用于大规模连续式生产。

固体渗碳是将工件放入渗碳箱，四周填满固体渗碳剂，用盖和耐火泥将箱密封后送入

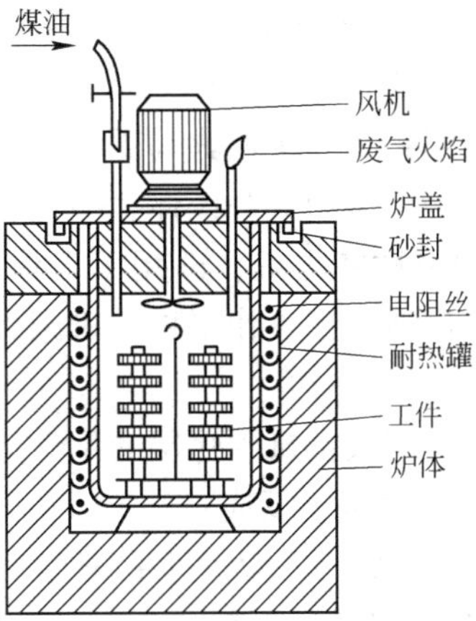

图 12－79　气体渗碳法示意图

炉中加热。固体渗碳剂是由一定颗粒度的木炭和 10% ～20% 的催渗剂（如 $BaCO_3$ 或 Na_2CO_3）混合而成。渗碳过程是由渗碳剂分解出活性碳原子，被钢表面吸收，并向钢内部扩散三个阶段所组成。固体渗碳生产率低，劳动条件差，质量不易控制，已逐步被气体渗碳法所代替。

低碳钢渗碳缓冷后的组织如图 12－80 所示。表层为珠光体和网状渗碳体的过共析组织，往里为共析组织，亚共析组织过渡区，直到原始组织。通常由表面至过渡区的一半处作为渗碳层深度。

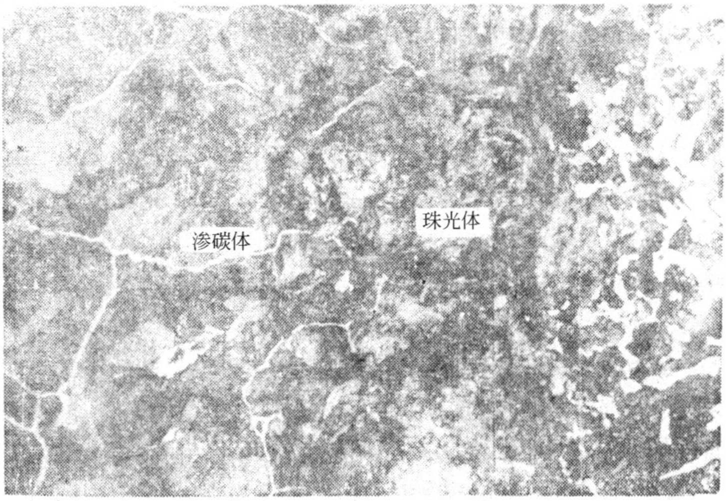

图 12－80　低碳钢渗碳缓冷后的组织

为了保证工件心部具有较高的韧性，渗碳用钢是含碳量为 0.15% ～0.25% 的低碳钢或低碳合金钢，如 20、20Cr、20CrMnTi、20CrMnMo 等。

工件经渗碳后必须进行热处理，使工件表面获得高硬度和高的耐磨性。对于本质细晶粒钢，可以渗碳后预冷直接淬火，然后低温回火。渗碳件经再次加热淬火、低温回火后，其表层组织应由细片状回火马氏体、细粒状碳化物和少量残余奥氏体组成，硬度为 HRC58 ～62。心部随钢种而异：低碳钢由铁素体和珠光体组成；低碳合金钢如 20CrMnTi 由低碳回火马氏体和少量铁素体组成，其硬度在 HRC35 ～45 之间，具有较高的强度和足够高的韧性。根据渗碳表面层的组织和性能要求，表面含碳量最好控制在0.85%～1.05%范围内，渗碳层厚度一般为0.5～2.0mm。

对于齿轮渗碳热处理后表层组织为高碳回火马氏体和细粒状渗碳体，硬化层沿齿廓分布均匀；而表面淬火后表层组织为中碳回火马氏体，硬化层沿齿廓分布很不均匀。相比之下渗碳热处理后耐磨性高，抗冲击性能也好，适用于工作条件较为恶劣，负荷较重的汽车、拖拉机类齿轮；而表面淬火法适用于工作平稳的机床类齿轮。

二、氮化

使活性氮原子渗入钢件表面，形成富氮硬化层的化学热处理过程称为氮化。将氨气连续通入500～580℃的氮化炉中，发生以下反应：

$$2NH_3 \longrightarrow 2[N] + 3H_2$$

热分解产生的活性氮原子渗入钢件形成氮化层。由于氮化温度低，所需时间较长，如氮化层深度为0.5mm，氮化保温时间需50小时左右。

为了保证氮化后钢件表面具有高硬度和高耐磨性，同时获得强而韧的心部组织，应采用能形成稳定合金氮化物的合金钢。最常用的是38CrMoAlA，钢中的合金元素Cr、Mo、Al能形成弥散的稳定氮化物，起到弥散强化作用，使氮化层达到极高的硬度。而碳钢形成的氮化物（Fe_2N、Fe_4N）稳定性差，易于聚集粗化，氮化效果不佳。氮化前必须进行调质处理，氮化后不再进行热处理。

与渗碳相比，氮化后工件性能有以下特点：氮化后表面硬度可达HV950～1200（相当于HRC65～72），具有更高的耐磨性；氮化层内形成更大的残余压应力，使氮化工件具有更高的疲劳强度和较低的缺口敏感性；氮化表面形成致密的氮化物连续薄膜，具有高的抗腐蚀性；氮化处理温度低，变形最小。根据上述特点，氮化处理广泛用于精密零件，如高精度的传动齿轴和轴，要求高疲劳强度的零件和抗热、抗蚀及耐磨零件。

除了传统的气体氮化外，离子氮化在国内外得到迅速发展和应用。其基本原理是：在低真空的容器中，保持氨气的压强为1～10mmHg，在400～700V直流电压作用下，使电离后氮的正离子向工件（阴极）作定向运动，渗入工件表面。离子氮化的主要优点是能大大缩短氮化时间，降低氮化表面层的脆性，明显提高韧性和疲劳强度。

三、碳氮共渗

碳氮共渗是一种使碳氮原子同时渗入钢件表面的过程。早期的工艺是在含氰根的盐浴中进行，故又称氰化。碳氮共渗按所使用的介质不同，可分为固体、液体和气体碳氮共渗三种。按共渗温度不同，又可分为低温（500～600℃）、中温（780～880℃）和高温（900～950℃）碳氮共渗三种。在我国以中温和低温气体碳氮共渗应用较广。

中温气体碳氮共渗是向炉中滴入煤油或通入渗碳气，同时向炉中通入氨气，处理温度为780～860℃。碳氮共渗后可直接淬火，然后低温回火。其性能兼有渗碳和氮化的优点，与渗碳相比，具有较高的耐磨性、疲劳强度和接触疲劳强度。共渗温度比渗碳低，但渗速比渗碳快，一般适用于要求硬化层薄（≤0.75mm），硬而耐磨的工件。

低温气体碳氮共渗是以渗氮为主的共渗过程，习惯上称为气体软氮化。通常采用570℃共渗温度，滴注甲酰胺、乙二醇胺等含碳氮的有机液体，或尿素热分解法，共渗时间为2～3h。气体软氮化可用于工模具的处理，以提高其耐磨性；也可应用于轴类零件，以提高其疲劳强度。

第三篇　合　金　钢

第十三章　合金钢总论

在碳钢的基础上有意地加入一种或几种合金元素，使钢的使用性能或工艺性能得以改善提高，这样组成的铁基合金即为合金钢。钢中除铁和碳两个基础组元外，常用的合金元素有 Al、B、（Ca，Ce）、Co、Cr、（Cu，La）、Mn、Mo、（N）、Ni、Nb、（P，Pb，S）、Si、Ti、V、W 等。本章的中心内容是研究合金元素在钢中的作用，即合金元素与铁、合金元素与碳，以及合金元素与合金元素之间的相互作用。重点讨论钢中合金相的形成，合金元素对固态相变和组织以及性能的影响。

第一节　钢中的合金相

从金相组织来看，合金钢是由不同的合金相所组成的。根据合金元素与铁、碳以及合金元素之间相互作用的不同，合金钢中主要的合金相有下列几种类型：

一、铁基固溶体

钢中合金元素可分别与 $\alpha-Fe$、$\delta-Fe$ 及 $\gamma-Fe$ 形成三种铁基固溶体，分别称 α、δ 和 γ 固溶体。这些固溶体仍保留着铁的多形性转变的特性，这是大多数合金钢仍能有效地进行热处理的根据之一。合金钢热处理效果的大小，可由 α 固溶体和 γ 固溶体的相对稳定性来判断。这里所谓铁基固溶体的相对稳定性，指的是其存在的温度范围以及成分范围的大小。由于钢的室温组织大多是由高温的 γ 固溶体——奥氏体变化而来，所以，通常把奥氏体的相对稳定性的大小作为合金元素对铁基固溶体影响的一个重要方面来讨论。那些在 $\gamma-Fe$ 中有较大的溶解度，并能相对地稳定 γ 固溶体的合金元素称为促成奥氏体的合金元素；相反，在 $\alpha-Fe$ 中有较大的溶解度，并使 α 固溶体相对稳定的合金元素称为促成铁素体的合金元素。由此，可以把合金元素在这方面的作用分作两类：

1. 扩大 γ 相区元素

所谓扩大 γ 相区，就是指在铁与合金元素组成的二元相图中，使 A_3 点温度降低，A_4 点温度升高，并在相当宽的温度范围内与 $\gamma-Fe$ 可以无限固溶或有相当大的溶解度。这类元素显然是增大奥氏体的相对稳定性的。按照对 γ 相区扩大的程度，通常又细分为两种：

（1）开启 γ 相区元素（图 13－1，$A-$Ⅰ）：在这类元素（M）与铁组成的二元相图中，γ 相区存在的温度范围变宽，相应地 δ 和 α 相区缩小，并在一定温度范围内铁与该元素可以无限固溶。Mn、Co、Ni 与 Fe 组成的二元相图属于这一类。

（2）扩大 γ 相区元素（图 13－1，$A-$Ⅱ）：与（1）相似，但不无限固溶。C、N、Cu 等元素属于这一类。

2. 缩小 γ 相区元素

所谓缩小 γ 相区，就是指这类元素（M）在 $Fe-M$ 二元相图中，可使 A_3 点温度升高，

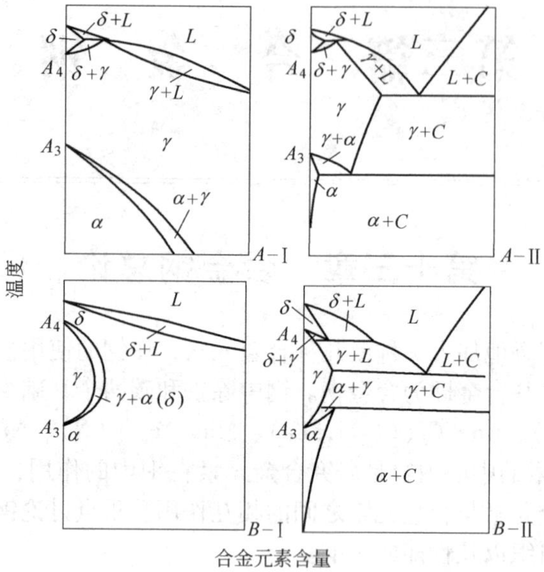

图 13-1　Fe-M（合金元素）二元相图基本类型示意图

L—液相；α、δ、γ—固溶体；*C*—化合物

A_4 点温度降低；合金元素在 γ-Fe 中的溶解度较小。这类元素显然是减小奥氏体的相对稳定性的。通常也分为两种：

（1）封闭 γ 相区元素（图 13-1，B-Ⅰ）：这类元素使 A_3 升高，A_4 降低，γ 相区为 α 相区所封闭，在相图上形成 γ 圈。V、Cr、Ti、W、Mo、Al、Si、P、Sn、Sb、As 等属于这类元素，其中 V 和 Cr 与 α-Fe 在一定温度范围可无限固溶，其余元素与 α-Fe 都是有限溶解。

（2）缩小 γ 相区元素（图 13-1，B-Ⅱ）：这类元素与封闭 γ 相区的元素相似，但由于在一定浓度出现了金属化合物，破坏了 γ 圈，使 γ 相可以在相当大的浓度范围内与化合物共存。B、Zr、Nb、Ta、S、Ce 等属于这类元素。

可以看出，促成奥氏体的合金元素与铁组成的二元相图属于第一大类（A 型）；促成铁素体的合金元素与铁组成的二元相图属于第二大类（B 型）。合金元素与铁的二元相图，可参看《合金钢手册》（上册，第一分册，中国工业出版社，1971 年版）或《Metals Handbook，8th Edition（ASM），Vol. 8，（1973）》。

在上述那些元素中，只有 C、N、B 与铁形成间隙固溶体，其余元素均与铁形成代位固溶体——合金铁素体和合金奥氏体。

综上所述，可以认为，铁基固溶体的多形性转变及固溶度的变化，也和碳钢相似，是合金钢热处理的根据，这两方面的多种变化造成了各式各样的合金钢组织。

二、钢中的碳化物及氮化物

1. 钢中的碳化物

碳化物是钢中的重要合金相之一。碳化物的类型、数量、形态、大小及分布，对钢的性能有着很重要的影响。

根据合金元素和碳的相互作用情况，可以把合金元素分为两大类：

(1) 非碳化物形成元素：如 Ni、Co、Si、Al、Cu 等，这些元素在一般钢中大多溶于铁素体或奥氏体中，或以其他相的形式（如氮化物）存在于钢中，但不形成单独的碳化物。

(2) 碳化物形成元素：碳化物形成元素都具有一个未填满的 d 电子层，d 层电子愈是不满，形成碳化物的能力就愈强，即和碳的亲和力愈大，从而形成的碳化物也就愈稳定。据此，可将合金元素形成碳化物的能力由强至弱排列如下：Ti、Zr、V、Ta、Nb、W、Mo、Cr、Mn、Fe。一般把 Ti、Zr、V、Ta、Nb 算作强碳化物形成元素，把 W、Mo、Cr、Mn、Fe 算作弱碳化物形成元素。有时也将 W、Mo 称为中强碳化物形成元素。

强碳化物形成元素和碳有很强的亲和力，易于形成不同类型的碳化物，由于这些碳化物的结构不同于渗碳体，在合金钢中常称它们为特殊碳化物。

弱碳化物形成元素，一部分进入固溶体中；另一部分进入渗碳体，取代其中部分铁原子，形成合金渗碳体，如 $(Fe, Mn)_3C$、$(Fe, Cr)_3C$ 等。除 Mn 以外，当元素含量超过一定限度时，又可形成特殊碳化物，如 $(Fe, Cr)_7C_3$、$(Fe, W)_6C$、$(Fe, Mo)_6C$ 等。总的来看，弱碳化物形成元素在碳化物中的浓度一般都比在固溶体中的高。

钢中碳化物按照晶体结构的不同，可分为两大类：一类是晶体结构比较简单的；另一类是晶体结构比较复杂的。当碳原子和过渡族元素原子半径之比 r_C/r_M 小于 0.59 时，形成的碳化物属于前一类，其结构可以是面心立方点阵、体心立方点阵、密排六方结构，或简单六方点阵。这时碳原子填入金属立方晶格或六方晶格的空隙中，并使碳化物具有金属键，因而碳化物仍保留着明显的金属特性。属于此类碳化物的有：TiC、ZrC、VC、NbC、TaC、WC 等。这类碳化物的最大特点是高熔点和高硬度，它们是硬质合金、粉末高速钢、高温金属陶瓷材料的主要组成部分，也是工业用钢的重要合金相。当 r_C/r_M 的比值大于 0.59 时，形成复杂结构的碳化物，这类碳化物包括：Fe_3C、Fe_2C、Cr_7C_3、$Cr_{23}C_6$、Fe_4W_2C 等。这类碳化物也都具有相当高的硬度，是合金钢中重要的强化相，但其熔点及硬度较前一类稍低。

应当指出，对于钢的合金化和热处理来说，重要的在于了解碳化物在强化钢材方面的作用。在常用的合金钢中（包括碳素钢在内），普遍采用以碳化物作为第二相来强化钢材。这主要是由于当高硬度的碳化物以细小的质点分布在固溶体基体上时，增大了基体的形变抗力。因此，在用碳化物强化钢材时，碳化物的类型、形态、数量、大小和分布对钢材的使用性能有着很重要的影响。这就要求在热处理时创造一定的条件来改变碳化物的形态、数量、大小和分布，并改变碳化物的类型。譬如，在钢材加热时要考虑碳化物的溶解问题，包括碳化物的适当溶解或保留，以及奥氏体的成分均匀化等；在退火、正火以及淬火、回火时，就要考虑在不同的转变产物中碳化物的形态、大小与分布以及碳化物类型的转换问题。所有这些都和碳化物的稳定性有关。而碳化物稳定性的大小，则取决于合金元素与碳的亲和力的大小。

2. 钢中的氮化物

钢中氮化物的形成规律及其性能与碳化物相似。过渡族金属的氮化物一般为简单的晶体结构。常见的氮化物有 FeN、Fe_2N、Fe_4N、CrN、Cr_2N、MnN、TiN、NbN、ZrN、VN、TaN 等，以及属于正常价非金属化合物的 AlN。合金元素与氮亲和力的大小与碳相似。

钢中氮化物几乎不溶解于基体，故一般视为夹杂物。但在氮化钢中，却利用氮化物来提高钢的表面硬度和耐磨性，提高钢的疲劳强度。在低合金高强度钢中利用 AlN 来细化晶粒。

应当指出，大多数碳化物与碳化物、氮化物与氮化物之间可以互相溶解，氮化物与碳化物之间也可以互相溶解，形成复合的碳氮化物，如 $(Cr, Fe)_{23}(C, N)_6$、Ti（N，C）等，然而，N 并不能完全取代 Fe_3C 中的 C。

三、钢中的金属化合物

合金元素与铁或合金元素之间可形成各种金属化合物。元素周期表中ⅣB、ⅤB、ⅥB、ⅢA 族元素（设为 A 组元）与 Fe、Co、Ni、Mn（设为 B 组元）结合，可形成很多种 B_xA_y 型金属化合物，如 Ni_3Al、Ni_3Ti、NiAl、Ni_2AlTi、Fe_7Mo_6 等。金属化合物中的某一组元也可被其他组元所取代，形成复合的金属化合物。

利用金属化合物从固溶体中脱溶，已成为铁基、镍基、钴基耐热钢与合金以及一些合金化程度较高的合金钢的重要强化手段。

应当指出，在不同的合金钢中，在不同的条件下，各种金属化合物对钢的性能的影响是不相同的。例如，在 Fe－18% Ni 类超强韧钢中，Ni_3Mo 是一个主要的强化相，Ni_3Ti 也造成相当的强化效果。由于这些金属化合物的析出，可使钢的屈服强度由固溶态的 687～785MN/m^2（70～80kg/mm^2）增至脱溶后的 2354MN/m^2（240kg/mm^2）以上。在以金属化合物硬化的高速钢中，由于金属化合物的脱溶，可使钢的硬度由 HRC30～40 增至 HRC70 以上，即二次硬化的效果使硬度增值达 HRC20～30 以上。又如，在含铬较高的不锈钢中，在 σ 相形成的早期，钢的性能几乎没有什么明显的改变，可是在后期材料就变脆。再如，在一些耐热钢中，如只限于形成 Ni_3（AlTi）金属化合物，则可提高钢的热强性；但如果在高温下发生了 Ni_3（AlTi）向 Ni_2AlTi 的转变，则钢的高温性能就要变坏。所以，为了成功地使用钢材，就必须仔细地控制成分，选择适当的热处理工艺以及正确地确定钢材的工作条件。此外，近年来发展的共晶复合耐热材料，则是直接用不同的两种或两种以上的金属化合物单向结晶复合而成。

第二节　合金元素在钢中的作用

一、合金元素对铁碳相图中临界点的影响

由于多元相图测试上的困难，以及三元相图的数据有限，所以在很多情况下，往往借助于考察某一合金元素对铁碳二元系的影响来近似考虑多元系的情况。

根据合金元素对铁碳相图的影响，可以把合金元素分为两大类：（1）扩大奥氏体相区的元素，如 Mn、Ni、Cu、N 等；（2）缩小奥氏体相区的元素，如 Si、Ti、Cr、Mo 等。如前所述，这两类元素在与 Fe 单独组成二元系时，同样也是扩大或缩小 γ 相区的。Mn、Si、Ti、Cr、Mo 对铁碳相图 γ 相区的影响如图 13－2～图 13－6 所示。可以看出，凡是扩大奥氏体相区的元素，都使 A_4 点升高，A_3 点和 A_1 点降低；凡是缩小奥氏体相区的元素，都使 A_4 点降低，A_3 点和 A_1 点升高。至于合金元素对 A_1 的影响如图 13－7 所示。

临界点 A_3、A_1 对钢的热处理和热加工来说是很重要的。A_3 温度的升高，意味着热

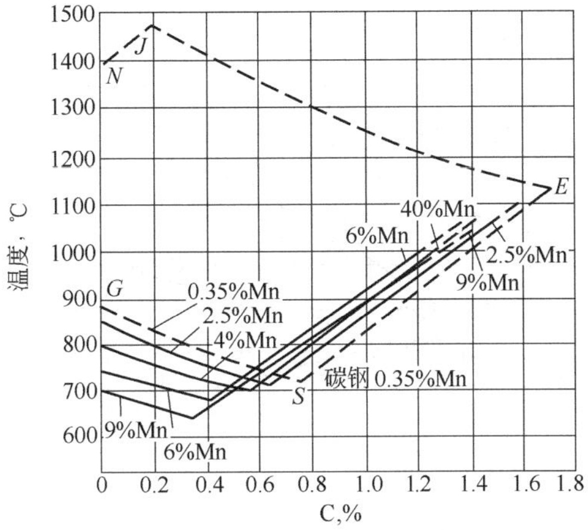

图 13－2　Fe－Mn－C 三元系的 γ 相区

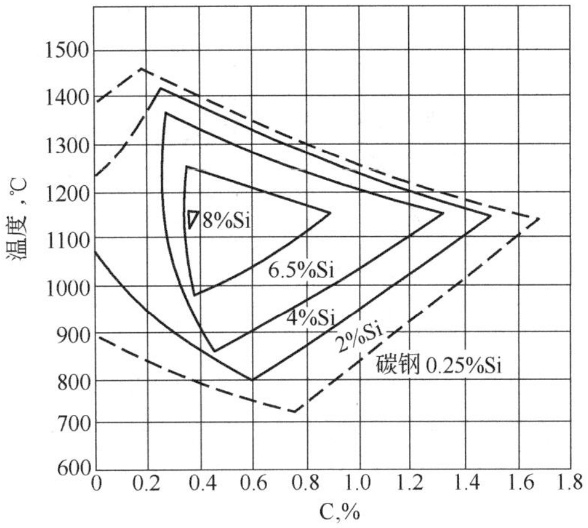

图 13－3　Fe－Si－C 三元系的 γ 相区

处理时奥氏体化温度需要相应地提高，才能达到奥氏体单相区；同样，A_1 温度的升高，也意味着钢的各类热处理加热温度也需要相应地提高。当然，上面所列举的那些实验结果（图 13－2～图 13－7）都是平衡状态下的情况，与一般生产中的具体加热或冷却条件还有差异，不过，那些实验结果却可以对某种合金元素对 A_3、A_1 的升高或降低的方向作出判断。在具体考虑某一钢种的加热或冷却规范时，则需要参考该钢在具体条件下的 A_{c3} 或 A_{c1}（A_{r3} 或 A_{r1}）。

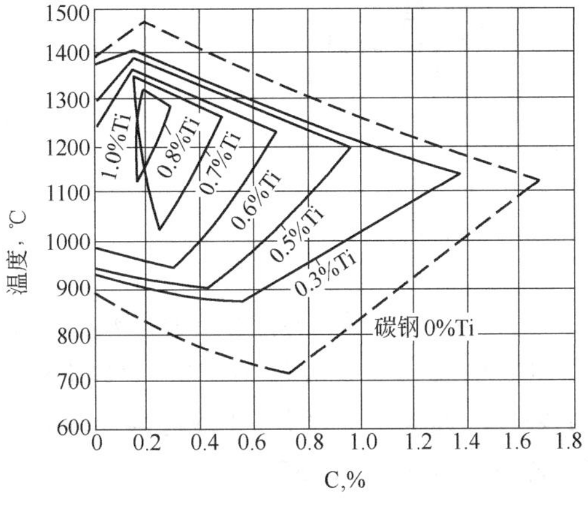

图 13－4　Fe－Ti－C 三元系的 γ 相区

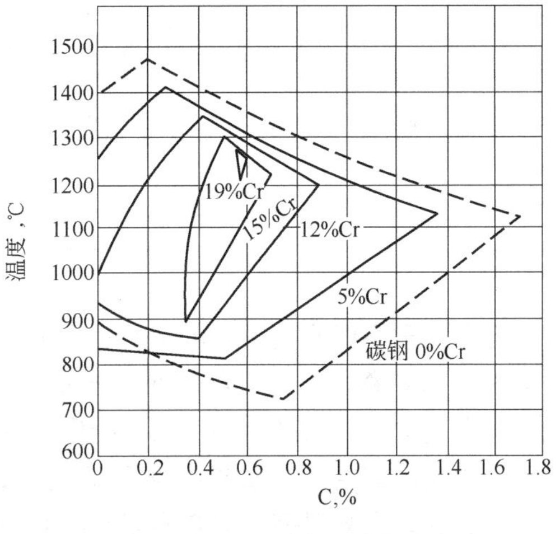

图 13－5　Fe－Cr－C 三元系的 γ 相区

合金元素对奥氏体相区的扩大或缩小，对考虑钢的合金化问题也是非常重要的。例如，扩大奥氏体相区的元素 Ni 或 Mn 的含量较多时，可使钢在室温时仍为奥氏体。一些缩小奥氏体相区的元素，如 Cr，Ti，Si 等，当含量足够多时，可使 γ 相区完全消失，使钢在室温和高温都是合金铁素体组织。上述这些钢在加热和冷却时无相变发生，或者始终是奥氏体，或者始终是铁素体，于是就不能用一般热处理的方法使钢强化。在一般情况下，往往需要通过控制终轧温度或进行冷形变等方法，以改变这些钢的组织和性能。

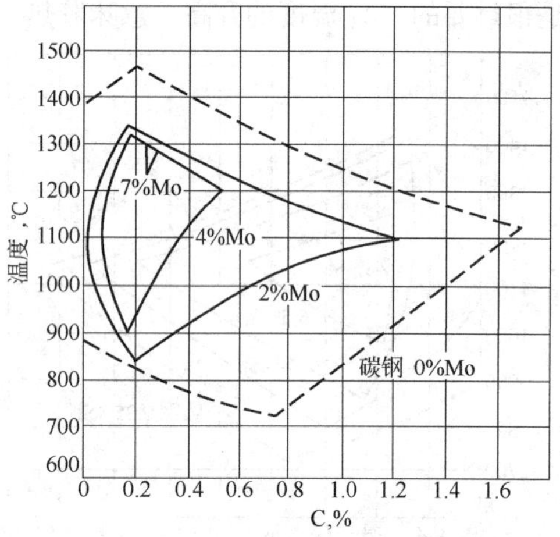

图 13－6　Fe－Mo－C 三元系的 γ 相区

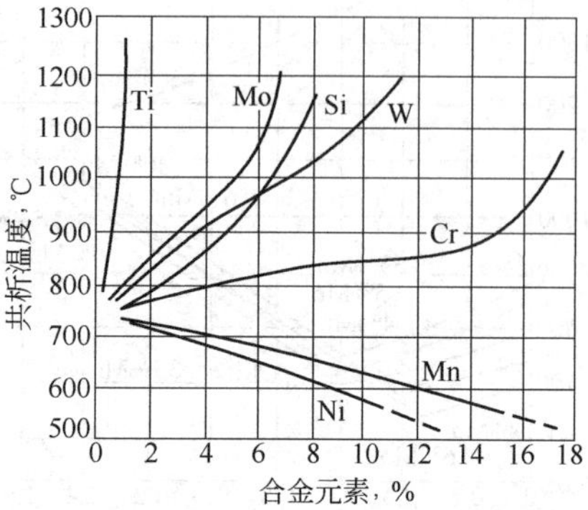

图 13－7　几种合金元素对共析温度（A_1）的影响

此外，合金元素对铁碳相图的影响，还表现在改变 S 点的成分上，如图 13－8 所示。图中结果表明，常用的一些合金元素，在一般含量的情况下均使 S 点左移，即合金钢共析体中的碳量较碳素钢珠光体内的碳量低。例如，3Cr2W8V 钢含碳仅 0.3%～0.4%，但由于大量合金元素使 S 点左移，故该钢已属过共析钢。

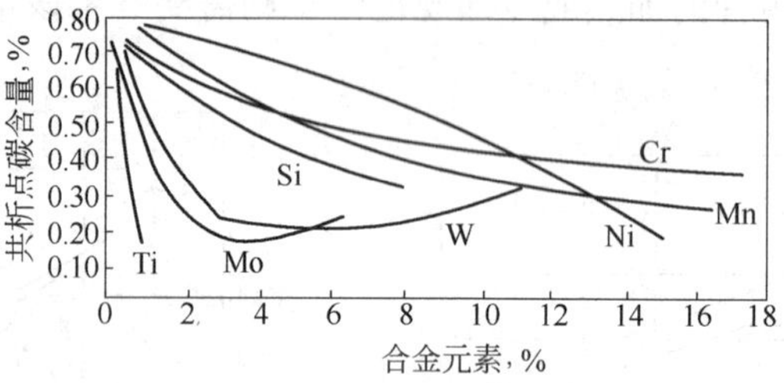

图 13－8　合金元素对 S 点成分的影响

合金元素不但改变 S 点的成分，而且还改变 E 点的成分。研究指出，大多数合金元素都使 E 点左移。因此，合金钢中出现共晶莱氏体的最低碳量一般都小于 2.11%（Fe－Fe_3C 相图中的 E 点成分）。例如，冷作模具钢 Cr12Mo，其碳含量仅 1.5% 就已经出现莱氏体，成为莱氏体钢。又如 W18Cr4V 高速钢，其碳含量才 0.7%～0.8%，也属莱氏体钢。

二、合金元素对钢中固态相变及组织的影响

1. 合金元素对钢在加热时相和组织转变的影响

除了一些高合金钢外，大部分合金钢在室温时的组织基本上仍是铁素体加碳化物的复相组织。这些钢在生产时至少都要经受一次奥氏体化的过程。在奥氏体化过程中，铁素体要发生多形性转变，碳化物也要发生溶解或转化，碳与合金元素要发生再分布，奥氏体的晶粒大小也要发生相应的变化。合金元素对这些过程都有或大或小的影响。通常考虑两个方面：(1) 奥氏体化时一般希望有较多的合金元素溶解于奥氏体。非碳化物形成元素较易于溶解在奥氏体中，但如果含有强碳化物形成元素时，为了能使更多的强碳化物形成元素溶解于奥氏体，可再同时加入弱碳化物形成元素来减弱强碳化物的稳定性（如 V 和 Mn 同时加入），以促使强碳化物的溶解。(2) 合金元素对奥氏体晶粒大小的影响。它包括两方面的问题：一个是合金元素能否使起始晶粒细化；另一个是合金元素是否阻止晶粒的长大。近期对高纯铁合金的研究指出，含碳量小于 0.05% 时，碳对奥氏体晶粒的细化有强烈的效果；但在 0.1% ~0.5% C 的范围内，随碳的增多对晶粒细化不起作用；含碳量超过 0.5% 时，晶粒有粗化的趋势。加入 Si <0.2% 时，可细化奥氏体晶粒，但当 Si >0.2% ~2.1% 时，晶粒粗化。加入 Mn <13.7% 时，可使 Fe - Mn 奥氏体晶粒有少许的细化。在 Fe - C合金中，当含有 C、AlN、Si、Mn 其中两个以上组元（AlN 视作一组元）时，奥氏体晶粒最细小。另外，过多的 AlN 虽然对奥氏体晶粒的细化没有作用，但它却可以有效地提高晶粒粗化的温度。研究表明，在几种含 0.2% C 的低合金钢中，为阻止奥氏体晶粒的长大，AlN 的量都不能少于 60 ~100ppm（百万分率）。但当奥氏体化温度高于某一温度时，AlN 开始显著地溶于奥氏体，这时奥氏体晶粒就开始急剧地长大。

Nb、Zr、Ti、V 等元素形成的碳化物或氮化物也有强烈阻止奥氏体晶粒长大的作用。与 AlN 的情况相似，当高于某一温度时，这些元素的碳化物或氮化物就较显著地溶于奥氏体，同样也会使奥氏体晶粒急剧长大。

2. 合金元素对过冷奥氏体转变的影响

合金元素对过冷奥氏体转变的影响集中反映在对过冷奥氏体分解动力学曲线位置的影响上，即合金元素使过冷奥氏体分解动力学曲线右移或使其左移。如过冷奥氏体稳定性大（钢的淬透性大），则分解动力学曲线右移；反之，则左移。其具体影响可从以下三个方面来讨论：

(1) 奥氏体的先共析铁素体转变：亚共析钢奥氏体在临界温度（A_3）附近的转变是一个典型的扩散型的形核和长大的过程，铁素体在晶界形核并长大为等轴晶粒，铁素体中碳量近于平衡态时的含量。从对碳扩散的影响来看，由于碳化物形成元素（特别是强碳化物形成元素）降低碳在奥氏体中的扩散系数，因而显著推迟先共析铁素体的析出和长大，而非碳化物形成元素的影响则较小。另外，在溶解硼的钢中，早已观察到硼对 α 形核有重要作用，微量硼可以显著推迟铁素体在晶粒界的形核。这样，在正火时 $\gamma \rightarrow \alpha$ 转变的温度就降低。利用这一点已成功地发展了在正火或正火回火状态下具有高屈服强度的焊接用合金钢以及具有相当高淬透性的调质硼钢或渗碳硼钢。

(2) 奥氏体的珠光体转变：合金元素对这一转变的影响各有不同。对于强碳化物形成元素，如 Ti、Nb、V、Zr 等，由于它们在奥氏体中的扩散系数远小于碳的扩散系数，因此，合金元素本身的扩散是转变的关键性环节。这些元素主要是通过推迟珠光体转变时碳化物的形核和长大来延缓整个相变过程。对于中强碳化物形成元素，如 W、Mo，Cr 等，除了也推迟碳化物的形核和长大以外，还由于这些元素能增加固溶体原子间的结合力，减小铁的自扩散系数，从而推迟了珠光体转变中的 $\gamma \rightarrow \alpha$ 转变，由于这两方面的原因，使整个珠光体转变过程迟缓。对于弱碳化物形成元素，如 Mn，它既减慢含 Mn 渗碳体的形核和长大，又强烈推迟 $\gamma \rightarrow \alpha$ 相变，故 Mn 显著推迟珠光体转变。至于非碳化物形成元素，如 Ni 和 Co，由于 Ni 推迟，而 Co 加速 $\gamma \rightarrow \alpha$ 相变，因而 Ni 推迟珠光体的形成，Co 则加速珠光体的形成。Si 和 Al，不溶解于渗碳体，当渗碳体形成时，它们势必要扩散开，渗碳体才得以形成，于是 Si 和 Al 就减慢了珠光体的形成。另外，Si 还推迟 $\gamma \rightarrow \alpha$ 相变，而 Al 在这方面的作用尚不清楚。微量元素硼，由于在晶界的内吸附，并形成共格硼相（$M_{23}C_3B_3$），可显著阻止铁素体的形核，从而增大了过冷奥氏体的稳定性。以上情况说明，就单个元素的影响来说，除 Co 以外，钢中大多数合金元素，只要溶于奥氏体，就会或多或少地增大过冷奥氏体向珠光体转变的稳定性。至于稀土元素，其影响目前尚不清楚。

研究还指出，多种合金元素对推迟转变的综合作用，远比单一元素的作用大得多。如 Cr－Ni－Mo、Cr－Ni－W、Si－Mn－Mo－V 等合金系就是较为突出的多元少量的综合合金化方案。以这些合金化方案生产的优异钢种，如 40CrNiMo、18Cr2Ni4W、35SiMn2MoV 等，已在生产中成功地使用多年。但是，关于合金元素综合作用的机理，目前了解得并不多。

（3）奥氏体向贝氏体的转变：在一般情况下，除了 Co 能够加速贝氏体的形成外，C、Mn、Cr、Ni、Si、Mo、W、V、Cu 以及微量的 B 都延缓贝氏体的形成，其中以 C、Mn、Cr、Ni 最为明显，尤其是对下贝氏体形成的影响尤为显著。Mo 对推迟贝氏体形成的作用，不像它对珠光体形成推迟得那样剧烈。

关于合金元素对贝氏体形成影响的原因，除了合金元素减慢碳的扩散从而推迟相变以外，还可能有各式各样的原因。如加入 Ni、Mn 等使奥氏体稳定的元素，可降低 B_s 温度（贝氏体形成的上限温度），同时降低贝氏体的形核率和长大速率，使转变推迟。加入不形成碳化物的元素，如 Si，由于它强烈地阻止贝氏体转变时碳化物的形成，促使未转变部分奥氏体富集碳，从而推迟贝氏体的形成。关于合金元素的综合作用，研究得也比较少。

值得注意的是，合金奥氏体转变成贝氏体时，在所形成的碳化物中合金元素的含量等于奥氏体中合金元素的含量。这表明在贝氏体形成过程中，不发生合金元素的重新分布。另外，与珠光体转变不同，贝氏体转变常常不完全，剩有较多的残留奥氏体。

综上所述，同一元素对不同类型相变的影响可以是完全不同的。多种合金元素在一起就更会有这种情况。所以，在合金钢的 *TTT* 曲线或 *CCT* 曲线中时常可以看到：有的是珠光体型转变的“鼻子”偏左（相变孕育期短），有的是贝氏体型转变的“鼻子”偏左。这种情况表明：钢的淬透性前者受珠光体型转变所控制，后者受贝氏体型转变所控制。了解了这一点，就可更好地制订合金钢的淬火、正火、等温淬火等热处理工艺。

3. 合金元素对马氏体型相变的影响

可从如下几方面来说明：第一，凡是增大过冷奥氏体稳定性的元素，都使得钢的淬火临界冷却速度减小，即容易得到马氏体。第二，当合金元素溶于奥氏体后，除 Co、Al 升高 M_s 点，Si、B 对 M_s 点影响不大外，其他大多数合金元素，如 C、Mn、V、Cr、Ni、Cu、Mo、W 等都降低 M_s 点，而降低 M_s 点的元素也大多都降低 M_f 点。但元素的综合影响要复杂得多。第三，合金元素对马氏体的形态（或精细结构）也有影响。研究指出，在大多数合金钢中，马氏体的形态主要也是两类，即板条马氏体（如在低碳钢、Fe－Ni、Fe－Cr、Fe－Si、Fe－Cu、Fe－Mn 及 18－8 型奥氏体不锈钢等合金中）和孪晶马氏体（如在中、高碳结构、工具钢等合金中）。但产生不同形态马氏体的控制因素尚不十分清楚。应当指出，在一般情况下，低碳的板条马氏体的范性和韧性要比高碳的孪晶马氏体的范性和韧性好一些。另外，当有氢在固溶体中存在时，马氏体对延迟断裂的敏感性因马氏体的形态而异。已经发现，孪晶马氏体对这种形式破坏的敏感性更大。这些事实对发展焊接用低合金钢有重要的意义。假如能预防孪晶马氏体在焊接后形成，那么，材料硬化区裂纹的敏感性就会大大降低。因此，就越有必要来进一步研究对形成不同形态马氏体有作用的冶金因素；进而对其加以控制。第四，合金元素对奥氏体向马氏体转变时体积的变化也有影响。当从密排的奥氏体转变为不太密排的立方或正方马氏体时，必然产生体积的增大。结果会在马氏体形成过程中产生应力，这种应力可导致产生淬火裂纹。为了使这一影响降至最小，可在热处理方法上采取措施，例如，使奥氏体脱溶（或时效）和马氏体回火等。但是，也可以利用合金元素对马氏体转变体积变化的影响，使转变时的体积变化大大减小。一些研究结果如图 13－9 所示，从中可以看出，为减小转变时的体积变化，可减少铬，增加硅。但是，关于合金元素在这方面影响的机理还有待于进一步的研究。

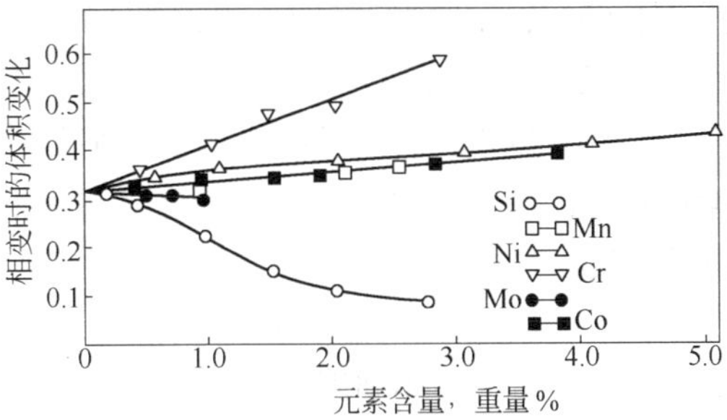

图 13－9　合金元素对奥氏体→马氏体转变体积变化的影响

4. 合金元素对铁基固溶体脱溶的影响

为了讨论的方便，按如下三个问题进行讨论：过饱和 α 铁基固溶体的脱溶；奥氏体的脱溶；淬火钢在回火时的转变。

（1）过饱和 α 铁基固溶体的脱溶：利用薄膜透射电子显微镜已广泛研究不少二元铁基合金过饱和 α 固溶体的脱溶过程，结果表明，其脱溶序列也大都是 GP 区→过渡相→平衡相。

以 α－Fe 为基的三元合金，脱溶的特点是在特殊碳化物析出之前，往往是先形成 GP 区，由此造成显著的硬化，然后再由特殊碳化物造成弥散硬化。值得注意的是，Fe－Mo－C合金中如果再加入第四组元，不论是碳化物形成元素还是非碳化物形成元素，都可造成更为显著的时效硬化。

这类研究工作的成果已得到实际应用。在合金化方面，较适宜的合金元素大约一半是强碳化物形成元素。这样，在有碳存在时，合金碳化物就优于其他相而脱溶，造成弥散强化。而非碳化物形成元素，如 Si、P 等，由于对铁素体有强烈的脆化作用，一般很少加以考虑。在有碳存在时，有可能采用铜，或者联合使用铜镍和铜铝。

（2）奥氏体的脱溶：从脱溶物的种类来区分，奥氏体的脱溶可分为碳化物的脱溶和金属化合物的脱溶。

碳化物的脱溶：工业用钢中大都含有相当数量的碳，而且大多利用碳化物脱溶作为金属材料的重要强化手段。碳化物从奥氏体中脱溶在某种情况下对钢材的性能是有利的，在另外情况下则可能是有害的，这要取决于合金的种类（不同元素间的相互作用）、碳化物的类型、数量、形态及分布的特点。如在高碳钢或含有少量弱碳化物形成元素的高碳合金钢中，渗碳体型碳化物易在晶界脱溶，形成晶界网状碳化物。当这种情况出现时，就会给钢的性能带来很大的损害，为消除网状碳化物也很麻烦，这是一些高碳钢生产中相当引起注意的问题之一。

含有少量强碳化物（或氮化物）形成元素的奥氏体有可能发生合金碳化物（或氮化物）的脱溶，如 NbC、AlN 等，它已成功地用于细化奥氏体的晶粒和推迟热加工时奥氏体的再结晶。另外，含有强碳化物形成元素的亚稳奥氏体，如果在脱溶温度施以严重的形变。则所产生的位错就可以为碳化物提供形核的位置。而且，严重形变所产生的高位错密度还可以改变马氏体的形状，并使之在随后回火时有一个大的脱溶相密度，从而造成马氏体强化和弥散强化的综合强化。这种类型的反应成为热机械处理生产高强度材料的基础。

在更高合金化的奥氏体中，奥氏体可以稳定至室温。碳化物可以由高温冷却时脱溶，也可以由低温的过饱和固溶体的时效而脱溶。例如，在简单的 Cr－Ni 奥氏体中，形成的碳化物为 $M_{23}C_6$，在冷却时碳化物可以在晶界或孪晶界形成树枝状，也可以在时效时于晶内脱溶。这些脱溶相将使合金在室温和高温下的强度增加。另外，利用碳化物从奥氏体中脱溶，还可以有效地控制钢中随后发生的相变。著名的沉淀硬化不锈钢就是由此而发展创制的（这将在第十七章中讨论）。

金属化合物的脱溶：根据金属化合物晶体结构内原子排列的特点，可以把金属化合物分为两类：第一类中包括有八面体和四面体间隙，例如 Ni_3Ti、Ni_3（AlTi）等；第二类中仅包含有四面体间隙，例如 Fe_2Ti、Fe_2Nb、σ 相、μ 相以及 χ 相等。

曾经较为详细地研究了从奥氏体中脱溶的一系列金属化合物，包括 Ni_3Ti、Ni_3Al、Ni_3（AlTi）、NiAl、Ni（AlTi）以及 Ni_2AlTi 等等。这些金属化合物的脱溶导致钢的时效硬化。并使钢有好的室温性能。另外，利用从富镍的奥氏体中脱溶出金属化合物也可以控制奥氏体向马氏体的转变，再利用对马氏体随后进行的低温处理（即再脱溶出其他金属化合物），就可使钢得到很高的强度或硬度。

（3）淬火钢在回火时的转变：合金元素对这一转变的影响主要表现在两个方面，即对马氏体组织的转变和残留奥氏体转变的影响。前者包括马氏体的脱溶分解，碳化物的形成、转换和由此而造成的次生硬化，α 相的回复与再结晶，以及发生在原奥氏体晶界区或马氏体晶体范围的回火脆化过程；后者则指残留奥氏体的分解或转变。非碳化物形成元素 Ni、Si、Al 等对上述回火转变序列的轮廓没有多大的改变，其主要作用是推迟各个阶段。因此，与碳素钢相比，要得到相应的组织，就需要加热到更高的温度。碳化物形成元素，尤其是强碳化物形成元素存在时，一般地倾向于阻碍 ε 碳化物的脱溶并使 ε 碳化物稳定，同时可推迟 α 相的再结晶。研究指出，在大约 500℃以上回火时，渗碳体被合金碳化物所代替，其机制取决于合金元素的类型及其含量的多少。如在 $Cr<3\%$ 的钢中，Fe_3C 在原位转变为 Cr_7C_3；但在含铬量较高的钢中，或者是在含有强碳化物形成元素的钢中，合金碳化物通常是单独形核。正是这些单独形核的特殊碳化物，如 M_2C，MC 等，造成了回火时显著的二次硬化。当回火温度升高时，合金碳化物长大，渗碳体回溶到 α 固溶体中，最终，基体发生再结晶。这时 α 晶粒的长大受控于慢慢长大着的合金碳化物。这是因为亚晶的长大除了取决于铁的自扩散以外，还取决于合金元素的扩散。结果，最后形成的是合金碳化物加细小晶粒的铁素体。

关于钢的回火脆性。目前，除了以极快的速度加热和冷却以及高温热机械处理能够避免低温回火脆性外，较实用的方法仍是以非碳化物形成元素（如 Si）来合金化，以其有效的推迟马氏体脱溶的作用，使低温回火脆性温度区上移，从而使钢获得高强韧性。关于高温回火脆性，目前除了在工艺上采取（$\alpha+\gamma$）两相区加热淬火以及高温热机械处理来减轻回火脆性外，较有效且实用的方法还是以少量的钼来合金化，并在回火后快冷，从而可以大大减弱回火脆性。但是钼作用的机理至今仍不十分清楚。

关于残留奥氏体的分解与转变。研究指出，残留奥氏体在回火时分解的特点，基本上与过冷奥氏体在相应温度下的恒温分解相似，但残留奥氏体分解的孕育期显著缩短。而且，不论在珠光体型转变区还是贝氏体型转变区，残留奥氏体的分解是不完全的；虽然开始分解的孕育期短，分解速度大，但很快减慢，甚至停止分解，这种情况在贝氏体型转变区尤为突出。

对于含有较多合金元素的钢，在珠光体型转变和贝氏体型转变 C 形曲线之间，有一个过冷奥氏体的中间稳定区。与此相似，这类钢的残留奥氏体，在相应温度回火时，也出现两转变之间的中间稳定区。然而，将这类淬火钢回火加热到该区间的上限温度时，残留奥氏体既不转变成珠光体，也不转变成贝氏体，而是在继续冷却到室温时转变成马氏体。这一效应叫做二次淬火。

三、合金元素对钢的性能的影响

考察合金元素对钢的性能的影响，不能脱离各种钢在具体使用条件下的组织状态。在不同的组织状态下，合金元素通过不同的途径影响钢的性能。譬如，钢在退火、正火以及调质状态下，合金元素对含有微量碳的铁素体的力学性能的影响，主要是通过固溶强化。大多数的情况是随元素含量的增加，强度性能增高，范性、韧性降低。然而除了铁素体以外，组织中还有碳化物、氮化物、金属化合物等，甚至还有非金属夹杂物，这就需要考察合金元素对这些合金相以及夹杂物的形成、形态、大小及分布的影响；而它们除了受合金元素的影响以外，又受热处理等加工工艺过程的影响。

钢在强韧化状态下（淬火、回火状态），合金元素与碳、铁一起通过马氏体型相变强化使钢得到高强度，然后再通过回火过程中合金元素改变 α 相的状态、改变碳化物或金属化合物的形态、大小及分布造成的回火韧化或二次硬化来使钢达到预期的性能。

对高温下使用的钢，则还需要考察合金元素对晶界强化的作用。因为在高温时晶界是薄弱环节，即超过一定温度时晶界强度低于晶内强度。如硼可以显著强化晶界，因此，硼日益广泛地在某些耐热钢中得到采用。除了考虑强化晶界外，一些高熔点的元素如 Mo、W 等加入钢中，由于提高了铁的再结晶温度，从而大幅度提高了钢的高温强度。当工作温度逐步升高，铁基、钴基合金满足不了要求时，就要改变基体，发展镍基乃至共晶复合材料等高温合金。

低温下使用的钢，或者采用韧性好的奥氏体钢；或者在铁素体加碳化物类钢中添加能细化晶粒的合金元素；或者通过特殊的加工工艺细化晶粒，如热机械处理、控制轧制等，以改善此类钢的低温韧性。因为在低温时晶内强度低于晶界的强度，所以细化晶粒就会带来显著的效果。

还需指出，在考虑合金元素对钢的使用性能影响的同时，还需要考虑合金元素对钢的工艺性能的影响。譬如，在多数情况下，在钢的淬透性增大的同时，钢的焊接性能就可能恶化，这就需要尽量减少恶化焊接性的元素，如 C、P、Si 等，与此同时再来调整钢的其它成分，以满足淬透性的要求。又如，为了改善钢的冷形变性能，需要降低钢中残存元素

S、P、Cu、Si 等的含量，这就需要对冶炼工艺提出更高的要求；或者通过合金化使钢材在成型时处于低硬度状态，加工后再通过较简单的热处理使钢强韧化，马氏体时效钢就是一个典型的例子；或者通过形变相变综合强化的方法来解决加工成型困难的问题，热机械处理强化状态遗传性的研究成果就是一个典型的例子。

通过前面的讨论，可以看出，在不同的合金系中，不同的合金元素起着不同的作用，但最终都是为了要满足性能的要求。这里不可能就各种合金元素在各钢中对性能所起的作用进行详细的讨论（这将是本篇后续章节的内容），而只将钢中常见组织（单一的或复合的）强度和韧性与有关组织结构参量的关系作一简要叙述。当然，不同的合金元素将通过不同类型的相变影响各有关的组织结构参量。现将钢中常见的组织，诸如铁素体，珠光体，马氏体，贝氏体以及它们复合组织的强度和韧性与组织结构参量的关系分述如下。

1. 单一组织

（1）铁素体：铁素体的屈服强度（σ_y）遵循 Hall－Petch 关系：

$$\sigma_y = \sigma_i + K_y d^{-1/2}$$

式中，σ_i 相当于单晶的屈服强度；K_y 为和晶界结构有关的常数，二者因合金含量而改变；d 为铁素体晶粒的平均直径。这一关系适用的晶粒范围是 0.35～400μm（相当于 ASTM 晶粒号 19.5～0）。

铁素体的脆性转折温度（T_c）有以下关系

$$\beta T_c = \ln B - \ln\left(\frac{4qG\gamma'}{K^*} - K^*\right) + \ln d^{1/2}$$

式中，β、B、K^* 皆为常数；q 为三维因子（夏氏 V 形缺口时为 1/3）；G 为切变模量；γ' 为比表面能；d 为铁素体晶粒直径。

（2）珠光体：珠光体组织的屈服强度（σ_y）与片层间距的关系是：

$$\sigma_y = 140 + 4.6 \times 10^{-5} s^{-1}$$

式中，σ_y 为屈服强度，MN/m^2 或 MPa；s 为珠光体的片层间距。

珠光体组织的韧性与原奥氏体晶粒大小有关，晶粒越细，脆性转折温度越低。珠光体领域的大小及片层间距的大小，不是控制韧性的有效组织参量。

（3）马氏体：低碳板条马氏体的条件屈服强度与碳含量 C%（wt）的关系是：

$$\sigma_{0.2}\ (\mathrm{MPa}) = 413.7 + 17.2 \times 10^5\ (\mathrm{C})^{1/2}$$

研究表明，束的大小是支配板条马氏体强度的主要组织参量。原奥氏体晶粒的一般大小及板条的宽度与之关系不大。

同样，束的大小也影响脆性转折温度。在 Fe－Mn 合金中，束的大小每减小 10μm，脆性转折温度降低约 20℃。

（4）贝氏体：与贝氏体强度有关的组织参量包括：板条的大小与屈服强度之间服从 Hall－Petch 关系；转变温度越低，位错密度及碳化物的弥散度越大，碳的固溶强化也越大，则贝氏体的强度越高。

在强度相同的情况下，上贝氏体的韧性低于下贝氏体的韧性。减小束的尺寸，可降低脆性转折温度。

2. 复合组织

（1）铁素体＋珠光体：铁素体＋珠光体复合组织的屈服强度可表示为：

$$\sigma_s(\text{MPa}) = f_\alpha^{1/3}[35.4 + 58.5\text{Mn} + 17.4d^{-1/2}] +$$
$$(1 - f_\alpha)^{1/3}[178.6 + 3.9s_0^{-1/2}] + 63.1\text{Si} + 425\text{N}_f^{1/2}$$

式中，f_α 为铁素体的体积分数；Si、Mn 为硅、锰的质量百分数；d 为铁素体的晶粒直径，mm；s_0 为珠光体的片层间距，mm；N_f 为游离氮含量。

在给定冲击值为 20ft · lb（$\approx 3.5\text{kg} \cdot \text{m/cm}^2 \approx 34\text{J/cm}^2$）时的脆性转折温度（$ITT$）为：

$$ITT(℃) = f_\alpha[-46 - 11.5d^{-1/2}] + (1 - f_\alpha)[-335 + 5.6s_0^{-1/2} -$$
$$13.3P^{-1/2} + 3.48 \times 10^6 t] + 48.7(\text{Si}) + 762(\text{N}_f)^{1/2}$$

式中，P 为珠光体领域的大小，mm；t 为珠光体中渗碳体片的厚度，mm。

（2）铁素体 + 马氏体：铁素体 + 马氏体复相组织（双相钢）没有物理屈服，屈强比较低（$\leqslant 0.6$），有高的延性及高的初始加工硬化率。其抗拉强度可近似表示为：

$$\sigma_T = \sigma_0 + K_m f_m$$

式中，σ_0，K_m 为常数，分别为 425 ~ 480MPa（σ_0），8.5 ~ 13.0MPa/%（K_m）。

（3）铁素体 + 贝氏体：铁素体 + 贝氏体复合组织的抗拉强度，随贝氏体体积分数的增多而提高，每百分之一的贝氏体可提高强度 1.0MPa。这种复合组织的屈强比大于 0.8，与铁素体 + 珠光体复合组织的屈强比值相似。在拉伸曲线上表现为不连续屈服。这种组织有较低的脆性转折温度与较高的冲击（上平台）值。

（4）马氏体 + 贝氏体：研究指出，这种复合组织的条件屈服强度可表示为：

$$\sigma_{0.2} = \sigma_i + Ks_m^{-1/2} - (\sigma_i + Ks_m^{-1/2} - \sigma_{0.2}^B) f_B$$

式中，σ_i 为马氏体的形变抗力（摩擦应力）；s_m 为马氏体束的平均大小；K 为常数；$\sigma_{0.2}^B$ 为贝氏体的 $\sigma_{0.2}$；f_B 为贝氏体的体积分数。当贝氏体体积分数在大约 10% ~25% 时，冲击韧性与抗拉强度有好的配合。

（5）铁素体 + 贝氏体 + 马氏体：在这种复合组织中，当马氏体量大于一临界量后，就不再有屈服延伸，这时屈强比较低；其抗拉强度介于铁素体 + 马氏体与铁素体 + 贝氏体之间。研究表明，当贝氏体的量少于 20% 时，这种复合组织的强度与屈强比变化不大。与铁素体 + 马氏体相比，这种组织的疲劳强度及韧性较好；形变时空洞的形成较少，因为贝氏体比马氏体软。

（6）铁素体 + 珠光体 + 马氏体：这种复合组织的强度介于铁素体 + 马氏体与铁素体 + 珠光体之间。在 Si - Mn 钢中，其抗拉强度可表示为：

$$\sigma_b(\text{MPa}) = 443.2 + 12.1(\%M) + 4.7(\%P)$$

式中，$\%M$ 及 $\%P$ 分别表示马氏体及珠光体的体积百分数。可以看出，马氏体的强化因子（每增加百分之一的马氏体导致的强度增值）大约是珠光体强化因子的 2.5 倍。在这种组织中，增大马氏体量可降低屈强比，当马氏体量达 20% 时，可出现连续屈服。

总之，研究合金元素在钢中的作用，必须根据具体钢种所需要的性能，全面考察钢材在整个加工处理过程中的组织结构变化，以及使用过程中组织结构的变化，才能深入了解合金元素与铁，合金元素与碳，以及合金元素之间的相互作用。

第三节　合金钢的分类及编号

合金钢属于铁基合金，如果按合金钢中主要元素之一的碳来区分的话，可以分为两大类：一类是含有较多碳的合金钢；另一类是含有微量碳的合金钢。随着工业生产的迅猛发展，合金钢的种类日益繁多。和其他金属材料一样，为了不同的目的，合金钢还可有好多种分类方法，这些分类方法各有其特点。根据合金钢的用途不同可分为：结构钢、轴承钢、工具钢、耐蚀钢、耐热钢及特殊物理性能钢等；按退火后钢的金相组织，可将合金钢分为亚共析钢、共析钢、过共析钢和莱氏体钢等；按空冷后钢的金相组织可将合金钢分为珠光体类、马氏体类、贝氏体类、奥氏体类以及铁素体类等；根据钢中主要合金元素的类型，可将合金钢分为：锰钢、硅钢、硅锰钢、硼钢、铬镍钢、铬镍钼钢等；也可根据合金元素总含量的多少将合金钢大致分为低合金钢（元素总量少于3%者）、中合金钢（元素总量约3% ~10%者）以及高合金钢（元素总量多于10%者）。除上述分类方法外，还可按冶炼方法、杂质含量等来分类。

合金钢的编号方法也可有多种。根据GB221—63，我国合金钢编号方法的原则是：钢中化学元素采用汉字或国际化学元素符号表示；产品用途、冶炼和浇注方法，采用汉字或汉语拼音字母牌号的缩写。现分类简介如下：

一、合金结构钢（包括低合金钢）

（1）钢的含碳量以平均含碳量的万分之几表示；钢中主要合金元素含量，除个别情况外，一般以百分之几表示，当元素平均含量少于1.5%时，钢号中只标明元素，而不标具体含量，当元素平均含量等于或多于1.5%、2.5%、3.5%…时，在元素符号后面还要相应标注2、3、4…等数字。这些代表合金元素含量的数字，应与元素符号平写，如20Cr2Ni4A。（2）合金结构钢中的Mo、V、Ti、Nb、Zr、B、稀土等元素，如是有意加入的，虽含量较少，但作用特殊，仍应在钢号中标出元素符号。（3）有时，两个钢种的化学成分，除其中一个主要合金元素外，都基本相同，而且这个主要元素的平均含量也都少于1.5%，这时应该将该元素含量较高的钢号的元素符号后标加“1”字来区别。（4）高级优质钢的钢号末尾加注“高”或“A”。（5）低合金钢，如果是碱性或酸性转炉冶炼的，则应在其钢号前分别冠以碱（或J）和酸（或S）。（6）弹簧钢的表示方法与合金结构钢相同。

二、合金工具钢和高速钢

（1）当平均含碳量≥1.00%时，含碳量就不再标出，当平均含碳量<1.00%时，则以千分之几表示，合金元素的表示方法，基本上与合金结构钢相同。但含Cr量低的工具钢，其铬含量也以千分之几表示，并在含量数字之前加一个“0”字，以便把它和一般的表示元素含量百分数的标记区别开来。（2）高速钢的含碳量一般不标出，只标明合金元素的平均含量，以百分之几表示。

三、滚动轴承钢

为了避免这类钢的编号和其它合金钢发生混淆和重复，钢中的含碳量不予标出；钢中含铬量以千分之几表示，并在钢号前冠以表示用途的缩写滚（或G）。

四、不锈耐蚀钢、耐热钢和电热合金

（1）这几类钢与合金中的含碳量大都很低，一般不予标出；合金元素的平均含量以

百分之几表示，微量特殊元素如 Ti、N、Nb、B、稀土等，也标示元素符号。(2) 如一类钢合金元素含量相同，而含碳量不同，则含碳量以千分之几概略表示，如 0Cr13、1Cr13、2Cr13，00Cr18Ni9Ti、0Cr18Ni9Ti、1Cr18Ni9Ti，它们的含碳量相应约为 ≤0.08%、≤0.15%、≤0.16%~0.24%，≤0.04%、≤0.06%、≤0.12%。(3) 如果个别情况含碳量较高，为明确起见，也以千分之几表示，如 9Cr18、4Cr9Si 等。(4) 铁素体珠光体型耐热钢的钢号与合金结构钢相同。

第十四章　结　构　钢

第一节　机器结构钢

一、工作条件对机器结构钢性能的要求

机器结构钢（包括超强韧钢在内）用于制造各种机床、汽车、拖拉机、船舶、飞机以及火箭、导弹等的零部件。这些零部件在使用过程中经受着各种载荷的综合作用，例如拉、压、弯曲、扭转、疲劳、冲击等。这些载荷有时是静载荷，有时又是动载荷。而且，这些零部件的工作环境也很复杂，有的在高温，有的在低温，有的还受腐蚀介质作用。由于工作条件复杂，所以，这些零部件的破坏情况也是各式各样的。经常见到的破坏情况有：(1）过载变形和断裂：特别是承受动载荷的情况下，由于不正常的超负荷，当应力超过构件的屈服强度时，构件就要发生变形；当应力超过该材料的断裂强度时，构件就要发生断裂。(2）疲劳破坏：承受交变载荷的构件，若在高于一定的应力下长期工作，就容易发生疲劳断裂。(3）脆性断裂：如果钢材的范性和韧性不足，在承受突然冲击或过载的情况下，由于钢件不能发生相应的范性形变，以吸收部分冲击能量而松弛钢件所受的应力，钢件就会在只发生小量形变或甚至不发生形变的情况下突然脆断，造成严重的破坏事故。(4）腐蚀破坏：钢件与腐蚀介质长期接触，特别是有应力作用的情况下，逐渐被腐蚀而损坏。

由此看来，对机器结构钢性能的最基本要求是：（1）在零件整个截面上具有足够高的屈服强度和抗拉强度，以防止过载变形和断裂；（2）具有高的疲劳强度以防止交变负荷下的疲劳破坏；(3）在零件整个截面上具有足够的范性和韧性，以防止冲击或过载下的突然断裂；(4）具有一定的耐蚀性。此外，还应要求钢材在加工过程中应该具有良好的工艺性能，如冷形变性能，焊接性能等。

二、机器结构钢的淬透性

为了满足机器零件在整个截面上力学性能的一致性，要求机器结构钢必须有足够的淬透性。因为大量的实验结果确证，钢在淬火时如获得100%马氏体，经回火后可具有优越的综合力学性能，如高的屈强比（σ_s/σ_b），高的疲劳强度，高的冲击韧性和良好的冷脆性。但如果淬火时得到的是非淬透组织（铁素体、屈氏体或上贝氏体），则钢的综合力学性能就要差得多。因而，对机器结构钢来说，淬透性的好坏是非常重要的。

在上一章已讨论过合金元素对过冷奥氏体分解的影响，其目的之一也就是为了探讨合金元素对钢的淬透性的影响。

多年来，已建立了若干种计算钢的淬透性的方法。这些方法基本上反映了合金元素对钢的淬透性的影响。常用的方法有两类：

1. 理想临界直径法（也叫乘子法）

根据 M. A. Grossmann 原理，理想临界直径定义为某钢在 $H=\infty$（H 称为淬火急冷度）条件下淬火时，钢棒中心得到50%马氏体的最大直径。某一合金钢的理想临界直径可表示为：

$$D_I = D_I^o \prod f_i\ (x_i)$$

式中，D_I^o 为给定晶粒大小和碳含量的碳素钢的理想临界直径；x_i 为不同合金元素的质量百分数；f_i 为不同合金元素的淬透性乘子。淬透性乘子代表某个合金元素增大理想临界直径的能力，即某个合金元素在给定含量下所增大的 D_I^o 的倍数。数十年来，已由实验测得大量有关 D_I^o 及不同碳含量条件下 f_i 的数据。这样，当已知钢的化学成分及晶粒大小后（D_I^o 的数值反映了晶粒大小的影响），即可直接通过上式求得该钢的 D_I。通过比较 D_I 的大小，就可得知不同钢种淬透性的大小。另外，通过文献中给出的方法，还可由 D_I 求得钢的淬透性曲线（Jominy 曲线）。由于钢的成分波动及其他因素的影响，某一钢种的淬透性"曲线"通常总是具有一定宽度的淬透性带。

2. 回归方程法

这类方法系根据淬透性曲线测定方面积累的大量数据，通过回归分析得出相应的方程。目的在于建立淬透性曲线给定位置的硬度与钢的化学成分和晶粒大小的关系。E. Just 方程之一为：

$$\begin{aligned}\text{HRC } at\ J_{4\sim40} = {} & 88\sqrt{C} - 0.0135E^2\sqrt{C} + 19\text{Cr} + 6.3\text{Ni} \\ & + 16\text{Mn} + 35\text{Mo} + 5\text{Si} - 0.82K_{\text{ASTM}} - 20\sqrt{E} + 2.11E - 2\text{HRC}\end{aligned}$$

式中，元素符号为各元素的质量百分数；E 为 J 距离（单位为 1/16 英寸）；K_{ASTM} 为晶粒级别号。这一经验方程适用于低、中碳低合金钢（J 距离为 6.4 ~64mm）。

此外，还有其他形式的回归方程以及其他类型计算淬透性的方法。

到目前为止，虽然绝大部分计算淬透性的方法尚不能精确反映合金元素的相互作用对淬透性的影响，但在生产中都能在相当大程度上用以控制钢的淬透性带宽。尤其重要的是，在钢的冶炼过程中，通过微机辅助计算来满足成分微调对淬透性的要求，已在生产中付诸实现。

三、强韧钢

强韧钢包括淬火高温回火状态下使用的钢（即调质钢），和淬火低温回火状态下使用的结构钢（这里主要指低碳马氏体结构钢），这两类钢是机械结构钢中用量最大的。调质钢用得最早，也较广泛，而低碳马氏体钢则是从 60 年代才大为推广使用的。

1. 调质钢

在机器零件中，承受大载荷、变向载荷和冲击载荷的轴、螺栓等要求材料有较高的强度及韧性。在一般情况下要求的综合力学性能主要包括 σ_s、ψ、δ 及 a_K。50 年代以后，对一般机器结构件通常要求 $\sigma_s = 491 \sim 981\text{MN/m}^2$，$\sigma_b = 785 \sim 1373\text{MN/m}^2$，$\psi = 40\% \sim 50\%$，$\delta = 10\% \sim 25\%$，$a_K = 589\text{kJ/m}^2$。这样的力学性能指标，采用中碳钢并经调质处理得到回火索氏体组织后可以达到。因此，这类钢称为调质钢。

调质钢的含碳量一般在 0.30% ~0.50% 之间。常用的具有代表性的调质钢有 40、45、45B、50B、40Cr、45Mn2、45MnB、35SiMn、35CrMo、40CrNi、42MnVB、40MnMoB、40CrMnMo、40CrNiMo 等等。

为了使调质钢获得较好的综合力学性能，必须要求钢具有回火索氏体组织。而要想使较大尺寸零件获得这种组织，就需要以不同的合金元素来增大钢的淬透性，然后进行淬火，得到马氏体后再高温回火。为了进一步细化奥氏体晶粒提高钢的力学性能，就向钢中加入 Al、

V、Ti、Zr、Nb 等元素。为了减弱或避免高温回火脆性，则在加入上述元素的基础上，再加入 Mo 或 W，或者采用适当的工艺措施，以上三方面就是调质钢合金化的基本原则。

2. 低碳马氏体钢

早在三、四十年代，人们在研究关于渗碳钢件的心部强度时，已对低碳马氏体的力学性能有所认识。但是，由于各种原因，只是个别优异的钢种如 18Cr2Ni4WA 等沿用下来，用以制造重要的零件。到 60 年代初，利用薄膜透射电子显微镜对马氏体精细结构的研究取得了重要进展，并发现低碳马氏体（板条马氏体）可能由于没有内部孪晶从而具有较高的范性，并且对延迟断裂的敏感性较小，这就为大量推广使用低碳马氏体提供了根据。

目前大量推广使用的低碳马氏体钢有低碳碳钢和低合金钢以及低碳高合金钢。例如，尺寸 ϕ10mm 的 25 钢制件，经 860℃ 水淬，300℃ 回火后，$\sigma_b = 1079MN/m^2$（$110kg/mm^2$），$\sigma_s = 883MN/m^2$（$90kg/mm^2$），$\psi = 50\%$，$a_K = 785kJ/m^2$（$8kg \cdot m/cm^2$）；又如，20MnVB 钢经 880℃ 油淬，200℃ 回火后，$\sigma_b \geqslant 1079MN/m^2$（$110kg/mm^2$），$\sigma_s \geqslant 883MN/m^2$（$90kg/mm^2$），$\psi \geqslant 45\%$，$a_K \geqslant 687kJ/m^2$（$7kg \cdot m/cm^2$）。而 40Cr 钢，经 850℃ 油淬，500℃ 回火，水或油冷后的力学性能仅为 $\sigma_b = 981MN/m^2$（$100kg/mm^2$），$\sigma_s = 785MN/m^2$（$80kg/mm^2$），$\psi = 45\%$，$a_K = 589kJ/m^2$（$6kg \cdot m/cm^2$）。由此可以看出，上述一些低碳马氏体钢淬火，低温回火后的综合力学性能指标与通常的调质钢 40Cr、45 钢相比，显得更加优越。而且，用低碳钢淬火、低温回火，比用中碳钢淬火、高温回火有更大的经济价值。首先，低碳钢容易切削加工；其次，通过适当的合金化来避开低温回火脆性区并不困难，不像调质钢那样对高温回火脆性敏感性强；而且，低温回火又可避免零件表面的氧化，并能节约能源。总之，低碳马氏体有良好的范性和韧性，宜作耐冲击、缺口敏感性小的、高综合力学性能的结构材料。

一些要求特别高的强韧件，如挖掘机主传动轴，重型机器的主、被动齿轮，以及要求工作稳定性极高的大型高速柴油机曲轴等，需用低碳高合金钢制造，这要比用调质的中碳高合金钢效果更好。长期以来，使用较成熟的高级低碳强韧钢为 18Cr2Ni4WA。该钢（140mm 截面件）经 860～880℃ 空淬，150～170℃ 回火后的力学性能为：$\sigma_b = 1128MN/m^2$（$115kg/mm^2$），$\sigma_s = 834MN/m^2$（$85kg/mm^2$），$\psi = 50\%$，$\delta = 11\%$，$a_K = 1177kJ/m^2$（$12kg \cdot m/cm^2$）。这个钢的最大特点是空冷即可淬透；由于碳含量低，缺口敏感性小；具有高的疲劳强度。

四、渗碳钢

在机器制造工业中，有相当大一部分零件表面要求高硬度、高耐磨性，而心部要求足够的强度和韧性。这类零件除了用中碳钢表面淬火外，大多是用低碳钢经渗碳、淬火、低温回火后制作。这种经渗碳热处理后使用的钢称为渗碳钢。

渗碳钢的含碳量一般在 0.15%～0.3% 之间。对于高强度的零件，要求含碳高些（可偏于含碳量的上限）。从合金化程度来看，与调质钢相似，也分为含锰少于 1% 的渗碳钢（包括在低碳碳素钢之内），含 Mn、Si、Cr、V、B、Mo 等元素的低、中合金渗碳钢，以及含有较多量合金元素的高合金渗碳钢。

合金元素在渗碳钢中的作用，主要是增大钢的淬透性和改善钢的渗碳性能。增大淬透性的目的是为了保证得到具有足够强韧性的心部以承托高硬度、高耐磨性的表层；改善渗碳性能则是为了加快渗碳速度并获得满意的表层成分和组织。

按照淬透性的大小，可以把常用渗碳钢分作如下的级别：（1）15、20钢；（2）15Cr、20Cr、20MnV、20Mn2B；（3）20MnVB、20MnMoB、20Mn2TiB、25MnTiBRE、20CrMnTi、20CrMn、20CrMo、12CrNi2；（4）12CrNi3A、22CrMnMo、20SiMnVB、12Cr2Ni4A、20Cr2Ni-4A、20SiMnMoVA、20CrNiMo、18Cr2Ni4WA等。从淬透性来考虑，一般机器零件，如齿轮，多用20Cr、20MnVB、20CrMnTi、20CrMo、20CrMnB等钢制作。只有大截面或特别重要的零件，才使用12CrNi3A、20Cr2Ni4A乃至18Cr2Ni4WA等钢种。

上述的淬透性，通常是指渗碳前原材的淬透性或称“心体淬透性”（D_{IB}）。经过渗碳，渗层的碳含量急剧增高。在高碳条件下，合金元素对淬透性的影响与低碳时相比有所不同，因而就提出了渗层淬透性（D_{IC}）的问题。

应当注意的是，通常心体淬透性的判据是钢棒中心得到50%马氏体算作淬透。而渗层淬透性的判据则为99%马氏体或90%马氏体。在计算渗层淬透性时，需采用高碳条件下各元素的乘子。在渗碳件选择钢种以及在设计渗碳钢时，应当注意统一考虑心体淬透性及渗层淬透性。

绝大多数合金渗碳钢制作的零件，在渗碳淬火低温回火后，心部可得到低碳马氏体，具有足够的强韧性。而渗碳件表层的性能则受多方面因素的影响。首先，要想得到一个良好的渗碳件，渗碳层的成分和组织必须严格地加以控制。另外，由于渗碳过程周期很长，因此，缩短生产周期是非常必要的。上述两方面都与钢的成分以及钢的渗碳性能有关。对钢的渗碳性能一般提出以下五点要求：（1）渗碳层含碳量，尤其是表层含碳量不宜太高。一般工件，表层含碳量多控制在0.9%～1.0%；重载工件，表层含碳量多控制在1.2%～1.4%。（2）在渗碳层中，碳含量由外向内的分布（即碳的浓度梯度）应当是平缓的。（3）钢在渗碳温度奥氏体晶粒不易长大（包括表层和心部）。（4）渗碳层的过共析区，在由渗碳温度冷至淬火温度的过程中，最好能析出颗粒状的碳化物，不出现网状碳化物。（5）渗碳速度应尽可能的快。在这五方面中，（1）、（2）（5）三项是互相关联的。碳的吸收和向内层扩散两因素就决定了渗碳层质量和渗碳工艺。而碳的吸收和向内层扩散的快慢，则主要受合金元素的影响。

凡是形成碳化物的元素，当它们溶于奥氏体时，都可以增加钢表面对碳的吸收能力；与此同时，它们都减慢碳在奥氏体中的扩散。因而，如果钢中加入这类元素过多，往往导致钢件表面含碳量过高，同时使渗碳层碳含量的分布变陡，这些都是不希望的。反之，非碳化物形成元素则减小钢件表面碳的吸收速度，如Si、Ni、Cu等；同时加速碳在奥氏体中的扩散，如Ni、Co、Si、Cu等。因而，加入这类元素，往往可使渗碳层的含碳量分布变平缓，并使表面层含碳量适当减少。由于Mn与碳的亲和力大致和铁与碳的亲和力相同，因而加入Mn对碳的吸收和扩散过程没有明显的影响。基于上述讨论，可以把碳化物形成元素和非碳化物形成元素配合使用。如配比得当，就可以达到使碳吸收快、扩散也快的良好效果，Si－Mn－Mo－V系的合金化方案就是基于这种考虑。

另外，钢的原始含碳量对碳的吸收和扩散也有影响。含碳低的钢，碳的吸收和扩散自然要快些；含碳高的则相反。然而，含碳量较高一些的钢，其渗碳层碳量的分布，比碳低的钢平缓，因为其心部碳量相对高一些，在同样渗碳层厚度的条件下，自然碳的浓度梯度也就变小。

Ti和V的作用比较特殊。由于它们和碳的亲和力都很大，而且，它们一般加入量又不多，所以，在渗碳过程中只要有少许碳原子进入钢件表面，就与Ti和V形成碳化物。甚至在钢的原始退火或正火状态，Ti或V的碳化物就已存在。这样，在渗碳温度下，无论是工件的表层还是心部，都存在着Ti或V的细小碳化物。这种小颗粒碳化物的存在，在高温下可以阻止晶粒的长大；在渗碳后预冷到淬火温度的过程中，又创造了析出粒状碳化物的条件。这样，由于加入Ti、V这一类强碳化物形成元素，就使钢在渗碳后直接淬火成为可能。Nb的作用与Ti、V相似。

综上所述，合金元素在渗碳钢中的作用，一方面是增大淬透性，从而强韧零件的心部；另一方面是改变表层的成分和组织，以满足表面硬度、耐磨性和耐疲劳的要求。不过应当注意，在一个特定的零件上，表层与心部是有机地联系在一起的，某一因素单独对表层或单独对心部的影响，反映在渗碳件的整体上，往往原来的规律性就不复存在。一个明显的情况是，在渗碳层较厚的大多数情况下，整个渗碳件的冲击韧性值，往往是比原始未渗碳钢材的冲击韧性值低得多，这显然是和渗碳层的强度和范性有关。因此，必须对整个渗碳件进行综合的研究，才能得出正确的结论。

五、弹簧钢

弹簧材料要求具有高的弹性极限，或者说要求较高的屈服强度；此外，弹簧在周期性负荷作用下，又要求材料具有高的疲劳强度和耐冲击性能。为了满足第一个要求，可采用含碳0.5%～0.7%的碳素钢或合金钢，经淬火中温（400～500℃）回火后使用；或用含碳0.7%～1.2%的冷拔或冷轧钢材，经低温加热处理后使用。为了满足第二个要求，除了使材料具有高强度之外，还必须尽量减少钢中的非金属夹杂，并尽量提高弹簧的表面质量。

弹簧钢中合金元素的作用如下：（1）碳主要用来满足钢材的强度；（2）Cr、Mn、B主要是增大钢的淬透性，以保证大截面弹簧强度的要求；（3）Si主要是提高钢的弹性极限；（4）V用来细化奥氏体晶粒，以增大钢的强度和韧性。通常在弹簧钢中加入的合金元素不外是以上几种。

常用的弹簧钢有如下几类：（1）碳素弹簧钢，主要有65、70、75、85、60Mn、65Mn以及以冷拔、冷轧材供应的T9A、T10A、T11A、T12A等。（2）低合金弹簧钢，主要是含1%～2% Si及1% Mn的Si－Mn、Si－Mn－Mo、Si－Mn－V钢系，如60Si2Mn、55Si2Mn、60SiMn、55SiMn等。这些钢由于价格不高，性能好，是目前最广泛使用的弹簧钢。60Si2Mn钢在油中淬火，能淬透20～25mm。各种车辆的板簧以及作其他用途的弹簧片基本上多用60Si2Mn或55Si2Mn钢制作。55SiMnMoVNb，55SiMnMoV、55SiMnVB、60Si2MnBRE等钢，适合作高负荷板簧，以取代60Si2Mn钢。低合金弹簧钢中还有50CrVA、60Si2CrVA等。50CrVA钢是一种淬透性大、过热敏感性小的弹簧钢，它的另一个重要优点是升温至300℃性能无变化，可用来制造发动机的气门弹簧及活塞弹簧等。这种钢由于淬透性比60Si2Mn钢好，故可制造重型车上尺寸较大的板簧。60Si2CrVA钢具有很好的淬透性与很高的强度，适于制造尺寸大、要求耐热到350℃的弹簧。也可用65Si2MnWVA钢，此钢在淬透性、强度方面与60Si2CrVA相同，但没回火脆性。（3）高合金弹簧钢，主要用来制造耐热弹簧，例如，要求耐热到350～500℃的弹簧，可用30W4Cr2VA钢制作；也可用高强度不锈钢4Cr13或高速钢W18Cr4V来制造。

弹簧的热处理要根据选材的供料状态及弹簧加工工艺而定。

弹簧钢的供料状态一般有三种：热轧态、热轧并退火态、冷拔或冷轧态。5～50mm截面大尺寸的弹簧，一般用热轧态的钢料。中等尺寸（1.5～5mm）要求性能比较高的弹簧，用热轧并退火态的钢料。小尺寸（0.5～1.5mm）或特殊要求的弹簧用冷拔、冷轧材或等温处理后的冷拔材，或淬火回火材。

1. 热轧钢料大型弹簧的热处理

大型弹簧一般都是热成型，即加热到奥氏体状态后压成或绕成。对板簧而言，这个操作尚包括卷两端的“耳”和冲孔等工序。钢料成型后，按不同的钢号随即进行适当的淬火和中温回火。这种利用成型余热淬火的方法，要求成型的最后温度，必须是该钢的适宜淬火温度。同时，加热时必须严防氧化和脱碳，这对弹簧来说是十分重要的。

采用高温热机械处理，可使弹簧的寿命剧增，例如60Si2Mn板簧，采用高温热机械处理和一般淬火回火后弹簧性能和寿命的对比如表14－1。

表14－1　弹簧钢的性能及寿命

项　目	σ_b（MN/m^2）	σ_s（MN/m^2）	δ（%）	ψ（%）	a_K（kJ/m^2）	硬度（HRC）	疲劳寿命	
							力(N)	循环次数（万次）
一般淬火回火	1491	1373	9.96	41.6	334	44	912	17.4
高温热机械处理	2374	2237	7.7	40.4	677	56	932	145.0

淬火弹簧的回火温度，一般在400～500℃。经回火后，和调质钢相比，a_K值虽较低，约在294～491kJ/m^2（3～5$kg \cdot m/cm^2$），但屈服强度较高。另外，由于回火温度区间可能处于回火脆性区的下限，因而回火后适当快冷是必要的。

2. 冷轧或冷拔钢料弹簧的热处理

冷拔的弹簧钢丝具有很高的强度，用这种钢丝制作弹簧时，一方面必须注意不能软化后再绕制弹簧；另一方面，绕制成型后也不要像一般热轧材弹簧那样淬火中温回火，而只要经低温加热（180～370℃）20～30分钟，立即水冷使用。这种低温加热不叫回火，因为事前并未淬火。低温加热的作用是，一方面可消除冷拔、冷卷时的内应力（这不是主要的）；另一方面，由于低温加热处理，使形变后钢的内部结构发生变化（回复，这是主要的），从而使性能发生显著的变化，尤其是弹性极限大幅度增加。例如图14－1所示含碳0.55%～0.65%的ϕ2.9mm冷拔钢丝，在约200℃加热后，σ_s由1766MN/m^2

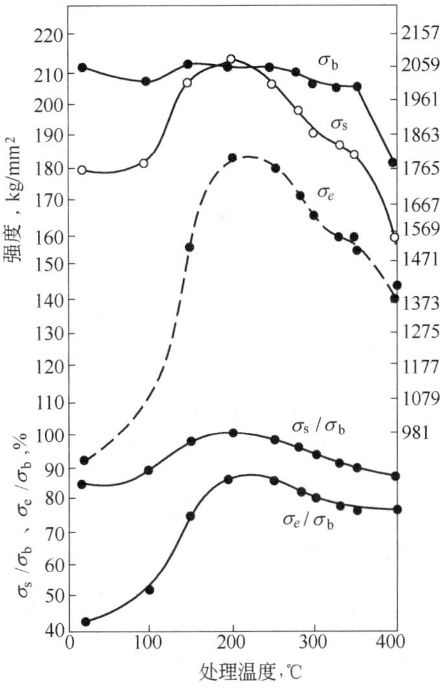

图14－1　低温加热水冷处理对冷拔钢丝性能的影响

（0.55%～0.65%C）

(180kg/mm^2) 增至2060MN/m^2 (210kg/mm^2)，使σ_s/σ_b近于1；特别突出的是弹性极限由大约883MN/m^2 (90kg/mm^2) 猛增至1766MN/m^2 (180kg/mm^2)。这就大大挖掘了材料的强度潜力。冷轧钢带制作的弹簧同样也可采用上述的低温加热水冷处理，获得优良的性能。需要注意的是，低温加热处理的要点是温度要严格控制，保温后迅速水冷。

第二节 超强韧钢

随着超音速飞机以及火箭、导弹和宇航技术的发展，对结构材料的强韧性提出了越来越高的要求。首要的问题是如何使这些器件轻量化。这就要求材料必须首先具有大的强重比（强度与比重的比值）。铝合金与钛合金之所以一直是航空工业的重要结构材料，就是因为这些合金材料的强重比比较大。自从超强韧钢逐渐取得进展以后，钢铁材料在这方面的使用率才逐渐增大。像飞机的降落装置、机翼配件、尾翼的贯通部件以及发动机台架等，都需要用抗拉强度1962MN/m^2 (200kg/mm^2) 左右的超强韧钢来制造。按照合金钢的发展历程，目前被称为超强韧钢的力学性能指标是抗拉强度在1472MN/m^2 (150kg/mm^2)以上，并有相当的韧性。根据合金元素含量的多少，可以把超强韧钢分为低合金和高合金超强韧钢两类。

一、低合金超强韧钢

低合金超强韧钢是含碳大约0.3%～0.5%，合金元素总量一般不超过6%的中碳合金钢，如含碳0.4%左右的Ni－Cr－Mo钢（40CrNiMo）、含碳约0.46%的Ni－Cr－Mo－V钢（D6－AC）、含碳约0.4%的2Si－Cr－Ni－Mo－V钢（300M）以及不含Ni、Cr的Si－Mn－Mo－V钢（35Si2Mn2MoVA）等。

低合金超强韧钢是经淬火低温回火或经等温淬火低温回火后使用的，即以回火马氏体或下贝氏体组织状态来使用的。

目前对低合金超强韧钢来说，冶炼、加工和热处理方法的改进对改善钢的强度和韧性比研制同类的新钢种显得更为重要。譬如，采用真空自耗炉冶炼超强韧钢可使钢中P、N、O、H等有害元素的含量大大减少，从而可显著改善钢的力学性能。再经过热机械处理，可进一步提高钢的力学性能。如由真空冶炼的40CrNi5Si钢，经低温热机械处理后，钢的抗拉强度由一般淬火回火后的1668～1864MN/m^2 (170～190kg/mm^2) 提高到3237MN/m^2 (330kg/mm^2)，屈服强度相应由1177～1275MN/m^2 (120～130kg/mm^2) 提高到2550MN/m^2 (260kg/mm^2，即提高一倍)。不但如此，热机械处理还可显著地改善钢的韧性。例如30CrMnSiA钢，一般淬火回火后的a_K值为491kJ/m^2 (5kg·m/cm^2)，而高温热机械处理后a_K值可达1275kJ/m^2 (13kg·m/cm^2)；37CrNi3A钢的a_K值相应由461kJ/m^2 (4.7kg·m/cm^2) 增至1472kJ/m^2 (15kg·m/cm^2)，等等。韧性提高的一个突出结果是高温热机械处理可使钢的可逆与不可逆回火脆性区的冲击韧性值提高近两倍，图14－2为一个典型的例子。而且，研究指出，高温热机械处理还可使钢的低温韧性以及疲劳强度大大改善。

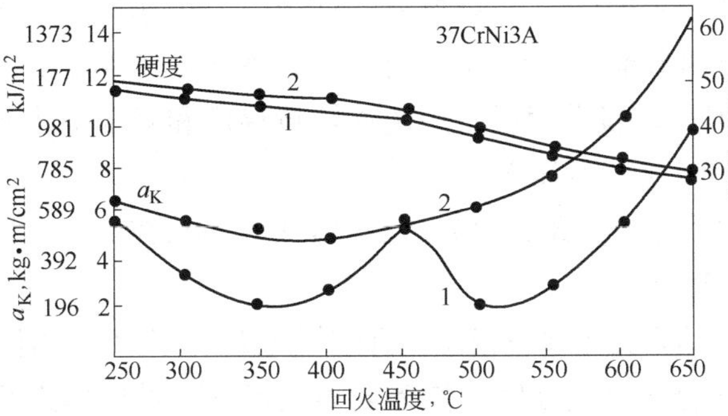

图 14－2　高温热机械处理对钢的冲击韧性的影响（37CrNi3A）

1——一般淬火（1000℃1 小时→900℃→油淬）；2—高温热机械处理（1000℃1 小时→900℃轧制 20%→油淬）

改善超强韧钢力学性能的另一个重要手段是超细晶粒技术。研究指出，通过热机械处理（在近于 A_{c3} 的温度强烈形变，恒温或慢冷一段使形变奥氏体再结晶，快速冷却阻止再结晶的晶粒长大），或者通过快速反复奥氏体化和淬火（反复次数的多少视钢种而定）均可获得超细奥氏体晶粒（晶粒号 $N=13\sim15$）。这样级别的奥氏体晶粒大小可使强化钢的强度有显著的增加（图 14－3）。从图中可以看出，目前工业用钢晶粒度的通常范围为 5～10号，所以，强度的增值有限。当获得超细晶粒时（10 号以上）时，强度就大幅度增加。图 14－4 为低温回火钢屈服强度与晶粒大小的关系的两个例子。研究并指出，在晶粒超细化导致强度大幅度增加的同时，钢的韧性也增加。

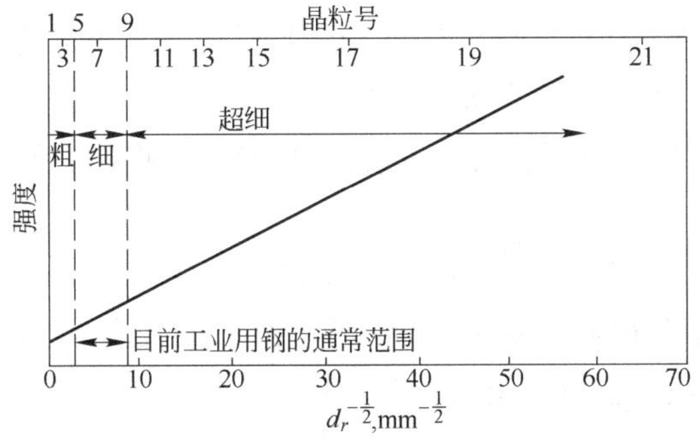

图 14－3　奥氏体晶粒大小对强度影响的示意图

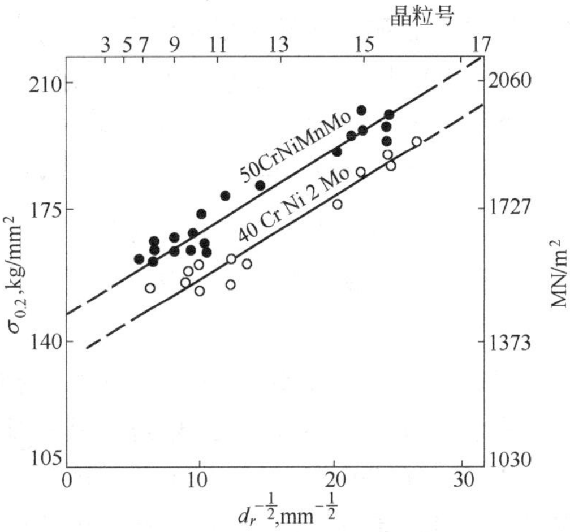

图 14－4　奥氏体晶粒大小对低温（204℃）回火马氏体屈服强度的影响

以上的讨论说明，随着人们认识的深化，在强化和韧化钢材方面不断取得进展。一个突出的问题是，对于衡量材料韧性的指标，也必须随着条件的变化进行变革，才能适应工程设计的要求。因为在早期，进行零件设计时，根据工程经验和教训，对于反映韧性的各项指标曾根据经验提出一定的要求，这种要求都是为了防止脆断。对于低、中强度材料来说，一般用冲击试验的吸收能（常用 a_K 指标）和各种韧脆转换温度（常用50%脆性转折温度）来评价韧性。但是，高强度材料用脆性转折温度和吸收能来评价韧性并不可靠，需用断裂韧性指标来评定（见第五章）。

对于低合金超强韧钢来说，绝大部分都是中碳钢，马氏体的组织大多是孪晶型的，回火后这种马氏体的 K_{IC} 值较低。

下贝氏体组织与孪晶马氏体组织相比，有较好的 K_{IC}，但仍不如板条马氏体组织，所以，在有些情况下，低合金超强韧钢采用等温淬火得到下贝氏体组织，来满足 K_{IC} 的要求。需要指出的是，在上述这些组织中，碳化物的形态对 K_{IC} 有很大的影响，尤其是在晶界沉淀的薄片状碳化物最有害。在一定温度以上回火，使碳化物球化，可以改善 K_{IC}，但强度要受损失。研究还指出，在回火马氏体、下贝氏体组织的情况下，合金元素对 K_{IC} 的影响并不显著。

总的来说，低合金超强韧钢从合金含量来看是最经济的。虽然通过热机械处理、超细晶粒技术以及改善冶金质量等途径，在一定程度上解决了强、韧性的矛盾，但在一些情况下，由于受到焊接、切削加工性能的限制，故多适用于制造小型零部件和不需要焊接的部件。另外，中碳低合金超强韧钢在淬火时脱碳、变形，以及应力腐蚀和电镀脆性等方面也有其不足。

二、高合金超强韧钢

高合金超强韧钢，按强韧化机制的不同大致可分为三类，即（1）中、低碳的二次硬化型超强韧钢；（2）金属化合物脱溶强化型超强韧钢；（3）相变诱起范性型超强韧钢。

1. 中、低碳二次硬化型高合金超强韧钢

这类钢的特点是通过淬火回火，以特殊合金碳化物的复合沉淀硬化效应来强化钢材，以高含量的 Ni、Co 来改善韧性和焊接性。典型的钢系如 9Ni－4Co（中碳或低碳）。这类钢的强度一般不超过 1962MN/m^2（200kg/mm^2），具有良好的韧性和焊接性。加入 9% 的 Ni 可有效地改善韧性，加入 4% 的 Co，可提高 M_s 点。高的 M_s 点使马氏体的自回火加强，这样就改善了一般在焊接区产生的不能自回火的马氏体的韧性，因而可以直接在焊接后使用。

碳化物二次硬化型超强韧钢中还有一种叫基体钢的。这种钢是由 W－Mo－Cr－V 系高速钢演变来的。人们早已知道，高速钢具有很高的强度，如弯曲和压缩强度可达 2943MN/m^2（300kg/mm^2）以上，但由于其组织中含有过量的合金碳化物，因而，虽然强度很高，但脆性却很大，所以不能作为结构材料来使用。于是，人们设想，能不能不要组织中的过量合金碳化物而只要该合金固溶体基体，以此来获得既有高强度又有高韧性的材料呢？随后，根据这种想法，配制了一些钢，使其加入的合金量刚好够完全进入固溶体，即相当于高速钢在淬火状态下的基体成分，故名为基体钢。其代表性的钢种如 MA（0.5% C，2.00% W，2.75% Mo，4.50% Cr，1.00% V）和 Matrix Ⅱ（0.55% C，1.00% W，5.00% Mo，4.00% Cr，1.00% V，8.00% Co）。这类钢已非常成功地用于高性能的挤压模具以及飞机上的超强韧紧固件，但一般只用到这种钢的中等强度—— $\sigma_b \approx 2060$MN/m^2

($210kg/mm^2$)。值得注意的是，这种钢经低温热机械处理以后，可以获得惊人的强韧性。例如 VascoMA（含 0.55% C，Cr、W、Mo、V 合计约 12% 的钢），经低温热机械处理后，抗拉强度达 $3139MN/m^2$（$320kg/mm^2$），屈服强度达 $2845MN/m^2$（$290kg/mm^2$），延伸率为 8%，断面收缩率为 35%，硬度为 HRC65.5。由此可以看出，热机械处理在改善低合金和高合金超强韧钢（凡有马氏体相变的）力学性能方面起着重要的作用，是目前获得超强韧结构材料的重要手段。

2. 金属化合物脱溶强化型超强韧钢（马氏体时效钢）

简单说来，马氏体时效钢是含有 Mo、Al、Be、Nb、Ti 等时效硬化元素、以金属化合物脱溶来强韧化的微碳 Fe－Ni 及 Fe－Ni－Co 系合金，（见表 14－2）。按 Ni 量的多少，曾分为 25Ni 型、20Ni 型、18Ni 型及 15Ni 型等类。按强度级别来划分曾分为 200ksi 级（相当 $1373MN/m^2$ 级）、250、300、350、400、500ksi 级等。马氏体时效钢的特点是打破了以碳作为主要强化元素的传统作法，而是以简单的热处理工艺，通过金属化合物的脱溶来强韧化钢材。由于含有多量的合金元素，经固溶处理后，空冷即可得到马氏体，这样，热处理时变形就非常小。固溶处理后微碳板条马氏体的屈服强度为 $687\sim862MN/m^2$（$70\sim88kg/mm^2$），硬度仅有 HRC20 左右，因此，很便于进行机械加工和冷加工；且焊接性能优良，大多数在此状态下即可焊接。这种板条马氏体的基体很适于作为沉淀硬化钢的基体，在高韧性的状态下通过脱溶再附加强化。固溶处理空冷后，只需在 500℃ 左右时效，即可获得高强度、高范性（见表 14－2），因此零件定型后的尺寸变化很小。有时为了提高焊缝效率，可在焊接后再进行固溶处理。这种钢的一般热处理规范是：816℃ 1 小时固溶→空冷→400～510℃ 时效 3～6 小时。固溶处理后得到的是含有多量代位式合金元素、具有高位错密度的过饱和 α 固溶体（板条马氏体）；时效时金属化合物（Ni_3Mo、Ni_3Ti、Fe_2Mo 或其亚稳态，因合金系而异）在此基体上弥散析出，其脱溶序列与一般合金相似：GP 区→亚稳定相→稳定相。研究指出，常用的 18Ni 型钢中，在均匀弥散的非共格亚稳相阶段，钢的 K_{IC} 最好。

表 14－2　马氏体时效钢的成分及性能

牌　号	Ni (%)	Co (%)	Mo (%)	Ti (%)	Nb (%)	Al (%)	C (%)	$\sigma_{0.2}$ (MN/m^2)	σ_b (MN/m^2)	δ (%)	ψ (%)
25NiMaraging	25			1.5	0.5	0.25	≤0.03	～1766	1864	12	53
20NiMaraging	20			1.5	0.5	0.25	≤0.03	～1717	1766	11	45
18NiMaraging	18	8	5	0.5		0.1	≤0.03	～2011	～2109	12	60
15NiMaraging	15	9	5	0.7			≤0.03	—	～1962	—	50
8～13NiMaraging	8～13	10～14	12～18				≤0.03	2649～3335	2747～3434	0.5～8	3～46

注：一般 Mn、Si 皆小于 0.1%；S、P 皆小于 0.01%。

3. 相变诱起范性型超强韧钢*

60 年代初，当人们广泛开展研究在热机械处理过程中组织结构变化时，曾确定：一些含有碳及碳化物形成元素的奥氏体，当在室温以上（但在再结晶温度以下形变时），奥氏体可以发生一定程度的分解。在含有强碳化物形成元素的钢中，合金碳化物在形变过程中可以极弥散地脱溶出来。这表明：奥氏体形变（Ausforming）钢的高强度是由于形变导致的细小弥散的强合金碳化物、高密度位错以及随后的马氏体相变造成的。合金碳化物脱溶的结果，减少了其周围奥氏体中的碳，这样，就导致 M_s 或 M_d 温度的升高。

据此，完全有可能设计一个亚稳的奥氏体钢，其 M_s 和 M_d 在形变以前低于室温；在形变以后 M_d 高于室温，而 M_s 仍远低于室温（譬如深冷至 -196℃仍为奥氏体）。这样就可以满足在低温热机械处理以后完全是奥氏体，并且具有奥氏体形变钢所希望有的结构特征，即高的位错密度和细小弥散的合金碳化物；随后再借助于相变，以形成马氏体来提高钢的强度和范性。鉴于形变诱起相变而产生的强化和范性的提高（后者尤为突出）这一特征，所以把这一类钢叫做 TRIP 钢（TRIP 是英文 *Transformation Induced Plasticity*——相变诱起范性的缩略词），即相变诱起范性钢。这类钢的典型主要成分是：C0.2%～0.3%，Si 约 2%，Mn 约 2%，Cr 约 9%，Ni 约 8%，Mo 约 4%。其典型的处理规范如图 14-5 所示。按图中（*a*）方案，试样在 449℃形变 80%～83%、并深冷至 -196℃后，仍为非磁性状态的奥氏体，然后在室温进行拉伸试验，这一组试样具有突出高的范性，同时也因形变诱起相变使强度也增高；按图中（*b*）方案，前一段处理相同，深冷后不回火（或回火），然后再在室温上下温度（-20～+20℃）施以小量形变（4%～15%），这时试样处于磁性状态，即奥氏体加未回火马氏体或回火马氏体状态，然后在室温进行拉伸试验。这一组试样强度剧增，仍有很高的延伸率，但与前组相比，伸长率约低 50%，详见表 14-3。从表中数据可以看出，相变诱起范性钢室温时力学性能的特点是：在相当高强度水平的情况下，具有比一般超强韧钢（包括马氏体时效钢）远为高的延性，如在 $\sigma_s > 1962MN/m^2$（$200kg/mm^2$）的情况下，$\delta > 20\%$，σ_s/σ_b 几近于 1。

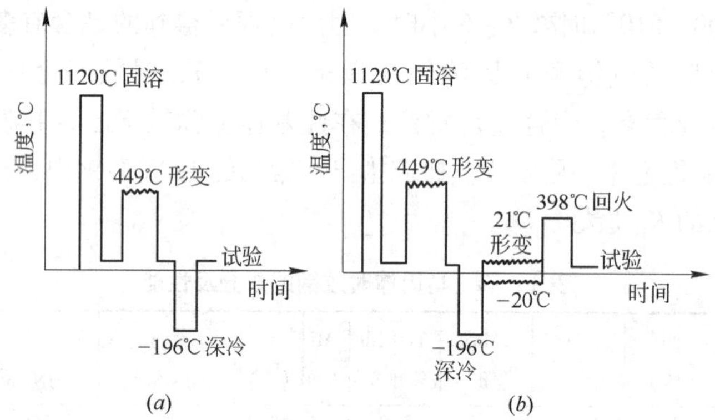

图 14-5 相变诱起范性钢典型处理规范

表 14-3 TRIP 钢的成分和性能

钢的主要成分	奥氏体形变		深冷	相变途中形变		回火		σ_s	σ_b	δ
	℃	%	(℃)	℃	%	℃	分钟	(MN/m^2)	(MN/m^2)	(%)
0.25C-2Si-2Mn-8Ni-9Cr-4Mo	500	30	-196	—	—	—	—	1021	1338	42
0.31C-2Si-2Mn-8Ni-9Cr-4Mo	450	80	-196	—	—	—	—	1521	1734	41
0.31C-2Si-2Mn-8Ni-9Cr-4Mo	450	80	-196	21.1	15	350	30	2000	2000	24
0.25C-2Si-2Mn-8Ni-9Cr-4Mo	450	76	-196	-19.6	4	350	60	2124	2131	21

可以认为，在这种情况下，如裂纹前端形成马氏体，必将由于马氏体的形成消耗能量，使裂纹传播发生困难，这样就将会增大断裂韧性 K_{IC}，这便是相变诱起范性的道理。据报道，TRIP 钢的 K_{IC} 可达 548MN/m² · $m^{\frac{1}{2}}$（500ksi · $in^{\frac{1}{2}}$），而一般 18Ni 马氏体时效钢多不大于 143MN/m² · $m^{\frac{1}{2}}$（130ksi · $in^{\frac{1}{2}}$）。人们曾在不同的方面对 TRIP 钢进行研究，获得了在特定条件下优良性能的钢种。

第三节　工 程 结 构 钢

工程结构钢包括低碳的碳素钢和低合金钢。低碳低合金钢又称普通低合金钢或低合金高强度钢。目前，国内通称为低合金钢。这类钢主要是用于房屋、桥梁、船舶、车辆、高压容器及大型军事工程等工程结构件。这些构件的特点是：（1）尺寸大，形状复杂，多数情况下不可能对其进行整体淬火回火处理，因而绝大部分是在热轧或正火条件下使用。这就要求钢材必须具有一定的屈服强度、抗拉强度以及一定的 σ_s/σ_b 比值，同时还要有足够的范性及韧性；（2）这类构件的成型工艺大多采用冷弯及焊接，因此，要求冷弯后的时效敏感性要小，并要求焊缝区的强度和韧性不低于基材的强度和韧性；（3）这类构件可能长期处于低温或暴露于一定环境介质中，因而要求钢材必须具有良好的冷脆性和耐候性。

一、工程结构钢的合金化

1. 合金元素对工程结构钢强度的影响

工程结构钢按使用状态下组织结构的特点（或强度级别），大致可分为三类：（1）铁素体珠光体钢。通常在热轧状态下使用，σ_b 约 314 ~ 687MN/m²（32 ~ 70kg/mm²），σ_s 约 196 ~ 441MN/m²（20 ~ 45kg/mm²），其含碳量多低于 0.25%。（2）低碳贝氏体钢。通常在热轧或正火状态下使用，σ_b 约 540 ~ 1128MN/m²（55 ~ 115kg/mm²），σ_s 约 412 ~ 883MN/m²（42 ~ 90kg/mm²），含碳量多低于 0.2%。（3）低碳马氏体钢。通常在淬火回火状态下使用，σ_b 约 647 ~ 1128MN/m²（66 ~ 115kg/mm²），σ_s 约 441 ~ 883MN/m²（45 ~ 90kg/mm²），含碳量多低于 0.2%。以上三类钢中，用量最多的是第（1）类。这类钢如按 σ_s 高低大致又可分为两个级别：294MN/m²（30kg/mm²）级的如 12Mn、14Mn、09Mn2、09Mn2Cu、09MnV、09MnAl、18Nb 半等；343 ~ 392MN/m²（35 ~ 40kg/mm²）级的如 16Mn、16MnCu、16MnRE、14MnNb、08MnPRE、09MnCuPTi、10MnSiCu、10PCuRE、12MnV、12MnPRE，以及 15MnSi、25MnSi 等，其中又以 16Mn、16MnCu 用量最大，目前已在我国广泛使用，已成功地用于桥梁、铁路、高压容器以及起重设备等。

合金元素对工程结构钢强度的影响，因组织状态而异。对铁素体 - 珠光体钢强度的影响，主要是通过固溶强化来体现出来；对低碳贝氏体钢，则主要是通过影响过冷奥氏体的稳定性，以及降低贝氏体的形成温度，以便在热轧或正火条件下得到在较低温度下形成的贝氏体组织来强化钢材；对低碳马氏体钢，也是通过增大过冷奥氏体的稳定性，使在淬火时能得到低碳板条马氏体，并通过回火来强韧化钢材。

合金元素在铁素体中的固溶强化作用早期就曾作过较系统的研究。如不同元素每加入 1% 的量可以提高屈服强度的数值如下：P 为 680MN/m²（69.3kg/mm²），Sn 为 124 MN/m²（12.6kg/mm²），Si 为 83MN/m²（8.5kg/mm²），Cu 为 38MN/m²（3.9kg/mm²），

Mn 为 $32MN/m^2$（$3.3kg/mm^2$），Mo 为 $11MN/m^2$（$1.1kg/mm^2$），Cr 却为 $-30MN/m^2$（$-3.1kg/mm^2$），Ni 不增不减，等等。这些元素中，P 的作用虽然很大，但 P 多时要引起冷脆，故其用量受到控制；Sn、Cu 较贵，一般用的不多；用得最多的是 Si（常少于 1%）和 Mn（常少于 1.5%）；Cr 的软化作用至今还不太清楚。其实，在低合金高强度钢中，固溶强化效果最大的还是碳，每增 0.1% C，强度提高约 $294MN/m^2$（$30kg/mm^2$），只是由于碳增多以后，显著地导致焊接性能和冷脆性能的恶化，所以碳量才被严格地限制在低碳范围，而用加入其它合金元素的方法来满足强度的要求。此外，加入少量可以细化晶粒的元素，如 Al、V、Ti、Nb 等也可使钢的强度进一步提高。

应当指出的是，工程结构钢在实际使用时，其许用应力是以材料的 σ_s 为基准，但其值却小于 σ_s。这就表明：在实际使用时的安全系数是相当大的。因此，就越发要求钢材具有较高的 σ_s 值。

2. 合金元素对工程结构钢焊接性能的影响

用低合金高强度钢制作的大型构件有很多是需要进行焊接的，而且，焊后一般不再进行热处理。因此，对这类钢的焊接性能要求较高。在一般情况下，主要是以焊接部分的硬度和范性的高低，是否有焊接裂纹，以及焊接部分缺口韧性的大小等三方面来评价焊接性能的好坏。因此，一个具有良好焊接性能的钢材，必须在焊接时不易产生各种缺陷，而且焊接部位（焊缝）要有足够的强度和韧性。图 14－6 所示为焊接部分硬度分布的一个例子。在焊接的热影响区（图中 *T* 区），由于在焊接时被加热到 A_{c3} 以上，焊接后立即受到基材的快速冷却，而产生马氏体组织，导致硬度的升高。在这种情况下，如果钢的含碳量较高，又含有增大淬透性的合金元素，那么，就更容易导致硬化和脆化；而且，由于相变应力和热应力的作用，在焊缝处就易产生裂纹。因此，为了防止产生裂纹，就必须降低碳量，并适当选择合金元素的种类和控制其含量。焊接部分裂纹敏感性的大小，常用焊接部分的最高硬度值 HV_{max} 来评价，HV_{max} 代表焊缝下方与焊缝平行的横断面上每隔 0.5mm，以 98.1N（10kg）负荷测定的维氏硬度值，见图 14－7。$HV_{max}=(666C_{eq}+40)\pm 40$，式中 C_{eq} 称为碳当量。碳当量是据以下关系求得的：如果以 1% 的碳对热影响区硬度的影响作为 1，再通过实验测出其它元素对 HV_{max} 的影响，与碳相比，求得每个元素的相应系数（常用分数表示，如 1% Mn 的作用相当于 1% C 作用的 $\frac{1}{6}$；Si 相当于 $\frac{1}{24}$；Ni 相当于 $\frac{1}{40}$ …），以统计的结果求得：

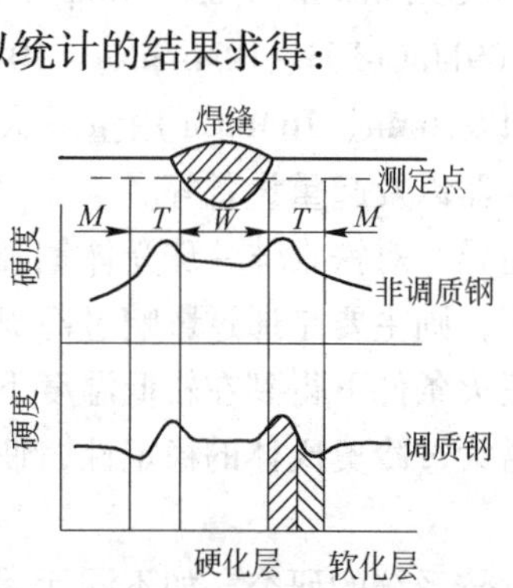

图 14－6　焊接部分的硬度分布（示意图）

M—基材；*T*—热影响区；*W*—焊缝区

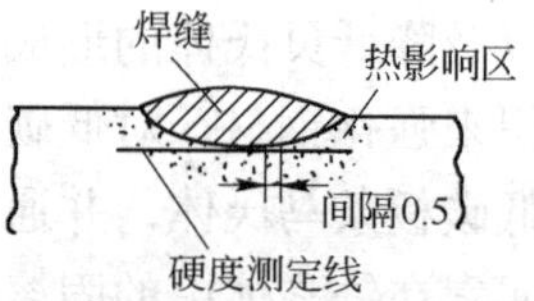

图 14－7　焊接部分最高硬度值的测定方法

（HV_{max} 即热影响区的硬度）

$$C_{eq} = C + Mn/6 + Si/24 + Ni/40 + Cr/5 + Mo/4 + V/14$$

式中，元素符号代表各元素的质量百分数。上述碳当量的关系式，适用于 589MN/m^2（60kg/mm^2）乃至 981MN/m^2（100kg/mm^2）级的各钢种。在通常情况下，为保证焊接区的性能，要求 $HV_{max} < 350$；与此相应，当钢的 $C_{eq} < 0.44\%$ 时，一般不会产生焊接裂纹。HV_{max} 与 C_{eq} 的关系如图 14－8所示。

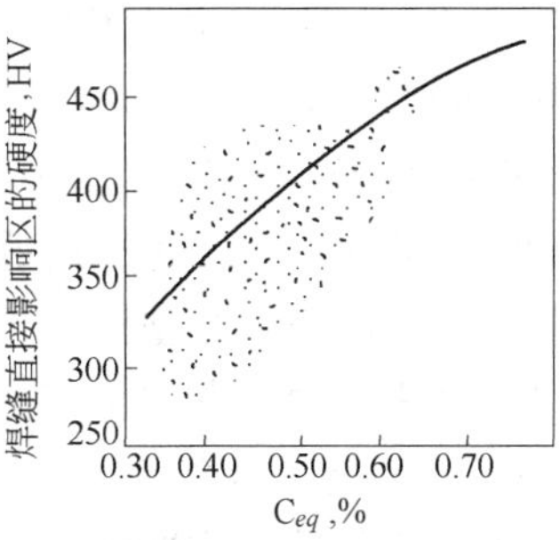

图 14－8　钢的碳当量对焊缝热影响区最高硬度的影响

应当指出，如果控制在低碳范围，在强度相同的情况下，低合金高强度钢的焊接性则远远优于普通碳钢。除化学成分影响外，板材的厚度影响也很大。板子越厚，由于冷却速度的影响增大，一般比薄板容易产生裂纹。这样，焊前就要预热，焊后就要施行消除应力的退火。这对淬透性较大的低碳马氏体钢来说尤其重要。

除上述一般的焊接裂纹外，厚板在厚度方向（一般称为 Z 向）所产生的台阶状的“层状撕裂”，是大型焊接结构（如采油平台等）中的突出问题。研究表明，层状撕裂产生的主要原因是钢板中沿轧向伸长的非金属夹杂物（尤其是硫化物）以及各种诱发因素，诸如氢致脆性，焊接时产生的 Z 向应变，形变时效等。为改善 Z 向的断面收缩率，从而减弱或避免层状撕裂，必须使钢中硫含量降至 0.008% 以下，并同时改变硫化物的类型及其形貌。目前，我国已能成功地生产符合海上采油平台要求的高质量的抗层状撕裂钢——Z 向钢。

3. 低温韧性和低温用钢

低温韧性也叫低温脆性，即钢材在低温时韧性的大小或低温时脆化的程度（因韧性与脆性互成反意）。研究指出，除了体心立方金属及铁素体型钢外，密排六方金属 Zn、Cd、Mg 等在低温也是脆化的。只有 18－8 不锈钢、高锰钢以及 Cu、Al、Ni 等面心立方金属材料，在低温才不易脆化。大量的力学性能试验表明，大多数钢材随着试验温度的降低，虽然强度性能如 σ_s、σ_b 以及疲劳强度增加，但范性则急剧减小。由于韧性是强度和范性的综合反映，所以，随着试验温度的降低，大多数钢材的韧性也随之而变小。但是，关于冷脆的机理至今尚不十分清楚。

为了评价钢的低温韧性，对缺口试样进行一次冲击试验，它可以反映钢材的低温韧性。目前世界各国大多采用具有 V 形缺口试样的冲击值来评价冲击韧性的好坏。我国目前仍沿用具有 U 形缺口试样的冲击值作为评价标准。为了表示冷脆性的好坏，也常用脆性转折温度（多用 50% 脆性转折温度）的高低来评定。

除了上述力学因素的影响外，材料的冶金因素如化学成分、脱氧方法、晶粒度、热处理以及冷热形变等，对钢的低温韧性的影响也是非常重要的，这里简述如下。（1）化学成分的影响：碳含量增多时，钢的脆性转折温度急剧上升，而且冲击韧性值全面下降，故多把碳含量限制在 0.2% 以下。磷和氧的含量即使很少，也使脆性转折温度升高。Ni 和 Mn 可有效地降低脆性转折温度。所以，有不少国家一直采用低碳镍钢作为低温用钢。（2）脱氧方法和晶粒度对低温韧性的影响：研究指出，镇静钢比沸腾钢的低温韧性要好得多，这除了是因为沸腾钢中含有较多的氧和氮以外，主要是因为镇静钢是用铝脱氧，晶粒较细的缘故。特别是加入了少量 Nb、V、Ti 等元素后，晶粒进一步细化，从而使钢得到更为优良的低温韧性。图 14－9 所示为 0.15% C 钢的晶粒大小和脆性转折温度的关系（图中横坐标直接用 $d^{-1/2}$ 或者用晶粒号，得到的同样都是直线关系）。(3) 热处理对低温韧性的影响：淬火回火比正火后的低温韧性要好，正火又比热轧态的低温韧性好。因此，一些有特殊要求的中、小型构件，可利用淬火回火来改善其强韧性。厚度在 25mm 以上的低合金高强度钢，由于热轧态的缺口韧性不足，也常用正火或淬火回火来改善其韧性。(4) 冷加工的影响：研究指出，10% 的冷形变就可使钢的冲击值明显下降。形变时效更使冲击值进一步降低，脆性转折温度也进一步升高。所以，对于大型的压力容器，在使用时很重视其缺口韧性。因为在制作过程中，像弯曲、压制等冷加工，乃至焊接变形等都会导致脆化。在这种情况下，为了使韧性恢复，可在 600℃左右进行退火。

随着低温工业的发展，以及石油化工工业中液化气的制造、贮藏和运输设备的需要，低温用钢的产量日益增多，品种也在不断扩大。近年来，我国冶金工作者根据我国目前资源情况，已研制出不少优良的低温用钢，如 16Mn、09Mn2V、09MnTiCuRE、06MnNb、06AlCu、06AlNbCuN、20Mn23Al、15Mn26Al4 等。最近几年，世界其他各国也采用多元综合合金化方案，研制了不少适用于各种温度范围的低温用钢。国外的低温用钢大致可分为三类：(1) 在大约 －42℃以上，多采用低碳（C≤0.26%）Si－Mn 钢，经正火后使用；(2) 在约 －42～－196℃，多采用低碳的低、中镍钢，经正火（C≤0.17%～0.21% 的低镍钢）或淬火回火（C≤0.13% 的中镍钢有时采用两次淬火加回火的处理）；(3) 在约 －196～－269℃，多采用奥氏体不锈钢。

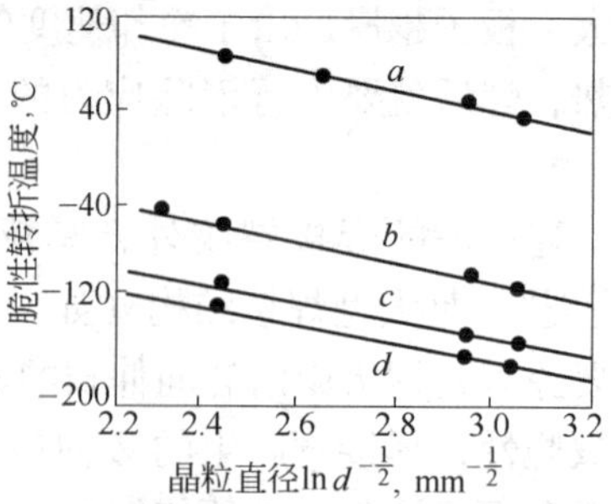

图 14－9　0.15% C 退火钢的 50% 脆性转折温度和晶粒大小的关系

a—V 形缺口夏氏冲击；*b*—单向拉伸，5m/s；*c*—单向拉伸，38mm/s，*d*—单向拉伸，1mm/s

二、工程结构钢的控轧控冷

60 年代末、70 年代初，人们在热机械处理、超细晶粒技术和相变诱起范性等方面取得显著进展的同时，进行了轧制诱起相变和晶粒细化的研究，取得了可喜的成果。这一新技术被称之为控轧控冷。所谓控轧控冷简单说来就是在一定合金化的基础上（例如在低碳钢中加入少量 Nb 或 V），采用较低的终轧温度（近于 A_3），在大压下量的情况下，使晶粒已经细化的形变奥氏体在再结晶后（或根本不发生再结晶）控制其不再长大，经快冷或控冷得到细小的铁素体晶粒，同时具有高密度位错及弥散析出的 NbC 等，由此造成强化和低温韧性的显著增大，这种强韧化手段称为控轧控冷。控轧控冷工艺的基本思路是：低碳钢的热轧材（非调质类）要想获得高的强韧性，除调整成分外，关键是要保证在室温得到细小的铁素体晶粒；而要想得到细小的铁素体晶粒，则必须首先得到细小的奥氏体晶粒；而要想得到细小的奥氏体晶粒，那就必须在一定合金化的基础上，通过控制热加工整个过程中奥氏体的状态（如位错的分布和再结晶进展的程度）以及随后 $\gamma-\alpha$ 相变的条件（如冷却速度）等来实现。不少实验确已表明，只有当奥氏体晶粒细小时，才有可能通过轧后的空冷得到超细的铁素体晶粒。除此而外，轧后的冷却速度也很重要，冷却愈快铁素体晶粒愈细。而这一切都必须靠控制奥氏体的再结晶来达到。为此，人们专门进行了少量 Nb、V 等对奥氏体再结晶动力学的影响研究。结果指出，与碳素钢相比，由于加入了少量的 Nb 等强碳化物形成元素，即使在较高温度形变的情况下，奥氏体再结晶的过程也非常迟缓，这就为得到细小铁素体晶粒创造了条件。

通过控轧控冷获得超细的铁素体晶粒（$d<5\mu m$），钢的强度和韧性都有了明显的增加，如图 14－10 所示。特别应当指出，当采用较低的终轧温度时，可以在相当幅度内改善低温韧性，如图 14－11 所示。

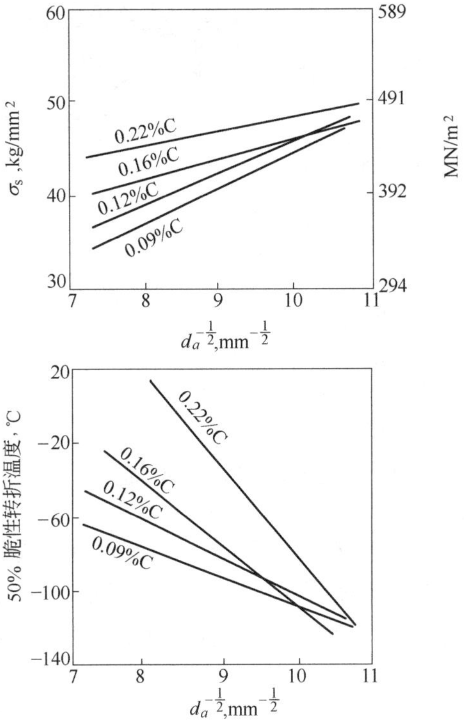

图 14－10　低碳铌钢的铁素体晶粒大小和钢的力学性能的关系

（0.3% Si，1.30% Mn，0.02% Nb）

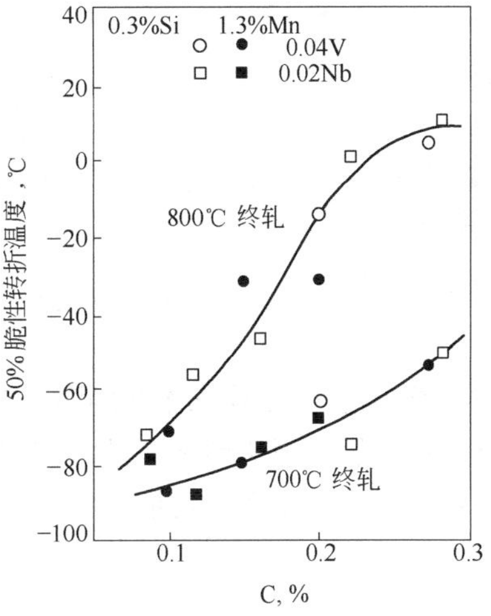

图 14－11　终轧温度对低合金高强度钢低温韧性的影响

另外，终轧后的冷却速度除了影响铁素体的晶粒大小外，还影响铁素体中的脱溶结果。在低于 600℃ 时的脱溶将会导致韧性的下降。为此，通常在低温段要加大冷速。

综上所述，控轧控冷在强韧化低合金高强度钢方面有着明显的优越性，目前在宽幅管道用的钢板生产中已广为采用。利用同样的道理，在以 Mn、Ni、Cu 合金化的低碳贝氏体高强钢的生产中也采用控轧控冷技术。

三、双相钢

双相钢是最近十几年发展起来的一类通常指铁素体＋马氏体的低碳低合金高强度钢，这是低合金钢近期的一大进展。这类钢的最大特点是连续屈服（无上下屈服点），有高的起始加工硬化率，大的均匀应变和低的屈强比。因而这类钢具有良好的加工成型性。

得到双相组织的方法有多种。简单成分的 Fe－C－Si－Mn 钢，可以从终轧后空冷直接得到岛状马氏体+铁素体的复相组织，特定情况下可能还有少量的贝氏体或珠光体；也可以是终轧后经（$\alpha+\gamma$）两相区或更低的温度适当停留再淬火冷却得到复相组织（上述两大类通常称为热轧态双相钢）；也可以是由轧态的原始组织重新加热至（$\alpha+\gamma$）两相区，然后淬火冷却得到岛状或网状马氏体加铁素体的复相组织，如图 14－12 所示；还可以是由淬火马氏体的原始组织重新加热至（$\alpha+\gamma$）两相区，然后淬火冷却得到纤维状马氏体+铁素体的复相组织，如图 14－13 所示（后面这两类一般称为热处理型双相钢）。根据不同的目的，可以在较大的范围内选择不同的组织类型及第二相（马氏体）的相对量，从而得到不同的性能，这是双相钢一钢多用的突出优点。

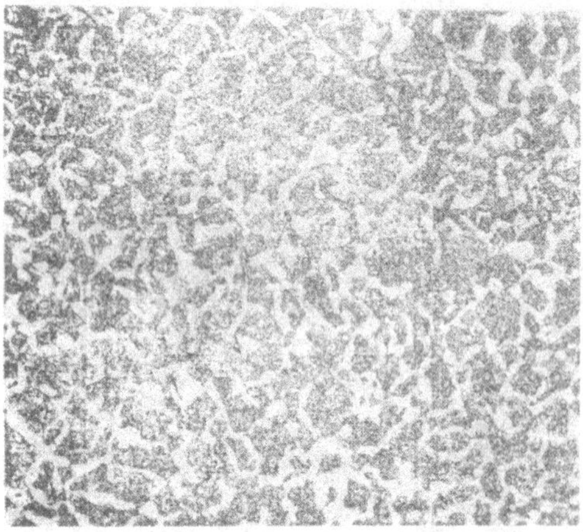

图 14－12　岛状马氏体+铁素体的双相组织（×400）

图 14－13　纤维状马氏体+铁素体的双相组织（×400）

这类钢在 70 年代末至 80 年代初，主要用于深冲压钢板。近几年，人们为了充分利用这类钢高的加工硬化率及大的均匀应变的优点，正在逐渐研究将这类钢用于和冷形变密切相关的零部件的生产。目前，在高强度钢丝、紧固件、预应力钢筋及无缝钢管等方面已见成效。

第十五章　轴　承　钢

第一节　对轴承钢的要求及轴承钢的合金化

一、轴承的工作条件及对钢材的要求

轴承钢主要用来制造滚动轴承的滚动体、套圈，以及某些工模具、精密量具等。轴承在工作时，由于滚动体与套圈近于点接触（滚珠与套圈）或近于线接触（滚柱、滚针与套圈），因而交变应力高度集中在极小的面积上，接触点的最大应力可达 2943 ~ 4905 MN/m^2（300 ~ 500kg/mm^2），这就要求轴承钢必须具有高的抗压强度。在高应力的作用下，轴承工作一段时间后就要发生破坏，破坏的主要形式之一是在滚动体和套圈的接触面上产生麻点或大块剥落，这种形式的破坏称为接触疲劳破坏。由此要求轴承钢必须具有高的接触疲劳强度。钢中许多缺陷都可能成为疲劳裂纹产生的根源，如非金属夹杂物中的氧化物、硅酸盐、球状不变形夹杂物等；其数量越多，尺寸越大，危害性也就越严重。钢的低倍缺陷以及大块的堆聚状碳化物都会引起应力集中，成为疲劳裂纹的发源地。因此，要求轴承钢必须有优良的冶金质量。另外，轴承在工作时由于滚动体与套圈表面硬度不均匀，或由于二者硬度不匹配，以及润滑油的化学侵蚀，灰尘的研磨作用等，都会加剧轴承在使用过程中的磨损。因此，轴承钢热处理后必须具有高的耐磨性，这就要求钢材具有高的淬硬性（高而均匀的硬度 HRC > 61）。为了满足热处理后能得到足够的淬硬层深度，因而钢材必须具有良好的淬透性。此外，还要求轴承钢有一定的耐蚀性和长期使用时的尺寸稳定性，特殊用途的轴承还有特殊性能的要求。

二、轴承钢的合金化

除了一些特殊要求（高温、耐酸、低温）的轴承钢外，通常所用的轴承钢大致有以下三类：（1）高碳低铬（约 1% ~ 1.5%）轴承钢，这是目前各国用量最大的一种，使用的历史也最长；（2）高碳 Si – Mn（大约各含 1%）轴承钢，这是我国研制的符合本国资源情况的新型钢系；（3）特大型（尺寸大于 450mm 者）轴承用的低碳高合金渗碳轴承钢。

一般轴承钢的碳含量较高，属过共析钢。根据合金系的不同，控制不同的最佳碳量，这是为了保证钢在淬火低温回火后具有高的硬度、弹性极限和疲劳强度。过共析成分的钢经适当热处理后，显微组织为回火马氏体基体（含碳约 0.45% ~ 0.50% 为宜）上分布着细小均匀的粒状碳化物，这样就可以具有良好的耐磨性。特大型轴承钢经渗碳和淬火回火后，表层具有类似的组织。钢中加入铬，目的是增大钢的淬透性，并使过剩碳化物增多和变细，以增大钢的耐磨性。为此，就要与适量的碳（0.96% ~ 0.99%，甚至是小于 0.95%）相配合；铬含量相应为 1.40% ~ 1.50%。钢中加入 Si，目的是溶于固溶体中提高钢的弹性极限，并在一定程度上增大钢的淬透性。而且，由于 Si 能显著提高低温回火时马氏体的抗回火稳定性，从而使钢保持高强度、高硬度。但 Si 多时钢的脱碳敏感性增大。钢中加入 Mn，可显著增大钢的淬透性和强度。但 Mn 多时产生淬火裂纹的倾向和残留奥氏体量将增大。Mo 和 V 是碳化物形成元素，它们可提高钢的耐磨性，细化奥氏体晶粒；与 Mn 配合，可进一步增大钢的淬透性。稀土元素可改善钢中夹杂物的分布，改善钢

的范性和韧性。

第二节　轴承钢中的非金属夹杂物

轴承钢中非金属夹杂物的种类及其来源，与一般钢中相似。

非金属夹杂物（包括氮化物）对轴承钢接触疲劳寿命有较大的影响。研究指出，夹杂物的危害性按如下顺序递增：氮化物 < 硅酸盐 < Al_2O_3。图 15 - 1、图 15 - 2 所示为氧化物及球状不变形夹杂对轴承钢接触疲劳寿命的影响。由图中数据可以看出，夹杂物的数量和尺寸对接触疲劳寿命有着极为显著的影响。研究指出，夹杂物尺寸在 6 ~ 8μm 以下者，可认为对接触疲劳强度影响不大。

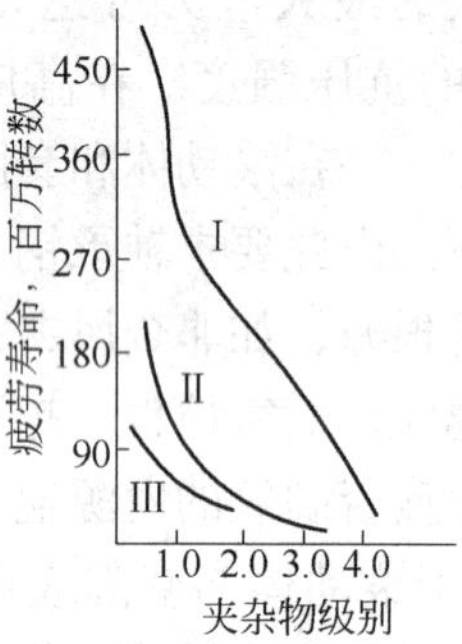

图 15 - 1　氧化物对轴承钢接触疲劳寿命的影响
Ⅰ—试样半径为 18.6mm；Ⅱ—15.0mm；Ⅲ—13mm

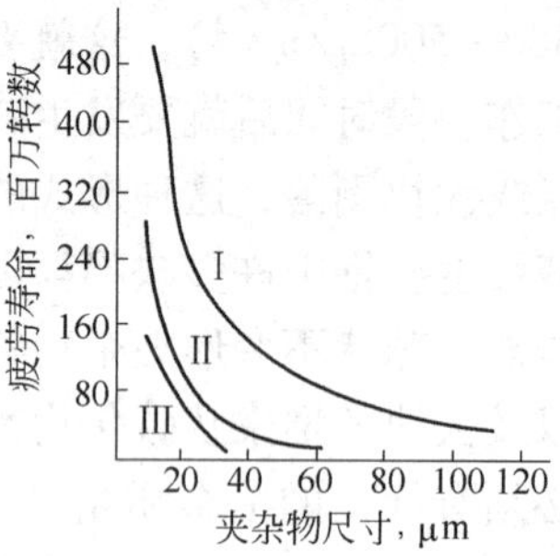

图 15 - 2　球状不变形夹杂物对轴承钢接触疲劳寿命的影响
Ⅰ、Ⅱ、Ⅲ同图 15 - 1

值得注意的是，硫化物夹杂（如 MnS）与其它夹杂不同，它对钢的接触疲劳强度并没有坏的影响，而有时还有好的作用；如与 Al_2O_3 及硅酸盐并存，还可减少这两种夹杂的有害效应。

为了减少钢中的非金属夹杂物，必须严格控制冶炼和浇注的操作规程。实验表明，钢液中的残留铝量对夹杂物有较大影响，当钢中残留铝量在 0.020% ~ 0.040% 时，可以得到夹杂物含量少的钢；如残铝量 <0.020%，就会引起球状不变形夹杂物的级别数值增大；而若 >0.050%，在出钢和浇注过程中，由于钢液二次氧化，则钢中氧化物级别数值增高，这是不利的。一般控制在每吨钢终插铝量为 0.5 ~ 1.0 公斤。并应严格控制在较低温度出钢，一般以 1550 ~ 1600℃为宜。钢液在钢包中镇静的时间以 6 ~ 12 分钟为宜。此外，尚需注意钢包、出钢槽、淌道等的清洁，以减少外来夹杂物。锻轧时增大压缩比，可以改善非金属夹杂物的分布和降低夹杂物的级别数值。要求纯净度高的轴承钢，可以采用脱气、真空感应搅拌、电渣重熔、真空自耗等技术。

第三节　轴承钢的碳化物

如前所述，一般轴承钢是过共析钢，其中碳化物主要是合金渗碳体（Cr 钢）和 VC（含 V 钢）。在钢的正常退火组织中，碳化物含量约占 18% 左右（Cr 钢）或 16% 左右（Si - Mn - V 钢）。碳化物的数量、形状、大小和分布的均匀程度，是决定轴承钢质量的另一个重要标志。如果按碳化物的组织特征（或形成历程）则可分为液析碳化物、带状碳化物、网状碳化物以及粒状碳化物。

一、液析碳化物

液析碳化物是指非平衡结晶时由钢液中析出的共晶碳化物，其在钢锭或钢材中的组织特征是粗大连续的块状。它的形成原因是：在钢锭凝固时，产生碳与合金元素的偏析，特别是在树枝状晶之间最后剩余的残液内，碳的富集程度很高，铬的富集程度也很高（可高达15%以上，为钢平均铬含量的10倍以上），这样就达到共晶浓度，它将以共晶结晶方式形成大块的共晶碳化物，其组成是 $(Fe, Cr)_3C$ 和 $(Cr, Fe)_7C_3$，在 $(Fe, Cr)_3C$ 中的铬含量可达约20%，$(Cr, Fe)_7C_3$ 中的铬含量则超过30%。通常把这种共晶碳化物称为液析碳化物。

钢锭的大小对液析碳化物的级别影响很大，一般小钢锭的液析碳化物级别数值较低（级别数值越小质量越高）。液析碳化物在使用过程中很容易剥落，它若暴露于轴承零件表面，就成了早期疲劳破坏的发源地，同时也会降低轴承的耐磨性。改善液析碳化物的方法将在后面讨论。

二、带状碳化物

带状碳化物是从奥氏体中析出的先共析的二次碳化物，由于钢材热加工导致其沿轧制方向伸展而呈带状，如图15－3所示。产生带状碳化物的原因和产生液析碳化物的原因是相似的，都是由于结晶时的树枝状偏析引起的，当偏析程度较小时仅出现带状碳化物，而当偏析程度严重时，就会同时出现液析碳化物和带状碳化物。这是它们的形成根源。而它们形成的历程，正如前面所指出的，液析碳化物由液体中直接形成（一次碳化物），而带状碳化物则是由凝固后的奥氏体中形成（二次碳化物）、加上轧制延伸而呈带状。钢中过量的铬，会增加带状碳化物的级别数值。严重的带状碳化物，由于其颗粒也较大，是造成退火钢中出现不均匀粒状碳化物的主要原因。如果碳化物颗粒比较粗大，那么，淬火后就会造成组织和硬度的不均匀，从而降低轴承的寿命。

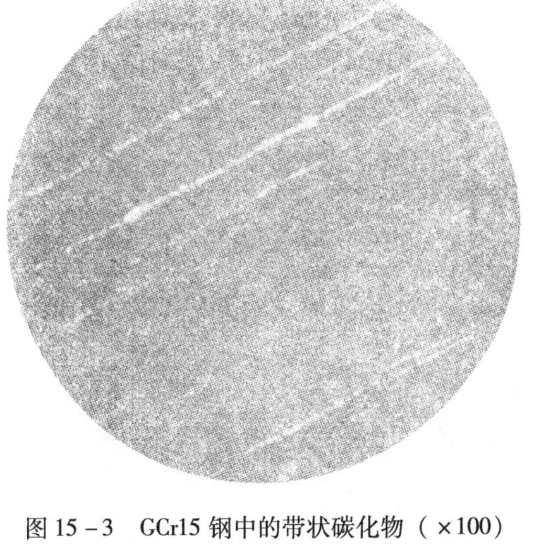

图15－3　GCr15钢中的带状碳化物（×100）

改善液析碳化物和带状碳化物的关键在于减小或消除钢锭和钢材中的树枝状偏析，除了改变钢锭的结晶条件外，采用扩散退火可以在相当程度上消除或减小枝晶偏析。实验证明，钢坯进行扩散退火比钢锭扩散退火效果要好。一般扩散退火后液析碳化物大体可消除，带状碳化物的级别也可改善。

三、网状碳化物

网状碳化物是在停轧温度较高，轧后慢冷过程中在奥氏体晶界形成的，如图15－4所示。网状碳化物一旦形成，尤其是碳化物完整地包围晶界，并且又宽厚时，就将产生一系列的恶果。首先，严重的网状碳化物并不能在以后的球化退火过程中完全消除（图15－5），这样，在轴承加工的研磨过程中就易于产生磨裂，也称龟裂；其次，如果原先网状碳化物严重，不但球化退火不能消除，甚至在以后的淬火组织中仍有保留，在这种情况下很容易产生淬火裂纹；即令在淬火时没产生裂纹，在以后的使用过程中网状碳化物也将是疲劳裂纹的发源地。因此，必须采取措施事先消除网状碳化物。

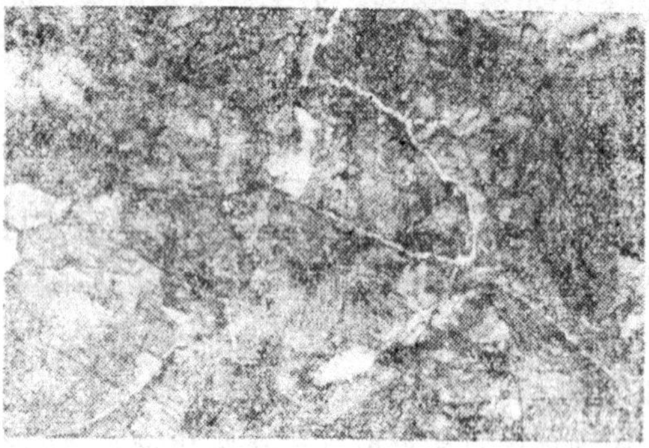

图15－4　GCr15钢中的网状碳化物（×500）

图15－5　GCr15钢中的网状碳化物在球化退火后仍未消除（×500）

消除网状碳化物的根本措施是控制低的终轧温度，并加快轧后冷却。特别是大截面的钢材尤其需要严格控制。生产中一般采取以下措施来加速钢材的冷却，即降低终轧温度，轧后强制鼓风或喷水雾加鼓风，或让钢材通过水槽冷却。终轧温度低至850℃对于消除网状碳化物效果较好。小规格的钢材采取上述措施，并于轧后鼓风可基本上消除网状碳化物。这是因为在终轧温度低时，奥氏体晶粒细小，加上轧后快冷，于是在奥氏体晶界没有网状碳化物析出，整个组织为细片状的珠光体，如图15－6所示。有时，可能因为冷速不够，或终轧温度不够低，也可能在晶界析出薄而断续的碳化物，如图15－7所示。这种组织经球化退火是可以消除网状的。

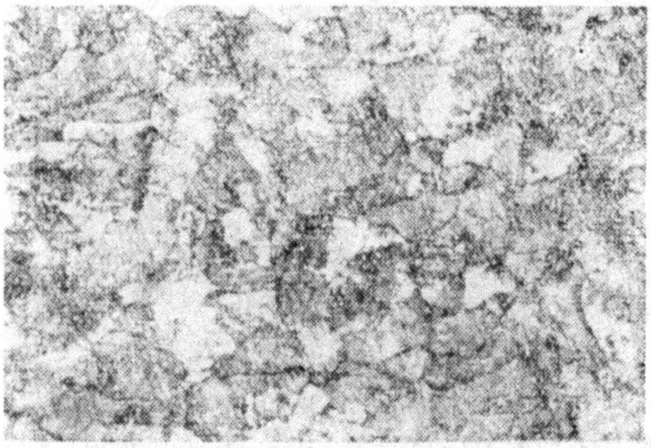

图15－6　GCr15钢的细珠光体，热轧后鼓风冷却，无网状碳化物（×500）

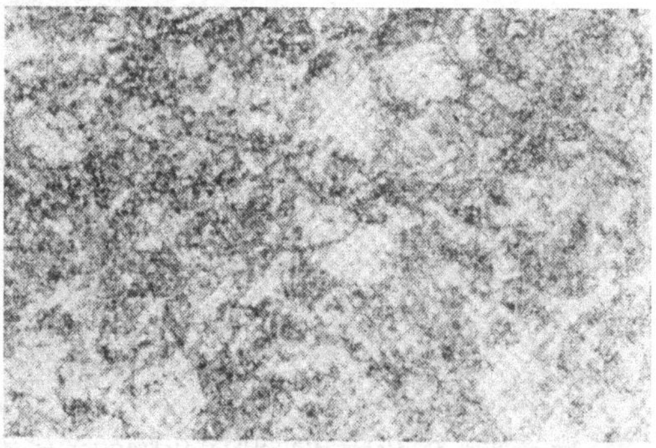

图15－7　GCr15钢的细珠光体，晶界上有断断续续的碳化物（×500）

大规格（$\phi>40mm$）的钢材是难以控制较低的终轧温度的，一般是采用轧后穿水槽的冷却方法，使钢材快冷至600℃左右，这样即可避免网状碳化物的形成。这样做是因为大规格钢材轧制时轧辊难以咬入，如终轧温度过低，则更恶化了咬入条件，且容易发生断辊事故。

当然也可以用正火的办法来消除网状碳化物，不过，这种方法在生产中正逐渐被淘汰。因为这样做就增加了工序，不如在热轧时立即采取措施来得方便，而且经济。应当指出，凡是在以后的生产工序中还要进行改锻或热穿孔等热加工的，则显然没有必要事先消除网状碳化物。另外，对于轴承钢的初轧材来说，为了防止产生白点，轧后则必须在缓冷坑中缓冷。

目前，在轴承原材料生产中，滚动体多用热轧棒材或斜轧材，以球化状态供货；套圈则多用球化退火后的无缝钢管。我国目前轴承用无缝钢管的生产大多集中在ϕ76～100热轧机组。生产实践表明，在上述机组热穿管的条件下，管坯的壁厚大多在10mm以下；但是，即使在这种情况下也必须在热穿孔之后，强制鼓风冷却，冷速约150～170℃/min，才能确保不形成网状碳化物。而且，在球化退火前的第一次热锻“打头”（为以后冷拔作准备）的工序中，也需要采取同样措施避免网状碳化物的形成，然后，才能进行球化退火。

四、粒状碳化物

球化退火是原材料准备中的关键工序，其目的就是为了得到球化组织——在铁素体基体上分布着细小而均匀的粒状碳化物。实践证明，良好的球化组织具有较好的切削加工性（硬度较低，研磨后的精度较高），淬火加热时的过热倾向小，而且不易产生淬火裂纹，淬火回火后的组织和性能较均匀，有利于提高轴承的使用寿命。

不论是无缝管坯，还是热轧材，球化退火前必须具有消除了网状碳化物的细片状珠光体组织。大多数轴承钢材在冶金厂出厂前都已进行过球化退火。球化退火的工艺一般有两种：一种叫做一般退火；另一种叫做等温退火。图15－8、图15－9为这两种退火的工艺规程。图中所示最高加热温度，因钢种不同而稍有差别，一般Si－Mn、Mn－Mo系钢多采用760～790℃，Cr钢则多用780～810℃。具体的炉型、热源类型及装炉量的不同，总的保温时间也就有差别。退火过程中要严格控制两个阶段：（1）最高加热段的温度和保温时间；（2）600℃以上（尤其是760～600℃之间）的冷却速度。只有这两段严加控制后，才能得到满意的球化组织。

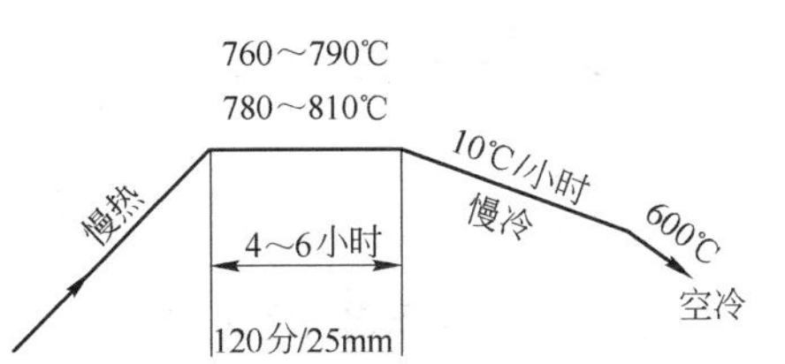

图15－8　轴承钢球化退火工艺（一般退火）

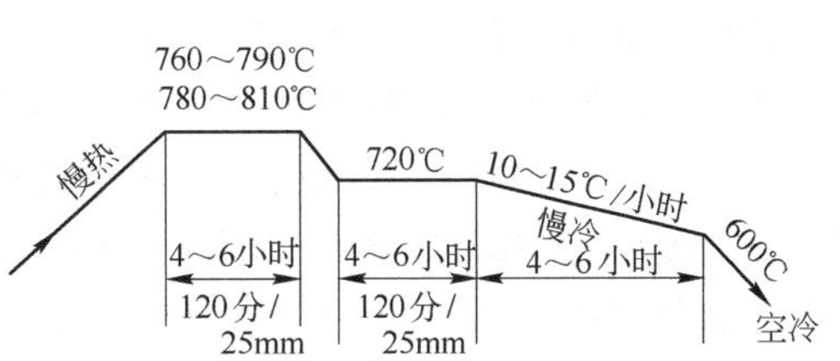

图15－9　轴承钢球化退火工艺（等温退火）

球化退火后的质量标准一般规定为：钢的硬度应为HB178～207（GCr15）和HB187～217（GSiMnV）；钢的组织应为细粒状碳化物均匀分布在铁素体基体上，如图15－10所示。如果组织中大颗粒碳化物较多，或有片状碳化物，都属球化质量不高。在一般情况下，只要不在高于 A_{c1} 的温度多次退火，就不太容易出现大颗粒的碳化物，除非钢的冶金质量有问题。然而，组织中出现片状碳化物是大生产中经常容易见到的。一种情况是球化退火的加热温度过高，譬如 850℃以上，使得碳化物溶解较多，奥氏体成分相对较为均匀，这样，即使慢冷，如 15℃/小时，也将会形成片状碳化物，如图 15－11 所示。另一种情况是球化退火的加热温度过低，使得原始组织中的片状碳化物未完全球化，冷却后仍保留下来，如图 15－12 所示。因而需要根据显微组织的全部特征来判定退火温度过高还是退火温度过低。

图 15－10　GCr15 钢的球化组织（×500）

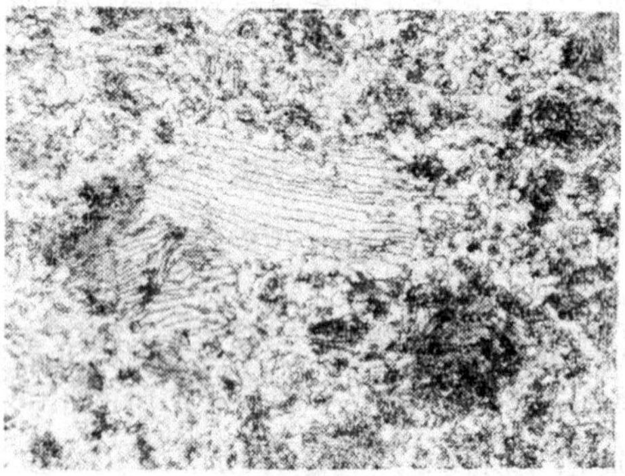

图 15－11　GCr15 钢球化退火加热温度过高（855℃）形成的片状碳化物，渗碳体片连续完整（×500）

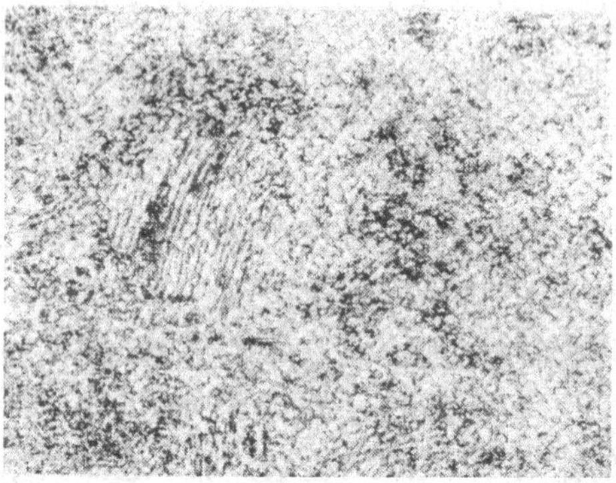

图 15－12　GCr15 钢球化退火加热温度过低（750℃）保留的片状碳化物，断续呈链状（×500）

此外，尚需指出，在轴承钢管的生产过程中，为了多次冷拔，需要消除前两道次累积的加工硬化，就必须进行软化退火（一般冷拔两道次后硬度可由 HB180 增至 HB280～285）。轴承钢的软化退火工艺如图 15－13 所示。这种软化退火实际上就是再结晶退火；其特点是加热温度一定要在 A_{c1} 以下；GCr15 钢取 670～720℃，GSiMnV 钢取 650～700℃。这样才能保持球化退火后的组织不改变。因为钢在冷拔后，组织的变化仅仅是铁素体发生了形变，碳化物仅沿形变方向改变分布，如图 15－14 所示（图中水平方向为形变方向），经再结晶退火后，铁素体发生再结晶，碳化物再次均匀分布在铁素体基体上（参见图 15－10）。

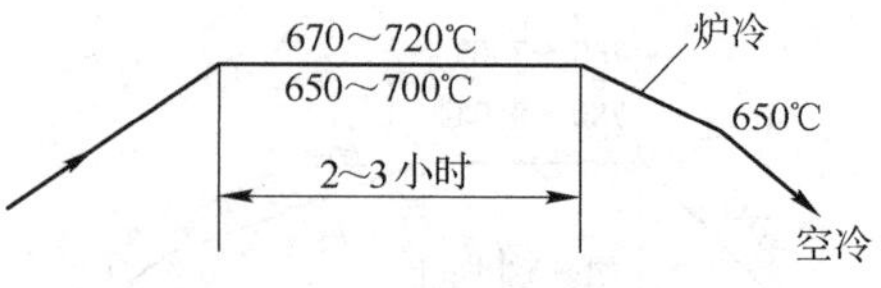

图 15－13　轴承钢软化退火工艺

图 15－14　GCr15 钢球化退火后冷形变的组织（水平方向为形变方向）（×500）

第四节　轴承钢的成品热处理

轴承零件经淬火低温回火后，硬度在 HRC61～65 范围内，具有良好的接触疲劳强度和耐磨性，其显微组织为隐晶回火马氏体基体上均匀分布着细小的粒状碳化物。这就要求淬火时必须选择好加热温度和冷却介质。轴承钢是过共析钢，因此必须采用不完全淬火。由于 GCr15 钢在通常加热条件下的 A_{c1} 为 735～760℃，A_{cm} 约 900℃，故淬火温度选择在 820～850℃。淬火后的组织为马氏体(含 0.5%～0.6%C)＋7%～8%的未溶粒状碳化物＋8%～10%的残留奥氏体。GSiMnV 和 GMnMoV 钢在通常加热条件下的 A_{c1} 为 740～755℃，A_{cm} 约 880℃，故淬火温度选择在 780～820℃。淬火后的组织为马氏体＋大约 3%的未溶粒状碳化物＋8%～15%的残留奥氏体。实验指出，过低的淬火温度会造成硬度不足；而过高的淬火温度又会使碳化物大量溶解，致使奥氏体晶粒粗大，淬火后得到粗大的马氏体，并使残留奥氏体量增多，这种组织使轴承的接触疲劳强度和尺寸稳定性都降低。

关于残留奥氏体量的多少对疲劳寿命的影响，近年来曾作过专门的研究，不少工作者指出，GCr15 钢淬火后残留奥氏体量为 8%时，疲劳寿命最长。要想达到这一目的，对 GCr15 钢来说，需 840℃加热、55℃油淬。当然也有人研究过马氏体基体含碳量、未溶碳化物量以及碳化物的平均直径等对疲劳寿命的影响。例如，研究指出，GCr15 钢中马氏体基体的含碳量为 0.5%、残留未溶碳化物量为 6%～7%、碳化物平均直径为 0.5～0.6μm 时，轴承的疲劳寿命最长。

此外，钢的淬硬层的厚度对轴承的使用寿命有很大的影响。一般要求轴承零件的淬硬层厚度（指 HRC＞61 的层深）不得小于 3.0mm。这就要求轴承钢必须有足够的淬透性。

轴承零件的回火皆为低温回火。GCr15 钢取 150～160℃；含有 Si、V 的钢取 175℃回火。回火保温时间一般为 2 小时。一些高精密度的轴承或其他零件，因工作时要求尺寸稳定，因而就需要尽可能地减少组织中的残留奥氏体量，以免在使用过程中，由于摩擦等应力的作用，残留奥氏体转变为马氏体，致使零件尺寸胀大。因而，这类零件就需要施行冷处理。例如，GCr15 钢淬火后，从室温深冷至－30℃，马氏体量可增加 3%，硬度可增加约 2.5%。

与此相反，为了减少使用过程中引起的磨损，也有可能利用残留奥氏体这种亚稳组织转变为马氏体时的体积增大效应，抵偿磨损时尺寸的减小。

第十六章　工　具　钢

第一节　工作条件对工具钢的要求

工业生产中使用的工具是多种多样的，其中用得最多的是刃具、量具、模具、轧制工具以及耐磨耗工具等。对刃具材料来说，除了要求适当的强度和韧性外，主要要求具有高的硬度和耐磨性，而且，还必须在高温具有高硬度，通常称为红硬性或赤热硬性。量具材料则应具有较高的硬度和耐磨性以及一定的强度和韧性以减少磨损和破坏；同时还应具有较高的组织稳定性，以免发生时效或其它相变而变形影响尺寸的稳定性。冷作模具材料必须具有高强度、高硬度、高耐磨性和足够的韧性；热作模具还必须具有良好的抗热疲劳性（耐急冷急热性）、导热性以及一定的抗氧化、抗腐蚀的能力。耐磨耗工具材料则主要要求耐磨性及冲击韧性。

第二节　刃具钢与量具钢

一、低速刃具及量具用钢

低速刃具及量具主要用碳素工具钢及低合金工具钢制作。这一类钢品种最多，用途广泛，成本较低，合金化和热处理工艺相对来说也比较简单。碳素工具钢指含碳约0.7%以上的碳钢，主要钢号为T8A～T13A，工作温度不超过200℃。低合金工具钢则是在碳素工具钢的基础上加入总量在3%以下的合金元素，如Cr、Mn、Si、W、V等，其常用钢号有Cr2、9Mn2V、9CrSi、CrWMn、CrMn等，工作温度在250℃以下。

碳素工具钢淬透性差，工作时的允许温升低，淬火时易变形开裂并容易过热。为克服上述缺点，发展了低合金工具钢。合金元素在低合金工具钢中的作用是：（1）增大淬透性，为此加入Mn、Cr、Si、Ni、V（一般V和Mn同时加入）；（2）增大耐磨性，为此加入V、W、Cr、Mn等；（3）增大抗回火软化的能力，为此加入Si；（4）减少淬火变形，为此增Si减Cr；（5）细化奥氏体晶粒，提高韧性，为此加入V、W、Mn、Cr。钢经合金化以后，就可用油或硝盐等介质淬火，以减少变形，从而可在大截面工具上获得满意的高硬度，并能减少淬火软点。

碳素工具钢与低合金工具钢经锻轧后，必须先进行球化退火。球化退火中工艺参数制订的原则以及关于球化组织的要求与轴承钢相似，但一般没那么严格。同样，碳素工具钢与低合金工具钢也都有相应的球化组织评级标准（YB5—59、YB7—59）。

刃具用碳素工具钢与低合金工具钢，除T7、T7A、T8、T8A外，绝大多数都是过共析钢。因此，必须采用不完全淬火作为最后热处理。经低温回火后，钢的组织是回火马氏体加未溶的粒状碳化物；低合金工具钢中还有极少量的残留奥氏体。用这些钢制作的量具，为防止在存放以及使用过程中尺寸的变化，淬火后常用冷处理的办法先使残留奥氏体大部分转变为马氏体，然后再进行回火。有时为了确保尺寸的稳定，常采用低温长时间的时效处理，代替一般的低温回火。除此以外，量具钢与刃具钢在合金化以及加工处理方面没有什么区别。

二、高速钢

高速钢顾名思义是适于高速切削的工具钢。除要求高硬度、高耐磨性以外，还要求高红硬性，即在高速切削条件下刀刃不会因发热而软化的性能。这类钢在适当淬火回火热处理后的硬度，一般高于 HRC63，高的可达 HRC68 ~70，目前多把后者称为超硬型高速钢；并且在600℃左右，仍然保持 HRC63 ~65 的高硬度。

1. 高速钢中的合金相

高速钢是含有较高的碳、较多的 W、Mo、Cr、V 等碳化物形成元素，有的还含有多量的 Co。高速钢的成分大致范围（重量%）如下：

C	W	Mo	Cr	V	Co	其他
0.60 ~1.60	1.5 ~20	0.5 ~10	约4	1 ~5	0 ~12	0 ~2

具有上述成分范围的高速钢其相组成是相当复杂的，除了高度合金化的铁素体和奥氏体作为基体外，还有大量的颗粒度不同、成分不同的合金碳化物，如 MC 型（VC）、M_2C 型（W_2C、Mo_2C）、M_6C 型〔如 Fe_3W_3C ~ Fe_4W_2C，Fe_3Mo_3C ~ Fe_4Mo_2C，$Fe_3(W, Mo)_3C$ ~ $Fe_4(W, Mo)_2C$ 等〕，以及 $M_{23}C_6$ 型〔如 $Cr_{23}C_6$，$(Cr, Fe, W, Mo)_{23}C_6$ 等〕。正是由于这些碳化物对高速钢的性能起了重要的作用。在以金属化合物硬化的高速钢中，还有成分不同的金属化合物。

2. 铸态高速钢的显微组织

如果按退火后的组织特征来划分，高速钢属于莱氏体钢。这类钢的铸态组织以粗大的共晶莱氏体网和黑色组织为主要特征，如图 16－1 所示。这种共晶莱氏体的相组成物是 γ 和 M_6C；M_6C 以鱼骨状的形态分布在奥氏体（中心是原来的 δ 相）的周围，鱼骨状碳化物骨骼之间填充的是共晶 γ 相。这种共晶莱氏体严重损害着高速钢的性能。铸态组织中的黑色组织则是 δ 相的共析分解产物，其相组成物也是 γ 和 M_6C；但其组织特征是片状的珠光体型的，只是由于在低倍显微镜下不易分辨清楚其片层，呈黑色，故常称为黑色组织。在实际应用的高速钢中，除了碳和钨以外，还含有其它合金元素，如 V、Mo、Co 等，这时铸态组织将更为复杂。当钢中含 V 较多时，莱氏体中的碳化物可大部分被 VC 所取代。

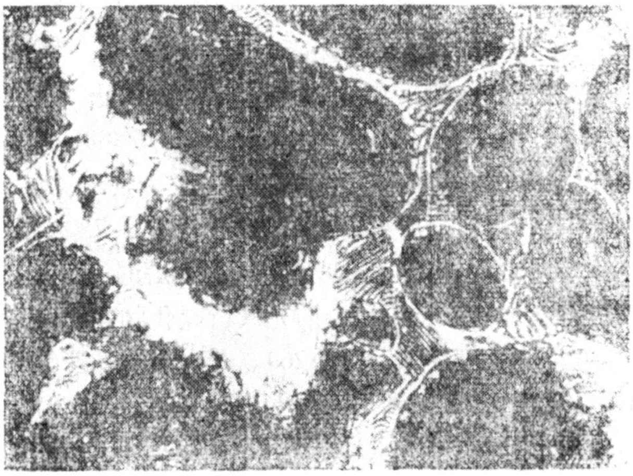

图 16－1　铸态高速钢中的莱氏体及黑色组织（×500）

3. 高速钢的碳化物不均匀性及其改善方法

如前所述，铸态高速钢由于其组织中存在大量的共晶碳化物，并呈不均匀的网状分布，因而严重地影响钢的性能，除特殊情况外，很少在铸态直接使用。通常所使用的高速钢刀具，大多是用经过锻压或轧制的钢材制造的。一般来说，锻压或轧制可以碎化共晶碳化物，但随加工工艺的不同，又会不同程度地出现另一种形式的碳化物分布的不均匀性，即碎化后的碳化物颗粒沿加工方向或排列呈带状，或呈变形的网络，或成堆分布。图 16－2 和图 16－3 是上述分布形式中的两种。图 16－2 所示的情况是碳化物破碎得比较理想，颗粒较小，分布也比较均匀（虽然沿水平方向还多少有一些带状倾向）。而图 16－3 所示的情况，则是变形的网络和成堆分布的综合，而且沿水平方向（即轧向）有明显的带状。具有这种组织的刀具或钢材其强度和韧性都大大降低，并且有各向异性，因而刀具寿命就短，刀具经常产生崩刃而报废。解决碳化物分布的这种不均匀性是一般高速钢生产中的主要问题之一。在大生产中，对高速钢中碳化物的不均匀性按 YB12—77 的八级标准进行评级，以控制质量。级别数值越高，说明碳化物的不均匀性越大，质量也就越差。

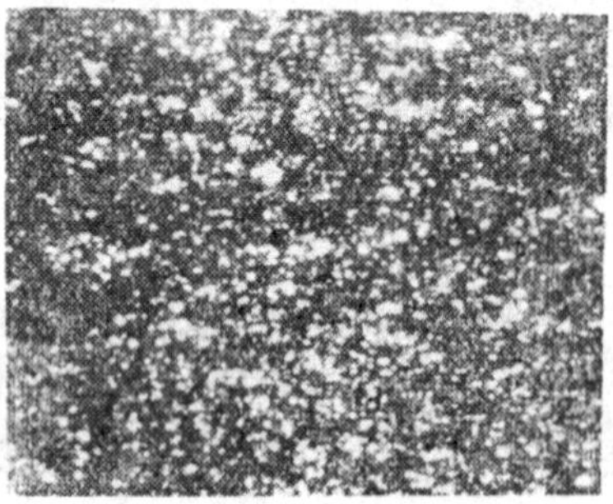

图 16－2　高速钢中碳化物（1 级）（×100）

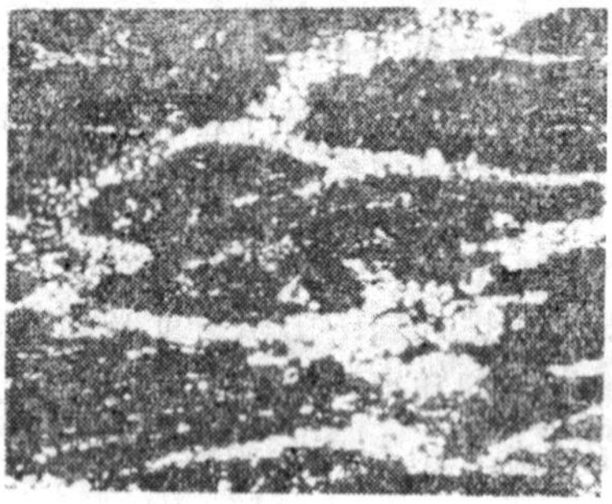

图 16－3　高速钢中碳化物（8 级）（×100）

改善高速钢碳化物不均匀性的方法，通常从两方面采取措施：（1）降低浇注温度至 1470～1490℃，并把过去使用的方锭改为扁锭。这样除了可以改善结晶组织（减少液析、消除 V 形偏析）、提高成材率以外，并为增大锻压比创造了条件；（2）增大锻压比。这样可显著改善碳化物的不均匀性。一些精密刀具，在成型前，往往都需要进行镦粗、伸长，再镦粗、再伸长反复多次的锻打；常采用镦粗 6 次，伸长 5 次，两火锻成。锻造完毕后，冷却到 500℃以下时，必须缓慢冷却；或随即在终锻后入炉退火。

退火处理工艺一般有两种：（1）普通退火，加热到 870～880℃（各钢相差不多），保温 4 小时后，以≤30℃/小时的冷速控制炉冷到 550℃后，出炉空冷；（2）等温退火，加热到 870～880℃，保温 4 小时后，打开炉门尽快冷至 730～750℃保温 6 小时，再以≤30℃/小时的冷速控制冷到 650～700℃后出炉空冷。退火后的组织是在索氏体基底上分布不太均匀的已碎化的共晶碳化物颗粒和细小的先共析碳化物。退火后的硬度，18－4－1 型约 HB207～255，6－5－4－2 型约 HB229～269。退火后的高速钢如果在随后的冷变形工序中发现其范性不够，则可将其在 700～750℃进行短时（2 小时）加热、然后快冷的处理，这样可提高其范性。

4. 高速钢的成品热处理

高速钢的最后热处理对其性能有决定性的影响。因为高速钢中含有大量的 W、Mo、

Cr、V 等元素，而要想使这些元素充分发挥作用，就必须使这些元素尽量溶解到奥氏体中，然后再按要求让它们以一定的形式析出来。实验证明，在退火态的原材料中，这些元素大部分是在碳化物相中。在淬火加热时，需加热到很高的温度才能使这些元素的碳化物相当多地溶解于奥氏体，在淬火后才可得到高合金的马氏体。最后通过回火，在马氏体基体上产生碳化物的二次硬化（也称为次生硬化），使钢具有红硬性。W18Cr 4V 型高速钢的淬火加热温度，一般为 1260 ~ 1290℃，常取 1280 ± 5℃；W6Mo5Cr4V2 型钢一般为 1200 ~ 1240℃，常取 1220 ± 5℃。一般淬火后的组织为马氏体（约占 70%）加残留奥氏体（约 20%），未溶碳化物约占 10%，如图 16 – 4 所示。除一般淬火得到马氏体外，还可采用等温淬火，主要是为了得到下贝氏体，适用于冲击韧性要求高的刀具。一般在贝氏体转变孕育期最短的 250 ~ 300℃进行等温 2 ~ 4 小时，然后空冷至室温。等温淬火后的组织为下贝氏体（约占 50%）、加残留奥氏体（约 40%）、未溶碳化物约 10%。不论采用上述哪一种淬火方式，都必须在淬火空冷至室温后，立即进行适当的回火，才能使高速钢具有最好的红硬性。

高速钢淬火后，在不同温度回火时硬度变化的特征是具有次生硬化的硬度峰，如图 16 – 5 所示。研究指出，产生次生硬化的原因是在具有较高硬度（HRC > 55）回火马氏体的基底上，由于析出 W、Mo、V 的特殊碳化物 W_2C、Mo_2C 及 VC，并且这些碳化物在 550 ~ 600℃的高温下仍能保持高的分散度（例如 Mo_2C，平均长度约 < 10^2 Å、平均宽度约 < 10Å），因而可导致基体的进一步硬化。碳化物的析出过程，大约从 350℃开始，到大约 560℃析出最大量，对应于硬度曲线上的峰值。如果把这种情况和碳素钢相比，就可看出其特点来。我们知道，碳素钢（例如 T8）在约 560℃回火后，其组织为回火索氏体，即铁素体加粒状渗碳体，硬度在 HRC30 以下；而高速钢在同样的温度回火后，却为回火马氏体加次生碳化物（图 16 – 6），硬度达 HRC65 以上。

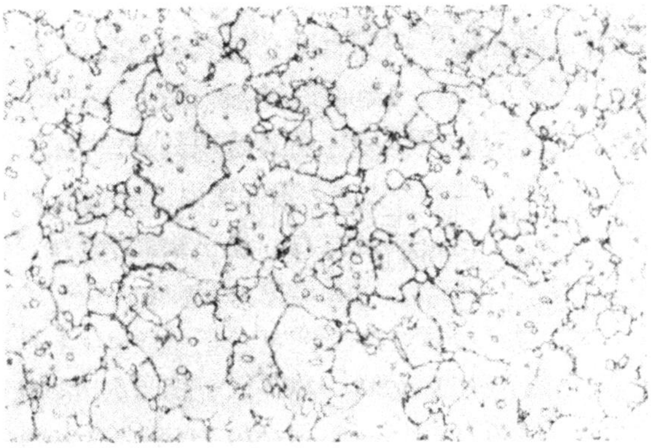

图 16 – 4　W18Cr4V 钢 1280℃加热，600℃分级 2 分钟，空冷后的组织（HRC = 62 ~ 65）（ × 500）

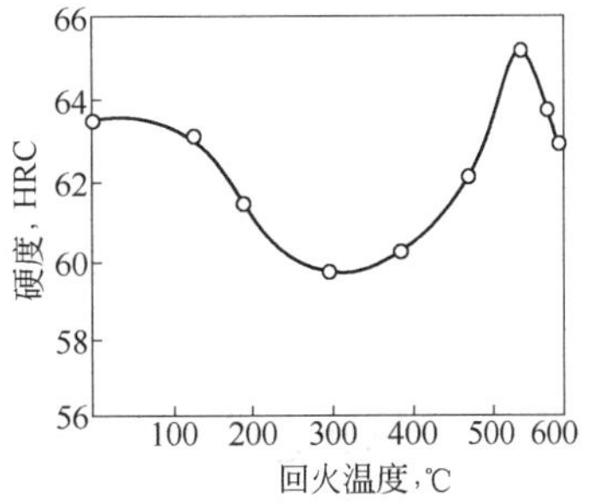

图 16 – 5　W18Cr4V 钢 1290℃淬火，不同温度回火后硬度的变化（硬度峰值约在 560℃）

由以上讨论可以看出，高速钢就是利用加入大量合金元素，一方面推迟马氏体的分解（移向高温）；一方面产生二次硬化。二者综合的结果，使高速钢具有良好的红硬性。

应当指出，高速钢淬火组织中有相当数量的残留奥氏体，大约在 20% 以上。这种高合金的残留奥氏体，在低温回火时具有高的稳定性，回火时以及回火后的冷却过程中都不

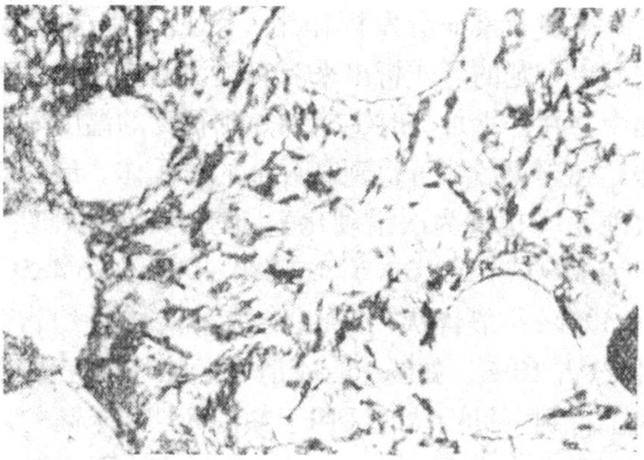

图 16-6 W18Cr4V 钢 550℃回火 5 小时的组织，（回火马氏体 + 碳化物 + 残留奥氏体；在此放大倍数下看不到二次碳化物）（×12000）

发生转变，只有当回火温度超过某一温度（使残留奥氏体转变的温度，也称催化的温度，或反稳定化温度）保温后，在随后冷却到室温的过程中才能发生马氏体型相变，而且如此重复回火三次，例如每次在 560℃保温 1 小时、冷却至室温后再进行第二次，这样，残留奥氏体才能减少到 2% ~3% 左右。经三次回火后的显微组织如图 16-7 所示，在放大倍数较小的情况下，未溶碳化物清晰可见。

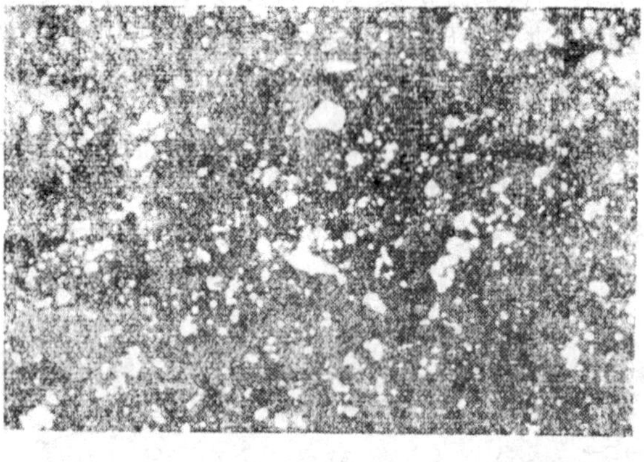

图 16-7 W18Cr4V 钢 1280℃淬火，560℃回火三次后的组织（回火马氏体 + 约 8% ~12% 的未溶碳化物 + 约 10% 的二次碳化物 + 约 2% ~3% 的残留奥氏体）（×500）

高速钢成品热处理工艺可概括如下：（1）预热：一次（800 ~ 860℃）或两次（500 ~ 650℃一次，800 ~ 860℃一次）；（2）最后加热：1280℃（18-4-1 型）或 1220℃（6-5-4-2 型），8 ~ 15s/mm；（3）分级冷却：560 ~ 580℃（时间与最后加热总时间相同），然后空冷至室温，或者直接油淬，或者由淬火加热温度快速冷至 260 ~ 300℃等温 2 ~ 4 小时，然后空冷至室温；（4）淬火后立即在 560℃回火 1 小时，空冷至室温；然后再重复 2 ~ 3 次，每次都必须空冷至室温。除了上述的淬火、回火热处理外，高速钢也可进行氮化。热机械处理也可以显著地改变高速钢的性能，例如，6-5-4-2 型高速钢经高温热机械处理后，$\sigma_{弯曲}$ = 5244 ~ 5441MN/m^2（530 ~ 550kg/mm^2），挠度 = 4.9 ~ 5.3mm，a_K = 589kJ/m^2（6kg · m/cm^2），640℃时 HRC = 61。

5. 高速钢的红硬性指标

高速钢的红硬性也称为赤热硬性或热稳定性，它表示刀具在高速切削条件下抗软化的性能，它与钢的室温硬度或高温硬度都有一定的关系。但在切削条件下，由于刀具反复受热和冷却，情况比较复杂，目前只是近似地用人为规定的指标来表示红硬性。常用的指标是：刀具在正常淬火回火后，再次选择给定的四次回火温度，每次回火一小时，冷至室温，以所得相应的室温硬度来表示红硬性。显然，此时的硬度值越高，表示该钢的红硬性越好。此外，尚有其他方法表示红硬性的好坏，如以630～650℃加热4h后室温硬度不低于HRC60作为高红硬性钢；以615～620℃加热4h后室温硬度不低于HRC60作为中红硬性钢；以500～560℃加热4h后室温硬度不低于HRC60作为低红硬性能，等等。

第三节　模具钢及轧制工具钢

一、冷作模具钢

冷作模具一般可分为两类：一类是用于有剪切作用的模具，如切边模、冲裁模等；另一类是用于在拉、压或冲击力作用下在模腔内使金属冷形变的模具，如冷冲、冷拔、冷挤压、搓丝、打弯等模具。冷作模具工作条件的共同特点是：工作温度低，一般工具温升不超过200～300℃，工具在工作时承受高的压力或冲击力，并且，工具不断与被加工的金属材料表面相摩擦。这就要求模具必须具有高的强度、硬度、高耐磨性，以及足够的韧性。一般情况下，模具热处理后，要求硬度为HRC58～60；受冲击力小的模具可取HRC62～64；受冲击力大的模具则应为HRC56～58。形状简单的冷作模具，一般用碳素工具钢制作；有些大型简单的切边模也可用碳素工具钢制作，如T8A、T10A、T12A等。截面尺寸较大、要求淬透性较高的模具，一般用9CrSi、9Mn2V或GCr15、GSiMnV等低合金工具钢制作。形状复杂、尺寸精度要求高（热处理变形要求小）、耐磨性要求高的模具，一般用中合金或高合金模具钢制作，如Cr12Mo、Cr12MoV，CrMn2SiWMoV、Cr4W2MoV等。以下仅就含铬约12%的一类高碳钢及其代用钢进行简要的讨论。如Cr12、Cr12Mo、Cr12MoV钢，其含碳量都在1.5%以上，合金元素含量也高，它们都属于莱氏体钢。在退火和淬火后，组织中有大量的碳化物（参见图16－8），这些碳化物极大地增加了

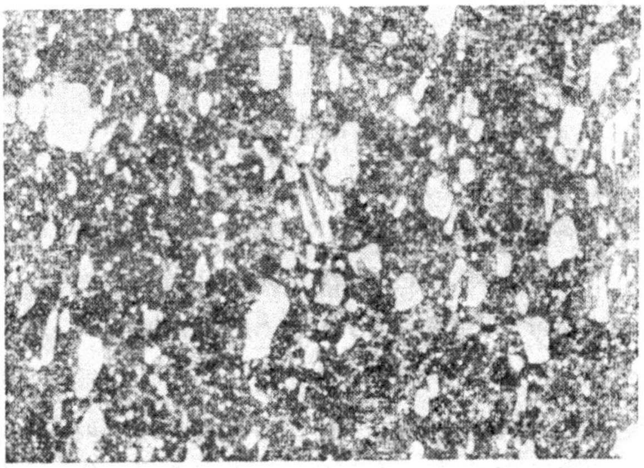

图16－8　Cr12钢980℃，油淬4分钟后空冷，200℃回火后的组织

（回火马氏体及块粒状碳化物）（×500）

钢的耐磨性。另外，这类钢淬透性大，一般空冷即可淬硬，淬火变形也较小。还可借淬火回火来调整马氏体和残留奥氏体的相对量，以达到不发生热处理变形的目的。另一方面，由于Cr12型钢属莱氏体钢，与高速钢相似，也有碳化物不均匀性的问题（按YB7—59标准评级）。此类钢中碳化物主要是Cr_7C_3型。改进碳化物不均匀性的方法主要靠锻压。锻造后应缓慢冷却，随后进行退火，消除锻造应力、并降低硬度，使碳化物球化。一般多采用等温退火：860±10℃保温3～4小时，尽快冷至740±10℃、等温6～8小时，然后30℃/h炉冷至550℃，空冷。这样，可使珠光体型转变完成，并使碳化物球化。退火后钢的硬度为HB207～255。这类钢的最后热处理一般采用950～1000℃油淬，200℃回火，处理后HRC=62～64。

二、热作模具钢

热作模具的类型很多，其中主要有热锻模、热挤压模和压铸模等。普通的热锻模可用中碳的调质钢制造，经淬火高温回火后使用。根据锻模尺寸的大小和工作条件的不同，可逐级采用45、40Cr，5CrMnMo或5SiMnMoV，5CrNiMo或5CrMnSiMoV。其中以5CrMnMo和5CrNiMo钢用得最多。5CrMnMo钢用于小型及中型锻模（边长在400mm以下者），5CrNiMo钢则用于中型及大型锻模（边长到600mm）。锻模坯料通常以锻造钢块退火状态交货。

中、小型锻模在冷加工成型后，经淬火回火得到回火屈氏体组织（小型模）或回火索氏体组织（中、大型模）。应当指出，大型锻模，为保证模具寿命和避免淬火时变形与开裂，一般先进行粗加工，热处理后再研磨型腔。这就必须采用更高温度的回火（560～580℃）。一般来说，锻模的燕尾部分的回火温度应比工作面回火温度高60～80℃，以便使这部分具有较高的冲击韧性。总之，锻模尺寸愈大，硬度就要适当降低；小型模硬度一般也不超过HRC50；燕尾部分一般比工作面低6～8HRC。最后，还需指出热锻模热处理的两个要点：（1）淬火时冷至油的闪点温度即出油，并立即回火；（2）足够长时间的回火，以保证组织转变完全和消除淬火应力。

热冲模和热压模，在工作时常被加热到较高的温度，为满足高温硬度和抗热疲劳性能的要求，常使用一些类似高速钢的钢种，如3Cr2W8V、低碳高速钢以及$\sigma_s>1962MN/m^2$（$200kg/mm^2$）的马氏体时效钢。

三、轧制工具钢

轧制工具包括轧辊、穿孔顶头、导板等。轧辊又分热轧辊和冷轧辊两类。冷轧辊又可分工作辊、支撑辊和矫直辊等。

热轧辊多用半冷硬灰口铸铁、全冷硬灰口铸铁、中碳碳素铸钢、中碳低合金铸钢，以及中碳碳钢或中碳低合金锻钢等。

这里仅讨论冷轧辊用钢及轧管工具材料的一些有关问题。

冷轧辊工作时，辊身承受着很高的反复弯曲应力和压应力，以及一定的冲击力，而辊面又必须保持很高的光洁度。所以，冷轧辊要求高的强度和足够的韧性，同时，辊面则要求均匀的高硬度和高耐磨性。目前，我国冷轧辊用钢及其技术要求如表16－1所示。这些钢的淬透性大致按表列顺序依次递增，可依辊径大小来选择。辊坯经锻压成形后，需进行消除白点的退火。经超声波探伤和低倍检验合格后，再进行调质热处理；精加工后，再淬火回火，最后精磨和消除应力。

表 16-1 我国冷轧辊用钢的技术要求

轧辊类型	辊径(mm)	辊面硬度 HS (HRC)	淬硬层深	辊颈硬度 HS (HRC)	使用钢种
工作辊	120~750	>90（>65）	半径的3%~4%	35~55（24~43）	9Cr、9Cr2、9Cr2W、9Cr2Mo
支撑辊		60~85（48~61）			9Cr、9Cr2，9CrV，9Cr2Mo、60CrMnMo
矫直辊	≤200	>85（>61）	4~5mm		9Cr、9Cr2，60CrMoV

轧制工具中的另一大类是无缝钢管生产中消耗量最大的穿孔机顶头和导板。

1. 穿孔机顶头

除了在高合金不锈钢及耐热钢管生产中多采用钼基合金顶头（含微量 C、Ti、Zr 的钼合金）外，在一般结构钢、轴承钢等无缝钢管生产中，顶头使用的材料早期多用热作模具钢，如 3Cr2W8V 等。但是，近些年来，世界各国大多不再采用这种高合金的热作模具钢，而是采用低碳低合金的结构钢，例如 20CrNi3、30CrNi3、35CrMo 等。这些低碳低合金钢制作的顶头，经热处理后的硬度并不高，约 HB230~290，至多是 HB400~450，但使用寿命却超过 3Cr2W8V 高合金的热作模具钢。研究表明，这种低合金的结构钢之所以能用作穿孔顶头，一方面可能是因为这些低合金钢的耐急冷急热性远优于高合金钢，另一方面，则可能是由于顶头工作面上的特定氧化皮对工具的保护作用。曾用电子探针测定了氧化层的元素分布，结果如图 16-9 所示。图中所示结果为 20CrNi3 钢经 1020~1040℃弱氧化气氛中加热 40 分钟、空冷后微区域分析的结果。氧化层由外向内，亮区中 Ni、Cr 含量都低，灰区是富 Cr 富 O 区，过渡区是富 Ni 区（其 Ni 含量比基体高 5~8 倍）。相应各区的组成及硬度如下：亮区主要是 Fe_3O_4 和 FeO，硬度约 HV466~525（其中 Fe_3O_4 的 HV = 700；FeO 的 HV = 430）；灰区主要是 $FeO \cdot Cr_2O_3$，硬度约 HV515~517。因此认为，灰区的硬度高、耐磨性好的氧化皮，对工具起了保护作用。而硬度低、韧性好的过渡区把基体和外层氧化皮粘结在一起。这里所说的过渡区，是在使用过程中形成的以 FeO 为主的二次氧化皮。看来，为提高低碳低合金顶头的寿命，重要的是采用适当的热处理（高温、弱氧化、较长时间保温和空冷）得到一个牢固地粘结在基体上的氧化皮。这样，采用低合金钢就可以节约不少的合金元素。

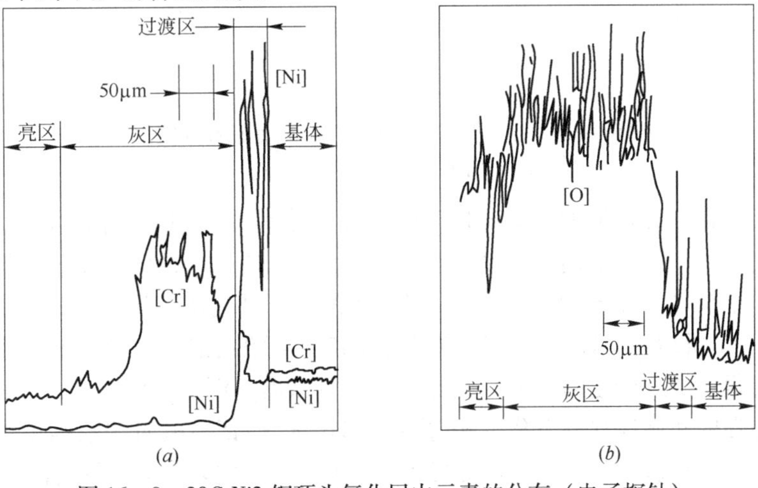

图 16-9 20CrNi3 钢顶头氧化层中元素的分布（电子探针）

（a）Cr、Ni 的分布；（b）O 的分布

2. 穿孔机导板

国内外大多仍使用高碳高铬铸钢，例如我国多采用含2.1%～2.8%C、1.0%～1.5%Si、30%～35%Cr的钢。高铬铸钢铸造后，硬度可达HB400～700。为改善其加工性，可在950℃退火。由于含有大量的铬，因此，这类钢在高温具有良好的抗氧化性及耐蚀性。由于高碳高铬，组织中含有大量的Cr_7C_3型碳化物，其显微硬度$H_m=2100$，因而具有良好的耐磨性。

第四节 高 锰 钢

近年来，尽管已研制了好多种耐磨材料，但是最古老的一种高合金钢耐磨材料——高锰钢仍然未失其重要性。这一材料有以下几个显著特征：(1)表面层在使用过程中强烈的加工硬化，故有优异的耐磨性；(2)它具有奥氏体组织，韧性特别优良；(3)由于它是奥氏体组织，所以它没有磁性。由于这些特点，使高锰钢在冶金、矿山、建筑、铁道、军工等部门得到了广泛的应用。常用来制造矿山采掘机铲斗（爪）、破碎机颚板、铁道道岔、坦克及拖拉机履带等受压力、摩擦力和冲击力的耐磨件（也称凿磨件）。

高锰钢的化学成分最主要的是两个元素：C和Mn。现用高锰钢的成分范围参见图16－10。钢中加入较多的碳，主要目的是为了保证钢的耐磨性和强度。研究指出，高锰钢的耐磨性随含碳量的增加而提高，含碳量在1.0%～1.1%以上耐磨性才好。例如，碳从1%增至1.5%时，其耐磨性可增加2～3倍。但含碳量大于1.3%时，则容易析出碳化物，使韧性降低约50%。在实际操作中，从易于奥氏体化来要求，适宜的含碳量为1.25%；但从力学性能和耐磨性的方面来看，最适宜的含碳量为1.1%。因此，一般在制造小型铸件时，多采用1.3%C，大件则多用1.1%C。

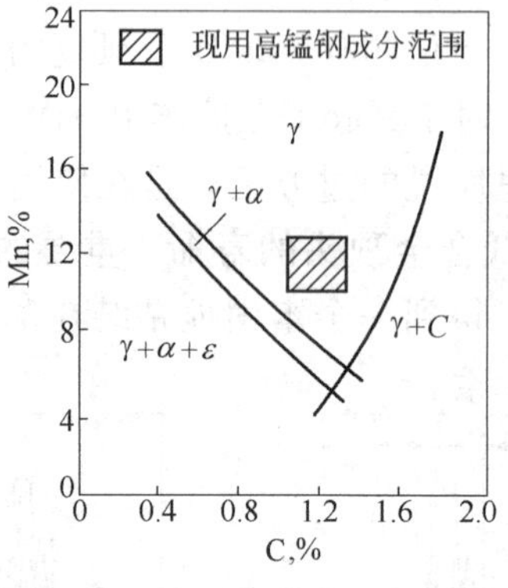

图16－10 由1000～1100℃水冷后的锰钢淬火组织图

γ—奥氏体；α—马氏体；ε—密排六方相；C—$(Fe,Mn)_3C$

研究指出，钢中锰含量大于6%时，钢就有足够高的韧性。在锰含量为10%～14%时，韧性最高。故一般高锰钢中锰含量不低于11%。钢中加入Mn的主要目的是与C配合以得到奥氏体组织（参见图16－10），及增大钢的加工硬化率，从而可有效地提高钢的耐磨性。图16－11所示为各种耐磨材料的耐磨性和加工硬化前、后硬度的关系。图中表明了高锰钢具有很大加工硬化的特征。此外，锰还可以提高钢的强度。但是，当Mn量大于15%时，钢的强度和韧性都将下降。Mn量过多时，会使钢冷凝时的收缩量增大，导致热裂纹。而且，Mn量过多时热加工就变得困难。所以锰过多了也是不利的。一般情况下

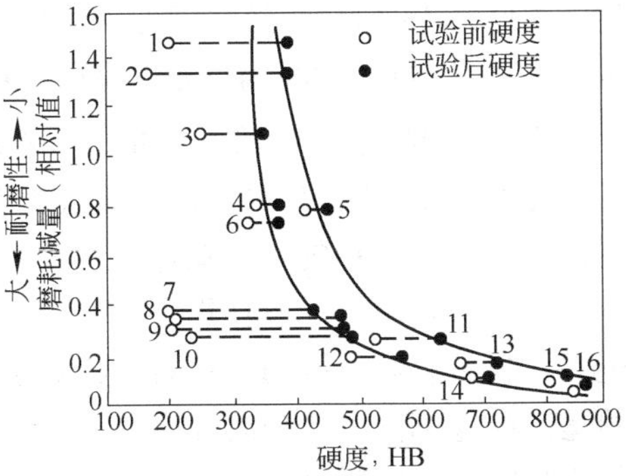

图 16－11　各种耐磨材料的耐磨性和硬度的关系

1—奥氏体不锈钢（AISI316，含 Mo 的 18－8）；2—奥氏体不锈钢（AISI304，18－8）；3—低碳钢正火材；4—NiCrMo 钢（4340，退火材）；5—马氏体时效钢（Almar18）；6—NiCrMo 钢，正火材；7—高锰钢（12Mn－3.5Ni）；8～10—高锰钢（成分分别为 12Mn－1Mo；12Mn；12Mn－2Mo）；11—NiCrMo 钢，淬火回火；12—20Cr－3.5Mo－3C 表面硬化材；13～16—高碳高铬铸钢（成分分别为 26Cr－2.5C，27Cr－5Mo－3.0C，15Cr－3Mo－2.5C，15Cr－3Mo－3.5C）

C/Mn比取 0.1 较为适宜。

高锰钢中除了 C 和 Mn 以外，还可能有其他一些元素，如 Si、S、P、Cr、Ni、Mo、V、Ti 等，其中 S、P、Si 属残存元素，其余则是为了特定目的而加入的。

由于高锰钢难于进行机械加工，所以大多在铸造、磨削后直接使用。

高锰钢热处理的目的是让碳化物溶解，以获得具有良好韧性和高的加工硬化率的奥氏体组织，如图 16－12 所示。常用的热处理规范如图 16－13 所示，这种处理称为固溶处理或水韧处理。固溶处理的温度不能太低，否则碳化物不能完全溶解，韧化目的不能完全达到。但固溶温度也不能太高，否则引起脱碳、脱锰，以及奥氏体晶粒粗化使钢的脆性增加。另外，还需注意，高锰钢在固溶处理后，如果再次受热（尤其在 400～700℃），则有针状碳化物析出，导致钢材脆化。

图 16－12　高锰钢（1.02%C，13.6%Mn，0.26%Si，0.30%Cu）的奥氏体组织（×100）

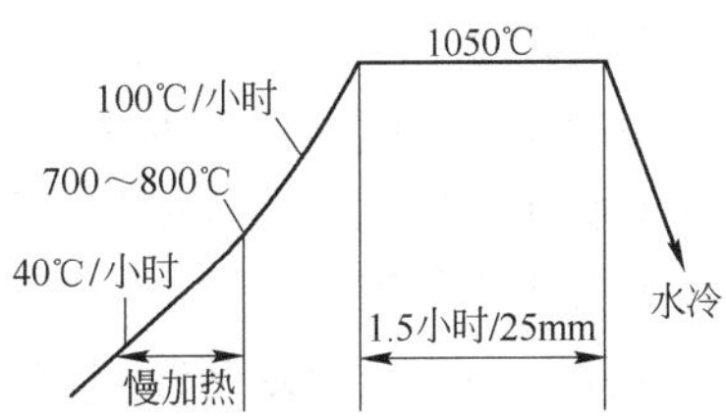

图 16－13　高锰钢的水韧处理规范

高锰钢（1.0% ~1.3%C，10% ~13%Mn）经水韧处理后的性能大致如下：$\sigma_s=392\sim441\text{MN/m}^2$（$40\sim45\text{kg/mm}^2$），$\sigma_b=784\sim981\text{MN/m}^2$（$80\sim100\text{kg/mm}^2$），$\delta=40\%\sim80\%$，$\psi=40\%\sim60\%$，$a_K=1960\sim2940\text{kJ/m}^2$（$20\sim38\text{kg}\cdot\text{m/cm}^2$），HB = 180 ~ 190。由此可以看出，高锰钢 σ_s/σ_b 比值较小，在不大的负荷下就会发生范性形变，因此，不宜用来制造尺寸要求严格的零件。这是高锰钢的一个缺点。为改善这一点，曾试图用其他元素来合金化。但用其他合金元素合金化时，一般在强度增加的同时，却造成韧性和加工硬化率降低，相应地耐磨性也并不显著提高。因而，只有在特殊情况下，高锰钢才用其他元素合金化。特别需要指出的是，高锰钢固溶处理后硬度虽不高，但在压力、摩擦力和冲击力的综合作用下，加工硬化率却很大，加工硬化后的硬度一般可达 HB450 ~ 550（参见图 16 –11）。顺便指出，奥氏体不锈钢的加工硬化率虽然也相当高，但其耐磨性却远不如高锰钢。图 16 – 14 所示为高锰钢加工硬化后的显微组织特征。应当指出，尤其是当外力的形式为爆炸或喷丸的情况下，表面硬度的增加值更高，可达 HV600 ~ 700，如图 16 – 15 所示。

图 16 – 14　高锰钢加工硬化后的显微组织特征（×100）

对高锰钢产生异常加工硬化的原因，曾作过很多研究，但至今仍无定论。看来，由于高锰钢层错能较小，加工后容易形成层错或孪晶可能是异常硬化的原因。

应当指出，当外力很小的情况下（尤其是没有压力和冲击力时），高锰钢加工硬化的特征就不明显，这时其高耐磨性的优点就表现不出来，反而不如一般马氏体组织的钢或合金铸铁耐磨。另外，高锰钢具有很高的范性和韧性，它是钢铁材料中韧性最大的材料之一，是其它耐磨材料所不及的。这样高的韧性可以保持到 – 50℃左右。随着温度的再降低，韧性值减小，至 – 190℃左右才显示出完全脆性破坏。图 16 – 16 所示为高锰钢低温下冲击韧性的变化。高锰钢产生这种低温脆性的原因，可能是 ε 相或孪晶的形成所致。

综上所述，奥氏体高锰钢的主要问题是成分问题，只要有足够的 C、Mn 固溶进去，就可以具有相当稳定的组织结构，最大限度地发挥其韧性和加工硬化性。由于高锰钢屈服点低，合金化后常又导致韧性和加工硬化性的降低，因此，如用爆炸或喷丸加工手段可进行有效的强化。也应指出，形变时效可以大大强化高锰钢，例如，120Mn13 钢在 20℃形变 64.6% 以后，在 180 ~ 200℃时效 12 小时，σ_b 可达 3199MN/m^2（325.7kg/mm^2），$\sigma_{0.2}$ 可达 3149MN/m^2（321.2kg/mm^2）。$\sigma_{0.2}$ 较原来提高约 7 倍之多。

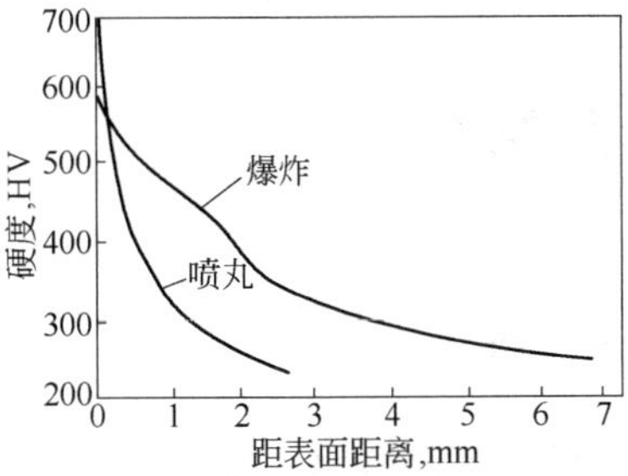

图 16－15　高锰钢的加工硬化特征

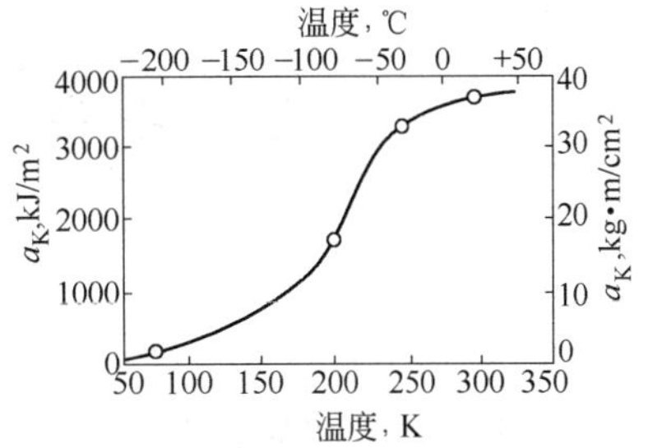

图 16－16　高锰钢低温下冲击韧性的变化

第十七章　耐蚀钢与耐蚀合金

第一节　金属材料的耐蚀性

随着工业的迅速发展，在化学工业、石油工业、合成纤维以及原子能工业中，使用着大量的耐蚀金属材料，其中用量最多的是各种牌号的不锈耐蚀钢（有时简称不锈钢），以及各种镍基、钛基的耐蚀合金等。这些材料的一个中心问题是腐蚀问题。

一、腐蚀的基本类型

金属与合金腐蚀破坏的表现形式很多，常见的基本类型如下。

1. 均匀腐蚀

均匀腐蚀也称连续腐蚀，或普遍腐蚀，或一般腐蚀。这种腐蚀发生在金属材料的整个表面，使截面不断减小。如被腐蚀的是受力零件，则真实应力逐渐增加，终于达到材料的断裂强度而发生断裂。评定均匀腐蚀的方法是在试验条件下，测得单位面积上在一定时间腐蚀以后所损失的重量，然后换算为腐蚀速度（mm/a）。根据腐蚀速度的不同，可将金属材料的耐蚀性分为10级，如表17－1所示。不同的使用情况对耐蚀性提出不同的指标要求，一般分两大类：（1）不锈钢：指在大气及弱腐蚀介质中耐蚀的钢。规定凡是腐蚀速度小于0.01mm/a的，就认为是“完全耐蚀”；腐蚀速度小于0.1mm/a的，就认为是“耐蚀”的。（2）耐酸钢：指在各种强烈腐蚀介质中能耐蚀的钢。凡是腐蚀速度小于0.1mm/a的，就认为是“完全耐蚀”；腐蚀速度小于1.0mm/a的，就认为是“耐蚀”的。

表17－1　金属材料的耐蚀性分级

分　类	腐蚀速度（mm/a）	级　别
耐蚀性极强	<0.001	1
耐蚀性很强	0.001～0.005	2
	0.005～0.010	3
耐蚀性强	0.01～0.05	4
	0.05～0.10	5
耐蚀性较弱	0.1～0.5	6
	0.5～1.0	7
耐蚀性弱	1～5	8
	5～10	9
耐蚀性极弱	>10	10

除均匀腐蚀外，还有其他类型的腐蚀，如晶间腐蚀、点腐蚀和应力腐蚀。凡是在某种介质中，有上述三种腐蚀形式之一者，就认为该钢在此介质中是不耐蚀的。

2. 晶间腐蚀

这是一种选择性的腐蚀破坏，它与一般选择性腐蚀不同，腐蚀不是从局部外表面开始的，而是集中发生在金属的晶界区，因此称作晶间腐蚀。发生这种类型腐蚀之后，有时从外观上不易察觉，但由于晶界区因腐蚀已遭到破坏，材料强度几乎完全丧失，严重者可失去金属声，这时每个晶粒实际上已接近分离，稍经受力即沿晶界断裂，甚至成为粉末。所以，晶间腐蚀是一种危害性很大的腐蚀破坏。

晶间腐蚀在铬镍、铬锰氮等奥氏体不锈钢与高铬铁素体不锈钢中均可发生，两者表现形式虽相同，但其机理不完全一样。

奥氏体不锈钢在450～850℃区间受热后，原来固溶在奥氏体中的碳与铬结合，在奥氏体晶界以$Cr_{23}C_6$碳化物的形式析出，造成了晶界区的奥氏体贫铬，即铬降到不锈钢耐蚀所需要的最低含量以下，从而使腐蚀集中在晶界的贫铬区。贫铬区的厚度约为10^{-4}mm。贫铬区成为微阳极，$Cr_{23}C_6$和其余奥氏体区成了微阴极，于是构成了腐蚀微电池。这就是通常所说的奥氏体不锈钢晶界腐蚀的贫铬论。消除铬镍奥氏体不锈钢因$Cr_{23}C_6$析出所造成的晶间腐蚀的方法，有如下几种：（1）采用高温1050～1100℃固溶处理，将铬的碳化物全部溶解在奥氏体中，然后水淬，将奥氏体固定下来。但这通常只适用于不再焊接的钢。（2）生产超低碳（C% <0.03%）不锈钢，使$Cr_{23}C_6$无从析出。（3）改变析出的碳化物类型。最常用的方法是向钢中加入强碳化物形成元素，如Ti、Nb等。由于这些元素与碳的结合力比铬大得多，因此，当这些元素的量足够时只会形成TiC或NbC等稳定型碳化物，不再会出现$Cr_{23}C_6$。而且，TiC或NbC在1050℃以下不溶于奥氏体，这就排除了在低温形成$Cr_{23}C_6$的可能性，从而就消除了由于$Cr_{23}C_6$析出所造成的晶间腐蚀。一般含有Ti、Nb这类元素的钢称为稳定化钢。实践证明，为避免奥氏体钢产生晶间腐蚀，加入Ti或Nb的量显然取决于钢中的碳量，它们在钢中的含量应分别为：

$$0.8\% \geq Ti\% \geq 5\ (C-0.02)$$

$$1.0\% \geq Nb\% \geq 10\ (C-0.02)$$

计算式中C是钢的总碳量，0.02%指可溶解于奥氏体而不形成碳化物的那一部分碳。需要指出，以Ti、Nb等元素稳定化的钢，必须再经稳定化热处理才能保证无晶间腐蚀。稳定化热处理的工艺为：850～880℃保温5～6小时后空冷。这样处理的目的就是让$Cr_{23}C_6$型碳化物溶解，而让TiC或NbC充分析出。（4）改变晶界上碳化铬析出的数量及分布状态。欲达此目的，可有两种途径：一是调整钢的化学成分，使钢成为奥氏体铁素体复相组织；二是把钢预先进行冷形变。当钢为$\gamma+\delta$复相组织时，如钢在450～850℃受热，则$Cr_{23}C_6$碳化物首先在δ/γ相界处的δ铁素体一侧析出，并且呈分散的点状，这样，就减少了在奥氏体晶界析出的$Cr_{23}C_6$的量。同时，由于铬在δ铁素体中的扩散系数要比在奥氏体中的扩散系数大10^3倍，所以不至于在δ铁素体内$Cr_{23}C_6$析出的周围造成贫铬区。这样，就降低了晶间腐蚀倾向。把钢预先进行冷形变，就可使$Cr_{23}C_6$沿滑移带析出。这样，也使得奥氏体晶界上析出的$Cr_{23}C_6$数量减少及分布不连续，从而也就降低了晶间腐蚀倾向。

铁素体不锈钢有时也可产生晶间腐蚀，但避免这种腐蚀的热处理工艺恰好与奥氏体钢相反。研究指出，铁素体不锈钢自900℃以上急速水冷后，很容易遭受晶间腐蚀；这种易受晶间腐蚀的状态（敏化态）经过650～850℃加热后，便可消除。但为什么奥氏体钢和铁素体钢发生晶间腐蚀以及消除晶间腐蚀的处理如此不同呢？这是由于C及N在α中的固溶度远小于在γ中的固溶度，加上C及N在α晶界吸附趋势大，易在α晶界析出碳化铬，因而形成贫铬区引起晶间腐蚀。碳化铬在α晶界的析出，用一般的水冷无法抑制，这是一方面；另一方面，由于Cr在α中的扩散较在γ中扩散来得快，因而在650～850℃

短时加热即可消除贫铬区，从而消除了晶间腐蚀。

3. 点腐蚀

点腐蚀是金属表面局部区域的腐蚀破坏，首先形成腐蚀坑，然后向内部发展，甚至贯穿整个截面。点腐蚀是不锈钢常见的腐蚀破坏类型之一，它是因为在介质的作用下，由于破坏表面均匀性的一些缺陷，如夹杂物、贫铬区、晶界、位错在表面的露头等，使钝化膜在这些地方较为脆弱，从而使其局部遭到破坏。在含有氯离子（Cl^-）的介质中，最易引起不锈钢的点腐蚀，如 $FeCl_3$ 就是影响最大的介质之一。目前，增大不锈钢抗点蚀能力的途径有如下几种：（1）以 Mo、Mn、Si、V 或稀土元素合金化，能有效地增大抗点蚀的能力；（2）减少钢中夹杂物、晶界沉淀物，不使晶粒过细等；（3）减少介质中的 Cl^- 含量及氧的含量，加入缓蚀剂（如 CN^-、NO_3^-、SO_4^{2-} 等），降低介质温度等；（4）尽量不冷加工，以减少位错露头处发生的点蚀。所有这些措施，都可在一定程度上增大钢的抗点蚀能力。

4. 应力腐蚀

凡是应力和腐蚀介质共同作用引起的断裂，可以统称为应力腐蚀破坏。一般所说的应力腐蚀是一种较为复杂的现象。当应力不存在时，腐蚀甚微；而施加应力经过一段时间后，金属会在腐蚀并不严重的情况下发生脆断。这类应力腐蚀断裂有如下三个共同特征：第一，应力必须是拉伸的，拉伸应力愈大，则断裂时间愈短；第二，腐蚀介质是特定的，只有某些金属与介质的组合才会产生应力腐蚀断裂，例如黄铜的氨脆、锅炉钢的碱脆、低碳钢的硝脆、高强度钢的氢脆、奥氏体不锈钢的氯脆等。使不锈钢产生应力腐蚀的介质和金属的组合举例如表 17－2 所示；第三，断裂速度（0.001～0.3cm/h）远大于没有应力时的腐蚀破坏速度，但又小于单纯的力学断裂速度，断口属于脆断型。

例如，很多铁素体钢与腐蚀介质作用可以产生氢，这种氢是新生态的，它可以很容易地扩散到基体中。假如钢是由脱溶物硬化的，或者是由固溶体中足够量的间隙原子所强化的，那么，在没有氢存在时，钢可以保持高的强度水平，假如有氢存在，当钢处在高应力状态时，氢可以偏聚在位错或者是孪晶的内界面处，结果就使脆性断裂强度降低。因此，

表 17－2　几种不锈钢系的应力腐蚀

不锈钢系	产生应力腐蚀的介质
Fe－Cr	（1）NH_4Cl，$MgCl_2$，$(NH_4)H_2PO_4$，Na_2HPO_4 溶液； （2）H_2SO_4+NaCl 溶液； （3）$NaCl+H_2O_2$ 溶液，海水； （4）H_2S 溶液
Fe－Cr－Ni	（1）$NaCl+H_2O_2$ 溶液，海水； （2）$H_2SO_4+CuSO_4$ 溶液； （3）$MgCl_2$，NaCl，$BaCl_2$ 溶液； （4）CH_3CH_2Cl＋水； （5）LiCl，$ZnCl_2$，$CaCl_2$，NH_4Cl 溶液； （6）$(NH_4)_2CO_3$ 溶液； （7）NaF，NaBr，NaI，NaH_2PO_4，Na_3PO_4，Na_2SO_4，$NaNO_3$，Na_2SO_3，$NaClO_3$，$Na_2C_2H_3O_2$ 溶液； （8）水蒸气＋氯化物； （9）H_2S 溶液； （10）$NaCl+NH_4NO_3$ 溶液，$NaCl+NaNO_3$ 溶液； （11）$H_2S_nO_6$（其中 $n=2\sim5$）

如果材料用于高应力下，而且由腐蚀而来的氢量维持足够长时间的话，则此材料就将发生脆性破坏。马氏体不锈钢特别具有这种形式破坏的倾向；而且内孪晶马氏体似乎比板条马氏体更易于这种形式的破坏。

另一种形式的应力腐蚀断裂是当有热的氯化物溶液存在时，在奥氏体钢中发现的。这种破坏的形式通常是穿晶的。目前认为，应力腐蚀断裂是与应力通过滑移使钝化膜破坏有关。钝化膜破坏后使裸露出的金属与其周围的连续钝化膜组成微电池，金属（阳极）被溶解而形成腐蚀微裂纹，裂纹又在腐蚀和应力的共同作用下而扩展传播，最后导致断裂。但在裂纹扩展过程中，随位错的分布不同，裂纹扩展速度会有差异，因而随合金成分的不同，抗腐蚀断裂的敏感性也就不同。

关于抑制和避免金属材料应力腐蚀断裂的措施，也都是从应力、介质和材料三方面来考虑，即设法降低拉伸应力、改变介质和正确选择材料。

以上讨论了腐蚀破坏的几种基本类型。在讨论晶间腐蚀、点腐蚀以及应力腐蚀的过程中，曾分别就这几种腐蚀类型简要讨论了提高材料抗蚀性的措施和途径。以下就均匀腐蚀（一般腐蚀）的问题综合讨论提高金属材料耐蚀性的途径。

二、提高金属材料耐蚀性的途径

要提高不锈钢的耐蚀性，首先要考虑的就是钢的化学成分和组织，因为这是引起电化学腐蚀的内因，而腐蚀介质、应力、温度等则是外因。一般来说，钢的化学成分是主导方面，由它决定所产生的合金电极电位差的大小和腐蚀电流的大小。

1. 钢的化学成分对耐蚀性的影响

纯铁在腐蚀性介质中是不耐蚀的，但若把纯铁放在浓硝酸中，就看不到铁的强烈腐蚀，这时铁处于钝化状态。这是因为此时铁的表面生成了一层很致密的 $\gamma-Fe_2O_3$ 薄膜，$\gamma-Fe_2O_3$ 具有尖晶石点阵，它和铁牢固地结合起来，这样，腐蚀的微电池作用就因为在阳极表面生成这种致密的氧化膜而停顿下来，也就是铁的阳极溶解受到阻碍，这就是常说的钝化现象。由于钝化的结果耐蚀性有了提高，此时伴随有阳极电位的突然升高。但如果把铁表面的 $\gamma-Fe_2O_3$ 膜破坏掉（如机械摩擦、加化学试剂溶解），则铁的腐蚀将继续进行。

因而，要使铁达到钝化，溶液中必须有氧存在，才能在阳极形成 $\gamma-Fe_2O_3$ 氧化膜。所以，铁在氧化性的硝酸中容易达到钝化。然而铁的钝化能力比较弱，只有在浓硝酸中才有钝化现象产生。这是因为铁所形成的 $\gamma-Fe_2O_3$ 稳定性比较差，容易被许多酸（或离子）所破坏。而要提高铁的耐蚀性或钝化能力，就必须增大氧化膜的稳定性。例如，改变 $\gamma-Fe_2O_3$ 膜的成分，使之形成更稳定的、含有合金元素的复合氧化膜，就可以在更多的介质中保持钝化状态。

随着工业的发展，人们首先发现了铬不锈钢。实验证明，把铬加入铁基固溶体后，可使其电极电位升高（虽然铬的标准电极电位比铁还负），并且，当铬量达到一定浓度时，这种提高发生突变，如图 17－1 所示。由图中结果可以看出，当铬含量达到 12.5 原子%（即相当于 1/8 原子比）时，其电极电位由 －0.56V 跃增至 ＋0.2V。与此相应，合金在工业大气、海水及稀硝酸中的耐蚀性显著提高，如图 17－2、图 17－3、图 17－4 所示。从图 17－4还可看出，当铬含量增加到原子百分数为 12.5%、25% 和 37.5%（相应为 1/8、2/8、3/8原子比）时，钢的腐蚀速度都有一个突然降低，这种变化规律通常叫做 $n/8$ 规律（$n=1、2、3、\cdots$,），即在一定介质中铬对钢耐蚀性影响的原子比规律。

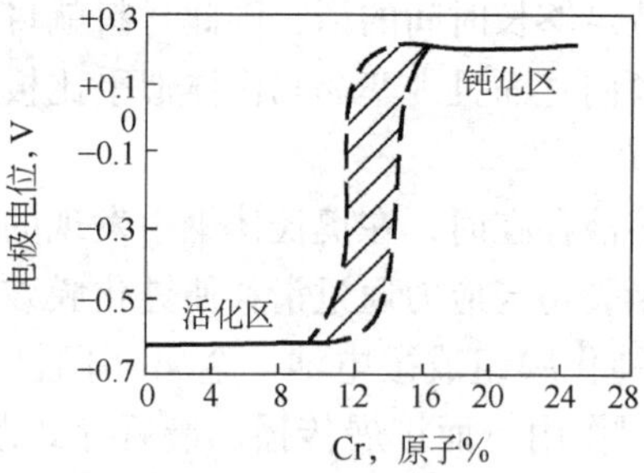

图 17－1　Fe－Cr 合金的电极电位与铬含量的关系（1*N* 的 $FeSO_4$ 溶液，有空气存在时，与甘汞电极的比较电位）

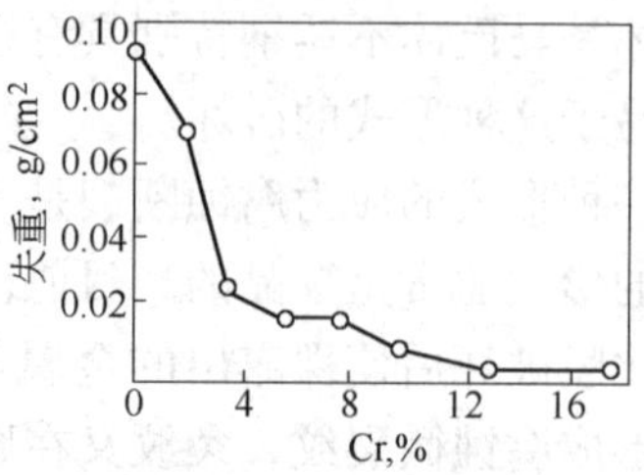

图 17－2　Fe－Cr 合金在工业大气中的耐蚀性与铬含量的关系

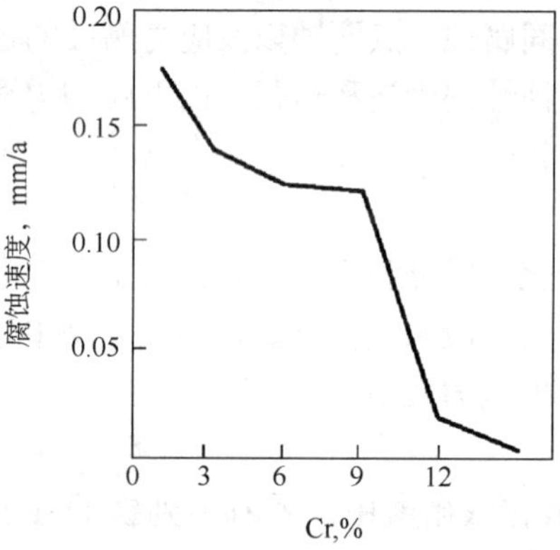

图 17－3　Fe－Cr 合金在海水中的耐蚀性与铬含量的关系

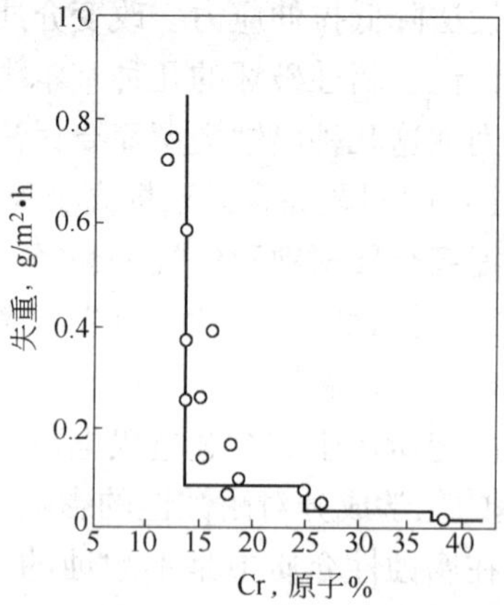

图 17－4　Fe－Cr 合金在 90℃50% 硝酸中的耐蚀性与铬含量的关系

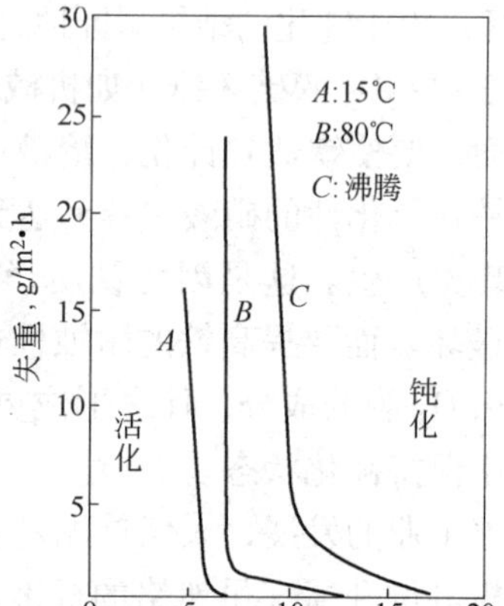

图 17－5　Fe－Cr 合金在不同温度的 32% 硝酸中的耐蚀性

由此可见，铬能强烈提高铁的钝化能力。此时钢的钝化膜中富集了铬的氧化物 Cr_2O_3。这种富铬的氧化膜在不少介质中都具有良好的稳定性，因而提高了钢的耐蚀性。

但是应当指出，不能认为在任何情况下不锈钢中的铬含量都必须要大于 12%（质量百分数，即原子百分数 12.5% 以上）钢才是耐蚀的。因为，即使是在同一介质中，如在 32% HNO_3 中，由于温度的不同，临界铬量（常称耐蚀限）也是在变化的，如图 17－5 中所示：在 15℃ 的 32% HNO_3 中，钝化所需的临界铬量只要大约 7%。不注意这一点，就会阻碍低铬不锈钢的发展（譬如低铬的抗氯脆的不锈钢）。另外，也不能认为不锈钢总是不锈耐酸的，这对不锈钢是一个很大的误会，将会影响不锈钢的正确应用。例如，铬不锈钢在非氧化性酸（如稀硫酸）中就是不耐蚀的，而且，随着铬含量的增加，钢的耐蚀性反而是降低的，如图 17－6 所示。从图中可以明显地看出，Fe－Cr 合金在 10% HNO_3 中的耐蚀性与在 10% H_2SO_4、10% HCl 中的耐蚀性截然不同。由此可以得到一个重要的概念：不锈钢的耐蚀性是相对的。这就促使人们研究各种介质和其他外界条件的影响，研究和创立各种合金化方案。

镍加入铁中，也能提高铁的耐蚀性，尤其是在非氧化性的硫酸（稀硫酸）中更为显著，如图 17－7 所示。研究指出，Fe－Ni 合金中，当镍含量相应为 13.5%、27%（重量），即相当于原子百分数为 12.5%、25%时，其耐蚀性明显提高。另外，研究指出，镍加入铬不锈钢中，可提高铬不锈钢在硫酸、醋酸、草酸及中性盐（特别是硫酸盐）中的耐蚀性。

锰加入铬钢中（如 Cr－Mn－N 钢）能大大提高铬不锈钢在有机酸（如醋酸、甲酸、蚁酸等）中的耐蚀性。研究指出，锰与氮的综合作用还可取代不锈钢中的镍，从而创制和发展了新型的 Cr－Mn－N 不锈耐酸钢。

此外，为了提高不锈钢在非氧化性介质中的耐蚀性，常向不锈钢中添加 Mo 和 Cu。这样，就扩大了不锈钢的钝化介质范围，使之在热硫酸、稀盐酸、磷酸以及在有机酸中都有较好的耐蚀性。原因是因为不锈钢中加入 Mo 以后，可以形成含 Mo 的氧化膜，如 Cr18Ni8Mo 钢形成的氧化膜的成分大约是 53% Fe_2O_3、32% Cr_2O_3、12% MoO_3。这种成分的氧化膜具有很高的稳定性，在许多强腐蚀介质中都不易溶解。此外，钢中加入钼以后，由于含钼的氧化膜较为致密，能阻止 Cl^- 离子的穿透，所以能防止点腐蚀。例如在高铬铁素体不锈钢及 Cr－Mn－N 钢中，加入 1%～3% 的钼，可使钢在有机酸中的耐蚀性提高，能够抵抗任何浓度的沸腾醋酸的腐蚀，如图 17－8 所示。又如，在 18－8 铬镍奥氏体不锈钢中，加入 1.5%～4% 的钼，可提高该钢在稀硫酸中的耐蚀性，如图 17－9 所示。此外，18－8 钢中加钼后，还可提高钢在有机酸（如醋酸、草酸、蚁酸等）以及过氧化氢、硫酸盐、酸性染料、漂白粉等介质中的耐蚀性。所以，含钼的 18－8 铬镍钢在上述工业

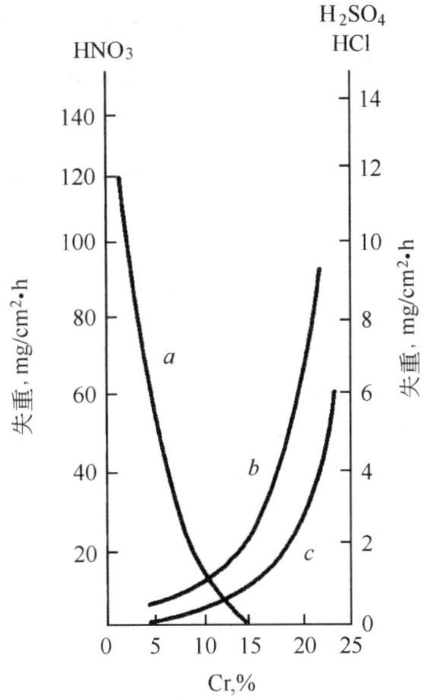

图 17－6　Fe－Cr 合金在不同介质中（25℃）的耐蚀性与铬含量的关系

a—10% HNO_3；*b*—10% H_2SO_4；*c*—10% HCl

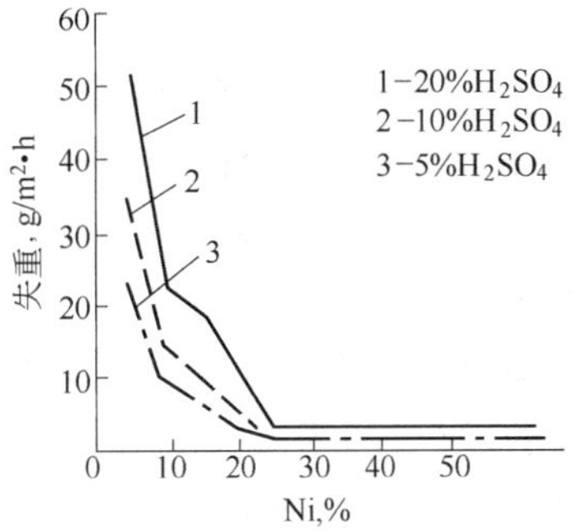

图 17－7　Fe－Ni 合金在 60℃不同浓度的稀硫酸中 100 小时的腐蚀速度与合金中镍含量的关系

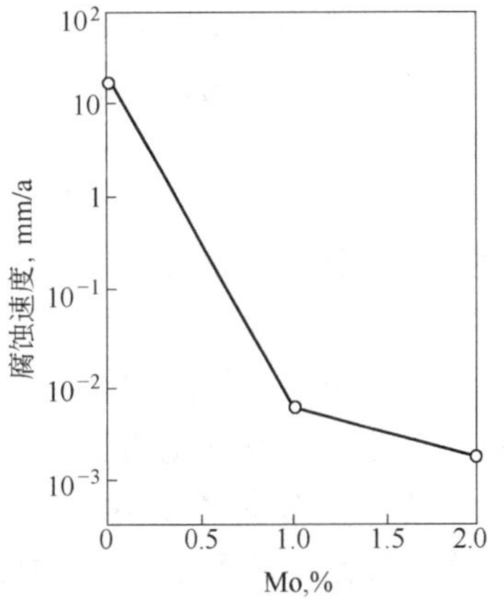

图 17－8　钼对 Cr－Mn－N 钢在沸腾醋酸中耐蚀性的影响（醋酸浓度 >98%）

方面应用甚广。但是，18－8Mo 钢不宜在硝酸中应用，例如含 2%～3% Mo 的 18－8 钢，经 1050℃固溶处理后，在沸腾的 65% 硝酸中的腐蚀速度比不含钼的钢要大一倍。

铜加入到铬不锈钢中（<1% Cu）也可提高其耐蚀性。在 18－8 铬镍钢中加入 1%～3% 的铜，也可提高钢在稀硫酸中的耐蚀性，如图 17－10 所示。

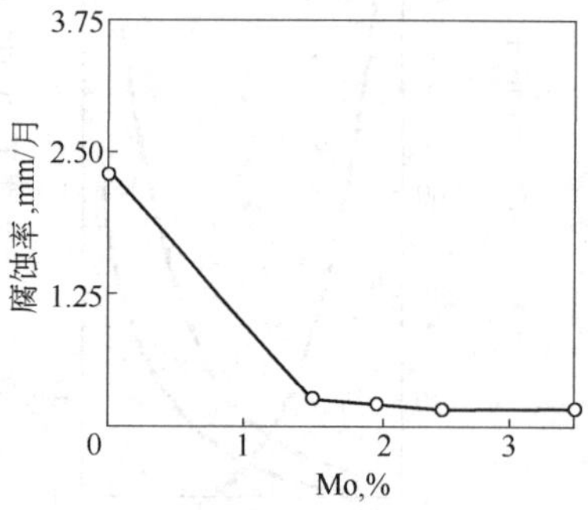

图 17－9　钼对 18－8 不锈钢在 70℃10% 的硫酸中耐蚀性的影响
（钢经 1100～1150℃空冷）

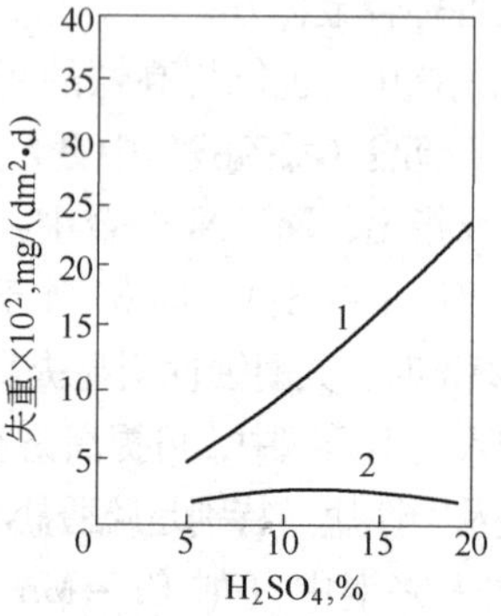

图 17－10　铜对 18－8 钢在 40℃硫酸中耐蚀性的影响
1—不含铜；2—含 2.45% Cu

少量的贵金属，如 Pt、Pd 等加入 18－8 钢中，可提高钢在硫酸、盐酸和有机酸中的耐蚀性。

硅能提高不锈钢在盐酸和硫酸中的耐蚀性。尤其是在铬镍奥氏体钢中加入 3%～5% 的硅，可提高钢抗应力腐蚀的能力。但含硅高的 18－8 钢，在硝酸中的耐蚀性不佳。

少量的硼加入高铬铁素体不锈钢中（如在 Cr17Mo2Ti 钢中加入 0.005% B）可提高钢在沸腾的 65% 醋酸中的耐蚀性。

应当指出，随着工业生产的发展，以铁为基的各种不锈钢已满足不了要求，于是就在一些特殊的场合，采用镍基、钛基以及其它元素为基的耐蚀材料。

2. 工作介质对不锈钢耐蚀性的影响

除合金成分外，介质对耐蚀性的影响很重要。

在氧化性介质中，如在硝酸中，不锈钢容易形成氧化膜，因此，钝化的时间就短。在非氧化性介质中，如在稀硫酸、盐酸、有机酸中，由于氧含量较低，钝化不锈钢所需要的时间就要延长；而当介质中氧含量低到一定程度，不锈钢就不能钝化，如在稀盐酸中，铬不锈钢甚至比一般碳钢腐蚀得还快。所以，必须根据介质的特点来正确选择使用或发展新的不锈钢。

又如，在大气、水蒸气、水和其他弱腐蚀介质中，只要固溶体中的铬含量大于 12%，就可保证钢的不锈性。如水压机阀门、蒸汽发电机透平叶片、水蒸气管件等，都可用 Cr13 型不锈钢。

在稀硫酸等非氧化性酸中，由于其中氧含量很少，而 SO_4^{2-} 又不是氧化剂，因而，这种介质基本上没有使钢钝化的能力，所以，一般的铬不锈钢或铬镍不锈钢，在稀硫酸中是不耐蚀的。进一步增加铬的含量，钢在非氧化性酸中的耐蚀性反而急剧降低（参见图 17－6）。为了提高不锈钢在非氧化性酸中的耐蚀性，如前所述，可以加 Ni、Mo、Cu 等元素。例如，在硫酸铵化肥、人造纤维等工业中使用的硫酸浓度多为 1%～20%，在这种条件下使用像 1Cr18Ni12Mo2Ti、1Cr17Mn13Mo2N、1Cr17Mn13Mo2CuN、0Cr18Ni18Mo2Cu2Ti 等不锈钢，可在不同程度上满足耐蚀性的要求。

在高温高浓度的非氧化性强腐蚀介质中，目前的不锈钢耐蚀性都较差，这就需要用其它的耐蚀材料，如镍基耐蚀合金等。在强有机酸中，由于介质中氧含量低，一般铬不锈钢钝化能力很差，18－8 型钢也不耐蚀，这时就要用 Cr－Mn 型不锈钢代替 Cr－Ni 不锈钢；并在 Cr－Mn 的基础上，再加入 Mo 和 Cu 使钢易达到钝化状态。例如，人造纤维工业中，工业醋酸原液中有 2% 甲酸，1Cr17Mn13Mo2N 和 1Cr17Mn13Mo2CuN 钢是完全耐蚀的，比 Cr18Ni10Mo2 钢的耐蚀性优越。在含有 Cl^- 离子的介质中，因为容易产生点腐蚀，就需要用含钼的铬镍钢，如 18－8Mo、18－14Mo5 等。

最后，还需指出，在海水中的腐蚀是比较特殊的，一些不锈钢乃至镍基合金在其中的腐蚀速度都是相当大的；而钛合金的腐蚀速度则相当小，如图 17－11 所示。可见腐蚀介质的作用是各式各样的，因此就必须根据具体使用条件来恰当地选择材料。

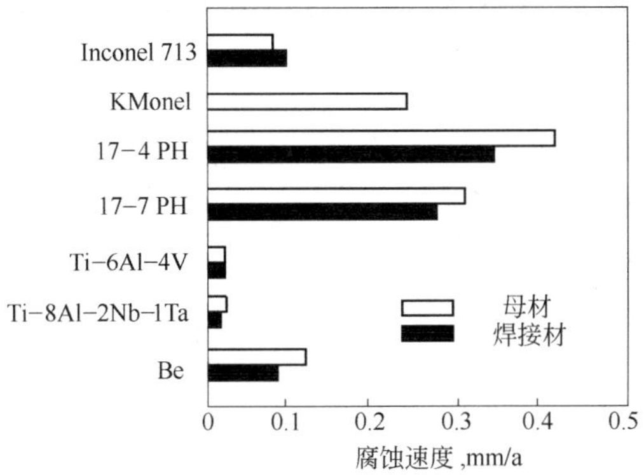

图 17－11　不同合金在海水（急流）中的耐蚀性

Inconel713（Ni－13Cr－4.5Mo－6Al－2Nb－1Ti）；KMonel（66Ni－29Cu－2.8Al－1Fe）；17－4PH（17Cr－4Ni 钢）；17－7PH（17Cr－7Ni 钢）；其余为钛合金及金属铍

第二节　不 锈 耐 酸 钢

一、不锈耐酸钢的成分、组织和性能特点

1. 不锈耐酸钢成分和组织的特点

研究不锈钢成分和组织的关系，将有助于了解不锈钢的性能和探寻新的不锈钢品种。

目前应用的不锈钢，按基体组织大致可分为以下几类：（1）奥氏体不锈钢。特点是具有单相奥氏体组织，有时因成分偏析或处理不当，会有少量的 δ 铁素体。如铬镍奥氏体不锈钢（1Cr18Ni9Ti、00Cr18Ni10）、铬锰氮奥氏体不锈钢（1Cr18Mn8Ni5N）等。（2）铁素体不锈钢。这类钢在加热和冷却时都不发生 $\alpha \rightleftharpoons \gamma$ 相变，始终保持铁素体组织，如 0Cr17Ti、Cr25Ti 等。（3）马氏体不锈钢。包括含碳量在 0.05%～0.45% 的各种 Cr13 型不锈钢。除 C＜0.10% 者外，高温时都是单相奥氏体，淬火后得到马氏体组织。C＜0.10% 的 0Cr13 钢以及 Cr17Ni2 钢，在高温时为 $\gamma+\delta$，淬火后为马氏体＋δ 铁素体的复相组织，习惯上也将它们归属于马氏体不锈钢类。此外，高碳的不锈轴承钢 9Cr18 也属此类。（4）奥氏体 δ 铁素体复相不锈钢。在此类钢中，如果称为奥氏体 δ 铁素体复相钢，则是奥氏体的相对量多；如果称为 δ 铁素体奥氏体复相钢，则是 δ 铁素体的相对量多，如 Cr21Ni5Ti、00Cr18Ni5Mo3Si2 等复相钢，其中 δ 铁素体的量达 50% ~70%。（5）沉淀硬化型不锈钢。具有马氏体 + δ 铁素体的基体再加金属化合物强化相的组织；或者是马氏体基体加金属化合物强化相的组织，如 15 – 7 – MoPH、Cr – Mo – Co 等钢。

考察合金元素对不锈钢组织形成的作用，可把它们分作两类，一类是缩小 γ 相区的元素，一类是扩大 γ 相区的元素。Cr、Mo、Ti、Nb 等元素是缩小 γ 相区的，这些元素本身是体心立方点阵，加入钢中后，使 α – Fe 体心立方点阵结构相对稳定。例如 Cr，它和 Fe 形成的二元相图如图 17 – 12 所示。从图中可以看出，除了在一定浓度、温度范围形成 σ 相外，在相当大的铬含量范围内形成 α 相（铁素体）。仔细分析 Fe – Cr 相图的左下角部分，在铬含量小于 8% 时，随铬量的增多，A_4 点降低，A_3 点也降低；铬含量大于 8% 时，随铬量的增多，A_3 点升高，A_4 点降低，从而在铬含量小于 12.5% 的范围内形成封闭的 γ 圈。这表明，铬量大于 12.5% 的 Fe – Cr 合金，就不再出现 γ 相。因而，高铬不锈钢，如 Cr17、Cr25、Cr28 等，都是铁素体不锈钢，这些钢从高温到室温都是体心立方点阵，即不论加热和冷却都不发生 $\alpha \rightleftharpoons \gamma$ 相变。

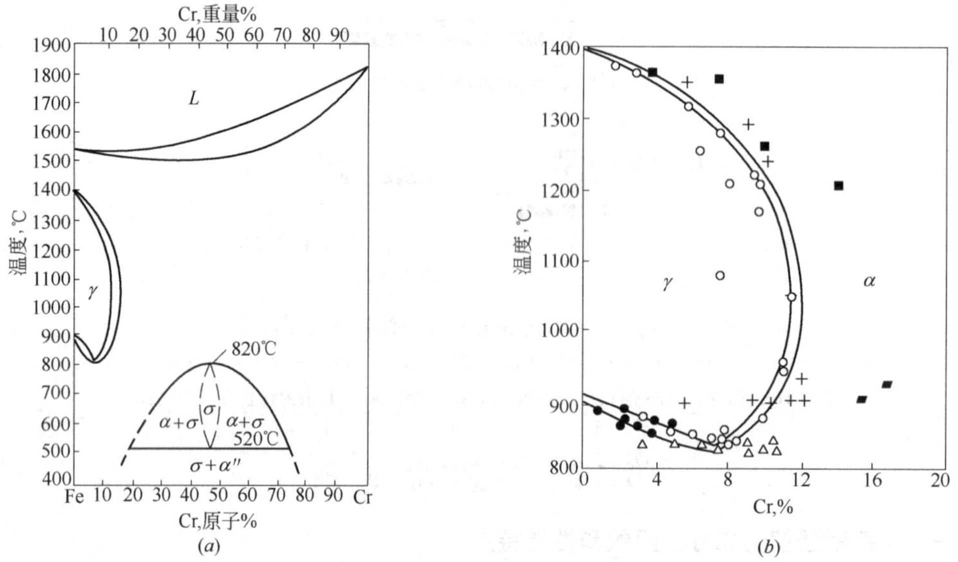

图 17 – 12 Fe – Cr 二元相图

（a）Fe – Cr 二元相图；（b）Fe – Cr 二元相图的左下角部分

不锈钢中的 Ni、Mn、Cu 等金属元素是扩大 γ 相区的元素，这些元素本身是面心立方点阵的，加入钢中后，使 γ – Fe 面心立方点阵结构相对稳定。例如 Ni，它和 Fe 形成的二元相图如图 17 – 13 所示。可以看出，随 Ni 含量的增多，A_3 点降低，A_4 点升高；超过一定 Ni 含量后，Fe – Ni 合金就不再出现 α 相，这样，在高温和室温都是面心立方点阵。Fe – Mn 相图与 Fe – Ni 相图相似。因此，称 Ni、Mn、Cu 等为促成奥氏体的合金元素。

在 Fe – Cr – Ni、Fe – Cr – Mn 三元系中，既有缩小 γ 相区的元素 Cr，又有扩大 γ 相区的元素 Ni 或 Mn，在这种情况下，不锈钢的组织就要由给定成分的合金在 Fe – Cr – Ni、Fe – Cr – Mn 三元相图中的位置来确定。例如，在 Fe – Cr – Ni 三元相图的 1100℃ 等温截面上

（图 17－14），Cr18Ni8 钢的成分示态点在 γ 相区，于是，这种成分的钢快冷至室温后，即可得到单相的奥氏体组织（图 17－15）。又如，在 Fe－Cr－Mn 三元相图的 1000℃ 等温截面上（图 17－16）可以看出，Mn 扩大 γ 相区的能力比 Ni 小，含锰的奥氏体溶解促成铁素体的元素 Cr 的量最多只有 14%。Cr17Mn13 钢的成分示态点在 γ＋α 两相区；由于含锰奥氏体有足够的稳定性，在冷至室温的过程中不发生相变，因而得到的是奥氏体加铁素体的复相组织。

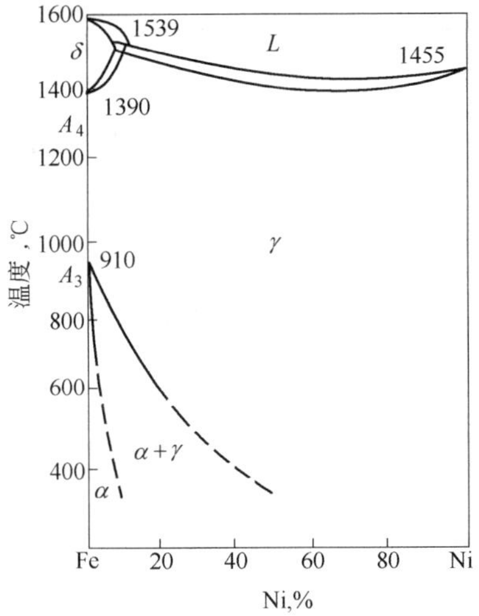

图 17－13 Fe－Ni 二元相图

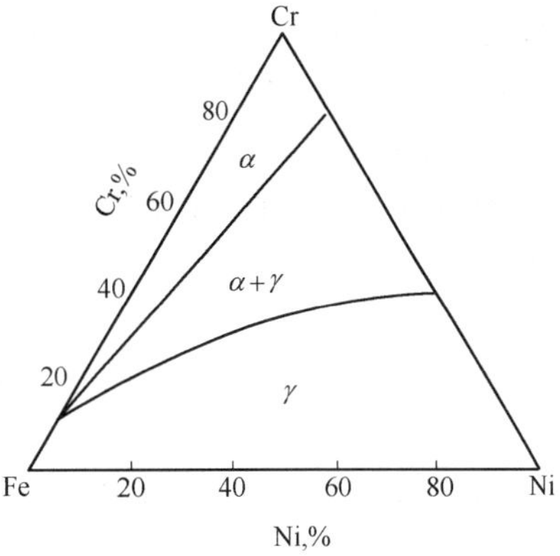

图 17－14 Fe－Cr－Ni 三元相图 1100℃ 截面

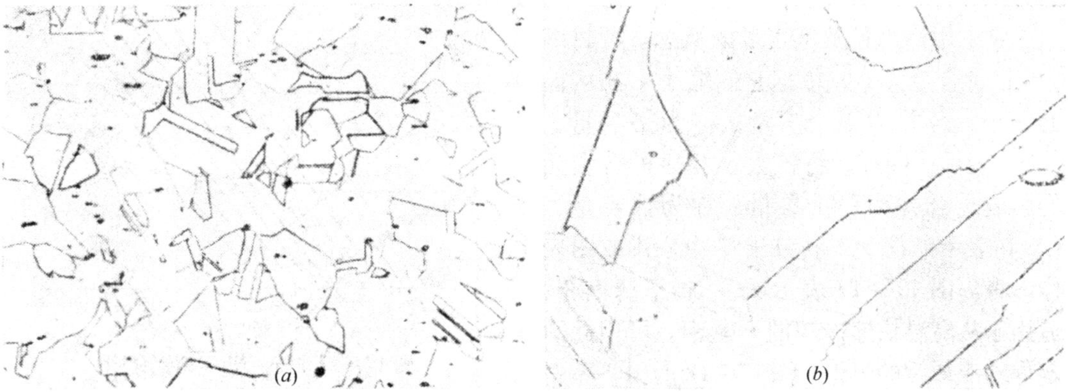

图 17－15 18－8 铬镍不锈钢中的奥氏体

（a）×100；（b）×500

除了上述合金元素外，C 和 N 也是扩大 γ 相区的元素。但含 C 或 N 较多的奥氏体在冷却时不稳定，易发生共析分解，因而不能保持奥氏体状态。另外，碳与铬形成 $Cr_{23}C_6$，还会导致晶间腐蚀。所以，在有其他元素配合的情况下，即使得到了奥氏体组织，一般也要规定奥氏体不锈钢的含碳量要≤0.1%。氮与碳相比，不会引起奥氏体钢的晶间腐蚀。在 Cr17Mn13 钢中加入 0.30%～0.35% N，可以得到单相奥氏体组织。

研究指出，对于铬锰氮系不锈钢来说，在如下的成分范围内：0.05%～0.80% C、

5%～28% Mn、12%～28% Cr、0.10%～0.80% N，在1150℃形成单相奥氏体所需的碳及氮总量（C+N）与钢中铬含量的关系式如下：

$$C+N=0.078\ (Cr-12.5)$$ [1]

式中，12.5为Fe－Cr二元相图中γ相能溶解的最大铬含量。为了稳定在高温形成的奥氏体，使之在冷却时不转变为马氏体，当铬量超过15%时，需要加入约12%的Mn；当铬量在12%～15%时，需18%～12%的Mn，即铬量低时需锰量增多。由于C、N少，故需锰量多。

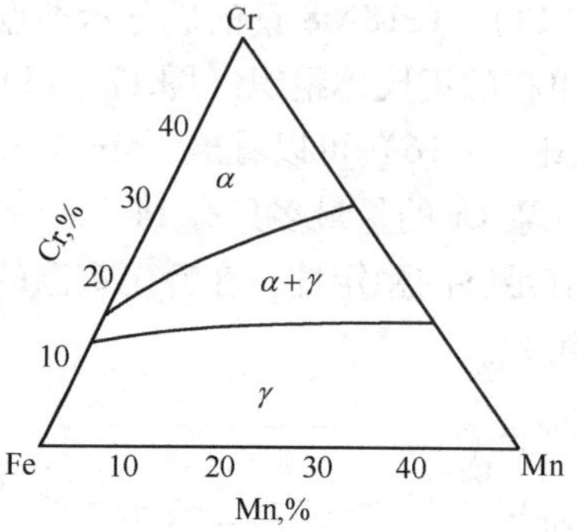

图17－16　Fe－Cr－Mn三元相图（1000℃截面）

在一般不锈钢中，氮的溶解度取决于氮化物形成元素Cr和Mn在钢中的含量。研究指出，其关系如下：

$$N\approx\frac{1}{100}\ (Cr+Mn)$$

式中，N、Cr、Mn分别表示三者在钢中的重量百分数。一些无镍的Cr－Mn－N耐酸钢在许多国家相继问世，其含氮量多小于0.3%。

随着实验数据的积累，在常见的不锈钢成分范围及一定的工艺条件下，人们为了成分设计时估计合金元素对γ相（或α相）形成的影响，常采用铬当量及镍当量的概念。即将缩小γ相区的合金元素，依据它们缩小γ相区能力的大小，合并为一个参量，称为铬当量，以〔Cr〕表示；同样，将扩大γ相区的合金元素的影响也合并为一个参量，称为镍当量，以〔Ni〕表示。据此，制订出一些公式或图表以作参考。图17－17表示Cr－Ni不锈钢相图，适用于从高温快速冷却的不锈钢。可用此图确定焊缝冷却后的组织。图17－18是另一不锈钢相图，适用于1150℃热加工后空冷的条件，其中的〔Cr〕=Cr+3Si+10Ti′+Mo+4Nb′；〔Ni〕=Ni+0.5Mn+21C′，式中Ti′、Nb′及C′分别表示Ti、Nb及C的有效含量，即Ti′=Ti－4〔（C－0.03）+N〕；Nb′=Nb－8〔（C－0.03）+N〕；C′=0.03。该图是从170炉18－8、18－8Ti、18－8－Mo－Ti及18－8Nb型不锈钢的实验数据整理得到的。

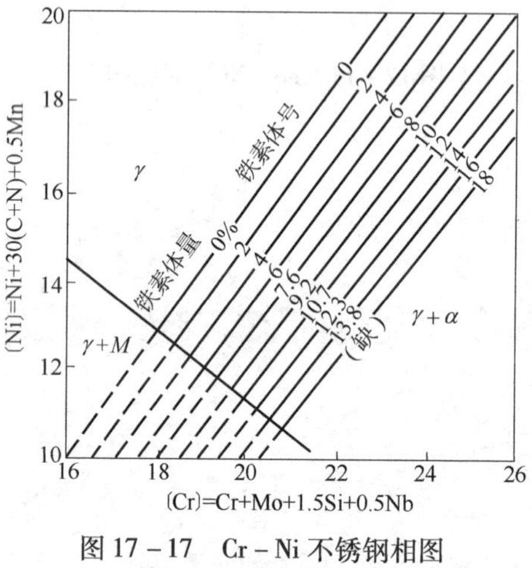

图17－17　Cr－Ni不锈钢相图
（高温快速冷却）

近期的研究结果指出，复相不锈钢有抗点蚀、抗晶间腐蚀、抗应力腐蚀断裂以及能获

[1] 当钢中含有高达1% V、2.5% Nb、3% Mo及6% W时，其关系式为：

$$C+N=0.078\ (Cr+2.5V+2.8Nb+1.4Mo+0.63W-12.5)$$

得超细晶粒和超范性等优点，因而上述的有关图表及经验公式对复相钢成分的设计是很有用的。不过，应当指出，上述关于不锈钢组织形成规律的图表或公式，都只适用于给定的加热温度。当加热温度改变时，组织的相对量会发生改变。

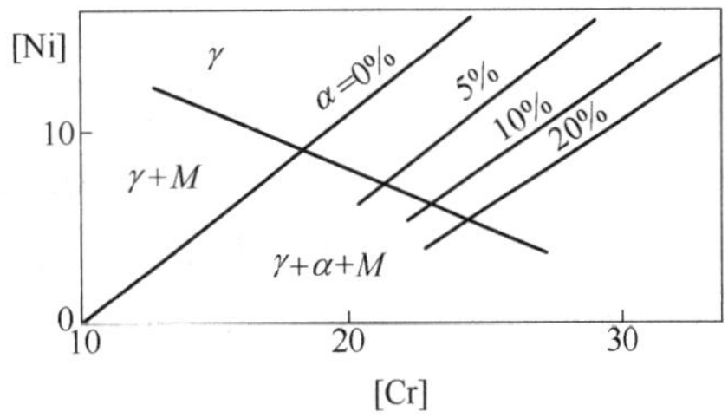

图 17－18　Cr－Ni 不锈钢相图
（1150℃热加工后空冷）

最后，介绍沉淀硬化不锈钢（简称 PH 钢）的成分和组织特点。这类钢的基本成分是 0.05%～0.07% C，15%～17% Cr，5%～7% Ni，再加入其它合金元素如 Mo、Al 和 Cu 等。奥氏体的成分是这样调整的：使钢由高温空冷后，恰能保持奥氏体状态。这时钢是柔软的，便于加工。然后再加热到适当的温度（譬如 750℃左右），在此温度下奥氏体中脱溶出碳化物，这种处理常称为调整处理。由于奥氏体的脱溶，钢的 M_s 点可以升至室温以上（调整处理前钢的 M_s 点在室温以下），于是，当钢再次冷至室温时，就转变为马氏体而强化。如果再加入 Mo、Al、Cu 等元素，则可以从马氏体中再脱溶出其它合金碳化物，尤其是金属化合物，使钢进一步强化。这就是著名的 17－7PH 钢。这类钢的成分必须保证在固溶处理温度要能避免 δ 铁素体形成，在低温要使奥氏体足够的稳定，以免在加工时有大量的马氏体形成；与此同时，又要使奥氏体不太稳定，以便在调整处理时能有大量的碳化物脱溶，使 M_s 有足够的升高，从而在冷却时形成马氏体而强化；最后，再通过时效使钢进一步借助于金属化合物的脱溶而强化。

2. 不锈耐酸钢力学性能的特点

关于不锈钢的力学性能，主要涉及三方面的问题，即强度、韧性（或脆性）及抗应力腐蚀断裂性能。

就强度性能来说，不锈钢有着相当广泛的强度范围，从 $\sigma_s \leqslant 491\text{MN/m}^2$（$50\text{kg/mm}^2$）到 $\sigma_s \geqslant 1962\text{MN/m}^2$（$200\text{kg/mm}^2$）。可采用各种措施进行强化，例如固溶强化（尤其是 C、N 的强化）、马氏体强化（Cr13 型马氏体不锈钢）、时效硬化（沉淀硬化不锈钢或超强韧的马氏体时效不锈钢）、加工硬化以及晶粒超细化导致的强化等，或者是这些措施的综合应用。

从实用的观点来说，铁素体不锈钢的强度不是主要问题。马氏体不锈钢也主要是用其高硬度和耐磨性，制作像医疗器械、刃具、量具、餐具以及小型弹簧等。作为结构件，要求高强度的，则主要采用奥氏体不锈钢或奥氏体铁素体复相钢。

依据金属学规律，考察各种合金元素的固溶强化和组织结构因素对强度的影响（如晶粒大小的影响，孪晶数量的影响，马氏体或 δ 铁素体含量的影响等），对 18－8 型奥氏体不锈钢的强度规律得出如下的经验方程：

$$
\begin{aligned}
\sigma_{0.2}(\text{kg/mm}^2) = {} & 6.43 + 50.2\text{N} + 36.1\text{C} + 2.04\text{Si} + 0.38\text{Cr} + 1.48\text{Mo} \\
& + 1.88\text{V} + 0.46\text{W} + 4.08\text{Nb} + 2.67\text{Ti} + 1.29\text{Al} \\
& + 0.251\delta + 0.723 d^{-1/2}
\end{aligned}
$$

$$
\begin{aligned}
\sigma_{b(\gamma)}(\text{kg/mm}^2) = {} & 45.6 + 55\text{C} + 86.3\text{N} + 3.77\text{Si} - 0.157\text{Ni} + 1.89\text{Mo} \\
& + 7.85\text{Nb} + 4.72\text{Ti} + 1.88\text{Al} + 0.22\delta + 1.29 t^{-1/2}
\end{aligned}
$$

上述两式中的化学符号代表各元素的重量百分数，δ 代表 δ 铁素体的体积百分数，t

代表孪晶界间的平均距离，d 代表晶粒的平均直径。

若奥氏体不稳定，在拉伸过程中转变为马氏体，则 σ_b 显著升高：

$$\sigma_{b(\gamma+M)}\ (kg/mm^2)\ =\sigma_{b(\gamma)}+18.8+1.29M$$

式中，$\sigma_{b(\gamma)}$ 由前式计算，M 代表马氏体的体积百分数。利用上述那些式子就可以估算 18－8 型不锈钢的强度。正如上面所指出的，这些式子的特点是既考虑了合金元素的影响，也考虑了组织结构的影响。

考虑到间隙式元素的固溶强化效果远大于代位式元素的强化效果，研究指出，在 0.1%～0.8% C、10%～16% Mn、12%～28% Cr、0.1%～0.8% N 不锈钢系中，估算强度的相应经验公式为：

$$\sigma_{0.2}(kg/mm^2)=23.9+37.5(C+1.2N)$$

$$\sigma_b(kg/mm^2)=62.0+37.5(1.5C+N)$$

关于不锈钢的韧性（或脆性），除了考虑基体组织的影响以外，还有第二相以及外部介质的影响。一般最常碰到的有如下几种情况：

（1）铁素体不锈钢的低温脆性：和一般铁素体钢一样，含 Cr 的铁素体不锈钢也有低温脆性，即随试验温度的降低，有韧性脆性转换。研究指出，这类钢的低温脆性，主要也是由于间隙原子与位错的交互作用所致，而并不是由于铬含量的增多造成的。当间隙元素含量降至一定量后，铬反而能提高钢的韧性，至少在铬量小于 25% 时是如此。而且，当铬量为 35% 时，冲击韧性值还相当高。除此以外，还可有两种办法提高铬铁素体不锈钢的低温韧性，一是加入少量的钛，二是加入 2% 的 Ni 或 4% 的 Mn。其目的都是为了细化晶粒，借以提高韧性。

（2）奥氏体不锈钢的低温脆性：一般来说，面心立方的金属在低温不出现脆性。但奥氏体不锈钢在一定情况下也可出现低温脆性。一种情况是，不稳定的奥氏体不锈钢，其 M_d 点（形变导致马氏体形成的最高温度）如高于试验温度，则由于马氏体的形成而使韧性降低。这种类型的低温脆性易于改善。只要加入降低 M_s 点的合金元素（一般来说 M_s 降低，M_d 也降低）就可解决问题。另一种情况是，在铬锰氮系不锈钢中，由于锰显著地降低不锈钢的层错能，因而在低温时大量层错的形成使冲击值下降，出现韧脆转换的现象。这种情况可能与高锰钢中的韧脆转换现象相同。应当指出，在这种情况下奥氏体钢出现的低温脆性与一般铁素体钢中的冷脆现象本质是不相同的。解决这类脆性的办法是，可以在钢中加入提高层错能的合金元素镍。

（3）475℃脆性：高铬不锈钢在 400～500℃长期加热后，常会出现钢的强度升高，韧性大幅度降低，并且伴随着耐蚀性的降低。由于这一现象多见于加热温度在 475℃左右，因此被称作 475℃脆性。这种脆性在含铬 15.5% 以上的钢中即可发现。并且，不仅发生在高铬铁素体钢中，在一些含铬较高的马氏体铁素体钢（如 Cr17Ni2）、奥氏体钢（如 Cr18Ni8）以及沉淀硬化不锈钢中也有发现，但不及高铬铁素体钢明显。系统的研究指出，475℃脆化处理后，钢不仅有冷脆性，还有热脆性（800℃以下的冲击韧性都比未脆化者低）。脆化程度随铬量的增加而增大，铬量在 15.5% 以下则无脆化趋势。碳量在 0.04%～0.28% 范围内，脆化程度没有明显的区别。产生 475℃脆性的原因为富铬的 α'' 相的沉淀（参看图 17－12（a）低温区）。富铬的 α'' 相在 {100} 面以及位错上析出，使滑移难于进行，而孪生易于进行，在孪晶界面形成解理断裂的核，提高了韧脆转换温度，从而导致钢的脆化。要想消除这类脆性，必须设法消除 α″相。研究指出，600℃以上加热可固溶 α″相，因而可恢复韧性。但需注意：在 600～400℃范围内，如冷速小于 10℃/s，就可看到脆化（15Cr25Ti）；冷速愈慢，则脆化愈严重。研究并指出，当 α 的晶粒增大、而且均匀度也增大时，脆化倾向相对有所减小。然而，如果将铬量降至 12% 以下，使 α″相不致析出，则是避免这类脆性最根本的办法。不过，这要允许合金中的铬量大幅度降低才行。目前，在石油裂解设备中已有逐渐用低铬钢（如 Cr5Mo）的趋势。

（4）σ 相脆性：高铬铁素体钢在 520～820℃之间长期加热后，组织中会出现一种铁与铬的金属化合物 FeCr，叫做 σ 相。σ 相区在铁铬相图中的位置可参见图 17－12（*a*）。σ 相的形成与钢的成分、组织、加热温度、保温时间以及预先冷形变等因素有关。高铬钢形成 σ 相的倾向很大，但一般认为，含铬低于 20% 的钢不容易产生 σ 相。钢中加入促成铁素体的元素如 Si、Nb、Ti、Mo 以后，产生 σ 相的倾向增大。锰显著地使高铬钢形成 σ 相的极限含铬量降低。镍的作用相反，并升高 σ 相存在的上限温度（Fe－Cr 合金中 σ 相存在的上限温度约为 820℃）。碳和氮使形成 σ 相的极限含铬量提高，因为它们与铬形成碳化铬及氮化铬，从而降低铁素体中的含铬量，使 σ 相形核困难。

研究指出，预先冷形变促使 σ 相形成，这样就使含铬 20% 以下的钢有可能出现 σ 相；而且，冷形变还使 σ 相形成的温度范围降低。

一般来说，σ 相的形成动力学曲线也具有 *C* 形的特征，如图 17－19 所示。一定成分的合金，有一个相应的孕育期最短的温度。超过 σ 相形成的上限温度加热，可以使 σ 相迅速溶解。例如，Cr27 钢在 550℃长达几千小时保温形成的 σ 相，经 850℃加热半小时，即可使之溶解，恢复钢的韧性。

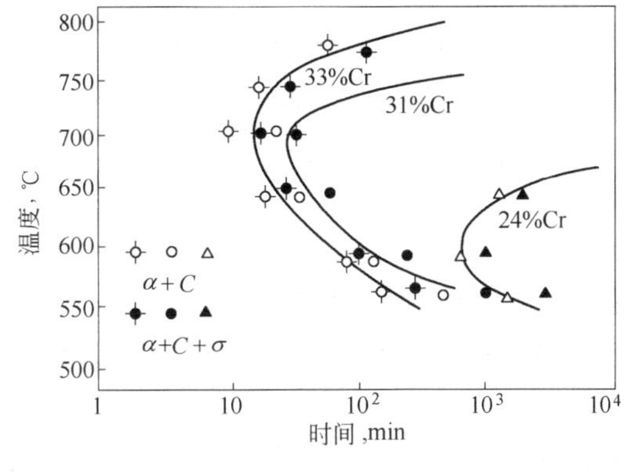

图 17－19　Fe－Cr 合金 σ 相形成的动力学曲线

另外，除了高铬铁素体钢因含有大量的铬容易形成 σ 相以外，奥氏体铁素体复相钢也很容易形成 σ 相，这类钢中的 σ 相是在 δ 铁素体中产生的。这是因为在 δ 铁素体中富集的铬较多，而且铬在 δ 铁素体中的扩散又比在奥氏体中容易，因此，σ 相易在 δ 铁素体中形核和长大。σ 相也可在高铬低镍的奥氏体钢中形成。虽然 σ 相可从奥氏体中生成，但具有纯奥氏体组织的 18－8 钢中却没有发现 σ 相。

σ 相对钢性能的影响主要表现在其形成后期降低钢的冲击韧性，以及因为析出 σ 相后造成了贫铬区，引起钢的晶间腐蚀和抗氧化性能降低。但是，σ 相对钢性能影响的程度要取决于它的数量及其形态和分布。需要指出，长期以来不论在什么情况下，都曾把不锈钢中的 σ 相视作有害的组织，而对 σ 相的有益作用并未揭示出来。近期的研究与生产实践证实，可利用 σ 相的强化效应创制沉淀硬化不锈钢与耐热钢，例如含 0.4% C，23.5% Cr，5% Ni，3% Mo 的钢组织中即含有 35% 的 σ 相。因为在仅用于静载荷或摩擦条件下的工件，冲击韧性并不是主要的力学性能指标。

除了上面讨论的四方面的脆性以外，奥氏体不锈钢的晶界碳化物沉淀、氢脆以及奥氏体和马氏体不锈钢的氮脆等也都与钢的脆化有关。

关于不锈钢的抗应力腐蚀断裂性能，在第一节中曾简要作过讨论。为了提高钢的抗应力腐蚀断裂性能，除了采取第一节中所述的一些措施外，从冶炼方面降低钢中氮及其它间隙原子的含量，并尽量减少 P、As、Sb、Bi 等杂质元素的含量，都可使奥氏体不锈钢对应力腐蚀断裂不敏感。

二、不锈耐酸钢的生产工艺特点

由于不锈耐酸钢大多是低碳高铬的高合金钢，有时合金量可高达 30% 以上，所以生产中广泛采用返回料进行冶炼。近年来，在冶炼方法及设备方面都有不断的改进与发展，相继出现很多的精炼法，如电渣重熔、真空自耗、氩氧脱碳、钢包吹氩、真空感应与电子束综合精炼等，使不锈钢的冶金质量有了很大的提高。举例来说，电渣重熔的冷却条件可以控制得到与钢锭轴线几乎平行或成很小角度的柱状晶（而不是像一般不锈钢铸锭中垂直于锭轴线的横向柱状晶），这样就给钢的热加工工艺创造了良好的条件。

从热加工工艺性来看，一般来说，单相组织的钢有较好的热范性，成品率较高。然而，在奥氏体不锈钢中，也往往有一定数量的 δ 铁素体，其数量从 0 ~20% 不等。在奥氏体铁素体复相不锈钢中，δ 铁素体的量为 20% ~50%。而铁素体奥氏体复相不锈钢中，则有 50% 以上的 δ 铁素体。由于 δ 相和 γ 相在高温时的范性不一致，一般 δ 铁素体形变抗力小，γ 相形变抗力大，因而在形变过程中，当形变量大时，容易沿 δ/γ 相界产生裂纹。特别是在无缝管热穿孔时，由于其受力条件比轧制棒材、板材时要复杂得多，因此，这时要求钢材必须要有很高的高温范性。研究指出，单相的奥氏体或铁素体均有较好的范性；δ 铁素体或奥氏体在复相钢中的相对量在 18% 以下时，也还有较满意的高温范性，能满足热穿管时范性的要求；在第二相的相对量为 18% ~32% 时，范性低，穿管成品率低；在相对量为 32% ~60% 时，范性更差，但此时仍能轧制棒材或板材。不过应当指出，如果钢是微复相组织，则具有超范性。

不锈钢的冷加工性和钢的组织也有密切的关系。一般来说，奥氏体组织比高合金的铁素体具有更好的冷加工性，能承受很大的冷形变量，可以冷拔、冷轧到很细的钢丝、钢带和钢管。但奥氏体不锈钢在大形变量冷形变时，加工硬化性很强，加工前后硬度增值可达 HB200 以上，强度增值可达 981MN/m^2（100kg/mm^2）以上。加工硬化的原因，因钢的成分及加工条件的不同而异。在一般情况下，在轧制品生产的过程中，需在各轧制道次之间进行再结晶退火。再结晶退火的制度随钢种及形变量而异，如 1Cr18Ni9Ti 钢，当形变量为 30% 时，在 750℃ 开始再结晶，850℃ 以上再结晶晶粒开始长大，1050℃ 以上晶粒急剧长大。若形变量为 60%，再结晶温度则降为 650℃。为了加速再结晶过程的进行，在一般情况下，形变奥氏体不锈钢再结晶退火的温度多选在 1000 ~1050℃；在 1000℃ 以上加热，到温后即可水冷。为了避免温度过高造成 δ 铁素体量增多，一般加热温度不超过 1050℃。

在奥氏体铁素体复相钢中为防止 σ 相出现，再结晶退火温度则应高于 1000℃。

此外，生产中也利用冷形变作为提高不锈钢强度的一个手段。对于具有稳定奥氏体组织的钢来说，由于其 M_s 点较低，冷形变并不导致马氏体型相变，因而强度增加完全是加工硬化所致。而不稳定的奥氏体钢，在 M_d 点以下形变时，则可发生部分马氏体型相变，从而使钢强化。冷形变后，为了消除内应力，可适当回火。

第三节　耐蚀合金简介

除铁基合金外，目前应用较广泛的耐蚀合金是镍基耐蚀合金。

镍基耐蚀合金之所以得到发展，其原因是：（1）在性质活泼的气体，如 F、Cl、Br 以及它们的氢化物中、在碱性介质中，镍比铁的耐蚀性能要好得多；（2）一些具有良好耐蚀特性的元素，如 Cr、Mo、Si、W、Cu、Al 等，在以镍为基的固溶体中的溶解度远比在铁中的溶解度大得多，这样，加入这些元素后既保持有镍的良好性能，又兼有合金化元素的良好性能；（3）镍基耐蚀合金除具有良好的耐蚀性外，还有强度高、范性好，并具有良好的冶炼、铸造、冷热形变、热处理以及焊接等工艺性能。所以，镍基耐蚀合金广泛用于化工、石油、有色金属冶炼、航空、原子能等工业，尤其适用于高温、高压、强腐蚀及强辐射等工作条件下的耐蚀件。一些具有代表性的镍基耐蚀合金的化学成分如表 17 -3 所示。

表 17 -3　常用的镍基耐蚀合金化学成分　（%）

合金系	合金牌号	Ni	Cu	Fe	Cr	Mo	Si	其　它
Ni - Cu	Monel	67	31	1.4	—	—	—	—
	KMonel	66	29	1	—	—	—	Al2.8
	SMonel	63	30	2	—	—	4	—
Ni - Cr	Inconel	76	—	7.5	15.5	—	—	—
	Inconel X	73	0.2	7	15	—	—	Ti2.5，Al0.7，Nb1
Ni - Mo	Hastelloy A	53	—	22	—	22	—	—
	Hastelloy B	61	—	5	<1	28	—	—
	Hastelloy C	54	—	5	16	16	—	W4，V0.4
	Hastelloy F	47	—	17	22	6.5	—	Co2.5，W1，Nb2
	Illium　G	56	6.5	6.5	22.5	6.5	0.7	—
Ni - Si	Hastelloy D	82	3	<2	<1	—	9	—

研究指出，Ni - Cr 系的耐蚀合金主要用于抗应力腐蚀，尤其是用于高浓度的氯化物介质。当镍量大于 45% 时，对氯化物的应力腐蚀可以说是"免疫的"。此外，Ni - Cr 系耐蚀合金还能抗沸浓硝酸、发烟硝酸，以及含硫和钒的高温气体及燃烧物的腐蚀。

Ni - Mo 系的耐蚀合金，特别是含钒的合金，如含 Mo28% ~30%、V1.6% ~2.25% 的合金，在沸腾的任何浓度的盐酸中，均有良好的耐蚀性。Ni - Mo - W 系的耐蚀合金，如 Ni65Mo20W15、Ni55Mo20W25 等，既耐蚀又耐磨，经 1000 ~1050℃水淬、800℃时效 4 小时后，HRC≈52，可耐低于 60℃的 30% HCl 和低于 90℃的 70% H_2SO_4。

应当指出，Ni - Mo 系中的 Hastelloy C 合金虽耐室温下所有浓度的 HCl，并耐 HF，但其在900℃以上，由于σ相大量形成，导致晶间腐蚀。因而又研制了Schmelze G合金（含Ni59.4%、Cr24.1%、Mo14.1%、Fe1.4%），这种合金的晶间腐蚀敏感性要小得多。

此外，Ni - Si耐蚀合金主要用于耐H_2SO_4的腐蚀。含Ni大于30%的Fe - Ni耐蚀合金，主要用来填补铁基与镍基合金之间的空白。

第十八章　耐热钢及耐热合金

第一节　工作条件对耐热材料的要求

近年来随着在高温下工作的动力机械的发展，使耐热钢和耐热合金也获得了迅速的发展。如火力发电需要锅炉和蒸汽涡轮，因而推动了锅炉用钢及蒸汽涡轮用钢的发展。燃气涡轮和喷气发动机的需要就推动了燃气涡轮用钢及一些耐热合金的发展。

耐热材料在高温下长时间受力必然要发生形变，因而对耐热材料的基本要求之一是在高温下要有足够的强度，如持久强度、疲劳强度等；另外，由于钢件表面和高温空气、燃气、蒸汽等接触，钢件就可能发生氧化或遭受腐蚀，因而就要求耐热材料在高温下必须要具有足够的化学稳定性。

一、金属材料的蠕变特性及高温疲劳特性

1. 金属材料的蠕变特性

研究指出，金属与合金在高温下，即使承受的是低于该温度的屈服强度的载荷，也会发生连续而缓慢的范性形变，这种现象称为蠕变。金属在高温下的蠕变行为，可以典型的蠕变曲线来表示，如图 18－1 所示。图中曲线表示在恒温、恒应力下，随着时间的延长，试样发生蠕变的情况。可以看出，蠕变曲线可分为四段：（1）初始形变（也称瞬间形变）阶段，即由 0～1 段，在此阶段内产生加载后瞬间的弹性形变和范性形变；（2）蠕变减速阶段（也称第Ⅰ蠕变阶段），即由 1～2 段，在此阶段蠕变速度逐渐减小；（3）蠕变恒速阶段（第Ⅱ蠕变阶段），即由 2～3 段，在此阶段蠕变速度保持恒定，也就是说 $d\varepsilon/d\tau$ = 常数；（4）蠕变加速阶段（第Ⅲ蠕变阶段），即由 3～4 段，在此阶段蠕变速度逐渐加大，形变加快，到 4 点发生断裂，蠕变过程结束。

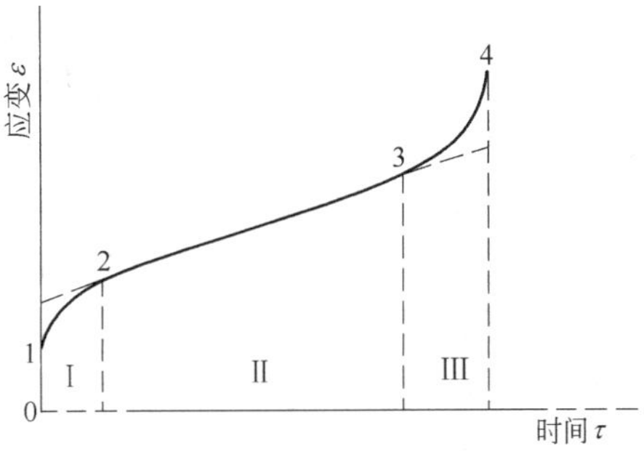

图 18－1　在恒温、恒应力下钢的典型蠕变曲线

已经知道，蠕变只能在高于一定的温度才能发生。在低温下，若载荷低于弹性极限，除了加载的初始瞬间产生一定的弹性形变外，随时间延长，不再发生范性形变。

不同的金属与合金，由于组织结构的不同，发生蠕变的最低温度是不相同的，这是因为不同的金属与合金，在温度和应力的共同作用下，内部组织结构发生了不同变化的缘故。

表示钢与合金高温强度的指标有：

（1）蠕变强度：在某一温度下，一定时间内，允许一定形变所能承受的应力。例如，通常规定为在 10^5 小时内允许形变 0.1% 所能承受的最高应力，写作 $\sigma_{c\,0.1/100000}$，单位为 MN/m^2（或 kg/mm^2）；也可表示为：在一定温度下引起一定形变速度的应力，如每小时形变速度为 1×10^{-6}% 时的应力；（2）持久强度：在某一温度下，在规定时间内，断裂时所能承受的最高应力，写作σ_{τ}，单位为MN/m^2（或kg/mm^2）；（3）持久寿命：在某一温度下，在规定应力作用下，从加载到拉断的时间，单位为小时。

2. 金属材料的高温疲劳特性

受交变或重复应力作用的高温零件，也经常因疲劳而引起断裂。由于在对称交变应力作用下，在张应力期所产生的伸长在一定程度上为以后压应力产生的压缩所抵消，所以，一般只有在不对称交变应力下其不对称部分应力才会引起蠕变。

疲劳裂纹一般是由表面层或表面下某些缺陷形成的。在交变应力作用下，裂纹逐渐扩大，直到剩余的断面承受不了交变应力而发生突然断裂。研究指出，在较低温度下，疲劳裂纹是穿晶的，而在高温下，疲劳裂纹沿晶界发展。裂纹从穿晶型到沿晶型发展的转变温度是随应力的大小、应力交变频率以及介质的作用等因素而改变。在交变应力条件下，一般比静拉伸测出的穿晶沿晶断裂转变温度要高。增加交变应力的频率，该转变温度升高；由于化学介质的作用，该转变温度降得很低。另外，耐热钢与合金在一定温度下给定时间内的疲劳破坏应力是与同样条件下的持久强度之间有很好的相关性，一般持久强度越高，高温疲劳强度越高。

二、耐热材料的抗氧化性能

钢与合金在高温下与氧起化学反应，在表面生成氧化膜。由铁氧相图（见图6－20）可以看出，铁的氧化在560℃以上加剧，这是由于氧化膜中出现了FeO的缘故。此时氧化膜由三层组成（见图6－21），最表层为Fe_2O_3，中层为Fe_3O_4，最里层与铁接触的部分为FeO。由于FeO中空位较多，氧原子易于向内扩散与铁离子结合，因此氧化加剧。为了提高铁的抗氧化性，首先要防止FeO出现，最好能形成含有合金元素的、结构致密并与钢件牢固结合的氧化膜。

铁中加入Cr、Al、Si等元素后，可提高FeO出现的温度。如含1.03%的铬，可使FeO在600℃出现；1.5%铬可使FeO在650℃出现。而1.14%的硅，可使FeO在750℃出现；1.1% Al＋0.4% Si，可使FeO在800℃出现；比较高的Cr、Al、Si含量，可使FeO在800～1200℃不出现。而且，当钢中含有这些元素时，可形成合金氧化膜，如Cr_2O_3、Al_2O_3或$FeO\cdot Cr_2O_3$、$FeO\cdot Al_2O_3$、Fe_2SiO_4等，这些合金氧化膜具有良好的保护作用。

由于硅在高含量时显著增大钢的脆性，故一般限制其含量在3%以下。几种常用合金元素对钢抗氧化能力的影响如图18－2所示。就铬的影响而言，研究指出，钢的使用温度与铬含量的关系如图18－3所示。可以看出，在600～650℃，钢中需有5%的铬，才有足够的抗氧化性；在800℃左右时，就要含12%的铬才抗氧化；950℃就需要20%的铬；1100℃则必须含有28%的铬才抗氧化，如此等等。假如用铝，在600～650℃需要4%的铝；850℃需要7%的铝。如果综合使用Cr、Al、Si元素，则可发挥更大的抗氧化效能，例如，6% Cr加2% Si可把抗氧化温度提高到900℃，其氧化膜结构由内向外是：

$$(FeO)_2\cdot SiO_2,\ FeO\cdot Cr_2O_3,\ Fe_3O_4,\ Fe_2O_3$$

一般情况下，铬铝钢表面的氧化膜其成分与结构和钢的化学成分有关。在Cr和Al含量较少时，氧化膜主要为铁的氧化物；Al含量多时，氧化膜主要由Al_2O_3组成；Cr含量多时，氧化膜主要由Cr_2O_3组成。当钢表面形成Al_2O_3或Cr_2O_3时，钢有良好的抗氧化能力，并且，在抗温度剧变能力方面，Cr_2O_3比Al_2O_3要优越。

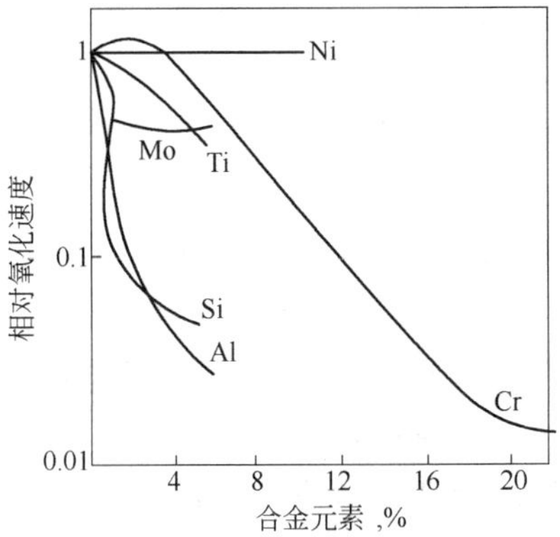

图 18－2　合金元素对钢抗氧化能力的影响

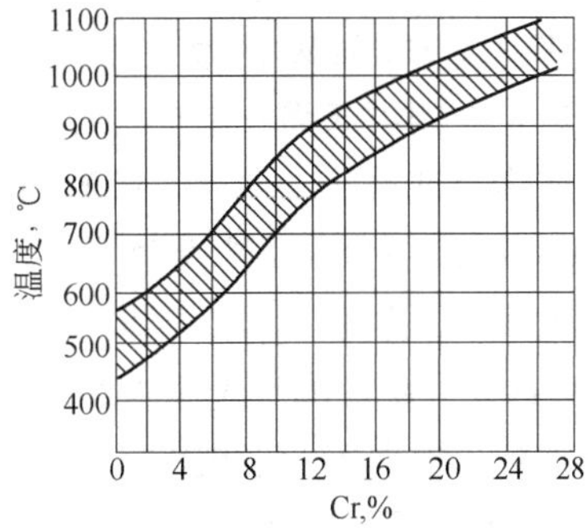

图 18－3　钢的使用温度与铬含量的关系

（允许氧化损失 1～10mg/cm^2·100h）

在奥氏体钢中，往往加入大量的 Ni 和 Mn。Ni 大量加入钢中后，对提高钢的抗氧化性有好处，它可以减少 FeO 层的厚度。而 Mn 则对钢的抗氧化性不利。含锰高的钢，氧化膜和钢结合得不够牢，冷却时氧化膜容易崩落。另外，W 和 Mo 加入钢中后，钢的抗氧化性能降低，特别是在 800℃以上时，由于 Mo 和 W 的氧化物 MoO_3 和 WO_3 挥发性极大，因而材料失重剧烈。少量碱土金属或稀土金属加入钢中，可提高钢的抗氧化性能，特别是在高于 1000℃时相当有效。因为在高温下，耐热材料的破坏主要是晶界优先氧化所造成的，而加入少量碱土金属或稀土金属后，晶界优先氧化的现象几乎完全消失。

耐热材料抗氧化和抗气体腐蚀的性能，可按以下五级标准评定：

级　　别	腐蚀速度（mm/a）	抗氧化分类
1	≤0.1	完全抗氧化
2	>0.1～1.0	抗氧化
3	>1.0～3.0	次抗氧化
4	>3.0～10.0	弱抗氧化
5	>10.0	不抗氧化

第二节　耐热钢及耐热合金的类型

一、α－Fe 基耐热钢

α－Fe 基耐热钢又称铁素体型耐热钢。这类钢在石油、化工、动力、火力发电以及航空等工业部门中广泛使用。在低于 650℃使用时，它比奥氏体耐热钢有一系列的优点，（1）合金元素含量较低，因而价廉；（2）有较好的工艺性能；（3）有较小的线膨胀系数；（4）其中马氏体耐热钢有良好的减振性，适用于高频振动的构件。

1. 铁素体珠光体耐热钢

这类钢中合金元素含量一般不超过 5%，属低合金钢。一些有代表性的钢种如 15CrMo、12Cr1MoV、12Cr2MoWVSiTiB、12Cr3MoVSiTiB、20Cr3MoWV 等。合金元素在这类钢中的作用是：铬和硅可以提高钢在 580～650℃的抗氧化和抗气体腐蚀的能力。Cr、Mo、W 等中强碳化物形成元素能形成合金渗碳体或特殊碳化物，如 Fe_3Mo_3C、Mo_2C 等；强碳化物形成元素，如 V、Ti 等，则形成 VC，TiC 等碳化物。这类钢在淬火高温回火时，

析出 Mo_2C、VC、TiC 等碳化物，质点很细小，不易聚集长大，由其造成的沉淀强化使钢保持较高的蠕变强度。当钢中含有 Cr、Mo、W 并溶于 α 相中时，能显著提高基体的蠕变强度，其中以 Mo 和 W 的效果较为显著，它们能阻止 α 相的再结晶，起着固溶强化的作用。微量元素硼可起强化晶界的作用。

通过热处理改变 α - Fe 基耐热钢的组织结构是提高其蠕变强度的重要途径。如 12Cr1MoV 钢，在 980℃ 奥氏体化后，得到的如果是马氏体，回火后的持久强度最高（580℃ 的持久强度 σ_{100000} = 98.1MN/m^2），贝氏体组织回火后次之（相应 σ_{100000} = 88.3MN/m^2），铁素体珠光体组织的持久强度最低（相应为 49MN/m^2）。

近年来，根据工业发展的需要，我国研制了在 600 ~ 650℃ 范围内工作的低合金耐热钢，如 12Cr2MoWVSiTiB 钢可在 600 ~ 620℃ 范围内工作；12Cr3MoVSiTiB 钢可用于 600 ~ 620℃ 超高参数蒸汽轮机的主蒸汽管、锅炉过热器管以及壁温高达 600 ~ 650℃ 的再热器管。上述两种钢，经奥氏体化空冷后，得到贝氏体组织，经高温回火后使用。12Cr3MoVSiTiB 钢多在 1070 ~ 1150℃ 奥氏体化，鼓风冷却，760 ~ 780℃ 回火。

2. 马氏体耐热钢

这类钢是在 Cr13 型马氏体不锈钢的基础上发展起来的。1Cr13 型马氏体耐热钢虽然有较高的抗氧化性和抗腐蚀性，但马氏体回火组织的稳定性较差，只能用作低于 450℃ 的蒸汽涡轮叶片。为了强化马氏体耐热钢，加入 Mo 和 W 使 α 基体得到固溶强化；而为了能使 Mo 和 W 保持在 α 相中，不在碳化物中富集，就必须加入强碳化物形成元素 V、Ti、Nb 等，以便形成稳定的碳化物（V、Nb），C 或者（V，Nb，Ti）C。在铬量多于 3% 的钢中，单独加 V 不能形成 V_4C_3，因为这时 Cr_7C_3 的析出阻止了 V_4C_3 的形成；只有和 Nb、Ti 同时加入，才能出现复合强碳化物，也才能避免 $(Cr, W, Fe, Mo, V)_{23}C_6$ 型碳化物的出现。这样，Mo 和 W 在（V，Nb）C 和（V，Nb，Ti）C 中的溶解度很小，大部分都保存在 α 基体中，而（V，Nb）C 和（V，Nb，Ti）C 具有良好的沉淀硬化效果。

除了用碳化物作为沉淀强化相以外，为了进一步提高马氏体耐热钢的高温强度，还使用了 AB_2 型金属化合物（Laves 相）作为强化相，如在 Cr12 的基础上加 2% ~4% W，可得到 WFe_2 相，WFe_2 有很高的稳定性。

马氏体耐热钢的成分范围为：C 0.11% ~0. 26%，Cr 10% ~13%，Mo 0.5% ~ 2.0%，W 0.50% ~4.0%，V 0.2% ~0.4%，Nb 0 ~0.6%，Ti 0 ~0.15%；有的还含有 1% ~2% Ni，0 ~0.1% N，0.0003% B。这类钢的一般热处理规范为 1000 ~ 1150℃ 奥氏体化，油淬，650 ~ 740℃ 回火，回火后得到回火屈氏体或回火索氏体组织。经上述处理后，在 400 ~ 600℃ 范围内有足够的组织稳定性。含有 Mo、W、V、Nb 的钢，可制作在 580 ~ 620℃ 工作的高压蒸汽涡轮转子和叶片。

二、γ - Fe 基耐热钢

γ - Fe 基耐热钢又称奥氏体型耐热钢。当工作温度高于 600 ~ 650℃ 时，以 α - Fe 为基的耐热钢就失去强化状态，在这种情况下，就需要用奥氏体耐热钢。在简单的奥氏体钢基础上加入强化元素，可使奥氏体的高温强度进一步提高。

1. 奥氏体耐热钢中合金元素的作用

为了获得稳定的奥氏体组织，必须在钢中加入大量的扩大 γ 相区、稳定 γ 相的合金元素，如 Ni、Mn、N 等；或者说，必须使促成奥氏体的元素与促成铁素体的元素的作用达到一定的平衡，以保证得到奥氏体组织。

为了提高钢的抗气体腐蚀和抗氧化的能力，如前所述，一般在钢中加入 Cr、Al、Si 等元素。为了提高基体的再结晶温度，增加基体组织结构的稳定性，常加入 Mo、W、Co、Cr 等使之固溶强化。为了强化晶界可加入微量的硼。

当以碳化物沉淀强化钢时，比较有效的强化相是 MC 型和 $M_{23}C_6$ 型复合碳化物，尤以 MC 型效果更大。可以想像，为了得到一定数量的 MC 型碳化物，必须加入一定量的碳和相应比例的强碳化物形成元素，如 V、Nb、Ti 等；即碳的原子百分数和（V + Nb + Ti）原子百分数的总和要相等，才能恰好形成 MC 型碳化物。用碳化物强化的奥氏体耐热钢可在 700℃以下使用。

当用金属化合物强化钢时，一般常以 Ni_3（AlTi）——γ'或 AB_2 型金属化合物作为强化相；也有以 σ 相作为强化相的。这些金属化合物只有在低碳时才能出现。为了形成 γ'，除 Ni 外，还必须加入 1.5% 以上的 Ti 和一定量的 Al。当 Nb、Ti、Mo、W 含量高时，可能出现 AB_2 相，如 WFe_2、$MoFe_2$、$NbFe_2$ 等，或者是它们的复合型——（Nb，Mo，W）Fe_2。用金属化合物强化的钢可用于 650 ~ 815℃。

2. 工业用奥氏体耐热钢

根据合金化程度和使用温度的特点，这类钢可分为以下三种：（1）18 – 8 型耐热钢。这类钢实际上就是 18 – 8 型不锈钢，主要包括 1Cr18Ni9、1Cr18Ni9Ti、1Cr18Ni11Nb 等。它们可在 750℃以下长期抗氧化，有一定的高温强度，可用来制造燃气涡轮中的管道和冷却良好的燃烧室零件等。（2）炉用耐热钢。这类钢主要用来制造加热炉用的耐热构件，使用温度范围一般在 800 ~ 1100℃。在 1000℃以上使用的有：Cr25Ni20、Cr25Ni20Si2、Cr18Ni25Si2 等。在我国，950℃以下使用的有 Cr20Mn9Ni2Si2N、Cr19Mn12Si2N 等，以及 Fe – Al – Mn 系耐热钢，如 7Mn28Al8。（3）沉淀强化奥氏体耐热钢。这类钢有的用碳化物强化，有的用金属化合物强化。用碳化物作为强化相的钢，例如 GH36（即 4Cr13Mn8Ni8MoVNb 钢），其中以 Mn 部分代 Ni，含 V 约 1.4%，含 Nb 约 0.4%，含 C0.34% ~0.40%；以 VC 作为主要的强化相。钢加热到高温使碳化物充分溶解于奥氏体，再经淬火并 600 ~800℃时效，VC 以弥散状态沉淀，造成强化，如图 18 – 4 所示。研究指出，固溶处理温度如高于 1150℃，奥氏体晶粒将过分长大。固溶处理后冷却要快，否则冷却过程中将析出 VC，这样会造成在以后时效时 VC 析出的不均匀，从而降低钢的强度，为此，一般多采用水冷。另外，时效温度对钢的性能有很大的影响，在 650 ~ 700℃时效，虽可使钢具有很高的高温强度，但范性、韧性较低，并有严重的缺口敏感性。为此，采用两次时效即可改善钢的性能。第一次时效在 670℃，保温 14 ~ 16 小时，使 VC 充分析出，呈弥散质点均匀分布，达到最大的强化状态。然后，再加热到 780℃进行第二次时效，保温 14 ~ 16 小时，使 VC 颗粒适当长大，但仍分布均匀，从而使钢的范性和韧性适当提高，改善了缺口敏感性。这种两次时效的组织在 750℃以下有很好的稳定性。

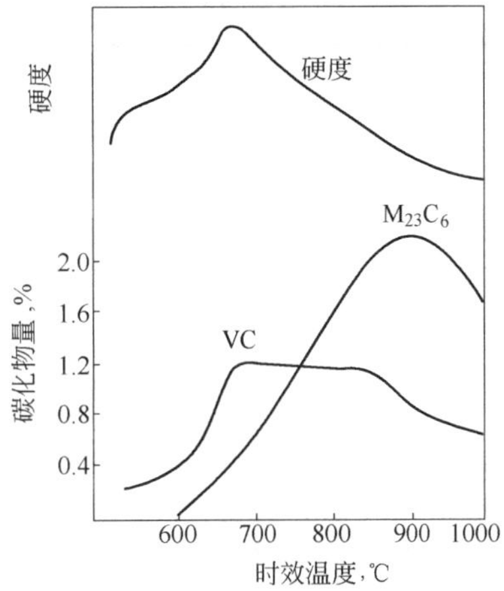

图 18 – 4　时效温度对 GH36 中 VC、$M_{23}C_6$ 含量及硬度的影响

（1140℃固溶，在各温度时效 16 小时）

用金属化合物Ni_3（AlTi）强化的钢有Cr15Ni26MoTi2AlVB（GH132）、Cr15Ni35W2Mo2Al2.5Ti2BCe（GH135）以及Cr13Ni37W3Ti3Al1.2B等。钢中的Ni主要是为了扩大γ相区和稳定γ相；钛和铝是为了与Ni形成金属化合物。钢中微量的硼，吸附在晶界，可消除低熔点金属所造成的晶界软化现象。GH132经980～1000℃固溶，700～720℃时效16小时，一般可用于650～700℃，受力不大的零件可用于850℃。GH135和Cr13Ni37W3Ti3Al1.2B钢，可在更高的温度范围使用，一般用于700～750℃代替镍基耐热合金。但其最高使用温度也只能到850℃。

三、镍基耐热合金

镍基耐热合金比奥氏体耐热钢有更高的高温强度。它们是在Cr20Ni80合金的基础上发展起来的；通常以W、Mo、Cr、Ti、Al、Nb、Co等元素来强化。W、Mo、Cr、Co等元素的主要作用是强化镍基固溶体，提高基体的再结晶温度，以及降低基体中原子的扩散速度。Ti和Al的作用在于形成Ni_3（AlTi）——γ'相。如前所述，Ni_3（AlTi）是耐热合金中的重要强化相，它具有面心立方点阵，析出时和基体共格，其聚集长大速度很小，故有良好的强化效果。随着合金中Ti、Al量的增多，γ'相的数量增多，强化效应也将增强，合金开始显著软化的温度也大大提高。因此，镍基合金的使用温度愈高，Ti、Al的总量也应更多。然而，随着Ti、Al量的增多，在合金高温强度增加的同时，合金的范性却不断降低，这样就使热加工发生困难，具体表现在热范性形变的适宜温度区间变窄。为此，形变镍基合金中Ti、Al的总量一般不超过9%。而在铸造用的镍基合金中Ti、Al的量可以更多。铸造用合金一般不进行热处理。此外，镍基合金中也加入微量的硼或少量的稀土元素，借以强化晶界。常用镍基合金的成分、热处理工艺及使用温度，如表18-1所示。

表18-1　常用镍基高温合金的成分、热处理工艺及使用温度

牌号	相应国外牌号	C	Cr	Mo	W	Ti	Al	其　它	使用温度（℃）	热处理工艺
GH32	ЭИ437А	≤0.06	20	—	—	2.5	0.8	Ce≤0.01（其余为Ni，下同）	700	1080℃、水冷，700℃、16小时
GH33	ЭИ437Б	≤0.06	20	—	—	2.5	0.8	B≤0.01，Ce≤0.01	800	1080℃、水冷，750℃、16小时
GH37	ЭИ617	≤0.10	15	3	7	2	2	V0.1～0.5，B≤0.02，Fe≤0.50，Ce≤0.02	850	1180℃、空冷，1050℃、空冷，800℃、16小时
GH49	ЭИ929	≤0.07	9.5～11.0	4.5～5.5	5～6	1.4～1.9	3.7～4.4	V0.2～0.5，Co14～16 Ce≤0.02，B0.015～0.025	900	1200℃、空冷，1050℃、空冷，850℃、16小时
K3	ЖС-6К	0.11～0.18	10～12	3.8～4.5	4.8～5.5	2.3～2.9	5.3～5.9	Co4.5～5.5，Ce<0.01 Zr<0.1，B0.01～0.03	>900	1200℃4小时、空冷
M17	IN-100	0.14～0.20	8.5～9.5	2.5～3.5	—	4.7～5.3	4.8～5.7	V0.6～0.9，Co14～16 B0.014～0.02，Zr0.05～0.09	>950	铸态（不热处理）

四、耐热复合材料

如上所述，耐热材料除一般耐热钢外，在较高温度使用的还有镍基耐热合金。近年来，镍基耐热合金的成分日趋复杂，加入的合金元素有十余种之多，并尝试采用一些特殊的微量元素，如B、Ce、Mg、Zr、Hf等来强化晶界。虽然如此，但镍基合金仍不能满足日益提高的要求。于是，在上述各类材料研究的基础上，又发展了耐热复合材料和陶瓷材料。

目前，耐热复合材料包括：（1）以二氧化钍（ThO_2）弥散强化的镍合金；（2）以Al_2O_3纤维强化的镍合金，或以W－Hf－C纤维强化的镍合金；（3）单向结晶的共晶复合材料，如Ni_3Al-Ni_3Nb（即Ni－23.1%Nb－4.4%Al）。其中，尤其是单向结晶的复合材料发展很快。长期的研究确证，多晶体材料的蠕变和高温疲劳破坏是通过与主应力轴呈直角的晶界裂纹来发展的。如果设法取消晶界，裂纹的发生与发展就可能推迟。由此而研制了单向（或定向）结晶合金。它使耐热材料的高温性能大幅度提高。例如，完全不含晶界的单晶体叶片的出现，使高温强度有了突破，蠕变、韧性、特别是热疲劳性能显著提高。研究指出，由于〔111〕方向的弹性模量大，拉伸强度高，蠕变速度小，因而就可制作〔111〕取向的材料，提高其蠕变强度。又如〔001〕方向的强度及韧性都好，因而就可制作具有〔001〕取向的叶片，以抗涡轮机的热冲击和热疲劳。

单向结晶法制取的共晶复合材料系列日益增多，有一些是一般冶炼方法难以生产的。按系列划分如下若干种（表18－2）。

表18－2　耐热复合材料系列

金属和金属	Ni－Cr，Cu－Cr，Cu－Al
金属和金属化合物	Al－Al_3Ni，Ti－Ti_5Si_3，Co－Co_7W_6，Co－Co_3Nb，Ni－NiMo，Ni－Ni_3Ti，Ni－Ni_3Nb，Al－$CuAl_2$
金属化合物和金属化合物	Ni_3Al-Ni_3Nb，$Ni_3Al-Ni_7Zr_2$，$Ni_3Al-Ni_2TiAl-Ni_3Ti$
金属和碳化物	Ni－TaC，Co－TaC，Ni－Cr－TaC，Ni－Co－Cr_7C_3，Nb－Nb_2C，Ta－Ta_2C
金属和氧化物	Ni－NiO
氧化物和氧化物	$ZrO_2-Y_2O_3$

第四篇　有色金属及合金

第十九章　有色金属及合金概论

通常将除铁、锰及铬等金属以外的所有其它金属均列为有色金属，亦称非铁金属，共约八十余种，以任一这些金属为基（>50%），再加入一种或多种其它元素而组成的合金，称为有色合金。可见，有色金属及合金的类型，比之黑色金属及合金要复杂得多，应用范围也十分广泛，但从其目前的产量或用量来看，不会超过全部金属材料的5%。因此，无论从实用方面和理论方面来看，有色金属和合金有待开发的领域还是十分广阔的，应引起足够的重视。

这里介绍一些有色金属及合金的基本知识，以加强对实际金属材料的认识并进一步巩固已学得的金属学基本理论。

第一节　有色金属及合金的分类、编号及用途

一、有色金属的分类及编号

通常按习惯将有色金属分为以下五大类：

（1）重有色金属。比重>4.5，如铜、镍，钴、铅、锌、锡、锑、汞及镉等；

（2）轻有色金属。比重<4.5，如铝、镁、钠、钙及钾等；

（3）贵有色金属。如金、银、铂、钌、钯、铑、铱及锇等；

（4）半金属。如硅、硒、碲、砷及硼等；

（5）稀有金属。又分以下五种：

1）稀有轻金属：如钛、锂、铷、铯及铍等；

2）稀有高熔点（难熔）金属：熔点>1700℃，如钨、钼、钽、铌、锆、铪、钒及铼等；

3）稀有分散金属：如镓、铟、铊及锗等；

4）稀土金属：如钪、钇及镧系元素（La、Ce、Pr、Nd、Pm、Sm、Eu、Gd、Tb、Dy、Ho、Er、Tm、Yb、Lu）；

5）放射性金属：如镭及锕系元素（Ac、Th、Pa、U、Np、Pu、Am、Cm、Bk、Cf、Es、Fm、Md、No、Lr等）。

有色金属按国标，其编号原则如下：

（1）冶炼产品多用相应元素的化学符号和顺序号其间加以连接号来表示，例如，Cu-1，Cu-2；Al-1，Al-2等，序号越高，表示纯度越低；对高纯度金属，再在序号前冠以“0”，如Al-01，Al-02，但序号增大，表示纯度增高。

（2）加工产品的编号有两种：其一用汉语拼音第一字母加顺序号来表示，适用于铜、

镍、铝和镁，分别如 T1、N1、L1 及 M1；其二用化学符号加顺序号，适用于其它金属，如 Zn1、Zn2；Pb1、Pb2 等。

二、有色合金的分类及编号

有色合金种类繁多，而且仍在飞速发展中，如何合理地进行分类和编号，尚难统一，各国都各有其自己的分类法。较常用的分类法有二：

1. 按合金系统分类

1）重有色合金　如铜合金、镍合金、锌合金、铅合金及锡合金等；

2）轻有色合金　如铝合金、镁合金等；

3）贵金属合金　如银合金、铂族合金等；

4）稀有金属合金　如钛合金、钨合金、钼合金、钽合金、铌合金等。

2. 按用途分类

1）变形合金　适宜于压力加工成形的各种有色合金；

2）铸造合金　适宜铸造成形的各种有色合金；

3）轴承合金　用于制造轴瓦的各种耐磨的有色合金，如 ChPbSn5－15、ChSnSb4－4 等；

4）印刷合金　用于印刷字和印刷版的合金，主要为铅基和锌基合金，如 Pb－5，Zn－5 等；

5）焊料　用于制造焊接金属工件或焊补金属铸件的各种焊条、焊料、焊粉及熔剂等的有色合金；

6）中间合金　用于炼制合金的各种有色合金。

按我国标准，有色合金加工产品的牌号以代号字头后加成分数字或顺序号并结合合金类别名或组别名称来表示，合金的代号则采用汉语拼音第一字母、化学符号及数目字相结合的方法。例如：H62 合金，H 代表黄铜，其中 62 表示含铜量；HPb59－1 代表含铅黄铜，其中含约 1%Pb；QSn4－4－4 合金代表锡青铜，其中含锡平均约 4%，其余两数字表示除铜以外的其它元素的含量，这里指锌、铅的平均含量各约为 4%；NCr9 代表铬的平均含量约为 9% 的镍合金。但铅、锌、锡、贵金属及稀有金属等的合金的牌号则全用元素符号和数字相结合的方法来表示，例如：PbSb2 代表平均含锑量为 2% 的铅合金；ZnAl10－2 则表示平均含铝约 10%，含其它元素（铜）约 2% 的锌合金。除此而外，合金产品状态则统用汉语拼音第一字母表示，例如：CZ、CS 分别表示自然时效和人工时效；M 代表退火（焖火）；C 代表淬火；R 代表热轧、热挤等，详可参考有关手册。

三、有色金属及合金的用途

有色金属多达八十余种、遍布元素周期表的绝大部分，因而其性能之间的差别很大。正由于此，有色金属及合金作为一个整体来看，比之黑色金属及合金才具有了更为广阔的应用领域，可根据各种有色金属及合金的特性来安排合适的或特殊的用场，以使物尽其用，满足人民生活、工业生产以及科学技术各个领域内的各种不同的要求。

例如：铜、铝是良好的导体，且其产量又大，是电器工业不可缺少的材料，目前尚难由其它材料来取代；银除作为高级导体外，大量用于照相材料；放射性金属是原子反应堆、核潜艇的专用原料；锂用于制造氢弹；铪可作核反应堆的控制棒；锆则可做反应堆的包套；飞机、火箭、导弹、宇宙飞船等当代技术，主要以铝、镁、钛及其合金作结构材料，用镍和稀有高熔点金属及合金作发动机的重要部件；据说，美国阿波罗 11 飞船上使用的金属材料 75% 为铝材，5% 为钛材，15% 为其它有色金属材料（包括铜、镍、钴、镁、金、银、镧、钐、钨、铌、铪、铼、铕及硅等），特殊钢仅有 5%；汽车、船舰、潜艇及战车的制造，近年来都大量增加了铝及其它有色金属的用量；石油化工部门需要镍、钛和铅等作防蚀材料，需要铂族金属作催化剂；枪、炮弹以及制氧机等需要大量铜和铅；锌大量用于防腐镀层；锗、硅等是半导体材料；稀土金属除大量用于钢和铸铁的添加剂外，还是制造新超导体的重要元素；铌、锡也是制造新一代超导体的重要元素；合金钢中的绝大部分合金元素是以有色金属为主的；此外，人民生活用品中所要求的有色金属，如铝、铜、镍等，也在日益增加。

由上所述，已不难看出，有色金属及合金在国民经济、科学技术和国防建设中所起的特殊重要作用，因而世界各国都非常重视有色金属工业的发展。

第二节　有色金属的合金化

绝大多数有色金属各依其自身的特性和使用的条件，既可以其纯态应用，也可以将其合金化后再应用。例如铜和铝，作为导体来说，二者都是以纯态而使用的，而且纯度越高，其导电（热）性也越高，因此，如何排除杂质，特别是对导电（热）性具有显著有害作用的杂质，如铜中的 P、Fe、Mn、As，铝中的 Fe、Si 等，便成了提高质量的关键；但作为结构材料来说，无论铝或铜，虽然其延展性很好，但其强度和硬度都是相当低的，这就首先要求强化，而强化的途径除组织细化外，应是合金化、热处理和冷加工，并以合金化为基础。但合金化的目的并不仅限于强化，对一些要求特殊性能的材料，则非合金化莫属。例如，一些耐热、抗蚀、抗锈材料，磁性材料，无磁材料，超塑性材料，超导体，形状记忆合金，贮氢合金等，都是通过合金化而制取的。

虽然，随金属和使用条件的不同，合金化的目的和途径不尽相同，但从金属学的基本规律着眼，各种有色金属的合金化，也同钢的合金化相似，主要不外乎是与合金元素组成固溶体、形成化合物或中间相，以便通过适当的工艺，能保证所要求的结构和组织——即各种结构的相可以单一的或按规定的比例、一定的分散度（或粒度）和一定的分布方式出现在合金中，以满足所要求的性能。兹举例说明如下。

一、单相有色合金

绝大部分单相实用有色合金是由一次固溶体所组成的，只有少量特殊合金是由中间相或二次固溶体所组成的。所用合金元素既可以是单一的，也可是两种或多种元素。要解决这类合金的合金化问题，首先应重温本书第二章中有关固溶体和中间相形成规律方面的知识，进而再将其应用到具体有色合金中。

例如铜的合金化，实验已表明，有不少常用元素可以不同程度地固溶于铜中，其中镍可无限固溶，锌的最大固溶度高达 39%；锡和铝的最大固溶度分别接近 14% 和 10%；锰在高温几乎可完全固溶于铜，但在常温下的固溶度仅接近 20%；其它如硅、磷等也都有相当的固溶度；只有铅、铋等少数元素的固溶度极小，可视为不溶。因此单相铜合金多是以这些可溶元素作为合金元素而制取的，并视铅、铋、锑等为有害杂质。例如，所谓 α 黄铜，最初是指含锌量不大于 39% 的铜锌二元合金，包括 H96，H80、H70、H68、H62 等，后来再在此基础上加入其它一种或几种元素而组成三元或多元黄铜，这就出现了所谓锡黄铜（HSn70－1）、铝黄铜（HAl77－2）、镍黄铜（HNi65－5）和硅黄铜（HSi65－1.5－3）等。再如所谓青铜，起先仅指 Cu－Sn 二元合金，其中 Sn 理论上小于 13.9%，实际上小于7%。后来将铜与其它元素所组成的二元、三元合金（含锡或不含锡）也称青铜。由此而出现了锡青铜，如 QSn4－3（含 Zn）；铝青铜，如 QAl5 和 QAl10－3－1.5（含 Fe、Mn）；硅青铜，如 QSi1－3（含 Ni）和 QSi3－1（含 Mn）。此外，还有所谓白铜，原指 Cu－Ni二元合金，后再加入锰、铁、锌和铝等而泛称之为锰白铜、铁白铜、锌白铜和铝白铜等，如 B5、BMn3－12、BFe30－1－1、BZn15－20 和 BAl13－3 等。

单相合金中的铜合金大多用于结构材料，主要是要求强度、韧性和范性，因此固溶强化的作用就显示出来了，即在适当的合金化条件下，强度和韧性可以同时显著提高。但单相合金中有的还兼有特殊性能，例如，锰白铜中的 BMn40－1.5（康铜）和 BMn43－0.5（考铜）由于其电阻高和电阻温度系数小而成为变阻器、热电偶和热电仪器的重要材料；镍合金中的孟镍尔金属（67%～69% Ni，28% Cu，1.5%～2.5% Fe 和 1%～2% Mn），除具有很高的强度和范性外，还具有很好的抗腐蚀能力，因而广泛应用于化学仪器制造业中；镍铬合金（9%～10% Cr）、镍铝（2% Al，2% Mn，1% Si）以及铂铑、铂铱（10% Rh 或 Ir）都是主要用作热电偶的单相固溶体合金。

单以中间相或化合物为基的单相合金，除非利用其所具有的独特性能，一般较少用作结构材料，因为这类相的韧性和范性，一般来说都很差。但近年来发现，作为实用超导材料来说，化合物比之固溶体更具有发展前途。

二、复相有色合金

当合金元素的含量超过一定限度后，合金就会由单相变为双相或多相，称之为复相合金。随金属和使用条件的不同，复相有色合金可有许多类型，但大致可归纳为三大类：其一是由不同的固溶体所组成，如 Pb－Sn 系、Zn－Sn 系、Pb－Bi－Sn 和 Pb－Sb 系等，其二是由固溶体与化合物所组成，大部分复相有色合金属于这一类；其三是，或主要是由不同的化合物所组成，如由钨及钛的碳化物烧结成的硬质合金（YT30…等）。

复相合金的性能，一般来说，大致为各组成相性能的加权平均值，但这只在各相的粒度较粗大时才成立，随各相分散度的增大，其大部分性能，特别是力学性能可以变化很大。正由于此，复相合金，特别是上述第二类合金性能，可以通过凝固过程及热处理和压力加工等手段人为地改变。其中特别是那些在高温时能进入单相固溶体区而在低时进入或经过复相区的合金，其性能的变化潜力更大，热处理——淬火、回火或时效在这里可以充分显示其威力，这些合金是广为应用的可贵的结构材料和工具材料，例如铝合金中的硬铝（LY1、LY12…LY14）、超硬铝（LC3…LC6），铜合金中的铍青铜（QBe2.5），镍合金中的镍木尼克（18%～20% Cr、0.7%～2% Al、1.5%～3.0% Ti）等都是很重要的有色合金。具有共晶转变的第一、二类合金，特别是第二类，也是很有发展前景的有色材料，可通过凝固过程来控制组织，有的并可进行时效处理。例如，铝合金中的铝铜系、铝硅系合金（ZL1、ZL14、ZL8 等），锌合金中的锌铝系合金（ZZnAl10－5、ZZnAl14－3 等）等都是广泛应用的铸造用有色合金；铋、铅、锡、镉系合金可作为易熔材料，其熔点可低至100℃以下。除此而外，这类有色合金较易于通过激冷制取非晶态材料，如铜、钛合金和钛、镍合金都是很有发展前途的非晶态材料。

综上所述，可以看出，有色金属是直接应用，或经过合金化，热处理等手段进行处理后再应用，这就要求结合其特性和应用条件来考虑。此外，资源的多少和价格的高低也是很重要的因素。但首先应了解其特性，掌握其合金化的规律，这是基础。在这方面有待开拓的领域仍相当多，尤其是合金化方面，研究得还很不够，亟待有志之士去努力。但限于篇幅以下三章作为基础仅能列举三种较重要的有色金属及合金来讨论。

第二十章　铝及铝合金

铝在自然界中分布很广，据估计，约占地壳重量的8.8%，比铁（5.1%）还多。其开发和应用虽较晚，仅约100年的历史，但就当前来说，铝及其合金的产量和用量已达一千多万吨，仅次于钢铁而遥居有色金属之首，且仍在发展中。其主要特点是，比重小，比强度（强度与比重之比值）高，并具有优良的抗氧化性。

第一节　工 业 纯 铝

纯铝呈银白色，具有面心立方结构，无多形性；比重2.7，属轻金属；其熔点较低（660℃），但熔化潜热高（376.4J/g），因而相当难熔；其范性很大（$\psi=80\%$），但强度偏低（$\sigma_b=78\sim98MN/m^2$），有利于进行各种形式的压力加工。铝与氧的亲和力很大，但可形成致密坚强的氧化膜，因而抗氧化性高。铝具有良好的导电、导热性，宜于做电、热导体。

铝的纯度越高，其主要特性表现得越显著；反之，其性能便越差。铝中主要杂质为铁和硅，常温时，铁几乎不溶于铝，硅在铝中的固溶度也很小，常以二元或三元化合物的形式分布在组织中。单独存在时，可分别与Al形成二相共晶 $Al+FeAl_3$ 和 $Al+Si$；同时存在时，还可形成 $FeAl_3+T_1$、$Al+T_1$、T_1+T_2、$Al+T_2$、T_2+Si 等二相共晶以及 $Al+T_2+Si$ 三相共晶，其中 T_1、T_2 分别表示化合物 $Al_{12}Fe_3Si$ 和 Al_9Fe_3Si。这些共晶或由液体中直接产生，或再经过包共晶反应和三相共晶反应后而形成，见图20－1及表20－1。

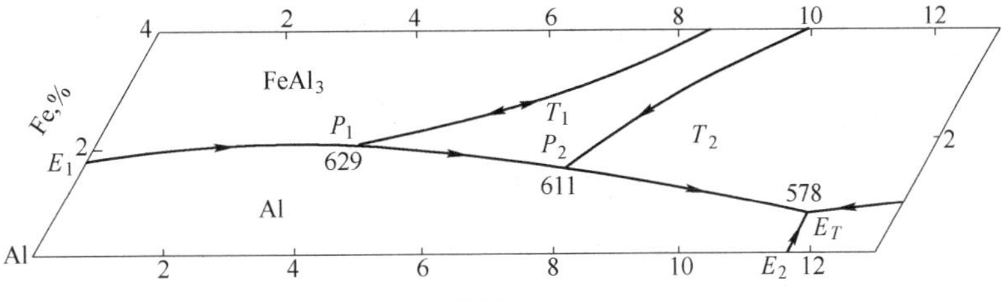

图20－1　Al－Si－Fe系液面投影图

表20－1　Al－Si－Fe系反应

Al－Fe系	Al－Si－Fe系	Al－Si系
$L\rightleftharpoons Al+FeAl_3$	$L\rightleftharpoons FeAl_3+T_1$	
	$L+FeAl_3\rightleftharpoons Al+T_1$ …(P_1)	
	$L\rightleftharpoons Al+T_1$　$L\rightleftharpoons T_1+T_2$	
	$L+T_1\rightleftharpoons Al+T_2$ …(P_2)	
	$L\rightleftharpoons Al+T_2$　$L\rightleftharpoons T_2+Si$	$L\rightleftharpoons Al+Si$ … (E_2)
	$L\rightleftharpoons Al+T_2+Si$ … (E_T)	

所有这些化合物以及硅，在铸态组织中，一般均呈片状或针状，为量较多时，会使铝变脆。但经过热加工并退火后，可使片状或针状组织变为粒状，范性显著提高。

第二节　铝　合　金

为适应航空、航天、汽车、电工、化学等工业部门的迅猛发展，铝合金以其比重轻、比强度高而得到科技界的高度重视，并迅速成功地发展起来，出现了一系列种类繁多的铝合金，其生产规模也在日益扩大中。这些铝合金可分为变形铝合金及铸造铝合金两大类。

一、变形铝合金

这类铝合金的合金化目的，是在保持其比重小、范性高的条件下，尽可能地提高其强度，所以，这类合金大多以铝的固溶体为基础，利用固溶强化和时效强化来提高其强度。常用主要合金元素有铜、镁、锌、锰及硅等。根据合金性能和使用特点，变形铝合金可分为五类：防锈铝（LF）、硬铝（LY）、超硬铝（LC）、锻铝（LD）、特殊铝（LT）。

1. 防锈铝

防锈铝的特点是具有良好的范性和比纯铝较高的强度、突出的耐蚀性，良好的可焊性以及满意的压力加工成型性。Al－Mg 系和 Al－Mn 系合金属于这一类，其中 Al－Mg 系合金的比重比纯铝还小。

锰在铝中的最大固溶度为 1.82%（658.7℃），室温时降至 0.05%。尽管固溶度随温度的变化较大，但时效硬化效果不大，无实用意义。超过固溶度时，可形成化合物 Al_6Mn，其电位与基体 α 的相同，所以尽管 LF21（含约 1.0%～1.6% Mn）为两相（$\alpha+Al_6Mn$）合金，但其耐蚀性很高。当合金中含有杂质铁时，会出现针状化合物（MnFe）Al_6，可显著降低其范性和耐蚀性，但当同时含有适量硅时，则可形成危害性较小的 T 相以取代（MnFe）Al_6。所以控制杂质铁的含量及其与硅的配比，对这类合金来说很重要。此外，为了细化晶粒，常加入少量的钛。

镁在铝中的最大固溶度为 17.4%（449℃），室温时降至 1.4%。二者可形成化合物 β 相（Mg_5Al_8）。一般 Al－Mg 合金中的镁含量约为 0.8%～7.5%，时效强化效果不明显，除非将镁增至 8% 以上。但镁含量过高时，合金中的 β 相增多，强度、硬度虽提高，但范性明显下降，压力加工性变坏。为了改善加工性，Al－Mg 合金中常加少量的锰（0.2%～0.8%）及钛以细化组织，加入约 0.5%～0.8% 的硅以改善其焊接性。铁、铜及锌是这类合金的有害杂质，可显著降低其耐蚀性，应尽可能地减少其含量。

2. 硬铝

硬铝是在铝铜二元合金的基础上发展起来的，是可进行热处理强化的变形铝合金中应用最广的一组合金。其常用主要合金元素为铜及镁，表 20－2 为几种典型硬铝的成分及性能。

铜、镁各自单独在铝中的作用已分别在本书第八章第三节和本节中讨论过了。当二者共同加入后，其复合作用远非二者之和。图 20－2 是 Al－Cu－Mg 三元相图的富铝角，可以看出，在三元系中，除了二元系所具有的 α、θ（$CuAl_2$）及 β（Mg_5Al_8）等相外，还出现了 S（Al_2CuMg）及 T（Al_5CuMg_4）等相。这些相在 α 中的固溶度都随温度的下降而显著减小。实验表明，分别来看，θ 相的时效强化效果较好，其次是 S 相，而 β 相和 T 相最差，但当 θ 相和 S 相共同存在时，其强化效果最好。表 20－2 中几种硬铝的成分正是据此而设计的，它们在相图中的位置，正处于室温时的 $\alpha+\theta+S$ 相区和 500℃ 时的 α 相区，如图 20－2 所示。其性能间的差别，主要是由于固溶度的大小以及 θ 与 S 的相对量来决定的。例如，LY14 与 LY12 相对比，前者含 Mg 较少，θ 相较多，而后者含 Cu 较少，S 相较多，其结果是 LY12 的强度和硬度都较高，而且耐热性也好；LY1 中的合金量低，θ 相和 S 相都较少，因而强度和硬度都较低。由此可知，为了增加 S 相及合金量，应提高镁的含量，但与此同时必须相应地降低铜含量，否则，将完全变为复相合金，出现共晶组织，不但对强化无益，反而使加工性能恶化。

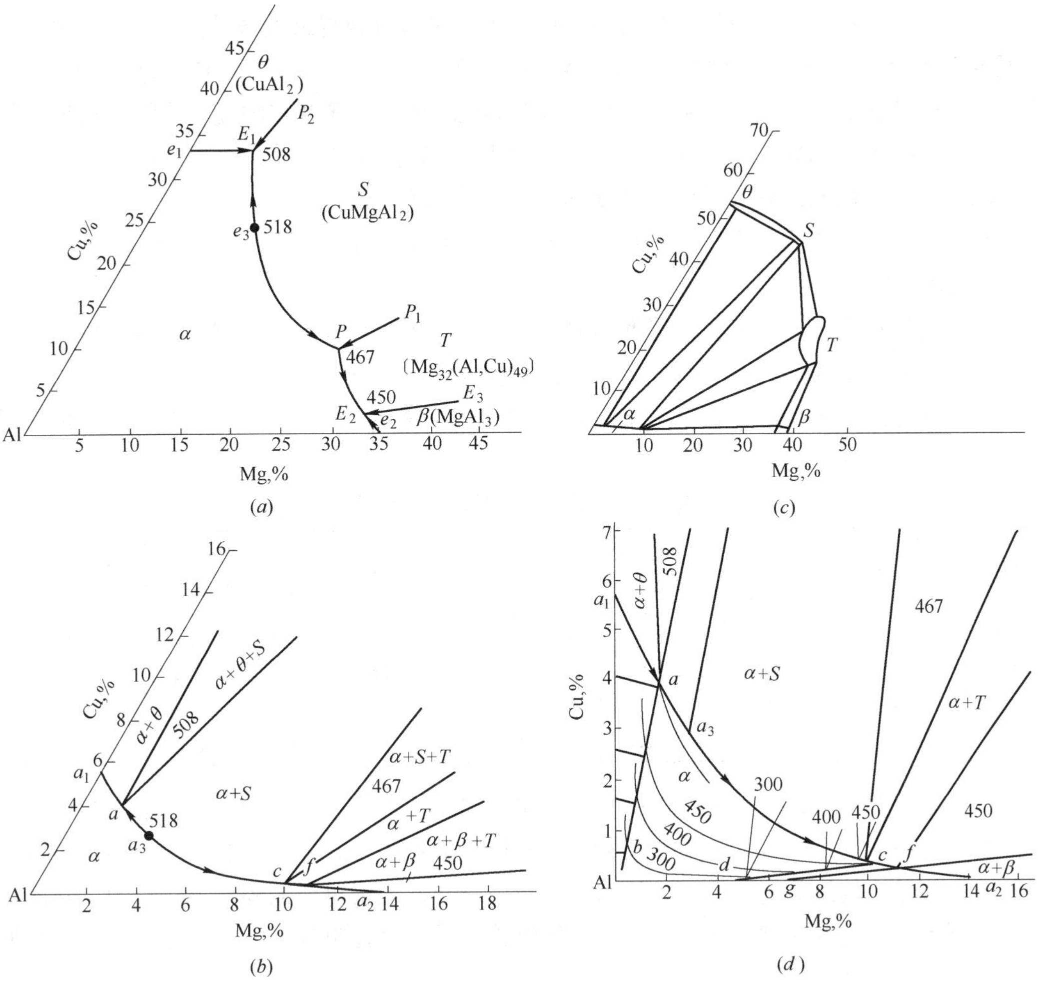

图 20－2　Al－Cu－Mg 三元相图富铝角

（a）液相面投影图；（b）固相面投影图；（c）430℃等温截面图；（d）固溶度面等温截面图

表 20－2　几种典型硬铝的成分及性能

合　金	牌号	化学成分（%）			力学性能（时效状态）			
		Cu	Mg	Cu + Mg	σ_b（MPa）	σ_s（MPa）	δ（%）	HB
低合金硬铝	LY1	2.2～3.0	0.2～0.5	2.4～3.5	295	165	24	70
中合金硬铝	LY11	3.8～4.8	0.4～0.8	4.2～5.6	410	235	18	100
高合金硬铝	LY14	4.6～5.2	0.65～1.0	5.3～6.2	450	295	15	105
	LY12	3.8～4.9	1.2～1.8	5.0～6.7	470	325	17	110

除主要合金元素外，一般硬铝中还含有少量的锰、铁及硅。锰是为了提高硬铝的耐蚀性并强化基体而有意加入的；铁、硅是常存杂质，其中铁有害无益，而硅为量不多时，可形成有一定强化作用的 Mg_2Si。有时还加入适量钛，其作用在于细化晶粒。

硬铝主要依赖时效强化，正确制订淬火和时效工艺，对强化极为重要。其加热原则是，在确保不发生过热（晶粒粗化）和过烧（晶界熔化和氧化）的前提下，尽量提高淬火加热温度，以使化合物得以充分溶解，保证随后时效时获得最大效益。硬铝可允许的加热温度范围很窄，例如，LY11 为 495 ~ 510℃，LY12 为 495 ~ 505℃，应严格控制。加热淬火后，可进行自然时效，经 4 ~ 7 天后，即可得到最高的强度和硬度。为缩短时间，则可进行人工时效，例如，在 150℃时效，半天即可达到强度的最高值。温度越高，所需时效时间越短，但可能达到的强度和硬度越低（参见图 8 – 26）。

硬铝的抗蚀性较差，为此，常在其外表包一层纯铝，作为保护层。

3. 超硬铝

为满足日益发展的对铝合金强度的要求，已创制出更高强度的硬铝，通称超硬铝。其特点是在一般硬铝的基础上，再加入锌、铬等合金元素，利用多种元素的复合作用来进行强化，以获得高达 590MN/m^2 以上的强度。表 20 – 3 列举了几种超硬铝的牌号及化学成分。

表 20 – 3　超硬铝牌号及化学成分

牌号	化学成分（%）							杂质（%）不大于
	Cu	Mg	Mn	Zn	Cr	Ti	Al	
LC3	1.8 ~ 2.4	1.2 ~ 1.6	—	6.0 ~ 6.7	—	0.02 ~ 0.08	余量	0.65
LC4	1.4 ~ 2.0	1.8 ~ 2.8	0.2 ~ 0.6	5.0 ~ 7.0	0.1 ~ 0.25	—	余量	1.1
LC5	0.3 ~ 1.0	1.2 ~ 2.0	0.3 ~ 0.8	7.0 ~ 8.0	—	—	余量	1.3
LC6	2.2 ~ 2.8	2.5 ~ 3.2	0.2 ~ 0.5	7.6 ~ 8.6	—	—	余量	0.9

由表 20 – 3 可以看出，与硬铝相比，在超硬铝中，镁量增加而铜量减少了，并加入了高达 5% 以上的锌。实验表明，在超硬铝中新出现的 $MgZn_2$（η 相）和 $Al_2Mg_3Zn_3$（ω 相）两化合物的强化效果更高，加之 S 相的补充作用以及多元素对 α 的固溶强化作用，从而赋予了超硬铝以更高的强度。锰、铬的加入使经挤压后再进行热处理的铝合金，具有更高的强度。

超硬铝的淬火温度范围比一般硬铝较宽，过热及过烧的倾向也较小。例如，LC4 的淬火温度一般为 465 ~ 480℃，而上限可达 505℃，这给热处理操作带来了不少方便。但超硬铝不易于自然时效，一般分两阶段来进行人工时效，即先在 100 ~ 120℃、而后再在 160℃时效，先后共十几个小时，才可达到所要求的强度。

超硬铝的抗蚀性较硬铝更差，尤其在淬火态下，故也采用包覆的方法来防护，但不是用纯铝，而是用 Al – 1% Zn 合金来包覆，因为纯铝与超硬铝之间的电位差很大，不能起保护作用。

4. 锻铝

锻铝用来做锻件，除要求高强度外，还要有良好的高温范性。常用锻铝的牌号及化学成分见表 20 – 4。

表 20－4　锻铝的牌号及成分

合金牌号	化学成分（%）									杂质不大于（%）
	Cu	Mg	Mn	Fe	Si	Ni	Cr	Ti	Al	
LD5	1.8～2.6	0.4～0.8	0.4～0.8	—	0.7～1.2	—	—	—	余量	1.2
LD6	1.8～2.6	0.4～0.8	0.4～0.8	—	0.7～1.2	—	0.01～0.2	—	余量	1.2
LD7	1.9～2.5	1.4～1.8	—	1.0～1.5	—	1.0～1.5	—	0.02～0.1	余量	0.95
LD8	1.9～2.5	1.4～1.8	—	1.1～1.6	0.5～1.2	1.0～1.5	—	—	余量	0.6
LD9	3.4～4.5	0.4～0.8	—	0.5～1.0	0.5～1.0	1.8～2.3	—	—	余量	0.6
LD10	3.9～4.8	0.4～0.8	0.4～1.0	—	0.6～1.2	—	—	—	余量	1.2

这类合金是由 Al－Mg－Si 系发展起来的。镁与硅可形成化合物 Mg_2Si，与 Al 组成伪二元共晶系，如图 20－3 所示，当合金中含 0.4%～0.8% Mg（0.7%～1.3% Mg_2Si）时，具有良好的性能，经 530℃ 淬火，140～160℃时效 10～15 小时后，其强度可达 295～375 MN/m^2，而伸长率仍可保持在 8% 以上。这类合金要求淬火后立刻进行时效，否则会影响时效效果。加入适量的铜正是为了弥补这一缺点，并可使时效后的强度进一步提高。微量钛可改善铸锭组织。少量锰可细化晶粒，并起一定的强化作用。铁是有害杂质，但铁与镍同时加入后，能提高热强性，可在 200～300℃ 甚至 350℃ 下工作。

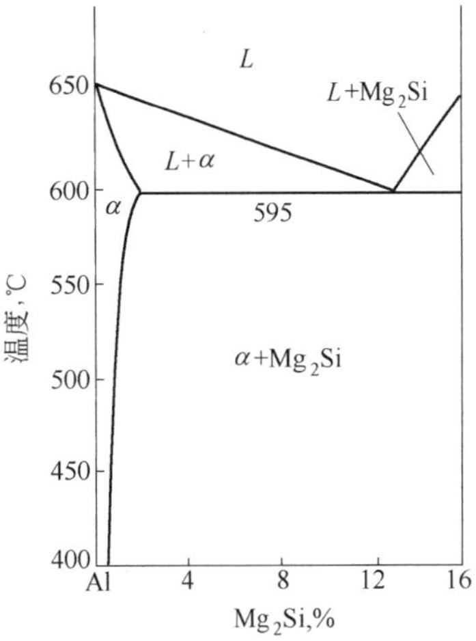

图 20－3　Al－Mg_2Si 相图

5. 特殊铝

凡是不属于上述四类的、或经过特殊处理的变形铝合金均列为特殊铝。例如，用作焊接线材的 LT1 合金就是含硅约 4.5%～6.0% 的铝合金。

二、铸造铝合金

用于铸造的铝合金为数不少，并在日益增长中。其共同特点是比变形铝合金含有较高的能够形成共晶的合金元素，这是因为，一般来说，共晶体的存在总会提高合金的流动性、改善浸润性并增强对收缩应力的抗力，从而改善合金的铸造性能。

铸造铝合金中应用最广的是铝硅系合金，其中含 5%～14% Si 的二元铝硅合金是应用最早、最有价值的合金，并以硅铝明之名而著称于科技界。后来，在此基础上加入铜、镁、锰、镍及锌等合金元素，而组成三元或多元硅铝明，称之为特种硅铝明。

铝硅合金属于共晶系（见图 4－48Al－Si 相图，共晶温度 577℃，共晶成分 11.7% Si）中的平滑/粗糙型（晶面/非晶面型）。共晶熔体具有流动性大、收缩性小、填充性好以及不易产生铸造裂纹的特点，铸件具有良好的可焊性，但易产生氧化膜，易吸收气体。铝硅合金的根本问题是，组织中的硅晶体，无论是在共晶内或共晶外（先共晶），都易呈粗大的针状或块状，见图 4－48 中的组织照片，这种组织使其强度和范性都很差。能否改变这种组织，便成了其推广和应用的关键。研究证明，用微量钠盐（NaF 和 NaCl 的混合体，配比为 2∶1）进行变质处理，可使组织转化为细粒状，并可使共晶合金，甚至过共晶合金具有亚共晶组织（见图20－4），从而显著地提高了其强度和范性，为这种合金开拓了新前景。但变质机理至今仍待探讨。一般认为，是由于钠盐形成了钠离子，易吸附在硅晶体周界，阻止硅生长而引起的。后来的研究表明，钠可与铝硅形成化合物 $AlNaSi_4$，并可与铝硅组成三元共晶，组织细化也可能与此相关。

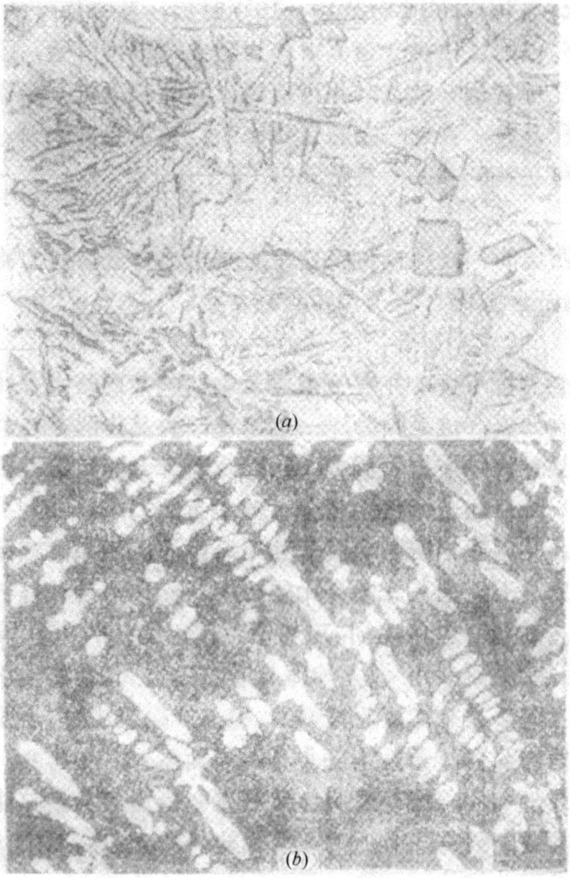

(*a*)

(*b*)

图20－4　过共晶硅铝明变质前（*a*）后（*b*）的组织（×200）

硅铝明的强度偏低，即使变质处理后，其抗拉强度也仅165～215MN/m^2，难于适应日益发展的工业要求。为了进一步提高强度，而添加了铜、镁，以期能产生 Mg_2Si、θ 和 ω 等强化相，来进行时效强化。但应避免产生游离的化合物，因它会使范性不高的硅铝明进一步减低其范性，因而铜和镁的加入量应严格控制，镁一般为0.15%～0.40%，铜一般不超过1.2%。铁在硅铝明中依然是难免的有害杂质，加入锰可减弱铁的有害作用，所以硅铝明中一般均含有0.3%～0.5%Mn。时效后的硅铝明，在 $\delta>2\%$ 的条件下，σ_b 可大于225MN/m^2。

在铸造铝合金中还应指出的是含10%～14%Zn及少量铜、镁和锰的所谓锌硅铝明，这种合金根本不含硅，虽然没有共晶组织，其铸造性较差，但强度较高，σ_b 可达195～340MN/m^2，其 δ 仍有1%～2%。若加少量铍和硼，则 σ_b 可进一步提高到390MN/m^2。

三、提高铝合金强度和韧性的方法及途径

1. 提高纯洁度、减低夹杂物的数量和尺寸这就要求一方面提高冶炼技术，以降低杂质元素，特别是铁的含量；另一方面设法加快凝固过程，以减小杂质的偏析，抑制夹杂物的析出和粗化。实验表明，这可显著提高铝合金的断裂韧性和疲劳强度，并可增强其抗应力腐蚀开裂的抗力。

2. 细化组织、提高晶粒度

这首先需要从凝固过程，而后直到作为成件以前的各个工序加以控制，加快凝固、减小偏析、缩小枝晶间距，加入细化剂或变质剂，合理地确定扩散退火、轧制、挤压以及热处理等工艺，才能保证晶粒的细化和组织的均匀性，使强度和韧性同时提高，并增加抗腐蚀，特别是抗应力腐蚀的能力。

3. 采用形变时效

试验表明，可进行时效强化的铝合金，在淬火后立即进行冷变形，而后再时效处理，或先经较低温度较短时间的时效，而后进行轧制，最后再在较高温进行时效处理，这样，比之单纯时效的效果要显著提高。

第二十一章　钛及钛合金

钛在地壳中分布很广，其蕴藏量仅次于铝、铁、镁而居金属元素的第四位。其开发和利用虽很晚，但近二十年来发展却相当快，它是航天航空工业以及重要海洋工程等方面的极受重视的新结构材料的基础。钛及其合金的主要特点是：（1）比重较小，仅约为铁的一半稍高；（2）强度较高，可与钢铁相匹比，而比强度则是目前金属材料中最高的；（3）耐腐蚀性强，无论在大气中、海水中以及在含硝酸和氯气的氧化介质中，其抗蚀能力都相当高，抗应力腐蚀的能力也很强；（4）加工成形以及焊接等工艺性能也相当好。可见，就综合性能来说，钛及其合金应是一种较为全面的金属材料，但由于生产技术要求较高，目前产量还不高，但其发展前途却应是十分广阔的。

第一节　纯　　钛

钛的比重为4.5，介于轻金属和铁、镍等金属之间。钛的熔点为1680℃，比铁、镍的高。钛有两种多形体，883℃以下为α钛，具有密集六方结构；883℃以上为β钛，具有体心立方结构。α钛的结构虽为密集六方型，但晶轴比$c/a<1.633$，实际的滑移面较多，除$\{0001\}$面外，还有$\{10\bar{1}0\}$和$\{10\bar{1}1\}$等面，故其范性较好，强度也较高，大致与纯铁相近，$\sigma_b=210\sim250\mathrm{MN/m^2}$，$\sigma_{0.2}=120\sim165\mathrm{MN/m^2}$，$\varphi=70\%\sim80\%$，$a_K=245\mathrm{J/cm^2}$，且不像铁那样有低温脆性，直至20K超低温仍具有良好的范性和韧性。

钛可间隙式地溶解相当多的氢、氧和氮等杂质原子，较为少见，但对碳的固溶度很小，碳几乎全部以碳化物夹杂的形式存在于钛中。工业纯钛的纯度约为99.2%～99.5%，杂质高达0.8%～0.5%，实质相当于合金。杂质可使其强度、硬度显著提高，但使其范性、韧性急剧下降。例如，含量约为0.25%氧、0.1%氮以及少量氢和碳的工业纯钛，$\sigma_b=540\sim590\mathrm{MN/m^2}$，$\delta=25\%\sim30\%$，$a_K=50\sim80\mathrm{J/cm^2}$，这相当于高强度铝合金的水平，足以直接用作结构材料，这是其它纯金属所没有的。但工业纯钛的热强性较差，例如500℃时，σ_b仅155$\mathrm{MN/m^2}$，故其耐热性不高。

第二节　钛　合　金

按照一般规律，提高钛的室温强度和热强性的途径也不外是进行合金化和热处理，并以合金化为基础。由于钛具有多形性转变，因而在合金化和热处理方面就和钢有许多相似之处。

一、钛的合金化

选择钛的合金元素，除了要考虑固溶度的大小、形成化合物的多少及其强化的程度外，还应特别注意它们对多形性转变温度的影响。

根据合金元素对钛多形性转变温度的影响，可将合金元素分为三类：（1）使转变温度上升，即扩大或稳定α相区的元素，如氧、氮、碳、铝、镓及硼等，见图21－1（a）；（2）转变温度下降，即扩大或稳定β相区的元素，大部分过渡元素以及铜、铋和硅等属于这一类，见图21－1（b）；（3）对转变温度影响不大，即既稳定α相又稳定β相的元素，见图 12－1（c），如锡和锆，可称之为中性合金元素。这样，根据加入合金元素的类型以及含量的多少，可按室温组织将钛合金分为三种类型：（1）α 钛合金，由上述一、三两类合金元素、或第二类元素为量不多时所组成的合金，如 TA7；（2）β 钛合金，加入足够多的第二类合金元素所组成，如 TB1；（3）$\alpha+\beta$ 钛合金，第二类合金元素的含量居中，如 TC4。

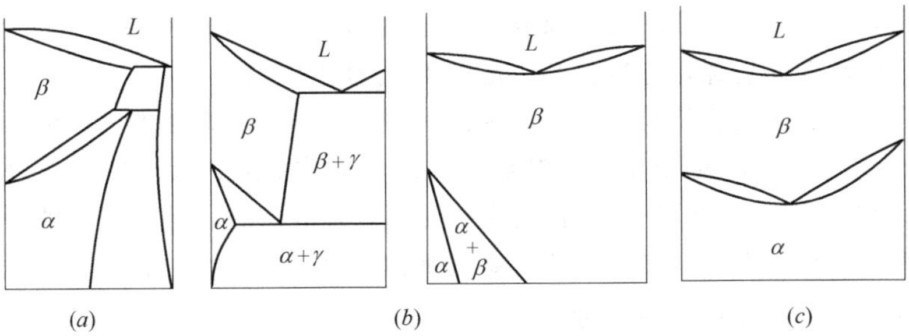

图 21－1　钛与合金元素二元相图的基本类型

（a）扩大或稳定 α 相区；（b）扩大或稳定 β 相区；（c）介于（a）和（b）之间的相图

在诸多合金元素中，应特别指出的是铝，Ti－Al 相图的富钛部分见图 21－2。铝虽扩大了 α 区，但在 β 钛中的固溶度相当大。此外，铝还可与钛形成中间相 Ti_3Al（α_2）和 TiAl（γ）。这就赋予了钛、铝合金改变组织和性能的巨大潜力。此外，铝还可减轻钛合金的比重，进一步提高其比强度，增强抗氧化能力，提高再结晶温度，从而可使钛合金的耐热性和热强性都得到改善。因此，铝便成了所有钛合金中必加的元素，犹如钢铁中都离不开的碳一样。

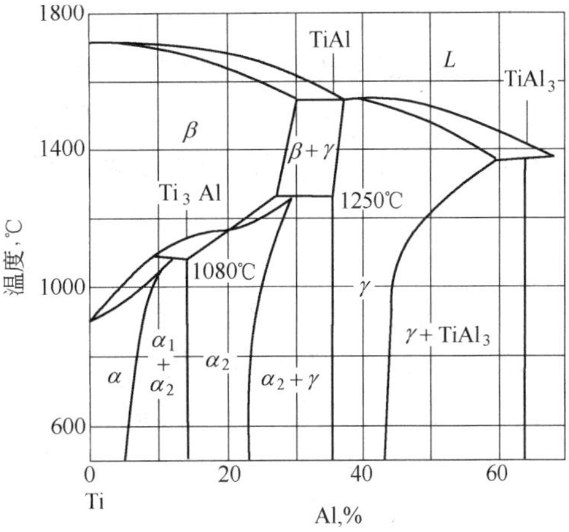

图 21－2　Ti－Al 二元相图的富 Al 部分

二、钛合金的热处理

钛合金的热处理兼有钢和铝合金热处理的特点，除可进行一般热处理、如各种退火等以改善组织和性能外，还可进行淬火强化和时效强化。

1. 过冷 β 相的转变

将 α 钛合金或 $\alpha+\beta$ 钛合金加热到 β 相区或 $\alpha+\beta$ 相区而后冷却时，随冷却速度的不同，β 相除按正常固态转变规律转变为平衡 α 相外，还可进行比钢中更为复杂的马氏体转变，这可借图 21－3 来说明。图中 $\alpha+\beta$ 相区中的两条斜虚线分别表示钛合金马氏体转变开始和终结点 M_s 和 M_f 随合金含量

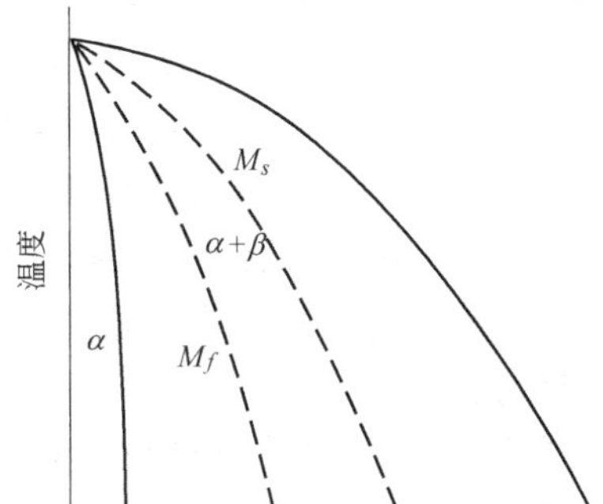

图 21－3　钛合金相图示意以及马氏体转变点 M_s 和 M_f 与合金含量的关系

而变化的曲线，其与横坐标轴的截距分别为 C_K 和 C_K'。钛合金的马氏体转变特点之一是可随合金成分的不同而转变为不同的马氏体。合金元素含量低的 α 钛合金加热淬火时，形成具有畸变六方结构的 α'马氏体。其组织为：合金元素含量较低时，呈板条状，即位错马氏体；合金元素含量较高时，呈特殊针状，即孪晶马氏体。合金量高的钛合金淬火时，形成具有斜方结构的 α''马氏体，但合金元素含量接近于 C_K' 的合金时，淬火时不发生马氏体转变，而是以一种特殊形式转变为具有六方结构的过渡相 ω；合金含量大于 C_K' 时，淬火不发生马氏体转变，仍保持过冷 β 相，故称 C_K'为临界浓度。

钛合金中的马氏体属于代位固溶体，因而其强化效果不如钢中的马氏体那样大，而其中 α''马氏体尽管可具有比 α'更细的针状组织，却无强化效果，甚至比过冷 β 相的强度和硬度还低。只有过渡相 ω，由于与母相共格，又高度弥散，故可使强度、硬度和弹性模量显著提高，但范性急剧下降，甚至脆化，必须加以控制。铝可抑制 ω 相的形成。

2. α'、α''、ω 等相在加热时的分解

与钢相似，钛合金淬火过程形成的各种相都属亚稳态，加热时都将发生分解，其分解过程随条件而异。

α''的分解可以是，先析出亚稳态 β，由于 β 中合金元素的浓度高，遂使 α''贫化，并转变为 α'，而后 α'再转变为 α，同时亚稳态的 β 也逐渐转为稳态的 β，即：

$$\alpha'' \longrightarrow \alpha''（贫化）+\beta（亚稳）\longrightarrow \alpha' + \beta（亚稳）\longrightarrow \alpha + \beta;$$

也可以是，α''中先析出低浓度的 α 而使其富化，再转变为亚稳态 β，最后形成 $\alpha+\beta$，即：

$$\alpha'' \rightarrow \alpha''（富化）+\alpha \rightarrow \alpha + \beta（亚稳）\rightarrow \alpha + \beta。$$

α'及 ω 的分解过程大致与 α''相似。

过冷或亚稳 β 的分解过程是，先以调幅分解的方式形成合金元素贫、富不同的区域，而后贫化区析出 ω 或 α'，最后形成 $\alpha+\beta$。

上述分解过程的各阶段都会引起性能的不同变化，除了 ω 相的析出会引起脆化外，其它都是可供利用的强化手段的依据。

3. 钛合金的热处理

从理论上说，除了单相平衡的 β 钛合金外，绝大部分钛合金都可利用淬火加时效来进行强化，并以后者为主。但实际上，热处理强化大多应用于 $\alpha+\beta$ 钛合金以及亚稳态的所谓 β 合金，一般 α 钛合金大多只进行退火处理。真正平衡态的 β 钛合金无实用意义。

（1）退火　钛合金的退火目的在于消除内应力或消除加工硬化。α 钛合金的退火温度约为 450 ~ 650℃。$\alpha+\beta$ 钛合金的退火温度随成分而变化，但不得高入 β 相区，否则晶粒会急剧长大，使范性显著下降。利用真空退火，可以去氢，使合金的断裂韧性和抗应力腐蚀的能力提高。

（2）淬火　$\alpha+\beta$ 钛合金的淬火温度一般在 $\alpha+\beta$ 相区的上部，也不能高入 β 相区。淬火后 α 相不变，只是 β 转变为马氏体 α'或 α''，或 ω，或亚稳态 β。淬火温度升高，β 相的量增多，所得马氏体及 ω 等的总量也会增多；但淬火温度升高时，由于 β 相中的合金浓度降低，淬火组织中 α'的相对比例应增大，直至完全变为 $\alpha+\alpha'$。钛合金的淬透性较差，须快速冷却。工件尺寸较大时，很难淬透，且易变形，大多不作强化处理。

（3）时效　钛合金的时效温度根据所要求的性能来决定。对一般 $\alpha+\beta$ 钛合金来说，

大多选择在450～550℃之间。成分接近β相区的合金，为避免ω相析出而引起的脆性，可在较高的温度进行时效。

（4）氮化　为提高钛合金的耐磨性，可在850～950℃进行氮化处理，这可使其表面硬度达到HV750～900。

第二十二章 铜及铜合金

铜及铜合金是人类应用最早的金属材料之一。我国远在三千多年以前就已掌握了铜合金的配制、冶炼和应用。古时称铜为金，称铜合金为金齐，主要是铜与锡的合金。现在铜合金的种类很多，广泛应用于各个工业技术部门。

第一节 工业纯铜（紫铜）

纯铜呈紫色，比重为8.9g/cm^3，属重金属，熔点为1084.5℃。铜的结构为面心立方，无多形性；导电和导热性高，电导率达0.65S·m/mm^2，热导率达398W/（m·℃）；强度和硬度较低，分别约为$\sigma_b \simeq 195MN/m^2$，HB35；范性较高，$\delta \simeq 50\%$。冷加工可使其强度提高约1~1.5倍，硬度提高约2.0~2.5倍，但使范性减小至约1/8，导电率下降约1%~3%。再结晶退火（600~700℃）可使冷加工铜的性能恢复原状。纯铜还具有良好焊接性、加工成形性以及耐蚀性，可制成各种管、棒、线、条、带、板及箔等，广泛应用于各工业领域中的电、热导线和导体以及各种耐蚀件等方面。

工业纯铜中一般含有0.1%~0.5%的杂质。高纯度铜的纯度可达99.999%以上。

所有杂质都会降低铜的电导率，其中以银和镉的影响最小，而磷的影响最大，因而对导体来说，首先应严格限制磷的含量，其次是硅和铁等。

对力学性能和加工性能影响较大的杂质，首推铋和铅，其次是氧。铋和铅在铜中的固溶度极小，且与铜间的界面张力小，大多以离异共晶的形式连续分布在晶界，而铋自身又脆，因而铋和铅同时存在时，会使铜的冷、热加工性都变坏，即出现“热脆”和“冷脆”。实验表明，加入稀土、钙或锆等元素可以减弱或消除铋、铅的有害作用。氧在铜中多以氧化亚铜（Cu_2O）的形式存在，当铜在还原气氛中加热时，氢会向铜中扩散并与氧结合而成水蒸气，产生相当大的压力而导致显微裂纹，俗称“氢病”。因此，一些重要的电器多用无氧铜TU1和TU2来制造。

第二节 铜 合 金

按习惯，铜合金分黄铜、青铜和白铜三类，是依次分别在Cu－Zn、Cu－Sn和Cu－Ni等二元合金的基础上发展起来的。

一、黄铜

黄铜一般呈金黄色。由铜锌二元组成的黄铜称普通（或简单）黄铜，三元以上的黄铜称特殊（或复杂）黄铜。

普通黄铜的相组成，可由第三章图3－12Cu－Zn相图及其有关的文字部分来解释。按相组成，普通工业黄铜分为α、β及$\alpha+\beta$等三种，分别是一次固溶体α、二次固溶体β和一、二次固溶体的混合体$\alpha+\beta$所组成的合金。从力学性能着眼，这三种黄铜的强度及范性可由图22－1来说明。由图可以看出：α黄铜具有相当高的抗拉强度和伸长率，且二者都随锌含量的增加而提高；$\alpha+\beta$黄铜的强度虽然更高，但范性却随锌含量的增加而急剧下降；至于β黄铜，则无论其强度和范性都是相当低的，因而应用较少。

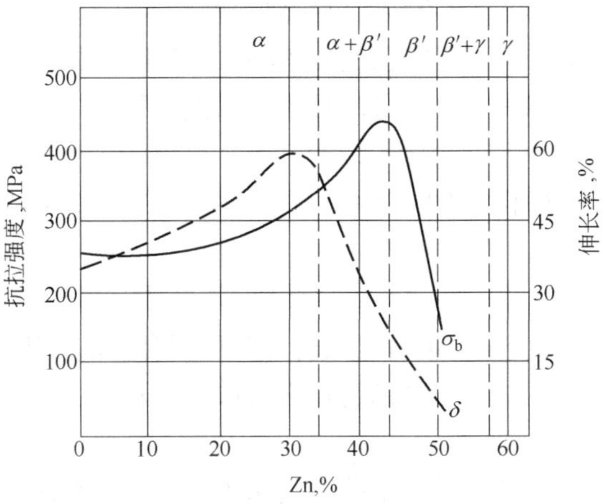

图 22－1　含锌量对黄铜力学性能的影响

由 Cu－Zn 相图可以看出，在 450℃附近，α 黄铜中锌的最大固溶度可达 39%，但随温度的上升，固溶度逐渐降低，至 906℃时降至约 32%；降温时，固溶度也有所降低，但不像升温时那样显著，因此，含锌超过 32% 的 α 黄铜，由于加热或冷却，有可能产生 β 或 β′相的析出和溶解过程，而使其范性下降。综合性能最好的 α 黄铜是一般所谓七三黄铜，相当于 H70 和 H68，广泛应用于各工业部门，包括弹壳、冷凝器管等，并以子弹黄铜而著名。

α 黄铜具有很好冷加工性，甚至比热加工性还好。因为热加工时，在 300～700℃间存在着一个脆性区，其原因是 α 发生了短程有序化，加微量铈可减弱或消除脆性。冷加工可使 α 黄铜的强度随形变量以直线关系增大，但使范性明显下降。在 500～700℃进行再结晶退火可使其性能完全恢复。

含锌量在 39%～47% 的黄铜为 α＋β 黄铜，其组织中的 β 相在约 454℃发生有序无序转变，$\beta \rightleftarrows \beta'$。β′相较脆，而 β 相的范性较好。当 α＋β 黄铜加热时，不但其组织中的有序相 β′，而且 α 也会转变为无序 β，而变为单相 β 的组织。因此，α＋β 黄铜的范性虽差，但热加工性还是相当好的。

和纯铜相似，黄铜中的有害杂质仍然以铋和铅为首，其作用也相似。但对 α＋β 黄铜来说，由于上述固态转变，会使铅、铋的分布由晶界转向晶内，而使其危害性减小。有时在含锌 40% 的黄铜中，还有意地加入一定量的铅，以改善其切削性。

黄铜的一个缺点是，当含锌较高时，在潮湿的空气中特别是在含有微量氨或铵盐的介质中，易遭受应力腐蚀而开裂。在 200～300℃进行充分退火，可显著降低应力腐蚀。

为了进一步提高黄铜的力学性能和化学稳定性，常加入铝、镍、锰、硅和铅等合金元素而组成特殊黄铜，例如：

（1）铝黄铜（HAl77－2）　可抗海水腐蚀，用于船舰上；

（2）硅黄铜（HSi65－1.5－3）　除含硅 1%～2% 外，还含有 2.5%～3.5% 的铅，既可用于铸造，也可进行压力加工，可替代青铜；

（3）锰黄铜（HMn58－2）和铁锰黄铜（HFe59－1－1）　具有较高强度（$\sigma_b \simeq$ 640MN/m^2）；

（4）镍黄铜（HNi65－5） 具有较好的抗腐蚀性；

（5）铅黄铜（HPb59－1） 具有较好的切削性，多用于钟表业；

（6）锡黄铜（HSn70－1） 强度高，耐海水腐蚀性强，有海军黄铜之称，多用于海轮；

（7）高强度铸造锰铁黄铜（ZHMn55－3－1） 其强度 $\sigma_b > 440MN/m^2$，广泛用于造船工业。

二、青铜

青铜原专系指铜锡二元合金，但现已成为许多种铜合金的广用名词了。为了区别，须在青铜前冠以主合金元素的名称，如锡青铜、铝青铜、…等。

1. 锡青铜

图 22－2 为 Cu－Sn 二元相图的一部分，实用锡青铜一般在固态下最多可出现三个相：α—锡在铜中的一次固溶体；β—锡在电子化合物 Cu_5Sn 中的二次固溶体，体心立方结构；δ—以电子化合物 $Cu_{31}Sn_8$ 为基的二次固溶体，为复杂立方结构。在极特殊情况，才可能出现电子化合物 ε、Cu_3Sn 的固溶体，为密排六方结构。β 相和 γ 相只在高温度存在，冷却时，β 相可转变为 γ 或 $\gamma+\alpha$，而后 γ 再在 520℃进行共析转变，$\gamma' \to \alpha+\delta$。若与 Cu－Zn 相比较，Cu－Sn 相图中的固线与液线的间距较大，α 相区的浓度范围较窄。据精确测定，锡在铜中的固溶度比之图 22－2 所示还要低许多，在室温时则更低。此外，当极缓慢地冷却时，在 350℃还会发生共析转变 $\delta \to \alpha+\varepsilon$。所以图 22－2 实际上是一个亚稳态的实用相图，实际上要达到平衡也非常困难。

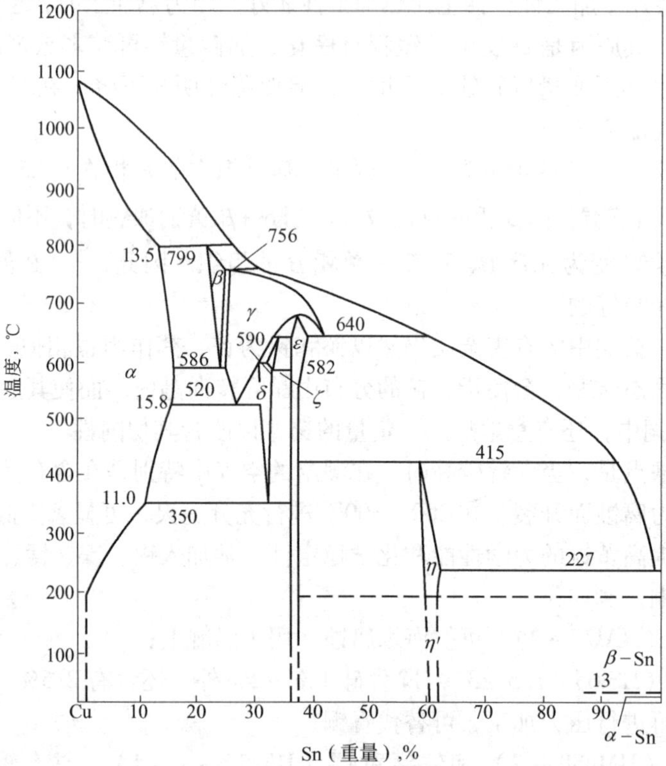

图 22－2 Cu－Sn 相图

锡青铜的强度和范性随锡含量的变化，可由图 22－3 来说明，随锡含量的增加 α 青铜的强度急剧提高，并一直保持着较好的范性，而 $\alpha+\delta$ 青铜，其强度虽有相当提高，但范性却一直急剧下降，特别是当接近 δ 相区时，强度也会显著下降。所以作为结构材料来说，只有 α 锡青铜有应用价值，其含锡量不应超过 8%。若再考虑到锡青铜的凝固区间大，偏析严重，且锡的价格高，所以锡青铜中含锡量大多小于或等于 4%（如 QSn4－3、QSn4－4－2.5），最多不超过 7%（如 QSn6.5－4）。即使这样，在铸态锡青铜的组织中，由于偏析的原因，有时还会出现共析体，不均匀性也比 α 黄铜要严重，所以更应注意进行退火。

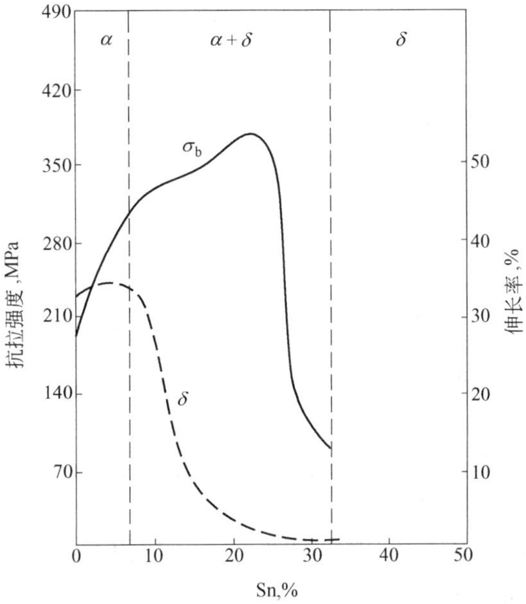

图 22－3　锡青铜的力学性能随锡含量的变化

在锡青铜中常加入适量的锌（3%～5%）、磷（0.3%～0.4%）和铅（1.5%～3.5%）以改善其性能。锌完全溶于 α 固溶体以加强固溶强化的作用。磷量较少时，只起脱氧作用，可减少脆性夹杂物 SnO_2；磷量 >0.2% 时，除固溶于 α 相外，还可形成 Cu_3P，并常与 α 相以共晶或共析的形式分布在组织中，可提高锡青铜的弹性、硬度、耐磨性和流动性。铅多以孤立夹杂物的形式分散在组织中，可改善青铜的切削加工性和耐磨性。

若与相应的 α 黄铜相比较，锡青铜的强度、硬度、耐磨性、耐蚀性都较高，线收缩系数也较小，但范性较低，致密性较差，偏析大，价格贵。

2. 铝青铜

工业用铝青铜其含铝量不超过 11%，大多是 5%～10%，如 QAl5、QAl7。由图 22－4 Cu－Al相图可知，一般铝青铜或为单相 α 固溶体，或为 α 加少量 γ' 的二相组织。γ' 为电子化合物 Cu_9Al_4（或 $Cu_{32}Al_{19}$），具有复杂立方结构，硬而脆。含铝量较多时，高温时会出现电子化合物 Cu_3Al 的二次固溶体 β，具有体心立方结构。降温时，β 或完全转变为 α，或先析出 α 或 γ_1，并在 570℃ 发生共析转变 $\beta \rightarrow \alpha+\gamma_1$，共析体很脆。冷速大时，$\beta$ 还会发生马氏体转变，这是在铜合金中较早发现的马氏体，虽无强化意义，但具有弹性特点，可

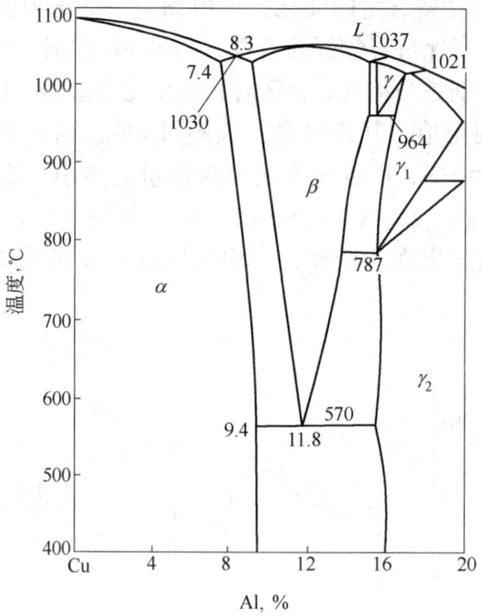

图 22－4　Cu－Al 相图富铝部分

用来制造形状记忆合金。后来在锡青铜和黄铜中的 β 相也发现了马氏体转变，也都可用之制造形状记忆合金。

铝青铜的范性不亚于锡青铜，而弹性、强度和硬度则都高于锡青铜，具有良好的耐磨性和抗腐蚀性，并易于冷、热加工成形。此外，由图 22－4 还可看出，铝青铜的凝固区间窄，且具有共晶转变，因而其铸造性能也相当好，偏析倾向很小，易于获得高质量的致密铸件。其缺点是，线收缩较大，形成柱晶的倾向大，易产生氧化铝夹杂。

为了进一步提高铝青铜的性能，常加入铁、锰和镍等合金元素来进一步合金化。锰和镍全进入固溶体中以增强固溶强化的作用，铁以第二相的形式来强化并提高耐磨性，如 QAl10－3－1.5 和 QAl10－4－4 等，其强度 σ_b 可高达 590～785MN/m^2。

铝青铜已取代锡青铜而广泛应用于航海、航空及机械制造等工业部门。

3. 铍青铜

工业铍青铜是以铜、铍为基并含有约 0.2%～0.5% 镍的合金，有的还加入少量钛（0.1%～0.25%），铍的含量约为 1.6%～2.3%。

由图 22－5Cu－Be 二元相图的富铜部分可以看出，铍在铜中的固溶度最大为 2.7%，且随温度的下降而减少。室温时，固溶度小于 0.16%。铍量超过固溶度极限后，在 605℃ 以上会析出 β 相——以电子化合物 CuBe 为基的固溶体，以下会析出 γ 相——相当于 β 相的有序固溶体。正是利用这一特点，铍青铜便成为铜合金中可进行时效强化的重要合金。其成分的设计也是以此为依据的。

工业铍青铜之所以加镍和钛是由于二元铍青铜中的脱溶分解进行很快，对淬火不利，而镍和钛都有抑制分解的作用，且都还有细化组织的作用。此外，镍还可显著加强时效强化的效果。所以，铍青铜实质是三元或四元合金。

铍青铜经 780～790℃ 淬火和 300～330℃ 时效 1～3 小时后，其强度 σ_b 可由约 390～

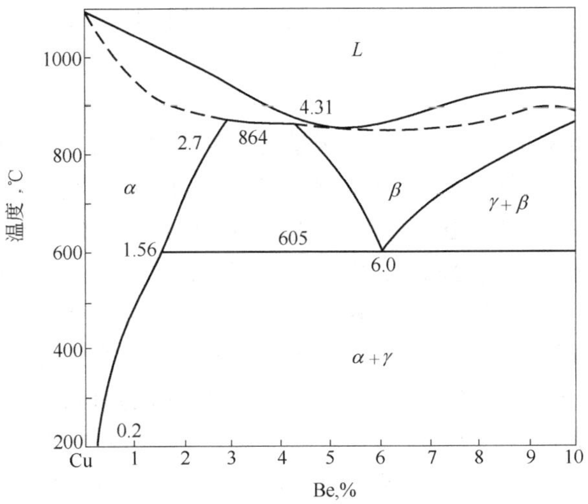

图 22-5　Cu-Be 相图富铜部分

$590MN/m^2$ 提高到约 $1120MN/m^2$ 以上，硬度 HV 可由约≤130 提高到约≥320，若进行形变时效，还可使其强度和硬度进一步提高，并保持一定的范性，δ≥1.5~2。

铍青铜除具有高强度、高硬度和高弹性外，还具有良好的导电性、导热性、抗蚀性和耐疲劳性，此外，它和铝青铜相似，撞击时不产生火花。可见铍青铜的综合性能之优越是较为少见的。但由于铍的价格昂贵又有毒性，因而其生产和应用受到了限制，多用于制造重要的精密弹簧，耐热导体和高速高压下工作的齿轮、轴承等，以及矿山、炼油厂所使用的冲击没火花的工具等。

4. 其它青铜

除上述外，青铜还有许多种，如硅青铜、钛青铜、锰青铜、铅青铜、铬青铜、镉青铜和镁青铜等。

硅青铜含硅约 1%~3%左右，此外，还含有少量锰或镍，如 QSi3-1 和 QSi1-3，前者含 1.0%~1.5%Mn，后者含约 2.4%~3.4%镍。基本为单相固溶体 α 所组成，具有较高的强度、弹性、耐磨性和耐蚀性。其中 QSi1-3 还具有较强的时效强化效果，强化相主要为 Ni_2Si，可用作弹簧以及航空发动机和化学工业的结构材料。

钛青铜是比较新的合金，其性能与铍青铜相似，只是导电性略差，但热强性较高。钛青铜中含钛约 1.5%~4.0%，并加入 0.5%~0.15%的 Cr，或 2.5%Sn，如 QTi3.5-2 和 QTi1.5-2.5-0.5，可进行热处理强化，强化相为 Cu_3Ti。

实用镉青铜（0.9%~1.2%Cd）和镁青铜（0.3%~1.0%Mg）均为低合金化的单相固溶体合金，如 QCd1、QMg0.3 及 QMg0.8 等，不能进行热处理强化。二者导电、导热性很高，耐磨性和抗蚀性也好。镉青铜广泛用于发电机整流子片以及要求强度较高的导线。镁青铜原为取代镉青铜而创制，故其用途相同。这两种合金，当镉、镁含量较高时，本来都可进行时效强化，但由于这样会使导电性显著下降，因而都必须采用低合金。随电力工业的发展，对电导体的强度、硬度、耐磨性、耐热性及导热性要求越来越高，由此而创制出一系列所谓高强度、高导电性的耐热青铜，如铬青铜、锆青铜以及铬锆青铜。为保证导电性，这些青铜中的合金元素的含量，虽也不高，例如 QCr0.5 含铬仅 0.5%~1%，既使加锆的青铜其含锆量也不超过0.25%，但都是可以进行时效强化，而且时效温度较高，都在400℃以上，因而其热强性也高。

三、白铜

以镍为主要合金元素的铜基合金，由于呈银白色故称白铜。镍与铜可无限互溶，因而各种白铜中的镍含量范围较宽，可在3%～44%之间而变化，如B5、BMn3-12及BMn43-0.5等。简单二元铜、镍合金称普通白铜，再加锰、铁、锌或铝等元素的白铜，称复杂白铜，并分别称之为锰白铜、铁白铜、…等。若按用途分，则可分为结构白铜和电工白铜两类。前一类（如B19、B30及BZn15-20等）的特点是具有较高的力学性能和很高的耐蚀性以及良好的耐热和耐冷性，常用于在高温和强腐蚀介质中工作的零部件；后一类（如BMn40-1.5、BMn3-12等）的特点是具有特殊的热电性质，即电阻率大、电阻温度系数小和热电势大等，广泛用于电工仪器、仪表、变阻器、热电偶和电热器等。

铁和锰作为合金元素均可提高白铜的强度和抗蚀性，并可节约价格较高的镍，因而有所谓铁白铜（BFe5-1，BFe30-1-1等）和锰白铜（BMn3-12，BMn40-1.5等）的出现。

向白铜中加入13%～45%锌，称之为锌白铜，具有很高的耐蚀性，强度和弹性也相当好，其色泽酷似银，故又有中国银或德国银之称，如BZn15-20、BZn17-18-1.8等。

铝白铜中含有约2%～3%铝，可进行时效强化，是强度最高的白铜，其弹性和耐蚀性也相当好，并具有较好的耐低温性，在90K下仍能保持较好的力学性能。